《纯粹数学与应用数学专著》丛书

主　编　杨　乐

副主编　（以姓氏笔画为序）

　　　　王　元　　王梓坤　　石钟慈　　严士健

　　　　张恭庆　　胡和生　　潘承洞

中国科学院科学出版基金资助项目

纯粹数学与应用数学专著　第30号

半鞅与随机分析

何声武　汪嘉冈　严加安　著

科学出版社
1995

（京）新登字092号

内 容 简 介

本书全面系统地介绍了半鞅与随机分析的基本理论及其应用．全书共分十六章，主要内容包括经典鞅论，随机过程一般理论，半鞅与随机分析的基础理论，随机积分和有关论题．本书讨论了$\mathscr{H}^1$-鞅和$\mathscr{BMO}$-鞅并建立了一系列主要的鞅不等式；引进了半鞅的可料特征及半鞅的积分表示；介绍了随机分析的一个重要技巧——测度变换；讨论了鞅的可料积分表示；研究了测度的绝对连续性、奇异性、近邻性和完全可分离性以及测度的依变差收敛，半鞅的弱收敛理论等．本书特别介绍了随机分析对Lévy过程及跳跃过程的应用．

本书可供大学数学系研究生、教师、概率论研究工作者阅读．

图书在版编目(CIP)数据

半鞅与随机分析 / 何声武, 汪嘉冈, 严加安著. —北京：科学出版社, 1995.6
(纯粹数学与应用数学专著；30)
ISBN 978-7-03-004514-0

Ⅰ. ①半… Ⅱ. ①何… ②汪… ③严… Ⅲ. ①半鞅②随机分析 Ⅳ. ①O211.6

中国版本图书馆 CIP 数据核字 (2018) 第 108590 号

责任编辑：李静科／责任校对：李静科
责任印制：张 伟／封面设计：陈 敬

科学出版社出版
北京东黄城根北街16号
邮政编码：100717
http://www.sciencep.com

北京虎彩文化传播有限公司 印刷

科学出版社发行 各地新华书店经销
*
1995年6月第一版 开本：720×1000 1/16
2021年5月印 刷 印张：37 1/2
字数：487 000

定价：298.00元
(如有印装质量问题，我社负责调换)

前　言

半鞅是可以合理定义随机积分的最大被积过程类．基于半鞅的随机分析是现代概率论的一个主要分支，它不仅是研究概率论的许多分支（马氏过程与扩散过程、随机点过程、随机过程统计、随机滤波与控制等）的重要工具，而且在许多数学分支（偏微分方程、调和分析、微分几何等）及数学物理中有广泛应用．它还逐步渗透到工程数学、生物数学、金融数学及其它领域之中．近年来，国际及国内有多部有关随机分析的专著问世，但多数著作强调某个论题，无一著作对半鞅理论展开充分讨论．本书旨在系统和全面地介绍半鞅和随机分析的基础理论及其若干应用．我们希望本书不仅可作为概率论工作者、统计工作者及工程师的参考书，其主要部分还可用作研究生教材．为此，我们对本书的取材作了精心挑选．我们以问题的形式对正文进行补充和扩展．事实上，许多问题可作为练习来做．通过做练习读者可以加深对正文的理解并拓宽思路．有些问题是相当难的，它们只是作为对正文的补充．

全书由十六章组成．前十章是在作者之一（严加安）于 1981 年出版的《鞅与随机积分引论》一书的基础上进行精心加工改写而成的．后六章反映了半鞅及随机分析理论在 80 年代的新进展．当然，取材是部分地受到作者研究兴趣的影响的．下面是全书内容的概要．第一章提供了阅读本书所必须具备的预备知识，其中有些内容在有关测度论或概率论的一般著作中是难于找到的．第二章包含了经典鞅论的主要结果．第三至五章致力于介绍通常所说的“随机过程一般理论”．这一理论不仅是半鞅与随机分析的重要基础，而且对研究许多特殊类型的随机过程（如马氏过程及点过程）也是不可缺少的．从第六章起介绍半鞅与随机分析的基础理论．第六章讨论两类重要的一致可积鞅：可积变差鞅和平方可积鞅．在第七章引进局部鞅并给出它的跳过程的刻画．半鞅和拟鞅以及它们的基本性质是放在第八章讨论的．第九章介绍随机积分和有关论题，它无疑是全书的中心点．该章包含了随机分析的基本要素，如 Itô 公式，Doléans-Dade 指数公式，Lenglart 不等式及局部时．对随机微分方程也作了简短的介绍．尽管随机微分方程是随机分析的一个重要论题，但因篇幅所限本书未能对它展开充分的讨论，好在已有不少这方面的专著可供读者参考．第十章讨论 $\mathscr{H}^1$-鞅和 $\mathscr{BMO}$-鞅并建立一系列主要的鞅不等式．在第十一章中，引进了半鞅的可料特征及半鞅的积分表示．这是对有关独立增量过程的经典结果的推广．在第十二章中介绍的测度变换是随机分析的一个重要技巧．在该章还给出了半鞅作为唯一的合理被积过程类的刻画．第十三章介绍了鞅的可料积分表示，它在滤波等问题中有应用．第十四章研究测度的绝对连续性、奇异性、近邻性和完全可分离性以及测度的依变差收敛．这些问题是从 60 年代开始被研究的．用半鞅方法最终给出了它们的完满解决．第十六章研究半鞅的弱收敛理论，有关随机过程弱收敛理论的预备知识在第十五章中给出．随机分析不仅提供了研究随机过程弱收敛的全新的方法，而且给出了更精细的结果．全书对在应用概率及统计中经常遇到的两类过程——独立增量过程及跳跃过程给予了特别的重视．

本书的读者需要预先掌握测度论及高等概率论的基础知识，但不需要对随机过程有专门的了解．熟悉随机过程的主要概念和直观背景对阅读本书当然是有帮助的．至今已有许多著作是有关半鞅及随机分析的．我们将不在参考文献中列出所有有关的文献，也不在书末作历史性评注．有关这方面的内容，读者可参看 C. Dellacherie 和 P. A. Meyer 的多卷著作《概率与位势》（Probabilités et Potentiel）以及 J. Jacod 和 A. N. Shiryaev 的《随机过程的极限定理》（Limit Theorems for Stochastic Processes）.

我们非常感激P. A. Meyer教授，他把作者引向了半鞅和随机分析领域，并给予经常不断的热情帮助和鼓励. 我们还感谢那些对我们研究工作给予有益的建议和帮助的同行，其中特别要提出的有J. Azéma，陈培德，周青松，C. Dellacherie，M. Emery，龚光鲁，黄志远，J. Jacod，马志明，潘一民，P. Protter，C. Stricker，王寿仁，Ch. Yoeurp，M. Yor和郑伟安. 本书许多章节在最近10年中由作者多次讲授过. 我们要感谢听众对改进书的内容所作的贡献. 本书的写作和出版得到了中国国家自然科学基金及中国科学院科学出版基金的资助，特此表示感谢.

本书英文版已于1992年由美国CRC出版公司和科学出版社联合出版发行.

何声武　汪嘉冈　严加安

1992年7月

目　录

第一章　预备知识

我们要求本书读者预先掌握 Loève[1]或 Neveu[1]中有关测度论与概率论的基础知识，如测度扩张定理、Radon-Nikodym 定理、控制收敛定理、Fatou 引理、L^p-空间、Hölder 不等式、条件数学期望、Jensen 不等式、条件独立性、乘积概率空间、Fubini 定理等. 本章旨在给出阅读本书所必需的若干补充知识.

在本书中将使用下列常用记号.

N＝非负整数全体.

$\overline{N}=N\cup\{+\infty\}$.

$\boldsymbol{R}=]-\infty,+\infty[$ [1]（实直线）.

$\boldsymbol{R}_+=[0,\infty[$.

$\overline{\boldsymbol{R}}=[-\infty,+\infty]$.

$\overline{\boldsymbol{R}}_+=[0,+\infty]$.

$\boldsymbol{Q}(\boldsymbol{Q}_+)=\boldsymbol{R}(\boldsymbol{R}_+)$中有理数全体.

$\mathscr{B}(\boldsymbol{R})(\mathscr{B}(\boldsymbol{R}_+))=\boldsymbol{R}(\boldsymbol{R}_+)$上的 Borel σ-域.

设 Ω 为一集合，一个从 Ω 到 $\boldsymbol{R}(\overline{\boldsymbol{R}})$ 中的映象叫做一个 Ω 上的实值（数值）函数. 当限于在 Ω 中讨论时，一个集合总是指 Ω 的一个子集. 集合 A 与 B 的并与交分别记为 $A\cup B$ 与 $A\cap B$（或简记为 AB）. A 的余集记为 A^c. $A\setminus B=AB^c$ 是 A 与 B 之差. $A\Delta B=(A\setminus B)\cup(B\setminus A)$是 A 与 B 的对称差，空集记为$\varnothing$. 集合 A 的示性函数记为 I_A：

$$I_A(\omega)=\begin{cases}1, & \omega\in A,\\ 0, & \omega\in A^c.\end{cases}$$

Ω 中具有性质 P 的元素 ω 的集合记为 $\{\omega\in\Omega:P(\omega)\}$，或

1) $]a,b[=(a,b)$，$]a,b]=(a,b]$，$[a,b[=[a,b)$，$-\infty\leqslant a<b\leqslant+\infty$.

$\{\omega:P(\omega)\}$，或简记为$[P]$. 如果不引起混淆，例如，设 f 与 g 为 Ω 上的两个数值函数，我们用$[f\geqslant g]$表示$\{\omega\in\Omega:f(\omega)\geqslant g(\omega)\}$. 设$(A_n)$为集合序列. $A_n\uparrow A$ 表示(A_n)为单调增且 $A=\bigcup_n A_n$. 相应地，$A_n\downarrow A$ 表示(A_n)为单调减且 $A=\bigcap_n A_n$. (A_n)的上极限记为 $\overline{\lim}_n A_n$ 或$[A_n \text{ i.o.}]$、(A_n)的下极限记为$\underline{\lim}_n A_n$. 若 $\overline{\lim}_n A_n=\underline{\lim}_n A_n$，则此集合为$(A_n)$的极限，记作 $\lim_n A_n$.

Ω 的一族子集称为 Ω 上的一个类. 设 $\mathscr{F}$ 为 Ω 上的一个类，$A\subset\Omega$，我们用 $\mathscr{F}\cap A$ 表示$\{B\cap A:B\in\mathscr{F}\}$. 定义

$$\mathscr{F}_\sigma=\{\bigcup_n A_n:A_n\in\mathscr{F}\},\ \mathscr{F}_\delta=\{\bigcap_n A_n:A_n\in\mathscr{F}\}.$$

它们分别是包含 $\mathscr{F}$ 且对可列并或可列交封闭的最小类.

设$\mathscr{C}$ 为 Ω 上的一个类，我们用$\sigma(\mathscr{C})$表示由 $\mathscr{C}$ 生成的 Ω 上的 σ-域，即包含 $\mathscr{C}$ 的最小 σ-域. 设$(\mathscr{G}_i)_{i\in I}$为一族 Ω 上的类，我们令 $\sigma(\mathscr{G}_i,i\in I)=\sigma(\bigcup_{i\in I}\mathscr{G}_i)$.

设$(E,\mathscr{E})$为一可测空间，f 为 Ω 到 E 中的映象，我们用$\sigma(f)$表示 f 在 Ω 上诱导出的 σ-域 $f^{-1}(\mathscr{E})=\{f^{-1}(A):A\in\mathscr{E}\}$. 设 g 为 E 上的一个数值函数，我们用 $g\in\mathscr{E}(\mathscr{E}^+,b\mathscr{E},b\mathscr{E}^+)$表示 g 是(非负，有界，非负有界的)$\mathscr{E}$-可测函数.

设$(E_i,\mathscr{E}_i)_{i\in I}$为一族可测空间，对每个 $i\in I$，f_i 是 Ω 到 E_i 中的映象，我们用$\sigma(f_i,i\in I)$表示 $\sigma(\sigma(f_i),i\in I)$.

设 $\mathscr{F}_i$ 为 Ω_i 上的类，$i=1,2$. 定义

$$\mathscr{F}_1\otimes\mathscr{F}_2=\{A\times B:\ A\in\mathscr{F}_1,B\in\mathscr{F}_2\}.$$

设 $A\subset\Omega_1\times\Omega_2$，$A$ 到 Ω_1 上的投影定义为

$$\pi_1(A)=\{\omega_1\in\Omega_1:\exists\ \omega_2\in\Omega_2 \text{ 使得}(\omega_1,\omega_2)\in A\}.$$

若$(\Omega_i,\mathscr{F}_i)$，$i=1,2$，为两个可测空间，$\mathscr{F}_1$ 与 $\mathscr{F}_2$ 的乘积 σ-域记为 $\mathscr{F}_1\times\mathscr{F}_2=\sigma(\mathscr{F}_1\otimes\mathscr{F}_2)$.

设 f 与 g 为两个数值函数，$f\vee g$ 表示 $\sup(f,g)$，$f\wedge g$ 表示 $\inf(f,g)$. 于是 $f^+=f\vee 0$，$f^-=(-f)\vee 0=-(f\wedge 0)$. 更一般地，$\vee$ 与 $\wedge$ 分别表示上确界与下确界. 例如，设$(f_n)_{n\in N}$为一列数值函数，令 $\vee_n f_n=\sup_n f_n$，$\wedge_n f_n=\inf_n f_n$. 又如，设$(\mathscr{F}_i)_{i\in I}$为一族 Ω 上

的 σ-域，令 $\bigvee_{i\in I}\mathscr{F}_i=\sigma(\bigcup_{i\in I}\mathscr{F}_i)$，$\bigwedge_{i\in I}\mathscr{F}_i=\bigcap_{i\in I}\mathscr{F}_i$.

在实直线 $\boldsymbol{R}$ 上，$s\uparrow t$ 表示 $s\to t$，$s\leqslant t$；$s\uparrow\uparrow t$ 表示 $s\to t$，$s<t$. 设 (s_n) 为实数列，则 $s_n\uparrow t$，$s_n\uparrow\uparrow t$ 还进一步意味着 (s_n) 为增序列. 对 $\downarrow$，$\downarrow\downarrow$ 有类似的说明．设 (f_n) 为一列数值函数，$f_n\uparrow f$ $(f_n\downarrow f)$ 表示 (f_n) 为单调增（单调减），且 $f=\lim_n f_n$.

一般地，$(\Omega,\mathscr{F},\boldsymbol{P})$ 表示一个概率空间，一个随机变量 ξ 的数学期望记为 $\boldsymbol{E}[\xi]$，如果它有意义. $L^p(\Omega,\mathscr{F},\boldsymbol{P})$，$p\geqslant1$，表示 p 次可积随机变量全体组成的 Banach 空间，其范数记为 $\|\xi\|_p=(\boldsymbol{E}|\xi|^p)^{1/p}$.

§1. 单调类定理

1.1 定义 令 Ω 为一集合，$\mathscr{C}$ 为 Ω 上的一个类. 称 $\mathscr{C}$ 为 π-类，如果 $A,B\in\mathscr{C}\Rightarrow AB\in\mathscr{C}$. $\mathscr{C}$ 称为 **λ-类**，如果

i) $\Omega\in\mathscr{C}$，

ii) $A,B\in\mathscr{C}$，$A\subset B\Rightarrow B\setminus A\in\mathscr{C}$，

iii) $A_n\in\mathscr{C}$，$A_n\uparrow A\Rightarrow A\in\mathscr{C}$.

$\mathscr{C}$ 称为**单调类**，如果 $A_n\in\mathscr{C}$，$A_n\uparrow A$ 或 $A_n\downarrow A\Rightarrow A\in\mathscr{C}$.

显然，如果 $\mathscr{C}$ 同时为 π-类和 λ-类，或同时为域和单调类，则 $\mathscr{C}$ 为 σ-域.

下一定理是**集合形式的单调类定理**.

1.2 定理 设 $\mathscr{C}$，$\mathscr{F}$ 为 Ω 的两个类，且 $\mathscr{C}\subset\mathscr{F}$.

1) 若 $\mathscr{F}$ 为 λ-类，$\mathscr{C}$ 为 π-类，则 $\sigma(\mathscr{C})\subset\mathscr{F}$；

2) 若 $\mathscr{F}$ 为单调类，$\mathscr{C}$ 为域，则 $\sigma(\mathscr{C})\subset\mathscr{F}$.

证明 1) 一切包含 $\mathscr{C}$ 的 λ-类之交 $\mathscr{F}'$ 仍是 λ-类（称为 $\mathscr{C}$ 产生的 λ-类）. 令

$$\mathscr{F}_1=\{B\in\mathscr{F}':\forall A\in\mathscr{C},\ B\cap A\in\mathscr{F}'\}.$$

显然，$\mathscr{F}_1$ 是 λ-类，且 $\mathscr{C}\subset\mathscr{F}_1$，故 $\mathscr{F}'=\mathscr{F}_1$. 令

$$\mathscr{F}_2=\{B\in\mathscr{F}':\forall A\in\mathscr{F}',\ B\cap A\in\mathscr{F}'\}.$$

显然，$\mathscr{F}_2$ 是 λ-类，且 $\mathscr{C}\subset\mathscr{F}_2$，故 $\mathscr{F}'=\mathscr{F}_2$. 这表明 $\mathscr{F}'$ 是 π-类，于

是 $\mathscr{F}'$ 是 σ-域，我们有 $\sigma(\mathscr{C})\subset\mathscr{F}'\subset\mathscr{F}$.

2）一切包含 $\mathscr{C}$ 的单调类之交 $\mathscr{F}'$ 仍是单调类（称为 $\mathscr{C}$ 产生的单调类）. 与 1）的证明类似，可证 $\mathscr{F}'$ 是 π-类. 令

$$\mathscr{F}''=\{B\in\mathscr{F}':\ B^c\in\mathscr{F}'\},$$

则 $\mathscr{F}''$ 是单调类，且 $\mathscr{C}\subset\mathscr{F}''$，故 $\mathscr{F}''=\mathscr{F}'$. 这表明 $\mathscr{F}'$ 是域，于是 $\mathscr{F}'$ 是 σ-域. 我们有 $\sigma(\mathscr{C})\subset\mathscr{F}'\subset\mathscr{F}$. □

作为定理 1.2 的一个简单应用，我们有

1.3 系 1）令 $(\Omega,\mathscr{F},\boldsymbol{P})$ 为一概率空间，ξ 与 η 为两个可积随机变量. 设 $\mathscr{C}\subset\mathscr{F}$，$\mathscr{C}$ 为一 π-类. 如果 $\boldsymbol{E}[\xi]=\boldsymbol{E}[\eta]$，且对一切 $A\in\mathscr{C}$，有 $\boldsymbol{E}[\xi I_A]=\boldsymbol{E}[\eta I_A]$，则

$$\boldsymbol{E}[\xi|\sigma(\mathscr{C})]=\boldsymbol{E}[\eta|\sigma(\mathscr{C})],\text{a.s.}\tag{3.1}$$

2）令 $(\Omega,\mathscr{F})$ 为一可测空间，$\mathscr{C}\subset\mathscr{F}$，$\mathscr{C}$ 为一 π-类，设 μ 与 ν 为两个有界符号测度，使得 $\mu(\Omega)=\nu(\Omega)$，且对一切 $A\in\mathscr{C}$，有 $\mu(A)=\nu(A)$，则限于 $\sigma(\mathscr{C})$，μ 与 ν 一致.

证明 我们只证 1），2）的证明类似. 令

$$\mathscr{G}=\{A\in\mathscr{F}:\ \boldsymbol{E}[\xi I_A]=\boldsymbol{E}[\eta I_A]\},$$

则 $\mathscr{G}$ 为 λ-类，且由假定，$\mathscr{C}\subset\mathscr{G}$. 故由定理 1.2.1），$\sigma(\mathscr{C})\subset\mathscr{G}$，由此推得(3.1). □

下一定理是与定理 1.2.1）相应的**函数形式的单调类定理**. 我们今后将经常用到它.

1.4 定理 令 $\mathscr{C}$ 为集合 Ω 上的一 π-类，$\mathscr{H}$ 为 Ω 上的一实值函数的线性空间. 如果 $\mathscr{H}$ 满足下列条件：

i) $1\in\mathscr{H}$；

ii) $f_n\in\mathscr{H}$，$0\leqslant f_n\uparrow f$，f 有限（相应地，有界）$\Rightarrow f\in\mathscr{H}$；

iii) $A\in\mathscr{C}\Rightarrow I_A\in\mathscr{H}$.

则 $\mathscr{H}$ 包含 Ω 上一切 $\sigma(\mathscr{C})$-可测的实值（相应地，有界）函数.

证明 令 $\mathscr{F}=\{A\subset\Omega:\ I_A\in\mathscr{H}\}$，则易知 $\mathscr{F}$ 为 λ-类. 依假定，$\mathscr{C}\subset\mathscr{F}$，故由定理 1.2.1），$\sigma(\mathscr{C})\subset\mathscr{F}$.

设 ξ 为一 $\sigma(\mathscr{C})$-可测实值（相应地，有界）函数. 令

$$\xi_n = \sum_{k=0}^{n2^n} \frac{k}{2^n} I_{[k/2^n \leqslant \xi < (k+1)/2^n]},$$

则 $\xi_n \in \mathscr{H}$，$0 \leqslant \xi_n \uparrow \xi^+$. 故由条件 ii)，$\xi^+ \in \mathscr{H}$. 同理，$\xi^- \in \mathscr{H}$，从而 $\xi = \xi^+ - \xi^- \in \mathscr{H}$. □

应用单调类定理是我们最常用的技巧之一，读者应熟练地掌握它. 一般地，有关如何应用单调类定理的细节都将被省略. 作为一个应用的实例，我们用定理 1.4 证明 $\sigma(f)$-可测函数的一个刻画. 这个刻画在概率论中十分有用，称为 **Doob 可测性定理**.

1.5 定理 设 f 为 Ω 到一可测空间 $(E, \mathscr{E})$ 中的映象，φ 为 Ω 上的一数值函数. 为要 φ 是 $\sigma(f)$-可测的，必须且只需存在 E 上一 $\mathscr{E}$-可测的数值函数 h，使得 $\varphi = h \circ f$ (即 $\varphi(\omega) = h(f(\omega))$). 如果 φ 是实值(有界)的，则可要求 h 也是实值(有界)的.

证明 充分性显然，往证必要性. 令

$$\mathscr{H} = \{h \circ f: h \text{ 为 } E \text{ 上 } \mathscr{E}\text{- 可测实值函数}\},$$

则 $\mathscr{H}$ 为线性空间，且 $1 \in \mathscr{H}$. 设 $h_n \circ f \in \mathscr{H}$，$0 \leqslant h_n \circ f \uparrow \Psi$，且 Ψ 有限. 令

$$A = \{x \in E: \sup_n h_n(x) < \infty\},$$

则 $A \in \mathscr{E}$，且 $f(\Omega) \subset A$. 置

$$h(x) = \begin{cases} \sup_n h_n(x), & x \in A, \\ 0, & x \in A^c, \end{cases}$$

则 h 为 E 上 $\mathscr{E}$-可测实值函数，且 $\Psi = h \circ f$，故 $\Psi \in \mathscr{H}$. 于是 $\mathscr{H}$ 满足定理 1.4 的条件 ii). 设 $D \in \sigma(f)$，则存在某个 $B \in \mathscr{E}$，使得 $D = f^{-1}(B)$，故 $I_D = I_B \circ f \in \mathscr{H}$. 于是由定理 1.4，$\mathscr{H}$ 包含一切 $\sigma(f)$-可测实值函数. 这表明，若 φ 为 $\sigma(f)$-可测实值函数，则存在 E 上一 $\mathscr{E}$-可测实值函数 h，使得 $\varphi = h \circ f$. 若进一步，φ 有界，例如 $|\varphi| \leqslant C$，令 $h' = h^+ \wedge C - h^- \wedge C$，则 $\varphi = h' \circ f$.

现设 φ 为 $\sigma(f)$-可测数值函数，则 $\varphi' = \operatorname{arctg}\varphi$ 为 $\sigma(f)$-可测实值函数，且 $|\varphi'| \leqslant \frac{\pi}{2}$，于是存在 E 上一 $\mathscr{E}$-可测实值函数 h'，使得 $\varphi' = h' \circ f$. 令 $h = \operatorname{tg} h'$，则 h 为 E 上 $\mathscr{E}$-可测数值函数. 且有

$\varphi=h\circ f$. □

§2. 一致可积性

1.6定义 设$(\Omega_i,\mathscr{F}_i,\boldsymbol{P}_i)$，$i\in I$，为一族概率空间，$\xi_i\in L^1(\Omega_i,\mathscr{F}_i,\boldsymbol{P}_i)$，$i\in I$. $\mathscr{H}=\{\xi_i,i\in I\}$称为**一致可积族**，如果

$$\lim_{c\to+\infty}\sup_{i\in I}\int_{[|\xi_i|>c]}|\xi_i|d\boldsymbol{P}_i=0,$$

在$(\Omega_i,\mathscr{F}_i,\boldsymbol{P}_i)\equiv(\Omega,\mathscr{F},\boldsymbol{P})$时，$\mathscr{H}$ 也称为$(\Omega,\mathscr{F},\boldsymbol{P})$上的一致可积族.

1.7 定理 设$(\Omega_i,\mathscr{F}_i,\boldsymbol{P}_i)$，$i\in I$，为一族概率空间，$\{\xi_i,\eta_i\}\subset L^1(\Omega_i,\mathscr{F}_i,\boldsymbol{P}_i)$，$i\in I$，$\mathscr{H}=\{\xi_i,i\in I\}$，$\mathscr{K}=\{\eta_i,i\in I\}$.

1)若 $\mathscr{K}$ 为一致可积族，且对每个 $i\in I$，$|\xi_i|\leqslant|\eta_i|$，$\boldsymbol{P}_i$-a.s.，则 $\mathscr{H}$ 也为一致可积族；

2)设 $\xi_i\in L^p(\Omega_i,\mathscr{F}_i,\boldsymbol{P}_i)$，$i\in I$，$p>1$，且 $\sup_{i\in I}\boldsymbol{E}_i[|\xi_i|^p]<\infty$，则 $\mathscr{H}$ 为一致可积族.

证明 1)直接由定义 1.6 看出.

2)令 $a=\sup_{i\in I}\boldsymbol{E}_i[|\xi_i|^p]$，则对任何 $c>0$，我们有

$$\int_{[|\xi_i|>c]}|\xi_i|d\boldsymbol{P}_i\leqslant\int_{[|\xi_i|>c]}\frac{|\xi_i|^p}{c^{p-1}}d\boldsymbol{P}_i\leqslant\frac{\boldsymbol{E}_i[|\xi_i|^p]}{c^{p-1}}\leqslant\frac{a}{c^{p-1}}.$$

故由定义 1.6，$\mathscr{H}$ 为一致可积族. □

1.8 定理 令$(\Omega,\mathscr{F},\boldsymbol{P})$为一概率空间，$\xi$ 为一可积随机变量，$(\mathscr{G}_i)_{i\in I}$为一族 $\mathscr{F}$ 的子 σ-域，则$(\boldsymbol{E}[\xi|\mathscr{G}_i])_{i\in I}$为一致可积族.

证明 令 $\eta_i=\boldsymbol{E}[|\xi\|\mathscr{G}_i]$，则对任何 $c>0$，我们有

$$\boldsymbol{P}(\eta_i\geqslant c)\leqslant\frac{1}{c}\boldsymbol{E}[\eta_i]=\frac{1}{c}\boldsymbol{E}[|\xi|],\quad i\in I,$$

于是

$$\begin{aligned}\int_{[\eta_i>c]}\eta_i d\boldsymbol{P}&=\int_{[\eta_i>c]}|\xi|d\boldsymbol{P}\leqslant\delta\boldsymbol{P}(\eta_i>c)+\int_{[|\xi|\geqslant\delta]}|\xi|d\boldsymbol{P}\\&\leqslant\frac{\delta}{c}\boldsymbol{E}[|\xi|]+\int_{[|\xi|\geqslant\delta]}|\xi|d\boldsymbol{P}.\end{aligned}$$

给定 $\varepsilon>0$，取 $\delta>0$，使得 $\int_{[|\xi|\geq\delta]}|\xi|dP\leqslant\frac{\varepsilon}{2}$，于是当 $c\geqslant\frac{2\delta}{\varepsilon}E[|\xi|]$，有 $\int_{[\eta_i>c]}\eta_i dP\leqslant\varepsilon,\ i\in I$. 这表明 $(\eta_i)_{i\in I}$ 为一致可积族. 故由定理 1.7.1)，$(E[\xi|\mathscr{G}_i])_{i\in I}$ 为一致可积族. □

1.9 定理 设 $(\Omega_i,\mathscr{F}_i,P_i)$，$i\in I$，为一族概率空间，$\xi_i\in L^1(\Omega_i,\mathscr{F}_i,P_i)$，$i\in I$，则为要 $\mathscr{H}=\{\xi_i,i\in I\}$ 为一致可积族，必须且只需满足下列条件：

i) $a=\sup_{i\in I}E_i[|\xi_i|]<\infty$；

ii) 任给 $\varepsilon>0$，存在 $\delta>0$，使得对一切满足 $P_i(A)$ 的 $A\in\mathscr{F}_i$，有

$$\int_A|\xi_i|dP_i\leqslant\varepsilon, \tag{9.1}$$

即 $\lim_{\delta\to0}\sup_{i\in I}\sup_{\{A:P_i(A)\leqslant\delta\}}\int_A|\xi_i|dP_i=0$.

证明 必要性. 令 $A\in\mathscr{F}_i$，$c>0$，我们有

$$\int_A|\xi_i|dP_i\leqslant cP_i(A)+\int_{[|\xi_i|>c]}|\xi_i|dP_i,\ i\in I. \tag{9.2}$$

设 $\mathscr{H}$ 为一致可积族，取 c 足够大，使得对一切 $i\in I$，

$$\int_{[|\xi_i|>c]}|\xi_i|dP_i\leqslant\frac{\varepsilon}{2}.$$

在(9.2)中令 $A=\Omega$ 得条件 i)；令 $\delta=\frac{\varepsilon}{2c}$ 得条件 ii).

充分性. 设条件 i)、ii) 成立. 任给 $\varepsilon>0$，选取 $\delta>0$，使得条件 ii) 成立. 于是当 $c\geqslant\frac{a}{\delta}$ 时，我们有

$$P_i(|\xi_i|\geqslant c)\leqslant\frac{1}{c}E_i[|\xi_i|]\leqslant\frac{a}{c}\leqslant\delta.$$

故由(9.1)，对每个 $i\in I$

$$\int_{[|\xi_i|>c]}|\xi_i|dP_i\leqslant\varepsilon.$$

这表明 $\mathscr{H}$ 为一致可积族. □

1.10 系 设 $(\xi_i)_{i\in I}$ 及 $(\eta_i)_{i\in I}$ 都为一致可积族，则 $(\xi_i+\eta_i)_{i\in I}$ 为一致可积族.

1.11 定理 设(ξ_n)为$(\Omega,\mathscr{F},P)$上一可积随机变量序列，ξ为一实值随机变量，则为要$\xi_n \xrightarrow{L^1} \xi$，必须且只需$(\xi_n)$为一致可积，且$\xi_n \xrightarrow{P} \xi$.

证明 必要性. 设$\xi_n \xrightarrow{L^1} \xi$. 熟知，$L^1$收敛蕴含依概率收敛. 令$A\in\mathscr{F}$，我们有

$$\int_A |\xi_n| dP \leqslant \int_A |\xi| dP + E[|\xi_n - \xi|]. \tag{11.1}$$

给定$\varepsilon>0$，选取一正整数N，使得当$n>N$时，$E[|\xi_n-\xi|]\leqslant\varepsilon/2$. 再选取$\delta>0$，使得对$A\in\mathscr{F}$

$$P(A)\leqslant\delta\Rightarrow\int_A|\xi|dP\leqslant\frac{\varepsilon}{2} \quad 及 \quad \int_A|\xi_n|dP\leqslant\frac{\varepsilon}{2}, n\leqslant N.$$

于是由(11.1)，对$A\in\mathscr{F}$

$$P(A)\leqslant\delta\Rightarrow\forall\ n, \int_A|\xi_n|dP\leqslant\varepsilon.$$

此外，我们有$\sup\limits_n E[|\xi_n|]<\infty$. 故由定理1.9，$(\xi_n)$为一致可积族.

充分性. 设(ξ_n)一致可积，且$\xi_n \xrightarrow{P} \xi$. 由Fatou引理，$E[|\xi|]\leqslant\sup\limits_n E[|\xi_n|]<\infty$，故$\xi$可积，且$(\xi_n-\xi)$为一致可积(系1.10). 任给$\varepsilon>0$，由定理1.9知，存在$\delta>0$，使得对$A\in\mathscr{F}$

$$P(A)<\delta\Rightarrow\int_A|\xi_n-\xi|dP<\varepsilon,\ n\geqslant 1.$$

取N充分大，使得对一切$n\geqslant N$，有$P(|\xi_n-\xi|\geqslant\varepsilon)<\delta$. 于是，当$n\geqslant N$时，我们有

$$\begin{aligned}E[|\xi_n-\xi|] &= \int_{[|\xi_n-\xi|\geqslant\varepsilon]}|\xi_n-\xi|dP \\ &\quad + \int_{[|\xi_n-\xi|<\varepsilon]}|\xi_n-\xi|dP \\ &\leqslant \varepsilon+\varepsilon = 2\varepsilon.\end{aligned}$$

这表明$\xi_n \xrightarrow{L^1} \xi$. □

一致可积随机变量族在本书中将经常遇到. 关于一致可积性的进一步的材料可在本章的问题与补充中找到.

§ 3. 本质上确界

1.12 定义 设$(\Omega,\mathscr{F},\boldsymbol{P})$为一概率空间，$\mathscr{H}$ 为随机变量的非空族. 称随机变量 η 为 $\mathscr{H}$ 的**本质上确界**，如果 η 满足下列条件：

i) 对一切 $\xi\in\mathscr{H}$，有 $\xi\leqslant\eta$ a.s.;

ii) 设 η' 为一随机变量，使得对一切 $\xi\in\mathscr{H}$ 有 $\xi\leqslant\eta'$ a.s.，则有 $\eta\leqslant\eta'$ a.s..

容易看出：若 $\mathscr{H}$ 的本质上确界存在，则必唯一（今后我们总不计 a.s. 相等的两个随机变量的差别），我们用 $\operatorname{ess\,sup}_{\xi\in\mathscr{H}}\xi$ 或 $\operatorname{ess\,sup}\mathscr{H}$ 表示之.

在上述 i) 及 ii) 中将不等号反向，就得到本质下确界的定义. $\mathscr{H}$ 的本质下确界记为 $\operatorname{ess\,inf}_{\xi\in\mathscr{H}}\xi$ 或 $\operatorname{ess\,inf}\mathscr{H}$.

下一定理表明，随机变量的非空族的本质上（下）确界总存在.

1.13 定理 令 $\mathscr{H}$ 为随机变量的非空族，则 $\mathscr{H}$ 的本质上（下）确界存在，且有 $\mathscr{H}$ 中的至多可列个元素(ξ_n)，使得

$$\operatorname{ess\,sup}\mathscr{H}=\bigvee_n\xi_n\quad(\operatorname{ess\,inf}\mathscr{H}=\bigwedge_n\xi_n).$$

若进一步，$\mathscr{H}$ 对取有限上（下）端运算封闭，则(ξ_n)可取为一单调增（单调减）序列.

证明 我们只讨论本质上确界，第二个结论不待证. 为证第一个结论，不妨设 $\mathscr{H}$ 中的元素一致有界，否则我们可以考虑随机变量族 $\overline{\mathscr{H}}=\{\operatorname{arctg}\xi:\xi\in\mathscr{H}\}$. 此外，显然可以进一步假定 $\mathscr{H}$ 对取有限上端运算封闭. 这时，令$(\xi_n)\subset\mathscr{H}$ 为一单调增序列，使得

$$\lim_n\boldsymbol{E}[\xi_n]=\sup_{\xi\in\mathscr{H}}\boldsymbol{E}[\xi].$$

令 $\eta=\bigvee_n\xi_n$，往证 η 为 $\mathscr{H}$ 的本质上确界. 为此只需验证定义 1.12 中的两个条件. 条件 ii) 显然成立，故只需证条件 i) 成立. 设 $\xi\in\mathscr{H}$，令 $\xi_n'=\xi_n\vee\xi$，则$(\xi_n')\subset\mathscr{H}$，$(\xi_n')$单调增，且 $\lim_n\xi_n'=\eta\vee\xi$. 我们有

$$\boldsymbol{E}[\eta \vee \xi] = \lim_n \boldsymbol{E}[\xi_n'] \leqslant \sup_{\xi \in \mathscr{H}} \boldsymbol{E}[\xi] = \boldsymbol{E}[\eta].$$

由于 $\eta \vee \xi \geqslant \eta$，上式表明 $\eta \vee \xi = \eta$ a.s.，此即 $\eta \geqslant \xi$ a.s.. 条件 i)得证. □

1.14 注 令$(\Omega, \mathscr{F}, \boldsymbol{P})$为一概率空间. 设 $\mathscr{C} \subset \mathscr{F}$，且 $\mathscr{C}$ 非空. 令 $\mathscr{H} = \{I_C : C \in \mathscr{C}\}$，则由定理 1.13 知，存在$(C_n) \subset \mathscr{C}$，使得

$$I_{\bigcup_n C_n} = \bigvee_n I_{C_n} = \text{ess sup} \mathscr{H},$$

$\bigcup_n C_n$ 称为 $\mathscr{C}$ 的**本质上确界**，记为 ess sup$\mathscr{C}$. 类似地，有$(D_n) \subset \mathscr{C}$，使得

$$I_{\bigcap_n D_n} = \bigwedge_n I_{D_n} = \text{ess inf} \mathscr{H},$$

$\bigcap_n D_n$ 称为 $\mathscr{C}$ 的**本质下确界**，记为 ess inf$\mathscr{C}$.

定理 1.13 中证明本质上确界存在的方法也是一个有用的技巧，在本书中将多次使用.

§4. 条件期望的推广

1.15 定义 令$(\Omega, \mathscr{F}, \boldsymbol{P})$为一概率空间，$\mathscr{G}$ 为 $\mathscr{F}$ 的一子 σ-域. 一随机变量 ξ 叫做关于 $\mathscr{G}$ 为 **σ-可积**，如果存在 $\Omega_n \in \mathscr{G}$，$\Omega_n \uparrow \Omega$ a.s.[1)]，使得每个 ξI_{Ω_n}为可积.

1.16 定理 1)为要一随机变量 ξ 关于 $\mathscr{G}$ 为 σ-可积，必须且只需存在一 $\mathscr{G}$-可测有限随机变量 $\eta > 0$ a.s.，使得 $\xi\eta$ 可积.

2)设 ξ 为一随机变量. 如果存在$(G_n) \subset \mathscr{G}$，使得 $\bigcup_n G_n = \Omega$ a.s.，且每个 ξI_{G_n}关于 $\mathscr{G}$ 为 σ-可积，则 ξ 关于 $\mathscr{G}$ 为 σ-可积.

证明 1)充分性显然(令 $\Omega_n = [\eta \geqslant \frac{1}{n}]$即可)，往证必要性. 设 ξ 关于 $\mathscr{G}$ 为 σ-可积，即存在 $\Omega_n \in \mathscr{G}$，$\Omega_n \uparrow \Omega$ a.s.，使得每个 ξI_{Ω_n}可积. 令

$$\eta = \sum_{n=1}^{\infty} \frac{1}{2^n(1 + \boldsymbol{E}[|\xi| I_{\Omega_n}])} I_{\Omega_n},$$

---

1) 必要时用 $\Omega_n \cup (\Omega \setminus \bigcup_n \Omega_n)$代替 Ω_n，可做到 $\Omega_n \uparrow \Omega$.

则 $\eta>0$ a.s.，$\eta\in\mathscr{G}$，且 $\xi\eta$ 可积.

2）由 1），对每个 n，存在 $\mathscr{G}$-可测有限随机变量 $\eta_n>0$ a.s.，使得 $\eta_n\xi I_{G_n}$ 可积. 令

$$\eta=\sum_{n=1}^{\infty}\frac{\eta_n\wedge 1}{2^n(1+E[\eta_n|\xi|I_{G_n}])}I_{G_n},$$

则 $\eta>0$ a.s.，$\eta\in\mathscr{G}$，且 $\xi\eta$ 可积. 由 1），η 关于 $\mathscr{G}$ 为 σ-可积. □

熟知：对任一非负随机变量 ξ，我们总可以定义条件数学期望 $E[\xi|\mathscr{G}]$（令 $E[\xi|\mathscr{G}]=\lim_n E[\xi\wedge n|\mathscr{G}]$a.s.）. 但即使 ξ 只取有限值，$E[\xi|\mathscr{G}]$可能在一正概率集合上取 $+\infty$. 不难证明 $E[\xi|\mathscr{G}]$为 a.s. 有限当且仅当 ξ 关于 $\mathscr{G}$ 为 σ-可积.

1.17 定理 设 ξ 为一关于 $\mathscr{G}$ 为 σ-可积的随机变量. 令

$$\mathscr{C}=\{A\in\mathscr{G}:E[|\xi|I_A]<+\infty\},$$

则存在唯一的 $\mathscr{G}$-可测实值随机变量 η，使得对一切 $A\in C$，有

$$E[\xi I_A]=E[\eta I_A],\tag{17.1}$$

我们称 η 为 ξ 关于 $\mathscr{G}$ 的**条件期望**，记为 $E[\xi|\mathscr{G}]$.

证明 无妨设 ξ 非负. 令 $\Omega_n\in\mathscr{G}$，$\Omega_n\uparrow\Omega$，使得 ξI_{Ω_n} 可积. 令 $\eta_n=E[\xi I_{\Omega_n}|\mathscr{G}]$ a.s.，则有 $\eta_{n+1}I_{\Omega_n}=\eta_n$ a.s.，$\eta_n\uparrow\eta$ a.s.，其中 η 为一 $\mathscr{G}$-可测实值随机变量. 令 $A\in\mathscr{C}$，则有

$$E[\xi I_A]=\lim_n E[\xi I_A I_{\Omega_n}]=\lim_n E[\eta_n I_A]=E[\eta I_A],$$

此即(17.1). 由(17.1)，ηI_{Ω_n} 为 ξI_{Ω_n} 关于 $\mathscr{G}$ 的条件期望，故 η 唯一确定. □

上面已指出，$E[\xi|\mathscr{G}]<\infty$ a.s.（即 $E[\xi^+|\mathscr{G}]<\infty$ 且 $E[\xi^-|\mathscr{G}]<\infty$ a.s.）当且仅当 ξ 关于 $\mathscr{G}$ 为 σ-可积，且这时定理 1.17 中所定义的条件期望 $E[\xi|\mathscr{G}]$就是 $E[\xi^+|\mathscr{G}]-E[\xi^-|\mathscr{G}]$.

可积随机变量的条件期望的性质是熟知的. 这些性质对 σ-可积随机变量的条件期望依然保留. 下面我们列出这些性质，但仅对平滑性质给出证明. 其余的证明可如同可积随机变量情形一样进行.

1.18 定理 设 ξ,η 是两个关于 $\mathscr{G}$ 为 σ-可积的随机变量.

1）对任意实数 a,b，$a\xi+b\eta$ 关于 $\mathscr{G}$ 为 σ-可积，且

$$E[a\xi + b\eta|\mathscr{G}] = a\boldsymbol{E}[\xi|\mathscr{G}] + b\boldsymbol{E}[\eta|\mathscr{G}] \text{ a.s. };$$

2)若 $\xi \leqslant \eta$ a.s.，则

$$\boldsymbol{E}[\xi|\mathscr{G}] \leqslant \boldsymbol{E}[\eta|\mathscr{G}] \text{ a.s.}.$$

1.19 定理 设随机变量 $\xi_n \geqslant 0$，$n \geqslant 1$，关于 $\mathscr{G}$ 为 σ-可积.

1)若 $\xi_n \uparrow \xi$ a.s.，则 ξ 关于 $\mathscr{G}$ 为 σ-可积当且仅当 $\lim_n \boldsymbol{E}[\xi_n|\mathscr{G}] < \infty$ a.s.，且这时我们有

$$\boldsymbol{E}[\xi|\mathscr{G}] = \lim_n \boldsymbol{E}[\xi_n|\mathscr{G}] \text{ a.s. };$$

2)若 $\underline{\lim}_n \xi_n$ 关于 $\mathscr{G}$ 为 σ-可积，则

$$\underline{\lim}_n \boldsymbol{E}[\xi_n|\mathscr{G}] \geqslant \boldsymbol{E}[\underline{\lim}_n \xi_n|\mathscr{G}] \text{ a.s.}.$$

1.20 定理 设随机变量 ξ_n a.s. 收敛于一随机变量 ξ，对每个 η，$|\xi_n| \leqslant \eta$ a.s.，其中 η 为一 $\mathscr{G}$-可测实值随机变量，则

$$\boldsymbol{E}[|\xi_n - \xi||\mathscr{G}] \to 0 \text{ a.s.}.$$

1.21 定理 设 ξ 是一关于 $\mathscr{G}$ 为 σ-可积的随机变量，η 为一 $\mathscr{G}$-可测实值随机变量，则 $\xi\eta$ 关于 $\mathscr{G}$ 为 σ-可积，且有

$$\boldsymbol{E}[\xi\eta|\mathscr{G}] = \eta\boldsymbol{E}[\xi|\mathscr{G}] \text{ a.s.}. \tag{21.1}$$

证明 令 $A_n \in \mathscr{G}$，$A_n \uparrow \Omega$，使得 ξI_{A_n} 可积. 令 $B_n = [|\eta| \leqslant n]$，则 $B_n \in \mathscr{G}$，$B_n \uparrow \Omega$. 令 $\Omega_n = A_n \cap B_n$，则 $\Omega_n \in \mathscr{G}$，$\Omega_n \uparrow \Omega$，且 $\xi\eta I_{\Omega_n}$ 可积，故 $\xi\eta$ 关于 $\mathscr{G}$ 为 σ-可积. 我们有(由(17.1))

$$\boldsymbol{E}[\xi\eta|\mathscr{G}]I_{\Omega_n} = \boldsymbol{E}[\xi\eta I_{\Omega_n}|\mathscr{G}] = \eta I_{\Omega_n}\boldsymbol{E}[\xi|\mathscr{G}] \text{ a.s.}.$$

故得(21.1). □

1.22 定理 设 $\mathscr{H}$，$\mathscr{G}$ 为两个 $\mathscr{F}$ 的子 σ-域，且 $\mathscr{G} \subset \mathscr{H}$. 设 ξ 是一关于 $\mathscr{G}$(从而也关于 $\mathscr{H}$)为 σ-可积的随机变量，则 $\boldsymbol{E}[\xi|\mathscr{H}]$ 关于 $\mathscr{G}$ 为 σ-可积，且有

$$\boldsymbol{E}[\xi|\mathscr{G}] = \boldsymbol{E}[\xi|\mathscr{H}|\mathscr{G}] \text{ a.s.}. \tag{22.1}$$

其中 $\boldsymbol{E}[\xi|\mathscr{H}|\mathscr{G}]$ 是 $\boldsymbol{E}[\boldsymbol{E}[\xi|\mathscr{H}]|\mathscr{G}]$ 的缩写.

证明 令 $\Omega_n \in \mathscr{G}$，$\Omega_n \uparrow \Omega$，使得 ξI_{Ω_n} 可积. 由(17.1)可知 $I_{\Omega_n}\boldsymbol{E}[\xi|\mathscr{H}]$ 可积，即 $\boldsymbol{E}[\xi|\mathscr{H}]$ 关于 $\mathscr{G}$ 为 σ-可积. 由通常的条件期望的平滑性质.

$$\boldsymbol{E}[\xi I_{\Omega_n}|\mathscr{G}] = \boldsymbol{E}[\xi I_{\Omega_n}|\mathscr{H}|\mathscr{G}] \text{ a.s.}.$$

故有(由(21.1))

$$\begin{aligned}E[\xi|\mathscr{G}]I_{\Omega_n} &= E[\xi I_{\Omega_n}|\mathscr{G}] \\ &= E[\xi I_{\Omega_n}|\mathscr{H}|\mathscr{G}] \\ &= E[I_{\Omega_n}E[\xi|\mathscr{H}]|\mathscr{G}] \\ &= E[E[\xi|\mathscr{H}]|\mathscr{G}]I_{\Omega_n} \text{ a.s..}\end{aligned}$$

由此得(22.1). □

下一定理在本书中经常用到.

1.23 定理 令 ξ 为一随机变量,$A\in\mathscr{G}$. 设 ξI_A 关于 $\mathscr{G}$ 为 σ-可积. 令 $\mathscr{G}'=\sigma\{G\cap A:G\in\mathscr{G}\}$,则 ξI_A 关于 $\mathscr{G}'$ 为 σ-可积,且

$$E[\xi I_A|\mathscr{G}] = E[\xi I_A|\mathscr{G}'] \quad \text{a.s..} \tag{23.1}$$

证明 ξI_A 关于 $\mathscr{G}'$ 为 σ-可积是显然的. 由定理 1.21

$$E[\xi I_A|\mathscr{G}] = E[\xi I_A|\mathscr{G}]I_A \quad \text{a.s..}$$

故 $E[\xi I_A|\mathscr{G}]$可取为 $\mathscr{G}'$-可测. 但 $\mathscr{G}'\subset\mathscr{G}$,故由定理 1.22

$$E[\xi I_A|\mathscr{G}'] = E[\xi I_A|\mathscr{G}|\mathscr{G}'] = E[\xi I_A|\mathscr{G}] \quad \text{a.s..} \qquad \square$$

注 若 ξ 可积,则对任何 $A\in\mathscr{G}$,有

$$E[\xi|\mathscr{G}]I_A = E[\xi|\mathscr{G}']I_A \quad \text{a.s..}$$

更进一步,若两个子 σ-域 $\mathscr{G}_1$ 与 $\mathscr{G}_2$ 满足条件 $\mathscr{G}_1\cap A=\mathscr{G}_2\cap A$,且 $A\in\mathscr{G}_1\cap\mathscr{G}_2$,则对任一可积随机变量 ξ 有

$$E[\xi|\mathscr{G}_1]I_A = E[\xi|\mathscr{G}_2]I_A \quad \text{a.s..}$$

§5. 解析集与 Choquet 容度

在本节中我们介绍解析集的概念及其基本性质. 利用 Choquet 容度我们证明任一可测空间$(\Omega,\mathscr{F})$中的 $\mathscr{F}$-解析集是普遍可测的. 这些是第五章中截口定理所必需的准备知识.

1.24 定义 设 E 为一集合,$\mathscr{E}$ 为 E 上一类. 如果 $\mathscr{E}$ 包含空集 $\varnothing$,称 $\mathscr{E}$ 为 E 上的一个**铺**,称序偶$(E,\mathscr{E})$为一**铺集**.

1.25 定义 令$(F,\mathscr{F})$为一铺集,$A\subset F$. 称 A 为一 $\mathscr{F}$-解析

集，如果存在一紧可距离化空间 E 和 $E\times F$ 的一子集 $B\in(\mathscr{F}\otimes\mathscr{K}(E))_{\sigma\delta}$，使得 A 为 B 在 F 上的投影. 这里 $\mathscr{K}(E)$ 是 E 的紧子集全体所成的铺.

今后，我们用 $\mathscr{A}(\mathscr{F})$ 表示 $\mathscr{F}$-解析集全体. 由定义立刻推知：设 $A\in\mathscr{A}(\mathscr{F})$，则存在 $B\in\mathscr{F}_\sigma$，使得 $A\subset B$. 特别，为要 $F\in\mathscr{A}(\mathscr{F})$，必须且只需 $F\in\mathscr{F}_\sigma$.

1.26 定理 令 $(F,\mathscr{F})$ 为一铺集，则

1) $\mathscr{F}\subset\mathscr{A}(\mathscr{F})$；

2) $\mathscr{A}(\mathscr{F})$ 对可列并及可列交运算封闭.

证明 1) 显然，往证 2). 令 $(A_n)\subset\mathscr{A}(\mathscr{F})$. 依定义，对每个 n，存在一紧可距离化空间 E_n 及 $B_n\in(\mathscr{F}\otimes\mathscr{K}(E_n))_{\sigma\delta}$，使得 A_n 为 B_n 在 F 上的投影. 令 E 为乘积拓扑空间 $\Pi_n E_n$，π 为 $F\times E$ 到 F 上的投影映射. 令

$$C_n=B_n\times\prod_{m\neq n}E_m,$$

则有

$$\bigcap_n A_n=\bigcap_n\pi(C_n)=\pi(\bigcap_n C_n). \tag{26.1}$$

令 $B_n=\bigcap_k B_{nk}$，其中对一切 k，$B_{n,k}\in(\mathscr{F}\otimes\mathscr{K}(E_n))_\sigma$. 由于 $B_{n,k}\times\Pi_{m\neq n}E_m\in(\mathscr{F}\otimes\mathscr{K}(E_n))_\sigma$，故 $C_n\in(\mathscr{F}\otimes\mathscr{K}(E))_{\sigma\delta}$，从而 $\bigcap_n C_n\in(\mathscr{F}\otimes\mathscr{K}(E))_{\sigma\delta}$. 由(26.1)知 $\bigcap_n A_n\in\mathscr{A}(\mathscr{F})$，即 $\mathscr{A}(\mathscr{F})$ 对可列交运算封闭.

现令 E 为和拓扑空间 $\Sigma_n E_n$ 的单点紧化，并将 $\Sigma_n(F\times E_n)$ 与 $F\times(\Sigma_n E_n)$ 视为同一，则有

$$\pi(\sum_n B_n)=\bigcup_n A_n. \tag{26.2}$$

由于 $\Sigma_n B_{n,k}\in(\mathscr{F}\otimes\mathscr{K}(E))_\sigma$，从而

$$\sum_n B_n=\sum_n\bigcap_k B_{n,k}=\bigcap_k\sum_n B_{n,k}\in(\mathscr{F}\otimes\mathscr{K}(E))_{\sigma\delta}.$$

由(26.2)，$\bigcup_n \hat{A}_n\in\mathscr{A}(\mathscr{F})$. 这表明 $\mathscr{A}(\mathscr{F})$ 对可列并运算封闭.

□

1.27 定理 令 $(E,\mathscr{E})$，$(F,\mathscr{F})$ 为两个铺集，$(F\times E,\mathscr{F}\otimes\mathscr{E})$

为其乘积，则有

$$\mathscr{A}(\mathscr{F})\otimes\mathscr{A}(\mathscr{E})\subset\mathscr{A}(\mathscr{F}\otimes\mathscr{E}).\tag{27.1}$$

证明 设 $A\in\mathscr{A}(\mathscr{E})$，$B\in\mathscr{A}(\mathscr{F})$. 令 $A_1\in\mathscr{E}_\sigma$，$B_1\in\mathscr{F}_\sigma$，使得 $A\subset A_1$，$B\subset B_1$. 易见，$\mathscr{F}\otimes\mathscr{A}(\mathscr{E})\subset\mathscr{A}(\mathscr{F}\otimes\mathscr{E})$. 于是由定理 1.26，

$$\mathscr{F}_\sigma\otimes\mathscr{A}(\mathscr{E})\subset(\mathscr{F}\otimes\mathscr{A}(\mathscr{E}))_\sigma\subset\mathscr{A}(\mathscr{F}\otimes\mathscr{E}).$$

同理有 $\mathscr{A}(\mathscr{F})\otimes\mathscr{E}_\sigma\subset\mathscr{A}(\mathscr{F}\otimes\mathscr{E})$. 因此我们有

$$B\times A=(B_1\times A)\cap(B\times A_1)\in\mathscr{A}(\mathscr{F}\otimes\mathscr{E}).\quad\Box$$

1.28 定理 令 $(F,\mathscr{F})$ 为一铺集，E 为一紧可距离化空间，则对一切 $A'\in\mathscr{A}(\mathscr{F}\otimes\mathscr{K}(E))$，$A'$ 到 F 上的投影 A 为 $\mathscr{F}$-解析集.

证明 存在一紧可距离化空间 G 及 $A''\in(\mathscr{F}\otimes\mathscr{K}(E)\otimes\mathscr{K}(G))_{\sigma\delta}$，使得 A' 是 A'' 在 $F\times E$ 上的投影. 但 $E\times G$ 为紧可距离化空间，$\mathscr{K}(E)\otimes\mathscr{K}(G)\subset\mathscr{K}(E\times G)$，且 A'' 在 F 上的投影为 A，故依定义，$A\in\mathscr{A}(\mathscr{F})$. $\Box$

1.29 定理 设 $(F,\mathscr{F})$ 为一铺集，$\mathscr{G}$ 为 F 上一个铺，满足 $\mathscr{F}\subset\mathscr{G}\subset\mathscr{A}(\mathscr{F})$，则有

$$\mathscr{A}(\mathscr{F})=\mathscr{A}(\mathscr{G})=\mathscr{A}(\mathscr{A}(\mathscr{F})).\tag{29.1}$$

证明 设 $A\in\mathscr{A}(\mathscr{A}(\mathscr{F}))$，存在一紧可距离化空间 E 及 $A'\in(\mathscr{A}(\mathscr{F})\otimes\mathscr{K}(E))_{\sigma\delta}$，使得 A 为 A' 在 F 上的投影. 由(27.1)，我们有

$$\mathscr{A}(\mathscr{F})\otimes\mathscr{K}(E)\subset\mathscr{A}(\mathscr{F})\otimes\mathscr{A}(\mathscr{K}(E))\subset\mathscr{A}(\mathscr{F}\otimes\mathscr{K}(E)).$$

从而 $A'\in(\mathscr{A}(\mathscr{F}\otimes\mathscr{K}(E))$，故由定理 1.28，$A\in\mathscr{A}(\mathscr{F})$. 这表明 $\mathscr{A}(\mathscr{A}(\mathscr{F}))\subset\mathscr{A}(\mathscr{F})$，但显然我们有 $\mathscr{A}(\mathscr{F})\subset\mathscr{A}(\mathscr{G})\subset\mathscr{A}(\mathscr{A}(\mathscr{F}))$，故有(29.1). $\Box$

1.30 定理 设 $(F,\mathscr{F})$ 为一铺集，$A\subset F$. 令 $\mathscr{F}\cap A=\{B\cap A:B\in\mathscr{F}\}$，则有

$$\mathscr{A}(\mathscr{F}\cap A)=\mathscr{A}(\mathscr{F})\cap A,\tag{30.1}$$

其中 $\mathscr{F}\cap A$ 考虑为 A 上的一个铺.

证明 设 $C\in\mathscr{A}(\mathscr{F}\cap A)$. 存在一紧可距离化空间 E 及 $C'\in((\mathscr{F}\cap A)\otimes\mathscr{K}(E))_{\sigma\delta}$ 使得 C 为 C' 在 A 上的投影. 由于存在 $C''\in$

$(\mathscr{F}\otimes\mathscr{K}(E))_{\sigma\delta}$，使得$C'=(A\times E)\cap C''$，故$C=A\cap\pi(C'')\in\mathscr{A}(\mathscr{F})\cap A$. 反之，设$B\in\mathscr{A}(\mathscr{F})$，则存在一紧可距离化空间$E$及$B'\in(\mathscr{F}\otimes\mathscr{K}(E))_{\sigma\delta}$，使得$B=\pi(B')$. 由于$(A\times E)\cap B'\in((\mathscr{F}\cap A)\otimes\mathscr{K}(E))_{\sigma\delta}$，且$A\cap B=\pi((A\times E)\cap B')$，故$A\cap B\in\mathscr{A}(\mathscr{F}\cap A)$. 这表明$\mathscr{A}(\mathscr{F})\cap A\subset\mathscr{A}(\mathscr{F}\cap A)$. 于是有(30.1). □

1.31 定理 设$(F,\mathscr{F})$为一铺集. 为要$\sigma(\mathscr{F})\subset\mathscr{A}(\mathscr{F})$，必须且只需对一切$A\in\mathscr{F}$，有$A^c\in\mathscr{A}(\mathscr{F})$.

证明 必要性显然，往证充分性. 令

$$\mathscr{G}=\{A\in\mathscr{A}(\mathscr{F}):A^c\in\mathscr{A}(\mathscr{F})\},$$

则$\mathscr{F}\subset\mathscr{G}$. 由定理1.26，$\mathscr{G}$为$\sigma$-域，故$\sigma(\mathscr{F})\subset\mathscr{G}\subset\mathscr{A}(\mathscr{F})$. □

1.32定理 设$(\Omega,\mathscr{F})$为一可测空间$\mathscr{B}=\mathscr{B}(\boldsymbol{R})$，$\mathscr{K}=\mathscr{K}(\boldsymbol{R})$，$\mathscr{F}\times\mathscr{B}$为$\Omega\times\boldsymbol{R}$上的乘积$\sigma$-域，则有

1) $\mathscr{B}\subset\mathscr{A}(\mathscr{K})$，$\mathscr{A}(\mathscr{B})=\mathscr{A}(\mathscr{K})$；

2) $\mathscr{F}\times\mathscr{B}\subset\mathscr{A}(\mathscr{F}\otimes\mathscr{K})=\mathscr{A}(\mathscr{F}\times\mathscr{B})$；

3) 对任何$A\in\mathscr{A}(\mathscr{F}\otimes\mathscr{K})$，$A$在$\Omega$上的投影为$F$-解析集.

证明 1) 设$K\in\mathscr{K}$，则熟知$K^c\subset\mathscr{K}_\sigma\subset\mathscr{A}(\mathscr{K})$. 由于$\sigma(\mathscr{K})=\mathscr{B}$，故$\mathscr{K}\subset\mathscr{B}\subset\mathscr{A}(\mathscr{K})$(定理1.31)，从而$\mathscr{A}(\mathscr{B})=\mathscr{A}(\mathscr{K})$(定理1.29).

2) 设$B\in\mathscr{F}\otimes\mathscr{K}$，则$B^c\in(\mathscr{F}\otimes\mathscr{K})_\sigma\subset\mathscr{A}(\mathscr{F}\otimes\mathscr{K})$. 又由于$\sigma(\mathscr{F}\otimes\mathscr{K})=\mathscr{F}\times\mathscr{B}$，故$\mathscr{F}\otimes\mathscr{K}\subset\mathscr{F}\times\mathscr{B}\subset\mathscr{A}(\mathscr{F}\otimes\mathscr{K})$(定理1.31)，从而$\mathscr{A}(\mathscr{F}\times\mathscr{B})=\mathscr{A}(\mathscr{F}\otimes\mathscr{K})$(定理1.29).

3) 取$(K_n)\subset\mathscr{K}$，使得$\bigcup_n K_n=\boldsymbol{R}$(例如，令$K_n=[-n,n]$). 对每个$n$，我们有(定理1.30)

$$\begin{aligned}(\Omega\times K_n)\cap\mathscr{A}(\mathscr{F}\otimes\mathscr{K})&=\mathscr{A}((\Omega\times\mathscr{K}_n)\cap(\mathscr{F}\otimes\mathscr{K}))\\&=\mathscr{A}(\mathscr{F}\otimes(\mathscr{K}\cap\mathscr{K}_n)).\end{aligned}$$

由于K_n为紧距离空间，且$\mathscr{K}(K_n)=\mathscr{K}\cap K_n$，$A\in\mathscr{A}(\mathscr{F}\otimes\mathscr{K})$，故由定理1.28，$(\Omega\times K_n)\cap A$在$\Omega$上的投影为$F$-解析集. 但$A=\bigcup_n[(\Omega\times K_n)\cap A]$，故$A$在$\Omega$上的投影也是$\mathscr{F}$-解析集. □

注 在定理1.32中$\boldsymbol{R}$可用任一具有可数基的局部紧的Hausdorff拓扑空间(如$\boldsymbol{R}_+$)代替.

下面我们定义 Choquet 容度.

1.33 定义 设$(F,\mathscr{F})$为一铺集，其中$\mathscr{F}$对有限并及有限交运算封闭. 对F的一切子集有定义，在$\overline{\boldsymbol{R}}$中取值的集函数$I$称为$F$上的 **Choquet$\mathscr{F}$-容度**，如果$I$具有下列性质：

i)I单调增，即

$$A \subset B \Rightarrow I(A) \leqslant I(B); \tag{33.1}$$

ii)I从下连续，即

$$A_n \uparrow A \Rightarrow I(A) = \sup_n I(A_n); \tag{32.2}$$

iii)I沿$\mathscr{F}$从上连续，即

$$A_n \in \mathscr{F},\ A_n \downarrow A \Rightarrow I(A) = \inf_n I(A_n). \tag{33.3}$$

集合A称为 ***I*-可容的**，如果

$$I(A) = \sup_{B \in \mathscr{F}_\sigma,\ B \subset A} I(B). \tag{33.4}$$

1.34 引理 设I是F上的 Choquet $\mathscr{F}$-容度，则$\mathscr{F}_{\sigma\delta}$中每个元素都是$I$-可容的.

证明 令$A \in \mathscr{F}_{\sigma\delta}$. 若$I(A) = -\infty$，则$I(\varnothing) = -\infty$，$\varnothing \in \mathscr{F}$，故(33.4)成立，即$A$可容. 现设$I(A) > -\infty$. 我们有

$$A = \bigcap_{n=1}^{\infty} A_n, \quad A_n \in \mathscr{F}_\sigma, \quad n \geqslant 1,$$

$$A_n = \bigcup_{m=1}^{\infty} A_{nm}, \quad A_{nm} \in \mathscr{F}, \quad n, m \geqslant 1$$

由于$\mathscr{F}$对有限并运算封闭，故可假定对固定的n，$(A_{nm})_{m\geqslant 1}$为增序列. 为证(33.4)，只需证明：对任何$a < I(A)$，存在$B \in \mathscr{F}_\delta$，$B \subset A$，使得$I(B) \geqslant a$.

设$a < I(A)$. 由(33.2)，我们有

$$I(A) = I(A \cap A_1) = \sup_m I(A \cap A_{1m}).$$

故存在m_1，使得$I(A \cap A_{1m_1}) > a$. 这时

$$\begin{aligned} I(A \cap A_{1m_1}) &= I(A \cap A_{1m_1} \cap A_2) \\ &= \sup_m I(A \cap A_{1m_1} \cap A_{2m}) > a, \end{aligned}$$

于是存在m_2，使得$I(A \cap A_{1m_1} \cap A_{2m_2}) > a$. 依此类推，我们得到一列自然数$(m_k)_{k\geqslant 1}$，使得对一切$k \geqslant 1$，有

$$I(A \cap A_{1m_1} \cap \cdots \cap A_{km_k}) > a.$$

令 $B_n = \bigcap_{k=1}^{n} A_{km_k}$，$B = \bigcap_{n=1}^{\infty} B_n$，由(33.1)，$I(B_n) > a$. 又 $B_n \in \mathscr{F}$，$B_n \downarrow B$，故 $B \in \mathscr{F}_\delta$，且由(33.3)，$I(B) = \inf_n I(B_n) \geqslant a$. 由于 $B_n \subset A_n$，故 $B \subset A$. □

下一定理称为 **Choquet 定理**.

1.35 定理 设 I 是 F 上的 Choquet $\mathscr{F}$-容度，则一切 $A \in \mathscr{A}(\mathscr{F})$ 都是 I-可容的.

证明 设 $A \in \mathscr{A}(\mathscr{F})$，则存在一紧可距离化空间 E 及 $B \in (\mathscr{F} \otimes \mathscr{K}(E))_{\sigma\delta}$，使得 $\pi(B) = A$，这里 π 是 $F \times E$ 到 F 上的投影映象. 令 $\mathscr{H}$ 为用有限并运算封闭 $\mathscr{F} \otimes \mathscr{K}(E)$ 所得的铺，易知 $\mathscr{H}$ 对有限交运算也封闭，且有 $\mathscr{H}_{\sigma\delta} = (\mathscr{F} \otimes \mathscr{K}(E))_{\sigma\delta}$. 对每个 $H \subset F \times E$，令

$$J(H) = I(\pi(H)).$$

往证 J 是 $F \times E$ 上的 Choquet $\mathscr{H}$-容度. 显然，J 满足定义 1.33 中的性质 i) 及 ii). 剩下只需验证性质 iii).

令 $H = \bigcup_{k=1}^{m} (D_k \times C_k) \in \mathscr{H}$，其中 $D_k \in \mathscr{F}$，$C_k \in \mathscr{K}(E)$，则对任何 $x \in \pi(H)$，我们有 $(\{x\} \times E) \cap H = \{x\} \times C$，其中 $C \neq \varnothing$，且 $C = \bigcup_{\{k: x \in D_k\}} C_k \in \mathscr{K}(E)$. 现设 $(B_n) \subset \mathscr{H}$ 单调降. 令 $x \in \bigcap_{n=1}^{\infty} \pi(B_n)$，则对每个 n，存在 $C_n \in \mathscr{K}(E)$，使得 $(\{x\} \times E) \cap B_n = \{x\} \times C_n$. 由于 (B_n) 单调降，故 (C_n) 亦单调降. 又每个 C_n 为 E 的非空紧子集，故 $\bigcap_n C_n \neq \varnothing$，于是

$$(\{x\} \times E) \cap (\bigcap_n B_n) = \{x\} \times \bigcap_n C_n \neq \varnothing.$$

即有 $x \in \pi(\bigcap_n B_n)$. 这表明 $\bigcap_n \pi(B_n) \subset \pi(\bigcap_n B_n)$. 但相反的包含关系恒成立，故有

$$\bigcap_n \pi(B_n) = \pi(\bigcap_n B_n). \tag{35.1}$$

由于 $\pi(B_n) \in \mathscr{F}$，$\pi(B_n) \downarrow$，由(33.3)我们有

$$\begin{aligned} J(\bigcap_n B_n) &= I(\pi(\bigcap_n B_n)) = I(\bigcap_n \pi(B_n)) \\ &= \inf_n I(\pi(B_n)) = \inf_n J(B_n), \end{aligned}$$

即定义 1.33 中的性质 iii）对 J 成立. 于是 J 是 $F\times E$ 上的 Choquet $\mathscr{H}$-容度.

由于 $B\in\mathscr{H}_{\sigma\delta}$，由引理 1.34 知，$B$ 为 J-可容的. 但由(35.1)看出：$C\in\mathscr{H}_{\delta}\Rightarrow\pi(C)\in\mathscr{F}_{\delta}$，于是有

$$
\begin{aligned}
I(A)=J(B)&=\sup_{C\in\mathscr{H}_{\delta},C\subset B}J(C)\\
&=\sup_{C\in\mathscr{H}_{\delta},C\subset B}I(\pi(C))\\
&\leqslant\sup_{D\in\mathscr{F}_{\delta},D\subset A}I(D).
\end{aligned}
$$

但恒有 $I(A)\geqslant\sup_{D\in\mathscr{F}_{\delta},D\subset A}I(D)$，故有

$$I(A)=\sup_{D\in\mathscr{F}_{\delta},D\subset A}I(D).$$

这表明 A 是 I-可容的. □

作为 Choquet 定理的一个重要应用，我们将证明可测空间 $(\Omega,\mathscr{F})$ 中的一切 $\mathscr{F}$-解析集是普遍可测的.

设 $(\Omega,\mathscr{F})$ 为一可测空间，$\mathscr{P}$ 为 $(\Omega,\mathscr{F})$ 上概率测度全体. 对每个 $\boldsymbol{P}\in\mathscr{P}$，我们令 $\mathscr{F}^{\boldsymbol{P}}$ 表示 $\mathscr{F}$ 按 $\boldsymbol{P}$ 的完备化. 置

$$\hat{\mathscr{F}}=\bigcap_{P\in\mathscr{P}}\mathscr{F}^{P},$$

称 $\hat{\mathscr{F}}$ 为 $\mathscr{F}$ 的**普遍完备化**，$\hat{\mathscr{F}}$ 中的元素称为**普遍可测集**.

显见，$\hat{\hat{\mathscr{F}}}=\hat{\mathscr{F}}$. 此外，若 $\mathscr{F}$ 关于某个概率测度 $\boldsymbol{P}$ 为完备，则 $\hat{\mathscr{F}}=\mathscr{F}$.

1.36 定理 令 $(\Omega,\mathscr{F})$ 为一可测空间，则有

$$\mathscr{A}(\mathscr{F})\subset\hat{\mathscr{F}}=A(\hat{\mathscr{F}}).$$

证明 设 $\boldsymbol{P}\in\mathscr{P}$ 令

$$I(A)=\inf_{B\in\mathscr{F},B\supset A}\boldsymbol{P}(B),\qquad A\subset\Omega.$$

容易验证，I 是 Ω 上的 Choquet $\mathscr{F}$-容度. 由 Choquet 定理，对一切 $A\in\mathscr{A}(\mathscr{F})$，有(注意 $\mathscr{F}_{\delta}=\mathscr{F}$)

$$I(A)=\sup_{B\in\mathscr{F},B\subset A}I(B).$$

于是 $A\in\mathscr{F}^{P}$，但 $\boldsymbol{P}\in\mathscr{P}$ 是任意的，故 $A\in\hat{\mathscr{F}}$. 这表明 $A(\mathscr{F})\subset\hat{\mathscr{F}}$. 于是我们有 $\hat{\mathscr{F}}\subset\mathscr{A}(\hat{\mathscr{F}})\subset\hat{\hat{\mathscr{F}}}=\hat{\mathscr{F}}$，从而 $\mathscr{A}(\hat{\mathscr{F}})=\hat{\mathscr{F}}$. □

§ 6. Lebesgue-Stieltjes 积分

1.37引理 设$a(t)$为$\boldsymbol{R}_+$上一非负右连续增函数(允许取$+\infty$). 令

$$c(t)=\inf\{s: a(s)>t\},\ t\in\boldsymbol{R}_+. \tag{37.1}$$

则$c(t)$为$\boldsymbol{R}_+$上非负右连续增函数,称为$a(t)$的**右逆函数**. 设$t\in\boldsymbol{R}_+$,则为要$c(t)<\infty$,必须且只需$t<a(\infty)=\lim_{t\to\infty}a(t)$. 令

$$a_-(t)=a(t-)=\lim_{s\uparrow\uparrow t}a(s),\ t>0,$$

$$c_-(t)=c(t-)=\lim_{s\uparrow\uparrow t}c(s)=\inf\{s: a(s)\geqslant t\}$$

$$=\sup\{s: a(s)<t\},\ t>0,$$

$$a(0-)=a(0),\ c(0-)=c(0),$$

则我们有

$$a_-(c_-(t))\leqslant a_-(c(t))\leqslant t,\ t\in\boldsymbol{R}_+. \tag{37.2}$$

$$a(c(t))\geqslant a(c_-(t))\geqslant t,\ t<a(\infty). \tag{37.3}$$

特别,如果a连续,则对一切$t<a(\infty)$,我们有$a(c(t))=a(c_-(t))=t$. 最后,c与a的关系是对称的,即$a(t)$也是$c(t)$的右逆函数:

$$a(s)=\inf\{t: c(t)>s\},\ s\in\boldsymbol{R}_+. \tag{37.4}$$

此外,我们有

$$a(s)=\sup\{t: c(t)\leqslant s\},\ s\in\boldsymbol{R}_+. \tag{37.5}$$

证明 留给读者作为练习.

下一引理称为 **Lebesgue 引理**,它把对增函数的 Lebesgue-Stieltjes 积分化为通常的 Lebesgue 积分. 我们将在第五章用到这一引理.

1.38 引理 设$a(t)$为$\boldsymbol{R}_+$上一有限值非负右连续增函数,则对任有界或非负 Borel 函数$f(t)$,我们有

$$\int_{[0,\infty[}f(s)da(s)=\int_{[0,\infty[}f(c(s))I_{[c<\infty]}(s)ds, \tag{38.1}$$

$$\int_{[0,\infty[}f(s)da(s)=\int_{[0,\infty[}f(c_-(s))I_{[c_-<\infty]}(s)ds. \tag{38.2}$$

其中 $c(t)$ 如(37.1)定义.(按约定,$\int_{[0]} f(s)da(s) = f(0)a(0)$.)

证明 设 $u\in \boldsymbol{R}_+$,如果 $f(t)=I_{[0,u]}(t)$,则由(37.5)

$$\int_{[0,\infty[} f(s)da(s) = a(u) = \sup\{s: c(s) \leqslant u\}$$

$$= \int_{[0,\infty[} I_{[c\leqslant u]}(s)ds$$

$$= \int_{[0,\infty[} f(c(s))I_{[c<\infty]}(s)ds.$$

于是对这样的 f,(38.1)成立. 由单调类定理(定理1.4),(38.1)对有界或非负 Borel 函数 f 成立. 最后,由于集合 $\{s: c(s)\neq c_-(s)\}$ 至多是可数的,故由(38.1)得(38.2). □

下一引理是 Lebesgue-Stieltjes 积分的**分部积分公式**.

1.39 引理 设 $f(t)$,$g(t)$ 为 $\boldsymbol{R}_+$ 上的两个右连续有限变差函数(即可表为两个有限值非负右连续增函数之差的函数),则对 $0\leqslant a<b<+\infty$

$$f(b)g(b) = f(a)g(a) + \int_a^b f(s)dg(s) + \int_a^b g(s-)df(s). \tag{39.1}$$

(按约定,$\int_a^b f(s)dg(s) = \int_{]a,b]} f(s)dg(s)$.)

证明 我们有

$$(f(b) - f(a))(g(b) - f(a)) = \int\int_{]a,b]\times]a,b]} df(x)dg(y)$$

$$= \int\int_{a<x\leqslant y\leqslant b} df(x)dg(y) + \int\int_{a<y<x\leqslant b} df(x)dg(y)$$

$$= \int_a^b dg(y)\int_a^y df(x) + \int_a^b df(x)\int_{]a,x[} dg(y)$$

$$= \int_a^b [f(y) - f(a)]dg(y) + \int_a^b [g(x-) - g(a)]df(x)$$

$$= \int_a^b f(y)dg(y) + \int_a^b g(x-)df(x)$$

$$-f(a)[g(b)-g(a)]-g(a)[f(b)-f(a)].$$

由此推得(39.1). □

下一定理中的(40.1)式称为 **Kunita-Watanabe 不等式**，我们将在第六章中用到它.

1.40 定理 设 $a(t)$ 为 $\boldsymbol{R}_+$ 上的右连续有限变差函数，$b(t)$ 及 $c(t)$ 为 $\boldsymbol{R}_+$ 上的非负有限值右连续增函数. 如果 $|a(0)|\leqslant\sqrt{b(0)}\sqrt{c(0)}$，且对一切 $0\leqslant s<t<+\infty$，有

$$|a(t)-a(s)|\leqslant\sqrt{b(t)-b(s)}\sqrt{c(t)-c(s)},$$

则对 $\boldsymbol{R}_+$ 上的任何 Borel 函数 f,g 有

$$\int_{[0,\infty[}|f(s)g(s)\|da(s)|$$

$$\leqslant\left(\int_{[0,\infty[}f^2(s)db(s)\right)^{1/2}\left(\int_{[0,\infty[}g^2(s)dc(s)\right)^{1/2}. \qquad (40.1)$$

证明 我们将用到如下初等事实：设 x,y,z 为三个实数，且 $x\geqslant 0,z\geqslant 0$，则为要对一切有理数 λ，有 $\lambda^2x+2\lambda y+z\geqslant 0$，必须且只需 $|y|\leqslant\sqrt{xz}$.

令 $\mu(t)=\int_{[0,t]}|da(s)|+b(t)+c(t)$，记 $a'=\frac{da}{d\mu}$，$b'=\frac{db}{d\mu}$，$c'=\frac{dc}{d\mu}$. 设 λ 为一给定的有理数，令

$$v(t)=\lambda^2b(t)+2\lambda a(t)+c(t),$$

则由定理假定及上述初等事实容易看出，v 为 $\boldsymbol{R}_+$ 上的非负增函数. 于是我们有

$$\frac{dv}{d\mu}=\lambda^2b'+2\lambda a'+c' \qquad \mu-\text{a.e.}. \qquad (40.2)$$

但有理数全体是可数的，故上式对一切有理数 λ 同时成立，因此，由上述初等事实，我们有

$$|a'|\leqslant\sqrt{b'c'}, \qquad \mu-\text{a.e.}.$$

现设 f,g 为 $\boldsymbol{R}_+$ 上的两个 Borel 函数，由 Schwarz 不等式，我们有

$$\int_{[0,\infty[}|f(s)g(s)\|da(s)|=\int_{[0,\infty[}|f(s)g(s)\|a'(s)|d\mu(s)$$

$$\leqslant\int_{[0,\infty[}|f(s)|\sqrt{b'(s)}\,|g(s)|\sqrt{c'(s)}\,d\mu(s)$$

$$\leqslant\left(\int_{[0,\infty[}f^2(s)b'(s)d\mu(s)\right)^{1/2}\left(\int_{[0,\infty[}g^2(s)c'(s)d\mu(s)\right)^{1/2}$$

$$=\left(\int_{[0,\infty[}f^2(s)db(s)\right)^{1/2}\left(\int_{[0,\infty[}g^2(s)dc(s)\right)^{1/2}.$$

问题与补充

1.1 设$\mathscr{C}$为Ω上的一个类，$\lambda(\mathscr{C})$与$m(\mathscr{C})$分别是$\mathscr{C}$产生的λ-类与单调类，则

1)$\lambda(\mathscr{C})=\sigma(\mathscr{C})$ 当且仅当

$$A,B\in\mathscr{C}\Rightarrow AB\in\lambda(\mathscr{C});$$

2)$m(\mathscr{C})=\sigma(\mathscr{C})$ 当且仅当

$$A\in\mathscr{C}\Rightarrow A^c\in m(\mathscr{C});\ A,B\in\mathscr{C}\Rightarrow AB\in m(\mathscr{C}).$$

1.2 设$\mathscr{H}$为一族Ω上的实值(相应地，有界)函数，则为要存在Ω上的一个σ-域$\mathscr{F}$，使得$\mathscr{H}$是$(\Omega,\mathscr{F})$上实值(相应地，有界)可测函数全体，必须且只需下列条件被满足：

i)$\mathscr{H}$是一线性空间；

ii)$1\in\mathscr{H}$；

iii)$0\leqslant f_n\uparrow f,(f_n)\subset\mathscr{H},f$是实值(相应地，有界)函数$\Rightarrow f\in\mathscr{H}$；

iv)$f,g\in\mathscr{H}\Rightarrow f\wedge g\in\mathscr{H}$.

1.3 设$\mathscr{H}$是一族Ω上的有界函数，且满足下列条件：

i)$\mathscr{H}$是一线性空间；

ii)$1\in\mathscr{H}$；

iii)$0\leqslant f_n\uparrow f,(f_n)\subset\mathscr{H},f$有界$\Rightarrow f\in\mathscr{H}$.

设$\mathscr{C}$为$\mathscr{H}$的一个子族，且对乘法运算封闭，则$\mathscr{H}$包含一切$\sigma(f:f\in\mathscr{C})$-可测有界函数.

1.4 设$(E_i,\mathscr{E}_i)_{i\in I}$为一族可测空间. 对每个$i\in I$，$f_i$是从$\Omega$到$E_i$中的映象. 若$\varphi$是$\Omega$上的$\sigma(f_i,i\in I)$-可测实值(相应地，数

值）函数，则存在 I 的一个可数子集 J 和 $(\Pi_{i\in J}E_i, \Pi_{i\in J}\mathscr{E}_i)$ 上的一个可测实值（相应地，数值）函数 h，使得 $\varphi=h\circ f_J$，其中 f_J 是 Ω 到 $\Pi_{i\in J}E_i$ 中的一个映象，定义如下：$f_J(\omega)=(f_i(\omega))_{i\in J}$.

1.5 设 $(\Omega,\mathscr{F},\boldsymbol{P})$ 为一概率空间，$\mathscr{G}$ 是 $\mathscr{F}$ 的子 σ-域，令 $(E,\mathscr{E})$ 为一可测空间，ξ 为一 $\mathscr{G}$-可测的 E 值随机变量，$f(\omega,x)$ 为一 $\mathscr{F}\times\mathscr{E}$-可测的有界函数. 令

$$f_x(\omega)=f(\omega,x),\ \eta(\omega)=f(\omega,\xi(\omega)),$$

则存在一 $\mathscr{G}\times\mathscr{E}$-可测的有界函数 $h(\omega,x)$，使得

i) 对一切 $x\in E$，$\boldsymbol{E}[f_x|\mathscr{G}](\omega)=h(\omega,x)$ a.s.；

ii) $\mathbf{E}[\eta|\mathscr{G}](\omega)=h(\omega,\xi(\omega))$ a.s..

1.6 设 $\mathscr{H}$ 为概率空间 $(\Omega,\mathscr{F},\boldsymbol{P})$ 上的一族一致可积的随机变量，则 $\mathscr{H}$ 在 $L^1(\Omega,\mathscr{F},\boldsymbol{P})$ 中的闭凸包也一致可积.

1.7 设 (ξ_n) 为一可积随机变量序列，且 $\xi_n\xrightarrow{P}\xi$，$\boldsymbol{E}[|\xi_n|]\longrightarrow\boldsymbol{E}[|\xi|]<\infty$，则 (ξ_n) 一致可积，且 $\boldsymbol{E}[|\xi_n-\xi|]\longrightarrow 0$.

1.8 设 (ξ_n) 为一致可积随机变量序列，则

$$\lim_n\boldsymbol{E}\left[\frac{1}{n}\sup_{1\leqslant k\leqslant n}|\xi_k|\right]=0.$$

1.9 设 $(\Omega_i,\mathscr{F}_i,\boldsymbol{P}_i)$，$i\in I$，为一族概率空间，$\xi_i\in L^1(\Omega_i,\mathscr{F}_i,\boldsymbol{P}_i)$. 为要 $(\xi_i)_{i\in I}$ 为一致可积族，必须且只需存在一 $\boldsymbol{R}_+$ 上的非负 Borel 函数 $G(t)$，使得

i) $\lim_{t\to+\infty}\dfrac{G(t)}{t}=+\infty$；

ii) $\sup_{i\in I}\boldsymbol{E}_i[G(|\xi_i|)]<+\infty$.

1.10 设 $(\Omega,\mathscr{F},\boldsymbol{P})$ 为一概率空间，$\mathscr{G}$ 为 $\mathscr{F}$ 的一子 σ-域，$A\in\mathscr{F}$，则

1) $[\mathbf{E}[I_A|\mathscr{G}]>0]=\text{ess inf}\{B\in\mathscr{G}:B\supset A\}$；

2) $[\mathbf{E}[I_A|\mathscr{G}]=1]=\text{ess sup}\{B\in\mathscr{G}:B\subset A\}$.

1.11 设 (ξ_n) 为 $(\Omega,\mathscr{F},\boldsymbol{P})$ 上的一列随机变量. 令

$$s\,\overline{\lim}_n\xi_n=\text{ess inf}\{\eta\in\mathscr{F}:\lim_n\boldsymbol{P}(\xi_n>\eta)=0\},$$

$$s\,\underline{\lim}_n\xi_n=\text{ess sup}\{\eta\in\mathscr{F}:\lim_n\boldsymbol{P}(\xi_n<\eta)=0\},$$

则

1) $\underline{\lim}_n \xi_n \leqslant s\underline{\lim}_n \xi_n \leqslant s\,\overline{\lim}_n \xi_n \leqslant \overline{\lim}_n \xi_n$ a. s. ,

2) $\xi_n \xrightarrow{P} \xi \Leftrightarrow s\,\overline{\lim}_n \xi_n = s\underline{\lim}_n \xi_n = \xi$ a. s. ,

其中 ξ 为一实值随机变量.

1.12 设 $\mathscr{H} \subset L^1(\Omega, \mathscr{F}, P)$ 满足 $\inf\{\boldsymbol{E}[\xi], \xi \in \mathscr{H}\} > -\infty$,则下列命题等价:

1) $\boldsymbol{E}[\text{ess inf}\,\mathscr{H}] = \inf\{\boldsymbol{E}[\xi], \xi \in \mathscr{H}\}$;

2) ess inf $\mathscr{H}$ 可积,且对每个 $\mathscr{F}$ 的子 σ-域 $\mathscr{G}$

$$\boldsymbol{E}[\text{ess inf}\,\mathscr{H} \mid \mathscr{G}] = \text{ess inf}\{\boldsymbol{E}[\xi \mid \mathscr{G}], \xi \in \mathscr{H}\};$$

3) 对任意的 $\xi_1, \xi_2 \in \mathscr{H}$ 及 $\varepsilon > 0$,存在 $\xi_3 \in \mathscr{H}$,使得

$$\boldsymbol{E}[(\xi_3 - \xi_1 \vee \xi_2)^+] < \varepsilon.$$

1.13 设 ξ 为 $(\Omega, \mathscr{F}, P)$ 上的一实值随机变量,$\mathscr{G}$ 为 $\mathscr{F}$ 的一子 σ-域,$\varphi(x)$ 为实值凸函数. 如果 ξ 与 $\varphi(\xi)$ 均关于 $\mathscr{G}$ 为 σ-可积,则

$$\varphi(\boldsymbol{E}[\xi \mid \mathscr{G}]) \leqslant \boldsymbol{E}[\varphi(\xi) \mid \mathscr{G}], \text{ a. s.}.$$

此即 **Jensen 不等式**.

1.14 设 (ξ_n) 为 $(\Omega, \mathscr{F}, P)$ 上的一列随机变量,$\mathscr{G}$ 为 $\mathscr{F}$ 的一子 σ-域. 如果对任给的 $\varepsilon > 0$,存在一有限值随机变量 $\eta \in \mathscr{G}$,使得

$$\text{ess}\sup_n \boldsymbol{E}[|\xi_n| I_{[|\xi_n| > \eta]} \mid \mathscr{G}] < \varepsilon \quad \text{a. s.}$$

(这时,称 (ξ_n) **关于 $\mathscr{G}$ 条件一致可积**),则

$$\boldsymbol{E}[\underline{\lim}_n \xi_n \mid \mathscr{G}] \leqslant \underline{\lim}_n \boldsymbol{E}[\xi_n \mid \mathscr{G}] \leqslant \overline{\lim}_n \boldsymbol{E}[\xi_n \mid \mathscr{G}] \leqslant \boldsymbol{E}[\overline{\lim}_n \xi_n \mid \mathscr{G}].$$

特别,若 (ξ_n) 一致可积,则

$$\boldsymbol{E}[\underline{\lim}_n \xi_n] \leqslant \underline{\lim}_n \boldsymbol{E}[\xi_n] \leqslant \overline{\lim}_n \boldsymbol{E}[\xi_n] \leqslant \boldsymbol{E}[\overline{\lim}_n \xi_n].$$

1.15 设 $(F, \mathscr{F})$, $(G, \mathscr{G})$ 为两个铺集,f 为一从 F 到 G 中的映象,使得 $f^{-1}(\mathscr{G}) \subset \mathscr{A}(\mathscr{F})$,则

$$f^{-1}(\mathscr{A}(\mathscr{G})) \subset \mathscr{A}(\mathscr{F}).$$

1.16 设 $(F, \mathscr{F})$ 为一铺集,I 为 F 上的 Choquet $\mathscr{F}$-容度,则 I 也是 F 上的 Choquet $\mathscr{F}_\sigma$-容度.

1.17 设 $a(t)$ 为 $\boldsymbol{R}_+$ 上一有限值非负右连续增函数,$c(t)$ 为它的右逆函数,则

1) $c(t)$ 在 $[0,a(\infty)[$ 上严格增当且仅当 $a(0)=0$ 及 $a(t)$ 在 $\boldsymbol{R}_+$ 上连续. 这时我们有 $a(c(t))=t$，当 $t<a(\infty)$，

2) $c(t)$ 在 $[0,a(\infty)[$ 上连续当且仅当 $a(t)$ 在 $\boldsymbol{R}_+$ 上严格增. 这时我们有 $c(a(t))=t,\ t\in\boldsymbol{R}_+$.

1.18 设 $a(t)$ 为 $\boldsymbol{R}_+$ 上一有限值非负连续增函数，则对任一 $[a(0),a(\infty)[$ 上的非负 Borel 函数 $f(t)$，我们有

$$\int_0^\infty f(a(t))da(t) = \int_{a(0)}^{a(\infty)} f(t)dt.$$

1.19 设 f 为 $\boldsymbol{R}_+$ 上一非负 Borel 函数，且局部可积，即在任一有限区间上可积. 令 $a(t)=\int_0^t f(s)ds$，$t\geqslant 0$，$c(t)$ 为 $a(t)$ 的右逆函数，$A=\{t:f(t)=0\}$，$B=\{t:c(t)\in A\}$，则 B 的 Lebesgue 测度为零.

1.20 设 $a(t)$，$b(t)$ 为两个 $\boldsymbol{R}_+$ 上有限值非负右连续增函数，$b(0)>0$，则对 $t>0$ 我们有

$$\frac{a(t)}{b(t)} = \frac{a(0)}{b(0)} + \int_0^t \frac{da(t)}{b(t-)} - \int_0^t \frac{a(t)db(t)}{b(t)b(t-)}\quad .$$

第二章　经典鞅论

本章介绍经典鞅论的主要结果，如最大不等式、上穿不等式、Doob 不等式、收敛定理、Riesz 分解定理、Doob 停止定理等. 在§1—4中讨论离散时间鞅. §5讨论连续时间鞅. 为了使读者能加深理解，有时我们还给出一些应用的例子. §6是独立增量过程的引论.

§1.　基本不等式

本章的讨论都在一个固定的概率空间$(\Omega,\mathscr{F},P)$上进行. 在§1—4中还假设给定一个子σ-域的增序列$(\mathscr{F}_n,\ n\in N)$；对一切$n\in N$

$$\mathscr{F}_n\subset\mathscr{F}_{n+1}.$$

$(\mathscr{F}_n,\ n\in N)$或$(\mathscr{F}_n)_{n\geqslant 0}$称为一个**流**，它也简记为$\boldsymbol{F}$或$(\mathscr{F}_n)$. 通常我们记

$$\mathscr{F}_\infty=\bigvee_{n\geqslant 0}\mathscr{F}_n.$$

一列实值随机变量$(X_n,n\in N)$或$(X_n)_{n\geqslant 0}$称为**随机序列**，它也可简记为X或(X_n). 一个随机序列$X=(X_n)_{n\geqslant 0}$称为$\boldsymbol{F}$-**适应的**，如果对每个n，X_n是$\mathscr{F}_n$可测的.

2.1定义　一个$\boldsymbol{F}$-适应的随机序列$(X_n,n\in N)$称为$\boldsymbol{F}$-鞅($\boldsymbol{F}$-上鞅，$\boldsymbol{F}$-下鞅)，如果对每个$n\in N$，X_n可积，且

$$\boldsymbol{E}[X_{n+1}|\mathscr{F}_n]=X_n(\leqslant X_n,\ \geqslant X_n)\ \text{a.s.}.$$

这时，对一切$m\geqslant n\geqslant 0$

$$\boldsymbol{E}[X_m|\mathscr{F}_n]=X_n(\leqslant X_n,\ \geqslant X_n)\ \text{a.s.},$$

$$\boldsymbol{E}[X_m]=\boldsymbol{E}[X_n](\leqslant \boldsymbol{E}[X_n],\ \geqslant \boldsymbol{E}[X_n]).$$

鞅这个名词起源于将赌注加倍直到赢为止的一种赌法的法语

叫法. 将 X_n 理解为时刻 n 赌徒的赌金，那么鞅性表示再赌一局后赌徒的平均赌金就是他现有的赌金. 因此赌博是公平的. 事实上，鞅是最重要的随机序列的类型之一，已是现代概率论与统计所必不可少的.

对一个随机序列 $X=(X_n)_{n\geqslant 0}$，令

$$\boldsymbol{F}^0(X) = (\mathscr{F}_n^0(X))_{n\geqslant 0},\ \mathscr{F}_n^0(X) = \sigma(X_0, X_1 \cdots, X_n),\ n \geqslant 0.$$

显然，$\boldsymbol{F}^0(X)$是一个流，称为 X 的**自然流**. 它也是使 X 为适应序列的最小流.

由条件期望的平滑性质，任一 $\boldsymbol{F}$-鞅($\boldsymbol{F}$-上鞅，$\boldsymbol{F}$-下鞅)关于它的自然流也是鞅(上鞅，下鞅).

在下面的讨论中，流 $\boldsymbol{F}$ 是固定的，为简便起见，我们将省略字冠"$\boldsymbol{F}$-". 例如，$\boldsymbol{F}$-鞅简称为鞅，适应序列即 $\boldsymbol{F}$-适应序列.

由定义可见，如果 $X=(X_n)$ 为上鞅(下鞅)，则 $-X=(-X_n)$ 为下鞅(上鞅). 一个随机序列为鞅当且仅当它既是上鞅，又是下鞅.

下面我们给出一些鞅、上鞅、下鞅的例子，读者可直接给以验证.

2.2 例 1) 设 ξ 为一可积随机变量. 令 $X_n=\boldsymbol{E}[\xi|\mathscr{F}_n]$，则 (X_n) 为鞅.

2) 设(ξ_n)为一适应的可积随机变量序列，对每个 $n\geqslant 0$，ξ_{n+1} 与 $\mathscr{F}_n$ 独立(从而(ξ_n)为独立序列). 如果对每个 $n\geqslant 1$，$\boldsymbol{E}[\xi_n]=0$($\leqslant 0$，$\geqslant 0$)，则$(X_n=\sum\limits_{i=0}^{n}\xi_i, n\geqslant 0)$为鞅(上鞅，下鞅).

3) 设(ξ_n)为一适应的非负可积随机变量序列，对每个 $n\geqslant 0$，ξ_{n+1} 与 $\mathscr{F}_n$ 独立. 如果对每个 $n\geqslant 1$，$\boldsymbol{E}[\xi_n]=1$($\leqslant 1$，$\geqslant 1$)，则$(X_n=\prod\limits_{i=0}^{n}\xi_i, n\geqslant 0)$为鞅(上鞅，下鞅).

4)(2)的推广) 设(ξ_n)为一适应的可积随机变量序列. 如果对每个 $n\geqslant 0$，$\boldsymbol{E}[\xi_{n+1}|\mathscr{F}_n]=0$($\leqslant 0$，$\geqslant 0$)，则$(X_n=\sum\limits_{i=0}^{n}\xi_i, n\geqslant 0)$为

鞅(上鞅,下鞅).

5)设(ξ_n)为独立同分布随机序列,且

$$P(\xi_0 = 1) = p,\ P(\xi_0 = -1) = q = 1 - p,\ 0 < p < 1.$$

令

$$S_n = \sum_{i=0}^{n} \xi_i,\ X_n = \left(\frac{q}{p}\right)^{S_n},\quad n \geqslant 0,$$

则(X_n)关于它的自然流为鞅.

2.3定理 1)设$X=(X_n)$,$Y=(Y_n)$为两个鞅(上鞅),则$X+Y=(X_n+Y_n)$为鞅(上鞅),$X \wedge Y=(X_n \wedge Y_n)$为上鞅.

2)设$X=(X_n)$为鞅(下鞅),f为$\boldsymbol{R}$上一连续凸(连续凸增)函数.如果每个$f(X_n)$可积,则$f(X)=(f(X_n))$为下鞅.

证明 1)显然,往证2).一方面我们有

$$f(X_n) = f(E[X_{n+1} | \mathscr{F}_n])(\leqslant f(E[X_{n+1} | \mathscr{F}_n]))\quad \text{a.s.}. \tag{3.1}$$

另一方面,由 Jensen 不等式

$$f(E[X_{n+1} | \mathscr{F}_n]) \leqslant E[f(X_{n+1}) | \mathscr{F}_n]\quad \text{a.s.}, \tag{3.2}$$

合并(3.1)与(3.2)知$(f(X_n))$为下鞅. □

2.4系 1)设(X_n)为下鞅,则(X_n^+)也为下鞅.若对每个$n \geqslant 0$,$X_n \log^+ X_n$可积,则$(X_n \log^+ X_n)$为下鞅,这里$\log^+ x = (\log x) I_{[1,\infty[}(x)$.

2)设(X_n)为鞅或非负下鞅,$\lambda \geqslant 1$为一常数.若对每个$n \geqslant 0$,$|X_n|^\lambda$可积,则$(|X_n|^\lambda)$为下鞅.

现在我们要开始讨论最大不等式与上穿不等式.为此先要引进停时的概念.

2.5定义 在$\overline{N}$中取值的随机变量T叫做**停时**(**F-停时**),或**可选时**,如果对一切$n \geqslant 0$,$[T=n] \in \mathscr{F}_n$,或等价地,$[T \leqslant n] \in \mathscr{F}_n$.

设T为一停时,令

$$\mathscr{F}_T = \{A \in \mathscr{F}_\infty : \forall\, n \geqslant 0, A \cap [T = n] \in \mathscr{F}_n\},$$

称$\mathscr{F}_T$为T**前事件σ-域**.显然有

$$\mathscr{F}_T = \{A \in \mathscr{F}_\infty : \forall\, n \geqslant 0, A \cap [T \leqslant n] \in \mathscr{F}_n\},$$

易见，停时 T 为 $\mathscr{F}_T$-可测. $T \equiv n (n \in \overline{\boldsymbol{N}})$ 为停时，且 $\mathscr{F}_T = \mathscr{F}_n$. 若 T 为停时，则对每个 $n \geqslant 1$, $T+n$ 也为停时.

实际上，一个流$(\mathscr{F}_n)$描写了某个随机现象的历史演变，$\mathscr{F}_n$ 代表到时刻 n 为止所观察到的信息. 停时 T 的特性就在于事件"到时刻 n T 已经发生"只依赖于到时刻 n 为止的全部历史，而与任何将来的信息无关. 例如，假设 X_n 表示一赌徒在时刻 n 的赌金，$\mathscr{F}_n = \sigma(X_0, \cdots, X_n)$. 该赌徒有权选择停止赌博的时间. 但是作出是否停止赌博的决定只能利用到时刻 n 为止他所获得的信息. 显见，在时刻 n 他不知道任何将来的结果 $X_{n+1}, X_{n+2} \cdots$. 所以，他所选择的停止赌博的时间必须是一个停时. 这也是"停时"或"可选时"这些名称的来源. 下一定理提供了一类常用的与适应随机序列相联系的停时.

2.6定理　设(X_n)为适应随机序列，$B \in \mathscr{B}(\boldsymbol{R})$，$S$ 为一停时. 令

$$T(\omega) = \inf\{n : n \geqslant S(\omega), X_n(\omega) \in B\},$$

则 T 为停时(按约定 $\inf\varnothing = +\infty$).

特别，$T = \inf\{n \geqslant 0 : X_n \in B\}$ 为停时.

证明　对每个 $n \geqslant 0$

$$[T = n] = \bigcup_{k=0}^{n} \{[S = k](\bigcap_{k \leqslant m < n} [X_m \in B^c])[X_n \in B]\} \in \mathscr{F}_n.$$

因此，T 为停时. □

2.7例　考虑独立重复试验，每次试验有两个可能结果：成功或失败，即令

$$X_n = \begin{cases} 1, \text{若第 } n \text{ 次试验成立}, \\ 0, \text{若第 } n \text{ 次试验失败}, \end{cases} \quad n \geqslant 1.$$

设$(\mathscr{F}_n)$为(X_n)的自然流. 令

$$T_1 = \inf\{n \geqslant 1 : X_n = 1\},$$
$$T_{n+1} = \inf\{n > T_n : X_n = 1\}, \quad n \geqslant 1.$$

则 T_n 为第 n 次成功的等待时间. 由于 (X_n) 独立同分布, 不难证明 $(T_1, T_2-T_1, \cdots T_n-T_{n-1}, \cdots)$ 也独立同分布, 且 T_1 服从几何分布.

2.8定理 设 $(X_n)_{n\geq 0}$ 为一适应序列, ξ 为一 $\mathscr{F}_\infty$-可测的实值随机变量, T 为一停时. 令 $X_\infty=\xi$, $X_T(\omega)=X_{T(\omega)}(\omega)$, $\omega\in\Omega$, 则 X_T 为 $\mathscr{F}_T$-可测.

证明 设 $B\in\mathscr{B}(\boldsymbol{R})$, $n\geqslant 0$, 则有

$$[X_T \in B] = \bigcup_{k\in N}([X_K \in B] \cap [T = k]) \in \mathscr{F}_\infty,$$

$$[X_T \in B] \cap [T = n] = [X_n \in B] \cap [T = n] \in \mathscr{F}_n.$$

这表明 $[X_T\in B]\in\mathscr{F}_T$, 即 X_T 为 $\mathscr{F}_T$-可测. □

2.9定理 设 S, T 为停时, (S_k) 为停时列.

1) $\bigwedge_k S_k$, $\bigvee_k S_k$ 为停时,

2) $A\in\mathscr{F}_S \Rightarrow A\cap[S\leqslant T]\in\mathscr{F}_T$, $A\cap[S=T]\in\mathscr{F}_T$,

3) $S\leqslant T\Rightarrow \mathscr{F}_S\subset\mathscr{F}_T$,

4) 设 $A\in\mathscr{F}_S$, 令

$$S_A = SI_A + (+\infty)I_{A^c}$$

则 S_A 为停时(称为停时 S 到 A 上的**局限**), 且 $\mathscr{F}_{S_A}\cap A=\mathscr{F}_S\cap A$.

证明 1) 由下列等式推得:

$$[\bigwedge_k S_k \leqslant n] = \bigcup_k [S_k \leqslant n],$$

$$[\bigvee_k S_k \leqslant n] = \bigcap_k [S_k \leqslant n].$$

2) 设 $A\in\mathscr{F}_S$, 则 $A\cap[S\leqslant T]\in\mathscr{F}_\infty$, 且对一切 $n\geqslant 0$, 有

$$A \cap [S \leqslant T] \cap [T = n] = (A \cap [S \leqslant n]) \cap [T = n] \in \mathscr{F}_n.$$

故 $A\cap[S\leqslant T]\in\mathscr{F}_T$ 同理可证 $A\cap[S=T]\in\mathscr{F}_T$.

3) 由2)推得. 4)及5)都显然. □

2.10定理 设 (X_n) 为一鞅(上鞅), S, T 为两个有界停时, 且 $S\leqslant T$, 则有

$$\boldsymbol{E}[X_T|\mathscr{F}_S] = X_S(\leqslant X_S) \quad \text{a.s.}. \tag{10.1}$$

证明 只证上鞅情形. 设 $T\leqslant n$, 则 $E[|X_T|]\leqslant\sum_{j=0}^{n}E[|X_j|]$, 从而 X_T, X_S 可积. 令 $A\in\mathscr{F}_S$, $j\geqslant 0$, 我们有

$$A \cap [S=j] \cap [T>j] \in \mathscr{F}_j.$$

首先假定 $T-S\leqslant 1$. 这时由上鞅性，我们有

$$\int_A (X_S - X_T) d\boldsymbol{P} = \sum_{j=0}^{n} \int_{A\cap[S=j]\cap[T>j]} (X_j - X_{j+1}) d\boldsymbol{P} \geqslant 0.$$

对一般情形，令 $R_j = T\wedge(S+j)$, $j=1,\cdots,n$，则每个 R_j 为停时，且 $S\leqslant R_1\leqslant\cdots\leqslant R_n=T$, $R_1-S\leqslant 1$, $R_{j+1}-R_j\leqslant 1(1\leqslant j\leqslant n-1)$. 令 $A\in\mathscr{F}_S$. 对每个 j, $1\leqslant j\leqslant n$, $A\in\mathscr{F}_{R_j}$（定理2.9.3)). 利用上面已证结果得

$$\int_A X_s d\boldsymbol{P} \geqslant \int_A X_{R_1} d\boldsymbol{P} \geqslant \cdots \geqslant \int_A X_T d\boldsymbol{P}. \tag{10.2}$$

但由定理2.5，X_s 为 $\mathscr{F}_s$-可测，由(10.2)得(10.1). □

2.11系 设(X_n)为一上鞅，T 为一停时，则有

$$\boldsymbol{E}[|X_{T\wedge k}|] \leqslant \boldsymbol{E}[X_0] + 2\boldsymbol{E}[X_k^-], \tag{11.1}$$

$$\boldsymbol{E}[|X_T I_{[T<\infty]}|] \leqslant 3\sup_n \boldsymbol{E}[|X_n|]. \tag{11.2}$$

证明 由于(X_n^-)为下鞅，故由定理2.10有

$$\boldsymbol{E}[|X_{T\wedge k}|] = \boldsymbol{E}[X_{T\wedge k}] + 2\boldsymbol{E}[X_{T\wedge k}^-] \leqslant \boldsymbol{E}[X_0] + 2\boldsymbol{E}[X_k^-].$$

此即(11.1). 于是有

$$\boldsymbol{E}[|X_{T\wedge k} I_{[T<\infty]}|] \leqslant \boldsymbol{E}[X_0] + 2\boldsymbol{E}[X_k^-] \leqslant 3\sup_n \boldsymbol{E}[|X_n|].$$

令 $k\to\infty$，由 Fatou 引理得(11.2). □

定理2.10是 Doob 停止定理的一个特例（有界停时情形），它的一般形式参见定理2.35及2.38. 下一定理中的不等式(12.3)通常称为上鞅最大不等式.

2.12定理 设(X_n)为一上鞅，$k\geqslant 0$，则对任何 $\lambda>0$，我们有

$$\lambda \boldsymbol{P}(\sup_{n\leqslant k} X_n \geqslant \lambda) \leqslant \boldsymbol{E}[X_0] - \int_{[\sup_{n\leqslant k} X_n < \lambda]} X_k d\boldsymbol{P}, \tag{12.1}$$

$$\lambda \boldsymbol{P}(\inf_{n\leqslant k} X_n \leqslant -\lambda) \leqslant \int_{[\inf_{n\leqslant k} X_n \leqslant -\lambda]} (-X_k) d\boldsymbol{P}, \tag{12.2}$$

$$\lambda \boldsymbol{P}(\sup_{n\leqslant k} |X_n| \geqslant \lambda) \leqslant \boldsymbol{E}[X_0] + 2\boldsymbol{E}[X_k^-]. \tag{12.3}$$

证明 令 $T=\inf\{n\geqslant 0: X_n\geqslant\lambda\}\wedge k$，则 T 为有界停时，且在

$[\sup_{n\leqslant k} X_n \geqslant \lambda]$上有 $X_T \geqslant \lambda$；在$[\sup_{n\leqslant k} X_n < \lambda]$上 $T=k$. 于是由定理2.10

$$E[X_0] \geqslant E[X_T] = \int_{[\sup_{n\leqslant k} X_n \geqslant \lambda]} X_T dP + \int_{[\sup_{n\leqslant k} X_n < \lambda]} X_T dP$$

$$\geqslant \lambda P(\sup_{n\leqslant k} X_n \geqslant \lambda) + \int_{[\sup_{n\leqslant k} X_n < \lambda]} X_k dP.$$

此即(12.1). 同理可证(12.2). 由(12.1)及(12.2)即得(12.3). □

2.13系 设(X_n)为一鞅. 若 $E[X_k^2] < \infty$，则对任何 $\lambda > 0$

$$P(\sup_{n\leqslant k} |X_n| \geqslant \lambda) \leqslant \frac{1}{\lambda^2} E[X_k^2]. \tag{13.1}$$

(此即 **Kolmogorov 不等式**.)

证明 由 Jensen 不等式，对一切 $n \leqslant k$，有

$$E[X_n^2] = E[(E[X_k | \mathscr{F}_n])^2] \leqslant E[X_k^2] < \infty.$$

故$(-X_n^2)_{n=0,1,\cdots,k}$，为上鞅. 对此上鞅及 λ^2 应用不等式(12.2)即得(13.1). □

下面我们将证明极其重要的上鞅**上穿不等式**. 为此，先交代一些必要的概念.

设 $X=(X_n)_{n\geqslant 0}$ 为一适应随机序列，$[a,b]$为一闭区间. 令

$$T_0 = \inf\{n \geqslant 0; X_n \leqslant a\},$$
$$T_1 = \inf\{n : n > T_0, X_n \geqslant b\},$$
$$\cdots\cdots$$
$$T_{2j} = \inf\{n : n > T_{2j-1}, X_n \leqslant a\},$$
$$T_{2j+1} = \inf\{n : n > T_{2j}, X_n \geqslant b\},$$
$$\cdots\cdots$$

则$(T_k)_{k\geqslant 0}$为一停时上升列. 若$T_{2j-1}(\omega) < \infty$，则序列$(X_0(\omega), X_1(\omega), \cdots X_{T_{2j-1}}(\omega))$上穿区间$[a,b]$ j 次. 我们用$U_a^b[X,k]$表示序列$(X_0, X_1, \cdots, X_k)$上穿$[a,b]$的次数，则显然有

$$[U_a^b[X,k] = j] = [T_{2j-1} \leqslant k < T_{2j+1}] \in \mathscr{F}_k.$$

从而 $U_a^b[X,k]$为 $\mathscr{F}_k$-可测随机变量.

2.14定理 若(X_n)为一上鞅，则对 $N \geqslant 1$，$k \geqslant 0$，有

$$P(U_a^b[X,N] \geqslant k+1) \leqslant \frac{1}{b-a} E[(X_N - a)^- I_{[U_a^b[X,N]=k]}], \tag{14.1}$$

$$E[U_a^b[X,N]] \leqslant \frac{1}{b-a} E[(X_N-a)^-]. \tag{14.2}$$

若(X_n)为一下鞅，则对 $N\geqslant 1, k\geqslant 1$，有

$$P(U_a^b[X,N] \geqslant k) \leqslant \frac{1}{b-a} E[(X_N-a)^+ I_{[U_a^b[X,N]=k]}], \tag{14.3}$$

$$E[U_a^b[X,N]] \leqslant \frac{1}{b-a} E[(X_N-a)^+]. \tag{14.4}$$

证明 设(X_n)为上鞅，则由定理2.10，对 $k\geqslant 0$，有

$$\begin{aligned} 0 &\geqslant E[X_{T_{2k+1}\wedge N} - X_{T_{2k}\wedge N}] \\ &= E[(X_{T_{2k+1}\wedge N} - X_{T_{2k}\wedge N})(I_{[T_{2k}\leqslant N<T_{2k+1}]} + I_{[N\geqslant T_{2k+1}]})] \\ &\geqslant E[(X_N-a)I_{[T_{2k}\leqslant N<T_{2k+1}]} + (b-a)I_{[N\geqslant T_{2k+1}]}] \end{aligned} \tag{14.5}$$

由于$[U_a^b[X,N]\geqslant k+1]\subset[N\geqslant T_{2k+1}]$及$[T_{2k}\leqslant N<T_{2k+1}]\subset[U_a^b[X,N]=k]$，(14.1)由(14.5)即得. 将(14.1)式两边对 $k\geqslant 0$相加可得(14.2).

现设(X_n)为下鞅，则由定理2.10，对 $k\geqslant 1$，有

$$\begin{aligned} 0 &\geqslant E[X_{T_{2k-1}\wedge N} - X_{T_{2k}\wedge N}] \\ &= E[(X_{T_{2k-1}\wedge N} - X_{T_{2k}\wedge N})(I_{[T_{2k-1}\leqslant N<T_{2k}]} + I_{[N\geqslant T_{2k}]})] \\ &\geqslant E[(b-X_N)I_{[T_{2k-1}\leqslant N<T_{2k}]} + (b-a)I_{[N\geqslant T_{2k}]}] \\ &= E[(a-X_N)I_{[T_{2k-1}\leqslant N<T_{2k}]} + (b-a)I_{[N\geqslant T_{2k-1}]}]. \end{aligned} \tag{14.6}$$

由于$[U_a^b[X,N]\geqslant k]\subset[N\geqslant T_{2k-1}]$及$[T_{2k-1}\leqslant N<T_{2k}]\subset[U_a^b[X,N]=k]$，(14.3)由(14.6)即得. 将(14.3)式两边对 $k\geqslant 1$相加可得(14.4). □

最后，在下一定理中证明 **Doob 不等式**.

2.15定理 设(X_n)为一非负下鞅. 令 $X^* = \sup_n X_n$，则有

$$E[X^*] \leqslant \frac{e}{e-1}(1+\sup_n E[X_n \log^+ X_n]), \tag{15.1}$$

$$\|X^*\|_p \leqslant q \sup_n \|X_n\|_p, \tag{15.2}$$

其中 $p>1$及 $q>1$为一对共轭指数：$\frac{1}{p}+\frac{1}{q}=1$.

证明 设 $k\geqslant 0$，令 $X_k^* = \sup_{n\leqslant k} X_n$，设 $\Phi(\lambda)$为 $\boldsymbol{R}_+$上一有限值右

连续增函数，且 $\Phi(0)=0$. 由 Fubini 定理及(12.2)，我们有

$$\begin{aligned}\boldsymbol{E}[\Phi(X_k^*)] &= \int_\Omega\int_{[0,X_k^*]} d\Phi(\lambda)d\boldsymbol{P} = \int_{[0,\infty[} \boldsymbol{P}(X_k^*\geqslant\lambda)d\Phi(\lambda)\\ &\leqslant \int_0^\infty\left(\frac{1}{\lambda}\int_{[X_k^*\geqslant\lambda]}X_k d\boldsymbol{P}\right)d\Phi(\lambda) = \boldsymbol{E}\left[X_k\left(\int_0^{X_k^*}\frac{d\Phi(\lambda)}{\lambda}\right)\right].\end{aligned} \tag{15.3}$$

令 $\Phi(\lambda)=(\lambda-1)^+$，由(15.3)得

$$\boldsymbol{E}[(X_k^*-1)]\leqslant\boldsymbol{E}[(X_k^*-1)^+]\leqslant\boldsymbol{E}[X_k\log^+X_k^*]. \tag{15.4}$$

由于 $\log x\leqslant\frac{x}{e}(x\geqslant0)$，对任何 $a\geqslant0,b\geqslant0$，我们有

$$a\log^+b\leqslant a\log^+a+\frac{b}{e},$$

从而有

$$\boldsymbol{E}[X_k\log^+X_k^*]\leqslant\boldsymbol{E}[X_k\log^+X_k]+\frac{1}{e}\boldsymbol{E}[X_k^*]. \tag{15.5}$$

由(15.4)及(15.5)得

$$\boldsymbol{E}[X_k^*]\leqslant\frac{e}{e-1}(1+\sup_k\boldsymbol{E}[X_k\log^+X_k]). \tag{15.6}$$

但由于 $X_k^*\uparrow X^*$，在(15.6)中令 $k\to\infty$，由 Fatou 引理得(15.1).

现在(15.3)中令 $\Phi(\lambda)=\lambda^p,p>1$，则有

$$\boldsymbol{E}[(X_k^*)^p]\leqslant\frac{p}{p-1}\boldsymbol{E}[X_k(X_k^*)^{p-1}]=q\boldsymbol{E}[X_k(X_k^*)^{p-1}].$$

故由 Hölder 不等式(注意 $(p-1)q=p$)得

$$\boldsymbol{E}[(X_k^*)^p]\leqslant q(\boldsymbol{E}[(X_k)^p])^{1/p}(\boldsymbol{E}[(X_k^*)^p])^{1/q}. \tag{15.7}$$

为证(15.2)，不妨设 $\sup_n\|X_n\|_p<+\infty$. 于是有

$$\|X_k^*\|_p\leqslant\|\sum_{n=0}^k X_n\|_p\leqslant\sum_{n=0}^k\|X_n\|_p<\infty.$$

在(15.7)两边用 $(\boldsymbol{E}[(X_k^*)^p])^{1/q}$ 去除，我们有

$$\|X_k^*\|_p\leqslant q\|X_k\|_p\leqslant q\sup_n\|X_n\|_p. \tag{15.8}$$

由于 $X_k^*\uparrow X^*$，在(15.8)中令 $k\to\infty$，由 Fatou 引理得(15.2). □

2.16系 设(X_n)为一鞅，$p>1$及$q>1$为一对共轭指数，则

$$\|\sup_n|X_n|\|_p\leqslant q\sup_n\|X_n\|_p. \tag{16.1}$$

§ 2. 收敛定理

2.17定理 设(X_n)为一上鞅. 如果$\sup_n \boldsymbol{E}[X_n^-]<\infty$(或者等价地，$\sup_n \boldsymbol{E}[|X_n|]<\infty$，因为$\boldsymbol{E}[|X_n|]=\boldsymbol{E}[X_n]+2\boldsymbol{E}[X_n^-]$)，则当$n\to+\infty$时，$X_n$ a.s. 收敛于一可积随机变量X_∞. 若(X_n)为非负上鞅，则对一切$n\geqslant 0$，有

$$\boldsymbol{E}[X_\infty|\mathscr{F}_n]\leqslant X_n \quad \text{a.s.}. \tag{17.1}$$

证明 设$a,b\in\boldsymbol{Q}$, $a<b$. 令$U_a^b(X)$为序列$(X_n)_{n\geqslant 0}$上穿区间$[a,b]$的次数，即$U_a^b(X)=\lim_{N\to\infty}U_a^b[X,N]$. 由(14.2)，我们有

$$\boldsymbol{E}[U_a^b(X)]\leqslant\frac{1}{b-a}\sup_N\boldsymbol{E}[(X_N-a)^-]\leqslant\frac{1}{b-a}(a^+\sup_N\boldsymbol{E}[X_N^-])<\infty.$$

于是$U_a^b(X)<\infty$ a.s.. 令

$$W_{a,b}=[\liminf_{n\to\infty}X_n<a,\ \limsup_{n\to\infty}X_n<b],$$

$$W=\bigcup_{a,b\in\boldsymbol{Q},a<b}W_{a,b}.$$

由于$W_{a,b}\subset[U_a^b(X)=+\infty]$，故$\boldsymbol{P}(W_{a,b})=0$，从而$\boldsymbol{P}(W)=0$. 若$\omega\notin W$，则$\lim_{n\to\infty}X_n(\omega)$存在，记为$X_\infty(\omega)$；若$\omega\in W$，令$X_\infty(\omega)=0$. 于是$X_n\xrightarrow{\text{a.s.}}X_\infty$. 由 Fatou 引理

$$\boldsymbol{E}[|X_\infty|]\leqslant\sup_n\boldsymbol{E}[|X_n|]<\infty,$$

即X_∞为可积.

如果(X_n)非负，则由于对任何$m>n$有

$$\boldsymbol{E}[X_m|\mathscr{F}_n]\leqslant X_n \quad \text{a.s.}.$$

令$m\to\infty$，由 Fatou 引理得(17.1). □

2.18定理 设(X_n)为一鞅(上鞅). 如果(X_n)一致可积，则存在一可积随机变量X_∞，使得$X_n\xrightarrow{\text{a.s.},L^1}X_\infty$，且对一切$n\geqslant 0$

$$E[X_\infty|\mathscr{F}_n]=X_n(\leqslant X_n)\ \text{a.s.}. \tag{18.1}$$

证明 由于(X_n)一致可积，故$\sup_n E[|X_n|]<\infty$，(定理1.9).由定理2.17，$X_n\longrightarrow X_\infty$ a.s.. 于是由定理1.11，$X_n\xrightarrow{L^1}X_\infty$. 由此容易推得(18.1).(18.1)是一致可积鞅的一般形式. □

2.19系 设ξ为一可积随机变量，令$\xi_n=E[\xi|\mathscr{F}_n]$，$\eta=E[\xi|\mathscr{F}_\infty]$，则$\xi_n\xrightarrow{\text{a.s.},L^1}\eta$.

证明 由于(ξ_n)一致可积(定理1.8)，故由定理2.18，$\xi_n\xrightarrow{\text{a.s.},L^1}\xi_\infty$. 设$A\in\bigcup_n\mathscr{F}_n$，则存在某个$n$，使得$A\in\mathscr{F}_n$，于是有

$$E[\xi_\infty I_A]=E[\xi_n I_A]=E[\xi I_A]=E[\eta I_A].$$

由于$\xi_\infty,\eta\in\bigvee_n\mathscr{F}_n=\mathscr{F}_\infty$，由系1.3.1)$\xi_\infty=\eta$ a.s.. □

2.20系 设(X_n)为一鞅或非负下鞅，$p>1$. 如果$\sup_n E[|X_n|^p]<\infty$，则(X_n)一致可积，$X_n\xrightarrow{\text{a.s.},L^p}X_\infty$，且有

$$\|X_\infty\|_p=\sup_n\|X_n\|_p. \tag{20.1}$$

证明 由定理1.7.2)知，(X_n)一致可积，故由定理2.18，$X_n\to X_\infty$ a.s.. 对非负下鞅$(|X_n|)$应用Doob不等式(15.2)，有$X^*\in L^p$. 又$|X_n-X_\infty|^p\leqslant(2X^*)^p$，故由控制收敛定理，$X_n\xrightarrow{L^p}X_\infty$，从而有(20.1). □

下一定理推广了系2.19.

2.21定理 设(ξ_n)为一可积随机变量序列，且$\xi_n\to\xi_\infty$ a.s.. 如果存在一可积随机变量ξ，使得对一切n，$|\xi_n|\leqslant|\xi|$ a.s.，则

$$E[\xi_n|\mathscr{F}_n]\xrightarrow{\text{a.s.},L^1}E[\xi_\infty|\mathscr{F}_\infty].$$

证明 令$u_m=\inf_{n\geqslant m}\xi_n$，$v_m=\sup_{n\geqslant m}\xi_n$，则$|u_m|\leqslant\xi$，$|v_m|\leqslant\xi$ a.s.，故有$u_m\xrightarrow{\text{a.s.},L^1}\xi_\infty$，$v_m\xrightarrow{\text{a.s.},L^1}\xi_\infty$. 另一方面，$E[u_m|\mathscr{F}_n]\leqslant E[\xi_n|\mathscr{F}_n]\leqslant E[v_m|\mathscr{F}_n]$，$n\geqslant m$. 于是由系2.19，我们有

$$E[u_m|\mathscr{F}_\infty]\leqslant\liminf_{n\to\infty}E[\xi_n|\mathscr{F}_n]\leqslant E[v_m|\mathscr{F}_\infty]\ \text{a.s.}, \tag{21.1}$$

$$E[u_m|\mathscr{F}_\infty] \leqslant \limsup_{n\to\infty} E[\xi_n|\mathscr{F}_n] \leqslant E[v_m|\mathscr{F}_\infty] \text{ a.s.},$$

(21.2)

在(21.1)及(21.2)中令$m\to\infty$得$\lim\limits_{n\to\infty}E[\xi_n|\mathscr{F}_n]=E[\xi_\infty|\mathscr{F}_\infty]$ a.s.. 又由于$(E[|\xi||\mathscr{F}_n])$一致可积，且

$$|E[\xi_n|\mathscr{F}_n]| \leqslant E[|\xi_n||\mathscr{F}_n] \leqslant E[|\xi||\mathscr{F}_n] \quad \text{a.s.},$$

故$(E[\xi_n|\mathscr{F}_n])$一致可积，从而由定理1.11，$E[\xi_n|\mathscr{F}_n]\xrightarrow{L^1}E[\xi_\infty|\mathscr{F}_\infty]$. □

现在我们研究以$-N=\{\cdots,-2,-1,0\}$，为参数集的上鞅收敛性.

设$(\mathscr{F}_n)_{n\in -N}$为一列$\mathscr{F}$的子$\sigma$-域，对一切$n\in -N$，$\mathscr{F}_{n-1}\subset\mathscr{F}_n$. 一个$(\mathscr{F}_n)_{n\in -N}$适应的随机序列$(X_n)_{n\in -N}$称为**鞅**(**上鞅**)，如果对每个$n\in -N$，$X_n$可积，且有

$$E[X_n|\mathscr{F}_{n-1}] = X_{n-1}(\leqslant X_{n-1}) \text{ a.s.}.$$

2.22定理 设$(X_n)_{n\in -N}$为一上鞅，如果$\lim\limits_{n\to-\infty}E[X_n]<+\infty$，则$(X_n)$一致可积，且$X_n\xrightarrow{\text{a.s.},L^1}X_{-\infty}$.

证明 我们用$U_a^b[X,-N]$表示序列$(X_{-N},X_{-N+1},\cdots,X_0)$上穿区间$[a,b]$的次数，则由(14.2)得

$$EU_a^b[X,-N] \leqslant \frac{1}{b-a}E[(X_0-a)^-].$$

令$U_a^b(X)=\lim\limits_{N\to+\infty}U_a^b[X,-N]$，我们有

$$EU_a^b(X) \leqslant \frac{1}{b-a}E[(X_0-a)^-] < +\infty.$$

由于$U_a^b(X)$为序列$(-X_0,-X_{-1},-X_{-2},\cdots)$上穿$[-b,-a]$的次数，故由定理2.17的证明知$X_n\to X_{-\infty}$a.s..（注意这一结论无条件地成立，但不必有$|X_{-\infty}|<\infty$ a.s..）

当$n\to-\infty$时，$E[X_n]\uparrow A>-\infty$. 依假定$A<+\infty$. 往证$(X_n)_{n\in -N}$一致可积. 由于$(E[X_0|\mathscr{F}_n])_{n\in -N}$一致可积，只需证$(X_n-E[X_0|\mathscr{F}_n])$一致可积. 于是，不妨假定$(X_n)$为非负上鞅. 给定$\varepsilon$

>0,取自然数 k 足够大,使得 $A-\boldsymbol{E}[X_{-k}]<\frac{\varepsilon}{2}$. 对 $c>0$ 及 $n<-k$,由上鞅性,我们有

$$\int_{[X_n>c]} X_n d\boldsymbol{P} = \boldsymbol{E}[X_n] - \int_{[X_n\leqslant c]} X_n d\boldsymbol{P} \leqslant \boldsymbol{E}[X_n] - \int_{[X_n\leqslant c]} X_{-k} d\boldsymbol{P}$$

$$= \boldsymbol{E}[X_n] - \boldsymbol{E}[X_{-k}] + \int_{[X_n>c]} X_{-k} d\boldsymbol{P}.$$

由于 $A\geqslant\boldsymbol{E}[X_n]\geqslant\boldsymbol{E}[X_{-k}]$,故 $n<-k$ 时,$\boldsymbol{E}[X_n]-\boldsymbol{E}[X_{-k}]<\frac{\varepsilon}{2}$.
另一方面,由于 $\boldsymbol{P}(X_n>c)\leqslant\frac{1}{c}\boldsymbol{E}[X_n]\leqslant\frac{A}{c}$,故当 c 足够大时,对一切 $n\in-\boldsymbol{N}$,有

$$\int_{[X_n>c]} X_{-k} d\boldsymbol{P} < \frac{\varepsilon}{2}$$

及

$$\int_{[X_j>c]} X_j d\boldsymbol{P} < \varepsilon,\ j=0,-1,\cdots,-k.$$

于是当 c 足够大时,有

$$\sup_n \int_{[X_n>c]} X_n d\boldsymbol{P} < \varepsilon,$$

这表明 (X_n) 一致可积. 既然 $X_n\to X_{-\infty}$ a. s. ,故由定理1. 11,$X_n \xrightarrow{L^1} X_{-\infty}$. □

2. 23系 设 ξ 为一可积随机变量,$(\mathscr{G}n)_{n\in N}$ 为一列单调下降的 $\mathscr{F}$ 的子 σ-域. 令 $\xi_n=\boldsymbol{E}[\xi|\mathscr{G}_n]$,则

$$\xi_n \xrightarrow{\text{a. s. },L^1} \boldsymbol{E}[\xi|\bigcap_n \mathscr{G}_n].$$

证明 对一切 $n\in-N$,令 $\mathscr{F}_n=\mathscr{G}_{-n}$,$\eta_n=\xi_{-n}$,则 $(\eta_n)_{n\in-N}$ 关于 $(\mathscr{F}_n)_{n\in-N}$ 为一致可积. 故由定理2. 22知,当 $n\to-\infty$ 时,$\eta_n \xrightarrow{\text{a. s. },L^1} \eta_{-\infty}$,即 $n\to\infty$ 时,$\xi_n \xrightarrow{\text{a. s. },L^1} \eta_{-\infty}$.

设 $A\in\bigcap_n\mathscr{G}_n$,我们有 $\lim\limits_{n\to\infty}\boldsymbol{E}[\xi_n I_A]=\boldsymbol{E}[\eta_{-\infty}I_A]$. 但对一切 n,$\boldsymbol{E}[\xi_n I_A]=\boldsymbol{E}[\xi I_A]$,故有 $\boldsymbol{E}[\eta_{-\infty}I_A]=\boldsymbol{E}[\xi I_A]$,由于 $\eta_{-\infty}\in\bigcap_n\mathscr{G}_n$,故 $\eta_{-\infty}=\boldsymbol{E}[\xi|\bigcap_n\mathscr{G}_n]$. □

系2.19与2.23合在一起,通称 **Lévy 定理**.

下面我们利用鞅收敛定理证明强大数定律. 它是 Doob 于1944年给出的,是鞅论的早期应用中最精彩的例子之一.

2.24定理 设$(\xi_n)_{n\geqslant 1}$为独立同分布可积随机变量序列. 令$X_n=\sum_{i=1}^{n}\xi_i, n\geqslant 1$,则

$$\frac{X_n}{n}\longrightarrow \boldsymbol{E}[\xi_1] \quad \text{a.s.}.$$

证明 依假设我们有

$$\boldsymbol{E}[\xi_i|X_n]=\boldsymbol{E}[\xi_1|X_n] \quad \text{a.s.},\ i=1,\cdots,n,n\geqslant 1.$$

从而对$n\geqslant 1$,有

$$\begin{aligned}\frac{X_n}{n}&=\frac{1}{n}\sum_{i=1}^{n}\boldsymbol{E}[\xi_i|X_n]=\boldsymbol{E}[\xi_1|X_n]=\boldsymbol{E}[\xi_1|X_n,\xi_{n+1},\xi_{n+2},\cdots]\\&=\boldsymbol{E}[\xi_1|X_n,X_{n+1},X_{n+2},\cdots] \quad \text{a.s.}.\end{aligned}$$

令$\mathscr{G}_n=\sigma(X_n,X_{n+1},\cdots)$,则由系2.23得$\frac{X_n}{n}\xrightarrow{\text{a.s.},L^1}Z=\boldsymbol{E}[\xi_1|\bigcap_n\mathscr{G}_n]$. 由于$Z\in\bigcap_n\sigma(\xi_n,\xi_{n+1},\cdots)$,由 Kolmogorov 的0-1律,$Z$ a.s.等于一个常数. 因为$\boldsymbol{E}[Z]=\boldsymbol{E}[\xi_1]$,故$Z=\boldsymbol{E}[\xi_1]$ a.s.. □

下面是鞅收敛定理在测度论上一个简单而重要的应用.

2.25引理 设$(\Omega,\mathscr{F})$为一可分可测空间,$(A_n)_{n\geqslant 0}$为生成$\mathscr{F}$的一列集合. 令$\mathscr{F}_n=\sigma(A_0,\cdots,A_n)$,$\mathscr{P}_n$为$\mathscr{F}_n$的原子全体(即$\mathscr{P}_n$为生成$\mathscr{F}_n$的$\Omega$的有限分割). 设$\boldsymbol{P},\boldsymbol{P}'$为$(\Omega,\mathscr{F})$上的两个概率测度,且$\boldsymbol{P}'\ll\boldsymbol{P}$,$\frac{d\boldsymbol{P}'}{d\boldsymbol{P}}$为其 Radon-Nikodym 导数. 令

$$X_n=\sum_{A\in\mathscr{P}_n}\frac{\boldsymbol{P}'(A)}{\boldsymbol{P}(A)}I_A. \quad n\geqslant 0,$$

(依约定,$\frac{0}{0}=0$),则(X_n)为一致可积的$(\mathscr{F}_n)$-鞅,且$\lim\limits_{n\to\infty}X_n=\frac{d\boldsymbol{P}'}{d\boldsymbol{P}}$ $\boldsymbol{P}$-a.s..

证明 令$\xi=\frac{d\boldsymbol{P}'}{d\boldsymbol{P}}$,熟知

$$\boldsymbol{E}[\xi|\mathscr{F}_n]=\sum_{A\in P_n}\frac{\boldsymbol{E}[\xi I_A]}{\boldsymbol{P}(A)}I_A=X_n \quad \boldsymbol{P}\text{-a.s.}.$$

故(X_n)为一致可积鞅，且由系2.19，有

$$\lim_{n\to\infty} X_n = \boldsymbol{E}[\xi \mid \bigvee_n \mathscr{F}_n] = \boldsymbol{E}[\xi \mid \mathscr{F}] = \xi \quad \boldsymbol{P}\text{-a.s.}. \qquad \square$$

2.26定理 设$(\Omega,\mathscr{F})$为一可分可测空间，$(E,\mathscr{E})$为一可测空间，$(\boldsymbol{P}_x)_{x\in E}$，$(\boldsymbol{P}'_x)_{x\in E}$为$(\Omega,\mathscr{F})$上的两个测度的可测族(即对一切$A\in\mathscr{F}$，$x\mapsto\boldsymbol{P}_x(A)$，$x\mapsto\boldsymbol{P}'_x(A)$为$E$上的$\mathscr{E}$-可测函数)，使得对一切$x\in E$，$\boldsymbol{P}'_x\ll\boldsymbol{P}_x$，则存在$E\times\Omega$上的$\mathscr{E}\times\mathscr{F}$-可测的非负实值函数$X(x,\omega)$，使得对一切$x\in E$，$X(x,\cdot)$为$\boldsymbol{P}'_x$关于$\boldsymbol{P}_x$的Radon-Nikodym导数.

证明 令$(A_n)_{n\geqslant 0}$为生成$\mathscr{F}$的一列集合. 我们沿用引理2.25的记号. 令

$$X_n(x,\omega) = \sum_{A\in\mathscr{P}_n} \frac{\boldsymbol{P}'_x(A)}{\boldsymbol{P}_x(A)} I_A(\omega).$$

则X_n为$\mathscr{E}\times\mathscr{F}$-可测. 对每个$x\in E$，由引理2.25，$X_n(x,\cdot)$ $\boldsymbol{P}_x$-a.s. 收敛于$\dfrac{d\boldsymbol{P}'_x}{d\boldsymbol{P}_x}$. 因此，只需令

$$X(x,\omega) = \begin{cases} \lim\limits_{n\to\infty} X_n(x,\omega), & \text{若此极限存在且有限,} \\ 0, & \text{其它情形.} \end{cases} \qquad \square$$

§3. 上鞅的分解定理

本节研究上鞅的构造. 主要结果是上鞅的Doob分解，Riesz分解、Krickeberg分解.

2.27定义 随机序列$(X_n)_{n\geqslant 0}$称为**$\boldsymbol{F}$-可料的**，如果X_0为$\mathscr{F}_0$-可测，且对每个$n\geqslant 1$，X_n为$\mathscr{F}_{n-1}$-可测.

$(A_n)_{n\geqslant 0}$称为**增序列**，如果对每个$n\geqslant 0$，$0\leqslant A_n\leqslant A_{n+1}$ a.s.. 这时定义$A_\infty=\lim\limits_{n\to\infty} A_n$. 增序列$(X_n)$称为**可积的**，若$\boldsymbol{E}[A_\infty]<\infty$.

2.28定理 设$X=(X_n)$为一上鞅，则X可唯一地分解为

$$X_n = M_n - A_n, \tag{28.1}$$

其中(M_n)为一鞅，(A_n)为一可料增过程，且$A_0=0$. (28.1)称为X的Doob分解.

证明 如果(28.1)是满足定理要求的分解,则由(A_n)的可料性及(M_n)的鞅性可得

$$A_{n+1}-A_n=\boldsymbol{E}[A_{n+1}-A_n|\mathscr{F}_n]=\boldsymbol{E}[X_n-X_{n+1}|\mathscr{F}_n]$$
$$=X_n-\boldsymbol{E}[X_{n+1}|\mathscr{F}_n].$$

由于$A_0=0$,我们有

$$A_n=\sum_{j=0}^{n-1}(X_j-\boldsymbol{E}[X_{j+1}|\mathscr{F}_j]),\ n\geqslant 1. \qquad (28.2)$$

这表明满足要求的分解是唯一的. 另一方面,如果用(28.2)定义(A_n),并令$M_0=X_0$,

$$M_n=X_n+A_n=M_0+\sum_{j=0}^{n-1}(X_{j+1}-\boldsymbol{E}[X_{j+1}|\mathscr{F}_j]),n\geqslant 1.$$

则$X_n=M_n-A_n$正是所要求的分解. □

2.29定义 一非负上鞅(X_n)叫做**位势**,如果$\lim\limits_{n\to\infty}\boldsymbol{E}[X_n]=0$,即$X_n\xrightarrow{L^1}0$.

由定理1.11知,任何位势为一致可积上鞅.

2.30定义 设$X=(X_n)$为一上鞅. 如果存在一鞅$Y=(Y_n)$及一位势$Z=(Z_n)$,使得$X_n=Y_n+Z_n$,则称X有Riesz分解:$X=Y+Z$.

设上鞅$X=(X_n)$有Riesz分解,则其Riesz分解必唯一. 事实上,设$X_n=Y_n+Z_n$,$X_n=Y'_n+Z'_n$为X的两个Riesz分解,则$(Y_n-Y'_n)$为鞅,且

$$Y_n-Y'_n=Z'_n-Z_n\xrightarrow{L^1}0.$$

由定理1.11,$(Y_n-Y'_n)$为一致可积鞅. 于是由(18.1),对一切n,有$Y_n=Y'_n$ a.s.,从而也有$Z_n=Z'_n$ a.s..

2.31定理 1)为要一上鞅(X_n)有Riesz分解,必须且只需$\lim\limits_{n\to\infty}\boldsymbol{E}[X_n]>-\infty$.

2)设(X_n)为非负上鞅,$X_n=Y_n+Z_n$为其Riesz分解,则(Y_n)为一非负鞅.

3)设(X_n)为一致可积上鞅,则$X_n\xrightarrow{L^1}X_\infty$. 令

$$Y_n = \boldsymbol{E}[X_\infty | \mathscr{F}_n],\ Z_n = X_n - Y_n,$$

则 $X_n = Y_n + Z_n$ 为 (X_n) 的 Riesz 分解.

证明 1)必要性显然,往证充分性. 设 $\lim\limits_{n\to\infty}\boldsymbol{E}[X_n] > -\infty$, $X_n = M_n - A_n$ 为 (X_n) 的 Doob 分解,则 (A_n) 可积:$\boldsymbol{E}[A_\infty] < \infty$. 令 $Y_n = M_n - \boldsymbol{E}[A_\infty | \mathscr{F}_n]$, $Z_n = \boldsymbol{E}[A_\infty | \mathscr{F}_n] - A_n$,则 $X_n = Y_n + Z_n$ 为 (X_n) 的 Riesz 分解.

2)设 (X_n) 为一非负上鞅, $X_n = Y_n + Z_n$ 为其 Riesz 分解,则由 1),我们有

$$\begin{aligned} Y_n &= M_n - \boldsymbol{E}[A_\infty | \mathscr{F}_n] \\ &= \lim_{p\to\infty}\boldsymbol{E}[M_p | \mathscr{F}_n] - \lim_{p\to\infty}\boldsymbol{E}[A_p | \mathscr{F}_n] \\ &= \lim_{p\to\infty}\boldsymbol{E}[M_p - A_p | \mathscr{F}_n] \\ &= \lim_{p\to\infty}\boldsymbol{E}[X_p | \mathscr{F}_n] \geqslant 0. \end{aligned}$$

3)显然. □

2.32定理 设 (X_n) 为一上鞅(鞅),则下列命题等价:

1) $\sup_n \boldsymbol{E}[X_n^-] < \infty$ ($\sup_n \boldsymbol{E}[|X_n|] < \infty$),

2) (X_n) 可分解为(称为 Krickeberg 分解):

$$X_n = L_n - M_n, \tag{32.1}$$

其中 (L_n) 为一非负上鞅(鞅), (M_n) 为一非负鞅. 此外,若1)成立,我们可使分解(32.1)有下述最小性:若 $X_n = L_n' - M_n'$ 是又一这样的分解,则对每个 n, $L_n \leqslant L_n'$, $M_n \leqslant M_n'$ a.s..

证明 2)⇒1)显然,往证1)⇒2). 因为 $(-X_n^-)$ 是上鞅,且 $\lim\limits_{n\to\infty}\boldsymbol{E}[-X_n^-] > -\infty$(由1)),由定理2.31 $(-X_n^-)$ 有 Riesz 分解:

$$-X_n^- = Y_n + Z_n,$$

其中 (Y_n) 为一鞅, (Z_n) 为一位势. 令 $L_n = X_n - Y_n$, $M_n = -Y_n$,则 (L_n) 为上鞅, (M_n) 为鞅. 同时,我们有

$$L_n = X_n^+ + Z_n \geqslant 0,\ M_n = X_n^- + Z_n \geqslant 0.$$

于是1)⇒2)得证. 设 $X_n = L_n' - M_n'$ 是又一满足要求的分解,则 $M_p'^- \geqslant X_p^- = M_p - Z_p$,

$$M'_n = \lim_{p\to\infty} \boldsymbol{E}[M'_p | \mathscr{F}_n] \geqslant \lim_{p\to\infty} \boldsymbol{E}[M_p - Z^p | \mathscr{F}_n] = M_n.$$

由此即得 $L'_n = X_n + M'_n \geqslant X_n + M_n = L_n$. □

§4. Doob 停止定理

在§1中，为了证明鞅与上鞅的一些基本不等式，我们已经对有界停时证明了 Doob 停止定理(也称可选取样定理). 这里将把这结果推广到更一般的场合. 有两种推广. 第一种是推广到可闭鞅与可闭上鞅(见定义2.33)，这时 Doob 停止定理对一切停时成立. 第二种是推广到一般的鞅与上鞅，但这时 Doob 停止定理只对某些停时成立. 后者在统计中有重要的应用.

2.33定义 一鞅(上鞅)$(X_n, n\in N)$称为**可右闭的**，如果存在一可积随机变量 $X_\infty \in \mathscr{F}_\infty$，使得对一切 $n\in \boldsymbol{N}$，$\boldsymbol{E}[X_\infty | \mathscr{F}_n] = X_n$ ($\leqslant X_n$)a.s.. 这时$(X_n, n\in \overline{N})$称为**右闭鞅(上鞅)**，X_∞称为$(X_n, n\in N)$的**右闭元**.

由鞅收敛定理可知，一可右闭的鞅的右闭元是唯一的，一可右闭的上鞅有一最大的右闭元(见定理2.34后的注). 由定义即知，一可右闭鞅即为一致可积鞅. 必须指出，一个鞅可以是右闭上鞅，但不是右闭鞅.

2.34定理 设$(X_n, n\in N)$为一上鞅. 为要(X_n)为可右闭的，必须且只需$(X_n^-, n\in N)$为一致可积的.

证明 必要性. 设 X_∞为(X_n)的右闭元，则对每个 n

$$X_n \geqslant \boldsymbol{E}[X_\infty | \mathscr{F}_n] \geqslant - \boldsymbol{E}[X_\infty^- | \mathscr{F}_n] \quad \text{a.s.},$$

$$X_n^- \leqslant \boldsymbol{E}[X_\infty^- | \mathscr{F}_n] \quad \text{a.s.}.$$

由于$(\boldsymbol{E}[X_\infty^- | \mathscr{F}_n])$一致可积，故$(X_n^-, n\in N)$也一致可积.

充分性. 设(X_n^-)为一致可积上鞅，则 $\sup\limits_n \boldsymbol{E}[X_n^-] < \infty$，由定理2.17，$X_n \to X_\infty$ a.s.，其中 X_∞为一可积随机变量. 往证 X_∞为(X_n)的右闭元. 设 $A\in \mathscr{F}_n$，我们有

$$\int_A X_n dP \geqslant \int_A X_{n+m} dP = \int_A X_{n+m}^+ dP - \int_A X_{n+m}^- dP, m \geqslant 1. \tag{34.1}$$

由于 $X_{n+m}^- \xrightarrow{L^1} X_\infty^-$，$m\to\infty$（由定理1.11）时有

$$\lim_{m\to\infty}\int_A X_{n+m}^- d\boldsymbol{P} = \int_A X_\infty^- d\boldsymbol{P}. \tag{34.2}$$

但 $X_{n+m}^+ \to X_\infty^+$ a.s.，$m\to\infty$，由 Fatou 引理

$$\int_A X_\infty^+ d\boldsymbol{P} \leqslant \varliminf_{m\to\infty}\int_A X_{n+m}^+ d\boldsymbol{P}. \tag{34.3}$$

由(34.1)—(34.3)，我们有 $\boldsymbol{E}[I_A X_n] \geqslant \boldsymbol{E}[I_A X_\infty]$，即 $\boldsymbol{E}[X_\infty|\mathscr{F}_n] \leqslant X_n$ a.s.. 这表明 X_∞ 是(X_n)的右闭元. □

注 设(X_n)为一可右闭上鞅. 从上面的证明可知，$\lim\limits_{n\to\infty}X_n = X_\infty$ a.s.. 存在，且 X_∞ 是(X_n)的右闭元. 实际上，X_∞ 是最大的右闭元. 若 ξ 是(X_n)的又一右闭元，则

$$\xi = \boldsymbol{E}[\xi|\mathscr{F}_\infty] = \lim_{n\to\infty}\boldsymbol{E}[\xi|\mathscr{F}_n] \leqslant \lim_{n\to\infty}X_n = X_\infty \quad \text{a.s.}.$$

下一定理是右闭鞅及右闭上鞅的 **Doob 停止定理**.

2.35 定理 设$(X_n, n\in\overline{N})$为一鞅（上鞅），S, T 为两个停时，且 $S\leqslant T$，则 X_S, X_T 可积，并且有

$$\boldsymbol{E}[X_T|\mathscr{F}_S] = X_S(\leqslant X_S) \quad \text{a.s.}. \tag{35.1}$$

证明 设$(X_n, n\in\overline{N})$为鞅. 令 $S_n = SI_{[S\leqslant n]} + (+\infty)I_{[S>n]}$，由于集合$\{0,1,\cdots,n,+\infty\}$与集合$\{0,1,\cdots,n,n+1\}$保序同构，故由定理2.10，

$$X_{S_n} = \boldsymbol{E}[X_\infty|\mathscr{F}_{S_n}] \quad \text{a.s.}.$$

由于 $\mathscr{F}_S\cap[S=S_n] = \mathscr{F}_{S_n}\cap[S=S_n]$（定理2.9.2)），故由定理1.23

$$\begin{aligned}\boldsymbol{E}[X_\infty|F_S]I_{[S=S_n]} &= \boldsymbol{E}[X_\infty|\mathscr{F}_{S_n}]I_{[S=S_n]} \\ &= X_{S_n}I_{[S=S_n]} = X_S I_{[S=S_n]} \quad \text{a.s.}.\end{aligned}$$

由于$[S=S_n]\uparrow\Omega$，故得

$$\boldsymbol{E}[X_\infty|\mathscr{F}_S] = X_S \quad \text{a.s.}.$$

特别，这表明 X_S 可积. 对停时 T 也有同样的等式. 故有

$$\boldsymbol{E}[X_T|\mathscr{F}_S] = \boldsymbol{E}[\boldsymbol{E}[X_\infty|\mathscr{F}_T]|\mathscr{F}_S] = \boldsymbol{E}[X_\infty|\mathscr{F}_S] = X_S \quad \text{a.s.}.$$

现设$(X_n, n\in\overline{N})$为上鞅. 令 $Y_n = \boldsymbol{E}[X_\infty|\mathscr{F}_n]$，$Z_n = X_n - Y_n$，$Y_\infty$

$=X_\infty$及$Z_\infty=0$，则$(Y_n,n\in\overline{N})$为鞅，$(Z_n,n\in\overline{N})$为非负上鞅. 由于$\boldsymbol{E}[Z_{S_n}]\leqslant\boldsymbol{E}[Z_0]$(定理2.10)，故由 Fatou 引理，$Z_S$可积，从而$X_S=Y_S+Z_S$可积. 令$T_n=TI_{[T\leqslant n]}+(+\infty)I_{[T>n]}$，则由定理2.10

$$Z_{S_n}\geqslant\boldsymbol{E}[Z_{T_n}|\mathscr{F}_{S_n}]\quad \text{a.s.},$$

$$\begin{aligned}Z_SI_{[S=S_n]}&\geqslant\boldsymbol{E}[Z_{T_n}|\mathscr{F}_{S_n}]I_{[S=S_n]}\\&=\boldsymbol{E}[Z_{T_n}|\mathscr{F}_S]I_{[S=S_n]}\quad \text{a.s.},\end{aligned}\tag{35.2}$$

由于$Z_{T_n}\uparrow Z_T$，在(35.2)中令$n\to\infty$得

$$Z_S\geqslant\boldsymbol{E}[Z_T|\mathscr{F}_S]\quad \text{a.s.}.$$

但由已证结果，$Y_S=\boldsymbol{E}[Y_T|\mathscr{F}_S]$ a.s.，所以

$$X_S\geqslant\boldsymbol{E}[X_T|\mathscr{F}_S]\quad \text{a.s.}.\quad\square$$

下一定理是定理2.35的加强形式.

2.36定理 设$(X_n,n\in\overline{N})$为一鞅(上鞅)，S,T为两个停时，则

$$\boldsymbol{E}[X_T|\mathscr{F}_S]=X_{T\wedge S}(\leqslant X_{T\wedge S})\quad \text{a.s.}.\tag{36.1}$$

证明 由定理2.9.2)，$X_TI_{[T\leqslant S]}\in\mathscr{F}_T$，从而由(35.1)，有

$$\begin{aligned}\boldsymbol{E}[X_T|\mathscr{F}_S]&=\boldsymbol{E}[X_TI_{[T\leqslant S]}+X_{S\vee T}I_{[T>S]}|\mathscr{F}_S]\\&=X_TI_{[T\leqslant S]}+X_SI_{[T>S]}\\&=X_{T\wedge S}\quad \text{a.s.},\end{aligned}$$

((X_n)为上鞅时，第二个等号改为$\leqslant$). $\square$

2.37系 设ξ为一可积随机变量，S,T为两个有限停时，则

$$\boldsymbol{E}[\xi|\mathscr{F}_S|\mathscr{F}_T]=\boldsymbol{E}[\xi|\mathscr{F}_{S\wedge T}]\quad \text{a.s.}.$$

下一定理是关于一般的鞅与上鞅的**Doob 停止定理**.

2.38定理 1)设$(X_n)_{n\geqslant0}$为一鞅，S,T为两个有限停时，设X_T可积，则为要

$$\boldsymbol{E}[X_T|\mathscr{F}_S]=X_{T\wedge S}\quad \text{a.s.}\tag{38.1}$$

必须且只需

$$\lim_{n\to\infty}\boldsymbol{E}[X_nI_{[T\geqslant n]}|\mathscr{F}_S]=0,\quad \text{a.s.},$$

或等价地，

$$\overline{\lim_{n\to\infty}}\boldsymbol{E}[X_nI_{[T\geqslant n]}|\mathscr{F}_S]=0$$

$$(\text{或}\underline{\lim_{n\to\infty}}\boldsymbol{E}[X_nI_{[T\geqslant n]}|\mathscr{F}_S]=0)\quad \text{a.s.}.$$

特别，若$\lim\limits_{n\to\infty}E[|X_n|I_{[T\geqslant n]}]=0$，则(38.1)成立.

2)设$(X_n)_{n\geqslant 0}$为一上鞅，S,T为两个有限停时. 设X_T可积，且$\overline{\lim\limits_{n\to\infty}}E[X_nI_{[T\geqslant n]}|\mathscr{F}_S]\geqslant 0$ a.s.，则

$$E[X_T|\mathscr{F}_S]\leqslant X_{T\wedge S}\quad \text{a.s.}. \tag{38.2}$$

特别，若$\lim\limits_{n\to\infty}E[X_n^-I_{[T\geqslant n]}]=0$，则(38.2)成立.

证明 1)对每个n，$X_{T\wedge n}\in\mathscr{F}_n$. 由系2.37及定理2.10，有

$$E[X_{T\wedge n}|\mathscr{F}_S]=E[X_{T\wedge n}|\mathscr{F}_{S\wedge n}]=X_{T\wedge S\wedge n},$$

$$\begin{aligned}E[X_T|\mathscr{F}_S]&=\lim_{n\to\infty}E[X_TI_{[T<n]}|\mathscr{F}_S]\\&=\lim_{n\to\infty}E[X_{T\wedge n}-X_nI_{[T\geqslant n]}|\mathscr{F}_S]\\&=\lim_{n\to\infty}(X_{T\wedge S\wedge n}-E[X_nI_{[T\geqslant n]}|\mathscr{F}_S])\\&=X_{T\wedge S}-\lim_{n\to\infty}E[X_nI_{[T\geqslant n]}|\mathscr{F}_S].\end{aligned}$$

这表明极限$\lim\limits_{n\to\infty}E[X_nI_{[T\geqslant n]}|\mathscr{F}_S]$总存在，且(38.1)成立当且仅当它a.s.等于零. 其余的结论显然.

2)的证明类似，故略去. □

下一定理是定理2.38的一个十分有用的推论.

2.39定理 设$(X_n)_{n\geqslant 0}$为一鞅(上鞅)，T为一停时，且$E[T]<\infty$. 若存在一常数C，使得对每个$n\geqslant 0$，在$[T\geqslant n+1]$上

$$E[|X_{n+1}-X_n||\mathscr{F}_n]\leqslant C\quad \text{a.s.}, \tag{39.1}$$

则$E[|X_T|]<\infty$，且

$$E[X_T]=E[X_0]\quad(\leqslant E[X_0]). \tag{39.2}$$

证明 由定理2.38，为证(39.2)只需证明X_T可积及$\lim\limits_{n\to\infty}E[|X_n|I_{[T\geqslant n]}]=0$. 为此，令$Y_0=|X_0|$，$Y_j=|X_j-X_{j-1}|$，$j\geqslant 1$，则

$$\begin{aligned}E\Big[\sum_{j=0}^{T}Y_j\Big]&=\sum_{n=0}^{\infty}E\Big[\sum_{j=0}^{n}Y_jI_{[T=n]}\Big]=\sum_{j=0}^{\infty}E[Y_jI_{[T\geqslant j]}]\\&=\sum_{j=1}^{\infty}E[E[Y_j|\mathscr{F}_{j-1}]I_{[T\geqslant j]}]+E[Y_0]\end{aligned}$$

$$\leqslant C\sum_{j=1}^{\infty}\boldsymbol{P}(T\geqslant j)+\boldsymbol{E}[Y_0]$$
$$=C\boldsymbol{E}[T]+\boldsymbol{E}[|X_0|]<\infty.$$

由于$|X_T|\leqslant\sum\limits_{j=0}^{T}Y_j$，故$\boldsymbol{E}[|X_T|]<\infty$. 同时，我们有

$$\boldsymbol{E}[|X_n|I_{[T\geqslant n]}]\leqslant\boldsymbol{E}\Big[\sum_{j=0}^{T}|Y_j|I_{[T\geqslant n]}\Big]\to 0,\ n\to\infty. \qquad \square$$

下面我们利用定理2.39证明在统计中十分有用的著名的Wald 等式.

2.40定理 **(Wald 等式)** 设$(\xi_n)_{n\geqslant 1}$为独立同分布随机变量序列，且$\boldsymbol{E}[|\xi_1|]<\infty$. 令$\mathscr{F}_n=\sigma(\xi_1,\cdots,\xi_n)$. 设$T\geqslant 1$为一停时，且$\boldsymbol{E}[T]<\infty$，则

$$\boldsymbol{E}\Big[\sum_{j=1}^{T}\xi_j\Big]=\boldsymbol{E}[\xi_1]\boldsymbol{E}[T]. \tag{40.1}$$

若又有$\boldsymbol{E}[\xi_1^2]<\infty$，则

$$\boldsymbol{E}\Big[\Big(\sum_{j=1}^{T}\xi_j-T\boldsymbol{E}[\xi_1]\Big)^2\Big]=D[\xi_1]\boldsymbol{E}[T], \tag{40.2}$$

其中$\boldsymbol{D}[\xi_1]=\boldsymbol{E}[\xi_1^2]-(\boldsymbol{E}[\xi_1])^2$表示$\xi_1$的方差.

证明 令$X_n=\sum\limits_{j=1}^{n}\xi_j-n\boldsymbol{E}[\xi_1]$, $n\geqslant 1$，则$(X_n)_{n\geqslant 1}$为鞅，且

$$\boldsymbol{E}[|X_{n+1}-X_n||\mathscr{F}_n]=\boldsymbol{E}[|\xi_{n+1}-\boldsymbol{E}[\xi_1]||\mathscr{F}_n]$$
$$=\boldsymbol{E}[|\xi_{n+1}-\boldsymbol{E}[\xi_1]|]\leqslant 2\boldsymbol{E}[|\xi_1|].$$

由定理2.39，我们有$\boldsymbol{E}[X_T]=\boldsymbol{E}[X_1]=0$，即(40.1)成立，令$Y_n=X_n^2-n\boldsymbol{D}[\xi_1]$. 对鞅$(Y_n)$作类似的讨论可证(40.2). $\square$

最后，作为本节的结束，我们将离散时间上鞅的主要性质作一小结. 设(X_n)为一上鞅，则

(X_n)一致可积 $\Leftrightarrow$ $X_n\xrightarrow{\text{a.s.},L^1}X_\infty$

$\Downarrow$

(X_n^-)一致可积 $\Leftrightarrow$ (X_n)可右闭

$\Downarrow$

$$\begin{array}{l}\sup\limits_n \boldsymbol{E}[X_n^-]<\infty \left\{\begin{array}{l}\Leftrightarrow (X_n)\text{有 Krickeberg 分解}\\ \Rightarrow X_n \xrightarrow{\text{a.s.}} X_\infty, X_\infty\text{可积}\end{array}\right.\\ \quad\Downarrow \\ \lim\limits_{n\to\infty}\boldsymbol{E}[X_n]>-\infty \Leftrightarrow (X_n)\text{有 Riesz 分解.}\end{array}$$

§5. 连续时间鞅

我们继续在固定的概率空间$(\Omega,\mathscr{F},P)$上进行讨论. 但在§5及§6中给定一个连续时间的流$\boldsymbol{F}=(\mathscr{F}_t,\ t\in\boldsymbol{R}_+)$(或记为$\boldsymbol{F}=(\mathscr{F}_t)_{t\geqslant 0}$);对一切$0\leqslant s<t$,$\mathscr{F}_s\subset\mathscr{F}_t$. 令$\mathscr{F}_\infty=\bigvee\limits_{t\geqslant 0}\mathscr{F}_t$及

$$\mathscr{F}_{t+}=\bigcap_{s>t}\mathscr{F}_s,\quad t\geqslant 0,$$

$$\mathscr{F}_{t-}=\bigvee_{s<t}\mathscr{F}_s=\sigma(\bigcup_{s<t}\mathscr{F}_s),\ t>0.$$

自然地定义$\mathscr{F}_{0-}=\mathscr{F}_0$, $\mathscr{F}_{\infty-}=\mathscr{F}_\infty$. 一个流$\boldsymbol{F}$称为**右连续的**,如果对每个$t\geqslant 0$,$\mathscr{F}_t=\mathscr{F}_{t+}$. 显然,流$\boldsymbol{F}_+=(\mathscr{F}_{t+})_{t\geqslant 0}$是右连续的.

参数集为$\boldsymbol{R}_+$的一族实值随机变量$(X_t,t\in\boldsymbol{R}_+)$(或记为$(X_t)_{t\geqslant 0}$)称为一个随机过程[1]或简称过程,它也简记为$X$或$(X_t)$. 显然,一随机过程$X=(X_t(\omega))$实际上是定义在$\Omega\times\boldsymbol{R}_+$上的一实值函数,使得对每个$t$,$X_t(\omega)$为$\mathscr{F}$-可测. 对每个$\omega\in\Omega$,$X_\cdot(\omega)$是$\boldsymbol{R}_+$上的一个函数,称为$X$的一条**轨道**(**或路径,或样本函数**). 如果X的全部轨道是连续的(右连续的,左连续的),则称X为**连续**(**右连续、左连续**)**过程**、如果X的全部轨道是右连续并有左极限的(简称**右连左极**),则称X为**右连左极过程**. 这时我们以$X_-=(X_{t-})$记左极限过程,其中约定$X_{0-}=X_0$,以$\Delta X=(\Delta X_t)$记X的**跳过程**:$\Delta X_t=X_t-X_{t-}$, $t\geqslant 0$,或$\Delta X=X-X_-$.

随机过程X称为$\boldsymbol{F}$-**适应的**,如果对每个$t\geqslant 0$,X_t为$\mathscr{F}_t$-可测. 令

$$\boldsymbol{F}^0(X)=(\mathscr{F}_t^0(X)),\mathscr{F}_t^0(X)=\sigma\{X_s,s\leqslant t\},t\geqslant 0.$$

---

1) 一般地,任何一族随机变量称为一个随机过程. 随机序列也称为离散时间随机过程,以区间为参数集的随机过程称为连续时间随机过程.

$\boldsymbol{F}^0(X)$称为 X 的**自然流**. 显然,X 总是 $\boldsymbol{F}^0(X)$-适应的. 如果 X 是 $\boldsymbol{F}$-适应的,则对每个 $t\geqslant 0$,$\mathscr{F}_t^0(X)\subset\mathscr{F}_t$.

对任何 $n\geqslant 1$ 及 $t_1,t_2,\cdots,t_n\in\boldsymbol{R}_+$,

$$F_{t_1,t_2,\cdots,t_n}(x_1,x_2,\cdots,x_n)=\boldsymbol{P}(X_{t_1}\leqslant x_1,X_{t_2}\leqslant x_2,\cdots,X_{t_n}\leqslant x_n)$$

称为 X 的一个**有限维(n 维)分布**. X 的有限维分布全体称为 X 的**有限维分布族**. 令

$$(\boldsymbol{R}^{R_+},\mathscr{B}^{R_+})=\prod_{t\geqslant 0}(E_t,\mathscr{E}_t),(E_t,\mathscr{E}_t)\equiv(\boldsymbol{R},\mathscr{B}(\boldsymbol{R})),\ t\geqslant 0.$$

由 Kolmogorov 扩张定理,X 的有限维分布族决定$(\boldsymbol{R}^{R_+},\mathscr{B}^{R_+})$上的一个概率测度,记为 $\boldsymbol{P}^X$ 或 $L(X)$,叫做 X 的**分布律**或**分布**. 原则上,一个随机过程的概率特性由它的分布所决定. 实际上,为了决定一个过程的分布,我们通常就给出它的有限维分布族. 值得指出的是,无论 $\boldsymbol{R}_+$上的连续函数全体 $C(\boldsymbol{R}_+)$,还是 $\boldsymbol{R}_+$上右连左极函数全体 $D(\boldsymbol{R}_+)$,都不属于 $\mathscr{B}^{R_+}$. 如果 $\boldsymbol{X}$ 是连续(右连左极)过程,我们只能断定在分布 $\boldsymbol{P}^X$ 之下,$\boldsymbol{C}(\boldsymbol{R}_+)(D(\boldsymbol{R}_+))$的外测度为1. 这时我们可以在$(C(\boldsymbol{R}_+),\mathscr{B}^{R_+}\cap\boldsymbol{C}(\boldsymbol{R}_+))(D(\boldsymbol{R}_+),\mathscr{B}^{R_+}\cap D(\boldsymbol{R}_+))$上定义一个概率测度如下:

$$\mu(A\cap C(\boldsymbol{R}_+))=\boldsymbol{P}^X(A)(\mu(A\cap D(\boldsymbol{R}_+))=\boldsymbol{P}^X(A)).$$

我们也称 μ 为 $\boldsymbol{X}$ 的分布(律),也记为 $\boldsymbol{P}^X$.

一般地,若 $E\subset\boldsymbol{R}^{R_+}$,$\mathscr{E}=\mathscr{B}^{R_+}\cap E$,$\boldsymbol{P}$ 为$(E,\mathscr{E})$上一概率测度,则定义一个过程如下:

$$X_t(\varphi)=\varphi_t,\ \varphi=(\varphi_t)\in E,\ t\geqslant 0,$$

该过程叫做**坐标过程**或**标准过程**,$\boldsymbol{P}$ 正是 X 的分布.

在本节中首先研究连续时间上鞅的轨道性质,然后对右连续的连续时间上鞅,建立与离散时间上鞅相应的结果,只是 Doob 分解要到第五章才讨论.

2.41定义　一个 $\boldsymbol{F}$-适应随机过程 $X=(X_t)_{t\geqslant 0}$叫做 $\boldsymbol{F}$-鞅($\boldsymbol{F}$-上鞅,$\boldsymbol{F}$-下鞅),如果对每个 $t\geqslant 0$,X_t 可积,且对一切$0\leqslant s<t$

$$\boldsymbol{E}[X_t|\mathscr{F}_s]=X_s(\leqslant X_s,\geqslant X_s)\quad \text{a.s.}.$$

显见,任一 $\boldsymbol{F}$-鞅($\boldsymbol{F}$-上鞅,$\boldsymbol{F}$-下鞅)关于 $\boldsymbol{F}^0(X)$是鞅(上鞅,下

鞅). 如同离散时间情形，由于流 $\boldsymbol{F}$ 固定，我们也省略字冠“$\boldsymbol{F}$-”. 因此鞅指 $\boldsymbol{F}$-鞅，除非另作声明.

类似地，我们可定义参数集为 $\overline{\boldsymbol{R}}_+$ 或 $\boldsymbol{R}_+\setminus\{0\}$ 的鞅，上鞅与下鞅.

现在我们开始研究上鞅的轨道性质. 为此，需将上穿不等式推广到连续时间情形.

设 $X=(X_t)_{t\geqslant 0}$ 为一适应过程，u 为 $\boldsymbol{R}_+$ 的一有限子集. 令 $u=\{t_1,\cdots,t_n\}$，$t_1<t_2<\cdots<t_n$. 记 $U_a^b[X,u]$ 为 $\{X_{t_1},\cdots,X_{t_n}\}$ 上穿 $[a,b]$ 的次数. 对 $\boldsymbol{R}_+$ 的任一子集 D，定义

$$U_a^b[X,D]=\sup\{U_a^b[X,u]: u \text{ 为 } D \text{ 的有限子集}\}.$$

设 $D=\{t_1,t_2,\cdots\}$ 为一可数集. 令 $u_n=\{t_1,\cdots,t_n\}$. 易见

$$U_a^b[X,D]=\lim_{n\to\infty}U_a^b[X,u_n].$$

2.42定理 设 $X=(X_t)_{t\geqslant 0}$ 为一上鞅，D 为 $\boldsymbol{R}_+$ 的一可数稠子集，则对任何 $r<s\,(r,s\in\boldsymbol{R}_+)$，$a<b\,(a,b\in\boldsymbol{R})$ 及 $\lambda>0$，我们有

$$\lambda\boldsymbol{P}(\sup_{t\in D\cap[r,s]}|X_t|\geqslant\lambda)\leqslant\boldsymbol{E}[X_r]+2\boldsymbol{E}[X_s^-],\qquad(42.1)$$

$$\boldsymbol{E}U_a^b[X,D\cap[r,s]]\leqslant\frac{1}{b-a}\boldsymbol{E}[(X_s-a)^-].\qquad(42.2)$$

如果 X 的几乎所有轨道是右连续的，则上述不等式中的 $D\cap[r,s]$ 可用 $[r,s]$ 代替.

证明 设 $D\cap[r,s]=\{t_1,t_2,\cdots,t_n,\cdots\}$. 令 $u_n=\{t_1,\cdots,t_n\}$，则用 u_n 代替 $D\cap[r,s]$ 后所得相应的不等式(42.1)及(42.2)分别由(12.3)及(14.2)推得(注意，(X_t^-) 及 $((X_t-a)^-)$ 都是下鞅)，然后令 $n\to\infty$，即得(42.1)及(42.2). 定理的最后一个断言是显然的. □

2.43定理 设 (X_t) 为一上鞅，D 为 $\boldsymbol{R}_+$ 的一可数稠子集，则对几乎所有 ω，对一切 $t\in\boldsymbol{R}_+$ $(t\in\boldsymbol{R}_+\setminus\{0\})$，$\lim\limits_{s\in D,s\downarrow\downarrow t}X_s(\omega)$ $(\lim\limits_{s\in D,s\uparrow\uparrow t}X_s(\omega))$ 存在且有穷. 如果 (X_t) 的几乎所有轨道右连续，则对几乎所有 ω，对一切 $t\in\boldsymbol{R}_+\setminus\{0\}$，$X_{t-}(\omega)=\lim\limits_{s\in\boldsymbol{R}_+,s\uparrow\uparrow t}X_s(\omega)$ 存在且有穷.

证明 设 $t\in\boldsymbol{R}_+$，$a,b\in\boldsymbol{R}$，$a<b$，令

$$H_{t,a,b}=\{\omega:\sup_{s\in D\cap[0,t]}|X_s(\omega)|=\infty$$

$$\text{或}\ U_a^b[X(\omega),D\cap[0,t]]=\infty\},$$

则 $H_{t,a,b}\in\mathscr{F}_t$，且由定理2.42知，$\boldsymbol{P}(H_{t,a,b})=0$. 令

$$H_t=\bigcup_{a<b,\ a,b\in Q}H_{t,a,b},\ H=\bigcup_{t\in\boldsymbol{R}_+}H_t=\bigcup_{n=1}^{\infty}H_n,$$

则 $H_t\in\mathscr{F}_t$，$H_t\uparrow H$，且 $\boldsymbol{P}(H)=0$. 若 $\omega\notin H$，则对一切 $t\in\boldsymbol{R}_+$（$\boldsymbol{R}_+\setminus\{0\}$），$\lim\limits_{s\in D,s\downarrow\downarrow t}X_s(\omega)$（$\lim\limits_{s\in D,s\uparrow\uparrow t}X_s(\omega)$）存在且有穷.

如果(X_t)的几乎所有轨道右连续，显然对一切 $t\in\boldsymbol{R}_+\setminus\{0\}$，$\lim\limits_{s\in D,s\uparrow\uparrow t}X_s(\omega)=\lim\limits_{s\in\boldsymbol{R}_+,s\uparrow\uparrow t}X_s(\omega)$. □

下一定理称为 **Föllmer 引理**（Föllmer[1]），它与经典结果的区别，在于取消了 $\mathscr{F}_0$ 中包含 $\mathscr{F}$ 中一切 $\boldsymbol{P}$-零概集的限制.

2.44定理 设(X_t)为一上鞅（鞅），D 为 $\boldsymbol{R}_+$ 的一可数稠子集，则存在一个 $\boldsymbol{F}_+$-适应过程$(\overline{X}_t)$，使得

1）$(\overline{X}_t)$为右连续，且对几乎所有的 ω，对一切 $t\in\boldsymbol{R}_+$，有

$$\overline{X}_t(\omega)=\lim_{s\in D,s\downarrow\downarrow t}X_s(\omega),\tag{44.1}$$

2）对几乎所有 ω，对一切 $t\in\boldsymbol{R}_+\setminus\{0\}$，$\overline{X}_{t-}(\omega)=\lim\limits_{s\in\boldsymbol{R}_+,s\uparrow\uparrow t}\overline{X}_s(\omega)$ 存在且有穷，此外有

$$\overline{X}_{t-}(\omega)=\lim_{s\in D,s\uparrow\uparrow t}X_s(\omega),\tag{44.2}$$

3）对一切 $t\in\boldsymbol{R}_+$，有

$$X_t\geqslant\boldsymbol{E}[\overline{X}_t|\mathscr{F}_t]\ (X_t=\boldsymbol{E}[\overline{X}_t|\mathscr{F}_t])\quad\text{a.s.},\tag{44.3}$$

4）$(\overline{X}_t)$为$(\mathscr{F}_{t+})$-上鞅（鞅）.

证明 我们沿用定理2.43中的记号. 对一切 $t\in\boldsymbol{R}_+$，令 $H_{t+}=\bigcap\limits_{s>t}H_s$，则 $H_{t+}\in\mathscr{F}_{t+}$. 如果 $\omega\notin H_{t+}$，则存在 $t_1>t$，使得 $\omega\notin H_{t_1}$，故极限 $\lim\limits_{s\in D,s\downarrow\downarrow t}X_s(\omega)$存在且有穷. 令

$$\overline{X}_t(\omega)=\begin{cases}\lim\limits_{s\in D,s\downarrow\downarrow t}X_s(\omega), & \omega\notin H_{t+},\\ 0, & \omega\in H_{t+},\end{cases}\tag{44.4}$$

则显然$(\overline{X}_t)$为 $\boldsymbol{F}_+$-适应过程. 往证$(\overline{X}_t)$满足所要求的性质.

1) 设 $t\in\boldsymbol{R}_+$，$\omega\in H_{t+}$，则对一切 $s>t$，$\omega\in H_{s+}$. 由于 $H_{t+}=\bigcap\limits_{r>t}H_{r+}$，故存在 $r_0>t$，使得对一切 $r_0\geqslant r>t$，有 $\omega\notin H_{r+}$. 给定 $\varepsilon>0$，取 $\delta>0$，$\delta<r_0-t$，使得当 $s\in D$，$s>t$，$s-t<\delta$ 时有 $|\overline{X}_t(\omega)-X_s(\omega)|\leqslant\varepsilon$. 于是当 $r>t$，且 $r-t<\delta$ 时，有

$$|\overline{X}_t(\omega)-\overline{X}_r(\omega)|=\lim_{s\in D,s\downarrow\downarrow r}|\overline{X}_t(\omega)-X_s(\omega)|\leqslant\varepsilon.$$

这表明 $\overline{X}_\cdot(\omega)$ 在 t 处右连续. 因此，$(\overline{X}_t)$ 的一切轨道在 $\boldsymbol{R}_+$ 上右连续. 最后，如果 $\omega\notin H$，则对一切 $t\in\boldsymbol{R}_+$，由(44.4)得(44.1).

2) 设 $t>0$，$\omega\notin H$，则 $\lim\limits_{s\in D,s\uparrow\uparrow t}X_s(\omega)$ 存在且有穷. 与1)类似可证(44.2).

3) 只证上鞅情形. 设 $r_n\in D$，$r_n\downarrow\downarrow t$. 对任何 $A\in\mathscr{F}_t$，有

$$\int_A X_t dP\geqslant\int_A X_{r_n}dP. \tag{44.5}$$

由于 (X_{r_n}) 一致可积(定理2.22)，由1)可知 $X_{r_n}\xrightarrow{L^1}\overline{X}_t$. 在(44.5)的右边令 $n\to\infty$ 得

$$\int_A X_t dP\geqslant\int_A\overline{X}_t dP.$$

即(44.3)成立.

4) 只证上鞅情形. 设 $s<t$，$s,t\in\boldsymbol{R}_+$. 令 $s_n\in D$，$s_n<t$，且 $s_n\downarrow\downarrow s$. 又令 $t_n\in D$，$t_n\downarrow\downarrow t$，则对任何 $A\in\mathscr{F}_{s+}$，我们有

$$\int_A X_{s_n}dP\geqslant\int_A X_{t_n}dP. \tag{44.6}$$

由于 (X_{s_n})，(X_{t_n}) 一致可积(定理2.22)，在(44.6)的两边令 $n\to\infty$ 得

$$\int_A\overline{X}_s dP\geqslant\int_A\overline{X}_t dP.$$

这表明 $(\overline{X}_t)$ 为 $\boldsymbol{F}_+$-上鞅. □

2.45 定义 设 (X_t)，(Y_t) 为两个随机过程，称 (X_t) 为 (Y_t) 的**修正**，如果对一切 $t\in\boldsymbol{R}_+$，$X_t=Y_t$ a.s.；称 (X_t) 与 (Y_t) **无区别**，如对几乎所有 ω，轨道 $X_\cdot(\omega)$ 与 $Y_\cdot(\omega)$ 一致.

显然，两个无区别过程互为修正. 但一般反之不然. 然而，两个

右连续(或左连续)过程若互为修正,则无区别. 今后,我们将视两个无区别的过程为同一.

2.46定理 设(X_t)为右连续 $\boldsymbol{F}$-上鞅(鞅),则(X_t)也为 $\boldsymbol{F}_+$-上鞅(鞅),且(X_t)的几乎所有轨道右连左极.

证明 这是定理2.44的推论,因为依假设,(X_t)与$(\overline{X}_t)$无区别. □.

2.47定理 设 $\boldsymbol{F}=(\mathscr{F}_t)$右连续,$(X_t)$为一 $\boldsymbol{F}$-上鞅. 为要(X_t)有右连续适应修正,必须且只需 $\boldsymbol{R}_+$上的函数 $t\mapsto \boldsymbol{E}[X_t]$为右连续.

证明 令 D 为 $\boldsymbol{R}_+$的一可数稠子集. 由于 $\boldsymbol{F}$ 右连续,定理2.44中的$(\overline{X}_t)$为 $\boldsymbol{F}$-上鞅,且由(44.3),对每个 $t\geqslant 0$,得 $X_t\geqslant \overline{X}_t$ a.s.,令 $t_n\in D$, $t_n \downarrow\downarrow t$. 由于$(X_{t_n})$一致可积(定理2.22),故有

$$\boldsymbol{E}[\overline{X}_t]=\lim_{n\to\infty}\boldsymbol{E}[X_{t_n}].$$

因此,为要 $X_t=\overline{X}_t$ a.s.,或等价地,$\boldsymbol{E}[X_t]=\boldsymbol{E}[\overline{X}_t]$(因为有 $X_t\geqslant\overline{X}_t$ a.s.),必须且只需

$$\boldsymbol{E}[X_t]=\lim_{n\to\infty}\boldsymbol{E}[X_{t_n}]. \tag{47.1}$$

由于 $s\mapsto\boldsymbol{E}[X_s]$是单调非增函数,这等价于它在 t 处右连续. 因此,如果函数 $s\mapsto\boldsymbol{E}[X_s]$在 $\boldsymbol{R}_+$上右连续,则上鞅$(\overline{X}_t)$为上鞅(X_t)的右连续适应修正. 反之,若存在(X_t)的右连续适应修正(Y_t),则 $\boldsymbol{E}[X_t]=\boldsymbol{E}[Y_t]$. 根据上述论证,$t\mapsto\boldsymbol{E}[Y_t]=\boldsymbol{E}[X_t]$为 $\boldsymbol{R}_+$上的右连续函数. □

2.48系 设 $\boldsymbol{F}$ 右连续,则一切 $\boldsymbol{F}$-鞅有右连续适应修正.

若两个过程互为修正,则它们有相同的有限维分布族,即在分布意义上,它们是没有区别的. 因此,我们可以假设 $\boldsymbol{F}=(\mathscr{F}_t)$右连续,并只讨论右连续的鞅或上鞅. 现在,我们能将离散时间上鞅的基本结果推广到连续时间情形,除了上鞅的 Doob 分解. 相应的上鞅的 Doob-Meyer 分解定理将在第五章§4中给出.

下一定理是 **Doob 不等式**,它可由定理2.15直接推得.

2.49定理 设(X_t)为一非负右连续下鞅,$X^*=\sup\limits_{t\geqslant 0}X_t$,则

$$E[X^*]\leqslant\frac{e}{e-1}(1+\sup_{t\geqslant 0}E[X_t\log^+ X_t]), \qquad (49.1)$$

$$\|X^*\|_p\leqslant q\sup_{t\geqslant 0}\|X_t\|_p, \qquad (49.2)$$

其中 $p>1$ 及 $q>1$ 为一对共轭指数.

关于收敛定理,我们只叙述结果,其证明与离散时间情形完全类似.

2.50 定理 设(X_t)为一右连续上鞅. 如果$\sup_t E[X_t^-]<\infty$(或等价地,$\sup_t E[|X_t|]<\infty$),则当 $t\to\infty$ 时,X_t a.s. 收敛于一可积随机变量 X_∞. 若(X_t)为非负上鞅,则$(X_t,t\in\overline{R}_+)$为上鞅.

2.51 定理 设(X_t)为一一致可积右连续上鞅(鞅),则 $t\to\infty$ 时,$X_t\xrightarrow{\text{a.s.},L^1}X_\infty$,且$(X_t,t\in\overline{R}_+)$为上鞅(鞅).

2.52 系 设$(\mathscr{F}_t)$右连续. 令 ξ 为一可积随机变量,(ξ_t)为鞅$(E[\xi|\mathscr{F}_t])$的右连续适应修正,则当 $t\to\infty$ 时,

$$\xi_t\xrightarrow{\text{a.s.},L^1}E[\xi|\mathscr{F}_\infty].$$

2.53 系 设(X_t)为一右连续鞅或非负下鞅,$p>1$. 如果$\sup_{t\geqslant 0}E[|X_t|^p]<\infty$,则 $t\to\infty$ 时,$X_t\xrightarrow{\text{a.s.},L^p}X_\infty$. 此外有$\|X_\infty\|_p=\sup_{t\geqslant 0}\|X_t\|_p$.

2.54 定理 设$(X_t)_{t>0}$为一右连续$(\mathscr{F}_t)_{t>0}$-上鞅. 如果 $\mathscr{F}_0=\mathscr{F}_{0+}$,$\sup_{t>0}E[X_t]<\infty$,则 $t\downarrow 0$时 X_t a.s. 及 L^1-收敛于一 $\mathscr{F}_0$-可测随机变量 X_0,且$(X_t)_{t\geqslant 0}$为$(\mathscr{F}_t)_{t\geqslant 0}$-上鞅.

现在我们要讨论上鞅的 Riesz 分解. 由于上鞅的 Doob 分解尚未建立,这里的证明路线与离散时间情形有所不同. 至于 Krickeberg 分解,其叙述与证明都与离散时间情形相似,故略去.

2.55 定义 设(X_t)为一非负右连续上鞅. 称(X_t)为**位势**,如果$\lim_{t\to\infty}E[X_t]=0$.

设 $X=(X_t)$为一右连续上鞅. 如果存在一右连续鞅 $Y=(Y_t)$及一位势 $Z=(Z_t)$,使得

$$X_t=Y_t+Z_t, \qquad (55.1)$$

则称 X 有 **Riesz 分解**：$X=Y+Z$. 易见. 若 X 有 Riesz 分解，则必唯一.

2.56定理 设($\mathscr{F}_t$)右连续，(X_t)为一右连续上鞅.

1)(X_t)有 Riesz 分解当且仅当$\lim\limits_{t\to\infty}\boldsymbol{E}[X_t]>-\infty$.

2)设(X_t)有 Riesz 分解(55.1). 若(X_t)非负，则(Y_t)也非负.

3)若(X_t)一致可积，则 $t\to\infty$时，$X_t\xrightarrow{L^1}X_\infty$. 此时令($Y_t$)为鞅($\boldsymbol{E}[X_\infty|\mathscr{F}_t]$)的右连续适应修正，$Z_t=X_t-Y_t$，则($Z_t$)为一位势.

证明 1)必要性显然，往证充分性. 令

$$Y_{t,s}=\boldsymbol{E}[X_{t+s}|\mathscr{F}_t],\ t,s\in\boldsymbol{R}_+ .$$

对 $s>r$

$$Y_{t,s}=\boldsymbol{E}[\boldsymbol{E}[X_{t+s}|\mathscr{F}_{t+r}]|\mathscr{F}_t]\leqslant\boldsymbol{E}[X_{t+r}|\mathscr{F}_t]=Y_{t,r},\quad \text{a.s.}.$$

令 $Y_t=\lim\limits_{n\to\infty}Y_{t,n}$ a.s.，则 $n\to\infty$时，$Y_{t,n}\xrightarrow{L^1}Y_t$. 对 $t>s$，

$$\begin{aligned}\boldsymbol{E}[Y_t|\mathscr{F}_s]&=\lim_{n\to\infty}\boldsymbol{E}[Y_{t,n}|\mathscr{F}_s]=\lim_{n\to\infty}\boldsymbol{E}[X_{t+n}|\mathscr{F}_s]\\&=\lim_{n\to\infty}Y_{s,n+(t-s)}=Y_s\ \text{a.s.}.\end{aligned}$$

对每个 $t\in\boldsymbol{R}_+$，取 $Y_t\in\mathscr{F}_t$，则(Y_t)为一鞅. 由于($\mathscr{F}_t$)右连续，由系 2.58，(Y_t)有右连续适应修正，仍记为(Y_t). 令 $Z_t=X_t-Y_t$. 因为对一切 n，$Y_{t,n}\leqslant X_t$ a.s.，故有 $Y_t\leqslant X_t$ a.s.. 因此，(Z_t)为非负上鞅，且

$$\begin{aligned}\boldsymbol{E}[Z_t]&=\lim_{n\to\infty}\boldsymbol{E}[X_t-Y_{t,n}]\\&=\lim_{n\to\infty}\boldsymbol{E}[X_t-X_{t+n}]\\&=\boldsymbol{E}[X_t]-\lim_{s\to\infty}\boldsymbol{E}[X_s],\end{aligned}$$

$$\lim_{t\to\infty}\boldsymbol{E}[Z_t]=\lim_{t\to\infty}\boldsymbol{E}[X_t]-\lim_{s\to\infty}\boldsymbol{E}[X_s]=0,$$

即(Z_t)为位势.

2)由1)的证明看出. 3)显然. □

现在我们要对连续时间鞅(上鞅)建立 Doob 停止定理. 将只限于讨论可右闭鞅(上鞅). 当然，必须先引进停时的概念. 但关于停时的详细讨论要在第三章 §1中给出.

2.57定义 在 $\overline{\boldsymbol{R}}_+$ 中取值的随机变量 T 叫做 ***F*-停时或可选时**，如果对一切 $t\geqslant0$，$[T\leqslant t]\in\mathscr{F}_t$.

对每个停时 T，令

$$\mathscr{F}_T=\{A\in\mathscr{F}_\infty:\forall\, t\in\boldsymbol{R}_+,A[T\leqslant t]\in\mathscr{F}_t\}.\quad(57.1)$$

这是一个 σ-域，称为 **T 前事件 σ-域.**

一个 $\boldsymbol{F}_+$-停时 T 称为 **$\boldsymbol{F}$-宽停时**. 关于 $\boldsymbol{F}_+$ 的 T 前事件 σ-域记为 $\mathscr{F}_{T+}$，即

$$\mathscr{F}_{T+}=\{A\in\mathscr{F}_\infty:\forall\, t\in\boldsymbol{R}_+,A[T\leqslant t]\in\mathscr{F}_{t+}\}.\quad(57.2)$$

2.58定理 设 $(X_t,t\in\overline{\boldsymbol{R}}_+)$ 为一右连续鞅(上鞅)，S,T 为两个停时，且 $S\leqslant T$，则 X_S,X_T 可积，且

$$\boldsymbol{E}[X_T|\mathscr{F}_S]=X_S(\leqslant X_S)\quad \text{a.s.}.\quad(58.1)$$

证明 只证上鞅情形. 对一切自然数 n，令 $D_n=\{0,\frac{1}{2^n},\ \frac{2}{2^n},\cdots,+\infty\}$，则 $(X_t,t\in D_n)$ 为 $(\mathscr{F}_t,t\in D_n)$-上鞅. 令

$$S_n=\sum_{k=1}^{\infty}\frac{k}{2^n}I_{[\frac{k-1}{2^n}\leqslant S<\frac{k}{2^n}]}+(+\infty)I_{[S=+\infty]},$$

$$T_n=\sum_{k=1}^{\infty}\frac{k}{2^n}I_{[\frac{k-1}{2^n}\leqslant T<\frac{k}{2^n}]}+(+\infty)I_{[T=+\infty]},$$

则 S_n,T_n 为 $(\mathscr{F}_t,t\in D_n)$-停时(见定理3.7.2))，且 $S_n\downarrow S,T_n\downarrow T$. 由定理2.35，有

$$\boldsymbol{E}[X_{T_n}|\mathscr{F}_{S_n}]\leqslant X_{S_n}\quad \text{a.s.},$$

其中 X_{S_n},X_{T_n} 为可积的. 特别，对 $A\in\mathscr{F}_S\subset\mathscr{F}_{S_n}$(见定理3.4.2))

$$\int_A X_{T_n}d\boldsymbol{P}\leqslant\int_A X_{S_n}d\boldsymbol{P}.\quad(58.2)$$

但是

$$\lim_{n\to\infty}\boldsymbol{X}_{T_n}=\boldsymbol{X}_T,\lim_{n\to\infty}\boldsymbol{X}_{S_n}=\boldsymbol{X}_S,$$

且 $X_S\in\mathscr{F}_S,X_T\in\mathscr{F}_T$(见定理3.12). 为从(58.2)推得(58.1)，只需证明 (X_{S_n}) 及 (X_{T_n}) 一致可积. 由定理2.35知，对每个 $n\geqslant1$，

$$\boldsymbol{E}[X_{S_{n-1}}|\mathscr{F}_{S_n}]\leqslant X_{S_n}\quad \text{a.s.}.$$

令 $Y_{-n}=X_{S_n},\mathscr{G}_{-n}=\mathscr{F}_{S_n}$，$n\geqslant1$，则 $(Y_n)_{n\leqslant-1}$ 为 $(\mathscr{G}_n)_{n\leqslant-1}$-上鞅. 由于 $\boldsymbol{E}[Y_{-n}]=\boldsymbol{E}[X_{S_n}]\leqslant\boldsymbol{E}[X_0]$(定理2.35)，$(Y_n)_{n\leqslant-1}=(X_{S_n})_{n\geqslant1}$ 一致可积(定理2.22). 同理，(X_{T_n}) 一致可积. □

下一定理是 Doob 停止定理的加强形式，其证明与定理2.36完全类似. 故略去.

2.59定理 设$(X_t, t\in\overline{\boldsymbol{R}}_+)$为一右连续鞅(上鞅)，$S,T$ 为两个停时，则

$$\boldsymbol{E}[X_T|\mathscr{F}_S] = X_{T\wedge S}(\leqslant X_{T\wedge S})\quad \text{a.s.}. \tag{59.1}$$

2.60系 设$(\mathscr{F}_t)$右连续，ξ 为一可积随机变量，S,T 为两个停时，则

$$\begin{aligned}\boldsymbol{E}[\xi|\mathscr{F}_T|\mathscr{F}_S] &= \boldsymbol{E}[\xi|\mathscr{F}_S|\mathscr{F}_T]\\ &= \boldsymbol{E}[\xi|\mathscr{F}_{S\wedge T}]\quad \text{a.s.}.\end{aligned} \tag{60.1}$$

证明 令(X_t)为鞅$(\boldsymbol{E}[\xi|\mathscr{F}_t])$的右连续适应修正，$X_\infty=\boldsymbol{E}[\xi|\mathscr{F}_\infty]$，则(60.1)由(59.1)即得. □

2.61系 设$(X_t)_{t\geqslant 0}$为一右连续上鞅，则对任何停时 T

$$\boldsymbol{E}[|X_T|I_{[T<\infty]}]\leqslant 3\sup_{t\geqslant 0}\boldsymbol{E}[|X_t|]. \tag{61.1}$$

证明 令 $a>0, X_t^a=X_{t\wedge a}, X_\infty^a=X_a$，则$(X_t^a, t\in\overline{\boldsymbol{R}}_+)$为上鞅，且$X_T^a=X_{T\wedge a}$. 注意到$(X_t^-)$为下鞅. 由定理2.58. 有

$$\begin{aligned}\boldsymbol{E}[|X_{T\wedge a}|I_{[T<\infty]}] &\leqslant \boldsymbol{E}[|X_{T\wedge a}|] = \boldsymbol{E}[X_{T\wedge a}] + 2\boldsymbol{E}[X_{T\wedge a}^-]\\ &\leqslant \boldsymbol{E}[X_0] + 2\boldsymbol{E}[X_a^-] \leqslant 3\sup_{t\geqslant 0}\boldsymbol{E}[|X_t|].\end{aligned}$$

令 $a\to\infty$ 即得(61.1). □

下一定理是 Doob 停止定理的一个简单应用.

2.62定理 设(X_t)为一非负右连续上鞅. 令

$$T_n = \inf\left\{t: X_t < \frac{1}{n}\right\},\ T = \sup_n T_n, \tag{62.1}$$

则 T 为宽停时，且对几乎所有 $\omega\in[T<\infty]$

$$X_t(\omega) = 0,\ t\geqslant T(\omega),$$

对所有 $\omega\in[T>0]$, $t<T(\omega)$,

$$X_t(\omega) > 0,\ \lim_{s\uparrow t}X_s(\omega) > 0$$

(T 称为(X_t)的**归零时**).

证明 对任何 $t\in\boldsymbol{R}_+$，我们有

$$[T_n < t] = \bigcup_{r<t, r\in Q_+}\left[X_r < \frac{1}{n}\right]\in\mathscr{F}_t;$$

从而$[T_n\leqslant t]\in\mathscr{F}_t$，这表明$T_n$为宽停时，从而$T$为宽停时.

令$X_\infty=0$，则$(X_t,t\in\overline{\boldsymbol{R}}_+)$为右连续上鞅. 由定理2.46知，$(X_t,t\in\overline{\boldsymbol{R}}_+)$为$\boldsymbol{F}_+$-上鞅. 由定理2.58，我们有

$$\boldsymbol{E}[X_{T\vee t}]\leqslant\boldsymbol{E}[X_{T_n}]\leqslant\frac{1}{n}.$$

由于n是任意的，故$\boldsymbol{E}[X_{T\vee t}]=0$，从而$X_{T\vee t}=0$ a.s.，特别有

$$X_tI_{[t\geqslant T]}=X_{T\vee t}I_{[t\geqslant T]}=0\quad \text{a.s.}. \tag{62.2}$$

由于(X_t)的轨道右连续，这意味着对几乎所有$\omega\in[T<\infty]$，对一切$t\geqslant T(\omega)$，有$X_t(\omega)=0$.

另一方面，我们有$[T>t]=\bigcup_{n=1}^{\infty}[T_n>t]$. 设$t<T(\omega)$，则存在$n$，使得$T_n(\omega)>t$，于是由$T_n$的定义知，对一切$s\leqslant t$，$X_s(\omega)\geqslant\frac{1}{n}$，从而$\lim\limits_{s\to t}X_s(\omega)\geqslant\frac{1}{n}$. □

2.63定义 一个流$\boldsymbol{F}=(\mathscr{F}_t)$称为**完备的**，如果$\mathscr{F}_0$包含一切$\boldsymbol{P}$-零概集. 若流$\boldsymbol{F}=(\mathscr{F}_t)$既完备又右连续，则称$\boldsymbol{F}=(\mathscr{F}_t)$满足**通常条件**.

如果$\boldsymbol{F}$满足通常条件，(X_t)为一$\boldsymbol{F}$-上鞅，$\boldsymbol{E}[X_t]$在$\boldsymbol{R}_+$上右连续，则由定理2.46及2.47知，(X_t)有一右连续适应修正，且此修正是一$\boldsymbol{F}$-上鞅. 特别，若$\boldsymbol{F}$满足通常条件，每个$\boldsymbol{F}$-鞅有一右连续适应修正，且此修正也是$\boldsymbol{F}$-鞅.

设(X_t)为一非负右连续$\boldsymbol{F}$-上鞅. 令

$$S_1=\inf\{t:X_t=0\text{ or }X_{t-}=0\},$$
$$S_2=\inf\{t:X_t=0\},$$
$$S_3=\inf\{t:X_{t-}=0\},$$
$$T_n=\inf\left\{t:X_t<\frac{1}{n}\right\},\qquad T=\sup_n T_n.$$

由定理2.62，我们有$S_1=S_2=S_3=T$ a.s.. 若$\boldsymbol{F}$满足通常条件. 不难看出，S_1,S_2,S_3,T都是$\boldsymbol{F}$-停时.

任一流总可完备化. 首先，将概率空间$(\Omega,\mathscr{F},\boldsymbol{P})$完备化，即设

$(\Omega,\mathscr{F},P)$是完备的：$\mathscr{F}=\mathscr{F}^{P}$. 以 $\mathscr{N}$ 记 P-零概集全体产生的 σ 域. 对任一流 $\boldsymbol{F}=(\mathscr{F}_t)_{t\geq 0}$，令

$$\boldsymbol{F}^{P}=(\mathscr{F}_t\vee\mathscr{N})_{t\geq 0},$$

则 $\boldsymbol{F}^{P}$ 是一完备流，称为 $\boldsymbol{F}$ 的**完备化**. 易见，$\boldsymbol{F}^{P}_{+}$ 满足通常条件，它称为 $\boldsymbol{F}$ 的**通常化**，记为 $\widetilde{\boldsymbol{F}}=(\widetilde{\mathscr{F}}_t)_{t\geq 0}$. 不难证明，对每个 $t\geq 0$

$$\mathscr{F}_{t+}\vee\mathscr{N}=\bigcap_{s>t}(\mathscr{F}_s\vee\mathscr{N})=\widetilde{\mathscr{F}}_t,$$

即 $\widetilde{\boldsymbol{F}}=(\mathscr{F}_{t+}\vee\mathscr{N})_{t\geq 0}$.

对任一随机过程 $X=(X_t)_{t\geq 0}$，以 $\boldsymbol{F}^{P}(X)$ 记 X 的自然流 $\boldsymbol{F}^{0}(X)$ 的完备化，并称 $\boldsymbol{F}^{P}(X)$ 为 X 的**完备自然流**. 以 $\boldsymbol{F}(X)$ 记 $\boldsymbol{F}^{0}(X)$ 的通常化，并称 $\boldsymbol{F}(X)$ 为 X 的**通常自然流**. 显然，若两个过程互为修正，则它们有同一个完备自然流.

§6. 独立增量过程

2.64定义 随机过程(X_t)称为在 $\boldsymbol{R}_+$ 上**随机连续**，若对每个 $t\in\boldsymbol{R}_+$，当 $s\to t$ 时，X_s 依概率收敛于 X_t.

称随机过程(X_t)有**平稳增量**，若对一切 $s<t$，$s,t\in\boldsymbol{R}_+$，X_t-X_s 的分布只依赖于 $t-s$.

一适应过程(X_t)称为(关于 $\boldsymbol{F}=(\mathscr{F}_t)$)**独立增量过程**，若对一切 $s<t$，$s,t\in\boldsymbol{R}_+$，X_t-X_s 与 $\mathscr{F}_s$ 独立. 这时，对一切$0\leq t_0<t_1<\cdots<t_n$

$$X_{t_0},X_{t_1}-X_{t_0},\cdots,X_{t_n}-X_{t_{n-1}}\text{ 相互独立.}\qquad(64.1)$$

独立性(64.1)(特别，不相交区间上的增量相互独立)等价于(X_t)关于其自然流 $\boldsymbol{F}^{0}(X)$ 为独立增量过程. 如果不指明流，那么一个独立增量过程总是关于它的自然流而言的. 一个独立增量过程称为**齐次的**，若它有平稳增量.

易见，若(X_t)关于 $\boldsymbol{F}$ 为独立增量过程，则关于 $\boldsymbol{F}^{P}$($\boldsymbol{F}$ 的完备化)亦然. 若(X_t)又随机连续，则(X_t)关于 $\widetilde{\boldsymbol{F}}$($\boldsymbol{F}$ 的通常化)也为独立增量过程. 为简便起见，称随机连续的独立增量过程为 **Lévy** 过

程．不论其是否齐次．Lévy 过程即是本节的研究对象．所以，下面我们总假设流$\boldsymbol{F}$满足通常条件．

对任一 Lévy 过程 X，以 $\varphi_{s,t}(u)$ 记增量 $X_t-X_s(s\leqslant t)$ 的特征函数：

$$\varphi_{s,t}(u)=\boldsymbol{E}[\exp\{iu(X_t-X_s)\}].$$

由增量的独立性，我们有

$$\varphi_{r,s}(u)\varphi_{s,t}(u)=\varphi_{r,t}(u),\ r\leqslant s\leqslant t. \tag{64.2}$$

由 X 的随机连续性知，$\varphi_{s,t}(u)$ 是 (s,t,u) 的连续函数．

2.65引理 设 X 为一 Lévy 过程，则对一切 $u\in\boldsymbol{R}$，$s<t$，$s,t\in\boldsymbol{R}_+$，有 $\varphi_{s,t}(u)\neq 0$．

证明 令 $t_0=\inf\{t\geqslant s:\varphi_{s,t}(u)=0\}$．由于 $\varphi_{s,s}(u)=1$，必有 $t_0>s$．只需证明 $t_0=\infty$．事实上，若 $t_0<\infty$，则 $\varphi_{s,t_0}(u)=0$．由(64.2)

$$\varphi_{s,t}(u)\varphi_{t,t_0}(u)=0,\ s<t<t_0.$$

因为 $\varphi_{s,t}(u)\neq 0$，故 $\varphi_{t,t_0}(u)=0$．令 $t\uparrow\uparrow t_0$ 得 $\varphi_{t_0t_0}(u)=0$．这与 $\varphi_{t_0t_0}(u)=1$ 矛盾． □

2.66定理 设 X 为一 Lévy 过程．令

$$Z_{s,t}(u)=[\varphi_{s,t}(u)]^{-1}\exp\{iu(X_t-X_s)\},\quad s\leqslant t. \tag{66.1}$$

则 $(Z_{s,t}(u))_{t\geqslant s}$ 为 $(\mathscr{F}_t)_{t\geqslant s}$-鞅．

证明 令 $s\leqslant t_0<t$，则

$$\begin{aligned}\boldsymbol{E}[Z_{s,t}(u)\mid\mathscr{F}_{t_0}]&=[\varphi_{s,t}(u)]^{-1}\exp\{iu(X_{t_0}-X_s)\}\\&\quad\boldsymbol{E}[e^{iu(X_t-X_{t_0})}\mid\mathscr{F}_{t_0}]\\&=e^{iu(X_{t_0}-X_s)}\frac{\varphi_{t_0,t}(u)}{\varphi_{s,t}(u)}=Z_{s,t_0}(u).\quad\square\end{aligned}$$

鞅 $(Z_{s,t}(u))_{t\geqslant s}$ 在研究独立增量过程中将起到重要的作用．为简便起见，$Z_{0,t}$ 及 $\varphi_{0,t}$ 分别记为 Z_t 及 φ_t．

2.67引理 **(Ottaviani 不等式)** 设独立随机变量 $\xi_1,\xi_2,\cdots,\xi_n$ 满足下列条件：

$$\boldsymbol{P}(|\xi_k+\cdots+\xi_n|\geqslant a)\leqslant\alpha,\quad k=1,2,\cdots,n,$$

其中 $a>0$，$\alpha\in(0,1)$ 为常数，则对任一 $b>0$

$$P\left(\sup_{1\leqslant k\leqslant n}|\xi_1+\cdots+\xi_k|\geqslant a+b\right)\leqslant\frac{1}{1-\alpha}P(|\xi_1+\cdots+\xi_n|\geqslant b).$$

(67.1)

证明 令

$A_k=[|\xi_1+\cdots+\xi_k|\geqslant a+b]$,

$B_k=[|\xi_k+\cdots+\xi_n|\geqslant a]$, $\quad k=1,2,\cdots,n,\ B_{n+1}=\varnothing$

$C=[|\xi_1+\cdots+\xi_n|\geqslant b]$,

则

$$\bigcup_{k=1}^{n}(A_kB_{k+1}^c)\subset C,$$

$$\sum_{k=1}^{n}P(A_1^c\cdots A_{k-1}^cA_kB_{k+1}^c)\leqslant P\left(\bigcup_{k=1}^{n}A_kB_{k+1}^c\right)\leqslant P(C).$$

另一方面,B_{k+1}^c与$(A_1^c\cdots A_{k-1}^cA_k)$独立,故

$$\begin{aligned}P(C)&\geqslant\sum_{k=1}^{n}P(A_1^c\cdots A_{k-1}^cA_kB_{k+1}^c)\\&=\sum_{k=1}^{n}P(A_1^c\cdots A_{k-1}^cA_k)P(B_{k+1}^c)\\&\geqslant(1-\alpha)\sum_{k=1}^{n}P(A_1^c\cdots A_{k-1}^cA_k)\\&=(1-\alpha)P\left(\bigcup_{k=1}^{n}A_k\right).\end{aligned}$$

由此即得(67.1). □

2.68定理 每个 Lévy 过程有适应右连左极修正,且此修正亦为 Lévy 过程.

证明 设$X=(X_t)$为一 Lévy 过程. 首先证明,对每个$c>0$

$$P(\sup\{|X_t|:t\in[0,c]\cap Q\}<\infty)=1. \qquad (68.1)$$

事实上,对每个$t\in[0,c]$,当$n\to\infty$时$P(|X_c-X_t|\geqslant n)\downarrow 0$. 由$X$的随机连续性,对每个$n$及$t_0\in[0,c]$,

$$\varlimsup_{t\to t_0}P(|X_c-X_t|\geqslant n)\leqslant P(|X_c-X_{t_0}|\geqslant n).$$

由 Dini 定理,我们有

$$\lim_{n\to\infty}\sup_{0\leqslant t\leqslant c}P(|X_c-X_t|\geqslant n)=0.$$

取 n_1 使得

$$\sup_{0\leqslant t\leqslant c} \boldsymbol{P}(|X_c - X_t| \geqslant n_1) < \frac{1}{2}.$$

由引理2.67得

$$\boldsymbol{P}(\sup_{t\in[0,c]\cap \boldsymbol{Q}} |X_t| \geqslant n + n_1) \leqslant 2\boldsymbol{P}(|X_c| \geqslant n). \qquad (68.2)$$

(68.1)由(68.2)即得.

现在将 Föllmer 引理应用于 $(Z_t(u))_{t\geqslant 0}$，则存在 $\Omega_0 \in \mathscr{F}$，$\boldsymbol{P}(\Omega_0)=1$，使得对每个 $\omega\in\Omega_0$

1)对一切 $c>0$ $\sup\limits_{t\in[0,c]\cap \boldsymbol{Q}} |X_t(\omega)|<\infty$，

2)对一切 $u\in\boldsymbol{Q}$ 及 $t\geqslant 0(t>0)$ $\lim\limits_{r\in \boldsymbol{Q}_+, r\downarrow\downarrow t} e^{iuX_r(\omega)}$ $(\lim\limits_{r\in \boldsymbol{Q}_+, r\uparrow\uparrow t} e^{iuX_r(\omega)})$ 存在且有穷. 进一步，我们可断定，对每个 $\omega\in\Omega_0$ 及一切 $t\geqslant 0$，$\lim\limits_{r\in \boldsymbol{Q}_+, r\downarrow\downarrow t} X_r(\omega)$(对一切 $t>0$ $\lim\limits_{r\in \boldsymbol{Q}_+, r\uparrow\uparrow t} X_r(\omega)$)存在且有穷. 事实上，若有两列有理数 (r_n)，(r_n')，使得 $r_n\downarrow\downarrow t$，$r_n'\downarrow\downarrow t$，及

$$\lim_n X_{r_n}(\omega) = a \neq b = \lim_n X_{r_n'}(\omega),$$

则 a,b 均有穷，且对一切 $u\in\boldsymbol{Q}$，$e^{iua}=e^{iub}$. 但当 $0<u<\dfrac{2\pi}{|b-a|}$ 时，这是不可能的.

令

$$Y_t(\omega) = \begin{cases} \lim\limits_{r\in \boldsymbol{Q}_+, r\downarrow\downarrow t} X_r(\omega), & \omega\in\Omega_0, \\ 0, & \omega\notin\Omega_0, \end{cases} \quad t\geqslant 0,$$

则 $Y=(Y_t)_{t\geqslant 0}$ 为右连左极过程. 由 X 的随机连续性，对每个 $t\geqslant 0$，$\boldsymbol{P}(X_t=Y_t)=1$，即 Y 是 X 的右连左极修正.

由于流满足通常条件，易见 Y 是适应的. 因此，Y 也是 Lévy 过程. □

下一定理给出了独立增量过程与鞅之间的另一种联系.

2.69定理 设 $X=(X_t)$ 为独立增量过程，且对一切 $t\geqslant 0$，$\boldsymbol{E}[|X_t|]<\infty$. 令 $m_t=\boldsymbol{E}[X_t]$，$t\geqslant 0$，则 (X_t-m_t) 为鞅.

若又有 $d_t=\boldsymbol{D}[X_t]<\infty$，$t\geqslant 0$，则 $((X_t-m_t)^2-d_t)$ 为鞅.

证明 由于 $X_t-X_s(s<t)$ 与 $\mathscr{F}_s$ 独立，我们有

$$\boldsymbol{E}[X_t - X_s | \mathscr{F}_s] = \boldsymbol{E}[X_t - X_s] = m_t - m_s, \quad \text{a.s.},$$

$$\boldsymbol{E}[X_t - m_t | \mathscr{F}_s] = X_s - m_s, \quad \text{a.s.},$$

故$(X_t - m_t)$为鞅.

现设$d_t = \boldsymbol{D}[X_t] < \infty$. 不妨设$m_t \equiv 0$. 对$s<t$

$$\boldsymbol{E}[|X_t - X_s|^2 | \mathscr{F}_s] = \boldsymbol{E}[|X_t - X_s|^2], \quad \text{a.s.}. \tag{69.1}$$

由于X_s与$X_t - X_s$独立,有

$$\begin{aligned} d_t &= \boldsymbol{D}[X_t] = \boldsymbol{D}[X_s] + \boldsymbol{D}[X_t - X_s] \\ &= d_s + \boldsymbol{E}[|X_t - X_s|^2]. \end{aligned} \tag{69.2}$$

另一方面,

$$\begin{aligned} \boldsymbol{E}[|X_t - X_s|^2 | \mathscr{F}_s] &= \boldsymbol{E}[X_t^2 | \mathscr{F}_s] - 2X_s\boldsymbol{E}[X_t | \mathscr{F}_s] + X_s^2 \\ &= \boldsymbol{E}[X_t^2 | \mathscr{F}_s] - X_s^2 \quad \text{a.s.}. \end{aligned} \tag{69.3}$$

由(69.1)—(69.3)得

$$\boldsymbol{E}[X_t^2 - d_t | \mathscr{F}_s] = X_s^2 - d_s \quad \text{a.s.},$$

故$(X_t^2 - d_t)$为鞅. □

对齐次 Lévy 过程$X = (X_t)$,增量$X_t - X_s (s \leqslant t)$的特征函数$\varphi_{s,t}(u)$只依赖于$t-s$:$\varphi_{s,t}(u) = \varphi_{t-s}(u)$,且$(\varphi_t(u))_{t \geqslant 0}$满足下列函数方程:

$$\varphi_{t+s}(u) = \varphi_t(u)\varphi_s(u), \quad t,s \in \boldsymbol{R}_+.$$

由于$\varphi_t(u)$是t的连续函数,我们有

$$\varphi_t(u) = [\varphi_1(u)]^t,$$

且$\varphi_1(u)$为无穷可分的.

若(X_t)的期望存在,则

$$m_t = m_0 + (m_1 - m_0)t, \quad t \geqslant 0.$$

若(X_t)的方差存在,则

$$d_t = d_0 + (d_1 - d_0)t, \quad t \geqslant 0.$$

2.70定理 设$X = (X_t)$为一右连左极齐次 Lévy 过程,T为一有限停时,令

$$Y_t = X_{T+t} - X_T, \quad t \geqslant 0,$$

则

1) $Y=(Y_t)_{t\geq 0}$ 与 $\mathscr{F}_T$ 独立,

2) Y 关于 $(\mathscr{F}_{T+t})_{t\geq 0}$ 为独立增量过程,

3) Y 与 $X-X_0$ 同分布.

证明 由于 $\left(Z_t=\frac{1}{\varphi_t(u)}e^{iu(X_t-X_0)}\right)$ 为右连左极鞅,对任何有界停时 S. 由定理2.58,我们有

$$E[Z_{S+t}|\mathscr{F}_S]=Z_S,\quad \text{a.s.},$$

$$E[e^{iu(X_{S+t}-X_S)}|\mathscr{F}_S]=\frac{\varphi_{S+t}(u)}{\varphi_S(u)}=\varphi_t(u)\quad \text{a.s.}.\qquad (70.1)$$

对任一 $A\in\mathscr{F}_T$ 及 n, $A[T\leqslant n]\in\mathscr{F}_{T\wedge n}$. 对 $T\wedge n$ 应用(70.1)得

$$\begin{aligned}E[I_{A[T\leqslant n]}e^{iuY_t}]&=E[I_{A[T\leqslant n]}e^{iu(X_{T\wedge n+t}-X_{T\wedge n})}]\\&=E[I_{A[T\leqslant n]}\varphi_t(u)]\\&=\varphi_t(u)P(A[T\leqslant n]).\end{aligned}\qquad (70.2)$$

在(70.2)中令 $n\to\infty$ 得

$$E[I_Ae^{iuY_t}]=E[I_A]\varphi_t(u).\qquad (70.3)$$

在(70.3)中令 $A=\Omega$ 得

$$E[e^{iuY_t}]=\varphi_t(u),$$

$$E[I_Ae^{iuY_t}]=E[I_A]E[e^{iuY_t}].$$

因此, Y_t 与 $\mathscr{F}_T$ 独立,与 X_t-X_0 同分布.

对 $0\leqslant s<t$,将已证得结果用于停时 $T+s$ 知, $X_{T+t}-X_{T+s}$ 与 $\mathscr{F}_{T+s}$ 独立,因此, $Y=(Y_t)$ 关于 $(\mathscr{F}_{T+t})$ 为独立增量过程,与 $\mathscr{F}_T$ 独立,且与 $X-X_0$ 同分布. □

注 在定理2.70中,若停时 T 可取 $+\infty$,则过程 Y 仅定义在 $[T<\infty]$ 上. 用 $([T<\infty],\mathscr{F}\cap[T<\infty],P(\cdot)/P[T<\infty])$ 代替 $(\Omega,\mathscr{F},P)$,结论依然成立.

2.71定义 一随机过程 $W=(W_t)$ 称为 **Wiener 过程或 Brown 运动**(关于 $(\mathscr{F}_t)$),若满足下列条件:

1) $W_0=0$,

2) W 为独立增量过程(关于 $(\mathscr{F}_t)$),

3)对一切 $s<t$, $s,t\in \boldsymbol{R}_+$, W_t-W_s 有正态分布 $N(0,\sigma^2(t-s))$, $\sigma^2>0$.

若 $\sigma=1$, Wiener 过程称为**标准的**. 显见, Wiener 过程是齐次 Lévy 过程.

很久以来人们就发现,悬浮于液体之中的微小粒子作极其不规则的运动,即所谓的 Brown 运动,它依最初发现这一现象的英国植物学家的名字得名. Wiener 过程是 Brown 运动的一种合理的数学模型. 实际上, Wiener 过程可用来拟合许多不同领域的随机现象.

2.72定义 一随机过程 $X=(X_t)_{t\geqslant 0}$ 称为 Gauss 过程或正态过程,如果它的有限维分布都是正态分布.

显然,一个正态过程 X 的分布由它的均值函数

$$m_t=\boldsymbol{E}[X_t],\quad t\geqslant 0,$$

及协方差函数

$$C(t,s)=\boldsymbol{E}[(X_t-m_t)(X_s-m_s)],\quad t,s\geqslant 0,$$

完全决定. 易见, Wiener 过程是正态过程,且

$$\begin{cases}\boldsymbol{E}[W_t]=0, & t\geqslant 0\\ \boldsymbol{E}[W_tW_s]=\sigma^2(t\wedge s), & t,s\geqslant 0.\end{cases}\tag{72.1}$$

反之,如果 $W=(W_t)$ 是一个正态过程,它的均值函数与协方差函数如(72.1)确定,则 W 是一个关于 $\boldsymbol{F}(W)$ 的 Wiener 过程.

2.73定理 设 $W=(W_t)$ 为一 Wiener 过程,则 W 有适应连续修正,且此修正也是 Wiener 过程.

证明 由于 Wiener 过程是齐次 Lévy 过程,由定理2.68, W 有右连左极修正 $X=(X_t)$. 令

$$H=\bigcup_{p=1}^{\infty}\bigcup_{m=1}^{\infty}\bigcup_{l=1}^{\infty}\bigcap_{n=l}^{\infty}\bigcup_{j=1}^{p2^n}\left[\left|X_{\frac{j}{2^n}}-X_{\frac{j-1}{2^n}}\right|\geqslant\frac{1}{m}\right].$$

不难看出,若 $\omega\in H^c$, $X_\cdot(\omega)$ 是 $\boldsymbol{R}_+$ 上的连续函数. 另一方面,对固定的 p 与 m,

$$\boldsymbol{P}\left(\bigcup_{j=1}^{p2^n}\left[\left|X_{\frac{j}{2^n}}-X_{\frac{j-1}{2^n}}\right|\geqslant\frac{1}{m}\right]\right)$$

$$\leqslant \sum_{j=1}^{p2^n} P\left(\left|X_{\frac{j}{2^n}} - X_{\frac{j-1}{2^n}}\right| \geqslant \frac{1}{m}\right)$$

$$\leqslant m^4 \sum_{j=1}^{p2^n} E\left[\left|X_{\frac{j}{2^n}} - X_{\frac{j-1}{2^n}}\right|^4\right]$$

$$= m^4 (p2^n)\left(3\frac{\sigma^4}{2^{2n}}\right) \qquad \left(X_{\frac{j}{2^n}} - X_{\frac{j-1}{2^n}} \sim N(0, \frac{\sigma^2}{2^n})\right)$$

$$= 3pm^4\sigma^4 . \frac{1}{2^n} \to 0, \text{当 } n \to \infty.$$

从而对任一l，

$$P\left(\bigcap_{n=l}^{\infty} \bigcup_{j=1}^{p2^n} \left[\left|X_{\frac{j}{2^n}} - X_{\frac{j-1}{2^n}}\right| \geqslant \frac{1}{m}\right]\right) = 0.$$

所以，$P(H) = 0$. 令

$$Y_t(\omega) = \begin{cases} X_t(\omega), & \omega \in H^c, \\ 0, & \omega \in H, \end{cases} \qquad t \geqslant 0.$$

很清楚，$Y=(Y_t)$是$W=(W_t)$的连续修正. 由于流满足通常条件，Y 是适应的. □

注 根据定理2.73，今后我们在 Wiener 过程的定义中再增加一条要求：它是一个连续过程.

2.74定理 设$W=(W_t)$为一 Wiener 过程，则对每个$t>0$，$n \to \infty$时，$\sum_{j=1}^{2^n}\left(W_{\frac{j}{2^n}t} - W_{\frac{j-1}{2^n}t}\right)^2 \xrightarrow{\text{a.s.}, L^2} \sigma^2 t$.

证明 令

$$V_n = \sum_{j=1}^{2^n}\left(W_{\frac{j}{2^n}t} - W_{\frac{j-1}{2^n}t}\right)^2.$$

由于$\left\{(W_{\frac{j}{2^n}t} - W_{\frac{j-1}{2^n}t}): j=1, \cdots, 2^n\right\}$独立同分布及

$$\left(W_{\frac{j}{2^n}t} - W_{\frac{j-1}{2^n}t}\right) \sim N\left(0, \frac{\sigma^2}{2^n}t\right),$$

我们有

$$E[V_n] = \sum_{j=1}^{2^n} E\left[\left|W_{\frac{j}{2^n}t} - W_{\frac{j-1}{2^n}t}\right|^2\right] = 2^n \cdot \frac{\sigma^2}{2^n}t = \sigma^2 t,$$

$$D[V_n]=\sum_{j=1}^{2^n}D\left[\left|W_{\frac{j}{2^n}t}-W_{\frac{j-1}{2^n}t}\right|^2\right]=2^n\cdot 2\left(\frac{\sigma^2}{2^n}t\right)^2=\frac{\sigma^4t^2}{2^{n-1}}.$$

由于 $D[V_n]\to 0$，故得 $V_n\xrightarrow{L^2}\sigma^2t$. 另一方面，

$$\sum_{n=1}^{\infty}P\left(|V_n-E[V_n]|\geqslant\frac{1}{n}\right)\leqslant\sum_{n=1}^{\infty}n^2D[V_n]$$

$$=\sigma^4t^2\sum_{n=1}^{\infty}\frac{n^2}{2^{n-1}}<\infty.$$

由 Borel-Cantelli 引理得 $V_n\xrightarrow{\text{a.s.}}\sigma^2t$. □

注 对每个 t 及 n. 令 $D_n:0=t_{n,0}<t_{n,1}<\cdots<t_{n,k_n}=t$ 为$[0,t]$的分割，使得当 $n\to\infty$ 时，$\max|t_{n,j}-t_{n,j-1}|\to 0$. 用同样的方法能证明，对 Wiener 过程 W

$$\sum_{j=1}^{k_n}(W_{t_{n,j}}-W_{t_{n,j-1}})^2\xrightarrow{L^2}\sigma^2t.$$

若对每个 n，D_{n+1} 是 D_n 的加细，则仍有

$$\sum_{j=1}^{k_n}(W_{t_{n,j}}-W_{t_{n,j-1}})^2\longrightarrow\sigma^2t\quad\text{a.s.}.$$

事实上，定义 $V_{-n}=\sum_{j=1}^{k_n}(W_{t_{n,j}}-W_{t_{n,j-1}})^2,n\geqslant 1$，则$(V_n)_{n\leqslant -1}$为鞅(关于一个适当的流). 证明细节留给读者作为练习.

2.75定义 一随机过程 $N=(N_t)_{t\geqslant 0}$ 称为参数(或速率)为 $\lambda>0$的(齐次)**Poisson 过程**，(关于$(\mathscr{F}_t)$)，若满足下列条件：

1)$N_0=0$，

2)N 为独立增量过程(关于$(\mathscr{F}_t)$)，

3)对一切 $s<t$，$s,t\in\boldsymbol{R}_+$，N_t-N_s 服从参数为 $\lambda(t-s)$的 Poisson 分布.

2.76定理 设 $N=(N_t)_{t\geqslant 0}$为一 Poisson 过程，则 N 有适应右连左极修正，其轨道都是只取非负整数值的单调增加的跳为1的阶梯函数.

证明 由于 Poisson 过程是齐次 Lévy 过程，由定理2.68，N 有右连左极修正 $X=(X_t)$. 令

$$A = \Big(\bigcap_{r\in Q_+}[X_r \in N]\Big) \cap \Big(\bigcap_{r,t\in Q_+,\, s<t}[X_t - X_s \geqslant 0]\Big).$$

显然，$P(A)=1$，对 $\omega\in A$，$X.(\omega)$是右连左极增函数，且仅在 N 中取值. 令

$$H = \bigcup_{p=1}^{\infty}\bigcup_{l=1}^{\infty}\bigcap_{n=l}^{\infty}\bigcup_{j=1}^{p2^n}\Big[\Big|X_{\frac{j}{2^n}} - X_{\frac{j-1}{2^n}}\Big| \geqslant 2\Big].$$

则对任一固定的 p

$$P\Big(\bigcup_{j=1}^{p2^n}\Big[\Big|X_{\frac{j}{2^n}} - X_{\frac{j-1}{2^n}}\Big| \geqslant 2\Big]\Big) \leqslant \sum_{j=1}^{p2^n} P\Big(X_{\frac{j}{2^n}} - X_{\frac{j-1}{2^n}} \geqslant 2\Big)$$

$$= p2^n(1 - e^{-\lambda 2^{-n}} - \lambda 2^{-n}e^{-\lambda 2^{-n}}) \to 0,\ 当 n\to\infty.$$

因此，$P(H)=0$. 不难看出，$\omega\in AH^c$ 时，$X.(\omega)$是只取非负整数值的单调增加的跳为1的右连左极阶梯函数. 现在定义

$$Y_t(\omega) = \begin{cases} X_t(\omega), & \omega\in AH^c, \\ 0, & \omega\notin AH^c, \end{cases} \qquad t\geqslant 0,$$

则 $Y=(Y_t)$是所要的修正. □

注 与 Wiener 过程情形相同，今后我们在 Poisson 过程的定义中再增加一条要求：全部轨道是只取非负整数值的单调增加的跳为1的右连左极阶梯函数.

2.77定理 设 $N=(N_t)$是参数为 λ 的 Poisson 过程. 令

$$T_n = \inf\{t\geqslant 0: N_t = n\},\ n\geqslant 1, \tag{7.7.1}$$

则

1) 对每个 $n\geqslant 1$，T_n 是 a.s. 有穷停时，

2) T_1服从参数为 λ 的指数分布，

3) $(T_1, T_2-T_1, \cdots, T_n-T_{n-1}, \cdots)$为独立同分布序列.

证明 对任一 $n\geqslant 1$ 及 $t>0$，$[T_n\leqslant t]=[N_t\geqslant n]\in\mathscr{F}_t$. 因此，$T_n$ 为停时. 此外，

$$P(T_n\leqslant t) = 1 - \sum_{j=0}^{n-1}\frac{(\lambda t)^j}{j!}e^{-\lambda t} \to 1,\ 当 t\to\infty.$$

所以，T_n a.s. 有穷. 特别，

$$P(T_1\leqslant t) = 1 - e^{-\lambda t},\ t>0,$$

即 T_1服从参数为 λ 的指数分布. 定义

$$Y_t = N_{T_1+t} - N_{T_1},\ t \geqslant 0.$$

由定理2.70,$Y=(Y_t)$是关于$(\mathscr{F}_{T_1+t})$的参数为λ的Poisson过程,且与$\mathscr{F}_{T_1}$独立.此外,

$$T_2 - T_1 = \inf\{t \geqslant 0: Y_t = 1\}.$$

所以,T_2-T_1与$T_1(T_1\in\mathscr{F}_{T_1})$独立同分布.用同样的方法,按归纳法可证$(T_1,T_2-T_1,\cdots,T_n-T_{n-1},\cdots)$为独立同分布序列. □

注 事实上,一个Poisson过程$N=(N_t)$可表示为:

$$N_t = n, 当 T_n \leqslant t < T_{n+1},$$

其中T_n, $n\geqslant 1$,由(77.1)定义,且$T_0=0$.

设$(S_n)_{n\geqslant 1}$为独立同分布序列,其共同分布是参数为$\lambda>0$的指数分布.定义

$$\tilde{T}_0 = 0,\ \tilde{T}_n = S_1 + \cdots + S_n,\ n \geqslant 1,$$

$$\tilde{N}_t = n,\ \tilde{T}_n \leqslant t < T_{n+1},\ n \geqslant 0,$$

则$\tilde{N}=(\tilde{N}_t)_{t\geqslant 0}$是关于$\boldsymbol{F}(\tilde{N})$的参数为$\lambda$的Poisson过程,因为$\tilde{N}$与$N$同分布.

一般地,设$(T_n)_{n\geqslant 0}$为一列随机变量,使得

1)$0=T_0\leqslant T_1\leqslant\cdots\leqslant T_n\leqslant\cdots,T_n\uparrow\infty$,

2)对每个$n\geqslant 0$, $T_n<\infty\Rightarrow T_n<T_{n+1}$.

定义

$$X_t = n,\ 当 T_n \leqslant t < T_{n+1}.$$

$X=(X_t)$称为**计数过程或点过程**.计数过程常用作随时间依次发生的事件的模型,如一排队系统中顾客的来到,来到一电话交换台的呼唤,路上的交通事故等等.因此,X_t可看作$[0,t]$中来到的顾客数.T_n称为第n个来到时刻($T_n=\infty$意味着第n个顾客不出现).Poisson过程是最简单但最重要、最有用的计数过程.

问题与补充

2.1 设$(X_n)_{n\geqslant 1}$为独立同分布随机变量序列,X_1服从(0,1)上

的均匀分布. 令 $d\in(0,1)$，定义

$$T=\inf\{n\geqslant 1:\ X_n\geqslant d\},$$
$$S=\inf\{n\geqslant 1:\ X_1+\cdots+X_n\geqslant 1\}.$$

计算 $\boldsymbol{E}[T]$，$\boldsymbol{E}[X_T]$，$\boldsymbol{E}[S]$及 $\boldsymbol{E}[X_S]$.

2.2 设$(X_n)_{n\geqslant1}$为一个$(\mathscr{F}_n)_{n\geqslant1}$-适应同分布随机变量序列，对每个 $n\geqslant1$，X_{n+1}与 $\mathscr{F}_n$ 独立，T 为$(\mathscr{F}_n)_{n\geqslant1}$-有限停时，则

1)$(X_{T+n})_{n\geqslant1}$与 $\mathscr{F}_T$ 独立，

2)$(X_{T+n})_{n\geqslant1}$与$(X_{n\geqslant1})$同分布.

2.3 设$(X_n)_{n\geqslant1}$为一个$(\mathscr{F}_n)_{n\geqslant1}$-适应非负随机变量序列，对每个 $n\geqslant1$，X_{n+1}与 $\mathscr{F}_n$ 独立，则

$\boldsymbol{E}[\sup\limits_{n\geqslant1}X_n]\leqslant 2\sup\{\boldsymbol{E}[X_TI_{[T<\infty]}:T$ 为$(\mathscr{F}_n)_{n\geqslant1}$-停时$\}$（预言家不等式）.

2.4 设$(X_n)_{n\geqslant0}$为鞅，则$(|X_n|)_{n\geqslant0}$为鞅当且仅当

1)对每个 $n\geqslant1$，$X_nX_0\geqslant0$ a. s.，

2)对每个 $n\geqslant0$，$[X_n=0]\subset[X_{n+1}=0]$ a. s..

2.5 设 $X=(X_n)$为一$(\mathscr{F}_n)$-鞅(上鞅)，T 为一$(\mathscr{F}_n)$-停时，则在 T 停止的序列 $X^T=(X_n^T)$（定义为 $X_n^T=X_{T\wedge n}$）也是$(\mathscr{F}_n)$-鞅(上鞅).

2.6 令 $a<b$，$a,b\in\boldsymbol{R}$ 及 $N\geqslant1$.

1)若(X_n)为一个$(\mathscr{F}_n)$-上鞅，则

$$\boldsymbol{P}(U_a^b[X,N]\geqslant 1|\mathscr{F}_0]$$
$$\leqslant\frac{1}{b-a}\{\boldsymbol{E}[(X_N-a)^-I_{[U_a^b[X,N]=0]}|\mathscr{F}_0]-(X_0-a)^-\},$$

$$\boldsymbol{E}[U_a^b[X,N]|\mathscr{F}_0]\leqslant\frac{1}{b-a}\{\boldsymbol{E}[(X_N-a)^-|\mathscr{F}_0]-(X_0-a)^-\}.$$

2)若(X_n)为一个$(\mathscr{F}_n)$-下鞅，则

$$(X_0-a)^+\leqslant\boldsymbol{E}[(X_N-a)^+I_{[U_a^b[X,N]=0]}|\mathscr{F}_0],$$

$$\boldsymbol{E}[U_a^b[X,N]|\mathscr{F}_0]\leqslant\frac{1}{b-a}\{\boldsymbol{E}[(X_N-a)^+|\mathscr{F}_0]-(X_0-a)^+\}.$$

2.7 设(X_n)为一鞅，且 $\boldsymbol{E}[\sup\limits_n|X_{n+1}-X_n|]<\infty$，则对几乎

所有 ω，或$\lim\limits_{n\to\infty}X_n(\omega)$存在且有穷，或$\overline{\lim\limits_{n\to\infty}}X_n(\omega)=+\infty$及$\underline{\lim\limits_{n\to\infty}}X_n(\omega)=-\infty$同时成立.

2.8 设(A_n)为一$(\mathscr{F}_n)$-适应的事件列，则

$$\overline{\lim_{n\to\infty}}A_n=\left[\sum_n P[A_n|\mathscr{F}_{n-1}]=+\infty\right]\quad \text{a.s.}.$$

（推广的 Borel-Cantelli 引理）.

2.9 设(X_n)为一非负上鞅. 为要(X_n)为位势，必须且只需任一非负鞅(Y_n)若满足$\forall\, n, Y_n\leqslant X_n$ a.s.，必为零：对一切 $n, Y_n=0$ a.s..

2.10 设(X_n)为一$(\mathscr{F}_n)$-适应可积随机变量序列. 为要(X_n)为位势，必须且只需存在一$(\mathscr{F}_n)$-适应可积增序列(A_n)，使得对一切 n

$$X_n=\boldsymbol{E}[A_\infty|\mathscr{F}_n]-A_n\quad \text{a.s.}.$$

此外若要求(A_n)可料且 $A_0=0$，则(A_n)为唯一决定的.

2.11 设$(Y_n)_{n\geqslant 0}$，$(Z_n)_{n\geqslant 0}$为两个非负鞅，则

$$X_n=Y_n-Z_n,\ n\geqslant 0,$$

为(X_n)的 Krickeberg 分解当且仅当$\boldsymbol{E}[Y_0]+\boldsymbol{E}[Z_0]=\sup\limits_n\boldsymbol{E}[|X_n|]$.

2.12 设$(X_n)_{n\geqslant 0}$为一$(\mathscr{F}_n)$-适应序列，对每个 $n\geqslant 0$，X_{n+1}与$\mathscr{F}_n$独立，$\sup\limits_n\boldsymbol{E}[|X_n|]<\infty$，且$\boldsymbol{E}[X_n]=0$，$n\geqslant 0$. 令 T 为一$(\mathscr{F}_n)$-停时，且$\boldsymbol{E}[T]<\infty$. 则

$$\boldsymbol{E}[X_0+X_1+\cdots+X_T]=0.$$

2.13 为要一适应序列(X_n)为可右闭上鞅（鞅），必须且只需

1）$\sup\limits_n\boldsymbol{E}[|X_n|]<\infty$，

2）对一切有限停时 $S\leqslant T$，$\boldsymbol{E}[X_S]\geqslant\boldsymbol{E}[X_T]$（$=\boldsymbol{E}[X_T]$）.

2.14 设 $X=(X_n)_{n\geqslant 0}$为一$(\mathscr{F}_n)_{n\geqslant 0}$适应序列，则下列命题等价：

1）存在一列停时 $T_k\uparrow\infty$，使得对每个 k，$X^{T_k}=(X_{T_k\wedge n})$为$(\mathscr{F}_n)$-鞅，

2) X_0可积，且对每个 $n\geqslant 0$，X_{n+1}关于 $\mathscr{F}_n$ 为 σ-可积，并有

$$E[X_{n+1}|\mathscr{F}_n]=X_n \quad \text{a.s.}.$$

2.15 设 $W=(W_t)_{t\geqslant 0}$ 为一 Wiener 过程，则下列过程均为 Wiener 过程：

$$W_t^{(1)}=-W_t,\ t\geqslant 0,$$

$$W_t^{(2)}=W_{t+s}-W_s,\ t\geqslant 0,\ \text{对一固定的}\ s>0,$$

$$W_t^{(3)}=\begin{cases}tW_{1/t}, & t>0,\\ 0, & t=0,\end{cases}$$

$$W_t^{(4)}=W_a-W_{a-t},\ 0\leqslant t\leqslant a,\ \text{对一固定的}\ a>0.$$

2.16 设 $W=(W_t)$为一标准 Wiener 过程.

1)证明

$$B_t=W_t-tW_1,\ 0\leqslant t\leqslant 1,$$

是一正态过程，均值函数为零，协方差函数为

$$C(t,s)=\begin{cases}t(1-s), & t\leqslant s,\\ (1-t)s, & t>s.\end{cases}$$

（这样的连续正态过程称为 Brown 桥.）

2)证明$(W_t,\ 0\leqslant t\leqslant 1)$在 $W_1=0$的条件之下的条件分布与一个 Brown 桥同分布.

2.17 设 $W=(W_t)$为一 Wiener 过程，T 为一停时，且 $E[T]<\infty$，则 $E[W_T]=0$且 $E[W_T^2]=\sigma^2 E[T]$.

2.18 设 $W=(W_t)$为一标准 Wiener 过程，$a<0<b$. 定义

$$T=\inf\{t\geqslant 0:\ W_t=a\ \text{或}\ W_t=b\}.$$

计算 $E[T]$及 $P(W_T=a)$.

2.19 设 $W=(W_t)$为一标准 Wiener 过程，T 为一停时，定义

$$X_t=\begin{cases}W_t, & t\leqslant T,\\ 2W_T-W_t, & t>T,\end{cases}\quad t\geqslant 0,$$

则 $X=(X_t)$仍为一标准 Wiener 过程（反射原理）. 利用反射原理证明，对固定的 $t>0$，$\max\limits_{0\leqslant s\leqslant t}W_s$，$|W_t|$及$\max\limits_{0\leqslant s\leqslant t}W_s-W_t$ 有下列共同的分布密度：

$$\frac{2}{\sqrt{2\pi t}}e^{-x^2/(2t)}I_{]0,\infty[}(x).$$

2.20 设$(T_n)_{n\geqslant 0}$为一列随机变量，且

$$0 = T_0 < T_1 < \cdots < T_n < \cdots, \ T_n \uparrow \infty,$$

$N=(N_t)$如下定义：

$$N_t = n, \ 当 \ T_n \leqslant t < T_{n+1},$$

则下列命题等价：

1)N 是参数为 λ 的 Poisson 过程(关于其自然流)，

2)对每个 $t>0$及 $n\geqslant 1$，给定 $N_t=n$ 时，$(T_1,\cdots,T_n)$的分布与 n 个独立的，在$[0,t]$上均匀分布的随机变量的顺序统计量的分布相同，且 N_t 服从参数为 λt 的 Poisson 分布，

3)$(T_1,T_2-T_1,\cdots,T_{n+1}-T_n,\cdots)$为独立同分布序列，且对任一 $\boldsymbol{R}_+$上的非负 Borel 函数 f，有

$$\boldsymbol{E}\Big[\sum_{n=1}^{\infty}f(T_n)\Big]=\lambda\int_0^{\infty}f(t)dt.$$

第三章　过程与停时

从本章开始，我们将连续用三章的篇幅，介绍随机过程一般理论及其初步应用.

本章的基本出发点是一可测空间$(\Omega,\mathscr{F})$及其上的一个流$\boldsymbol{F}=(\mathscr{F}_t)_{t\geqslant 0}$，而自始至终不出现概率测度.

§1.　停时

我们先回忆第二章§5中给出的停时的定义.

3.1定义　$(\Omega,\mathscr{F})$上一$\overline{\boldsymbol{R}}_+$-值随机变量$T$称为$\boldsymbol{F}$-**停时**，若对每个$t\geqslant 0$，$[T\leqslant t]\in\mathscr{F}_t$；称为$\boldsymbol{F}$-**宽停时**，若对每个$t>0$，$[T<t]\in\mathscr{F}_t$，或等价地，$T\wedge t\in\mathscr{F}_t$.

显然，$\boldsymbol{F}$-宽停时与$\boldsymbol{F}_+$-停时是同一个概念（注意$\boldsymbol{F}_+=(\mathscr{F}_{t+})$）. 特别，$\boldsymbol{F}$-停时也是$\boldsymbol{F}$-宽停时. 下面，一切停时都是对$\boldsymbol{F}$而言的，除非另行说明.

读者不难自行证明下一定理.

3.2定理　1）设S,T为停时（宽停时），则$S\wedge T,S\vee T$为停时（宽停时）.

2）设(S_n)为停时（宽停时）列，则$\bigvee\limits_n S_n$为停时（宽停时），$\bigwedge\limits_n S_n$为宽停时. 若(S_n)为尾定的，即对每个$\omega\in\Omega$，存在自然数n_ω，使得$n\geqslant n_\omega$时，有$S_n(\omega)=S_{n_\omega}(\omega)$，则$\bigwedge\limits_n S_n$为停时.

3.3定义　设T为一停时，令

$$\mathscr{F}_{T+}=\{A\in\mathscr{F}_\infty:\forall\, t\in\boldsymbol{R}_+,\ A[T\leqslant t]\in\mathscr{F}_{t+}\},\tag{3.1}$$

$$\mathscr{F}_{T}=\{A\in\mathscr{F}_\infty:\forall\, t\in\boldsymbol{R}_+,\ A[T\leqslant t]\in\mathscr{F}_{t}\},\tag{3.2}$$

$$\mathscr{F}_{T-}=\mathscr{F}_0\vee\sigma\{A[t<T]:\ A\in\mathscr{F}_t,\ t\in\boldsymbol{R}_+\},\tag{3.3}$$

则 $\mathscr{F}_{T+}$，$\mathscr{F}_T$，$\mathscr{F}_{T-}$ 都为 σ-域. $\mathscr{F}_T$ 称为 **T 前事件 σ-域**，$\mathscr{F}_{T-}$ 称为**严格 T 前事件 σ-域**. 容易证明

$$\mathscr{F}_{T+}=\{A\in\mathscr{F}_\infty:\ \forall\, t\in \boldsymbol{R}_+,\ A[T<t]\in\mathscr{F}_t\},\tag{3.4}$$

$$\mathscr{F}_{T-}=\sigma\{A[t\leqslant T]:\ A\in\mathscr{F}_{t-},\ t\in\boldsymbol{R}_+\},\tag{3.5}$$

$$\mathscr{F}_{T-}=\mathscr{F}_0\vee\sigma\{A[t<T]:\ A\in\mathscr{F}_{t+},\ t\in\boldsymbol{R}_+\}.\tag{3.6}$$

设 T 为一宽停时，则仍可按(3.1)，(3.3)分别定义 $\mathscr{F}_{T+}$ 及 $\mathscr{F}_{T-}$，而(3.2)定义的 $\mathscr{F}_T$ 不一定是 σ-域了(例如，若对某个 $t\in\boldsymbol{R}_+$，使得$[T\leqslant t]\notin\mathscr{F}_t$，则 $\Omega\notin\mathscr{F}_T$). 因此对宽停时 T，一般我们只能定义 $\mathscr{F}_{T+}$，$\mathscr{F}_{T-}$. 但(3.4)～(3.6)仍成立. 事实上，对任一 $\overline{\boldsymbol{R}}_+$-值随机变量 T，我们都能用(3.3)定义 $\mathscr{F}_{T-}$，且(3.5)及(3.6)也成立.

显然，对每个停时 T，我们有 $\mathscr{F}_{T-}\subset\mathscr{F}_T\subset\mathscr{F}_{T+}$；对每个宽停时 T，我们有 $\mathscr{F}_{T-}\subset\mathscr{F}_{T+}$. 如果 $T\equiv t$ 为常值，$t\in\overline{\boldsymbol{R}}_+$，则 T 为停时，且 $\mathscr{F}_T=\mathscr{F}_t$，$\mathscr{F}_{T-}=\mathscr{F}_{t-}$，$\mathscr{F}_{T+}=\mathscr{F}_{t+}$(记得 $\mathscr{F}_{0-}=\mathscr{F}_0$，$\mathscr{F}_{\infty-}=\mathscr{F}_\infty$).

下一定理罗列了有关 σ-域 $\mathscr{F}_T$，$\mathscr{F}_{T-}$，$\mathscr{F}_{T+}$的一些主要性质.

3.4定理 在下面的叙述中，S，T 表示停时，(S_n)为停时列，R，U 表示宽停时，(R_n)为宽停时列.

1)R 为 $\mathscr{F}_{R-}$-可测.

2)$S\leqslant T\Rightarrow\mathscr{F}_S\subset\mathscr{F}_T$；$R\leqslant U\Rightarrow\mathscr{F}_{R-}\subset\mathscr{F}_{U-}$，$\mathscr{F}_{R+}\subset\mathscr{F}_{U+}$.

3)$\mathscr{F}_S\cap\mathscr{F}_T=\mathscr{F}_{S\wedge T}$.

4)$A\in\mathscr{F}_{S\vee T}\Rightarrow A[S\leqslant T]\in\mathscr{F}_T$，$A[S<T]\in\mathscr{F}_T$，$A[S=T]\in\mathscr{F}_{S\wedge T}$.

5)$\mathscr{F}_S\vee\mathscr{F}_T=\mathscr{F}_{S\vee T}=\{A\cup B:A\in\mathscr{F}_S,B\in\mathscr{F}_T,AB=\varnothing\}$.

6)$A\in\mathscr{F}_{R+}\Rightarrow A[R<U]\in\mathscr{F}_{U-}$.

7)$A\in\mathscr{F}_\infty\Rightarrow A[R=\infty]\in\mathscr{F}_{R-}$.

8)$R\leqslant U$，且在$[R<\infty]$上 $R<U\Rightarrow\mathscr{F}_{R+}\subset\mathscr{F}_{U-}$.

9)$S\leqslant T$，且在$[T>0]$上 $S<T\Rightarrow\mathscr{F}_S\subset\mathscr{F}_{T-}$.

10)若 $R=\bigvee\limits_n R_n$，$U=\bigwedge\limits_n R_n$，则

$$\mathscr{F}_{R-}=\bigvee_n \mathscr{F}_{R_n-},\ \mathscr{F}_{U+}=\bigwedge_n \mathscr{F}_{R_n+}.$$

11)若 $S=\bigvee\limits_n S_n$，且对每个 n，在 $[0<S_n<\infty]$ 上有 $S_n<S$，则

$$\mathscr{F}_{S-}=\bigvee_n \mathscr{F}_{S_n}.$$

证明 1)由于对一切 $t\in \boldsymbol{R}_+$，$[R>t]$ 为 $\mathscr{F}_{R-}$ 的生成元，$[R=0]=[R>0]^c$，故 R 为 $\mathscr{F}_{R-}$-可测.

2)设 $A\in\mathscr{F}_S$，则对一切 $t\in\boldsymbol{R}_+$，

$$A[T\leqslant t]=(A[S\leqslant t])[T\leqslant t]\in\mathscr{F}_t,$$

从而 $A\in\mathscr{F}_T$. 于是 $\mathscr{F}_S\subset\mathscr{F}_T$. 类似地，有 $\mathscr{F}_{R+}\subset\mathscr{F}_{U+}$.

设 $A\in\mathscr{F}_{t+}$，则 $A[t<R]\in\mathscr{F}_{t+}$. 故由(3.6)得

$$A[t<R]=(A[t<R])[t<U]\in\mathscr{F}_{U-},$$

从而 $\mathscr{F}_{R-}\subset\mathscr{F}_{U-}$.

3)由2)只需证 $\mathscr{F}_S\cap\mathscr{F}_T\subset\mathscr{F}_{S\wedge T}$. 设 $A\in\mathscr{F}_S\cap\mathscr{F}_T$，则对一切 $t\in\boldsymbol{R}_+$，

$$A[S\wedge T\leqslant t]=(A[S\leqslant t])(A[T\leqslant t])\in\mathscr{F}_t.$$

这表明 $A\in\mathscr{F}_{S\wedge T}$，故 $\mathscr{F}_S\cap\mathscr{F}_T\subset\mathscr{F}_{S\wedge T}$.

4)设 $A\in\mathscr{F}_{S\vee T}$. 由1)及2)知，$S$，$T$ 都为 $\mathscr{F}_{S\vee T}$-可测，故 $A[S\leqslant T]\in\mathscr{F}_{S\vee T}$. 对每个 $t\in\boldsymbol{R}_+$，

$$(A[S\leqslant T])[T\leqslant t]=(A[S\leqslant T])[S\vee T\leqslant t]\in\mathscr{F}_t.$$

这表明 $A[S\leqslant T]\in\mathscr{F}_T$. 同理可证 $A[S<T]\in\mathscr{F}_T$. 于是 $A[S=T]\in\mathscr{F}_T$. 但 S 与 T 地位对称，故

$$A[S=T]\in\mathscr{F}_S\cap\mathscr{F}_T=\mathscr{F}_{S\wedge T}.$$

5)设 $C\in\mathscr{F}_{S\vee T}$，$A=C[T<S]$，$B=C[S\leqslant T]$，则由4)知，$A\in\mathscr{F}_S$、$B\in\mathscr{F}_T$，且 $AB=\varnothing$、$A\cup B=C$. 所以

$$\mathscr{F}_{S\vee T}\subset\{A\cup B:A\in\mathscr{F}_S,\ B\in\mathscr{F}_T,\ AB=\varnothing\}\subset\mathscr{F}_S\vee\mathscr{F}_T.$$

由2)，$\mathscr{F}_S\vee\mathscr{F}_T\subset\mathscr{F}_{S\vee T}$ 是显然的，故5)得证.

6)设 $A\in\mathscr{F}_{R+}$. 对每个 $t\in\boldsymbol{R}_+$，$A[R\leqslant t]\in\mathscr{F}_{t+}$. 由(3.6)，有

$$A[R<U]=\bigcup_{r\in Q_+}(A[R\leqslant r][r<U])\in\mathscr{F}_{U-}.$$

7)令 $\mathscr{G}=\{A\in\mathscr{F}_{\infty-}:A[R=\infty]\in\mathscr{F}_{R-}\}$，则 $\mathscr{G}$ 为 σ-域. 令 $A\in\mathscr{F}_u$，则

$$A[R=\infty]=\bigcap_{k=n}^{\infty}(A[k<R])\in\mathscr{F}_{R-}.$$

即 $A\in\mathscr{G}$. 因此 $\mathscr{G}\supset\bigcup_n\mathscr{F}_n$, $\mathscr{G}\supset\sigma(\bigcup_n\mathscr{F}_n)=\mathscr{F}_\infty$, $\mathscr{G}=\mathscr{F}_\infty$.

8)令 $A\in\mathscr{F}_{R+}$,则 $A[R<U]\in\mathscr{F}_{U-}$(由6),$A[R=\infty]\in\mathscr{F}_{R-}\subset\mathscr{F}_{U-}$(由7),且

$$A=(A[R<U])\cup(A[R=\infty])\in\mathscr{F}_{U-}.$$

9)令 $A\in\mathscr{F}_S$,则 $A[S=0]\in\mathscr{F}_0\subset\mathscr{F}_{T-}$,且

$$A=(A[S<T])\cup(A[T=0])\in\mathscr{F}_{T-}.$$

10)令 $t\in\boldsymbol{R}_+$ 及 $A\in\mathscr{F}_t$,则 $A[t<R_n]\in\mathscr{F}_{R_n-}$,且

$$A[t<R]=\bigcup_{n=1}^{\infty}(A[t<R_n])\in\bigvee_n\mathscr{F}_{R_n-}.$$

由定义3.3,我们有

$$\mathscr{F}_{R-}\subset\bigvee_n\mathscr{F}_{R_n-}.$$

反包含关系总是成立的.

令 $A\in\bigcap_n\mathscr{F}_{R_n+}$. 对每个 $t\in\boldsymbol{R}_+$,由(3.4),有

$$A[U<t]=\bigcup_n(A[R_n<t])\in\mathscr{F}_t.$$

这表明 $A\in\mathscr{F}_{U+}$. 因此,

$$\bigcap_n\mathscr{F}_{R_n+}\subset\mathscr{F}_{U+}.$$

反包含关系也总是成立的.

11)由9),我们有 $\bigvee_n\mathscr{F}_{S_n}\subset\mathscr{F}_{S-}$. 由10),我们有

$$\mathscr{F}_{S-}=\bigvee_n\mathscr{F}_{S_n-}\subset\bigvee_n\mathscr{F}_{S_n}.$$

因此,$\mathscr{F}_{S-}=\bigvee_n\mathscr{F}_{S_n}$. □

3.5系 设 S,T 为停时,R,U 为宽停时.

1)$[S\leqslant T]$,$[S<T]$,$[S=T]$都属于 $\mathscr{F}_{S\wedge T}$;$[S<T]\in\mathscr{F}_{T-}$.

2)设随机变量 $\xi\in\mathscr{F}_{S\vee T}$,则 $\xi I_{[S\leqslant T]}\in\mathscr{F}_T$,$\xi I_{[S<T]}\in\mathscr{F}_T$,$\xi I_{[S=T]}\in\mathscr{F}_{S\wedge T}$.

3)设随机变量 $\xi\in\mathscr{F}_{R+}$,则 $\xi I_{[R<U]}\in\mathscr{F}_{U-}$.

4)我们有

$$\mathscr{F}_{S\vee T}\cap[S\leqslant T]=\mathscr{F}_T\cap[S\leqslant T],$$

$$\mathscr{F}_{S\vee T}\cap[S<T]=\mathscr{F}_T\cap[S<T],$$
$$\mathscr{F}_{S\vee T}\cap[S=T]=\mathscr{F}_{S\wedge T}\cap[S=T]$$
$$=\mathscr{F}_S\cap[S=T]$$
$$=\mathscr{F}_T\cap[S=T].$$

5)我们有

$$\mathscr{F}_{S\wedge T}\cap[S\leqslant T]=\mathscr{F}_S\cap[S\leqslant T],$$
$$\mathscr{F}_{S\wedge T}\cap[S<T]=\mathscr{F}_S\cap[S<T].$$

6)设(S_n)为尾定停时列,则

$$\mathscr{F}_{\bigvee\limits_n S_n}=\bigvee_n\mathscr{F}_{S_n}$$
$$=\left\{\bigcup_{n=1}^{\infty}A_n: A_n\in\mathscr{F}_{S_n},\forall\ n\geqslant 1,A_kA_j=\varnothing,k\neq j\right\},\quad(5.1)$$
$$\mathscr{F}_{\bigwedge\limits_n S_n}=\bigcap_n\mathscr{F}_{S_n}.\quad(5.2)$$

证明 我们只证6). 令 $S=\bigvee\limits_n S_n$. 由于(S_n)尾定,有$\bigcup\limits_{n=1}^{\infty}[S_n=S]=\Omega$. 令 $A\in\mathscr{F}_S$,

$$A_1=A[S=S_1],A_n=A\Big(\bigcap_{j<n}[S_j<S]\Big)[S=S_n],n\geqslant 2.$$

则由于$[S_j<S]\in\mathscr{F}_S$,故由定理3.4.4),$A_n\in\mathscr{F}_{S_n}$,$n\geqslant 1$. 此外有$A_kA_j=\varnothing,k\neq j,A=\bigcup\limits_{n=1}^{\infty}A_n$. (5.1)得证.

令$T=\bigwedge\limits_n S_n$. 设$A\in\bigcap\limits_n\mathscr{F}_{S_n}$,则由定理3.4.4),对每个$n$,$A[S_n=T]\in\mathscr{F}_T$,故$A=\bigcup\limits_n(A[S_n=T])\in\mathscr{F}_T$. (5.2)得证. □

注 在4)及5)中,$\mathscr{F}_{S\vee T}$,$\mathscr{F}_{S\wedge T}$,$\mathscr{F}_T$,$\mathscr{F}_S$ 可分别用 $\mathscr{F}_{(S\vee T)-}$,$\mathscr{F}_{(S\wedge T)-}$,$\mathscr{F}_{T-}$,$\mathscr{F}_{S-}$代替.

3.6定理 假定 $\mathscr{F}_0=\mathscr{F}_{0+}$. 设$(T_n)$是宽停时的单调序列,且$T=\lim\limits_{n\to\infty}T_n$.

1)若(T_n)单调降,且对一切 n 在$[0<T_n]$上有 $T<T_n$,则

$$\mathscr{F}_{T+}=\bigcap_n\mathscr{F}_{T_n-}.\quad(6.1)$$

2)若(T_n)单调增,且对一切 n,在$[0<T]$上有 $T_n<T$,则

$$\mathscr{F}_{T-}=\bigvee_n\mathscr{F}_{T_n+}.\quad(6.2)$$

证明 1)令 $\mathscr{G}_t=\mathscr{F}_{t+}$,$t\geqslant 0$. 由于 $\mathscr{G}_0=\mathscr{F}_{0+}=\mathscr{F}_0$,我们有

$\mathscr{G}_{t-}=\mathscr{F}_{t-}$，$t\geqslant 0$. T，T_n 为$(\mathscr{G}_t)$-停时. 由定理3.4.9)，有

$$\mathscr{F}_{T+}=\mathscr{G}_T\subset\mathscr{G}_{T_n-}=\mathscr{F}_{T_n-}.$$

另一方面，由定理3.4.10)

$$\mathscr{F}_{T+}\subset\bigcap_n\mathscr{F}_{T_n-}\subset\bigcap_n\mathscr{F}_{T_n+}=\mathscr{F}_{T+}.$$

(6.1)得证.

2)同理有 $\mathscr{F}_{T_n+}\subset\mathscr{F}_{T-}$. 由定理3.4.10)，

$$\bigvee_n\mathscr{F}_{T_n+}\subset\mathscr{F}_{T-}=\bigvee_n\mathscr{F}_{T_n-}\subset\bigvee_n\mathscr{F}_{T_n+}.$$

(6.2)得证. □

3.7定理 1)设 S 为一停时，随机变量 $T\in\mathscr{F}_S$，且 $T\geqslant S$，则 T 也是停时. 如果 S 为一宽停时，随机变量 $T\in\mathscr{F}_{S+}$，$T\geqslant S$，在$[S<\infty]$上有 $T>S$，则 T 也是停时.

2)设 S 为一宽停时. 对每个自然数 $n\geqslant 1$，令

$$S_n=\sum_{k=1}^{\infty}\frac{k}{2^n}I_{\left[\frac{k-1}{2^n}\leqslant S<\frac{k}{2^n}\right]}+(+\infty)I_{[S=+\infty]},\qquad(7.1)$$

则 S_n，$n\geqslant 1$，为停时，且 $S_n\downarrow S$.

3)设 S，T 为两个停时，则 $S+T$ 为停时.

证明 1)对第一种情形，对一切 $t\geqslant 0$，$[T\leqslant t]\in\mathscr{F}_S$. 由 $\mathscr{F}_S$ 的定义，我们有

$$[T\leqslant t]=[T\leqslant t][S\leqslant t]\in\mathscr{F}_t.$$

因此，T 为停时. 对第二种情形，对每个 $t\geqslant 0$，$[T\leqslant t]\in\mathscr{F}_{S+}$. 由定理3.4.6)，我们有

$$[T\leqslant t]=[T\leqslant t][S<t]\in\mathscr{F}_{t-}\subset\mathscr{F}_t$$

(注意，依假设 $T>0$). 因此，T 也为停时.

2)由定理3.4.1)，$S_n\in\mathscr{F}_{S-}$. 显然，$S_n\geqslant S$，且在$[S<\infty]$上 $S_n>S$. 故由1)，S_n，$n\geqslant 1$，为停时. $S_n\downarrow S$ 是显然的.

3)由于 $S+T\geqslant S\vee T$，$S+T\in\mathscr{F}_{S\vee T}$，由1)$S+T$ 为停时. □

3.8定义 设 T 为 Ω 上的一非负函数，$A\subset\Omega$，令

$$T_A=TI_A+(+\infty)I_{A^c}.$$

称 T_A 为 T 到 A 上的**局限**. 显然，$T\leqslant T_A$.

3.9定理 1)设T为停时,$A\in\mathscr{F}_\infty$,则为要T_A为停时,必须且只需$A\in\mathscr{F}_T$.

2)设T为停时,$A\in\mathscr{F}_T$,则

$$\mathscr{F}_{T_A}\cap A=\mathscr{F}_T\cap A,\mathscr{F}_{T_A}\cap A^c=\mathscr{F}_\infty\cap A^c,$$

$$\mathscr{F}_{T_{A-}}\cap A=\mathscr{F}_{T-}\cap A,\mathscr{F}_{T_{A-}}\cap A^c=\mathscr{F}_\infty\cap A^c.$$

特别,若$\mathscr{F}_T=\mathscr{F}_{T-}$,则对任一$A\in\mathscr{F}_T$,$\mathscr{F}_{T_A}=\mathscr{F}_{T_{A-}}$.

证明 1)显然.

2)设$B\in\mathscr{F}_{T_A}$,则$AB\in\mathscr{F}_{T_A}$,故对一切$t\geqslant0$,

$$AB[T\leqslant t]=AB[T_A\leqslant t]\in\mathscr{F}_t.$$

这表明$AB\in\mathscr{F}_T$,从而$B\cap A=(AB)\cap A\in\mathscr{F}_T\cap A$,故有$\mathscr{F}_{T_A}\cap A\subset\mathscr{F}_T\cap A$.但$T\leqslant T_A$,$\mathscr{F}_T\subset\mathscr{F}_{T_A}$,于是$\mathscr{F}_{T_A}\cap A=\mathscr{F}_T\cap A$.注意$(T_A)_{A^c}=+\infty$,故由上证,

$$\mathscr{F}_{T_A}\cap A^c=\mathscr{F}_{(T_A)_{A^c}}\cap A^c=\mathscr{F}_\infty\cap A^c.$$

设$B\in\mathscr{F}_t$,则$B[t<T_A]\in\mathscr{F}_{T_A-}$,$B[t<T]\in\mathscr{F}_{T-}$.由于

$$(B(t<T_A])\cap A=(B[t<T])\cap A\in\mathscr{F}_{T-}\cap A,$$

故$\mathscr{F}_{T_{A-}}\cap A\subset\mathscr{F}_{T-}\cap A$.但$\mathscr{F}_{T-}\subset\mathscr{F}_{T_A-}$,于是$\mathscr{F}_{T_A-}\cap A=\mathscr{F}_{T-}\cap A$.类似地,我们有

$$\mathscr{F}_{T_{A-}}\cap A^c=\mathscr{F}_{(T_A)_{A^c}-}\cap A^c=\mathscr{F}_\infty\cap A^c.$$

现设$\mathscr{F}_T=\mathscr{F}_{T-}$,$A\in\mathscr{F}_T$.令$B\in\mathscr{F}_{T_A}$,则由(9.1),$AB\in\mathscr{F}_T=\mathscr{F}_{T-}\subset\mathscr{F}_{T_A-}$.又由(9.2),$A^cB\in\mathscr{F}_{T_A-}\cap A^c\subset\mathscr{F}_{T_A-}$,故有$B=(AB)\cup(A^cB)\in\mathscr{F}_{T_A-}$.于是$\mathscr{F}_{T_A}=\mathscr{F}_{T_A-}$. □

§2. 循序可测、可选与可料过程

在这一节中我们研究三类最有用的可测过程:循序可测,可选与可料过程.

3.10定义 设$X=(X_t)_{t\geqslant0}$为一随机过程,称X为**可测过程**,如果作为(ω,t)的函数,$X_t(\omega)$为$\mathscr{F}\times\mathscr{B}(\boldsymbol{R}_+)$-可测;称$X$为**循序(可测)过程**,如果对一切$t\in\boldsymbol{R}_+$,$X$限于$\Omega\times[0,t]$为$\mathscr{F}_t\times$

$\mathscr{B}([0,t])$-可测.

显然,循序过程为可测且适应的,但逆命题一般不成立.

3.11定理 右连续(左连续)适应过程为循序过程.

证明 设 $X=(X_t)$ 为右连续适应过程. 对每个给定的 $t\geqslant 0$,定义 $\Omega\times[0,t]$ 上一列过程 $X^{(n)}$ 如下:

$$X_s^{(n)}(\omega)=X_0(\omega)I_{[s=0]}+\sum_{k=1}^{2^n}X_{\frac{kt}{2^n}}(\omega)I_{\left[\frac{(k-1)t}{2^n}<s\leqslant\frac{kt}{2^n}\right]},\ s\in[0,t],$$

则 $X^{(n)}, n\geqslant 1$, 为 $\mathscr{F}_t\times\mathscr{B}([0,t])$-可测,且在 $\Omega\times[0,t]$ 上, $\lim\limits_{n\to\infty}X_s^{(n)}(\omega)=X_s(\omega)$. 故限于 $\Omega\times[0,t]$, X 为 $\mathscr{F}_t\times\mathscr{B}([0,t])$-可测,这表明 X 为循序过程. X 为左连续情形证明类似. □

3.12定理 设 (X_t) 为一循序过程,则对一切停时 T, $X_TI_{[T<\infty]}$ 为 $\mathscr{F}_{T-}$ 可测.

证明 由于对每个 $t\geqslant 0$, $T\wedge t\in\mathscr{F}_t$, 故 $X_{T\wedge t}$ 作为 $(\Omega,\mathscr{F}_t)$ 到 $(\Omega\times[0,t],\mathscr{F}_t\times\mathscr{B}([0,t]))$ 中的可测映射: $\omega\mapsto(\omega,T(\omega)\wedge t)$ 及 $(\Omega\times[0,t],\mathscr{F}_t\times\mathscr{B}([0,t]))$ 到 $(\boldsymbol{R},\mathscr{B}(\boldsymbol{R}))$ 中的可测映射: $(\omega,s)\mapsto X_s(\omega)$ 的复合,为 $\mathscr{F}_t$-可测的(注意,这一结论对宽停时也成立).

设 $A\in\mathscr{B}(\boldsymbol{R})$, 则对任何 $t\geqslant 0$,

$$[X_TI_{[T<\infty]}\in A][T\leqslant t]=[X_{T\wedge t}\in A][T\leqslant t]\in\mathscr{F}_t.$$

又 $X_TI_{[T<\infty]}=\lim\limits_{n\to\infty}X_{T\wedge n}I_{[T\leqslant n]}$, 从而 $X_TI_{[T<\infty]}\in\mathscr{F}_\infty$, 故 $[X_TI_{[T<\infty]}\in A]\in\mathscr{F}_T$, 即 $X_TI_{[T<\infty]}\in\mathscr{F}_T$. □

注 设 $(X_t,t\in\boldsymbol{R}_+)$ 为一循序过程,实值随机变量 $X_\infty\in\mathscr{F}_\infty$, 则对一切停时 T, $X_T=X_TI_{[T<\infty]}+X_\infty I_{[T=\infty]}\in\mathscr{F}_T$.

3.13定义 $\Omega\times\boldsymbol{R}_+$ 的一子集 B 称为**随机集**,如果它的示性函数 I_B 是一随机过程: $I_B=((I_B)_t)_{t\geqslant 0}$, 这里 $(I_B)_t=I_{B_t}$, B_t 为 B 在 t 处的截口: 如果 $B\in\mathscr{F}\times\mathscr{B}(\boldsymbol{R}_+)$, B 称为**可测(随机)集**. $\Omega\times\boldsymbol{R}_+$ 的一子集 B 称为**循序集**, 若 I_B 是循序过程. 循序集全体构成 $\mathscr{F}\times\mathscr{B}(\boldsymbol{R}_+)$ 的一子 σ-域,称为**循序 σ-域**. 易见,一个过程为循序的当且仅当它是关于循序 σ-域可测的.

3.14定义 设 U,V 为 Ω 上两个 $\overline{\boldsymbol{R}}_+$-值函数,且 $U\leqslant V$. 定义

$$[\![U,V]\!] = \{(\omega,t) \in \Omega \times \boldsymbol{R}_+ : U(\omega) \leqslant t \leqslant V(\omega)\},$$
$$[\![U,V [\![= \{(\omega,t) \in \Omega \times \boldsymbol{R}_+ : U(\omega) \leqslant t < V(\omega)\},$$
$$]\!] U,V]\!] = \{(\omega,t) \in \Omega \times \boldsymbol{R}_+ : U(\omega) < t \leqslant V(\omega)\},$$
$$]\!] U,V [\![= \{(\omega,t) \in \Omega \times \boldsymbol{R}_+ : U(\omega) < t < V(\omega)\}.$$

注意，当$V=+\infty$时，有$[\![U,+\infty]\!] = [\![U,+\infty [\![$. 若$U$及$V$是随机变量，$[\![U,V]\!]$，$[\![U,V [\![$，…称为**随机区间**. $[\![U]\!]$定义为$[\![U,U]\!]$，称为U的**图**.

3.15定义 $\Omega\times\boldsymbol{R}_+$上由全体右连左极适应过程产生的$\sigma$-域称为**可选$\sigma$-域**，记为$\mathscr{O}$、$\Omega\times\boldsymbol{R}_+$上由全体左连续适应过程产生的$\sigma$-域称为**可料$\sigma$-域**，记为$\mathscr{P}$. 一随机集或过程称为**可选的**（**可料的**），如果它是$\mathscr{O}$-($\mathscr{P}$-)可测的.

由定理3.11知，可选过程或可料过程都为适应过程.

若$X=(X_t)_{t\geqslant 0}$为一右连左极适应过程，则左极限过程$X_-=(X_{t-})_{t\geqslant 0}$为可料过程. 下一定理给出了一些基本的可选集与可选过程，可料集与可料过程.

3.16定理 1)设S,T为一对停时，且$S\leqslant T$，则由S,T所构成的各类随机区间以及它们的图都是可选集. 若实值随机变量$\xi\in\mathscr{F}_S$，则$X=\xi I_{[\![S,T [\![}$为可选过程.

2)设S,T为一对宽停时，且$S\leqslant T$，则$]\!] S,T]\!]$为可料集. 若实值随机变量$\xi\in\mathscr{F}_{S+}$，则$X=\xi I_{]\!] S,T]\!]}$为可料过程.

证明 1)易见$I_{[\![S,T [\![}$为右连左极适应过程，因此$[\![S,T [\![$为可选集. 令$T_n=S+\dfrac{1}{n}$，则$[\![S]\!] = \bigcap\limits_n [\![S,T_n [\![$为可选集. $[\![T]\!]$也为可选集，故$[\![S,T]\!]$，$]\!] S,T]\!]$，$]\!] S,T [\![$都为可选集.

由系3.5.2)知，$X_t=\xi I_{[S\leqslant t]} I_{[t<T]}\in\mathscr{F}_t$，故$X=\xi I_{[\![S,T [\![}$为右连左极适应过程，从而为可选过程.

2)由于$I_{]\!] S,T]\!]}$为左连续适应过程，故$]\!] S,T]\!]$为可料集，由系3.5.3)知，对$t>0$，$X_t=\xi I_{[S<t]} I_{[t\leqslant T]}\in\mathscr{F}_{t-}$. 显然，$X_0=0$，因此$X=\xi I_{]\!] S,T]\!]}$为左连续适应过程，从而为可料过程. □

3.17定理 停时全体记为$\mathscr{T}$，则

$$\mathscr{O} = \sigma\{ [\![S,\infty [\![: S \in \mathscr{T} \}.$$

证明 令 $\mathscr{C}=\{ [\![S,\infty [\![: S\in\mathscr{T}\}$. 由于 $\mathscr{C}\subset\mathscr{O}$，有 $\sigma(\mathscr{C})\subset\mathscr{O}$，只需证 $\mathscr{O}\subset\sigma(\mathscr{C})$.

设 (X_t) 为一右连左极适应过程. 往证 (X_t) 为 $\sigma(\mathscr{C})$-可测. 给定 $\varepsilon>0$，令 $T_0^\varepsilon=0$，并归纳定义 $(T_n^\varepsilon)_{n\geqslant 1}$ 如下：

$$T_{n+1}^\varepsilon(\omega) = \inf\{t : t > T_n^\varepsilon(\omega), |X_{T_n^\varepsilon(\omega)}(\omega) - X_t(\omega)| \geqslant \varepsilon$$

$$\text{或 } |X_{T_n^\varepsilon(\omega)}(\omega) - X_{t-}(\omega)| \geqslant \varepsilon\}. \qquad (17.1)$$

我们用归纳法证明一切 T_n^ε 为停时. 注意，(17.1)右边的集合是 $\boldsymbol{R}_+$ 中对右极限封闭的集，从而对任何 $r\in\boldsymbol{R}_+$，我们有

$$[T_{n+1}^\varepsilon=r]\subset[T_n^\varepsilon<r]([|X T_n^\varepsilon-X_r|\geqslant\varepsilon]\cup[|X_{T_n^\varepsilon}-X_{r-}|\geqslant\varepsilon])$$

$$\subset[T_{n+1}^\varepsilon\leqslant r]. \qquad (17.2)$$

由于 $\bigcup\limits_{r\leqslant t}[T_{n+1}^\varepsilon = r] = \bigcup\limits_{r\leqslant t}[T_{n+1}^\varepsilon \leqslant r] = [T_{n+1}^\varepsilon \leqslant t]$，

由(17.2)得

$$[T_{n+1}^\varepsilon \leqslant t] = \bigcup_{r\leqslant t}\{[T_n^\varepsilon < r]([|X_{T_n^\varepsilon} - X_r| \geqslant \varepsilon]$$

$$\cup [|X_{T_n^\varepsilon} - X_{r-}| \geqslant \varepsilon])\}$$

$$= \bigcap_{m=1}^{\infty} \bigcup_{r\in Q_t}\{[T_n^\varepsilon < r][|X_{T_n^\varepsilon} - X_r| > \varepsilon(1 - \frac{1}{m})]\},$$

其中 $\boldsymbol{Q}_t = (\boldsymbol{Q}\cap[0,t])\cup\{t\}$. 假定 T_n^ε 为停时，由定理3.4.4)，$[T_{n+1}^\varepsilon\leqslant t]\in\mathscr{F}_t$，从而 T_{n+1}^ε 也是停时.

显然 (T_n^ε) 单调增，且当 $T_{n+1}^\varepsilon(\omega)<\infty$ 时，$T_{n+1}^\varepsilon(\omega)>T_n^\varepsilon(\omega)$，此外 $|X_{T_{n+1}^\varepsilon(\omega)}(\omega)-X_{T_n^\varepsilon(\omega)}(\omega)|\geqslant\varepsilon$ 或 $|X_{T_{n+1}^\varepsilon(\omega)-}(\omega)-X_{T_n^\varepsilon(\omega)}(\omega)|\geqslant\varepsilon$. 由于 $X.(\omega)$ 在 $]0,\infty[$ 上左极限存在且有穷，故 $(T_n^\varepsilon(\omega))_{n\geqslant 1}$ 没有有穷聚点，从而 $T_n^\varepsilon(\omega)\uparrow+\infty$. 令

$$X^\varepsilon = \sum_{n=0}^{\infty} X_{T_n^\varepsilon} I_{[\![T_n^\varepsilon, T_{n+1}^\varepsilon [\![}.$$

由于对一切 $t\in[T_n^\varepsilon(\omega),T_{n+1}^\varepsilon(\omega)[$，$|X_{T_n^\varepsilon(\omega)}(\omega)-X_t(\omega)|<\varepsilon$，故对一切 $(\omega,t)\in\Omega\times\boldsymbol{R}_+$，有 $|X_t^\varepsilon(\omega)-X_t(\omega)|<\varepsilon$，从而

$$\lim_{\varepsilon\downarrow 0}X_t^\varepsilon(\omega) = X_t(\omega).$$

但易证 $X_{T_n^\varepsilon}I_{[\![T_n^\varepsilon,T_{n+1}^\varepsilon[\![}$ 为 $\sigma(\mathscr{C})$-可测(用 $\mathscr{F}_{T_n^\varepsilon}$-可测简单函数逼近 $X_{T_n^\varepsilon}$),故 X^ε 为 $\sigma(\mathscr{C})$-可测,从而 X 也 $\sigma(\mathscr{C})$-可测. □

3.18定义 一随机集 B 称为**稀疏集**,如果 $B=\bigcup_{n=1}^{\infty}[\![T_n]\!]$,其中 (T_n) 为一停时列. 显然,稀疏集是可选集.

3.19定理 设 B 为一循序集,且包含在一稀疏集之中,则 B 也是稀疏集.

证明 设 $B\subset\bigcup_{n=1}^{\infty}[\![T_n]\!]$,$(T_n)$ 为停时列. 令

$$L_n=\{\omega:(\omega,T_n(\omega))\in B\},$$

则 $I_{L_n}=I_B(T_n)I_{[T_n<\infty]}$. 由定理3.12,$L_n\in\mathscr{F}_{T_n}$,故

$$(T_n)_{L_n}=T_nI_{L_n}+(+\infty)I_{L_n^c}$$

为停时. 显然有

$$B=\bigcup_{n=1}^{\infty}[\![(T_n)_{L_n}]\!].\quad\square$$

3.20定理 设 (X_t) 为一可选过程,则存在一可料过程 (Y_t),使得 $A=\{(\omega,t):X_t(\omega)\neq Y_t(\omega)\}$ 为稀疏集.

证明 令 $\mathscr{H}$ 为使定理成立的可选过程全体. 显然 $\mathscr{H}$ 为一线性空间. 令 $\mathscr{C}=\{[\![S,T[\![\,:S\leqslant T,\ S,T\in\mathscr{T}\}$($\mathscr{T}$ 为停时全体). 若 $S\leqslant T,U\leqslant V,S,T,U,V\in\mathscr{T}$,则

$$[\![S,T[\![\,\cap\,[\![U,V[\![\,=\,[\![(S\vee U),(S\vee U)\vee(T\wedge V)[\![.$$

这表明 $\mathscr{C}$ 为 π-类(定义1.1). 设 $S,T\in\mathscr{T}$,$S\leqslant T$. 令 $X=I_{[\![S,T[\![}$,则 $Y=I_{]\!]S,T]\!]}$ 为可料过程,且 $[X\neq Y]\subset[\![S]\!]\cup[\![T]\!]$. 于是 $\mathscr{C}$ 中集合的示性函数属于 $\mathscr{H}$. 设 $X^{(n)}\in\mathscr{H}$,$0\leqslant X^{(n)}\uparrow X<+\infty$. 取可料过程 $Y^{(n)}$,使得所有的 $[X^{(n)}\neq Y^{(n)}]$ 为稀疏集. 令

$$\overline{Y}=\varlimsup_{n\to\infty}Y^{(n)},\qquad Y=\overline{Y}I_{[|\overline{Y}|<\infty]},$$

则 Y 为可料过程,且

$$[X\neq Y]\subset\bigcup_{n=1}^{\infty}[X^{(n)}\neq Y^{(n)}].\tag{20.1}$$

(20.1)的右边仍为稀疏集. 由定理3.19,$X\in\mathscr{H}$. 由于 $\sigma(\mathscr{C})=\mathscr{O}$,由单调类定理知,$\mathscr{H}$ 正是可选过程全体. □

3.21定理 令

$$\mathscr{C}_1 = \{A \times \{0\} : A \in \mathscr{F}_0\} \cup \{A \times]s,t] :$$
$$0 < s < t,\ s,t \in \boldsymbol{Q}_+, A \in \bigcup_{r<s} \mathscr{F}_r\},$$
$$\mathscr{C}_2 = \{A \times \{0\} : A \in \mathscr{F}_0\} \cup \{A \times [s,t[:$$
$$0 < s < t, \quad s,t \in \boldsymbol{Q}_+, \quad A \in \bigcup_{r<s} \mathscr{F}_r\},$$
$$\mathscr{C}_3 = \{A \times \{0\} : A \in \mathscr{F}_0\} \cup \{]\!] S, \infty [\![: S \in \mathscr{T} \},$$

则 $\sigma(\mathscr{C}_1) = \sigma(\mathscr{C}_2) = \sigma(\mathscr{C}_3) = \mathscr{P}$. 特别, $\mathscr{P} \subset \mathscr{O}$.

证明 首先, $\mathscr{C}_1 \subset \mathscr{P}$ 是显然的, 故 $\sigma(\mathscr{C}_1) \subset \mathscr{P}$. 另一方面, 对每个左连续适应过程 (X_t), 令

$$X_t^{(n)} = X_0 I_{[t=0]} + \sum_{k=0}^{\infty} X_{\frac{k}{2^n}} I_{[\frac{k}{2^n} < t \leqslant \frac{k+1}{2^n}]},$$

则 $\lim\limits_{n\to\infty} X_t^{(n)} = X_t$. 易见, 对每个 $n \geqslant 1$, $(X_t^{(n)})$ 为 $\sigma(\mathscr{C}_1)$-可测, 故 (X_t) 亦然, $\mathscr{P} \subset \sigma(\mathscr{C}_1)$, 从而 $\sigma(\mathscr{C}_1) = \mathscr{P}$.

其次, 设 $A \in \mathscr{F}_r$, $r < s$, 则有

$$A \times]s,t] = \bigcup_{n=1}^{\infty} \bigcap_{m=1}^{\infty} A \times [s + \frac{t-s}{n}, t + \frac{1}{m}[,$$

$$A \times [s,t[= \bigcap_{n=1}^{\infty} \bigcup_{m=1}^{\infty} A \times]r + (1 - \frac{1}{n})(s - r), t - \frac{t-s}{n}].$$

这表明 $\mathscr{C}_1 \subset \sigma(\mathscr{C}_2)$, $\mathscr{C}_2 \subset \sigma(\mathscr{C}_1)$. 故有 $\sigma(\mathscr{C}_2) = \sigma(\mathscr{C}_1) = \mathscr{P}$.

我们有 $\sigma(\mathscr{C}_3) \subset \mathscr{P}$, $\mathscr{C}_1 \subset \sigma(\mathscr{C}_3)$ ($A \times]s,t] =]\!] s_A, t_A]\!]$, $0 < s < t$, $A \in \bigcup\limits_{r<s} \mathscr{F}_r$), 故有 $\sigma(\mathscr{C}_3) = \mathscr{P}$. 最后, 由于 $\mathscr{C}_2$ 中元素为可选集, 故 $\mathscr{P} \subset \mathscr{O}$.

3.22 系 设 T 为一停时. 在 $[T < \infty]$ 上定义 $f(\omega) = (\omega, T(\omega))$, 则

$$f^{-1}(\mathscr{O}) = \mathscr{F}_T \cap [T < \infty], \tag{22.1}$$

$$f^{-1}(\mathscr{P}) = \mathscr{F}_{T-} \cap [T < \infty]. \tag{22.2}$$

证明 我们只证(22.2), (22.1)的证明是类似的. 设 $A \in \mathscr{F}_0$, 则 $f^{-1}(A \times \{0\}) = A[T=0] \in \mathscr{F}_{T-} \cap [T < \infty]$. 设 $S \in \mathscr{T}$, 则

$$f^{-1}( ]\!] S, \infty [\![ ) = [S < T < \infty] \in \mathscr{F}_{T-} \cap [T < \infty].$$

由定理3.21, $f^{-1}(\mathscr{P}) \subset \mathscr{F}_{T-} \cap [T < \infty]$. 反之, 设 $A \in \mathscr{F}_0$, 则

$A[T<\infty]=f^{-1}(A\times \boldsymbol{R}_+)\in f^{-1}(\mathscr{P})$. 设 $A\in\mathscr{F}_t$，则

$$(A[t<T])[T<\infty]=f^{-1}(A\times]t,\infty[)\in f^{-1}(\mathscr{P}).$$

因此，$\mathscr{F}_{T-}\cap[T<\infty]\subset f^{-1}(\mathscr{P})$，(22.2)得证. 事实上，(22.2)对任一宽停时 T 成立. □

3.23 系 1) 设 T 为一停时，则对任一可选过程(X_t)，$X_T I_{[T<\infty]}\in\mathscr{F}_T$. 反之，若实值随机变量 $\xi\in\mathscr{F}_T$，则存在一可选过程，(X_t)，使得 $\xi I_{[T<\infty]}=X_T I_{[T<\infty]}$.

2) 设 T 为一宽停时，则对任一可料过程(X_t)，$X_T I_{[T<\infty]}\in\mathscr{F}_{T-}$. 反之，若实值随机变量 $\xi\in\mathscr{F}_{T-}$，则存在一可料过程(X_t)，使得 $\xi I_{[T<\infty]}=X_T I_{[T<\infty]}$.

证明 在$[T<\infty]$上令 $f(\omega)=(\omega,T(\omega))$，则对任何过程$(X_t)$，限于$[T<\infty]$，$X_T I_{[T<\infty]}$为 X 与 f 复合所得. 由系3.22及Doob 可测性定理(定理1.5)即得欲证之结论. □

3.24系 设 T 为一停时，$X=(X_t)$为一可选(可料)过程，则 X 在 T 处停止的过程

$$X^T=(X_t^T)_{t\geqslant 0}=(X_{T\wedge t})_{t\geqslant 0}$$

仍是可选(可料)的.

证明 事实上，停止过程可表为：

$$X^T=XI_{[\![0,T]\!]}+X_T I_{]\!]T,\infty[\![}.$$

早已知道，$I_{[\![0,T]\!]}$ 及 $X_T I_{]\!]T,\infty[\![}=(X_T I_{[T<\infty]})I_{]\!]T,\infty[\![}$ 为可料过程(定理3.12及3.16.2)). 因此，若 X 可选(可料)，则 X^T 也可选(可料). 事实上，若 X 可料，对任一宽停时 T，X^T 也可料. □

§ 3. 可料时与可及时

3.25定义 Ω 上一 $\overline{\boldsymbol{R}}_+$-值随机变量 T 称为**可料时**，如果$[\![T,\infty[\![$ 为可料集.

显然，可料时是停时，一常值停时是可料时. 此外，若 T 为一宽停时，由于 $]\!]T,\infty[\![$ 为可料集，T 为可料时当且仅当 $[\![T]\!]$ 为可料集.

3.26定义 设 T 为一宽停时，$(T_n)_{n\geq 1}$ 为一宽停时上升列，且对一切 n，有 $T_n\leqslant T$. 令 $A\subset\Omega$. 我们说序列 (T_n) 在 A 上预报 T，如果在 $A[T>0]$ 上，对一切 n，有 $T_n<T$，且 $\lim\limits_{n\to\infty}T_n=T$. 若 (T_n) 在整个 Ω 上预报 T，我们就简称 (T_n) **预报** T.

称宽停时 T 为**可预报的**，如果存在一列单调上升的宽停时 (T_n) 预报 T.

3.27定理 设 T 为一可预报的宽停时. 若 $[T=0]\in\mathscr{F}_0$，则 T 为可料时. 特别，若 $\mathscr{F}_{0+}=\mathscr{F}_0$，则一切可预报宽停时为可料时.

证明 设 (T_n) 是预报 T 的宽停时上升列，则

$$[\![T,\infty[\![= ([T=0]\times\{0\})\cup(\bigcap_n]\!] T_n,\infty[\![ )\in\mathscr{P}.$$

故 T 为可料时. □

3.28系 $\mathscr{P}=\sigma\{[\![S,T[\![:S,T$ 为可预报的可料时，且 $S\leqslant T\}$.

证明 在定理3.21中，$\mathscr{C}_2$ 由两类元素组成. 第一类元素为 $A\times\{0\}$，其中 $A\in\mathscr{F}_0$. 我们有

$$A\times\{0\}=\bigcap_{n=1}^{\infty}[\![0_A,(\frac{1}{n})_A[\![.$$

停时 0_A 及 $(\frac{1}{n})_A$ 分别被序列 $(k\wedge 0_A)_{k\geq 1}$ 及 $\left(k\wedge\left(\frac{1}{n}-\frac{1}{n+k}\right)_A\right)_{k\geq 1}$ 所预报. 第二类元素为 $A\times[s,t[$，其中 $0<s<t$，$A\in\bigcup\limits_{r<s}\mathscr{F}_r$. 我们有 $A\times[s,t[=[\![s_A,t_A[\![$、取 n 充分大，使得 $A\in\mathscr{F}_{s-\frac{1}{n}}$，则停时 s_A 及 t_A 分别被序列 $\left((n+k)\wedge\left(s-\frac{1}{n+k}\right)_A\right)_{k\geq 1}$ 及 $\left((n+k)\wedge\left(t-\frac{1}{n+k}\right)_A\right)_{k\geq 1}$ 所预报. □

下一定理罗列了有关可料时的一些主要性质.

3.29定理 1)设 (S_n) 为一可料时序列，则 $\bigvee\limits_n S_n$ 为可料时. 如果 (S_n) 是尾定的，则 $\bigwedge\limits_n S_n$ 为可料时.

2)设 S 为一可料时，T 为一停时，则

$$A\in\mathscr{F}_{S-}\Rightarrow A[S\leqslant T]\in\mathscr{F}_{T-},A[S=T]\in\mathscr{F}_{T-}.$$

特别，$[S=T]\in\mathscr{F}_{T-}$.

3）设 S,T 为可料时，则 $\mathscr{F}_{S-}\cap\mathscr{F}_{T-}=\mathscr{F}_{(S\wedge T)-}$.

4）设 S,T 为可料时，则

$$A\in\mathscr{F}_{(S\vee T)-}\Rightarrow A[S\leqslant T]\in\mathscr{F}_{T-},$$

$$A[S<T]\in\mathscr{F}_{T-},A[S=T]\in\mathscr{F}_{(S\wedge T)-},$$

$$\mathscr{F}_{(S\vee T)-}=\mathscr{F}_{S-}\vee\mathscr{F}_{T-}$$

$$=\{A\cup B:A\in\mathscr{F}_{S-},B\in\mathscr{F}_{T-},AB=\varnothing\}.$$

5）设 (S_n) 为尾定的可料时序列，则

$$\mathscr{F}_{(\bigvee_n S_n)-}=\bigvee_n\mathscr{F}_{S_n-}$$

$$=\{\bigcup_{n=1}^{\infty}A_n:A_n\in\mathscr{F}_{S_n-},n\geqslant 1,A_kA_j=\varnothing,k\neq j\},$$

$$\mathscr{F}_{(\bigwedge_n S_n)-}=\bigcap_n\mathscr{F}_{S_n-}.$$

6）设 S 为一停时，$A\in\mathscr{F}_{\infty}$. 若 S_A 为可料时，则必有 $A\in\mathscr{F}_{S-}$.

7）设 S 为一可料时，则对一切 $A\in\mathscr{F}_{S-}$，S_A 为可料时.

8）设 S 为一可料时，实值随机变量 $\xi\in\mathscr{F}_{S-}$，则 $\xi I_{[\![S,\infty[\![}$ 为可料过程.

证明 1）我们有

$$[\![\bigvee_n S_n,\infty[\![=\bigcap_n[\![S_n,\infty[\![.$$

若 (S_n) 尾定，则

$$[\![\bigwedge_n S_n,\infty[\![=\bigcup_n[\![S_n,\infty[\![.$$

2）由定理3.4，$A[S<T]\in\mathscr{F}_{T-}$，$A[T=\infty]\in\mathscr{F}_{T-}$，只要证明 $A[S=T][T<\infty]\in\mathscr{F}_{T-}$. 设 (X_t) 为一可料过程，使得 $I_AI_{[S<\infty]}=X_SI_{[S<\infty]}$（系3.23.2)). 令 $Y=XI_{[\![S]\!]}$，则 Y 可料，且

$$Y_TI_{[T<\infty]}=X_TI_{[S=T]}I_{[T<\infty]}=X_SI_{[S=T<\infty]}=I_AI_{[S=T<\infty]}.$$

因此 $A[S=T<\infty]\in\mathscr{F}_{T-}$（系3.23.2)).

3）只需证明 $\mathscr{F}_{S-}\cap\mathscr{F}_{T-}\subset\mathscr{F}_{(S\wedge T)-}$. 设 $A\in\mathscr{F}_{S-}\cap\mathscr{F}_{T-}$，则

$$A[S\leqslant T]=A[S=S\wedge T]\in\mathscr{F}_{(S\wedge T)-},$$

$$A[T\leqslant S]=A[T=S\wedge T]\in\mathscr{F}_{(S\wedge T)-}.$$

因此 $A=(A[S\leqslant T])\cup[A[T\leqslant S])\in\mathscr{F}_{(S\wedge T)-}$.

4)我们有

$$A[S\leqslant T]=A[S\vee T=T]\in\mathscr{F}_{T-},$$

$$A[S<T]=(A[S\leqslant T])\cap[S<T]\in\mathscr{F}_{T-}.$$

因此 $A[S=T]\in\mathscr{F}_{T-}$. 但 S 与 T 地位对称,故得

$$A[S=T]\in\mathscr{F}_{S-}\cap\mathscr{F}_{T-}=\mathscr{F}_{(S\wedge T)-}.$$

设 $C\in\mathscr{F}_{(S\vee T)-}$. 令 $A=C[T<S]$, $B=C[S\leqslant T]$,则

$$C=A\cup B,\ A\in\mathscr{F}_{S-},\ B\in\mathscr{F}_{T-},\ AB=\varnothing.$$

5)其证明与系3.5.6)完全类似.

6)令 $X=I_{[\![S_A,\infty[\![}$,则 X 为可料过程. 由系3.23.2),$I_{A[S<\infty]}=X_S I_{[S<\infty]}\in\mathscr{F}_{S-}$,即 $A[S<\infty]\in\mathscr{F}_{S-}$. 由定理3.4.7),$A[S=\infty]\in\mathscr{F}_{S-}$,故 $A\in\mathscr{F}_{S-}$.

7)设 $A\in\mathscr{F}_{S-}$. 由系3.23.2),存在一可料过程 X,使得 $I_A I_{[S<\infty]}=X_S I_{[S<\infty]}$. 故 $[\![S_A]\!]=[X=1]\cap[\![S]\!]$ 为可料集. 由于 S_A 为停时,故 S_A 为可料时.

8)容易由7)推得. □

3.30定理 设 A 为一可料集,并包含在一列可料时的图的并之中,则 A 本身是一列可料时的图的并.

证明 完全类似于定理3.19的证明. □

3.31定理 设 A 为一列停时(可料时)的图的并,则存一列停时(可料时)(T_n),使得 $A=\bigcup\limits_n[\![T_n]\!]$,且 $[\![T_n]\!]\cap[\![T_m]\!]=\varnothing$, $n\neq m$.

证明 只证可料情形. 设 (S_n) 为一列可料时,使得 $A=\bigcup\limits_{n=1}^{\infty}[\![S_n]\!]$. 令 $T_1=S_1$,对 $n\geqslant 2$,令

$$B_n=\bigcap_{k=1}^{n-1}[S_k\neq S_n],\ T_n=(S_n)_{B_n},$$

则 $B_n\in\mathscr{F}_{S_n-}$,T_n 为可料时,$[\![T_n]\!]\cap[\![T_m]\!]=\varnothing$,当 $n\neq m$,且 $A=\bigcup\limits_{n=1}^{\infty}[\![T_n]\!]$. □

3.32定理 设 $(X_t)_{t\geqslant 0}$ 为一右连左极适应过程,则存在一列严

格正的停时(T_n)，使得

$$[\Delta X\neq 0]=\{(\omega,t):0<t<+\infty, X_t(\omega)\neq X_{t-}(\omega)\}$$
$$=\bigcup_n [\![T_n]\!]. \qquad (32.1)$$

证 明 在定理3.17的证明中令$\varepsilon_k=\frac{1}{k}$，往证$[\Delta X\neq 0]\subset \bigcup_{n,k\geq 1} [\![T_n^{\frac{1}{k}}]\!]$. 设$0<t<+\infty$，$|X_t(\omega)-X_{t-}(\omega)|\geqslant\frac{2}{k}$，则对某个$n\geqslant 1$，有

$$T_n^{\frac{1}{k}}(\omega)\leqslant t<T_{n+1}^{\frac{1}{k}}(\omega).$$

对一切$s\in]T_n^{\frac{1}{k}}(\omega), T_{n+1}^{\frac{1}{k}}(\omega)[$，由(17.1)，我们有

$$\left|X_s(\omega)-X_{T_n^{\frac{1}{k}}(\omega)}(\omega)\right|<\frac{1}{k}, \left|X_{s-}(\omega)-X_{T_n^{\frac{1}{k}}(\omega)}(\omega)\right|<\frac{1}{k}.$$

因此$|X_s(\omega)-X_{s-}(\omega)|<\frac{2}{k}$. 这表明必有$t=T_n^{\frac{1}{k}}(\omega)$，故(32.1)由定理3.19即得. □

下一定理给出了右连左极适应过程为可料过程的刻画.

3.33定理 设$X=(X_t)$为一右连左极适应过程，则为要X可料，必须且只需X满足下列条件：

1)存在一列严格正的可料时(T_n)，使得$[\Delta X\neq 0]\subset\bigcup_n [\![T_n]\!]$，

2)对每个可料时T，$X_T I_{[T<\infty]}\in\mathscr{F}_{T-}$.

证明 必要性. 设X可料，则在定理3.17的证明中，可归纳地证明T_n^ε为可料时. 事实上，设T_n^ε为可料时，则

$$A=]\!] T_n^\varepsilon,\infty [\![\cap([|X_{T_n^\varepsilon}I_{]\!] T_n^\varepsilon,\infty[\![}-X_-|\geqslant\varepsilon]$$
$$\cup[|X_{T_n^\varepsilon}I_{]\!] T_n^\varepsilon,\infty[\![}-X|\geqslant\varepsilon])$$

为可料集. 我们早已知道T_{n+1}^ε是停时. 由于$[\![T_{n+1}^\varepsilon]\!]\subset A$，$[\![T_{n+1}^\varepsilon]\!]=A\cap[\![0,T_{n+1}^\varepsilon]\!]$为可料集，故$T_{n+1}^\varepsilon$为可料时. 由定理3.32的证明可知条件1)成立. 条件2)由系3.23.2)可得.

充分性. 设条件1)及2)满足. 由定理3.31，不妨设(T_n)的图互不相交，故有

$$X=X_-I_{\bigcap_n [\![T_n]\!]^c}+\sum_n X_{T_n}I_{[\![T_n]\!]}.$$

由于 $X_{T_n}I_{[T_n<\infty]}\in\mathscr{F}_{T_n-}$，$X_{T_n}I_{[\![T_n]\!]}=X_{T_n}I_{[T_n<\infty]}(I_{[\![T_n,\infty[\![}-I_{]\!]T_n,\infty[\![})$为可料过程，从而 X 为可料过程. □

3.34定义 一停时 T 称为**可及时**，如果存在一列可料时(T_n)，使得$[\![T]\!]\subset\bigcup\limits_n[\![T_n]\!]$.

显然，可料时是可及时.

3.35定理 设 T 为一停时，(S_n)为一宽停时的上升列，且被 T 控制，即 $S_n\leqslant T$. 令

$$A[(S_n)]=\{(\bigcap_n[S_n<T])\cap[\lim_{n\to\infty}S_n=T]\}\cup[T=0]$$

(35.1)

(即(S_n)在 $A[(S_n)]$上预报 T)，则 $A[(S_n)]\in\mathscr{F}_{T-}$，$T_{A[(S_n)]}$为可及时.

证明 注意有$\lim\limits_n S_n\leqslant T$，故$[\lim\limits_n S_n=T]=[\lim\limits_n S_n<T]^c\in\mathscr{F}_{T-}$，从而 $A[(S_n)]\in\mathscr{F}_{T-}$. 令 $R_n=(S_n)_{[S_n<\lim S_n]}\wedge n$，则$(R_n)$预报 $R=\lim\limits_n R_n$，且 $R>0$. 由定理3.27，R 为可料时. 由于$[\![T_{A[(S_n)]}]\!]\subset[\![R]\!]\cup[\![0]\!]$，故 $T_{A[(S_n)]}$为可及时. □

3.36定理 1)设 S,T 为可及时，则 $S\vee T,S\wedge T$ 为可及时.

2)设 T 为可及时，则对一切 $A\in\mathscr{F}_T$，T_A 为可及时.

3)设(T_n)为可及时的单调序列，$T=\lim\limits_n T_n$. 若(T_n)为增序列，则 T 为可及时；若(T_n)为尾定降序列，则 T 亦为可及时.

证明 1)，2)显然，往证3). 在增序列情形，由定理3.35$T_{A[(S_n)]}$为可及时，又由(35.1)，$A[(S_n)]^c=(\bigcup\limits_n[T_n=T])\cap[T>0]$. 因此$[\![T_{A[(S_n)]^c}]\!]\subset\bigcup\limits_n[\![T_n]\!]$，从而 $T_{A[(S_n)]^c}$为可及时. 最终，$T=T_{A[(S_n)]}\wedge T_{A[(S_n)]^c}$为可及时. 在尾定降序列情形，我们有$[\![T]\!]\subset\bigcup\limits_n[\![T_n]\!]$，故 T 为可及时. □

有了可及时概念，我们可以仿照定理3.17定义可及 σ-域.

3.37定义 令 $\mathscr{A}$ 为可及时全体. 由$\{[\![S,\infty[\![:S\in\mathscr{A}\}$在 $\Omega\times\boldsymbol{R}_+$上生成的 σ-域叫做**可及 σ-域**. 关于可及 σ-域可测的集合与过程称为**可及集**与**可及过程**.

设 S 为可及时，则 $[\![S]\!]=[\![S,\infty[\![\setminus]\!]S,\infty[\![$ 为可及集.

注 如果在定理3.19，3.20，3.21中，用可及时代替那里的停时，用可及过程代替那里的可选过程，定理的结论仍成立，其证明完全类似.

下一定理建立了可及时与可料时，可及过程与可料过程之间的联系.

3.38定理 1）设 X 为一可及过程，则为要 X 为可料过程，必须且只需对一切可料时 T，$X_T I_{[T<\infty]}\in\mathscr{F}_{T-}$.

2）设 S 为一可及时，则为要 S 为可料时，必须且只需对一切可料时 T，$[S=T]\in\mathscr{F}_{T-}$.

证明 1）必要性由系3.23.2）即得，往证充分性. 根据定义3.37下面的注，存在一可料过程 Y，使得 $[X\neq Y]$ 为一列可及时图的并. 于是由定义3.34及定理3.31，存在一列可料时 (S_n)，使得当 $n\neq m$ 时，有 $[\![S_n]\!]\cap[\![S_m]\!]=\varnothing$，并且 $[X\neq Y]\subset\bigcup\limits_n[\![S_n]\!]$. 于是我们有

$$X=YI_A+\sum_n X_{S_n}I_{[S_n<\infty]}I_{[\![S_n]\!]},$$

其中 $A=\bigcap\limits_n[\![S_n]\!]^c$. 由于 A 为可料集，故 YI_A 为可料过程. 另一方面，每个 S_n 是可料时，故依假设，$X_{S_n}I_{[S_n<\infty]}\in\mathscr{F}_{S_n-}$，从而 $X_{S_n}I_{[S_n<\infty]}I_{[\![S_n]\!]}$ 为可料过程. 于是 X 为可料过程.

2）必要性由定理3.29.2）得到，往证充分性. 令 $X=I_{[\![S]\!]}$，则 X 为可及过程，并且由假设，对一切可料时 T

$$[S=T<\infty]=[S=T][T<\infty]\in\mathscr{F}_{T-}$$

（注意，T 为 $\mathscr{F}_{T-}$-可测），即 $X_T I_{[T<\infty]}=I_{[S=T<\infty]}\in\mathscr{F}_{T-}$. 由1）$X$ 为可料过程，从而 S 为可料时. □

3.39定义 流 $\boldsymbol{F}=(\mathscr{F}_t)$ 称为**拟左连续的**，如果对每个可料时 T，$\mathscr{F}_T=\mathscr{F}_{T-}$.

3.40定理 1）为要流 $\boldsymbol{F}=(\mathscr{F}_t)$ 为拟左连续的，必须且只需一切可及时为可料时.

2）设 $\boldsymbol{F}=(\mathscr{F}_t)$ 为拟左连续的，则对任一列停时 (T_n)，有

$$\mathscr{F}_{\bigvee_n T_n} = \bigvee_n \mathscr{F}_{T_n}. \tag{40.1}$$

证明 1)必要性. 设$\boldsymbol{F}=(\mathscr{F}_t)$拟左连续. 令$S$为一可及时,$T$为一可料时,则$[S=T]\in\mathscr{F}_T=\mathscr{F}_{T-}$. 由定理3.28.2),$S$为可料时.

充分性. 设一切可及时为可料时. 令T为一可料时,$A\in\mathscr{F}_T$,则T_A为可及时. 依假设,T_A为可料时,从而$A\in\mathscr{F}_{T-}$(定理3.29.6)). 这表明$\mathscr{F}_T=\mathscr{F}_{T-}$,即$\boldsymbol{F}=(\mathscr{F}_t)$拟左连续.

2)由系3.5.6),我们有$\mathscr{F}_{\bigvee_{n=1}^{k} T_n}=\bigvee_{n=1}^{k}\mathscr{F}_{T_n}$. 为证(40.1),不妨假定$(T_n)$为增序列,令$T=\bigvee_{n=1}^{\infty}T_n$. 设$H=\bigcap_n[T_n<T]$,则$H\in\mathscr{F}_{T-}$. 令$A\in\mathscr{F}_T$,往证$AH\in\bigvee_n\mathscr{F}_{T_n}$及$AH^c\in\bigvee_n\mathscr{F}_{T_n}$. 我们有

$$AH^c=\bigcap_{n=1}^{\infty}(A[T=T_n])\in\bigvee_n\mathscr{F}_{T_n}.$$

由于$T_H>0$,且在整个Ω上,T_H被序列$((T_n)_{[T_n<T]}\wedge n)$所预报,故$T_H$为可料时. 于是依假设有$\mathscr{F}_{T_H}=\mathscr{F}_{T_H-}$,从而$AH\in\mathscr{F}_T\subset\mathscr{F}_{T_H}=\mathscr{F}_{T_H-}$. 但在$H$上,$T=T_H$,故$H=H\cap[T_H=T]$,从而有(定理3.29.2))$AH=AH\cap[T_H=T]\in\mathscr{F}_{T-}$. 但恒有$\mathscr{F}_{T-}=\bigvee_n\mathscr{F}_{T_n-}\subset\bigvee_n\mathscr{F}_{T_n}$(定理3.4.10)),故$AH\in\bigvee_n\mathscr{F}_{T_n}$. 于是$A=(AH^c)\cup(AH)\in\bigvee_n\mathscr{F}_{T_n}$. □

§4. 有限变差过程

3.41定义 一过程称为**增过程**,如果它的所有轨道为$\boldsymbol{R}_+$上非负有限值右连续增函数. 两个增过程之差称为**有限变差过程**.

显然,有限变差过程为右连左极过程,从而适应有限变差过程是可选过程.

设$A=(A_t)_{t\geqslant 0}$为一有限变差过程. 对每个$\omega\in\Omega$,$\boldsymbol{R}_+$上的有限变差函数$A.(\omega)$可以唯一地分解为:$A.(\omega)=A^c.(\omega)+A^d.(\omega)$,其中$A^c.(\omega)$为连续有限变差函数,$A^d.(\omega)$为纯断有限变差函数:

$$A_t^d(\omega) = \sum_{0<s\leq t} \Delta A_s(\omega). \tag{41.1}$$

我们称过程 A^c 为 A 的**连续部分**，称过程 A^d 为 A 的**纯断部分**（或跳部分）.

设 A 为一有限变差过程，称 A 为**纯断的**，如果 $A^c=0$.

下一定理描绘了适应及可料有限变差过程的结构.

3.42定理 设 A 为一适应（可料）有限变差过程，则 A^d 亦然（从而 A^c 为可料过程）. 此外，存在一列图互不相交的严格正停时（可料时），使得

$$A_t^d = \sum_n \Delta A_{S_n} I_{[S_n\leq t]}. \tag{42.1}$$

（约定 $\Delta A_\infty=0$.）

证明 只证 A 为可料情形. 由定理3.31及3.33知，存在一列图互不相交的严格正可料时(S_n)，使得$[\Delta A\neq 0]\subset\bigcup_m [\![S_n]\!]$. 由于(41.1)中的级数绝对收敛，从而与被求和各项的次序无关，于是有(42.1). 由于ΔA 可料，故$\Delta A_{S_n}\in\mathscr{F}_{S_n-}$，从而由定理3.29.8)知，$A^d$为可料过程. □

注 由(41.1)及(42.1)，我们有

$$\sum_{0<s\leq t} |\Delta A_s| = \sum_n |\Delta A_{S_n}| I_{[S_n\leq t]}.$$

下一定理是前一定理的推论，有时是有用的.

3.43定理 设 A 为一纯断适应（可料）有限变差过程，则存在一列严格正停时（可料时）(T_n)（这里，(T_n)的图一般并非互不相交），及一列实数(λ_n)，使得对一切 $t\geq 0$，有

$$\sum_n |\lambda_n| I_{[T_n\leq t]} < \infty, \tag{43.1}$$

$$A_t = \sum_n \lambda_n I_{[T_n\leq t]}. \tag{43.2}$$

如果 A 为增过程，每个 λ_n 可取为正实数.

证明 我们只讨论 A 为可料情形. 由(42.1)，只需对形如 $A=\xi I_{[\![S,\infty [\![}$ 的增过程证明定理，其中 S 为一严格正的可料时，ξ 为非负 $\mathscr{F}_{S-}$-可测实值随机变量. 令(ξ_n)为非负 $\mathscr{F}_{S-}$-可测简单函数

的增序列，使得$\lim_n \xi_n = \xi$，则$\xi = \sum_{n=1}^{\infty}(\xi_n - \xi_{n-1})$，$\xi_0 = 0$. 于是存在一列正实数$(\lambda_n)$及$(H_n) \subset \mathscr{F}_{S-}$使得$\xi = \sum_{n=1}^{\infty} \lambda_n I_{H_n}$. 令$T_n = S_{H_n}$，则$T_n$为可料时，且

$$A_t = \sum_n \lambda_n I_{[T_n \leqslant t]}. \quad \square$$

3.44定理 设$A = (A_t)$为一适应(可料)有限变差过程，则A的变差过程$B_t = \int_{[0,t]} |dA_s|$为适应(可料)增过程，且$A$可表为两个适应(可料)增过程之差.

证明 由定理3.42，

$$\int_{[0,t]} |dA_s^d| = \sum_n |\Delta A_{S_n}| I_{[S_n \leqslant t]}$$

为适应(可料)增过程及

$$\int_{[0,t]} |dA_s^c| = |A_0| + \lim_{n \to \infty} \sum_{0 \leqslant k < 2^n} |A^c_{\frac{k+1}{2^n}t} - A^c_{\frac{k}{2^n}t}|$$

为适应连续(从而可料)增过程，它们的和$B_t = \int_{[0,t]} |dA_s|$为适应(可料)增过程. 令

$$A^+ = \frac{1}{2}(B + A), \quad A^- = \frac{1}{2}(B - A),$$

则A^+，A^-为适应(可料)增过程，且$A = A^+ - A^-$. $\square$

下面我们研究可测过程对有限变差过程按轨道的 Lebesgue-Stieltjes 积分.

3.45定义 设$H = (H_t)$为一可测过程，$A = (A_t)$为一有限变差过程. 如果对一切$\omega \in \Omega$，对一切$t \geqslant 0$，Lebesgue-Stieltjes 积分

$$\int_{[0,t]} H_s(\omega) dA_s(\omega)$$

存在且有穷(即$\int_{[0,t]} |H_s(\omega)| |dA_s(\omega)| < +\infty$)，我们称$H$关于$A$**可积**. 这时，定义

$$B = (B_t), B_t(\varphi) = \int_{[0,t]} H_s(\omega) dA_s(\omega)$$

为 H 关于 A 的**积分**，记为 $B=H.A$. 显然，B 仍为有限变差过程.

3.46定理 设 $H=(H_t)$ 为一可测过程，$A=(A_t)$ 为一有限变差过程，且 H 关于 A 可积.

1）如果 H 为循序的，A 为适应的，则 $H.A$ 为适应的.

2）如果 H 为可料的，A 为可料的，则 $H.A$ 为可料的.

证明 首先，不妨假定 A 为增过程. 于是容易由单调类定理证明：对任何使得 $\int_{[0,\infty[}|H_s||dA_s|<\infty$ 的可测过程 H，$\int_{[0,\infty[}H_s dA_s\in\mathscr{F}$. 由此，在 $(\Omega,\mathscr{F}_t)$ 上考虑 $HI_{[\![0,t]\!]}$ 及 A^t，立刻推得1). 为证2)，考虑 A 的如下分解：

$$A_t=A_t^c+\sum_n \Delta A_{S_n}I_{[S_n\leqslant t]},$$

其中 (S_n) 为一列图互不相交的可料时（定理3.42），我们有

$$\int_{[0,t]}H_s dA_s=\int_{[0,t]}H_s dA_s^c+\sum_n H_{S_n}\Delta A_{S_n}I_{[S_n\leqslant t]}.$$

由1)，右边第一个过程为适应连续过程，从而为可料过程. 因 H 可料，$H_{S_n}I_{[S_n<\infty]}\in\mathscr{F}_{S_n-}$，故由定理4.31.8)，$H_{S_n}\Delta A_{S_n}I_{[\![S_n,\infty[\![}$ 为可料过程，从而右边第二个过程亦为可料过程. □

§5. 时间变换

3.47定义 一族停时 $\tau=(\tau_t)_{t\geqslant 0}$ 称为一个**时间变换**（简称**时变**），如果

1）对每个 $t\geqslant 0$，τ_t 是停时，

2）对每个 $\omega\in\Omega$，$\tau.(\omega)$ 是 $\boldsymbol{R}_+$ 上的一 $\overline{\boldsymbol{R}}_+$-值右连续增函数.

时变 $\tau=(\tau_t)_{t\geqslant 0}$ 称为**连续的**，如果 τ 是一 $\overline{\boldsymbol{R}}_+$-值连续过程.

令
$$\boldsymbol{G}=(\mathscr{G}_t)_{t\geqslant 0},\ \mathscr{G}_t=\mathscr{F}_{T_t},\ t\geqslant 0. \tag{47.1}$$

则 $\boldsymbol{G}=(\mathscr{G}_t)$ 是原来的流 $\boldsymbol{F}=(\mathscr{F}_t)$ 经时变 τ 而得的流. 如果 $\boldsymbol{F}$ 右连续，则 $\boldsymbol{G}$ 亦右连续（定理3.4.10)）.

对一时变 $\tau=(\tau_t)_{t\geqslant 0}$，它的右逆过程 $A=(A_t)$：

$$A_t = \inf\{s \geqslant 0: \tau_s > t\}$$

为一 $\overline{\boldsymbol{R}}_+$-值适应增过程. 实际上, 对任一 $t \geqslant 0$,

$$\tau_t = \inf\{s \geqslant 0: A_s > t\}, \tau_{t-} = \inf\{s \geqslant 0: A_s \geqslant t\},$$

即 $\tau = (\tau_t)$ 也是 $A = (A_t)$ 的右逆过程(引理1.37). 对任何 $t \geqslant 0$, $s > 0$, 有

$$[\tau_{s-} \leqslant t] = [A_t \geqslant s]. \tag{47.2}$$

由于 τ_{s-} 为停时, 故 $A_t \in \mathscr{F}_t$, 即 A 为适应过程. 由(47.2)可知, A_t 为 $\boldsymbol{G}$-宽停时.

3.48定理 设 $A = (A_t)$ 为一 $\overline{\boldsymbol{R}}_+$-值适应(可料)增过程, $\tau = (\tau_t)$ 为 A 的右逆过程:

$$\tau_t = \inf\{s \geqslant 0: A_s > t\},$$

则对每个 $t > 0$, τ_{t-} 为停时(可料时), 对每个 $t \geqslant 0$, τ_t 为宽停时.

特别, 若流 $\boldsymbol{F}$ 右连续, 则 $\tau = (\tau_t)$ 为一时变, 称为与 $\overline{\boldsymbol{R}}_+$-值适应增过程 $A = (A_t)$ **相联系的时变**.

证明 对每个 $t > 0$, 仍由(47.2), $[\tau_{t-} \leqslant s] = [A_s \geqslant t] \in \mathscr{F}_s$, $s \geqslant 0$, 即 τ_{t-} 为停时. 对每个 $t \geqslant 0$, $\tau_{(t+\frac{1}{n})-} \downarrow \tau_t$, 故 τ_t 为宽停时.

若 A 为可料, 注意到 $\tau_{t-} = \inf\{s \geqslant 0: A_s \geqslant t\}$, 则 $[\![\tau_{t-}]\!] = [\![0, \tau_{t-}]\!] \cap [A \geqslant t]$ 为可料集, 故 τ_{t-} 为可料时.

其余的结论是明显的. □

前面已指出, 每个时变都与一个 $\overline{\boldsymbol{R}}_+$-值适应增过程——它的右逆过程相联系.

3.49定理 设 $\tau = (\tau_t)$ 为一时变, $\boldsymbol{G} = (\mathscr{G}_t)$ 由(47.1)定义.

1) 若 S 为一 $\boldsymbol{G}$-宽停时, 则 τ_S 为 $\boldsymbol{F}$-宽停时, 且 $\mathscr{G}_{S+} \subset \mathscr{F}_{\tau_S+}$.

2) 若 S 为一非负随机变量, $S \in \mathscr{F}_{\tau_S}$, 且 τ_S 为 $\boldsymbol{F}$-停时, 则 S 为 $\boldsymbol{G}$-停时, 且 $\mathscr{F}_{\tau_S} \cap \mathscr{G}_\infty \subset \mathscr{G}_S$.

证明 1) 设 $A \in \mathscr{G}_{S+}$, 则对每个 $t > 0$, 有

$$A[\tau_S < t] = (A[\tau_\infty < t, S = \infty]) \cup \Big(\bigcup_{r \in \boldsymbol{Q}_+} A[S < r][\tau_r < t]\Big).$$

由于 $A[S = \infty] \in \mathscr{G}_\infty \subset \mathscr{F}_{\tau_\infty} \subset \mathscr{F}_\infty$, $A[S < r] \in \mathscr{G}_r = \mathscr{F}_{\tau_r}$, 故得 $A[\tau_S < t] \in \mathscr{F}_t$. 这表明 τ_S 为 $\boldsymbol{F}$-宽停时(取 $A = \Omega$), $\mathscr{G}_{S+} \subset \mathscr{F}_{\tau_S+}$.

2）设 $A\in\mathscr{G}_\infty\cap\mathscr{F}_{\tau_S}$，则对每个 $t\geqslant 0$，有

$$A[S\leqslant t]=(A[S\leqslant t])[\tau_S\leqslant\tau_t]\in\mathscr{F}_{\tau_t}=\mathscr{G}_t.$$

这表明 S 为 $\boldsymbol{G}$-停时，且 $\mathscr{G}_\infty\cap\mathscr{F}_{\tau_S}\subset\mathscr{G}_S$. □

3.50系 设 $\boldsymbol{F}$ 右连续. 为要一非负随机变量 S 为 $\boldsymbol{G}$-停时，必须且只需 τ_S 为 $\boldsymbol{F}$-停时及 $S\in\mathscr{F}_{\tau_S}$. 这时有 $\mathscr{G}_S=\mathscr{G}_\infty\cap\mathscr{F}_{\tau_S}$.

证明 这时 $\boldsymbol{G}$ 也右连续，故由定理3.49即得. □

3.51定理 设 $\tau=(\tau_t)$ 为一时变，$A=(A_t)$ 为其右逆过程：$A_t=\inf\{s\geqslant 0:\tau_S>t\},t\geqslant 0$.

1）若 T 为 $\boldsymbol{F}$-宽停时，则 A_T 为 $\boldsymbol{G}$-宽停时，且 $\mathscr{F}_{T+}\cap\mathscr{G}_\infty\subset\mathscr{G}_{A_T+}$.

2）设 $\boldsymbol{F}$ 右连续，$\tau_{A_t}=t,t\geqslant 0$.[1] 若 T 为一非负随机变量，$T\in\mathscr{G}_{A_T}$，A_T 为 $\boldsymbol{G}$-停时，则 T 为 $\boldsymbol{F}$-停时，且 $\mathscr{G}_{A_T}\subset\mathscr{F}_T$.

证明 1）设 $B\in\mathscr{F}_{T+}\cap\mathscr{G}_\infty$，则对任一 $t>0$，有

$$\begin{aligned}B[A_T<t]=&(B[T=\infty][A_\infty<t])\\&\cup\left(\bigcup_n B[T<\infty][T<\tau_{t-\frac{1}{n}}]\right).\end{aligned}$$

由于$(B[T<\infty])[T<\tau_{t-\frac{1}{n}}]\in\mathscr{F}_{\tau_{t-\frac{1}{n}}}\subset\mathscr{F}_{\tau_t}=\mathscr{G}_t$，$B[T=\infty][A_\infty<t]=B[T=\infty][A_\infty<t][\tau_t=\infty]\in\mathscr{F}_{\tau_t}=\mathscr{G}_t$，故得 $B[A_T<t]\in\mathscr{G}_t$. 这表明 A_T 是 $\boldsymbol{G}$-宽停时，且 $\mathscr{F}_{T+}\cap\mathscr{G}_\infty\subset\mathscr{G}_{A_T+}$.

2）设 $B\in\mathscr{G}_{A_T}$. 对每个 $t\geqslant 0$，A_t 为 $\boldsymbol{G}$-停时，且

$$B[T\leqslant t]=(B[T\leqslant t])[A_T\leqslant A_t]\in\mathscr{G}_{A_t}.$$

由系3.50，$\mathscr{G}_{A_t}\subset\mathscr{F}_{\tau_{A_t}}=\mathscr{F}_t$. 因此，$T$ 为 $\boldsymbol{F}$-停时，且 $\mathscr{G}_{A_T}\subset\mathscr{F}_T$. □

3.52定理 设 $\tau=(\tau_t)$ 为一时变，且对每个 $t\geqslant 0$，$\tau_t<\infty$.

1）若 $X=(X_t)_{t\geqslant 0}$ 为 $\boldsymbol{F}$-可选过程，则 $(X_{\tau_t})_{t\geqslant 0}$ 为 $\boldsymbol{G}$-可选过程.

2）若 $X=(X_t)_{t\geqslant 0}$ 为 $\boldsymbol{F}$-可料过程，则 $(X_{\tau_{t-}})_{t\geqslant 0}$ 为 $\boldsymbol{G}$-可料过程.

证明 易见，若 $(X_t)_{t\geqslant 0}$ 右连左极，则 $(X_{\tau_t})_{t\geqslant 0}$ 亦然；若 $(X_t)_{t\geqslant 0}$ 左连续，则 $(X_{\tau_{t-}})_{t\geqslant 0}$ 亦然. 若 $(X_t)_{t\geqslant 0}$ 为 $\boldsymbol{F}$-可选过程，显然 $(X_{\tau_t})_{t\geqslant 0}$ 及

1） 例如，设 τ 连续，$\tau_0=0$ 及 $\tau_\infty=\infty$.

$(X_{\tau_{t-}})_{t\geqslant 0}$为 $\boldsymbol{G}$-适应过程.

设 T 为一 $\boldsymbol{F}$-停时. 若 $X=I_{[\![0,T[\![}$，则$(X_{\tau_t})_{t\geqslant 0}$右连左极且 $\boldsymbol{G}$-适应，故为 $\boldsymbol{G}$-可选过程. 若 $X=I_{[\![0,T]\!]}$，则$(X_{\tau_{t-}})_{t\geqslant 0}$左连续，且 $\boldsymbol{G}$-适应，故为 $\boldsymbol{G}$-可料过程. 又若 $X=I_{[\![0]\!]}I_A$，$A\in\mathscr{F}_0$，同理$(X_{\tau_{t-}})_{t\geqslant 0}$为 $\boldsymbol{G}$-可料. 由单调类定理即得欲证之结论. □

下一定理详细讨论了一个简单而有用的时变的例子.

3.53定理 设 T 为一停时，令

$$\boldsymbol{G}=(\mathscr{G}_t),\ \mathscr{G}_t=\mathscr{F}_{t\wedge T},\ t\geqslant 0.$$

1)若 S 为 $\boldsymbol{F}$-停时，则 $S\wedge T$，$S_{[S\leqslant T]}$为 $\boldsymbol{G}$-停时.

2)若 S 为 $\boldsymbol{F}$-宽停时，则 $S_{[S<T]}$为 $\boldsymbol{G}$-宽停时.

3)若 S 为 $\boldsymbol{G}$-停时，则 $\mathscr{G}_S=\mathscr{G}_{S\wedge T}=\mathscr{F}_{S\wedge T}$.

4)若 X 为 $\boldsymbol{F}$-可选($\boldsymbol{F}$-可料)过程，则 X^T，$XI_{[\![0,T]\!]}$为 $\boldsymbol{G}$-可选($\boldsymbol{G}$-可料)过程.

5)若 S 为 $\boldsymbol{F}$-可料时，则 $S_{[S\leqslant T]}$为 $\boldsymbol{G}$-可料时.

证明 这里涉及到的是时变 $\tau=(\tau_t)$：$\tau_t=t\wedge T$. 它的右逆过程是 $A=(A_t)$：$A_t=t_{[t<T]}$. 由于 $\mathscr{G}_t\subset\mathscr{F}_t$，$t\geqslant 0$，每个 $\boldsymbol{G}$-停时也是 $\boldsymbol{F}$-停时.

首先，我们证明 $\mathscr{G}_\infty=\mathscr{F}_T$. $\mathscr{G}_\infty\subset\mathscr{F}_T$ 是明显的. 设 $t\geqslant 0$，$A\in\mathscr{F}_t$，则 $A[t<T]=(A[t<T])[t=t\wedge T]\in\mathscr{F}_{t\wedge T}\subset\mathscr{G}_\infty$，故 $A[T=\infty]\in\mathscr{G}_\infty$. 于是，若 $A\in\mathscr{F}_\infty$，则 $A[T=\infty]\in\mathscr{G}_\infty$. 现在设 $A\in\mathscr{F}_T$，则 $A[T<\infty]=\bigcup_n(A[T\leqslant n])$，$A[T\leqslant n]\in\mathscr{F}_{n\wedge T}\subset\mathscr{G}_\infty$，$n\geqslant 1$，故 $A[T<\infty]\in\mathscr{G}_\infty$，$A=(A[T=\infty])\cup(A[T<\infty])\in\mathscr{G}_\infty$. 于是 $\mathscr{F}_T\subset\mathscr{G}_\infty$.

1)设 S 为一 $\boldsymbol{F}$-停时，则对一切 $t\geqslant 0$，有

$$[S\wedge T\leqslant t]\in\mathscr{F}_{S\wedge T\wedge t}\subset\mathscr{G}_t,$$

$$[S_{[S\leqslant T]}\leqslant t]=[S\leqslant T][S\leqslant t]=[S\leqslant T\wedge t]\in\mathscr{F}_{t\wedge T}=\mathscr{G}_t.$$

因此，$S\wedge T$，$S_{[S\leqslant T]}$为 $\boldsymbol{G}$-停时.

2)由于 $S_{[S<T]}=A_s$，由定理3.51.1)知，$S_{[S<T]}$为 $\boldsymbol{G}$-宽停时.

3)设 S 为一 $\boldsymbol{G}$-停时，则 $\mathscr{G}_S\subset\mathscr{G}_\infty=\mathscr{F}_T$，$\mathscr{G}_S\subset\mathscr{F}_S$，故 $\mathscr{G}_S\subset\mathscr{F}_T$

$\bigcap \mathscr{F}_S=\mathscr{F}_{T\wedge S}$. 另一方面，设 $A\in\mathscr{F}_{S\wedge T}$，则对一切 $t\geqslant 0$，

$$A[S\wedge T\leqslant t]\in\mathscr{F}_t\cap\mathscr{F}_{S\wedge T}\subset\mathscr{G}_t.$$

这表明 $A\in\mathscr{G}_{S\wedge T}$，$\mathscr{F}_{S\wedge T}\subset\mathscr{G}_{S\wedge T}\subset\mathscr{G}_S$，故 $\mathscr{G}_S=\mathscr{G}_{S\wedge T}=\mathscr{F}_{S\wedge T}$.

4）关于 X^T 的结论直接由定理3.52可得. 另一方面，

$$XI_{[\![0,T]\!]}=X^T-X_T I_{]\!]T,\infty[\![}.$$

由1)，T 为 $\boldsymbol{G}$-停时. 因此，$X_T I_{[T<\infty]}=X_T^T I_{[T<\infty]}\in\mathscr{G}_T$，$X_T I_{[\![T,\infty[\![}$ 为 $\boldsymbol{G}$-可料过程. 故当 X^T 为 $\boldsymbol{G}$-可选过程（$\boldsymbol{G}$-可料过程）时，$XI_{[\![0,T]\!]}$ 亦然.

5）设 S 为一 $\boldsymbol{F}$-可料时，则 $X=I_{[\![S,\infty[\![}$ 为 $\boldsymbol{F}$-可料过程，$X^T=I_{[\![S_{[S\leqslant T]},\infty[\![}$ 为 $\boldsymbol{G}$-可料过程，即 $S_{[S\leqslant T]}$ 为 $\boldsymbol{G}$-可料时. □

问题与补充

3.1 设 $(X_t)_{t\geqslant 0}$ 为一右连续适应过程，S 为一宽停时，$B\subset\boldsymbol{R}$ 为开集. 则

$$T=\inf\{t>S:X_t\in B\}(\text{或}\inf\{t\geqslant S:X_t\in B\})$$

为宽停时.

3.2 设 $(X_t)_{t\geqslant 0}$ 为一右连左极适应过程，S 为一停时，$B\subset\boldsymbol{R}$ 为一闭集，则

$$T=\inf\{t\geqslant S:X_t\in B\text{ 或 }X_{t-}\in B\}$$

为停时. 特别，若 (X_t) 为一连续适应过程，S 为一停时，$B\subset\boldsymbol{R}$ 为一闭集，则

$$T=\inf\{t\geqslant S:X_t\in B\}$$

为停时.

3.3 设 $(X_t)_{t\geqslant 0}$ 为一适应增过程，则对任一 $a\in\boldsymbol{R}$，

$$T=\inf\{t\geqslant 0:\ X_t\geqslant a\}$$

为停时.

3.4 设 $\boldsymbol{G}=(\mathscr{G}_n)$ 为一离散时间流，令

$$\mathscr{F}_t=\mathscr{G}_n,\ n\leqslant t<n+1,$$

则 $\boldsymbol{F}=(\mathscr{F}_t)$ 为右连续流.

1)若 S 为一 $\boldsymbol{G}$-停时,则 S 也是 $\boldsymbol{F}$-停时,且 $\mathscr{F}_S=\mathscr{G}_S$.

2)若 T 为一 $\boldsymbol{F}$-停时,则

$$S=\begin{cases} n, & n\leqslant T<n+1, \\ \infty, & T=\infty \end{cases}$$

为 $\boldsymbol{G}$-停时,且 $\mathscr{G}_S=\mathscr{F}_T$.

3.5 设 $X=(X_t)$ 为一 $\boldsymbol{F}$-适应过程. 若对任一 $\varepsilon>0$,X 是 $(\mathscr{F}_{t+\varepsilon})$-循序的,则 X 是 $(\mathscr{F}_t)$-循序的.

3.6 设 (X_t) 为一适应过程,D 为 $\boldsymbol{R}_+$ 中一可数稠子集,令

$$Y_t^+=\lim_{n\to\infty}\sup\{X_s:s\in D\cap]t,t+\frac{1}{n}[\},t\geqslant 0,$$

$$Y_t^-=\lim_{n\to\infty}\inf\{X_s:s\in D\cap]t,t+\frac{1}{n}[\},t\geqslant 0,$$

$$Z_t^+=\lim_{n\to\infty}\sup\{X_s:s\in D\cap](t-\frac{1}{n})^+,t[\},t>0,$$

$$Z_t^-=\lim_{n\to\infty}\inf\{X_s:s\in D\cap](t-\frac{1}{n})^+,t[\},t>0,$$

$$Z_0^+=Z_0^-=X_0.$$

则 (Y_t^+),(Y_t^-),(Z_t^+),(Z_t^-) 均为循序过程.

3.7 给定两个流 $\boldsymbol{F}=(\mathscr{F}_t)$,$\boldsymbol{G}=(\mathscr{G}_t)$. 以 $\mathscr{O}(\boldsymbol{F})$,$\mathscr{P}(\boldsymbol{F})$,$\mathscr{T}(\boldsymbol{F})$,$\mathscr{T}_P(\boldsymbol{F})$,记 $\boldsymbol{F}$-可选 σ-域,$\boldsymbol{F}$-可料 σ 域,$\boldsymbol{F}$-停时全体,$\boldsymbol{F}$-可料时全体,记号 $\mathscr{O}(\boldsymbol{G})$,$\mathscr{P}(\boldsymbol{G})$,$\mathscr{T}(\boldsymbol{G})$,$\mathscr{T}_P(\boldsymbol{G})$ 有类似的意义.

1)下列命题等价:

(i)$\boldsymbol{F}=\boldsymbol{G}$,即 $\forall\ t\geqslant 0$, $\mathscr{F}_t=\mathscr{G}_t$,

(ii)$\mathscr{O}(\boldsymbol{F})=\mathscr{O}(\boldsymbol{G})$,

(iii)$\mathscr{T}(\boldsymbol{F})=\mathscr{T}(\boldsymbol{G})$.

2)下列命题等价:

(i)$\mathscr{F}_0=\mathscr{G}_0$,且 $\forall\ t\geqslant 0\ \mathscr{F}_{t+}=\mathscr{G}_{t+}$,

(ii)$\mathscr{P}(\boldsymbol{F})=\mathscr{P}(\boldsymbol{G})$,

(iii)$\mathscr{T}_P(\boldsymbol{F})=\mathscr{T}_P(\boldsymbol{G})$.

3.8 设 $f\in\mathscr{B}(\boldsymbol{R}_+)\times\mathscr{B}(\boldsymbol{R})$,$X=(X_t)$ 为一可选(可料)过

程，则 $Z_t=f(t,X_t)$ 为可选（可料）过程.

3.9 两个流 $\boldsymbol{F}=(\mathscr{F}_t)$ 与 $\boldsymbol{G}=(\mathscr{G}_t)$ 若满足下列条件：

$$\mathscr{F}_0=\mathscr{G}_0,\ \forall\, t\geqslant 0,\ \mathscr{F}_{t+}=\mathscr{G}_{t+},$$

则对任一 $\boldsymbol{F}$-宽停时 T，$\mathscr{F}_{T-}=\mathscr{G}_{T-}$.

3.10 设 S 为一停时，随机变量 $T\geqslant S$，$T\in\mathscr{F}_S$，且在 $[S<\infty]$ 上有 $T>S$，则 T 为可料时.

3.11 设 S 为一可料时，T 为一停时. 若 $S\leqslant T$，且 $\mathscr{F}_{S-}=\mathscr{F}_{T-}$，则 T 为可料时.

3.12 设 S,T 为两个可料时，则 $S+T$ 为可料时.

3.13 设 S 为一可料时，随机变量 $T\geqslant S$，$T\in\mathscr{F}_S$，且 $[T=S]\in\mathscr{F}_{S-}$，则 T 为可料时.

3.14 设 T 为一停时，令

$$\boldsymbol{G}=(\mathscr{G}_t),\ \mathscr{G}_t=\mathscr{F}_{T+t},\ t\geqslant 0.$$

1）若 S 为一 $\boldsymbol{F}$-停时（$\boldsymbol{F}$-可料时），则

$$\tilde{S}=\begin{cases}(S-T)^+, & T<\infty,\\ 0, & T=\infty\end{cases}$$

为 $\boldsymbol{G}$-停时（$\boldsymbol{G}$-可料时），

2）若 (X_t) 为一 $\boldsymbol{F}$-可选（$\boldsymbol{F}$-可料）过程，则 $(X_{T+t}\boldsymbol{I}_{[T<\infty]})$ 为 $\boldsymbol{G}$-可选（$\boldsymbol{G}$-可料过程）.

3.15 设 $X=(X_t)$ 为一右连左极过程，T 为一 $\boldsymbol{F}^0(X)$-停时. 若 T 只取可列个值，则 T 关于 $\sigma(X_{T\wedge t},t\geqslant 0)$ 为可测.

3.16 设 $X=(X_t)$ 为 $(\boldsymbol{\Omega},\mathscr{F})$ 上一右连左极过程，满足下列条件：i）$\forall\, t\geqslant 0$，$X_t(\omega')=X_t(\omega)\Rightarrow\omega=\omega'$，ii）$\forall\,\omega\in\boldsymbol{\Omega}$，$t\geqslant 0$，存在 $\omega'\in\boldsymbol{\Omega}$，使得 $\forall\, s\geqslant 0$，$X_s(\omega')=X_{S\wedge t}(\omega)$.

1）一非负随机变量 T 为 $\boldsymbol{F}^0(X)$-停时当且仅当 $\forall\, t\geqslant 0$，

$T(\omega)\leqslant t,\forall\, s\leqslant t\quad X_s(\omega)=X_s(\omega')\Rightarrow T(\omega)=T(\omega')$.

2）若 T 为一 $\boldsymbol{F}^0(X)$-停时，则 $A\in\mathscr{F}^0_T(X)$ 当且仅当

$$\omega\in A,\ T(\omega)=T(\omega'),$$

$$\forall\, s\leqslant T(\omega)\ X_s(\omega)=X_s(\omega')\Rightarrow\omega'\in A.$$

3）对任一 $\boldsymbol{F}^0(X)$-停时 T，$\mathscr{F}^0_T(X)=\mathscr{F}^0_\infty(X^T)$，其中 $X^T=$

$(X_{T\wedge t})$.

3.17 在上一问题中，我们再假设：$\forall\ \omega\in\Omega, t\geqslant 0$，存在 $\omega'\in\Omega$，使得 $\forall\ s\geqslant 0, X_s(\omega')=X_s(\omega)I_{[s<t]}+X_{t-}(\omega)I_{[s\geqslant t]}$.

1）一非负随机变量 T 为 $\boldsymbol{F}^0(X)$-可料时，当且仅当 $\forall\ t\geqslant 0$，

$T(\omega)\leqslant t, \forall\ s<t\quad X_s(\omega)=X_s(\omega')\Rightarrow T(\omega)=T(\omega')$.

2）若 T 为一 $\boldsymbol{F}^0(X)$-可料时，则 $A\in\mathscr{F}^0_{T-}(X)$ 当且仅当

$$\omega\in A, T(\omega)=T(\omega'),$$

$$\forall\ s<T(\omega)\ X_s(\omega)=X_s(\omega')\Rightarrow\omega'\in A.$$

3）对任一 $\boldsymbol{F}^0(X)$-可料时 T，$\mathscr{F}^0_{T-}(X)=\mathscr{F}^0_{\infty}(X^{T-})$，其中 $X^{T-}=XI_{[\![0,T[\![}+X_{T-}I_{[\![T,\infty[\![}$.

4）设 $Z=(Z_t)$ 为 $\mathscr{F}^0_{\infty}(X)\times\mathscr{B}(\boldsymbol{R}_+)$-可测过程，则 Z 为 $\boldsymbol{F}^0(X)$-可料过程，当且仅当 Z 关于 $\boldsymbol{F}^0_-(X)=(\mathscr{F}^0_{t-}(X))$ 为适应的.

第四章　截口定理及其应用

本章主要介绍截口定理及其应用．我们要证明可料时都是a.s.可预报的．这一结果今后将经常用到．我们还将利用绝不可及时的概念研究适应右连左极过程的跳与拟左连续性．

§1.　截口定理

在这一节中，我们将利用第一章中的解析集与容度理论证明关于可测集的截口引理，并在此引理基础上建立随机过程一般理论中的截口定理．

4.1 定义　设Ω为一集合，$A\subset\Omega\times\boldsymbol{R}_+$．令

$$D_A(\omega)=\inf\{t\in R_+:(\omega,t)\in A\},\omega\in\Omega.$$

D_A称为集合A的**初遇**．这里及今后，我们恒约定$\inf\varnothing=+\infty$.

4.2定理　设$(\Omega,\mathscr{F})$为一可测空间．对一切$A\in\mathscr{A}(\mathscr{F}\times\mathscr{B}(\boldsymbol{R}_+))$，$D_A$为$\hat{\mathscr{F}}$-可测．

证明　令$r>0$，则$[D_A<r]$是集合$A\cap(\Omega\times[0,r[)$在Ω上的投影，故由定理1.32，$[D_A<r]\in\mathscr{A}(\mathscr{F})$但$\mathscr{A}(\mathscr{F})\subset\hat{\mathscr{F}}$，故$D_A$为$\hat{\mathscr{F}}$-可测．□

注　设(X_t)为$(\Omega,\mathscr{F})$上一可测过程，则$\sup\limits_t|X_t|$为$\hat{\mathscr{F}}$-可测．事实上，对一切$a>0$，令

$$T_a=\inf\{t\geqslant 0:|X_t|>a\},$$

则由定理可知，T_a为$\hat{\mathscr{F}}$-可测．于是

$$[\sup_t|X_t|>a]=[T_a<\infty]\in\hat{\mathscr{F}}.$$

这表明$\sup\limits_t|X_t|$为$\hat{\mathscr{F}}$-可测．

下一引理常称为**截口引理**．它是解析集与容度理论在概率论

中的重要应用之一.

4.3引理 设$(\Omega,\mathscr{F},\boldsymbol{P})$为一概率空间，$A\in\mathscr{A}(\mathscr{F}\times\mathscr{B}(\boldsymbol{R}_+))$，则存在一随机变量$T\in\mathscr{F}^+$，使得

$$T(\omega)<\infty\Rightarrow(\omega,T(\omega))\in A, \tag{3.1}$$

$$\boldsymbol{P}([T<\infty])=\boldsymbol{P}([D_A<\infty]). \tag{3.2}$$

证明 令 $\overline{\boldsymbol{P}}(A)=\inf\{\boldsymbol{P}(B):B\in\mathscr{F},B\supset A\},A\subset\Omega$，则$\overline{\boldsymbol{P}}$为一$\Omega$上的Choquet $\mathscr{F}$-容度.

令$\mathscr{H}$为用有限并运算封闭$\mathscr{F}\otimes K(\boldsymbol{R}_+)$所得的铺. 易知$\mathscr{H}$对有限交运算亦封闭. 由定理1.32知

$$\mathscr{A}(\mathscr{H})=\mathscr{A}(\mathscr{F}\otimes\mathscr{K}(\boldsymbol{R}_+))=\mathscr{A}(\mathscr{F}\otimes\mathscr{B}(\boldsymbol{R}_+)),$$

令π表示$\Omega\times\boldsymbol{R}_+$到$\Omega$上的投影映射，则对任何$C\in\mathscr{A}(\mathscr{H})$，由定理1.32知，$\pi(C)\in\mathscr{A}(\mathscr{F})$. 令

$$I(C)=\overline{\boldsymbol{P}}(\pi(C)),C\subset\Omega\times\boldsymbol{R}_+.$$

由定理1.35的证明可知，I是$\Omega\times\boldsymbol{R}_+$上的Choquet $\mathscr{H}$-容度.

由于$A\in\mathscr{A}(\mathscr{H})$，故由定理1.35，对任给$\varepsilon>0$，存在$B\in\mathscr{H}_\delta$，$B\subset A$，使得$I(B)>I(A)-\varepsilon$，即

$$\boldsymbol{P}(D_B<\infty)>\boldsymbol{P}(D_A<\infty)-\varepsilon.$$

由于D_B为$\mathscr{F}^P$-可测，故存在一随机变量$S_\varepsilon\in\mathscr{F}^+$，使得$S_\varepsilon=D_B$ a.s.. 令$C\in\mathscr{F}$，$C\subset[S_\varepsilon=D_B]$，使得$\boldsymbol{P}(C)=1$. 置

$$T_\varepsilon=S_\varepsilon I_C+(+\infty)I_{C^c},$$

则$T_\varepsilon\in\mathscr{F}$，$T_\varepsilon=S_\varepsilon=D_B$ a.s.，且在$[T_\varepsilon<\infty]$上有$T_\varepsilon=D_B$. 但对每个$\omega\in\Omega$，$B(\omega)=\{t\geqslant0:(\omega,t)\in B\}$是$\boldsymbol{R}_+$中的紧集，故$D_B(\omega)<\infty\Rightarrow(\omega,D_B(\omega))\in B\subset A$. 于是我们有

$$T_\varepsilon(\omega)<\infty\Rightarrow(\omega,T_\varepsilon(\omega))\in A,$$

$$\boldsymbol{P}(T_\varepsilon(\omega)<\infty)=\boldsymbol{P}(D_B<\infty)>\boldsymbol{P}(D_A<\infty)-\varepsilon.$$

令$T_0=+\infty$，我们用归纳法定义一列满足(3.1)的非负$\mathscr{F}$-可测随机变量(T_n)如下：设T_n已定义，令

$$A_n=A\cap\{(\omega,t):T_n(\omega)=\infty\}=A\cap([T_n=\infty]\times\boldsymbol{R}_+),$$

则$A_n\in\mathscr{A}(\mathscr{F}\times\mathscr{B}(\boldsymbol{R}_+))$. 由上所证，存在一随机变量$S_n\in\mathscr{F}^+$，使得

$$S_n(\omega) < \infty \Rightarrow (\omega, S_n(\omega)) \in A_n,$$

$$P(S_n < \infty) \geqslant \frac{1}{2} P(D_{A_n} < \infty)$$

$$= \frac{1}{2} P([T_n = \infty] \cap [D_A < \infty]).$$

我们令 $T_{n+1} = T_n \wedge S_n$，则 T_{n+1} 满足(3.1)，且有

$$P(T_{n+1} < \infty) = P(T_n < \infty) + P(S_n < \infty) \geqslant P(T_n < \infty) + \frac{1}{2} P([T_n = \infty] \cap [D_A < \infty]). \tag{3.3}$$

令 $T = \lim\limits_{n\to\infty} T_n = \wedge_n T_n$，由于 $T_{n+1} I_{[T_n<\infty]} = T_n I_{[T_n<\infty]}$，故 $T I_{[T_n<\infty]} = T_n I_{[T_n<\infty]}$，从而有

$$[T < \infty] = \bigcup_{n=1}^{\infty} [T_n < \infty], \ [T = \infty] = \bigcap_{n=1}^{\infty} [T_n = \infty].$$

在(3.3)中令 $n \to \infty$ 得

$$P(T < \infty) \geqslant P(T < \infty) + \frac{1}{2} P([T = \infty] \cap [D_A < \infty]).$$

于是 $P([T=\infty] \cap [D_A < \infty]) = 0$，即 $[D_A < \infty] \subset [T < \infty]$ a.s..
但由于 $[T<\infty] = \bigcup\limits_{n=1}^{\infty} [T_n < \infty]$，故 T 满足(3.1)，从而 $[T<\infty] \subset [D_A < \infty]$ a.s.，即(3.2)成立．□

注 今后我们称满足(3.1)的非负随机变量 T 为 A 的一个截口．(3.2)表明，除了一个 P-零概集外，T 是 A 的一个完整的截口．截口引理由此得名．

4.4 引理 设$(\Omega, \mathscr{F}, P)$为一概率空间，$\mathscr{C}$ 为生成 $\mathscr{F}$ 的一个域，则对任何 $A \in \mathscr{F}$，我们有

$$P(A) = \sup\{P(B) : B \in \mathscr{C}_\delta, \ B \subset A\}$$
$$= \inf\{P(C) : C \in \mathscr{C}_\sigma, C \supset A\}. \tag{4.1}$$

证明 令 $\mathscr{G}$ 表示 $\mathscr{F}$ 中满足(4.1)的 A 的全体．由于 $\mathscr{C}_\sigma = \{A : A^c \in \mathscr{C}_\delta\}$，我们有 $A \in \mathscr{G} \Rightarrow A^c \in \mathscr{G}$.

现设 $A_n \in \mathscr{G}$, $A_n \uparrow A$，往证 $A \in \mathscr{G}$. 给定 $\varepsilon > 0$，取 n 足够大，使得 $P(A \backslash A_n) < \frac{\varepsilon}{2}$. 令 $B \in \mathscr{C}_\delta$, $B \subset A_n$，使得 $P(A_n \backslash B) < \frac{\varepsilon}{2}$，于是 B

$\subset A$，且 $\boldsymbol{P}(A)<\boldsymbol{P}(B)+\varepsilon$. 另一方面，对每个 n，取 $C_n\in\mathscr{C}_\sigma$, $C_n\supset A_n$ 使得 $\boldsymbol{P}(C_n\setminus A_n)<\frac{\varepsilon}{2^n}$. 令 $C=\bigcup_n C_n$，则 $C\in\mathscr{C}_\sigma$,$C\supset A$，且 $\boldsymbol{P}(C\setminus A)<\varepsilon$. 这表明 $A\in\mathscr{G}$. 综上所证，$\mathscr{G}$ 为一单调类．但显然有 $\mathscr{C}\subset\mathscr{G}$，故 $\mathscr{G}=\mathscr{F}$. □

下一定理是引理 4.3 的一个重要应用，将用以证明截口定理．

4.5 定理 设$(\Omega,\mathscr{F},\boldsymbol{P})$为一概率空间，$\mathscr{G}$ 为 $\mathscr{F}\times\mathscr{B}(\boldsymbol{R}_+)$的一子 σ-域，$\mathscr{C}$ 为生成 $\mathscr{G}$ 的一个域．令 $A\in\mathscr{G}$，则对任给 $\varepsilon>0$，存在 $B\in\mathscr{C}_\delta$，使得

$$B\subset A, \tag{5.1}$$

$$\boldsymbol{P}(\pi(A))\leqslant\boldsymbol{P}(\pi(B))+\varepsilon. \tag{5.2}$$

证明 选定一随机变量 $T\in\mathscr{F}^+$，使之满足(3.1)及(3.2). 在 $\mathscr{G}$ 上定义一测度 μ 如下：

$$\mu(G)=\boldsymbol{P}(\{\omega:(\omega,T(\omega))\in G\}),\ G\in\mathscr{G},$$

则 A 为 μ 的支撑，且 $\mu(A)=\boldsymbol{P}([T<\infty])=\boldsymbol{P}(\pi(A))$. 对任何 $G\in\mathscr{G}$，我们有

$$\{\omega:(\omega,T(\omega))\in G\}\subset\pi(G),$$

从而 $\mu(G)\leqslant\boldsymbol{P}(\pi(G))$. 对任给 $\varepsilon>0$，由引理 4.4，存在 $B\in\mathscr{C}_\delta$，$B\subset A$，使得 $\mu(A)\leqslant\mu(B)+\varepsilon$. 于是

$$\boldsymbol{P}(\pi(A))=\mu(A)\leqslant\mu(B)+\varepsilon\leqslant\boldsymbol{P}(\pi(B))+\varepsilon. \quad \square$$

下面我们利用定理 4.5 证明随机过程一般理论中的截口定理．我们假设概率空间$(\Omega,\mathscr{F},\boldsymbol{P})$及流 $\boldsymbol{F}=(\mathscr{F}_t)$已给定．

4.6 引理 设 $\mathscr{V}$ 为一族宽停时，满足下列条件：

i) $0\in\mathscr{V}$, $+\infty\in$；

ii) $S,T\in\mathscr{V}\Rightarrow S\wedge T\in\mathscr{V}$, $S\vee T\in\mathscr{V}$；

iii) $S,T\in\mathscr{V}\Rightarrow S_{[S<T]}\in\mathscr{V}$；

iv) $S_n\in\mathscr{V}$, $n=1,2\cdots$, $S_n\uparrow S\Rightarrow S\in\mathscr{V}$.

令 $\mathscr{C}_0=\{[\![S,T[\![:S\leqslant T,\ S,T\in\mathscr{V}\}$，$\mathscr{C}$ 为用有限并运算封闭 $\mathscr{C}_0$ 所得的类，则 $\mathscr{C}$ 为 $\Omega\times\boldsymbol{R}_+$上的一个域．对任何 $B\in\mathscr{C}_\delta$，令 D_B 为 B 的初遇(定义 4.1)，则我们有 $[\![D_B]\!]\subset B$，并且存在一宽停时 T

$\in \mathscr{V}$，使得 $T=D_B$ a.s..

证明 由条件 i)—iii)，$\mathscr{C}$ 是一个域.

对每个 $\omega\in\Omega$，$B(\omega)=\{t\geqslant 0:(\omega,t)\in B\}$ 是 $\boldsymbol{R}_+$ 中对右极限封闭的集，故有 $[\![D_B]\!]\subset B$. 令

$$\mathscr{H}=\{S\in\mathscr{V}: S\leqslant D_B\},$$

则 $\mathscr{H}$ 对可列上端运算封闭. 由定理 1.13，存在 $T\in\mathscr{H}$，使得

$$T=\text{ess sup}\,\mathscr{H}.$$

往证 $T=D_B$ a.s.. 设 (B_n) 为 $\mathscr{C}$ 中元素下降列，使得 $B=\bigcap_n B_n$. 令

$$C_n=B_n\cap [\![T,\infty [\![.$$

则 (C_n) 为 $\mathscr{C}$ 中元素下降列，且有

$$\bigcap_n C_n=B\cap [\![T,\infty [\![=B.$$

设 $G=[\![S,T [\![\in\mathscr{C}_0$，则由条件 iii)，$D_G=S_{[S<T]}\in\mathscr{V}$，这里 D_G 为 G 的初遇. 于是，设 $C_n=C_{n1}\cup C_{n2}\cup\cdots\cup C_{nm}$，其中 $C_{nk}\in\mathscr{C}_0$，$k=1,2,\cdots,m$，则 $D_{C_n}=\bigwedge_{k=1}^{m}D_{C_{nk}}\in\mathscr{V}$（条件 ii)），且 $D_{C_n}\geqslant T$. 但由于 $C_n\supset B$，故 $D_{C_n}\leqslant D_B$，即 $D_{C_n}\in\mathscr{H}$. 又因 T 是 $\mathscr{H}$ 的本质上确界，故对一切 n，必须有 $D_{C_n}=T$ a.s.. 最后，由于 $[\![D_{C_n}]\!]\subset C_n$，故 $[\![T]\!]$ a.s. 含于 $\bigcap_n C_n=B$ 中[1]，从而 $T\geqslant D_B$ a.s.. 但已证 $T\leqslant D_B$，故有 $T=D_B$ a.s.. □

下面两个定理统称为**截口定理**，它们是随机过程一般理论中的最重要的结果.

4.7 定理 设 A 是可选集（可及集），则对任给 $\varepsilon>0$，存在一停时（可及时）T，使得

i) $[\![T]\!]\subset A$;

ii) $\boldsymbol{P}(T<\infty)\geqslant\boldsymbol{P}(\pi(A))-\varepsilon$,

这里 $\pi(A)$ 为 A 在 Ω 上的投影.

证明 只对可选情形证明，可及情形的证明完全相同. 令 $\mathscr{V}$ 为停时全体，则 ν 满足引理 4.6 的四个条件. 采用引理 4.6 的记

---

1) 这里 a.s. 的含义是：对几乎所有 $\omega\in[T<\infty]$，有 $(\omega,T(\omega))\in B$.

号，由定理 3.17 知，$\sigma(\mathscr{C})=\mathscr{O}$. 依假定，$A\in\sigma(\mathscr{C})$. 故由定理 4.5 存在 $B\in\mathscr{C}_\delta$，使得 $B\subset A$，且 $\boldsymbol{P}(\pi(B))\geqslant\boldsymbol{P}(\pi(A))-\varepsilon$. 又由引理 4.6，存在停时 $S\in\nu$，使得 $S=D_B$ a.s.. 令

$$L=\{\omega:(\omega,S(\omega))\in B\},$$

则 $I_B(S)I_{[S<\infty]}=I_L$，故 $L\in\mathscr{F}_S$（定理 3.12）. 由于 $[\![D_B]\!]\subset B$，故 $\boldsymbol{P}(L\cup[S=+\infty])=1$. 令 $T=S_L$，则 T 为停时，$[\![T]\!]\subset B\subset A$，且 $T=S=D_B$ a.s.，故有

$$\boldsymbol{P}(T<\infty)=\boldsymbol{P}(D_B<\infty)=\boldsymbol{P}(\pi(B))\geqslant P(\pi(A))-\varepsilon. \quad \square$$

4.8 定理 设 A 为可料集，则对任给 $\varepsilon>0$，存在可料时 T，使得

i) $[\![T]\!]\subset A$；

ii) $\boldsymbol{P}(T<\infty)\geqslant P(\pi(A))-\varepsilon$.

证明 令 ν 为可料时全体. 证明与定理 4.7 完全相同，只是要注意，这里 $L\in\mathscr{F}_{S-}$（系 3.23.2）），故 S_L 为可料时（定理 3.29.7））. $\square$

4.9 定义 $\Omega\times\boldsymbol{R}_+$ 的一子集 Λ 叫做**不足道集**（关于概率测度 $\boldsymbol{P}$），如果 Λ 在 Ω 上的投影 $\pi(\Lambda)$ 是 $\boldsymbol{P}$-零概率（不要求 $\pi(\Lambda)\in\mathscr{F}$，但要求 $\pi(\Lambda)\in\mathscr{F}^P$）. 一个过程 X 叫做**不足道过程**，如果集合 $\{(\omega,t):X_t(\omega)\neq0\}$ 为不足道集.

两个过程 $X=(X_t)$，$Y=(Y_t)$ 称为 ***P*-无区别**（记为 $X=Y$），如果 $\{(\omega,t):X_t(\omega)\neq Y_t(\omega)\}$ 为 $\boldsymbol{P}$-不足道集（参看定义 2.45）. 称 X 不大于 Y（记为 $X\leqslant Y$），如果 $\{(\omega,t):X_t(\omega)>Y_t(\omega)\}$ 为 $\boldsymbol{P}$-不足道集. 今后，在确定的过程类中，如在可选可程或可料过程类中，我们将两个无区别过程视为同一个过程.

下面我们给出截口定理在过程理论中的一些初步应用. 为叙述方便，我们省略可及情形.

4.10 定理 设 $X=(X_t)$，$Y=(Y_t)$ 为两个可选（可料）过程. 如果对每个有界停时（可料时）T，我们有 $X_T\leqslant Y_T$ a.s.，则 $X\leqslant Y$.

证明 只讨论可选情形，我们采用反证法. 设 $A=\{(\omega,t):X_t(\omega)>Y_t(\omega)\}$ 不是不足道集. 由于 A 是可选集，故由定理 4.7，

存在停时 S，使得 $[\![S]\!] \subset A$，且 $\boldsymbol{P}(S<\infty)>0$. 取常数 $C>0$，使得 $\boldsymbol{P}(S\leqslant C)>0$. 令 $=S\wedge C$，则 T 为有界停时，且在 $[S\leqslant C]$ 上有 $X_T>Y_T$，这与假定矛盾，于是 A 必为不足道集. 依定义，$X\leqslant Y$. □

4.11 系 设 $X=(X_t)$，$Y=(Y_t)$ 为两个可选（可料）过程. 如果对每个有界停时（可料时）T，我们有 $X_T=Y_T$ a.s.，则 X 与 Y 无区别.

在实际应用中，下一定理有时比定理 4.10 更有效.

4.12 定理 设 $X=(X_t)$，$Y=(Y_t)$ 为两个可选（可料）过程. 如果对每个停时（可料时）T，$X_T I_{[T<\infty]}$ 及 $Y_T I_{[T<\infty]}$ 可积，且 $\boldsymbol{E}[X_T I_{[T<\infty]}]\leqslant \boldsymbol{E}[Y_T I_{[T<\infty]}]$，则 $X\leqslant Y$.

证明 只讨论可选情形，设集合 $A=\{(\omega,t):X_t(\omega)>Y_t(\omega)\}$ 不是不足道集，由定理 4.7，存在停时 T，使得 $[\![T]\!]\subset A$，且 $\boldsymbol{P}(T<\infty)>0$. 这时有 $\boldsymbol{E}[X_T I_{[T<\infty]}]>\boldsymbol{E}[Y_T I_{[T<\infty]}]$，这与定理假设矛盾，故 A 为不足道集，即 $X\leqslant Y$. □

4.13 系 若在定理 4.12 中有 $\boldsymbol{E}[X_T I_{[T<\infty]}]=\boldsymbol{E}[Y_T I_{[T<\infty]}]$，则 $X=Y$.

注 在定理 4.12 及系 4.13 中，如果只考虑有界甚至有穷停时（可料时）是不够的.

§2. 可料时的 a.s. 可预报性

4.14 定义 设 T 为一宽停时，(T_n) 为一宽停时的上升列，且对一切 n，$T_n\leqslant T$. 令 $A\subset\Omega$，我们说序列 (T_n) 在 A 上 a.s. **预报** T，如果在 $A[T>0]$ 上，对每个 n，有 $T_n<T$ a.s.，且 $\lim\limits_n T_n=T$ a.s.. 如果 (T_n) 在 Ω 上 a.s. 预报 T，简称 (T_n)a.s. **预报** T.

一宽停时 T 称为 a.s. **可预报的**，如果存在一宽停时的上升列 (T_n)a.s. 预报 T.

我们将证明，一切可料时是 a.s. 可预报的.

4.15 引理 令 $\mathscr{V}$ 为可预报宽停时全体，则 $\mathscr{V}$ 有下列性质：

i) $0\in\mathscr{V}$，$+\infty\in\mathscr{V}$，

ii) $S,T\in\mathscr{V}\Rightarrow S\wedge T,S\vee T\in\mathscr{V}$,

iii) $\mathscr{V}$ 中元素上升列的极限属于 $\mathscr{V}$,

iv) $\mathscr{V}$ 中元素尾定下降列的极限属于 $\mathscr{V}$,

v) 设 $S\in\mathscr{V}$, T 为一宽停时, $T=S$ a.s., 则 $T\in\mathscr{V}$,

vi) $S,T\in\mathscr{V}\Rightarrow S_{[S<T]}\in\mathscr{V}$.

证明 i)及 ii)显然.

iii) 设(T_n)为 $\mathscr{V}$ 中元素上升列, 且 $T=\lim\limits_n T_n$. 对每一 n, 设$(S_{n,k})_{k\geqslant1}$为 a.s. 预报 T_n 的宽停时上升列. 令

$$S_k = S_{1,k}\vee S_{2,k}\vee\cdots\vee S_{k,k},$$

则$(S_k)_{k\geqslant1}$ a.s. 预报 T.

iv)设(T_n)为 $\mathscr{V}$ 中元素尾定下降列, 且 $T=\lim\limits_n T_n$. 对每一 n, 设$(S_{n,k})_{k\geqslant1}$为 a.s. 预报 T_n 的宽停时上升列. 必要时对足标 k 取子序列, 不妨设对一切 n 及 k 有

$$\boldsymbol{P}(e^{-S_{n,k}}-e^{-T_n}>2^{-k})\leqslant 2^{-(n+k)}.$$

令 $S_k=\inf\limits_n S_{n,k}$, 则$(S_k)$为一宽停时的上升列, 且对一切 k, $S_k\leqslant T$. 在$[T>0]$上, 对一切 n, 有 $T_n>0$; 从而对一切 k, 有 $S_{n,k}<T_n$ a.s.. 但由于(T_n)为尾定的, 故在$[T>0]$上, 对一切 k, 有 $S_k<T$ a.s.. 令 $S=\lim\limits_k S_k$. 对一切 k

$$\begin{aligned}\boldsymbol{P}(e^{-S}-e^{-T}>2^{-k})&\leqslant\boldsymbol{P}(e^{-S_k}-e^{-T}>2^{-k})\\&\leqslant\boldsymbol{P}\Big(\bigcup_{n=1}^{\infty}[e^{-S_{n,k}}-e^{-T}>2^{-k}]\Big)\\&\leqslant\sum_{n=1}^{\infty}\boldsymbol{P}(e^{-S_{n,k}}-e^{-T_n}>2^{-k})\leqslant 2^{-k}.\end{aligned}$$

这表明 $S=T$ a.s., 故(S_n) a.s. 预报 T, 即 $T\in\mathscr{V}$.

v) 设宽停时列(S_n)a.s. 预报 S, 则序列$(S_n\wedge T)$a.s. 预报 T, 故 $T\in\mathscr{V}$.

vi) 设宽停时列(S^n)及(T^n)分别 a.s. 预报 S 及 T. 令

$$U_n^m = n\wedge S^n_{[S^n<T^m]}.$$

对固定的 m, $(U_n^m)_{n\geqslant1}$a.s. 预报宽停时 $U^m=S_{[S\leqslant T^m]\cap[T^m>0]}$. (由于

$[S\leqslant T^m]\cap[T^m>0]$属于 $\mathscr{F}_{S+}$，但一般不属于 $\mathscr{F}_S$，U^m 只是宽停时，即使 S 是一个停时.）因此 $U^m\in\mathscr{V}$. 显然，(U^m)是尾定下降列，故由 iv）其极限 U 属于 $\mathscr{V}$. 但是 $U=S_{[S<T]}$a.s.，故由 v)，$S_{[S<T]}\in\mathscr{V}$. ∎

4.16 定理 一切可料时是 a.s. 可预报的.

证明 令 $\mathscr{V}$ 为 a.s. 可预报宽停时全体，并沿用引理 4.6 的记号. 由系 3.28 知，$P\subset\sigma(\mathscr{C})$. 由定理 4.7 的证明容易看出，截口定理对 $\sigma(\mathscr{C})$中的集合也成立（因这时 $S_L=S$ a.s.，故由 $\mathscr{V}$ 的性质 v)，$S_L\in\mathscr{V}$).

设 T 为一可料时，则 $[\![T]\!]\in\mathscr{P}$，$[\![T]\!]\in\sigma(\mathscr{C})$. 于是，对任给 $\varepsilon>0$，存在 $S^\varepsilon\in\mathscr{V}$，使得 $[\![S^\varepsilon]\!]\subset[\![T]\!]$，且 $\boldsymbol{P}(S^\varepsilon<\infty)\geqslant\boldsymbol{P}(T<\infty)-\varepsilon$. 令

$$T_n=S^{\frac{1}{2}}\wedge S^{\frac{1}{3}}\wedge\cdots\wedge S^{\frac{1}{n}},\ n\geqslant 2.$$

我们有 $T_n\in\mathscr{V}$，$(T_n)_{n\geqslant 2}$是尾定下降列，且$\lim\limits_n T_n=T$ a.s.. 故由 $\mathscr{V}$ 的性质 iv）及 v）知，$T\in\mathscr{V}$，即 T 是 a.s. 可预报的. □

更进一步，我们要证明一切可料时可由一列可料时 a.s. 预报

4.17 定理 设 $T>0$ 为一可料时. 令 $A\subset[\![0,T[\![$ 为一可选集（可料集），使得对几乎所有 $\omega\in[T<\infty]$，$T(\omega)$为集合 $A(\omega)=\{t\geqslant 0:(\omega,t)\in A\}$的极限点，则存在被 T 控制的停时（可料时）的增序列(T_n)，使得$\bigcup\limits_n[\![T_n]\!]\subset A$ a.s.，且$\lim\limits_n T_n=T$ a.s..

证明 只证 A 为可料集情形. 设(V_n)为 a.s. 预报 T 的宽停时列. 对每个 n，可料集 $A_n^T=A\cap]\!]V_n,T[\![$ 在 Ω 上的投影 a.s. 包含$[T<\infty]$. 由定理 4.8，对每个 n，存在可料时 U_n，使得 $[\![U_n]\!]\subset A_n^T$，且

$$\boldsymbol{P}(T<\infty)\leqslant\boldsymbol{P}(\pi(A_n^T))\leqslant\boldsymbol{P}(U_n<\infty)+\frac{1}{2^n}.$$

由于$\lim\limits_n V_n=T$ a.s.，故$\liminf\limits_{n\to\infty}U_n=T$ a.s..

对每个 n，及一切 $k\geqslant 1$，令

$$S_{n,k}=\inf_{n\leqslant m\leqslant n+k}U_m,\ S_n=\inf_k S_{n,k}=\lim_{k\to\infty}S_{n,k},$$

则$(S_{n,k})_{k\geqslant 1}$为可料时的下降列，往证$(S_{n,k})_{k\geqslant 1}$是 a.s. 尾定的．设$\omega \in \bigcap_{m=n}^{\infty}[U_m=\infty]$，则对一切$k\geqslant 1$，$S_{n,k}(\omega)=\infty$．设$\omega\in(\bigcup_{m=n}^{\infty}[U_m<\infty])\cap(\bigcap_{l=1}^{\infty}[V_l<T])\cap[\lim_{l\to\infty}V_l=T]$，则存在$m_0\geqslant n$，使$\omega\in[U_{m_0}<\infty]$，且对一切$l\geqslant 1$，有$V_l(\omega)<T(\omega)$，此外有$\lim_{l\to\infty}V_l(\omega)=T(\omega)$．由于$U_{m_0}(\omega)<T(\omega)$，故存在$k_0\geqslant m_0-n$，使当$k\geqslant k_0$时，有$U_{n+k}(\omega)>V_{n+k}(\omega)>U_{m_0}(\omega)$．这表明，当$k\geqslant k_0$时，恒有$S_{n,k}(\omega)=S_{n,k_0}(\omega)$，即$(S_{n,k}(\omega))_{k\geqslant 1}$是尾定的．注意到$P(\bigcap_{l=1}^{\infty}[V_l<T])\cap[\lim_{l\to\infty}V_l=T])=1$，上述论证表明$(S_{n,k})_{k\geqslant 1}$是 a.s. 尾定的．令

$$A_{n,k}=\bigcap_{i=1}^{\infty}[S_{n,k}=S_{n,k+i}],\ R_{n,k}=(S_{n,k})_{A_{n,k}}\wedge T,$$

则$A_{n,k}\in\mathscr{F}_{S_{n,k}-}$，$R_{n,k}$为可料时，$(R_{n,k})_{k\geqslant 1}$为尾定下降列（注意$A_{n,k}\subset A_{n,k+1}$），故其极限$R_n=\lim_k R_{n,k}$为可料时，且$R_n=S_n$ a.s.．令

$$T_n=R_1\vee R_2\vee\cdots\vee R_n.$$

由于(S_n)为上升列，故$T_n=R_n=S_n$ a.s.，从而

$$\lim_{n\to\infty}T_n=\lim_{n\to\infty}S_n=\lim_{n\to\infty}\inf U_m=T\ \text{a.s.}.$$

最后，由于每个$S_{n,k}$的图含于A中，且$(S_{n,k})_{k\geqslant 1}$是 a.s. 尾定的，故其极限S_n的图 a.s. 含于A中，从而每个T_n的图 a.s. 含于A中．□

4.18 系　一切可料时可由一列可料时 a.s. 预报．

证明　设U为一可料时．令$T=U_{[U>0]}$，则T为可料时，且$T>0$．由定理 4.17，存在可料时的上升列(T_n)，使得$\bigcup_n [\![T_n]\!]\subset[\![0,T [\![$ a.s.，且$\lim_n T_n=T$ a.s.．置$U_n=T_n\wedge U_{[U=0]}$，则(U_n)为 a.s. 预报U的可料时的上升列．□

§3.　绝不可及时

4.19 定义　设T为一停时，称T为**绝不可及时**．如果对一切可料时S，有$P(T=S<\infty)=0$.

显然，绝不可及时是a.s. 正的. 若一停时a.s. 等于一绝不可及时，则它也是绝不可及时. 如果一停时既是可及时，又是绝不可及时，则它a.s. 等于$+\infty$.

4.20 定理 设T为一停时，则存在$A\subset[T<\infty]$，$A\in\mathscr{F}_{T-}$，使得T_A为可及时，T_{A^c}为绝不可及时. 这样的集合A是a.s. 唯一确定的.

证明 令

$$\mathscr{H}=\{\bigcup_n[S_n=T<\infty]:(S_n)\text{为一列可料时}\}.$$

显然，$\mathscr{H}\subset\mathscr{F}_{T-}$，$\mathscr{H}$对可列并运算封闭. 由注1.14，存在$A\in\mathscr{H}$，使得$A=\text{ess sup}\,\mathscr{H}$. 易见$T_A$为可及时，$T_{A^c}$为绝不可及时，也不难证明$A$的a.s. 唯一性. □

注 通常T_A及T_{A^c}分别称为T的**可及部分**及**绝不可及部分**，并记为T^a及T^i. 它们是a.s. 唯一确定的.

现在我们已作好研究适应右连左极过程的跳的准备.

4.21 定理 设$X=(X_t)$为一适应右连左极过程，则存在一列严格正的停时(T_n)满足下列条件：

i) $[\Delta X\neq 0]\subset\bigcup_n[\![T_n]\!]$，

ii) 每个T_n或为可料时，或为绝不可及时，

iii) 当$n\neq m$时，$[\![T_n]\!]\cap[\![T_m]\!]=\varnothing$.

我们今后称这样的停时列(T_n)为**穷举X的跳的标准停时列**.

证明 由定理3.32，存在一列严格正的停时(U_n)，使得条件i)满足. 由定理4.20，对每个n，存在可及时U_n^a及绝不可及时U_n^i，使得$[\![U_n]\!]=[\![U_n^a]\!]\cup[\![U_n^i]\!]$. 于是，由可及时定义，存在一列严格正停时$(S_n)$满足条件i)及ii). 令$\mathscr{N}_1=\{n:S_n\text{为可料时}\}$，$\mathscr{N}_2=\{n:S_n\text{为绝不可及时}\}$. 置

$$T_1=S_1,$$

$$B_n=\begin{cases}\bigcap_{k\leqslant n-1,k\in\mathscr{N}_1}[S_k\neq S_n], & n\in\mathscr{N}_1,\\ (\bigcap_{k\in\mathscr{N}_1}[S_k\neq S_n])\cap(\bigcap_{k\leqslant n-1,k\in\mathscr{N}_2}[S_k\neq S_n]), & n\in\mathscr{N}_2,\end{cases}\quad n\geqslant 2$$

$$T_n = (S_n)_{B_n}, \quad n \geqslant 2.$$

如果 S_n 为可料时，则 $B_n \in \mathscr{F}_{S_n-}$，从而 T_n 为可料时；如果 S_n 为绝不可及时，则 $B_n \in \mathscr{F}_{S_n}$，$T_n$ 为绝不可及时．显然，(T_n) 满足条件 i)—iii)．□

注 若在条件 ii) 中将可料时改成可及时，则可要求条件 i) 中等号成立．

4.22 定义 设 $X=(X_t)$ 为一右连左极适应过程，$T>0$ 为一停时．称 T 为 X 的一个**跳跃时**，如果在 $[T<\infty]$ 上，有 $X_T \neq X_{T-}$ a.s.，即 $\boldsymbol{P}(T<\infty,\ X_T \neq X_{T-}) = \boldsymbol{P}(T<\infty)$．称 X **只有可及跳**，如果 X 的一切跳跃时 a.s. 等于一可及时．称 X **只有绝不可及跳**，如果 X 的一切跳跃时为绝不可及时．

称只有绝不可及跳的右连左极适应过程为**拟左连续过程**．

4.23 定理 设 $X=(X_t)$ 为一右连左极适应过程，则下列命题等价：

1) X 为拟左连续，

2) 对任一可料时 $T>0$，在 $[T<\infty]$ 上，有 $X_T = X_{T-}$ a.s.，

3) 设 (T_n) 为任一停时的增序列，且 $T=\lim\limits_n T_n$，则在 $[T<\infty]$ 上有 $\lim\limits_n X_{T_n} = X_T$ a.s..

证明 3)⇒2) 由定理 4.16 看出，2)⇒1) 由定理 4.20 看出．往证 1)⇒2)⇒3)．

设 X 为拟左连续，$T>0$ 为一可料时．令

$$B = [T < \infty] \cap [X_T \neq X_{T-}],$$

则 T_B 为 X 的一跳跃时．依假定，T_B 为绝不可及时．于是有

$$\boldsymbol{P}(T_B = T < \infty) = 0.$$

这表明在 $[T<\infty]$ 上，有 $X_T = X_{T-}$ a.s.，1)⇒2) 得证．

设 2) 成立．令 (T_n) 为停时的增序列，且 $T=\lim\limits_n T_n$．令

$$A = \bigcap_n [T_n < T],$$

则 $T_A > 0$，且 $(T_n)_{[T_n<T]} \wedge n$ 预报 T_A，故 T_A 为可料时．由 2)，在 $[T_A<\infty]$ 上，有 $X_{T_A} = X_{T_A-}$ a.s.，即在 $A[T<\infty]$ 上有

$X_T=X_{T-}$ a.s.. 于是在 $A[T<\infty]$ 上，有 $\lim\limits_n X_{T_n}=X_T$ a.s.. 但在 $A^c[T<\infty]$ 上，恒有 $\lim\limits_n X_{T_n}=X_T$，故在 $[T<\infty]$ 上，有

$$\lim_n X_{T_n} = X_T \quad \text{a.s.}.$$

于是，2)⇒3)得证. □

注 一稀疏集 A 称为**绝不可及的**，若 $A=\bigcup\limits_n [\![T_n]\!]$，其中每个 T_n 为绝不可及时. 故一右连左极适应过程 X 为拟左连续的，当且仅当 $[\Delta X\neq 0]$ 为绝不可及的.

4.24 定理 设 $X=(X_t)$ 为一右连左极适应过程，则为要 X 只有可及跳，必须且只需对任一绝不可及时 T，在 $[T<\infty]$ 上有

$$X_T = X_{T-} \text{ a.s.}.$$

证明 与定理 4.23 中 1)⇔2)的证明类似. □

下一定理给出了适应有限变差过程的一个有用的分解.

4.25 定理 设 $A=(A_t)$ 为一适应有限变差过程，则 A 有唯一分解：

$$A = A^c + A^{da} + A^{di},$$

其中 A^c 为连续适应有限变差过程，A^{da} 为只有可及跳的适应纯断有限变差过程，A^{di} 为拟左连续适应纯断有限变差过程.

证明 令 (T_n) 为一穷举 A 的跳的标准停时列. 设 $\mathscr{N}_1=\{n:T_n$ 为可料时$\}$，$\mathscr{N}_2=\{n:T_n$ 为绝不可及时$\}$. 令

$$A_t^{da} = \sum_{n\in\mathscr{N}_1} \Delta A_{T_n} I_{[T_n\leqslant t]},\quad A_t^{di} = \sum_{n\in\mathscr{N}_2} \Delta A_{T_n} I_{[T_n\leqslant t]},\ t\geqslant 0.$$

由定理 3.42，$A=A^c+A^{da}+A^{di}$ 为满足定理要求的一个分解. 设 A 有另一个满足定理要求的分解：$A=A^c+\overline{A}^{da}+\overline{A}^{di}$. 令 $B=A^{da}-\overline{A}^{da}=\overline{A}^{di}-A^{di}$，则 B 为适应纯断有限变差过程. 设 $T>0$ 为一停时，T^a 及 T^i 分别为其可及部分及绝不可及部分：$[\![T]\!]=[\![T^a]\!]\cup[\![T^i]\!]$. 在 $[T^a<\infty]$ 上，有 $\Delta B_{T^a}=\Delta\overline{A}^{di}_{T^a}-\Delta A^{di}_{T^a}=0$ a.s.；故在 $[T^i<\infty]$ 上，有 $\Delta B_{T^i}=\Delta A^{da}_{T^i}-\Delta\overline{A}^{da}_{T^i}=0$ a.s.；故在 $[T<\infty]$ 上有 $\Delta B_T=0$ a.s.. 由系 4.11，ΔB 与零过程无区别，即 B 与一连续过程无区别. 但 B 为纯断有限变差过程，故 B 与零过程无区别，即

A^{da}与$\overline{A}^{da}$无区别，A^{di}与$\overline{A}^{di}$无区别．分解的唯一性得证． □

§4. 完备流与通常条件

4.26 定理 设$(\mathscr{F}_t)$完备（参见定义2.63），则一切不足道可测过程为可料过程．

证明 设X为一不足道可测过程，$A=\{\omega:\exists\ t\in \boldsymbol{R}_+$使得$X_t(\omega)\neq 0\}$，则$\boldsymbol{P}(A)=0$，且$A\in\mathscr{F}_0$．令

$$\mathscr{C}=\{C\times[t,\infty[:C\in\mathscr{F},\ t\in\boldsymbol{R}_+\}.$$

易见$\mathscr{C}$为一π-类，且$\sigma(\mathscr{C})=\mathscr{F}\times\mathscr{B}(\boldsymbol{R}_+)$．另一方面，令

$$\mathscr{H}=\{Y\in\mathscr{F}\times\mathscr{B}(\boldsymbol{R}_+):\ YI_{A\times\boldsymbol{R}_+}\text{为可料过程}\},$$

则对一切$H\in\mathscr{C}$，$I_H\in\mathscr{H}$．由单调类定理（定理1.4），$\mathscr{H}$即为$\mathscr{F}\times\mathscr{B}(\boldsymbol{R}_+)$-可测过程全体．特别，$X=XI_{A\times\boldsymbol{R}_+}$为可料过程．

□

4.27 系 设$(\mathscr{F}_t)$完备．令$A\in\mathscr{F}$，$\boldsymbol{P}(A)=0$，则对每个非负随机变量ξ，$\xi_A=\xi I_A+(+\infty)I_{A^c}$为可料时．

证明 由于$[\![\xi_A,+\infty[\![$为不足道可测集，它是可料的．由定义3.25，ξ_A为可料时． □

4.28 系 设$(\mathscr{F}_t)$完备．令X与Y为两个无区别的可测过程．若X可选（可及，可料），则Y亦然．

证明 注意到$Y=XI_{[X=Y]}+YI_{[X\neq Y]}$，且$I_{[X\neq Y]}$与$I_{[X=Y]}$均为可料过程，即得欲证之结论． □

4.29 定理 设$(\mathscr{F}_t)$完备．

1）若T为一停时（可及时，可料时），$S=T$ a.s.，则S亦然，且$\mathscr{F}_T=\mathscr{F}_S$，$\mathscr{F}_{T-}=\mathscr{F}_{S-}$．

2）设S为一非负随机变量，则为要S是一停时（可及时，可料时），必须且只需$[\![S]\!]$为可选集（可及集，可料集）．

证明 1）得自系4.28，因为S为一随机变量，且可测过程$I_{[\![S,\infty[\![}$与$I_{[\![T,\infty[\![}$无区别．等式$\mathscr{F}_T=\mathscr{F}_S$与$\mathscr{F}_{T-}=\mathscr{F}_{S-}$直接由$\mathscr{F}_T$与$\mathscr{F}_{T-}$的定义可得．

2） 只需证充分性．只证可料情形，其余情形类似．设⟦ S ⟧为可料集．由截口定理，对任给 $\varepsilon>0$，存在可料时 T^{ε}，使得⟦ T^{ε} ⟧$\subset$⟦ S ⟧，且 $\boldsymbol{P}(T^{\varepsilon}<\infty)\geqslant\boldsymbol{P}(S<\infty)-\varepsilon$. 令

$$S_n = T^{\frac{1}{2}} \wedge \cdots \wedge T^{\frac{1}{n}},\ n \geqslant 2,$$

则 $(S_n)_{n\geqslant 2}$ 为可料时的尾定降序列，且 $\lim\limits_n S_n=S$ a.s.，故由 1）S 为可料时． □

4.30 定理 设 $(\mathscr{F}_t)$ 完备，则任一循序集 A 的初遇 D_A 为宽停时，若又有⟦ D_A ⟧$\subset A$，则 D_A 为停时．

证明 对任一 $t\geqslant 0$，令

$$\Lambda_t = \{(\omega,s):s < t,(\omega,s) \in A\},$$

则 $\Lambda_t=A\cap(\Omega\times[0,t[)\in\mathscr{F}_t\times\mathscr{B}(\boldsymbol{R}_+)$，$[D_A<t]=\pi(\Lambda_t)$，其中 $\pi(\Lambda_t)$ 为 Λ_t 在 Ω 上的投影．由于 $\mathscr{F}_t$ 关于 $\boldsymbol{P}$ 完备，由定理 1.36 及 1.40，$[D_A<t]=\pi(\Lambda_t)\in\mathscr{A}(\mathscr{F}_t)=\mathscr{F}_t$. 因此，$D_A$ 为宽停时．

若又有⟦ D_A ⟧$\subset A$，则 $[D_A\leqslant t]=\pi(\overline{\Lambda}_t)$，其中

$$\overline{\Lambda}_t = \{(\omega,s):s \leqslant t(\omega,s) \in A\}.$$

类似地，$[D_A\leqslant t]=\pi(\overline{\Lambda}_t)\in\mathscr{A}(\mathscr{F}_t)=\mathscr{F}_t$. 因此，$D_A$ 为停时．□

4.31 定理 设 $(\mathscr{F}_t)$ 完备．令 H 为一可料集，且⟦ D_H ⟧$\subset H$，其中 D_H 为 H 的初遇，则 D_H 为可料时．

证明 首先，由定理 4.30，D_H 为停时，从而⟦ D_H ⟧$=H\cap$⟦ $0,D_H$ ⟧为可料集．由定理 4.29.2），D_H 为可料时． □

4.32 定理 设 $(\mathscr{F}_t)$ 完备．则一切右连续适应过程为可选过程．

证明 设 X 为一右连续适应过程．对任给 $\varepsilon>0$，以 $\mathscr{A}$ 记满足下列条件的停时 S 全体：存在一可选过程 $Y^{(S)}$，使得

$$\{(\omega,t):t \in [0,S(\omega)[,|X_t(\omega) - Y_t^{(S)}(\omega)| \geqslant \varepsilon\}$$

为不足道集．易见，$\mathscr{A}$ 非空（因为 $0\in\mathscr{A}$），且有下列性质：

i）$S,T\in\mathscr{A}\Rightarrow S\vee T\in\mathscr{A}$，

ii）$S_n\in\mathscr{A}$，$n=1,2,\cdots$，$S_n\uparrow S\Rightarrow S\in\mathscr{A}$，

iii）$S\in\mathscr{A}$，T 为一停时，$T=S$ a.s.$\Rightarrow T\in\mathscr{A}$.

由定理 1.13，存在 $T\in\mathscr{A}$，使得 $T=\text{ess sup}\mathscr{A}$. 往证 $T=+\infty$ a.s.. 令

$$A=\{(\omega,t):t>T(\omega),|X_t(\omega)-X_{T(\omega)}(\omega)|\geqslant\varepsilon\}.$$

A 为循序集. 令 U 为 A 的初遇. 由 X 的右连续性，有 $[\![U]\!]\subset A$. 因此，U 为停时. 令

$$Y^{(U)}=Y^{(T)}I_{[\![0,T[\![}+X_TI_{[\![T,U[\![},$$

则 $U\in\mathscr{A}$，且 $U\geqslant T$，从而 $U=T$ a.s.. 另一方面，仍由 X 的右连续性，在 $[U<\infty]$ 上有 $T<U$. 这表明 $T=U=+\infty$ a.s.. 由 $\mathscr{A}$ 的性质 iii)知，$+\infty\in\mathscr{A}$. 令 $X^{\varepsilon}=Y^{(+\infty)}$，则 X^{ε} 为可选过程，且

$$\{(\omega,t):|X_t(\omega)-X_t^{\varepsilon}(\omega)|\geqslant\varepsilon\}$$

为不足道集，取 $\varepsilon_n=\dfrac{1}{n}$，令

$$\overline{Y}=\liminf_{n\to\infty}X^{\varepsilon_n},Y=\overline{Y}I_{[|\overline{Y}|<\infty]},$$

则 Y 为可选过程，且 X 与 Y 无区别，由系 4.28，X 可选. □

4.33 定理 设($\mathscr{F}_t$)完备. 令 X 为一右连左极适应过程. 为要 X 为可料过程，必须且只需满足下列条件：

i) 对每个绝不可及时 S，在 $[S<\infty]$ 上有 $X_S=X_{S-}$ a.s.，

ii) 对每个可料时 T，$X_TI_{[T<\infty]}$ 为 $\mathscr{F}_{T-}$-可测.

证明 必要性由定理 3.33 即得，往证充分性. 设条件 i)及 ii)成立. 由定理 3.32，存在一列严格正的停时(U_n)，使得 $[\Delta X\neq0]=\bigcup\limits_n[\![U_n]\!]$. 对每个 n，令 U_n^a 及 U_n^i 分别为 U_n 的可及部分及绝不可及部分：$[\![U_n]\!]=[\![U_n^a]\!]\cup[\![U_n^i]\!]$. 由条件 i)，$U_n^i=+\infty$ a.s.，故 U_n^i 为可料时(定理 4.29.2))，从而 $U_n=U_n^a\wedge U_n^i$ 为可及时. 所以，存在一列严格正的可料时(T_n)，使得 $[\Delta X\neq0]\subset\bigcup\limits_n[\![T_n]\!]$. 联合条件 ii)，由定理 3.33 知，$X$ 为可料过程. □

注 由以上证明可见，条件 i)是 X 为可及的充要条件(参见定义 3.37 的注). 在应用中定理 4.33 比定理 3.33 更方便.

4.34 定理 设($\mathscr{F}_t$)完备，则一切可料时是可预报的.

证明 设 T 为一可料时，(S_n)为 a.s. 预报 T 的停时的上升列. 令

$$A = \{(\bigcap_n [S_n < T]) \cap [T = \lim_{n\to\infty} S_n]\} \cup [T = 0],$$

$$T_n = (S_n)_A \wedge \left(T - \frac{1}{n}\right)^+_{A^c}$$

因 $\boldsymbol{P}(A)=1$，由定理 4.29(T_n)，为一列停时. 显然，(T_n)预报 T. □

4.35 定理 设$(\mathscr{F}_t)$完备，则下列命题等价：

1) $(\mathscr{F}_t)$拟左连续，即对一切可料时 T，$\mathscr{F}_T=\mathscr{F}_{T-}$，

2) 一切可及时为可料时，

3) 若(T_n)为一停时的上升列，$T=\lim\limits_n T_n$，则

$$\mathscr{F}_T = \bigvee_n \mathscr{F}_{T_n}.$$

证明 1)⇔2)及 1)⇒3)早已在定理 3.40 中证过，只需证 3)⇒1). 设 T 为一可料时，(T_n)为预报 T 的停时列(定理 4.34). 由定理 3.4.11)，有

$$\mathscr{F}_{T-} = \bigvee_n \mathscr{F}_{T_n}.$$

由 3)得 $\mathscr{F}_T=\mathscr{F}_{T-}$，故$(\mathscr{F}_t)$拟左连续. □

4.36 定理 设 $\boldsymbol{F}=(\mathscr{F}_t)$是流 $\boldsymbol{F}^0=(\mathscr{F}_t^0)$的通常化，即

$$\mathscr{F}_t = \mathscr{F}_{t+}^0 \vee \mathscr{N}, \quad t \geqslant 0,$$

其中 $\mathscr{N}$ 为 $\boldsymbol{P}$-零概集全体产生的 σ-域(参见定义 2.63).

1) 对每个 $\boldsymbol{F}$-停时 T，存在 $\boldsymbol{F}^0$-宽停时 U，使得 $T=U$ a.s.，且

$$\mathscr{F}_T = \mathscr{F}_{U+}^0 \vee \mathscr{N}, \ \mathscr{F}_{T-} = \mathscr{F}_{U-}^0 \vee \mathscr{N}.$$

2) 对每个 $\boldsymbol{F}$-可选过程 X，存在 $\boldsymbol{F}_+^0$-可选过程 Y，使得 X 与 Y 无区别.

证明 1) 由于

$$T = \inf_{n,k\geqslant 1}\left\{\frac{k}{2^n} I_{[\frac{k-1}{2^n}\leqslant T<\frac{k}{2^n}]} + (+\infty) I_{[T<\frac{k-1}{2^n}]\cup[T\geqslant\frac{k}{2^n}]}\right\},$$

不妨设 T 有下列形式：

$$T = aI_A + (+\infty)I_{A^c},\ a \in \boldsymbol{R}_+,\ A \in \mathscr{F}_a.$$

这时，取 $B\in\mathscr{F}_{a+}^0$，使得 $P(B\Delta A)=0$，则

$$U = aI_B + (+\infty)I_{B^c}$$

为 $F0$-宽停时，且 $U=T$ a.s..

由定理 4.29.1)，有 $\mathscr{F}_T=\mathscr{F}_U\supset\mathscr{F}^0_{U+}\vee\mathscr{N}$. 另一方面，对任一 $L\in\mathscr{F}_T$，可取 $L'\in\mathscr{F}^0_\infty$，使得 $\boldsymbol{P}(L\Delta L')=0$，及 $\boldsymbol{F}^0$-宽停时 V，使得 $V=T_L$ a.s.. 令

$$M=(L'\cap[U=\infty])\cup[V=U<\infty],$$

则 $M\in\mathscr{F}^0_{U+}$，$\boldsymbol{P}(M\Delta L)=0$. 这表明 $L\in\mathscr{F}^0_{U+}\vee\mathscr{N}$，故 $\mathscr{F}_T=\mathscr{F}^0_{U+}\vee\mathscr{N}$. 关于 $\mathscr{F}_{T-}$ 的等式是显然的.

2) 设 $X=I_{[\![T,\infty[\![}$，其中 T 为 $\boldsymbol{F}$-停时，由 1)，取 $\boldsymbol{F}^0_+$-停时 U，使得 $U=T$ a.s.，则 $Y=I_{[\![U,\infty[\![}$ 为 $\boldsymbol{F}^0_+$-可选过程，且与 $\boldsymbol{X}$ 无区别. 再由单调类定理得一般的结论. □

4.37 定理 设 $\boldsymbol{F}=(\mathscr{F}_t)$ 为流 $\boldsymbol{F}^0=(\mathscr{F}^0_t)$ 的完备化，即

$$\mathscr{F}_t=\mathscr{F}^0_t\vee\mathscr{N},\ t\geqslant 0.$$

1) 对每个 $\boldsymbol{F}^0$-停时 T，有 $\mathscr{F}_{T-}=\mathscr{F}^0_{T-}\vee\mathscr{N}$.

2) 对每个 $\boldsymbol{F}^0$-可料时 T，存在 $\boldsymbol{F}^0$-可料时 S，使得 $T=S$ a.s.，且 $\mathscr{F}_{T-}=\mathscr{F}^0_{S-}\vee\mathscr{N}$.

3) 对每个 $\boldsymbol{F}$-可料过程 X，存在 $\boldsymbol{F}^0$-可料过程 Y，使得 X 与 Y 无区别.

证明 1) 显然

2) 设(T^n)为预报可料时 $T_{[T>0]}$ 的停时列. 对每个 n，设R^n 为 $\boldsymbol{F}^0_+$-停时，使得 $R^n=T^n$ a.s.(定理 4.36.1)). 必要的话以$R^1\vee\cdots\vee R^n$ 代替R^n，不妨设R^n 为上升列. 记$R=\lim\limits_n R^n$. 令$A_n=[R^n<R]$. 由于(A_n)为下降列，$(U_n=R^n_{A_n}\wedge n)$为 $\boldsymbol{F}^0_+$-停时的上升列. (U_n)预报U，且$U>0$，故U为 $\boldsymbol{F}^0$-可料时(参见定理 3.27 的证明). 因为$\boldsymbol{P}(A_n)=1$，$U_n=R^n\wedge n$ a.s.，$U=R=T_{[T>0]}$ a.s.. 取 $H\in\mathscr{F}^0_0$，使得 $\boldsymbol{P}(H\Delta[T=0])=0$. 令

$$S=U\wedge 0_H,$$

则 S 为 $\boldsymbol{F}^0$-可料时，且 $T=S$ a.s..

由 1)及定理 4.29.1)，有 $\mathscr{F}_{T-}=\mathscr{F}_{S-}=\mathscr{F}^0_{S-}\vee\mathscr{N}$.

3)的证明与定理 4.36.2)类似. □

4.38 定理 设 $\boldsymbol{F}=(\mathscr{F}_t)$ 为流 $\boldsymbol{F}^0=(\mathscr{F}^0_t)$ 的通常化.

1) 对每个 $\boldsymbol{F}$-可及时 T，有 $\boldsymbol{F}_+^0$-可及时 U，使得 $T=U$ a.s..

2)对每个 $\boldsymbol{F}$-可及过程 X，有 $\boldsymbol{F}_+^0$-可及过程 Y，使得 X 与 Y 无区别.

证明 1)令 S 为 $\boldsymbol{F}_+^0$-停时，使得 $S=T$ a.s.. 设 $[\![T]\!]\subset\bigcup_n[\![T_n]\!]$，其中 (T_n) 为一列 $\boldsymbol{F}$-可料时. 对每个 n，有 $\boldsymbol{F}_+^0$-可料时 S_n，使得 $S_n=T_n$ a.s.(定理 4.37.2)). 显然，$[\![S]\!]\subset\bigcup_n[\![S_n]\!]$ a.s.. 令

$$U=\bigwedge_n(S)_{[S=S_n]},$$

则 U 为 $\boldsymbol{F}_+^0$-可及时：$[\![U]\!]\subset\bigcup_n[\![S_n]\!]$，且 $U=S=T$ a.s..

2) 由 1)及单调类定理可得. □

§5. 应用于鞅论

在本节中，假设$(\Omega,\mathscr{F},\boldsymbol{P})$为一完备概率空间，流 $\boldsymbol{F}=(\mathscr{F}_t)$满足通常条件.

4.39 定理 设 $X=(X_t)$为右连续上鞅(鞅)，T 为一停时，则停止过程 $X^T=(X_{t\wedge T})$也是上鞅(鞅).

证明 对每个 $t\geqslant0$，$X_{t\wedge T}$为 $\mathscr{F}_{t\wedge T}$-可测，故 X^T 为适应过程. 令 $a\in\boldsymbol{R}_+$，$0\leqslant s\leqslant a$. 对 $X^a=(X_{t\wedge a})$应用定理 2.59 得

$$\boldsymbol{E}[X_{a\wedge T}\mid\mathscr{F}_s]\leqslant X_{s\wedge T}(=X_{s\wedge T})\text{ a.s..}$$

故 X^T 为上鞅(鞅). □

注 令 $\mathscr{G}_t=\mathscr{F}_{t\wedge T}$，则流$(\mathscr{G}_t)$满足通常条件，且 X^T 为$(\mathscr{G}_t)$-上鞅(鞅).

下一定理虽然简单，但有时很有用.

4.40 定理 设 $X=(X_t)$为一适应可测过程，X_∞为一可积随机变量，$X_\infty\in\mathscr{F}_\infty$. 若对每个停时 T，X_T 可积，且 $\boldsymbol{E}[X_T]$不依赖于 T，则 X 为一致可积鞅. 若 X 又为可选过程，则 X 的几乎所有轨道右连续.

证明 对任一停时 T 及 $A\in\mathscr{F}_T$，有

$$\int_A X_T dP = E[X_{T_A}] - \int_{A^c} X_\infty dP$$

$$= E[X_\infty] - \int_{A^c} X_\infty dP = \int_A X_\infty dP. \qquad (40.1)$$

在(40.1)中取 $T=t\in R_+$. 由于 $X_t\in\mathscr{F}_t$,故得

$$E[X_\infty|\mathscr{F}_t] = X_t \text{ a.s.}.$$

因此,X 为一致可积鞅. 若 X 又为可选过程,则对任一停时 T,$X_T\in\mathscr{F}_T$. 由(40.1)得

$$E[X_\infty|\mathscr{F}_T] = X_T \text{ a.s.}.$$

令 $Y=(Y_t)$ 为鞅($E[X_\infty|\mathscr{F}_t]$)的右连续适应修正(约定 $Y_\infty=X_\infty$). 由定理 2.58,我们有

$$Y_T = E[X_\infty|\mathscr{F}_T] = X_T \text{ a.s.}.$$

由于 Y 可选,由系 4.11,X 与 Y 无区别,故 X 的几乎所有轨道右连续. □

注 令 $X=(X_t)$ 为一可选过程. 若对一切有界停时 T,X_T 可积,且 $E[X_T]$不依赖于 T,则对每个 $X^n=(X_{t\wedge n})$,$n\geqslant 1$,应用定理知,X 为鞅,其几乎所有轨道右连续.

下一定理是停止定理的可料形式,它是下一章中定义过程的可料投影的基础.

4.41 定理 设($X_t,t\in\overline{R}_+$)为右连续上鞅(鞅),则对一切可料时 T 及停时 $U\geqslant T$,有

$$E[X_U|\mathscr{F}_{T-}] \leqslant X_{T-} (= X_{T-}) \text{ a.s.}, \qquad (41.1)$$

其中 X_{T-}在 Ω 上 a.s. 有定义(定理 2.43),且可积.

证明 令(T_n)为预报 T 的停时列. 由定理 3.4.11),有

$$\mathscr{F}_{T-} = \bigvee_n \mathscr{F}_{T_n}.$$

为叙述方便起见,我们只讨论上鞅情形. 由停止定理 2.58,有

$$E[X_U|\mathscr{F}_{T_n}] \leqslant X_{T_n} \text{ a.s.}.$$

应用系 2.19 得

$$E[X_U|\mathscr{F}_{T-}] = \lim_{n\to\infty} E[X_U|\mathscr{F}_{T_n}] \leqslant \lim_{n\to\infty} X_{T_n} = X_{T-} \text{ a.s.}.$$

X_{T-}的可积性由系 2.61 可得. □

4.42 定理 设 ξ 为一可积随机变量，S,T 为两个可料时，则有

$$\boldsymbol{E}[\boldsymbol{E}[\xi|\mathscr{F}_{S-}]|\mathscr{F}_{T-}]=\boldsymbol{E}[\xi|\mathscr{F}_{(S\wedge T)-}] \quad \text{a.s.}. \qquad (42.1)$$

证明 令 (X_t) 为鞅 $(\boldsymbol{E}[\xi|\mathscr{F}_t])$ 的右连续适应修正，则有

$$\begin{aligned}
&\boldsymbol{E}[\boldsymbol{E}[\xi|\mathscr{F}_{S-}]|\mathscr{F}_{T-}]\\
&=\boldsymbol{E}[X_{S-}|\mathscr{F}_{T-}]\\
&=\boldsymbol{E}[I_{[S\geqslant T]}X_{(S\vee T)-}+I_{[S<T]}X_{S-}|\mathscr{F}_{T-}]\\
&=I_{[S\geqslant T]}\boldsymbol{E}[\boldsymbol{E}[X_{S\vee T}|\mathscr{F}_{(S\vee T)-}]|\mathscr{F}_{T-}]+I_{[S<T]}X_{S-}\\
&=I_{[S\geqslant T]}\boldsymbol{E}[X_{S\vee T}|\mathscr{F}_{T-}]+I_{[S<T]}X_{S-}\\
&=I_{[S\geqslant T]}X_{T-}+I_{[S<T]}X_{S-}=X_{(S\wedge T)-}\\
&=\boldsymbol{E}[\xi|\mathscr{F}_{(S\wedge T)-}] \quad \text{a.s.}. \qquad \square
\end{aligned}$$

问题与补充

4.1 设 S 为一宽停时，$A\subset]\!] S,\infty [\![$ 为一可选集（可料集），对每个 $\omega\in[S<\infty]$，$S(\omega)$ 是集合 $A(\omega)=\{t\geqslant 0:(\omega,t)\in A\}$ 的极限点，则存在一停时（可料时）的下降列 (S_n)，使得 $\bigcup_n [\![S_n]\!]\subset A$，且 $\lim_n S_n=S$ a.s..

4.2 设 $T=T_1\wedge T_2, T_1\vee T_2=+\infty$，其中 T_1 为可及时，T_2 为绝不可及时，则 $T_1=T^a, T_2=T^i$ a.s..

4.3 设 $(\mathscr{F}_t)$ 完备．令 H 为一可料集，D_H 为其初遇，则存在一停时的上升列 (T_n)，使得 $\lim_n T_n=D_H$，且对每个 n，在 $\{\omega: D_H(\omega)>0$ 及 $(\omega,D_H(\omega))\in H\}$ 上，有 $T_n<D_H$.

4.4 设 $(\mathscr{F}_t)$ 完备，则每个可料时可由一列只取两进位有理数值的停时预报．

4.5 设 $\boldsymbol{F}^0=(\mathscr{F}_t^0)$ 为右连续流，$\boldsymbol{F}=(\mathscr{F}_t)$ 为其完备化．若 $\boldsymbol{F}^0$ 拟左连续，则 $\boldsymbol{F}$ 亦然．

4.6 设 $\boldsymbol{F}=(\mathscr{F}_t)$ 为流 $\boldsymbol{F}^0=(\mathscr{F}_t^0)$ 的通常化，$X=(X_t)$ 为一右连续 $\boldsymbol{F}^0$-上鞅（鞅），则 X 也为 $\boldsymbol{F}$-上鞅（鞅）.

4.7 设$(\mathscr{F}_t)$完备. 令S,T为可料时,$S<T$. 则对任给$\varepsilon>0$,存在一列可料时(R_n),使得$R_0=S$, $0<R_{n+1}-R_n<\varepsilon$, $n\geqslant 0$, $\lim\limits_n R_n=T$.

4.8 设$(\mathscr{F}_t)$完备. 令$T>0$为一可料时,则存在一连续适应严格增过程A,使得$A_0=0$及$A_T=1$.

在下列问题中,恒设流$\boldsymbol{F}=(\mathscr{F}_t)$满足通常条件.

4.9 设$X=(X_t)$为一右连左极上鞅(鞅),T为一可料时,则X^{T-}为上鞅(鞅).

4.10 设$X=(X_t)$为一可料过程,$X_\infty=\lim\limits_{t\to\infty}X_t$存在且有限,对一切可料时$T$,$X_T$可积,且$\boldsymbol{E}[X_T]$不依赖于$T$. 令$Y$为鞅$(\boldsymbol{E}[X_\infty|\mathscr{F}_t])$的右连左极适应修正. 则$X=Y_-$.

4.11 设(X_t)为一右连左极上鞅(鞅). 若S,T为可料时,$S\leqslant T$,则

$$X_{S-}\geqslant \boldsymbol{E}[X_{T-}|\mathscr{F}_{S-}]\geqslant \boldsymbol{E}[X_T|\mathscr{F}_{S-}]$$
$$(X_{S-}=\boldsymbol{E}[X_{T-}|\mathscr{F}_{S-}]=\boldsymbol{E}[X_T|\mathscr{F}_{S-}]).$$

4.12 设$\mathscr{G}\subset\mathscr{F}$为一子$\sigma$-域,且$\mathscr{F}_{S-}\subset\mathscr{G}\subset\mathscr{F}_S$,其中$S$为一停时,则对一切停时$T$及可积随机变量$\xi$,有

$$\boldsymbol{E}[\xi|\mathscr{F}_T|\mathscr{G}]=\boldsymbol{E}[\xi|\mathscr{G}|\mathscr{F}_T].$$

若T又是可料时,则

$$\boldsymbol{E}[\xi|\mathscr{F}_{T-}|\mathscr{G}]=\boldsymbol{E}[\xi|\mathscr{G}|\mathscr{F}_{T-}].$$

4.13 设$X=(X_t)$为一可选(可料)过程,对一切有界停时(可料时)T,X_T可积.

1) 如果对一切有界停时(可料时)的降序列(T_n),$\lim\limits_n\boldsymbol{E}[X_{T_n}]$存在(允许为$\pm\infty$,下同),则$X$的几乎所有轨道在$\boldsymbol{R}_+$上右极限存在

2)如果对一切一致有界的停时(可料时)的增序列(T_n),$\lim\limits_n\boldsymbol{E}[X_{T_n}]$存在,则$X$的几乎所有轨道在$]0,\infty[$上左极限存在.

若进一步,对一切有界停时(可料时)T,有$\boldsymbol{E}[|X_T|]\leqslant K$,其中$K$为一常数,则一切上述右或左极限均有穷.

4.14 设 $X=(X_t)$ 为一有界可选过程．若对任一趋于 $+\infty$ 的有限停时的增序列 (T_n)，$\lim\limits_n \boldsymbol{E}[X_{T_n}]$ 存在，则 $\lim\limits_{t\to\infty} X_t$ a.s. 存在．

4.15 设 $X=(X_t)$ 为一可选过程，且

$$\sup\{\boldsymbol{E}[|X_T|]: T \text{ 为有界停时}\}<\infty.$$[1]

若对一切有界停时的降序列 (T_n)，(X_{T_n}) 一致可积，且

$$\lim_{n\to\infty}\boldsymbol{E}[X_{T_n}] = \boldsymbol{E}[X_{\lim\limits_{n\to\infty} T_n}],$$

则 X 的几乎所有轨道右连续．

4.16 设 $X=(X_t)$ 为一可选过程．为要 X 的几乎所有轨道右连续，必须且只需对一切有界停时的降序列 (T_n)，有

$$X_{T_n} \xrightarrow{P} X_{\lim\limits_{n\to\infty} T_n}.$$

4.17 设 $X=(X_t)$ 为一可料过程，且

$$\sup\{\boldsymbol{E}[|X_T|]: T \text{ 为有界可料时}\} < \infty.$$

若对一切可料时的一致有界增序列 (T_n)，(X_{T_n}) 一致可积，且

$$\lim_{n\to\infty}\boldsymbol{E}[X_{T_n}] = \boldsymbol{E}[X_{\lim\limits_{n\to\infty} T_n}],$$

则 X 的几乎所有轨道左连续．

4.18 设 $X=(X_t)$ 为一可料过程．为要 X 的几乎所有轨道左连续，必须且只需对一切可料时的一致有界增序列 (T_n)，有

$$X_{T_n} \xrightarrow{P} X_{\lim\limits_{n\to\infty} T_n}.$$

4.19 设 $(X^{(n)})_{n\geqslant 1}$ 为一列右连续上鞅，对一切 n 及 $t\in\boldsymbol{R}_+$，$X_t^{(n)}\leqslant X_t^{(n+1)}$ a.s.．令

$$X_t(\omega) = \sup_n X_t^{(n)}(\omega),\ t\geqslant 0.$$

若 X_0 可积，则 (X_t) 为上鞅，其几乎所有轨道右连续．

4.20 设 $(X^{(n)})_{n\geqslant 1}$ 为一列右连续下鞅，对一切 n 及 $t\in\boldsymbol{R}_+$，$X_t^{(n)}\leqslant X_t^{(n+1)}$ a.s.，且对一切 n，$X^{(n+1)}-X^{(n)}$ 为下鞅．令

$$X_t(\omega) = \sup_n X_t^{(n)}(\omega),\ t\geqslant 0.$$

若对一切 $t\in\boldsymbol{R}_+$，X_t 可积，则 (X_t) 为下鞅，其几乎所有轨道右连续．

---

1) 换言之，(X_t) 在 L^1 中有界．

第五章　过程的投影

本章主要介绍可测过程的可选和可料投影，及有限变差过程的可选和可料对偶投影．作为这一理论的应用，我们将证明极其重要的上鞅的Doob-Meyer 分解定理．最后，作为随机过程一般理论的一个典型的具体例子，我们详细讨论离散型流．

在本章，我们总假定$(\Omega,\mathscr{F},\boldsymbol{P})$为一完备概率空间，流$\boldsymbol{F}=(\mathscr{F}_t)$满足通常条件，除非另有说明．$(\Omega,\mathscr{F},\boldsymbol{F},\boldsymbol{P})$通常称为一个**带流概率空间**．

§1.　可测过程的投影

5.1 定理　设$X=(X_t)$为一可测过程，使得对一切停时T，$X_TI_{[T<\infty]}$关于$\mathscr{F}_T$为σ-可积[1]，则存在唯一的可选过程，记为${}^oX$，使得对一切停时T，有

$$\boldsymbol{E}[X_TI_{[T<\infty]}|\mathscr{F}_T]={}^oX_TI_{[T<\infty]}\quad \text{a.s.}. \tag{1.1}$$

这时，我们说X的可选投影存在[2]，并称${}^oX$为X的**可选投影**．

证明　唯一性由系4.11得到，往证存在性．我们将证明分为以下四个步骤．

a) 设$X=\xi I⟦r,s⟦$，其中ξ为一有界(或可积)随机变量，$0\leqslant r<s<+\infty$. 令${}^oX=YI_{⟦r,s⟦}$，其中$Y=(Y_t)$为鞅$(\boldsymbol{E}[\xi|\mathscr{F}_t])$的右连左极适应修正(参见2.48)．显然，${}^oX$可选．由定理2.58易见${}^oX$满

---

1)　由定理1.16易见，这一条件等价于表面上较弱的条件：对一切有界停时T，X_T关于$\mathscr{F}_T$为σ-可积．

2)　严格地说，应说X的可选投影存在且有穷．因为由定理的证明可看出，如果允许${}^oX$取$+\infty$，则一切非负可测过程的可选投影都"存在"．但我们只考虑有限值过程，于是说${}^oX$存在，本身就意味着${}^oX$是有限值的．

足(1.1),即${}^{0}X$ 为 X 的可选投影.

b) 设 X,Y 为两个可测过程. 若 X,Y 分别有可选投影${}^{0}X,{}^{0}Y$,则对任意实数 $\lambda,\beta,\lambda X+\beta Y$ 有可选投影 $\lambda{}^{0}X+\beta{}^{0}Y$. 此外,若 $X\leqslant Y$,则${}^{0}X\leqslant{}^{0}Y$(定理 4.10). 若$(X^{(n)})$为一非负可测过程的上升列,对每个 n,$X^{(n)}$的可选投影存在,且极限过程 $X=\lim\limits_{n}X^{(n)}$ 有界,则 X 的可选投影存在,且${}^{0}X=\lim\limits_{n}{}^{0}(X^{(n)})$. 由 a)及单调类定理知,一切有界可测过程的可选投影存在.

c) 设 X 为一满足定理条件的非负可测过程. 令 $X^{(n)}=X\wedge n$. 由 b),$X^{(n)}$的可选投影存在,${}^{0}(X^{(n)})$单调增(在一不足道集之外). 设 T 为一停时,则$({}^{0}X_{T}^{(n)}I_{[T<\infty]})$单调增(在一零概集之外). 由定理 1.19,我们有

$$
\begin{aligned}
\boldsymbol{E}[X_{T}I_{[T<\infty]}\mid\mathscr{F}_{T}]&=\lim_{n\to\infty}\boldsymbol{E}[X_{T}^{(n)}I_{[T<\infty]}\mid\mathscr{F}_{T}]\\
&=\lim_{n\to\infty}{}^{0}X_{T}^{(n)}I_{[T<\infty]}.
\end{aligned}
$$

令 $Y=\limsup\limits_{n\to\infty}{}^{0}X^{(n)}$,${}^{0}X=YI_{[Y<\infty]}$,则${}^{0}X$ 可选,且对一切停时 T,有

$$
\begin{aligned}
{}^{0}X_{T}I_{[T<\infty]}=Y_{T}I_{[T<\infty]}&=\lim_{n\to\infty}{}^{0}X_{T}^{(n)}I_{[T<\infty]}\\
&=\boldsymbol{E}[X_{T}I_{[T<\infty]}\mid\mathscr{F}_{T}]\quad \text{a.s.}.
\end{aligned}
$$

故${}^{0}X$ 满足(1.1),即${}^{0}X$ 为 X 的可选投影.

d) 设 X 为一满足定理条件的可测过程,则 $X^{+}=X\vee 0,X^{-}=-(X\wedge 0)$也满足定理条件. 由 c),${}^{0}(X^{+})$及${}^{0}(X^{-})$存在. 易见,${}^{0}X={}^{0}(X^{+})-{}^{0}(X^{-})$为 X 的可选投影. □

注 由定理知,若 X 为循序可测过程,则 X 的可选投影存在,且对一切有穷停时 T,$X_{T}={}^{0}X_{T}$ a.s.. 特别,${}^{0}X$ 为 X 的可选修正.

5.2 定理 设 $X=(X_{t})$为一可测过程,使得对一切可料时 T,$X_{T}I_{[T<\infty]}$关于 $\mathscr{F}_{T-}$ 为 σ-可积,则存在唯一的可料过程,记为${}^{p}X$,使得对一切可料时 T,有

$$
\boldsymbol{E}[X_{T}I_{[T<\infty]}\mid\mathscr{F}_{T-}]={}^{p}X_{T}I_{[T<\infty]}\quad \text{a.s.}.\tag{2.1}
$$

这时,我们说 X 的可料投影存在,并称${}^{p}X$ 为 X 的**可料投影**.

证明 设 $X=\xi I_{[\![r,s[\![}$,其中 ξ 为一有界(或可积)随机变量,0

$\leqslant r<s<+\infty$. 令 $Y=(Y_t)$ 为鞅$(\boldsymbol{E}[\xi|\mathscr{F}_t])$的右连左极适应修正，及${}^pX=Y_-$，则${}^pX$ 可料，且满足(2.1)(定理 4.41)，即${}^pX$ 是 X 的可料投影．其余的证明与定理 5.1 完全类似． □

5.3 注 1)若 X 为一致可积右连左极鞅，则 X_- 为 X 的可料投影．

2) 假设可测过程 X 的可选投影存在．由系 4.11 可知，为了证明一可选过程 Y 是 X 的可选投影，只需对一切有界停时 T，验证如下等式：

$$\boldsymbol{E}[X_T|\mathscr{F}_T]=Y_T \text{ a.s.}.$$

如果进一步假定对一切停时 T，$X_TI_{[T<\infty]}$可积，则由系 4.13 知，只需对一切停时 T，验证如下等式：

$$\boldsymbol{E}[X_TI_{[T<\infty]}]=\boldsymbol{E}[Y_TI_{[T<\infty]}].$$

对可料投影有类似的结论．

下列定理表明，投影与条件期望在性质上有相似之处．

5.4 定理 设 X 为一可测过程，Y 为一可选(可料)过程．若 X 的可选(可料)投影存在，则 XY 的可选(可料)投影存在，且${}^0(XY)=({}^0X)Y$ (${}^p(XY)=({}^pX)Y$)．

证明 由定理 1.21 即得． □

5.5 定理 设 X 为一可测过程．如果 X 的可选及可料投影都存在，则${}^0X$ 的可料投影也存在，且${}^p({}^0X)={}^pX$．此外，$[{}^0X\neq{}^pX]$与一稀疏集无区别．

证明 第一个结论由定理 1.22 即得，往证第二个结论．设 $X=\xi I_{[\![r,s[\![}$，其中 ξ 为一有界(或可积)随机变量，$0\leqslant r<s<+\infty$. 令 Y 为鞅$(\boldsymbol{E}[\xi|\mathscr{F}_t])$的右连左极适应修正，则

$$[{}^0X\neq{}^pX]=[Y\neq Y_-].$$

我们早已知道$[Y\neq Y_-]$为稀疏集，故$[{}^0X\neq{}^pX]$与稀疏集无区别．按惯例，由单调类定理可得一般的结论． □

5.6 定理 设 T 为一停时，ξ 为一实值随机变量．令

$$X=\xi I_{[\![T,\infty[\![},\ Y=\xi I_{]\!]T,\infty[\![},\ Z=\xi I_{[\![T]\!]}.$$

1) X 的可选投影存在当且仅当 $\xi I_{[T,\infty]}$关于 $\mathscr{F}_T$ 为 σ-可积．

2）设 T 为可料时，则 X 的可料投影存在当且仅当 $\xi I_{[T<\infty]}$关于 $\mathscr{F}_{T-}$ 为 σ-可积．

3）若 $\xi I_{[T<\infty]}$关于 $\mathscr{F}_T$ 为 σ-可积，则 Y 的可料投影存在，而 Z 有可选投影：

$$^{o}Z = \boldsymbol{E}[\xi I_{[T<\infty]}|\mathscr{F}_T]I_{[\![T]\!]}.$$

4）若 T 为可料时，$\xi I_{[T<\infty]}$关于 $\mathscr{F}_{T-}$ 为 σ-可积，则 Z 的可料投影存在，且

$$^{p}Z = \boldsymbol{E}[\xi I_{[T<\infty]}|\mathscr{F}_{T-}]I_{[\![T]\!]}.$$

证明 我们只证 1)，其余的证明完全类似，设 S 为一停时，显然有

$$X_S I_{[S<\infty]} = \xi I_{[T\leqslant S<\infty]}.$$

若 X 的可选投影存在，则 $X_T I_{[T<\infty]}= \xi I_{[T<\infty]}$关于 $\mathscr{F}_T$ 为 σ-可积．反之，设 $\xi I_{[T<\infty]}$关于 $\mathscr{F}_T$ 为 σ-可积．令 $A_n \in \mathscr{F}_T$，$A_n \uparrow \Omega$，使得每个 $\xi I_{[T<\infty]} I_{A_n}$可积．置

$$\Omega_n = (A_n[T \leqslant S]) \cup [S < T],$$

则 $\Omega_n \in \mathscr{F}_S$，$\Omega_n \uparrow \Omega$，且 $X_S I_{[S<\infty]} I_{\Omega_n} = \xi I_{A_n} I_{[T\leqslant S<\infty]}$ 可积，故 $X_S I_{[S<\infty]}$关于 $\mathscr{F}_S$ 为 σ-可积，即 X 的可选投影存在． □

5.7 定理 设 X 为一可测过程．若 X 的可选(可料)投影存在，则对一切停时(可料时)T，X^T 的可选(可料)投影存在，且

$$({}^{o}X)I_{[\![0,T]\!]} = {}^{o}(X^T)I_{[\![0,T]\!]}$$
$$(({}^{p}X)I_{[\![0,T]\!]} = {}^{p}(X^T)I_{[\![0,T]\!]}). \qquad (7.1)$$

证明 我们有

$$X^T = XI_{[\![0,T[\![} + X_T I_{[T<\infty]} I_{[\![T,\infty[\![}.$$

由定理 5.4 及 5.6 即知，X^T 的可选(可料)投影存在．(7.1)易由定理 5.4 得到，因为 $X^T I_{[\![0,T]\!]} = XI_{[\![0,T]\!]}$． □

注 若 X 的可选及可料投影都存在，则对一切停时 T，X^T 的可料投影也存在．事实上，

$$X^T = XI_{[\![0,T]\!]} + X_T I_{[T<\infty]} I_{]\!]T,\infty[\![},$$

X^T 的可料投影的存在性由定理 5.4 及 5.6 可得．

5.8 定理 1）设 X 为一可测过程，(T_n) 为一列停时（可料时），使得 $\sup_n T_n=+\infty$. 若对每个 n，$XI_{[\![0,T_n[\![}$ 的可选（可料）投影存在，则 X 的可选（可料）投影存在．

2）设 X 为一可测过程，(T_n) 为一列停时，使得 $\sup_n T_n=+\infty$. 若对每个 n，$XI_{[\![0,T_n]\!]}$ 的可料投影存在，则 X 的可料投影存在．

证明 我们只证 2)，1)的证明类似．设 S 为一可料时，令 $\Omega_n=[S\leqslant T_n]\cup[S=\infty]$，则 $\Omega_n\in\mathscr{F}_{S-}$，$\bigcup_n\Omega_n=\Omega$ a.s.，且

$$X_SI_{[S<\infty]}I_{\Omega_n}=X_SI_{[S\leqslant T_n]}I_{[S<\infty]}.$$

依假定，$X_SI_{[S\leqslant T_n]}I_{[S<\infty]}$ 关于 $\mathscr{F}_{S-}$ 为 σ-可积，由定理 1.23 知，$X_SI_{[S<\infty]}$ 关于 $\mathscr{F}_{S-}$ 为 σ-可积，即 X 的可料投影存在． □

5.9 定理 设 T 为一停时，ξ 为一可积随机变量．

1）$X=\xi I_{[\![0,T[\![}$ 与 $Y=\boldsymbol{E}[\xi|\mathscr{F}_{T-}]I_{[\![0,T[\![}$ 有相同的可选投影．

2）$\overline{X}=\xi I_{[\![0,T]\!]}$ 与 $\overline{Y}=\boldsymbol{E}[\xi|\mathscr{F}_{T-}]I_{[\![0,T]\!]}$ 有相同的可料投影．

证明 1）设 S 为一停时，我们有

$$\begin{aligned}\boldsymbol{E}[X_SI_{[S<\infty]}]&=\boldsymbol{E}[\xi I_{[S<T]}]\\&=\boldsymbol{E}[\boldsymbol{E}[\xi|\mathscr{F}_{T-}]I_{[S<T]}]\\&=\boldsymbol{E}[Y_SI_{[S<\infty]}].\end{aligned}$$

由注 5.3.2)，X 与 Y 有相同的可选投影．

2）设 S 为一可料时，我们有

$$\begin{aligned}\boldsymbol{E}[\overline{X}_SI_{[S<\infty]}]&=\boldsymbol{E}[\xi I_{[S\leqslant T]}I_{[S<\infty]}]\\&=\boldsymbol{E}[\boldsymbol{E}[\xi|\mathscr{F}_{T-}]I_{[S\leqslant T]}I_{[S<\infty]}]\\&=\boldsymbol{E}[\overline{Y}_SI_{[S<\infty]}].\end{aligned}$$

故 $\overline{X}$ 与 $\overline{Y}$ 有相同的可料投影． □

注 显然，$\xi I_{[\![0,T]\!]}$ 与 $\boldsymbol{E}[\xi|\mathscr{F}_T]I_{[\![0,T]\!]}$ 有相同的可选投影．

§2. 增过程的对偶投影

首先，我们研究增过程产生的 $\mathscr{F}\times\mathscr{B}(\boldsymbol{R}_+)$ 上的测度．

5.10 定义 设 A 为一增过程．在 $\mathscr{F}\times\mathscr{B}(\boldsymbol{R}_+)$ 上定义一集函

数 μ_A 如下：

$$\mu_A(H) = \boldsymbol{E}\left[\int_{[0,\infty[} I_H(\cdot,s)dA_s(\cdot)\right],\ H \in \mathscr{F} \times \mathscr{B}(\boldsymbol{R}_+),\tag{10.1}$$

则 μ_A 为一测度[1)]．令

$$T_n = \inf\{t \geqslant 0:\ A_t \geqslant n\}.$$

则 T_n 为随机变量，$[\![0,T_n[\![\in \mathscr{F} \times \mathscr{B}(\boldsymbol{R}_+)$，$\bigcup\limits_n [\![0,T_n[\![= \Omega \times \boldsymbol{R}_+$，且 $\mu_A([\![0,T_n[\![)\leqslant n$，于是 μ_A 为 $\mathscr{F}\times\mathscr{B}(\boldsymbol{R}_+)$上的 σ-有限测度，称为**由 A 产生的测度**．

由(10.1)易见，μ_A 在不足道集上无负荷，即对一切不足道集 H，$\mu_A(H)=0$，且对一切 $t\geqslant 0$，$F\in\mathscr{F}$，有

$$\mu_A(F \times [0,t]) = \boldsymbol{E}[I_F A_t].\tag{10.2}$$

5.11 定理 为要 $\mathscr{F}\times\mathscr{B}(\boldsymbol{R}_+)$上一测度 μ 是由某个增过程产生的，必须且只需对每个 $t\geqslant 0$，如下定义的$(\Omega,\mathscr{F})$上的集函数 Q_t：

$$Q_t(F) = \mu(F \times [0,t]),\ F \in \mathscr{F},\tag{11.1}$$

为关于 $\boldsymbol{P}$ 绝对连续的 σ-有限测度．这时，产生 μ 的增过程是唯一确定的．

证明 必要性显然(见(10.2))，往证充分性．令 A'_t 为 Radon-Nikodym 导数$\dfrac{dQ_t}{d\boldsymbol{P}}$．当 $s<t$ 时，有 $A'_s\leqslant A'_t$ a.s.．设 $t_k \downarrow t$．对一切 n，令 $F_n=[A'_{t_1}\leqslant n]$，则

$$\lim_{k\to\infty}\boldsymbol{E}[I_{F_n}(A'_{t_k} - A'_t)] = \lim_{k\to\infty}\mu(F_n \times]t,t_k]) = 0.$$

由于$\bigcup\limits_n F_n=\Omega$，故$\lim\limits_k A'_{t_k}=A'_t$ a.s.．令

$$A_t = \inf\{A'_r:\ r > t,\ r \in \boldsymbol{Q}_+\},\ t \geqslant 0.$$

则对一切 $t\geqslant 0$，有 $A_{t+}=A_t$，且 $A_t=A'_t$ a.s.．必要的话，在一零概集上修改轨道，我们可认为 A 是增过程，且对一切 $F\in\mathscr{F}$，有

$$\mu(F \times [0,t]) = Q_t(F) = \int_F A_t d\boldsymbol{P} = \boldsymbol{E}[I_F A_t]$$

---

1) 今后"测度"指非负测度．

$$= \boldsymbol{E}\left[\int_{[0,\infty[} I_{F\times[0,t]}(\cdot,s)dA_s(\cdot)\right].$$

这表明 μ 是由 A 产生的.

若 $B=(B_t)$ 是另一产生 μ 的增过程，则 $B_t=\frac{dQ_t}{d\boldsymbol{P}}$ a.s.. 因而 B 与 A 等价. 由于 A,B 是右连续的，故它们无区别. □

5.12 定义 $\mathscr{F}\times\mathscr{B}(\boldsymbol{R}_+)$ 上的在不足道集上无负荷的测度 μ 称为可选的(可料的)，若对一切非负有界可测过程 X[1]

$$\mu(X) = \mu^0(X) \quad (\mu(X) = \mu({}^pX)),$$

其中 $\mu(X) = \int X d\mu = \boldsymbol{E}_\mu[X]$.

注 设 X 为有界可测过程. 由定理 5.4，对一切有界可选(可料)测度 μ，有 ${}^0X=\boldsymbol{E}_\mu[X|\mathscr{O}]$(${}^pX=\boldsymbol{E}_\mu[X|\mathscr{P}]$).

5.13 定理 设 A 为一增过程，μ_A 为由 A 产生的 $\mathscr{F}\times\mathscr{B}(\boldsymbol{R}_+)$ 上的测度，则为要 μ_A 是可选的(可料的)，必须且只需 A 是适应的(可料的).

证明 充分性. 设 A 适应，$C=(C_t)$ 为与 A 相联系的时变(见定理 3.48). 设 X 为一非负有界可测过程. 由引理 1.38，定理 5.1 及 Fubini 定理，我们有

$$\begin{aligned}
\boldsymbol{E}\left[\int_{[0,\infty[} X_s dA_s\right] &= \boldsymbol{E}\left[\int_0^\infty X_{C_s} I_{[C_s<\infty]} ds\right] \\
&= \int_0^\infty \boldsymbol{E}[X_{C_s} I_{[C_s<\infty]}]ds \\
&= \int_0^\infty \boldsymbol{E}[{}^0X_{C_s} I_{[C_s<\infty]}]ds \\
&= \boldsymbol{E}\left[\int_{[0,\infty[} {}^0X_s dA_s\right].
\end{aligned}$$

这正是 $\mu_A(X)=\mu_A({}^0X)$，故 μ_A 可选.

设 A 可料，则对一切 $t\geqslant 0$，C_{t-} 为可料时(定理 3.48). 同样地，由引理 1.38，定理 5.2 及 Fubini 定理，我们有 $\mu_A(X)=\mu({}^pX)$，即

---

1) 事实上，只需对形如 $X=I_H$ 的过程满足条件即够了，这里 $H\in\mathscr{F}\times\mathscr{B}(\boldsymbol{R}_+)$.

μ_A 可料.

必要性. 设 μ_A 可选. 取 $X=I_F I_{[\![0,t]\!]}$，其中 $F\in\mathscr{F}$. X 与 $\boldsymbol{E}[I_F|\mathscr{F}_t]I_{[\![0,t]\!]}$ 有相同的可选投影，故

$$\begin{aligned}\boldsymbol{E}[A_t I_F] &= \mu_A(X) = \mu_A({}^0X) \\ &= \boldsymbol{E}[A_t E[I_F|\mathscr{F}_t]] \\ &= \boldsymbol{E}[\boldsymbol{E}[A_t|\mathscr{F}_t]\boldsymbol{E}[I_F|\mathscr{F}_t]] \\ &= \boldsymbol{E}[\boldsymbol{E}[A_t|\mathscr{F}_t]I_F].\end{aligned}$$

所以 $A_t=\boldsymbol{E}[A_t|\mathscr{F}_t]$ a.s.，即 A 适应.

设 μ_A 可料. 对一切非负有界可测过程，X 与${}^0X$有相同的可料投影，故 $\mu_A(X)=\mu_A({}^pX)=\mu_A({}^0X)$，即 μ_A 可选，从而 A 为适应过程. 往证 A 满足定理 4.33 中的条件. 设 S 为一绝不可及时. 显然，$I_{[\![S]\!]}$ 的可料投影为 0. 由 μ_A 的可料性，

$$\boldsymbol{E}[\Delta A_S] = \mu_A(I_{[\![S]\!]}) = \mu_A(0) = 0.$$

由于 $\Delta A_S\geqslant 0$，故有 $\Delta A_S=0$ a.s.，即 $\boldsymbol{P}([A_S\neq A_{S-},S<\infty])=0$. 设 T 为一可料时，取 $X=I_F I_{[\![0,T]\!]}$，其中 $F\in\mathscr{F}$. 由定理 5.9.2)，X 与 $Y=\boldsymbol{E}[I_F|\mathscr{F}_{T-}]I_{[\![0,T]\!]}$ 有相同的可料投影，由 μ_A 的可料性，

$$\begin{aligned}\boldsymbol{E}[I_F A_T] &= \mu_A(X) = \mu_A(Y) \\ &= \boldsymbol{E}[\boldsymbol{E}[I_F|\mathscr{F}_{T-}]A_T] \\ &= \boldsymbol{E}[\boldsymbol{E}[I_F|\mathscr{F}_{T-}]\boldsymbol{E}[A_T|\mathscr{F}_{T-}]] \\ &= \boldsymbol{E}[I_F\boldsymbol{E}[A_T|\mathscr{F}_{T-}]].\end{aligned}$$

故 $A_T=\boldsymbol{E}[A_T|\mathscr{F}_{T-}]$ a.s.，即 $A_T\in\mathscr{F}_{T-}$. 由于 $T\in\mathscr{F}_{T-}$，故 $A_T I_{[T<\infty]}\in\mathscr{F}_{T-}$. 由定理 4.33 知 A 可料. □

作为定理 5.13 的一个简单应用，我们得到关于有限变差过程的 Radon-Nikodym 定理.

5.14 定理 设 A,B 为两个适应(可料)增过程，则下列命题等价：

1) 对几乎所有 ω，$dB.(\omega)\ll dA.(\omega)$，

2) 在 $\mathscr{F}\times\mathscr{B}(\boldsymbol{R}_+)$ 上，$\mu_B\ll\mu_A$，

3) 在 $\mathscr{O}(\mathscr{P})$ 上，$\mu_B\ll\mu_A$，

4) 存在非负可选(可料)过程 H，使得对几乎所有 ω，有

$$B_t(\omega)=\int_{[0,t]}H_s(\omega)dA_s(\omega). \tag{14.1}$$

证明 4)⇒1) 显然．1)⇒2) 由绝对连续性的定义易得．2)⇒3) 亦显然．最后证 3)⇒4)．令 H 为在 $\mathscr{O}(\mathscr{P})$ 上的 Radon-Nikodym 导数 $\dfrac{d\mu_B}{d\mu_A}$，则 H 可选(可料)且非负．令

$$T_n=\inf\{t\geqslant 0:\quad B_t\geqslant n\},$$

则

$$\boldsymbol{E}\left[\int_{[0,T_n[}H_s(\omega)dA_s(\omega)\right]=\mu_B(\llbracket 0,T_n\llbracket)\leqslant n.$$ [1]

故 $\left(\int_{[0,t]}H_s(\omega)dA_s(\omega)\right)$ 为适应增过程，它产生的测度与 $(B_t(\omega))$ 产生的测度相同，从而与 (B_t) 无区别，即(14.1)成立． □

5.15 定理 设 A,B 为两个适应(可料)增过程，则下列命题等价：

1) 对几乎所有 ω，$dA_\cdot(\omega)\perp dB_\cdot(\omega)$，

2) 在 $\mathscr{O}(\mathscr{P})$ 上，$\mu_A\perp\mu_B$，

3) 在 $\mathscr{F}\times\mathscr{B}(\boldsymbol{R}_+)$ 上，$\mu_A\perp\mu_B$，

4) 存在 $D\in\mathscr{O}(\mathscr{P})$，使得对几乎所有 ω，有

$$\int_{[0,\infty[}I_D(\omega,s)dA_s(\omega)=0,$$

$$\int_{[0,\infty[}I_{D^c}(\omega,s)dB_s(\omega)=0.$$

证明 2)⇔4)⇒3) 显然．

3)⇒1)．存在 $J\in\mathscr{F}\times\mathscr{B}(\boldsymbol{R}_+)$，使得

$$\mu_A(J)=\boldsymbol{E}\left[\int_{[0,\infty)}I_J(\omega,s))dA_s(\omega)\right]=0,$$

$$\mu_B(J^c)=\boldsymbol{E}\left[\int_{[0,\infty)}I_{J^c}(\omega,s)dB_s(\omega)\right]=0.$$

因此，对几乎所有 ω，有

---

1) 今后，在积分号下，我们用单括号表示随机区间，例如用 $[S,T[$ 表示 $\llbracket S,T\llbracket$．

$$\int_{[0,\infty[} I_J(\omega,s)dA_s(\omega) = 0,$$

$$\int_{[0,\infty[} I_{J^c}(\omega,s)dB_s(\omega) = 0,$$

即 $dA.(\omega)\perp dB.(\omega)$.

1)⇒2). 令 $C=A+B$,则由定理 5.14,存在非负可选(可料)过程 H 及 K,使得对几乎所有 ω,有

$$A_t(\omega)=\int_{[0,t]} H_s(\omega)dC_s(\omega),$$

$$B_t(\omega)=\int_{[0,t]} K_s(\omega)dC_s(\omega),$$

且 $H+K=1$, $HK=0$. 取 $J=[H=0]$, 则 $J\in\mathscr{O}(\mathscr{P})$, $J^c=[K=0]$,

$$\mu_A(J) = 0, \quad \mu_B(J^c) = 0,$$

即在 $\mathscr{O}(\mathscr{P})$ 上,$\mu_A\perp\mu_B$. □

注 设 A,B 为两个适应(可料)有限变差过程. 若对几乎所有 ω, $|dB.(\omega)|\ll|dA.(\omega)|$,则存在可选(可料)过程 H,使得对几乎所有 ω,有

$$B_t(\omega) = \int_{[0,t]} H_s(\omega)dA_s(\omega),\ t\geqslant 0.$$

事实上,对 A^+,A^- 及 $C=\left(\int_{[0,t]}|dA_s|\right)$ 应用定理 5.14 及 5.15 可知,存在可选(可料)过程 L,使得 $A=L.C$ 及 $|L|=1$. 这时有 $L.A=L^2.C=C$. 对 B^+,B^- 及 C 应用定理 5.14 可知,存在可选(可料)过程 K,使得 $B=K.C$. 最后,$B=H.A$,其中 $H=KL$.

5.16 定理 1) 设 A 为一适应增过程,S,T 为两个停时,$S\leqslant T$,则对任一存在可选投影的非负可测过程 X,有

$$\boldsymbol{E}=\left[\int_{[S,T[} X_s dA_s\,|\,\mathscr{F}_S\right]=\boldsymbol{E}\left[\int_{[S,T[} {}^oX_s dA_s\,|\,\mathscr{F}_S\right]. \quad (16.1)$$

2) 设 A 为一可料增过程,S,T 为两可料时,$S\leqslant T$,则对任一存在可料投影的非负可测过程 X,有

$$\boldsymbol{E}\left[\int_{[S,T[} X_s dA_s\,|\,\mathscr{F}_{S-}\right]=\boldsymbol{E}\left[\int_{[S,T[} {}^pX_s dA_s\,|\,\mathscr{F}_{S-}\right]. \quad (16.2)$$

证明　我们只证 2)，1)的证明类似．设 $F\in\mathscr{F}_{S-}$，则 $F\in\mathscr{F}_{T-}$，S_F 及 T_F 为可料时，$[\![S_F,T_F[\![$ 为可料集．我们有(定理 5.4 及 5.13)

$$\begin{aligned}\boldsymbol{E}\left[\left(\int_{[S,T[}X_s dA_s\right)I_F\right]&=\boldsymbol{E}\left[\int_{[0,\infty[}I_{[\![S_F,T_F[\![}(\cdot,s)X_s dA_s\right]\\&=\boldsymbol{E}\left[\int_{[0,\infty[}I_{[\![S_F,T_F[\![}(\cdot,s)\,{}^pX_s dA_s\right]\\&=\boldsymbol{E}\left[\left(\int_{[S,T[}{}^pX_s dA_s\right)I_F\right].\end{aligned}$$

故得(16.2)．　□

注　1)若在(16.1)及(16.2)中，$[S,T[$ 代之以 $]S,T[$，或 $]S,T]$，或 $[S,T]$，等式仍成立．

2) 若 S,T 为两个停时，则(16.2)对 $]S,T]$ 成立；若 S 为可料时，T 为停时，则(16.2)对 $[S,T]$ 成立；若 S 为停时，T 为可料时，则(16.2)对 $]S,T[$ 成立．

下面我们定义测度的投影，这是研究增过程的对偶投影必需的基础．

5.17 定义　设 μ 为 $\mathscr{F}\times\mathscr{B}(\boldsymbol{R}_+)$ 上的一 σ-有限测度，且在不足道集上无负荷．对任一非负有界可测过程 X，令

$$\mu^0(X)=\mu({}^0X),\quad \mu^p(X)=\mu({}^pX),$$

则 μ^0 及 μ^p 分别为 $\mathscr{F}\times\mathscr{B}(\boldsymbol{R}_+)$ 上的可选及可料测度，且在不足道集上无负荷(但不一定 σ-有限)．我们分别称 μ^0 及 μ^p 为 μ 的**可选投影及可料投影**．

显然，μ 与 μ^0 限于可选 σ-域 $\mathscr{O}$ 一致，μ 与 μ^p 限于可料 σ-域 $\mathscr{P}$ 一致．此外，为了 μ 为 $\mathscr{F}\times\mathscr{B}(\boldsymbol{R}_+)$ 上的可选(可料)测度，必须且只需 $\mu=\mu^0(\mu=\mu^p)$．

5.18 定义　设 A 为一增过程．称 A 为**可积增过程**，如果 $A_\infty=\lim\limits_{t\to\infty}A_t$ 为一可积随机变量．称 A 为**局部可积增过程**，如果 A_0 关于 $\mathscr{F}_0$ 为 σ-可积，且存在停时 $T_n\uparrow\infty$ a.s.，使得 $A_{T_n}-A_0$ 为可积．称 A 为**准局部可积增过程**，如果存在停时 $T_n\uparrow\infty$ a.s.，使得对一

切 n，$A_{T_n-}I_{[T_n>0]}$为可积.

显然，局部可积增过程为准局部可积的. 事实上，只需考虑 $A_t\equiv A_0$，$t\geqslant 0$ 这一情形，其中 A_0 关于 $\mathscr{F}_0$ 为 σ-可积. 令 $E_n\in\mathscr{F}_0$，使得 $E_n\uparrow\Omega$，且每个 $A_0I_{E_n}$为可积. 置 $T_n=(+\infty)I_{E_n}$，则 $T_n\uparrow\infty$，$A_{T_n-}I_{[T_n>0]}=A_0I_{E_n}$，故 A 为准局部可积.

设 A 为一有限变差过程，令 $V_t=\int_{[0,t]}|dA_s|$. 若 $V=(V_t)$为可积增过程，称 A 为**可积变差过程**；若 V 为(准)局部可积增过程，称 A 为(准)**局部可积变差过程**.

显然，为了一有限变差过程 A 为可积变差过程，必须且只需 A 为两个可积增过程之差. 对(准)局部可积变差过程也有类似的结论.

5.19 定理 适应有限变差过程为准局部可积变差过程. 可料有限变差过程为局部可积变差过程.

证明 只需对增过程证明. 设 A 为适应增过程. 令

$$T_n=\inf\{t\geqslant 0: A_t\geqslant n\},$$

则 T_n，$n\geqslant 1$，为停时，$T_n\uparrow+\infty$，且 $A_{T_n-}I_{[T_n>0]}\leqslant n$，故 A 为准局部可积. 如果 A 为可料增过程，则 T_n 为可料时，无妨设 $A_0=0$. 这时 $T_n>0$. 对每个 n，令$(S_{n,k})_{k\geqslant 1}$为预报 T_n 的停时列，并令 $S_n=\bigvee_{i=1}^{n}S_{i,n}$，则 $S_n<T_n$，$S_n\uparrow+\infty$，且 $A_{S_n}\leqslant n$，故 A 为局部可积. □

5.20 定理 设 μ 为一增过程 A 在 $\mathscr{F}\times\mathscr{B}(\boldsymbol{R}_+)$上产生的测度，$\mu^0$ 及 μ^p 分别为 μ 的可选及可料投影.

1) 为要 μ^0 为一(适应)增过程产生，必须且只需 A 为准局部可积.

2) 为要 μ^p 为一(可料)增过程产生，必须且只需 A 为局部可积.

证明 1) 必要性. 设 μ^0 由增过程 A^0 产生. 由定理 5.13，A^0 适应. 令

$$T_n=\inf\{t\geqslant 0: A_t^0\geqslant n\},$$

则 T_n, $n\geqslant 1$,为停时,$T_n\uparrow +\infty$,且 $A^0_{T_n-}I_{[T_n>0]}\leqslant n$. 于是

$$\begin{aligned}\boldsymbol{E}[A_{T_n-}I_{[T_n>0]}] &= \mu(\llbracket 0,T_n\llbracket)\\ &= \mu^0(\llbracket 0,T_n\llbracket)\\ &= \boldsymbol{E}[A^0_{T_n-}I_{[T_n>0]}]\leqslant n.\end{aligned}$$

这表明 A 为准局部可积.

充分性. 设 A 为准局部可积. 令停时 $T_n\uparrow+\infty$,使得对一切 n, $\boldsymbol{E}[A_{T_n-}I_{[T_n>0]}]<\infty$. 令 $Q_t(F)=\mu^0(F\times[0,t])$, $F\in\mathscr{F}$. 记 $F_n=[T_n>t]$,则 $\bigcup\limits_n F_n=\Omega$, $F_n\times[0,t]=\llbracket 0,T_n\llbracket$, $Q_t(F_n)\leqslant\mu^0(\llbracket 0,T_n\llbracket)=\boldsymbol{E}[A_{T_n-}I_{[T_n>0]}]<\infty$. 于是,$Q_t$ 为$(\Omega,\mathscr{F})$上的 σ-有限测度. 令 $F\in\mathscr{F}$,且 $\boldsymbol{P}(F)=0$,则 $F\times[0,t]$为可料集,$Q_t(F)=\mu^0(F\times[0,t])=\mu(F\times[0,t])=\boldsymbol{E}[I_FA_t]=0$. 这表明 Q_t 关于 $\boldsymbol{P}$ 为绝对连续. 由定理 5.11 知,μ^0 由一增过程产生. 再由定理 5.13,这增过程为适应的.

2) 必要性. 设 μ^p 由增过程 A^p 产生. 由定理 5.13,A^p 可料. 令 $F_n=[A^p_0\leqslant n]$,则 $F_n\in\mathscr{F}_0$,$F_n\uparrow\Omega$,且

$$\begin{aligned}\boldsymbol{E}[A_0I_{F_n}] &= \mu(F_n\times\{0\}) = \mu^p(F_n\times\{0\})\\ &= \boldsymbol{E}[A^p_0I_{F_n}]\leqslant n.\end{aligned}$$

故 A_0 关于 $\mathscr{F}_0$ 为 σ-可积. 由于 A^p 局部可积(定理 5.19),取停时 $T_n\uparrow+\infty$,使得对每个 n,$A^p_{T_n}-A^p_0$ 可积. 于是

$$\begin{aligned}\boldsymbol{E}[A_{T_n}-A_0] &= \mu(\rrbracket 0,T_n\rrbracket) = \mu^p(\rrbracket 0,T_n\rrbracket)\\ &= \boldsymbol{E}[A^p_{T_n}-A^p_0]<+\infty.\end{aligned}$$

这表明 A 局部可积.

充分性. 设 A 局部可积. 令

$$B_t=A_0,\ B^p_t=\boldsymbol{E}[A_0\,|\,\mathscr{F}_0],\ t\geqslant 0.$$

显然,μ^p_B 由可料增过程 B^p 产生. 于是不妨设 $A_0=0$(否则考虑 $A-A_0$). 与 1)中充分性的证明相类似,可证 $Q_t(F)=\mu^p(F\times[0,t])$为$(\Omega,\mathscr{F})$上的 σ-有限测度,关于 $\boldsymbol{P}$ 为绝对连续. 再由定理 5.11 及 5.13,μ^p 由一可料增过程产生. □

定理 5.20 导致如下的定义.

5.21 定义 设 A 为一准局部可积增过程, μ 为 A 在 $\mathscr{F}\times\mathscr{B}(\boldsymbol{R}_+)$ 上产生的测度, μ^0 为 μ 的可选投影. 由定理 5.20, 存在唯一的适应增过程 A^0, 使得 μ^0 由 A^0 产生. 我们称 A^0 为 A 的**可选对偶投影**(注意: 由定理 5.9, A 的可选投影 ${}^0A$ 也存在, 但 ${}^0A$ 一般不再是增过程). 设 A 为局部可积增过程, μ 为由 A 产生的 $\mathscr{F}\times\mathscr{B}(\boldsymbol{R}_+)$ 上的测度, μ^p 为 μ 的可料投影. 由定理 5.20, 存在唯一的可料增过程 A^p, 使得 μ^p 由 A^p 产生. 我们称 A^p 为 A 的**可料对偶投影**(这里, 由定理 5.9, A 的可料投影 ${}^pA$ 也存在, 但 ${}^pA$ 一般不再是增过程).

设 A 为(准)局部可积变差过程, 将 A 表为两个(准)局部可积增过程 A_1 与 A_2 之差: $A=A_1-A_2$, 并令 $(A^0=A_1^0-A_2^0)\,A^p=A_1^p-A_2^p$. 容易证明 $(A^0)\,A^p$ 与 A 的具体分解无关, 称 $(A^0)\,A^p$ 为 A 的**(可选)可料对偶投影**. 若 A 适应, A 的可料对偶投影也称为 A 的**补偿子**.

5.22 定理 1) 设 A 为一准局部可积变差过程, 则对任一可选过程 H, 有

$$\boldsymbol{E}\left[\int_{[0,\infty[}|H_s||dA_s^0|\right]\leqslant\boldsymbol{E}\left[\int_{[0,\infty[}|H_s||dA_s|\right].\qquad(22.1)$$

2) 设 A 为一局部可积变差过程, 则对任一可料过程 H, 有

$$\boldsymbol{E}\left[\int_{[0,\infty[}|H_s||dA_s^p|\right]\leqslant\boldsymbol{E}\left[\int_{[0,\infty[}|H_s||dA_s|\right].\qquad(22.2)$$

证明 只证 1), 2) 的证明类似. 令

$$A_t^+=\frac{1}{2}\left[\int_{[0,t]}|dA_s|+A_t\right],$$

$$A_t^-=\frac{1}{2}\left[\int_{[0,t]}|dA_s|-A_t\right],$$

则 $A=A^+-A^-$, A^+ 及 A^- 为准局部可积增过程. 由于 $A^0=(A^+)^0-(A^-)^0$, 我们有

$$\boldsymbol{E}\left[\int_{[0,\infty[}|H_s||dA_s^0|\right]$$

$$\leqslant \boldsymbol{E}\left[\int_{[0,\infty[}|H_s|d(A^+)^0_s\right]+\boldsymbol{E}\left[\int_{[0,\infty[}|H_s|d(A^-)^0_s\right]$$

$$=\boldsymbol{E}\left[\int_{[0,\infty[}|H_s|dA^+_s\right]+\boldsymbol{E}\left[\int_{[0,\infty[}|H_s|dA^-_s\right]$$

$$=\boldsymbol{E}\left[\int_{[0,\infty[}|H_s||dA_s|\right]. \quad \square$$

5.23 定理 1)设 A 为一准局部可积变差过程,H 为一可选过程,使得 $H.A$ 为一准局部可积变差过程,则 $H.A^0$ 为一适应有限变差过程,且有 $(H.A)^0=H.A^0$.

2)设 A 为一局部可积变差过程,H 为一可料过程,使得 $H.A$ 为一局部可积变差过程,则 $H.A^p$ 为一可料有限变差过程,且有 $(H.A)^p=H.A^p$.

证明 我们只证1).令停时 $T_n\uparrow+\infty$,使得

$$\boldsymbol{E}\left[\int_{[\![0,\infty[\![}|H_s|I_{[\![0,T_n[\![}(\cdot,s)|dA_s|\right]$$
$$=\boldsymbol{E}\left[\int_{[0,T_n[}|H_s||dA_s|\right]<+\infty,$$

则由(22.1)知,H 关于 A^0 可积.由定理3.46.1),$H.A^0$ 为适应的.无妨假定 A 为增过程,且 H 非负,则对一切非负有界可测过程 X,我们有

$$\mu_{(H.A)^0}(X)=\mu^0_{H.A}(X)=\mu_{H.A}({}^0X)=\mu_A({}^0(HX))$$
$$=\mu^0_A(HX)=\mu_{A^0}(HX)=\mu_{H.A^0}(X).$$

这表明 $(H.A)^0=H.A^0$. $\square$

5.24 系 1)设 A 为一(准)局部可积变差过程,则对任一停时 T,我们有 $((A^T)^0=(A^0)^T)$ $(A^T)^p=(A^p)^T$.

2)设 A 为一局部可积变差过程,则对任一可料时 T,我们有 $(A^{T-})^p=(A^p)^{T-}$,这里 $A^{T-}=AI_{[\![0,T[\![}+A_{T-}I_{[\![T,\infty[\![}$.

证明 在定理5.23中令 $H=I_{[\![0,T]\!]}(I_{[\![0,T[\![})$ 即得1)(2)). $\square$

5.25 定理 1)设 A 为一适应有限变差过程,H 为一存在可选投影的可测过程,使得 $H.A$ 为准局部可积变差过程,则 ${}^0H$ 关于 A 可积,且 $(H.A)^0=({}^0H).A$.

2）设 A 为一可料有限变差过程，H 为一存在可料投影的可测过程，使得 $H.A$ 为局部可积变差过程，则 ${}^pH$ 关于 A 可积，且 $(H.A)^p=({}^pH).A$.

证明 我们只证 1）. 令停时 $T_n\uparrow+\infty$，使得 $E\left[\int_{[0,T_n[}|H_s||dA_s|\right]<+\infty$. 由于 $|{}^oH|\leqslant{}^o(|H|)$，故

$$E\left[\int_{[0,T_n[}|{}^oH_s||dA_s|\right]\leqslant E\left[\int_{[0,T_n[}({}^o|H|)_s|dA_s|\right]$$
$$=E\left[\int_{[0,T_n[}|H_s||dA_s|\right]<+\infty.$$

从而 ${}^oH$ 关于 A 可积. 无妨假定 A 为增过程且 H 非负，则对一切非负有界可测过程 X，我们有（注意：$\mu_A=\mu_A^o$，${}^o({}^oHX)={}^o(H{}^oX)={}^oH{}^oX$）

$$\mu_{(H.A)^o}(X)=\mu_{H.A}({}^oX)=\mu_A(H{}^oX)$$
$$=\mu_A({}^oHX)=\mu_{{}^oH.A}(X).$$

这表明 $(H.A)^o={}^oH.A$. □

注 实际上，定理 5.23 及 5.25 可以统一在如下更一般的结果之中：设 A 为一（准）局部可积变差过程，H 为一可测过程，使得 $H.A$ 为（准）局部可积变差过程，则存在（可选）可料过程 K，使得 $((H.A)^o=K.A^o)$ $(H.A)^p=K.A^p$. 此外有 $(K=E_{\mu_A}[H|\mathscr{O}])$ $K=E_{\mu_A}[H|\mathscr{P}]$.

我们考虑准局部可积情形. 由于 $\mu_{H.A}$ 在 $\mathscr{F}\times\mathscr{B}(\mathbf{R}_+)$ 上关于 μ_A 绝对连续，且 $\dfrac{d\mu_{H.A}}{d\mu_A}=H$. 又由于 $\mu_{H.A}$ 限于可选 σ-域 $\mathscr{O}$ 为 σ-有限，故 H 对于 $|\mu_A|$ 关于 $\mathscr{O}$ 为 σ-可积，且有

$$\frac{d\mu_{H.A}}{d\mu_A}\Big|_{\mathscr{O}}=E_{\mu_A}[H|\mathscr{O}].$$

记 $K=E_{\mu_A}[H|\mathscr{O}]$，则 $(H.A)^o=K.A^o$. 此外，若 H 可选或者 A 适应且 H 有可选投影，则易见 $K={}^oH$，$|\mu_A|$-a.e.. 于是得到定理 5.23 及 5.25.

5.26 定理 1）设 A 为一准局部可积变差过程，S,T 为两个

停时，且 $S\leqslant T$，则对一切存在可选投影的非负可测过程 X，有

$$\boldsymbol{E}\left[\int_{[S,T[}{}^{o}X_s dA_s \mid \mathscr{F}_S\right]=\boldsymbol{E}\left[\int_{[S,T[}X_s dA_s^o \mid \mathscr{F}_S\right]$$

$$=\boldsymbol{E}\left[\int_{[S,T[}{}^{o}X_s dA_s^o \mid \mathscr{F}_S\right]. \quad (26.1)$$

2）设 A 为一局部可积变差过程，S,T 为两个可料时，且 $S\leqslant T$，则对一切存在可料投影的非负可测过程 X，有

$$\boldsymbol{E}\left[\int_{[S,T[}{}^{p}X_s dA_s \mid \mathscr{F}_{S-}\right]=\boldsymbol{E}\left[\int_{[S,T[}X_s dA_s^p \mid \mathscr{F}_{S-}\right]$$

$$=\boldsymbol{E}\left[\int_{[S,T[}{}^{p}X_s dA_s^p \mid \mathscr{F}_{S-}\right]. \quad (26.2)$$

证明 与定理 5.16 的证明完全类似，且也有与定理 5.16 类似的注． □

下一定理提供了计算对偶投影的跳的方法．

5.27 定理 1）设 A 为一准局部可积变差过程，则 ΔA 有可选投影：${}^{o}(\Delta A)=\Delta A^{o}$，即对一切停时 T，有

$$\Delta A_T^o I_{[T<\infty]}=\boldsymbol{E}[\Delta A_T I_{[T<\infty]} \mid \mathscr{F}_T] \quad \text{a.s.}. \quad (27.1)$$

2）设 A 为一局部可积变差过程，则 ΔA 有可料投影：${}^{p}(\Delta A)=\Delta A^{p}$，即对一切可料时 T，有

$$\Delta A_T^p I_{[T<\infty]}=\boldsymbol{E}[\Delta A_T I_{[T<\infty]} \mid \mathscr{F}_{T-}] \quad \text{a.s.}. \quad (27.2)$$

证明 我们只证 1），并假设 A 为增过程．由定理 5.8 知，A 有可选投影．由于 $A_-\leqslant A$，A_- 也有可选投影，从而 ΔA 的可选投影存在．于是，对一切停时 T，$\Delta A_T I_{[T<\infty]}$ 关于 $\mathscr{F}_T$ 为 σ-可积，并且对一切 $F\in\mathscr{F}_T$，有

$$\boldsymbol{E}[\Delta A_T^o I_{[T<\infty]} I_F]=\boldsymbol{E}\left[\int_{[0,\infty[} I_{[\![T_F]\!]}(\cdot,s)dA_s^o\right]$$

$$=\boldsymbol{E}\left[\int_{[0,\infty[} I_{[\![T_F]\!]}(\cdot,s)dA_s\right]$$

$$=\boldsymbol{E}[\Delta A_T I_{[T<\infty]} I_F],$$

即(27.1)成立． □

5.28 系 1）设 A 为一准局部可积变差过程．若 A 连续，则 A^o 亦然．若 ΔA 有界，则 ΔA^o 亦然．

2）设 A 为一局部可积变差过程．若 A 连续，则 A^p 亦然，若 ΔA 有界，则 ΔA^p 亦然．

3）设 A 为一适应局部可积增过程，则 A^p 连续当且仅当 A 拟左连续（见定义 4.22）.

在下一定理中给出两个简单的对偶投影的例子．

5.29 定理 1）设 T 为一停时，ξ 为一实值随机变量．为要 $A=\xi I_{[\![T,\infty[\![}$ 为准局部可积变差过程，必须且只需 $\xi I_{[T<\infty]}$ 关于 $\mathscr{F}_T$ 为 σ-可积．这时 A 的可选对偶投影为

$$A^0=\boldsymbol{E}[\xi I_{[T<\infty]}|\mathscr{F}_T]I_{[\![T,\infty[\![}.$$

2）设 T 为一可料时，ξ 为一实值随机变量．为要 $A=\xi I_{[\![T,\infty[\![}$ 为局部可积变差过程，必须且只需 $\xi I_{[T<\infty]}$ 关于 $\mathscr{F}_{T-}$ 为 σ-可积．这时 A 的可料对偶投影为

$$A^p=\boldsymbol{E}[\xi I_{[T<\infty]}|\mathscr{F}_{T-}]I_{[\![T,\infty[\![}.$$

证明 我们只证 1)．必要性．令停时 $T_n\uparrow+\infty$，使得对每个 n，$\boldsymbol{E}[A_{T_n}-I_{[T_n>0]}]<+\infty$．注意到 $A_{T_n}-I_{[T_n>0]}=\xi I_{[T_n>T]}$．取 $F_n=[T=\infty]\cup[T_n>T]\in\mathscr{F}_T$，则 $F_n\uparrow\Omega$，且对每个 n，$\xi I_{[T<\infty]}I_{F_n}=A_{T_n}-I_{[T_n>0]}$ 可积，故 $\xi I_{[T<\infty]}$ 关于 $\mathscr{F}_T$ 为 σ-可积．

充分性．无妨设 ξ 非负．令 μ_A 为 A 产生的测度，则对一切非负有界可测过程 X，有

$$\begin{aligned}\mu_A({}^0X)&=\boldsymbol{E}[{}^0X_T\xi I_{[T<\infty]}]\\&=\boldsymbol{E}[{}^0X_TI_{[T<\infty]}\boldsymbol{E}[\xi I_{[T<\infty]}|\mathscr{F}_T]]\\&=\boldsymbol{E}[X_TI_{[T<\infty]}\boldsymbol{E}[\xi I_{[T<\infty]}|\mathscr{F}_T]]\\&=\mu_B(X),\end{aligned}$$

其中 $B=\boldsymbol{E}[\xi I_{[T<\infty]}|\mathscr{F}_T]I_{[\![T,\infty[\![}$．由于 B 适应，由定理 5.23 及定义 5.21 知，A 为准局部可积，且 $B=A^0$. □

最后，我们证一个今后有用的结果．

5.30 定理 设 A,B 为两个可积变差过程．

1）为了 A 与 B 有相同的可选对偶投影，必须且只需对一切停时 T，有

$$\boldsymbol{E}[A_\infty - A_{T-}I_{[T>0]}] = \boldsymbol{E}[B_\infty - B_{T-}I_{[T>0]}]. \qquad (30.1)$$

(即$(A_\infty - A_{t-}I_{[t>0]})$与$(B_\infty - B_{t-}I_{[t>0]})$有相同的可选投影.)特别,若 A 与 B 为适应过程,则为了 A 与 B 无区别,必须且只需对一切停时 T,(30.1)成立.

2) 为了 A 与 B 有相同的可料对偶投影,必须且只需

$$\boldsymbol{E}[A_0|\mathscr{F}_0] = \boldsymbol{E}[B_0|\mathscr{F}_0] \quad \text{a.s.}, \qquad (30.2)$$

且对一切停时 T,有

$$\boldsymbol{E}[A_\infty - A_T] = \boldsymbol{E}[B_\infty - B_T] \qquad (30.3)$$

(即$(A_\infty - A_t)$与$(B_\infty - B_t)$有相同的可料投影),或等价地,

$$\boldsymbol{E}[A_0|\mathscr{F}_0] = \boldsymbol{E}[B_0|\mathscr{F}_0] \quad \text{a.s.},$$

$$\boldsymbol{E}[A_\infty - A_t|\mathscr{F}_t] = \boldsymbol{E}[B_\infty - B_t|\mathscr{F}_t] \quad \text{a.s.}, \ t \geqslant 0. \qquad (30.4)$$

特别,若 A 与 B 为可料过程,则为了 A 与 B 无区别,必须且只需 $A_0=B_0$ a.s.,且对一切停时 T,(30.3)成立,或等价地,(30.4)成立.

证明 1)令 μ_A 及 μ_B 分别为 A 及 B 产生的测度,则(30.1)即为:对一切停时 T,$\mu_A([\![T,\infty[\![) = \mu_B([\![T,\infty[\![)$. 故必要性显然,往证充分性. 令 $\mathscr{C} = \{[\![T,\infty[\![: T \text{ 为停时}\}$,则 $\mathscr{C}$ 为 π-类,且产生可选 σ-域(定理 3.17). 此外,$\Omega \times \boldsymbol{R}_+ = [\![0,\infty[\![\in \mathscr{C}$. 由(30.1),$\mu_A$ 与 μ_B 限于 $\mathscr{C}$ 一致,故由单调类定理,μ_A 与 μ_B 限于可选 σ-域一致,从而 μ_A 与 μ_B 有相同的可选投影,即 A 与 B 有相同的可选对偶投影.

2) (30.3)即为:对一切停时 T,$\mu_A(]\!]T,\infty[\![) = \mu_B(]\!]T,\infty[\![)$,而(30.2)即为:对一切 $F \in \mathscr{F}_0$,$\mu_A([\![0_F]\!]) = \mu_B([\![0_F]\!])$. 令 $\mathscr{C} = \{[\![0_A]\!]: A \in \mathscr{F}_0\} \cup \{]\!]T,\infty[\![: T \text{ 为停时}\}$,则 $\mathscr{C}$ 为 π-类,且产生可料 σ-域(定理 3.21). 同样地,若 μ_A 与 μ_B 限于 $\mathscr{C}$ 一致,则限于 $\mathscr{P}$ 一致. 故 A 与 B 有相同的可料对偶投影当且仅当(30.2)及(30.3)成立. 同理,令

$$\mathscr{C}' = \{[\![0_A]\!]: A \in \mathscr{F}_0\} \cup \{B \times]t,\infty[: B \in \mathscr{F}_t,\ t \geqslant 0\},$$

则可证(30.4)也是一个充要条件. □

5.31 系 1）设 A 为一（适应）可积变差过程，B 为一可料可积变差过程．为要 B 为 A 的可料对偶投影，必须且只需 $B_0=\boldsymbol{E}[A_0|\mathscr{F}_0]$ 及${}^0A-B(A-B)$为一致可积鞅，其中${}^0A$为 A 的可选投影．

2）设 A 为一可积变差过程，则${}^0A-A^0$ 为一致可积鞅．

证明 1）对一切 $t\geqslant0$，${}^0A_t=\boldsymbol{E}[A_t|\mathscr{F}_t]$ a.s.．为要（30.4）成立，必须且只需 $B_0=\boldsymbol{E}[A_0|\mathscr{F}_0]$ a.s. 及对一切 $t\geqslant0$，

$$
{}^0A_t-B_t=\boldsymbol{E}[A_\infty-B_\infty|\mathscr{F}_t]\ \text{a.s.}.
$$

故得 1）的结论．

2）由 1），${}^0A-A^p$ 为一致可积鞅．另一方面，$A^0-A^p=A^0-(A^0)^p$ 也为一致可积鞅，故${}^0A-A^0$ 为一致可积鞅． □

§3. 应用于停时与过程的研究

5.32 定理 设 A 为一适应增过程，M 为一非负一致可积右连左极鞅，则对任何停时 T，有

$$
\boldsymbol{E}\Big[\int_{[0,T]}M_t dA_t\Big]=\boldsymbol{E}[M_TA_T]. \tag{32.1}
$$

证明 令 $X=M_TI_{[\![0,T]\!]}$．由于 $\boldsymbol{E}[M_T|\mathscr{F}_t]=M_{t\wedge T}$，$t\geqslant0$，$M^T$ 为 M_T 的可选投影，故${}^0X=M^TI_{[\![0,T]\!]}=MI_{[\![0,T]\!]}$．于是

$$
\begin{aligned}
\boldsymbol{E}[M_TA_T]&=\boldsymbol{E}\Big[\int_{[0,\infty[}X_t dA_t\Big]\\
&=\boldsymbol{E}\Big[\int_{[0,\infty[}{}^0X_t dA_t\Big]\\
&=\boldsymbol{E}\Big[\int_{[0,T]}M_t dA_t\Big].
\end{aligned}
$$
□

5.33 定理 1）设 A 为一适应增过程，对一切 $t\geqslant0$，A_t 可积，则为要 A 可料，必须且只需对任何非负有界右连左极鞅 M 及 $t>0$，有

$$
\boldsymbol{E}\Big[\int_{[0,t]}M_s dA_s\Big]=\boldsymbol{E}\Big[\int_{[0,t]}M_{s-}dA_s\Big]. \tag{33.1}
$$

2）设 A 为一适应可积增过程．为要 A 可料，必须且只需对

任何非负有界右连左极鞅 M，有

$$E\left[\int_{[0,\infty[} M_s dA_s\right] = E\left[\int_{[0,\infty[} M_{s-} dA_s\right]. \qquad (33.2)$$

证明 1）必要性由定理 5.13 可得，因为 $MI_{[\![0,t]\!]}$ 的可料投影是 $M_-I_{[\![0,t]\!]}$. 往证充分性. 首先，假设 A 可积. 令

$$\mathscr{C} = \{F \times [0,t]: t \geqslant 0,\ F \in \mathscr{F}\},$$

则 $\mathscr{C}$ 为 π-类，且 $\sigma(\mathscr{C}) = \mathscr{F} \times \mathscr{B}(\boldsymbol{R}_+)$，令 $C = F \times [0,t] \in \mathscr{C}$，$M$ 为 $E[I_F | \mathscr{F}_t]$）的右连左极修正，则 ${}^oI_C = MI_{[\![0,t]\!]}$，${}^pI_C = M_-I_{[\![0,t]\!]}$. 由 A 的适应性及(33.1)得

$$\mu_A(I_C) = \mu_A({}^oI_C) = \mu_A({}^pI_C),$$

其中 μ_A 为由 A 产生的测度. 令

$$\mathscr{G} = \{C \in \mathscr{F} \times \mathscr{B}(\boldsymbol{E}_+): \mu_A(I_C) = \mu_A({}^pI_C)\},$$

则 $\mathscr{G}$ 为 λ-类，且 $\mathscr{C} \subset \mathscr{G}$. 故 $\mathscr{G} = \sigma(\mathscr{C}) = \mathscr{F} \times \mathscr{B}(\boldsymbol{R}_+)$，即 μ_A 可料. 从而由定理 5.13 知 A 可料. 对一般情形，考虑 $A^n = (A_{t\wedge n})$. 由于 A^n 可积，由上所证，A^n 可料. 最终得 A 为可料过程.

2）若 M 为非负有界右连左极鞅，则 $M' = MI_{[\![0,t]\!]} + M_tI_{]\!]t,\infty[\![}$ 亦然. 由(33.2)，我们有

$$\begin{aligned}
&E\left[\int_{[0,t]} M_s dA_s\right] + E[M_t(A_\infty - A_t)] \\
&= E\left[\int_{[0,\infty[} M'_s dA_s\right] \\
&= E\left[\int_{[0,\infty[} M'_{s-} dA_s\right] \\
&= E\left[\int_{[0,t]} M_{s-} dA_s\right] + E[M_t(A_\infty - A_t)]. \qquad (33.3)
\end{aligned}$$

从(33.3)的两边减去 $E[M_t(A_\infty - A_t)]$ 即得(33.1). 由 1)，A 可料. □

作为定理 5.33 的一个应用，我们得到可料时的一个刻画.

5.34 定理 设 T 为一停时. 为要 T 为可料时，必须且只需对任何非负有界右连左极鞅 M，有

$$E[M_{T-}] = E[M_T].$$

证明 必要性由定理 4.41 推得，往证充分性．令 $A=I_{[\![T,\infty[\![}$，则 A 为适应可积增过程，且对任何非负有界右连左极鞅 M，有

$$E\left[\int_{[0,\infty[}M_s dA_s\right]=E[M_T I_{[T<\infty]}]$$
$$=E[M_{T-}I_{[T<\infty]}]$$
$$=E\left[\int_{[0,\infty[}M_{s-}dA_s\right]$$

（注意 $M_\infty=M_{\infty-}$）．由定理 5.33，A 可料，从而 T 为可料时．□

下一定理给出了绝不可及时的一个有用的刻画．

5.35 定理 设 $T>0$ 为一停时．为要 T 为绝不可及时，必须且只需存在一零初值一致可积鞅 M，使得 M 在 $[\![T]\!]$ 外连续，且在 $[T<\infty]$ 上，$\Delta M_T=1$.

证明 必要性．设 T 为绝不可及时．令 $A=I_{[\![T,\infty[\![}$，则 A 拟左连续，其可料对偶投影 A^p 连续（系 5.28.3)）．令 $M=A-A^p$，则 M 为零初值一致可积鞅（系 5.31.1)），且满足定理要求．

充分性．设存在一致可积鞅 M 满足定理要求，则对任何可料时 S，我们有

$$\Delta M_S=\Delta M_S I_{[S<\infty]}=\Delta M_T I_{[T=S<\infty]}=I_{[T=S<\infty]}.$$

由定理 4.41，$P([T=S<\infty])=E[\Delta M_S]=0$，故 T 为绝不可及时． □

下一定理给出拟左连续流（见定义 3.39）的一个刻画.

5.36 定理 为要流 $F=(\mathscr{F}_t)$ 为拟左连续的，必须且只需一切一致可积右连左极鞅为拟左连续的．

证明 必要性．设 $(\mathscr{F}_t)$ 拟左连续，M 为一致可积右连左极鞅，则对任何可料时 $T>0$，有

$$E[M_T I_{[T<\infty]}|\mathscr{F}_{T-}]=M_{T-}I_{[T<\infty]}\quad \text{a.s.}.$$

但 $\mathscr{F}_T=\mathscr{F}_{T-}$，$M_T I_{[T<\infty]}\in\mathscr{F}_T$，故 $\Delta M_T I_{[T<\infty]}=0$ a.s.，即 M 拟左连续．

充分性．设 $(\mathscr{F}_t)$ 非拟左连续，则存在一可料时 T，使得

$\boldsymbol{P}(T<\infty)>0$，且$\mathscr{F}_T\neq\mathscr{F}_{T-}$．取一集合 $H\in\mathscr{F}_T\backslash\mathscr{F}_{T-}$．令 $M=(I_H-\boldsymbol{E}[I_H|\mathscr{F}_{T-}])I_{[\![T,\infty[\![}$，则 M 为一致可积右连左极鞅（参见问题 5.3），但非拟左连续．□

5.37 定义 流 $\boldsymbol{F}=(\mathscr{F}_t)$ 称为**全连续的**，如果对任何停时 T，$\mathscr{F}_T=\mathscr{F}_{T-}$．显然，全连续性蕴含拟左连续性．

5.38 定理 下列命题等价：

1）一切停时为可料时，

2）一切一致可积右连左极鞅连续．

这时，$(\mathscr{F}_t)$ 为全连续的．

证明 1)⇒2)．首先，由定理 3.40 知，$(\mathscr{F}_t)$ 拟左连续．对任何停时 T 及一致可积右连左极鞅 M，由定理 5.36 知，$M_T=M_{T-}$ a.s.，因为 T 为可料时．因此，M 与 M_- 无区别，即 M 连续．这时 $(\mathscr{F}_t)$ 全连续是显然的．

2)⇒1)．由定理 5.34 即得．□

5.39 定理 设 $A\in\mathscr{F}\times\mathscr{B}(\boldsymbol{R}_+)$，则 $A'=[{}^p(I_A)>0]$ 为唯一的可料集（不计一不足道集），使得对任何可料时 T，$A[\![T]\!]$ 为不足道集当且仅当 $A'[\![T]\!]$ 为不足道集．A' 称为 A 的**可料支集**．

证明 设 T 为可料时，由于

$$ {}^p(I_A)_T I_{[T<\infty]}=\boldsymbol{E}[(I_A)_T I_{[T<\infty]}|\mathscr{F}_{T-}] \quad \text{a.s.}, $$

易见

$$ {}^p(I_A)_T I_{[T<\infty]}=0 \quad \text{a.s.}\Leftrightarrow(I_A)_T I_{[T<\infty]} \quad \text{a.s.}, $$

从而

$$ A[\![T]\!] \text{ 为不足道集}\Leftrightarrow(I_A)_T I_{[T<\infty]}|=0 \text{ a.s.} $$

$$ \begin{aligned} A'[\![T]\!] \text{ 为不足道集}&\Leftrightarrow(I_{A'})_T I_{[T<\infty]}=0 \text{ a.s.} \\ &\Leftrightarrow {}^p(I_A)_T I_{[T<\infty]}=0 \text{ a.s.}. \end{aligned} $$

因此，$A[\![T]\!]$ 为不足道集⇔$A'[\![T]\!]$ 为不足道集．唯一性由截口定理推得．□

5.40 引理 设 $A_n\in\mathscr{F}\times\mathscr{B}(\boldsymbol{R}_+)$，$A_n'$ 为 A_n 的可料支集，$n\geqslant 1$，则 $\bigcup\limits_n A_n'$ 是 $\bigcup\limits_n A_n$ 的可料支集．

证明 由可料支集的定义即得． □

5.41 引理 设 A 为一局部可积增过程，则 $[\Delta A^p \neq 0]$ 为 $[\Delta A\neq 0]$ 的可料支集，其中 A^p 为 A 的可料对偶投影．

证明 对任何可料时 T，$\Delta A_T^p I_{[T<\infty]}=\boldsymbol{E}[\Delta A_T I_{[T<\infty]}|\mathscr{F}_{T-}]$，$[\Delta A\neq 0]⟦T⟧$ 为不足道集 $\Leftrightarrow \Delta A_T I_{[T<\infty]}=0$ a.s. $\Leftrightarrow \Delta A_T^p I_{[T<\infty]}=0$ a.s. $\Leftrightarrow [\Delta A^p\neq 0]⟦T⟧$ 为不足道集．因此，$[\Delta A^p\neq 0]$ 为 $[\Delta A\neq 0]$ 的可料支集． □

5.42 定理 任一稀疏集的可料支集是一列可料时的图的并．

证明 由引理 5.40，只需对集合 $⟦T⟧$ 证明定理成立，其中 $T>0$ 为一停时．令 $A=I_{⟦T,\infty⟦}$，则 A 为可积增过程．由引理 5.41，$[\Delta A^p\neq 0]$ 是 $[\Delta A\neq 0]=⟦T⟧$ 的可料支集．显然，$[\Delta A^p\neq 0]$ 是一列可料时的图的并． □

5.43 系 设 A 为一稀疏集，A' 为其可料支集．

1) A 为绝不可及集 $\Leftrightarrow A'$ 为不足道集．

2) A 为可料集 $\Leftrightarrow A=A'$．这时 A 可表为一列可料时的图的并．

3) A 为可及集 $\Leftrightarrow A\subset A'$．这时 A 可表为一列可及时的图的并．

§4. Doob-Meyer 分解定理

5.44 定义 令 $\mathscr{T}$ 为停时全体．一可测过程 X 称为类$(\boldsymbol{D})$过程，如果 $\{X_T I_{[T<\infty]}: T\in\mathscr{T}\}$ 为一致可积随机变量族．

由 Doob 停止定理不难看出，一切一致可积右连左极鞅或非负右闭右连左极下鞅是类(D)过程．

5.45 定理 设 $A=(A_t)$ 为一零初值可料可积增过程，$Z=(Z_t)$ 为 $(A_\infty - A_t)$ 的可选投影，则 Z 为类(D)位势，A 由 Z 唯一确定．Z 称为**由 A 产生的位势**．

证明 我们早已知道，$(\boldsymbol{E}[A_\infty|\mathscr{F}_t])$ 的右连左极修正是 A_∞ 的可选投影，故 Z 为右连左极，且 $Z_t=\boldsymbol{E}[A_\infty|\mathscr{F}_t]-A_t$ a.s.，对 $s<t$，

有

$$\begin{aligned}\boldsymbol{E}[Z_t|\mathscr{F}_s]&=\boldsymbol{E}[A_\infty|\mathscr{F}_s]-\boldsymbol{E}[A_t|\mathscr{F}_s]\\&\leqslant\boldsymbol{E}[A_\infty|\mathscr{F}_s]-A_s=Z_s\ \text{a.s.},\end{aligned}$$

即 Z 为非负上鞅. 另一方面,有

$$\lim_{t\to\infty}\boldsymbol{E}[Z_t]=\lim_{t\to\infty}\boldsymbol{E}[A_\infty-A_t]=0.$$

故 Z 为一位势. 最后,$Z_t\leqslant\boldsymbol{E}[A_\infty|\mathscr{F}_t]$ a.s.,故 Z 为类(D)过程. 设 μ_A 为由 A 产生的测度,则 μ_A 为有限测度,$\mu_A(⟦0⟧)=0$,且对任何停时 S,有

$$\mu_A(⟧S,\infty⟦)=\boldsymbol{E}[A_\infty-A_S]=\boldsymbol{E}[Z_S]. \tag{45.1}$$

故 μ_A 限于可料 σ-域上由 Z 唯一确定. 由于 A 可料,所以 A 也由 Z 唯一确定. □

由定理 5.45,自然会提出这样一个问题:是否任一类(D)位势都由一可料可积增过程产生. 回答是肯定的. 事实上,(45.1)正是解决这问题的关键.

令 $\mathscr{C}$ 为由

$$\{⟦0_F⟧:F\in\mathscr{F}_0\}\cup\{⟧S,T⟧:S\leqslant T\ \text{为停时}\}$$

产生的域,则 $\mathscr{C}$ 产生 $\mathscr{P}$,且 $\mathscr{C}$ 中的每个元素具有形式 $⟦0_F⟧\cup(\bigcup_{i=1}^{m}⟧U_i,V_i⟧)$,其中 $F\in\mathscr{F}_0$, U_i,V_i, $i=1,\cdots,m$,为停时. 令 S_1 为 $H\cap⟧0,\infty⟦$ 的初遇,T_1 为 $H^c\cap⟧S_1,\infty⟦$ 的初遇,S_2 为 $H\cap⟧T_1,\infty⟦$ 的初遇,T_2 为 $H^c\cap⟧S_2,\infty⟦$ 的初遇等等,则 H 可唯一地表示为

$$H=⟦0_F⟧\cup⟧S_1,T_1⟧\cup\cdots\cup⟧S_n,T_n⟧,$$

其中 $F\in\mathscr{F}_0$, S_i,T_i, $i=1,\cdots n$,为停时;在$[S_i<\infty]$上,$S_i<T_i$, $i=1,\cdots,n$;在$[T_i<\infty]$上,$T_i<S_{i+1}$, $i=1,\cdots,n-1$. 称 H 的这种表示为**典则表示**,并令

$$\overline{H}=⟦0_F⟧\cup⟦S_1,T_1⟧\cup\cdots\cup⟦S_n,T_n⟧.$$

5.46 引理 设 $Z=(Z_t)$ 为一类(D)位势,$Z_\infty=0$,设 $H\in\mathscr{C}$,其典则表示为

$$H=⟦0_F⟧\cup⟧S_1,T_1⟧\cup\cdots\cup⟧S_n,T_n⟧. \tag{46.1}$$

定义

$$\mu(H) = \boldsymbol{E}[Z_{S_1} - Z_{T_1}] + \cdots + \boldsymbol{E}[Z_{S_n} - Z_{T_n}]. \quad (46.2)$$

则 μ 为 $\mathscr{C}$ 上的有限测度.

证明 首先，我们证明如下事实：对任给 $\varepsilon>0$ 及 $H\in\mathscr{C}$，存在 $K\in\mathscr{C}$，使得 $\overline{K}\subset H$，$K\cap[\![0]\!]=\varnothing$，且 $\mu(H)\leqslant\mu(K)+\varepsilon$. 为此，不妨假定 H 为形如 $]\!]S,T]\!]$ 的随机区间，$S\leqslant T$，且在 $[S<\infty]$ 上，$S<T$. 令

$$S_n = \left(S + \frac{1}{n}\right)_{[S+\frac{1}{n}<T]}, \quad T_n = T_{[S+\frac{1}{n}<T]}.$$

我们有 $S_n\geqslant S$，$S=\lim\limits_n S_n$，在 $[S<\infty]$ 上，$S_n>S$. 同时，$T_n\geqslant T$，$T=\lim\limits_n T_n$，在 $[S_n<\infty]$ 上，$T=T_n$. 于是，对每个 n，$[\![S_n,T_n]\!]\subset]\!]S,T]\!]$. 由于 Z 为右连续类(D)过程.

$$Z_{S_n}\xrightarrow{L^1}Z_S,\ Z_{T_n}\xrightarrow{L^1}Z_T,$$

$$\lim_n \boldsymbol{E}[Z_{S_n} - Z_{T_n}] = \boldsymbol{E}[Z_S - Z_T].$$

取 n 充分大，使得 $\boldsymbol{E}[Z_{S_n}-Z_{T_n}]\geqslant\boldsymbol{E}[Z_S-Z_T]-\varepsilon$，并令 $K=]\!]S_n,T_n]\!]$，则 K 满足要求.

μ 的有限性及有限可加性是显然的，只需证明 μ 的可列可加性，或等价地，$H_n\in\mathscr{C}$，$H_n\downarrow\varnothing\Rightarrow\mu(H_n)\downarrow 0$. 对任给 $\varepsilon>0$，取 $K_n\in\mathscr{C}$，使得 $K\cap[\![0]\!]=\varnothing$，$\overline{K}_n\subset H_n$ 及 $\mu(H_n)\leqslant\mu(K_n)+\varepsilon 2^{-n}$. 令 $L_n=K_1\cap\cdots\cap K_n$，则对一切 n，$L_n\in\mathscr{C}$，$\overline{L}_n\subset H$，且

$$\mu(H_n) \leqslant \mu(L_n) + \varepsilon. \quad (46.3)$$

另一方面，$\overline{L}_n\downarrow\varnothing$. 令 D_n 为 $\overline{L}_n$ 的初遇，则 $[\![D_n]\!]\subset\overline{L}_n$，$D_n\uparrow+\infty$. 由于 $L_n\subset]\!]D_n,\infty[\![$，有

$$\mu(L_n) \leqslant \mu(]\!]D_n,\infty[\![) = \boldsymbol{E}[Z_{D_n} - Z_\infty] = \boldsymbol{E}[Z_{D_n}].$$

注意到 $Z_{D_n}\xrightarrow{L^1}0$（$Z$ 为类(D)位势），我们有 $\lim\limits_n\mu(L_n)=0$. 由(46.3)，有 $\lim\limits_n\mu(H_n)\leqslant\varepsilon$. 令 $\varepsilon\downarrow 0$ 得 $\lim\limits_n\mu(H_n)=0$. □

5.47 定理 设 Z 为一类(D)位势，则存在唯一的可料可积增过程 A，使得 Z 由 A 产生.

证明 唯一性已包含在定理 5.45 之中，只需证存在性. 将按(46.2)定义的 $\mathscr{C}$ 上的有限测度 μ 唯一地扩张到可料 σ-域上，仍用 μ 表示之，μ 在不足道集上无负荷. 事实上，对任何不足道集 H，其初遇 $D_H(=+\infty$ a.s.$)$为可料时，且

$$H \subset [\![0_F]\!] \cup]\!] 0_F, \infty [\![,$$

其中 $F=[D_H<\infty]\in\mathscr{F}_0$. 由于 $\boldsymbol{P}(F)=0$，$0_F=+\infty$ a.s.，我们有 $\mu(H)=0$.

对任何非负有界可测过程 X，定义

$$\overline{\mu}(X) = \mu({}^pX), \qquad (47.1)$$

则 $\overline{\mu}$ 为 $\mathscr{F}\times\mathscr{B}(\boldsymbol{R}_+)$ 上的有限测度，且在不足道集上无负荷. 由于 $\overline{\mu}$ 是 μ 的扩张，由(47.1)知，$\overline{\mu}(X)=\overline{\mu}({}^pX)$，即 $\overline{\mu}$ 是可料的. 由定理 5.11 及 5.13，存在唯一的可料可积增过程 A，使得 $\overline{\mu}$ 为由 A 产生的测度. $\boldsymbol{E}[A_0]=\overline{\mu}([\![0]\!])=\mu([\![0]\!])=0$，故 $A_0=0$ a.s.. 此外，由(46.2)，对任何停时 S，有

$$\boldsymbol{E}[A_\infty - A_S] = \mu(]\!] S, \infty [\![) = \boldsymbol{E}[Z_S].$$

这表明 Z 是$(A_\infty - A_t)$的可选投影，即由 A 产生的位势. □

作为这一定理的一个重要推论，我们得到下列类(D)上鞅的 **Doob-Meyer 分解定理**.

5.48 定理 设 X 为一右连续类(D)上鞅，则 X 可唯一地分解为：

$$X = M - A, \qquad (48.1)$$

其中 M 为一致可积鞅，A 为零初值可料可积增过程. (48.1)称为 X 的 **Doob-Meyer 分解**.

证明 存在性. 令

$$Z_t = X_t - \boldsymbol{E}[X_\infty | \mathscr{F}_t],$$

则 $Z=(Z_t)$为类(D)位势. 由定理 5.47，存在可料可积增过程 A，使得

$$Z_t = \boldsymbol{E}[A_\infty | \mathscr{F}_t] - A_t.$$

令 $M_t=\boldsymbol{E}[X_\infty + A_\infty | \mathscr{F}_t]$，则 $X=M-A$ 为 X 的 Doob-Meyer 分解.

唯一性．设 $X=\overline{M}-\overline{A}$ 为另一 Doob－Meyer 分解，则 $A-\overline{A}=\overline{M}-M$ 既是一致可积鞅，又是可料可积变差过程．由系 5.31，$A-\overline{A}=0$，从而 $A=\overline{A}$，$M=\overline{M}$．□

5.49 定义 设 X 为一致可积右连左极上鞅．X 称为**正则的**，如果对每个可料时 $T>0$，有

$$\boldsymbol{E}[X_{T-}]=\boldsymbol{E}[X_T],$$

或等价地，$X_{T-}=\boldsymbol{E}[X_T\mid\mathscr{F}_{T-}]$（因为由定理 4.41，$X_{T-}\geqslant\boldsymbol{E}[X_T\mid\mathscr{F}_{T-}]$）．

由定义知，拟左连续的右连左极上鞅为正则的；一致可积的右连左极鞅为正则的；正则的可料一致可积右连左极上鞅必连续．下列定理也是显然的．

5.50 定理 设 X 为一类（D）右连左极上鞅，$X=M-A$ 为其 Doob-Meyer 分解．为要 A 连续，必须且只需 X 为正则的．

§5. 离散型流

5.51 定义 假设

i）$(\mathscr{G}_n)_{n\geqslant0}$ 为一离散参数流；

ii）$(T_n)_{n\geqslant0}$ 为一列严格增的随机变量（即 $\forall\ n\geqslant0,T_n<\infty\Rightarrow T_n<T_{n+1}$），且 $T_0=0,T_n\uparrow+\infty$，

iii）$\forall\ n\geqslant1,T_n$ 为 $\mathscr{G}_n$-可测．

定义

$$\bigcup_{n=0}^{\infty}(\mathscr{G}_n\cap[T_n\leqslant t<T_{n+1}])$$

$$=\{\dot{\bigcup_{n=0}^{\infty}}A_n[T_n\leqslant t<T_{n+1}]:A_n\in\mathscr{G}_n,n\geqslant0\},\quad t\geqslant0,\tag{51.1}$$

并记为 $\mathscr{F}_t$．易见，$\forall\ t\geqslant0,\mathscr{F}_t$ 为 σ-域，且 $\mathscr{F}_0=\mathscr{G}_0$．我们将证明 $\boldsymbol{F}=(\mathscr{F}_t)$ 为右连续流，称它为**离散型流**．它是本节讨论的对象．

5.52 定理 1）$\boldsymbol{F}=(\mathscr{F}_t)$ 为一右连续流．

2）$\forall\ n\geqslant1,T_n$ 为 $\boldsymbol{F}$-停时．

3) 若 $\mathscr{G}'_n=\mathscr{G}_n\vee\mathscr{N}$，$\mathscr{F}'_t=\bigcup_{n=0}^{\infty}(\mathscr{G}'_n\cap[T_n\leqslant t<T_{n+1}])$，其中 $\mathscr{N}$ 为 $\boldsymbol{P}$-零概集全体产生的 σ-域，则 $\boldsymbol{F}'=(\mathscr{F}'_t)$ 为 $\boldsymbol{F}$ 的通常化.

证明 令 $s<t$，$A\in\mathscr{F}_s$ 及 $A=\bigcup_{k=0}^{\infty}A_k[T_k\leqslant s<T_{k+1}]$，$A_k\in\mathscr{G}_k$，则

$$
\begin{aligned}
&A[T_n\leqslant t<T_{n+1}]\\
&=\{(\bigcup_{k=0}^{n-1}A_k[T_k\leqslant s<T_{k+1}])\cup(A_n[T_n\leqslant s])\}\\
&\cap[T_n\leqslant t<T_{n+1}]\in\mathscr{G}_n\cap[T_n\leqslant t<T_{n+1}].
\end{aligned}
$$

因此，$A\in\mathscr{F}_t$，从而 $\mathscr{F}_s\subset\mathscr{F}_t$. 往证 $\mathscr{F}_t=\bigcap_n\mathscr{F}_{t+\frac{1}{n}}$. 设 h 为 $(\bigcap_n\mathscr{F}_{t+\frac{1}{n}})$-可测，则对一切 $n\geqslant1$，

$$h=\sum_{k=1}^{\infty}h_k^{(n)}I_{[T_n\leqslant t+\frac{1}{n}<T_{k+1}]},\ h_k^{(n)}\in\mathscr{G}_k.$$

令 $h_k=\limsup_{n\to\infty}h_k^{(n)}$. 对每个 $\omega\in[T_k\leqslant t<T_{k+1}]$，存在正整数 n_ω，使得

$$
\begin{aligned}
n>n_\omega&\Rightarrow\omega\in[T_k\leqslant t+\frac{1}{n}<T_{k+1}]\\
&\Rightarrow h(\omega)=h_k^{(n)}(\omega)=h_k(\omega).
\end{aligned}
$$

显然，$h_k\in\mathscr{G}_k$，故

$$h=\sum_{k=0}^{\infty}h_kI_{[T_k\leqslant t<T_{k+1}]}\in\mathscr{F}_t.$$

这表明 $\mathscr{F}_t=\mathscr{F}_{t+}$.

对一切 $n\geqslant1$，$t\geqslant0$，有

$$[T_n\leqslant t]=\bigcup_{k=n}^{\infty}[T_k\leqslant t<T_{k+1}]\in\mathscr{F}_t.$$

所以，T_n 为停时.

第三个结论是显然的. □

5.53 定理 为要 $\mathscr{F}_\infty=\mathscr{G}_\infty$，必须且只需对每个 $n\geqslant0$，有

$$\mathscr{G}_n\cap[T_{n+1}=\infty]=\mathscr{G}_\infty\cap[T_{n+1}=\infty].\qquad(53.1)$$

证明 令 $\mathscr{F}_\infty=\bigvee_{t\geqslant0}\mathscr{F}_t$，$\mathscr{G}_\infty=\bigvee_{n\geqslant0}\mathscr{G}_n$，易见 $\mathscr{F}_\infty\subset\mathscr{G}_\infty$.

充分性. 设 $A\in\mathscr{G}_n$，则对每个 $t\geqslant0$，有

$$A[T_n \leqslant t] = \bigcup_{k=n}^{\infty} A[T_k \leqslant t < T_{k+1}] \in \mathscr{F}_t \subset \mathscr{F}_\infty.$$

(我们顺便证得 $\mathscr{G}_n \subset \mathscr{G}_{T_n}$.)因此,$A[T_n < \infty] \in \mathscr{F}_\infty$. 另一方面,

$$A[T_n = \infty] = \bigcup_{k=1}^{n} A[T_{k-1} < \infty, T_k = \infty]. \qquad (53.2)$$

由(53.1),$A[T_k = \infty] = A_{k-1}[T_k = \infty]$,$A_{k-1} \in \mathscr{G}_{k-1}$. 已证 $A_{k-1}[T_{k-1} < \infty] \in \mathscr{F}_\infty$,故

$$A[T_{k-1}] < \infty, T_k = \infty] = A_{k-1}[T_{k-1} < \infty][T_k = \infty] \in \mathscr{F}_\infty.$$

由(53.2)有 $A[T_n = \infty] \in \mathscr{F}_\infty$,从而 $A \in \mathscr{F}_\infty$, $\mathscr{G}_n \subset \mathscr{F}_\infty$,$\mathscr{G}_\infty \subset \mathscr{F}_\infty$.

必要性. 对 $t \geqslant 0$ 及 $A \in \mathscr{F}_t$,有

$$A[T_{n+1} = \infty] = \{(\bigcup_{k=n}^{n-1} A_k[T_k \leqslant t < T_{k+1}]) \cup (A_n[T_n \leqslant t])\}[T_{n+1} = \infty], \ A_k \in \mathscr{G}_k.$$

故 $A[T_{n+1} = \infty] \in \mathscr{G}_n \cap [T_{n+1} = \infty]$,即 $\mathscr{F}_t \cap [T_{n+1} = \infty] \subset \mathscr{G}_n \cap [T_{n+1} = \infty]$,从而

$$\mathscr{G}_\infty \cap [T_{n+1} = \infty] = \mathscr{F}_\infty \cap [T_{n+1} = \infty] \subset \mathscr{G}_n \cap [T_{n+1} = \infty],$$

这表明(53.1)成立. □

该定理表明,为了保证 $\mathscr{F}_\infty = \mathscr{G}_\infty$, $\mathscr{G}_n$ 的增长不能落后于 T_n 的增长. 为了使(53.1)得到满足,只需将 $\mathscr{G}_n$ 代之以$(\mathscr{G}_n \cap [T_{n+1} < \infty]) \cup (\mathscr{G}_\infty \cap [T_{n+1} = \infty])$,即适当地扩大 $\mathscr{G}_n$. 另一方面,我们希望能有 $\mathscr{G}_n = \mathscr{F}_{T_n}$ 对一切 n 成立. 以后将会看到,为此目的,(53.2)是必要的. 因此,在本节往后我们总假设 $\mathscr{F}_\infty = \mathscr{G}_\infty$成立.

5.54 定理 为要 $T \geqslant 0$ 为一停时,必须且只需对每个 $n \geqslant 0$,存在 $R_n \in \mathscr{G}_n$,使得

$$T_{[T < T_{n+1}]} = (R_n)_{[R_n < T_{n+1}]}, \qquad (54.1)$$

或等价地,下列任一条件成立:

$$T < T_{n+1} \Rightarrow R_n = T \text{ 和 } T \geqslant T_{n+1} \Rightarrow R_n \geqslant T_{n+1}, \qquad (54.2)$$

$$R_n < T_{n+1} \Rightarrow T = R_n \text{ 和 } R_n \geqslant T_{n+1} \Rightarrow T \geqslant T_{n+1}, \qquad (54.3)$$

$$T < T_{n+1} \Leftrightarrow R_n < T_{n+1} \Rightarrow T = R_n, \qquad (54.4)$$

$$T \wedge T_{n+1} = R_n \wedge T_{n+1}. \tag{54.5}$$

证明 容易直接验证(54.1)—(54.5)之间的等价性.

充分性. 对一切 $t \geqslant 0$,有

$$[T \leqslant t] = \bigcup_{n=0}^{\infty} ([T \leqslant t][T_n \leqslant t < T_{n+1}])$$

$$= \bigcup_{n=0}^{\infty} ([R_n \leqslant t][T_n \leqslant t < T_{n+1}]),$$

因为在$[T_n \leqslant t < T_{n+1}]$上,$T \leqslant t \Rightarrow T < T_{n+1} \Rightarrow T = R_n$,以及 $R_n \leqslant t \Rightarrow R_n < T_{n+1} \Rightarrow R_n = T$. 由于 $R_n \in \mathscr{G}_n$,我们有$[T \leqslant t] \in \mathscr{F}_t$,故 T 为停时.

必要性. 对一切 $n \geqslant 0, t \geqslant 0$ 及 $A \in \mathscr{F}_t$,有

$$A[t < T_{n+1}] = \bigcup_{k=0}^{\infty} A_k [T_k \leqslant t < T_{k+1}]$$

$$\in \mathscr{G}_n \cap [t < T_{n+1}], \tag{54.6}$$

其中 $A_k \in \mathscr{G}_k$, $k = 0, \cdots, n$. 令 $F_r = [r < T_{n+1}], r \in \boldsymbol{Q}_+$. 由(54.6),存在 $G_r \in \mathscr{G}_n$,使得

$$[T < r]F_r = G_r F_r. \tag{54.7}$$

无妨设$(G_r, r \in \boldsymbol{Q}_+)$单调增. 事实上,当 $r' < r$ 时,有 $F_{r'} \supset F_r$,且

$$\begin{aligned} G_{r'} F_r &= G_{r'} F_{r'} F_r \\ &= [T < r'] F_{r'} F_r \\ &= [T < r'] F_r \subset [T < r] F_r \\ &= G_r F_r. \end{aligned}$$

故

$$[T < r] F_r = (\bigcup_{r' \leqslant r} G_{r'}) F_r.$$

如必要,可用$\bigcup_{r' \leqslant r} G_{r'}$代替 G_r. 现在定义

$$R_n(\omega) = \inf\{r \in \boldsymbol{Q}_+ : \omega \in G_r\}.$$

显然,$R_n \geqslant 0$,对 $t > 0$,$[R_n < t] = \bigcup_{r<t} G_r \in \mathscr{G}_n$,从而 $R_n \in \mathscr{G}_n$. 往证(54.4)成立. 若(54.4)不成立,$T(\omega)$与 $R_n(\omega)$中必有一个小于 $T_{n+1}(\omega)$且 $T(\omega) \neq R_n(\omega)$. 这时我们可取 $t < T_{n+1}(\omega)$,使得 $T(\omega) > t > R_n(\omega)$或 $R_n(\omega) > t > T(\omega)$. 在前一情形,取 $r \in \boldsymbol{Q}_+$,使得 $r < t$

及$\omega\in G_r$，则$\omega\notin[T<r]F_r$，但$\omega\in G_rF_r$. 这与(54.7)矛盾. 在后一情形，取$r\in\boldsymbol{Q}_+$，使得$T(\omega)<r<t$及$\omega\notin G_r$，则$\omega\notin G_rF_r$，但$\omega\in[T<r]F_r$. 这也与(54.7)矛盾. 总之，(54.4)必须成立. □

5.55 定理 1) 为要$X=(X_t)$为可选过程，必须且只需对每个$n\geqslant 0$，存在过程$X^{(n)}\in\mathscr{G}_n\times\mathscr{B}(\boldsymbol{R}_+)$，使得

$$X=\sum_{n=0}^{\infty}X^{(n)}I_{[\![T_n,T_{n+1}[\![}.\tag{55.1}$$

2) 为要$X=(X_t)$为可料过程，必须且只需对每个$n\geqslant 0$，存在过程$X^{(n)}\in\mathscr{G}_n\times\mathscr{B}(\boldsymbol{R}_+)$，使得

$$X=X_0I_{[\![0]\!]}+\sum_{n=0}^{\infty}X^{(n)}I_{]\!]T_n,T_{n+1}]\!]}.\tag{55.2}$$

证明 由于$\mathscr{G}_n\subset\mathscr{F}_{T_n}$，充分性显然，往证必要性.

1) 由单调类定理，只需对$X=I_{[\![T,\infty[\![}$证明(55.1)，其中T为一停时. 设$R_n\in\mathscr{G}_n$，$n\geqslant 0$，满足(54.2). 令

$$X^{(n)}=I_{[\![R_n,\infty[\![},$$

则$X^{(n)}\in\mathscr{G}_n\times\mathscr{B}(\boldsymbol{R}_+)$，且在$[T_n\leqslant t<T_{n+1}]$上，$T\leqslant t\Leftrightarrow R_n\leqslant t$，即

$$XI_{[\![T_n,T_{n+1}[\![}=X^{(n)}I_{[\![T_n,T_{n+1}[\![}.$$

故得(55.1)

2) 由单调类定理，只需对$X=I_{[\![0,T]\!]}$证明(55.2)，其中T为一停时. 现在令

$$X^{(n)}=I_{[\![0,R_n]\!]}.$$

同样地，我们有$X^{(n)}\in\mathscr{G}_n\times\mathscr{B}(\boldsymbol{R}_+)$，且在$[T_n<t\leqslant T_{n+1}]$上，$T<t\Leftrightarrow R_n<t$（例如$T<t\Rightarrow T<t\leqslant T_{n+1}\Rightarrow T=R_n<t$），即

$$XI_{]\!]T_n,T_{n+1}]\!]}=X^{(n)}I_{]\!]T_n,T_{n+1}]\!]}.$$

故得(55.2). □

5.56 定理 设T为一停时，则对每个$n\geqslant 0$，有

$$\mathscr{F}_T\cap[T_n\leqslant T<T_{n+1}]=\mathscr{G}_n\cap[T_n\leqslant T<T_{n+1}].\tag{56.1}$$

证明 由于$\mathscr{G}_n\subset\mathscr{F}_{T_n}$，我们有$\mathscr{G}_n\cap[T_n\leqslant T]\subset\mathscr{F}_T$，且

$$\mathscr{G}_n \cap [T_n \leqslant T < T_{n+1}] \subset \mathscr{F}_T \cap [T_n \leqslant T < T_{n+1}].$$

另一方面，若 $A \in \mathscr{F}_T$，则有可选过程 $X = \sum_{n=0}^{\infty} X^{(n)} I_{[\![T_n, T_{n+1} [\![}$，使得 $I_{A[T<\infty]} = X_T I_{[T<\infty]}$，$X^{(n)} \in \mathscr{G}_n \times \mathscr{B}(\boldsymbol{R}_+)$. 在$[T_n \leqslant T < T_{n+1}]$上，有 $I_A = X_T^{(n)} = X_{R_n}^{(n)}$，于是

$$A[T_n \leqslant T < T_{n+1}] = [X_{R_n}^{(n)} = 1][T_n \leqslant T < T_{n+1}], \tag{56.2}$$

其中 $R_n \in \mathscr{G}_n$ 如定理 5.54 中所确定. 由于$[X_{R_n}^{(n)} = 1] \in \mathscr{G}_n$，由(56.2)知

$$\mathscr{F}_T \cap [T_n \leqslant T < T_{n+1}] \subset \mathscr{G}_n \cap [T_n \leqslant T < T_{n+1}].$$

因此(56.1)成立. □

5.57 系

$$\mathscr{F}_{T_n} = \mathscr{G}_n,\ n \geqslant 0,$$

$$\mathscr{F}_{T_n-} = \mathscr{G}_{n-1} \vee \sigma\{T_n\},\ n \geqslant 1.$$

证明 对每个 $n \geqslant 0$，有

$$\begin{aligned}\mathscr{F}_n \cap [T_n < \infty] &= \mathscr{F}_{T_n} \cap [T_n \leqslant T_n < T_{n+1}] \\ &= \mathscr{G}_n \cap [T_n \leqslant T_n < T_{n+1}] \\ &= \mathscr{G}_n \cap [T_n < \infty].\end{aligned}$$

由(53.1)，有

$$\begin{aligned}\mathscr{F}_{T_n} \cap [T_n = \infty] &= \mathscr{F}_\infty \cap [T_n = \infty] \\ &= \mathscr{G}_\infty \cap [T_n = \infty] \\ &= \mathscr{G}_n \cap [T_n = \infty]\end{aligned}$$

(这里我们用到假设 $\mathscr{F}_\infty = \mathscr{G}_\infty$). 由于$[T_n < \infty] \in \mathscr{F}_{T_n} \cap \mathscr{G}_n$，故得 $\mathscr{F}_{T_n} = \mathscr{G}_n$.

对每个 $n \geqslant 1$，$T_{n-1} < \infty \Rightarrow T_{n-1} < T_n$，故 $\mathscr{F}_{T_{n-1}} \subset \mathscr{F}_{T_n-}$，且 $\mathscr{G}_{n-1} \vee \sigma\{T_n\} \subset \mathscr{F}_{T_n-}$. 另一方面，设 $A \in \mathscr{F}_t$，则

$$A[t < T_n] = \bigcup_{k=0}^{n-1} A_k [T_k \leqslant t < T_{k+1}],$$

$$A_k \in \mathscr{G}_k,\ 0 \leqslant k \leqslant n-1.$$

所以，$A[t<T_n]\in\mathscr{G}_{n-1}\vee\sigma\{T_n\}$，从而 $\mathscr{F}_{T_n-}\subset\mathscr{G}_{n-1}\vee\sigma\{T_n\}$. □

5.58 定理 设 $\mathscr{G}_0$ 完备，即 $\boldsymbol{F}$ 满足通常条件．为要停时 T 为可料时，必须且只需对每个 $n\geqslant 0$，存在 $R_n\in\mathscr{G}_n$，使得

$$T_{[T\leqslant T_{n+1}]}=(R_n)_{[R_n\leqslant T_{n+1}]},\tag{58.1}$$

或等价地，下列条件中的任一个成立：

$$T\leqslant T_{n+1}\Rightarrow R_n=T \text{ 和 } T>T_{n+1}\Rightarrow R_n>T_{n+1},\tag{58.2}$$

$$R_n\leqslant T_{n+1}\Rightarrow R_n=T \text{ 和 } R_n>T_{n+1}\Rightarrow T>T_{n+1},\tag{58.3}$$

$$R_n\leqslant T_{n+1}\Leftrightarrow T\leqslant T_{n+1}\Rightarrow T=R_n.\tag{58.4}$$

证明 不难直接验证(58.1)—(58.4)之间的等价性．

充分性． 令 $X=I_{[\![T,\infty[\![}$，$X^{(n)}=I_{[\![R_n,\infty[\![}$，$n\geqslant 1$，则(55.2)成立，其中 $X_0=I_{[T=0]}$，因为在$[T_n<t\leqslant T_{n+1}]$上，$T\leqslant t\Leftrightarrow R_n\leqslant t$. 由定理 5.55.2)，$X$ 为可料过程，故 T 为可料时．

必要性．设 T 为一可料时．令(S_k)为预报 T 的停时列，即 $S_k\uparrow T$，且在$[T>0]$上，对一切 k，$S_k<T$. 令 $U_{k,n}\in\mathscr{G}_n$，使得 $U_{k,n}\wedge T_{n+1}=S_k\wedge T_{n+1}$. 令

$$U'_{k,n}=\max_{1<j\leqslant k}U_{j,n},\ U_n=\lim_{k\to\infty}U'_{k,n},$$

$$F_n=\bigcup_{k=1}^{\infty}[U_n=U'_{k,n}],$$

$$R_n=U_n+I_{F_n[T>0]}.$$

易见 $R_n\in\mathscr{G}_n$. 往证(58.2)成立．

设 $T\leqslant T_{n+1}$，$n\geqslant 0$. 若 $T=0$，则对一切 k，$S_k=0$，从而 $U_{k,n}=0$，$U'_{k,n}=0$，$U_n=0$，$R_n=0$，且 $R_n=T$. 若 $T>0$，则对一切 k，$S_k<T_{n+1}$. 这时必有 $S_k=U_{k,n}$. 由于 $S_k\uparrow T$，故有 $U'_{k,n}=S_k$，$U_n=T$. 注意到 $S_k<T$，$I_F=0$，故得 $R_n=V_n=T$.

设 $T>T_{n+1}$(故 $T>0$)，对充分大的 k，有 $S_k>T_{n+1}$，故 $U_{k,n}\geqslant T_{n+1}$. $U'_{k,n}\geqslant T_{n+1}$. 若 $I_F=0$，则 $U_n>U'_{k,n}\geqslant T_{n+1}$，$R_n=U_n>T_{n+1}$. 若 $I_F=1$，则 $U_n\geqslant U'_{k,n}\geqslant T_{n+1}$，$R_n=U_n+1>T_{n+1}$. □

注 定理的充分性证明未用到流为完备的假设，必要性对任一可预报停时成立．

5.59 系 设对某个 $k\geqslant 0, T\in\mathscr{F}_{T_k}, T\geqslant T_k$，且 $T_k<\infty\Rightarrow T_k<T$，则 T 为可料时．

证明 令

$$R_n=\begin{cases}\infty, n<k,\\ T, n\geqslant k.\end{cases}$$

显然，$R_n\in\mathscr{G}_n$，只需证明(58.2)成立．当 $n\geqslant k$ 时，(58.2)显然成立，因为 $R_n=T$，当 $n<k$ 时，有 $R_n=\infty, T>T_{n+1}\Rightarrow T_{n+1}<\infty\Rightarrow R_n>T_{n+1}$. 余下只要证明 $T\leqslant T_{n+1}\Rightarrow T=R_n$. $T=\infty$ 时这是显然的．但是$[T<\infty, T\leqslant T_{n+1}]=\varnothing$. 事实上，若 $n+1<k$，则 $T<\infty$，故 $T\leqslant T_{n+1}$是不可能的，因为 $T\geqslant T_k$. 若 $n+1=k$，则 $T\leqslant T_{n+1}\Rightarrow T=T_k$，但 $T_k<\infty\Rightarrow T_k<T$. □

5.60 系 设$\mathscr{G}_0$ 完备．对任一 $n\geqslant 1$，T_n 为可料时当且仅当 $T_n\in\mathscr{G}_{n-1}$.

证明 对 T_n 应用定理 5.58 得必要性：存在 $R_{n-1}\in\mathscr{G}_{n-1}$，使得 $T_n=R_{n-1}$. 充分性由系 5.59 可得，只需取 $T=T_n, k=n-1$. □

5.61 定理 设 T 为一可预报的停时，则对每个 $n\geqslant 0$，有

$$\begin{aligned}&\mathscr{F}_{T-}\cap[T_n<T\leqslant T_{n+1}, T<\infty]\\&=\mathscr{G}_n\cap[T_n<T\leqslant T_{n+1}, T<\infty].\end{aligned}\tag{61.1}$$

证明 由于 $\mathscr{G}_n=\mathscr{F}_{T_n}, \mathscr{G}_n\cap[T_n<T]\in\mathscr{F}_{T-}$，故

$$\mathscr{G}_n\cap[T_n<T\leqslant T_{n+1}]\subset\mathscr{F}_{T-}\cap[T_n<T\leqslant T_{n+1}].$$

设 $A\in\mathscr{F}_{T-}$，则有可料过程 $X=\sum_{n=0}^{\infty}X^{(n)}I_{]\!]T_n, T_{n+1}]\!]}+X_0I_{[\![0]\!]}$，使得 $X_TI_{[T<\infty]}=I_AI_{[T<\infty]}, X^{(n)}\in\mathscr{G}_n\times\mathscr{B}(\boldsymbol{R}_+)$，从而

$$\begin{aligned}&A[T_n<T\leqslant T_{n+1}, T<\infty]\\&=[X_{R_n}^{(n)}I_{[R_n<\infty]}=1][T_n<T\leqslant T_{n+1}, T<\infty],\end{aligned}$$

$$\begin{aligned}&\mathscr{F}_{T-}\cap[T_n<T\leqslant T_{n+1}, T<\infty]\\&\subset\mathscr{G}_n\cap[T_n<T\leqslant T_{n+1}, T<\infty],\end{aligned}$$

其中 $R_n\in\mathscr{G}_n$ 如定理 5.58 中所确定，故得(61.1). □

5.62 定理 为要停时 T 为绝不可及时，必须且只需

$$[\![T]\!] \subset \bigcup_{n=1}^{\infty} [\![T_n^i]\!], \tag{62.1}$$

其中 T_n^i 为 T_n 的绝不可及部分.

证明 充分性是容易的：对任何可料时 S，有

$$\boldsymbol{P}(T = S < \infty) \leqslant \sum_{n=1}^{\infty} \boldsymbol{P}(T_n^i = S < \infty) = 0.$$

往证必要性. 首先，对每个 $n \geqslant 0$，在 $[T_n < T < T_{n+1}]$ 上，T 是可预报的. 事实上，存在 $R_n \in \mathscr{F}_{T_n}$ 满足(54.2). 令 $S_k = T_n \vee \left(R_n - \frac{1}{k}\right)$，$k \geqslant 1$，则 $S_k \geqslant T_n$ 且 $S_k \in \mathscr{F}_{T_n}$，故 S_k 为停时. 在 $[T_n < T < T_{n+1}]$ 上，$S_k < T = R_n$，$k \geqslant 1$，且 $S_k \uparrow T$. 因此，若 T 为绝不可及时，必有 $\boldsymbol{P}(T_n < T < T_{n+1}) = 0$，$n \geqslant 0$. 另一方面，$\boldsymbol{P}(T = T_n^a < \infty) = 0$，$n \geqslant 1$，故得(62.1). □

5.63 定理 为要停时 T 为绝不可及时，必须且只需

i）对一切 $n \geqslant 0$，$\boldsymbol{P}(T_n < T < T_{n+1}) = 0$，

ii）对一切 $n \geqslant 0$ 及随机变量 $R \in \mathscr{F}_{T_n}$，$\boldsymbol{P}(T = T_{n+1} = R < \infty) = 0$.

证明 必要性. 条件 i)已在上一定理中证过. 同样地，可证在 $[T = T_{n+1} = R < \infty]$ 上 T 可预报. 为此只要取 $S_k = T_n \vee \left(R - \frac{1}{k}\right)$，则 $(S_k)_{k \geqslant 1}$，在 $[T = T_{n+1} = R < \infty]$ 上预报 T，故 $\boldsymbol{P}(T = T_{n+1} = R < \infty) = 0$.

充分性. 假设存在停时列 $(S_k)_{k \geqslant 1}$，使得 $\boldsymbol{P}(A) > 0$，其中 $A = \left(\bigcap_{k=1}^{\infty} [S_k < T]\right) \cap [S_k \uparrow T < \infty]$. 由 i)，$\boldsymbol{P}(A) = \sum_{n=0}^{\infty} \boldsymbol{P}(A[T = T_{n+1} < \infty])$，故有某个 $n \geqslant 0$，使得 $\boldsymbol{P}(A[T = T_{n+1} < \infty]) > 0$. 对每个 $k \geqslant 1$，存在 $R_k \in \mathscr{F}_{T_n}$，使得 $S_k < T_{n+1} \Rightarrow S_k = R_k$. 令 $R = \limsup_{k \to \infty} R_k \in \mathscr{F}_{T_n}$，则在 $A[T = T_{n+1} < \infty]$ 上，有 $R = \limsup_{k \to \infty} R_k = \lim_{k \to \infty} S_k = T$，即 $A[T = T_{n+1} < \infty] \subset A[T = T_{n+1} = R < \infty]$. 因此 $\boldsymbol{P}(A[T = T_{n+1} = R < \infty]) > 0$，与 ii)矛盾. 所以 T 为绝不可及时. □

5.64 定理 设 $\mathscr{G}_0$ 完备. 为要 $(\mathscr{F}_t)$ 拟左连续，必须且只需

i) 对一切 $n\geqslant 1$，T_n^a 为可料时（T_n^a 为 T_n 的可及部分），

ii) 对一切 $n\geqslant 1$，$\mathscr{F}_{T_n^a}=\mathscr{F}_{T_n^a-}$.

证明 必要性显然，往证充分性．设 T 为一可料时，$A\in\mathscr{F}_T$，则

$$A=(A[T=\infty])\cup(\bigcup_{n=0}^{\infty}A[T_n^a=T<\infty])$$

$$\cup(\bigcup_{n=0}^{\infty}A[T_n<T<T_{n+1}])\ \text{a.s.}.$$

显然，$A[T=\infty]\in\mathscr{F}_{T-}$，$A[T=0]\in\mathscr{F}_{T-}$. 对 $n\geqslant 1$，有

$$\begin{aligned}A[T_n^a=T<\infty]&\in\mathscr{F}_T\cap[T_n^a=T<\infty]\\&=\mathscr{F}_{T_n^a}\cap[T_n^a=T<\infty]\\&=\mathscr{F}_{T_n^a-}\cap[T_n^a=T<\infty]\\&=\mathscr{F}_{T-}\cap[T_n^a=T<\infty].\end{aligned}$$

注意到 $[T_n^a=T<\infty]\in\mathscr{F}_{T-}$，故有 $A[T_n^a=T<\infty]\in\mathscr{F}_{T-}$.

由定理 5.56，有 $A[T_n<T<T_{n+1}]=A'[T_n<T<T_{n+1}]$，其中 $A'\in\mathscr{F}_{T_n}$，故 $A'[T_n<T]\in\mathscr{F}_{T-}$. 为证 $A\in\mathscr{F}_{T-}$，只需验证 $[T<T_{n+1}]\in\mathscr{F}_{T-}$：

$$[T<T_{n+1}]=[T<\infty]\setminus[T_{n+1}\leqslant T<\infty],$$

$$\begin{aligned}[T_{n+1}\leqslant T<\infty]&=[T_{n+1}^i\leqslant T<\infty]\cup[T_{n+1}^a\leqslant T<\infty]\\&=[T_{n+1}^i<T<\infty]\cup[T_{n+1}^a\leqslant T<\infty]\quad\text{a.s.}\\&\in\mathscr{F}_{T-}.\quad\square\end{aligned}$$

5.65 定理 设 $\mathscr{G}_0$ 完备．为要 $(\mathscr{F}_t)$ 全连续，必须且只需

i) 对一切 $n\geqslant 1$，T_n^a 为可料时，

ii) 对一切 $n\geqslant 1$，$\mathscr{G}_n=\mathscr{G}_0\vee\sigma\{T_1,\cdots,T_n\}$.

证明 必要性．1) 显然，由系 5.57，对每个 $n\geqslant 1$，有

$$\mathscr{G}_n=\mathscr{F}_{T_n}=\mathscr{F}_{T_n-}=\mathscr{G}_{n-1}\vee\sigma\{T_n\}.$$

用归纳法可证得 ii).

充分性． 由 ii) 及系 5.57 即得 $\mathscr{F}_{T_n}=\mathscr{F}_{T_n-}$. 于是有

$$\begin{aligned}\mathscr{F}_{T_n^a}\cap[T_n^a<\infty]&=\mathscr{F}_{T_n^a}\cap[T_n^a=T_n<\infty]\\&=\mathscr{F}_{T_n}\cap[T_n^a=T_n<\infty]\end{aligned}$$

$$= \mathscr{F}_{T_n-} \cap [T_n^a = T_n < \infty]$$
$$= \mathscr{F}_{T_n^a-} \cap [T_n^a < \infty].$$

显然，$\mathscr{F}_{T_n^a} \cap [T_n^a=\infty]=\mathscr{F}_{T_n^a-} \cap [T_n^a=\infty]$及$[T_n^a<\infty]\in\mathscr{F}_{T_n^a-}$，故得$\mathscr{F}_{T_n^a}=\mathscr{F}_{T_n^a-}$. 同理可证得$\mathscr{F}_{T_n^i}=\mathscr{F}_{T_n^i-}$.

设T为一绝不可及时，$A\in\mathscr{F}_T\cap[T<\infty]$. 由定理5.62，有$A=\bigcup_{n=1}^{\infty}(A[T=T_n^i<\infty])$ a.s.. 对$n\geqslant 1$，$A[T=T_n^i<\infty]\in\mathscr{F}_{T_n^i}\cap[T_n^i<\infty]=\mathscr{F}_{T_n^i-}\cap[T=T_n^i<\infty]=\mathscr{F}_{T-}\cap[T=T_n^i<\infty]$. 为证$A\in\mathscr{F}_{T-}$，只需验证$[T=T_n^i<\infty]\in\mathscr{F}_{T-}$：

$$[T = T_n^i < \infty] = [T_{n-1}^i < T \leqslant T_n^i][T < \infty] \in \mathscr{F}_{T-}.$$

故得$\mathscr{F}_T=\mathscr{F}_{T-}$.

由前一定理知，$(\mathscr{F}_t)$拟左连续. 对任一停时T，T^a可料，且

$$\mathscr{F}_T \cap [T^a < \infty] = \mathscr{F}_{T^a-} \cap [T^a < \infty].$$

从而

$$\begin{aligned}\mathscr{F}_T \cap [T < \infty] &= (\mathscr{F}_{T^a} \cap [T^a < \infty]) \cup (\mathscr{F}_{T^i} \cap [T^i < \infty]) \\ &= (\mathscr{F}_{T^a-} \cap [T^a < \infty]) \cap (\mathscr{F}_{T^i-} \cap [T^i < \infty]) \\ &= \mathscr{F}_{T-} \cap [T < \infty]).\end{aligned}$$

最终得$\mathscr{F}_T=\mathscr{F}_{T-}$. □

5.66 引理 设$\mathscr{H}$为一子σ-域，ξ为一可积随机变量，则对一切$A\in\mathscr{F}$及$H\in\mathscr{H}$，有

$$\int_{AH} \xi dP = \int_{AH} \frac{E[\xi I_A|\mathscr{H}]}{E[I_A|\mathscr{H}]} dP. \tag{66.1}$$

证明 令$G=[E[I_A|\mathscr{H}]\neq 0]$，则$G\in\mathscr{H}$，且

$$P(AG^c) = \int_{G^c} E[I_A|\mathscr{H}] dP = 0.$$

因此(66.1)右边的被积项有意义. 我们有

$$\begin{aligned}\int_{AH} \frac{E[\xi I_A|\mathscr{H}]}{E[I_A|\mathscr{H}]} dP &= \int_{AHG} \frac{E[\xi I_A|\mathscr{H}]}{E[I_A|\mathscr{H}]} dP \\ &= \int_{HG} \frac{E[\xi I_A|\mathscr{H}]}{E[I_A|\mathscr{H}]} I_A\, dP\end{aligned}$$

$$= \int_{HG} \boldsymbol{E}[\xi I_A | \mathscr{H}] d\boldsymbol{P}$$

$$= \int_{HG} \xi I_A d\boldsymbol{P} = \int_{AH} \xi d\boldsymbol{P}. \quad \square$$

5.67 定理 设$W=(W_t)$为一有界可测过程,则

$$^0W_t = \sum_{n=0}^{\infty} \frac{\boldsymbol{E}[W_t I_{[T_{n+1}>t]} | \mathscr{G}_n]}{\boldsymbol{E}[I_{[T_{n+1}>t]} | \mathscr{G}_n]} I_{[T_n \leqslant t < T_{n+1}]}. \qquad (67.1)$$

若$\mathscr{G}_0$完备,则有

$$^pW_t = \boldsymbol{E}[W_0 | \mathscr{F}_{0}] I_{[t=0]} + \sum_{n=0}^{\infty} \frac{\boldsymbol{E}[W_t I_{[T_{n+1}\geqslant t]} | \mathscr{G}_n]}{\boldsymbol{E} I_{[T_{n+1}\geqslant t]} | \mathscr{G}_n]} I_{[T_n < t \leqslant T_{n+1}]}. \qquad (67.2)$$

证明 对每个$n \geqslant 0$,不难取到$(\boldsymbol{E}[W_t I_{[T_{n+1}>t]} | \mathscr{G}_n])$及$(\boldsymbol{E}[I_{[T_{n+1}>t]} | \mathscr{G}_n])$的$\mathscr{G}_n \times \mathscr{B}(R_+)$-可测修正. 由定理5.55,由(67.1)定义的^0W为可选过程. 只需证明对任一停时T,有

$$\boldsymbol{E}[W_T I_{[T<\infty]}] = \boldsymbol{E}[^0W_T I_{[T<\infty]}].$$

设$R_n \in \mathscr{G}_n$,使得$T < T_{n+1} \Leftrightarrow R_n < T_{n+1} \Rightarrow T = R_n$. 由引理5.66,有

$$\boldsymbol{E}[W_T I_{[T<\infty]}] = \sum_{n=0}^{\infty} \boldsymbol{E}[W_T I_{[T_n \leqslant T < T_{n+1}]}]$$

$$= \sum_{n=0}^{\infty} \boldsymbol{E}[W_{R_n} I_{[T_n \leqslant R_n < T_{n+1}]}]$$

$$= \sum_{n=0}^{\infty} \boldsymbol{E}\left\{ \frac{\boldsymbol{E}[W_{R_n} I_{[T_{n+1}>R_n]} | \mathscr{G}_n]}{\boldsymbol{E}[I_{[T_{n+1}>R_n]} | \mathscr{G}_n]} I_{[T_n \leqslant R_n < T_{n+1}]} \right\}$$

$$= \sum_{n=0}^{\infty} \boldsymbol{E}\left\{ \frac{\boldsymbol{E}[W_t I_{[T_{n+1}>t]} | \mathscr{G}_n]}{\boldsymbol{E}[I_{[T_{n+1}>t]} | \mathscr{G}_n]} \Big|_{t=R_n} I_{[T_n \leqslant R_n < T_{n+1}]} \right\}$$

$$= \sum_{n=0}^{\infty} \boldsymbol{E}[^0W_{R_n} I_{[T_n \leqslant R_n < T_{n+1}]}]$$

$$= \sum_{n=0}^{\infty} \boldsymbol{E}[^0W_T I_{[T_n \leqslant T < T_{n+1}]}]$$

$$= \boldsymbol{E}[^0W_T I_{[T<\infty]}].$$

(67.2)可同样地证明. □

5.68 系 设 ξ 为一可积随机变量，T 为一停时，则

$$\boldsymbol{E}[\xi|\mathscr{F}_T]=\sum_{n=0}^{\infty}\frac{\boldsymbol{E}[\xi I_{[T_{n+1}>T]}|\mathscr{G}_n]}{\boldsymbol{E}[I_{[T_{n+1}>T]}|\mathscr{G}_n]}I_{[T_n\leqslant T<T_{n+1}]}$$
$$+\boldsymbol{E}[\xi|\mathscr{F}_\infty]I_{[T=\infty]}\quad \text{a.s.}.$$

若 T 为可料时，$\mathscr{G}_0$ 完备，则在 $[T<\infty]$ 上有

$$\boldsymbol{E}[\xi|\mathscr{F}_{T-}]=\boldsymbol{E}[\xi|\mathscr{F}_0]I_{[T=0]}$$
$$+\sum_{n=0}^{\infty}\frac{\boldsymbol{E}[\xi I_{[T_{n+1}\geqslant T]}|\mathscr{G}_n]}{\boldsymbol{E}[I_{[T_{n+1}\geqslant T]}|\mathscr{G}_n]}I_{[T_n<T\leqslant T_{n+1}]}\quad \text{a.s.}.$$

5.69 定理 设 A 为一可积增过程，则对每个 $n\geqslant 0$，存在 $(\boldsymbol{E}[A_t^{T_{n+1}-}|\mathscr{G}_n])$ 的修正 $B^{(n)}$ 及 $(\boldsymbol{E}[A_t^{T_{n+1}}|\mathscr{G}_n])$ 的修正 $C^{(n)}$，使得 $B^{(n)}$ 及 $C^{(n)}$ 均为可积增过程，且

$$A_t^o=\int_{[0,t]}\sum_{n=0}^{\infty}\frac{dB_s^{(n)}}{\boldsymbol{P}[T_{n+1}>s|\mathscr{G}_n]}I_{[T_n\leqslant s<T_{n+1}]},\ t\geqslant 0. \quad (69.1)$$

$$A_t^p=\boldsymbol{E}[A_0|\mathscr{G}]+\int_0^t\sum_{n=0}^{\infty}\frac{dC_s^{(n)}}{\boldsymbol{P}[T_{n+1}\geqslant s|\mathscr{G}_n]}I_{[T_n<s\leqslant T_{n+1}]},\ t\geqslant 0. \quad (69.2)$$

证明 只证明可料情形．取 $(\boldsymbol{E}[A_r^{T_{n+1}}|\mathscr{G}_n])_{r\in Q_+}$ 的修正 $(\widetilde{C}_r)_{r\in Q_+}$，使得 $(\widetilde{C}_r)_{r\in Q_+}$ 为单调增的．令 $C_t^{(n)}=\inf\{\widetilde{C}_r: r>t, r\in Q_+\}, t\geqslant 0$. 易见 $C^{(n)}$ 为满足要求的修正，且对任一非负 $\mathscr{G}_n\times\mathscr{B}(\boldsymbol{R}_+)$-可测过程 H，有

$$\boldsymbol{E}\left[\int_{[0,\infty[}H_s dA_s^{T_{n+1}}\right]=\boldsymbol{E}\left[\int_{[0,\infty[}H_s dC_s^{(n)}\right]. \quad (69.3)$$

同时，对任一非负可测过程 H，可取到 $(\boldsymbol{E}[H_t|\mathscr{G}_n])$ 的 $\mathscr{G}_n\times\mathscr{B}(\boldsymbol{R}_+)$-可测修正 $\widetilde{H}=(\widetilde{H}_t)$，且有

$$\boldsymbol{E}\left[\int_{[0,\infty[}H_s dC_s^{(n)}\right]=\boldsymbol{E}\left[\int_{[0,\infty[}\widetilde{H}_s dC_s^{(n)}\right]. \quad (69.4)$$

（事实上，取一个流为 $\boldsymbol{F}^{(n)}=(\mathscr{F}_t^{(n)})$，$\mathscr{F}_t^{(n)}\equiv\mathscr{G}_n$，$t\geqslant 0$，则 $\boldsymbol{F}^{(n)}$ 的可料 σ-域就是 $\mathscr{G}_n\times\mathscr{B}(\boldsymbol{R}_+)$，$C^{(n)}$ 是 $A^{T_{n+1}}$ 关于 $\boldsymbol{F}^{(n)}$ 的可料对偶投影.）

以 $G_n(ds)$ 记 T_{n+1} 关于 $\mathscr{G}_n$ 的条件分布：$G_n([s,\infty])=$

$\boldsymbol{E}[I_{[T_{n+1}\geqslant s]}\mid\mathscr{G}_n]$. 令$S_n=\inf\{t\geqslant 0: G_n([t,\infty])=0\}$，则$S_n\in\mathscr{G}_n$，且

$$\boldsymbol{P}(T_{n+1}>S_n)=\boldsymbol{E}[G_n(]S_n,\infty])]=0,$$

即 $T_{n+1}\leqslant S_n$ a.s.. 由于 $G_n([S_n,\infty])=G_n([S_n])=\boldsymbol{E}[I_{[T_{n+1}=S_n]}\mid\mathscr{G}_n]$，在$[T_{n+1}=S_n]$上 $G_n([S_n,\infty])>0$ a.s.. 因此，按(69.2)定义的 A^p 有意义，且为可料增过程.

设H 为一非负可料过程：

$$H=H_0I_{[\![0]\!]}+\sum_{n=0}^{\infty}H^{(n)}I_{]\!]T_n,T_{n+1}]\!]},H^{(n)}\in\mathscr{G}_n\times\mathscr{B}(\boldsymbol{R}_+),$$

则有

$$\begin{aligned}\boldsymbol{E}\left[\int_{[0,\infty[}H_sdA_s\right]&=\boldsymbol{E}[H_0A_0]+\sum_{n=0}^{\infty}\boldsymbol{E}\int_{]T_n,T_{n+1}]}H_s^{(n)}dA_s^{T_{n+1}}\\&=\boldsymbol{E}[H_0\boldsymbol{E}[A_0\mid\mathscr{F}_0]]\\&\quad+\sum_{n=0}^{\infty}\boldsymbol{E}\left[\int_{]0,\infty[}H_s^{(n)}I_{[T_n<s]}dC_s^{(n)}\right]\\&=\boldsymbol{E}[H_0A_0^p]+\sum_{n=0}^{\infty}\boldsymbol{E}\left[\int_{]0,\infty[}\frac{H_s^{(n)}I_{[T_n<s\leqslant T_{n+1}]}}{G_n([s,\infty])}dC_s^{(n)}\right]\end{aligned}$$

(由(69.3))(69.4))及$\int_{\{s:G_n([s,\infty])=0\}}dC_s^{(n)}=0$)

$$=\boldsymbol{E}\left[\int_{[0,\infty[}H_sdA_s^p\right].$$

因此，A^p 为 A 的可料对偶投影. □

5.70 例 设$T>0$为一随机变量，$\mathscr{G}=\sigma\{T\}\vee\mathscr{N}$. 令

$$\mathscr{F}_t=(\mathscr{N}\cap[t<T])\cup(\mathscr{G}\cap[T\leqslant t]),\ t\geqslant 0,$$

则$(\mathscr{F}_t)$为一个最简单的完备离散型流的例子，成立下列结论：

1) 为要 $S\geqslant 0$ 为停时，必须且只需存在一常数 C(可以是$+\infty$)，使得 $S_{[S<T]}=C_{[C<T]}$ a.s.,

2) 为要停时 S 为可料时，必须且只需存在一常数 C(可以是$+\infty$)，使得 $S_{[S\leqslant T]}=C_{[C\leqslant T]}$a.s.. 特别，$T$ 为可料时当且仅当 T a.s.为一常数，

3) $T^i=T_{[T\in B^c]}$，$T^a=T_{[T\in B]}$，其中 $B=\{b\geqslant 0:\boldsymbol{P}(T=b)>0\}$.

4) 为要停时 S 为绝不可及时，必须且只需 $S=T_{[T\in A]}$a.s.，其

中 $A\in\mathscr{B}(\boldsymbol{R}_+)$，且 $A\subset B^c$. 特别，T 为绝不可及时当且仅当 T 的分布在 $]0,\infty[$ 上连续.

5) 为要 $(\mathscr{F}_t)$ 拟左连续，必须且只需存在一常数 C（可以是 $+\infty$），使得 $\boldsymbol{P}(T>C)=0$，且 T 的分布在 $]0,C[$ 上连续. 这时 $(\mathscr{F}_t)$ 亦为全连续的.

1) 及 2) 分别可直接由定理 5.54 及 5.58 得到. T^i 的绝不可及性由定理 5.63 可得，T^a 的可及性是显然的. 然后由定理 5.62 及 3) 可得 4). 为了从定理 5.64 及 5.65 推出 5)，只需证明，T^a 是可料时当且仅当 $B=\varnothing$ 或 $B=\{C\}$ 且 $\boldsymbol{P}(T>C)=0$. 若 $B=\varnothing$，$T^a=\infty$ 显然可料. 若 $B=\{C\}$ 且 $\boldsymbol{P}(T>C)=0$. 则 $T^a=T_{[T=C]}$ 满足 2) 的要求，从而为可料时. 反之，若 T^a 为可料时，存在一常数 C 满足 2) 的要求. 若 $C=\infty$，则 $T<\infty\Rightarrow T<T^a$ a.s.，故必有 $B=\varnothing$. 若 $C<\infty$ 及 $b\in B$，则 $\boldsymbol{P}(T=b)>0$，$T=b\Rightarrow T^a=T\geqslant C$（因为 $T<C\Rightarrow T<T^a$），从而 $T^a=C$. 因此 $b=C$，即 $B=\{C\}$. 另一方面，若 $T>C$，则 $T^a=T_{[T=C]}=\infty\neq C$，故 $\boldsymbol{P}(T>C)=0$.

问题与补充

5.1 设 T 为一停时，ξ 为一可积随机变量. 令 $X=\xi I_{[\![T]\!]}$，$Y=\boldsymbol{E}[\xi|\mathscr{F}_T]I_{[\![T]\!]}$，则 X 与 Y 有相同的可选投影.

5.2 设 T 为一停时，ξ 为一可积随机变量. 令 $X=\xi I_{[\![0,T[\![}$，$Y=\xi I_{[\![0,T]\!]}$，则

1) ${}^oX=0\Leftrightarrow\boldsymbol{E}[\xi|\mathscr{F}_{T-}]I_{[T>0]}=0$，

2) ${}^pY=0\Leftrightarrow\boldsymbol{E}[\xi|\mathscr{F}_{T-}]=0$.

5.3 设 T 为一停时，$\xi\in\mathscr{F}_{T-}$ 为一可积随机变量. 为要 $X=\xi I_{[\![T,\infty[\![}$ 为鞅，必须且只需

$$\boldsymbol{E}[\xi|\mathscr{F}_{T-}]I_{[0<T<\infty]}=0.$$

5.4 设 X 为一致可积右连左极鞅，则对任一可料时 T，$\Delta X_T I_{[\![T,\infty[\![}$ 为一致可积鞅.

5.5 设 $N=(N_t)$ 是参数为 λ 的 Poisson 过程，则

$$N_t^p = \lambda t, \ {}^pN_t = N_{t-}, \ t \geqslant 0.$$

5.6 设 X 为一有界可测过程，且 X 与 ${}^0X$ 均右连左极，则

$${}^p(X_-) = ({}^0X)_-.$$

5.7 设 X 为一有界可测过程，$\alpha>0$. 令 $Y_t = \int_t^{\infty} {}^0X_s e^{-\alpha(s-t)} ds$，$t \geqslant 0$，则 $M_t = {}^0Y_t - \int_0^t (\alpha {}^0Y_s - {}^0X_s) ds$，$t \geqslant 0$，为鞅.

5.8 设 X 为一非负可及过程. 若 X 的可料投影为不足道过程，则 X 也为不足道过程.

5.9 设 A 为一适应有限变差过程，H 为关于 A 可积的循序过程，则 ${}^0H$ 关于 A 可积，且 $({}^0H).A = H.A$.

5.10 设 H 为一适应可测过程，则 H 有可选修正.

5.11 设 T 为一绝不可及时，$0<T<\infty$，$A = I_{[\![T,\infty[\![}$，则 A_T^p 服从参数为 1 的指数分布.

5.12 设 X 为一右连左极上鞅，则存在一列停时 (T_n)，使得 $(T_n) \uparrow +\infty$，且对每个 n，X^{T_n} 为类 (D) 过程.

5.13 设 X 为一非负右连左极上鞅，且

$$R_n = \inf\{t \geqslant 0 : X_t \geqslant n\}, n \geqslant 1,$$

则 X 为类 (D) 过程当且仅当

$$\lim_{n\to\infty} \boldsymbol{E}[X_{R_n} I_{[R_n<\infty]}] = 0.$$

5.14 设 A 为一零初值可料可积增过程，Z 为由 A 产生的位势，则

$$\boldsymbol{E}[A_\infty^2] = \boldsymbol{E}\left[\int_0^\infty (Z_s + Z_{s-}) dA_s\right].$$

($\frac{1}{2}\boldsymbol{E}[A_\infty^2]$ 称为 A 或 Z 的**能量**.)

5.15 设 A, B 为两个零初值可料可积增过程，Y, Z 分别为由 A, B 产生的位势. 若 $Y \leqslant Z$，则

$$\boldsymbol{E}[A_\infty^2] \leqslant 4\boldsymbol{E}[B_\infty^2].$$

5.16 设 X 为一位势，T 为一停时，则 $(\boldsymbol{E}[X_{T+t} | \mathscr{F}_t])$ 为一类 (D) 位势.

5.17 设 $T>0$ 为一随机变量，其分布为 F，$A=I_{[\![T,\infty[\![}$. 令 $\mathscr{F}_t=(\mathscr{F}\cap[t<T])\cup((\mathscr{F}\vee\sigma\{T\})\cap[T\leqslant t])$，$t\geqslant 0$，则 A 的可料对偶投影为

$$\int_{]0,t\wedge T]}\frac{F(ds)}{F([s,\infty])}.$$

5.18 设 φ 为一 $\overline{\boldsymbol{R}}_+$ 上的非负 Borel 函数，则下列命题等价：

1）对定义在任何带流概率空间上的停时 T，$\varphi(T)$ 仍为停时，

2）存在 $C\in\overline{\boldsymbol{R}}_+$，使得

$$\varphi(t)\begin{cases}=C, & 若\ t>C,\\ \geqslant t, & 若\ t\leqslant C.\end{cases}$$

5.19 设 T_n 为一 Poisson 过程 X 的第 n 个跳时，则对 $n\geqslant 1$，$T_{n-1}=\text{ess sup}\{S:S$ 为 $\boldsymbol{F}(X)$-停时且 $S<T_n\}$，特别，若 S 为 $\boldsymbol{F}(X)$-停时且 $S<T_1$，则 $S=0$ a.s..

5.20 设 T 为一可及时，D 为 $[\![T]\!]$ 的可料支集的初遇. 令 $\mathscr{A}=\{S:S$ 为停时，$S\leqslant T$，且在$[T>0]$上 $S<T\}$，则 $D=\text{ess sup}\mathscr{A}$.

第六章　可积变差鞅与平方可积鞅

从本章起，我们进入现代鞅论与随机积分的领域．除非另作说明，我们的出发点总是一个带流概率空间$(\Omega,\mathscr{F},\boldsymbol{F},\boldsymbol{P})$，即$(\Omega,\mathscr{F},\boldsymbol{P})$为一完备概率空间，$\boldsymbol{F}=(\mathscr{F}_t)$为满足通常条件的流，今后，我们使用下列记号：

$\mathscr{A}$——适应可积变差过程全体，

$\mathscr{A}^+$——适应可积增过程全体，

$\mathscr{V}$——适应有限变差过程全体，

$\mathscr{V}^+$——适应增过程全体，

$\mathscr{M}$——一致可积鞅全体．

我们强调指出，$\mathscr{M}$ 中的元素总假设为右连左极的．此外，鞅总是指右连左极鞅．

对任一过程类 $\mathscr{D}$，以 $\mathscr{D}_0$ 记 $\mathscr{D}$ 中具零初值的过程全体．例如，$\mathscr{M}_0$ 为零初值一致可积鞅全体．

对任一适应局部可积变差过程 A，它的可料对偶投影（或补偿子）也记为 $\widetilde{A}$，$A-\widetilde{A}$ 则称为 A 的补偿．

§1.　可积变差鞅

6.1 定义　$X=(X_t)$称为**可积变差鞅**，如果它既是鞅，又是可积变差过程．

显然，可积变差鞅是一致可积鞅，以 $\mathscr{W}$ 记可积变差鞅全体，故 $\mathscr{W}=\mathscr{M}\cap\mathscr{A}$．

由系 5.31 知，对任一 $A\in\mathscr{A}$，$A-\widetilde{A}\in\mathscr{W}_0$．下一定理表明，这正是 $\mathscr{W}_0$ 中元素的一般形式．

6.2 定理　设 M 为一可积变差鞅．令

$$A_t = \sum_{0<s\leqslant t} \Delta M_s, \quad t \geqslant 0$$

则 A 为适应可积变差过程，其补偿子 $\widetilde{A}$ 连续，且

$$M = M_0 + A - \widetilde{A}. \tag{2.1}$$

此外，对任一可料过程 $H=(H_t)$，有

$$\boldsymbol{E}\left[\int_{]0,\infty[} |H_s \| dM_s|\right] \leqslant 2\boldsymbol{E}\left[\sum_{s>0} |H_s \| \Delta M_s|\right]. \tag{2.2}$$

证明 令 $D_t = M_t - M_0, t\geqslant 0$，则 $D=(D_t)\in \mathscr{W}_0$，且

$$D = D^c + D^d = D^c + A.$$

由于 $D\in\mathscr{W}_0$，由系 5.31 知，$\widetilde{A} = -D^c$，故 $\widetilde{A}$ 连续，且(2.1)成立．(2.2)易由定理 5.22.2)推得． □

6.3 定理 1) 可料一致可积鞅为连续鞅．

2) 设 M 为一可料可积变差鞅，则 $M_t \equiv M_0$.

证明 1) 设 $M\in\mathscr{M}$. 若 M 可料，则对任一可料时 T，有 $M_T \in \mathscr{F}_{T-}$，且由定理 4.41 有

$$M_T = \boldsymbol{E}[M_T | \mathscr{F}_{T-}] = M_{T-},$$

即 M 与 M_- 无区别，故 M 连续．

2) 设 M 为一可料可积变差鞅，则由系 5.31 知，$M=\widetilde{M}, \widetilde{M}_t \equiv M_0$. □

下一定理是有关可积变差鞅的最主要的结果．

6.4 定理 设 M 为一可积变差鞅，则对任一有界鞅 N，有

$$\boldsymbol{E}[M_\infty N_\infty] = \boldsymbol{E}[M_0 N_0] + \boldsymbol{E}\left[\sum_{s>0} \Delta M_s \Delta N_s\right]. \tag{4.1}$$

此外，$(L_t) = (M_t N_t - \sum_{s\leqslant t} \Delta M_s \Delta N_s)$ 为一致可积鞅．

证明 由于 N 是 N_∞ 的可选投影，故

$$\boldsymbol{E}[M_\infty N_\infty] = \boldsymbol{E}\left[\int_{[0,\infty[} N_\infty dM_s\right] = \boldsymbol{E}\left[\int_{[0,\infty[} N_s dM_s\right].$$

另一方面，$\widetilde{M}_t \equiv M_0$，所以

$$\boldsymbol{E}\left[\int_{[0,\infty[} N_{s-} dM_s\right] = \boldsymbol{E}\left[\int_{[0,\infty[} N_{s-} d\widetilde{M}_s\right] = \boldsymbol{E}[M_0 N_0].$$

因此

$$E[M_\infty N_\infty]-E[M_0N_0]=E\Big[\int_{[0,\infty[}\Delta N_s dM_s\Big]$$
$$=E\Big[\sum_{s>0}\Delta M_s\Delta N_s\Big].$$

设 T 为一停时，对 N^T 应用(4.1)得

$$E[M_TN_T]=E[M_\infty N_T]=E[M_0N_0]+E\Big[\sum_{0<s\leqslant T}\Delta M_s\Delta N_s\Big],$$

即 $E[L_T]=E[L_0]$. 由定理 4.40 知，$L\in\mathscr{M}$. □

下一定理说明可料过程在随机积分中的特殊地位.

6.5 定理 设 M 为一可积变差鞅，H 为一可料过程，使得

$$E\Big[\int_{[0,\infty[}|H_s\|dM_s|\Big]<\infty,$$

则 $H.M$ 为可积变差鞅.

证明 由定理 5.23.2)，有

$$(\widetilde{H.M})=H.\widetilde{M}=H_0M_0.$$

因此，$H.M-(\widetilde{H.M})=H.M-H_0M_0\in\mathscr{W}_0$，$H.M\in\mathscr{W}$. □

§2. 平方可积鞅

6.6 定义 设 M 为一鞅，称 M 为**平方可积鞅**，若 $\sup\limits_t E[M_t^2]<\infty$. 以 $\mathscr{M}^2$ 记平方可积鞅全体. 由定理 1.7.2)知 $\mathscr{M}^2\subset\mathscr{M}$.

6.7 定理 设 M 为一平方可积鞅，则对任一 $\lambda>0$，有

$$P(\sup_t|M_t|\geqslant\lambda)\leqslant\frac{1}{\lambda^2}\sup_t E[M_t^2]. \tag{7.1}$$

证明 设$\{t,t_2,\cdots\}$为 R_+ 的一可数稠子集. 由系 2.13，有

$$P(\sup_{j\leqslant n}|M_{t_j}|>\lambda)\leqslant\frac{1}{\lambda^2}\sup_t E[M_t^2].$$

由于 $[\sup\limits_t[M_t|>\lambda]=\bigcup\limits_{n=1}^{\infty}[\sup\limits_{j\leqslant n}|M_{t_j}|>\lambda]$，$([\sup\limits_{j\leqslant n}|M_{t_j}|>\lambda])_{n\geqslant1}$ 关于 n 单调增，故

$$P(\sup_t|M_t|>\lambda)\leqslant\frac{1}{\lambda^2}\sup_t E[M_t^2]. \tag{7.2}$$

在(7.2)中以 $\lambda-\varepsilon$ 代入，再令 $\varepsilon\downarrow 0$ 得(7.1). □

(7.1)通常称为 **Kolmogorov 不等式**.

6.8 定理 1)设 $M\in\mathscr{M}$，则 $M\in\mathscr{M}^2$ 当且仅当 $\boldsymbol{E}[M_\infty^2]<\infty$. 这时我们有

$$\boldsymbol{E}[M_\infty^2]=\sup_t\boldsymbol{E}[M_t^2]. \tag{8.1}$$

2) $\mathscr{M}^2$ 按内积 $(M,N)=\boldsymbol{E}[M_\infty N_\infty]$ 构成一 Hilbert 空间，且与 $L^2(\Omega,\mathscr{F}_\infty,\boldsymbol{P})$ 同构，$M\mapsto M_\infty$ 为其同构映射.

证明 1) 设 $M\in\mathscr{M}^2$，由 Fatou 引理有

$$\boldsymbol{E}[M_\infty^2]\leqslant\sup_t\boldsymbol{E}[M_t^2]. \tag{8.2}$$

反之，设 $M\in\mathscr{M}$，且 $\boldsymbol{E}[M_\infty^2]<\infty$. 由于 $M_t=\boldsymbol{E}[M_\infty|\mathscr{F}_t]$，由 Jensen 不等式，有 $M_t^2\leqslant\boldsymbol{E}[M_\infty^2|\mathscr{F}_t]$，故

$$\sup_t\boldsymbol{E}[M_t^2]\leqslant\boldsymbol{E}[M_\infty^2]. \tag{8.3}$$

这表明 $M\in\mathscr{M}^2$. (8.1)由(8.2)及(8.3)推得.

2) 显然. □

6.9 定理 设 $(M^n)_{n\geqslant1}\subset\mathscr{M}^2$，$M\in\mathscr{M}^2$. 如果

$$\lim_{n\to\infty}\|M_\infty^n-M_\infty\|_2=\lim_{n\to\infty}\{\boldsymbol{E}[(M_\infty^n-M_\infty)^2]\}^{1/2}=0,$$

则存在一子列 $(M^{n_k},k\geqslant1)$，使得对几乎所有 ω，$M_t^{n_k}(\omega)$ 对 $t\in\boldsymbol{R}_+$ 一致收敛于 $M_t(\omega)$.

证明 取子列 $(M^{n_k},k\geqslant1)$，使得 $\sum_{k=1}^\infty\|M_\infty^{n_k}-M_\infty\|_2<\infty$. 由 Doob 不等式，有

$$\begin{aligned}\boldsymbol{E}\Big[\sum_{k=1}^\infty\sup_t|M_t^{n_k}-M_t|\Big]&=\sum_{k=1}^\infty\boldsymbol{E}[\sup_t|M_t^{n_k}-M_t|]\\&\leqslant\sum_{k=1}^\infty\{\boldsymbol{E}[\sup_t(M_t^{n_k}-M_t)^2]\}^{1/2}\\&\leqslant2\sum_{k=1}^\infty\{\boldsymbol{E}[(M_\infty^{n_k}-M_\infty)^2]\}^{1/2}<\infty.\end{aligned}$$

特别，$\sum_{k=1}^\infty\sup_t|M_t^{n_k}-M_t|<\infty$ a.s.. 这表明，对几乎所有 ω，

$M_t^{n_k}(\omega)$对 $t\in \boldsymbol{R}_+$一致收敛于 $M_t(\omega)$. □

6.10 系 以 $\mathscr{M}^{2,c}$记连续平方可积鞅全体,则 $\mathscr{M}^{2,c}$为 $\mathscr{M}^2$ 的闭子空间.

6.11 定理 1) 设 $M\in\mathscr{M}^2$,则对任一停时 T,$M^T\in\mathscr{M}^2$. 此外设(T_n)为一列停时,且 $T_n\uparrow\infty$ a.s.,则 $M_{T_n}\xrightarrow{L^2}M_\infty$.

2) 设$(M^n)_{n\geqslant 1}\subset\mathscr{M}^2$,$M\in\mathscr{M}^2$. 如果 $\|M_\infty^n-M_\infty\|_2\to 0$,则对一切停时 T,$\|M_T^n-M_T\|_2\to 0$.

证明 1) 首先,由定理 4.39 知,$M^T\in\mathscr{M}$. 另一方面,

$$\boldsymbol{E}[M_T^2]\leqslant \boldsymbol{E}[(\sup_t|M_t|)^2]\leqslant 4\sup_t \boldsymbol{E}[M_t^2]<\infty.$$

由定理 6.8.1)得 $M^T\in\mathscr{M}^2$.

设(T_n)为一列停时,且 $T_n\uparrow\infty$ a.s.. 由 Doob 停止定理,$(M_{T_n})_{n\geqslant 1}$关于$(\mathscr{F}_{T_n})_{n\geqslant 1}$为平方可积鞅. 由系 2.20,有 $M_{T_n}\xrightarrow{L^2}M_\infty$.

2) 由于$(M^n-M)^2$ 为下鞅,有

$$\boldsymbol{E}[(M_T^n-M_T)^2]\leqslant \boldsymbol{E}[(M_\infty^n-M_\infty)^2].$$

由此即得 2). □

6.12 定义 设 M,N 为两个平方可积鞅. 称 M 与 N 相互正交,如果 $M_0N_0=0$ a.s.,且对任何停时 T,$\boldsymbol{E}[M_TN_T]=0$. 我们用 $M\perp\!\!\!\perp N$ 表示 M 与 N 正交. 我们用 $M\perp N$ 表示 $\boldsymbol{E}[M_\infty N_\infty]=0$,即 M,N 作为 Hilbert 空间 $\mathscr{M}^2$ 中的两个元素相互正交. 为了区别两种正交概念,有时称后者为**弱正交**.

6.13 定理 设 $M,N\in\mathscr{M}^2$,且 $M_0N_0=0$,则 M 与 N 相互正交当且仅当 MN 为鞅.

证明 必要性由定理 4.40 即得,往证充分性. 设 MN 为鞅. 由于$\sup_t|M_t|\in L^2$,$\sup_t|N_t|\in L^2$,故$\sup_t|M_tN_t|\in L^1$. 因此 MN 为一致可积鞅. 对任一停时 T,有 $\boldsymbol{E}[M_TN_T]=\boldsymbol{E}[M_0N_0]=0$,即 $M\perp\!\!\!\perp N$. □

6.14 定理 设 $\mathscr{X}\subset\mathscr{M}^2$,且$\overline{\mathscr{L}(\mathscr{X})}$为 $\mathscr{X}$ 产生的闭线性子空间. 设 $N\in\mathscr{M}^2$. 若 $N\perp\!\!\!\perp\mathscr{X}$,则 $N\perp\!\!\!\perp\overline{\mathscr{L}(\mathscr{X})}$.

证明 令 $\mathscr{L}(\mathscr{X})$为 $\mathscr{X}$ 产生的线性子空间,则显然有 $N\perp\!\!\!\perp\mathscr{L}$

$(\mathscr{X})$. 设 $M\in\overline{\mathscr{L}(\mathscr{X})}$. 取 $(M^n)\subset\mathscr{L}(\mathscr{X})$，使得 $\|M_\infty^n-M_\infty\|_2\to 0$. 由定理 6.11，对任一停时 T，有 $M_T^n\xrightarrow{L^2}M_T$ 及 $M_T^nN_T\xrightarrow{L^1}M_TN_T$. 因此，$M_0N_0=0$ a.s.，$\boldsymbol{E}[M_TN_T]=0$，即 $M\perp\!\!\!\perp N$，所以，$N\perp\!\!\!\perp\overline{\mathscr{L}(\mathscr{X})}$. □

6.15 定义 一族可测过程 $\mathscr{X}$ 称为**稳定的**，如果

i) 对任一停时 T，$M\in\mathscr{X}\Rightarrow M^T\in\mathscr{X}$，

ii) 对任一 $A\in\mathscr{F}_0$，$M\in\mathscr{X}\Rightarrow I_AM\in\mathscr{X}$.

$\mathscr{M}^2$ 的稳定闭线性子空间简称为 $\mathscr{M}^2$ 的**稳定子空间**.

6.16 定理 设 $\mathscr{X}\subset\mathscr{M}^2$. 若 $\mathscr{X}$ 稳定，则 $\mathscr{X}^\perp$ 及 $\overline{\mathscr{L}(\mathscr{X})}$ 为相互正交的稳定子空间，其中

$$\mathscr{X}^\perp=\{M\in\mathscr{M}^2;\forall\ N\in\mathscr{X},M\perp N\}.$$

证明 设 $N\in\mathscr{X}^\perp$，$M\in\mathscr{X}$. 对任一停时 T，有 $M^T\in\mathscr{X}$，故

$$\boldsymbol{E}[M_\infty N_\infty^T]=\boldsymbol{E}[M_\infty N_T]=\boldsymbol{E}[M_TN_T]=\boldsymbol{E}[M_\infty^TN_\infty]=0.$$

这表明 $N^T\in\mathscr{X}^\perp$. 另一方面，若 $A\in\mathscr{F}_0$，则 $I_AM\in\mathscr{X}$，且 $\boldsymbol{E}[I_AN_\infty M_\infty]=0$，从而 $I_AN^T\in\mathscr{X}^\perp$. 所以 $\mathscr{X}^\perp$ 为稳定子空间. 进而 $\overline{\mathscr{L}(\mathscr{X})}=(\mathscr{X}^\perp)^\perp$ 也为稳定子空间.

现设 $M\in\overline{\mathscr{L}(\mathscr{X})}$ 及 $N\in\mathscr{X}^\perp$. 对任一停时 T，有 $M^T\in\overline{\mathscr{L}(\mathscr{X})}$ 及 $N^T\in\mathscr{X}^\perp$，故 $\boldsymbol{E}[M_TN_T]=\boldsymbol{E}[M_\infty^TN_\infty^T]=0$. 此外，若 $A\in\mathscr{F}_0$，则 $I_AM^T\in\overline{\mathscr{L}(\mathscr{X})}$，$\boldsymbol{E}[I_AM_TN_T]=0$. 特别取 $T=0$，得 $M_0N_0=0$ a.s.，这表明 $M\perp\!\!\!\perp N$. □

6.17 系 令 $\mathscr{M}^{2,d}=(\mathscr{M}^{2,c})^\perp$，则 $\mathscr{M}^{2,c}$ 及 $\mathscr{M}^{2,d}$ 为稳定子空间，且 $\mathscr{M}^{2,c}\perp\!\!\!\perp\mathscr{M}^{2,d}$.

6.18 定义 $\mathscr{M}^{2,d}$ 中的元素称为**纯断平方可积鞅**.

设 $M\in\mathscr{M}^{2,d}$，则显然有 $M_0=0$ a.s..[1)]

设 $M\in\mathscr{M}^2$. 由系 6.17，M 有如下唯一分解

$$M=M_0+M^c+M^d,$$

---

1) 这里需要特别指出：在有些文献中，$\mathscr{M}^{2,c}$ 表示零初值连续平方可积鞅空间，从而纯断平方可积鞅的初值不必为零.

其中 $M^c\in\mathscr{M}_0^{2,c}$，$M^d\in\mathscr{M}^{2,d}$. M^c 称为 M 的**连续鞅部分**，M^d 称为 M 的**纯断鞅部分**.

设 $M\in\mathscr{M}^2$，T 为一停时，易见

$$(M^T)^c=(M^c)^T,(M^T)^d=(M^d)^T.$$

§ 3. 纯断平方可积鞅的结构

6.19 引理 设 $A\in\mathscr{A}^+$，则

$$\boldsymbol{E}[\widetilde{A}_\infty^2]\leqslant 4\boldsymbol{E}[A_\infty^2].$$

证明 令 $N=(N_t)$ 为鞅 $(\boldsymbol{E}[A_\infty|\mathscr{F}_t])$ 的右连左极修正，$N_\infty^*=\sup\limits_t|N_t|$. 由 Doob 不等式，有

$$\boldsymbol{E}[(N_\infty^*)^2]\leqslant 4\boldsymbol{E}[N_\infty^2]=4\boldsymbol{E}[A_\infty^2].$$

由于 $A-\widetilde{A}\in\mathscr{M}$，有

$$A_s-\widetilde{A}_s=\boldsymbol{E}[A_\infty-\widetilde{A}_\infty|\mathscr{F}_s]=N_s-\boldsymbol{E}[\widetilde{A}_\infty|\mathscr{F}_s].$$

由定理 5.13 得

$$\begin{aligned}\boldsymbol{E}[\widetilde{A}_\infty^2]&=\boldsymbol{E}\left[\int_{[0,\infty[}\widetilde{A}_\infty d\widetilde{A}_s\right]\\&=\boldsymbol{E}\left[\int_{[0,\infty[}\boldsymbol{E}[\widetilde{A}_\infty|\mathscr{F}_{s-}]d\widetilde{A}_s\right]\\&=\boldsymbol{E}\left[\int_{[0,\infty[}(\widetilde{A}_{s-}-A_{s-}+N_{s-})d\widetilde{A}_s\right]\\&=\boldsymbol{E}\left[\int_{[0,\infty[}(\widetilde{A}_{s-}-A_{s-}+N_{s-})dA_s\right]\\&\leqslant\boldsymbol{E}[\widetilde{A}_\infty A_\infty+N_\infty^*A_\infty].\end{aligned}$$

但是

$$\begin{aligned}\boldsymbol{E}[\widetilde{A}_\infty A_\infty]&=\boldsymbol{E}\left[\int_{[0,\infty[}A_\infty d\widetilde{A}_s\right]\\&=\boldsymbol{E}\left[\int_{[0,\infty[}N_{s-}dA_s\right]\\&\leqslant\boldsymbol{E}[N_\infty^*A_\infty].\end{aligned}$$

故有

$$E[\widetilde{A}_\infty^2]\leqslant 2E[N_\infty^* A_\infty]$$
$$\leqslant 2\{E[(N_\infty^*)^2]E[A_\infty^2]\}^{1/2}$$
$$\leqslant 4E[A_\infty^2]. \quad \square$$

6.20 引理 设 $M\in\mathscr{M}^2$，则对任一停时 T，有

$$E[(\Delta M_T)^2]\leqslant 16E[M_\infty^2].$$

证明 令 $M_\infty^*=\sup_t|M_t|$. 由 Doob 不等式有

$$E[(M_\infty^*)^2]\leqslant 4E[M_\infty^2]<\infty.$$

由于 $|\Delta M_T|\leqslant 2M_\infty^*$，故 $E[(\Delta M_T)^2]\leqslant 16E[M_\infty^2]$. $\square$

现在我们开始研究纯断平方可积鞅的结构.

设 T 为一停时且 $T>0$. 令

$$\mathscr{M}^2[T]=\{M\in\mathscr{M}^{2,d}:[\Delta M\neq 0]\subset[\![T]\!]\}.$$

显然，$\mathscr{M}^2[T]$为稳定子空间.

6.21 定理 设 T 为一绝不可及时或可料时.

1) $M\in\mathscr{M}^2[T]\Leftrightarrow M=A-\widetilde{A}$，其中 $A=\xi I_{[\![T,\infty[\![}$，$\xi\in L^2(\mathscr{F}_T)$.

2) 设 $M\in\mathscr{M}^2[T]$，则对任一 $N\in\mathscr{M}^2$，有

$$E[M_\infty N_\infty]=E[\Delta M_T\Delta N_T]. \tag{21.1}$$

3) 设 $M\in\mathscr{M}^2$，则 M 在 $\mathscr{M}^2[T]$上的(正交)投影为 $N=A-\widetilde{A}$，其中 $A=\Delta M_T I_{[\![T,\infty[\![}$.

证明 1) 充分性. 令 $\xi\in L^2(\mathscr{F}_T)$，$A=\xi I_{[\![T,\infty[\![}$. 由引理 6.19，$A-\widetilde{A}\in\mathscr{M}^2$. 若 T 为绝不可及时，则 $\widetilde{A}$ 连续(系 5.28.3)). 若 T 为可料时，则 $\widetilde{A}=E[\xi|\mathscr{F}_{T-}]I_{[\![T,\infty[\![}$(定理 5.29.2)). 在两种情形下，$A-\widetilde{A}$ 在 $[\![T]\!]$ 之外都连续. 剩下只要证明 $A-\widetilde{A}\in\mathscr{M}^{2,d}$. 令 $N\in\mathscr{M}^{2,c}$，置

$$T_n=\inf\{t\geqslant 0:|N_t|\geqslant n\},$$

则 T_n，$n\geqslant 1$，为停时，且 $T_n\uparrow+\infty$. 对每个 n，N^{T_n}为有界连续鞅，由定理 6.4 得

$$E[(A-\widetilde{A})_\infty N_{T_n}]=E[(A-\widetilde{A})_\infty N_\infty^{T_n}]=0.$$

由定理 6.11.1)得 $E[(A-\widetilde{A})_\infty N_\infty]=0$. 这表明 $A-\widetilde{A}\in\mathscr{M}^{2,d}$. 因此 $A-\widetilde{A}\in\mathscr{M}^2[T]$.

必要性. 设$M\in\mathscr{M}^2[T]$. 令$A=\Delta M_T I_{[\![T,\infty[\![}$. 如上所证,$A-\widetilde{A}\in\mathscr{M}^2[T]$,故$M-(A-\widetilde{A})\in\mathscr{M}^2[T]$. 另一方面,若$T$为绝不可及时,$\widetilde{A}$连续,$\Delta(A-\widetilde{A})_T=\Delta A_T=\Delta M_T$. 若$T$为可料时,$\widetilde{A}=\boldsymbol{E}[\Delta M_T|\mathscr{F}_{T-}]I_{[\![T,\infty[\![}=0$(定理4.41). $\Delta(A-\widetilde{A})_T=\Delta M_T$. 这表明$M-(A-\widetilde{A})\in\mathscr{M}^{2,c}$,故$M-(A-\widetilde{A})=0$,即$M=A-\widetilde{A}$.

2) 设$N^{(n)}$为有界鞅$(\boldsymbol{E}[N_\infty I_{[|N_\infty|\leqslant n]}|\mathscr{F}_t])$的右连左极修正. 由定理6.4有

$$\boldsymbol{E}[M_\infty N_\infty^{(n)}]=\boldsymbol{E}[\Delta M_T\Delta N_T^{(n)}]. \tag{21.2}$$

由于$n\to\infty$时,$N_\infty^{(n)}=N_\infty I_{[|N_\infty|\leqslant n]}\xrightarrow{L^2}N_\infty$,由引理6.20有$\Delta N_T^{(n)}\xrightarrow{L^2}\Delta N_T$,$n\to\infty$. 在(21.2)中令$n\to\infty$得(21.1).

3) 由1)知,$N=A-\widetilde{A}\in\mathscr{M}^2[T]$,且$M-N$在$[\![T]\!]$上无跳. 由2),$M-N\perp\mathscr{M}^2[T]$. 这表明$N$是$M$在$\mathscr{M}^2[T]$上的投影. □

下一定理描述了纯断平方可积鞅的结构.

6.22 定理 1) 设$M\in\mathscr{M}^2$,则

$$\boldsymbol{E}[M_0^2]+\boldsymbol{E}\Big[\sum_s(\Delta M_s)^2\Big]\leqslant\boldsymbol{E}[M_\infty^2]. \tag{22.1}$$

为要(22.1)中等号成立,当且仅当$M-M_0\in\mathscr{M}^{2,d}$.

2) 设$M\in\mathscr{M}^{2,d}$,$(T_n)_{n\geqslant1}$为一穷举M跳的标准停时列(见定理4.21),M^n为M在$\mathscr{M}^2[T_n]$上的投影(即M^n为$\Delta M_{T_n}I_{[\![T_n,\infty[\![}$的补偿),则正交级数$\sum\limits_{n=1}^{\infty}M^n$在$\mathscr{M}^2$中收敛于$M$.

3) 设$M\in\mathscr{M}^{2,d}$,则M有如下唯一分解:

$$M=M^{da}+M^{di},$$

其中$M^{da}\in\mathscr{M}^{2,d}$只有可及跳,$M^{di}\in\mathscr{M}^{2,d}$只有绝不可及跳.

证明 1) 设$(T_n)_{n\geqslant1}$为穷举M跳的标准停时列. 令

$$A^n=\Delta M_{T_n}I_{[\![T_n,\infty[\![},\ M^n=A^n-\widetilde{A}^n,\ H^k=\sum_{n=1}^{k}M^n.$$

则$M-M_0-H^k$在$[\![T_1]\!]\cup\cdots\cup[\![T_k]\!]$上无跳. 由(21.1),$M-M_0-H^k$弱正交于$H^k$. 但$M^1,\cdots,M^k$相互弱正交,故

$$\boldsymbol{E}[M_\infty^2]=\boldsymbol{E}[M_0^2]+\boldsymbol{E}[(H_\infty^k)^2]+\boldsymbol{E}[(M_\infty-M_0-H_\infty^k)^2]$$

$$= \boldsymbol{E}[M_0^2] + \sum_{n=1}^{k} \boldsymbol{E}[(M_\infty^n)^2] + \boldsymbol{E}[(M_\infty - M_0 - H_\infty^k)^2].$$

由(21.1)得 $\boldsymbol{E}[(M_\infty^n)^2]=\boldsymbol{E}[(\Delta M_{T_n})^2]$，故

$$\boldsymbol{E}[M_\infty^2] = \boldsymbol{E}[M_0^2] + \sum_{n=1}^{k} \boldsymbol{E}[(\Delta M_{T_n})^2] + \boldsymbol{E}[(M_\infty - M_0 - H_\infty^k)^2]. \qquad (22.2)$$

特别，正交级数 $\sum_1^\infty M^n$ 收敛于 $\mathscr{M}^2$ 中一元素 H，且 $H \in \mathscr{M}^{2,d}$. 此外，由定理 6.9 知，H 与 M 有相同的跳. 因此，$M-H$ 为连续平方可积鞅，且 $M^d=H, M^c=M-M_0-H$. 由(22.2)有

$$\boldsymbol{E}[M_\infty^2] = \boldsymbol{E}[M_0^2] + \sum_{n=1}^{\infty} \boldsymbol{E}[(\Delta M_{T_n})^2] + \boldsymbol{E}[(M_\infty^c)^2]$$
$$= \boldsymbol{E}[M_0^2] + \boldsymbol{E}\sum_s [(\Delta M_s)^2 + \boldsymbol{E}[(M_\infty^c)^2].$$

所以，(22.1)成立. 为要(22.1)中等号成立当且仅当 $M^c=0$，即 $M-M^0=M^d \in \mathscr{M}^{2,d}$.

2) 的证明已包含在 1)的证明中.

3) 设$(T_n)_{n\geqslant 1}$为穷举 M 跳的标准停时列. 令 $\boldsymbol{N}_1=\{n: T_n$ 为可料时$\}$，$\boldsymbol{N}_2=\{n: T_n$ 为绝不可及时$\}$，

$$M^{da} = \sum_{n\in \boldsymbol{N}_1} M^n,\ M^{di} = \sum_{n\in \boldsymbol{N}_2} M^n,$$

其中 M^n 为 $\Delta M_{T_n} I_{[\![T_n,\infty [\![}$ 的补偿. 由定理 6.9 知，M^{da}只有可及跳，M^{di}只有绝不可及跳. 由 2)得 $M=M^{da}+M^{di}$. 分解的唯一性不难证明(参见定理 4.25 的证明). □

6.23 定理 1) 设 $M,N \in \mathscr{M}^2$，则

$$\boldsymbol{E}|M_0N_0| + \boldsymbol{E}\Big[\sum_s |\Delta M_s \Delta N_s|\Big] \leqslant \sqrt{\boldsymbol{E}[M_\infty^2]}\sqrt{\boldsymbol{E}[N_\infty^2]}. \qquad (23.1)$$

2) 设 $M \in \mathscr{M}^{2,d}$，则对一切 $N \in \mathscr{M}^2$ 有

$$\boldsymbol{E}[M_\infty N_\infty] = \boldsymbol{E}\Big[\sum_s \Delta M_s \Delta N_s\Big]. \qquad (23.2)$$

此外，$(L_t)=\left(M_tN_t-\sum_{s\leqslant t}\Delta M_s\Delta N_s\right)$为一致可积鞅．

3) $\mathscr{M}_0^2\cap\mathscr{W}\subset\mathscr{M}^{2,d}$.

证明 1) 由 Schwarz 不等式有

$$E[|M_0N_0|]+E\left[\sum_s|\Delta M_s\Delta N_s|\right]\leqslant\{E[M_0^2]$$

$$+E\sum_s(\Delta M_s)^2\}^{1/2}\{E[N_0^2]+E\sum_s(\Delta N_s)^2\}^{1/2}. \quad (23.3)$$

(23.1)由(23.3)及(22.1)推得．

2) 首先设$N\in\mathscr{M}^{2,d}$，由定理 6.22.1)有

$$E[M_\infty N_\infty]=\frac{1}{2}\{E[(M_\infty+N_\infty)^2]-E[M_\infty^2]-E[N_\infty^2]\}$$

$$=\frac{1}{2}E\left[\sum_s(\Delta M_s+\Delta N_s)^2-\sum_s(\Delta M_s)^2-\sum_s(\Delta N_s)^2\right]$$

$$=E\left[\sum_s\Delta M_s\Delta N_s\right].$$

故(23.2)对$N\in\mathscr{M}^{2,d}$成立．现设$N\in\mathscr{M}^2$，N^d为N的纯断鞅部分，则$N-N^d\in\mathscr{M}^{2,c}$，$M\perp\!\!\!\perp N-N^d$，$E[M_\infty(N_\infty-N_\infty^d)]=0$，故

$$E[M_\infty N_\infty]=E[M_\infty N_\infty^d]=E\left[\sum_s\Delta M_s\Delta N_s\right].$$

(23.2)成立．

设T为一停时．对M^T及N^T应用(23.2)得$E[L_T]=0$. 由定理 4.40 知，(L_t)为一致可积鞅．

3) 设$M\in\mathscr{M}_0^2\cap\mathscr{W}$. 由定理 6.4 知，对任一有界鞅$N$有

$$E[M_\infty N_\infty]=E\left[\sum_s\Delta M_s\Delta N_s\right]. \quad (23.4)$$

由于有界鞅在$\mathscr{M}^2$中对于范数$\|M\|=\sqrt{E[M_\infty^2]}$稠密，故由(23.1)知，(23.4)对一切$N\in\mathscr{M}^2$成立，特别取$N=M$，有

$$E[M_\infty^2]=E\left[\sum_s(\Delta M_s)^2\right].$$

注意到$M_0=0$，由定理 6.22.1)知，$M\in\mathscr{M}^{2,d}$. □

§4. 二次变差过程

6.24 定义 设$M\in\mathscr{M}^2$，由 Doob 不等式知，$M_\infty^*=\sup_t|M_t|\in L^2$. 因此，$M^2$ 为类(D)下鞅，按 Doob-Meyer 分解定理，存在唯一的可料可积增过程，记作$\langle M,M\rangle$或简记为$\langle M\rangle$，使得 $M^2-\langle M\rangle\in\mathscr{M}_0$. $\langle M\rangle$称为 M 的**可料二次变差过程，或尖括号过程**.

设$M,N\in\mathscr{M}^2$. 令

$$\langle M,N\rangle=\frac{1}{2}[\langle M+N\rangle-\langle M\rangle-\langle N\rangle].$$

$\langle M,N\rangle$称为 M 与 N 的**可料二次协变差过程**.

注 令$M\in\mathscr{M}^2$. 为要$\langle M\rangle=0$，当且仅当$M=0$. 由定理 5.50 知，若 M 拟左连续，则$\langle M\rangle$连续.

6.25 例 设$M=(M_t)$为一右连左极独立增量过程，$\boldsymbol{E}[M_t]=a$ 为常数，则 M 为鞅. 进一步，设 M 为平方可积鞅，则由定理 2.69 知，$M_t^2-(M_0^2+\boldsymbol{E}[M_t^2]-\boldsymbol{E}[M_0^2])\in\mathscr{M}_0$. 因此，$\langle M\rangle_t=M_0^2+\boldsymbol{E}[M_t^2]-\boldsymbol{E}[M_0^2]$. 特别，若 $M_0=a$，则$\langle M\rangle_t=\boldsymbol{E}[M_t^2]$非随机.

注 若$M\in\mathscr{M}^2$，则 M 有正交增量：对 $t_1<t_2<t_3$ 有

$$\begin{aligned}&\boldsymbol{E}[(M_{t_3}-M_{t_2})(M_{t_2}-M_{t_1})|\mathscr{F}_{t_2}]\\&=(M_{t_2}-M_{t_1})\boldsymbol{E}[M_{t_3}-M_{t_2}|\mathscr{F}_{t_2}]=0\quad\text{a.s.},\\&\boldsymbol{E}[(M_{t_3}-M_t)(M_{t_2}-M_{t_1})]=0.\end{aligned}$$

下一定理给出$\langle M,N\rangle$的一个刻画.

6.26 定理 设$M,N\in\mathscr{M}^2$，则$\langle M,N\rangle$是唯一的可料可积变差过程，使得$MN-\langle M,N\rangle\in\mathscr{M}_0$.

证明 我们有

$$\begin{aligned}MN-\langle M,N\rangle=\frac{1}{2}[&(M+N)^2-\langle M+N\rangle\\&-M^2+\langle M\rangle-N^2+\langle N\rangle].\end{aligned}$$

于是$MN-\langle M,N\rangle\in\mathscr{M}_0$. 唯一性容易由定理 6.3.2)看出. □

作为该定理的一个直接推论，$\langle M,N\rangle$是 M,N 的对称双线性

形式.

6.27 定义 设 $M,N\in\mathscr{M}^2$. 令

$$[M,N]_t = M_0N_0 + \langle M^c,N^c\rangle_t + \sum_{s\leqslant t}\Delta M_s\Delta N_s,\quad t\geqslant 0, \tag{27.1}$$

其中 M^c,N^c 分别为 M,N 的连续鞅部分. $[M,N]$为适应可积变差过程(定理 6.23.1)). $[M,M]$也简记为$[M]$,是适应可积增过程. $[M]$称为 M 的**二次变差过程或方括号过程**. $[M,N]$称为 M 与 N 的**二次协变差过程**.

6.28 定理 设 $M,N\in\mathscr{M}^2$.

1) $[M,N]$为唯一的适应可积变差过程,使得 $MN-[M,N]\in\mathscr{M}_0$ 及 $\Delta[M,N]=\Delta M\Delta N$.

2) $\langle M,N\rangle$为$[M,N]$的可料对偶投影.

证明 1)令 $M=M_0+M^c+M^d$. 我们有 $M^dN-[M^d,N]\in\mathscr{M}_0$(定理 6.23.2)),$M^cN^d\in\mathscr{M}_0(M^c\perp\!\!\!\perp N^d)$,且

$$M^cN - [M^c,N] = N_0M^c + M^cN^c + M^cN^d - \langle M^c,N^c\rangle \in \mathscr{M}_0.$$

因此

$$\begin{aligned}MN - [M,N] &= M_0N + M^cN + M^dN \\ &\quad - (M_0N_0 + [M^c,N] + [M^d,N]) \in \mathscr{M}_0.\end{aligned}$$

$\Delta[M,N]=\Delta M\Delta N$ 是显然的. 唯一性得自定理 6.3.2).

2) 得自 1)及定理 6.26. □

从定理 6.28.1)也容易看出,$[M,N]$是 M 及 N 的对称双线性形式.

6.29 系 设 $M,N\in\mathscr{M}^2$,则下列命题等价:

1) $M\perp\!\!\!\perp N$,

2) $[M,N]\in\mathscr{M}_0$,

3) $\langle M,N\rangle=0$.

6.30 系 设 $M,N\in\mathscr{M}^2$,则下列命题等价:

1) $[M,N]=0$

2) $M\perp\!\!\!\perp N$,且 $\Delta M\Delta N=0$,(即 M 与 N 无公共跳).

证明 1)⇒2). 设$[M,N]=0$. 由系 6.29 知,$M \perp\!\!\!\perp N$. 同时有$\Delta M\Delta N=\Delta[M,N]=0$.

2)⇒1). 设 $M \perp\!\!\!\perp N$ 及 $\Delta M\Delta N=0$. 由系 6.29 知,$[M,N]=\langle M^c,N^c\rangle$为可料零初值可积变差鞅. 因此,$[M,N]=0$(定理 6.3.2)). □

6.31 定理 设$M,N\in\mathscr{M}^2$,T为一停时,则

$$\langle M,N^T\rangle=\langle M,N\rangle^T, \tag{31.1}$$

$$[M,N^T]=[M,N]^T. \tag{31.2}$$

证明 由于$(MN)^T-\langle M,N\rangle^T$为鞅(定理 4.39),故由定理 6.3.2),为证(31.1),只需证$(MN)^T-\langle M,N^T\rangle$为鞅. 但$MN^T-\langle M,N^T\rangle$为鞅. 于是只需证$(MN^T)-MN^T$为鞅:

$$\begin{aligned}\boldsymbol{E}[(M_T-M_\infty)N_T|\mathscr{F}t]&=\boldsymbol{E}[(M_T-M_\infty)N_T|\mathscr{F}_{t\vee T}|\mathscr{F}_t]\\&=\boldsymbol{E}[(M_T-M_{t\vee T})N_T|\mathscr{F}_t]\\&=\boldsymbol{E}[(M_T-M_t)N_TI_{[T\leqslant t]}|\mathscr{F}_t]\\&=(M_T-M_t)N_TI_{[T\leqslant t]}\\&=(M_{t\wedge T}-M_t)N_{t\wedge T}.\end{aligned}$$

因为$\langle M^c,(N^T)^c\rangle=\langle M^c,(N^c)^T\rangle=\langle M^c,N^c\rangle^T$,故由(31.1)及$[M,N]$的定义得到(31.2). □

6.32 引理 设$M,N\in\mathscr{M}^2$,则对几乎所有ω,对一切$0\leqslant s<t<\infty$,有

$$|\langle M,N\rangle_t(\omega)-\langle M,N\rangle_s(\omega)|$$
$$\leqslant[\langle M\rangle_t(\omega)-\langle M\rangle_s(\omega)]^{1/2}[\langle N\rangle_t(\omega)-\langle N\rangle_s(\omega)]^{1/2}, \tag{32.1}$$

$$|[M,N]_t(\omega)-[M,N]_s(\omega)|$$
$$\leqslant\{[M]_t(\omega)-[M]_s(\omega)\}^{1/2}\{[N]_t(\omega)-[N]_s(\omega)\}^{1/2}. \tag{32.2}$$

证明 我们只证(32.1)、(32.2)的证明完全相同. 给定$0\leqslant s<t<\infty$,对一切有理数

$$\langle M+\lambda N\rangle_t-\langle M+\lambda N\rangle_s\geqslant 0\ ,\quad \text{a.s.}.$$

我们用$\langle M,N\rangle_s^t$表示$\langle M,N\rangle_t-\langle M,N\rangle_s$，则有

$$\langle M\rangle_s^t+2\lambda\langle M,N\rangle_s^t+\lambda^2\langle N\rangle_s^t\geqslant 0,\quad \text{a.s.},$$

$$|\langle M,N\rangle_s^t|\leqslant\{\langle M\rangle_s^t\}^{1/2}\{\langle N\rangle_s^t\}^{1/2},\quad \text{a.s.}.$$

但$\langle M\rangle$、$\langle N\rangle$、$\langle M,N\rangle$均为右连续过程，故对几乎所有ω，(32.1)对一切$0\leqslant s<t<\infty$成立． □

由引理 6.32 及定理 1.45，我们立即推得如下的 **Kunita-Watanabe** 不等式．

6.33 定理 设$M,N\in\mathscr{M}^2$，H,K为两个可测过程，则有

$$\int_{[0,\infty[}|H_sK_s\|d\langle M,N\rangle_s|\leqslant\left(\int_{[0,\infty[}H_s^2d\langle M\rangle_s\right)^{1/2}\left(\int_{[0,\infty[}K_s^2d\langle N\rangle_s\right)^{1/2}\quad \text{a.s.},\tag{33.1}$$

$$\int_{[0,\infty[}|H_sK_s\|d[M,N]_s|\leqslant\left(\int_{[0,\infty[}H_s^2d[M]_s\right)^{1/2}\left(\int_{[0,\infty[}K_s^2d[N]_s\right)^{1/2}\text{a.s.}.\tag{33.2}$$

6.34 系 令p,q为一对共轭指数，即$1<p<\infty$，$1<q<\infty$，$\frac{1}{p}+\frac{1}{q}=1$，则在定理 6.33 的假设下，我们有

$$\boldsymbol{E}\left[\int_{[0,\infty[}|H_sK_s\|d\langle M,N\rangle_s|\right]\leqslant\left\|\sqrt{\int_{[0,\infty[}H_s^2d\langle M\rangle_s}\right\|_p\left\|\sqrt{\int_{[0,\infty[}K_s^2d\langle N\rangle_s}\right\|_q,\tag{34.1}$$

$$\boldsymbol{E}\left[\int_{[0,\infty[}|H_sK_s\|d[M,N]_s|\right]\leqslant\left\|\sqrt{\int_{[0,\infty[}H_s^2d[M]_s}\right\|_p\left\|\sqrt{\int_{[0,\infty[}K_s^2d[N]_s}\right\|_q.\tag{34.2}$$

证明 由定理 6.33 及 Hölder 不等式($\boldsymbol{E}[|\xi\eta|]\leqslant\|\xi\|_p\cdot\|\eta\|_q$)推得． □

问题与补充

6.1 设M为一连续一致可积鞅，S,T为两个停时，$S\leqslant T$.

如果对几乎所有的ω，对每个$t>0$，在$[S(\omega),T(\omega)\wedge(t\vee S(\omega))]$上，$M.(\omega)$有有限变差，则对几乎所有的$\omega$，$M.(\omega)$在$[S(\omega),T(\omega)]$上为常数．

6.2 $\mathscr{M}_0^2$与$L^2(\mathscr{F}_0)$为$\mathscr{M}^2$的两个相互正交的稳定子空间，且

$$\mathscr{M}^2=\mathscr{M}_0^2\oplus L^2(\mathscr{F}_0),$$

其中$\oplus$表示直接和．

6.3 设$M\in\mathscr{M}^{2,d}$．若$\boldsymbol{E}[\sum_s|\Delta M_s|]<\infty$，则$M\in\mathscr{W}_0$．

6.4 设$M\in\mathscr{W}_0$．若$\boldsymbol{E}[\sum_s(\Delta M_s)^2]<\infty$，则$M\in\mathscr{M}^{2,d}$．

6.5 设$M\in\mathscr{W}_0$或$M\in\mathscr{M}^{2,d}$，$T>0$为一停时．如果$[\Delta M\neq0]\subset[\![T]\!]$，则$M=A-\widetilde{A}$，其中$A=\Delta M_TI_{[\![T,\infty[\![}$．

6.6 令

$$\mathscr{K}=\left\{\xi I_{[\![T,\infty[\![}:\begin{array}{l}T\text{ 为停时},\xi\in L^2(\mathscr{F}_T),\\ \xi I_{[T=0]}=0,\ \boldsymbol{E}[\xi I_{[0<T<\infty]}|\mathscr{F}_{T-}]=0\end{array}\right\},$$

$$\mathscr{M}^{2,\sigma}=\overline{\mathscr{L}(\mathscr{K})},\mathscr{M}^{2,s}=\mathscr{K}^{\perp}.$$

1) $\mathscr{M}^{2,\sigma}$及$\mathscr{M}^{2,s}$为$\mathscr{M}^2$的两个相互正交的稳定子空间，$\mathscr{M}^2=\mathscr{M}^{2\sigma}\oplus\mathscr{M}^{2,s}$．

2) $\mathscr{M}^{2,da}\subset\mathscr{M}^{2,\sigma}\subset\mathscr{M}^{2,d}$，其中$\mathscr{M}^{2,da}$为只有可及跳的纯断平方可积鞅全体构成的子空间．

3) 设$M\in\mathscr{M}^2$．为要$M\in\mathscr{M}^{2,s}$，当且仅当对一切停时S，$M_S\in\mathscr{F}_{S-}$．

4) 下列命题等价：

i) 对一切停时T及S，$[T\leqslant S]\in\mathscr{F}_{S-}$，

ii) $\mathscr{M}^2=\mathscr{M}^{2,s}$，

iii) $(\mathscr{F}_t)$全连续，即对一切停时S，$\mathscr{F}_S=\mathscr{F}_{S-}$．

6.7 设$M\in\mathscr{M}^2$，S，T为两个停时，$S\leqslant T$．为要$M^S=M^T$，当且仅当$\langle M\rangle_S=\langle M\rangle_T$．

6.8 设$M,N\in\mathscr{M}^2$，则

$$(\langle M+N\rangle+[M+N])^{1/2}\leqslant(\langle M\rangle+[M])^{1/2}$$

$$+ (\langle N\rangle + [N])^{1/2}.$$

6.9 设 $M,N\in\mathscr{M}^2$，则

$$|\sqrt{[M]}-\sqrt{[N]}|\leqslant\sqrt{[M-N]},$$

$$|\sqrt{\langle M\rangle}-\sqrt{\langle N\rangle}|\leqslant\sqrt{\langle M-N\rangle}.$$

6.10 设 $\boldsymbol{G}=(\mathscr{G}_t)$ 为一满足通常条件的流，且对每个 $t\geqslant 0$，$\mathscr{G}_t\subset\mathscr{F}_t$，则下列命题等价：

1）每个平方可积 $\boldsymbol{G}$-鞅为 $\boldsymbol{F}$-鞅，

2）对每个 $t\geqslant 0$，$\mathscr{F}_t$ 及 $\mathscr{G}_\infty$ 关于 $\mathscr{G}_t$ 条件独立，

3）对每个 $\mathscr{G}_\infty\times\mathscr{B}(\boldsymbol{R}_+)$-可测的零初值可积变差过程 A，A 关于 $\boldsymbol{G}$ 及 $\boldsymbol{F}$ 的可料对偶投影无区别.

这时，对每个 $\boldsymbol{G}$-停时 T，有 $\mathscr{G}_T=\mathscr{F}_T\cap\mathscr{G}_\infty$.

第七章 局部鞅

§1. 过程类的局部化

7.1 定义 设 $\mathscr{D}$ 为一随机过程类. $\mathscr{D}$ 的**局部化类**(记作 $\mathscr{D}_{loc}$)定义如下:一过程 $X=(X_t)$ 属于 $\mathscr{D}_{loc}$,当且仅当 $X_0\in\mathscr{F}_0$,并存在一列停时(T_n),使得 $T_n\uparrow\infty$,及对每个 n, $X^{T_n}-X_0\in\mathscr{D}$. (T_n)称为 X(关于 $\mathscr{D}$)的**局部化序列**. 易见,为要 $\mathscr{D}\subset\mathscr{D}_{loc}$,当且仅当对每个 $X\in\mathscr{D}$,有 $X_0\in\mathscr{F}_0$.

7.2 定理 设 $\mathscr{D}^1$, $\mathscr{D}^2$ 为两个稳定的过程类,则

$$(\mathscr{D}^1\cap\mathscr{D}^2)_{loc}=\mathscr{D}^1_{loc}\cap\mathscr{D}^2_{loc}.$$

证明 令 $X\in\mathscr{D}^1_{loc}\cap\mathscr{D}^2_{loc}$, (T_n)为 X 关于 $\mathscr{D}^1$ 的局部化序列,(S_n)为 X 关于 $\mathscr{D}^2$ 的局部化序列,则由 $\mathscr{D}^1$ 及 $\mathscr{D}^2$ 的稳定性,$(T_n\wedge S_n)$为 X 关于 $\mathscr{D}^1\cap\mathscr{D}^2$ 的局部化序列. 因此,$\mathscr{D}^1_{loc}\cap\mathscr{D}^2_{loc}\subset(\mathscr{D}^1\cap\mathscr{D}^2)_{loc}$. 反包含关系是明显的. □

7.3 定理 设 $\mathscr{D}$ 为一由随机过程组成的稳定线性空间,则 $\mathscr{D}_{loc}$也是稳定线性空间,且

$$(\mathscr{D}_{loc})_{loc}=\mathscr{D}_{loc}. \tag{3.1}$$

证明 只需证明(3.1). 设 $X\in(\mathscr{D}_{loc})_{loc}$. 为简单起见,不妨设 $X_0=0$. 令(T_n)为 X 关于 $\mathscr{D}_{loc}$的局部化序列,即对每个 n, $X^{T_n}\in\mathscr{D}_{loc}$. 对每个 n,令$(S_{n,k})_{k\geqslant1}$为 X^{T_n}关于 $\mathscr{D}$ 的局部化序列,将$(S_{n,k}\wedge T_n)_{n,k\geqslant1}$重新排列为停时序列$(S_n)$,则$\sup\limits_n S_n=\infty$,且对每个 n, $X^{S_n}\in\mathscr{D}$. 对任何一对停时(S,T),我们有

$$X^{S\vee T}=X^S+X^T-(X^{S\wedge T}).$$

因而由归纳法有 $X^{S_1\vee\cdots\vee S_n}\in\mathscr{D}$,所以,$(S_1\vee\cdots\vee S_n)$是 X 关于 $\mathscr{D}$

的局部化序列，即 $X\in\mathscr{D}_{\text{loc}}$. □

注 为使(3.1)成立，实际上只需假设 $\mathscr{D}$ 在停止运算下稳定，即对任一 $X\in\mathscr{D}$ 及停时 T，有 $X^T\in\mathscr{D}$. 但这需要一个略为更长的证明. 定理 7.3 对我们已够用了.

下一引理提供了一个十分有用的得到局部化序列的方法，它的证明是不难的，留给读者作练习.

7.4 引理 设 $X=(X_t)$ 为一适应右连左极过程. 令

$$T_n=\inf\{t\geqslant 0: |X_t|\geqslant n\}, n\geqslant 1, \tag{4.1}$$

则 (T_n) 为一列停时，且 $T_n\uparrow\infty$.

7.5 定义 设 $\mathscr{D}$ 为有界过程全体，则 $\mathscr{D}_{\text{loc}}$ 中的每个过程称为**局部有界过程**.

7.6 定理 设 X 为一随机过程，且 $X_0\in\mathscr{F}_0$. 为要 X 为局部有界过程，必须且只需存在一列停时 (T_n)，使得 $T_n\uparrow\infty$，且对每个 n，$XI_{]\!]0,T_n]\!]}$ 为有界过程.

证明 令 $S_n=0_{[|X_0|\geqslant n]}$，则 (S_n) 为一列停时，$S_n\uparrow\infty$，且对每个 n，$X_0I_{]\!]0,S_n]\!]}=X_0I_{[|X_0|<n]}I_{]\!]0,\infty[\![}$ 为有界过程. 若 X 为局部有界过程，(R_n) 为 X 的局部化序列，则对每个 n，$XI_{]\!]0,R_n\wedge S_n]\!]}$ 为有界过程. 反之，若 (T_n) 为一列停时，$T_n\uparrow\infty$，且对每个 n，$XI_{]\!]0,T_n]\!]}$ 为有界过程，则 $(T_n\wedge S_n)$ 为 X 的局部化序列. □

注 定理 7.6 实际上提出了局部有界过程的更合理些的定义. 问题在于在局部有界过程的定义中要求 $X_0\in\mathscr{F}_0$ 是不自然的. 然而局部化手续一般总是对适应过程类实施的，仅仅有界过程类是个例外，为了叙述的统一起见，我们才保留了 $X_0\in\mathscr{F}_0$ 的要求.

下一定理给出了一些今后常用的局部有界过程.

7.7 定理 设 X 为一适应右连左极过程.

1) $X_-=(X_{t-})$ 为局部有界可料过程.

2) 为要 X 局部有界，当且仅当 ΔX 局部有界.

3) 若 X 可料，则 X 局部有界.

证明 1) 令 (T_n) 如(4.1)所定义. 显然有 $|X_-I_{]\!]0,T_n]\!]}|\leqslant n$. 于

是由定理 7.6，X_-局部有界.

2)是 1)及定理 7.6 的直接推论.

3)的证明与定理 5.19 中第二个结论的证明完全相同. □

7.8 定义 记得 $\mathscr{A}$($\mathscr{A}^+$)是适应可积变差(可积增)过程全体，则 $\mathscr{A}_{\text{loc}}$($\mathscr{A}^+_{\text{loc}}$)是适应局部可积变差(局部可积增)过程全体. 这与定义 5.18 相符，只是这里只涉及适应过程.

对每个适应右连左极过程 $X=(X_t)$，以 $X^*=(X_t^*)$记 X 的上确界过程：

$$X_t^* = \sup_{s\leqslant t}|X_s|, \quad t\geqslant 0.$$

显然，X^*为适应增过程，且 $\Delta(X^*)\leqslant|\Delta X|$.

7.9 定理 设 $A=(A_t)$为一适应有限变差过程. 如果 A 局部有界(或等价地，ΔA 局部有界)，则 $A\in\mathscr{A}_{\text{loc}}$.

证明 设(S_n)为一列停时，使得 $S_n\uparrow\infty$，且对每个 n，$AI_{]\!]0,S_n]\!]}$为有界过程. 令

$$T_n=\inf\left\{t\geqslant 0:\int_0^t|dA_s|\geqslant n\right\}\wedge S_n,\ n\geqslant 1,$$

则 $T_n\uparrow\infty$，且对每个 n

$$\int_0^{T_n}|dA_s|=\int_{]0,T_n[}|dA_s|+|\Delta A_{T_n}|I_{[T_n>0]}\leqslant n+|\Delta A_{T_n}|I_{[T_n>0]}$$

有界，故 $A\in\mathscr{A}_{\text{loc}}$. □

7.10 定理 设 $A=(A_t)$为一适应有限变差过程，则下列命题等价：

1) $A\in\mathscr{A}_{\text{loc}}$,

2) $B=\sum_{s\leqslant\cdot}\Delta A_s\in\mathscr{A}_{\text{loc}}$,

3) $C=\sqrt{\sum_{s\leqslant\cdot}\Delta A_s^2}\in\mathscr{A}^+_{\text{loc}}$,

4) $A^*\in\mathscr{A}^+_{\text{loc}}$.

证明 1)⇒2)⇒3) 显然.

3)⇒4). 由于$|\Delta A|\leqslant C$，有 $A^*\leqslant A^*_-+|\Delta A|\leqslant A^*_-+C$. A^*_-局部有界(定理 7.7.1)，$C\in\mathscr{A}^+_{\text{loc}}$，故 $A^*\in\mathscr{A}^+_{\text{loc}}$.

4)⇒1). 设(S_n)为一列停时，使得$S_n\uparrow\infty$，且对每个n，$A^*_{S_n}-A^*_0$可积. 令

$$T_n=\inf\left\{t\geqslant 0:\int_0^t|dA_s|\geqslant n\right\}\wedge S_n,\ n\geqslant 1,$$

则$T_n\uparrow\infty$，且对每个n

$$\int_0^{T_n}|dA_s|=\int_{]0,T_n[}|dA_s|+|\Delta A_{T_n}|\leqslant n+2(A^*_{S_n}-A^*_0)$$

可积，故$A\in\mathscr{A}_{\mathrm{loc}}$. □

7.11 定义 记得$\mathscr{M}$为一致可积鞅全体. 若$M\in\mathscr{M}_{\mathrm{loc}}$，称$M$为**局部鞅**. 显然，局部鞅为适应右连左极过程. 同样地，$\mathscr{W}_{\mathrm{loc}}$中的过程称为**局部可积变差鞅**，$\mathscr{M}^2_{\mathrm{loc}}$($\mathscr{M}^{2,c}_{\mathrm{loc}}$，$\mathscr{M}^{2,d}_{\mathrm{loc}}$)中的过程称为(**连续**，**纯断**)**局部平方可积鞅**. 显然，$\mathscr{M}_{\mathrm{loc}}$，$\mathscr{W}_{\mathrm{loc}}$，$\mathscr{M}^2_{\mathrm{loc}}$都是稳定线性空间.

注 由定义不难直接看出以下事实：

1) 右连左极鞅为局部鞅(取$(n)_{n\geqslant 1}$为局部化序列)；

2) 可料局部鞅为连续过程(见定理 6.3.1))；

3) 若M为可料局部可积变差鞅，则对每个$t>0$，$M_t=M_0$ a.s.(见定理 6.3.2))；

4) 若$A\in\mathscr{A}_{\mathrm{loc}}$，则其可料对偶投影$\tilde{A}$是唯一的可料有限变差过程，使得$A-\tilde{A}\in\mathscr{W}_{\mathrm{loc},0}$(见系 5.31)；

5) 若$M_t\equiv M_0\in\mathscr{F}_0$，则$M=(M_t)$为局部鞅(取$(0_{[|M_0|\geqslant n]})$为局部化序列).

7.12 定理 设M为一局部鞅，则$M\in\mathscr{M}$当且仅当M为类(D)过程.

证明 只需证充分性，设M为类(D)过程，则M_0可积. 设(T_n)为M的局部化序列，则对每个n，$M^{T_n}\in\mathscr{M}$. 对$0\leqslant s<t<\infty$，有

$$\boldsymbol{E}[M_{t\wedge T_n}|\mathscr{F}_s]=M_{s\wedge T_n}\quad \text{a.s.} \tag{12.1}$$

由于$(M_{t\wedge T_n})_{n\geqslant 1}$一致可积，且$\lim\limits_{n\to\infty}M_{t\wedge T_n}=M_t$，于是$n\to\infty$时

$$\boldsymbol{E}[M_{t\wedge T_n}|\mathscr{F}_s]\xrightarrow{L^1}\boldsymbol{E}[M_t|\mathscr{F}_s].$$

在(13.1)中令$n\to\infty$得

$$E[M_t|\mathscr{F}_s]=M_s \quad \text{a.s.}$$

这表明 M 为鞅，从而 $M\in\mathscr{M}$. □

7.13 定理 设 M 为一局部鞅，则 ΔM 有可料投影，且 $^p(\Delta M)=0$.

证明 由定理 4.41 及定理 5.8.2)即得. □

7.14 定理 设 $A\in\mathscr{A}_{\text{loc}}$,

$$A=A^c+A^{da}+A^{di},$$

其中 A^C 为 A 的连续部分，A^{da} 为 A 的可及跳部分，A^{di} 为 A 的绝不可及跳部分(见定理 4.25)，则

1) $\widetilde{A^{da}}$ 为纯断的，A^{di} 为连续的，

2) 为要 $\widetilde{A}$ 连续，当且仅当 $\widetilde{A^{da}}$ 为局部鞅，

3) 为要 $\widetilde{A}$ 纯断，当且仅当 $A_0=0$ 及 A^c+A^{di} 为局部鞅.

证明 2)及 3)容易由 1)推得，只需证 1). 令 (T_n) 为穷举 A^{da} 跳的可料时列. 记 $H=\bigcup\limits_n [\![T_n]\!]$. 由定理 5.22 有

$$E\left[\int_{[0,\infty[} I_{H^c}(\cdot,s)\,|d\,\widetilde{A^{da}_s}(\cdot)|\right]$$

$$\leqslant E\left[\int_{[0,\infty[} I_{H^c}(\cdot,s)\,|d\,A^{da}_s(\cdot)|\right]=0,$$

即对几乎所有的 ω，测度 $dA^{da}_{\cdot}(\omega)$ 在 $\bigcup\limits_n [T_n(\omega)]$ 之外无负荷，故 A^{da} 为纯断的.

由于 A^{di} 拟左连续，故由系 5.28.3)，$\widetilde{A^{di}}$ 为连续的. □

7.15 定理 设 $M\in\mathscr{W}_{\text{loc}}$. 令

$$A=\sum_{s\leqslant\cdot}\Delta M_s,$$

由 $A\in\mathscr{A}_{\text{loc}}$，$\widetilde{A}$ 连续，且

$$M=M_0+A-\widetilde{A}.$$

(故 M 也称为**跳的补偿和**.)

若 M 只有可及跳，则

$$M=M_0+\sum_{s\leqslant\cdot}\Delta M_s.$$

证明 定理的前半部分由定理 6.2 推得，若 M 只有可及跳，A 也只有可及跳．由于 $\tilde{A}$ 连续，由定理 7.14.2)知，$A=A^{da}$ 为局部鞅，故 $\tilde{A}=0$，从而 $M=M_0+A$. □

§2. 局部鞅的分解

7.16 引理 设 M 为一局部鞅，$\varepsilon>0$. 令

$$A=\sum_{s\leqslant \cdot}\Delta M_s I_{[|\Delta M_s|>\varepsilon]},$$

则 $A\in\mathscr{A}_{\mathrm{loc}}$.

证明 熟知 A 为适应有限变差过程．令 (S_n) 为 M 的局部化序列．令

$$T_n=\inf\left\{t\geqslant 0: |M_t-M_0|\geqslant n \text{ 或} \sum_{s\leqslant t}|\Delta A_s|\geqslant n\right\}\wedge S_n,$$

则 $T_n\uparrow\infty$，且

$$|\Delta A_{T_n}|\leqslant|\Delta M_{T_n}|\leqslant n+|M_{T_n}-M_0|,$$

$$\begin{aligned}\sum_{s\leqslant T_n}|\Delta A_s| &\leqslant \sum_{s<T_n}|\Delta A_s|+|\Delta A_{T_n}| \\ &\leqslant n+|\Delta A_{T_n}|\leqslant 2n+|M_{T_n}-M_0|.\end{aligned}$$

由于 $T_n\leqslant S_n$，有 $\boldsymbol{E}[|M_{T_n}-M_0|]<\infty$，故 $A\in\mathscr{A}_{\mathrm{loc}}$. □

下一定理称为**局部鞅基本定理**，它在局部鞅理论中起核心作用．

7.17 定理 设 M 为一局部鞅，则对任给 $\varepsilon>0$，M 可作如下分解：

$$M=M_0+U+V, \tag{17.1}$$

其中 U 为零初值局部有界鞅[1)]且 $|\Delta U|\leqslant\varepsilon$，$V$ 为零初值局部可积变差鞅．如果 M 拟左连续，则可要求 U 及 V 也拟左连续，且 U 与 V 无公共跳．

---

1) 局部有界鞅全体是有界鞅全体的局部化类，一局部有界鞅既是局部鞅又是局部有界的．

证明 无妨假定 $M_0=0$. 令

$$A=\sum_{s\leqslant\cdot}\Delta M_s I_{[|\Delta M_s|>\frac{\varepsilon}{2}]},$$

则由引理 7.16 知，$A\in\mathscr{A}_{\mathrm{loc}}$，$V=A-\widetilde{A}\in\mathscr{W}_{\mathrm{loc},0}$，$U=M-V\in\mathscr{M}_{\mathrm{loc},0}$. 对任一可料时 T，有

$$E[\Delta M_T I_{[T<\infty]}|\mathscr{F}_{T-}]=0,$$

$$\begin{aligned}\Delta\widetilde{A}_T I_{[T<\infty]}&=E[\Delta A_T I_{[T<\infty]}|\mathscr{F}_{T-}]\\&=E[(\Delta A_T-\Delta M_T)I_{[T<\infty]}|\mathscr{F}_{T}].\end{aligned}$$

但是

$$|(\Delta A_T-\Delta M_T)I_{[T<\infty]}|=|\Delta M_T I_{[|\Delta M_T|\leqslant\frac{\varepsilon}{2},T<\infty]}|\leqslant\frac{\varepsilon}{2},$$

故在$[T<\infty]$上有

$$|\Delta\widetilde{A}_T|\leqslant\frac{\varepsilon}{2},\ |\Delta U_T|\leqslant|\Delta M_T-\Delta A_T|+|\Delta\widetilde{A}_T|\leqslant\varepsilon\quad\text{a.s.}.$$

对任一绝不可及时 T，在$[T<\infty]$上有 $\Delta\widetilde{A}_T=0$ a.s.，及$|\Delta U_T|=|\Delta M_T-\Delta A_T|\leqslant\frac{\varepsilon}{2}$. 总之，对任一停时 T

$$|\Delta U_T I_{[T<\infty]}|\leqslant\varepsilon\quad\text{a.s.},$$

即$|\Delta V|\leqslant\varepsilon$，故 U 为局部有界鞅.

若 M 拟左连续，则 A 也拟左连续，$\widetilde{A}$ 连续，故 U 及 V 也拟左连续. 此外，$\Delta V=\Delta MI_{[|\Delta M|>\frac{\varepsilon}{2}]}$，$\Delta U=\Delta MI_{[|\Delta M|\leqslant\frac{\varepsilon}{2}]}$，$U$ 及 V 无公共跳. □

7.18 系 设 M 为一局部鞅，则它的上确界过程 $M^*\in\mathscr{A}^+_{\mathrm{loc}}$.

7.19 定理 若 M 既为局部鞅，又是有限变差过程，则 $M\in\mathscr{W}_{\mathrm{loc}}$，即

$$\mathscr{M}_{\mathrm{loc}}\cap\mathscr{V}=\mathscr{W}_{\mathrm{loc}}.$$

证明 设 $M\in\mathscr{M}_{\mathrm{loc}}\cap\mathscr{V}$，并按(17.1)分解为：

$$M=M_0+U+V,$$

其中 $V\in\mathscr{W}_{\mathrm{loc},0}$，$U$ 为零初值局部有界鞅. 由于 $U\in\mathscr{V}$ 局部有界，由定理 7.9 知，$U\in\mathscr{W}_{\mathrm{loc},0}$. 最终得 $M\in\mathscr{W}_{\mathrm{loc}}$. □

7.20 系 设 $A\in\mathscr{V}$. 为要 $A\in\mathscr{A}_{\mathrm{loc}}$，必须且只需存在一可料

过程 $B\in\mathscr{V}$，使得 $A-B$ 为局部鞅.

7.21 定义 设 M 为一局部鞅，称 M 为**纯断**局部鞅，若 $M_0=0$，且 M 可作如下分解：

$$M=U+V,$$

其中 $U\in\mathscr{M}_{\mathrm{loc}}^{2,d}$，$V\in\mathscr{W}_{\mathrm{loc}}$. 我们以 $\mathscr{M}_{\mathrm{loc}}^{d}$ 记纯断局部鞅全体，而以 $\mathscr{M}_{\mathrm{loc}}^{c}$ 记连续局部鞅全体. 若以 $\mathscr{M}^{c}$ 记连续一致可积鞅全体，则 $\mathscr{M}_{\mathrm{loc}}^{c}$ 正是 $\mathscr{M}^{c}$ 的局部化类. 显然，我们有 $\mathscr{M}_{\mathrm{loc}}^{c}=\mathscr{M}_{\mathrm{loc}}^{2,c}$. 自然地，我们定义 $\mathscr{M}^{d}=\mathscr{M}\cap\mathscr{M}_{\mathrm{loc}}^{d}$.

7.22 引理 设 M 为一局部鞅. 若 M 既是连续局部鞅，又是纯断局部鞅，则 $M=0$.

证明 由于 $M\in\mathscr{M}_{\mathrm{loc}}^{d}$，则 $M=U+V$，其中 $U\in\mathscr{M}_{\mathrm{loc}}^{2,d}$，$V\in\mathscr{W}_{\mathrm{loc},0}$. 另一方面，$M\in\mathscr{M}_{\mathrm{loc}}^{c}=\mathscr{M}_{\mathrm{loc}}^{2,c}$，故 $V\in\mathscr{M}_{\mathrm{loc}}^{2}$. 由定理 6.23.3) 知，$V\in\mathscr{M}_{\mathrm{loc}}^{2,d}$. 因此，存在 M 的一个局部化序列(T_n)，使得对每个 n，M^{T_n}既是连续又是纯断平方可积鞅，从而对每个 n，$M^{T_n}=0$. 于是 $M=0$. □

7.23 系 设 M,N 为两个纯断局部鞅，且 $\Delta M=\Delta N$，则 $M=N$.

7.24 引理 设 $V\in\mathscr{W}_{\mathrm{loc},0}$，且 $V=V^{c}+V^{da}+V^{di}$（见定理 4.25)，则 V^{da}为局部鞅，且 $V^{c}=-\widetilde{V^{di}}$.

证明 我们有

$$0=\widetilde{V}=V^{c}+\widetilde{V^{da}}+\widetilde{V^{di}}.$$

由定理 7.14 知，$\widetilde{V^{da}}$为纯断的，$\widetilde{V^{di}}$为连续的，故必有$\widetilde{V^{da}}=0$，即 $V^{da}\in\mathscr{W}_{\mathrm{loc},0}$，从而 $V^{c}=-\widetilde{V^{di}}$. □

7.25 定理 设 M 为一局部鞅，则 M 有如下唯一分解：

$$M=M_0+M^{c}+M^{da}+M^{di},$$

其中 $M^{c}\in\mathscr{M}_{\mathrm{loc},0}^{c}$，$M^{da}\in\mathscr{M}_{\mathrm{loc}}^{d}$只有可及跳，$M^{di}\in\mathscr{M}_{\mathrm{loc}}^{d}$只有绝不可及跳.

M^{c} 及 $M^{d}=M^{da}+M^{di}$分别称为局部鞅 M 的**连续鞅部分**及**纯断鞅部分**. 对任一停时 T，有

$$(M^T)^c = (M^c)^T,\ (M^T)^d = (M^d)^T.$$

证明 存在性．令

$$M = M_0 + U + V,$$

其中 $U \in \mathscr{M}^2_{\mathrm{loc},0}$，$V \in \mathscr{W}_{\mathrm{loc},0}$．由定理 6.22.3)，$U$ 有下列分解：

$$U = U^c + U^{da} + U^{di},$$

其中 $U^c \in \mathscr{M}^{2,c}_{\mathrm{loc},0}$，$U^{da} \in \mathscr{M}^{2,d}_{\mathrm{loc},0}$ 只有可及跳，$U^{di} \in \mathscr{M}^{2,d}_{\mathrm{loc},0}$ 只有绝不可及跳．由引理 7.24，V 有下列分解：

$$V = V^c + V^{da} + V^{di},$$

其中 $V^{da} \in \mathscr{W}_{\mathrm{loc},0}$ 只有可及跳，$V^c + V^{di} \in \mathscr{W}_{\mathrm{loc},0}$ 只有绝不可及跳．令

$$M^c = U^c,\ M^{da} = U^{da} + V^{da},\ M^{di} = U^{di} + V^c + V^{di},$$

则 $M = M_0 + M^c + M^{da} + M^{di}$ 为所需分解．

唯一性．设 $M = M_0 + \overline{M}^c + \overline{M}^{da} + \overline{M}^{di}$ 为另一满足要求的分解，则由引理 7.22，有 $M^c = \overline{M}^c$，而 $M^{da} - \overline{M}^{da} = \overline{M}^{di} - M^{di}$ 既无可及跳，也无绝不可及跳，即 $M^{da} - \overline{M}^{da}$ 为连续的．仍由引理 7.22 知，$M^{da} = \overline{M}^{da}$，从而 $M^{di} = \overline{M}^{di}$．

最后的结论易由唯一性推得． □

下一定理是定理 7.19 的补充．

7.26 定理 设 M 为一纯断局部鞅．若对一切 $t > 0$，$\sum_{s \leqslant t} |\Delta M_s| < \infty$ a.s.，则 $M \in \mathscr{W}_{\mathrm{loc}}$．

证明 令

$$A = \sum_{s \leqslant \cdot} \Delta M_s.$$

由定理 7.17 知，$A \in \mathscr{A}_{\mathrm{loc}}$．令 $N = A - \widetilde{A}$，则 $N \in \mathscr{W}_{\mathrm{loc},0}$．由定理 5.27.2) 及 7.14，有

$$\Delta \widetilde{A} = {}^p(\Delta A) = {}^p(\Delta M) = 0.$$

因此 $\Delta M = \Delta N$．由系 7.23 知，$M = N$，从而 $M \in \mathscr{W}_{\mathrm{loc},0}$． □

下面我们着手定义局部鞅的二次变差过程．

7.27 引理 设 M 为一局部鞅，则对一切 $t \geqslant 0$，有

$$\sum_{s \leqslant t} (\Delta M_s)^2 < \infty \quad \text{a.s.}.$$

证明 令 $M=M_0+U+V$，其中 $U\in\mathscr{M}^2_{\mathrm{loc},0}$，$V\in\mathscr{M}^2_{\mathrm{loc},0}$. 令 (T_n) 为 M 的局部化序列，使得对每个 n，$U^{T_n}\in\mathscr{M}^2$，$V^{T_n}\in\mathscr{W}$，于是

$$\sum_{0<s\leqslant T_n}(\Delta M_s)^2\leqslant 2\Big\{\sum_{s\leqslant T_n}(\Delta U_s)^2+\sum_{s\leqslant T_n}(\Delta V_s)^2\Big\}$$
$$\leqslant 2\Big\{\sum_{s\leqslant T_n}(\Delta U_s)^2+\Big[\sum_{s\leqslant T_n}|\Delta V_s|\Big]^2\Big\}<\infty\quad \text{a.s.}.\ \square$$

7.28 引理 1) 对每个 $M\in\mathscr{M}^2_{\mathrm{loc}}$，存在唯一的可料局部可积增过程，记作 $\langle M,M\rangle$ 或简记为 $\langle M\rangle$，使得 $M^2-\langle M\rangle\in\mathscr{M}^2_{\mathrm{loc},0}$.

2) 对任意的 $M,N\in\mathscr{M}^2_{\mathrm{loc}}$，存在唯一的可料局部可积变差过程，记作 $\langle M,N\rangle$，使得 $MN-\langle M,N\rangle\in\mathscr{M}^2_{\mathrm{loc},0}$.

证明 1)是2)的特殊情形，往证2). 设 $M,N\in\mathscr{M}^2_{\mathrm{loc}}$，$(T_n)$ 为 M 及 N 的公共局部化序列，对每个 n，$\langle(M-M_0)^{T_n},(N-N_0)^{T_n}\rangle$ 早已有定义. 现在将它们接起来，成为一个过程：

$$\langle M,N\rangle=M_0N_0+\sum_{n=1}^{\infty}\langle(M-M_0)^{T_n},(N-N_0)^{T_n}\rangle I_{]\!]T_{n-1},T_n]\!]},$$

其中 $T_0=0$. 不难验证 $\langle M,N\rangle$ 满足要求. $\square$

注 类似于定义 6.24 之后的注，若 $M\in\mathscr{M}^2_{\mathrm{loc}}$ 为拟左连续的，则 $\langle M\rangle$ 连续.

7.29 定义 设 M,N 为两个局部鞅，M^c,N^c 分别为它们的连续鞅部分，定义

$$[M,N]=M_0N_0+\langle M^c,N^c\rangle+\sum_{s\leqslant\cdot}(\Delta M_s\Delta N_s).\quad(29.1)$$

$[M,N]$ 为适应有限变差过程，特别，$[M,M]$ 为适应增过程，它也简记为 $[M]$.

$[M]$ 称为 M 的**二次变差过程**. 易见，$M=0$ 当且仅当 $[M]=0$；$M\in\mathscr{M}^c_{\mathrm{loc}}$ 当且仅当 $[M]$ 连续；$M\in\mathscr{M}^d_{\mathrm{loc}}$ 当且仅当 $[M]$ 纯断.

$[M,N]$ 称为 M 及 N 的**二次协变差过程**. 若 $M,N\in\mathscr{M}^2_{\mathrm{loc}}$，由局部化知，$[M,N]\in\mathscr{A}_{\mathrm{loc}}$. $\langle M,N\rangle$ 为 $[M,N]$ 的可料对偶投影. 特别，$[M]\in\mathscr{A}^+_{\mathrm{loc}}$，$\langle M\rangle$ 为 $[M]$ 的可料对偶投影. $\langle M,N\rangle$ 也称为 M 及 N 的**可料二次协变差过程**，$\langle M\rangle$（若 $M\in\mathscr{M}^2_{\mathrm{loc}}$）称为 M 的**可料二次**

变差过程.

易见，$[M,N]$（或$\langle M,N\rangle$，若它存在）是M及N的对称双线性形式，且对任一停时T，有

$$[M^T,N]=[M,N]^T(\langle M^T,N\rangle=\langle M,N\rangle^T).$$

7.30 定理 设M为一局部鞅，则$\sqrt{[M]}$为局部可积增过程.

证明 由于

$$\sqrt{[M]}-|M_0|\leqslant\sqrt{[M]-M_0^2}\leqslant\sqrt{[M-M_0]},$$

不妨设$M_0=0$. 令

$$M=U+V,$$

其中$U\in\mathscr{M}^2_{\mathrm{loc},0}$，$V\in\mathscr{W}_{\mathrm{loc},0}$. 由于 Kunita-Watanabe 不等式对局部鞅的二次变差过程仍成立，我们有

$$\begin{aligned}\sqrt{[M]}&\leqslant\sqrt{[U]+[V]+2\sqrt{[U][V]}}\leqslant\sqrt{[U]}+\sqrt{[V]}\\&\leqslant\frac{1}{2}+\frac{1}{2}[U]+\sqrt{\sum_{s\leqslant\cdot}(\Delta V_s)^2}\\&\leqslant\frac{1}{2}+\frac{1}{2}[U]+\sum_{s\leqslant\cdot}|\Delta V_s|.\end{aligned}$$

又由于$[U]\in\mathscr{A}^+_{\mathrm{loc}}$及$\sum_{s\leqslant\cdot}|\Delta V_s|\in\mathscr{A}^+_{\mathrm{loc}}$，故$\sqrt{[M]}\in\mathscr{A}^+_{\mathrm{loc}}$. □

7.31 定理 设M,N为两个局部鞅，则$[M,N]$为唯一的适应有限变差过程，使得$MN-[M,N]\in\mathscr{M}_{\mathrm{loc},0}$及$\Delta[M,N]=\Delta M\Delta N$.

证明 首先证明$MN-[M,N]$为局部鞅. 为此只需对$M=N$的情形证明这一事实，因为一般情形容易归结为此种情形. 不妨设$M_0=0$. 令$M=U+V$，其中U为零初值局部有界鞅，$V\in\mathscr{W}_{\mathrm{loc},0}$. 我们有

$$M^2-[M]=U^2-[U]+V^2-[V]+2(UV-[U,V]).\tag{31.1}$$

由引理 7.28.1)知，$U^2-[U]\in\mathscr{M}^2_{\mathrm{loc},0}$；由局部化的定理 6.4 知，$UV-[U,V]\in\mathscr{M}_{\mathrm{loc},0}$. 又由分部积分公式，我们有

$$V_t^2-[V]_t=V_t^2-\sum_{s\leqslant t}(\Delta V_s)^2=2\int_{]0,t]}V_{s-}dV_s.$$

但 V_- 为局部有界可料过程，故由局部化的定理 6.5 知，$V^2-[V]\in\mathscr{M}_{\mathrm{loc},0}$. 因此由(31.1)得 $M^2-[M]\in\mathscr{M}_{\mathrm{loc},0}$.

由定义 $\Delta[M,N]=\Delta M\Delta N$ 是显然的.

现设 A 为另一个适应有限变差过程，使得 $MN-A\in\mathscr{M}_{\mathrm{loc},0}$ 及 $\Delta A=\Delta M\Delta N$，则 $A-[M,N]$ 连续，且 $A-[M,N]\in\mathscr{W}_{\mathrm{loc},0}$. 由引理 7.22 知，$A=[M,N]$. □

7.32 定理 设 M 为一局部鞅. 为要 $M\in\mathscr{M}^2$，当且仅当 $\boldsymbol{E}[M]_\infty<\infty$.

证明 只需证充分性，设(T_n)为 $M^2-[M]$的局部化序列，则对任一停时 T，有

$$\boldsymbol{E}[M^2_{T\wedge T_n}]=\boldsymbol{E}[M]_{T\wedge T_n}\leqslant\boldsymbol{E}[M]_\infty.$$

由 Fatou 引理，我们有

$$\boldsymbol{E}[M_T^2I_{[T<\infty]}]\leqslant\boldsymbol{E}[M]_\infty<\infty.\tag{32.1}$$

这表明 M 为类(D)过程，故由定理 7.12 知，$M\in\mathscr{M}$. 再由(32.1)，我们有$\sup\limits_t\boldsymbol{E}[M_t^2]<\infty$，即 $M\in\mathscr{M}^2$. □

7.33 定义 设 M,N 为两个局部鞅，若 $MN\in\mathscr{M}_{\mathrm{loc},0}$，即 $[M,N]\in\mathscr{M}_{\mathrm{loc},0}$，称 M 与 N **相互正交**，记作 $M\perp\!\!\!\perp N$.

若 $M\in\mathscr{M}^d_{\mathrm{loc}}$，$N\in\mathscr{M}^c_{\mathrm{loc}}$，则按定义有$[M,N]=0$，即任一纯断局部鞅与任一连续局部鞅正交. 下面将证明，这一性质可用来刻画纯断局部鞅或连续局部鞅.

7.34 定理 设 M 为一零初值局部鞅. 如果 M 与任一连续有界鞅正交，则 M 为纯断局部鞅.

证明 设 $M=M^c+M^d$，其中 $M^c\in\mathscr{M}^c_{\mathrm{loc},0}$，$M^d\in\mathscr{M}^d_{\mathrm{loc}}$. 令

$$T_n=\inf\{t\geqslant 0:|M^c|\geqslant n\},$$

则 $T_n\uparrow\infty$，且对每个 n，$(M^c)^{T_n}$为连续有界鞅. 按假设，我们有 $\langle(M^c)^{T_n}\rangle=\langle M^c\rangle^{T_n}=[M,(M^c)^T]\in\mathscr{M}_{\mathrm{loc},0}$. 由于$\langle(M^c)^{T_n}\rangle$非负，必有$\langle(M^c)^{T_n}\rangle=0$(参见问题 7.6)，即$(M^c)^{T_n}=0$. 因此 $M^c=0$，从而 $M=M^d$ 为纯断局部鞅. □

7.35 定理 设 M 为一局部鞅. 如果 M 与任一纯断局部鞅正

交，则 M 为连续局部鞅.

证明 令 $M=M_0+M^c+M^d$，则 $MM^d=(M_0+M^c)M^d+(M^d)^2$. 按假设，$MM^d\in\mathscr{M}_{\mathrm{loc},0}$. 但$(M_0+M^c)M^d\in\mathscr{M}_{\mathrm{loc},0}$. 因此，$(M^d)^2\in\mathscr{M}_{\mathrm{loc},0}$，从而必有 $M^d=0$，故 $M=M_0+M^c$ 为连续局部鞅. □

7.36 定理 设 M 为一局部鞅. 如果 M 与任一有界鞅正交，则 $M=0$.

证明 显然有 $M_0=0$. 设(T_n)为 M 的局部化序列，N 为一有界鞅，则按假设，我们有

$$[M^{T_n},N]=[M,N^{T_n}]\in\mathscr{M}_{\mathrm{loc},0},$$

即 $M^{T_n}N\in\mathscr{M}_{\mathrm{loc},0}$. 但 $M^{T_n}N$ 为类(D) 过程，故 $M^{T_n}N\in\mathscr{M}_0$，且

$$\boldsymbol{E}[M_{T_n}N_\infty]=\boldsymbol{E}[M_0N_0]=0.,$$

由于 $M_{T_n}\in\mathscr{F}_\infty$，而 N_∞可以取为任意的 $\mathscr{F}_\infty$-可测有界随机变量，故 $M_{T_n}=0$ a.s.. 所以对每个 n，$M^{T_n}=0$. 令 $n\to\infty$得 $M=0$. □

7.37 例 1) 设 $W=(W_t)$为一标准 Wiener 过程，则 W 为连续局部鞅. 由定理 2.69 知，(W_t^2-t)为鞅. 所以

$$[W]_t=\langle W\rangle_t=t,\ t\geqslant 0.$$

2) 设 $P=(P_t)$为一(时齐)Poisson 过程，参数为 1. 由于(P_t-t)为鞅，P 的可料对偶投影为

$$\widetilde{P}_t=t,\quad t\geqslant 0.$$

令

$$N_t=P_t-t,\quad t\geqslant 0,$$

则 $N=(N_t)$为局部可积变差鞅：$N\in\mathscr{W}_{\mathrm{loc},0}$($N$ 也称为补偿 **Poisson 过程**)，且

$$\begin{aligned}[N]_t&=\sum_{s\leqslant t}(\Delta N_s)^2\\&=\sum_{s\leqslant t}(\Delta P_s)^2\\&=\sum_{s\leqslant t}\Delta P_s=P_t,\quad t\geqslant 0,\end{aligned}$$

$$\langle N\rangle_t=[\widetilde{N}]_t=\widetilde{P}_t=t,\quad t\geqslant 0.$$

3) 令 $L=W+N$, $M=W-N$,则 $L,M\in\mathscr{M}_{\mathrm{loc},0}$,且

$$[L,M]_t=[W]_t-[N]_t=t-P_t,\quad t\geqslant 0,$$

即$[L,M]\in\mathscr{M}_{\mathrm{loc},0}$,$L\perp\!\!\!\perp M$. 但是

$$L^c=M^c=W,\ L^d=N=-M^d.$$

这表明,即使 L 与 M 相互正交,L^c 与 M^c 不必正交,L^d 与 M^d 也不必正交.

7.38 定理 设 M 为一局部鞅,T 为一停时,$\xi\in\mathscr{F}_T$ 为一实值随机变量,则

$$N=\xi(M-M^T)$$

为局部鞅,且对任一局部鞅 L,有

$$[N,L]=\xi([M,L]-[M,L]^T).$$

证明 首先假设 M 为一致可积鞅,且 ξ 有界,则对 $t\geqslant 0$

$$\begin{aligned}E[N_\infty|\mathscr{F}_t]&=E[\xi(M_\infty-M_T)|\mathscr{F}_t]\\&=E[\xi(M_\infty-M_T)|\mathscr{F}_{t\vee T}|\mathscr{F}_t]\\&=E[\xi(M_{t\vee T}-M_T)|\mathscr{F}_t]\\&=\xi I_{[T\leqslant t]}(M_t-M_{t\wedge T})=N_t,\end{aligned}$$

即 N 为一致可积鞅.

对一般情形,不妨设 $M_0=0$. 令(T_n)为 M 的局部化序列. 置

$$S_n=T_n\wedge T_{[|\xi|>n]},\quad n\geqslant 1,$$

则 $S_n\uparrow\infty$,且(S_n) 为 N 的局部化序列:对每个 n

$$\begin{aligned}N^{S_n}&=[\xi(M-M^T)]^{S_n}\\&=\xi I_{[|\xi|\leqslant n]}(M-M^T)^{T_n}\\&=\xi I_{[|\xi|\leqslant n]}(M^{T_n}-M^{T_n\wedge T})\in\mathscr{M}_0.\end{aligned}$$

最后,对任一局部鞅 L,令

$$A=\xi([M,L]-[M,L]^T).$$

我们有 $\Delta A=\xi\Delta([M,L]-[M,L]^T)=\xi\Delta(M-M^T)\Delta L=\Delta N\Delta L$,且由定理 7.31,

$$NL-A=\xi(M-M^T)L-\xi([M,L]-[M,L]^T)$$

$$=\xi\{(ML-[M,L])-(ML-[M,L])^T\}$$
$$-\xi M_T I_{[T<\infty]}(L-L^T)$$

为局部鞅．再由定理 7.31，有 $A=[N,L]$． □

§ 3. 局部鞅的跳过程的刻画

7.39 定义 设 $X=(X_t)$ 为一可选过程，称 X 为**稀疏过程**，如果$[X\neq 0]$为稀疏集．任一适应右连左极过程 X 的跳过程 ΔX 是稀疏过程的典型例子．

对任一稀疏过程 $X=(X_t)$，若对每个 $t>0$

$$\sum_{s\leqslant t}|X_s|<\infty \qquad \text{a.s.},$$

我们定义 X 的和过程 ΣX 如下：

$$\Sigma X=\sum_{s\leqslant \cdot}X_s \quad 或 \quad (\Sigma X)_t=\sum_{s\leqslant t}X_s, \quad t\geqslant 0.$$

易见，ΣX 为适应有限变差过程．事实上，若$[X\neq 0]=\bigcup_n [\![T_n]\!]$，其中$(T_n)$为一列图互不相交的停时，则

$$\Sigma X=\sum_n X_{T_n}I_{[\![T_n,\infty[\![}.$$

其实在前面我们已多次遇到过稀疏过程的和过程了．

7.40 定理 设 $M\in\mathscr{M}^d_{\rm loc}$．

1) 为要 $M\in\mathscr{M}^{2,d}_{\rm loc}$，当且仅当 $\Sigma(\Delta M)^2\in\mathscr{A}^+_{\rm loc}$．

2) 为要 $M\in\mathscr{W}_0$，当且仅当 $\Sigma|\Delta M|\in\mathscr{A}^+_{\rm loc}$．

证明 1)由局部化的定理 6.22 及定理 7.32 推得．2)由定理 7.15 及 7.26 推得． □

7.41 引理 设 H 为一稀疏过程且 $H_0=0$，则下列命题等价：

1) $A=\sqrt{\Sigma H^2}\in\mathscr{A}^+_{\rm loc}$，

2) $B=\Sigma(H^2I_{[|H|\leqslant b]}+|H|I_{[|H|>b]})\in\mathscr{A}^+_{\rm loc}$， $\forall\, b>0$，

3) $C=\Sigma\dfrac{H^2}{1+|H|}\in\mathscr{A}^+_{\rm loc}$，

4) $D=\Sigma(1-\sqrt{1+H})^2\in\mathscr{A}^+_{\rm loc}$，若 $H\geqslant -1$.

证明 由于

$$C \leqslant B \leqslant (1+b)\Sigma \frac{H^2}{1+|H|} I_{[|H|\leqslant b]}$$

$$+ \frac{1+b}{b}\Sigma \frac{H^2}{1+|H|} I_{[|H|>b]}$$

$$\leqslant (1+b+\frac{1}{b})C,$$

即得 2)⇔3). 注意到,$y \geqslant -1$ 时

$$(1-\sqrt{1+y})^2 = \frac{y^2}{(1+\sqrt{1+y})^2},$$

$$(1-\sqrt{1+y})^2 / \frac{y^2}{1+|y|} \to \begin{cases} 1, & y\to\infty \\ 1/4, & y\to 0, \\ 2, & y\to -1, \end{cases}$$

存在两个常数 $K_1>0$ 及 $K_2>0$,使得

$$K_1 \frac{y^2}{1+|y|} \leqslant (1-\sqrt{1+y})^2 \leqslant K_2 \frac{y^2}{1+|y|}, \quad y \geqslant -1.$$

所以,若 $H \geqslant -1$,则 3)⇔4).

2)⇒1). 设(S_n)为一列停时,使得 $S_n \uparrow \infty$ 及 $\boldsymbol{E}[B_{S_n}]<\infty$. 我们有 $A\in\mathscr{V}^+$. 事实上,对一切 $t>0$, $\sum_{s\leqslant t}|H_s|^2 I_{[|H_s|>b]}$ 只是有限项的和. 令 $T_n=\inf\{t\geqslant 0: A_t \geqslant n\}$. 我们有 $T_n\uparrow\infty$,且

$$A_{T_n\wedge S_n} \leqslant n+\Delta A_{T_n\wedge S_n} \leqslant n+|H_{T_n\wedge S_n}| \leqslant n+b+B_{S_n}.$$

因此,$\boldsymbol{E}[A_{T_n\wedge S_n}]<\infty$,从而 $A\in\mathscr{A}^+_{\text{loc}}$.

1)⇒2). 设(S_n)为一列停时,使得 $S_n\uparrow\infty$ 及 $\boldsymbol{E}[A_{S_n}]<\infty$. 我们有 $B\in\mathscr{V}^+$. 事实上,对一切 $t>0$, $\sum_{s\leqslant t}|H_s| I_{[|H_s|>b]}$ 只是有限项的和. 令 $T_n=\inf\{t\geqslant 0: B_t\geqslant n\}$. 我们有 $T_n\uparrow\infty$,且

$$B_{T_n\wedge S_n} \leqslant n+\Delta B_{T_n\wedge S_n} \leqslant n+b^2+A_{S_n}.$$

因此,$\boldsymbol{E}[B_{T_n\wedge S_n}]<\infty$,从而 $B\in\mathscr{A}^+_{\text{loc}}$. □

下一定理给出局部鞅的跳过程的刻画. 它是局部鞅理论的基本结果之一,将在随机积分理论中起重要作用. 当涉及这一刻画时,引理 7.41 是十分有用的.

7.42 定理 为要一稀疏过程 H 为一局部鞅 M 的跳 ΔM，必须且只需满足下列条件：

i) ${}^pH = 0$,

ii) $\sqrt{\Sigma H^2} \in \mathscr{A}_{\mathrm{loc}}^+$.

证明 必要性由定理 7.13 及 7.30 推得.

充分性．首先假设 $\Sigma H^2 \in \mathscr{A}^+$. 令 $[H \neq 0] \subset \bigcup_n [\![T_n]\!]$，其中 (T_n) 为一列图互不相交的严格正停时，每个 T_n 或为可料时，或为绝不可及时. 令

$$A^n = H_{T_n} I_{[\![T_n, \infty [\![}, \quad M^n = A^n - \widetilde{A}^n.$$

如同定理 6.22 的证明，可知正交级数 ΣM^n 在 $\mathscr{M}_{\mathrm{loc}}^{2,d}$ 中收敛于 $M \in \mathscr{M}^{2,d}$，且 $H = \Delta M$.

现设 $\Sigma H^2 \in \mathscr{A}_{\mathrm{loc}}^+$. 令 (T_n) 为一列停时，使得 $T_n \uparrow \infty$ 及 $(\Sigma H^2)^{T_n} \in \mathscr{A}^+$，则对每个 n，存在 $M^n \in \mathscr{M}^{2,d}$，使得 $\Delta M^n = HI_{[\![0, T_n]\!]}$. 由系 7.23，我们有

$$(M^{n+1})^{T_n} = M^n, \ n \geqslant 1.$$

因此 $(M^n)_{n \geqslant 1}$ 可衔接成一个过程：

$$M = \sum_{n=1}^{\infty} M^n I_{]\!] T_{n-1}, T_n]\!]} \quad (T_0 = 0).$$

显然，$M \in (\mathscr{M}_{\mathrm{loc}}^d)_{\mathrm{loc}} = \mathscr{M}_{\mathrm{loc}}^d$，且 $\Delta M = H$.

如果 $\Sigma |H| \in \mathscr{A}_{\mathrm{loc}}^+$，则 $M = \Sigma H - \widetilde{(\Sigma H)} \in \mathscr{W}_{\mathrm{loc},0}$，且

$$\Delta M = H - {}^pH = H.$$

现在我们能处理一般情形了. 令

$$A = \Sigma H^2, \quad K = HI_{[|H|>1]}, \quad H'' = K - {}^pK,$$
$$H' = H - H'', \quad B = \Sigma |K|.$$

不难看出，H'' 及 H' 为稀疏过程，且 ${}^p(H'') = {}^p(H') = 0$. 由于 $\sqrt{\Sigma K^2} \leqslant A$，由定理 7.10，有 $B \in \mathscr{A}_{\mathrm{loc}}^+$. 另一方面，

$$\Sigma |{}^pK| \leqslant \Sigma {}^p(|K|) \leqslant \widetilde{B} \in \mathscr{A}_{\mathrm{loc}}^+.$$

所以，$\Sigma |H''| \in \mathscr{A}_{\mathrm{loc}}^+$，存在 $M'' \in \mathscr{M}_{\mathrm{loc}}^d$，使得 $\Delta M'' = H''$.

由于 $|H'|^2 \leqslant 2(|H|^2 + |H''|^2)$，有 $\Sigma (H')^2 \in \mathscr{V}^+$. 又因 ${}^pH =$

0，有

$$H' = H - K + {}^pK$$
$$= HI_{[|H|\leqslant 1]} - {}^p(HI_{[|H|\leqslant 1]}), \quad |H'| \leqslant 2.$$

所以 $\Sigma(H')^2 \in \mathscr{A}^+_{\mathrm{loc}}$，存在 $M' \in \mathscr{M}^{2,d}_{\mathrm{loc}}$，使得 $\Delta M' = H'$. 因此 $M = M' + M''$是所需的局部鞅. □

7.43 系 设 H 为一稀疏过程，使得 ${}^pH = 0$.

1) 为有 $M \in \mathscr{M}^{2,d}(\mathscr{M}^{2,d}_{\mathrm{loc}})$，使得 $H = \Delta M$，必须且只需 $\Sigma H^2 \in \mathscr{A}^+(\mathscr{A}^+_{\mathrm{loc}})$.

2) 为有 $M \in \mathscr{W}_0(\mathscr{W}_{\mathrm{loc},0})$，使得 $H = \Delta M$，必须且只需 $\Sigma|H| \in \mathscr{A}^+(\mathscr{A}^+_{\mathrm{loc}})$.

问题与补充

7.1 设 $\mathscr{D}$ 为一由适应过程组成的稳定线性空间，且具有下列性质：若随机变量 $\xi \in b\mathscr{F}_0$ 及 $X_t \equiv \xi$，则 $X = (X_t) \in \mathscr{D}$. 为要 $X \in \mathscr{D}_{\mathrm{loc}}$，必须且只需存在一列停时$(T_n)$，使得 $T_n \uparrow \infty$，且对每个 n，$X^{T_n} I_{[T_n > 0]} \in \mathscr{D}$.

7.2 设 A 为一可料有限变差过程，$a \neq 0$. 若$[\Delta A = -a]$为不足道集，则$\dfrac{1}{a + \Delta A}$为局部有界过程.

7.3 设 M 为一局部鞅. 若 $M \geqslant 0$ 及 $\boldsymbol{E}[M_0] < \infty$，则 M 为上鞅.

7.4 设 M 为一局部鞅. 若 $\Delta M \geqslant 0$，则 M 拟左连续.

7.5 设 M 为一连续局部鞅，T 为一停时，则对几乎所有的 $\omega \in [T < \infty]$，或者有 $\varepsilon > 0$，使得 $M_\cdot(\omega)$在$[T(\omega), T(\omega) + \varepsilon]$上为常数，或者有两个数列$(t_n)$及$(S_n)$，使得 $t_n \downarrow T(\omega)$，$s_n \downarrow T(\omega)$，且对一切 n，$s_{n+1} < t_{n+1} < s_n < t_n$，$M_{t_n}(\omega) > n$，$M_{T(\omega)}(\omega) > M_{S_n}(\omega)$.

7.6 若 $M \in \mathscr{M}_{\mathrm{loc},0}$及 $M \geqslant 0$，则 $M = 0$.

7.7 每个右连左极上鞅 X 可唯一地分解为：

$$X = M - A,$$

其中 M 为局部鞅，A 为零初值可料增过程．若还有 $X\geqslant 0$，则 A 为可积增过程．

7.8 设 $M\in\mathscr{M}_{\mathrm{loc}}^{c}$，$M\geqslant 0$，$\lim\limits_{t\to\infty}M_t=0$，则对任一 $a>0$

$$P[\sup_t|M_t|\geqslant a|\mathscr{F}_0]=1\wedge\frac{M_0}{a}.$$

7.9 设 W 为标准 Wiener 过程，P 为 Poisson 过程，参数为 1．令

$$M_t=W_t+P_t-t,\ t\geqslant 0,$$

$$L=M^S,\ S=\inf\{t\geqslant 0:|M_t|\geqslant 2\}.$$

则 L 为有界鞅，但 L^C 不是有界鞅．

7.10 设 M 为一局部有界鞅，则对任一局部鞅 N，$\langle M,N\rangle$ 存在．

7.11 设 M 为一局部鞅，T 为一停时．令

$$\mathscr{G}_t=\mathscr{F}_{T+t},\quad \overline{M}_t=M_{T+t}I_{[T<\infty]},\quad t\geqslant 0,$$

则

1) $\overline{M}=(\overline{M}_t)$ 为$(\mathscr{G}_t)$- 局部鞅，

2) $[\overline{M}]_t=([M]_{T+t}-[M]_T+M_T^2)I_{[T<\infty]}$，

3) $\overline{M}_t^c=(M_{T+t}^c-M_T^c)I_{[T<\infty]}$，$\quad\overline{M}_t^d=(M_{T+t}^d-M_T^d)I_{[T<\infty]}$，

其中$[\overline{M}]$，$\overline{M}^c$ 及 $\overline{M}^d$ 都是关于$(\mathscr{G}_t)$定义的．

7.12 设 $M,N\in\mathscr{M}_{\mathrm{loc}}$，$S=\inf\{t\geqslant 0:[M]_t>0\}$，$T=\inf\{t\geqslant 0:[N]_t>0\}$，则为要$[M,N]^2=[M][N]$，必须且只需存在两个随机变量 $\xi\in\mathscr{F}_S$ 及 $\eta\in\mathscr{F}_T$，使得$[S\vee T<\infty]=[S=T<\infty]$，且在$[S\vee T<\infty]$上

$$\xi\neq 0,\ \eta\neq 0,\ \xi M-\eta N=0.$$

7.13 设 $M,N\in\mathscr{M}_{\mathrm{loc}}^2$，$S=\inf\{t\geqslant 0:\langle M\rangle_t>0\}$，$T=\inf\{t\geqslant 0:\langle N\rangle_t>0\}$．

1) 若$\langle M,N\rangle^2=\langle M\rangle\langle N\rangle$，则存在随机变量 $\xi\in\mathscr{F}_S(\eta\in\mathscr{F}_T)$，使得$[\xi\neq 0]([\eta\neq 0])=[S\vee T<\infty]=[S=T<\infty]$，且在$[S\vee T<\infty]$上

$$\xi M-N=0\ (M-\eta N=0).$$

2）若存在随机变量 $\xi \in \mathscr{F}_{S-}$（$\eta \in \mathscr{F}_{T-}$），使得$[\xi \neq 0]$（$[\eta \neq 0]$）$=[S \vee T<\infty]=[S=T<\infty]$，且在$[S \vee T<\infty]$上

$$\xi M - N = 0 \ (M - \eta N = 0),$$

则$\langle M,N\rangle^2=\langle M\rangle\langle N\rangle$.

7.14 设 M 为一局部鞅，F 为一可选集，则下列命题等价：

1）$M=M^1+M^2$，其中 $M^1,M^2 \in \mathscr{M}_{\mathrm{loc}}$，且 $\Delta M^1 I_{F^C}=0$，$\Delta M^2 I_F=0$，

2）${}^p(\Delta M I_F)=0$.

第八章　半鞅与拟鞅

§1.　半鞅与特殊半鞅

8.1 定义　设 $X=(X_t)$ 为一右连左极适应过程，称 X 为**半鞅**，如果 X 可作如下分解：

$$X = M + A, \tag{1.1}$$

其中 M 为局部鞅，A 为适应有限变差过程．半鞅全体记作 $\mathscr{S}$．显然，$\mathscr{S}$ 为稳定线性空间．此外，若 X 为一半鞅，T 为一停时，则

$$\begin{aligned} X^{T-} &= XI_{[\![0,T[\![} + X_{T-}I_{[\![T,\infty[\![} \\ &= X^T - \Delta X_T I_{[\![T,\infty[\![} \end{aligned}$$

也为半鞅．

由局部鞅基本定理（定理 7.17）知，在半鞅 X 的分解式(1.1)中可假设 M 为局部有界鞅（甚至 M 的跳 ΔM 有界）．但 M 的连续鞅部分 M^c 被半鞅 X 唯一决定（引理 7.22），称它为半鞅 X 的**连续鞅部分**，记作 X^c．容易看出，对任一停时 T，有

$$(X^T)^c = (X^c)^T,\ (X^{T-})^c = (X^c)^T.$$

8.2 定义　设 X,Y 为两个半鞅．令

$$[X,Y]_t = X_0Y_0 + \langle X^c,Y^c\rangle_t + \sum_{s\leqslant t}(\Delta X_s\Delta Y_s),\ t\geqslant 0.$$

$[X,Y]$为适应有限变差过程，称为 X 与 Y 的**二次协变差过程**．实际上，由引理及(1.1)知，对任一半鞅 X 及 $t>0$

$$\sum_{s\leqslant t}(\Delta X_t)^2 < \infty \text{ a.s.}.$$

$[X,X]$，也简记为$[X]$，为适应增过程，称为 X 的**二次变差过程**．不难看出，对任一停时 T，有

$$[X,Y^T] = [X,Y]^T,\ [X,Y^{T-}] = [X,Y]^{T-}.$$

若$[X,Y]\in\mathscr{A}_{\mathrm{loc}}$，它的可料对偶投影记作$\langle X,Y\rangle$，称为$X$与$Y$的**可料二次协变差过程**. 这时我们说$\langle X,Y\rangle$存在. 特别，若$[X]\in\mathscr{A}_{\mathrm{loc}}^{+}$，它的可料对偶投影记作$\langle X\rangle$，称为$X$的**可料二次变差过程**.

容易看出，Kunita-Watanabe 不等式对半鞅也成立.

8.3 定理 设X,Y为两个半鞅，H,K为两个可测过程，p,q为一对共轭指数，则

$$\int_{[0,\infty[}|H_sK_s\|d[X,Y]_s|\leqslant\left\{\int_{[0,\infty[}H_s^2d[X]_s\int_{[0,\infty[}K_s^2d[Y]_s\right\}^{\frac{1}{2}}\text{ a.s.},\tag{3.1}$$

$$\begin{aligned}&\boldsymbol{E}\left[\int_{[0,\infty[}|H_sK_s\|d[X,Y]_s|\right]\\&\leqslant\left\|\sqrt{\int_{[0,\infty[}H_s^2d[X]_s}\right\|_p\left\|\sqrt{\int_{[0,\infty[}K_s^2d[Y]_s}\right\|_q\end{aligned}\tag{3.2}$$

注 若$\langle X\rangle$，$\langle Y\rangle$，$\langle X,Y\rangle$存在，我们也有相应的 Kunita-Watanabe 不等式.

8.4 定义 设X为一半鞅，称X为**特殊半鞅**，如果X可作如下分解：

$$X=M+A,$$

其中M为局部鞅，A为适应局部可积变差过程. 若特殊半鞅X有另一分解：$X=N+B$，其中N为局部鞅，B为适应有限变差过程，则B必为适应局部可积变差过程. 事实上，$B-A=M-N$为局部鞅，也为有限变差过程. 由定理 7.19，有$B-A\in\mathscr{W}_{\mathrm{loc},0}$，从而$B\in\mathscr{A}_{\mathrm{loc}}$. 特殊半鞅全体记作$\mathscr{S}_p$. 显然，$\mathscr{S}_p$为稳定线性空间.

8.5 定理 设X为一特殊半鞅，则X有如下唯一分解：

$$X=M+A,\tag{5.1}$$

其中M为局部鞅，A为零初值可料有限变差过程. 今后，称这一分解为特殊半鞅X的**典则分解**.

证明 令$X=N+B$，其中$N\in\mathscr{M}_{\mathrm{loc}}$，$B\in\mathscr{A}_{\mathrm{loc},0}$. 令$A=\widetilde{B}$，$M=N+B-\widetilde{B}$，即得所需之分解式(5.1). 唯一性由定义 7.11 后的注 3)推得. □

下一定理给出了特殊半鞅的几个有用的刻画.

8.6 定理　设 X 为一半鞅，则下列命题等价：

1) X 为特殊半鞅，

2) $\sqrt{[X]}$为局部可积增过程，

3) $X^*=(X_t^*)$为局部可积增过程.

证明　1)⇒2). 设 X 为特殊半鞅，$X=M+A$ 为其典则分解. 由 Kunita-Watanabe 不等式

$$\sqrt{[X]}\leqslant\sqrt{[M]+[A]+2\sqrt{[M][A]}}=\sqrt{[M]}+\sqrt{[A]}.$$

由于$\sqrt{[M]}\in\mathscr{A}_{\mathrm{loc}}^{+}$(定理 7.30)及$\sqrt{[A]}=\sqrt{\Sigma(\Delta A)^2}\leqslant\Sigma|\Delta A|\in\mathscr{A}_{\mathrm{loc}}^{+}$，故有$\sqrt{[X]}\in\mathscr{A}_{\mathrm{loc}}^{+}$.

2)⇒3). 设$\sqrt{[X]}\in\mathscr{A}_{\mathrm{loc}}^{+}$. 由于$(\Delta X)^*\leqslant\sqrt{\Sigma(\Delta X^2)}\leqslant\sqrt{[X]}$，$X^*\leqslant(\Delta X)^*+(X_-)^*$，$X_-$局部有界(定理 7.7.1)，故 $X^*\in\mathscr{A}_{\mathrm{loc}}^{+}$.

3)⇒1). 设 $X^*\in\mathscr{A}_{\mathrm{loc}}^{+}$及 $X=M+A$，其中 $M\in\mathscr{M}_{\mathrm{loc}}$，$A\in\mathscr{V}_0$. 由于 $M^*\in\mathscr{A}_{\mathrm{loc}}^{+}$.(系 7.18)，故 $A^*\in\mathscr{A}_{\mathrm{loc}}^{+}$. 进而由定理 7.10 知，$A\in\mathscr{A}_{\mathrm{loc}}$. 所以 $X\in\mathscr{S}_p$.　□

8.7 系　局部有界半鞅为特殊半鞅. 特别，跳有界的半鞅或可料半鞅为特殊半鞅.

8.8 定理　设 X 为一特殊半鞅，$X=M+A$ 为其典则分解. 若存在常数 $C>0$，使得对任一可料时 $T>0$，有 $|\Delta X_T|\leqslant C$ a.s.，则 $|\Delta A|\leqslant C$.

证明　设 $T>0$ 为一可料时，由定理 7.13 有

$$\begin{aligned}\Delta A_T&=\boldsymbol{E}[\Delta A_T|\mathscr{F}_{T-}]\\&=\boldsymbol{E}[\Delta X_T-\Delta M_T|\mathscr{F}_{T-}]\\&=\boldsymbol{E}[\Delta X_T|\mathscr{F}_{T-}]\quad\text{a.s.}.\end{aligned}$$

因此$|\Delta A_T|\leqslant C$ a.s.. 但 ΔA 可料，故$|\Delta A|\leqslant C$.　□

8.9 系　设 X 为拟左连续(连续)特殊半鞅，$X=M+A$ 为其典则分解，则 A 连续，M 拟左连续(连续).

8.10 定理　$\mathscr{S}$ 与 $\mathscr{S}_p$ 在局部化之下稳定，即 $\mathscr{S}_{\mathrm{loc}}=\mathscr{S}$，$(\mathscr{S}_p)_{\mathrm{loc}}=\mathscr{S}_p$.

证明　设 $X\in(\mathscr{S}_p)_{\mathrm{loc}}$，$(T_n)$为 X 的局部化序列. 不妨设 $X_0=$

0，则每个 X^{T_n} 为特殊半鞅，设它的典则分解为

$$X^{T_n} = M^n + A^n.$$

由典则分解的唯一性，我们有

$$(M^{n+1})^{T_n} = M^n,\ (A^{n+1})^{T_n} = A^n.$$

令

$$M = \sum_{n=1}^{\infty} M^n I_{]\!]T_{n-1},T_n]\!]},\quad A = \sum_{n=1}^{\infty} A^n I_{]\!]T_{n-1},T_n]\!]}\quad (T_0 = 0).$$

则 M 为局部鞅，A 为可料有限变差过程，$X=M+A$，即 X 为特殊半鞅. 所以 $(\mathscr{S}_p)_{\text{loc}}=\mathscr{S}_p$.

现在设 $X\in\mathscr{S}_{\text{loc}}$，$(T_n)$ 为 X 的局部化序列. 由于每个 $X^{T_n}\in\mathscr{S}$，X 为适应右连左极过程. 令

$$V_t = \sum_{s\leqslant t}\Delta X_s I_{[|\Delta X_s|>1]},\quad t\geqslant 0.$$

则 $V=(V_t)$ 为适应有限变差过程，每个 $(X-V)^{T_n}=X^{T_n}-V^{T_n}$ 为半鞅，且跳有界（以 1 为界）. 因此每个 $(X-V)^{T_n}$ 是特殊半鞅（系 8.7），从而 $X-V$ 为特殊半鞅. 最后，$X=(X-V)+V$ 为半鞅. 所以 $\mathscr{S}_{\text{loc}}=\mathscr{S}$. □

最后，我们证明，在时间变换之下，半鞅性质仍保持.

8.11 定理 设 X 为一半鞅，$\tau=(\tau_t)$ 为一时间变换，且对每个 $t\geqslant 0$，有 $\tau_t<\infty$. 令

$$Y_t = X_{\tau_t},\ \mathscr{G}_t = \mathscr{F}_{\tau_t},\ t\geqslant 0,$$

则 $Y=(Y_t)$ 关于 $\mathbf{G}=(\mathscr{G}_t)$ 为半鞅.

证明 令 $X=M+A$，其中 M 为零初值 $(\mathscr{F}_t)$-局部鞅，A 为 $(\mathscr{F}_t)$-适应有限变差过程，则

$$Y = N + B,\quad N_t = M_{\tau_t},\quad B_t = A_{\tau_n},\quad t\geqslant 0.$$

显然，$B=(B_t)$ 为 $(\mathscr{G}_t)$-适应有限变差过程，剩下只要证明 $N=(N_t)$ 为 $(\mathscr{G}_t)$-半鞅. 设 (T_{t_n}) 为 M 的局部化序列，即每个 M^{T_n} 为一致可积 $(\mathscr{F}_t)$-鞅. 令

$$\overline{T}_n = \inf\{t\geqslant 0:\ \tau_t\geqslant T_n\},\ n\geqslant 1.$$

由于对每个 $t\geqslant 0$，$[\overline{T}_n\leqslant t]=[\tau_t\geqslant T_n]\in\mathscr{F}_{\tau_t}=\mathscr{G}_t$，每个 $\overline{T}_n$ 是 $(\mathscr{G}_t)$-

停时，$\overline{T}_n \uparrow \infty$. 令

$$N_t^n = M_{\tau_t}^{T_n} = M_{\tau_t \wedge T_n},\ t \geqslant 0.$$

由 Doob 停止定理知，每个 N^n 为一致可积$(\mathscr{G}_t)$-鞅. 此外还有$[\overline{T}_n > t] = [\tau_t < T_n]$,

$$N_t^n I_{[\![0,T_n[\![} = M_{\tau_t \wedge T_n} I_{[\![0,T_n[\![} = M_{\tau_t} I_{[\![0,T_n[\![} = N_t I_{[\![0,T_n[\![},$$

及

$$\begin{aligned} N^{T_n} &= N I_{[\![0,T_n[\![} + N_{T_n} I_{[\![T_n,\infty[\![} \\ &= N^n I_{[\![0,T_n[\![} + N_{T_n} I_{[\![T_n,\infty[\![} \\ &= N^n + (N_{\overline{T}_n} - N^n_{\overline{T}_n}) I_{[\![\overline{T}_n,\infty[\![}. \end{aligned}$$

这表明 $N^{\overline{T}_n}$是$(\mathscr{G}_t)$-半鞅. 由定理 8.10 知，N 是$(\mathscr{G}_t)$-半鞅. □

§2. 拟鞅及其 Rao 分解

8.12 定义 设 X 为一适应右连左极过程，X 称为**拟鞅**，若对每个 $t \geqslant 0$，X_t 可积，且

$$\mathrm{Var}(X) = \sup_{\tau} \left\{ \sum_{i=0}^{n-1} \boldsymbol{E}[|X_{t_i} - \boldsymbol{E}[X_{t_{i+1}} | \mathscr{F}_{t_i}]|] + \boldsymbol{E}[|X_{t_n}|] \right\} < +\infty, \tag{12.1}$$

其中 $\tau: 0 = t_0 < t_1 < \cdots < t_n < +\infty$ 为$[0,\infty[$的有限分割，上确界是在$[0,\infty[$的有限分割全体所成集合上取的.

如果适应右连左极过程 X 不是拟鞅，则令 $\mathrm{Var}(X) = +\infty$.

若 X 为一致可积鞅，则

$$\mathrm{Var}(X) = \sup_t \boldsymbol{E}[|X_t|] = \boldsymbol{E}[|X_\infty|] < \infty,$$

从而 X 为拟鞅.

若 X 为非负右连左极上鞅，则

$$\mathrm{Var}(X) = \boldsymbol{E}[X_0] < \infty,$$

从而 X 也为拟鞅.

显然，若 X, Y 为两个拟鞅，则 $X+Y$ 也为拟鞅. 此外有

$$\mathrm{Var}(X+Y) \leqslant \mathrm{Var}(X) + \mathrm{Var}(Y). \tag{12.2}$$

下一定理称为拟鞅的 **Rao** 分解定理.

8.13 定理 设 X 为一适应右连左极过程,则为要 X 是拟鞅,必须且只需 X 为两个非负右连左极上鞅之差. 这时 X 有如下唯一分解(称为拟鞅 X 的 **Rao** 分解):

$$X = X' - X'', \tag{13.1}$$

其中 X', X'' 为两个非负右连左极上鞅,使得

$$\mathrm{Var}(X) = \boldsymbol{E}[X_0' + X_0'']. \tag{13.2}$$

证明 充分性显然,往证必要性. 设 X 为拟鞅,$\tau: t=t_0<t_1<\cdots<t_n<\infty$ 为$[t,\infty[$的一有限分割. 令

$$U'_t(\tau) = \boldsymbol{E}\Big[\sum_{i=0}^{n-1}(X_{t_i} - \boldsymbol{E}[X_{t_{i+1}}|\mathscr{F}_{t_i}])^+ + X_{t_n}^+ \,|\mathscr{F}_t\Big],$$

$$U_t''(\tau) = \boldsymbol{E}\Big[\sum_{i=0}^{n-1}(X_{t_i} - \boldsymbol{E}[X_{t_{i+1}}|\mathscr{F}_{t_i}])^- + X_{t_n}^- \,|\mathscr{F}_t\Big].$$

对 $t \leqslant s < u < v$,有

$$\begin{aligned}
&(X_s - \boldsymbol{E}[X_v|\mathscr{F}_s])^+ \\
&= (X_s - \boldsymbol{E}[X_u|\mathscr{F}_s] + \boldsymbol{E}[X_u|\mathscr{F}_s] - \boldsymbol{E}[X_v|\mathscr{F}_s])^+ \\
&\leqslant (X_s - \boldsymbol{E}[X_u|\mathscr{F}_s])^+ + (\boldsymbol{E}[X_u - \boldsymbol{E}[X_v|\mathscr{F}_u]|\mathscr{F}_s])^+ \\
&\leqslant (X_s - \boldsymbol{E}[X_u|\mathscr{F}_s])^+ + (\boldsymbol{E}[X_v - \boldsymbol{E}[X_v|\mathscr{F}_u])^+ \,|\mathscr{F}_s].
\end{aligned}$$

因此

$$\begin{aligned}
&\boldsymbol{E}[(X_s - \boldsymbol{E}[X_v|\mathscr{F}_s])^+ \,|\mathscr{F}_t] \\
&\leqslant \boldsymbol{E}[(X_s - \boldsymbol{E}[X_u|\mathscr{F}_s])^+ \,|\mathscr{F}_t] \\
&\quad + \boldsymbol{E}[(X_u - \boldsymbol{E}[X_v|\mathscr{F}_u])^+ \,|\mathscr{F}_t].
\end{aligned}$$

同样地,我们有

$$\boldsymbol{E}[X_u^+ |\mathscr{F}_t] \leqslant \boldsymbol{E}[(X_u - \boldsymbol{E}[X_v|\mathscr{F}_u])^+ \,|\mathscr{F}_t] + \boldsymbol{E}[X_v^+ |\mathscr{F}_t].$$

因此,当分割 τ' 为分割 τ 的加细时,有

$$U_t'(\tau) \leqslant U_t'(\tau'), \quad U_t''(\tau) \leqslant U_t''(\tau').$$

但对$[t,\infty[$的任一有限分割 τ

$$\boldsymbol{E}[U_t'(\tau)] \leqslant \mathrm{Var}(X), \ \boldsymbol{E}[\mathrm{U}_t''(\tau)] \leqslant \mathrm{Var}(X).$$

从而 $U_t'(\tau), U_t''(\tau)$ 沿着$[t,\infty[$的有限分割的半序集合在 L^1 中收敛,记其极限为 U_t', U_t''. (事实上,$U_t' = \operatorname*{ess\,sup}_\tau U_t'(\tau)$, $U_t''=$

$\mathrm{ess}\sup_{\tau} U_t''(\tau)$.）对 $s<t$

$$\begin{aligned}\boldsymbol{E}[U_t'(\tau)\,|\,\mathscr{F}_s] &= \boldsymbol{E}\Big[\sum_{i=0}^{n-1}(X_{t_i}-\boldsymbol{E}[X_{t_{i+1}}\,|\,\mathscr{F}_{t_i}])^+ + X_{t_n}^+\,|\,\mathscr{F}_s\Big] \\ &\leqslant \boldsymbol{E}[(X_s-\boldsymbol{E}[X_t\,|\,\mathscr{F}_s])^+ \\ &\quad + \sum_{i=0}^{n-1}(X_{t_i}-\boldsymbol{E}[(X_{t_{i+1}}\,|\,\mathscr{F}_{t_i}])^+ + X_{t_n}^+\,|\,\mathscr{F}_s] \\ &= U_s'(\tilde{\tau}) \leqslant U_s', \quad \text{a.s.},\end{aligned}$$

其中 $\tilde{\tau}$ 为$[s,\infty[$的一个有限分割. 于是有

$$\boldsymbol{E}[U_t'\,|\,\mathscr{F}_s] \leqslant U_s', \quad \text{a.s.},$$

即(U_t')为非负上鞅. 同理,(U_t'')也为非负上鞅. 由 Föllmer 引理,存在两个非负右连左极上鞅(X_t'),(X_t''),使得对几乎所有的 ω,对一切 $t\geqslant 0$ 有

$$X_t'(\omega) = \lim_{s\in Q_+,\, s\downarrow\downarrow t} U_s'(\omega),$$

$$X_t''(\omega) = \lim_{s\in Q_+,\, s\downarrow\downarrow t} U_s''(\omega).$$

由于对$[t,\infty[$的任一有限分割 τ,

$$X_t = U_t'(\tau) - U_t''(\tau) \quad \text{a.s.},$$

我们有 $X_t=U_t'-U_t''$ a.s.. 由 X 的右连续性,$X_t=X_t'-X_t''$ a.s.. 再由 X,X' 及 X''的右连续性可知,X 与 $X'-X''$无区别. 此外,

$$\begin{aligned}\mathrm{Var}(X) &= \sup_{\tau}\boldsymbol{E}[U'_0(\tau)+U''_0(\tau)] \\ &= \boldsymbol{E}[U'_0+U''_0] \\ &\geqslant \lim_{s\in Q_+,\, s\downarrow\downarrow 0}\boldsymbol{E}[U'_s+U''_s] \\ &\geqslant \boldsymbol{E}[X'_0+X''_0] \qquad (\text{由 Fatou 引理}) \\ &= \mathrm{Var}(X')+\mathrm{Var}(X'').\end{aligned}$$

由(12.2),(13.2)成立.

剩下只要证唯一性. 设 $X=X^1-X^2$,其中 X^1,X^2 为两个非负右连左极上鞅,使得

$$\mathrm{Var}(X) = \boldsymbol{E}[X_0^1+X_0^2].$$

对 $s<t$,

$$(\boldsymbol{E}[X_s - X_t|\mathscr{F}_s])^+ = (\boldsymbol{E}[X_s^1 - X_t^1|\mathscr{F}_s] - \boldsymbol{E}[X_s^2 - X_t^2|\mathscr{F}_s])^+$$
$$\leqslant \boldsymbol{E}[X_s^1 - X_t^1|\mathscr{F}_s].$$

由此不难推得

$$U_t' \leqslant X_t^1, \quad \boldsymbol{E}[U_s' - U_t'|\mathscr{F}_s] \leqslant \boldsymbol{E}[X_s^1 - X_t^1|\mathscr{F}_s].$$

因此 X^1-U' 为非负上鞅，X^1-X' 为非负右连左极上鞅. 同理，X^2-X'' 也为非负右连左极上鞅. 依假设，$\boldsymbol{E}[X_0'+X_0'']=\mathrm{Var}(X)=\boldsymbol{E}[X_0^1+X_0^2]$，故 $X_0^1-X_0'=X_0^2-X_0''=0$ a.s.. 于是对一切 $t>0$，$X_t^1-X_t'=X_t^2-X_t''=0$ a.s.，从而 $X^1=X'$，$X^2=X''$. □

8.14 定理 设 X 为一拟鞅，$\tau=(\tau_t)$ 为一时间变换，且对每个 $t\geqslant 0$，$\tau_t<\infty$. 令

$$Y_t = X_{\tau_t},\ \mathscr{G}_t = \mathscr{F}_{\tau_t},\ t \geqslant 0.$$

则 $Y=(Y_t)$ 关于 $(\mathscr{G}_t)$ 为拟鞅.

证明 由定理 8.13，不妨设 X 为非负右连左极上鞅（关于 $(\mathscr{F}_t)$）. 这时，由 Doob 停止定理即知，Y 为非负右连左极 $(\mathscr{G}_t)$-上鞅. 因此 Y 关于 $(\mathscr{G}_t)$ 为拟鞅. □

拟鞅性质不仅在时间变换下保持，在流缩小时也保持.

8.15 定理 设流 $(\mathscr{G}_t)$ 满足通常条件，且对每个 $t\geqslant 0$，$\mathscr{G}_t\subset\mathscr{F}_t$. 设 X 为一 $(\mathscr{F}_t)$-拟鞅，且 $(\mathscr{G}_t)$-适应，则 X 为 $(\mathscr{G}_t)$-拟鞅.

证明 对 $0\leqslant s<t<\infty$，

$$\boldsymbol{E}[|X_s - \boldsymbol{E}[X_t|\mathscr{G}_s]|] = \mathbf{E}[|\mathbf{E}[X_s - X_t|\mathscr{F}_s|\mathscr{G}_s]|]$$
$$\leqslant \boldsymbol{E}[|\boldsymbol{E}[X_s - X_t|\mathscr{F}_s]|]$$
$$= \boldsymbol{E}[|X_s - \boldsymbol{E}[X_t|\mathscr{F}_s]|].$$

由(12.1)，有

$$\mathrm{Var}(X)(\mathscr{G}_t) \leqslant \mathrm{Var}(X)(\mathscr{F}_t) < \infty,$$

即 X 为 $(\mathscr{G}_t)$-拟鞅. □

§3. 区间型随机集上的半鞅

8.16 定义 $B\subset\Omega\times\boldsymbol{R}_+$ 称为**区间型集**，如果存在非负随机变

量 T，使得对每个 ω，截口 B_ω 或是 $[0,T(\omega)[$，或是 $[0,T(\omega)]$，且 $B_\omega\neq\varnothing$.

8.17 定理 为要 B 为区间型可选集，当且仅当

$$I_B = I_F I_{[\![0,T[\![} + I_{F^c} I_{[\![0,T]\!]}, \tag{17.1}$$

其中 T 为一停时，$F\in\mathscr{F}_T$，且 $T_F>0$.

证明 充分性显然，往证必要性. 令

$$T(\omega) = \inf\{t:(\omega,t)\in B^c\}, \tag{17.2}$$

$$F = \{\omega:T(\omega)<\infty,(\omega,T(\omega))\in B^c\}, \tag{17.3}$$

则 T 为停时. 由于 $I_F=1\Leftrightarrow I_{B^c}(T)I_{[T<\infty]}=1$，故有 $F\in\mathscr{F}_T$. 现在不难验证(17.1)成立. □

8.18 定理 下列命题等价：

1) B 为区间型可料集，

2) $I_B=I_F I_{[\![0,T[\![}+I_{F^c}I_{[\![0,T]\!]}$，其中 T 为停时，$F\in\mathscr{F}_{T-}$，且 $T_F>0$ 为可料时，

3) $B=\bigcup\limits_n [\![0,T_n]\!]$，其中 (T_n) 为停时的上升列(称为 B 的**基本序列**).

证明 1)⇒2). 令 T 及 F 如(17.2)及(17.3)所定义. 由于 B 可料，故有 $F\in\mathscr{F}_{T-}$. 由于 $[\![T_F]\!]=[\![0,T]\!]\cap B^c$ 可料，故 T_F 为可料时.

2)⇒3). 不妨设 $F\subset[T<\infty]$. 不然的话，可以 $F[T<\infty]$ 代替 F，而(17.1)仍然成立. 令 (S_n) 为预报 T_F 的停时列，$T_n=S_n\wedge T$，则容易直接验证 $B=\bigcup\limits_n[\![0,T_n]\!]$.

3)⇒1) 显然. □

8.19 定义 设 B 为一区间型可选集，X 为定义在 B 上的一随机过程(即 XI_B 为一普通的过程). 如果存在停时 $T_n\uparrow T$(T 为 B^c 的初遇)，及一列半鞅 X^n，使得 $\bigcup\limits_n[\![0,T_n]\!]\supset B$ 及

$$(XI_B)^{T_n} = (X^n I_B)^{T_n}, \tag{19.1}$$

称 X 为 **B 上的半鞅**，(T_n,X^n) 为 X 的**基本偶列**. B 上的半鞅全体记作 $\mathscr{S}^B$. 同样地，我们能定义 $(\mathscr{S}_p)^B$，$(\mathscr{M}_{\rm loc})^B$，$(\mathscr{M}^c_{\rm loc})^B$，

$(\mathscr{M}^d_{\mathrm{loc}})^B$, $(\mathscr{A}_{\mathrm{loc}})^B$, $\mathscr{V}^B$, …….

8.20 定理 设 B 为一区间型可选集，$X\in\mathscr{S}^B$. 设 S 为一停时，使得 $[\![0,S]\!]\subset B$，则 $X^S\in\mathscr{S}$.

证明 令 (T_n,X^n) 为 X 的基本偶列. 置

$$S_n=(T_n)_{[T_n<S]}.$$

由于 $\bigcup\limits_n[T_n\geqslant S]=\Omega$，有 $S_n\uparrow\Omega$. 由(19.1)容易看出

$$(X^S)^{S_n}=X^{S\wedge T_n}=(X^n)^{S\wedge T_n}\in S.$$

因此 $X^S\in\mathscr{S}_{\mathrm{loc}}=\mathscr{S}$. □

注 该定理对任何过程类 $\mathscr{D}^B$ 成立(如 $(\mathscr{M}_{\mathrm{loc}})^B$, $(\mathscr{S}_p)^B$, $(\mathscr{A}_{\mathrm{loc}})^B$, ……)，只要 $\mathscr{D}$ 对局部化稳定：$\mathscr{D}_{\mathrm{loc}}=\mathscr{D}$.

8.21 定理 设 B 为一区间型可料集，X 为一定义在 B 上的过程，则下列命题等价：

1) $X\in\mathscr{S}^B$，

2) 对每个满足 $[\![0,S]\!]\subset B$ 的停时 S，有 $X^S\in\mathscr{S}$，

3) 存在 B 的一基本序列 (T_n)，使得对每个 n，$X^{T_n}\in\mathscr{S}$.

证明 1)⇒2)由定理 8.20 推得. 2)⇒3)是显然的. 3)⇒1)也是容易的. 因为这时 (T_n,X^n) 是 X 的基本偶列. □

8.22 定理 设 B 为一区间型可选集，X 为一定义在 B 上的过程. 若 $X\in\mathscr{S}^B$，则存在一区间型可料集 $\widetilde{B}\supset B$ 及 $\widetilde{X}\in\mathscr{S}^{\widetilde{B}}$，使得 $XI_B=\widetilde{X}I_B$，即 X 是 $\widetilde{X}$ 在 B 上的限制.

证明 令 (T_n,X^n) 为 X 的基本偶列，T 为 B^C 的初遇. 令

$$A_1=[T_1=T<\infty],$$

$$A_k=[T_k=T<\infty,\ T_{k-1}<T],\quad k\geqslant 2,$$

则 $(A_k)_{k\geqslant1}$ 为一列互不相交的集合. 定义

$$\widetilde{X}=XI_{[\![0,T[\![}+\sum_{k=1}^{\infty}X_T^kI_{A_k}I_{[\![T,\infty[\![}.$$

不难看出，$\widetilde{X}$ 在 B 上与 X 一致，且由归纳法

$$\widetilde{X}^{T_1}=(X^1I_{[\![0,T[\![})^{T_1}+X_T^1I_{[T_1=T<\infty]}I_{[\![T,\infty[\![}=(X^1)^{T_1},$$

$$\widetilde{X}^{T_{n+1}}=(X^{n+1}I_{[\![0,T[\![})^{T_{n+1}}+\sum_{k=1}^{n+1}X_T^kI_{A_k}I_{[\![T,\infty[\![}$$

$$= (X^{n+1}I_{[\![0,T[\![})^{T_{n+1}} + \widetilde{X}^{T_n} - (XI_{[\![0,T[\![})^{T_n}$$
$$+ X_T^{n+1}I_{A_{n+1}}I_{[\![T,\infty[\![}$$
$$= \widetilde{X}^{T_n} + (X^{n+1}I_{[\![0,T[\![})^{T_{n+1}} - (X^{n+1}I_{[\![0,T[\![})^{T_n}$$
$$+ X_T^{n+1}(I_{[T_{n+1}=T<\infty]} - I_{[T_n=T<\infty]})I_{[\![T,\infty[\![}$$
$$= \widetilde{X}^{T_n} + (X^{n+1})^{T_{n+1}} - (X^{n+1})^{T_n}.$$

因此，对每个 n，$\widetilde{X}^{T_n}\in\mathscr{S}$，从而 $\widetilde{X}\in\mathscr{S}^{\widetilde{B}}$，其中 $\widetilde{B}=\bigcup_n[\![0,T_n]\!]\supset B$. □

注 该定理对任何过程类 $\mathscr{D}^B$ 成立，只要 $\mathscr{D}$ 关于停止运算封闭：对任何 $X\in\mathscr{D}$ 及停时 T 有 $X^T\in\mathscr{D}$.

定理 8.22 及 8.21 开辟了一条研究区间型可选集上的半鞅、局部鞅等等的途径. 作为一个例子，下面讨论局部鞅的分解.

8.23 定理 设 B 为一区间型可选集，$M\in(\mathscr{M}_{\text{loc}})^B$，则 M 有如下唯一分解：

$$M = M_0 + M^c + M^d,$$

其中 $M^c\in(\mathscr{M}_{\text{loc}}^c)^B$，$M^d\in(\mathscr{M}_{\text{loc}}^d)^B$.

证明 为证存在性，根据定理 8.22，不妨设 B 为区间型可料集. 令 (T_n) 为 B 的基本序列. 对每个 n，有

$$M^{T_n} = M_0 + L^n + N^n,$$

其中 $L^n\in\mathscr{M}_{\text{loc},0}^c$，$N^n\in\mathscr{M}_{\text{loc}}^d$. 由分解的唯一性，

$$(L^{n+1})^{T_n} = L^n,\ (N^{n+1})^{T_n} = N^n.$$

容易看出

$$M^c = \sum_{n=1}^{\infty} L^n I_{]\!]T_{n-1},T_n]\!]} \text{ 及 } M^d = \sum_{n=1}^{\infty} N^n I_{]\!]T_{n-1},T_n]\!]} \quad (T_0 = 0)$$

满足全部要求.

往证唯一性. 设 M 有另一个同样类型的分解：

$$M = M_0 + \widetilde{M}^c + \widetilde{M}^d.$$

由定理 8.22，可认为 M^C，$\widetilde{M}^c(M^d,\widetilde{M}^d)$ 为一区间型可料集 $\widetilde{B}\supset B$ 上的连续(纯断)局部鞅. 故 $N=(M^c+M^d)-(\widetilde{M}^c+\widetilde{M}^d)\in(\mathscr{M}_{\text{loc},0})^B$，且 $NI_B=0$. 令 (T_n) 为 B 的基本序列，T 为 B^c 的初遇，则对每个 n

$$N^{T_n}=N_T I_{[T_n=T<\infty]} I_{[\![T,\infty[\![} \in \mathscr{M}^d_{\mathrm{loc}}.$$

因此 $0=(N^{T_n})^c=(M^c)^{T_n}-(\widetilde{M}^c)^{T_n}$. 所以 $M^c I_B=\widetilde{M}^c I_B$，从而唯一性得证. □

8.24 注 相当奇怪的是定义在一区间型可选集 B 上的局部鞅，即使其轨道在 B 上连续，并非必定是 B 上的连续局部鞅. 例如，设 $T>0$ 为一绝不可及时，$\boldsymbol{P}(T<\infty)>0$，$B=[\![0,T[\![$. 令 $A=I_{[\![T,\infty[\![}$，$M=\widetilde{A}I_{[\![0,T[\![}$，则 $M\in(\mathscr{M}_{\mathrm{loc}})^B$，且 M 的全部轨道在 B 上连续，但是 M 不是 B 上的连续局部鞅.

利用定理 8.23 的证明方法，同样地可证下列定理，证明细节留给读者作为练习.

8.25 定理 设 B 为一区间型可选集，$M,N\in(\mathscr{M}_{\mathrm{loc}})^B$，则存在唯一的过程 $[M,N]\in\mathscr{V}^B$，使得 $MN-[M,N]\in(\mathscr{M}_{\mathrm{loc},0})^B$，且在 B 上 $\Delta[M,N]=\Delta M\Delta N$.

8.26 定理 设 B 为一区间型可选集，$X\in(\mathscr{S}_p)^B$，则 X 有如下唯一典则分解：

$$X=M+A,$$

其中 $M\in(\mathscr{M}_{\mathrm{loc}})^B$，$A\in(\mathscr{A}_{\mathrm{loc},0})^B$ 为可料过程(即 A 是一可料过程在 B 上的限制).

特别，对每个 $A\in(\mathscr{A}_{\mathrm{loc}})^B$ 存在唯一的可料过程 $\widetilde{A}\in(\mathscr{A}_{\mathrm{loc}})^B$，使得 $A-\widetilde{A}\in(\mathscr{M}_{\mathrm{loc},0})^B$. $\widetilde{A}$ 也称为 A 的**可料对偶投影或补偿子**.

§4. 半鞅的收敛定理

8.27 定义 设 $X=(X_t)_{t\geqslant 0}$ 为一适应过程. 记

$$[X\rightarrow]=\{\omega:\lim_{t\to\infty}X_t(\omega)\ \text{存在且有限}\}.$$

在 $[X\rightarrow]$ 上自然定义 $X_\infty=\lim\limits_{t\to\infty}X_t$.

8.28 定理 设 $X=M+B$，其中 $M\in\mathscr{M}_{\mathrm{loc},0}$，$B\in\mathscr{A}^+_{\mathrm{loc},0}$. 如果对每一停时 T，有 $\boldsymbol{E}[X_T^{+}\wedge(\Delta X_T)^+ I_{[T<\infty]}]<\infty$，则

$$[M\rightarrow][B\rightarrow]=[X\rightarrow]=[\sup_t|X_t|<\infty]$$

$$= [\sup_t X_t < \infty] \text{ a.s.}. \tag{28.1}$$

证明 显然有

$$[M \to][B \to] \subset [X \to] \subset [\sup_t |X_t| < \infty] \subset [\sup_t X_t < \infty].$$

令 $S_n = \inf\{t \geqslant 0: X_t \geqslant n\}$，则 $S_n > 0$，且

$$X^{S_n} \leqslant n + [X_{S_n}^+ \wedge (\Delta X_{S_n})^+] I_{[S_n < \infty]} = U_n,$$

其中$U_n \geqslant 0$，$\boldsymbol{E}[U_n] < \infty$. 令$Y^{(n)}$为一致可积鞅，使得$Y_t^{(n)} = \boldsymbol{E}[U_n | \mathscr{F}_t]$ a.s.，则

$$Z^{(n)} = Y^{(n)} - X^{S_n} \geqslant 0.$$

依假设，存在 M 及 B 的局部化序列(T_k)，即对每个 k，$M^{T_k} \in \mathscr{M}$，$B^{T_k} \in \mathscr{A}^+$. 因此$(Z^{(n)})^{T_k}$为上鞅. 但$\boldsymbol{E}[Z_0^{(n)}] < \infty$，由 Fatou 引理可知，$Z^{(n)}$为非负上鞅，从而

$$\boldsymbol{P}([Z^{(n)} \to]) = 1.$$

由于$\boldsymbol{P}([Y^{(n)} \to]) = 1$，故得$\boldsymbol{P}([X^{S_n} \to]) = 1$. 显然，我们有

$$[\sup_t X_t < \infty] \subset \bigcup_n [S_n = \infty] \subset [X \to] \quad \text{a.s.}. \tag{28.2}$$

由于$B \geqslant 0$，

$$M^{S_n} = X^{S_n} - B^{S_n} \leqslant X^{S_n} \leqslant U_n.$$

将上述论证应用于$W^{(n)} = Y^{(n)} - M^{S_n} \geqslant 0$ 得

$$[\sup_t X_t < \infty] \subset \bigcup_n [S_n = \infty] \subset [M \to] \quad \text{a.s.}. \tag{28.3}$$

由(28.3)及(28.2)得

$$[\sup_t X_t < \infty] \subset [X \to][M \to] = [M \to][B \to] \quad \text{a.s.}.$$

所以(28.1)成立. □

8.29 定理 设$X = M + B$，其中 M 为局部鞅，B 为零初值可料增过程. 若$X \geqslant 0$，且$\boldsymbol{E}[X_0] < \infty$，则

$$[B \to] = [X \to][M \to] \quad \text{a.s.}. \tag{29.1}$$

证明 令$T_n = \inf\{t \geqslant 0: B_t \geqslant n\}$，则$T_n > 0$为可料时，且

$$Y^{(n)} = -M^{T_n -} + X_0 = B^{T_n -} - X^{T_n -} + X_0 \leqslant n + X_0.$$

由于$Y^{(n)}$为局部鞅，对每个停时T，有$\boldsymbol{E}[(Y_T^{(n)})^+ I_{[T < \infty]}] < \infty$，对$Y^{(n)}$应用定理 8.28 得

$$P([M^{T_n-}\rightarrow]) = P(\sup_t(-M_t^{T_n-})<\infty)=1.$$

显然,我们有

$$[B\rightarrow]\subset\bigcup_n[T_n=\infty]\subset[M\rightarrow],\quad \text{a.s.},$$

$$[B\rightarrow]\subset[M\rightarrow][X\rightarrow]\quad \text{a.s.}.$$

反包含关系显然,故(29.1)成立. □

8.30 系 设 B 为一适应局部可积增过程,则

1) $[\widetilde{B}_\infty<\infty]\subset[B_\infty<\infty]$,

2) 若对每个停时 T,$E[\Delta B_T I_{[T<\infty]}]<\infty$,则

$$[\widetilde{B}_\infty<\infty]=[B_\infty<\infty].$$

证明 不妨设 $B_0=\widetilde{B}_0=0$. 由于 $B=M+\widetilde{B}$,$M=B-\widetilde{B}\in\mathscr{M}_{\mathrm{loc},0}$,对 B 应用定理 8.29 得 1),再应用定理 8.28 得 2). □

8.31 系 设 M 为一局部鞅. 如果对每个停时 T,$E[(|M_T|\wedge|\Delta M_T|)I_{[T<\infty]}]<\infty$,则

$$[M\rightarrow]=[\sup_t M_t<\infty]=[\inf_t M_t>-\infty]\quad \text{a.s.},$$

即对几乎所有的 ω,或$\lim\limits_{t\to\infty}M_t(\omega)$存在且有限,或同时有$\limsup\limits_{t\to\infty}M_t(\omega)=+\infty$及$\liminf\limits_{t\to\infty}M_t(\omega)=-\infty$.

证明 不妨设 $M_0=0$. 分别对 M 及 $-M$ 应用定理 8.28($B=0$)即可. □

8.32 定理 设 M 为一局部平方可积鞅,则

$$[\langle M\rangle\rightarrow]\subset[M\rightarrow]\quad \text{a.s.}.$$

如果对每个停时 T,$E[(\Delta M_T)^2 I_{[T<\infty]}]<\infty$,则

$$[\langle M\rangle\rightarrow]=[[M]\rightarrow]=[M\rightarrow]\quad \text{a.s.}.$$

证明 不妨设 $M_0=0$. 令 $T_n=\inf\{t\geqslant 0: \langle M\rangle_t\geqslant n\}$,则 T_n 为可料时,M^{T_n-} 为局部鞅. 因为

$$\langle M^{T_n-}\rangle=\langle M\rangle^{T_n-}\leqslant n,$$

故 M^{T_n-} 为平方可积鞅,$P([M^{T_n-}\rightarrow])=1$. 因此

$$[\langle M\rangle\rightarrow]\subset\bigcup_n[T_n=\infty]\subset[M\rightarrow]\quad \text{a.s.}.$$

若对每个停时 T,$E[(\Delta M_T)^2 I_{[T<\infty]}]<\infty$,则由系 8.30,有

$[\langle M\rangle\to]=[[M]\to]$ a.s.. 令 $S_n=\inf\{t\geqslant 0: |M_t|\geqslant n\}$，则

$$M^{S_n}\leqslant n+|\Delta M_{S_n}|I_{[S_n<\infty]},$$

故 M^{S_n} 为平方可积鞅，$\langle M\rangle_{S_n}=\langle M^{S_n}\rangle_\infty<\infty$ a.s.. 所以

$$[M\to]\subset\bigcup_n[S_n=\infty]\subset[\langle M\rangle\to]\quad \text{a.s..}\quad \square$$

8.33 定理 设 $X=M+B$，其中 M 为局部鞅，B 为可料增过程. 如果 ΔX 有界，则

$$[X\to]=[M\to][B\to]=[\langle M\rangle+B\to]=[\langle X\rangle+B\to]\quad \text{a.s..}$$

证明 不妨设 $M_0=B_0=0$. 由定理 8.8 知，ΔB 有界，从而 ΔM 有界. 因此 M 为局部平方可积鞅. 由定理 8.28 及 8.32 有

$$[X\to]=[M\to][B\to]=[\langle M\rangle+B\to]\quad \text{a.s..}$$

另一方面，$[X]=[M]+2[M,B]+[B]$，$[B]$ 可料，$[M,B]=(\Delta M).B$ 为局部鞅（$[M,B]\in\mathscr{A}_{\text{loc}}$，$\widetilde{[M,B]}={}^p(\Delta M).B=0$），故我们有

$$\langle X\rangle=\langle M\rangle+[B].$$

显然，在 $[B\to]$ 上，$\sum_{s>0}\Delta B_s\leqslant B_\infty<\infty$，$[B]_\infty=\sum_{s>0}(\Delta B_s)^2<\infty$. 因此

$$[\langle M\rangle+B\to]=[\langle X\rangle+B\to]\quad \text{a.s..}\quad \square$$

上述收敛性结果也适应于前一节讨论的区间型随机集合上的局部鞅与半鞅.

问题与补充

8.1 设 X 为一适应右连左极过程. 如果存在一列停时 (T_n)，使得 $T_n\uparrow\infty$，一列半鞅 $(X^{(n)})$，使得对每个 n

$$X^{T_n-}=(X^{(n)})^{T_n-},$$

则 X 为半鞅.

8.2 设 X 为一特殊半鞅，T 为一停时，则 $\Delta X_T I_{[T<\infty]}$ 关于 $\mathscr{F}_{T-}$ σ-可积.

8.3 以 $\mathscr{D}$ 记类(D)可选过程全体，则 $\mathscr{S}_p=\mathscr{S}\cap\mathscr{D}_{\text{loc}}$.

8.4 为要 X 为可料半鞅，必须且只需 $X=M+A$，其中 M 为连续局部鞅，A 为可料有限变差过程.

8.5 设 $X\in\mathscr{S}$. 若 $\boldsymbol{E}[[X]_\infty]<\infty$，则 $X\in\mathscr{S}_p$. 若 $X=M+A$ 为其典则分解，则 $M\in\mathscr{M}^2$.

8.6 令

$$\mathscr{S}^* = \{X\in\mathscr{S}: X=M+A, M\in\mathscr{M}^c_{\text{loc}},\ A\in\mathscr{V}_0\}.$$

1) 设 $X\in\mathscr{S}$，则 $X\in\mathscr{S}^*$ 当且仅当对每个 $t>0$，$\sum\limits_{s\leqslant t}|\Delta X_s|<\infty$ a.s..

2) 如果存在停时 $T_n\uparrow\infty$ 及序列 $(X^{(n)})\subset\mathscr{S}^*$，使得对每个 n，$X^{T_n-}=(X^{(n)})^{T_n-}$，则 $X\in\mathscr{S}^*$ 特别，$(\mathscr{S}^*)_{\text{loc}}=\mathscr{S}^*$.

8.7 设 X 为一适应可积增过程，则 X 为拟鞅. 求其 Rao 分解.

8.8 设 X 为一右连左极上鞅. X 为拟鞅当且仅当 $\sup\limits_t\boldsymbol{E}[X_t^-]<\infty$，且这时

$$\text{Var}(X)=\boldsymbol{E}[X_0]+2\sup_t\boldsymbol{E}[X_t^-].$$

8.9 设 X 为一适应右连左极过程.

1) 若 $S\geqslant T$ 为两个停时，则 $\text{Var}(X^S)\geqslant\text{Var}(X^T)$.

2) 若 (T_n) 为一列停时，使得 $T_n\uparrow\infty$，则 $\text{Var}(X)=\sup_n\text{Var}(X^{T_n})$.

8.10 令 $\mathscr{T}_b$ 为有界停时全体，M 为一可选过程. 定义

$$\|M\|_1=\sup\{\boldsymbol{E}[|M_T|]: T\in\mathscr{T}_b\}$$

若 $\|M\|_1<\infty$，我们称 M **在 $\mathbf{L}^1$ 中有界.**

设 M 为一局部鞅. M 为拟鞅当且仅当 M 在 L^1 中有界，且这时 $\text{Var}(M)=\|M\|_1$.

8.11 设 X 为一适应右连左极过程. 为要 X 为拟鞅，必须且只需 $X=M+A$，其中 M 为在 L^1 中有界的局部鞅，A 为零初值可料可积变差过程. 此外，拟鞅的这种分解式是唯一的.

8.12 令 $\mathscr{Q}$ 为拟鞅全体，则

$$\mathscr{S}_p=\mathscr{Q}_{\text{loc}}$$

8.13 设 M 为一在 L^1 中有界的局部鞅，则 M 有如下唯一分解：

$$M = M' - M'',$$

其中 M' 及 M'' 为非负局部鞅，且

$$\| M \|_1 = \| M' \|_1 + \| M'' \|_1$$

（这一分解称为 **Krickeberg-Kazamaki 分解**.）

8.14 设 M 为一在 L^1 中有界的局部鞅，$(\mathscr{G}_t)$ 为一满足通常条件的流，且对每个 $t \geqslant 0$，$\mathscr{G}_t \subset \mathscr{F}_t$. 如果 M 为 $(\mathscr{G}_t)$-适应，则 M 也为在 L^1 中有界的 $(\mathscr{G}_t)$-局部鞅.

8.15 设 X 为一局部鞅，(τ_t) 为一连续时间变换，且对每个 $t \geqslant 0$，$\tau_t < \infty$. 令

$$Y_t = X_{\tau_t},\ \mathscr{G}_t = \mathscr{F}_{\tau_t},\quad t \geqslant 0,$$

则 $Y = (Y_t)$ 为 $(\mathscr{G}_t)$-局部鞅.

8.16 设 B 为一区间型可料集，M 为一 B 上的局部鞅，则存在 B 的基本序列 (T_n)，使得对每个 n，M^{T_n} 为一致可积鞅.

8.17 设 (T_n) 为一列停时，$T = \sup\limits_n T_n$，M 为一定义在 $[\![0, T [\![$ 上的过程. 若对每个 n，M 为 $[\![0, T_n [\![$ 上的局部鞅，则 M 为 $[\![0, T [\![$ 上的局部鞅.

8.18 设 $X = M + B$，其中 M 为局部鞅，B 为零初值可料有限变差过程. 如果 $X \geqslant 0$ 及 $\boldsymbol{E}[X_0] < \infty$，则

$$[B^+ \to] = [X \to][M \to][B^- \to].$$

8.19 设 $X = M + B$，其中 M 为局部鞅，B 为零初值可料有限变差过程. 如果 ΔX 有界，则

$$\begin{aligned}[M \to, B^+ + B^- \to] &= [\inf_t X_t > -\infty][B^+ \to] \\ &= [\sup_t X_t < \infty][B^- \to].\end{aligned}$$

8.20 设 $X \in \mathscr{S}$，$X = M + A$ 为 X 的一个分解，其中 $M \in \mathscr{M}_{\mathrm{loc}}$，$A \in \mathscr{V}$. 令

$$j_n(M, A) = \boldsymbol{E}\left[1 \wedge \left(\sqrt{[M]_n} + \int_{[0,n]} |dA|\right)\right]$$

$$+\sup_{T}\boldsymbol{E}[1\wedge|\Delta M_{T\wedge n}|],$$

其中 T 跑遍一切停时，

$$\|X\|_{\mathscr{S},n}=\inf_{X=M+A}j_n(M,A),$$

其中下确界是对 X 的一切分解取的，

$$\|X\|_{\mathscr{S}}=\sum_{n=1}^{\infty}2^{-n}\|X\|_{\mathscr{S},n}.$$

1) $(\mathscr{S},d)$ $(d(X,Y)=\|X-Y\|_{\mathscr{S}})$为完备距离空间(由此距离导出的拓扑称为 **Emery** 拓扑).

2) 设 $X^n,X\in\mathscr{S}$. 若存在一列停时(T_k),使得 $T_k\uparrow\infty$且对每个 k,$(X^n-X)^*_{T_k-}\xrightarrow{P}0$,则 $\|X^n-X\|_{\mathscr{S}}\to 0$.

3) 设 $X^n,X\in\mathscr{S}$. 若 $\|X^n-X\|_{\mathscr{S}}\to 0$,则存在一子列$(X^{n'})$及一列停时$(T_k)$,使得 $T_k\uparrow\infty$,且对每个 k,$(X^{n'}-X)^*_{T_K-}\xrightarrow{P}0$.

第九章　随机积分

我们将讨论的随机积分是形如$\int_{[0,t]} H_s dX_s$或$\int_0^t H_s dX_s$的积分，其中(H_t)及(X_t)都是随机过程．1944 年，K. Itô 最早定义了适应可测过程对 Brown 运动的随机积分．这一积分的一个重要特点是积分得到的过程为鞅（或更一般地，局部鞅）．1967 年，H. Kunita 和 S. Watanabe 定义了适应可测过程对一般平方可积鞅的随机积分，迈出了现代随机积分理论的关键性的一步．1970 年，C. Doléans-Dade 和 P. A. Meyer 研究了局部有界可料过程对局部鞅及半鞅的随机积分．1976 年，P. A. Meyer 研究了可选过程对局部鞅的随机积分．1979 年，J. Jacod 研究了非有界可料过程对半鞅的随机积分．本章介绍随机积分的定义与基本性质（§1—§3）．在§4 中给出非常有用的 Lenglart 不等式，并利用它讨论随机积分关于被积过程的连续性．在§5 中给出半鞅的变量变换公式（*Itô* 公式）及 Doléans-Dade 指数公式．在§6 中介绍半鞅的局部时及 *Itô* 公式的一种推广．在§7 中，采用 Métivier-Pellaumail 的方法，对随机微分方程作一简短的讨论．

§1.　可料过程对局部鞅的随机积分

在本节中我们将定义可料过程对局部鞅的（不定）随机积分，积分所得过程仍为局部鞅．首先，对初等可料过程，可用自然的方式定义随机积分，且不难找到这类随机积分的刻画．然后，在此刻画的基础上给出一般可料过程对局部鞅的随机积分的定义．

设S,T为两个停时，且$S\leqslant T$．令$\xi\in\mathscr{F}_S$为一实值随机变量．令$H=\xi I_{]\!]S,T]\!]}$，则H为可料过程．设M为一局部鞅．H对M的

随机积分，记作 $H.M$，自然应定义为

$$(H.M)_t = \xi(M_{t\wedge T} - M_{t\wedge S}),\ t \geqslant 0.$$

由定理 7.38 知，$H.M$ 为局部鞅，且对任一局部鞅 N，有

$$[H.M,N] = \xi([M,N]^T - [M,N]^S) = H.[M,N],$$

其中 $H.[M,N]$ 为不定 Stieltjes 积分. 此外，由定理 7.31 知，如上定义的 $H.M$ 是唯一的局部鞅 L，使得对任一局部鞅 N，有

$$[L,N] = H.[M,N]. \tag{1.1}$$

这个例子启发我们引进下列随机积分的定义.

9.1 定义 设 M 为一局部鞅，H 为一可料过程. 如果存在(唯一的)局部鞅 L，使得(1.1)对一切局部鞅 N 成立(这包含了 H 对 $[M,N]$ 可积的假设)，则称 H 对 M 在局部鞅积分意义下**可积**(或简称可积)，称 L 为 H 对 M 的**随机积分**，记作 $H.M$. 对 M 可积的可料过程全体记作 $L_m(M)$.

下一定理给出 $L_m(M)$ 中过程的刻画.

9.2 定理 设 M 为一局部鞅，H 为一可料过程，则 $H\in L_m(M)$ 当且仅当 $\sqrt{H^2.[M]}\in \mathscr{A}^+_{\mathrm{loc}}$.

证明 必要性. 在(1.1)中令 $N=H.M$ 得

$$[H.M] = H.[M,H.M] = H^2.[M].$$

由于 $H.M\in \mathscr{M}_{\mathrm{loc}}$，由定理 7.30，有 $\sqrt{H^2.[M]} = \sqrt{[H.M]} \in \mathscr{A}^+_{\mathrm{loc}}$.

充分性. 只要证明存在 $L'\in \mathscr{M}^c_{\mathrm{loc},0}$ 及 $L''\in \mathscr{M}^d_{\mathrm{loc}}$，使得对每个 $N\in \mathscr{M}_{\mathrm{loc}}$，有

$$[L',N] = H.[M^c,N], \tag{2.1}$$

$$[L'',N] = H.[M^d,N], \tag{2.2}$$

那么 $L=H_0M_0+L'+L''$ 即为所要找的局部鞅.

由定理 7.42 及系 7.23，存在唯一的 $L''\in \mathscr{M}^d_{\mathrm{loc}}$，使得 $\Delta L''=H\Delta M$. 因此(2.2)成立.

往证 L' 的存在性. 首先假设

$$\boldsymbol{E}[(H^2.[M^c])_\infty] < \infty.$$

由 Kunita-Watanabe 不等式(定理 6.33)，对每个 $N\in \mathscr{M}^{2,c}_0$，有

$$E\left[\int_0^\infty |H_s\|d[M^c,N]_s|\right]\leqslant \left(E\int_0^\infty H_s^2 d[M^c]_s\right)^{\frac{1}{2}}\left(E[N]_\infty\right)^{\frac{1}{2}}.$$

因此，$\varphi(N)=E\left[\int_0^\infty H_s d[M^c,N]_s\right]$是 Hilbert 空间 $\mathscr{M}_0^{2,c}$ 上的有界线性泛函. 由 Riesz 表示定理，存在唯一的 $L'\in\mathscr{M}_0^{2,c}$，使得对一切 $N\in\mathscr{M}_0^{2,c}$，有

$$E[L',N]_\infty = E[L_\infty' N_\infty] = E\left[\int_0^\infty H_s d[M^c,N]_s\right]. \quad (2.3)$$

设 T 为一停时，在(2.3)中以 N^T 代 N 得

$$E[L',N]_T = E\left[\int_0^T H_s d[M^c,N]_s\right].$$

由定理 4.40 知，$A=[L',N]-H.[M^c,N]\in\mathscr{M}$. 但 A 是零初值适应连续有限变差过程，由定理 6.3.2)知，$A=0$，即

$$[L',N] = H.[M^c,N].$$

容易看出，(2.1)对一切 $N\in\mathscr{M}_{\mathrm{loc}}$成立.

在一般情形，存在一列停时 $T_n\uparrow\infty$，使得对每个 n，$E[(H^2.[M^c])_{T_n}]<\infty$. 对每个局部鞅$(M^c)^{T_n}$应用已证结果，我们有 $L^{(n)}\in\mathscr{M}_0^{2,c}$，使得对一切 $N\in\mathscr{M}_{\mathrm{loc}}$，有

$$[L^{(n)},N] = H.[M^c,N]^{T_n}.$$

由唯一性，对每个 n，$(L^{(n+1)})^{T_n}=L^{(n)}$. 用粘贴的方法，我们有 $L\in\mathscr{M}_{\mathrm{loc},0}^{2,c}$，使得(2.1)对一切 $N\in\mathscr{M}_{\mathrm{loc}}$成立. □

下一定理综述了随机积分的基本性质.

9.3 定理 设 M 为一局部鞅，$H,K\in L_m(M)$.

1) $L_m(M)=L_m(M^c)\cap L_m(M^d)$，$(H.M)_0=H_0M_0$，$(H.M)^c=H.M^c$，$(H.M)^d=H.M^d$.

2) $\Delta(H.M)=H\Delta M$.

3) $H+K\in L_m(M)$，且$(H+K).M=H.M+K.M$.

4) 设 H' 为一可料过程，则 $H'\in L_m(H.M)$ 当且仅当$(HH')\in L_m(M)$，且这时

$$H'.(H.M) = (H'H).M.$$

5) 设 T 为一停时，则

$$(H.M)^T = H.M^T = (HI_{[\![0,T]\!]}).M.$$

证明 1)及2)已在定理9.2中证过,3)—5)显然. □

通常,我们也使用下列随机积分的记号:对 $t\geqslant 0$

$$\int_{[0,t]} H_s dM_s = (H.M)_t,$$

$$\int_0^t H_s dM_s = \int_{]0,t]} H_s dM_s = ((HI_{]\!]0,\infty[\![}).M)_t.$$

随机积分的概念今后将被推广,但随机积分的记号并不改变.

9.4 例 1) 设 M 为一局部鞅,A 为一可料有限变差过程,则 $\Delta A\in L_m(M)$,且

$$(\Delta A).M = [M,A] - M_0A_0. \tag{4.1}$$

事实上,ΔA 局部有界(定理7.7),对一切 $N\in\mathscr{M}_{\mathrm{loc}}$,$\Delta A$ 对 $[M,N]$ 可积. 另一方面,我们早已知道 $[M,A]-M_0A_0$ 为局部鞅(参见定理8.33的证明). 容易看出,对一切 $N\in\mathscr{M}_{\mathrm{loc}}$,有

$$[[M,A] - M_0A_0,N] = \Sigma(\Delta M\Delta A\Delta N) = (\Delta A).[M,N].$$

由定义9.1,(4.1)成立.

这一结果称为 **Yœurp 引理**.

2) 设 M 为一局部鞅,$T>0$ 为一可料时,则

$$I_{[\![T]\!]}.M = \Delta M_T I_{[\![T,\infty[\![}.$$

事实上,熟知 $\Delta M_T I_{[\![T,\infty[\![}$ 为局部鞅,且对一切 $N\in\mathscr{M}_{\mathrm{loc}}$,有 $[\Delta M_T I_{[\![T,\infty[\![},N]=\Delta M_T\Delta N_T I_{[\![T,\infty[\![}=I_{[\![T]\!]}.[M,N]$.

9.5 定理 设 M 为一局部可积变差鞅,H 为一可料过程.

1) 若 $\Sigma|H\Delta M|\in\mathscr{A}^+_{\mathrm{loc}}$,则 $H\in L_m(M)$,且

$$(H.M)_t(\omega) = \int_{[0,t]} H_s(\omega)dM_s(\omega),\ t\geqslant 0, \tag{5.1}$$

这里(5.1)的右边是Stieltjes积分. 为明确起见,有时将它记作 $H_{\cdot}^{s}M$.

2) 若 $\Sigma|H\Delta M|\in\mathscr{V}^+$ 且 $H\in L_m(M)$,则(5.1)也成立.

证明 1) 由于 $\Sigma|H\Delta M|\in\mathscr{A}^+_{\mathrm{loc}}$,由定理6.2知,Stieltjes积分 $H_{\cdot}^{s}M$ 存在. 又由定理6.5知,$H_{\cdot}^{s}M\in\mathscr{M}_{\mathrm{loc}}$. 另一方面,

$$\sqrt{H^2.[M]} \leqslant \Sigma|H\Delta M| \in \mathscr{A}^+_{\mathrm{loc}},$$

故 $H.M$ 存在，且 $\Delta(H.M)=H\Delta M=\Delta(H_s M)$. 由于 $H.M-(H.M)_0$ 及 $H_sM-(H_sM)_0$ 都是纯断局部鞅，且 $(H.M)_0=H_0M_0=(H_sM)_0$，故有 $H.M=H_sM$.

2）设 (T_n) 为一列停时，使得 $T_n\uparrow\infty$ 且对每个 n，$\boldsymbol{E}\left[\sqrt{\sum_{s\leqslant T_n}H_s^2\Delta M_s^2}\right]<\infty$. 令

$$S_n=\inf\left\{t\geqslant 0:\sum_{s\leqslant t}|H_s\Delta M_s|>n\right\}\wedge T_n,$$

则 $S_n\uparrow\infty$，且对每个 n，$\boldsymbol{E}\left[\sum_{s\leqslant S_n}|H_s\Delta M_s|\right]<\infty$. 因此 $\Sigma|H\Delta M|\in\mathscr{A}^+_{\mathrm{loc}}$，再由 1)推得 2). □

定理 9.5 表明，我们的可料随机积分(即可料过程的随机积分)如果是对局部可积变差鞅的积分，只要相应的 Stieltjes 积分存在，两者相一致. 这也说明了这里给出的随机积分定义的合理性.

§2. 循序过程对局部鞅的补偿随机积分

我们要将被积过程推广到循序过程.

9.6 引理 设 M 为一连续局部鞅，H 为一循序过程. 为要存在 $L\in\mathscr{M}_{\mathrm{loc}}$，使得(1.1)对一切 $N\in\mathscr{M}_{\mathrm{loc}}$成立，必须且只需 $H^2.[M]\in\mathscr{V}^+$. 这时存在可料过程 $K\in L_m(M)$，使得 $K.M=L$. 我们称 H 对 M **可积**，称 L 为 H 对 M 的**随机积分**，记作 $H.M$.

证明 必要性是容易的(在(1.1)中令 $N=L$)，往证充分性. 设 $H^2.[M]\in\mathscr{V}^+$. 令 ${}^0H$ 为 H 的可选投影. 我们有 $({}^0H)^2.[M]=H^2.[M]$(参见问题 5.9). 由定理 3.20，存在可料过程 K，使得 $[K\neq{}^0H]$为一稀疏集. 因此 $K^2.[M]=({}^0H)^2.M=H^2.[M]$. 令 $L=K.M$，则对一切 $N\in\mathscr{M}_{\mathrm{loc}}$，有

$$[L,N]=K.[M,N]={}^0H.[M,N]=H.[M,N]. \quad \square$$

9.7 定义 设 M 为一纯断局部鞅，H 为一循序过程. 如果 $H\Delta M$ 有可料投影，且存在纯断局部鞅 L，使得 $\Delta L=H\Delta M-$

${}^p(H\Delta M)$，我们称 L 为 H 对 M 的**补偿随机积分**，记作 $H_{\dot{c}}M$.

容易看出，若 H 可料，则定义 9.7 与定义 9.1 相符．一般地，$H\Delta M$ 的可料投影（如存在）不是零，我们不再有 $\Delta(H_{\dot{c}}M)=H\Delta M$，而是 $\Delta(H_{\dot{c}}M)=H\Delta M-{}^p(H\Delta M)$．下面是补偿随机积分的一个典型例子．

9.8 引理 设 M 为一纯断局部鞅．令 $H=I_{[\Delta M\neq 0]}$，则 H 对 M 的补偿随机积分存在，且 $H_{\dot{c}}M=M$.

证明 我们有 $H\Delta M=\Delta M$，且 ${}^p(H\Delta M)=0$，故由定义有 $M=H_{\dot{c}}M$. □

9.9 定义 设 M 为一局部鞅，H 为一循序过程．如果 $H^2.[M^c]\in\mathscr{V}^+$，${}^p(H\Delta M)$ 存在，且

$$\sqrt{\Sigma(H\Delta M-{}^p(H\Delta M))^2}\in\mathscr{A}^+_{\rm loc},$$

定义

$$H_{\dot{c}}M=H_0M_0+H.M^c+H_{\dot{c}}M^d.$$

$H_{\dot{c}}M$ 称为 H 对 M 的**补偿随机积分**.

显然，补偿随机积分是定义 9.1 中的可料随机积分的推广．上面给出的补偿随机积分存在的条件已是最一般的，但它们是难以验证的．此外，也没有补偿随机积分的刻画．下一定理在某种程度上弥补了这两个缺点．事实上，它就是首先由 P. A. Meyer 给出的补偿随机积分的定义．

9.10 定理 设 M 为一局部鞅，H 为一循序过程．如果 $\sqrt{H^2.[M]}\in\mathscr{A}^+_{\rm loc}$，则 $H_{\dot{c}}M$ 存在，且它是唯一的局部鞅 L，使得对一切有界鞅 N，有 $[L,N]-H.[M,N]\in\mathscr{M}_{{\rm loc},0}$.

证明 不妨设 $M_0=0$．令

$$W=H\Delta MI_{[|H\Delta M|>1]},\quad U=H\Delta MI_{[|H\Delta M|\leqslant 1]},$$

则 $A=\Sigma W\in\mathscr{A}_{\rm loc}$．我们有 ${}^pW={}^p(\Delta A)=\Delta(A^p)$．由于 $H\Delta M=W+U$，${}^p(H\Delta M)$ 存在．同时，$B=\Sigma(U^2)\in\mathscr{A}^+_{\rm loc}$，$\Delta(B^p)={}^p(U^2)$，

$$\Sigma({}^pU)^2\leqslant\Sigma\,{}^p(U^2)=\Sigma\Delta(B^p)\leqslant B^p.$$

令 $Z=H\Delta M-{}^p(H\Delta M)$，则

$$\Sigma(Z^2)\leqslant 2\{H^2.[M]+\Sigma({}^p(H\Delta M))^2\}$$
$$\leqslant 2\{H^2.[M]+2\Sigma({}^pW)^2+2\Sigma({}^pU)^2\},$$

$\sqrt{\Sigma(Z^2)}\in\mathscr{A}^+_{\text{loc}}$. 另一方面，$H^2.[M^c]\leqslant H^2.[M]\in\mathscr{V}^+$. 因此 $H_{\dot{c}}M$ 存在.

现设 N 为一有界鞅. 由 Kunita-Watanabe 不等式

$$V=[H_{\dot{c}}M,N]-H.[M,N]\in\mathscr{A}_{\text{loc}}.$$

显然，$\Delta V=-{}^p(H\Delta M)\Delta N$，故 $\Delta(V^p)={}^p(\Delta V)=0$，即 V^p 为连续有限变差过程. 由于 $V^c=[H.M^c,N^c]-H.[M^c,N^c]=0$，故 $V=\Sigma(\Delta V)$ 为纯断有限变差过程，且只有可及跳（注意${}^p(H\Delta M)$为可料稀疏过程）. 由定理 7.14.1)，V^p 应为纯断有限变差过程. 因此，必有 $V^p=0$，即 $V\in\mathscr{M}_{\text{loc},0}$. 最后，由定理 7.36，满足这要求的局部鞅是唯一的. □

注 1）在定理中，若 H^2 对$[M]$可积，则为要 $H_{\dot{c}}M$ 存在，条件 $\sqrt{H^2.[M]}\in\mathscr{A}^+_{\text{loc}}$也是必要的. 细节留给读者完成.

2）今后，补偿随机积分也简称为随机积分，记号 $H_{\dot{c}}M$ 也用 $H.M$ 代替.

最后，我们阐明如何定义适应可测过程对一类连续局部鞅的随机积分，它们推广了对 Brown 运动的 Itô 随机积分.

9.11 定理 设 M 为一零初值连续局部鞅，$a=(a_t)$为一连续单调增（非随机）函数，使得对几乎所有的 ω，$d[M](\omega)\ll da$. 设 H 为一适应可测过程，则为要存在 $L\in\mathscr{M}_{\text{loc}}$，使得(1.1)对一切 $N\in\mathscr{M}_{\text{loc}}$成立，必须且只需 $H^2.[M]\in\mathscr{V}^+$. 这时，存在可料过程 K，使得 $K\in L_m(M)$且 $K.M=L$. L 称为 H 对 M 的**随机积分**，并记作 $H.M$.

证明 只需证明充分性. 设 $\overline{H}$ 为 H 的可选修正（即 $\overline{H}$ 可选，且$\forall\ t\in\boldsymbol{R}_+$，$\overline{H}_t=H_t$ a.s.，参见问题 5.10）. 由于 $d[M]$对 da 绝对连续，由 Fubini 定理知

$$\overline{H}^2.[M]=H^2.[M].$$

事实上，令(T_n) 为一列停时，使得 $T_n\uparrow\infty$ 且

$$E\left[\int_0^{T_n} H_s^2 d[M]_s\right] < \infty, \quad \forall\, n \geqslant 1,$$

则对任一停时 T，有

$$\begin{aligned} E\left[\int_0^{T\wedge T_n} H_s^2 d[M]_s\right] &= \int_0^\infty E\left[H_s^2 I_{]\!]0,T\wedge T_n]\!]} \frac{d[M]}{da}\right] da_s \\ &= \int_0^\infty E\left[\overline{H}_s^2 I_{]\!]0,T\wedge T_n]\!]} \frac{d[M]}{da}\right] da_s \\ &= E\left[\int_0^{T\wedge T_n} \overline{H}_s^2 d[M]_s\right]. \end{aligned}$$

由引理 9.6，$\overline{H}.M$ 存在，且对一切 $N \in \mathscr{M}_{\mathrm{loc}}$，有

$$[\overline{H}.M,N] = \overline{H}.[M,N] = H.[M,N],$$

其中第二个等式由 Kunita-Watanabe 不等式及$(\overline{H}-H)^2.[M]=0$ 推得(再一次用 Fubini 定理). 其余的结论直接由引理 9.6 可推得. □

§ 3. 可料过程对半鞅的随机积分

由于每个半鞅可分解为一局部鞅与一适应有限变差过程之和. 自然会想到对半鞅的随机积分可考虑为对这两部分的随机积分之和，但关键在于这两个随机积分的和应不依赖于半鞅的具体分解. 下一引理保证了这一点.

9.12 引理 设 X 为一半鞅，H 为一可料过程. 令 $X=M+A$，$X=N+B$ 为 X 的两个分解，其中 $M,N\in\mathscr{M}_{\mathrm{loc}}$，$A,B\in\mathscr{V}_0$. 若 $H\in L_m(M)\cap L_m(N)$，$H_{\cdot s}A$ 及 $H_{\cdot s}B$ 存在，则

$$H.M + H_{\cdot s}A = H.N + H_{\cdot s}B \tag{12.1}$$

证明 由于 $M-N=B-A\in\mathscr{W}_{\mathrm{loc},0}$，由定理 9.5.2)得

$H.(M-N) = H_{\cdot s}(B-A)$，即(12.1) 成立. □

9.13 定义 设 X 为一半鞅，H 为一可料过程. 如果存在 X 的一个分解：$X=M+A$，其中 $M\in\mathscr{M}_{\mathrm{loc}}$，$A\in\mathscr{V}_0$，使得 $H\in L_m(M)$；$H_{\cdot s}A$ 存在，我们称 H 对 X 在半鞅积分意义下**可积**(或简称 H 为 X-可积的)，$X=M+A$ 为 X 的一个 **H-分解**. 这时，令

$$H.X = H.M + H_s A. \qquad (13.1)$$

$H.X$ 不依赖于 X 的 H-分解，称为 **H 对 X 的随机积分**.

9.14 注 1) 设 X 为一半鞅，$X=M+A$ 为 X 的一个分解，其中 $M\in\mathscr{M}_{loc}$，$A\in\mathscr{V}_0$，则对任一局部有界可料过程 H，H 为 X-可积的，且 $X=M+A$ 是 X 的一个 H-分解.

2) 可料过程对半鞅的随机积分的定义 9.13 是可料过程对局部鞅的随机积分的定义 9.1 的自然推广. 事实上，若 M 是一局部鞅，H 是一可料过程，且 H 对 M 在局部鞅积分意义下可积，则 H 对 M 在半鞅积分意义下也可积，且两种意义下的随机积分相符. 但是，若 H 对 M 在半鞅积分意义下可积，一般说来我们不能断言，$H.M$ 仍是局部鞅，即 H 对 M 在局部鞅积分意义下不必可积. 例如，设 $M\in\mathscr{W}_{loc,0}$，H 为一可料过程，使得 Stieltjes 积分 $H_s M$ 存在，但 $H_s M\notin\mathscr{A}_{loc}$，则 $H\notin L_m(M)$.

下一定理综述了可料过程对半鞅的随机积分的基本性质，其证明是容易的. 今后，我们以 $L(X)$ 记对半鞅 X 可积的可料过程全体.

9.15 定理 设 X 为一半鞅，$H\in L(X)$.

1) $(H.X)^c=H.X^c$，$\Delta(H.X)=H\Delta X$，$(H.X)_0=H_0X_0$.

2) 对任一停时 T，有

$$(H.X)^T = H.X^T = (HI_{[\![0,T]\!]}).X,\ (H.X)^{T-} = H.X^{T-}.$$

3) 对任一半鞅 Y，有

$$[H.X,Y] = H.[X,Y].$$

4) 若 Y 为一半鞅，$H\in L(Y)$，则 $H\in L(X+Y)$，且 $H.(X+Y)=H.X+H.Y$.

5) 若 K 为一可料过程且 $|K|\leqslant|H|$，则 $K\in L(X)$.

9.16 定理 设 X 为一特殊半鞅，$X=M+A$ 为其典则分解. 设 $H\in L(X)$，则为要 $H.X$ 是特殊半鞅，必须且只需 $X=M+A$ 为 X 的一个 H-分解.

证明 充分性是显然的，往证必要性. 设 $X=N+B$ 为 X 的 H-分解，其中 $N\in\mathscr{M}_{loc}$，$B\in\mathscr{V}_0$，则 $H.X=H.N+H.B\in\mathscr{S}_p$，

$H.B\in\mathscr{A}_{\text{loc}}$. 由于 $A=\widetilde{B}$,由定理 5.23.2)知,H 对 A 可积且 $H.A=\widetilde{H.B}$. 我们有

$$\sqrt{H^2.[M]}\leqslant\sqrt{H^2.[X]}+\sqrt{H^2.[A]}$$
$$\leqslant\sqrt{[H.X]}+\Sigma|H\Delta A|.$$

由于 $\sqrt{[H.X]}\in\mathscr{A}_{\text{loc}}^+$(定理 8.6),故 $\sqrt{H^2.[M]}\in\mathscr{A}_{\text{loc}}^+$,即 $H\in L_m(M)$. 总之,$X=M+A$ 为 X 的 H-分解. □

下一定理是上述定理的一个重要推论.

9.17 定理 设 X 为一半鞅,$H\in L(X)$. 令 U 为一可选集,使得 $U\supset[|H\Delta X|>1$ 或 $|\Delta X|>1]$,且对几乎所有 ω,对一切 $t>0$,$\{s:(\omega,s)\in U\}\cap[0,t]$至多有有穷多个点. 置

$$A_t=\sum_{s\leqslant t}\Delta X_s I_{\{(\cdot,s)\in U\}},\quad Z_t=X_t-A_t,\quad t\geqslant 0,$$

则 $H\in L(Z)$,且特殊半鞅 Z 的典则分解 $Z=N+B$ 为一 H-分解.

证明 在定理条件下,显然 $A=(A_t)$有定义,且 A 为一阶梯有限变差过程,故 H 对 A 可积,从而 H 对 Z 可积. 此外,我们有 $|\Delta Z|\leqslant 1$,$|\Delta(H.Z)|=|H\Delta Z|\leqslant 1$,从而 Z,$H.Z$ 为特殊半鞅. 于是由定理 9.16,Z 的典则分解 $Z=N+B$ 为 Z 的一 H-分解. □

注 在定理中,如果令 $U=[|H\Delta X|>1$ 或 $|\Delta X|>1]$,则 $X=N+(B+A)$为 X 的一个 H-分解,其中 $N\in\mathscr{M}_{\text{loc}}$. 但$|\Delta N|\leqslant 2$(因为$|\Delta B|\leqslant 1$),故 N 为局部有界鞅.

下面我们应用定理 9.17 进一步研究随机积分的性质.

9.18 定理 设 X 为一半鞅.

1) $H,K\in L(X)\Rightarrow H+K\in L(X)$.

2) 设 $H\in L(X)$,K 为一可料过程. 为要 $K\in L(H.X)$,必须且只需 $KH\in L(X)$. 这时有 $K.(H.X)=(KH).X$.

证明 1) 在定理 9.17 中,令 $U=[|H\Delta X|>1$ 或 $|K\Delta X|>1$ 或 $|\Delta X|>1]$,则 $X=N+(A+B)$既是 H-分解,又是 K-分解,所以是$(H+K)$-分解,即 $H+K\in L(X)$.

2) 必要性显然,往证充分性. 设 $KH\in L(X)$. 在定理 9.17 中,令 $U=[|H\Delta X|>1$ 或 $|KH\Delta X|>1$ 或 $|\Delta X|>1]$,则 $X=N+$

$(A+B)$既是H-分解，又是HK-分解. 这表明$H.X=H.N+H.(A+B)$是$H.X$的K-分解. 因此$K\in L(H.X)$且

$$K.(H.X)=K.(H.N)+K.(H.(A+B))$$
$$=(KH).N+(KH).(A+B)$$
$$=(KH).X. \quad \square$$

9.19 定理 设X为一半鞅，H为一可料过程. 如果存在停时$T_n\uparrow\infty$，使得对每个n，有$H\in L(X^{T_n})$，则$H\in L(X)$.

证明 由于$H^2.[X]^{T_n}=[H.X^{T_n}]$，故$H^2.[X]$为增过程. 令

$$A=\Sigma(\Delta XI_{[|H\Delta X|>1\text{或}|\Delta X|>1]}),\quad Z=X-A,$$

则A为一阶梯有限变差过程，故$H.A$存在. 因此只需证$H\in L(Z)$. 设$Z=N+B$为特殊半鞅Z的典则分解. 对每个n，$Z^{T_n}=N^{T_n}+B^{T_n}$是Z^{T_n}的典则分解. 由于$|\Delta(H.Z^{T_n})|=|H\Delta Z^{T_n}|\leqslant 1$，故$H.Z^{T_n}\in\mathscr{S}_p$. 由定理9.16，$H.N^{T_n}$及$H.B^{T_n}$存在. 所以$H.N$及$H.B$存在，即$H\in L(Z)$. $\square$

§4. Lenglart 不等式与随机积分的收敛定理

在本节中首先介绍 Lenglart 不等式，然后利用它讨论随机积分关于被积过程的连续性.

9.20 定义 设X为一可选过程，A为一适应增过程. 我们称**A控制X(或X被A控制)**，如果对一切有界停时T，有

$$\boldsymbol{E}[|X_T|]\leqslant\boldsymbol{E}[A_T]. \tag{20.1}$$

这时，(20.1)对一切有穷停时T也成立.

9.21 例 1) 设M为一局部平方可积鞅，则M^2被$[M]$或$\langle M\rangle$控制. 事实上，令(T_n)为M的局部化序列，则对任一有界停时T，有

$$\boldsymbol{E}[M^2_{T\wedge T_n}]=\boldsymbol{E}[[M]_{T\wedge T_n}]=\boldsymbol{E}[\langle M\rangle_{T\wedge T_n}]. \tag{21.1}$$

在(21.1)中令$n\to\infty$，由 Fatou 引理得

$$\boldsymbol{E}[M^2_T]\leqslant\boldsymbol{E}[[M]_T]=\boldsymbol{E}[\langle M\rangle_T].$$

2) 设 A 为一适应局部可积增过程，则 A 及其可料对偶投影 $\widetilde{A}$ 相互控制.

9.22 引理 设 X 为一适应右连左极过程，被一适应增过程 A 控制，则对任一常数 $c>0$ 及停时 S，有

$$P(X_S^* \geqslant c) \leqslant \frac{1}{c}E[A_S]. \tag{22.1}$$

若 S 为可料时，则有

$$P(X_{S-}^* \geqslant c) \leqslant \frac{1}{c}E[A_{S-}]. \tag{22.2}$$

证明 令 $T=\inf\{t\geqslant 0: |X_t|\geqslant c\}\wedge S\wedge n$，则

$$E[A_S]\geqslant E[A_T]\geqslant E[|X_T|]\geqslant\int_{[X_{S\wedge n}^*>c]}|X_T|dP\geqslant cP(X_{S\wedge n}^*>c).$$

令 $n\to\infty$ 得

$$P(X_S^* > c) \leqslant \frac{1}{c}E[A_S].$$

(22.3)在(22.3)中以 c-ε 代 c，再令 $\varepsilon\downarrow 0$ 得(22.1).

若 S 为可料时，取(S_n)为预报 S 的停时列. 由于

$$P(X_{S_n}^* > c) \leqslant \frac{1}{c}E[A_{S_n}],$$

令 $n\to\infty$ 得

$$P(X_{S-}^* > c) \leqslant \frac{1}{c}E[A_{S-}].$$

由此类似可证(22.2). □

9.23 定理 设 X 为一适应右连左极过程，被一适应增过程 A 控制，则对任意常数 $c>0$, $d>0$，停时 T 及可测集 H，有

$$P(H\cap[X_T^*\geqslant c]) \leqslant \frac{1}{c}E[A_T\wedge(d+(\Delta A)_T^*)]+P(H\cap[A_T\geqslant d]). \tag{23.1}$$

若 A 为可料增过程，则有

$$P(H\cap[X_T^*\geqslant c])\leqslant\frac{1}{c}E[A_T\wedge d]+P(H\cap[A_T\geqslant d]). \tag{23.2}$$

(23.1)或(23.2)称为**Lenglart 不等式**.

证明 令 $S=\inf\{t\geqslant 0:A_t\geqslant d\}$,则 $A_S\leqslant d+\Delta A_S$, $A_S\leqslant A_\infty\wedge(d+(\Delta A)^*_\infty)$,且

$$H\cap[X^*_\infty\geqslant c]\subset[X^*_S\geqslant c]\cup(H\cap[S<\infty])$$
$$\subset[X^*_S\geqslant c]\cup(H\cap[A_\infty\geqslant d]).$$

由引理 9.22,有

$$\begin{aligned}\boldsymbol{P}(H\cap[X^*_\infty\geqslant c])&\leqslant\boldsymbol{P}(X^*_S\geqslant c)+\boldsymbol{P}(H\cap[A_\infty\geqslant d])\\&\leqslant\frac{1}{c}\boldsymbol{E}[A_S]+\boldsymbol{P}(H\cap[A_\infty\geqslant d])\\&\leqslant\frac{1}{c}\boldsymbol{E}[A_\infty\wedge(d+(\Delta A)^*_\infty)]\\&\quad+\boldsymbol{P}(H\cap[A_\infty\geqslant d]).\end{aligned}$$

分别以 X^T 及 A^T 代替 X 及 A 得(23.1).

若 A 可料,则 S 为可料时,类似地有

$$H\cap[X^*_\infty\geqslant c]\subset[X^*_{S-}\geqslant c]\cup(H\cap[A_\infty\geqslant d]),$$
$$\begin{aligned}\boldsymbol{P}(H\cap[X^*_\infty\geqslant c])&\leqslant\boldsymbol{P}[X^*_{S-}\geqslant c]+\boldsymbol{P}(H\cap[A_\infty\geqslant d])\\&\leqslant\frac{1}{c}\boldsymbol{P}[A_{S-}]+\boldsymbol{P}(H\cap[A_\infty\geqslant d])\\&\leqslant\frac{1}{c}\boldsymbol{E}[A_\infty\wedge d]+\boldsymbol{P}(H\cap[A_\infty\geqslant d]).\end{aligned}$$

分别以 X^T 及 A^T 代替 X 及 A 得(23.2). □

9.24 系 设 X 为一适应右连左极过程,被一适应增过程 A 控制. 如果 $|\Delta A|\leqslant a$(常数)(或 A 可料),则对任意常数 $c>0$,$d>0$,停时 T 及可测集 H,有

$$\boldsymbol{P}(H\cap[X^*_T\geqslant c])\leqslant\frac{a+d}{c}+\boldsymbol{P}(H\cap[A_T\geqslant d])$$

(或 $\quad\boldsymbol{P}(H\cap[X^*_T\geqslant c])\leqslant\dfrac{d}{c}+\boldsymbol{P}(H\cap[A_T\geqslant d])$).

9.25 系 设对每个 n, $X^{(n)}$为适应右连左极过程,被可料增过程 $A^{(n)}$控制. 设 T 为一停时,H 为一可测集. 若 $I_HA^{(n)}_T\xrightarrow{P}0$, 则 $I_H\sup\limits_{t\leqslant T}|X^{(n)}_t|\xrightarrow{P}0$.

证明 由系 9.24，对任给 $\varepsilon>0,\delta>0$，有

$$P(H\cap[(X^{(n)})_T^*\geqslant\varepsilon]\leqslant\frac{\delta}{\varepsilon}+P(H\cap[A_T^{(n)}\geqslant\delta]). \qquad (25.1)$$

在(25.1)中先后令 $n\to\infty$，$\delta\downarrow 0$ 即得欲证之结论. □

现在研究随机积分关于被积过程的连续性. 设 M 为一局部平方可积鞅，H 为一可料过程，使得 $H.M$ 为一局部平方可积鞅. 由于 $[H.M]=H^2.M$，故 $\langle H.M\rangle=H^2.\langle M\rangle$. 因此 $(H.M)^2$ 被 $H^2.\langle M\rangle$ 控制. 由系 9.25 即得下列定理.

9.26 定理 设 M 为一局部平方可积鞅，T 为一停时，B 为一可测集. 设 $H,H^{(n)}\in L_m(M)$，$(H-H^{(n)}).M\in\mathscr{M}^2_{\mathrm{loc}}$，$n\geqslant1$. 若

$$I_B\int_{[0,T]}(H_s-H_s^{(n)})^2d\langle M\rangle_s\xrightarrow{P}0,$$

则

$$I_B\sup_{s\leqslant T}|(H.M)_s-(H^{(n)}.M)_s|\xrightarrow{P}0.$$

下一定理是可料过程对半鞅的随机积分的收敛定理.

9.27 定理 设 X 为一半鞅，T 为一有穷停时，B 为一可测集，$H,H^{(n)}$，$n\geqslant1$，为局部有界可料过程. 如果对几乎所有 $\omega\in B$，在 $[0,T(\omega)]$ 上 $(H^{(n)}.(\omega))_{n\geqslant1}$ 一致有界且收敛于 $H.(\omega)$，则

$$I_B\sup_{t\leqslant T}|(H^{(n)}.X)_t-(H.X)_t|\xrightarrow{P}0. \qquad (27.1)$$

证明 令 $X=M+A$，其中 M 为局部有界鞅，A 为适应有限变差过程. 在定理条件下，由 Lebesgue 控制收敛定理，有

$$I_B\int_{[0,T]}(H_t^{(n)}-H_t)^2d\langle M\rangle_t\to0\quad\text{a.s.}.$$

由定理 9.26，

$$I_B\sup_{t\leqslant T}|(H^{(n)}.M)_t-(H.M)_t|\xrightarrow{P}0.$$

再由 Lebesgue 控制收敛定理，有

$$I_B\sup_{t\leqslant T}|(H^{(n)}.A)_t-(H.A)_t|$$

$$\leqslant I_B\int_0^T|H_t^{(n)}-H_t||dA_t|\to0\quad\text{a.s.}.$$

故得(27.1). □

作为定理 9.27 的一个应用，我们得到一类随机积分的 Riemann-Stieltjes 逼近.

9.28 定义 设 T 为一有穷停时，$(T_n)_{n\geqslant 0}$ 为一单调增停时列，使得 $T_0=0,\sup\limits_n T_n=T$. 称 $\tau:0=T_0\leqslant T_1\leqslant\cdots$ 为区间 $[0,T]$ 的一个**随机分割**，如果对几乎所有 ω，序列 $(T_n(\omega))$ 是尾定的(即存在自然数 $n(\omega)$，使得当 $n\geqslant n(\omega)$ 时，有 $T_n(\omega)=T(\omega)$)，也就是说，对几乎所有 ω，$(T_n(\omega))$ 构成区间 $[0,T(\omega)]$ 的一个有限分割. 令

$$\delta(\tau)=\sup_j|T_{j+1}-T_j|.$$

$\delta(\tau)$ 为一有穷的随机变量，称为分割 τ 的**步长**.

9.29 定理 设 X 为一半鞅，H 为一右连左极或左连续适应过程，T 为一有穷停时. 令

$$\tau^{(n)}:0=T_0^{(n)}\leqslant T_1^{(n)}\leqslant\cdots,\ n\geqslant 1,$$

为一列 $[0,T]$ 的随机分割，使得 $\lim\limits_n\delta(\tau^n)=0$ a.s.，则

$$\sup_{t\leqslant T}|\sum_i H_{T_i^{(n)}}(X_{T_{i+1}^{(n)}\wedge t}-X_{T_i^{(n)}\wedge t})-\int_0^t H_{s-}dX_s|\xrightarrow{P}0,\ n\to\infty. \tag{29.1}$$

证明 令 $H^{(n)}=H_0I_{[\![0]\!]}+\sum\limits_i H_{T_i^{(n)}}I_{]\!]T_i^{(n)},T_{i+1}^{(n)}]\!]}$，则 H^n 为局部有界可料过程，且

$$(H^{(n)}.X)_t=\sum_i H_{T_i^{(n)}}(X_{T_{i+1}^{(n)}\wedge t}-X_{T_i^{(n)}\wedge t})+H_0X_0.$$

由于 $H.(\omega)$ 在有穷区间 $[0,T(\omega)]$ 上有界，从而 $(H^{(n)}.(\omega))_{n\geqslant 1}$ 在 $[0,T(\omega)]$ 上一致有界. 此外，对几乎所有 ω，对一切 $t\in[0,T(\omega)]$ 有

$$\lim_{n\to\infty}H_t^{(n)}(\omega)=H_{t-}(\omega).$$

故由定理 9.27 推得(29.1). □

下一定理是随机积分的控制收敛定理.

9.30 定理 设 X 为一半鞅，$H\in L(X)$，$K^{(n)}$ 及 K 为可料过程，使得 $|K^{(n)}|\leqslant|H|$，$|K|\leqslant|H|$. 令 $B\in\mathscr{F}$，T 为一有穷停时. 如

果对几乎所有$\omega\in B$，对一切$t\in[0,T(\omega)]$，有$\lim\limits_{n\to\infty}K_t^{(n)}(\omega)=K_t(\omega)$，则

$$I_B\sup_{t\leqslant T}|(K^{(n)}.X)_t-(K.X)_t|\xrightarrow{P}0,\quad n\to\infty.\quad(30.1)$$

证明 无妨设$X_0=0$. 令

$$A=\Sigma(\Delta XI_{[|H\Delta X|>1\text{或}|\Delta X|>1]}),Z=X-A.$$

设$Z=N+B$为特殊半鞅Z的典则分解，则由定理9.17，$X=N+(B+A)$为X的一个H-分解. 此外，我们有$|\Delta Z|\leqslant 1$，$|\Delta(H.Z)|=|H\Delta Z|\leqslant 1$. 由定理8.8知，$|\Delta N|\leqslant 2$，$|\Delta(H.N)|\leqslant 2$. 特别，$N$，$H.N\in\mathscr{M}^2_{\text{loc},0}$. 但由假定，$|K^{(n)}|\leqslant|H|$，$|K|\leqslant|H|$，从而$K^{(n)}.N$，$K.N\in\mathscr{M}^2_{\text{loc},0}$. 其余的证明与定理9.27的证明类似.

□

注 设X为一半鞅，$H\in L(X)$. 令$H^{(n)}=HI_{[|H|\leqslant n]}$，则由定理知，对一切$t\geqslant 0$，

$$\sup_{s\leqslant t}|H^{(n)}.X)_s-(H.X)_s|\xrightarrow{P}0,\ n\to\infty.$$

最后，应该指出：在半鞅积分意义下，可料过程对适应有限变差过程的积分，不一定是Stieltjes积分. 但我们有如下的定理.

9.31 定理 设A为一可料有限变差过程，H为一可料过程. 如果在半鞅积分意义下，H对A可积，则在Stieltjes积分意义下，H对A也可积，且两种积分一致.

证明 令$H^{(n)}=HI_{[|H|\leqslant n]}$. 显然，定理结论对每个$H^{(n)}$成立. 特别，每个$H^{(n)}.A$为可料半鞅. 于是由定理9.30，$H.A$为可料半鞅，从而为特殊半鞅(系8.7). 于是由定理9.16推得定理结论.

□

§5. Itô 公式与 Doléans-Dade 指数公式

在这一节中，我们将证明半鞅的变量替换公式，即著名的Itô公式. 它是随机分析中最有力的工具. 作为它的应用，我们证明半

鞅的强大数定律与Doléans-Dade 指数公式.

9.32 引理 设 M 为一局部有界鞅, A 为一可料有限变差过程,则 $MA-(M_-).A$ 为一局部鞅.

证明 利用局部化方法,不妨设 M 为有界鞅, A 为可料可积变差过程. 令 $L=MA-(M_-).A$,则由定理5.32及5.33知,对任一停时 T,有 $\boldsymbol{E}[L_T]=0$. 于是由定理4.40知, $L\in\mathcal{M}$. □

9.33 定理 设 X,Y 为两个半鞅,则

$$X_tY_t=\int_0^t X_{s-}dY_s+\int_0^t Y_{s-}dX_s+[X,Y]_t,\ t\geqslant 0. \quad (33.1)$$

(33.1)称为**分部积分公式**.

证明 只需在 $X=Y$ 的情形证明(33.1),即证明

$$X^2=2(X_-).X-2X_0^2+[X]. \quad (33.2)$$

为此令 $A=X^2-2(X_-).X+2X_0^2$. 首先证明 A 为增过程,且 $\Delta A=(\Delta X)^2$. 令 $t>0$. 设

$$\tau_n:\ 0=t_0^n<t_1^n<\cdots<t_{m(n)}^n=t$$

为$[0,t]$的一列有限分割,且 $\delta(\tau^n)\to 0$,则

$$\begin{aligned}X_t^2-X_0^2&=\sum_i(X_{t_{i+1}^n}^2-X_{t_i^n}^2)\\&=2\sum_i X_{t_i^n}(X_{t_{i+1}^n}-X_{t_i^n})+\sum_i(X_{t_{i+1}^n}-X_{t_i^n})^2.\end{aligned}$$

由定理9.29知,

$$A_t=X_0^2+\boldsymbol{P}\text{-}\lim_{n\to\infty}\sum_i(X_{t_{i+1}^n}-X_{t_i^n})^2,\ \text{a.s.}. \quad (33.3)$$

特别,由(33.3)知, A 为增过程. 由 A 的定义有

$$\begin{aligned}\Delta A&=\Delta(X^2)-2X_-\Delta X\\&=(X_-+\Delta X)^2-X_-^2-2X_-\Delta X=(\Delta X)^2.\end{aligned}$$

为证(33.2),先设 X 有界. 这时 X 为特殊半鞅. 令 $X=M+A'$ 为其典则分解,其中 M 为局部有界局部鞅, A' 为零初值可料有限变差过程. 令

$$B=X^2-2(X_-).X+2X_0^2-[X]=A-[X].$$

上面已证 B 为零初值连续有限变差过程. 另一方面,注意到 $X_0=$

M_0，我们有

$$B = (M + A')^2 - 2(M_- + A'_-).(M + A') + 2M_0^2 - [M + A']$$
$$= (M^2 - [M]) - 2(M_-.M - M_0^2) + 2(MA' - M_-.A')$$
$$- 2A_-.M - 2[M, A'], \tag{33.4}$$

这里我们利用了 Stieltjes 积分的分部积分公式(引理 1.39). 由引理 9.4 及 9.32 知，(33.4)中的每一项是局部鞅. 于是 B 为局部鞅，从而必有 $B=0$，即(33.2)成立.

对一般情形，令 $T_n=\inf\{t\geqslant 0: |X_t|\geqslant n\}$，则 $X^{T_n-}I_{[T_n>0]}$ 为有界半鞅，且

$$(X^2)^{T_n-} = (X^{T_n-})^2$$
$$= 2X_-^{T_n-}.X^{T_n-} - 2X_0^2 + [X^{T_n-}]$$
$$= (2X_-.X - 2X_0^2 + [X])^{T_n-}.$$

由于 $T_n\uparrow\infty$，(33.2)仍然成立. □

注 在上面的证明中，我们证明了，对 $t\geqslant 0$，有

$$X_0^2 + \sum_i (X_{t_{i+1}^n} - X_{t_i^n})^2 \xrightarrow{P} [X]_t.$$

这正是我们称$[X]$为 X 的二次变差过程的理由.

9.34 系 设 X 为一半鞅，A 为一可料有限变差过程，则

$$XA = A.X + (X_-).A - X_0A_0. \tag{34.1}$$

证明 令 $X=X_0+M+B$，$M\in\mathscr{M}_{\text{loc},0}$，$B\in\mathscr{V}_0$. 由 Yoeurp 引理(例 9.4.1))，我们有

$$[X,A] = X_0A_0 + [M,A] + [B,A]$$
$$= X_0A_0 + (\Delta A).M + (\Delta A).B$$
$$= X_0A_0 + (\Delta A).X. \tag{34.2}$$

于是(34.1)由(33.1)及(34.2)推得. □

9.35 定理 设 $X^1,\cdots,X^d$ 为半鞅，F 为 $\boldsymbol{R}^d$ 上的 $\boldsymbol{C}^2$-函数(即 F 有连续的一阶与二阶偏导数). 令 $X_t=(X_t^1,\cdots,X_t^d)$((X_t)也称为一个 **d 维半鞅**)，则

$$F(X_t) - F(X_0) = \sum_{j=1}^d \int_0^t D_jF(X_{s-})dX_s^j + \sum_{0<s\leqslant t}\eta_s(F) + \frac{1}{2}A_t(F), \tag{35.1}$$

其中

$$\eta_s(F) = F(X_s) - F(X_{s-}) - \sum_{j=1}^{d} D_j F(X_{s-}) \Delta X_s^j, \quad (35.2)$$

$$A_t(F) = \sum_{i,j=1}^{d} \int_0^t D_{ij} F(X_{s-}) d\langle (X^i)^c, (X^j)^c \rangle_s, \quad (35.3)$$

$D_j F = \frac{\partial F}{\partial X_j}, D_{ij} F = \frac{\partial^2 F}{\partial x_i \partial x_j}$,级数$\sum_{0<s\leq t} \eta_s(F)$绝对收敛.

(35.1)就是著名的**Itô 公式**[1]

证明 我们采用 C. Dellacherie 与 P. A. Meyer[2]中的证明路线,从分部积分公式出发证明 Itô 公式.

不妨设 $X^1, \cdots, X^d$ 均有界:$|X^j| \leq C, j=1, \cdots, d$,其中 C 为一常数. 不然的话,令 $T_n = \inf\{t \geq 0: |X_t^1| > n, |X_t^2| > n, \cdots, |X_t^d| > n\}$. 如同定理 9.33 的证明. 我们可讨论 $X^{T_n -} I_{[T_n > 0]}$. 如果(35.1)对 $X^{T_n -} I_{[T_n > 0]}$成立,由于 $T_n \uparrow \infty$,那么(35.1)对 X 成立. 在有界条件下,可取一列 $\boldsymbol{R}^d$ 上的多项式(F_n),使得 $F_n, D_j F_n, D_{ij} F_n$ 在$[-C, C]^d$ 上都分别一致收敛于 $F, D_j F, D_{ij} F, i, j=1, \cdots, d$. 如果(35.1)对每个 F_n 成立,则由定理 9.30,(35.1)对 F 也成立. 因此,不妨设 F 为一个 $\boldsymbol{R}^d$ 上的多项式.

若 $F(x^1, \cdots, x^d) = x^i x^j$,(35.1)即归结为(33.1). 由归纳法,只需证明:若(35.1)对多项式 F 成立,则(35.1)对 $G(x^1, \cdots, x^d) = x^i F(x^1, \cdots, x^d)$也成立. 由于

$$\begin{aligned} \eta_s(G) &= G(X_s) - G(X_{s-}) - \sum_{j=1}^{d} D_j G(X_{s-}) \Delta X_s^j \\ &= X_{s-}^i \eta_s(F) + \Delta[X^i, F(X)]_s \end{aligned}$$

且(X_{s-}^i) 局部有界,故级数 $\sum_{0<s\leq t} \eta_s(G)$ 绝对收敛. 此外还有

$$\begin{aligned} \frac{1}{2} A_t(G) &= \frac{1}{2} \int_0^t X_{s-}^i dA_s(F) + \sum_{j=1}^{d} \int_0^t D_j F(X_{s-}) d\langle (X^i)^c, (X^j)^c \rangle_s \\ &= \frac{1}{2} \int_0^t X_{s-}^i dA_s(F) + \langle (X^i)^c, (F(X))^c \rangle_t - X_0^i F(X_0), \end{aligned}$$

(35.4)

---

1) 容易看出,在 **Itô** 公式中,F 可以是复值函数. ·

$$\sum_{j=1}^{d}\int_0^t D_jG(X_{s-})dX_s^j$$
$$=\int_0^t F(X_{s-})dX_s^i+\sum_{j=1}^{d}\int_0^t X_{s-}^iD_jF(X_{s-})dX_s^j. \qquad (35.5)$$
于是由(33.1),(35.4)及(35.5)得
$$G(X_t)-G(X_0)=X_t^i(X_t)-X_0^iF(X_0)$$
$$=\int_0^t X_{s-}^i dF(X_s)+\int_0^t F(X_{s-})dX_s^i$$
$$+[X^i,F(X)]_t-X_0^iF(X_0)$$
$$=\sum_{j=1}^{d}\int_0^t D_jG(X_{s-})dX_s^j+\sum_{0<s\le t}\eta_s(G)+\frac{1}{2}A_t(G),$$
即(35.1)对 G 成立. □

下一定理是定理 9.35 的一个精细化,其证明完全类似,故略去.

9.36 定理 设 $X^1,\cdots,X^n$ 为半鞅,$X^{n+1},\cdots,X^{n+m}$ 为适应有限变差过程. 设 F 为 $\boldsymbol{R}^{n+m}$ 上的一连续函数,对前 n 个变元为 $\boldsymbol{C}^2$-函数,对后 m 个变元为 $\boldsymbol{C}^1$-函数(可以是 $n=0$ 或 $m=0$). 令 $X_t=(X_t^1,\cdots,X_t^{n+m})$.则
$$F(X_t)-F(X_0)=\sum_{j=1}^{n+m}\int_0^t D_jF(X_{s-})dX_s^j+\sum_{0<s\le t}\eta_s(F)$$
$$+\frac{1}{2}\sum_{i,j=1}^{n}\int_0^t D_{ij}F(X_{s-})d\langle(X^i)^c,(X^j)^c\rangle_s.$$

9.37 定理 设 X 为一半鞅,A 为一可料增过程,$A_\infty=\infty$ a.s.. 若$\lim\limits_{t\to\infty}\left(\frac{1}{1+A}.X\right)_t$ a.s. 存在且有限,则
$$\lim_{t\to\infty}\frac{X_t}{A_t}=0 \quad \text{a.s.}.$$

证明 令 $Y=\frac{1}{1+A}.X$,则$(1+A).Y=X$(定理 9.18.2)),且由系 9.34,有
$$(1+A)Y=(1+A).Y+(Y_-).A-A_0Y_0$$
$$=X+(Y_-).A-A_0Y_0.$$
于是

$$\frac{X_t}{1+A_t}=\frac{Y_t+A_0Y_0}{1+A_t}+\frac{\int_{[0,t]}(Y_t-Y_{s-})dA_s}{1+A_t}$$

右边的第二项是一个 Stieltjes 积分.

对几乎所有 ω 及任给 $\varepsilon>0$，存在 $t_\varepsilon(\omega)$，使得

$$|Y_t(\omega)-Y_\infty|<\varepsilon,\quad t\geqslant t_\varepsilon(\omega).$$

于是对 $t\geqslant t_\varepsilon$ 有

$$\begin{aligned}&\left|\frac{1}{1+A_t}\int_{[0,t]}(Y_t-Y_{s-})dA_s\right|\\ \leqslant&\frac{1}{1+A_t}\left\{\int_{[0,t_\varepsilon]}|Y_t-Y_{s-}|dA_s\right.\\ &\left.+\int_{t_\varepsilon}^{t}(|Y_t-Y_\infty|+|Y_{s-}-Y_\infty|)dA_s\right\}\\ \leqslant&\frac{2Y_\infty^*A_{t_\varepsilon}}{1+A_t}+\frac{2\varepsilon A_t}{1+A_t}.\end{aligned}$$

先后令 $t\to\infty$ 及 $\varepsilon\downarrow 0$ 得

$$\frac{1}{1+A_t}\int_{[0,t]}(Y_t-Y_{s-})dA_s\to 0,\quad t\to\infty.$$

显然有

$$\left|\frac{Y_t+A_0Y_0}{1+A_t}\right|\leqslant\frac{Y_\infty^*(1+A_0)}{1+A_t}\to 0,\quad t\to\infty.$$

于是

$$\lim_{t\to\infty}\frac{X_t}{A_t}=\lim_{t\to\infty}\frac{X_t}{1+A_t}=0\quad \text{a.s.}.\quad\square$$

9.38 系 设 M 为一局部平方可积鞅，$\langle M\rangle_\infty=\infty$ a.s.，则

$$\lim_{t\to\infty}\frac{M_t}{\langle M\rangle_t}=0\quad \text{a.s.}.$$

证明 由于

$$\left(\frac{1}{1+\langle M\rangle}\right)^2.\langle M\rangle\leqslant\frac{1}{(1+\langle M\rangle)(1+\langle M\rangle_-)}.\langle M\rangle\leqslant 1,$$

由定理 8.32 知，$\lim\limits_{t\to\infty}\left(\frac{1}{1+\langle M\rangle}.M\right)_t$ a.s. 存在且有限. 对 M 及 $\langle M\rangle$ 应用定理 9.37 即得欲证之结论. $\square$

定理 9.37 就是半鞅的强大数定律的一般形式. 证明它只用到分部积分公式——Itô 公式的一个特例. 下面给出 Itô 公式的另一个重要应用——**Doléans-Dade 指数公式**.

9.39 定理 设 X 为一半鞅. 令

$$V_t = \prod_{0<s\leqslant t}(1+\Delta X_s)e^{-\Delta X_s} \quad (V_0=1), \tag{39.1}$$

则对几乎所有 ω,(39.1)右边的无穷乘积对一切 t 绝对收敛,且 $V=(V_t)$为适应纯断有限变差过程. 令

$$Z_t = \exp\left\{X_t - X_0 - \frac{1}{2}\langle X^c\rangle_t\right\}\prod_{0<s\leqslant t}(1+\Delta X_s)e^{-\Delta X_s}. \tag{39.2}$$

则 $Z=(Z_t)$ 为满足以下随机积分方程的唯一的半鞅:

$$Z_t = 1 + \int_0^t Z_{s-}dX_s. \tag{39.3}$$

证明 令

$$V_t' = \prod_{0<s\leqslant t}(1+\Delta X_s I_{[|\Delta X_s|>\frac{1}{2}]})\exp\{-\Delta X_s I_{[|\Delta X_s|>\frac{1}{2}]}\},$$

$$V_t'' = \prod_{0<s\leqslant t}(1+\Delta X_s I_{[|\Delta X_s|\leqslant\frac{1}{2}]})\exp\{-\Delta X_s I_{[|\Delta X_s|\leqslant\frac{1}{2}]}\}.$$

显然,定义 V_t' 的乘积只是有限项的积. 由于

$$e^{-x^2}\leqslant(1+x)e^{-x}\leqslant e^{-\frac{1}{3}x^2},\ |x|\leqslant\frac{1}{2},$$

定义 V_t''的无穷乘积绝对收敛. 因此(39.1)中的无穷乘积绝对收敛. 显然,(V_t')及$(\log V_t'')$为适应纯断有限变差过程,故由 Itô 公式,(V_t'')亦然. 由于 $V_t=V_t'V_t''$,仍由 Itô 公式知,V 为适应纯断有限变差过程.

令 $F(x,y)=e^x y$, $K=X-X_0-\frac{1}{2}\langle X^c\rangle$,则 $Z=F(K,V)$, $K^c=X^c$,$\Delta K=\Delta X$. 注意到,$Z_s=Z_{s-}(1+\Delta X_s)$,由 Itô 公式,有

$$\begin{aligned} Z_t &= 1+\int_0^t Z_{s-}dK_s+\int_0^t e^{K_{s-}}dV_s+\frac{1}{2}\int_0^t Z_{s-}d\langle K^c\rangle_s \\ &\quad +\sum_{0<s\leqslant t}(\Delta Z_s - Z_{s-}\Delta K_s - e^{-K_{s-}}\Delta V_s) \\ &= 1+\int_0^t Z_{s-}dX_s, \end{aligned}$$

即 Z 满足(39.3).

设 $Y=(Y_t)$ 是满足(39.3)的另一个半鞅，则 $\Delta Y=Y_{-}\Delta X$，$\langle X^c,Y^c\rangle=(Y_{-}).\langle X^c\rangle$. 令

$$W=e^{-K}Y \tag{39.4}$$

由 Itô 公式，有 $W_0=1$ 及

$$\begin{aligned}W_t=&1-\int_0^t W_{s-}\,dK_s+\int_0^t e^{-K_{s-}}dY_s+\frac{1}{2}\int_0^t W_{s-}d\langle X^c\rangle_s\\&-\int_0^t e^{-K_{s-}}d\langle X^c,Y^c\rangle_s\\&+\sum_{0<s\leqslant t}(\Delta W_s+W_{s-}\Delta X_s-e^{-K_{s-}}\Delta Y_s)\\=&1+\sum_{0<s\leqslant t}\Delta W_s.\end{aligned}$$

另一方面，由(39.4)，有 $W_t=W_{t-}e^{-\Delta X_t}(1+\Delta X_t)$，

$$\Delta W_t=W_{t-}[e^{-\Delta X_t}(1+\Delta X_t)-1].$$

令 $A_t=\sum_{0<s\leqslant t}[e^{-\Delta X_s}(1+\Delta X_s)-1]$，则 A 为适应纯断有限变差过程，且 W 满足下列方程：

$$W_t=1+\int_0^t W_{s-}dA_s.$$

这表明 W 为适应纯断有限变差过程. 当然，$V=e^{-K}X$ 也满足同一方程. 令 $U=V-W$，则 U 满足齐次方程：

$$U_t=\int_0^t U_{s-}dA_s \tag{39.5}$$

令 $B_t=\int_0^t |dA_s|$. 利用分部积分公式，用归纳法易知

$$\int_0^t (B_{s-})^n dB_s\leqslant\frac{1}{n+1}(B_t)^{n+1}. \tag{39.6}$$

将(39.5)迭代，用归纳法，从(39.6)可得

$$|U_s|\leqslant\frac{1}{n!}U_t^*(B_t)^n,\ |U_{s-}|\leqslant\frac{1}{n!}U_t^*(B_t)^n,\ s\in[0,t].$$

因此对每个 $t\geqslant 0$，$U_t=0$ a.s.，从而 $U=0$，$W=0$，$Y=e^KW=e^KV=Z$. □

(39.2)称为 **Doléans-Dade 指数公式**，Z 称为半鞅 X 的**指数**，

记作$\mathscr{E}(X)$. 由(39.3)知,若X为局部鞅(或特殊半鞅,或适应有限变差过程),则$\mathscr{E}(X)$亦然. 此外,$\mathscr{E}(X)=\mathscr{E}(X-X_0)$,且对任一停时$T$,有$\mathscr{E}(X)^T=\mathscr{E}(X^T)$.

容易验证:若X为一标准 Brown 运动,则$\mathscr{E}(X)_t=\exp\{X_t-\frac{1}{2}t\}$;若$X$为一 Poisson 过程,则$\mathscr{E}(X)_t=2^{X_t}$. 半鞅$Z$称为**指数半鞅**,如果存在半鞅$X$,使得$Z=Z_0\mathscr{E}(X)$,即$Z$是满足下列方程的唯一半鞅:

$$Z_t = Z_0 + \int_0^t Z_{s-}dX_s.$$

(唯一性可同上类似地证明.)我们要给出指数半鞅的刻画.

9.40 引理 设X为一半鞅. 令

$$T=\inf\{t>0:\ \Delta X_t=-1\},$$
$$S=\inf\{t>0:\ \mathscr{E}(X)_t=0\},$$

则$T=S$ a.s..

证明 若$T<\infty$,则$\Delta X_T=-1$. 由指数公式,有

$$\mathscr{E}(X)I_{[\![T,\infty[\![}=0.$$

因此$S\leqslant T$ a.s.. 另一方面,若$t<T$,由定理 9.39 的证明可看出$V_t'\neq0$. 但V_t''永远是正的,故$\mathscr{E}(X_t)=V_t'V_t''e^{K_t}\neq0$. 于是$T\leqslant S$ a.s.,从而$S=T$ a.s.. □

9.41 定理 设Z为一半鞅,$T=\inf\{t>0:Z_t=0$ 或 $Z_{t-}=0\}$,则为要Z为指数半鞅,必须且只需满足下列条件:

1) $Z=ZI_{[\![0,T[\![}$,

2) $H=\frac{1}{Z_-}I_{[Z_-\neq0]}$对$Z$可积.

证明 必要性. 设$Z=Z_0\mathscr{E}(X)$,$X\in\mathscr{S}$. 在$[Z_0=0]$上有$Z=0=ZI_{[\![0,T[\![}$. 在$[Z_0>0]$上有$T=\inf\{t>0:\ \Delta X_t=-1\}$,且由引理 9.40,有$\mathscr{E}(X)I_{[\![T,\infty[\![}=0$,因此仍有$Z=ZI_{[\![0,T[\![}$.

显然,$|HZ_-|\leqslant1$,$HZ_-\in L(X)$,$Z_-\in L(X)$. 由定理 9.18.2)知,$H\in L((Z_-).X)$. 但有$Z=Z_0+(Z_-).X-Z_0X_0$,故$H\in L(Z)$.

充分性．令 $X=H.Z$，则 $Z_0X_0=Z_0I_{[Z_0\neq 0]}=Z_0$，且

$$(Z_-).X = (HZ_-).Z = I_{[Z_-\neq 0]}.Z.$$

令 $R=T_{[Z_{T-}=0,\ 0<T<\infty]}$，则 R 为可料时，因为它为 $R_n=\inf\{t>0: t<T, |Z_t|\leqslant\frac{1}{n}\}\wedge n$ 所预报．于是

$$\begin{aligned} I_{[Z_-=0]}.Z &= (I_{[\![0_{[T=0]}]\!]} + I_{[\![R]\!]} + I_{]\!]T,\infty[\![}).Z \\ &= Z_0I_{[T=0]} + I_{[\![R]\!]}.Z \\ &= \Delta Z_R I_{[\![R,\infty[\![} = 0. \quad (\text{由 } 9.4.2)) \end{aligned}$$

因此 $Z = (Z_-).X = Z_0 + (Z_-).X - Z_0X_0 = Z_0\mathscr{E}(X)$．□

§6.　半鞅的局部时

9.42 引理　设 X 为一半鞅，f 为一 $\boldsymbol{R}$ 上的连续凸函数，f' 为其左导数，则 $f(X)$ 为半鞅，且有

$$\begin{aligned} f(X_t) = f(X_0) &+ \int_0^t f'(X_{s-})dX_s \\ &+ \sum_{0<s\leqslant t}[f(X_s) - f(X_{s-}) \\ &- f'(X_{s-})\Delta X_s] + C_t, \end{aligned} \tag{42.1}$$

其中 $C=(C_t)$ 为零初值适应连续增过程．

证明　取一非负函数 $\varphi\in \boldsymbol{C}^\infty(\boldsymbol{R})$，使得它的支撑为 $[-a,0]$ $(a>0)$ 且 $\int_{-\infty}^{\infty}\varphi(s)ds = 1$．令

$$\begin{aligned} f_n(t) &= n\int_{-\infty}^{\infty} f(t+s)\varphi(ns)ds \\ &= \int_{-a}^{0} f\left(t+\frac{s}{n}\right)\varphi(s)ds, \end{aligned}$$

则 $f_n(t)$ 为凸函数，$f_n\in \boldsymbol{C}^\infty(\boldsymbol{R})$，且当 $n\to\infty$ 时有

$$f_n(t)\to f(t),$$

$$f_n'(t) = \int_{-a}^{0} f'\left(t+\frac{s}{n}\right)\varphi(s)ds \uparrow f'(t),$$

$(f'(t)$ 为左连续单调增函数)．

对 f_n 及 X 应用Itô公式得

$$f_n(X_t)=f_n(X_0)+\int_0^t f_n'(X_{s-})dX_S+B_t^{(n)} \tag{42.2}$$

其中

$$\begin{aligned}B_t^{(n)}=&\sum_{0<s\leqslant t}[f_n(X_s)-f_n(X_{s-})-f_n'(X_{s-})\Delta X_s]\\&+\frac{1}{2}\int_0^t f_n''(X_{s-})d\langle X^c\rangle_s\end{aligned}$$

为适应增过程，因为 f_n 为凸函数.

不妨设 $X_-I_{]\!]0,\infty[\![}$ 有界，不然可讨论 X^{T_n}，其中 $T_n=\inf\{t\geqslant 0:|X_t|>n\}$. 由于 f' 在任一有穷区间上有界，在(42.2)中令 $n\to\infty$ 得

$$f(X_t)=f(X_0)+\int_0^t f'(X_{s-})dX_s+B_t$$

（对一切 $t\geqslant 0$，$B_t=\boldsymbol{P}\text{-}\lim\limits_n B_t^{(n)}$），其中 $B=(B_t)$ 为零初值适应增过程，且

$$\begin{aligned}\Delta B_t&=\Delta f(X_t)-f'(X_{t-})\Delta X_t\\&=f(X_t)-f(X_{t-})-f'(X_{t-})\Delta X_t\geqslant 0.\end{aligned}$$

令 C 为 B 的连续部分，则得(42.1). □

9.43 定理 设 X 为一半鞅，$a>0$，则

$$\begin{aligned}(X_t-a)^+=&(X_0-a)^++\int_0^t I_{[X_{s-}>a]}dX_s\\&+\sum_{0<s\leqslant t}[I_{[X_{s-}>a]}(X_s-a)^-\\&+I_{[X_{s-}\leqslant a]}(X_s-a)^+]+\frac{1}{2}L_t^a(X),\end{aligned} \tag{43.1}$$

$$\begin{aligned}(X_t-a)^-=&(X_0-a)^--\int_0^t I_{[X_{s-}\leqslant a]}dX_s\\&+\sum_{0<s\leqslant t}[I_{[X_{s-}>a]}(X_s-a)^-\\&+I_{[X_{s-}\leqslant a]}(X_s-a)^+]+\frac{1}{2}L_t^a(X),\end{aligned} \tag{43.2}$$

其中 $L_t^a(X)$ 为零初值适应连续增过程，称为 X 为 a 点的**局部时**. (43.1)或(43.2)称为 **Tanaka-Meyer 公式**.

证明 令 $f(x)=(x-a)^+$，则 f 为凸函数，$f'(x)=I_{]a,\infty[}(x)$，且

$$f(y)-f(x)-f'(x)(y-x)=\begin{cases}(y-a)^-, & 若\ x>a,\\ (y-a)^+, & 若\ x\leqslant a.\end{cases}$$

对 $(x-a)^+$ 应用(42.1)得

$$\begin{aligned}(X_t-a)^+=&(X_0-a)^+ + \int_0^t I_{[X_{s-}>a]}dX_s\\ &+\sum_{0<s\leqslant t}[I_{[X_{s-}>a]}(X_s-a)^-\\ &+I_{[X_{s-}\leqslant a]}(X_s-a)^+]+C_t,\end{aligned}\tag{43.3}$$

其中 (C_t) 为零初值适应连续增过程，记作 $(\frac{1}{2}L_t^a(X))$. (43.3)即为(43.1).

由于 $(X_t-a)^-=(X_t-a)^+-(X_t-a)=(X_t-a)^+-(X_0-a)-\int_0^t dX_s$，(43.2)由(43.3)推得. □

9.44 定理 设 X 为一半鞅，$a\in \boldsymbol{R}$，则对几乎所有 ω，测度 $dL_\cdot^a(X)(\omega)$ 在 $\{t: X_{t-}(\omega)\neq a\}$ 上及在 $\{t: X_{t-}(\omega)=a\}$ 的内部上无负荷.

证明 设 S,T 为两个停时，$0<S\leqslant T$. 若 $]\!] S,T[\![\subset [X_-<a]$，则 $[\![S,T[\![\subset [X\leqslant a]$ 及 $]\!] S,T]\!] \subset [X_-\leqslant a]$. 由(43.1)知，在 $[T<\infty]$ 上

$$\begin{aligned}&(X_T-a)^+-(X_S-a)^+\\ &=(X_T-a)^+ + \frac{1}{2}L_T^a(X)-\frac{1}{2}L_S^a(X)\quad \text{a.s.},\end{aligned}\tag{44.1}$$

$$L_T^a(X)=L_S^a(X)\quad \text{a.s.}.\tag{44.2}$$

类似地，若 $]\!] S,T[\![\subset [X_-=a]$，则 $[\![S,T[\![\subset [X=a]$ 及 $]\!] S,T]\!] \subset [X_-=a]$. 于是(44.1)及(44.2)仍然成立.

令 $r>0$ 为有理数. 置

$$S(r)=\begin{cases}r, & 若\ X_{r-}<a,\\ \infty, & 若\ X_{r-}\geqslant a,\end{cases}$$

$$T(r) = \inf\{t > S(r):\ X_{t-} \geqslant a\},$$

则

$$\bigcup_{r>0}]\!] S(r), T(r) [\![\subset [X_- < a] \subset \bigcup_{r>0}]\!] S(r), T(r)]\!].$$

由(44.2)知，对几乎所有 ω，$dL^a_\cdot(X)(\omega)$ 在 $\{t: X_{t-}(\omega) < a\}$ 上无负荷. 类似地可证，对几乎所有 ω，$dL^a_\cdot(X)(\omega)$ 在 $\{t: X_{t-}(\omega) > a\}$ 上无负荷. 现在令

$$U(r) = \begin{cases} r, & \text{若 } X_{r-} = a, \\ \infty, & \text{若 } X_{r-} \neq a, \end{cases}$$

$$V(r) = \inf\{t > U(r):\ X_{t-} \neq a\},$$

$$W = \bigcup_{r>0}]\!] U(r), V(r) [\![.$$

对每个 ω，截口 W_ω 是 $\{t: X_{t-}(\omega) = a\}$ 的内部. 同理可证，对几乎所有 ω，$dL^a_\cdot(X)(\omega)$ 在 W_ω 上无负荷. □

将 $I_{[X_- = a]}$ 及 $I_{[X_- \leqslant a]}$ 对(43.1)的两边积分即得下列两个局部时的公式.

9.45 系 设 X 为一半鞅，$a \in \boldsymbol{R}$，则

$$L_t^a(X) = 2\left[\int_0^t I_{[X_{s-} = a]} d(X_s - a)^+ - \sum_{0<s\leqslant t} I_{[X_{s-} = a]} (X_s - a)^+\right],$$

$$L_t^a(X) = 2\left[\int_0^t I_{[X_{s-} \leqslant a]} d(X_s - a)^+ - \sum_{0<s\leqslant t} I_{[X_{s-} \leqslant a]} (X_s - a)^+\right].$$

下面我们用局部时给出(42.1)中(C_t)的另一个表达式，从而得到 Itô 公式的一个推广.

9.46 定理 设 X 为一半鞅，f 为一 $\boldsymbol{R}$ 上的连续凸函数，f' 为其左导数，则

$$\begin{aligned} f(X_t) = f(X_0) &+ \int_0^t f'(X_{s-}) dX_s \\ &+ \sum_{0<s\leqslant t} [f(X_s) - f(X_{s-}) - f'(X_{s-}) \Delta X_s] \\ &+ \frac{1}{2}\int_{-\infty}^{\infty} L_t^a(X) \rho(da), \end{aligned} \tag{46.1}$$

其中 ρ 为广义函数意义下 f 的二阶导数(ρ 为一 Radon 测度).

证明 首先假设测度 ρ 有限且有紧支撑. 令 $g(x) =$

$\int_{-\infty}^{\infty}(x-a)^+\rho(da)$，则 f 与 g 有相同的二阶导数，从而 $f(x)=a+bx+g(x)$，$a,b\in\boldsymbol{R}$. 显然，(46.1)对 $f(x)=a+bx$ 成立. 因此，不妨设 $f(x)=g(x)$. 于是 $f'(x)=\int_{-\infty}^{\infty}I_{[x>a]}\rho(da)$. 由于 $I_{[X_{s-}>a]}(X_s-a)^-+I_{[X_{s-}\leqslant a]}(X_s-a)^+=(X_s-a)^+-(X_{s-}-a)^+-I_{[X_{s-}>a]}\Delta X_s$，将(43.1)的两边对 $\rho(da)$ 在 $(-\infty,\infty)$ 上积分得(46.1).

对任意的凸函数 f，令

$$f_n(x)=\begin{cases}f(n)+f'(n)(x-n), & x\geqslant n,\\ f(x), & -n<x<n,\\ f(-n)+f'(-n)(x+n), & x\leqslant -n,\end{cases}$$

$$T_n=\inf\{t\geqslant 0:\ |X_t|\geqslant n\ \text{或}\ |X_{t-}|\geqslant n\},$$

则 $\rho_n(da)=I_{(-n,n)}(a)\rho(da)$，且在 $[\![0,T_n[\![$ 上 $f_n(X)=f(X)$. 此外，$|a|\geqslant n$ 时有 $L^a_{T_n}(X)=0$. 于是

$$\int_{-\infty}^{\infty}L^a_t(X)\rho_n(da)=\int_{-\infty}^{\infty}L^a_t(X)\rho(da),\ t<T_n.$$

将已证得结果应用于 f_n 知，(46.1)在 $[\![0,T_n[\![$ 上成立. 再令 $n\to\infty$ 即得(46.1). □

注 在定理 9.46 的证明中，我们需要用到带参数的随机积分以及类似于 Fubini 定理的结论. 这类处理是常规的，故略去细节(参见 Stricker，Yor[1]).

9.47 系 设 X 为一半鞅，g 为一非负或有界的 Borel 函数，则

$$\int_0^t g(X_s)d\langle X^c\rangle_s=\int_{-\infty}^{\infty}L^a_t(X)g(a)da. \tag{47.1}$$

证明 令 $f\in\boldsymbol{C}^2(\boldsymbol{R})$. 将(46.1)与 Itô 公式作比较得

$$\int_0^t f''(X_s)d\langle X^c\rangle_s=\int_0^t f''(X_{s-})d\langle X^c\rangle_s$$

$$=\int_{-\infty}^{\infty}L^a_t(X)f''(a)da. \tag{47.2}$$

然后，用单调类定理可从(47.2)推得(47.1). □

9.48 注 令 A 为一 $\mathbf{R}$ 中的 Borel 集. 由(47.1)得

$$\int_0^t I_A(X_s)d\langle X^c\rangle_s = \int_A L_t^a(X)da. \tag{48.1}$$

由此我们得到局部时的下列直观解释:将 $d\langle X^c\rangle$ 看作 X 的"内蕴"时间的尺度,(48.1)意味着 $L_t^a(X)$ 是到时刻 t 为止,X 在 a 点的"内蕴"占据时间的密度.

§7. 随机微分方程:Métivier-Pellaumail 方法

在这一节中我们采用 Métivier-Pellaumail 的方法讨论随机微分方程. 这方法基于他们所证明的一个停止的 Doob 不等式(51.1).

9.49 引理 设$(\Omega,\mathscr{F},P)$为一概率空间,$\mathscr{G}$ 为 $\mathscr{F}$ 的子 σ-域. 设 $A\in\mathscr{F}$,X 为一 $\mathscr{G}\vee\{A\}$-可测的平方可积随机变量,且 $\boldsymbol{E}[X|\mathscr{G}]=0$,则

$$\boldsymbol{E}[I_{A^c}X^2] = \boldsymbol{E}[I_A\boldsymbol{E}[X^2|\mathscr{G}]], \tag{49.1}$$

其中 $\mathscr{G}\vee\{A\}$表示由 $\mathscr{G}\cup\{A\}$产生的 σ-域.

证明 令

$$a = \boldsymbol{E}[I_A|\mathscr{G}], \quad b = \boldsymbol{E}[I_{A^c}|\mathscr{G}],$$

则 $a+b=1$. 由于 X 可表示为 $\xi I_A+\eta I_{A^c}$, $\xi,\eta\in L^2(\mathscr{G})$,我们有 $a\xi+b\eta=0$,且

$$\boldsymbol{E}[I_A\boldsymbol{E}[X^2|\mathscr{G}]] = \boldsymbol{E}[I_A(\xi^2a + \eta^2b)] = \boldsymbol{E}[\xi^2a^2 + \eta^2ab],$$

$$\boldsymbol{E}[I_{A^c}X^2] = \boldsymbol{E}[\eta^2b] = \boldsymbol{E}[\eta^2b(a + b)] = \boldsymbol{E}[\eta^2b^2 + \eta^2ab].$$

由此得(49.1),因为 $\xi^2a^2-\eta^2b^2=(\xi a+\eta b)(\xi a-\eta b)=0$. □

9.50 引理 设 M 为一平方可积鞅,则对任一停时 T,有

$$\boldsymbol{E}[(\boldsymbol{E}[\Delta M_T|\mathscr{F}_{T-}])^2] \leqslant \boldsymbol{E}[\langle M\rangle_{T-}]. \tag{50.1}$$

证明 若 M 拟左连续,则

$$\boldsymbol{E}[(\boldsymbol{E}[\Delta M_T|\mathscr{F}_{T-}])^2)] \leqslant \boldsymbol{E}[(\Delta M_T^2)] \leqslant \boldsymbol{E}[M]_T = \boldsymbol{E}[\langle M\rangle_T] = \boldsymbol{E}[\langle M\rangle_{T-}].$$

若 M 可及,取一列图互不相交的可料时(S_n),使得 $\cup[\![S_n]\!]\supset$

$[\![T^a]\!]$，其中 T^a 为 T 的可及部分. 不妨设在 $[S_n<\infty]$ 上有 $S_n\leqslant T$，否则可用 $(S_n)_{[S_n\leqslant T]}$ 代替 S_n. 在此假设下有

$$\begin{aligned}(\boldsymbol{E}[\Delta M_T\,|\,\mathscr{F}_{T-}])^2 &= (\boldsymbol{E}[\Delta M_T I_{[T=T^a]}\,|\,\mathscr{F}_{T-}])^2\\ &= \sum_n(\boldsymbol{E}[\Delta M_T\,|\,\mathscr{F}_{T-}])^2 I_{[T=S_n]}\\ &= \sum_n(\boldsymbol{E}[\Delta M_{S_n}\,|\,\mathscr{F}_{T-}])^2 I_{[T=S_n]}.\end{aligned}$$

由于 $\mathscr{F}_{T-}\cap[T=S_n]=\mathscr{F}_{S_n-}\cap[T=S_n]=(\mathscr{F}_{S_n-}\vee\{[T=S_n]\})\cap[T=S_n]$ 及 $\mathscr{F}_{S_n-}\vee\{[T=S_n]\}=\mathscr{F}_{S_n-}\vee\{[S_n<T]\}$，我们有

$$\begin{aligned}&(\boldsymbol{E}[\Delta M_{S_n}\,|\,\mathscr{F}_{T-}])^2 I_{[T=S_n]}\\ &= (\boldsymbol{E}[\Delta M_{S_n}\,|\,\mathscr{F}_{S_n-}\vee\{[S_n<T]\}])^2 I_{[T=S_n]}.\end{aligned}$$

令
$$X_n=\boldsymbol{E}[\Delta M_{S_n}\,|\,\mathscr{F}_{S_n-}\vee\{[S_n<T]\}].$$

由于 $\Delta M_{S_n}I_{[T<S_n]}=0$，故有 $X_n^2 I_{[T=S_n]}=X_n^2 I_{[T\leqslant S_n]}$. 于是由引理9.49，有

$$\begin{aligned}\boldsymbol{E}[X_n^2 I_{[T=S_n]}] &= \boldsymbol{E}[X_n^2 I_{[T\leqslant S_n]}]\\ &= \boldsymbol{E}[\boldsymbol{E}[X_n^2\,|\,\mathscr{F}_{S_n-}]I_{[S_n<T]}]\\ &\leqslant \boldsymbol{E}[\boldsymbol{E}[\Delta M_{S_n}^2\,|\,\mathscr{F}_{S_n-}]I_{[S_n<T]}]\\ &= \boldsymbol{E}[\Delta\langle M\rangle_{S_n} I_{[S_n<T]}],\end{aligned}$$

由此有

$$\begin{aligned}\boldsymbol{E}[(\boldsymbol{E}[\Delta M_T\,|\,\mathscr{F}_{T-}])^2] &\leqslant \sum_n \boldsymbol{E}[\Delta\langle M\rangle_{S_n} I_{[S_n<T]}]\\ &\leqslant \boldsymbol{E}[\langle M\rangle_{T-}].\end{aligned}$$

因此，对拟左连续情形及可及情形，我们已证(50.1). 对一般情形，令 $M^i=M_0+M^c+M^{di}$，$M^a=M^{da}$（见定理 6.22.3)），$T^i(T^a)$ 为 T 的绝不可及部分（可及部分），则 $\langle M\rangle=\langle M^i\rangle+\langle M^a\rangle$，(50.1)可如下推得

$$\begin{aligned}&(\boldsymbol{E}[\Delta M_T\,|\,\mathscr{F}_{T-}])^2\\ &= (\boldsymbol{E}[\Delta M_T\,|\,\mathscr{F}_{T-}])^2 I_{[T=T^i]} + (\boldsymbol{E}[\Delta M_T\,|\,\mathscr{F}_{T-}])^2 I_{[T=T^a]}\\ &= (\boldsymbol{E}[\Delta M_T^i\,|\,\mathscr{F}_{T-}])^2 + (\boldsymbol{E}[\Delta M_T^a\,|\,\mathscr{F}_{T-}])^2.\quad\square\end{aligned}$$

9.51 定理 设 M 为一平方可积鞅，则对任一停时 T，有

$$E[(M_{T-}^*)^2] \leqslant 4E[\langle M\rangle_{T-} + [M^{da}]_{T-}]. \qquad (51.1)$$

证明 令

$$\hat{M} = M - (\Delta M_T^a - E[\Delta M_T^a | \mathscr{F}_{T-}])I_{[\![T,\infty[\![}, \quad (M^a = M^{da}),$$

则 $\hat{M}$ 为一平方可积鞅（参见问题5.3），且在 $[\![0,T[\![$ 上 $\hat{M}$ 与 M 一致. 由 Doob 不等式有

$$E[M_{T-}^{*2}] = E[\hat{M}_{T-}^{*2}] \leqslant E[\hat{M}_T^{*2}] \leqslant 4E[\hat{M}_T^2] = 4E[[\hat{M}]_T]$$
$$= 4E[[M]_T - (\Delta M_T^a)^2 + (E[\Delta M_T^a | \mathscr{F}_{T-}])^2],$$

这连同(50.1)推出(51.1)，因为有

$$E[[M]_T - (\Delta M_T^a)^2] = E[[M^a]_{T-} + [M^i]_T]$$

$(M^i = M_0 + M^c + M^{di})$ 及

$$E[[M^i]_T] = E[\langle M^i\rangle_T] = E[\langle M^i\rangle_{T-}]. \quad \square$$

下一定理对研究随机微分方程起本质作用，这定理也属于 Métivier 与 Pellaumail[1].

9.52 定理 设 X 为一半鞅，则存在一适应增过程 A 在下列意义下控制 X：对任意停时 T 及有界可料过程 H，有

$$E[(H.X)_{T-}^{*2}] \leqslant E[A_{T-}(H^2.A)_{T-}]. \qquad (52.1)$$

证明 若 X 为适应有限变差过程，则 X 被它的变差过程 $A=(A_t)$：$A_t = \int_{[0,t]} |dX_s|$ 控制. 事实上，由 Schwarz 不等式，有

$$(H.X)_{T-}^{*2} \leqslant (|H|.A)_{T-}^2 \leqslant A_{T-}(H^2.A)_{T-}.$$

若 X 为平方可积鞅，则由定理9.51，有

$$E[(H.X)_{T-}^{*2}] \leqslant E[(H^2.B)_{T-}],$$

其中 $B=4([X]+\langle X\rangle)$. 令 $A=\sqrt{2B}$，则 A 控制 X，因为 $dB \leqslant AdA$，且

$$E[(H.X)_{T-}^{*2}] \leqslant E[((H^2A).A)_{T-}] \leqslant E[A_{T-}(H^2.A)_{T-}].$$

最后，对半鞅 X，设 $X = M + V$，$M \in \mathscr{M}_{loc}^2$，$V \in \mathscr{V}_0$. 令 $A = \sqrt{2}\int_0 |dV_s| + 4([M] + \langle M\rangle)^{\frac{1}{2}}$，则容易看出，$A$ 控制 X. 实际上，若 A' 控制 X'，A'' 控制 X''，则 $\sqrt{2}(A'+A'')$ 控制 $X'+X''$. $\square$

注 Métivier-Pellaumail 不等式(52.1)实际上是半鞅的一个刻画(见问题 9.29).

现在我们可着手研究下列随机微分方程:

$$X = H + \sum_{i=1}^{n} (F_i X).Z^i, \tag{53.1}$$

其中 $Z=(Z^1,\cdots,Z^n)$ 为零初值 n 维半鞅,$H=(H^1,\cdots,H^m)$ 为 m 维适应右连左极过程(即每个分量 H^i 为适应右连左极过程),F_i,$1\leqslant i\leqslant n$,是一从 m 维适应右连左极过程全体到 n 维局部有界可料过程全体的映射,使得对任一停时 T,$F_i(X^{T-})$ 与 $F_i(X)$ 在 $⟦0,T⟧$ 上一致. $X=(X^1,\cdots,X^m)$ 为未知过程. 例如,设 $f_i(\omega,s,x_1,\cdots,x_m)$ 为 $\Omega\times\boldsymbol{R}_+\times\boldsymbol{R}^m$ 上的 n 维函数,使得 1)对固定的 $x_1,\cdots,x_m$ 及 s,$f_i(\cdot,s,x_1,\cdots,x_m)\in\mathscr{F}_s$;2)对几乎所有 ω,对固定的 $x_1,\cdots,x_m$,$f_i(\omega,\cdot,x_1,\cdots,x_m)$ 左连右极;3)对几乎所有 ω,对一切 s,$f_i(\omega,s,\cdot)$ 连续. 令 $(F_iX)_t=f_i(\omega,t,X^1_{t-},\cdots,X^m_{t-})$,则 F_i 满足上述要求. 显然,指数方程(39.3)是(53.1)的一个特例.

9.53 定理 若 F_i 满足下列 Lipschitz 条件:

$$\boldsymbol{E}[(F_iX-F_iY)_\infty^{*2}]\leqslant C\boldsymbol{E}\Big[\sum_{i=1}^{m}(X^i-Y^i)_\infty^{*2}\Big], \tag{53.2}$$

其中 C 为一常数,则方程(53.1)有唯一适应右连左极解.

证明 为使符号简单起见,我们只讨论 $n=m=1$ 的情形. 设 A 为零初值适应增过程,A 控制半鞅 Z. 令 $T_0=0$,并定义停时列 (T_n) 如下:

$$T_{n+1}=\inf\left\{t>T_n:\ A_t^2-A_{T_n}^2>\frac{1}{2C}\right\},$$

则 $T_n\uparrow\infty$,且在 $[T_n<\infty]$ 上有 $A^2_{T_{n+1}-}-A^2_{T_n}\leqslant\frac{1}{2C}$. 只需证明,如果方程(53.1)在 $⟦0,T_n⟧$ 上有唯一解,则在 $⟦0,T_{n+1}⟧$ 上也有唯一解. 为此,令 $\Phi(X)=H+(FX).Z$. 设 X 为(53.1)在 $⟦0,T_n⟧$ 上的解,到 T_n 为止 X 为唯一决定的. 令 Y,W 为两个适应右连左极过程,使得 $Y^{T_n}=W^{T_n}=X^{T_n}$,则有

$$\boldsymbol{E}[((\Phi(Y)-\Phi(W))^*_{T_{n+1}-})^2]$$

$$= \boldsymbol{E}[((FY - FW).Z)^*_{T_{n+1}-}]^2$$

$$\leqslant \boldsymbol{E}\Big[A_{T_{n+1}-}\int_{]0,T_{n+1}[}(FY - FW)^2_s dA_s\Big]$$

$$= \boldsymbol{E}\Big[A_{T_{n+1}-}\int_{]T_n,T_{n+1}[}(FY - FW)^2_s dA_s\Big]$$

$$\leqslant \boldsymbol{E}[A_{T_{n+1}} - (A_{T_{n+1}-} - A_{T_n})(FY - FW)^{*2}_{T_{n+1}-}]$$

$$\leqslant \frac{1}{2}\boldsymbol{E}[(Y - W)^*_{T_{n+1}-}]^2.$$

由不动点定理，存在适应右连左极过程 Y，使得 $Y^{T_n} = X^{T_n}$，$\Phi(Y)^{T_{n+1}-} = Y^{T_{n+1}-}$，且这样的 Y 在 $[\![0,T_{n+1}[\![$ 上唯一. 令

$$\overline{Y} = Y^{T_{n+1}-} + (\Delta H_{T_{n+1}} + (FY)_{T_{n+1}}\Delta Z_{T_{n+1}})I_{[\![T_{n+1},\infty[\![},$$

则 $\overline{Y}$ 为(53.1)在 $[\![0,T_{n+1}]\!]$ 上的一个解，且在 $[\![0,T_{n+1}]\!]$ 上唯一决定. □

9.54 系 设 $W=(W^1,\cdots,W^n)^\tau$ 为 n 维标准 Wiener 过程，即 $W^1,\cdots,W^n$ 为独立的标准 Wiener 过程，ξ 为一 $\mathscr{F}_0$-可测 n 维实值随机变量. 设 $b^j(t,x)$，$\sigma^j_i(t,x)$，$i=1,\cdots,n$，$j=1,\cdots,m$，为 $\boldsymbol{R}_+\times\boldsymbol{R}^m$ 上的可测函数，满足下列条件：

$$\sum_{j=1}^m |b^j(t,x) - b^j(t,y)| + \sum_{i=1}^m\sum_{j=1}^m |\sigma^j_i(t,x) - \sigma^j_i(t,y)|$$
$$\leqslant C\Big(\sum_{j=1}^m |x^j - y^j|^2\Big)^{\frac{1}{2}}, \qquad (54.1)$$

$$\sum_{j=1}^m |b^j(t,x)|^2 + \sum_{i=1}^n\sum_{j=1}^m |\sigma^j_i(t,x)|^2 \leqslant C^2\Big(1 + \sum_{j=1}^m |x^j|^2\Big),$$
(54.2)

其中 $C > 0$ 为一常数，则下列方程

$$X_t = \xi + \int_0^t b(s,X_s)ds + \int_0^t \sigma(s,X_s)dW_s, \quad t \geqslant 0, \qquad (54.3)$$

有唯一连续解，其中 $b(t,x)=(b^1(t,x),\cdots,b^m(t,x))^\tau$，$\sigma(t,x)=(\sigma^j_i(t,x))$.

通常，方程(54.3)称为 **Itô 方程**.

证明 只需讨论下列方程

$$X_t = \xi + \int_0^t b(s, X_{s-})ds + \int_0^t \sigma(s, X_{s-})dW_s, \quad t \geqslant 0, \tag{54.4}$$

条件(54.2)保证了 $b(t, X_{t-})$ 与 $\sigma(t, X_{t-})$ 为局部有界的. 由定理 9.53,(54.4)有唯一解. 但此解是连续的,故(54.3)与(54.4)有同一个唯一的连续解. □

9.55 例 设 W 为-Wiener 过程,ξ 为一 $\mathscr{F}_0$-可测实值随机变量,$a>0$,则方程

$$X_t = \xi - a\int_0^t X_s ds + W_t, \quad t \geqslant 0, \tag{55.1}$$

有唯一解:

$$X_t = \xi e^{-at} + \int_0^t e^{-a(t-s)} dW_s. \tag{55.2}$$

事实上,(55.1)就是著名的 Langevin 方程,它的解(55.2)称为 **Ornstein-Uhlenbeck** 过程,它也被用作 Brown 运动微粒的速度过程的模型.

问题与补充

9.1 设 M 为一局部鞅,H 为一循序过程.

1) 若 $H^2.[M] \in \mathscr{A}^+$,则 $H_{\dot{c}}M$ 为唯一的 $L \in \mathscr{M}^2$,使得对一切 $N \in \mathscr{M}^2$,$\boldsymbol{E}[(H.[M,N])_\infty] = \boldsymbol{E}[L_\infty N_\infty]$.

2) 若 $H^2.[M] \in \mathscr{A}^+_{\text{loc}}$,则 $H_{\dot{c}}M \in \mathscr{M}^2_{\text{loc}}$.

9.2 设 M 为一拟左连续局部鞅,H 为一循序过程,使得 $\sqrt{H^2.[M]} \in \mathscr{A}^+_{\text{loc}}$,则对一切 $N \in \mathscr{M}_{\text{loc}}$,有 $[H_{\dot{c}}M, N] = H.[M,N]$,$\Delta(H_{\dot{c}}M) = H\Delta M$.

9.3 设 X 为一半鞅,M 为一局部鞅. 为要 $(\Delta X)_{\dot{c}}M$ 存在,必须且只需 $\langle X, M\rangle$ 存在. 这时有 $(\Delta X)_{\dot{c}}M = [X,M] - \langle X,M\rangle$.

9.4 设 M 为一局部鞅,H 为一循序过程. 若 $H_{\dot{c}}M$ 存在且

$H^2.[M]\in\mathscr{V}^+$，则$\sqrt{H^2.[M]}\in\mathscr{A}^+_{\mathrm{loc}}$.

9.5 设$\mathscr{H}$为$\mathscr{M}^2$的一闭子空间．为要$\mathscr{H}$为稳定的，必须且只需对任意$M\in\mathscr{H}$及可料过程H，若$\boldsymbol{E}[(H^2.[M]_\infty]<\infty$，就有$H.M\in\mathscr{H}$.

9.6 设$M,N\in\mathscr{M}^2_{\mathrm{loc}}$，则存在可料过程$H$及$L\in\mathscr{M}^2_{\mathrm{loc}}$，使得$N=H.M+L, L\perp\!\!\!\perp M$.

9.7 设X为一半鞅，H为一可料过程，H对X可积．设$X=M+A, M\in\mathscr{M}_{\mathrm{loc}}, A\in\mathscr{V}_0$．为要这一分解是$X$的一个$H$-分解，当且仅当$H\in L_m(H)$，且对每个$t>0$，$\sum\limits_{s\leqslant t}|H_s\Delta A_s|<\infty$ a.s..

9.8 设M为一局部鞅，$H\in L(M)$．若$H.M$为特殊半鞅，则$H\in L_m(M)$.

9.9 设X为一半鞅，$H\in L(X)$，则$H.X-HX$为可料过程.

9.10 设X为一适应右连左极过程，被一可料增过程A控制，则$[A_\infty<\infty]\subset[X^*_\infty<\infty]$ a.s.，且对每个停时T，有$[A_T=0]\subset[X^*_T=0]$ a.s..

9.11 设X,Y为两个半鞅，T为一有穷停时，$\tau_n: 0=T^n_0\leqslant T^n_1\leqslant\cdots$为一列$[0,T]$的随机分割，且$\delta(\tau_n)\to 0$ a.s.，则

$$\sup_{t\leqslant T}\Big|\sum_i(X_{T^n_{i+1}\wedge t}-X_{T^n_i\wedge t})(Y_{T^n_{i+1}\wedge t}-Y_{T^n_i\wedge t})+X_0Y_0-[X,Y]_t\Big|\xrightarrow{P}0.$$

9.12 设M,N为两个零初值连续局部鞅．若M与N独立，则$\langle M,N\rangle=0$.

9.13 设X,Y为两个半鞅，$t>0$，$\tau_n: 0=t^n_0<t^n_1<\cdots<t^n_{m(n)}=t$为$[0,t]$的一列有穷分割，$\delta(\tau_n)\to 0$，则

$$I_n(t)=\sum_i\frac{1}{2}(Y_{t^n_i}+Y_{t^n_{i+1}})(X_{t^n_{i+1}}-X_{t^n_i})$$

$$\xrightarrow{P}\int_0^t Y_{s-}dX_s+\frac{1}{2}([X,Y]_t-X_0Y_0).$$

这极限记作$\int_0^t Y_s\circ dX_s$，称为Y对X的 **Stratonovich 积分**．试求 Stratonovich 积分的变量替换公式.

9.14 设 $W=(W_t)$ 为一标准 Wiener 过程.

1）对每个 $n\geqslant 1$，有

$$\int_0^t W_s^n dW_s = \frac{1}{n+1}W_t^{n+1} - \frac{n}{2}\int_0^t W_s^{n-1}ds.$$

2）若 $H=\frac{1}{2W}I_{[W\neq 0]}$，$M_t=W_t^2-t$，$t\geqslant 0$ 则 $H.M=W$.

9.15 设 N 为一 Poisson 过程，T_n 为其第 n 个跳时，设 H 为一有界可料过程. 为要 $\lim\limits_{t\to\infty}\frac{1}{t}\int_0^t H_s ds$ a.s. 存在且有穷，必须且只需 $\lim\limits_{n\to\infty}\frac{1}{n}\sum\limits_{k=1}^{n} H_{T_k}$ a.s. 存在且有穷. 这时，这两个极限 a.s. 相等. 这一性质在排队论中称为“Poisson 到达看到时间平均”.

9.16 设 X,Y 为两个半鞅. 若$[Y=0$ 或 $Y_-=0]$为不足道集，则$\frac{X}{Y}$为半鞅.

9.17 设 $X,Y\in\mathscr{S}$，则 $\mathscr{E}(X)\mathscr{E}(Y)=\mathscr{E}(X+Y+[X,Y])$.

9.18 设 $X\in\mathscr{S}_0$. 若 $\mathscr{E}(X)=1$，则 $X=0$.

9.19 设 $X,Y\in\mathscr{S}$. 若 $\mathscr{E}(X)=\mathscr{E}(Y)$，且$[\mathscr{E}(X)=0]$为不足道集，则 $X-X_0=Y-Y_0$.

9.20 设 $X\in\mathscr{S}p,0$，$X=M+A$ 为其典则分解. 若$[\Delta A=-1]$为不足道集，则存在 $N\in\mathscr{M}_{\mathrm{loc},0}$，使得 $\mathscr{E}(X)=\mathscr{E}(N)\mathscr{E}(A)$.

9.21 设 $X,Y\in\mathscr{S}_0$. 若$[\Delta Y=-1]$为不足道集，则存在 $Z\in\mathscr{S}_0$，使得 $\mathscr{E}(X+Y)=\mathscr{E}(Z)\mathscr{E}(Y)$；存在唯一的 $Y'\in\mathscr{S}_0$，使得 $\mathscr{E}(Y)\mathscr{E}(Y')=1$.

9.22 设 H 为半鞅，Z 为连续半鞅，则方程

$$X_t = H_t + \int_0^t X_{s-}dZ_s,\quad t\geqslant 0,$$

有唯一解

$$X_t = \mathscr{E}(Z)_t\left\{H_0 + \int_0^t \mathscr{E}(Z)_s^{-1}d(H_s - [H,Z]_s)\right\}.$$

9.23 设 $X\in\mathscr{S}_0$，ΔX 有界，且存在 $\varepsilon>0$，使得对每个 $\lambda\in]0,\varepsilon[$，有 $\mathscr{E}(\lambda X)\in\mathscr{M}_{\mathrm{loc}}$，则 $X\in\mathscr{M}_{\mathrm{loc}}$.

9.24 设 X 为一复半鞅，即 $X=X'+iX''$，其中 X',X''为实半鞅，则

$$Z_t = \exp\left\{X_t - X_0 - \frac{1}{2}\langle X^c\rangle_t\right\}\prod_{s\leqslant t}(1+\Delta X_s)e^{-\Delta X_s}$$

是唯一的复半鞅，满足下列方程：

$$Z_t = 1 + \int_0^t Z_{s-}dX_s,$$

其中$\langle X^c\rangle=\langle (X')^c\rangle-\langle (X'')^c\rangle+2i\langle (X')^c,(X'')^c\rangle$.

9.25 设 $Z=X+iY$ 为一连续复半鞅，$[X,Y]=0$，f 为一解析函数，则

$$f(Z_t) = f(Z_0) + \int_0^t f'(Z_s)dZ_s + \frac{1}{2}\int_0^t f''(Z_s)d\langle Z\rangle_s.$$

特别，若 Z 为复 Brown 运动，即 X,Y 为独立标准 Brown 运动，则 $f(Z)$为局部鞅.

9.26 设 X 为一半鞅，则对一切 $t>0$，$\int_0^t I_{[X_{s-}=0]}dX_s^c = 0$ a.s..

9.27 设 X 为一零初值连续局部鞅，则$|X|=M+L^0(X)$，其中 M 为零初值连续局部鞅，$L_t^0(X)=\sup_{s\leqslant t}(-M_s)$. 若 X 为标准 Wiener 过程，则 M 亦然.

9.28 设 X 为一半鞅. 定义

$$\hat{L}_t^a(X) = \frac{1}{2}[L_t^a(X) + L_t^{-a}(-X)], \quad a\in \boldsymbol{R}.$$

1) 对任一 $\boldsymbol{R}$ 上的连续凸函数 f，有

$$\begin{aligned} f(X_t) = & f(X_0) + \int_0^t f'(X_{s-})dX_s \\ & + \sum_{0<s\leqslant t}[f(X_s) - f(X_{s-}) - f'(X_{s-})\Delta X_s] \\ & + \frac{1}{2}\int_{-\infty}^{\infty}\hat{L}_t^a(X)\rho(da), \end{aligned}$$

其中 ρ 为在广义函数意义下 f 的二阶导数.

2) 若 $L^0(X)\neq 0$，则对一切 $\beta\in\,]0,1[$，$|X|^\beta$ 不是半鞅.

3）设 f 为一 $\boldsymbol{R}$ 上非负连续凸函数，且 $f(x)=0\Leftrightarrow x=0$. 令 $\hat{f}'=\frac{1}{2}(f_+'+f_-')$，其中 f_+' 及 f_-' 分别是 f 的右及左导数，则

$$\hat{L}_t^0(f(X))=\hat{f}'(0)\left[\int_0^t I_{[X_{s-}=0]}dX_s-\sum_{0<s\leqslant t}I_{[X_{s-}=0]}X_s\right]$$

$$+\frac{1}{2}\rho(\{0\})\hat{L}_t(X).$$

9.29 设 X 为一适应右连左极过程. 如果存在一个适应增过程 A，使得（52.1）对一切有界初等可料过程 H（即 $H=\sum_{i=0}^{n-1}\xi_i I_{]\!]T_i,T_{i+1}]\!]}$，其中 $T_0\leqslant T_1\leqslant\cdots\leqslant T_n$ 为停时，$\xi_i\in b\mathscr{F}_{T_i}$，$i=0,\cdots,n-1$）成立，则 X 为半鞅.

9.30 设 $X,Y\in\mathscr{S}$. 我们有下列公式

$$L_t(X\vee Y)=L_t(X^+-Y^+)+\int_0^t I_{[X_s\leqslant 0]}dL_s(Y)$$

$$-\int_0^t I_{[X_{s-}=Y_{s-}>0]}dL_s(X^+-Y^+),$$

$$L_t(X\vee Y)=\int_0^t I_{[Y_s<0]}dL_s(X)+\int_0^t I_{[X_s\leqslant 0]}dL_s(Y),$$

$$+\int_0^t I_{[X_{s-}=Y_{s-}=0]}dL_s(X^+-Y^+),$$

$$L_t(X\vee Y)+L_t(X\wedge Y)=L_t(X)+L_t(Y).$$

若 $L(X-Y)=0$，则

$$L_t(X\vee Y)=\int_0^t I_{[Y_{s-}<0]}dL_s(X)+\int_0^t I_{[X_{s-}\leqslant 0]}dL_s(Y).$$

9.31 设 $X\in\mathscr{S}$，f 为两个 $\boldsymbol{R}$ 上连续凸函数之差. 对任一 $a\in\boldsymbol{R}$，令 $B(a)=\{x:f(x)=a,|f_r'(x)|+|f_l'(x)|>0\}$，其中 f_r'（f_l'）表示 f 的右（左）导数，则 $B(a)$ 至多为可数集，且

$$L_t^a(f(X))=\sum_{x\in B(a)}[f_r'(x)^+L_t^x(X)+f_l'(x)^-L_t^{-x}(-X)].$$

9.32 设 W 为一 Wiener 过程，$a>0$，则 $X_t=e^{-at}W_{2at}$，$t\geqslant 0$，为一 Ornstein-Uhlenbeck 过程.

第十章 鞅空间 $\mathscr{H}^1$ 和 $\mathscr{BMO}$

本章的内容是现代鞅论中较精细同时也是较困难的部分. 空间 $\mathscr{H}^1$ 和 $\mathscr{BMO}$ 这些术语都是从现代分析中借来的. $\mathscr{H}$ 意味着 Hardy, $\mathscr{BMO}$ 是“bounded mean oscillation”的缩写.

§1. $\mathscr{H}^1$ 鞅和 $\mathscr{BMO}$ 鞅

10.1 定义 设 M 为一局部鞅, 置

$$\| M \|_{\mathscr{H}^1} = \boldsymbol{E}[\sqrt{[M]_\infty}] \tag{1.1}$$

记 $\mathscr{H}^1 = \{M \in \mathscr{M}_{\mathrm{loc}} : \| M \|_{\mathscr{H}^1} < \infty\}$. 我们称 $\mathscr{H}^1$ 中的元素为 $\mathscr{H}^1$-鞅, 显然, $\mathscr{H}^1$ 是一个线性空间.

10.2 注 1) 容易验证, $\| \cdot \|_{\mathscr{H}^1}$ 是 $\mathscr{H}^1$ 上的一个范数. 特别, 若 $\| M \|_{\mathscr{H}^1} = 0$, 则 $M = 0$.

2) 设 $M \in \mathscr{M}_{\mathrm{loc}}$ 且 $\boldsymbol{E}[|M_0|] < \infty$, 则由定理 7.30 知存在停时 $T_n \uparrow +\infty$, 使得对每个 n, $M^{T_n} \in \mathscr{H}^1$.

3) 设 $M \in \mathscr{M}^2$, 则因 $\boldsymbol{E}[\sqrt{[M]_\infty}] \leqslant \sqrt{\boldsymbol{E}[M]_\infty} < \infty$, 故 $M \in \mathscr{H}^1$, 并有 $\| M \|_{\mathscr{H}^1} \leqslant \| M \|_{\mathscr{M}^2}$.

4) 设 $M \in \mathscr{W}$, 则由于 $\sqrt{[M]_\infty} = \sqrt{M_0^2 + \sum_s (\Delta M_s)^2} \leqslant |M_0| + \sum_s |\Delta M_s|$, 故 $M \in \mathscr{H}^1$, 并有 $\| M \|_{\mathscr{H}^1} \leqslant \| M \|_{\mathscr{A}} = \boldsymbol{E}[\int_{[0,\infty[} |dM_s|]$.

5) 设 $M \in \mathscr{H}^1$. 则对任何停时 T 有 $M^T \in \mathscr{H}^1$, 且 $\| M^T \|_{\mathscr{H}^1} \leqslant \| M \|_{\mathscr{H}^1}$.

下一引理是局部鞅基本定理(定理 7.17)的精细化. 借助这一引理, 我们可以把许多有关局部鞅的问题, 归结为研究有界鞅及单跳可积变差过程补偿这两种特殊情形, 从而使问题大大简化.

10.3 引理　设 M 为零初值局部鞅. 令

$$A=\Sigma(\Delta M I_{[|\Delta M|>1]}),$$
$$V=A-\widetilde{A},\quad U=M-V. \tag{3.1}$$

则存在 M 的局部化序列 (T_n)，使得对每个 n，U^{T_n} 为有界鞅，V^{T_n} 为有限多个单跳适应可积变差过程的补偿和. 在此，我们称形如 $\xi 1_{[\![T,\infty[\![}$ 的过程为单跳过程.

证明　令 $S_1=\inf\{t>0:|\Delta A_t|\geqslant 1\}$，并归纳地定义 $(S_k)_{k\geqslant 2}$ 如下：

$$S_{k+1}=\inf\{t>S_k:|\Delta A_t|>1\}.$$

则每个 S_k 为停时，$S_k\uparrow\infty$ 且对 $k\neq j$ 有 $[\![S_j]\!]\cap[\![S_k]\!]=\varnothing$. 此外，我们有

$$A=\sum_{k=1}^{\infty}\Delta M_{S_k} I_{[\![S_k,\infty[\![}.$$

由定理 7.17，存在 M 的局部化序列 (R_n)，使对每个 n，U^{R_n} 为有界鞅，A^{R_n} 为可积变差过程. 令 $T_n=S_n\wedge R_n$. 则 $T_n\uparrow\infty$，且有

$$A^{T_n}=\sum_{k=1}^{n}\Delta M_{S_k} I_{[S_k\leqslant T_n]} I_{[\![S_k,\infty[\![},$$
$$V^{T_n}=A^{T_n}-\widetilde{A}^{T_n}.$$

但是

$$\sum_{s\leqslant T_n}|\Delta A_s|\leqslant\sum_{k=1}^{n}|\Delta M_{S_k}| I_{[S_k\leqslant T_n]},$$

$\Delta M_{S_k} I_{[S_k\leqslant T_k]}$ 是可积且 $\mathscr{F}_{S_k}$-可测的，即 $\Delta M_{S_k} I_{[S_k\leqslant T_k]} I_{[\![S_k,\infty[\![}$ 为单跳适应可积变差过程，$1\leqslant k\leqslant n$. 由此引理得证. □

10.4 引理　设 $M\in\mathscr{H}^1$，(T_n) 为停时序列，且 $\lim\limits_{n\to\infty}T_n=\infty$. 则有 $\lim\limits_{n\to\infty}\|M-M^{T_n}\|_{\mathscr{H}^1}=0$.

证明　因 $\xi_n=\sqrt{[M-M^{T_n}]_\infty}=\sqrt{[M]_\infty-[M]_{T_n}}\to 0$ 且 $\xi_n\leqslant\sqrt{[M]_\infty}$，故有 $E[\xi_n]\to 0$，即有 $\lim\limits_{n\to\infty}\|M-M^{T_n}\|_{\mathscr{H}^1}=0$. □

10.5 定理　有界鞅全体(表以 $\mathscr{M}^\infty$)在 $\mathscr{H}^1$ 中稠.

证明　由于 $\mathscr{M}^\infty$ 在 $\mathscr{M}^2$ 中稠，且 $\mathscr{M}^2$ 的范数比 $\mathscr{H}^1$ 的范数

强，故只需证明 $\mathscr{M}^2$ 在 $\mathscr{H}^1$ 中稠.

设 $M\in\mathscr{H}^1$，往证存在 $(M^{(n)})\subset\mathscr{M}^2$，使得 $\|M^{(n)}-M\|_{\mathscr{H}^1}\to 0$. 不防假定 $M_0=0$. 由引理 10.3 及 10.4 看出，只需考虑 M 为单跳过程补偿的情形.

设 $T>0$ 为一停时，$\xi\in\mathscr{F}_T$ 为一可积随机变量. 令

$$A=\xi I_{[\![T,\infty[\![},\quad M=A-\widetilde{A}.$$

$$A^{(n)}=\xi I_{[|\xi|\leqslant n]}I_{[\![T,\infty[\![},\quad M^{(n)}=A^{(n)}-\widetilde{A}^{(n)}.$$

则 $M^{(n)}\in\mathscr{M}^2$，且由注 10.2.4)有

$$\begin{aligned}\|M^{(n)}-M\|_{\mathscr{H}^1}&\leqslant\|M^{(n)}-M\|_{\mathscr{A}}\\&\leqslant 2\|A^{(n)}-A\|_{\mathscr{A}}\\&\leqslant 2\boldsymbol{E}[\xi I_{[|\xi|>n]}]\to 0,\end{aligned}$$

这里第二个不等号是由定理 5.22.2)得到的. □

10.6 定义 设 M 为一平方可积鞅，置

$$\|M\|_{\mathscr{BMO}}=\sup_{T\in\mathscr{T}}\sqrt{\frac{E(M_\infty-M_{T-}I_{[T>0]})^2}{P(T<\infty)}},\tag{6.1}$$

其中 $\mathscr{T}$ 为停时全体，并约定 $\frac{0}{0}=0$. 令

$$\mathscr{BMO}=\{M\in\mathscr{M}^2:\|M\|_{\mathscr{BMO}}<\infty\}.\tag{6.2}$$

我们称 $\mathscr{BMO}$ 的元素为 $\mathscr{BMO}$-鞅. 容易验证 $\mathscr{BMO}$ 为线性空间，$\|\cdot\|_{\mathscr{BMO}}$是 $\mathscr{BMO}$ 上的范数，且对 $M\in\mathscr{M}^2$ 有 $\|M\|_{\mathscr{M}^2}\leqslant\|M\|_{\mathscr{BMO}}$.

10.7 引理 设 $M\in\mathscr{M}^2$. 则对任何停时 T 有

$$\begin{aligned}&\boldsymbol{E}[(M_\infty-M_{T-}I_{[T>0]})^2|\mathscr{F}_T]\\&=\boldsymbol{E}[[M]_\infty|\mathscr{F}_T]-[M]_T+M_0^2I_{[T=0]}+(\Delta M_T)^2\quad\text{a.s.}.\end{aligned}\tag{7.1}$$

证明 我们有

$$\begin{aligned}&\boldsymbol{E}[(M_\infty-M_T-I_{[T>0]})^2|\mathscr{F}_T]\\&=\boldsymbol{E}(M_\infty-M_{T-}+M_0I_{[T=0]})^2|\mathscr{F}_T]\\&=\boldsymbol{E}[M_\infty^2|\mathscr{F}_T]+(M_{T-})^2+M_0^2I_{[T=0]}-2M_TM_{T-}\\&=\boldsymbol{E}[M_\infty^2-M_T^2|\mathscr{F}_T]+M_0^2I_{[T=0]}+(\Delta M_T)^2\end{aligned}$$

$$= \boldsymbol{E}[[M]_\infty - [M]_T | \mathscr{F}_T] + M_0^2 I_{[T=0]}$$
$$+ (\Delta M_T)^2, \quad \text{a.s..} \quad \square$$

10.8 引理 设 $M \in \mathscr{M}^2$. 则为要 $M \in \mathscr{BMO}$，必须且只需存在常数 $c>0$，使得对一切停时 T 有

$$\boldsymbol{E}[(M_\infty - M_{T-}I_{[T>0]})^2 | \mathscr{F}_T] \leqslant c^2 \quad \text{a.s..} \tag{8.1}$$

证明 必要性. 设 $M \in \mathscr{BMO}$，$c = \| M \|_{\mathscr{BMO}}$，则对任一停时 T 有

$$\boldsymbol{E}[(M_{\infty-} - M_{T-}I_{[T>0]})^2] \leqslant c^2 \boldsymbol{P}(T < \infty). \tag{8.2}$$

设 $A \in \mathscr{F}_T$，在(8.2)中以 T_A 代 T，我们有

$$\boldsymbol{E}[(M_{\infty-} - M_{T-}I_{[T>0]})^2] \leqslant c^2 \boldsymbol{P}(A \cap [T < \infty]) \leqslant c^2 \boldsymbol{P}(A).$$

故得(8.1)

充分性. 设(8.1)对一切停时 T 成立，我们有

$$\boldsymbol{E}[(M_{\infty-} - M_{T-}I_{[T>0]})^2 | \mathscr{F}_T]$$
$$= \boldsymbol{E}[(M_{\infty-} - M_{T-}I_{[T>0]})^2 | \mathscr{F}_T] I_{[T<\infty]}$$
$$\leqslant c^2 I_{[T<\infty]}, \quad \text{a.s..} \tag{8.3}$$

在(8.3)两边取期望得(8.2)，因此 $M \in \mathscr{BMO}$. $\square$

10.9 定理 设 M 为局部鞅，则下列断言等价：

1) $M \in \mathscr{BMO}$.

2) 存在常数 $c_1, c_2 > 0$，使得 $|M_o| \leqslant c_1$ a.s.，对一切停时 T 有 $|\Delta M_T| \leqslant c_1$ 以及

$$\boldsymbol{E}([M]_\infty - [M]_T) \leqslant c_2^2 \boldsymbol{P}(T < \infty). \tag{9.1}$$

3) 存在常数 $c_1, c_2 > 0$，使得 $|M_0| \leqslant c_1$ a.s.，对一切停时 T 有 $|\Delta M_T| \leqslant c_1$ a.s. 以及

$$\boldsymbol{E}[[M]_\infty | \mathscr{F}_T] - [M]_T \leqslant c_2^2 \quad \text{a.s..} \tag{9.2}$$

4) 存在常数 $c_1, c_2 > 0$，使得 $|M_0| \leqslant c_1$ a.s.，$|\Delta M| \leqslant c_1$ 且对一切 $t \geqslant 0$ 有

$$\boldsymbol{E}[[M]_\infty | \mathscr{F}_t] - [M]_t \leqslant c_2^2 \quad \text{a.s..} \tag{9.3}$$

特别，$\mathscr{BMO}$-鞅为局部有界鞅.

证明 1)⇔3)可由引理 10.7 及 10.8 看出. 2)⇔3)的证明类

似于引理 10.8 的证明. 3)⇒4)是明显的. 只需证明 4)⇒3). 令 (X_t) 为鞅 $(\boldsymbol{E}[[M]_\infty|\mathscr{F}_t])$ 的右连续修正，则由(9.1)及 $X-[M]$ 的右连续性，对几乎所有 ω 及所有 $t\geqslant 0$ 有

$$X_t(\omega)-[M]_t(\omega)\leqslant c_2^2$$

特别，对一切停时 T 有

$$X_T-[M]_T\leqslant c_2^2\quad \text{a.s.},$$

即(9.2)成立. □

10.10 注 1）设 $M\in\mathscr{BMO}$，则由定理 10.9.2)可看出，$\|M^c\|_{\mathscr{BMO}}\leqslant\|M\|_{\mathscr{BMO}}$ 及 $\|M^d\|_{\mathscr{BMO}}\leqslant\|M\|_{\mathscr{BMO}}$.

2)设 ξ 为一 a.s. 有界随机变量. 以 $\|\xi\|_{L^\infty}$ 表 ξ 的 a.s. 上确界. 由引理 10.7 及 10.8 的证明可看出，对 $M\in\mathscr{M}^2$

$$\begin{aligned}\|M\|_{\mathscr{BMO}}^2&=\sup_{T\in\mathscr{T}}\|\boldsymbol{E}[[M]_\infty-[M]_{T-}I_{[T>0]}|\mathscr{F}_T]\|_{L^\infty}\\&=\sup_{T\in\mathscr{T}}\|\boldsymbol{E}[(M_{\infty-}-M_{T-}I_{[T>0]})^2|\mathscr{F}_T]\|_{L^\infty}.\end{aligned}$$

特别对 $M\in\mathscr{BMO}$，由引理10.7，$|M_0|\leqslant\|M\|_{\mathscr{BMO}}$ a.s. 以及 $|\Delta M|\leqslant\|M\|_{\mathscr{BMO}}$ a.s.. 设 $M\in\mathscr{M}_{loc}$ 且 $M\notin\mathscr{BMO}$，我们规定 $\|M\|_{\mathscr{BMO}}=+\infty$.

下面我们给出 $\mathscr{BMO}$-鞅的几个有用的例子.

10.11 定理 设 M 为一有界鞅，则 $M\in\mathscr{BMO}$，且有

$$\|M\|_{\mathscr{BMO}}\leqslant 2\|M_\infty\|_{L^\infty}.$$

证明 设 $\|M_\infty\|_{L^\infty}=c$. 则对一切停时 T

$$|M_T|=|\boldsymbol{E}[M_\infty|\mathscr{F}_T]|\leqslant c\quad \text{a.s.},$$

$$\boldsymbol{E}[(M_\infty-M_{T-}I_{[T>0]})^2|\mathscr{F}_T]\leqslant(2c)^2\quad a.s..$$

因此 $\|M\|_{\mathscr{BMO}}\leqslant 2c$. □

10.12 定理 设 $A=(A_t)$ 为一适应可积增过程. $M=(M_t)$ 为鞅 $(E[A_\infty|\mathscr{F}_t])$ 的右连左极修正. 若存在常数 $c>0$，使得 $0\leqslant M-A_-I_{]\!]0,\infty[\![}\leqslant c$，则 $M\in\mathscr{BMO}$，且 $\|M\|_{\mathscr{BMO}}\leqslant\sqrt{3}\,c$.

证明 令 $X=M-A_-I_{]\!]0,\infty[\![}$，则 $0\leqslant X\leqslant c$ 且对一切停时 T

$$\begin{aligned}&\boldsymbol{E}[(M_\infty-M_{T-}I_{[T>0]})^2|\mathscr{F}_T]\\&\leqslant\boldsymbol{E}[(A_\infty-A_{T-}I_{[T>0]})^2+X_{T-}^2I_{[T>0]}|\mathscr{F}_T]\end{aligned}$$

$$\leqslant [(A_\infty - A_{T-}I_{[T>0]})^2 | \mathscr{F}_T] + c^2 \quad \text{a.s.}. \qquad (12.1)$$

对任一增函数(a_t)及$t>0$有

$$a_\infty^2 - a_{t-}^2 = \int_{[t,\infty[} a_{s-}da_s + \int_{[t,\infty[} a_s da_s \geqslant 2\int_{[t,\infty[} a_{s-}da_s,$$

$$(a_\infty - a_{t-})^2 \leqslant 2\int_{[t,\infty[} (a_\infty - a_{s-})da_s.$$

注意(X_t)是$(A_\infty - A_{t-}I_{[t>0]})$的可选投影，我们有

$$\begin{aligned}
&\boldsymbol{E}[(A_\infty - A_{T-}I_{[T>0]})^2 | \mathscr{F}_T] \\
&\leqslant 2\boldsymbol{E}\left[\int_{[T,\infty[} (A_\infty - A_{s-}I_{[s>0]})dA_s | \mathscr{F}_T\right] \\
&= 2\boldsymbol{E}\left[\int_{[T,\infty[} X_s dA_s | \mathscr{F}_T\right] \\
&\leqslant 2c\boldsymbol{E}[A_\infty - A_{T-}I_{[T>0]} | \mathscr{F}_T] \\
&= 2c[M_T - A_{T-}I_{[T>0]}] \leqslant 2c^2 \quad \text{a.s.}.
\end{aligned}$$

因此，由(12.1)可得

$$\boldsymbol{E}[(M_\infty - M_{T-}I_{[T>0]})^2 | \mathscr{F}_T] \leqslant 3c^2 \quad \text{a.s.}.$$

所以由注10.10.2)有$\|M\|_{\mathscr{B}\mathscr{M}\mathscr{O}} \leqslant \sqrt{3}\,c$. □.

10.13 定理 设$A=(A_t)$为一可料可积增过程，$A_0=0$. 令$M=(M_t)$为鞅$(E[A_\infty|\mathscr{F}_t])$的右连左极修正. 若存在常数$c>0$，使得对一切$t\geqslant 0$有$M_t - A_t \leqslant c$ a.s.，则$M\in\mathscr{B}\mathscr{M}\mathscr{O}$且$\|M\|_{\mathscr{B}\mathscr{M}\mathscr{O}} \leqslant 2\sqrt{3}\,c$.

证明 令$Y=M-A$，则$0\leqslant Y\leqslant c$. Y为一特殊半鞅，且$Y=M+(-A)$为其典则分解. 由定理8.8，我们有$0\leqslant \Delta A\leqslant c$. 因此$M-A_-I_{]0,\infty[} = M - A_- = Y + \Delta A \leqslant 2c$.

由定理10.12可知$M\in\mathscr{B}\mathscr{M}\mathscr{O}$，且$\|M\|_{\mathscr{B}\mathscr{M}\mathscr{O}} \leqslant 2\sqrt{3}\,c$. □

10.14 定理 设$M\in\mathscr{M}^2$，B为一适应增过程，又$L=(B_-).M$. 若对一切$t\geqslant O$，$|B_tM_t|\leqslant 1$ a.s.，则$L\in\mathscr{B}\mathscr{M}\mathscr{O}$，且$\|L\|_{\mathscr{B}\mathscr{M}\mathscr{O}} \leqslant 2$.

证明 设T为一停时. 由于$[L]=B_-^2.[M]$，故由分部积分公式，我们有

$$[L]_\infty - [L]_{T-}I_{[T>0]} = \int_{[T,\infty[} B_{s-}^2 d[M]_s$$
$$= \int_{[T,\infty[} ([M]_\infty - [M]_s) dB_s^2$$
$$+ ([M]_\infty - [M]_{T-}) B_{T-}^2 I_{[T>0]}. \quad (14.1)$$

由于$[M]-M^2\in\mathscr{M}$，$([M]_\infty-[M]_t)$和$(M_\infty^2-M_t^2)$有相同的可选投影，故由定理5.16.1)得

$$E\left[\int_{[T,\infty[}([M]_\infty - [M]_s)dB_s^2 \,|\, \mathscr{F}_T\right]$$
$$= E\left[\int_{[T,\infty[}(M_\infty^2 - M_s^2)dB_s^2 \,|\, \mathscr{F}_T\right]$$
$$\leqslant E[M_\infty^2(B_\infty^2 - B_{T-}^2 I_{[T>0]}) \,|\, \mathscr{F}_T]$$
$$\leqslant 1 - E[M_\infty^2 \,|\, \mathscr{F}_T] B_{T-}^2 I_{[T>0]} \quad a.s.. \quad (14.2)$$

另一方面，

$$E[([M]_\infty - [M]_{T-})B_{T-}^2 I_{[T>0]} \,|\, \mathscr{F}_T]$$
$$= E[([M]_\infty - [M]_T) \,|\, \mathscr{F}_T] B_{T-}^2 I_{[T>0]} + \Delta M_T^2 B_{T-}^2 I_{[T>0]}$$
$$= E[M_\infty^2 - M_T^2 \,|\, \mathscr{F}_T] B_{T-}^2 I_{[T>0]} + \Delta M_T^2 B_{T-}^2 I_{[T>0]}$$
$$\leqslant E[M_\infty^2 \,|\, \mathscr{F}_T] B_{T-}^2 I_{[T>0]} - M_T^2 B_{T-}^2 I_{[T>0]}$$
$$+ 2(M_T^2 + M_{T-}^2) B_{T-}^2 I_{[T>0]}$$
$$\leqslant E[M_\infty^2 \,|\, \mathscr{F}_T] B_{T-}^2 I_{[T>0]} + M_T^2 B_{T-}^2 + 2M_{T-}^2 B_{T-}^2$$
$$\leqslant E[M_\infty^2 \,|\, \mathscr{F}_T] B_{T-}^2 I_{[T>0]} + 3. \quad (14.3)$$

故由(14.1)—(14.3)得

$$E[[L]_\infty - [L]_{T-} I_{[T>0]} \,|\, \mathscr{F}_T] \leqslant 4 \quad a.s..$$

从而$L\in\mathscr{BMO}$且$\|L\|_{\mathscr{BMO}}\leqslant 2$. □

10.15 系 设$M\in\mathscr{M}^2$，H为一可料过程，若存在一适应增过程B使得$|BM|\leqslant 1$，且$|H|\leqslant B_-$，则$H.M\in\mathscr{BMO}$且$\|H.M\|_{\mathscr{BMO}}\leqslant 2$.

证明 令$L=B_-.M$. 则对任一停时T，

$$[H.M]_\infty - [H.M]_{T-} I_{[T>0]} = \int_{[T,\infty[} H_s^2 d[M]_s$$

$$\leqslant \int_{[T,\infty[} B_{s-}^2 d[M]_s$$
$$= [L]_\infty - [L]_{T-} I_{[T>0]}.$$

由于 $L \in \mathscr{BMO}$，故 $H \cdot M \in \mathscr{BMO}$，且 $\| H \cdot M \|_{\mathscr{BMO}} \leqslant \| L \|_{\mathscr{BMO}} \leqslant 2$. □

最后，我们以 $\mathscr{BMO}$ 鞅的一个有趣性质结束本节。

10.16 定理 设 $M \in \mathscr{BMO}$，则对任一停时 T，M^T，$M-M^T \in \mathscr{BMO}$，且有

$$\| M^T \|_{\mathscr{BMO}} \leqslant \| M \|_{\mathscr{BMO}}, \quad \| M - M^T \|_{\mathscr{BMO}} \leqslant \| M \|_{\mathscr{BMO}}. \tag{16.1}$$

此外，若停时 $T_n \uparrow \infty$ a.s.，则有 $\| M^{T_n} \|_{\mathscr{BMO}} \uparrow \| M \|_{\mathscr{BMO}}$.

证明 设 $\mathscr{S}$ 为一停时，我们有

$$[M^T]_\infty - [M^T]_{S-} I_{[S>0]} = ([M]_T - [M]_{S-} I_{[S>0]}) I_{[S \leqslant T]}$$
$$\leqslant [M]_\infty - [M]_{S-} I_{[S>0]},$$
$$[M - M^T]_\infty - [M - M^T]_{S-} I_{[S>0]}$$
$$= [M]_\infty - [M]_{S-} I_{[S>0]} - [M]_T + ([M]^T)_{S-} I_{[S>0]}$$
$$\leqslant [M]_\infty - [M]_{S-} I_{[S>0]}.$$

故有(16.1).

若停时 $T_n \uparrow \infty$ a.s.，则对任一停时 S

$$[M^{T_n}]_\infty - [M^{T_n}]_{S-} I_{[S>0]} \uparrow [M]_\infty - [M]_{S-} I_{[S>0]}.$$

故由注 10.10.2)容易看出 $\| M^{T_n} \|_{\mathscr{BMO}} \uparrow \| M \|_{\mathscr{BMO}}$. □

注 我们有 $\| M - M^{T_n} \|_{\mathscr{BMO}} \downarrow$，但未必有 $\| M - M^{T_n} \|_{\mathscr{BMO}} \downarrow 0$. 事实上，Dellacherie, Meyer, Yor[1]证明了下列事实：若 $\mathscr{M}^\infty \neq \mathscr{BMO}$，则 $\mathscr{M}^\infty$ 在 $\mathscr{BMO}$ 中既不是闭集，也不是稠密集.

§2. Fefferman 不等式

下列定理给出的 Fefferman 不等式，是有关 $\mathscr{H}^1$ 和 $\mathscr{BMO}$ 鞅最重要的结果，它比 Kunita—Watanabe 不等式深刻得多.

10.17 定理 设 M，N 为两个局部鞅，U 为一循序可测过程，

则有

$$\boldsymbol{E}\Big[\int_{[0,\infty[}|U_s\|\,d[M,N]_s|\Big]$$

$$\leqslant\sqrt{2}\,\boldsymbol{E}\Big[\Big(\int_{[0,\infty[}U_s^2d[M]_s\Big)^{1/2}\Big]\|N\|_{\mathscr{BMO}}\quad(17.1)$$

特别,取 $U=1$, 我们有

$$\boldsymbol{E}\Big[\int_{[0,\infty[}|d[M,N]_s|\Big]\leqslant\sqrt{2}\,\|M\|_{\mathscr{H}^1}\|N\|_{\mathscr{BMO}}.\quad(17.2)$$

证明 不妨假定(17.1)右边是有限的. 令

$$C_t=\int_{[0,t]}U_s^2d[M]_s.$$

我们定义两个非负可选过程 H,K 如下:

$$H_t^2=\frac{U_t^2}{\sqrt{C_t}+\sqrt{C_{t-}I_{[t>0]}}}I_{[C_t>0]},\quad K_t^2=\sqrt{C_t}\ ,$$

则有

$$H_t^2K_t^2\geqslant\frac{1}{2}U_t^2I_{[C_t>0]}.$$

此外,由分部积分公式,我们有

$$H_t^2d[M]_t=I_{[C_t>0]}\frac{dC_t}{\sqrt{C_t}+\sqrt{C_{t-}I_{[t>0]}}}$$

$$=I_{[C_t>0]}d\sqrt{C_t}.$$

因为(由 K-W 不等式)

$$\int_{[0,\infty[}|U_s|I_{[C_s=0]}|d[M,N]_s|$$

$$\leqslant\Big(\int_{[0,\infty[}U_s^2I_{[C_s=0]}d[M]_s\Big)^{1/2}([N]_\infty)^{1/2}$$

$$=\Big(\int_{[0,\infty[}I_{[C_s=0]}dC_s\Big)^{1/2}([N]_\infty)^{1/2}=0,\quad \text{a.s.},$$

故有

$$\frac{1}{\sqrt{2}}\boldsymbol{E}\Big[\int_{[0,\infty[}|U_s\|\,d[M,N]_s|$$

$$= \frac{1}{\sqrt{2}} \boldsymbol{E}\left[\int_{[0,\infty[} |I_{[C_s>0]} U_s| \, |d[M,N]_s|\right]$$

$$\leqslant \boldsymbol{E}\left[\int_{[0,\infty[} |H_s K_s| \, |d[M,N]_s|\right]$$

$$\leqslant \sqrt{E_1}\sqrt{E_2}, \tag{17.3}$$

其中

$$E_1 = \boldsymbol{E}\left[\int_{[0,\infty[} H_s^2 d[M]_s\right]$$

$$\leqslant \boldsymbol{E}\left[\int_{[0,\infty[} d\sqrt{C_s}\right]$$

$$= \boldsymbol{E}\left[\sqrt{C_\infty}\right]$$

$$= \boldsymbol{E}\left[\left(\int_{[0,\infty[} U_s^2 d[M]_s\right)^{1/2}\right],$$

$$E_2 = \boldsymbol{E}\left[\int_{[0,\infty[} K_s^2 d[N]_s\right]$$

$$= \boldsymbol{E}\left[\int_{[0,\infty[} ([N]_\infty - [N]_{s-}) dK_s^2\right]. \tag{17.4}$$

但由于$([N]_\infty - [N]_{t-})$的可选投影为$(E([N]_\infty \mid \mathscr{F}_t) - [N]_{t-})$，而后者在 $]\!]0,\infty[\![$ 上被 $\|N\|^2_{\mathscr{BMO}}$所界住，故有

$$E_2 = \boldsymbol{E}\left[\int_{[0,\infty[} (\boldsymbol{E}[[N]_\infty \mid \mathscr{F}_s] - [N]_{s-}) dK_s^2\right.$$

$$\leqslant \|N\|^2_{\mathscr{BMO}} \boldsymbol{E}\left[\sqrt{C_\infty}\right]. \tag{17.5}$$

于是(17.1)由(17.3)—(17.5)推出. □

下一定理给出了 Fefferman 不等式的加强形式.

10.18 定理 设 M,N 为两个局部鞅，U 为一可选过程，T 为一停时，则有

$$\boldsymbol{E}\left[\int_{[T,\infty[} |U_s| \, |d[M,N]_s|\right]$$

$$\leqslant \sqrt{2}\, \boldsymbol{E}\left[\left(\int_{[T,\infty[} U_s^2 d[M]_s\right)^{1/2}\right] \|N\|_{\mathscr{BMO}}. \tag{18.1}$$

$$\boldsymbol{E}\left[\int_{[T,\infty[} |U_s| \, |d[M,N]_s| \,\Big|\, \mathscr{F}_T\right]$$

$$\leqslant \sqrt{2}\,\boldsymbol{E}\left[\left(\int_{[T,\infty[} U_s^2 d[M]_s\right)^{1/2} \Big| \mathscr{F}_T\right] \| N \|_{\mathscr{BMO}}. \quad (18.2)$$

证明 在(17.1)中以 $UI_{[\![T,\infty[\![}$ 代替 U 可得(18.1)，对 $A \in \mathscr{F}_T$，在(18.1)中以 T_A 代替 T 即得(18.2). □

作为 Fefferman 不等式的一个应用，我们将证明 $\mathscr{H}^1$-鞅为一致可积鞅.

10.19 定理 设 $M \in \mathscr{H}^1$，则 M 为一致可积鞅，且有

$$\| M_\infty \|_1 \leqslant 2\sqrt{2} \| M \|_{\mathscr{H}^1}. \quad (19.1)$$

证明 首先，设 M 为一有界鞅与一可积变差鞅之和. 则对任一有界鞅 N，由定理 6.4，6.28.1)及 Fefferman 不等式，有

$$\begin{aligned} &|\boldsymbol{E}[M_\infty N_\infty]| \\ &= |\boldsymbol{E}[M,N]_\infty| \leqslant \sqrt{2} \| M \|_{\mathscr{H}^1} \| N \|_{\mathscr{BMO}} \\ &\leqslant 2\sqrt{2} \| M \|_{\mathscr{H}^1} \| N_\infty \|_{L^\infty}, \end{aligned} \quad (19.2)$$

上述最后一个不等式是根据定理 10.11 得到的. 在(19.2)中令 $N_\infty = \mathrm{sgn} M_\infty$ 可得

$$\| M_\infty \|_1 \leqslant 2\sqrt{2} \| M \|_{\mathscr{H}^1},$$

其中 $\mathrm{sgn}(x) = 1, 0$ 或 1 当 $x > 0$，$x = 0$ 或 $x < 0$.

对一般的 $M \in \mathscr{H}^1$，存在停时序列(S_n)满足. $S_n \uparrow \infty$，且对每个 n，M^{S_n}是一有界鞅和一可积变差鞅之和，则有

$$\| M_{S_n} - M_{S_m} \|_1 \leqslant 2\sqrt{2} \| M^{S_n} - M^{S_m} \|_{\mathscr{H}^1}. \quad (19.3)$$

因为当$n \to \infty$时 $\| M^{S_n} - M \| \xrightarrow[\mathscr{H}^1]{} 0$，(19.3)意味着$(M_{S_n})$是 L^1 中的基本列. 因此 $M_{S_n} \xrightarrow{L^1} \xi \in L^1$. 令$(\xi_t)$为鞅$(E[\xi | \mathscr{F}_t])$的右连左极修正，则对任何给定的 m 有

$$\begin{aligned} \xi_{t\wedge S_m} &= \boldsymbol{E}[\xi | \mathscr{F}_{t\wedge S_m}] \\ &= L^1\text{-}\lim_{n\to\infty} \boldsymbol{E}[M_{S_n} | \mathscr{F}_{t\wedge S_m}] \\ &= M_{t\wedge S_m} \quad \text{a.s.}. \end{aligned}$$

于是对一切 $t \geqslant 0$，$M_t = \xi_t$ a.s.. 特别，M 为一致可积鞅，且 $M_\infty = \xi$ a.s.. 此外，我们有

$$\| M_\infty \|_1 = \lim_{n\to\infty} \| M_{S_n} \|_1 \leqslant 2\sqrt{2} \lim_{n\to\infty} \| M^{S_n} \|_{\mathscr{H}^1}$$
$$= 2\sqrt{2} \| M \|_{\mathscr{H}^1}. \quad \square$$

§ 3. $\mathscr{H}^1$ 的对偶空间

首先,我们给出 $\mathscr{BMO}$-鞅的一个有用的刻画.

10.20 定理 设 $N\in\mathscr{M}^2$,则为要 $N\in\mathscr{BMO}$,必须且只需存在常数 $c>0$,使得对一切 $M\in\mathscr{M}^2$ 有[1)]

$$|E[M,N]_\infty| \leqslant c \| M \|_{\mathscr{H}^1}. \tag{20.1}$$

这时,$\| N \|_{\mathscr{BMO}} \leqslant \sqrt{5}\, c$.

证明 必要性由 Fefferman 不等式得到(取 $c=\sqrt{2}\| N \|_{\mathscr{BMO}}$). 往证充分性.

首先证明 $|N_0|\leqslant c$ a.s.. 令 $B=[|N_0|>c]$. 假定 $P(B)>0$. 令 $\xi=\dfrac{\operatorname{sgn} N_0}{P(B)}I_B$,则 $|\xi|=\dfrac{1}{P(B)}I_B$,$E[|\xi|]=1$. 令 $M_t=\xi$,$t\geqslant 0$,则 $M\in\mathscr{M}^2$,$\| M \|_{\mathscr{H}^1}=E[|\xi|]=1$. 但我们有

$$\begin{aligned}|E[M,N]_\infty| &= E[M_0N_0] \\ &= E\left[\frac{|N_0|I_{[|N_0|>c]}}{P[|N_0|>c]}\right] > c \\ &= c\| M \|_{\mathscr{H}^1}.\end{aligned}$$

这与假设条件矛盾. 因此,必须有 $P(B)=0$,即有 $|N_0|\leqslant c$ a.s..

其次证明 $|\Delta N|\leqslant 2c$. 设 T 为一可料时或绝不可及时,且 $T>0$. 假定 $P([|\Delta N|>2c])>0$,令

$$\xi = \frac{\operatorname{sgn}(\Delta N_T)}{P([|\Delta N_T|>2c])} I_{[|\Delta N_T|>2c]}.$$

则 $\xi\in b\mathscr{F}_T$ 且 $\xi I_{[T=\infty]}=0$. 令 $M=\xi I_{[\![T,\infty[\![}-(\xi I_{[\![T,\infty[\![})^p$,则 $M\in\mathscr{M}^2$ 且仅在 T 处 M 有跳:

1) 容易看出:这等价于对一切有界鞅 M(20.1)成立.

$$\Delta M_T = \begin{cases} \xi - \boldsymbol{E}[\xi | \mathscr{F}_{T-}], & \text{若 } T \text{ 为可料时}, \\ \xi, & \text{若 } T \text{ 为绝不可及时}. \end{cases}$$

同时，我们有 $\| M \|_{\mathscr{H}^1} \leqslant \| M \|_{\mathscr{A}} \leqslant 2 \| \xi I_{[\![T,\infty[\![} \|_{\mathscr{A}} \leqslant 2E[|\xi|] = 2$. 由于当 T 为可料时，有 $\boldsymbol{E}[\Delta N_T | \mathscr{F}_{T-}] = 0$，故在两种情况下，由定理 6.28 皆有

$$\begin{aligned} \boldsymbol{E}[[M,N]_\infty] &= \boldsymbol{E}[\Delta M_T \Delta N_T] = \boldsymbol{E}[\xi \Delta N_T] \\ &= \boldsymbol{E}\left[\frac{|\Delta N_T| I_{[|\Delta N_T|>2c]}}{\boldsymbol{P}([|\Delta N_T| > 2c])}\right] > 2c \geqslant c \| M \|_{\mathscr{H}^1}. \end{aligned}$$

这与假设条件矛盾. 因此，必须有 $\boldsymbol{P}(|\Delta N_T| > 2c) = 0$，即有 $|\Delta N_T| \leqslant 2c$ a.s.. 于是对一切停时 T 也有 $|\Delta N_T| \leqslant 2c$ a.s..

最后，设 T 为一停时，$M = N - N^T$，$\xi = [N]_\infty - [N]_T$，则 $M \in \mathscr{M}^2$，且 $[M]_\infty = [M,N]_\infty = \xi$. 故由假定可得

$$\begin{aligned} \boldsymbol{E}[\xi] &= \boldsymbol{E}[M,N]_\infty \leqslant c \| M \|_{\mathscr{H}^1} = c\boldsymbol{E}[\sqrt{\xi}] \\ &= c\boldsymbol{E}[\sqrt{\xi} I_{[T<\infty]}] \leqslant c(\boldsymbol{E}[\xi])^{1/2} [\boldsymbol{P}(T < \infty)]^{1/2}, \end{aligned}$$

$$\boldsymbol{E}[[N]_\infty - [N]_T] = \boldsymbol{E}[\xi] \leqslant c^2 \boldsymbol{P}(T < \infty).$$

综上所证，由定理 10.9 知，$N \in \mathscr{BMO}$，并且

$$\| N \|_{\mathscr{BMO}} \leqslant \sqrt{c^2 + (2c)^2} = \sqrt{5}\, c. \quad \square$$

现在我们来证明 $\mathscr{H}^1$ 的对偶空间是 $\mathscr{BMO}$，更确切地说，我们有

10.21 定理 设 $(\mathscr{H}^1)^*$ 为 $\mathscr{H}^1$ 上有界线性泛函全体所成的 Banach 空间(即 $(\mathscr{H}^1)^*$ 为 $\mathscr{H}^1$ 的对偶空间). 设 $N \in \mathscr{BMO}$，令

$$\varphi_N(M) = \boldsymbol{E}[[M,N]_\infty], \quad M \in \mathscr{H}^1. \tag{21.1}$$

则 $N \mapsto \varphi_N$ 是 $\mathscr{BMO}$ 到 $(\mathscr{H}^1)^*$ 上的一一线性映照，且有

$$\frac{1}{\sqrt{2}} \| \varphi_N \| \leqslant \| N \|_{\mathscr{BMO}} \leqslant \sqrt{5} \| \varphi_N \|, \tag{21.2}$$

其中 $\| \varphi \|$ 表示有界线性泛函 φ 的范数.

特别，$\mathscr{BMO}$ 按范数 $\| \cdot \|_{\mathscr{BMO}}$ 为 Banach 空间.

证明 设 $N \in \mathscr{BMO}$，由 Fefferman 不等式，

$$|\varphi_N(M)| = |\boldsymbol{E}[M,N]_\infty|$$

$$\leqslant \sqrt{2}\,\|N\|_{\mathscr{BMO}}\|M\|_{\mathscr{H}^1},\quad M\in\mathscr{H}^1$$

故 $\varphi_N\in(\mathscr{H}^1)^*$ 且 $\|N\|_{\mathscr{BMO}}\leqslant\sqrt{5}\,\|\varphi_N\|$.

若 $\varphi_N\equiv 0$，由于 $\mathscr{BMO}\subset\mathscr{M}^2\subset\mathscr{H}^1$，故有 $\boldsymbol{E}[[N]_\infty]=\varphi_N(N)=0$，从而 $N=0$. 这表明 $N\to\varphi_N$ 是 $\mathscr{BMO}$ 到 $(\mathscr{H}^1)^*$ 的一一线性映照（线性性是显然的）. 剩下只要证明 φ 的象空间是整个空间 $(\mathscr{H}^1)^*$ 且有 $\|N\|_{\mathscr{BMO}}\leqslant\sqrt{5}\,\|\varphi_N\|$.

令 $\varphi\in(\mathscr{H}^1)^*$. 因为 $\mathscr{M}^2\subset\mathscr{H}^1$ 且 $\|\cdot\|_{\mathscr{H}^1}\leqslant\|\cdot\|_{\mathscr{M}^2}$，故对一切 $M\in\mathscr{M}^2$，有

$$|\varphi(M)|\leqslant\|\varphi\|\,\|M\|_{\mathscr{H}^1}\leqslant\|\varphi\|\,\|M\|_{\mathscr{M}^2}.$$

这表明 φ 限于 $\mathscr{M}^2$ 为 Hillert 空间 $\mathscr{M}^2$ 上的有界线性泛函，因此存在唯一的 $N\in\mathscr{M}^2$，使对一切 $M\in\mathscr{M}^2$ 有

$$\begin{aligned}|\varphi(M)| &= |\boldsymbol{E}[M_\infty N_\infty]|\\ &= |\boldsymbol{E}[[M,N]_\infty]|\leqslant\|\varphi\|\,\|M\|_{\mathscr{H}^1}.\end{aligned}$$

由定理 10.20 可知 $N\in\mathscr{BMO}$，且 $\|N\|_{\mathscr{BMO}}\leqslant\sqrt{5}\,\|\varphi\|$. 进而，在 $\mathscr{M}^2$ 上 φ_N 与 φ 一致. 但 $\mathscr{M}^2$ 在 $\mathscr{H}^1$ 中稠（定理 10.5)，故 φ_N 与 φ 是 $(\mathscr{H}^1)^*$ 中同一元素. 因而

$$(\mathscr{H}^1)^*=\{\varphi_N:\ N\in\mathscr{BMO}\},$$

且按范数 $\|\varphi_N\|$ $\mathscr{BMO}$ 与 $(\mathscr{H}^1)^*$ 同构. 又由(21.2)，范数 $\|\varphi_N\|$ 与范数 $\|N\|_{\mathscr{BMO}}$ 是等价的，故 $\mathscr{BMO}$ 按范数 $\|\cdot\|_{\mathscr{BMO}}$ 是完备的. □

注 由定理知，$\mathscr{H}^1$ 上每个有界线性泛函具有(21.1)的形式.

在定理 10.21 的证明中将 $\mathscr{M}^2$ 代以 $\mathscr{M}^2_0$，我们立刻得到如下定理.

10.22 定理 设 $N\in\mathscr{BMO}_0$，令

$$\varphi_N(M)=\boldsymbol{E}([M,N]_\infty),\quad M\in\mathscr{H}^1_0.$$

则 $N\mapsto\varphi_N$ 是 $\mathscr{BMO}_0$ 到 $(\mathscr{H}^1_0)^*$ 上的一一线性映照，且

$$\frac{1}{\sqrt{2}}\|\varphi_N\|\leqslant\|N\|_{\mathscr{BMO}}\leqslant\sqrt{5}\,\|\varphi_N\|.$$

§ 4.　Davis 不等式

10.23 引理　设 M 为一局部鞅，H 为一循序可测过程，使得 $H.M\in\mathscr{H}^1$，且

$$E\left[\left(\int_{[0,\infty[}H_s^2d[M]_s\right)^{1/2}\right]<\infty.$$

则对任何 $N\in\mathscr{BMO}$，$[H.M,N]-H.[M,N]$ 为一可积变差鞅，特别有 $E[H.M,N]_\infty=E\left[\int_{[0,\infty[}H_sd[M,N]_s\right]$.

证明　由于 $N\in\mathscr{BMO}$，N 为局部有界鞅，由定理 9.10，$[H.M,N]-H.[M,N]$ 为一局部鞅. 由 Fefferman 不等式，我们有

$$E\left[\int_{[0,\infty[}|d[H.M,N]_s|\right]$$

$$\leqslant\sqrt{2}\,\|H.M\|_{\mathscr{H}^1}\|N\|_{\mathscr{BMO}}<\infty.$$

$$E\left[\int_{[0,\infty[}|H_s\|d[M,N]_s|\right]$$

$$\leqslant\sqrt{2}\,E\left[\left(\int_{[0,\infty[}H_s^2\,d[M]_s\right)^{1/2}\right]\|N\|_{\mathscr{BMO}}<\infty.$$

故$[H.M,N]-H.[M,N]\in\mathscr{W}_0$.　□

下一定理是 **Davis 第一不等式**. 事实上，我们这里给出的是通常形式的推广.

10.24 定理　设 M 为一局部鞅，H 为一循序可测过程，使得 $\sqrt{H^2.[M]}$ 局部可积. 则有

$$E[(H.M)_\infty^*]\leqslant 2\sqrt{6}\,E\left[\left(\int_{[0,\infty[}H_s^2\,d[M]_s\right)^{1/2}\right].\tag{24.1}$$

特别，我们有

$$E[M_\infty^*]\leqslant 2\sqrt{6}\,\|M\|_{\mathscr{H}^1}.\tag{24.2}$$

证明　无妨假定 $E\left[\left(\int_{[0,\infty[}H_s^2d[M]_s\right)^{1/2}\right]<\infty$，这时 $(H.M)_0$ 是可积的. 于是可进一步假定 $H.M\in\mathscr{H}^1$. 否则可取停时列 (T_n) 满足 $T_n\uparrow+\infty$ 且对每个 n，$H.M^{T_n}=(H.M)^{T_n}\in\mathscr{H}^1$. 同时，我们

有$(H\cdot M^{T_n})_\infty^* \uparrow (H\cdot M)_\infty^*$.

设 S 为非负有限随机变量,$B=\operatorname{sgn}(H\cdot M)_S I_{[\![S,\infty[\![}$. 令 A 为 B 的可选对偶投影,则对任一停时 T,有

$$\boldsymbol{E}\left[\int_{[T,\infty[}|dA_s|\,\Big|\,\mathscr{F}_T\right]\leqslant \boldsymbol{E}\left[\int_{[T,\infty[}|dB_s|\,\Big|\,\mathscr{F}_T\right]\leqslant 1\quad \text{a.s.}.$$

于是有

$$\boldsymbol{E}[A_\infty^+ - A_{T-}^+ I_{[T>0]}|\mathscr{F}_T]\leqslant 1,$$
$$\boldsymbol{E}[A_\infty^- - A_{T-}^- I_{[T>0]}|\mathscr{F}_T]\leqslant 1,\quad \text{a.s.}.$$

其中 A^+, A^- 分别是 A 的正、负变差部分. 令 $N=(N_t)$ 为鞅 $(\boldsymbol{E}[A_\infty|\mathscr{F}_t])$ 的右连左极修正,则由定理 10.12 可知 $N\in\mathscr{BMO}$ 且 $\|N\|_{\mathscr{BMO}}\leqslant 2\sqrt{3}$.

记 $L=H\cdot M\in\mathscr{H}^1$. 令$(T_n)$为停时列满足 $T_n\uparrow+\infty$,且对一切 n, N^{T_n}是有界鞅,L^{T_n}为一有界鞅和一可积变差鞅之和,于是我们有

$$\boldsymbol{E}[N_{T_n}L_{T_n}]=\boldsymbol{E}[L,N]_{T_n}=\boldsymbol{E}[L,\,N^{T_n}]_\infty. \tag{24.3}$$

故由引理 10.23 及 Fefferman 不等式

$$\begin{aligned}\boldsymbol{E}[L_{S\wedge T_n}\operatorname{sgn}(L_s)]&=\boldsymbol{E}\left[\int_{[0,\infty[}L_s^{T_n}\,dB_s\right]\\&=\boldsymbol{E}\left[\int_{[0,\infty[}L_s^{T_n}\,dA_s\right]=\boldsymbol{E}\left[\int_{[0,\infty[}L_{T_n}dA_s\right]\\&=\boldsymbol{E}[L_{T_n}A_\infty]=\boldsymbol{E}[L_{T_n}N_\infty]\\&=\boldsymbol{E}[L_{T_n}N_{T_n}]=\boldsymbol{E}[L,\,N^{T_n}]_\infty\\&=\boldsymbol{E}\left[\int_{[0,\infty[}H_s d[M,\,N^{T_n}]_s\right]\\&\leqslant\sqrt{2}\,\boldsymbol{E}\left[\left(\int_{[0,\infty[}H_s^2 d[M]_s\right)^{1/2}\right]\|N^{T_n}\|_{\mathscr{BMO}}\\&\leqslant 2\sqrt{6}\,\boldsymbol{E}\left[\left(\int_{[0,\infty[}H_s^2 d[M]_s\right)^{1/2}\right].\end{aligned}\tag{24.4}$$

最后一个不等号是由于 $\|N^{T_n}\|_{\mathscr{BMO}}\leqslant\|N\|_{\mathscr{BMO}}\leqslant 2\sqrt{3}$(定理 10.16). 另一方面,

$$L_{S\wedge T_n}\operatorname{sgn}(L_s)=|L_s|I_{[S\leqslant T_n]}+L_{T_n}\operatorname{sgn}(L_s)I_{[T_n<S]}.$$

由于$[T_n<S]\downarrow\varnothing$且$(L_{T_n})$为一致可积的(因为$L\in\mathscr{H}^1$，由定理10.19，$L\in\mathscr{M}$)，故当$n\to\infty$时$\boldsymbol{E}[L_{T_n}\mathrm{sgn}(L_s)I_{[T_n<S]}]\to 0$，从而有

$$\lim_{n\to\infty}\boldsymbol{E}(L_{S\wedge T_n}\mathrm{sgn}(L_s)]=\lim_{n\to\infty}\boldsymbol{E}[|L_s|I_{[S\leqslant T_n]}]=\boldsymbol{E}[|L_S|].$$

于是由(24.4)，我们有

$$\boldsymbol{E}[|L_s|]\leqslant 2\sqrt{6}\,\boldsymbol{E}\left[\left(\int_{[0,\infty[}H_s^2d[M]_s\right)^{1/2}\right].\qquad(24.5)$$

现在，对$\varepsilon>0$令

$$S(\omega)=\inf\{t\geqslant 0:|L_t(\omega)|\geqslant L_\infty^*(\omega)-\varepsilon\}.$$

因为$L\in\mathscr{M}$且$L_\infty^*<\infty$ a. s.，从而S为有限随机变量，且有$|L_S|\geqslant L_\infty^*-\varepsilon$ a. s.. 对此S应用(24.5)有

$$\begin{aligned}\boldsymbol{E}[L_\infty^*]-\varepsilon&\leqslant\boldsymbol{E}[|L_S|]\\&\leqslant 2\sqrt{6}\,\boldsymbol{E}\left[\left(\int_{[0,\infty[}H_s^2d[M]_s\right)^{1/2}\right]\end{aligned}\qquad(24.6)$$

在(24.6)中令$\varepsilon\downarrow 0$即得(24.1). □

下一定理给出了Davis第一不等式(24.2)的加强形式.

10.25 定理 设$M\in\mathscr{H}^1$，则对一切停时T，有

$$\begin{aligned}&\boldsymbol{E}[M_\infty^*-M_{T-}^*I_{[T>0]}|\mathscr{F}_T]\\&\leqslant 4\sqrt{3}\,\boldsymbol{E}\left[\sqrt{[M]_\infty-[M]_{T-}I_{[T>0]}}\,|\mathscr{F}_T\right].\end{aligned}\qquad(25.1)$$

证明 令$\overline{M}_t=(M_{T+t}-M_{T-}I_{[T>0]})I_{[T<\infty]}$，$\mathscr{G}_t=\mathscr{F}_{T+t}$，$t\geqslant 0$，则$\overline{M}=(\overline{M}_t)$为$(\mathscr{G}_t)$局部鞅(参见问题7.14)，且$[\overline{M}]_t=[M]_{T+t}-[M]_{T-}I_{[T>0]}$. 于是$\boldsymbol{E}\left[\sqrt{[\overline{M}]_\infty}\right]<\infty$，且$\overline{M}$关于$(\mathscr{G}_t)$为$\mathscr{H}^1$鞅. 由Davis不等式(24.2)有

$$\boldsymbol{E}[\overline{M}_\infty^*]\leqslant 2\sqrt{6}\,\boldsymbol{E}\left[\sqrt{[M]_\infty-[M]_{T-}I_{[T>0]}}\right].$$

但显然有$M_\infty^*\leqslant\overline{M}_\infty^*+M_{T-}^*I_{[T>0]}$，于是

$$\boldsymbol{E}[M^*-M_{T-}^*I_{[T>0]}]\leqslant 2\sqrt{6}\,\boldsymbol{E}\left[\sqrt{[M]_\infty-[M]_{T-}I_{[T>0]}}\right].\qquad(25.2)$$

对一切$A\in\mathscr{F}_T$，以T_A代替(25.2)中的T即得(25.1). □

下一定理是定理10.24的进一步推广.

10.26 定理 设 M 为一局部鞅，H 为一循序可测过程，使得 $\sqrt{H^2.[M]}$ 为局部可积. 对任一停时 T，我们有

$$E[(H.M)_T^*] \leqslant 2\sqrt{6}\,E\left[\left(\int_{[0,T]} H_s^2 d[M]_s\right)^{1/2}\right]. \quad (26.1)$$

证明 由于 $(H.M)_T^* = (H.M^T)_\infty^* = (HI_{[\![0,T]\!]}.M)_\infty^*$，故 (26.1) 可由 (24.1) 推得. □

作为定理 10.26 的一个应用，我们得到随机积分如下的收敛定理.

10.27 定理 设 M 为局部鞅. 记

$$L^0(M) = \{H : H \text{ 为可选过程且} \sqrt{H^2.[M]} \in \mathscr{A}_{\text{loc}}^+\}.$$

令 $(H^{(n)}) \subset L^0(M)$，$H \in L^0(M)$，T 为一停时.

1) 若 $E\left[\left(\int_{[0,T]} (H_s^{(n)} - H_s)^2 d[M]_s\right)^{1/2}\right] \to 0$，则

$$E\left[\sup_{t \leqslant T} |(H^{(n)}.M)_t - (H.M)_t|\right] \to 0.$$

2) 若 $\sum_{n=1}^{\infty} E\left[\left(\int_{[0,T]} (H_s^{(n)} - H_s)^2 d[M]_s\right)^{1/2}\right] < \infty$，则

$$\sup_{t \leqslant T} |(H^{(n)}.M)_t - (H.M)_t| \to 0. \quad \text{a.s.}.$$

下一定理是 **Davis 第二不等式**.

10.28 定理 设 M 为一局部鞅，我们有

$$\|M\|_{\mathscr{H}^1} \leqslant (7 + 4\sqrt{2})E[M_\infty^*]. \quad (28.1)$$

此外，对任一停时 T 有

$$E\left[\sqrt{[M]_\infty - [M]_{T-}I_{[T>0]}} \,|\, \mathscr{F}_T\right] \leqslant 2(7 + 4\sqrt{2})E[M_\infty^* \,|\, \mathscr{F}_T]. \quad (28.2)$$

证明 不妨设 $E[M_\infty^*] < \infty$. 首先考虑 $M_0 = 0$ 的情况，对给定的 $\varepsilon > 0$ 取 $\overline{M} = M + \varepsilon$. 则 $\overline{M}_\infty^* \geqslant \varepsilon$，$\frac{1}{\overline{M}_\infty^*} \leqslant \frac{1}{\varepsilon}$. 对有界鞅 $H_t = E\left[\frac{1}{\overline{M}_\infty^*} \,|\, \mathscr{F}_t\right]$ 及适应增过程 $B_t = \overline{M}_t^*$，应用系 10.15 可知 $L = (\overline{M}_-).H \in \mathscr{BMO}$ 且 $\|L\|_{\mathscr{BMO}} \leqslant 2$. 由 Fefferman 不等式可得

$$E\left[\int_{[0,\infty[} |d[\overline{M}, L]_s|\right] \leqslant \sqrt{2}\,\|\overline{M}\|_{\mathscr{H}^1} \|L\|_{\mathscr{BMO}}$$
$$\leqslant 2\sqrt{2}\,\|\overline{M}\|_{\mathscr{H}^1}. \quad (28.3)$$

令 $K=\overline{M}^2-[\overline{M}]=2[\overline{M}_{-}I_{]\!]0,\infty[\![}].\overline{M}$，则有

$$\begin{aligned}[K,H] &= 2(\overline{M}_{-}I_{]\!]0,\infty[\![}).[\overline{M},H] \\ &= 2I_{]\!]0,\infty[\![}.[\overline{M},(\overline{M}_{-}).H] \\ &= 2([\overline{M},L]-[\overline{M},L]_0).\end{aligned}$$

于是由(28.3)，我们有

$$\boldsymbol{E}\left[\int_{[0,\infty[}|d[K,H]_s|\right]\leqslant 4\sqrt{2}\,\|\overline{M}\|_{\mathscr{H}^1}. \qquad (28.4)$$

现在，我们先假定 $\overline{M},K\in\mathscr{H}^1$. 令$(S_n)$为停时列使得 $S_n\uparrow\infty$及$(KH)^{S_n}-[K,H]^{S_n}\in\mathscr{M}_0$，由(28.4)有

$$|\boldsymbol{E}[K_{S_n}H_{S_n}]|=|\boldsymbol{E}[K,H]_{S_n}|\leqslant 4\sqrt{2}\,\|\overline{M}\|_{\mathscr{H}^1}.$$

但因 H 有界，$K\in\mathscr{M}$，故 $K_{S_n}H_{S_n}\xrightarrow{L^1}K_\infty H_\infty$. 于是有

$$\left|\boldsymbol{E}\left[\frac{\overline{M}_\infty^2-[\overline{M}]_\infty}{\overline{M}_\infty^*}\right]\right|=|\boldsymbol{E}[K_\infty H_\infty]|\leqslant 4\sqrt{2}\,\|\overline{M}\|_{\mathscr{H}^1}.$$

由于$\dfrac{M_\infty^2}{M_\infty^*}\leqslant M_\infty^*$，

$$\boldsymbol{E}\left[\frac{[\overline{M}]_\infty}{\overline{M}_\infty^*}\right]\leqslant\boldsymbol{E}[\overline{M}_\infty^*]+4\sqrt{2}\,\|\overline{M}\|_{\mathscr{H}^1}.$$

但由 Schwarz 不等式

$$\begin{aligned}\|\overline{M}\|_{\mathscr{H}^1} &= \boldsymbol{E}\left[\sqrt{[\overline{M}]_\infty}\right] \\ &\leqslant (\boldsymbol{E}[\overline{M}_\infty^*])^{1/2}\left(\boldsymbol{E}\left[\frac{[\overline{M}]_\infty}{\overline{M}_\infty^*}\right]\right)^{1/2} \\ &\leqslant (\boldsymbol{E}[\overline{M}_\infty^*])^{1/2}(\boldsymbol{E}[\overline{M}_\infty^*]+4\sqrt{2}\,\|\overline{M}\|_{\mathscr{H}^1})^{1/2}.\end{aligned}$$

解出此不等可得

$$\|\overline{M}\|_{\mathscr{H}^1}\leqslant(2\sqrt{2}+3)\boldsymbol{E}[\overline{M}_\infty^*]. \qquad (28.5)$$

为了放宽 $\overline{M},K\in\mathscr{H}^1$ 的假定，取停时列(T_n)使得 $T_n\uparrow\infty$及$\overline{M}^{T_n},K^{T_n}\in\mathscr{H}^1$. 从而由(28.5)有

$$\begin{aligned}\|\overline{M}^{T_n}\|_{\mathscr{H}^1} &\leqslant(2\sqrt{2}+3)\boldsymbol{E}[(\overline{M}^{T_n})_\infty^*] \\ &\leqslant(2\sqrt{2}+3)\boldsymbol{E}[\overline{M}_\infty^*].\end{aligned}$$

于是令 $n\to\infty$，(28.5)仍然成立，注意到$[\overline{M}]_\infty=[M]_\infty+\varepsilon^2$，故由

(28.5)可得

$$\|M\|_{\mathscr{H}^1} \leqslant \|\overline{M}\|_{\mathscr{H}^1} \leqslant (2\sqrt{2}+3)(E[M_\infty^*]+\varepsilon).$$

在上式中令 $\varepsilon \downarrow 0$ 可得

$$\|M\|_{\mathscr{H}^1} \leqslant (2\sqrt{2}+3)E[M_\infty^*] \tag{28.6}$$

最后，我们解除 $M_0=0$ 的假定. 取 $M'=M-M_0$，我们有 $(M')_\infty^* \leqslant M_\infty^* + |M_0| \leqslant 2M_\infty^*$，故由(28.6)有

$$\begin{aligned}\|M\|_{\mathscr{H}^1} = E\left[\sqrt{[M]_\infty}\right] &= E\left[\sqrt{[M']_\infty + M_0^2}\right] \\ &\leqslant \|M'\|_{\mathscr{H}^1} + E[|M_0|] \\ &\leqslant (2\sqrt{2}+3)E[(M')_\infty^*] + E[M_\infty^*] \\ &\leqslant (7+4\sqrt{2})E[M_\infty^*].\end{aligned}$$

(28.2)的证明与定理 10.25 的证明类似. □

作为 Davis 不等式的一个重要的推论，我们有

10.29 定理 设 M 为一局部鞅，则为要 $M \in \mathscr{H}^1$，必须且只需 $E[M_\infty^*] < \infty$. 此外 $\|M\|_{\mathscr{H}^1}$ 和 $\|M_\infty^*\|_1$ 是 $\mathscr{H}^1$ 上的两个等价范数. 特别，$\mathscr{H}^1$ 按范数 $\|\cdot\|_{\mathscr{H}^1}$ 是 *Banach* 空间.

§5. B-D-G 不等式

首先，我们给出两个纯分析的结果. 其一是经典的 Young 不等式，其二是有关缓增凸函数的一个结果.

10.30 定义 设 $\Phi(t)$ 为 $\boldsymbol{R}_+$ 上的一个非负单调增凸函数，且 $\Phi(0)=0$. 易知：存在 $\boldsymbol{R}_+$ 上非负右连续增函数 φ 使得 $\Phi(t) = \int_{[0,t]} \varphi(s)ds$. 我们称 φ 为 Φ 的**右导数**. 令

$$\psi(t) = \inf\{s \geqslant 0 : \varphi(s) > t\}, \quad t \geqslant 0. \tag{30.1}$$

则 ψ 是 $\boldsymbol{R}_+$ 上非负右连续增函数（参见引理 1.37，ψ 为 φ 的右逆函数）. 取

$$\Psi(t) = \int_{[0,t]} \psi(s)ds. \tag{30.2}$$

则 $\Psi(t)$ 为一 $\boldsymbol{R}_+$ 上非负单调增凸函数,[1] 称 Ψ 为 Φ 的**共轭凸函数**.

10.31 引理 设 $\Phi(t)$ 为 $\boldsymbol{R}_+$ 上的一非负单调增凸函数,$\Phi(0)=0$,$\Psi(t)$ 为其共轭凸函数. 则对一切 u, $v>0$,有如下的 Young 不等式:

$$uv \leqslant \Phi(u)+\Psi(v). \tag{31.1}$$

证明 采用定义 10.30 的记号. 我们有

$$\Phi(u)+\Psi(v)=\int_{[0,u]}\varphi(s)ds+\int_{[0,v]}\psi(s)ds.$$

若 $\varphi(u)>v$, 则 $\psi(v)\leqslant u$. 由 Lebesgue 引理(引理 1.38), 我们有(注意 $\sup\{s:\psi(s)\leqslant u\}=\varphi(u)$)

$$\begin{aligned}\Phi(u)+\Psi(v)&=u\varphi(u)-\int_{[0,u]}sd\varphi(s)+\int_{[0,v]}\psi(s)ds\\&=u\varphi(u)-\int_{\{s:\psi(s)\leqslant u\}\cap]v,\infty[}\psi(s)ds\\&\geqslant u\varphi(u)-u(\varphi(u)-v)=uv.\end{aligned}$$

若 $\varphi(u)\leqslant v$, 则 $\psi(v)\geqslant u$. 同法可证(31.1). □

10.32 定义 设 $\Phi(t)$ 为 $\boldsymbol{R}_+$ 上非负单调增凸函数,且 $\Phi(0)=0$. 称 $\Phi(t)$ 为**缓增凸函数**,如果存在常数 c, 使得对一切 $t\geqslant 0$ 有

$$\Phi(2t)\leqslant c\Phi(t).$$

设 $\Phi(t)$ 为一缓增凸函数,φ 为其右导数,我们可以引进另一个常数 ρ:

$$\rho=\sup_{u\geqslant 0}\frac{u\varphi(u)}{\Phi(u)}. \tag{32.1}$$

下一引理概括了缓增凸函数的主要性质.

10.33 引理 设 $\Phi(t)$ 为 $\boldsymbol{R}_+$ 上缓增凸函数,$\Psi(t)$ 为其共轭凸函数,φ,ψ 分别为 Φ,Ψ 的右导数. 则

1) $c\geqslant 2$, $1\leqslant\rho\leqslant c-1$,

2) 对一切 $t\geqslant 1$, $u\geqslant 0$, 有 $\Phi(tu)\leqslant t^{\rho}\Phi(u)$,

---

1) 若 $\varphi(\infty-)=t_0<\infty$,则当 $t\geqslant t_0$ 时 $\Psi(t)=+\infty$. 从而当 $t>t_0$ 时 $\Psi(t)=+\infty$. 但有可能 $\Psi(t_0)<\infty$,这时,$\Psi(t)$ 在 t_0 只是左连续的.

3）对一切 $u\geqslant 0$，$\Psi(\varphi(u))\leqslant(\rho-1)\Phi(u)$.

证明 1)我们有

$$\Phi(u)=\int_{[0,u]}\varphi(s)ds\leqslant u\varphi(u)\leqslant\int_u^{2u}\varphi(s)ds$$
$$=\Phi(2u)-\Phi(u)\leqslant(c-1)\Phi(u).$$

因此 $1\leqslant\rho\leqslant c-1$. 特别 $c\geqslant\rho+1\geqslant 2$.

2）由 ρ 的定义知：对一切 $s>0$ 及 $u\geqslant 0$ 有

$$\frac{su\varphi(su)}{\Phi(su)}\leqslant\rho.$$

于是对一切 $t\geqslant 1$ 有

$$\log\frac{\Phi(tu)}{\Phi(u)}=\int_1^t\frac{u\varphi(su)}{\Phi(su)}ds\leqslant\int_1^t\frac{\rho}{s}ds=\rho\log t,$$

即 $\Phi(tu)\leqslant t^{\rho}\Phi(u)$.

3）由 Lebesgue 引理，我们有(注意 $\sup\{s:\psi(s)\leqslant u\}=\varphi(u)$)

$$\int_{[0,u]}sd\varphi(s)=\int_{\{s:\psi(s)\leqslant u\}}\psi(s)ds=\int_{[0,\varphi(u)]}\psi(s)ds,$$

$$\Psi(\varphi(u))+\Phi(u)=\int_{[0,\varphi(u)]}\psi(s)ds+u\varphi(u)-\int_{[0,u]}sd\varphi(s)$$
$$=u\varphi(u)\leqslant\rho\Phi(u).$$

由此推得 3).

借助上述两个引理，我们能够证明如下的引理.

10.34 引理 设 Φ 为 $\boldsymbol{R}_+$ 上的缓增凸函数，φ 为其右导数，ξ,η 为两个非负随机变量. 若

$$\boldsymbol{E}[\Phi(\xi)]<\infty,\quad \boldsymbol{E}[\Phi(\xi)]\leqslant\boldsymbol{E}[\eta\varphi(\xi)],\tag{34.1}$$

则

$$\boldsymbol{E}[\Phi(\xi)]\leqslant\rho^{\rho+1}\boldsymbol{E}[\Phi(\eta)].\tag{34.2}$$

证明 令 Ψ 为 Φ 的共轭凸函数，ψ 为 Ψ 的右导数. 由 Ψ 的凸性及 $\rho\geqslant 1$，我们有

$$\Psi\left(\frac{\varphi(\xi)}{\rho}\right)\leqslant\frac{1}{\rho}\Psi(\varphi(\xi)).$$

故由引理 10.31 及 10.33 可得

$$\eta\varphi(\xi)=\rho\eta\frac{\varphi(\xi)}{\rho}\leqslant\Phi(\rho\eta)+\Psi\left(\frac{\varphi(\xi)}{\rho}\right)$$
$$\leqslant\rho^{\rho}\Phi(\eta)+\frac{1}{\rho}\Psi(\varphi(\xi))$$
$$\leqslant\rho^{\rho}\Phi(\eta)+\frac{\rho-1}{\rho}\Phi(\xi).$$

于是由(34.1)得

$$\boldsymbol{E}[\Phi(\xi)]\leqslant\rho^{\rho}\boldsymbol{E}[\Phi(\eta)]+\frac{\rho-1}{\rho}\boldsymbol{E}[\Phi(\xi)].$$

由此推出(34.2). □

注 若在引理中 $\Phi(t)=t^p(1<p<\infty)$，则直接由 Holder 不等式可得到

$$\boldsymbol{E}[\eta\varphi(\xi)]=\boldsymbol{E}[\eta(p\xi^{p-1})]\leqslant p(\boldsymbol{E}[\xi^p])^{\frac{p-1}{p}}(\boldsymbol{E}[\eta^p])^{\frac{1}{p}}.$$

故由(34.1)有

$$\boldsymbol{E}[\xi^p]\leqslant p^p\boldsymbol{E}[\eta^p] \tag{34.3}$$

这比相应的(34.2)更精确(这时 $\rho=p$).

下一引理通常称为 **Garsia 引理**

10.35 引理 设 $A=(A_t)$ 为一适应增过程，ξ,η 为两个非负可积随机变量，若 $\xi\geqslant A_\infty$ a.s.，且下列两个条件之一成立：

a) $\xi\in\mathscr{F}_\infty$，且对任一停时 T

$$\boldsymbol{E}[\xi|\mathscr{F}_T]-A_{T-}I_{[T>0]}\leqslant\boldsymbol{E}[\eta|\mathscr{F}_T]\quad\text{a.s.}, \tag{35.1}$$

b) $\xi\in\mathscr{F}_\infty$，A 可料，$A_0=0$，且对任一可料时 T

$$\boldsymbol{E}[\xi|\mathscr{F}_T]-A_T\leqslant\boldsymbol{E}[\eta|\mathscr{F}_T]\quad\text{a.s.}, \tag{35.2}$$

则对一切 $\lambda>0$ 有

$$\int_{[\xi\geqslant\lambda]}(\xi-\lambda)d\boldsymbol{P}\leqslant\int_{[\xi\geqslant\lambda]}\eta d\boldsymbol{P}. \tag{35.3}$$

进而，若 Φ 为 $\boldsymbol{R}_+$ 上非负单调增凸函数，$\Phi(0)=0$，则

$$\boldsymbol{E}[\Phi(\xi)]\leqslant\boldsymbol{E}[\eta\varphi(\xi)], \tag{35.4}$$

其中 φ 是 Φ 的右导数.

证明 首先指出，(35.3)与(35.4)是等价的，事实上，在(35.4)中取 $\Phi(t)=(t-\lambda)^+$ 及 $\varphi(t)=I_{[\lambda,\infty[}(t)$，则得到(35.3). 反

之，在(35.3)两端关于 $d\varphi(\lambda)$ 积分可得(35.4).

现在来证明(35.3). 先设 a)成立，令

$$T = \inf\{t : A_t \geqslant \lambda\}.$$

则 $A_{T-}I_{[T>0]} \leqslant \lambda$，且因 $[\xi \geqslant \lambda] = [T < \infty] \cup [T = \infty, \xi \geqslant \lambda] \in \mathscr{F}_T$，由(35.1)有

$$\int_{[\xi\geqslant\lambda]}(\xi - \lambda)dP \leqslant \int_{[\xi\geqslant\lambda]}(\xi - A_{T-}I_{[T>0]})dP$$

$$\leqslant \int_{[\xi\geqslant\lambda]}\eta dP.$$

再设 b)成立. 这时 $T = \inf\{t : A_t \geqslant \lambda\}$ 为可料时，且 $T > 0$. 设 (T_n) 为预报 T 的可料时序列，则由(35.2)

$$E[\xi | \mathscr{F}_{T_n}] - A_{T_n} \leqslant E[\eta | \mathscr{F}_{T_n}] \quad \text{a.s.}.$$

令 $n \to \infty$ 可得(系 2.19 及定理 3.4.11)

$$E[\xi | \mathscr{F}_T] - A_{T-} \leqslant E[\eta | \mathscr{F}_{T-}] \quad \text{a.s.}. \tag{35.5}$$

由于 $[\xi \geqslant \lambda] = [T < \infty] \cup [T = \infty, \xi \geqslant \lambda] \in \mathscr{F}_{T-}$ 且 $A_{T-} \leqslant \lambda$，故由(35.5)推得(35.3). □

应用 Garsia 引理及引理 10.34，我们立即得到 **Burkholder-Davis-Gundy** 不等式(简称 **B-D-G** 不等式).

10.36 定理 设 M 为一局部鞅，Φ 为 $\boldsymbol{R}_+$ 上一缓增凸函数，使得 $\Phi(M_\infty^*)$ 及 $\Phi(\sqrt{[M]_\infty})$ 可积，则有

$$\rho^{-(\rho+1)}(7 + 4\sqrt{2})^{-\rho} E\left[\Phi\left(\sqrt{[M]_\infty}\right)\right]$$

$$\leqslant E[\Phi(M_\infty^*)] \leqslant \rho^{\rho+1}(2\sqrt{6})^\rho E\left[\Phi\left(\sqrt{[\sqrt{M}]_\infty}\right)\right], \tag{36.1}$$

其中 ρ 由(32.1)所定义.

证明 令 $A = M^*$，$\xi = M_\infty^*$，$\eta = 2\sqrt{6}\sqrt{[M]_\infty}$. 则由定理 10.25 及引理 10.35，我们有 $E[\Phi(\xi)] \leqslant E[\eta\varphi(\xi)]$. 再由引理 10.34，我们有

$$E[\Phi(\xi)] \leqslant \rho^{\rho+1} E[\Phi(\eta)]. \tag{36.2}$$

但由引理 10.33，$\Phi(\eta) \leqslant (2\sqrt{6})^\rho \Phi(\sqrt{[M]_\infty})$，故由(36.2)可得

(36.1)的第二个不等式.(36.1)的第一个不等式可同法推出. □

注 设$\Phi(t)=t^p(p>1)$，相应于(36.1)的不等式通常称为**Burkholder 不等式**.

§6. 鞅空间 $\mathscr{H}^p$, $p>1$

10.37 定义 设M为一局部鞅，$1<p<\infty$. 取

$$\|M\|_{\mathscr{H}^p}=\left(\boldsymbol{E}\left[\left(\sqrt{[M]_\infty}\right)^p\right]\right)^{1/p}=\|\sqrt{[M]_\infty}\|_p,$$

$$\mathscr{H}^p=\{M\in\mathscr{M}_{\text{loc}}:\|M\|_{\mathscr{H}^p}<\infty\}. \tag{37.1}$$

$\mathscr{H}^p$中每个元素称为$\mathscr{H}^p$**鞅**. 显然$\mathscr{H}^p$是线性空间.

10.38 定理 设$1<p<\infty$. 令

$$\mathscr{M}^p=\{M\in\mathscr{M}:\|M_\infty\|_p<\infty\}.$$

则$\mathscr{H}^p=\mathscr{M}^p$，$\|M\|_{\mathscr{H}^p}$，$\|M_\infty^*\|_{L^p}$及$\|M_\infty\|_{L^p}$是彼此等价的范数.

证明 首先由Burkholder不等式知，$\|M\|_{\mathscr{H}^p}$和$\|M_\infty^*\|_{L^p}$是$\mathscr{H}^p$上两个等价范数. 其次由Doob不等式知，$\|M_\infty\|_{L^p}$和$\|M_\infty^*\|_{L^p}$是$\mathscr{M}^p$上两个等价范数. 因此$\mathscr{H}^p=\mathscr{M}^p$，$\|M\|_{\mathscr{H}^p}$，$\|M_\infty^*\|_{L^p}$和$\|M_\infty\|_{L^p}$彼此等价. □

10.39 定理 设p，q是一对共轭指数，则$\mathscr{H}^p$的对偶空间是$\mathscr{H}^q$. 此外，若$M\in\mathscr{H}^p$，$N\in\mathscr{H}^q$，则$K=MN-[M,N]\in\mathscr{H}^1$.

证明 由于L^p的对偶空间是L^q且$\mathscr{M}^p$与L^p保范同构，故由定理10.38可知，$\mathscr{H}^p$的对偶空间为$\mathscr{H}^q$. 设$M\in\mathscr{H}^p$，$N\in\mathscr{H}^q$. 由 Kunita-Watanabe 不等式我们有

$$\boldsymbol{E}\left[\int_{[0,\infty[}|d[M,N]_s|\right]\leqslant\|M\|_{\mathscr{H}^p}\|N\|_{\mathscr{H}^p}<\infty.$$

因为$K_\infty^*\leqslant M_\infty^*N_\infty^*+\int_{[0,\infty[}|d[M,N]_s|\in L^1$，故$K\in\mathscr{H}^1$. □

下一定理与定理10.24相类似，它给出$H.M\in\mathscr{H}^p$的充分条件.

10.40 定理 设M为一局部鞅，$p>1$，H为一可选过程，使

得

$$E\left[\left(\int_{[0,\infty[}H_s^2d[M]_s\right)^{\frac{p}{2}}\right]<\infty.$$

则有

$$\|H.M\|_{\mathscr{H}^p}\leqslant C_p\left(E\left[\left(\int_{[0,\infty[}H_s^2d[M]_s\right)^{\frac{p}{2}}\right]\right)^{1/p},\quad(40.1)$$

其中 C_p 是一只与 p 有关的常数.

证明 记 $L=H.M$. 对任一有界鞅 N, $K=LN-H.[M,N]$ 是一局部鞅. 由 Kunita-Watanabe 不等式 有

$$E\left[\int_{[0,\infty[}|H_s\|\ d[M,N]_s|\right]$$

$$\leqslant\left(E\left[\left(\int_{[0,\infty[}H_s^2d[M]_s\right)^{p/2}\right]\right)^{1/p}\|N\|_{\mathscr{H}^q}<\infty\ ,$$

其中 q 是 p 的共轭指数(即 $\frac{1}{p}+\frac{1}{q}=1$). 由定理 10.24,我们有 $E[L_\infty^*]<\infty$, 于是 $K_\infty^*\leqslant L_\infty^*H_\infty^*+\int_{[0,\infty[}|H_s||d[M,N]_s|\in L^1$ 且 $K\in\mathscr{M}$. 特别,

$$E[L_\infty N_\infty]=E\left[\int_{[0,\infty[}H_sd[M,N]_s\right]$$

$$\leqslant\left(E\left[\left(\int_{[0,\infty[}H_s^2d[M]_s\right)^{p/2}\right]\right)^{1/p}\|N\|_{\mathscr{H}^q}$$

$$\leqslant\overline{C}_p\|N_\infty\|_q\left(E\left[\left(\int_{[0,\infty[}H_s^2d[M]_s\right)^{p/2}\right]\right)^{1/p},\quad(40.2)$$

其中 $\overline{C}_p$ 是一个仅依赖 p 的常数. 因为有界可测函数全体在 L^p 中稠,由(40.2)可得

$$\|L_\infty\|_p\leqslant\overline{C}_p\left(E\left[\left(\int_{[0,\infty[}H_s^2d[M]_s\right)^{p/2}\right]\right)^{1/p}.$$

从而推得(40.1). □

§7. John-Nirenberg 不等式

下一引理属于 Stroock[1].

10.41 引理 设 $X=(X_t)$ 为一右连左极适应过程，假定 $\lim\limits_{t\to\infty}X_t=X_\infty$ a. s. 存在且有限. 若存在非负可积随机变量 ξ，使得对任一停时 T，有

$$E[|X_\infty - X_{T-}I_{[T>0]}||\mathscr{F}_T] \leqslant E[\xi|\mathscr{F}_T] \quad \text{a.s.}, \tag{41.1}$$

则对所有 $\lambda\geqslant 0$，$\mu>0$，我们有

$$\mu P(X_\infty^* \geqslant \lambda+\mu) \leqslant 2\int_{[X_\infty^*\geqslant\lambda]} \xi dP. \tag{41.2}$$

证明 设 $0<\mu'<\mu$. 取

$$T=\inf\{t: |X_t|\geqslant\lambda\},\ S=\inf\{t: |X_t|\geqslant\lambda+\mu'\}.$$

则 $T\leqslant S$，$X_{T-}I_{[T>0]}\leqslant\lambda$，且

$$[X_\infty^*>\lambda+\mu'] \subset [|X_s|\geqslant\lambda+\mu']$$
$$\subset [|X_T|\geqslant\lambda]\cap[|X_S-X_{T-}I_{[T>0]}|\geqslant\mu'].$$

因为 $|X_S-X_{T-}I_{[T>0]}|\leqslant|X_\infty-X_{T-}I_{[T>0]}|+|X_\infty-X_S|$，故

$$\begin{aligned} P(X_\infty^*>\lambda+\mu') &\leqslant \frac{1}{\mu'}\int_{[|X_T|\geqslant\lambda]}|X_S-X_{T-}I_{[T>0]}|dP \\ &\leqslant \frac{1}{\mu'}\Big[\int_{[|X_T|\geqslant\lambda]}|X_\infty-X_{T-}I_{[T>0]}|dP \\ &\qquad + \int_{[|X_T|\geqslant\lambda]}|X_\infty-X_S|dP\Big]. \end{aligned} \tag{41.3}$$

由于 $[|X_T|\geqslant\lambda]\in\mathscr{F}_T$，故由(41.1)，我们有

$$\int_{[|X_T|\geqslant\lambda]}|X_\infty-X_{T-}I_{[T>0]}|dP \leqslant \int_{[|X_T|\geqslant\lambda]}\xi dP \leqslant \int_{[X_\infty^*\geqslant\lambda]}\xi dP.$$

此外，因为 $\lim\limits_{n\to\infty}X_{(S+\frac{1}{n})-}=X_S$，由 Fatou 引理得

$$\begin{aligned} \int_{[|X_T|\geqslant\lambda]}|X_\infty-X_S|dP &\leqslant \lim_{n\to\infty}\int_{[|X_T|\geqslant\lambda]}|X_\infty-X_{(S+\frac{1}{n})-}|dP \\ &\leqslant \int_{[|X_T|\geqslant\lambda]}\xi dP. \end{aligned}$$

于是由(41.3)可得

$$\mu' P(X_\infty^*>\lambda+\mu') \leqslant 2\int_{[X_\infty^*\geqslant\lambda]}\xi dP. \tag{41.4}$$

在(41.4)中令 $\mu'\uparrow\mu$ 推得(41.2). □

注 设 $A\in\mathscr{F}_0$. 仿照定理的证明，可知对一切 $\lambda\geqslant 0,\mu>0$

$$\mu\boldsymbol{P}([X_\infty^*\geqslant\lambda+\mu]\cap A)\leqslant 2\int_{[|X*_\infty\geqslant\lambda]\cap A}\xi dP. \qquad (41.5)$$

下一定理中的不等式(42.2)通常称为 **John-Nirenberg** 不等式.

10.42 定理 设 $X=(X_t)$ 为一适应右连左极过程，$\lim\limits_{t\to\infty}X_t=X_\infty$ a.s. 存在且有限. 若存在常数 $c>0$，使对任一停时 T，有

$$\boldsymbol{E}[|X_\infty-X_{T-}I_{[T>0]}\|\mathscr{F}_T]\leqslant c \quad \text{a.s.}, \qquad (42.1)$$

则当 $0\leqslant\lambda<\dfrac{1}{8c}$ 有

$$\boldsymbol{E}[e^{\lambda X_\infty^*}]<\frac{6}{1-8c\lambda}, \qquad (42.2)$$

且对一切停时有

$$\boldsymbol{E}[\exp(\lambda|X_\infty-X_{T-}I_{[T>0]}|)|\mathscr{F}_T]<\frac{6}{1-8c\lambda} \quad \text{a.s.}, \qquad (42.3)$$

证明 由定理 10.41，我们有

$$4c\boldsymbol{P}(X_\infty^*\geqslant 4nc)\leqslant 2c\boldsymbol{P}(X_\infty^*\geqslant 4(n-1)c),\ n\geqslant 1.$$

于是有

$$\boldsymbol{P}(X_\infty^*\geqslant 4nc)\leqslant 2^{-n}\leqslant e^{-\frac{n}{2}}.$$

当 $0\leqslant\lambda<\dfrac{1}{8c}$ 时，我们有

$$\begin{aligned}\boldsymbol{E}[e^{\lambda X_\infty^*}]&\leqslant\sum_{n=0}^{\infty}e^{4c\lambda(n+1)}\boldsymbol{P}(4cn\leqslant X_\infty^*<4c(n+1))\\&\leqslant e^{4c\lambda}\sum_{n=0}^{\infty}e^{-(\frac{1}{2}-4c\lambda)n}\\&=e^{4c\lambda}[1-e^{-(\frac{1}{2}-4c\lambda)}]^{-1}.\end{aligned} \qquad (42.4)$$

但当 $0<\alpha\leqslant\dfrac{1}{2}$ 时，有 $e^{-\alpha}\leqslant 1-\dfrac{\alpha}{\sqrt{e}}$，故由(42.4)可得

$$\boldsymbol{E}[e^{\lambda X_\infty^*}]\leqslant e^{\frac{1}{2}+4c\lambda}\left[\frac{1}{2}-4c\lambda\right]^{-1}$$

$$< \frac{2e}{1-8c\lambda} < \frac{6}{1-8c\lambda}.$$

设 $A \in \mathscr{F}_0$ 且 $\boldsymbol{P}(A)>0$. 由(41.4),运用同样的论证可得

$$\boldsymbol{E}[e^{\lambda X_\infty^*} I_A] < \frac{6}{1-8c\lambda}\boldsymbol{P}(A).$$

于是有

$$\boldsymbol{E}[e^{\lambda X_\infty^*} | \mathscr{F}_0] < \frac{6}{1-8c\lambda} \quad \text{a. s.}. \tag{42.5}$$

设 T 为一停时,对 $(\mathscr{F}_{T+t})_{t\geqslant 0}$-适应过程 $(X_{T+t} - X_{T-}I_{[T>0]})_{t\geqslant 0}$ 应用(42.5)得

$$\boldsymbol{E}[\exp(\lambda \sup_{t\geqslant T}|X_t - X_{T-}I_{[T>0]}|)\mathscr{F}_T] \leqslant \frac{6}{1-8c\lambda} \quad \text{a.s.}.$$

特别,(42.3)成立. □

下一定理是 $\mathscr{BMO}$-鞅的 Nirenberg 型不等式.

10.43 定理 设 $M \in \mathscr{BMO}$ 且 $\|M\|_{\mathscr{BMO}} = m$.

1) 当 $\lambda < \frac{1}{8m}$,我们有

$$\boldsymbol{E}[e^{\lambda M_\infty^*}] < \frac{6}{1-8m\lambda}. \tag{43.1}$$

2) 当 $\lambda < \frac{1}{m^2}$,对任一停时 T,有

$$\boldsymbol{E}[\exp\{\lambda([M]_\infty - [M]_{T-}I_{[T>0]})\} | \mathscr{F}_T] \leqslant \frac{1}{1-\lambda m^2}. \tag{43.2}$$

证明 1) 设 T 为一停时,由 Jensen 不等式得

$$\begin{aligned}&\boldsymbol{E}[|M_\infty - M_{T-}I_{[T>0]}| \| \mathscr{F}_T] \\ &\leqslant (\boldsymbol{E}[(M_\infty - M_{T-}I_{[T>0]})^2 | \mathscr{F}_T])^{1/2} \leqslant m.\end{aligned}$$

于是由定理 10.42 可推得(43.1)

2) 考虑增过程 $A=[M]$. 由于 $M \in \mathscr{BMO}$,对任一停时 T 有 $\boldsymbol{E}[A_\infty - A_{T-}I_{[T>0]} | \mathscr{F}_T] \leqslant m^2$ a. s.. 由 Garsia 引理(引理 10.35),我们有 $\boldsymbol{E}[A_\infty^n] \leqslant \boldsymbol{E}[m^2(nA_\infty^{n-1})]$, $n\geqslant 1$. 于是用归纳法可得

$$\boldsymbol{E}[A_\infty^n] \leqslant m^{2n}n!, \quad n=0, 1, 2, \cdots,$$

和

$$E[\exp(\lambda A_\infty)] \leqslant \frac{1}{1-\lambda m^2}.$$

于是(43.2)可与(42.3)一样证明. □

注 若我们不用 Garsia 引理而对$[M]$直接应用定理 10.42，可得到如下较弱的结果：当 $\lambda<\frac{1}{8m^2}$，对一切停时 T 我们有

$$E[\exp\{\lambda([M]_\infty-[M]_{T-}I_{[T>0]})\}|\mathscr{F}_T]<\frac{6}{1-8m^2\lambda}.$$

下一定理给出 $\mathscr{BMO}$-鞅的另一个表征.

10.44 定理 设 M 为一致可积鞅，则 $M\in\mathscr{BMO}$ 当且仅当存在常数 $c>0$，使得对任一停时 T，有

$$E[|M_\infty-M_{T-}I_{[T>0]}\|\mathscr{F}_T]\leqslant c \quad \text{a.s.}. \tag{44.1}$$

证明 必要性由 Jensen 不等式推得，往证充分性. 由定理 10.42，当 $\lambda<\frac{1}{8c}$ 我们有

$$E[\exp(\lambda|M_\infty-M_{T-}I_{[T>0]}|)|\mathscr{F}_T]<\frac{6}{1-8c\lambda}.$$

因此

$$E[(M_\infty-M_{T-}I_{[T>0]})^2|\mathscr{F}_T]<\frac{12}{(1-8c\lambda)\lambda^2} \quad \text{a.s.}.$$

从而 $M\in\mathscr{BMO}$. □

问题与补充

10.1 设 M 为一局部鞅，H 为一可选过程，使得 $H.M\in\mathscr{M}^2$. 则对任一停时 T 有

$$E[((H.M)_\infty-(H.M)_T)^2|\mathscr{F}_T] \leqslant E\left[\int_{]T,\infty[}H_s^2d[M]_s|\mathscr{F}_T\right] \quad \text{a.s.}.$$

10.2 设 $M\in\mathscr{BMO}$，H 为一可选过程，$|H|\leqslant 1$. 则 $\|H.M\|_{\mathscr{BMO}}\leqslant\sqrt{5}\,\|M\|_{\mathscr{BMO}}$.

10.3 $\mathscr{H}^{1,c}=\mathscr{H}^1\cap\mathscr{M}_{\text{loc}}^c$和$\mathscr{H}^{1,d}=\mathscr{H}^1\cap\mathscr{M}_{\text{loc}}^d$都是$\mathscr{H}^1$的闭子空间.

10.4 设$M\in\mathscr{BMO}$. 若$\Delta M\geqslant -1+\varepsilon$, $\varepsilon\in]0,1]$, 则$\mathscr{E}(M)\in\mathscr{M}$.

10.5 设$M\in\mathscr{M}_{\text{loc},0}^c$.

1) 若$\boldsymbol{E}\left[\exp\left\{\frac{1}{2}\langle M\rangle_\infty\right\}\right]<\infty$, 则$\mathscr{E}(M)\in\mathscr{M}$.

2) 若$\boldsymbol{E}\left[\exp\left\{\frac{r}{2}\langle M\rangle_\infty\right\}\right]<\infty$, $r>1$,则$\mathscr{E}(M)\in\mathscr{H}^p$, $p=\frac{r^2}{2r-1}$.

10.6 设$M\in\mathscr{M}_{\text{loc}}$,且对任一停时$T$有$\boldsymbol{E}[|\Delta M_T|I_{[T<\infty]}]<\infty$, 则

$$[M\to]=[[M]_\infty<\infty]\quad \text{a.s.}.$$

10.7 设$A\in\mathscr{A}_{\text{loc}}^+$且$\widetilde{A}_\infty=\infty$,又若对任一停时$T$,有$\boldsymbol{E}[\Delta A_T I_{[T<\infty]}]<\infty$,则$\lim\limits_{t\to\infty}\frac{A_t}{\widetilde{A}_t}=1$ a.s.,

10.8 设$M\in\mathscr{M}_{\text{loc}}$. 取

$$B=\langle M^c\rangle+\sum\frac{\Delta M^2}{1+|\Delta M|}.$$

又A为B的补偿元,则

1) $[A_\infty<\infty]\subset[M\to]$ a.s..

2) 若对任一停时T, $\boldsymbol{E}[|\Delta M_T|I_{[T<\infty]}]<\infty$,则

$$[A_\infty<\infty]=[M\to]\quad \text{a.s.}.$$

3) 若$\boldsymbol{E}[A_\infty]<\infty$, 则$M\in\mathscr{M}$.

10.9 设M为一鞅,且$\sup\limits_{t\geqslant 0}\boldsymbol{E}[|M_t|]<\infty$. 又$N\in\mathscr{M}_{\text{loc}}$, $[N]\leqslant[M]$,则$\boldsymbol{P}([N\to])=1$

10.10 设$X\in\mathscr{S}$, $p>1$. 置

$$\|X\|_{\mathscr{S}^p}=\inf\{\|\sqrt{[M]_\infty}+\int_{[0,\infty[}|dA_s|\,\|_p: X=M+A,\ M\in\mathscr{M}_{\text{loc}},\ A\in\mathscr{V}\},$$

$$\mathscr{S}^p = \{X \in S : \|X\|_{\mathscr{S}_p} < \infty\}.$$

则 1) $\mathscr{S}^p$为一向量空间，且$\mathscr{S}^p \subset \mathscr{S}_p$.

2) $\mathscr{H}^p \subset \mathscr{S}^p$，且对$M \in \mathscr{H}^p$，有$\|M\|_{\mathscr{H}^p} = \|M\|_{\mathscr{S}^p}$.

3) 对每个$X \in \mathscr{S}^p$，有

$$\|X_\infty^*\|_p \leqslant C_p \|X\|_{\mathscr{S}^p},$$

其中C_p是只依赖p的常数.

4) 设$X \in \mathscr{S}^p$且$X = M + A$为其典则分解，则

$$\left\| \sqrt{[M]_\infty} + \int_{[0,\infty[} |dA_s| \right\|_p \leqslant 2(1+p) \|X\|_{\mathscr{S}^p}.$$

同时$\mathscr{S}^p$为一Banach 空间.

10.11 设$p \geqslant 1$, $q \geqslant 1$, $r \geqslant 1$，且$\frac{1}{p} + \frac{1}{q} = \frac{1}{r}$. 若$X \in \mathscr{S}^p$, H为可料过程使得$\|H_\infty^*\|_q < \infty$，则$H$是$X$-可积的，且

$$\|H.X\|_{\mathscr{H}^r} \leqslant \|\mathscr{H}_\infty^*\|_q \|\mathscr{X}\|_{\mathscr{S}^p},$$

$$\|(\mathscr{H}.\mathscr{X})_\infty^*\|_r \leqslant \mathscr{C}_r \|\mathscr{H}_\infty^*\|_q \|\mathscr{X}\|_{\mathscr{S}^p},$$

其中C_r是仅依赖于r的常数.

10.12 设$X, X^{(n)} \in \mathscr{S}^p$. 称$(X^{(n)})$在$\mathscr{S}^p$中准局部收敛于$X$，是指存在停时序列$(T_k)$, $T_k \uparrow \infty$，使得

$$\lim_{n\to\infty} \|(X^{(n)} - X)^{T_k-}\|_{\mathscr{S}^p} = 0.$$

则下列两个事实等价：

1) $\lim\limits_{n\to\infty} \sum\limits_{k=1}^{\infty} 2^{-k} \boldsymbol{E}[(X^{(n)} - X)_k^* \wedge 1] = 0$,

2) 对$(X^{(n)})$的每个子列，可进一步选取它的一个子列，使其在$\mathscr{S}^p$中准局部收敛于X(参见问题 8.20).

第十一章　半鞅的特征

在本章我们首先引进随机测度，它是研究半鞅的跳的最有用的工具．随后运用跳测度来建立半鞅的积分表示，并引进与之相联系的半鞅可料特征．十分有趣的是独立增量过程的经典的 Lévy-Itô 分解就是半鞅积分表示的特殊形式．在最后一节我们研究另一类简单有用的半鞅——跳跃过程，它在应用概率与统计中起着重要的作用．

§1.　随机测度

11.1 定义　设$(E, \mathscr{B}(E))$为可测空间．定义

$$(\widetilde{\Omega}, \widetilde{\mathscr{F}}) = (\Omega \times \boldsymbol{R}_+ \times E, \mathscr{F} \times \mathscr{B}(\boldsymbol{R}_+) \times \mathscr{B}(E)),$$

$$\widetilde{\mathscr{O}} = \mathscr{O} \times \mathscr{B}(E), \quad \widetilde{\mathscr{P}} = \mathscr{P} \times \mathscr{B}(E).$$

$\widetilde{\mathscr{O}}$($\widetilde{\mathscr{P}}$)称为$\widetilde{\Omega}$上**可选（可料）σ-域**．$\widetilde{\Omega}$上的$\widetilde{\mathscr{O}}$($\widetilde{\mathscr{P}}$)可测函数称为$\widetilde{\Omega}$上的**可选（可料）函数**．

$(E, \mathscr{B}(E))$假定为 Lusin 空间，即 E 为某一紧距离空间的 Borel 子空间，$\mathscr{B}(E)$为 E 上的 Borel 域．例如，$(E, \mathscr{B}(E))$可以是离散空间，$(\boldsymbol{R}, \mathscr{B}(\boldsymbol{R}))$或 n 维空间$(\boldsymbol{R}^n, \mathscr{B}(\boldsymbol{R}^n))$．在本书中，我们主要讨论实随机过程．除非特别说明，我们约定$(E, \mathscr{B}(E))$就取为$(\boldsymbol{R}, \mathscr{B}(\boldsymbol{R}))$．

11.2 引理　设W为$\widetilde{\Omega}$上可选（可料）函数，(α_t)为可选（可料）过程，T为一停时，则

$$W(\omega, T, \alpha_T(\omega)) I_{[T<\infty]}(\omega) \in \mathscr{F}_T (\text{resp. } \mathscr{F}_{T-}) \qquad (2.1)$$

证明　容易看出当$W(\omega, t, x) = f(\omega, t) g(x)$，$f(\omega, t) \in \mathscr{O}$($\mathscr{P}$)及$g(x) \in \mathscr{B}(E)$，(2.1)成立．这样对一般的可选（可料）$W$，

(2.1)可由单调类定理推出. □

11.3 定义 $\Omega\times(\mathscr{B}(\boldsymbol{R}_+)\times\mathscr{B}(E))$上非负函数$\mu$称为**随机测度**，若

1）对每个$\omega\in\Omega$，$\mu(\omega,\ \cdot)$是$\mathscr{B}(\boldsymbol{R}_+)\times\mathscr{B}(E)$上的$\sigma$-有限测度，

2）对每个$\hat{B}\in\mathscr{B}(\boldsymbol{R}_+)\times\mathscr{B}(E)$，$\mu(\cdot,\ B)$是$(\Omega,\ \mathscr{F})$上的随机变量.

对$\widetilde{B}\in\widetilde{\mathscr{F}}$，定义

$$M_\mu(\widetilde{B})=\boldsymbol{E}\left[\int_{R_+\times E}I_{\widetilde{B}}(\omega,\ t,\ x)\mu(\omega,\ dt,\ dx)\right].$$

则M_μ是$(\widetilde{\Omega},\ \widetilde{\mathscr{F}})$上的测度，并称之为$\mu$**产生的测度**. 若$M_\mu$为有限测度：$M_\mu(\widetilde{\Omega})<\infty$，则称$\mu$**为可积的**. 若$M_\mu$限于$\widetilde{\mathscr{O}}(\widetilde{\mathscr{P}})$为$\sigma$-有限的，则称$\mu$为**可选(可料)$\sigma$-可积的**.

显然，随机测度概念是增过程概念的推广，设$A=(A_t(\omega))$为一增过程，取$E=\{x_0\}$为一单点集，$\mathscr{B}(E)=\{\varnothing,\ E\}$，则

$$\mu(\omega,\ dt,\ dx)=dA_t(\omega)\delta_{x_0}(dx)$$

为一随机测度，且

$$\mu([0,\ t]\times E)=A_t.$$

需要指出，一般来说一个随机测度μ可对所有$t\geqslant0$及$B\in\mathscr{B}(E)$，$\mu([0,\ t]\times B)$都取值无穷.

若$W\in\widetilde{\mathscr{F}}^+$，则

$$\nu(\omega,\ \hat{B})=\int_{\hat{B}}W(\omega,\ t,\ x)\mu(\omega,\ dt,\ dx),$$
$$\hat{B}\in\mathscr{B}(\boldsymbol{R}_+)\times\mathscr{B}(E),\tag{3.1}$$

仍为一随机测度，(3.1)也记为$\nu=W.\mu$或$d\nu=Wd\mu$.

设$W\in\widetilde{\mathscr{F}}$. 若对每个$t\geqslant0$

$$\int_{[0,\ t]\times E}|W|d\mu<\infty,$$

规定$W*\mu=(W*\mu_t)$如下：

$$W * \mu_t = \int_{[0,t]\times E} W d\mu, \quad t \geqslant 0.$$

显然,$W * \mu$ 是一个有限变差过程.

随机测度 μ 称为**可选的**(**可料的**),若对任一使 $W * \mu$ 存在的可选(可料)函数 W,$W * \mu$ 是一可选(可料)过程.

易见,若对每个 $t \geqslant 0$, $1 * \mu_t < \infty$,则为要 μ 是可选的(可料的)当且仅当对每个 $B \in \mathscr{B}(E)$,$1_B * \mu = (\mu([0, t] \times B))_{t\geqslant 0}$ 为可选的(可料的). 下一结果是容易的.

11.4 引理 设 μ 是一可选(可料)随机测度,W 是一可选(可料)非负实函数,则 $\nu = W \cdot \mu$ 是一个可选(可料)随机测度.

11.5 定理 设 μ 和 ν 是两个可选(可料)随机测度且可选(可料)σ-可积,又在 $\widetilde{\mathscr{O}}(\widetilde{\mathscr{P}})$ 上 $\boldsymbol{M}_\mu$ 和 $\boldsymbol{M}_\nu$ 相等,则 $\mu = \nu$,即 μ 和 ν 是无区别的:

$$\boldsymbol{P}(\{\omega : \exists\ \hat{B} \in \mathscr{B}(\boldsymbol{R}_+) \times \mathscr{B}(E) \text{ 使得 } \mu(\omega, \hat{B}) \neq \nu(\omega, \hat{B})\}) = 0.$$

证明 设 $\widetilde{A}_n \in \widetilde{\mathscr{O}}(\widetilde{\mathscr{P}})$,$\widetilde{A}_n \uparrow \widetilde{\Omega}$,且对每个 n,$\boldsymbol{M}_\mu(\widetilde{A}_n) = \boldsymbol{M}_\nu(\widetilde{A}_n) < \infty$. 令 $\mathscr{D}$ 为满足 $\sigma(\mathscr{D}) = \mathscr{B}(E)$ 的可列 π-类. 对每个 n 及 $D \in \mathscr{D}$ 规定

$$U = (I_{\widetilde{A}_n} I_D) * \mu, \quad V = (I_{\widetilde{A}_n} I_D) * \nu.$$

则 U 和 V 都是可选(可料)可积增过程. 对任一非负可选(可料)过程 H,我们有

$$\boldsymbol{E}\left[\int_{R_+} H_t dU_t\right] = \boldsymbol{M}_\mu[I_{\widetilde{A}_n} I_D H] = \boldsymbol{M}_\nu[I_{\widetilde{A}_n} I_D H]$$
$$= \boldsymbol{E}\left[\int_{R_+} H_t dV_t\right].$$

因此 U 和 V 是无区别的. 从而

$$\boldsymbol{P}\left(\left\{\omega : \int_{[0,t]\times D} I_{\widetilde{A}_n} d\mu\right.\right.$$
$$\left.\left. = \int_{[0,t]\times D} I_{\widetilde{A}_n} d\nu, \forall\ t \geqslant 0,\ \forall\ D \in D\right\}\right) = 1.$$

由测度延拓唯一性可得

$$P\left(\left\{\omega:\int_{\hat{B}} I_{\tilde{A}_n}d\mu=\int_{\hat{B}} I_{\tilde{A}_n}d\nu,\forall\ \hat{B}\in\mathscr{B}(\boldsymbol{R}_+)\times\mathscr{B}(E)\right\}\right)=1. \tag{5.1}$$

在(5.1)中令 $n\to\infty$ 即推得 $\mu=\nu$. □

11.6 定理 设 m 为$(\tilde{\Omega},\tilde{\mathscr{F}})$上的测度，且其限于$\tilde{\mathscr{O}}(\tilde{\mathscr{P}})$上为 σ-有限的. 为要存在可选(可料)随机测度 μ 使 $m=\boldsymbol{M}_\mu$ 当且仅当

i)对任一不足道集 $N\subset\Omega\times\boldsymbol{R}_+$，$m(N\times E)=0$，

ii)对任一 $\tilde{A}\in\tilde{\mathscr{O}}(\tilde{\mathscr{P}})$，使得 $m(\tilde{A})<\infty$，及有界可测过程 X 有

$$m(XI_{\tilde{A}})=m({}^{o}XI_{\tilde{A}})\qquad(m(XI_{\tilde{A}})=m({}^{p}XI_{\tilde{A}})).$$

在此情况下，可选(可料)随机测度 μ 是唯一确定的.

证明 我们只讨论可选情况. 必要性. i)是显然的：对任一不足道集 N，$\boldsymbol{M}_\mu(N\times E)=0$. 注意 $Y=I_{\tilde{A}}*\mu$ 是一可选可积增过程，对任一有界可测过程 X 有

$$m(XI_{\tilde{A}})=\boldsymbol{M}_\mu(XI_{\tilde{A}})=\boldsymbol{E}\left[\int_{R+}X_t dY_t\right]=\boldsymbol{E}\left[\int_{R+}{}^{0}X_t dY_t\right]$$
$$=\boldsymbol{M}_\mu({}^{0}XI_{\tilde{A}})=m({}^{0}XI_{\tilde{A}}).$$

充分性. 首先，假定 m 是有限测度，则 m 可作如下分解：

$$m(d\omega,dt,dx)=n(\omega,t,dx)m(d\omega,dt,E), \tag{6.1}$$

其中对每个 $B\in\mathscr{B}(E)$，$n(\omega,t,B)$是 $m(d\omega,dt,B)$关于 $m(d\omega,dt,E)$在 $\mathscr{O}$ 上的 Radon-Nikodym 导数，同时它又是一个可选过程(定理 5.14)；对所有(ω,t)，$n(\omega,t,\cdot)$是 $\mathscr{B}(E)$上的概率测度.

将定理 5.11 和 5.13 用于 $m(d\omega,dt,E)$，我们可知存在可选增过程 $A=(A_t)$使得对任一非负可测过程 X 有

$$m(X)=\boldsymbol{E}\left[\int_{R+}X_t dA_t\right]. \tag{6.2}$$

取

$$\mu(\omega,dt,dx)=n(\omega,t,dx)dA_t(\omega).$$

不难验证 μ 是可选可积随机测度. 由(6.1)，(6.2)，对任一 $B\in\mathscr{B}(E)$及有界可测过程有

$$m(XI_B)=m({}^0XI_B)=\int_{\Omega\times R_+}{}^0X_t(\omega)n(\omega,t,B)m(d\omega,dt,E)$$
$$=\boldsymbol{E}\left[\int_{R_+}{}^0X_t(\omega)n(\omega,t,B)dA_t(\omega)\right]$$
$$=\boldsymbol{E}\left[\int_{R_+}X_t(\omega)n(\omega,t,B)dA_t(\omega)\right]$$
$$=\boldsymbol{E}\left[\int_{R_+\times B}X_t(\omega)\mu(\omega,dt,dx)\right]=\boldsymbol{M}_\mu(XI_B)$$

于是由测度延拓唯一性可得在 $\widetilde{\mathscr{F}}$ 上 $m=\boldsymbol{M}_\mu$.

现在假定 m 是 σ-有限的. 这时存在 $\widetilde{\mathscr{O}}$ 中互不相交集合序列 $(\widetilde{A}_n)$ 使得 $\widetilde{\Omega}=\bigcup_n\widetilde{A}_n$, 且对每个 n, $m(A_n)<\infty$. 将上述结果用于有限测度 $m(WI_{\widetilde{A}_n})$ 可知存在可选可积随机测度 μ_n, 使 $m(WI_{\widetilde{A}_n})=\boldsymbol{M}_{\mu_n}(W)$, 对任一 $W\in\widetilde{\mathscr{F}}^+$ 成立. 取

$$\mu=\sum_{n=1}^{\infty}I_{\widetilde{A}_n}\cdot\mu_n.$$

则容易看出 μ 是可选随机测度且 $m=\boldsymbol{M}_\mu$, μ 的唯一性可由定理 11.5 推出. □

11.7 定义 设 μ 为一随机测度. 若存在一个可料随机测度 ν, 满足

i) ν 为可料 σ 可积的,

ii) 限于 $\widetilde{\mathscr{P}}$ 上, $\boldsymbol{M}_\mu$ 与 $\boldsymbol{M}_\nu$ 相同,

则称 μ **有可料对偶投影或补偿子** ν, ν 为 μ 的**可料对偶投影或补偿子**. 当然, 随机测度的可料对偶投影(若存在)必由定理 11.6 唯一地确定. μ 的可料对偶投影也记为 μ^p 或 $\widetilde{\mu}$.

注 我们也可定义随机测度的可选对偶投影, 但本书并不需要用到它.

11.8 定理 随机测度 μ 具有可料对偶投影当且仅当它是可料 σ-可积的.

证明 必要性是显然的. 往证充分性.

对任一有界非负可测过程 X 及非负有界 $\mathscr{B}(E)$ 可测函数 h，取

$$m(Xh) = \boldsymbol{M}_{\mu}({}^{p}Xh).$$

因为 $\boldsymbol{M}_{\mu}$ 在 $\widetilde{\mathscr{P}}$ 上 σ-有限，m 可唯一地延拓为 $\widetilde{\mathscr{F}}$ 上的测度. 显然，m 和 $\boldsymbol{M}_{\mu}$ 在 $\widetilde{\mathscr{P}}$ 上是相同的. 容易看出，m 满足定理 11.6 的要求，因而存在可料随机测度 ν 使 $m=\boldsymbol{M}_{\nu}$. 于是 ν 是可料 σ-可积，且 $\nu=\widetilde{\mu}$. □

11.9 定理 设随机测度 μ 有可料对偶投影，$W\in\widetilde{\mathscr{F}}^{+}$ 且 $\nu=W\cdot\mu$ 为可料 σ-可积随机测度，则 ν 具有如下可料对偶投影：

$$\widetilde{\nu} = U.\widetilde{\mu}$$

其中 $U=\boldsymbol{M}_{\mu}[W|\widetilde{\mathscr{P}}]$.

证明 由假定 $\boldsymbol{M}_{\nu}$ 在 $\widetilde{\mathscr{P}}$ 上 σ-可积，这表明 $\boldsymbol{W}$ 关于 $\boldsymbol{M}_{\mu}$ 在 $\widetilde{\mathscr{P}}$ 上 σ-可积. 于是 $U=\boldsymbol{M}_{\mu}[W|\widetilde{\mathscr{P}}]$是有限的. 设 H 为 $\widetilde{\Omega}$ 上可料函数使得 $\boldsymbol{M}_{\nu}(|H|)=\boldsymbol{M}_{\mu}(|HW|)<\infty$，则

$$\boldsymbol{M}_{\nu}(H) = \boldsymbol{M}_{\mu}(HW) = \boldsymbol{M}_{\mu}(HU) = \boldsymbol{M}_{\widetilde{\mu}}(HU) = \boldsymbol{M}_{U\cdot\widetilde{\mu}}(H).$$

因此 $\widetilde{\nu}=U.\widetilde{\mu}$. □

11.10 系 设随机测度 μ 有可料对偶投影 $\widetilde{\mu}$，$W\in\widetilde{\mathscr{F}}$ 使得 $X=W*\mu$ 为局部可积变差过程，则 X 具有如下可料对偶投影：$\widetilde{X}=U*\widetilde{\mu}$，其中 $U=\boldsymbol{M}_{\mu}[W|\widetilde{\mathscr{P}}]$.

11.11 定理 设随机测度 μ 有可料对偶投影 $\widetilde{\mu}$，$W\in\widetilde{\mathscr{P}}^{+}$，又 T 为一可料时，则

$$\begin{aligned}&\int_{E} W(T,\ x)\widetilde{\mu}(\{T\},\ dx)I_{[T<\infty]}\\&= \boldsymbol{E}\left[\int_{E} W(T,\ x)\mu(\{T\},\ dx)I_{[T<\infty]}\middle|\mathscr{F}_{T-}\right]\quad \text{a. s.}.\end{aligned}\tag{11.1}$$

证明 设 $\widetilde{A}_n\in\widetilde{\mathscr{P}}$ 满足 $\widetilde{A}_n\uparrow\widetilde{\Omega}$，$\boldsymbol{M}_{\mu}(\widetilde{A}_n)<\infty$，且 W 在每个 $\widetilde{A}_n$ 上有界. 这时，$X^{(n)}=(WI_{\widetilde{A}_n})*\mu$ 为一可积增过程且具有可料对偶投影 $\widetilde{X}^{(n)}=(WI_{\widetilde{A}_n})*\widetilde{\mu}$. 因此 $\Delta\widetilde{X}_T^{(n)}I_{[T<\infty]}=\boldsymbol{E}[\Delta X_T^{(n)}I_{[T<\infty]}|\mathscr{F}_{T-}]$ a. s.，即

$$\int_E W(T, x) I_{\tilde{A}_n}(T, x)\tilde{\mu}(\{T\}, dx) I_{[T<\infty]}$$

$$= E\left[\int_E W(T, x) I_{\tilde{A}_n}(T, x)\mu(\{T\}, dx) I_{[T<\infty]} \mid \mathscr{F}_{T-}\right] \quad \text{a.s.}. \tag{11.2}$$

在(11.2)中令 $n\to\infty$ 即得(11.1). □

11.12 定义 随机测度 μ 称为**整值随机测度**,若

1) μ 取值于 $\{0, 1, 2, \cdots, +\infty\}$,

2) 对一切 $t\geqslant 0$, $\mu(\{t\}\times E)\leqslant 1$,

3) μ 是可选且可选 σ-可积的.

11.13 定理 μ 为整值随机测度当且仅当它有如下表示:

$$\mu(dt, dx) = \sum_s \delta_{(s, \beta_s)}(dt, dx) I_D(s) \tag{13.1}$$

其中 D 是一稀疏集(D 称为 μ 的**支集**),$\beta=(\beta_t)$ 为一可选过程.

证明 充分性. 只需验证 μ 是可选且可选 σ-可积的. 设 (T_n) 为一列图互不相交的停时, $D=\bigcup_n [\![T_n]\!]$, 又 $W\in\tilde{\mathscr{O}}$, $W*\mu$ 有意义,则

$$W*\mu = \sum_n W(T_n, \beta_{T_n}) I_{[\![T_n, \infty[\![}.$$

由引理 11.2, $W*\mu$ 是可选的,因此 μ 也可选. 另一方面,取 $\tilde{A}_n=(\bigcup_{k=1}^n [\![T_k]\!] \cup D^c)\times E$, 我们有 $\tilde{A}_n\in\tilde{\mathscr{O}}$, $\tilde{A}_n\uparrow\tilde{\Omega}$ 且 $M_\mu(\tilde{A}_n)\leqslant n$, 即 μ 是可选 σ-可积的.

必要性. 记 $D=\{(\omega, t): \mu(\{t\}\times E)=1\}$. D 是一稀疏集. 事实上,设 $\tilde{A}_n\in\tilde{\mathscr{O}}$ 使 $\tilde{A}_n\uparrow\tilde{\Omega}$, 且对每个 n, $M_\mu(\tilde{A}_n)<\infty$, 于是 $B^{(n)}=I_{\tilde{A}_n}*\mu$ 为一可选可积增过程,且 $D=\bigcup_n[\Delta B^{(n)}\neq 0]$. 不妨设 $D=\bigcup_n [\![T_n]\!]$, 其中 (T_n) 为一列图互不相交的停时.

由于 $\mathscr{B}(E)$ 是可列生成的且 E 中每一单点集都可测,若 $T_n(\omega)<\infty$, 则存在实数 $\beta_{T_n(\omega)}(\omega)$ 使 $\mu(\omega, \{(T_n(\omega), \beta_{T_n(\omega)}(\omega))\})=1$. 取

$$\beta = \sum_n \beta_{T_n} I_{[\![T_n]\!]}.$$

则(13.1)成立. 最后,只需证明 β 是可选的. 事实上,对每个 $B\in\mathscr{B}(E)$ 有

$$[\beta_{T_n}\in B, T_n<\infty]=[\mu(\{T_n\}\times B)=1,\quad T_n<\infty],$$

且 $\mu(\{T_n\}\times B)I_{[T_n<\infty]}$ 就是可选过程 $I_{[\![T_n]\!]\times B}*\mu$ 在 T_n 的跃度,故 $\beta_{T_n}I_{[T_n<\infty]}\in\mathscr{F}_{T_n}$,因而 β 是可选的. □

11.14 定理 设以 D 为支集的整值随机测度 μ 有可料对偶投影 ν. 取

$$a=(a_t),\quad a_t=\nu(\{t\}\times E),\quad t\geqslant 0. \tag{14.1}$$

$$J=[a>0], \tag{14.2}$$

$$K=[a=1], \tag{14.3}$$

则 a 是稀疏过程,$0\leqslant a\leqslant 1$, J 是 D 的可料支集,K 是含于 D 中的最大可料集(不计不足道集的差别).

证明 设 $\widetilde{A}_n\in\widetilde{\mathscr{P}}$, $\widetilde{A}_n\uparrow\widetilde{\Omega}$ 且对每个 n $\boldsymbol{M}_\mu(\widetilde{A}_n)<\infty$,则 $B^{(n)}=I_{\widetilde{A}_n}*\mu$ 为一可选可积增过程,其可料对偶投影为 $\widetilde{B}^{(n)}=I_{\widetilde{A}_n}*\nu$. 于是 $a=\lim\limits_n\Delta\widetilde{B}^{(n)}$ 是可料的. 显然,$D=\bigcup\limits_n[\Delta B^{(n)}\neq 0]$ 且 D 的可料支集为

$$\bigcup_n[\Delta\widetilde{B^{(n)}}\neq 0]=[a>0]=J.$$

因此 a 是一稀疏过程. 对任一可料时 T

$$a_TI_{[T<\infty]}=\boldsymbol{E}[\mu(\{T\}\times E)I_{[T<\infty]}|\mathscr{F}_{T-}]\quad\text{a.s.}. \tag{14.4}$$

但是 $0\leqslant\mu(\{t\}\times E)\leqslant 1$. 由截口定理我们有 $0\leqslant a\leqslant 1$.

现在假定 T 是可料时且满足 $[\![T]\!]\subset K=[a=1]$. 由(14.4)可得

$$\boldsymbol{E}[\mu(\{T\}\times E)I_{[T<\infty]}]=\boldsymbol{E}[a_TI_{[T<\infty]}]=\boldsymbol{P}(T<\infty).$$

因为 $0\leqslant\mu(\{T\}\times E)I_{[T<\infty]}\leqslant 1$,于是

$$\mu(\{T\}\times E)=1\quad\text{a.s. 在}[T<\infty]\text{上}.$$

因此 $[\![T]\!]\subset D$, 所以 $K\subset D$.

另一方面,若 H 是 D 的可料子集且存在可料时 T 使 $[\![T]\!]\subset H\backslash K$, $\boldsymbol{P}(T<\infty)>0$,亦由(14.4)可知 $a_TI_{[T<\infty]}=I_{[T<\infty]}$ a.s.,即 $[\![T]\!]\subset K$, 这与 $[\![T]\!]\subset H\backslash K$ 相矛盾,故必须有 $H\subset K$,即 K 是

含于 D 中的最大可料集. □

11.15 定理 设 $X=(X_t)$ 为一适应右连左极过程, $D=[\Delta X\neq 0]$, 则

$$\mu(dt,\ dx)=\sum_{s>0}\delta_{(s,\ \Delta X_s)}(dt,\ dx)I_D(s)$$

为一整值随机测度且具有可料对偶投影 ν.

μ 称为 X 的**跳测度**, ν 为 X 的 **Lévy 族**.

证明 已知 $D=[\Delta X\neq 0]$为一稀疏集且 ΔX 为一可选过程. 由定理 11.13 μ 为一整值随机测度. 剩下只要证明 M_μ 在 $\widetilde{\mathscr{P}}$ 上 σ-有限.

对 $n\geqslant 1$ 取

$$T_{n,0}=0,\quad T_{n,m}$$

$$=\inf\left\{t>T_{n,m-1}:\ \frac{1}{n}\leqslant|\Delta X_t|<\frac{1}{n-1}\right\},\quad m\geqslant 1,$$

则$\widetilde{A}_{n,m}=[\![0,\ T_{n,m}]\!]\times\left(\left[\frac{1}{n},\ \frac{1}{n-1}\right]\cup\{0\}\right)\in\widetilde{\mathscr{P}}$, $\bigcup\limits_{n,m}\widetilde{A}_{n,m}=\widetilde{\Omega}$ 且 $M_\mu(\widetilde{A}_{n,m})\leqslant m$. □

在这一节的其余部分我们都假定 μ 是一个整值随机测度, 具有可料对偶投影 ν 且 $\mu(\{0\}\times E)=0$. 我们将继续使用(13.1)及(14.1)—(14.3)规定的记号.

我们的目的是要规定可料函数 W 关于 $\mu-\nu$ 的随机积分. 事实上, 若 $W*\mu\in\mathscr{A}_{\text{loc}}$, 则因为 $W*\nu$ 是 $W*\mu$ 的可料对偶投影,

$$M=W*\mu-W*\nu$$

是具有局部可积变差的局部鞅且 $M_0=0$. 因而自然地规定 M 为 W 关于 $\mu-\nu$ 的随机积分且记为 $M=W*(\mu-\nu)$. 此外

$$\Delta M_t=\int_E W(t,\ x)\mu(\{t\},\ dx)-\int_E W(t,\ x)\nu(\{t\},\ dx),\quad t>0.$$

由此, 自然地给出下列关于一般随机测度的随机积分的定义.

11.16 定义 记

$$\hat{\nu}_t(dx)=\nu(\{t\},\ dx),\ t\geqslant 0.$$

若 W 为一可料函数, 且对所有 $t>0$, $\int_E|W(t,\ x)|\hat{\nu}_t(dx)<\infty$, 记

$$\hat{W}_t = \int_E W(t, x)\hat{\nu}_t(dx), \quad t \geqslant 0,$$

$$\widetilde{W}_t = \int_E W(t, x)\mu(\{t\}, dx) - \int_E W(t, x)\nu(\{t\}, dx)$$
$$= W(t, \beta_t)I_D(t) - \hat{W}_t, \quad t \geqslant 0.$$

显然，$\widetilde{W} = (\widetilde{W}_t)$ 和 $\hat{W} = (\hat{W}_t)$ 都是稀疏过程，且 $\hat{W}$ 是可料的. 由定理 11.11 可知 $^p(\widetilde{W}) = 0$. 令

$$\mathscr{G}(\mu) = \left\{W \in \widetilde{\mathscr{P}} : \forall\, t \geqslant 0 \int_E |W(t, x)|\hat{\nu}_t(dx) < \infty \text{ 且} \sqrt{\Sigma(\widetilde{W})^2} \in \mathscr{A}^+_{\text{loc}}\right\}.$$

则由定理 7.42，对每个 $W \in \mathscr{G}(\mu)$，存在唯一的纯断局部鞅 M 使 $\Delta M = \widetilde{W}$. 这一 M 称为 **W 关于 $\mu-\nu$ 的随机积分**，且记为 $W * (\mu-\nu)$ 或

$$M_t = \int_{[0, t]\times E} W(s, x)(\mu(ds, dx) - \nu(ds, dx)), \quad t \geqslant 0.$$

易见

$$[M] = \Sigma(\Delta M)^2 = \Sigma(\widetilde{W})^2.$$

显然，若 $W \in \widetilde{\mathscr{P}}$ 且 $W * \mu \in \mathscr{A}_{\text{loc}}$，则如同前面所说的，$W \in \mathscr{G}(\mu)$ 且 $W * (\mu-\nu) = W * \mu - W * \nu$.

11.17 定理 设 $W \in \mathscr{G}(\mu)$，$M = W * (\mu-\nu)$，则存在 $V \in \mathscr{G}(\mu)$ 使 $M = V * (\mu-\nu)$ 且

$$[a = 1] \subset [\hat{V} = 0]. \tag{17.1}$$

若不计 $\boldsymbol{M}_\mu$-零集的差别，上述 V 是唯一的.

证明 由随机积分的定义，在 $\widetilde{\Omega}$ 上有

$$\Delta M = W - \hat{W} \qquad \boldsymbol{M}_\mu\text{-a.e.}.$$

所以

$$U = \boldsymbol{M}_\mu[\Delta M | \widetilde{\mathscr{P}}] = W - \hat{W}, \quad \boldsymbol{M}_\mu\text{-a.e.}.$$

取

$$V = U + \frac{\hat{U}}{1-a} I_{[a<1]}.$$

因为$\hat{U}=\hat{W}-\hat{W}a=\hat{W}(1-a)$，我们有

$$V=W-\hat{W}+\hat{W}I_{[a<1]}=W-\hat{W}I_{[a=1]},\ \boldsymbol{M}_\mu\text{-a.e.}, \tag{17.2}$$

$$\hat{V}=\hat{W}-\hat{W}I_{[a=1]}a=\hat{W}I_{[a<1]}. \tag{17.3}$$

注意到$[a=1]\subset D$，可得

$$\begin{aligned}\widetilde{V}_t&=W(t,\beta_t)I_D(t)-\hat{W}_tI_{[a_t=1]}I_D(t)-\hat{W}_tI_{[a_t<1]}\\&=W(t,\beta_t)I_D(t)-\hat{W}_t=\widetilde{W}_t,\quad t\geqslant 0\end{aligned}$$

从而有$V\in\mathscr{G}(\mu)$及$M=V*(\mu-\nu)$. (17.1)由(17.3)推出.

另一方面，V的定义不依赖于W. 事实上，若

$$[a=1]\subset[\hat{W}=0],$$

则由(17.2)有

$$V=W,\qquad \boldsymbol{M}_\mu\text{-a.e.}.$$

V的唯一性由此推得. □

11.18 引理 设H为可料过程，则

$$\sum(HI_{JD^c})\in\mathscr{A}_{\text{loc}}\Leftrightarrow\Sigma(HI_J(1-a))\in\mathscr{A}_{\text{loc}}. \tag{18.1}$$

这时，$\Sigma(HI_J(1-a))$是$\Sigma(HI_{JD^c})$的可料对偶投影.

证明 设$J=\bigcup_n[\![T_n]\!]$，其中(T_n)为图互不相交的停时序列. 则因$a_{T_n}I_{[T_n<\infty]}=\boldsymbol{E}[I_D(T_n)I_{[T_n<\infty]}|\mathscr{F}_{T_n-}]$ a.s. 及$H_{T_n}\in\mathscr{F}_{T_n-}$，有

$$\begin{aligned}\boldsymbol{E}\Big[\sum_s|H_s|I_{JD^c}(s)\Big]&=\sum_n\boldsymbol{E}[|H_{T_n}|I_{D^c}(T_n)I_{[T_n<\infty]}]\\&=\sum_n\boldsymbol{E}[|H_{T_n}|(1-a_{T_n})I_{[T_n<\infty]}]\\&=\boldsymbol{E}\Big[\sum_s|H_s|I_J(s)(1-a_s)\Big].\end{aligned}\tag{18.2}$$

若T为一停时满足

$$\boldsymbol{E}\Big[\sum_{s\leqslant T}|H_s|I_{JD^c}(s)\Big]<\infty$$

$$\text{或}\qquad \boldsymbol{E}\Big[\sum_{s\leqslant T}|H_s|I_J(s)(1-a_s)\Big]<\infty,$$

则在(18.2)中用$HI_{[\![0,T]\!]}$代替$|H|$就可得到引理的结论. □

11.19 定理 设 $W\in\widetilde{\mathscr{P}}$ 且对所有 $t>0$，$\int_E|W(t,x)|\hat{\nu}_t(dx)<\infty$. 取

$$A=\frac{|W-\hat{W}|^2}{1+|W-\hat{W}|}*\nu+\sum\left(\frac{\hat{W}^2}{1+|\hat{W}|}(1-a)\right),$$

$$B=(|W-\hat{W}|^2I_{[|W-\hat{W}|\leqslant b]}+|W-\hat{W}|I_{[|W-\hat{W}|>b]})*\nu$$
$$+\sum(\hat{W}^2I_{[|\hat{W}|\leqslant b]}+|\hat{W}|I_{[|\hat{W}|>b]}),\quad b>0.$$

则

$$W\in\mathscr{G}(\mu)\Leftrightarrow A\in\mathscr{A}^+_{\rm loc}\Leftrightarrow B\in\mathscr{A}^+_{\rm loc}. \tag{19.1}$$

证明 因为 $\widetilde{W}$ 是一个稀疏过程，我们有

$$\sum_{s\leqslant t}\frac{\widetilde{W}_s^2}{1+|\widetilde{W}_s|}$$
$$=\sum_{s\leqslant t}\frac{|W(s,\beta_s)I_D(s)-\hat{W}_s|^2}{1+|W(s,\beta_s)I_D(s)-\hat{W}_s|}[\mu(\{s\}\times E)$$
$$+(1-\mu(\{s\}\times E))]$$
$$=\int_{[0,t]\times E}\frac{|W(s,x)-\hat{W}_s|^2}{1+|W(s,x)-\hat{W}_s|}\mu(ds,dx)$$
$$+\sum_{s\leqslant t}\frac{\hat{W}_s^2}{1+|\hat{W}_s|}I_{D^c}(s).$$

由系 11.10 及引理 11.18，$\Sigma(\frac{\widetilde{W}^2}{1+|\widetilde{W}|})\in\mathscr{A}^+_{\rm loc}\Leftrightarrow A\in\mathscr{A}^+_{\rm loc}$ 且这时 A 是 $\Sigma(\frac{\widetilde{W}^2}{1+|\widetilde{W}|})$ 的可料对偶投影.

用类似的计算可得

$$\Sigma(\widetilde{W}^2I_{[|\widetilde{W}|\leqslant b]}+|\widetilde{W}|I_{[|\widetilde{W}|>b]})$$
$$=\Sigma((\hat{W}^2I_{[|\hat{W}|\leqslant b]}+|\hat{W}|I_{[|\hat{W}|>b]})I_{D^c}$$
$$+(|W-\hat{W}|^2I_{[|W-\hat{W}|\leqslant b]}+|W-\hat{W}|I_{[|W-\hat{W}|>b]})*\mu$$

和

$$\Sigma(\widetilde{W}^2I_{[|\widetilde{W}|\leqslant b]}+|\widetilde{W}|I_{[|\widetilde{W}|>b]})\in\mathscr{A}^+_{\rm loc}\Leftrightarrow B\in\mathscr{A}^+_{\rm loc},$$

这时，B 是 $\Sigma(\widetilde{W}^2)I_{[|\widetilde{W}|\leqslant b]}+|\widetilde{W}|I_{[|\widetilde{W}|>b]})$ 的可料对偶投影，于是 (19.1) 可由引理 7.41 推出. □

11.20 系 $\mathscr{G}(\mu)$是一个向量空间，且对任何$W_1,W_2\in\mathscr{G}(\mu)$及实数$a$, b，有

$$(aW_1+bW_2)*(\mu-\nu)=a(W_1*(\mu-\nu))+b(W_2*(\mu-\nu)).$$

11.21 定理 1）下列$\mathscr{G}_1(\mu)$, $\mathscr{G}_2(\mu)$是$\mathscr{G}(\mu)$的子空间：

$$\mathscr{G}_1(\mu)=\{W\in\widetilde{\mathscr{P}}:\forall\, t\geqslant 0\int_E|W(t,\ x)|\hat{\nu}_t(dx)<\infty$$
$$\Sigma(|\widetilde{W}|)\in\mathscr{A}^+_{\mathrm{loc}}\},$$
$$\mathscr{G}_2(\mu)=\{W\in\widetilde{\mathscr{P}}:\forall\, t\geqslant 0\int_E|W(t,\ x)|\hat{\nu}_t(dx)<\infty$$
$$\Sigma(\widetilde{W}^2)\in\mathscr{A}^+_{\mathrm{loc}}\}.$$

2）$W\in\mathscr{G}_1(\mu)\Leftrightarrow|W-\hat{W}|*\nu+\Sigma(|\hat{W}|(1-a))\in\mathscr{A}^+_{\mathrm{loc}}\Leftrightarrow W*(\mu-\nu)\in\mathscr{W}_{\mathrm{loc}}$.

3）$W\in\mathscr{G}_2(\mu)\Leftrightarrow|W-\hat{W}|^2*\nu+\Sigma(\hat{W}^2(1-a))\in\mathscr{A}^+_{\mathrm{loc}}\Leftrightarrow W*(\mu-\nu)\in\mathscr{M}^{2,d}_{\mathrm{loc}}$. 且这时有

$$\begin{aligned}\langle W*(\mu-\nu)\rangle&=|W-\hat{W}|^2*\nu+\Sigma(\hat{W}^2(1-a))\\&=W^2*\nu-\Sigma(\hat{W}^2).\end{aligned}$$

在后一个等式中假定了$W^2*\nu\in\mathscr{A}^+_{\mathrm{loc}}$.

证明 1）容易由$\Sigma(\frac{\widetilde{W}^2}{1+|\widetilde{W}|})\leqslant\Sigma(|\widetilde{W}|)$和$\Sigma(\frac{\widetilde{W}^2}{1+|\widetilde{W}|})\leqslant\Sigma(\widetilde{W}^2)$推得．2)和3)的证明类似于定理11.19. 事实上，我们有$\Sigma(|\widetilde{W}|)=|W-\hat{W}|*\mu+\Sigma(|\hat{W}|I_{D^c})$和$\Sigma(\widetilde{W}^2)=|W-\hat{W}|^2*\mu+\Sigma(\widetilde{W}^2I_{D^c})$. □

11.22 定理 对每个$W\in\mathscr{G}(\mu)$存在$U\in\mathscr{G}_1(\mu)$及$V\in\mathscr{G}_2(\mu)$使$W=U+V$.

证明 取$M=W*(\mu-\nu)$及$A=\Sigma(\Delta MI_{[|\Delta M|>1]})$. 可知$A\in\mathscr{A}_{\mathrm{loc}}$(引理7.16). 取

$$U=(W-\hat{W})I_{[|W-\hat{W}|>1]}+\hat{W}I_{[|\hat{W}|>1]},$$
$$V=(W-\hat{W})I_{[|W-\hat{W}|\leqslant 1]}+\hat{W}I_{[|\hat{W}|\leqslant 1]}.$$

则$W=U+V$. 由于

$$\Delta A_t=\Delta M_tI_{[|\Delta M_t|>1]}$$

$$=\int_E (W(t,x)-\hat{W}_t)I_{[|W-\hat{W}|>1]}\mu(\{t\},dx)$$
$$-\hat{W}_t I_{[|\hat{W}|>1]}(1-\mu(\{t\}\times E))$$
$$=\int_E U(t,x)\mu(\{t\},dx)-\hat{W}_t I_{[|\hat{W}_t|>1]},$$

$\int_E U(t,x)\mu(\{t\},dx)=\Delta A_t+\hat{W}_t I_{[|\hat{W}_t|>1]}$ 的可料投影为

$$\hat{U}_t=\int_E U(t,x)\hat{\nu}_t(dx)=\Delta\widetilde{A}_t+\hat{W}_t I_{[|\hat{W}_t|>1]},$$

因而 $\widetilde{U}=\Delta(A-\widetilde{A})$ 且 $U\in\mathscr{G}_1(\mu)(U*(\mu-\nu)=A-\widetilde{A})$. 这样，我们有 $V=W-U\in\mathscr{G}(\mu)$ 且 $\Delta(V*(\mu-\nu))=\widetilde{V}$ 被 4 界住(因 $|V|\leqslant 2$)，$V*(\mu-\nu)\in\mathscr{M}^{2,d}_{\text{loc}}$ 以及 $V\in\mathscr{G}_2(\mu)$. □

11.23 定理 设 $W\in\mathscr{G}_2(\mu)$，$M=W*(\mu-\nu)$，H 为一可料过程，则为要 H 关于 M 可积当且仅当 $HW\in\mathscr{G}(\mu)$，且这时有

$$H.M=(HW)*(\mu-\nu). \tag{23.1}$$

证明 因为

$$H^2.[M]=\sum(H^2\Delta M^2)=\Sigma(H^2\widetilde{W}^2)=\Sigma(\widetilde{HW})^2,$$

H 关于 M 可积，即 $\sqrt{H^2.[M]}\in\mathscr{A}^+_{\text{loc}}$，等价于 $HW\in\mathscr{G}(\mu)$. 这时还有 $\Delta(H.M)=H\Delta M=H\widetilde{W}=(\widetilde{HW})$，因而(23.1)成立. □

§2. 半鞅的积分表示

11.24 定理 设 X 为特殊半鞅，且

$$X=M+A$$

为其典则分解，其中 M 为局部鞅，A 是可料有限变差过程，$A_0=0$. 设 μ 为 X 的跳测度，ν 为 μ 的可料对偶投影，则

$$M^d=x*(\mu-\nu) \tag{24.1}$$

证明 对任一可料时 T，我们有

$$\Delta A_T I_{[T<\infty]}=\boldsymbol{E}[\Delta X_T I_{[T<\infty]}|\mathscr{F}_{T-}]$$
$$=\boldsymbol{E}\left[\int_E x\mu(\{T\},dx)I_{[T<\infty]}|\mathscr{F}_{T-}\right]$$

$$= \int_E x\nu(\{T\}, dx) I_{[T<\infty]} \quad \text{a.s.}.$$

因此 ΔA 与 $(\int_E x\nu(\{t\}, dx))$ 无区别，且

$$\int_E x\mu(\{t\}, dx) - \int_E x\nu(\{t\}, dx)$$
$$= \Delta X_t - \Delta A_t = \Delta M_t = \Delta M_t^d, \quad t \geqslant 0.$$

按随机积分的定义，M^d 就是 $x * (\mu-\nu)$. □

11.25 定理 设 X 为半鞅，μ 为其跳测度，ν 为 μ 的可料对偶投影，则

$$X = X_0 + \alpha + X^c + (xI_{[|x|\leqslant 1]}) * (\mu - \nu) + (xI_{[|x|>1]}) * \mu, \tag{25.1}$$

其中 X^c 为 X 的连续鞅部分，α 为一可料有限变差过程，$\alpha_0=0$. 此外，我们有

$$\nu(\{0\} \times E) = \nu(\boldsymbol{R}_+ \times \{0\}) = 0, \tag{25.2}$$

$$(x^2 \wedge 1) * \nu \in \mathscr{A}_{\text{loc}}^+, \tag{25.3}$$

$$\Delta\alpha = \left(\int_{|x|\leqslant 1} x\hat{\nu}_t(dx)\right). \tag{25.4}$$

证明 注意 $(xI_{[|x|>1]}) * \mu = \Sigma(\Delta X I_{[|\Delta X|>1]})$，可知

$$Y = X - X_0 - (xI_{[|x|>1]}) * \mu, \quad t \geqslant 0, \tag{25.5}$$

是一个特殊半鞅（$|\Delta Y| \leqslant 1$），其典则分解为

$$Y = M + \alpha, \tag{25.6}$$

其中 M 为局部鞅且 $M_0=0$，α 为可料有限变差过程，$\alpha_0=0$. 显然

$$M^c = Y^c = X^c, \tag{25.7}$$

Y 的跳测度是 $I_{[|x|\leqslant 1]} * \mu$，其可料对偶投影是 $I_{[|x|\leqslant 1]} * \nu$. 由定理 11.24 我们有

$$M^d = (xI_{[|x|\leqslant 1]}) * (\mu - \nu). \tag{25.8}$$

这样(25.1)可由(25.5)—(25.8)推出.

(25.2)是明显的.(25.4)来自(24.2). 仅有(25.3)还需证明. 因为

$$(x^2 I_{[|x|\leqslant 1]}) * \mu = \Sigma((\Delta x)^2 I_{[|\Delta x|\leqslant 1]}) = \Sigma(\Delta Y)^2$$

以及 $|\Delta Y|\leqslant 1$，$(x^2 I_{[|x|\leqslant 1]})*\mu\in\mathscr{A}_{\mathrm{loc}}^+$ 且其可料对偶投影为 $(x^2 I_{[|x|\leqslant 1]}*\nu\in\mathscr{A}_{\mathrm{loc}}^+$. 另一方面，$I_{[|x|>1]}*\mu\in\mathscr{A}_{\mathrm{loc}}^+$ 是明显的，因此 $I_{[|x|>1]}*\nu\in\mathscr{A}_{\mathrm{loc}}^+$. 总之，$(x^2\wedge 1)*\nu\in\mathscr{A}_{\mathrm{loc}}^+$. □

（25.1）称为**半鞅 X 的积分表示**. 记 $\beta=\langle X^c\rangle$，三元体 $(\alpha,\ \beta,\ \nu)$ 称为**半鞅 X 的可料特征（或可料三元体或局部特征）**. 可料三元体是研究半鞅的一个重要工具，虽然一个半鞅或其分布律一般不能由其可料特征唯一确定.

11.26 系 一个半鞅 X 是一个特殊半鞅当且仅当

$$(|x|I_{[|x|>1]})*\mu=\Sigma(|\Delta X|I_{[|\Delta X|>1]})\in\mathscr{A}_{\mathrm{loc}}^+.$$

这时 X 的典则分解为

$$X=(X_0+X^c+x*(\mu-\nu))+(\alpha+(xI_{[|x|>1]})*\nu),\tag{26.1}$$

其中 μ 是 X 的跳测度，ν 为 μ 的可料对偶投影.

证明 由 X 的积分表示(25.1)可知 X 为特殊半鞅当且仅当 $\alpha+(xI_{[|x|>1]})*\mu\in\mathscr{A}_{\mathrm{loc}}$ 或等价地 $(xI_{[|x|>1]})*\mu\in\mathscr{A}_{\mathrm{loc}}$，因为 $\alpha\in\mathscr{A}_{\mathrm{loc}}$. 但 $(xI_{[|x|>1]})*\nu$ 是 $(xI_{[|x|>1]})*\mu$ 的可料对偶投影，(26.1) 可直接由(25.1)推出. □

11.27 系 设 X 为一个半鞅，具有积分表示(25.1)，又 f 为 $\boldsymbol{R}_+$ 上有界 $\boldsymbol{C}^2$-函数，则特殊半鞅 $f(X)$ 的典则分解为

$$f(X)=M+A,\tag{27.1}$$

$$M=f(X_0)+f'(X_-).X^c+[f(X_-+x)-f(X_-)]*(\mu-\nu),\tag{27.2}$$

$$A=f'(X_-).\alpha+\frac{1}{2}f''(X_-).\beta+[f(X_-+x)-f(X_-)-xf'(X_-)I_{[|x|\leqslant 1]}]*\nu.\tag{27.3}$$

特别，特殊半鞅 $Y=e^{iuX}(u\in\boldsymbol{R})$ 有下列典则分解：

$$Y=Y_0+(Y_-).N+(Y_-).H,\tag{27.4}$$

$$N=iuX^c+(e^{iux}-1)*(\mu-\nu),\tag{27.5}$$

$$H=iu\alpha-\frac{u^2}{2}\beta+(e^{iux}-1-iuxI_{[|x|\leqslant 1]})*\nu.\tag{27.6}$$

证明 运用 Itô 公式,积分表示(25.1)及定理 11.23,我们有

$$f(X)=f(X_0)+f'(X_-).(X-X_0)+\frac{1}{2}f''(X_-).\langle X^c\rangle$$
$$+\Sigma(f(X)-f(X_-)-f'(X_-)\Delta X)$$
$$=f(X_0)+f'(X_-).\alpha+f'(X_-).X^c$$
$$+(xf'(X_-)I_{[|x|\leqslant 1]})*(\mu-\nu)$$
$$+(xf'(X_-)I_{[|x|>1]})*\mu+\frac{1}{2}f''(X_-).\beta$$
$$+(f(X_-+x)-f(X_-)-xf'(X_-))*\mu$$
$$=f(X_0)+f'(X_-).X^c+(xf'(X_-)I_{[|x|\leqslant 1]})*(\mu-\nu)$$
$$+f'(X_-).\alpha+\frac{1}{2}f''(X_-).\beta+(f(X_-+x)$$
$$-f(X_-)-xf'(X_-)I_{[|x|\leqslant 1]})*\mu.$$

由于 f 有界,$f(X_-)$, $f'(X_-)$ 是局部有界的,$(f(X_-+x)-f(X_-)-xf'(X_-)I_{[|x|\leqslant 1]})*\mu$ 是具有局部有界跳的纯断有限变差过程,因而它属于 $\mathscr{A}_{\mathrm{loc}}$ 且其可料对偶投影为 $(f(X_-+x)-f(X_-)-xf'(X_-)I_{[|x|\leqslant 1]})*\nu$, 于是容易直接求出典则分解式(27.1),(27.2) 和(27.3).

将(27.1),(27.2)和(27.3)用于 $f(x)=e^{iux}$,即给出(27.4),(27.5)和(27.6). □

11.28 系 设 X 为半鞅且以(α, β, ν)为可料特征,则为要 X 是随机连续当且仅当对每个 $t>0$.

$$\nu(\{t\}\times E)=0 \quad \text{a.s.}.$$

这时,α 也是随机连续的.

证明 对每个 $t>0$,因为

$$\nu(\{t\}\times E)=\boldsymbol{P}[\Delta X_t\neq 0|\mathscr{F}_{t-}],$$

故有

$$\nu(\{t\}\times E)=0,\text{a.s.}\Leftrightarrow\boldsymbol{E}[\nu(\{t\}\times E)]$$
$$=0\Leftrightarrow\boldsymbol{P}(\Delta X_t\neq 0)=0.$$

而 X 随机连续就是 $\boldsymbol{P}(\Delta X_t\neq 0)=0$ 对每 $t>0$ 成立.

若 X 随机连续，则由(25.4)α 亦然. □

11.29 引理 设 X 为一适应右连左极过程. 若对某个实数 $u\neq 0$, e^{iuX} 为一半鞅，则 X 也是半鞅.

证明 设 g 是复平面上的 $\boldsymbol{C}^2$-函数，满足

$$g(e^{iy}) = y,\ \text{当}\ |y| \leqslant \frac{\pi}{4}.$$

取 $T_0=0$,

$$T_n = \inf\left\{t > T_{n-1}:\ |X_t - X_{T_{n-1}}| > \frac{\pi}{4|u|}\right\},\ n \geqslant 1.$$

则 $T_n \uparrow \infty$，且对每个 $n\geqslant 1$，有

$$g(e^{iu(X_t - X_{T_{n-1}})}) = u(X_t - X_{T_{n-1}}),\ T_{n-1} \leqslant t < T_n.$$

现在不难直接验证对每个 $n\geqslant 1$ 成立

$$X^{T_n} - X^{T_{n-1}}$$
$$= \frac{1}{u}g(Y_n) + \left[X_{T_n} - X_{T_{n-1}} - \frac{1}{u}g(e^{iu(X_{T_n} - X_{T_{n-1}})})\right]I_{[\![T_n,\infty[\![},$$

其中 $Y_n=e^{iu(X^{T_n}-X^{T_{n-1}})}$ 为一个半鞅. 因此对每个 $n\geqslant 1$, $X^{T_n}-X^{T_{n-1}}$ 是一个半鞅，于是 $X\in\mathscr{S}_{\text{loc}}=\mathscr{S}$. □

11.30 定理 设 X 为一适应右连左极过程，α 为可料有限变差过程，$\alpha_0=0$，β 为适应连续增过程，$\beta_0=0$，而 ν 为一可料随机测度，且满足

i) 对每个 $t>0$，$(x^2\wedge 1)*\nu_t<\infty$,

ii) $0\leqslant a\leqslant 1$，$a=(\nu(\{t\}\times E))$,

iii) $\nu(\{0\}\times E)=\nu(\boldsymbol{R}_+\times\{0\})=0$,

iv) $\Delta\alpha=\left(\int_{[|x|\leqslant 1]} x\nu(\{t\},dx)\right)$.

记 $k_u(x)=e^{iux}-1-iuxI_{[|x|\leqslant 1]}$ 和 $H(u)=iu\alpha-\frac{u^2}{2}\beta+h_u(x)*\nu$，则下列断言等价：

1) X 是一个以(α,β,ν)为可料特征的半鞅，

2) 对任一有界 $f\in\boldsymbol{C}^2(\boldsymbol{R})$，$f(X)-f(X_0)-f'(X_-).\alpha-\frac{1}{2}f''(X_-).\beta-[f(X_-+x)-f(X_-)-xf'(X_-)I_{[|x|\leqslant 1]}]*\nu\in\mathscr{M}_{\text{loc},0}$,

3) 对任一实数 u，$e^{iuX}-e^{iuX_0}-e^{iuX_-}.H(u)\in\mathscr{M}_{\text{loc},0}$.

证明 1) ⇒2)⇒3) 在系 11.27 中已经证明，只需证明 3) ⇒ 1).

首先，e^{iuX}是半鞅，于是由引理 11.29，X 本身也是半鞅．设 $(\tilde{\alpha},\tilde{\beta},\tilde{\nu})$为 X 的可料特征，取

$$\tilde{H}(u)=iu\tilde{\alpha}-\frac{1}{2}u^2\tilde{\beta}+k_u(x)*\tilde{\nu}.$$

则 $e^{iuX}-e^{iuX_0}-e^{iuX_-}.\tilde{H}(u)\in\mathscr{M}_{\text{loc},0}$. $e^{iuX_-}.(H(u)-\tilde{H}(u))\in\mathscr{M}_{\text{loc},0}$和 $H(u)-\tilde{H}(u)\in\mathscr{M}_{\text{loc},0}$. 但 $H(u)-\tilde{H}(u)$是可料有限变差过程，故对每个 u，$H(u)$和 $\tilde{H}(u)$是无区别的．因为 $H(u)$和 $\tilde{H}(u)$都关于 u 连续，所以我们有

$$\boldsymbol{P}(\{\omega:\forall\ (t,u)\quad H_t(u)=\tilde{H}_t(u)\})=1. \tag{30.1}$$

由直接计算可知

$$\begin{aligned}&H_t(u)-\frac{1}{2}\int_{-1}^{1}H_t(u+rv)dr\\&=\frac{v^2}{6}\beta_t+\int_{[0,t]\times E}e^{iux}\left(1-\frac{\sin vx}{vx}\right)\nu(ds,dx),\end{aligned}$$

它就是下列测度的特征函数

$$\frac{v^2}{6}\beta_t\delta_0(dx)+\int_0^t\left(1-\frac{\sin vx}{vx}\right)\nu(ds,dx).$$

注意到 $\nu(\boldsymbol{R}_+\times\{0\})=0$. 由(30.1)可得 β 与 $\tilde{\beta}$，ν 与 $\tilde{\nu}$ 分别都是无区别的．最后，α 与 $\tilde{\alpha}$ 也是无区别的. □

11.31 定理 设 X 是一个以(α,β,ν)为可料特征的半鞅，则下列断言等价：

1) 存在停时序列(T_n)满足 $T_n\uparrow\infty$及

$$\boldsymbol{E}[\sup_{t\leqslant T_n}|X_t-X_0|^2]<\infty \tag{31.1}$$

（这时，半鞅 X 称为**局部平方可积的**）.

2) 对每个 $t>0$，

$$x^2*\nu_t<\infty. \tag{31.2}$$

3) $X=X_0+M+A$，其中 M 为局部平方可积鞅，$M_0=0$，而 A

是有限变差可料过程且 $A_0=0$.

这时,我们有

$$\langle M\rangle=\beta+x^2*\nu-\Sigma(\Delta A)^2. \qquad (31.3)$$

证明 2)⇒3). 由于对每个 $t>0$, $\int_{[0,t]\times[|x|>1]}d\nu<\infty$, 故由(31.2)对每个 $t>0$,我们有 $\int_{[0,t]\times[|x|>1]}|x|d\nu<\infty$. 按系 11.26, X 是一个特殊半鞅. 令 $X=X_0+M+A$ 为 X 的典则分解,其中 $M\in\mathscr{M}_{\text{loc},0}$, $A\in\mathscr{A}_{\text{loc},0}$ 且 A 为可料的. 由定理 11.24 的证明可知 $\Delta A_t=\int_E x\nu(\{t\},dx)$. 于是 $\sum_{s\leqslant t}(\Delta A_s)^2\leqslant x^2*\nu_t$, $t>0$. 按定理 11.21. $x*(\mu-\nu)\in\mathscr{M}^2_{\text{loc},0}$ 且 $M=X^c+x*(\mu-\nu)\in\mathscr{M}^2_{\text{loc},0}$. 同时

$$\langle M\rangle=\langle X^c\rangle+\langle x*(\mu-\nu)\rangle=\beta+x^2*\nu-\Sigma(\Delta A)^2.$$

3) ⇒1). 由于 $M\in\mathscr{M}^2_{\text{loc}}$, $A=A_-+\Delta A$, A_- 又是局部有界的, $\Sigma(\Delta A)^2$ 为一可料增过程, $\Sigma(\Delta A)^2\in\mathscr{A}^+_{\text{loc}}$, 于是存在停时序列 (T_n) 使 $M^{T_n}\in\mathscr{M}^2$, A^{T_n-} 是有界的, 且 $\boldsymbol{E}\Big[\sum_{S\leqslant T_n}(\Delta A_s)^2\Big]<\infty$, 所以(31.1)成立.

1) ⇒2). 令 $S_n=\inf\Big\{t>0: \sum_{s\leqslant t}(\Delta X_s)^2\geqslant n\Big\}\wedge T_n$, 则 $S_n\uparrow\infty$, 且对每个 n 有

$$\boldsymbol{E}\Big[\sum_{s\leqslant S_n}(\Delta X_s)^2\Big]\leqslant n+4\boldsymbol{E}\big[\sup_{t\leqslant T_n}|X_t-X_0|^2\big]<\infty,$$

即 $x^2*\mu_t=\sum_{s\leqslant t}(\Delta X_s)^2$ 为局部可积增过程. 但其可料对偶投影为 $x^2*\nu_t$, 因此(31.2)成立. □

11.32 系 设 M 是以(α,β,ν)为可料特征的局部平方可积鞅, $M_0=0$, 则

$$\langle M\rangle=\beta+x^2*\nu.$$

11.33 定理 设 f 是 $\boldsymbol{R}_+$ 上的右连左极非随机函数,则 f 是一个半鞅当且仅当 f 是一个有限变差函数,即 f 在每个有限区间上为有界变差的.

证明 充分性是明显的,只需证必要性. 假定 f 是一个半鞅,

设 $f=f_0+M+A$ 为它的典则分解，(T_n) 为局部化序列使 $M^{T_n}\in\mathscr{M}_0$，$A^{T_n}\in\mathscr{A}_0$. 记 $F_n(t)$ 为 T_n 的分布函数，则有

$$f_0+\boldsymbol{E}[A_{t\wedge T_n}]=\boldsymbol{E}[f_{t\wedge T_n}]=\int_{[0,\infty]}f_{t\wedge s}F_n(ds)$$

$$=f_tF_n(]t,\infty])+\int_{[0,t]}f_sF_n(ds),$$

且

$$f_tF_n(]t,\infty])=f_0+\boldsymbol{E}[A_{t\wedge T_n}]-\int_{[0,t]}f_sF_n(ds)$$

是一个有限变差函数. 对每个 $t_0>0$,

$$F_n(]t_0,\infty])=\boldsymbol{P}(T_n>t_0)\to 1,\ 当\ n\to\infty.$$

我们可取 n 足够大使 $F_n(]t_0,\infty])>0$. 因为 $F_n(]t,\infty])\geqslant F_n(]t_0,\infty])>0$，$f$ 在 $[0,t_0]$ 上是有界变差的，所以 f 是一个有限变差函数. □

§3. Lévy 过 程

由于定理 2.68，今后我们常认为 Lévy 过程（即随机连续的独立增量过程）是右连左极的. 同时，对 Lévy 过程 $X=(X_t)$,

$$\varphi_t(u)=\boldsymbol{E}[e^{iu(X_t-X_0)}],\qquad u\in R.$$

是连续且不为零的,

$$Z_t(u)=\frac{e^{iu(X_t-X_0)}}{\varphi_t(u)},\quad t\geqslant 0$$

是一个鞅.

11.34 定理 设 X 为一个 Lévy 过程. 若 X 是一个半鞅，则对所有 $u\in\boldsymbol{R}$，$\varphi_t(u)$ 是一个有限变差函数. 反之，若对某个 $u\neq 0$，$\varphi_t(u)$ 是一个有限变差函数，则 X 是半鞅.

证明 不失一般性可假定 $X_0=0$. 若 $X\in\mathscr{S}$，则对所有 $u\in\boldsymbol{R}$，$e^{iuX}\in\mathscr{S}$. 因为 $Z_t(u)\neq 0$，$Z_{t-}(u)\neq 0$，$\varphi_t(u)=\dfrac{e^{iuX_t}}{Z_t(u)}\in\mathscr{S}$（参见问题 9.16）. 由定理 11.33，$\varphi(u)$ 是一个有限变差函数.

反之，若对某个 $u\neq 0$，$\varphi_t(u)$ 是有限变差函数，则 $e^{iuX_t}=Z_t(u)\varphi_t(u)\in\mathscr{S}$. 由引理 11.29，我们有 $X\in\mathscr{S}$. □

11.35 系 设 X 为一 Lévy 过程，则存在连续(非随机)函数 f 使 X-f 为半鞅.

证明 取 $f_t=\arg(\boldsymbol{E}[e^{i(X_t-X_0)}])$，则 $f_0=0$ 且因 $\varphi_t(u)\neq 0$，f 可取得是连续的. $X-f$ 仍为 Lévy 过程. 但

$$\boldsymbol{E}[e^{i(X_t-f_t-X_0)}]=|\boldsymbol{E}[e^{i(X_t-X_0)}]|$$

是一单调减函数，因而 $X-f\in\mathscr{S}$. □

11.36 定理 设 X 是一随机连续半鞅，则 X 是一 Lévy 过程当仅且当其可料特征(α, β, ν)为非随机的. 这时，我们有

i) α 是有限变差连续函数且 $\alpha_0=0$，

ii) β 是连续增函数且 $\beta_0=0$，

iii) ν 是$(\boldsymbol{R}_+\times E, \mathscr{B}(\boldsymbol{R}_+)\times\mathscr{B}(E))$上 σ-有限测度，且对所有 $t>0$有

$$\nu(\{t\}\times E)=\nu(\boldsymbol{R}_+\times\{0\})=0, \quad (x^2\wedge 1)*\nu_t<\infty.$$

特别，X 是拟左连续的.

证明 必要性. 为简单计设 $X_0=0$. 对 $Y=e^{iuX}$运用分部积分公式可得

$$\begin{aligned}Y_t=Z_t\varphi_t&=1+\int_0^t\varphi_s dZ_s+\int_0^t Z_{s-}d\varphi_s\\&=1+\int_0^t\varphi_s dZ_s+\int_0^t Y_{s-}\frac{1}{\varphi_s}d\varphi_s.\end{aligned}\tag{36.1}$$

比较(36.1)与(27.4)并注意到$|Y_-|=1$，我们有

$$H_t(u)=\int_0^t\frac{1}{\varphi_s(u)}d\varphi_s(u), \quad t\geqslant 0,\tag{36.2}$$

即对每个 u，$H(u)$与一非随机函数无区别，但 $H(u)$关于 u 连续，故对几乎所有 ω，(36.2)对所有 $t\in\boldsymbol{R}_+$ 及 $u\in\boldsymbol{R}$ 成立. 在定理 11.30 的证明中已看到 X 的可料特征(α, β, ν)由$\{H(u), u\in\boldsymbol{R}\}$完全确定，因此$(\alpha, \beta, \nu)$是非随机的. 条件 i)，ii)和 iii)可由定理 11.30 及系 11.28 直接推出.

充分性．只需证明对所有 $u\in\boldsymbol{R}$ 及 $0\leqslant s\leqslant t$ 有

$$\boldsymbol{E}[e^{iu(X_t-X_s)}\mid\mathscr{F}_s]=\boldsymbol{E}[e^{iu(X_t-X_s)}],$$

即对任意满足 $\boldsymbol{P}(A)>0$ 的 $A\in\mathscr{F}_s$ 有

$$\boldsymbol{E}[I_A e^{iu(X_t-X_s)}]=\boldsymbol{P}(A)\boldsymbol{E}[e^{iu(X_t-X_s)}]. \tag{36.3}$$

取 s 作为新的原点，对 $\widetilde{Y}_t=e^{iu(X_t-X_s)}$，$t\geqslant s$，运用系 11.27，我们有

$$\widetilde{Y}_t=1+\int_s^t\widetilde{Y}_{r-}dN_r+\int_s^t\widetilde{Y}_{r-}dH_r,\quad t\geqslant s.$$

因为

$$\sup_{s\leqslant r\leqslant t}\left|\int_s^t\widetilde{Y}_{r-}dN_r\right|=\sup_{s\leqslant r\leqslant t}\left|\widetilde{Y}_t-1-\int_s^t\widetilde{Y}_{r-}dH_r\right|\leqslant 2+\int_s^t|dH_r|$$

且 $\int_s^t|dH_r|$ 为非随机的，$(\int_s^t\widetilde{Y}_{r-}dN_r)_{t\geqslant s}$ 为一鞅（定理 7.12），于是

$$\boldsymbol{E}\left[I_A\int_s^t\widetilde{Y}_{r-}dN_r\right]=0,$$

$$\begin{aligned}\boldsymbol{E}[I_A\widetilde{Y}_t]&=\boldsymbol{E}[I_A]+\boldsymbol{E}\left[I_A\int_s^t\widetilde{Y}_{r-}dH_r\right]\\&=\boldsymbol{E}[I_A]+\int_s^t\boldsymbol{E}[I_A\widetilde{Y}_{r-}]dH_r.\end{aligned}$$

取 $f_t=\dfrac{\boldsymbol{E}[I_A\widetilde{Y}_t]}{\boldsymbol{P}(A)}$，我们有

$$f_t=1+\int_s^t f_{r-}dH_r,$$

且 $f_t=e^{H_t-H_s}$ 不依赖于 A. 这样

$$\frac{\boldsymbol{E}[I_A\widetilde{Y}_t]}{\boldsymbol{P}(A)}=\frac{\boldsymbol{E}[I_\Omega\widetilde{Y}_t]}{\boldsymbol{P}(\Omega)}=\boldsymbol{E}[\widetilde{Y}_t].$$

这就是(36.3). □

11.37 系 设 X 为一 Lévy 过程，$X_0=0$. 若 X 是一个半鞅，则其分布律由其可料特征(α,β,ν)唯一确定.

证明 前面我们已证得(见 27.4)和(27.6)

$$\begin{aligned}\varphi_t(u)=\exp\Big\{&iu\alpha_t-\frac{1}{2}u^2\beta_t\\&+\int_{[0,t]\times E}(e^{iux}-1-iuxI_{[|x|\leqslant 1]})\nu(ds,dx)\Big\}.\end{aligned} \tag{37.1}$$

于是对一切 $0 \leqslant s < t$ 有

$$E[e^{iu(X_t - X_s)}] = \varphi_{s,t}(u) = \frac{\varphi_t(u)}{\varphi_s(u)}$$

$$= \exp\left\{iu(\alpha_t - \alpha_s) - \frac{1}{2}u^2(\beta_t - \beta_s).\right.$$

$$\left. + \int_{]s,t]\times E} (e^{iux} - 1 - iuxI_{[|x|\leqslant 1]})\nu(dr, dx)\right\}$$

独立增量过程的分布律由其初始分布(即 X_0 的分布律)与其增量的分布律所确定. 从而由上式知 X 的分布律由 (α, β, ν) 唯一确定. □

11.38 定理 设 X 为一随机过程,$X_0=0$,则 X 为正态 Lévy 过程当且仅当下列条件成立:

i) 存在(非随机)连续函数 f 使 $Y=X-f$ 是一连续局部鞅,

ii) $\langle Y\rangle$ 为非随机的.

证明 充分性. 显然,我们可取 $f_0=Y_0=0$. Y 的可料特征是 $(0, \langle Y\rangle, 0)$,它是非随机的. 由定理 11.36,Y 是 Lévy 过程. 由 (37.1)

$$E[e^{iu(Y_t - Y_s)}] = \exp\left\{-\frac{u^2}{2}(\beta_t - \beta_s)\right\}, \quad 0 \leqslant s < t, \tag{38.1}$$

其中 $\beta=\langle Y\rangle$. 因此 Y 是正态 Lévy 过程,所以 $X=Y+f$ 亦然.

必要性. 因为 X 是正态过程

$$\varphi_t(u) = E[e^{iuX_t}] = \exp\left\{iuf_t - \frac{u^2}{2}\beta_t\right\}, \quad t \geqslant 0,$$

其中 $f_t=E[X_t]$, $\beta_t=D[X_t]$. 由 X 的随机连续性,f 和 β 都是连续函数. 由独立增量性 β 是单调增的,显然,$Y=X-f$ 仍为 Lévy 过程,(38.1)仍成立. 因为 $E[Y_t]\equiv 0$,Y 是一个鞅(定理 2.69). 由 (38.1)可见 Y 的可料特征是 $(0, \beta, 0)$,因此 Y 是连续鞅且 $\langle Y\rangle = \beta$ 是非随机的. □

11.39 系 随机过程 $X=(X_t)$, $X_0=0$ 为一标准 Wiener 过程当且仅当下列条件被满足:

i) (X_t) 为连续局部鞅,

ii) $(X_t^2 - t)$ 为局部鞅.

证明 只需注意条件 ii) 等价于 $\langle X\rangle_t = t$ 而(38.1)化为

$$E[e^{iu(X_t - X_s)}] = \exp\left\{-\frac{u^2}{2}(t-s)\right\}, \quad 0 \leqslant s \leqslant t, \quad \square$$

系 11.39 是熟知的 Wiener 过程的鞅表征. 它也称为 **Lévy 定理**. 作为它的应用, 我们将证明连续局部鞅与 Wiener 过程的一个重要的联系.

11.40 引理 设 M 为一连续局部鞅, 则对几乎所有 ω, $M.(\omega)$ 和 $\langle M\rangle.(\omega)$ 有相同的常数区间, 即对 $a<b$, 若 $M.(\omega)$ 在 $[a, b]$ 上为常数, 则 $\langle M\rangle.(\omega)$ 也在 $[a, b]$ 上取常数, 反之亦然.

证明 对每个有理数 $r>0$, 取

$$T_r = \inf\{t \geqslant r: \langle M\rangle_t \neq \langle M\rangle_r\},$$

$$S_r = \inf\{t \geqslant r: M_t \neq M_r\},$$

因为 $\langle I_{]\!]r, T_r]\!]} \cdot M\rangle = I_{]\!]r, T_r]\!]} \cdot \langle M\rangle = 0$, $I_{]\!]r, T_r]\!]} \cdot M = 0$. 类似地, $I_{]\!]r, S_r]\!]} \cdot \langle M\rangle = \langle I_{]\!]r, S_r]\!]} \cdot M\rangle = 0$. 这样不难看出对几乎所有的 ω 对每个 r 有 $T_r(\omega) = S_r(\omega)$, $M.(\omega)$ 和 $\langle M\rangle.(\omega)$ 在 $[r, T_r(\omega)]$ 上为常数. 所以 $M.(\omega)$ 和 $\langle M\rangle.(\omega)$ 有相同的常数区间. $\square$

11.41 定理 设 M 为连续局部鞅, $M_0 = 0$ 且 $\langle M\rangle_\infty = \infty$. 取

$$\tau_t = \inf\{s: \langle M\rangle_s > t\}, \; N_t = M_{T_t}, \; \mathscr{G}_t = \mathscr{F}_{T_t}, \quad t \geqslant 0.$$

则 (N_t) 关于 $(\mathscr{G}_t)$ 是标准 Wiener 过程, 且 (M_t) 与 $(N_{\langle M\rangle_t})$ 无区别.

证明 事实上, (τ_t) 是与 $\langle M\rangle$ 相联系的时变. 因为 $\langle M\rangle_\infty = \infty$, 每个 τ_t 是有限的. 此外, 我们有 $\tau_\infty = \infty$, $\mathscr{G}_\infty = \mathscr{F}_\infty$. 由于 $\langle M\rangle$ 连续, 我们有(引理 1.37) $\langle M\rangle_{\tau_t} = t$, $t \geqslant 0$. 按定理 7.32, 对每个 t $(M_s^{\tau_t})_{s\geqslant 0} \in \mathscr{M}^2$ 且 $(M_{s\wedge\tau_t}^2 - \langle M\rangle_{s\wedge\tau_t})_{s\geqslant 0} \in \mathscr{M}$, 由 Doob 停时定理, 对所有 $0 \leqslant s < t$ 有

$$E[N_t | \mathscr{G}_s] = E[M_{\tau_t} | \mathscr{F}_{\tau_s}] = M_{\tau_s} = N_s \quad \text{a.s.},$$

$$E[N_t^2 - t | \mathscr{G}_s] = E[M_{\tau_t}^2 - \langle M\rangle_{\tau_t} | \mathscr{F}_s]$$

$$= M_{T_s}^2 - \langle M\rangle_{r_s} = N_s^2 - s, \text{a.s.},$$

即 (N_t) 和 $(N_t^2 - t)$ 为 $(\mathscr{G}_t)$-鞅. 显然, (N_t) 是右连续的, $(N_{t-}) =$

$(M_{\tau_{t-}})$. 由于$\langle M\rangle_{\tau_{t-}}=t=\langle M\rangle_{\tau_t}$，由引理 11.40，$(N_{t-})$与$(M_{\tau_t})=(N_t)$无区别. 因此$(N_t)$是连续的. 因而由系 11.39$(N_t)$是关于$(\mathscr{G}_t)$的标准 Wiener 过程. 由于$\langle M\rangle_{\tau_{\langle M\rangle_t}}=\langle M\rangle_t$，再由引理 11.40，$(M_t)$与$(M_{\tau_{\langle M\rangle_t}})=(N_{\langle M\rangle_t})$无区别. □

11.42 定理 设 X 为适应点过程，即

$$X=\sum_{n=1}^{\infty}I_{[\![T_n,\infty[\![},$$

其中(T_n)为一递增停时序列，满足 $T_n\uparrow\infty$，对每个 $n\geqslant 0$，$T_n<\infty\Rightarrow T_n<T_{n+1}$ $(T_0=0)$，则下列断言等价

1) X 为一 Lévy 过程且对所有 $0\leqslant s<t$，X_t-X_s 具有 Poisson 分布(这样的过程若它不是时齐的则称为**非时齐 Poisson 过程**)，

2) 存在连续增函数 Λ_t 使 $X-\Lambda$ 为一零初值局部鞅.

证明 1)⇒ 2). 记$\Lambda_t=\boldsymbol{E}[X_t]$. 因为对所有 $s\leqslant t$，$X_t-X_s>0$，故

$$\Lambda_t=\boldsymbol{E}[X_t]=\boldsymbol{E}[X_s]+\boldsymbol{E}[X_t-X_s]\geqslant\boldsymbol{E}[X_s]=\Lambda_s.$$

因而 Λ 为单调递增的. 由 X 的随机连续性，

$$e^{-(\Lambda_t-\Lambda_s)}=\boldsymbol{P}(X_t-X_s=0)\rightarrow 1,\quad 当\ t-s\rightarrow 0,$$

即 Λ 是连续的. 由定理 2.69，$X-\Lambda\in\mathscr{M}_{\mathrm{loc},0}$.

2)⇒ 1). X 的跳测度为

$$\mu([0,t]\times B)=\Lambda_t\delta_1(B),\ B\in\mathscr{B}(E).$$

易见 X 的可料特征是$(\Lambda,0,\nu)$，它是非随机的. 因而由系 11.28 和定理 11.36，X 是 Lévy 过程. 进而由(37.1)

$$\begin{aligned}\varphi_t(u)&=\exp\left\{iu\Lambda_t+\int_{[0,t]\times E}(e^{iux}-1-iuxI_{[|x|\leqslant 1]})d\Lambda_s\delta_1(dx)\right\}\\&=\exp\{\Lambda_t(e^{iu}-1)\}.\end{aligned}$$

因此对所有 $s<t$，X_t-X_s 具有参数为 $\Lambda_t-\Lambda_s$ 的 Poisson 分布律. □

定理 11.42 就是熟知的 Poisson 过程的鞅表征. 它也称为 **Watanabe 定理**. 类似于定理 11.41，每个点过程与 Poisson 过程只差一个时变，其证明也是相仿的. 我们将其留给读者作练习(问题

11.11).

现在我们再回到对一般 Lévy 过程的讨论.

11.43 定理 设 $X^{(1)},\cdots\cdots,X^{(n)}$ 为 Lévy 过程也是半鞅,初值为 0. 若 $[X^{(j)}, X^{(k)}]=0$, $j\neq k$, $j,k=1,\cdots,n$,则 $X^{(1)},\cdots\cdots,X^{(n)}$ 为相互独立的.

证明 先考虑 $n=2$ 的情形. 由假设 $\Delta X^{(1)}\Delta X^{(2)}=0$, $\langle (X^{(1)})^c, (X^{(2)})^c\rangle=0$, 令 $Z^{(k)}=\dfrac{e^{iu_kX^{(k)}}}{\varphi^{(k)}(u_k)}$ $k=1, 2$. 易见 $\Delta Z^{(1)}\Delta Z^{(2)}=0$ 且

$$\langle (Z^{(1)})^c, (Z^{(2)})^c\rangle = \left(\frac{iu_1e^{iu_1X_-^{(1)}}}{\varphi^{(1)}(u_1)}\right)\left(\frac{iu_2e^{iu_2X_-^{(2)}}}{\varphi^{(2)}(u_2)}\right)\cdot \langle (X^{(1)})^c,(X^{(2)})^c\rangle = 0$$

于是 $[Z^{(1)}, Z^{(2)}]=0$, $Z^{(1)}Z^{(2)}$ 是个鞅,所以有

$$\boldsymbol{E}[e^{i(u_1X_t^{(1)}+u_2X_t^{(2)})}] = \boldsymbol{E}[e^{iu_1X_t^{(1)}}]\boldsymbol{E}[e^{iu_2X_t^{(2)}}]. \tag{43.1}$$

对任意 $n, m\geqslant 1$, $0=t_0<t_1<\cdots<t_n$, $0=s_0<s_1<\cdots<s_m$, $u_j\in \boldsymbol{R}$, $j=1,\cdots,m$, $v_k\in\boldsymbol{R}$, $k=1, \cdots, m$, 将(43.1)用于 $\sum\limits_{j=1}^{n}u_j(X_{t\wedge t_j}^{(1)}-X_{t\wedge t_{j-1}}^{(1)})$ 和 $\sum\limits_{k=1}^{m}v_k(X_{t\wedge s_k}^{(2)}-X_{t\wedge s_{k-1}}^{(2)})$ 并令 $t\to\infty$, 可得

$$\begin{aligned}&\boldsymbol{E}\Big[\exp\Big\{i\sum_{j=1}^{n}u_j(X_{t_j}^{(1)}-X_{t_{j-1}}^{(1)})+i\sum_{k=1}^{m}v_k(X_{s_k}^{(2)}-X_{s_{k-1}}^{(2)})\Big\}\Big]\\&=\boldsymbol{E}\Big[\exp\Big\{i\sum_{j=1}^{n}u_j(X_{t_j}^{(1)}-X_{t_{j-1}}^{(1)})\Big\}\Big]\\&\quad\times\boldsymbol{E}\Big[\exp\Big\{i\sum_{k=1}^{m}v_k(X_{s_k}^{(2)}-X_{s_{k-1}}^{(2)})\Big\}\Big],\end{aligned}$$

即 $X^{(1)}$, $X^{(2)}$ 是相互独立的.

采用归纳法重复上述论证就可对一般的 n 得出定理中所叙述的结论. □

注 定理 11.43 的逆命题也成立. 我们将此留给读者作为练习.

11.44 引理 设 (ξ_n) 为依概率收敛于 ξ 的随机变量序列. 若对每个 n, ξ_n 服从参数 λ_n 的 Poisson 分布律,则 $\lambda_n\to\lambda$(λ 可能取 0 或

$+\infty$)，且 ξ 服从参数 λ 的 Poisson 分布律（当 $\lambda=0$ 或 $+\infty$，这意味着 ξ 分别以概率 1 取 0 或 $+\infty$）

证明 由假定对 $u\in\boldsymbol{R}$

$$\boldsymbol{E}[e^{iu\xi_n}]=\exp\{\lambda_n(e^{iu}-1)\}.$$

若存在子列 $\lambda_{n_k}\to\lambda$，且 λ 有限，则 ξ 服从参数 λ 的 Pisson 分布. 若存在子列 $\lambda_{n_k}\to\infty$，则对任一整数 l

$$\boldsymbol{P}(\xi<1)\leqslant\lim_k\boldsymbol{P}(\xi_{n_k}<l)=\lim_k\sum_{j=0}^{l-1}\frac{\lambda_{n_k}^j}{j!}e^{-\lambda_{n_k}}=0,$$

即 $\boldsymbol{P}(\xi=+\infty)=1$. 总之，必有 $\lambda_n\to\lambda$ 且 ξ 服从参数为 λ 的 Poisson 分布. □

11.45 定理 设 X 为 Lévy 过程，则

$$X_t=X_0+\widetilde{X}_t+\int_{[0,t]\times[|x|>1]}xd\mu+\int_{[0,t]\times[|x|\leqslant1]}xd(\mu-\nu),\tag{45.1}$$

其中 1）$\widetilde{X}$ 是连续正态独立增量过程，$\widetilde{X}_0=0$；

2）μ 为 X 的跳测度，具有下列性质：

i）对任一 $\hat{B}\in\mathscr{B}(\boldsymbol{R})\times\mathscr{B}(E)$，$\mu(\hat{B})$ 服从 Poisson 分布，

ii）对任一 $n\geqslant1$ 及互不相交的 $\hat{B}_1,\cdots,\hat{B}_n\in\mathscr{B}(\boldsymbol{R}_+)\times\mathscr{B}(E)$，$\mu(\hat{B}_1),\cdots,\mu(\hat{B}_n)$ 相互独立. 此外，若对某个 $s\geqslant0$，$\hat{B}_j\in]s,\infty[\times E$，$j=1,\cdots,n$，则 $(\mu(\hat{B}_1),\cdots,\mu(\hat{B}_n))$ 与 $\mathscr{F}_s$ 独立；

3）$\nu=\boldsymbol{E}[\mu]$ 为 μ 的可料对偶投影，它是 $\mathscr{B}(\boldsymbol{R}_+)\times\mathscr{B}(E)$ 上的 σ-有限测度，且对每个 $t>0$，$\nu(\boldsymbol{R}_+\times\{0\})=\nu(\{t\}\times E)=0$，$(x^2\wedge1)*\nu_t<\infty$；

4）X_0，$\widetilde{X}$ 和 μ 相互独立.

同时，我们有

$$\varphi_t(u)=\exp\left\{iuf_t-\frac{1}{2}u^2\beta_t+(e^{iux}-1-iuxI_{[|x|\leqslant1]})*\nu_t\right\},\tag{45.2}$$

其中 $f_t=\boldsymbol{E}[\widetilde{X}_t]$，$\beta_t=\boldsymbol{D}[\widetilde{X}_t]$ 为连续的，β_t 还是递增的，$f_0=\beta_0=0$.

证明 由系 11.35 存在连续函数 g 使 $X-X_0-g\in\mathscr{S}_0$. Lévy

过程 $X-X_0-g$ 与 X_0 独立，且与 X 有同一跳测度，因而可假定 $X \in \mathscr{S}_0$. 由定理 11.36，X 的可料特征(α, β, ν)是非随机的.

$$X_t = \alpha_t + X_t^c + \int_{[0,t]\times[|x|>1]} x d\mu + \int_{[0,t]\times[|x|\leqslant 1]} x d(\mu - \nu).$$

取 $\widetilde{X}=\alpha+X^c$ 可得(45.1).

$\widetilde{X}$ 是一个连续半鞅，其可料特征$(\alpha, \beta, 0)$为非随机的. 由定理 11.36，$\widetilde{X}$ 是 Lévy 过程，再由定理 11.38，$\widetilde{X}$ 是正态过程. 1) 成立.

对任一 $\hat{B}\in\mathscr{B}(\boldsymbol{R}_+)\times\mathscr{B}(E)$

$$\boldsymbol{E}[\mu(\hat{B})] = \boldsymbol{M}_\mu(I_{\hat{B}}) = \boldsymbol{M}_\nu(I_{\hat{B}}) = \nu(\hat{B}).$$

则 3)由定理 11.36 推得.

设 $\hat{B}\in\mathscr{B}(R_+)\times\mathscr{B}(E)$ 及 $\nu(\hat{B})<\infty$. 令

$$Y = I_{\hat{B}} * \mu, \Lambda = I_{\hat{B}} * \nu.$$

则 Y 为一点过程，Λ 是一连续递增函数且 $Y-\Lambda$ 是一局部鞅. 故由定理 11.42，Y 为 Poisson 过程. 对每个 $t\geqslant 0$，Y_t 服从参数 Λ_t 的 Poisson 分布. 由引理 11.44，$\mu(\hat{B})=\lim\limits_{t\to\infty} Y_t$ 也服从 Poisson 分布. 若 $\nu(\hat{B})=\infty$，则由 ν 的 σ-有限性及引理 11.44，$\mu(\hat{B})$ 也服从 Poisson 分布.

设 $\hat{B}_1,\cdots,\hat{B}_n\in\mathscr{B}(\boldsymbol{R}_+)\times\mathscr{B}(E)$为互不相交的. 往证 $\mu(\hat{B}_1)$，$\cdots$，$\mu(\hat{B}_n)$与 $\widetilde{X}$ 独立. 显然，可认为 $\nu(B_1)<\infty$，$\cdots$，$\nu(B_n)<\infty$. 令

$$Y^{(j)} = I_{B_j} * \mu, \quad j = 1,\cdots,n.$$

我们已知 $Y^{(j)}$，$j=1,\cdots,n$ 为 Poisson 过程. 此外 $\Delta Y^{(j)}\Delta Y^{(k)}=0$，当 $j\neq k$. 故有

$$[Y^{(j)}, Y^{(k)}] = 0, \quad j\neq k, \quad [Y^{(j)}, \widetilde{X}] = 0, \quad j,k = 1,\cdots,n.$$

由定理 11.43，$Y^{(1)}$，$\cdots$，$Y^{(n)}$和 $\widetilde{X}$ 相互独立. 因为 $\mu(\hat{B}_j)=\lim\limits_{t\to\infty} Y_t^{(j)}$，$j=1$，$\cdots$，$n$，我们可得到要求的结论. 进而，若对某个 $s\geqslant 0$，$\hat{B}_j \subset]s, \infty[\times E$，$j=1,\cdots,n$，则 $\mu(\hat{B}_j)=\lim\limits_{t\to\infty}(Y_t^{(j)}-Y_s^{(j)})$，$j=1,\cdots,n$，于是$(\mu(\hat{B}_1),\cdots,\mu(\hat{B}_n))$与 $\mathscr{F}_s$ 独立，这样 2)，4)都获得证明.

最后，由(45.1)及(37.1)可推出(45.2). □

(45.1)就是著名的 Lévy 过程的 **Lévy-Itô 分解**. 我们也称(45.2)中的(f,β,ν)为 **Lévy 过程 X 的特征**. Lévy 过程的分布律由其初始分布与特征唯一确定. 下面两个定理说明 Lévy-Itô 分解的应用.

11.46 定理 设 X 为一 Lévy 过程, $X_0=0$.

1) 若 X 为一半鞅且 $\boldsymbol{E}[|X_t|]<\infty$, $t>0$, 则 X 为特殊半鞅.

2) 若 X 为特殊半鞅, 则 $\boldsymbol{E}[|X_t|]<\infty$, $t>0$.

3) 若 X 为局部鞅, 则 X 为鞅.

证明 1) 因为$(X_t-\boldsymbol{E}[X_t])$为鞅, 故 $\boldsymbol{E}[X_t]$是半鞅, 因而 $\boldsymbol{E}[X_t]$是一个有限变差函数且 $X_t=(X_t-\boldsymbol{E}[X_t])+\boldsymbol{E}[X_t]$是一个特殊半鞅.

2) 由系 11.26, $(xI_{[|x|>1]})*\mu\in\mathscr{A}_{\mathrm{loc}}$, 于是 $xI_{[|x|>1]}*\nu\in\mathscr{A}_{\mathrm{loc}}$, 所以 $Y=xI_{[|x|>1]}*(\mu-\nu)\in W_{\mathrm{loc}}$, 且对每个 $s>0$, $Y^s=(Y_{s\wedge t})_{t\geqslant 0}\in W$. 由定理 11.21.3)

$$\langle(xI_{[|x|\leqslant 1]})*(\mu-\nu)\rangle=(x^2I_{[|x|\leqslant 1]})*\nu.$$

因此 $Z=(xI_{[|x|\leqslant 1]})*(\mu-\nu)\in\mathscr{M}^2_{\mathrm{loc}}$ 且对每 $s>0$, $Z^s\in\mathscr{M}^2$. 同样地, 因为$\langle X^c\rangle=\beta$, 对所有 $s\geqslant 0$, $(X^c_{s\wedge t})_{t\geqslant 0}\in\mathscr{M}^2$. 但我们有

$$X_t=X_t^c+Y_t+Z_t+\alpha_t+(xI_{[|x|>1]})*\nu_t, \qquad (46.1)$$

故对所有 $s>0$, $\boldsymbol{E}[|X_s|]<\infty$.

3) 在此情形下由典则分解唯一性在(46.1)中有 $\alpha+(xI_{[|x|>1]})*\nu=0$. 于是对所有 $s>0$, $X^s\in\mathscr{M}$, 即 X 是鞅. □

11.47 定理 设 X 为一 Lévy 过程且 ΔX 有界, 则对所有 $p>0$ 及 $0\leqslant s<t$ 成立

$$\boldsymbol{E}[|X_t-X_s|^p]<\infty$$

证明 不失一般性可设 $X_0=0$ 及 $|\Delta X|\leqslant 1$. 只需证明对所有 $t>0$, $\boldsymbol{E}[|X_t|^p]<\infty$. 我们有

$$\varphi_t(u)=\exp\left\{iu\alpha_t-\frac{1}{2}u^2\beta_t+\int_{[0,t]\times[|x|\leqslant 1]}(e^{iux}-1-iux)d\nu\right\}.$$

对任一正整数 m

$$E[|X_t|^{2m}]<\infty \Leftrightarrow \varphi_t^{(2m)}(0) \text{ 存在且有限}$$

$$\Leftrightarrow \frac{d^{2m}}{du^{2m}}\left([I_{[|x|\leqslant 1]}(e^{iux}-1-iux)]*\nu_t\right) \text{存在且有限}$$

$$\Leftrightarrow \int_{[0,t]\times[|x|\leqslant 1]} x^{2m}d\nu<\infty.$$

但是

$$\int_{[0,t]\times[|x|\leqslant 1]} x^{2m}d\nu \leqslant \int_{[0,t]\times[|x|\leqslant 1]} x^{2}d\nu<\infty,$$

于是 $E[|X_t|^{2m}]<\infty$. □

§4. 跳跃过程

11.48 定义 随机过程 X 称为**跳跃过程**(或称**阶梯过程**),若其轨道是右连左极阶梯函数且在每个有限区间至多只含有限个跳跃,即 X 可表为:

$$X=X_0+\sum_{n=1}^{\infty}\xi_n I_{[\![T_n,\infty[\![},\tag{48.1}$$

其中 1)$T_n\uparrow\infty$; 2) 对每个 $n\geqslant 0$, $T_n<\infty\Rightarrow T_n<T_{n+1}$(按约定 $T_0=0$); 3) 对每个 $n\geqslant 1$, $\xi_n\neq 0\Leftrightarrow T_n<\infty$. 事实上, 对 $n\geqslant 1$, T_n 是 X 的第 n 个跳时:

$$T_n=\inf\{t>T_{n-1}: X_t\neq X_{T_{n-1}}\},\quad n\geqslant 1,$$

而 $\xi_n=\Delta X_{T_n}I_{[T_n<\infty]}$是 X 的第 n 个跳跃的跃度.

易见,跳跃过程 X 为适应的当且仅当每个 T_n 是停时且 $\xi_n\in\mathscr{F}_{T_n}$.

回忆自然流 $F^0(X)=(\mathscr{F}_t^0(X))$的定义为

$$\mathscr{F}_t^0(X)=\sigma\{X_s,\ s\leqslant t\}=\sigma\{X_{s\wedge t},\ s\geqslant 0\},\quad t\geqslant 0.$$

对每个 $n\geqslant 0$,我们有

$$\mathscr{F}_t^0(X)\cap[T_n\leqslant t<T_{n+1}]=\sigma\{X_{s\wedge T_n},s\geqslant 0\}\cap[T_n\leqslant t<T_{n+1}],$$

因为在$[T_n\leqslant t<T_{n+1}]$上,对所有 $s\geqslant 0$ 有 $X_{s\wedge t}=X_{s\wedge T_n}$. 显然

$$\sigma\{X_{s\wedge T_n},\ s\geqslant 0\} = \sigma\{X_0,\ T_1,\ \cdots,\ T_n,\ \xi_1,\ \cdots,\ \xi_n\},\ n\geqslant 1.$$

记$\mathscr{G}_n=\sigma\{X_0,\ T_1,\ \cdots,\ T_n,\ \xi_1,\ \cdots,\ \xi_n\}$, $n\geqslant 1$ 和$\mathscr{G}_0=\sigma\{X_0\}$. 于是

$$\mathscr{F}_t^0(X) = \sum_{n=0}^{\infty}(\mathscr{G}_n \cap [T_n \leqslant t < T_{n+1}]),\quad t\geqslant 0.$$

我们还有

$$\mathscr{G}_n \cap [T_{n+1}=\infty] = \mathscr{G}_\infty \cap [T_{n+1}=\infty],\quad n\geqslant 0.$$

因而 $\boldsymbol{F}^0(X)$是第五章 § 5 讨论过的离散型流，我们将利用那里的所有结果. 例如，由定理 5.56 可知对所有 $\boldsymbol{F}^0(X)$停时 T 有

$$\mathscr{F}_T^0(X) = \sigma\{X_{s\wedge T},\ s\geqslant 0\}.$$

在这一节的其余部分，都给定一个跳跃过程 X，而流 $\boldsymbol{F}=(\mathscr{F}_t)$就取为 X 的完备化的自然流$\boldsymbol{F}^P(X)$. $\boldsymbol{F}^0(X)=(\mathscr{F}_t^0(X))$就简单地记为 $\boldsymbol{F}^0=(\mathscr{F}_t^0)$. X 的跳测度以 μ 表示：

$$\mu(dt,\ dx) = \sum_{n=1}^{\infty}\delta_{(T_n,\ \xi_n)}(dt,\ dx)I_{[T_n<\infty]}.$$

显然，

$$X = X_0 + x*\mu.$$

11.49 定理 对每个 $n\geqslant 0$，设$G_n(dt,\ dx)$为$(T_{n+1},\ \xi_{n+1})$关于$\mathscr{F}_{T_n}$的条件分布：

$$G_n(dt,\ dx) = \boldsymbol{P}[T_{n+1}\in dt,\ \xi_{n+1}\in dx \mid \mathscr{F}_{T_n}].$$

令

$$H_n(dt) = G_n(dt,\ E) = \boldsymbol{P}[T_{n+1}\in dt \mid \mathscr{F}_{T_n}].$$

则 μ 的可料对偶投影为：

$$\nu(dt,\ dx) = \sum_{n=0}^{\infty}\frac{G_n(dt,\ dx)}{H_n([t,\ \infty])}I_{[T_n<t\leqslant T_{n+1}]}. \tag{49.1}$$

证明 首先，我们指出(49.1)是有意义的. 事实上，令 $S_{n+1}=\inf\{t: H_n([t,\ \infty])=0\}$，则 $S_{n+1}\in\mathscr{F}_{T_n}$, $H_n(]S_{n+1},\ \infty])=0$，对 $t<S_{n+1}$, $H_n([t,\ \infty])>0$ 且

$$\begin{aligned}\boldsymbol{P}(T_{n+1}>S_{n+1}) &= \boldsymbol{E}[\boldsymbol{P}[T_{n+1}>S_{n+1}\mid \mathscr{F}_{T_n}]]\\ &= \boldsymbol{E}[H_n(]S_{n+1},\ \infty])] = 0.\end{aligned}$$

于是 $T_{n+1} \leqslant S_{n+1}$ a. s.. 当 $t < T_{n+1}$, a. s. 或者 $t<S_{n+1}$, $H_n([t, \infty]) > 0$ 或者 $t = S_{n+1}$. 在后一情况, 若 $H_n([S_{n+1}, \infty]) = 0$, 即 $H_n(\{S_{n+1}\}) = 0$, 则 $G_n(\{S_{n+1}\}, dx) = 0$. 所以 ν 是有意义的. 由定理 5.55. 2) ν 是可料随机测度.

为证 $\nu = \widetilde{\mu}$, 由于单调类定理, 只需证明对任一 $B \in \mathscr{B}(E)$, $I_B * \nu$ 是 $I_B * \mu$ 的可料对偶投影. 显然 $I_B * \mu \in \mathscr{A}_{\text{loc}}^+$, 因为 $I_B * \mu_{T_n} = \mu([0, T_n] \times B) \leqslant n$. 因而只要证明对任一停时 T 及 $n \geqslant 0$ 有

$$\boldsymbol{E}[\mu([0, T \wedge T_{n+1}] \times B)] = \boldsymbol{E}[\nu([0, T \wedge T_{n+1}] \times B)].$$

但我们有

$$\mu([0, T \wedge T_{n+1}] \times B) = \sum_{k=0}^{n} I_{[T_k \leqslant T]} \mu(]T_k, T_{k+1} \wedge T] \times B).$$

关于 ν 亦有同样的表示式. 现在只需证明

$$\boldsymbol{E}[I_{[T_n \leqslant T]} \mu(]T_n, T_{n+1} \wedge T] \times B)] = \boldsymbol{E}[I_{[T_n \leqslant T]} \nu(]T_n, T_{n+1} \wedge T] \times B)], \quad n \geqslant 0. \tag{49.2}$$

由定理 5.54 存在 $R_n \in \mathscr{F}_{T_n}$ 使 $T \wedge T_{n+1} = R_n \wedge T_{n+1}$. 于是

$$\nu(]T_n, T_{n+1}] \times B) = \int_{T_n}^{T_{n+1} \wedge T} \frac{G_n(dt, B)}{H_n([t, \infty])} = \int_{T_n}^{T_{n+1} \wedge R_n} \frac{G_n(dt, B)}{H_n([t, \infty])},$$

$$\begin{aligned}
&\boldsymbol{E}\{T_{[T_n \leqslant T]} \nu(]T_n, T_{n+1} \wedge T] \times B)\} \\
&= \boldsymbol{E}\left\{I_{[T_n \leqslant T]} E\left[\int_{T_n}^{T_{n+1} \wedge R_n} \frac{G_n(ds, B)}{H_n([s, \infty])} \middle| \mathscr{F}_{T_n}\right]\right\} \\
&= \boldsymbol{E}\left\{I_{[T_n \leqslant T]} \int_{T_n}^{\infty} H_n(dt) \int_{T_n}^{t \wedge R_n} \frac{G_n(ds, B)}{H_n([s, \infty])}\right\} \\
&= \boldsymbol{E}\left\{I_{[T_n \leqslant T]} \int_{T_n}^{\infty} H_n(dt) \int_{T_n}^{\infty} I_{[s \leqslant R_n]} I_{[s \leqslant t]} \frac{G_n(ds, B)}{H_n([s, \infty])}\right\} \\
&= \boldsymbol{E}\left\{I_{[T_n \leqslant T]} \int_{T_n}^{\infty} I_{[s \leqslant R_n]} \frac{G_n(ds, B)}{H_n([s, \infty])} H_n([s, \infty])\right\} \\
&= \boldsymbol{E}\left\{I_{[T_n \leqslant T]} \int_{T_n}^{\infty} I_{[s \leqslant R_n]} G_n(ds, B)\right\}.
\end{aligned}$$

另一方面

$$
\begin{aligned}
&\boldsymbol{E}\{I_{[T_n\leqslant T]}\mu(]T_n,\ T_{n+1}\wedge T]\times B)\}\\
=&\boldsymbol{E}\{I_{[T_n\leqslant T]}\mu(]T_n,\ T_{n+1}\wedge R_n]\times B)\}\\
=&\boldsymbol{E}\{I_{[T_n\leqslant T]}I_{[R_n\geqslant T_{n+1},\ \xi_{n+1}\in B]}\}\\
=&\boldsymbol{E}\{I_{[T_n\leqslant T]}\boldsymbol{P}[R_n\geqslant T_{n+1},\ \xi_{n+1}\in B\mid\mathscr{F}_{T_n}]\}\\
=&\boldsymbol{E}\left\{I_{[T_n\leqslant T]}\int_{T_n}^{\infty}I_{[R_n\geqslant s]}G_n(ds,B)\right\}.
\end{aligned}
$$

由此，(49.2)成立. □

11.50 注 1）(49.1)也可由定理 5.69 推出. 由于它的重要性，我们在此给出它的详细证明.

2）在(49.1)中，可取 $G_n(dt,\ dx)$为$(T_{n+1},\ \xi_{n+1})$关于$\mathscr{F}^0_{T_n}$的条件分布，即我们可考虑可料对偶投影 ν 为 $\boldsymbol{F}^0$-可料随机测度.

3）对任一 $B\in\mathscr{B}(E)$，$G_n(dt,\ B)\ll H_n(dt)$，故

$$G_n(\omega,\ dt,\ B)=Q_n(\omega,\ t,\ B)H_n(\omega,\ dt),$$

其中 $G_n(\omega,\ dt,\ B)$关于 $H_n(\omega,\ dt)$的 Radon-Nikodym 导数 $Q_n(\omega,\ t,\ B)$可取得对固定的$(\omega,\ t)$，$Q_n(\omega,\ t,\ \cdot)$是$\mathscr{B}(E)$上的概率测度，而固定 $B\in\mathscr{B}(E)$，$Q_n(\cdot,\ \cdot,\ B)$是$\mathscr{F}_{T_n}\times\mathscr{B}(\boldsymbol{R}_+)$-可测的，即 $Q_n(\omega,\ t,\ dx)$是$(\Omega\times\boldsymbol{R}_+,\ \mathscr{F}_{T_n}\times\mathscr{B}(\boldsymbol{R}_+))$到$(E,\ \mathscr{B}(E))$的转移概率测度. 事实上，在$\{T_n<\infty\}$上我们有

$$Q_n(T_{n+1},dx)=\boldsymbol{P}[\xi_{n+1}\in dx\mid\mathscr{F}_{T_{n+1}-}]\quad\text{a.s.}.\tag{50.1}$$

为说明这一点，取 $B\in\mathscr{B}(\boldsymbol{R}_+)$及 $C\in\mathscr{F}_{T_n}$，则有

$$
\begin{aligned}
&\boldsymbol{P}([T_{n+1}\in D,\ \xi_{n+1}\in B]\cap C)\\
=&\int_C G_n(D\times B)d\boldsymbol{P}\\
=&\int_C\left(\int_D Q_n(t,\ B)H_n(dt)\right)d\boldsymbol{P}\\
=&\int_C\boldsymbol{E}[Q_n(T_{n+1},\ B)I_{[T_{n+1}\in D]}\mid\mathscr{F}_{T_n}]d\boldsymbol{P}\\
=&\int_{[T_{n+1}\in D]\cap C}Q_n(T_{n+1},\ B)d\boldsymbol{P}.
\end{aligned}
$$

由系 5.57，$\mathscr{F}_{T_{n+1}-}=\mathscr{F}_{T_n}\vee\sigma\{T_{n+1}\}$. 所以(50.1)成立.

取

$$Q(t, dx)=\sum_{n=0}^{\infty}Q_n(t, dx)I_{[T_n<t\leqslant T_{n+1}]},$$

$$\Lambda(dt)=\nu(dt, E)=\sum_{n=0}^{\infty}\frac{H_n(dt)}{H_n([t, \infty])}I_{[T_n<t\leqslant T_{n+1}]}.$$

则

$$\nu(dt, dx)=Q(t, dx)\Lambda(dt), \tag{50.2}$$

其中 $\Lambda_t=\Lambda([0, t])=\nu([0, t]\times E)$ 为计数过程 $\mu([0, t]\times E)=\sum_{n=1}^{\infty}I_{[T_n\leqslant t]}$ 的可料对偶投影，$Q(\omega, t, dx)$ 是 $(\Omega\times \boldsymbol{R}_+, \mathscr{P})$ 到 $(E,\mathscr{B}(E))$ 的转移概率. (50.2)有清楚的概率含义，且常被用到.

4) 若 $\Lambda(dt)\ll dt$(Lebesgue 测度)，则存在非负可料过程(λ_t)满足

$$\Lambda(dt)=\lambda_t dt.$$

(λ_t)称为**计数过程** $\sum_{n=1}^{\infty}I_{[\![T_n, \infty[\![}$ **的强度**. 这时

$$\nu(dt, dx)=\lambda_t Q(t, dx)dt.$$

$\lambda(t, dt)=\lambda_t Q(t, dt)$也称为**跳跃过程 X 的强度**.

11.51 例 设 X 为一以 $\boldsymbol{Z}$ 为状态空间的规则时齐 Markov 链，$Q=(q_{ij})$为其密度阵：

$$0\leqslant q_i=-q_{ii}=\sum_{j\neq 1}q_{ij}<\infty.$$

设(r_{ij})为其跳跃链的转移概率阵：

$$r_{ij}=\begin{cases}(1-\delta_{ij})\dfrac{q_{ij}}{q_i}, & 若\ q_i>0,\\ \delta_{ij}, & 若\ q_i=0.\end{cases}$$

在$[T_n<\infty]$上对 $j\neq 0$ 有

$$G_n(dt, \{j\})=q_{X_{T_n}}e^{-q_{X_{T_n}}(t-T_n)}I_{]\!]T_n, \infty[\![}r_{X_{T_n}, X_{T_{n+j}}}dt.$$

对 $t>T_n$ 有

$$H_n([t, \infty])=e^{-q_{X_{T_n}}(t-T_n)}.$$

由(49.1)对 $j \neq 0$ 有

$$\nu(dt, \{j\}) = \sum_{n=0}^{\infty} q_{X_{T_n}} r_{X_{T_n}, X_{T_n}+j} I_{]\!]T_n, T_{n+1}]\!]}(dt)$$

$$= q_{X_{t-}, X_{t-}+j}\, dt. \tag{51.1}$$

设 $u(j)$ 为定义在 $\mathbf{Z}$ 上的函数使得对所有 i 成立:

$$\sum_{j \neq i} q_{ij} |u(j)| < \infty.$$

记

$$(Qu)(i) = \sum_j q_{ij} u(j).$$

由直接计算可得

$$u(X_t) - u(X_0) = \int_{[0, t] \times E} [u(X_{s-} + x) - u(X_{s-})] \mu(ds, dx),$$

因为在 $[T_{n+1} < \infty]$ 上

$$u(X_{T_{n+1}}) - u(X_{T_n}) = \int_{]T_n, T_{n+1}] \times E} [u(X_{s-} + x) - u(X_{s-})] \mu(ds, dx).$$

另一方面,由(51.1)

$$\int_{[0, t] \times E} [u(X_{s-} + x) - u(X_{s-})] \nu(ds, dx)$$

$$= \int_0^t \sum_{j \neq 0} [u(X_{s-} + j) - u(X_{s-})] q_{X_{s-}, X_{s-}+j} ds$$

$$= \int_0^t \Big[\sum_{j \neq X_{s-}} q_{X_{s-}, j} u(j) + q_{X_{s-}, X_{s-}} u(X_{s-}) \Big] ds$$

$$= \int_0^t (Qu)(X_{s-}) ds$$

$$= \int_0^t (Qu)(X_s) ds.$$

这样我们得到下列熟知的结果:下列过程是一个局部鞅,

$$u(X_t) - u(X_0) - \int_0^t (Qu)(X_s) ds$$

$$= \int_{[0, t] \times E} [u(X_{s-} + x) - u(X_{s-})] d(\mu - \nu).$$

11.52 定义 设 H 为 $]0, \infty]$ 上的一个概率测度. 规定

$$t_H = \inf\{t : H([t, \infty]) = 0\},$$

$$\Phi(H) = \begin{cases} [0, t_H], \text{当 } t_H < \infty \text{ 且 } H(\{t_H\}) > 0, \\ [0, t_H[, \text{其它}, \end{cases}$$

$$F_H(t) = \int_0^t \frac{H(ds)}{H([s, \infty])}, t \geqslant 0.$$

显然, $F_H(t)$ 在 $\boldsymbol{R}_+$ 上单调递增, $F_H(0) = 0$. 若 $t < t_H$, 则因 $H(]t, \infty]) > 0$, 有

$$F_H(t) = \int_0^t \frac{H(ds)}{H([s, \infty])} \leqslant \frac{H([0, t])}{H([t, \infty])} < \infty,$$

$$\Delta F_H(t) = \frac{H(\{t\})}{H([t, \infty])} < 1.$$

由 Doléans-Dade 指数公式

$$H(]t, \infty]) = e^{-F_H^c(t)} \prod_{s \leqslant t} (1 - \Delta F_H(s)), \quad t \in [0, t_H[.$$

于是

$$H([0, t]) = \begin{cases} 1 - e^{-F_H^c(t)} \prod_{s \leqslant t} (1 - \Delta F_H(s)), & t < t_H, \\ 1, & t \geqslant t_H. \end{cases} \tag{52.1}$$

其中 $F_H^c(t)$ 是 $F_H(t)$ 的连续部分.

若 $F(\{t_H\}) > 0$,

$$F_H(t_H) \leqslant \frac{H([0, t_H])}{H(\{t_H\})} < \infty.$$

若同时还有 $t_H < \infty$, 则

$$\Delta F_H(t_H) = \frac{H(\{t_H\})}{H([t_H, \infty])} = 1,$$

$$F_H(t) = F_H(t_H), \qquad t \geqslant t_H.$$

若 $H(\{t_H\}) = 0$, 由(52.1)有

$$0 = H(\{t_H\}) = e^{-F_H^c(t_H-)} \prod_{s < t_H} (1 - \Delta F_H(s)).$$

于是或者 $F_H^c(t_H-) = +\infty$ 或者 $\prod_{s<t_H}(1-\Delta F_H(s)) = 0$, 即 $\sum_{s<t_H} F_H(s) =$

∞. 总之,$F_H(t_H-)=\infty$ 且 $F_H(t)=\infty$,当 $t>t_H$.

11.53 引理 设 H 和 H' 是$]0,\infty]$上两个概率测度. 若当 $t\in\Phi(H)\cap\Phi(H')$ 时 $F_H(t)=F_{H'}(t)$,则 $H=H'$.

证明 若 $t_H<t_{H'}$,则对 $t<t_H$ 有 $F_H(t)=F_{H'}(t)$. 这时 $F_H(t_H-)=F_{H'}(t_H-)<\infty$, $H(\{t_H\})>0$ 且 $t_H\in\Phi(H)$. 因而当 $t\leqslant t_H$ 时 $F_H(t)=F_{H'}(t)$. 由于 $t_H<\infty$, $\Delta F_{H'}(t_H)=\Delta F_H(t_H)=1$ 且 $H'(]t_H,\infty])=0$. 这与 $t_{H'}>t_H$ 相矛盾,所以 $t_H<t_{H'}$ 不成立. 由对称性必须有 $t_H=t_{H'}$. 于是由(52.1)有 $H=H'$. □

11.54 定理 设$\boldsymbol{P}'$是$\mathscr{F}^0_\infty$上另一个概率,满足

i) $\boldsymbol{P}'|_{\mathscr{F}^0_0}=\boldsymbol{P}|_{\mathscr{F}^0_0}$,

ii) 在$\boldsymbol{P}'$下 ν(取为 $\boldsymbol{F}^0$ 可料的)仍保持为 μ 的可料对偶投影. 则

$$\boldsymbol{P}'|_{\mathscr{F}^0_\infty}=\boldsymbol{P}|_{\mathscr{F}^0_\infty}.$$

证明 运用归纳法只需证明若 $\boldsymbol{P}'|_{\mathscr{F}^0_{T_n}}=\boldsymbol{P}|_{\mathscr{F}^0_{T_n}}$,则必有 $\boldsymbol{P}'|_{\mathscr{F}^0_{T_{n+1}}}=\boldsymbol{P}|_{\mathscr{F}^0_{T_{n+1}}}$. 因为$\mathscr{F}^0_{T_{n+1}}=\mathscr{F}^0_{T_n}\vee\sigma\{T_{n+1},\xi_{n+1}\}$,只需证明在 $\boldsymbol{P}$ 和 $\boldsymbol{P}'$ 下我们有

$$\begin{aligned}G_n(dt,dx)&=\boldsymbol{P}[T_{n+1}\in dt,\xi_{n+1}\in dx\,|\,\mathscr{F}^0_{T_n}]\\&=\boldsymbol{P}'[T_{n+1}\in dt,\xi_{n+1}\in dx\,|\,\mathscr{F}^0_{T_n}]\\&=G'_n(dt,dx).\quad \text{a.s.}.\end{aligned}\tag{54.1}$$

由于 $\mathscr{F}^0_{T_{n+1}}\cap[T_n=\infty]=\mathscr{F}^0_{T_n}\cap[T_n=\infty]$,故只需证明(54.1)在 $\Omega_n=[T_n<\infty]$上成立. 首先证明在 Ω_n 上

$$\begin{aligned}H_n(]T_n,t])&=G_n(]T_n,t]\times E)\\&=G'_n(]T_n,t]\times E)\\&=H'_n(]T_n,t]).\end{aligned}$$

我们采用下列简化的记号:

$H(]0,t])=H_n(]T_n,T_n+t])$, $H'(]0,t])=H'_n(]T_n,T_n+t])$

$F(t)=\displaystyle\int_0^t\frac{H(ds)}{H([s,\infty])}$, $F'(t)=\displaystyle\int_0^t\frac{H'(ds)}{H'([s,\infty])}$

$T=\inf\{t:H([t,\infty])=0\}$, $T'=\inf\{t:H'([t,\infty])=0\}$,

$\Phi=\Phi(H)$, $\Phi'=\Phi(H')$.

由定理 5.55.2) 存在过程 $B\in\mathscr{F}^0_{T_n}\times\mathscr{B}(\boldsymbol{R}_+)$ 使在 $]\!]T_n, T_{n+1}]\!]$ 上有 $1*\nu=B$. 记 $C(t)=B_{T_n+t}-B_{T_n}$, $t\geqslant 0$. 则

$$\boldsymbol{P}(\Omega_n\cap[F(t)=C(t),\ t\leqslant T_{n+1}-T_n])=\boldsymbol{P}(\Omega_n).$$

注意到 $F(t)$ 和 $C(t)$ 都是 $\mathscr{F}^0_{T_n}$-可测的,对任一固定的 $t>0$ 我们有

$$\begin{aligned}0&=\boldsymbol{P}([F(t)\neq C(t),\ t\leqslant T_{n+1}-T_n]\Omega_n)\\&=\boldsymbol{E}[I_{[F(t)\neq C(t)]}H([t,\infty])I_{\Omega_n}].\end{aligned}$$

但对 $t\in\Phi$ 有 $H([t,\infty])>0$, 故

$$\boldsymbol{P}([F(t)\neq C(t)]\cap[T\in\Phi]\cap\Omega_n)=0. \qquad (54.2)$$

由于 T 也是 $\mathscr{F}^0_{T_n}$-可测的,用同样的论证得到

$$\boldsymbol{P}([F(T)\neq C(T)]\cap[T\in\Phi]\cap\Omega_n)=0. \qquad (54.3)$$

记 $A=[F(t)=C(t),\ \forall\, t\in\Phi]\cap\Omega_n$, 则 $A\in\mathscr{F}^0_{T_n}$ 且

$$\begin{aligned}A^c\Omega_n\subset\{(&\bigcup_{r\in Q_+}[F(r)\neq C(r),\ r\in\Phi])\\&\cup[F(T)\neq C(T),\ T\in\Phi]\}\Omega_n.\end{aligned}$$

由 (54.2) 及 (54.3) 我们有 $\boldsymbol{P}(A)=\boldsymbol{P}(\Omega_n)$ 和 $\boldsymbol{P}'(A')=\boldsymbol{P}(A)=\boldsymbol{P}(\Omega_n)=\boldsymbol{P}_{,}(\Omega_n)$.

记 $A'=[F'(t)=C(t),\ \forall\, t\in\Phi']\cap\Omega_n$. 用同样的论证可得 $\boldsymbol{P}(A)=\boldsymbol{P}_{,}(A')=\boldsymbol{P}(\Omega_n)=\boldsymbol{P}(\Omega_n)$ 且 $\boldsymbol{P}(AA')=\boldsymbol{P}'(AA')=\boldsymbol{P}'(\Omega_n)=\boldsymbol{P}(\Omega_n)$. 在 AA' 上,对所有 $t\in\Phi\cap\Phi'$ 有 $F(t)=F'(t)$. 由引理 11.53 $H=H'$, 即 $H_n=H'_n$.

对任一 $B\in\mathscr{B}(E)$, 上述已建立的结果可用于 $G_n(]T_n, t]\times B)$ 和 $G'_n(]T_n, t]\times B)$. 因为 $\mathscr{B}(E)$ 是可列生成的,不难看出在 Ω_n 上 (54.1) 在 $\boldsymbol{P}$ 或 $\boldsymbol{P}'$ 下都成立. □

显然, 跳跃过程 X 是一个半鞅,其可料特征为 $((xI_{[|x|\leqslant]})*\nu,\ 0,\ \nu)$. 定理 11.54 表明跳跃过程的分布律由其初始分布和 Lévy 族唯一确定.

11.55 定义 设 $N=\sum_{n=1}^{\infty}I_{[\![T_n,\infty[\![}$ 为一个点过程,即 $(T_n)_{n\geqslant 1}$ 为一个递增非负随机变量序列满足 $T_n\uparrow\infty$ 且对每个 $n\geqslant 0$, $T_n<\infty\Rightarrow T_n<T_{n+1}$ $(T_0=0)$. 设 $(\xi_n)_{n\geqslant 1}$ 为另一随机变量序列. $(T_n, \xi_n)_{n\geqslant 1}$ 称

为**标值点过程**(或**多元点过程**). 事实上,一个标值点过程不是通常含义下的过程. 只是当对每个 $n\geqslant 1$ $T_n=\infty \Leftrightarrow \xi_n=0$ 时, $(T_n, \xi_n)_{n\geqslant 1}$和跳跃过程 $X=\sum_{n=1}^{\infty}\xi_n I_{[\![T_n,\infty[\![}$ 可相互确定.

对一个标值点过程$(T_n, \xi_n)_{n\geqslant 1}$, 我们仍规定

$$\mathscr{F}_t^0=\bigcup_{n=0}^{\infty}(\mathscr{G}_n\cap[T_n\leqslant t<T_{n+1}]),\quad t\geqslant 0,$$

$$\mathscr{G}_n=\sigma\{T_1, \cdots, T_n,\xi_1, \cdots, \xi_n\},\ n\geqslant 1,\ (\mathscr{G}_0 \text{ 是任意的}),$$

且称 $\boldsymbol{F}^0=(\mathscr{F}_t^0)$为它的**自然流**. 亦可由(48.1)规定它的跳测度. 不难看出,对标值点过程,即使其初始 σ 域 $\mathscr{G}_0$ 不是平凡 σ-域而是一般的 σ-域, 两个主要的定理 11.49 和 11.54 仍保持成立. □

问题与补充

11.1 设 μ 和 ν 是两个可选(可料)且可选(可料)σ-可积随机测度.

1) 下列论断等价

i) $\boldsymbol{P}(\{\omega: \mu(\omega, \cdot)\ll\nu(\omega, \cdot)\})=1$,

ii) 在$\widetilde{\mathscr{F}}$上, $\boldsymbol{M}_\mu\ll\boldsymbol{M}_\nu$,

iii) 在$\widetilde{\mathscr{O}}(\widetilde{\mathscr{P}})$上, $\boldsymbol{M}_\mu\ll\boldsymbol{M}_\nu$,

iv) $\mu=W.\nu$, 其中$W\in\widetilde{\mathscr{O}}^+(\widetilde{\mathscr{P}}^+)$.

2) 下列论断等价:

i) $\boldsymbol{P}(\{\omega: \mu(\omega, \cdot)\perp\nu(\omega, \cdot)\})=1$,

ii) 在$\widetilde{\mathscr{O}}(\widetilde{\mathscr{P}})$上, $\boldsymbol{M}_\mu\perp\boldsymbol{M}_\nu$,

iii) 在$\widetilde{\mathscr{F}}$上, $\boldsymbol{M}_\mu\perp\boldsymbol{M}_\nu$.

11.2 设 μ 为一整值随机测度,ν 为其可料对偶投影. 若 μ 为拟左连续的,即 μ 的支集绝不可及,则 $W\mapsto W*(\mu-\nu)$ 是 $L^2(\widetilde{\Omega},\widetilde{\mathscr{P}}, \boldsymbol{M}_\nu)$到 $\mathscr{M}^{2,d}$的等距映照.

11.3 设半鞅 X 以(α, β, ν)为可料特征,则 $X\in\mathscr{M}_{\rm loc}(\mathscr{M}_{\rm loc}^2)$

当且仅当 $(|x| I_{[|x|>1]}) * \nu \in \mathscr{A}_{\text{loc}}^{+}$ ($x^2 * \nu \in \mathscr{A}_{\text{loc}}^{+}$) 且 $\alpha = -(xI_{[|x|>1]}) * \nu$.

11.4 设半鞅 X 以 (α, β, ν) 为可料特征. 则 1) $X \in \mathscr{V} \Leftrightarrow (|x| \wedge 1) * \nu \in \mathscr{A}_{\text{loc}}^{+}$ 且 $\beta = 0$; 2) $X \in \mathscr{V}^{+} \Leftrightarrow (|x| \wedge 1) * \nu \in \mathscr{A}_{\text{loc}}^{+}$, $\beta = 0$, $\nu(\boldsymbol{R}_{+} \times [x > 0]) = 0$ 且 $\alpha^c \geqslant (xI_{[|x| \leqslant 1]} I_{[a=0]}) * \nu$. 其中 α^c 是 α 的连续部分; 3) $X \in \mathscr{A}_{\text{loc}} \Leftrightarrow |x| * \nu \in \mathscr{A}_{\text{loc}}^{+}$ 且 $\beta = 0$.

11.5 设 X 为一半鞅,则

1) $D = \{t : \boldsymbol{P}(\Delta X_t \neq 0) > 0\}$ 至多为一可列集,

2) $X = X' + X''$, 其中 X' 是一随机连续半鞅, $X''_t = \sum_{0 < s \leqslant t,\, s \in D} \Delta X_s$ (这一级数依概率绝对收敛).

11.6 设 X 为一 Lévy 过程, μ 为它的跳测度, ν 为其 Lévy 族. 又 $f(t, x)$ 为 $\boldsymbol{R}_{+} \times E$ 上 Borel 函数. 若 $\forall\, t > 0$ $I_{[f \neq 0]} * \nu_t < \infty$ 或 $\forall\, t > 0$ $|f| * \nu_t < \infty$, 则 $Y = f * \mu$ 也是 Lévy 过程, 且

$$\boldsymbol{E}[e^{iuY_t}] = \exp\left\{\int_{[0, t] \times E} (e^{iuf(s, x)} - 1) \nu(ds, dx)\right\}.$$

11.7 设 X 是以 (f, β, ν) 为特征的 Lévy 过程.

1) $X \in \mathscr{V}^{+}$ 当且仅当 $\beta = 0$, $\nu(\boldsymbol{R}_{+} \times]-\infty, 0]) = 0$ 且 $\forall\, t > 0$ $xI_{[0 < x \leqslant 1]} * \nu_t < \infty$, $\mathscr{F}_t = f_t - (xI_{[0 < x < 1]}) * \nu_t$ 为单调递增函数. 这时

$$\varphi_t(u) = \exp\left\{i \mathscr{F}_t u + \int_{[0, t] \times [x > 0]} (e^{iux} - 1) d\nu\right\}.$$

2) $X \in \mathscr{V}$ 当且仅当 $\beta = 0$, $\forall\, t > 0 (|x| I_{[|x| \leqslant 1]} * \nu_t) < \infty$ 且 $\mathscr{F}_t = f_t - (xI_{[|x| \leqslant 1]}) * \nu_t$ 是一个有限变差函数,这时

$$\varphi_t(u) = \exp\left\{i \mathscr{F}_t u + \int_{[0, t] \times E} (e^{iux} - 1) d\nu\right\}.$$

此外, $Y_t = \int_{[0, t]} |dY_s|$, $t \geqslant 0$, 也是一个 Lévy 过程,且

$$\boldsymbol{E}[e^{iu(Y_t - Y_0)}] = \exp\left\{iu\int_0^t |d \mathscr{F}_s| + \int_{[0, t] \times E} (e^{iu|x|} - 1) d\nu\right\}.$$

11.8 设 X 为 Lévy 过程, ν 为其 Lévy 族,则 X 为跳跃过程当且仅当 $\forall\, t$ $\nu([0, t] \times E) < \infty$ 且

$$\varphi_t(u) = \exp\left\{\int_{[0, t] \times E} (e^{iux} - 1) d\nu\right\}.$$

11.9 设 X 为一连续 Lévy 过程且 $X_0=0$，则 X 是正态过程.

11.10 设 X 为一 Lévy 过程，$X_0=0$，则 X 为 Poisson 过程当且仅当 X 是点过程.

11.11 设 X 为点过程，A 为其补偿，$A_\infty=\infty$. 设(τ_t)为与 A 相联系的时变，则(X_{τ_t})是参数为 1 关于$(\mathscr{F}_{\tau_t})$的 Poisson 过程.

11.12 设 μ 是整值随机测度，又 m 为$(\boldsymbol{R}_+\times E,\ \mathscr{B}(E))$上 σ-有限测度，$\forall\ t>0\quad m(\{t\}\times E)=0$. 若 m 是 μ 的补偿子，则

i) $m=\boldsymbol{E}[\mu]$,

ii) 对每个 $\hat{B}\in\mathscr{B}(\boldsymbol{R}_+)\times\mathscr{B}(E)$，$\mu(\hat{B})$服从 Poisson 分布，

iii)对任何互不相交 $\hat{B}_1,\ \cdots,\ \hat{B}_n\in\mathscr{B}(\boldsymbol{R}_+)\times\mathscr{B}(E)$及某个 s，$\hat{B}_i\in]s,\ \infty[\ \times E,\ i=1,\ \cdots,\ n$，$\mu(\hat{B}_1),\ \cdots,\ \mu(\hat{B}_n)$与 $\mathscr{F}_s$ 相互独立.

11.13 设 $B=(B_t)$为一标准 Brown 运动. 令

$$\hat{\mathscr{F}}_t=\mathscr{F}_t\vee\sigma\{B_1\},\quad 0\leqslant t\leqslant 1,$$

$$W_t=B_t-\int_0^t\frac{B_1-B_s}{1-s}ds,\quad 0\leqslant t\leqslant 1.$$

则$(W_t)_{0\leqslant t\leqslant 1}$是一$(\hat{\mathscr{F}}_t)_{0\leqslant t\leqslant 1}$-Brown 运动，且

$$B_t=tB_1+(1-t)\int_0^t\frac{dW_s}{1-s},\quad 0\leqslant t\leqslant 1.$$

(注意$(B_t-tB_1)_{0\leqslant t\leqslant 1}$是一个 Brown 桥.)

11.14 一个连续适应 d-维过程 $W=(W^1,\ \cdots,\ W^d)$为一 d-维标准 Wiener 过程当且仅当$\langle W^i,\ W^j\rangle_t=\delta_{ij}t,\ t\geqslant 0$.

11.15 设 $X=\sum\limits_{n=1}^{\infty}I_{[\![T_n,\infty[\![}$ 为一个点过程，则 X 为一 Poisson 过程当且仅当存在一连续增函数 Λ_t，$\Lambda_0=0$，使对每个 $n\geqslant 0$ 有

$$\boldsymbol{P}[T_{n+1}\in dt\,|\,\mathscr{F}_{T_n}]I_{[T_n<\infty]}=e^{-(\Lambda_t-\Lambda_{T_n})}I_{[T_n<t]}d\Lambda_t.$$

11.16 设$(\xi_n)_{n\geqslant 1}$为独立同分布随机变量序列，其共同分布为 F，又 $N=(N_t)$为与(ξ_n)独立的时齐 Poisson 过程. 找出下列过程的 Lévy 族：

1) $X_t=\xi_1+\cdots+\xi_{N_t}$(当 $N_t=0$ 时 $X_t=0$)，$t\geqslant 0$.

2) $X_t = \max(0, \xi_1, \cdots, \xi_{N_t})$（当 $N_t=0$ 时 $X_t=0$），$t \geqslant 0$.

11.17 设 $X = \sum_{n=1}^{\infty} I_{[\![T_n, \infty[\![}$ 为点过程. 假定 $T_1, T_2-T_1, \cdots, T_{n+1}-T_n, \cdots$ 相互独立且有共同分布 $F(F(0)=0)$，即 X 是更新过程. 找出 X 的 Lévy 族.

11.18 设 X 为跳跃过程. 若 $f(t, x)$ 为 $\boldsymbol{R}_+ \times \boldsymbol{R}$ 上 Borel 函数且关于 t 可微，则

$$f(t, X_t) = f(0, X_0) + \int_0^t \frac{\partial}{\partial s} f(s, X_s) ds$$

$$+ \sum_{0<s\leqslant t} [f(s, X_s) - f(s, X_{s-})].$$

10.19 设 X 是以 $\boldsymbol{Z}$ 为状态空间的规则时齐 Markov 链，$Q=(q_{ij})$ 为 X 的密度矩阵. 假定 $f(i, j)$ 为 $\boldsymbol{Z}\times\boldsymbol{Z}$ 上函数满足对所有 i，$f(i, i)=0$ 及 $\sum_j q_{ij}|f(i, j)| < \infty$，则 $\sum_{0<s\leqslant t} f(X_{s-}, X_s) - \int_0^t \sum_j q_{X_s, j} f(X_s, j) ds$ 是一个局部鞅.

11.20 设 X 为一跳跃过程，ν 为其 Lévy 族，则 X 是一个 Markov 过程当且仅当 ν 有如下形式

$$\nu(dt, dx) = Q(t, X_{t-}, X_{t-} + dx)\Lambda(X_{t-}, dt),$$

其中 1) $Q(t, x, dy)$ 是 $\boldsymbol{R}_+ \times \boldsymbol{R}$ 到 $\boldsymbol{R}$ 的转移概率测度，$Q(t, x, \{x\})=0$；

2) $\Lambda(x, dt)$ 为 $\boldsymbol{R}$ 到 $\boldsymbol{R}_+$ 的 σ-有限转移测度，$\Lambda(x, \{t\}) \leqslant 1$，且存在两列 $\boldsymbol{R}$ 上的 Borel 函数 (f_n) 和 (g_n)，使对每个 $x \in \boldsymbol{R}$，$\boldsymbol{R}_+$ 可表为不相交区间的并：

$$\boldsymbol{R}_+ = \bigcup_{n=1}^{\infty} [f_n(x), g_n(x)[,$$

且对所有 $t \in]f_n(x), g_n(x)[$

$$\Lambda(x,]f_n(x), t[) < \infty, \quad \Lambda(x, \{t\}) < 1.$$

第十二章 测度变换

在这一章我们将介绍 Girsanov 定理，它描述在测度改变时半鞅与随机积分如何变换．我们还将给出 Girsanov 定理的某些应用，包括半鞅的刻划等．

§1. 局部绝对连续性

在这一章的前三节，我们都是基于下列基本假定．在基本可测空间$(\Omega,\mathscr{F}^0)$上给定：

i）一个右连续流 $\boldsymbol{F}^0=(\mathscr{F}_t^0)_{t\geqslant 0}$，$\mathscr{F}_\infty^0=\mathscr{F}^0$，

ii）两个概率测度 $\boldsymbol{P}$ 和 $\boldsymbol{P}'$．

置

$$\widetilde{\boldsymbol{P}}=\frac{1}{2}(\boldsymbol{P}+\boldsymbol{P}').$$

显然，在 $\mathscr{F}^0$ 有上 $\boldsymbol{P}\ll\widetilde{\boldsymbol{P}}$ 和 $\boldsymbol{P}'\ll\widetilde{\boldsymbol{P}}$．规定

$$\boldsymbol{F}=(\boldsymbol{F}^0)^{\widetilde{P}}:\mathscr{F}_t=(\mathscr{F}_t^0)^{\widetilde{P}}=\mathscr{F}_t^0\vee\widetilde{\mathscr{N}},\quad t\geqslant 0,$$

其中，$\widetilde{\mathscr{N}}$ 是由所有 $\mathscr{F}_\infty=(\mathscr{F}^0)^{\widetilde{P}}$中的 $\widetilde{\boldsymbol{P}}$-零集生成的 σ-域．以后，我们取 $\boldsymbol{F}=(\boldsymbol{F}^0)^{\widetilde{P}}$ 为基本流．因为我们要同时涉及两个测度 $\boldsymbol{P}$ 和 $\boldsymbol{P}'$，这样的选择是自然而合理的．由此，停时，可选过程，局部鞅，半鞅，…… 总是分别指 $\boldsymbol{F}$-停时，$\boldsymbol{F}$-可选过程，$\boldsymbol{F}$-局部鞅，$\boldsymbol{F}$-半鞅等等，除非另有说明．对任一停时 T，以 $\boldsymbol{P}_T$ 和 $\boldsymbol{P}'_T$ 分别表示 $\boldsymbol{P}$ 和 $\boldsymbol{P}'$ 在 $\mathscr{F}_T$ 上的限制．$\boldsymbol{E}$，$\boldsymbol{E}'$ 和 $\widetilde{E}$ 分别表示 $\boldsymbol{P}$，$\boldsymbol{P}'$ 和 $\widetilde{\boldsymbol{P}}$ 之下的期望．

这些基本假定以后不再重复．但我们强调一点：需十分小心地处理零集和不足道集．通常，零集和不足道集是分别指 $\widetilde{\boldsymbol{P}}$-零集和 $\widetilde{\boldsymbol{P}}$-不足道集，除非明确地有其它规定．

12.1 定义 称 $\boldsymbol{P}'$ 关于 $\boldsymbol{P}$ 是**局部绝对连续的**，并表以 $\boldsymbol{P}'\overset{\text{loc}}{\ll}\boldsymbol{P}$，若

对所有 $t\geqslant 0, \boldsymbol{P}'|_{\mathscr{F}_t^0}\ll \boldsymbol{P}|_{\mathscr{F}_t^0}$或等价地 $\boldsymbol{P}'_t\ll \boldsymbol{P}_t$.

12.2 定理 假定存在停时序列(T_n),$T_n\uparrow\infty$且对每个 n $\boldsymbol{P}'_{T_n}\ll \boldsymbol{P}_{T_n}$,则对每个满足 $\boldsymbol{P}'(T<\infty)=1$ 的停时 T 有 $\boldsymbol{P}'_T\ll \boldsymbol{P}_T$. 特别地,$\boldsymbol{P}'\overset{\text{loc}}{\ll}\boldsymbol{P}$.

证明 设 $A\in\mathscr{F}_T$ 且 $\boldsymbol{P}(A)=0$. 由于 $A[T\leqslant T_n]\in\mathscr{F}_{T\wedge T_n}$及 $\boldsymbol{P}(A[T\leqslant T_n])\leqslant P(A)=0$,我们有 $\boldsymbol{P}'(A[T\leqslant T_n])=0$. 于是

$$\boldsymbol{P}'(A)=\boldsymbol{P}'(A[T>T_n])\leqslant \boldsymbol{P}'(T>T_n).$$

但$\limsup\limits_{n\to\infty}\boldsymbol{P}'(T>T_n)\leqslant \boldsymbol{P}'(T=\infty)=0$. 故 $\boldsymbol{P}'(A)=0$. □

12.3 引理 若 $\boldsymbol{P}'\overset{\text{loc}}{\ll}\boldsymbol{P}$,$S,T$ 为两个停时,则

1) $\boldsymbol{P}(S<T)=0\Rightarrow \boldsymbol{P}'(S<T)=0$. 特别有 $\boldsymbol{P}(S<\infty)=0\Rightarrow \boldsymbol{P}'(S<\infty)=0$,

2) $\boldsymbol{P}(S=T<\infty)=0\Rightarrow \boldsymbol{P}'(S=T<\infty)=0$.

证明 1) 由于$\forall\ t>0,[S<T,S\leqslant t]\in\mathscr{F}_t$,我们有

$$\begin{aligned}\boldsymbol{P}(S<T)=0&\Rightarrow\forall\ t>0,\boldsymbol{P}(S<T,S\leqslant t)=0\\&\Rightarrow\forall\ t>0,\boldsymbol{P}'(S<T,S\leqslant t)=0\\&\Rightarrow \boldsymbol{P}'(S<T)=0.\end{aligned}$$

2) 的证明是类似的. □

12.4 定理 若 $\boldsymbol{P}'\overset{\text{loc}}{\ll}\boldsymbol{P}$,则存在唯一非负适应右连左极过程 $Z=(Z_t)$满足

1) $Z_\infty=\lim\limits_{t\to\infty}Z_t\ \widetilde{\boldsymbol{P}}$-a.s. 存在且

$$\boldsymbol{P}(Z_\infty=\infty)=\boldsymbol{P}(\sup_{t\geqslant 0}Z_t=\infty)=0, \tag{4.1}$$

$$\boldsymbol{P}'(Z_\infty=0)=\boldsymbol{P}'(\inf_{t\geqslant 0}Z_t=0)=0, \tag{4.2}$$

2) 对每个停时 T,当 $\boldsymbol{P}'_T\ll \boldsymbol{P}_T$ 时我们有

$$Z_T=\frac{d\boldsymbol{P}'_T}{d\boldsymbol{P}_T}\quad \boldsymbol{P}\text{-a.s.}, \tag{4.3}$$

特别的,在 $\boldsymbol{P}$ 下(Z_t)是鞅. $Z=(Z_t)$称为 $\boldsymbol{P}'$ 关于 $\boldsymbol{P}$ 的密度过程.

证明 设(Y_t)和$(\widetilde{Y}_t)$分别为$\left(\widetilde{\boldsymbol{E}}\left[\frac{d\boldsymbol{P}}{d\widetilde{\boldsymbol{P}}}|\mathscr{F}_t\right]\right)$和$\left(\widetilde{\boldsymbol{E}}\left[\frac{d\boldsymbol{P}'}{d\widetilde{\boldsymbol{P}}}|\mathscr{F}_t\right]\right)$的右连左极修正. 令

$$\tau=\inf\{t:Y_t=0\} \quad , \quad \tau'=\inf\{t:Y'_t=0\}.$$

由于 $t<\tau(t<\tau')$ 时，$Y_t>0, Y_{t-}>0(Y'_t>0, Y'_{t-}>0)$，而当 $t\geqslant\tau(t\geqslant\tau')$ 时，$Y_t=0(Y'_t=0)$（定理 2.62），于是

$$P(\tau<\infty)=\int_{[\tau<\infty]}Y_\tau d\widetilde{P}=0,$$

$$P'(\tau'<\infty)=\int_{[\tau'<\infty]}Y'_{\tau'}d\widetilde{P}=0.$$

由引理 12.3，$P'(\tau<\infty)=0$. 所以 $\widetilde{P}(\tau<\infty)=0$，即我们可认为 $\tau=\infty$. 现在定义

$$Z_t=\frac{Y'_t}{Y_t}, \quad t\geqslant 0.$$

显然，$Z=(Z_t)_{t\geqslant 0}$ 是一个适应右连左极过程. 当 $t\to\infty$ 时，

$$Z_t\to\frac{Y'_\infty}{Y_\infty} \quad \widetilde{P}\text{-a.s.}.$$

因为 $Y'_\infty=\dfrac{dP'}{d\widetilde{P}}$，$Y_\infty=\dfrac{dP}{d\widetilde{P}}$，

$$P'(Y'_\infty=0)=\int_{[Y'_\infty=0]}Y'_\infty d\widetilde{P}=0,$$

$$P(Y_\infty=0)=\int_{[Y_\infty=0]}Y_\infty d\widetilde{P}=0,$$

我们有 $\widetilde{P}(Y'_\infty=Y_\infty=0)=0$，即 $Z_\infty=Y'_\infty/Y_\infty$ 有意义. 同时可得

$$P(Z_\infty=\infty)=P(Y'_\infty>0,Y_\infty=0)=0,$$

$$P'(Z_\infty=0)=P'(Y'_\infty=0)=0.$$

另一方面，因为 Z_t 在每个有限区间有界，$\sup\limits_t Z_t=\infty\Leftrightarrow Z_\infty=\infty$. 在 $[\tau'<\infty]$ 上我们有 $\inf\limits_t Z_t=Z_\infty=0$，而在 $[\tau'=\infty]$ 上，$\forall\, t\geqslant 0, Z_t>0$，$\forall\, t>0, Z_{t-}>0$，所以 $\inf\limits_t Z_t=0\Leftrightarrow Z_\infty=0$. 这就证明了(4.1)和(4.2).

设 T 为停时，满足 $P'_T\ll P_T$，则 $P_T\sim\widetilde{P}_T$ 且

$$\frac{dP'_T}{dP_T}=\frac{dP'_T}{d\widetilde{P}_T}\bigg/\frac{dP_T}{d\widetilde{P}_T}=Y'_T/Y_T=Z_T \quad \widetilde{P}\text{-a.s.}.$$

特别，对所有 $t\geqslant 0$

$$Z_t = \frac{dP'_t}{dP_t} \quad \widetilde{P}\text{-a.s.}. \tag{4.4}$$

由(4.4)及 Z 的右连续性，$Z=(Z_t)$ 是唯一确定的． □

注 若 $P' \ll P$，并不需要引入 $\widetilde{P}$ 而用 P 代替之．基本流 $F=(\mathscr{F}_t)$ 就取 $(F^0)^P = \left((\mathscr{F}_t^0)^P\right)$，而密度过程 $Z=(Z_t)$ 就是 $\left(E\left[\frac{dP'}{dP} | \mathscr{F}_t\right]\right)$ 的右连左极修正．

从上面的证明可直接看出下列推论．

12.5 系 若 $P' \overset{\text{loc}}{\ll} P$，则 $B = [\![0]\!] \cup [Z_- > 0]$ 是一个可料区间型集，在此 Z 为密度过程．事实上有

$$I_B = I_F I_{[\![0,R[\![} + I_{F^c} I_{[\![0,R]\!]}, \tag{5.1}$$

$$R = \inf\{t: Z_t = 0\},$$

$$F = \{\omega: 0 < R(\omega) < \infty, Z_{R(\omega)-}(\omega) = 0\} \tag{5.2}$$

或

$$B = \bigcup_n [\![0, R_n]\!],$$

$$R_n = \inf\left\{t: Z_t \leqslant \frac{1}{n}\right\}, \quad n \geqslant 1. \tag{5.3}$$

在这一章里我们将一直运用系 12.5 规定的记号．

12.6 定理 若 $P' \overset{\text{loc}}{\ll} P$. 设 T 为一停时，则

1) $P'(R<\infty)=0$,

2) $P'(T=\infty)=1 \Leftrightarrow P(T \geqslant R)=1$.

证明 因为 $R=\tau'$，1)可由定理 12.4 推出．我们仍用那里的记号

$$0 = P'(T<\infty) = \int_{[T<\infty]} Y'_T d\widetilde{P} \Leftrightarrow Y'_T I_{[T<\infty]} = 0 \quad \widetilde{P}\text{-a.s.}$$

$$\Leftrightarrow \widetilde{P}(T \geqslant R) = 1.$$

显然，$P'(T=\infty)=1 \Rightarrow P(T\geqslant R)=1$. 反之，由引理 12.3

$$P(T\geqslant R)=1 \Rightarrow P(T<R)=0 \Leftrightarrow P'(T<R)=0 \Rightarrow P'(T\geqslant R)=1.$$

但 $P'(R=\infty)=1$，故 $P'(T=\infty)=1$. □

12.7 系 若设 $P'\overset{\text{loc}}{\ll}P$，$X$ 为可选过程．则 X 为 P'-不足道当且仅当 $XI_{[\![0,R[\![}$ 是 P-不足道的．

证明 设 T 是$[X\neq 0]$的初遇，则

$$X \text{ 为 } P'\text{-不足道的} \Leftrightarrow P'(T=\infty)=1$$
$$\Leftrightarrow P(T\geqslant R)=1$$
$$\Leftrightarrow XI_{[\![0,R[\![} \text{ 为 } P\text{-不足道的}. \quad \square$$

12.8 引理 设 $P'\overset{\text{loc}}{\ll}P$，$X$ 为一个$(F^0)^P$-适应过程，其轨道 P-a.s. 右连左极（连续）．则存在一个 F-适应右连左极（连续）过程 $\widetilde{X}$ 使 X 与 $\widetilde{X}$ 是 P-无区别的．

证明 对每个 $r\in Q_+$ 取 $Y_r\in\mathscr{F}_r^0$ 使 $P(Y_r=X_r)=1$. 记 $A_t=\{\omega$：存在 R_+ 上右连左极函数 f 使对所有 $r\in[0,t]\cap Q\quad Y_r(\omega)=f(r)\}$，$t\geqslant 0$. 则 $A_t\in\mathscr{F}_t^0$（其证明放在最后）．令

$$S(\omega)=\inf\{t:\omega\notin A_t\}.$$

由于 A_t^c 关于 t 单调增，对所有 $t\geqslant 0$ 有

$$[S<t]\subset A_t^c\subset[S\leqslant t],$$
$$[S\leqslant t]=\bigcap_{u>t}A_u^c\in\mathscr{F}_{t+}^0=\mathscr{F}_t^0.$$

因而 S 是一个 F^0-停时．由假定 $P(S=\infty)=1$. 按引理 12.3，$P'(S=\infty)=1$. 所以 $\widetilde{P}(S<\infty)=0$，$[S<\infty]\in\mathscr{F}_0$.

置

$$\widetilde{X}_t(\omega)=\begin{cases}\lim\limits_{r\downarrow t,r\in Q_+}Y_r(\omega), & \text{若 } S(\omega)=\infty,\\ 0, & \text{若 } S(\omega)<\infty.\end{cases}$$

则 $\widetilde{X}$ 是 F-适应右连左极的，且与 X P-无区别．

若 X 的轨道 P-a.s. 连续，取

$$T(\omega)=\inf\{t:\Delta\widetilde{X}_t\neq 0\}.$$

则 T 是一个 F-停时且 $P(T<\infty)=0$. 同样，我们有 $P'(T<\infty)=0$，$\widetilde{P}(T<\infty)=0$ 且$[T<\infty]\in\mathscr{F}_0$. 取

$$X_t'(\omega)=\begin{cases}\widetilde{X}_t(\omega), & \text{若 } T(\omega)=\infty,\\ 0, & \text{若 } T(\omega)<\infty.\end{cases}$$

则 X' 是 F-适应连续的，且与 X P-无区别．

最后，我们来证明 $A_t\in\mathscr{F}_t^0$. 对任一正整数 l 归纳地规定

$$T_{l,0}(\omega)=0,\quad Z_{l,0}(\omega)=\begin{cases}Y_0(\omega), & \text{若}\lim\limits_{r\downarrow 0}Y_r(\omega)=Y_0(\omega),\\ 0, & \text{其它},\end{cases}$$

$$T_{l,n+1}(\omega)=\inf\left\{r\in\boldsymbol{Q}_+: r>T_{l,n}(\omega), |Y_r(\omega)-Z_{l,n}(\omega)|>\frac{1}{2^l}\right\}\wedge t,$$

$$Z_{l,n+1}(\omega)=\begin{cases}\lim\limits_{r\downarrow T_{l,n+1}(\omega)}Y_r(\omega), & \text{若}\ T_{l,n+1}(\omega)<t\ \text{且}\ \lim\limits_{r\downarrow T_{l,n+1}}Y_r(\omega)=Y_{T_{l,n+1}(\omega)}(\omega)^{1)},\\ +\infty & \text{其它}\end{cases}$$

我们要证明

$$A_t=\bigcap_{l=1}^{\infty}\bigcup_{k=1}^{\infty}\bigcap_{n=k}^{\infty}[T_{l,n}=t].\tag{8.1}$$

显然，(8.1)右端的集合属于 $\mathscr{F}_t^0$. 设 $\omega\in A_t$. 固定 l，若 $T_{l,n}(\omega)<t$，则 $Z_{l,n}(\omega)<\infty$ 且 $T_{l,n}(\omega)<T_{l,n+1}(\omega)$. 若对所有 $n\geqslant 1$ $T_{l,n}(\omega)<t$，则 $T_{l,n}(\omega)\uparrow s\leqslant t$，$|Z_{l,n+1}(\omega)-Z_{l,n}(\omega)|\geqslant\frac{1}{2^l}$ 且 $\lim\limits_{r\uparrow s}Y_r(\omega)$ 不存在. 这与 $\omega\in A_t$ 矛盾. 因此 $\omega\in\bigcup\limits_{k=1}^{\infty}\bigcap\limits_{n=k}^{\infty}[T_{l,n}=t]$. 反之，设 $\omega\in\bigcap\limits_{l=1}^{\infty}\bigcup\limits_{k=1}^{\infty}\bigcap\limits_{n=k}^{\infty}[T_{l,n}=t]$. 对 $l\geqslant 1$ 定义 $k=\min\{n: T_{l,n}(\omega)=t\}$ 及

$$f_l(s)=\begin{cases}Z_{l,n}(\omega), & s\in[T_{l,n}(\omega),T_{l,n+1}(\omega)[,\ n\leqslant k-1,\\ Y_t(\omega), & s\in[t,\infty[,\ t\in\boldsymbol{Q}_+,\\ 0 & s\in[t,\infty[,\ t\notin\boldsymbol{Q}_+.\end{cases}$$

则 f_l 在 $\boldsymbol{R}_+$ 上为右连左极，且可直接验证

$$\sup_{r\in[0,t]\cap Q}|f_l(r)-Y_r(\omega)|\leqslant\frac{1}{2^l},$$

$$\sup_{m\geqslant 1}\sup_{s\geqslant 0}|f_l(s)-f_{l+m}(s)|\leqslant\frac{1}{2^{l-1}}.$$

由此 $(f_l)_{l\geqslant 1}$ 一致收敛于 f，f 在 $\boldsymbol{R}_+$ 上右连左极且对所有 $r\in[0,t]\cap\boldsymbol{Q}_+$ $f(r)=Y_r(\omega)$，即 $\omega\in A_t$. □

12.9 定理 设 $P'\overset{\text{loc}}{\ll}P$，$X$ 为 $\boldsymbol{F}$-适应过程，其轨道右连左极（连续，递增右连，右连续且具有限变差），则 X' 的轨道按 P' a.s. 具有

1) 如果 $T_{l,n+1}(\omega)\notin Q_+$，只要求极限存在。

同样性质.

证明 由引理 12.8 存在适应右连左极(连续)过程 $\widetilde{X}$ 使 $[X\neq\widetilde{X}]$ 为 $\boldsymbol{P}$-不足道的. 由系 12.7$[X\neq\widetilde{X}]$是 $\boldsymbol{P}$-不足道的,即 X 的轨道是 $\boldsymbol{P}'$-a.s. 右连左极(连续)的.

若 X 的轨道 $\boldsymbol{P}$-a.s. 递增,则对所有 $s<t$ $\boldsymbol{P}(X_s\leqslant X_t)=1$,所以 $\boldsymbol{P}'(X_s\leqslant X_t)=1$. 已经知道 X 的轨道 $\boldsymbol{P}'$-a.s. 右连左极,所以 X 的轨道 $\boldsymbol{P}'$-a.s. 递增.

若 X 的轨道 $\boldsymbol{P}$-a.s. 为有限变差函数,则 $\boldsymbol{P}(T<\infty)=0$,其中 $T=\inf\{t:\int_{[0,t]}|d\widetilde{X}_s|=\infty\}$ 为一停时. 同样地,$\boldsymbol{P}'(T<\infty)=0$,即 X 的轨道 $\boldsymbol{P}'$-a.s. 为有限变差函数. □

§2. 局部鞅和半鞅的 Girsanov 定理

在这一节我们总是假定 $\boldsymbol{P}'\overset{\text{loc}}{\ll}\boldsymbol{P}$,且 $Z=(Z_t)$ 为 $\boldsymbol{P}'$ 关于 $\boldsymbol{P}$ 的密度过程.

由于局部鞅,半鞅,…这些概念都与测度有关,所以我们用 $\mathscr{M}_{\text{loc}}(\boldsymbol{P})$表示所有在 $\boldsymbol{P}$ 之下为局部鞅的过程全体. 按照引理 12.8 及引理 12.9,对每个 $X\in\mathscr{M}_{\text{loc}}(\boldsymbol{P})$存在一个 $\boldsymbol{F}$-适应右连左极过程 $\widetilde{X}$ 与 X $\boldsymbol{P}$-无区别. 因而我们认为 $\mathscr{M}_{\text{loc}}(\boldsymbol{P})$中每个过程为 $\boldsymbol{F}$-适应和右连左极的. 对其它过程类情况也是类似的,我们不再一一重复.

12.10 引理 设 S,T 为两个停时且 $\boldsymbol{P}'_S\ll\boldsymbol{P}_S$, $\boldsymbol{P}'_T\ll\boldsymbol{P}_T$. 又设随机变量 $\xi\in\mathscr{F}_T$ 且 $\boldsymbol{E}'[|\xi|]<\infty$,则

$$\boldsymbol{E}[\xi Z_T|\mathscr{F}_S]I_{[S\leqslant T]}=Z_S\boldsymbol{E}'[\xi|\mathscr{F}_S]I_{[S\leqslant T]}\quad \boldsymbol{P}\text{-a.s.}. \tag{10.1}$$

证明 设 $D\in\mathscr{F}_S$,则 $D[S\leqslant T]\in\mathscr{F}_{S\wedge T}$且

$$\begin{aligned}\boldsymbol{E}[I_{D[S\leqslant T]}\xi Z_T]&=\boldsymbol{E}'[I_{D[S\leqslant T]}\xi]=\boldsymbol{E}'\{I_{D[S\leqslant T]}\boldsymbol{E}'[\xi|\mathscr{F}_S]\}\\&=\boldsymbol{E}[I_{D[S\leqslant T]}Z_S\boldsymbol{E}'[\xi|\mathscr{F}_S]\}.\end{aligned}$$

(10.1)可由此推得. □

12.11 引理 设 X 为一适应右连左极过程,(T_n)为一停时序

列满足$\lim_n T_n \geqslant R$ $\boldsymbol{P}$-a.s. 且对每个 n $X^{T_n} \in \mathscr{M}_{\mathrm{loc}}(\boldsymbol{P})$，则 $X \in (\mathscr{M}_{\mathrm{loc}}(\boldsymbol{P}))^B$（这里区间型可料集 B 及停时 R 分别由(5.1)及(5.2)所规定）.

证明 可设 $\boldsymbol{P}(\lim_n T_n = R) = 1$，否则可以 $T_n \wedge R$ 代替 T_n. 若 T 为一停时满足 $[\![0, T]\!] \subset B$，往证 $X^{T_n} \in \mathscr{M}_{\mathrm{loc}}(\boldsymbol{P})$. 取

$$T'_n = (T_n)_{[T_n < T]}, \quad D = \bigcap_n [T_n < T].$$

不难验证下列几点 i) $T'_n \uparrow$；ii) 在 D 上对每个 $n \geqslant 1$，$T'_n = T_n < T \leqslant R$；所以 $T = R$；iii) 在 D^C 上对足够大的 n，$T_n \geqslant T$ 和 $T'_n = \infty$. 因而 $(T'_n \wedge n)$ $\boldsymbol{P}$-a.s. 预报 R_D，R_D 是可料的.

由于 $Z \in \mathscr{M}_{\mathrm{loc}}(\boldsymbol{P})$，

$$Z_{R_D -} I_{[R_D < \infty]} = \boldsymbol{E}[Z_{R_D -} I_{[R_D < \infty]} \mid \mathscr{F}_{R_D -}] = 0. \quad \boldsymbol{P}\text{-a.s.}$$

于是对 $\boldsymbol{P}$-几乎所有 $\omega \in [R_D < \infty]$，$[0, T(\omega)] \subset [0, \boldsymbol{R}(\omega)[$. 但上面我们已知在 D 上 $T = R$，所以必有 $\boldsymbol{P}(R_D < \infty) = 0$，因而 $\boldsymbol{P}(T'_n \uparrow \infty) = 1$. 另一方面，

$$(X^T)^{T'_n} = (X^{T_n})^T \in \mathscr{M}_{\mathrm{loc}}(\boldsymbol{P}).$$

故 $X^T \in \mathscr{M}_{\mathrm{loc}}(P)$. □

注 事实上，引理只涉及一个测度 $\boldsymbol{P}$. 它不仅对局部鞅是成立的，对于一切关于局部化为稳定的过程类也同样成立.

12.12 定理 设 X 为适应右连左极过程，则 $X \in \mathscr{M}_{\mathrm{loc}}(\boldsymbol{P}')$ 当且仅当 $XZ \in (\mathscr{M}_{\mathrm{loc}}(\boldsymbol{P}))^B$

证明 因为只考虑局部鞅，可认为 $X_0 = 0$.

必要性. 设 $X \in \mathscr{M}_{\mathrm{loc}}(\boldsymbol{P}')$，则存在递增停时列$(T_n)$满足 $T_n \uparrow +\infty$ $\boldsymbol{P}'$-a.s.，对每个 n，$X^{T_n} \in \mathscr{M}(\boldsymbol{P}')$ 及 $\boldsymbol{P}'_{T_n} \ll \boldsymbol{P}_{T_n}$. 最后一点若有必要以 $T_n \wedge n$ 代替 T_n 总可使之成立的. 由引理 12.10

$$\boldsymbol{E}[(XZ)_{T_n} \mid \mathscr{F}_t] I_{[t \leqslant T_n]} = (XZ)_t I_{[t \leqslant T_n]} \quad \boldsymbol{P}\text{-a.s.}.$$

但$(XZ)_{T_n} I_{[T_n < t]} \in \mathscr{F}_t$，从而有

$$\boldsymbol{E}[(XZ)_{T_n} \mid \mathscr{F}_t] = (XZ)_{t \wedge T_n} \quad \boldsymbol{P}\text{-a.s.},$$

即$(XZ)^{T_n} \in \mathscr{M}(\boldsymbol{P})$. 由定理 12.6.2) $\boldsymbol{P}(\lim_n T_n \geqslant R) = 1$. 于是由引

理 12.11，$XZ\in(\mathscr{M}_{loc}(\boldsymbol{P}))^{B}$.

充分性．设 $XZ\in(\mathscr{M}_{loc}(\boldsymbol{P}))^{B}$，则存在递增停时列 (T_n) 使得 $T_n\uparrow R$ $\boldsymbol{P}$-a.s.，对每个 n，$(XZ)^{T_n}\in\mathscr{M}(\boldsymbol{P})$ 且 $\boldsymbol{P}'_{T_n}\ll\boldsymbol{P}_{T_n}$．因为在 $\boldsymbol{P}'$ 下 Z 值不为零，故在 $[t\leqslant T_n]$ 上有

$$(XZ)_{t\wedge T_n}=\boldsymbol{E}[(XZ)_{T_n}|\mathscr{F}_t]=Z_t\boldsymbol{E}'[X_{T_n}|\mathscr{F}_t]\quad \boldsymbol{P}\text{-a.s.}.$$

$$\boldsymbol{E}'[X_{T_n}|\mathscr{F}_t]=X_{t\wedge T_n},\quad \boldsymbol{P}'\text{-a.s.}.$$

但 $X_{T_n}I_{[T_n<t]}\in\mathscr{F}_t$，故

$$\boldsymbol{E}'[X_{T_n}|\mathscr{F}_t]=X_{t\wedge T_n},\quad \boldsymbol{P}'\text{-a.s.},$$

即 $X^{T_n}\in\mathscr{M}(\boldsymbol{P}')$．由于 $\boldsymbol{P}'(T_n\uparrow\infty)=1$，$X\in\mathscr{M}_{loc}(\boldsymbol{P}')$． □

12.13 定理 若 $X\in\mathscr{M}_{loc,0}(\boldsymbol{P})$ 且 $[X,Z]\in(\mathscr{A}_{loc}(\boldsymbol{P}))^{B}$，则

$$\frac{1}{Z_-}.\langle X,Z\rangle\in\mathscr{A}_{loc}(\boldsymbol{P}'),$$

$$X'=X-\frac{1}{Z_-}.\langle X,Z\rangle\in\mathscr{M}_{loc,0}(\boldsymbol{P}'),$$

其中 $[X,Z]$ 和 $\langle X,Z\rangle$ 是按 $\boldsymbol{P}$ 规定的．

证明 记 $C=\frac{1}{Z_-}.\langle X,Z\rangle$．由定理 12.9 $\langle X,Z\rangle\in\mathscr{A}_{loc}(\boldsymbol{P}')$.

在 $]\!]0,R_n]\!]$ 上我们有 $Z_-\geqslant\frac{1}{n}$，这里 R_n 由(5.3)规定．于是 $C^{R_n}\in\mathscr{A}_{loc}(\boldsymbol{P}')$．但 $\boldsymbol{P}'(R_n\uparrow\infty)=1$，故 $C\in\mathscr{A}_{loc}(\boldsymbol{P}')$.

由于 $XZ-\langle X,Z\rangle\in(\mathscr{M}_{loc,0}(\boldsymbol{P}))^{B}$，对每个 n，$(XZ)^{R_n}-\langle X,Z\rangle^{R_n}\in\mathscr{M}_{loc,0}(\boldsymbol{P})$．另一方面，由分部积分公式和 Yœurp 引理

$$\begin{aligned}(CZ)^{R_n}-\langle X,Z\rangle^{R_n}&=(CZ)^{R_n}-Z_-.C^{R_n}\\&=C^{R_n}_-.Z^{R_n}+[C^{R_n},Z^{R_n}]\in\mathscr{M}_{loc}(\boldsymbol{P}),\end{aligned}$$

因而 $(XZ)^{R_n}-(CZ)^{R_n}=(X'Z)^{R_n}\in\mathscr{M}_{loc}(\boldsymbol{P})$．由定理 12.12 $X'\in\mathscr{M}_{loc}(\boldsymbol{P}')$． □

定理 12.13 也称之为**局部鞅的 Girsanov 定理**．

12.14 定理 若 $X\in\mathscr{S}(\boldsymbol{P})$，则 $X\in\mathscr{S}(\boldsymbol{P}')$ 且 $[X](\boldsymbol{P})$ 与 $[X](\boldsymbol{P}')$ $\boldsymbol{P}'$-无区别．

证明 将 X 分解为 $X=X_0+M+A$，其中 $M\in\mathscr{M}_{loc,0}(\boldsymbol{P})$，$|\Delta M|\leqslant 1$ 且 $A\in\mathscr{V}(\boldsymbol{P})$．我们有 $[M,Z](\boldsymbol{P})\in\mathscr{A}_{loc(\boldsymbol{P})}$（问题7.10）.

由定理 12.13，$M'=M-C\in\mathscr{M}_{\text{loc}}(\boldsymbol{P}')$，其中 $C=\frac{1}{Z_-}\cdot\langle M,Z\rangle\in\mathscr{V}(\boldsymbol{P}')$. 于是在 $\boldsymbol{P}'$ 下 X 可分解为 $X=X_0+M'+(C+A)$，$C+A\in\mathscr{V}(\boldsymbol{P}')$，故$X\in\mathscr{S}(\boldsymbol{P}')$.

对每个 $t>0$，$\boldsymbol{P}'_t\ll\boldsymbol{P}_t$. 由定理 9.33 之后的注$[X]_t(\boldsymbol{P})$ ($[X]_t(\boldsymbol{P}')$) 是 X 在$[0,t]$上二次变差在 $\boldsymbol{P}(\boldsymbol{P}')$下的极限. 因而

$$[X]_t(\boldsymbol{P}')=[X]_t(\boldsymbol{P})\quad \boldsymbol{P}'\text{-a.s.}.$$

由轨道右连续性(定理 12.9)，$[X](\boldsymbol{P}')$与$[X](\boldsymbol{P})$是 $\boldsymbol{P}'$-无区别的. □

12.15 系 若 $X\in\mathscr{M}^c_{\text{loc},0}(\boldsymbol{P})$，则 $X'=X-\frac{1}{Z_-}\cdot\langle X,Z\rangle\in\mathscr{M}^c_{\text{loc},0}(\boldsymbol{P}')$且$\langle X'\rangle(\boldsymbol{P}')$与$\langle X\rangle(\boldsymbol{P})$是 $\boldsymbol{P}'$是无区别的.

证明 直接由定理 12.14 和 12.9 推出. □

12.16 系 若 $X\in\mathscr{M}^d_{\text{loc}}(\boldsymbol{P})$且$[X,Z](\boldsymbol{P})\in(\mathscr{A}_{\text{loc}}(\boldsymbol{P}))^B$，则 $X'=X-\frac{1}{Z_-}\cdot\langle X,Z\rangle\in\mathscr{M}^d_{\text{loc}}(\boldsymbol{P}')$.

证明 只需证明 $\boldsymbol{P}'$-局部鞅 X'是纯断的，记 $C=\frac{1}{Z_-}\cdot\langle X,Z\rangle$. 在 $\boldsymbol{P}'$下有

$$\begin{aligned}
&[X](\boldsymbol{P}')=[X](\boldsymbol{P})=\Sigma(\Delta X)^2,\\
&[X'](\boldsymbol{P}')=[X](\boldsymbol{P}')-2[X,C](\boldsymbol{P}')+[C](\boldsymbol{P}')\\
&\qquad=\Sigma(\Delta X)^2-2\Sigma(\Delta X\Delta C)+\Sigma(\Delta C)^2\\
&\qquad=\Sigma(\Delta X')^2,
\end{aligned}$$

这就表明 X'在 $\boldsymbol{P}'$下是纯断的. □

12.17 系 若 $X\in\mathscr{S}(\boldsymbol{P})$，$X^c$ 为在$(\boldsymbol{P})$下 X 的连续鞅部分，则$(X^c)'=X^c-\frac{1}{Z_-}\cdot\langle X^c,Z\rangle$是 X 在$(\boldsymbol{P}')$下的连续鞅部分.

证明 将 X 分解为 $X=X_0+M+A$，这里 $M\in\mathscr{M}_{\text{loc},0}(\boldsymbol{P})$，$|\Delta M|\leqslant 1$且 $A\in\mathscr{V}(\boldsymbol{P})$，于是 $X^c=M^c$，$(M^c)'=M^c-\frac{1}{Z_-}\cdot\langle M^c,Z\rangle\in\mathscr{M}^c_{\text{loc},0}(\boldsymbol{P}')$，$(M^d)'=M^d-\frac{1}{Z_-}\cdot\langle M^d,Z\rangle\in\mathscr{M}^d_{\text{loc}}(\boldsymbol{P}')$，

$$X=X_0+(M^c)'+(M^d)'+\left(A+\frac{1}{Z_-}\cdot\langle M,Z\rangle\right).$$

因而$(X^c)'=(M^c)'$是在P'下X'的连续鞅部分． □

12.18 定理 设X为一适应右连左极过程，则

1) $X\in\mathscr{V}(P')\Leftrightarrow X\in(\mathscr{V}(P))^B$,

2) $X\in\mathscr{S}(P')\Leftrightarrow X\in(\mathscr{S}(P))^B$,

3) $X\in\mathscr{S}_p(P')\Leftrightarrow X\in(\mathscr{S}(P))^B$ 和 $X+\frac{1}{Z_-}.[X,Z]\in(\mathscr{S}_P(P))^B$,

4) $X\in\mathscr{M}_{\mathrm{loc}}(P')\Leftrightarrow X\in(\mathscr{S}(P))^B$ 和 $X+\frac{1}{Z_-}.[X,Z]\in(\mathscr{M}_{\mathrm{loc}}(P))^B$,

5) $X\in\mathscr{A}_{\mathrm{loc}}(P')\Leftrightarrow X\in(\mathscr{V}(P))^B$ 和 $X+\frac{1}{Z_-}.[X,Z]\in(\mathscr{A}_{\mathrm{loc}}(P))^B$.

在此情况下，X在P'下的可料对偶投影与$X+\frac{1}{Z_-}.[X,Z]$在P下的可料对偶投影P'-无区别．

证明 不失一般性，我们可假定$X_0=0$.

1) 设$X\in\mathscr{V}(P')$. 取$T_n=\inf\{t:\int_0^t|dX_s|\geqslant n\}\wedge R_n$. 则$P'(T_n\uparrow\infty)=1, P(T_n\uparrow R)=1$. 若$T_n=\infty$，则对所有$t>0$，$\int_0^t|dX_s|\leqslant n$. 若$T_n<\infty$，$\int_0^{Tn}|dX_s|\leqslant n+|\Delta X_{T_n}|$. 因此$X^{T_n}\in\mathscr{V}(P)$，所以$X\in(\mathscr{V}(P))^B$.

设$X\in(\mathscr{V}(P))^B((\mathscr{S}(P))^B)$. 则对每个$n$ $X^{R_n}\in\mathscr{V}(P)(\mathscr{S}(P))$, $X^{R_n}\in\mathscr{V}(P')(\mathscr{S}(P'))$. 但$P'(R_n\uparrow\infty)=1$，故$X\in\mathscr{V}(P')(\mathscr{S}(P'))$.

2) 设$X\in\mathscr{M}_{\mathrm{loc}}(P')$. 则对每个$n$，$(XZ)^{R_n}\in\mathscr{M}_{\mathrm{loc}}(P)$. 取$F(x,y)\in C^2(R^2)$满足当$|y|>1/n$时$F(x,y)=x/y$. 于是

$$Y=F((XZ)^{R_n},Z)\in\mathscr{S}(P).$$

当$t<R_n$有$|Z_t|\geqslant 1/n$. 因此$YI_{[\![0,R_n[\![}=XI_{[\![0,R_n[\![}$. 由于

$$YI_{[\![0,R_n[\![}=Y^{R_n}-Y_{R_n}I_{[R_n<\infty]}I_{[\![R_n,\infty[\![}\in\mathscr{S}(P),$$

$$X^{R_n}=XI_{[\![0,R_n[\![}+X_{R_n}I_{[R_n<\infty]}I_{[\![R_n,\infty[\![}\in\mathscr{S}(P),$$

故$X\in(\mathscr{S}(P))^B$. 我们建立了$X\in\mathscr{S}(P')\Rightarrow X\in(\mathscr{S}(P))^B$. 相反

的包含关系已在前面的 1)中证明了.

3)设 $X\in\mathscr{S}_p(\boldsymbol{P}')$，则在 $\boldsymbol{P}'$ 下 $X=N+A$，其中 $N\in\mathscr{M}_{\mathrm{loc},0}(\boldsymbol{P}')$，$A\in\mathscr{V}_0(\boldsymbol{P}')$ 且 A 为可料的. 取 $T_n=\inf\{t:\int_0^t|dA_s|\geqslant n\}\wedge R_n$. 于是 $\boldsymbol{P}(T_n\uparrow R)=1$，$X^{T_n}\in\mathscr{S}_0(\boldsymbol{P})$，$(NZ)^{T_n}\in\mathscr{M}_{\mathrm{loc},0}(\boldsymbol{P})$ 且 $A^{T_n}\in\mathscr{V}_0(\boldsymbol{P})$. 由分部积分公式

$$(NZ)^{T_n}+(AZ)^{T_n}=(XZ)^{T_n}=X_-.Z^{T_n}+Z_-.X^{T_n}+[X^{T_n},Z].$$

由于 A^{T_n} 是可料的且 $(AZ)^{T_n}-Z_-.A^{T_n}\in\mathscr{M}_{\mathrm{loc},0}(\boldsymbol{P})$，$Z_-.X^{T_n}+[X^{T_n},Z]-Z_-.A^{T_n}\in\mathscr{M}_{\mathrm{loc},0}(\boldsymbol{P})$. 因为在 $]\!]0,T_n]\!]$ 上 $Z_-\geqslant\frac{1}{n}$，我们得到 $X^{T_n}+\frac{1}{Z_-}.[X^{T_n},Z]-A^{T_n}\in\mathscr{M}_{\mathrm{loc},0}(\boldsymbol{P})$，即 $X^{T_n}+\frac{1}{Z_-}.[X^{T_n},Z]\in\mathscr{S}_p(\boldsymbol{P})$. 因而由引理 12.11 及其注可得 $X+\frac{1}{Z_-}.[X,Z]\in(\mathscr{S}_p(\boldsymbol{P}))^B$.

现设 $X\in(\mathscr{S}(\boldsymbol{P}))^B$ 及 $X+\frac{1}{Z_-}.[X,Z]\in(\mathscr{S}_p(\boldsymbol{P}))^B$，则 $X^{R_n}\in\mathscr{S}(\boldsymbol{P})$ 且 $Y^{(n)}=X^{R_n}+\frac{1}{Z_-}.[X^{R_n},Z]\in\mathscr{S}_p(\boldsymbol{P})$. 令 $Y^{(n)}=M^{(n)}+A^{(n)}$ 为 $Y^{(n)}$ 的典则分解，其中 $M^{(n)}\in\mathscr{M}_{\mathrm{loc},0}(\boldsymbol{P})$，$A^{(n)}\in\mathscr{V}(\boldsymbol{P}')$ 且 $A^{(n)}$ 为可料的. 由于 $(A^{(n+1)})^{R_n}=A^{(n)}$，所以

$$A=\sum_{n=1}^{\infty}A^{(n)}I_{]\!]R_{n-1},R_n]\!]}\in\mathscr{V}(\boldsymbol{P}'),$$

且 A 是可料的($R_0=0$). 事实上，$X+\frac{1}{Z_-}.[X,Z]-A\in(\mathscr{M}_{\mathrm{loc}}(\boldsymbol{P}))^B$.

取 $N=X-A$，则 $N^{R_n}=X^{R_n}-A^{R_n}=M^{(n)}-\frac{1}{Z_-}.[X^{R_n},Z]$，

$$\begin{aligned}(NZ)^{R_n}&=N_-.Z^{R_n}+Z_-.N^{R_n}+[N^{R_n},Z]\\&=N_-.Z^{R_n}+Z_-.M^{(n)}-[X^{R_n},Z]+[N^{R_n},Z]\\&=N_-.Z^{R_n}+Z_-.M^{(n)}-[A^{R_n},Z]\in\mathscr{M}_{\mathrm{loc},0}(\boldsymbol{P}).\end{aligned}$$

因而 $N\in\mathscr{M}_{\mathrm{loc},0}(\boldsymbol{P}')$，$X=N+A$ 是 X 在 $\boldsymbol{P}'$ 下的典则分解. 这就表明 $X\in\mathscr{S}(\boldsymbol{P}')$.

4)可由 3)的证明($A=0$)得.

5)设 $X\in\mathscr{A}_{\text{loc}}(\boldsymbol{P}')$，则 $X\in\mathscr{V}(\boldsymbol{P}')\cap\mathscr{S}_p(\boldsymbol{P}')$. 由 1)和 3)我们有 $X\in(\mathscr{V}(\boldsymbol{P}))^B$ 以及 $X+\frac{1}{Z_-}\cdot[X,Z]\in(\mathscr{S}_p(\boldsymbol{P}))^B$. 因而

$$X+\frac{1}{Z_-}\cdot[X,Z]\in(\mathscr{A}_{\text{loc}}(\boldsymbol{P}))^B.$$

反之，设 $X\in(\mathscr{V}(\boldsymbol{P}))^B$ 和 $X+\frac{1}{Z_-}\cdot[X,Z]\in(\mathscr{A}_{\text{loc}}(\boldsymbol{P}))^B$. 则由 1),3)可得 $X\in\mathscr{V}(\boldsymbol{P}')$ 和 $X\in\mathscr{S}_p(\boldsymbol{P}')$. 因而 $X\in\mathscr{A}_{\text{loc}}(\boldsymbol{P}')$. 最后一个断言可由 3)的证明得到，其中 A 既是 X 在 $\boldsymbol{P}'$ 下的可料对偶投影也是在 $\boldsymbol{P}$ 之下 $X+\frac{1}{Z_-}\cdot[X,Z]$ 在 B 上的可料对偶投影. □

12.19 系 若 $A\in(\mathscr{A}_{\text{loc}}(\boldsymbol{P}))^B$，则

$$A\in\mathscr{A}_{\text{loc}}(\boldsymbol{P}')\Leftrightarrow[A,Z]\in(\mathscr{A}_{\text{loc}}(\boldsymbol{P}))^B.$$

这时，在$(\boldsymbol{P}')$下有

$$A^{p,P'}=A^{p,P}+\frac{1}{Z_-}\cdot\langle A,Z\rangle,$$

其中 $A^{p,P}$和 $A^{p,P'}$分别是 $\boldsymbol{P}$(在 B 上)和 $\boldsymbol{P}'$ 下 A 的可料对偶投影.

证明 这是定理 12.18.5)的结论，在这里的条件下，

$$\begin{aligned}A\in\mathscr{A}_{\text{loc}}(\boldsymbol{P}')&\Leftrightarrow A+\frac{1}{Z_-}\cdot[A,Z]\in(\mathscr{A}_{\text{loc}}(\boldsymbol{P}))^B\\&\Leftrightarrow\frac{1}{Z_-}\cdot[A,Z]\in(\mathscr{A}_{\text{loc}}(\boldsymbol{P}))^B\\&\Leftrightarrow[A,Z]\in(\mathscr{A}_{\text{loc}}(\boldsymbol{P}))^B,\end{aligned}$$

且有

$$A^{p,P'}=\left(A+\frac{1}{Z_-}\cdot[A,Z]\right)^{p,P}=A^{p,P}+\frac{1}{Z_-}\cdot\langle A,Z\rangle.\quad\square$$

定理 12.14 和 12.18 是半鞅的 Girsanov 定理. 下一定理是另一个局部鞅的 Girsanov 定理.

12.20 定理 设 $X\in\mathscr{M}_{\text{loc},0}(\boldsymbol{P})$，则

1)$X\in\mathscr{S}(\boldsymbol{P}')$且 $M=X-\frac{1}{Z}\cdot[X,Z]+\widetilde{Y}\in\mathscr{M}_{\text{loc},0}(\boldsymbol{P}')$，其中 $\widetilde{Y}$ 是 $Y=\Delta X_R I_{[R<\infty]}I_{[\![R,\infty[\![}$ 在 $\boldsymbol{P}$ 下的可料对偶投影.

2)$X\in\mathscr{S}_p(\boldsymbol{P}')\Leftrightarrow[X,Z]\in(\mathscr{A}_{\text{loc}}(\boldsymbol{P}))^B$，这时 X 在 $\boldsymbol{P}'$下的典

则分解为：

$$X=\left(X-\frac{1}{Z_-}.\langle X,Z\rangle\right)+\frac{1}{Z_-}.\langle X,Z\rangle.$$

3) $X\in\mathscr{M}_{\mathrm{loc}}(\boldsymbol{P}')\Leftrightarrow[X,Z]\in(\mathscr{M}_{\mathrm{loc},0}(\boldsymbol{P}))^B$.

证明 1) 由于 $\int_0^t |dY_s|\leqslant\sqrt{[X]_t}$，$Y\in\mathscr{A}_{\mathrm{loc}}(\boldsymbol{P}')$. 因为 $A=\frac{I_{[Z>0]}}{Z}.[X,Z]$ 与 $\frac{1}{Z}.[X,Z]$ $\boldsymbol{P}'$- 无区别，只要证明对每个 n，$(MZ)^{R_n}\in\mathscr{M}_{\mathrm{loc},0}(\boldsymbol{P})$，其中 $M=X-A+\widetilde{Y}$. 我们有

$$(ZA)^{R_n}=A_-.Z^{R_n}+Z.A^{R_n},$$

$$Z.A^{R_n}=I_{[Z>0]}.[X^{R_n},Z]=[X^{R_n},Z]^{R-}.$$

于是 $(ZA)^{R_n}-[X^{R_n},Z]^{R-}\in\mathscr{M}_{\mathrm{loc},0}(\boldsymbol{P})$. 我们还有 $(Z\widetilde{Y})^{R_n}-Z_-.\widetilde{Y}^{R_n}=\widetilde{Y}.Z^{R_n}\in\mathscr{M}_{\mathrm{loc},0}(\boldsymbol{P})$ 和 $(ZX)^{R_n}-[X^{R_n},Z]\in\mathscr{M}_{\mathrm{loc},0}(\boldsymbol{P})$. 因而

$$(MZ)^{R_n}-\{[X^{R_n},Z]-[X^{R_n},Z]^{R-}+Z_-.Y^{R_n}\}\in\mathscr{M}_{\mathrm{loc},0}(\boldsymbol{P}).\tag{20.1}$$

注意 $Z_RI_{[R<\infty]}=0$，有

$$\begin{aligned}&[X^{R_n},Z]-[X^{R_n},Z]^{R-}+Z_-.Y^{R_n}\\&=\Delta Z_R\Delta X^{R_n}_{R^n}I_{[R<\infty]}I_{[\![R,\infty[\![}+Z_{R-}\Delta Y^{R_n}_{R^n}I_{[R<\infty]}I_{[\![R,\infty[\![}\\&=\Delta Z_R\Delta X_R I_{[R_n=R<\infty]}I_{[\![R,\infty[\![}-\Delta Z_R\Delta X_R I_{[R_n=R<\infty]}I_{[\![R,\infty[\![}=0.\end{aligned}$$

由(20.1)可得 $(MZ)^{R_n}\in\mathscr{M}_{\mathrm{loc},0}(\boldsymbol{P})$.

2) 设 $X\in\mathscr{S}_p(\boldsymbol{P}')$. 由定理 12.18.3) $X+\frac{1}{Z_-}.[X,Z]\in(\mathscr{S}_p(\boldsymbol{P}))^B$，且对每个 n，$X^{R_n}+\frac{1}{Z_-}.[X^{R_n},Z]\in\mathscr{S}_p(\boldsymbol{P})$. 因为 $X^{R_n}\in\mathscr{M}_{\mathrm{loc},0}(\boldsymbol{P})$，我们有 $\frac{1}{Z_-}.[X^{R_n},Z]\in\mathscr{A}_{\mathrm{loc}}(\boldsymbol{P})$ 及 $[X^{R_n},Z]\in\mathscr{A}_{\mathrm{loc}}(\boldsymbol{P})$. 于是 $[X,Z]\in(\mathscr{A}_{\mathrm{loc}}(\boldsymbol{P}))^B$. 结论的另一半就是定理 12.14.

3) 由定理 12.18.4)

$$X\in\mathscr{M}_{\mathrm{loc},0}(\boldsymbol{P}')\Leftrightarrow X+\frac{1}{Z_-}.[X,Z]\in(M_{\mathrm{loc},0}(\boldsymbol{P}))^B$$

$$\Leftrightarrow\frac{1}{Z_-}.[X;Z]\in(\mathscr{M}_{\mathrm{loc},0}(\boldsymbol{P}))^B$$

$$\Leftrightarrow [X,Z] \in (\mathscr{M}_{\mathrm{loc},0}(\boldsymbol{P}))^B. \quad \square$$

12.21 定理 假定 $X\in\mathscr{M}_{\mathrm{loc},0}(\boldsymbol{P})$ 及 $[X,Z]\in\mathscr{A}_{\mathrm{loc}}(\boldsymbol{P})$. 设 H 为一可料过程,在 $\boldsymbol{P}$ 之下 $H.X$ 存在(即 $\sqrt{H^2.[X]}\in\mathscr{A}_{\mathrm{loc}}(\boldsymbol{P})$)且 $[H.X,Z]\in\mathscr{A}_{\mathrm{loc}}(\boldsymbol{P})$. 置 $X'=X-\frac{1}{Z_-}.\langle X,Z\rangle$,则在 $\boldsymbol{P}'$ 下 $H.X'$ 存在且

$$H.X' = H.X - \frac{1}{Z_-}.\langle H.X,Z\rangle. \tag{21.1}$$

证明 记 $M=H.X$, $M'=M-\frac{1}{Z_-}.\langle M,Z\rangle$. 我们分别考虑连续与纯断的情形

首先,假定 $X\in\mathscr{M}^c_{\mathrm{loc},0}(\boldsymbol{P})$. 由系 11.15 $X'\in\mathscr{M}^c_{\mathrm{loc},0}(\boldsymbol{P}')$ 且 $\langle X'\rangle(\boldsymbol{P}')$ 与 $\langle X\rangle(\boldsymbol{P})$ $\boldsymbol{P}'$-无区别. 由 $\sqrt{H^2.\langle X\rangle}\in A_{\mathrm{loc}}(\boldsymbol{P})$,故 $\sqrt{H^2.\langle X'\rangle}\in A_{\mathrm{loc}}(\boldsymbol{P}')$(系 12.19),在 $\boldsymbol{P}'$ 下 $H.X'$ 存在. 另一方面,在 $\boldsymbol{P}'$ 下我们有

$$\begin{aligned}\langle M',H.X'\rangle &= H.\langle M',X'\rangle = H.\langle M,X\rangle \\ &= \langle M,H.X\rangle = H^2.\langle X\rangle, \\ \langle M'\rangle &= \langle M\rangle = H^2.\langle X\rangle, \\ \langle H.X'\rangle &= H^2.\langle X'\rangle = H^2.\langle X\rangle.\end{aligned}$$

于是 $\langle M'-H.X'\rangle=0$, $M'=H.X'$.(上面的 $\langle X\rangle$, $\langle M\rangle$ 和 $\langle M,X\rangle$ 都是在 $\boldsymbol{P}$ 之下给出的.)

其次,假定 $X\in\mathscr{M}^d_{\mathrm{loc}}(\boldsymbol{P})$. 由系 12.16, $X'\in\mathscr{M}^d_{\mathrm{loc}}(\boldsymbol{P}')$. 同时我们有 $M\in\mathscr{M}^d_{\mathrm{loc}}(\boldsymbol{P})$, $M'\in\mathscr{M}^d_{\mathrm{loc}}(\boldsymbol{P}')$. 由于

$$\Delta X'=\Delta X-\frac{1}{Z_-}\Delta\langle X,Z\rangle,$$

$$\Delta M'=H\Delta X-\frac{H}{Z_-}\Delta\langle X,Z\rangle=H\Delta X',$$

在 $\boldsymbol{P}'$ 下, $H.X'$ 存在且 $H.X'=M'$. $\square$

12.22 定理 设 $X\in\mathscr{S}(\boldsymbol{P})$,又 H 为一可料过程,在 $\boldsymbol{P}$ 下 $H.X$ 存在(表以 $H\overset{P}{.}X$),则在 $\boldsymbol{P}'$ 下 $H.X$ 存在(表以 $H\overset{P'}{.}X$),且 $H\overset{P'}{.}X$ 与 $H\overset{P}{.}X$ $\boldsymbol{P}'$-无区别.

证明 假定 $X_0=0$. 设 $X=M+A$ 是在 $\boldsymbol{P}$ 下 X 的一个 H-分解，其中 $M\in\mathscr{M}_{\mathrm{loc},0}(\boldsymbol{P})$，$A\in\mathscr{V}(\boldsymbol{P})$. 我们可假定 ΔM，$H\Delta M$ 都有界. 否则令

$$C=\Sigma(\Delta MI_{[|\Delta M|>1\text{或}|H\Delta M|>1]}),\quad N=C-\widetilde{C},$$

($\widetilde{C}$ 为 C 在 $\boldsymbol{P}$ 下的补偿)，并以 $M-N$ 及 $N+A$ 分别代替 M 及 A. 于是 $[M,Z]$，$[H\overset{P}{\cdot}M,Z]\in\mathscr{A}_{\mathrm{loc}}(\boldsymbol{P})$. 取 $M'=M-\frac{1}{Z_-}\cdot\langle M,Z\rangle$，$A'\doteq A+\frac{1}{Z_-}\cdot\langle M,Z\rangle$. 由定理 12.21

$$H\overset{P'}{\cdot}M'=H\overset{P}{\cdot}M-\frac{1}{Z_-}\cdot\langle H\overset{P}{\cdot}M,Z\rangle=H\overset{P}{\cdot}M-\frac{H}{Z_-}\cdot\langle M,Z\rangle.$$

另一方面，$H.A\in\mathscr{V}(\boldsymbol{P})\Leftrightarrow H.A\in\mathscr{V}(\boldsymbol{P}')$，且 $\langle H\overset{P}{\cdot}M,Z\rangle\in\mathscr{V}(\boldsymbol{P})$ $\Rightarrow\frac{H}{Z_-}\cdot\langle M,Z\rangle=\frac{1}{Z_-}\cdot\langle H\overset{P}{\cdot}M,Z\rangle\in\mathscr{V}(\boldsymbol{P}')$. 于是

$$H.A'\doteq H.A+\frac{H}{Z_-}\cdot\langle M,Z\rangle\in\mathscr{V}(\boldsymbol{P}').$$

所以，在 $\boldsymbol{P}'$ 下 $X=M'+A'$ 是一个 H-分解，且

$$H\overset{P}{\cdot}X=H\overset{P'}{\cdot}M'+H.A'=H\overset{P}{\cdot}M+H.A=H\overset{P}{\cdot}X.\quad\square$$

定理 12.21 和 12.22 是随机积分的 Girsanov 定理. 作为定理 12.22 的一个简单的应用，我们将在下一定理中证明随机积分的局部性，它只涉及一个测度 $\boldsymbol{P}$.

12.23 定理 假定 X 和 Y 是半鞅，H 和 K 是可料过程，且 $H.X$ 和 $K.Y$ 都存在. 设 $A\in\mathscr{F}$，在 A 上 X 和 Y 无区别，H 和 K 无区别，则在 A 上 $H.X$ 和 $K.Y$ 同样无区别.

证明 假定 $\boldsymbol{P}(A)>0$，取 $\boldsymbol{P}'(\cdot)=\frac{\boldsymbol{P}(\cdot\cap A)}{\boldsymbol{P}(A)}$. 则 $\boldsymbol{P}'\ll\boldsymbol{P}$，$X(H)$ 与 $Y(K)$ $\boldsymbol{P}'$ 无区别. 于是 $H\overset{P'}{\cdot}X=K\overset{P'}{\cdot}Y$. 由定理 12.22 $H.X$ $(K.Y)$ 与 $H\overset{P'}{\cdot}X(K\overset{P'}{\cdot}Y)$，$\boldsymbol{P}'$-无区别. 因此 $H.X$ 与 $K.Y$，$\boldsymbol{P}'$-无区别，即在 A 上 $H.X$ 与 $K.Y$ 无区别. $\square$

§ 3. 随机测度的 Girsanov 定理

在这一节我们仍假定 $P' \overset{\text{loc}}{\ll} P$. 同时,我们假定 μ 为一整值随机测度:

$$\mu(dt,dx) = \sum_{s>0} \delta_{(s,\beta_s)}(dt,dx) I_D,$$

其中 $\beta=(\beta_t)$ 为一可选过程,$D \subset]\!] 0,\infty [\![$ 为 μ 的支集. 在 $\boldsymbol{P}(\boldsymbol{P}')$ 下由 μ 产生的测度表以 $\boldsymbol{M}_\mu(\boldsymbol{M}'_\mu)$. 我们假定 $\boldsymbol{M}_\mu$ 在 $\widetilde{\mathscr{P}}$ 上 σ-有限. 在 $\boldsymbol{P}$ 下 μ 的可料对偶投影表以 ν.

12.24 引理 若 $N=(N_t) \in \mathscr{S}_P$, $\boldsymbol{E}[|N_0|]<\infty$,则 N 及 ΔN 在 $\boldsymbol{M}_\mu$ 下关于 $\widetilde{\mathscr{P}}$ σ-可积(注意在此只涉及测度 $\boldsymbol{P}$).

证明 设 $\widetilde{A}_n \in \widetilde{\mathscr{P}}$ 满足 $\widetilde{A}_n \uparrow \widetilde{\Omega}$, $\boldsymbol{M}_\mu(\widetilde{A}_n)<\infty$,则 $C^{(n)}=I_{\widetilde{A}_n} * \mu \in \mathscr{A}^+$. 取

$$T_0^{(n)}=0,\ T_m^{(n)}=\inf\{t>T_{m-1}^{(n)}:\ \Delta C_t^{(n)} \neq 0\},\ m \geqslant 1.$$

我们有 $\boldsymbol{P}(\lim\limits_{m\to\infty} T_m^{(n)}=\infty)=1$. 由假定存在停时序列 $(S_m^{(n)})_{m\geqslant 1}$ 满足 $S_m^{(n)} \leqslant T_m^{(n)}$, $\boldsymbol{P}(\lim\limits_{m\to\infty} S_m^{(n)}=\infty)=1$ 且 $N^{S_m^{(n)}}$ 为类(D)的. 于是

$$\boldsymbol{M}_\mu(|N| I_{[\![0,S_m^{(n)}]\!]} I_{\widetilde{A}_n}) \leqslant \sum_{k=1}^{m} \boldsymbol{E}\left| N_{S_m^{(n)} \wedge T_k^{(n)}} \right| < \infty.$$

因此在 $\boldsymbol{M}_\mu$ 下 N 关于 $\widetilde{\mathscr{P}}$ 是 σ-可积的. 又因 N_- 是局部有界的, ΔN 在 $\boldsymbol{M}_\mu$ 下关于 $\widetilde{\mathscr{P}}$ 也是 σ-可积的. □

12.25 定理 $\boldsymbol{M}'_\mu$ 和 $\boldsymbol{M}'_\nu$ 在 $\widetilde{\mathscr{P}}$ 上 σ-有限,在 $\widetilde{\mathscr{P}}$ 上 $\boldsymbol{M}'_\mu \ll \boldsymbol{M}'_\nu$.

证明 取 $\widetilde{A}_n \in \widetilde{\mathscr{P}}$ 使 $\boldsymbol{M}_\mu(\widetilde{A}_n)<\infty$ 及 $\widetilde{A}_n \uparrow \widetilde{\Omega}$. 对所有 $t>0$ 及 $A \in \widetilde{\mathscr{P}}$ 由定理 5.32 有

$$\begin{aligned}\boldsymbol{M}'_\mu(A \widetilde{A}_n([\![0,t]\!] \times E)) &= \boldsymbol{E}'[I_{A\widetilde{A}_n} * \mu_t] \\ &= \boldsymbol{E}[Z_t(I_{A\widetilde{A}_n} * \mu_t)] \\ &= \boldsymbol{E}[(Z I_{A\widetilde{A}_n}) * \mu_t].\end{aligned}$$

令 $t\to\infty$ 及 $n\to\infty$ 得到

$$M'_\mu(I_A)=M_\mu(ZI_A),\ A\in\widetilde{\mathscr{P}}. \qquad (25.1)$$

由引理12.24，在 M_μ 下 Z 关于 $\widetilde{\mathscr{P}}$ 是 σ-可积的．因而 M'_μ 在 $\widetilde{\mathscr{P}}$ 上 σ-有限．记 ν' 为 μ 在 P' 下的可料对偶投影．

在 P 下，$B^{(n)}=I_{\widetilde{A}_n}*\nu$ 是 $I_{\widetilde{A}_n}*\mu$ 的可料对偶投影．取 $T_{n,m}=\inf\{t: B_t^{(n)}\geqslant m\}$，则 $P(\lim\limits_{m\to\infty}T_{n,m}=\infty)=1$. 所以 $P'(\lim\limits_{m\to\infty}T_{n,m}=\infty)=1$. 由于 $\Delta B^{(n)}\leqslant 1$，

$$M'_\nu(\widetilde{A}_n([\![0,T_{n,m}]\!]\times E))=E'[B^{(n)}_{T_{n,m}}]\leqslant m+1.$$

因而 M'_ν 在 $\widetilde{\mathscr{P}}$ 上 σ-有限．

现在我们可以假定 $M'_\mu(\widetilde{A}_n)=M'_\nu(\widetilde{A}_n)<\infty$ 及 $M'_\nu(\widetilde{A}_n)<\infty$.

对所有 $t>0$ 及 $A\in\widetilde{\mathscr{P}}$ 由定理5.33可得

$$\begin{aligned}M'_\nu(A\widetilde{A}_n([\![0,t]\!]\times E))&=E[Z_t(I_{A\widetilde{A}_n}*\nu_t)]\\&=E[Z_-(I_{A\widetilde{A}_n})*\nu_t]\\&=M_\nu[Z_-I_{A\widetilde{A}_n([\![0,t]\!]\times E)}]\\&=M_\mu[Z_-I_{A\widetilde{A}_n([\![0,t]\!]\times E)}].\end{aligned}$$

令 $t\to\infty$ 及 $n\to\infty$ 得到

$$M'_\nu(I_A)=M_\mu(Z_-I_A),\quad A\in\widetilde{\mathscr{P}}. \qquad (25.2)$$

在 P' 下 $C^{(n)}=I_{\widetilde{A}_n}*\nu'$ 为 $I_{\widetilde{A}_n}*\mu$ 的可料对偶投影．取 $S_{n,m}=\inf\{t: C_t^{(n)}\geqslant m\}\wedge m$. 则 $P'(\lim\limits_{m\to\infty}S_{n,m}=\infty)=1$，且 $M_\nu(\widetilde{A}_n([\![0,S_{n,m}]\!]\times E))\leqslant m+1$. 对所有 $A\in\widetilde{\mathscr{P}}$

$$\begin{aligned}&M'_\mu[A\widetilde{A}_n([Z_-=0][\![0,S_{n,m}]\!]\times E)]\\&=M_\nu[A\widetilde{A}_n([Z_-=0][\![0,S_{n,m}]\!]\times E)]\\&=E[Z_{S_{n,m}}(I_{A\widetilde{A}_n[Z_-=0]}*\nu')_{S_{n,m}}]\\&=E[(Z_-I_{A\widetilde{A}_n[Z_-=0]})*\nu_{S_{n,m}}]=0,\end{aligned}$$

所以 $M'_\mu(A[Z=0])=0$. 联合(25.1)可得

$$M'_\mu(I_A)=M'_\mu(I_{A[Z_->0]})=M_\mu(ZI_{A[Z_->0]}). \qquad (25.3)$$

于是由(25.2)和(25.3)可推出在 $\widetilde{\mathscr{P}}$ 上 $M'_\mu\ll M'_\nu$.

12.26 定理 存在 $\widetilde{\Omega}$ 上非负可料函数 Y 使

1) $\nu'=Y.\nu$ 为 μ 在 $\boldsymbol{P}'$ 下的可料对偶投影，且对 $\boldsymbol{P}'$-几乎所有 ω 对每个 $t>0$ 有

$$0\leqslant\nu'(\omega,\{t\}\times E)\leqslant 1, \tag{26.1}$$

$$\nu(\omega,\{t\}\times E)=1\Rightarrow\nu'(\omega,\{t\}\times E)=1, \tag{26.2}$$

2) $\boldsymbol{M}_{\mu}[Z\,|\,\widetilde{\mathscr{P}}]=Z_{-}Y$.

证明 由定理 12.25，以 Y 表 $\boldsymbol{M}'_{\mu}$ 关于 $\boldsymbol{M}'_{\nu}$ 在 $\widetilde{\mathscr{P}}$ 上的 Radon-Nikodym 导数，则对所有 $A\in\widetilde{\mathscr{P}}$ 有

$$\boldsymbol{M}'_{\mu}(I_A)=\boldsymbol{M}'_{\nu}(YI_A)=\boldsymbol{M}'_{Y.\nu}(I_A)$$

这表明 $\nu'=Y.\nu$ 是 μ 在 $\boldsymbol{P}'$ 下的可料对偶投影．

记 $a_t=\nu(\{t\}\times E)$ 及 $a'_t=\nu'(\{t\}\times E)$. 取

$$Y'=\begin{cases}Y, & \text{若 } a<1, a'\leqslant 1, \text{或 } a=a'=1,\\ 1, & \text{其它}.\end{cases}$$

为证(26.1)和(26.2)，只需证明 Y 和 Y' 是 $\boldsymbol{P}'$-无区别的．我们已知$[a'>1]$($[a>1]$)是 $\boldsymbol{P}'$-($\boldsymbol{P}$-)不足道的．所以只要证明$[a=1\neq a']$是 $\boldsymbol{P}'$-不足道的．假定存在可料时 $T>0$ 满足 $[\![T]\!]\subset[a=1\neq a']$及 $\boldsymbol{P}'(T<\infty)>0$. 由定理 11.14 $[\![T]\!]\backslash D$ 是 $\boldsymbol{P}$-不足道的，即 $\boldsymbol{P}(\mu(\{T\}\times E)\neq 1, T<\infty)=0$. 对所有 $t>0$ 我们有 $\boldsymbol{P}(\mu(\{T\}\times E)\neq 1, T\leqslant t)=0$. 所以 $\boldsymbol{P}'(\mu(\{T\}\times E)\neq 1, T\leqslant t)=0$, $\boldsymbol{P}'(\mu(\{T\}\times E)\neq 1, T<\infty)=0$,

$$a'_T I_{[T<\infty]}=\boldsymbol{E}'[\mu(\{T\}\times E)I_{[T<\infty]}\,|\,\mathscr{F}_{T-}]=I_{[T<\infty]}, \quad \boldsymbol{P}'\text{-a.s.},$$

即在$[T<\infty]$上 $a'_T=1$ $\boldsymbol{P}'$-a.s. 这与 $[\![T]\!]\subset[a'\neq 1]$矛盾，因此$[a=1\neq a']$是 $\boldsymbol{P}'$-不足道的．

由(25.1)及(25.2)，对所有 $A\in\widetilde{\mathscr{P}}$ 有

$$\boldsymbol{M}_{\mu}(Z_{-}YI_A)=\boldsymbol{M}'_{\nu}(YI_A)=\boldsymbol{M}'_{\nu}(I_A)=\boldsymbol{M}'_{\mu}(I_A)=\boldsymbol{M}_{\mu}(ZI_A).$$

这样就证明了 2). □

注 事实上，若 Y 是 $\widetilde{\Omega}$ 上非负可料函数且满足 $\boldsymbol{M}_{\mu}[Z\,|\,\widetilde{\mathscr{P}}]=Z_{-}Y$，则 $Y.\nu$ 是 μ 在 $\boldsymbol{P}'$ 下的补偿子，因为对所有 $A\in\widetilde{\mathscr{P}}$

$$M'_\mu(I_A)=M_\mu(ZI_A)=M_\mu(Z\_YI_A)=M'_\nu(YI_A)=M'_{Y\cdot\nu}(I_A).$$

12.27 引理 假定 $M=W*(\mu-\nu)(W\in\mathscr{G}(\mu))$，$N\in\mathscr{M}_{\mathrm{loc},0}$，$V=M_\mu[\Delta N|\widetilde{\mathscr{P}}]$，且 $[M,N]\in\mathscr{A}_{\mathrm{loc}}$. 则

$$\langle M,N\rangle=(VW)*\nu. \tag{27.1}$$

（注意在此也只涉及一个测度 P.）

证明 记 $H=\langle M,N\rangle$. 对任一可料时 $T>0$ 有

$$\begin{aligned}\Delta H_T I_{[T<\infty]}&=E[\Delta[M,N]_T I_{[T<\infty]}|\mathscr{F}_{T-}]\\&=E[\Delta M_T\Delta N_T I_{[T<\infty]}|\mathscr{F}_{T-}]\\&=E[(W(T,\beta_T)I_D(T)-\hat{W}_T)\Delta N_T I_{[T<\infty]}|\mathscr{F}_{T-}]\\&=E[\Delta N_T W(T,\beta_T)I_D(T)|\mathscr{F}_{T-}].\end{aligned}$$

由于 $\Delta M_T\Delta N_T I_{[T<\infty]}$ 与 $\hat{W}_T\Delta N_T I_{[T<\infty]}$ 关于 $\mathscr{F}_{T-}$ 是 σ-可积的，故 $\Delta N_T W(T,\beta_T)I_D(T)$ 亦是关于 $\mathscr{F}_{T-}$ σ-可积的. 进而，若 $E[|\Delta N_T W(T,\beta_T)I_D(T)|]<\infty$，则对任一有界可料过程 X 有

$$\begin{aligned}&E[\Delta N_T W(T,\beta_T)I_D(T)X_T]\\&=E\Big[\int_{R_+\times E}\Delta NWXI_{[\![T]\!]}d\mu\Big]\\&=M_\mu(\Delta NWXI_{[\![T]\!]})=M_\mu(VWXI_{[\![T]\!]})\\&=M_\nu(VWXI_{[\![T]\!]})=E[(\hat{VW})_T X_T I_{[T<\infty]}].\end{aligned}$$

因而对任一可料时 T 有

$$\begin{aligned}\Delta H_T I_{[T<\infty]}&=E[\Delta N_T W(T,\beta_T)I_D(T)|\mathscr{F}_{T-}]\\&=:(\hat{VW})_T I_{[T<\infty]}\ \text{a.s.}.\end{aligned}$$

所以 $\Delta H=\hat{VW}$，H 的纯断部分为

$$H^d=\Sigma(\Delta H)=\Sigma(\hat{VW})=(VWI_J)*\nu, \tag{27.2}$$

其中 $J=[a>0]$ 是 D 的可料支集.

设 K 为可料过程满足 $K.[M,N]\in\mathscr{A}$，由于 J 是稀疏集且 $I_{J^c}.H^d=0$（由(27.2)），我们有

$$\begin{aligned}E\Big[\int_0^\infty K_t dH_t^c\Big]&=E\Big[\int_0^\infty K_t I_{J^c}(t)dH_t^c\Big]\\&=E\Big[\int_0^\infty K_t I_{J^c}(t)dH_t\Big]\end{aligned}$$

$$= \boldsymbol{E}\Big[\int_0^\infty K_t I_{J^c}(t)d[M,N]_t\Big]$$

$$= \boldsymbol{E}\Big[\sum_{t>0} K_t \Delta M_t \Delta N_t I_{J^c}(t)\Big]$$

$$= \boldsymbol{E}\Big[\sum_{t>0} K_t W(t,\beta_t)\Delta N_t I_{J^cD}(t)\Big]$$

$$= \boldsymbol{M}_\mu(\Delta NWKI_{J^c}) = \boldsymbol{M}_\mu(VWKI_{J^c})$$

$$= \boldsymbol{M}_\nu(VWKI_{J^c}) = \boldsymbol{E}\Big[\int_0^\infty K_t d((VWI_{J^c}) * \nu_t)\Big].$$

因而 H 的连续部分为

$$H^c = (VWI_{J^c}) * \nu. \tag{27.3}$$

于是(27.1)可由(27.2)及(27.3)推出． □

注 若在引理中假定$[M,N]\in\mathscr{A}_{\mathrm{loc}}$代以$[M,N]\in\mathscr{A}_{\mathrm{loc}}^A$，其中 A 为区间型可料集，则$[M,N]$在 A 上的可料对偶投影为$\langle M,N\rangle=(VWI_A) * \nu$.

12.28 定理 假定$M=W\overset{P}{*}(\mu-\nu)(W\in\mathscr{G}(\mu,\boldsymbol{P}))$且$[M,Z]\in(\mathscr{A}_{\mathrm{loc}}(\boldsymbol{P}))^B$. 取 $A=(W(Y-1)) * \nu$，则

1)A 与$\frac{1}{Z_-}\cdot\langle M,Z\rangle \boldsymbol{P}'$-无区别，

2)$W\in\mathscr{G}(\mu,\boldsymbol{P}')$且

$$W^{P'} * (\mu-\nu') = M - \frac{1}{Z_-}\cdot\langle M,Z\rangle = M - A. \tag{28.1}$$

证明 记$M'=M-\frac{1}{Z_-}\cdot\langle M,Z\rangle$. 由系 12.16,$M'\in\mathscr{M}_{\mathrm{loc}}^d(\boldsymbol{P}')$. 另一方面，由定理 12.26,$\boldsymbol{M}_\mu[\Delta Z\,|\,\widetilde{\mathscr{P}}]=Z_-(Y-1)$. 由引理 12.27,$\langle M,Z\rangle=(Z_-W(Y-1)) * \nu$，故在 $\boldsymbol{P}'$下,$A=\frac{1}{Z_-}\cdot\langle M,Z\rangle$. 进而，

$$\Delta M'_t = W(t,\beta_t)I_D(t) - \int_E W(t,x)\nu(\{t\},dx)$$

$$- \int_E W(t,x)[Y(t,x)-1]\nu(\{t\},dx)$$

$$= W(t,\beta_t)I_D(t) - \int_E W(t,x)\nu'(\{t\},dx).$$

因此 $W\in\mathscr{G}(\mu,\boldsymbol{P}')$ 且 $M'=W\overset{P'}{*}(\mu-\nu)$. □

12.29 定理 若 ν' 与 ν 是 $\boldsymbol{P}'$ 无区别的,则

1) $\boldsymbol{M}_\mu[\Delta Z|\widetilde{\mathscr{P}}]=0$,

2) $\mathscr{G}(\mu,\boldsymbol{P})\subset\mathscr{G}(\mu,\boldsymbol{P}')$,且对所有 $W\in\mathscr{G}(\mu,\boldsymbol{P})$, $W\overset{P'}{*}(\mu-\nu)$ 与 $W\overset{P}{*}(\mu-\nu)$ 是 $\boldsymbol{P}'$-无区别的.

证明 我们可取 $Y=1$. 1)可由定理 12.26 推出. 设 $W\in\mathscr{G}(\mu,\boldsymbol{P})$. 由定理 11.19

$$A=\frac{|W-\hat{W}|^2}{1+|W-\hat{W}|}*\nu+\sum\left(\frac{|\hat{W}|^2}{1+|\hat{W}|}\right)(1-a)\in\mathscr{A}^+_{\mathrm{loc}}(\boldsymbol{P}).$$

因为在 $\boldsymbol{P}'$ 下, $\nu'=\nu$, $a'=a$, $\hat{W}$ 亦适用于关于 $\boldsymbol{P}'$ 的积分. 在 $\boldsymbol{P}'$ 下 A 仍为局部可积变差的可料过程,再由定理 11.19, $W\in\mathscr{G}(\mu,\boldsymbol{P}')$.

记 $M=W\overset{P}{*}(\mu-\nu)$ 及 $M'=W\overset{P'}{*}(\mu-\nu)$,则 $X=M-M'\in\mathscr{S}(\boldsymbol{P}')$. 但 ΔX $\boldsymbol{P}'$-无区别于 0,故 $X\in\mathscr{S}_p(\boldsymbol{P}')$, $M\in\mathscr{S}_p(\boldsymbol{P}')$. 由定理12.20.2), $[M,Z]\in(\mathscr{A}_{\mathrm{loc}}(\boldsymbol{P}))^B$,故由定理 12.28,在 $\boldsymbol{P}'$ 下, $M=M'$. □

12.30 定理 设 $X\in\mathscr{S}(\boldsymbol{P})$ 且

$$X=X_0+\alpha+X^c+(xI_{[|x|>1]})*\mu+(xI_{[|x|\leqslant 1]})*(\mu-\nu)$$

为 X 在 $\boldsymbol{P}$ 下的积分表示,其中 μ 是 X 的跳测度, (α,β,ν) 是在 $\boldsymbol{P}$ 下 X 的可料特征. 则在 $\boldsymbol{P}'$ 下 X 的积分表示为

$$X=X_0+\alpha'+(X^c)'+(xI_{[|x|>1]})*\mu+(xI_{[|x|\leqslant 1]})*(\mu-\nu'),$$

其中 $(X^c)'=X^c-\frac{1}{Z_-}\cdot\langle X^c,Z\rangle$, X 在 $\boldsymbol{P}'$ 下的可料特征 $(\alpha'、\beta'、\nu')$ 满足下列条件:

i) $\alpha'=\alpha+\frac{1}{Z_-}\cdot\langle X^c,Z\rangle+((Y-1)xI_{[|x|\leqslant 1]})*\nu$,

ii) $\beta'=\beta$,

iii) $\nu'=Y\cdot\nu$,其中 Y 是如定理 12.26 所确定的非负可料函数.

证明 记 $W=xI_{[|x|\leqslant 1]}$ 及 $M=W\overset{P}{*}(\mu-\nu)$. 由于 $|W|\leqslant 1$,

$|\Delta M|\leqslant 2$，故有$[M,Z]\in\mathscr{A}_{\mathrm{loc}}(\boldsymbol{P})$. 由定理 12.28

$$W^{P'}_*(\mu-\nu')=W^{P}_*(\mu-\nu)-(W(Y-1))*\nu.$$

由系 12.15 知$(X^c)'\in\mathscr{M}^c_{\mathrm{loc},0}(\boldsymbol{P}')$及$\beta'=\langle(X^c)'\rangle(\boldsymbol{P}')=\langle X^c\rangle(\boldsymbol{P})=\beta$. 而$\nu'=Y.\nu$由定理 12.26 推出．稍加整理即可得到在$\boldsymbol{P}'$下$X$的积分表示式和$\alpha'$的表示式． □

12.31 定理 设$X\in\mathscr{S}(\boldsymbol{P})$，$(\alpha,\beta,\nu)$和$(\alpha',\beta',\nu')$分别为$X$在$\boldsymbol{P}$和$\boldsymbol{P}'$下的可料特征．则$(\alpha,\beta,\nu)$和$(\alpha',\beta',\nu')$为$\boldsymbol{P}'$-无区别的当且仅当下列条件成立：

i) $M_\mu[\Delta Z|\widetilde{\mathscr{P}}]=0$，

ii) $\langle X^c,Z\rangle$ $\boldsymbol{P}$-无区别于 0.

证明 在$\boldsymbol{P}'$下，$\beta'=\beta$总是成立的．由定理 11.26 及其注可知 i)等价于$Y=1$，即$\nu'=\nu$. 现在由定理 12.30 及系 12.7 可知，在$\boldsymbol{P}'$下$\alpha'=\alpha\Leftrightarrow$在$\boldsymbol{P}'$下$\frac{1}{Z_-}\cdot\langle X^c,Z\rangle=0\Leftrightarrow$在$\boldsymbol{P}'$下$\langle X1^c,Z\rangle=0\Leftrightarrow$在$\boldsymbol{P}$下$\langle X^c,Z\rangle I_{[\![0,R[\![}=0\Leftrightarrow$在$\boldsymbol{P}$下$\langle X^c,Z\rangle=0$. 最后一个关系式成立是因为$Z=Z^R$及$\langle X^c,Z\rangle$为连续的． □

§ 4. 半鞅的刻画

在本节如同通常一样假定$(\Omega,\mathscr{F},\boldsymbol{P})$是一个完备的概率空间$(\Omega,\mathscr{F},\boldsymbol{P})$并带有满足通常条件的$\sigma$域流$\boldsymbol{F}=(\mathscr{F}_t)_{t\geqslant 0}$. 以$L^1$和$L^\infty$分别表示可积随机变量全体和有界随机变量全体．若$G$和$H$为$L^1$的子集，表以$G-H=\{x-y:x\in G,y\in H\}$，$\overline{G}$表$G$在$L^1$中的闭包．

12.32 定理 设K为L^1中的凸集，$0\in K$. 则下列三个断言等价：

1) 对每个$\eta\in(L^1)^+\backslash\{0\}$，存在常数$c>0$使$c\eta\in\overline{K-(L^\infty)^+}$，

2) 对每个$A\in\mathscr{F}$，若$\boldsymbol{P}(A)>0$，则存在常数$c>0$使$cI_A\in\overline{K-(L^\infty)^+}$，

3) 存在$\zeta\in L^\infty$满足$\zeta>0$ a.s. 以及$\sup\limits_{\xi\in K}\boldsymbol{E}[\zeta\xi]<\infty$，

其中$(L^1)^+$，$(L^\infty)^+$分别表示L^1，L^∞中非负元素全体．

证明 1)⇒ 往证 2)是明显的．2)⇒ 3)．设$A\in\mathscr{F}$且$\boldsymbol{P}(A)>0$．由假设存在常数$c>0$使$cI_A\notin\overline{K-(L^\infty)^+}$，因为$K-(L^\infty)^+$是凸的，$L^\infty$是$L^1$的共轭空间，由 Ascoli-Mazur 定理，存在$\theta\in L^\infty$使

$$\sup_{\xi\in K,\eta\in(L^\infty)^+}\boldsymbol{E}[\theta(\xi-\eta)]<c\boldsymbol{E}[\theta I_A].\tag{32.1}$$

在(32.1)中取$\xi=0$，$\eta=a\theta^-$，$a>0$产生

$$a\boldsymbol{E}[(\theta^-)^2]<c\boldsymbol{E}[\theta I_A].\tag{32.2}$$

由(32.2)对一切$a>0$成立，必有$\theta^-=0$，a.s.，即$\theta\in(L^\infty)^+$．此外，显然有$\boldsymbol{P}(\theta>0)>0$．若以$\dfrac{\theta}{\boldsymbol{E}[\theta]}$代替$\theta$可认为$\boldsymbol{E}[\theta]=1$，于是

$$\sup_{\xi\in K}\boldsymbol{E}[\theta\xi]<c.$$

取$H=\{\theta\in(L^\infty)^+:\boldsymbol{E}[\theta]=1$以及$\sup\limits_{\xi\in K}\boldsymbol{E}[\theta\xi]<\infty\}$．我们已证明$H$是非空的．令$\mathscr{C}=\{[\theta=0]:\theta\in H\}$．往证$\mathscr{C}$对可列交是封闭的．设$(\theta_n)\subset H$以及$c_n=\sup\limits_{\xi\in K}\boldsymbol{E}[\theta_n\xi]$，$d_n=\|\theta_n\|_{L^\infty}$．取严格正的实数列$(b_n)$满足

$$\sum_n b_n=1,\quad \sum_n c_n b_n<\infty,\quad \sum_n b_n d_n<\infty.$$

设$\theta=\sum\limits_n b_n\theta_n$．显然$\theta\in H$且$[\theta=0]=\bigcap\limits_n[\theta_n=0]$．这表明$\mathscr{C}$对可列交是封闭的．于是存在$\zeta\in H$使

$$\boldsymbol{P}([\zeta=0])=\inf_{\theta\in H}\boldsymbol{P}([\theta=0]).\tag{32.3}$$

还需证$\zeta>0$，a.s.．若$\boldsymbol{P}([\zeta=0])>0$，记$A=[\zeta=0]$．由上面已得到的结论，必存在$\theta\in H$使(32.1)成立．特别有$\boldsymbol{E}[\theta I_{[\zeta=0]}]>0$．这蕴含$\boldsymbol{P}([\theta>0]\cap[\zeta=0])>0$．因而$\boldsymbol{P}([\theta=0]\cap[\zeta=0])<\boldsymbol{P}([\zeta=0])$．但$[\theta=0]\cap[\zeta=0]\in\mathscr{C}$，这与(32.3)矛盾．

3)⇒1)．若 1)不真，则存在$\eta\in(L^1)^+\setminus\{0\}$使对所有$c>0$都有$c\eta\in\overline{K-(L^\infty)^+}$．对每个$n$存在$\xi_n\in K$，$\eta_n\in(L^\infty)^+$及$\delta_n\in L^1$使$n\eta=\xi_n-\eta_n-\delta_n$以及$\|\delta_n\|_{L^1}<\dfrac{1}{n}$．我们有$\xi_n\geqslant n\eta+\delta_n$且对任一严格正随机变量$\zeta$有

$$\sup_{\xi\in K}\boldsymbol{E}[\zeta\xi]\geqslant\sup_{n}\boldsymbol{E}[\zeta\xi_n]=+\infty$$

这与 3)矛盾，所以 1)成立． □

12.33 定理 设 K 是 L^1 中凸集，若对任一列 $(\xi_n)\subset K$ 有 $\frac{1}{n}\xi_n^+ \xrightarrow{P} 0$[1]，则存在 $\zeta\in L^\infty$ 满足 $\zeta>0$ a. s. 以及 $\sup\limits_{\xi\in K}\boldsymbol{E}[\zeta\xi]<\infty$.

证明 首先，可认为 $0\in K$，否则取任一 $\eta\in K$ 并以 $\{x-\eta:x\in K\}$ 代替 K. 若定理 12.32 断言 1)不成立．由定理 12.32 的 3)⇒1)的证明可知存在 $\eta\in(L^1)^+\backslash\{0\}$，$(\xi_n)\subset K$ 及 $(\delta_n)\in L^1$ 使对每个 $n\|\delta_n\|_{L^1}\leqslant\frac{1}{n}$ 及 $\frac{\xi_n}{n}\geqslant\eta+\frac{\delta_n}{n}$. 这与 $\frac{1}{n}\xi_n^+\xrightarrow{P}0$ 矛盾．于是定理 12.32 断言 1)成立，由定理 12.32 就可得到要求的结论． □

12.34 定义 以 $\mathscr{H}$ 表示下列形式的有界可料过程全体：

$$H=\sum_{i=0}^{n-1}\xi_i I_{]\!]t_i,t_{i+1}]\!]},$$

其中 $0=t_0<t_1<\cdots<t_n<\infty$，$\xi_i\in\mathscr{F}_{t_i}$，$|\xi_i|\leqslant1$，$i=0,1,\cdots,n-1$. 设 X 为随机过程．对每个 $H\in\mathscr{H}$，规定 $J(X,H)$ 如下：

$$J(X,H)_t=\sum_{i=0}^{n-1}\xi_i(X_{t_i\wedge t}-X_{t_{i+1}\wedge t}),\quad t\geqslant0.$$

显然，对每个 t，映射 $(X,H)\mapsto J(X,H)_t$ 是双线性的．此外，若 X 为半鞅，则 $J(X,H)=H.X$.

下一定理给出了半鞅的一个刻画。该定理在文献中通常称为 **Dellacherie-Meyer-Mokobodzki 定理**．

12.35 定理 设 X 为一适应右连左极过程．为要 X 是一个半鞅当且仅当对每个序列 $(H^{(n)})\subset\mathscr{H}$ 及所有 $t\geqslant0$ 有 $\frac{1}{n}J(X,H^{(n)})_t\xrightarrow{P}0$.

证明 必要性．设 $X\in\mathscr{S}$，$(H^{(n)})\subset\mathscr{H}$ 及 $t\geqslant0$. 因为 $|\frac{1}{n}H^{(n)}|\leqslant1/n$，由定理 9.30

---

1) 容易看出这一条件等价于下列条件：对任一给定的 $\varepsilon>0$ 存在 $c>0$ 使对一切 $\xi\in K$ 有 $P(\xi>c)<\varepsilon$.

$$\frac{1}{n}J(X,H^{(n)})_t=\left(\frac{H^{(n)}}{n}.X\right)_t\xrightarrow{P}0.$$

充分性．欲证对所有 $t>0$ $X^t=(X_{s\wedge t})_{s\geqslant 0}\in\mathscr{S}$．因为 X 为右连左极的，$X_t^*=\sup\limits_{s\leqslant t}|X_s|<\infty$．我们可假定 $\boldsymbol{E}[X_t^*]<\infty$，否则 $\boldsymbol{P}$ 用一个与它等价的概率测度来代替（这时定理假定仍保持成立）．取

$$K=\{J(X,H)_t:H\in\mathscr{H}\}.$$

则 K 是 L^1 中凸集．按假定对每个序列 $(\xi_n)\subset K$ 有 $\frac{1}{n}\xi_n\xrightarrow{P}0$．由定理 12.32 存在严格正有界随机变量 ζ 使 $\boldsymbol{E}[\zeta]=1$ 及 $\boldsymbol{E}[\zeta\xi]<\infty$．令 $d\boldsymbol{P}'=\zeta d\boldsymbol{P}$，则 $\boldsymbol{P}'$ 为等价于 $\boldsymbol{P}$ 的概率测度．由于 ζ 有界，$\boldsymbol{E}'[X_t^*]=\boldsymbol{E}[\zeta X_t^*]<\infty$．欲证 X^t 是 $\boldsymbol{P}'$ 下的拟鞅．令 $\tau:0=t_0<t_1<\cdots<t_n=t$ 为 $[0,t]$ 的有限分割．取

$$H^{(\tau)}=\sum_{i=0}^{n-1}\xi_i I_{]\!]t_i,t_{i+1}]\!]},\quad \xi_i=\operatorname{sgn}\left(E'[X_{t_{i+1}}-X_{t_i}|\mathscr{F}_{t_i}]\right).$$

则 $H^{(\tau)}\in\mathscr{H}$ 且

$$\begin{aligned}
\boldsymbol{E}'[J(X,H^{(\tau)})_t]&=\boldsymbol{E}'\Big[\sum_{i=0}^{n-1}\xi_i(X_{t_{i+1}}-X_{t_i})\Big]\\
&=\boldsymbol{E}'\Big[\sum_{i=0}^{n-1}\xi_i\boldsymbol{E}'(X_{t_{i+1}}-X_{t_i}|\mathscr{F}_{t_i}]\Big]\\
&=\boldsymbol{E}'\Big[\sum_{i=0}^{n-1}|\boldsymbol{E}'[X_{t_{i+1}}-X_{t_i}|\mathscr{F}_{t_i}]|\Big].
\end{aligned}$$

因而有

$$\begin{aligned}
\operatorname{Var}(X^t,P')&=\sup_\tau\boldsymbol{E}'\Big[\sum_{i=0}^{n-1}|\boldsymbol{E}'[X_{t_{i+1}}-X_{t_i}|\mathscr{F}_{t_i}]\Big]+\boldsymbol{E}'[|X_t|]\\
&=\sup_\tau\boldsymbol{E}'[J(X,H^{(\tau)})_t]+\boldsymbol{E}'[|X_t|]\\
&=\sup_\tau\boldsymbol{E}[\zeta J(X,H^{(\tau)})_t]+\boldsymbol{E}'[\zeta|X_t|]<\infty.
\end{aligned}$$

这表明在 $\boldsymbol{P}'$ 下 X^t 是拟鞅．所以对所有 $t>0$，$X^t\in\mathscr{S}$，因此 $X\in\mathscr{S}$． □

12.36 定理　设 $\boldsymbol{G}=(\mathscr{G}_t)$ 为一满足通常条件的 σ 域流，对所有 $t\geqslant 0$，$\mathscr{G}_t\subset\mathscr{F}_t$．若 X 为一 $\boldsymbol{F}$-半鞅且 $\boldsymbol{G}$-适应，则 X 是 $\boldsymbol{G}$-半鞅，且 $[X](\boldsymbol{F})$ 与 $[X](\boldsymbol{G})$ 无区别．

证明 取

$$\mathscr{H}(\boldsymbol{G})=\left\{\sum_{i=0}^{n-1}\xi_i I_{]\!]t_i,t_{i+1}]\!]}:\begin{array}{c}0=t_0<t_1<\cdots<t_n<\infty,\xi_i\in\mathscr{G}_{t_i},\\ |\xi_i|\leqslant 1,\ i=0,\cdots,n-1,\ n\geqslant 1\end{array}\right\}.$$

则 $\mathscr{H}(\boldsymbol{G})\subset\mathscr{H}$. 由于 X 是 $\boldsymbol{F}$-半鞅，故由定理 12.35 知：对每个 $(H^{(n)})\subset\mathscr{H}(\boldsymbol{G})\subset\mathscr{H}$，以及对每个 $t\geqslant 0$.

$$\frac{1}{n}J(X,H^{(n)})_t\xrightarrow{P}0.$$

再由定理 12.35，X 是 $\boldsymbol{G}$-半鞅. 最后，由于 $[X]_t$ 是 X 在 $[0,t]$ 上差分平方和的依概率极限，它不依赖于流. □

12.37 定理 设 $\boldsymbol{G}=(\mathscr{G}_t)$ 为满足通常条件的流，且对所有 $t\geqslant 0$ 有 $\mathscr{G}_t\subset\mathscr{F}_t$. 假定 X 是一个 $\boldsymbol{F}$-半鞅且 $\boldsymbol{G}$-适应. 设 H 为一 $\boldsymbol{G}$-可料过程且 H 关于 X 和 $\boldsymbol{F}$ 是可积的（积分表以 $H\overset{F}{\cdot}X$）. 则 H 关于 X 和 $\boldsymbol{G}$ 也是可积的（积分表以 $H\overset{G}{\cdot}X$）且 $H\overset{F}{\cdot}X$ 与 $H\overset{G}{\cdot}X$ 无区别.

证明 首先，我们证明 X 关于 H 和 $\boldsymbol{G}$ 的可积性. 令

$$A=\sum(\Delta X I_{[|\Delta X|>1\text{ or }|H\Delta X|>1]}),\quad Z=X-A.$$

必要时 $\boldsymbol{P}$ 代之以等价的概率测度使得两个 $\boldsymbol{F}$-特殊半鞅 Z 和 $H\overset{F}{\cdot}Z$ 有下列典则分解：

$$Z=N+B,\quad H\overset{F}{\cdot}Z=N'+B',$$

其中 N 和 N' 为 $\boldsymbol{F}$-鞅，B 和 B' 为 $\boldsymbol{F}$-可料有限变差过程，$B_0=B_0'=0$，且对所有 $t>0$

$$\boldsymbol{E}\left[\int_0^t|dB_s|\right]<\infty,\quad \boldsymbol{E}\left[\int_0^t|dB_s'|\right]<\infty\text{（参见问题 12.12）}.$$

由定理 9.16 有 $B'=H.B$. 于是对所有 $t>0$ $\boldsymbol{E}\left[\int_0^t|H_s||dB_s|\right]<\infty$. 令 $\widetilde{B}$ 为 B 关于 $\boldsymbol{G}$ 的可料对偶投影. 于是对所有 $t>0$，$\boldsymbol{E}\left[\int_0^t|H_s|d\widetilde{B}_s|\right]<\infty$，即 $H.\widetilde{B}$ 存在. 由定理 5.30.2）对 $s<t$ 有

$$\boldsymbol{E}[B_t-\widetilde{B}_t|\mathscr{G}_s]=\boldsymbol{E}[B_s-\widetilde{B}_s|\mathscr{G}_s]\quad\text{a.s.},$$

所以（注意 $Z=N+B$ 是 $\boldsymbol{G}$-适应的）

$$\begin{aligned}\boldsymbol{E}[N_t+B_t-\widetilde{B}_t|\mathscr{G}_s]&=\boldsymbol{E}[\boldsymbol{E}[N_t|\mathscr{F}_s]|\mathscr{G}_s]+\boldsymbol{E}[B_t-\widetilde{B}_t|\mathscr{G}_s]\\&=\boldsymbol{E}[N_s+B_s-\widetilde{B}_s|\mathscr{G}_s]\\&=N_s+B_s-\widetilde{B}_s,\quad \text{a.s.}.\end{aligned}$$

因此 $N+B-\widetilde{B}$ 是 $\boldsymbol{G}$-鞅．由于$\sqrt{H^2.[N-B-\widetilde{B}]}\leqslant\sqrt{H^2.[Z]}+\Sigma(H\Delta B)$及$|H\Delta Z|\leqslant 1$，$\sqrt{H^2.[N+B-\widetilde{B}]}$关于 $\boldsymbol{G}$ 为局部可积的，即 $H\overset{G}{\cdot}(N+B-\widetilde{B})$是存在的．所以 H 关于 X 及 $\boldsymbol{G}$ 是可积的且 $H\overset{G}{\cdot}X=H\overset{G}{\cdot}(N+B-\widetilde{B})+H.(A+\widetilde{B})$，这里第二项是 Stieltjes 积分．

现在我们来证明 $H\overset{F}{\cdot}X$ 和 $H\overset{G}{\cdot}X$ 无区别．由定理 9.30 及其注可假定 H 是有界的．取 $\mathscr{C}=\{[\![O_A]\!]:A\in\mathscr{G}_0\}\cup\{]\!]T,\infty[\![:T$ 为 $\boldsymbol{G}$-停时$\}$．显然，对 $A\in\mathscr{C}$，$I_A\overset{F}{\cdot}X$ 和 $I_A\overset{G}{\cdot}X$ 无区别．于是由单调类定理可得要求的结论． □

12.38 定义 假定在基本空间$(\Omega,\mathscr{F}^0)$上给定一个右连续流 $\boldsymbol{F}^0=(\mathscr{F}^0_t)_{t\geqslant 0}$，$\mathscr{F}^0_\infty=\mathscr{F}^0$ 以及随机过程 $X=(X_t)$．$(\Omega,\mathscr{F}^0)$上概率测度 $\boldsymbol{P}$ 称为**关于$(X,\boldsymbol{F}^0)$的半鞅(鞅)测度**若在 $\boldsymbol{P}$ 之下 X 是一个$(\boldsymbol{F}^0)^P$-半鞅(局部鞅)．一个关于$(X,\boldsymbol{F}^0)$的半鞅(鞅)测度也称为**半鞅(鞅)问题$(X,\boldsymbol{F}^0)$的解**．半鞅(鞅)问题$(X,\boldsymbol{F}^0)$解的全体表以$\Gamma_s(X,\boldsymbol{F}^0)(\Gamma_m(X,\boldsymbol{F}^0))$．半鞅(鞅)问题的定义可自然地推广到过程族$\{X^\theta,\theta\in\Xi\}$的情形．

例如，在概率空间$(\Omega,\mathscr{F},\boldsymbol{P})$上给出一个连续过程 $W=(W_t)$，$W_0=\boldsymbol{0}$．若 W 关于其自然流是一个标准 Wiener 过程．令

$$\mathscr{F}^0_t=\bigcap_{s>t}\sigma\{W_r,r\leqslant s\},t\geqslant\boldsymbol{0},\quad \mathscr{F}^0=\mathscr{F}^0_\infty,$$

$$X^1_t=W_t,\ X^2_t=W^2_t-t,\quad t\geqslant\boldsymbol{0}.$$

则由系 **15.39** 及 **11.37** 知 $\boldsymbol{P}$ 是鞅问题$(\{X^1,X^2\},\boldsymbol{F}^0)$的唯一解．

进而，我们假定

i)F 是 $\boldsymbol{R}$ 上的概率分布，

ii)α,β 为两个过程，$\alpha_0=\beta_0=\boldsymbol{0}$，

iii)ν 是一个随机测度，$\nu(\{t\}\times E)=\nu(\boldsymbol{R}_+\times X\{\boldsymbol{0}\})=\boldsymbol{0}$.

$(\Omega,\mathscr{F}^0)$上的概率测度 $\boldsymbol{P}$ 称为**半鞅问题**$(X,\boldsymbol{F}^0;\ F,\alpha,\beta,\nu)$**的**

解，若在 P 之下 X 是一个$(\boldsymbol{F}^0)^P$-半鞅，以 F 为初始分布（即 X_0 的分布），以(α,β,ν)为其可料特征．半鞅问题$(X,\boldsymbol{F}^0;F,\alpha,\beta,\nu)$的解的全体表以 $\Gamma_s(X,\boldsymbol{F}^0;F,\alpha,\beta,\nu)$.

12.39 定理 设$(\Omega,\mathscr{F}^0)$，$\boldsymbol{F}^0$ 及 X 如定义 12.39 所给出．若$(\boldsymbol{P}_n)\subset\Gamma_s(X,\boldsymbol{F}^0)$且 $\boldsymbol{P}'$ 为$(\Omega,\mathscr{F}^0)$上概率，$\boldsymbol{P}'$ 关于 $\Sigma_n\boldsymbol{P}_n$ 绝对连续，则 $\boldsymbol{P}'\in\Gamma_s(X,\boldsymbol{F}^0)$.

特别，$\Gamma_s(X,\boldsymbol{F}^0)$是凸的．

证明 令

$$\mathscr{H}^0=\left\{\sum_{i=0}^{n-1}\xi_i I_{]\!]t_i,t_{i+1}]\!]}:\begin{array}{c}0=t_0<t_1<\cdots<t_n<\infty,\xi_i\in\mathscr{F}^0_{t_i},\\ |\xi_i|\leqslant 1,\ i=0,\cdots,n-1,\ n\geqslant 1\end{array}\right\},$$

及 $\boldsymbol{P}=\Sigma_n\lambda_n\boldsymbol{P}_n$，其中 $\lambda_n>0,n\geqslant 1$，且 $\Sigma_n\lambda_n=1$.

对每个$(H^{(k)})\subset\mathscr{H}^0$ 及 $t\geqslant 0$，由定理 12.35 对一切 n

$$\frac{1}{k}J(X,H^{(k)})_t\xrightarrow{P_n}0,\qquad k\to\infty.$$

容易看出有

$$\frac{1}{k}J(X,H^{(k)})_t\xrightarrow{P}0,\qquad k\to\infty.$$

但 $\boldsymbol{P}'\ll\boldsymbol{P}$，故有

$$\frac{1}{k}J(X,H^{(k)})_t\xrightarrow{P'}0,\qquad k\to\infty,$$

再由定理 12.35 可知 $\boldsymbol{P}'\in\Gamma_s(X,\boldsymbol{F}^0)$.

若 $\boldsymbol{P}_1,\boldsymbol{P}_2\in\Gamma_s(X,\boldsymbol{F}^0)$，且 $\boldsymbol{P}=\alpha\boldsymbol{P}_1+(1-\alpha)\boldsymbol{P}_2,0<\alpha<1$，则 $\boldsymbol{P}\ll\boldsymbol{P}_1+\boldsymbol{P}_2$，所以 $\boldsymbol{P}\in\Gamma_s(X,\boldsymbol{F}^0)$. 这表明 $\Gamma_s(X,\boldsymbol{F}^0)$是凸的． □

12.40 定理 设$(\Omega,\mathscr{F}^0)$，$\boldsymbol{F}^0,X,F,\alpha,\beta,\nu$ 如定义 12.38 所给，则 $\Gamma_s(X,\boldsymbol{F}^0;F,\alpha,\beta,\nu)$是凸的．

证明 设 $\boldsymbol{P}_1,\boldsymbol{P}_2\in\Gamma_s(X,\boldsymbol{F}^0;F,\alpha,\beta,\nu)$且 $\boldsymbol{P}=\alpha\boldsymbol{P}_1+(1-\alpha)\boldsymbol{P}_2$，$0<\alpha<1$. 首先在 $\boldsymbol{P}$ 下 X_0 的分布律仍为 F. 设 μ 为 X 的跳测度，则 $\boldsymbol{M}_\mu(\boldsymbol{P})=\alpha\boldsymbol{M}_\mu(\boldsymbol{P}_1)+(1-\alpha)\boldsymbol{M}_\mu(\boldsymbol{P}_2)$，而在 $\tilde{\mathscr{P}}$ 上，$\boldsymbol{M}_\nu(\boldsymbol{P})=\alpha\boldsymbol{M}_\nu(\boldsymbol{P}_1)+(1-\alpha)\boldsymbol{M}_\mu(\boldsymbol{P}_2)=\boldsymbol{M}_\mu(\boldsymbol{P})$. 这表明在 $\boldsymbol{P}$ 下 ν 仍为 μ 的可料对偶投影．设(α',β',ν)为 $\boldsymbol{P}$ 下 X 的可料特征．由定理 12.30 在 $\boldsymbol{P}_1$ 和 $\boldsymbol{P}_2$

下，β 都和 β' 无区别，所以在 $\boldsymbol{P}$ 下 β 和 β' 无区别．由定理 12.29 $(xI_{[|x|\leqslant 1]})\overset{P_1}{*}(\mu-\nu)$ 与 $(xI_{[|x|\leqslant 1]})\overset{P}{*}(\mu-\nu)$ $\boldsymbol{P}_1$-无区别，$(xI_{[|x|\leqslant 1]})\overset{P_2}{*}(\mu-\nu)$ 与 $(xI_{[|x|\leqslant 1]})\overset{P}{*}(\mu-\nu)$ $\boldsymbol{P}_2$-无区别．所以 $X-X_0-\alpha-(xI_{[|x|>1]})*\mu-(x_{I[|x|\leqslant 1]})*(\mu-\nu)$ 在 $\boldsymbol{P}_1$ 和 $\boldsymbol{P}_2$ 下都是连续局部鞅，在 $\boldsymbol{P}$ 下它也是连续局部鞅，即 α 与 α' $\boldsymbol{P}$-无区别．总之，(α,β,ν) 为 X 在 $\boldsymbol{P}$ 下的可料特征．因而 $\boldsymbol{P}\in\Gamma_s(X,\boldsymbol{F}^0;F,\alpha,\beta,\nu)$． □

问题与补充

12.1 设 ξ 为概率空间 $(\Omega,\mathscr{F},\boldsymbol{P})$ 上的随机变量，则存在 $(\Omega,\mathscr{F})$ 上另一概率测度 $\boldsymbol{P}'$ 使 $\boldsymbol{P}'\sim\boldsymbol{P}$，$\dfrac{d\boldsymbol{P}'}{d\boldsymbol{P}}$ 有界且对一切 n，$\boldsymbol{E}'[|\xi^n|]<\infty$．

12.2 设 (ξ_n) 为定义在概率空间 $(\Omega,\mathscr{F},\boldsymbol{P})$ 上的随机变量序列．若 $\lim_{n,m\to\infty}\boldsymbol{E}[|\xi_n-\xi_m|\wedge 1]=0$．则存在 $(\Omega,\mathscr{F})$ 上另一概率测度 $\boldsymbol{P}'$ 使 $\boldsymbol{P}'\sim\boldsymbol{P}$，$\dfrac{d\boldsymbol{P}'}{d\boldsymbol{P}}$ 有界且对一切 $p\geqslant 1$ $\lim_{n,m\to\infty}\boldsymbol{E}[|\xi_n-\xi_m|^p]=0$．

12.3 设 $X\in\mathscr{M}_{\text{loc}}(\boldsymbol{P})$，$A=\Sigma(\Delta XI_{[|\Delta X|>1]})$，$\widetilde{A}$ 为 A 在 $\boldsymbol{P}$ 下的可料对偶投影．假定 $\boldsymbol{P}'\overset{\text{loc}}{\ll}\boldsymbol{P}$，且 Z 为 $\boldsymbol{P}'$ 关于 $\boldsymbol{P}$ 的密度过程．取 $Y=X-\dfrac{1}{Z_-}\cdot\langle X-A,Z\rangle-A+\widetilde{A}$，则 $Y\in\mathscr{M}_{\text{loc}}(\boldsymbol{P}')$．进而，$X\in\mathscr{S}_p(\boldsymbol{P}')$ 当且仅当 $A\in\mathscr{A}_{\text{loc}}(\boldsymbol{P}')$．

12.4 设 $M,X\in\mathscr{M}_{\text{loc}}(\boldsymbol{P})$．假定 $\langle X,M\rangle$ 存在且 $\mathscr{E}(M)$ 在 $\boldsymbol{P}$ 下为非负一致可积鞅．令 $d\boldsymbol{P}'=\mathscr{E}(M)_\infty d\boldsymbol{P}$，则 $X-\langle X,M\rangle\in\mathscr{M}_{\text{loc}}(\boldsymbol{P}')$．

12.5 设 W 为标准 Wiener 过程，H 为一适应可测过程．若 $\boldsymbol{E}\left[\exp\left(\dfrac{1}{2}\int_0^\infty H_s^2\,ds\right)\right]<\infty$ 且 $d\boldsymbol{P}'=\mathscr{E}(H.W)_\infty d\boldsymbol{P}$．则在 $\boldsymbol{P}'$ 下 $\left(W_t-\int_0^t H_s\,ds\right)$ 是标准 Wiener 过程．

12.6 假定 $P' \overset{\text{loc}}{\ll} P$ 且 Z 为 P' 关于 P 的密度过程．设 $A \in \mathscr{V}(P)$，$[A,Z] \in (\mathscr{A}_{\text{loc}}(P))^B$，则 $A \in \mathscr{A}_{\text{loc}}(P') \Leftrightarrow A \in (\mathscr{A}_{\text{loc}}(P))^B$．这时 $\widetilde{A}(P') = \widetilde{A}(P) + \frac{1}{Z_-}.\langle A,Z\rangle$．

12.7 假定 $P' \overset{\text{loc}}{\ll} P$ 且 Z 为 P' 关于 P 的密度过程．设 $A \in \mathscr{V}_0(P)$，$C = Z.A$，则 $A \in \mathscr{A}_{\text{loc}}(P') \Leftrightarrow C \in (\mathscr{A}_{\text{loc}}(P))^B$．这时，$\widetilde{A}(P') = \frac{1}{Z_-}.\widetilde{C}(P)$．

12.8 设 $A \in \mathscr{F}$，$X \in \mathscr{S}$ 且 $H \in L(X)$．若对所有 $\omega \in A$，$X.(\omega)$ 为有限变差函数，$Y = XI_A$，则 Stieltjes 积分 $H.Y$ 存在，且在 A 上 $H.X$ 与 $H.Y$ 无区别．

12.9 设 $A \in \mathscr{F}$，，$X, Y \in \mathscr{S}$

1）若在 A 上，$X - Y$ 为有限变差过程且 $X_0 = Y_0$，则在 A 上 X^c 与 Y^c 无区别．

2）若在 A 上，$X - Y$ 为连续有限变差过程且 $X_0 = Y_0$，则在 A 上 $[X]$ 与 $[Y]$ 无区别．

12.10 设 $X = (X_t)$ 为一适应右连左极过程，对所有 $t \geqslant 0$ $\boldsymbol{E}[|X_t|] < \infty$．取 $K_a = \{J(X,H)_a : H = \sum_{i=0}^{n-1} \xi_i I_{]\!]t_i, t_{i+1}]\!]}, 0 = t_0 < t_1 < \cdots < t_n = a, \xi_i \in \mathscr{F}_{t_i}$ 为有界的，$i = 0, \cdots, n-1, n \geqslant 1\}, a > 0$，则下列断言等价：

1）存在概率测度 $P' \sim P$，$\frac{dP'}{dP} \in L^\infty$ 且在 P' 下 $X^a = (X_{t \wedge a})_{t \geqslant 0}$ 是一个鞅，

2）对所有 $A \in \mathscr{F}$，$P(A) > 0$，有 $I_A \notin \overline{K_a - (L^\infty)^+}$，

3）$(L^1)^+ \cap \overline{K_a - (L^\infty)^+} = \{0\}$．

12.11 设 $X = (X_t)$ 为一适应连续过程且对每个 $t > 0$，$\boldsymbol{E}[|X_t|] < \infty$，$K_a$，$a > 0$ 如上一问题所定义．为要存在概率 $P' \sim P$，$\frac{dP'}{dP} \in L^\infty$ 且在 P' 下 $X^a = (X_{t \wedge a})$ 为鞅，其充要条件是 $(L^1)^+ \cap \overline{K_a} = \{0\}$．

12.12 设 $X \in \mathscr{S}$，则存在一个概率测度 $P' \sim P$，使得 $\frac{dP'}{dP} \in$

L^∞，$X\in\mathscr{S}_p(P')$，且 X 在 P' 下的典则分解 $X=M+A$ 满足下列条件：$\forall\ t>0, M^t=(M_{s\wedge t})_{s\geqslant 0}\in\mathscr{M}^2(P'), A^t=(A_{s\wedge t})_{s\geqslant 0}\in\mathscr{A}(P')$.

12.13 设 X 为一适应右连左极过程．令

$$\mathscr{K}=\left\{K=\sum_{i=0}^{n-1}\xi_i I_{[\![T_i,T_{i+1}[\![}:\ \begin{array}{c}0=T_0\leqslant T_1\leqslant\cdots\leqslant T_n, T_i, 1\leqslant i\leqslant n,\\ \text{为停时},\quad \xi_i\in\mathscr{F}_{T_i},\\ |\xi_i|\leqslant 1, i=0,\cdots,n-1, n\geqslant 1\end{array}\right\},$$

$$J^0(X,K)_t=\begin{cases}\sum_{j=0}^{i-1}\left[\xi_j(X_{T_{j+1}-}-X_{T_j-})\right]+\xi_i(X_t-X_{T_i-}),\\ \qquad T_i\leqslant t<T_{i+1},\ i=0,\cdots,n-1,\\ \sum_{j=0}^{n-1}\left[\xi_j(X_{T_{j+1}-}-X_{T_j-})\right], T_n\leqslant t.\end{cases}$$

则下列断言等价：

1) X 为半鞅，且对所有 $t>0$，$\sum\limits_{s\leqslant t}|\Delta X_s|<\infty$ a.s.，

2) 对所有 $(K^{(n)})\subset\mathscr{K}$ 及 $t>0$，$\frac{1}{n}J^0(X,K^{(n)})_t\xrightarrow{P}0$，

3) 存在适应增过程 A 使对任一停时 T 及 $K\in\mathscr{K}$ 有 $\boldsymbol{E}[(J^0(X,K)^*_{T-})^2]\leqslant\boldsymbol{E}[A_{T-}(K^2.A)_{T-}]$.

12.14 设 X 为适应右连左极过程．若存在随机变量序列 (R_n)，$R_n\uparrow\infty$ 以及半鞅序列 $(X^{(n)})$ 使对每个 n，$X_t=X_t^{(n)}$，$t<R_n$，则 X 为半鞅．

12.15 设 $\{A_1,A_2\cdots\}$ 为 Ω 的可列分割．令 $\mathscr{G}_t=\mathscr{F}_t\vee\sigma\{A_1,A_2,\cdots\}$，$t\geqslant 0$. 则 $(\mathscr{F}_t)$-半鞅也是 $(\mathscr{G}_t)$-半鞅．

12.16 设在基本空间 $(\Omega,\mathscr{F}^0)$ 上给定一个右连续流 $\boldsymbol{F}^0$ 及 $\boldsymbol{F}^0$-适应过程 X. 设 $\boldsymbol{P}$ 为 $(\Omega,\mathscr{F}^0)$ 上的概率．对 $A\in\mathscr{F}^0$，$\boldsymbol{P}(A)>0$，规定 $\boldsymbol{P}_A(\cdot)=\boldsymbol{P}(\cdot\cap A)/\boldsymbol{P}(A)$. 若 $\mathscr{C}=\{A:\boldsymbol{P}_A\in\Gamma_s(X,\boldsymbol{F}^0)\}$ 为非空的且 $B=\operatorname{esssup}\mathscr{C}$，则 $B\in\mathscr{C}$.

12.17 若 $(\Omega,\mathscr{F}^0)$，$\boldsymbol{F}^0$ 及 X 如同上题所给出的．则 $\Gamma(X,\boldsymbol{F}^0)=\{\boldsymbol{P}:\boldsymbol{P}$ 为 $(\Omega,\mathscr{F}^0)$ 上概率测度且 $X\in\mathscr{M}(\boldsymbol{P})\}$ 为凸的．

12.18 设 $(\Omega,\mathscr{F}^0)$，$\boldsymbol{F}^0$ 及 X 如同上题所给出的．设 C 为 $\boldsymbol{F}^0$-

可料增过程具有有界跳 ΔC，则 $\Gamma_m^2(X, \boldsymbol{F}^0; C) = \{\boldsymbol{P}: \boldsymbol{P}$ 为$(\Omega, \mathscr{F}^0)$上的概率，$X \in \mathscr{M}_{\mathrm{loc}}^2(\boldsymbol{P})$且$\langle X \rangle(\boldsymbol{P}) = C\}$为凸的.

第十三章　可料表示性

可料表示性就是指每个局部鞅可表为可料过程的随机积分．它不仅在理论上是有意义且重要的，而且在应用上如滤波、控制等方面也如此．

在这一章，我们给定了一个完备概率空间$(\Omega,\mathscr{F},\boldsymbol{P})$，在其上配有满足通常条件的流$\boldsymbol{F}=(\mathscr{F}_t)_{t\geqslant 0}$，且$\mathscr{F}=\mathscr{F}_\infty$.

§1.　强可料表示性

13.1 定义　设$M=(M_t)_{t\geqslant 0}$为局部鞅，$M_0=0$. 如定义 9.1 以$L_m(M)$表示所有按局部鞅积分关于M可积的可料过程全体．记

$$\mathscr{L}(M)=\{H.M:H\in L_m(M)\},\ \mathscr{L}^1(M)=\mathscr{L}(M)\cap\mathscr{H}^1.$$

若$\mathscr{L}(M)=\mathscr{M}_{\mathrm{loc},0}$，称$M$具有**强可料表示性**．这里附加形容词"强"是因为在下一节我们还将引入另一类较弱的可料表示性．

13.2 引理　假定$M,L\in\mathscr{M}_{\mathrm{loc},0}$. 若存在停时序列$(T_n)$满足$T_n\uparrow\infty$且对每个$n$ $L^{T_n}\in\mathscr{L}(M)$，则$L\in\mathscr{L}(M)$.

证明　设$L^{T_n}=H^{(n)}\cdot M$，其中$H^{(n)}\in L_m(M)$. 令$H=\sum\limits_{n=1}^{\infty}H^nI_{]\!]T_{n-1},T_n]\!]}(T_0=0)$，易见$H\in L_m(M)$且$L=H.M$. □

13.3 引理　假定$M\in\mathscr{M}_{\mathrm{loc},0}$，则$\mathscr{L}^1(M)$是$\mathscr{H}^1$的稳定闭子空间．

证明　显然$\mathscr{L}^1(M)$是一个稳定子空间．只要证明$\mathscr{L}^1(M)$的完备性．设$(H^{(n)}.M)_{n\geqslant 1}$为$\mathscr{L}^1(M)$中的基本列且满足

$$\sum_{n=0}^{\infty}\|H^{(n+1)}.M-H^{(n)}.M\|_{\mathscr{H}^1}<\infty\quad(H^{(0)}=0).$$

故对所有$t>0$有

$$\int_0^t \sum_{n=0}^{\infty} |H_s^{(n+1)} - H_s^{(n)}| d[M]_s$$

$$\leqslant \sum_{n=0}^{\infty} \left(\int_0^t |H_s^{(n+1)} - H_s^{(n)}|^2 d[M]_s \right)^{1/2} ([M]_t)^{1/2}.$$

记
$$A = \left[\sum_{n=0}^{\infty} |H^{(n+1)} - H^{(n)}| < \infty \right]$$

和
$$H = I_A \sum_{n=0}^{\infty} (H^{(n+1)} - H^{(n)}).$$

则A, H 是可料的，且 $\boldsymbol{P}\left(\int_0^{\infty} I_{A^c} d[M]_s = 0\right) = 1$. 因而

$$\boldsymbol{E}\left[\left(\int_0^{\infty} H_s^2 \, d[M]_s\right)^{1/2}\right]$$

$$\leqslant \boldsymbol{E}\left[\sum_{n=0}^{\infty}\left(\int_0^{\infty} |H_s^{(n+1)} - H_s^{(n)}|^2 d[M]_s\right)^{1/2}\right]$$

$$= \sum_{n=0}^{\infty} \| H^{(n+1)}.M - H^{(n)}.M \|_{\mathscr{H}^1} < \infty,$$

即 $H.M \in \mathscr{L}^1(M)$. 同时，当 $n \to \infty$ 时

$$\| H.M - H^{(n)}.M \|_{\mathscr{H}^1} = \left\| \sum_{k=0}^{\infty} (H^{(k+1)} - H^{(k)}).M \right\|_{\mathscr{H}^1}$$

$$\leqslant \sum_{k=n}^{\infty} \| (H^{(k+1)} - H^{(k)}) . M \|_{\mathscr{H}^1} \to 0,$$

故 $H^{(n)}.M \to H.M$. □

13.4 定理 假定 $M \in \mathscr{M}_{\mathrm{loc},0}$，则下列断言等价：

1) $\mathscr{L}(M) = \mathscr{M}_{\mathrm{loc},0}$，即 M 有强可料表示性，

2) $\mathscr{L}^1(M) = \mathscr{M}_0^1$，

3) $\mathscr{M}_0^{\infty} \subset \mathscr{L}(M)$（$\mathscr{M}^{\infty}$ 为有界鞅全体）.

证明 因为 $\mathscr{M}_{\mathrm{loc},0} = \mathscr{H}^1_{\mathrm{loc},0}$，由引理 13.2 可得 2)⇒1). 1)⇒3)是显然的. 最后来证 3)⇒2). 设 $L \in \mathscr{H}_0^1$. 因为 $\mathscr{M}_0^{\infty}$ 在 $\mathscr{H}_0^1$ 中稠密（定理 10.5），故存在 $(N^{(n)}) \subset \mathscr{M}_0^{\infty}$ 使 $\| N^{(n)} - L \|_{\mathscr{H}^1} \to 0$. 但 $N^{(n)} \in \mathscr{L}^1(M)$，故由引理 13.3 可得 $L \in \mathscr{L}^1(M)$. □

13.5 定理 假定 $M \in \mathscr{M}_{\mathrm{loc},0}$，则下列断言等价：

1) $\mathscr{L}(M)=\mathscr{M}_{\mathrm{loc},0}$，即 M 有强可料表示性，

2) 对所有 $L\in\mathscr{M}_{\mathrm{loc},0}$，$LM\in\mathscr{M}_{\mathrm{loc},0}\Rightarrow L=0$，

3) 对所有 $N\in\mathscr{M}_0^{\infty}$，$NM\in\mathscr{M}_{\mathrm{loc},0}\Rightarrow N=0$.

证明 1)⇒2) 设 $L,LM\in\mathscr{M}_{\mathrm{loc},0}$. 由强可料表示性有 $L=H.M$，$H\in L_m(M)$，故 $[L,M]=H.[M]$. 因为 $LM\in\mathscr{M}_{\mathrm{loc},0}$，故 $[L,M]\in\mathscr{M}_{\mathrm{loc},0}$，即 $[L,M]\in\mathscr{W}_{\mathrm{loc},0}$. 于是对下列 Stieltjes 积分有

$$(HI_{[|H|\leqslant n]}).[L,M]=(H^2I_{[|H|\leqslant n]}).[M]\in\mathscr{M}_{\mathrm{loc},0}.$$

但 $(H^2I_{[|H|\leqslant n]}).[M]\in\mathscr{V}^+$，所以它必须是零，令 $n\to\infty$ 即可得 $H^2.[M]=0$，即 $[L]=0$. 这样就有 $L=0$.

2)⇒3) 是显然的.

3)⇒1). 由定理 13.4，只要证 $\mathscr{L}^1(M)=\mathscr{H}_0^1$. 令 φ 为 $\mathscr{H}_0^1$ 上有界线性泛函满足 $\varphi|_{\mathscr{H}_0^1}=0$. 欲证 $\varphi=0$. 由定理 10.21 存在 $N\in\mathscr{BMO}_0$ 使

$$\varphi(L)=\boldsymbol{E}[[L,N]_{\infty}],\quad L\in\mathscr{H}_0^1.$$

因为对所有 $L\in\mathscr{L}^1(M)$，$\boldsymbol{E}[[L,N]_{\infty}]=0$，对每个停时 T 有

$$\boldsymbol{E}[[L,N]_T]=\boldsymbol{E}[[L^T,N]_{\infty}]=0.$$

于是 $[L,N]\in\mathscr{M}_0$. 因为 $\mathscr{BMO}_{\mathrm{loc}}=\mathscr{M}^{\infty}_{\mathrm{loc}}$ 及 $\mathscr{M}_{\mathrm{loc},0}=\mathscr{H}^1_{\mathrm{loc},0}$，存在停时列 (T_n)，$T_n\uparrow\infty$ 且对每个 n 有 $M^{T_n}\in\mathscr{H}_0^1$ 和 $N^{T_n}\in\mathscr{M}_0^{\infty}$. 由于 $M^{T_n}=I_{[\![0,T_n]\!]}\cdot M\in\mathscr{L}^1(M)$，故有 $[M^{T_n},N]\in\mathscr{M}_0$，$[N^{T_n},M]\in\mathscr{M}_0$ 及 $MN^{T_n}\in\mathscr{M}_{\mathrm{loc},0}$. 由假定可得 $N^{T_n}=0$，进而有 $N=0$，故 $\varphi=0$. □

13.6 系 假定 $M\in\mathscr{M}_{\mathrm{loc},0}$，则下列断言等价：

1) $\mathscr{L}(M)=\mathscr{M}_{\mathrm{loc},0}$，

2) 对每个 $L\in\mathscr{M}_{\mathrm{loc}}$ 且 $L_0=1$，$LM\in\mathscr{M}_{\mathrm{loc}}\Rightarrow L=1$，

3) 对每个严格正的 $L\in\mathscr{M}_{\mathrm{loc}}$ 且 $L_0=1$，$LM\in\mathscr{M}_{\mathrm{loc}}\Rightarrow L=1$.

证明 1)⇒2). 设 $L,LM\in\mathscr{M}_{\mathrm{loc}}$ 且 $L_0=1$，则有 $N=L-1\in\mathscr{M}_{\mathrm{loc},0}$ 以及 $NM=LM-M\in\mathscr{M}_{\mathrm{loc},0}$. 由定理 13.5 得到 $N=0$，即 $L=1$.

2)⇒3) 是明显的.

3) ⇒1)．设 $N\in\mathscr{M}_0^{\infty}$ 以及 $NM\in\mathscr{M}_{\mathrm{loc},0}$. 又设常数 k 满足 $|N|\leqslant k$. 令 $L=1+\dfrac{N}{2k}$，则 $L\in\mathscr{M}_{\mathrm{loc}}$，$LM=M+\dfrac{NM}{k}\in\mathscr{M}_{\mathrm{loc}}$，$L_0=1$ 以及 $L>0$. 于是 $L=1$，即 $N=0$. 由定理 13.5 这蕴含了 M 有强可料表示性． □

13.7 定理 假定 $M\in\mathscr{M}_{\mathrm{loc},0}^c$，则下列断言等价：

1) $\mathscr{L}(M)=\mathscr{M}_{\mathrm{loc},0}^c$，

2) $\mathscr{L}^1(M)=\mathscr{H}_0^{1,c}$（$\mathscr{H}_0^{1,c}$ 为所有连续 $\mathscr{H}_0^1$-鞅构成的子空间），

3) $\mathscr{M}^{\infty,c}\subset\mathscr{L}(M)$（$\mathscr{M}^{\infty,c}$ 是所有连续有界鞅构成的空间），

4) 对每个 $L\in\mathscr{M}_{loc,0}^c$，$LM\in\mathscr{M}_{\mathrm{loc},0}\Rightarrow L=0$，

5) 对每个 $N\in\mathscr{M}^{\infty,c}$，$NM\in\mathscr{M}_{\mathrm{loc},0}\Rightarrow N=0$.

证明 1) ⇔ 2) ⇔ 3) 可象定理 13.4 一样证明．

1) ⇒ 4)．设 $L\in\mathscr{M}_{\mathrm{loc},0}^c$ 及 $LM\in\mathscr{M}_{\mathrm{loc},0}$，则 $L=H.M$，$H\in L_m(M)$ 以及 $\langle L,M\rangle=H.\langle M\rangle$. 但是 $\langle L,M\rangle\in\mathscr{M}_{\mathrm{loc},0}$，它是纯不连续的又是连续的，必须有 $\langle L,M\rangle=0$. 于是 $H^2.\langle M\rangle=H.\langle L,M\rangle=0$，故 $L=H.M=0$.

4) ⇒ 5) 是明显的．

5) ⇒ 2) $\mathscr{H}_0^{1,c}$ 是 $\mathscr{H}_0^1$ 的闭子空间（见问题 10.3）．设 φ 为 $\mathscr{H}_0^{1,c}$ 上的有界线性泛函且 $\varphi|_{\mathscr{L}^1(M)}=0$. 往证 $\varphi=0$. φ 可延拓为 $\mathscr{H}_0^1$ 上的有界线性泛函，于是存在 $N\in\mathscr{BMO}_0$ 使

$$\varphi(L)=\boldsymbol{E}[[L,N]_\infty],\quad L\in\mathscr{H}_0^1.$$

因而

$$\varphi(L)=\boldsymbol{E}[\langle L,N^c\rangle_\infty],\quad L\in\mathscr{H}_0^{1,c}.\tag{7.1}$$

这样对 $L\in\mathscr{L}^1(M)$ 有 $LN^c\in\mathscr{M}_{\mathrm{loc},0}$. 取停时列 (T_n)，$T_n\uparrow\infty$ 使对每个 n $M.^{T_n}\in\mathscr{H}_0^{1,c}$ 以及 $(N^c)^{T_n}\in\mathscr{M}_0^{\infty,c}$. 但是 $M^{T_n}\in\mathscr{L}^1(M)$，故 $M^{T_n}N^c\in\mathscr{M}_{\mathrm{loc},0}$ 且 $0=\langle M^{T_n},N^c\rangle=\langle M,(N^c)^{T_n}\rangle$. 于是 $M(N^c)^{T_n}\in\mathscr{M}_{\mathrm{loc},0}$. 由假定 $(N^c)^{T_n}=0$，所以 $N^c=0$. 由 (7.1) 即得 $\varphi|_{\mathscr{H}_0^{1,c}}=0$. □

13.8 引理 假定 $M\in\mathscr{M}_{\mathrm{loc},0}$ 具有强可料表示性，则对任一停时 T，M^T 关于 $(\mathscr{F}_{t\wedge T})_{t\geqslant0}$ 有强可料表示性．

证明 记 $F^T=(\mathscr{F}_{t\wedge T})_{t\geqslant 0}$. 不难验证若 L 是一致可积 F^T-鞅，L 也一定是一致可积 F-鞅且 $L=L^T$. 因而若 L 是 F^T-局部鞅，则 L 也是 F-局部鞅且 $L=L^T$. 同时若 L 是一个 F-局部鞅，则 L^T 是一个 F^T-局部鞅（见定理 3.53）. 现在设 L 和 LM^T 是 F^T-鞅且 $L_0=0$. 只需证 $L=0$. 由于 $L(M-M^T)=L_T(M-M^T)$ 是一个 F-局部鞅（定理 7.38）. 如同上面所指出的，L 和 LM^T 都是 F-局部鞅. 故 LM 也是 F-局部鞅. 由于 M 有强可料表示性，我们有 $L=0$. □

13.9 定理 设 $M\in\mathscr{M}_{\mathrm{loc},0}$. 令

$$\Gamma=\left\{P':\begin{array}{l}P' \text{为} \mathscr{F} \text{ 上的概率}\\ P'=P|_{\mathscr{F}_0} \quad \text{且 } M\in\mathscr{M}_{\mathrm{loc},0}(P')\end{array}\right\}.$$

则下列断言等价：

1) M 有强可料表示性，

2) $P'\in\Gamma, P'\overset{\mathrm{loc}}{\ll}P\Rightarrow P'=P$,

3) $P'\in\Gamma, P'\ll P\Rightarrow P'=P$,

4) $P'\in\Gamma, P'\sim P\Rightarrow P'=P$,

5) $P'\in\Gamma, P'\sim P, \dfrac{dP'}{dP}\in L^{\infty}\Rightarrow P'=P$.

证明 1) ⇒ 2). 设 $P'\in\Gamma, P'\overset{\mathrm{loc}}{\ll}P, Z=(Z_t)$ 为 P' 关于 P 的密度过程且 $R=\inf\{t:Z_t=0\}$. 因为 $Z_0=1$ 故有 $R>0$. 由于 $M\in\mathscr{M}_{\mathrm{loc},0}(P')$，存在有限停时列 (T_n)，$T_n\uparrow R$ P-a.s.，且对每个 n $(MZ)^{T_n}\in\mathscr{M}_{\mathrm{loc},0}$. 于是 Z^{T_n} 和 $Z^{T_n}M^{T_n}$ 为 $(\mathscr{F}_{t\wedge T_n})$-局部鞅. 由引理 13.8，$M^{T_n}$ 对 $(\mathscr{F}_{t\wedge T_n})$ 有强可料表示性. 于是由系 13.6 可得 $Z^{T_n}=1$. 这表明 $P'=P|_{\mathscr{F}_{T_n}}, n\geqslant 1$.

在 $[R<\infty]$ 我们有 $Z_R=0$. 但 $Z_{T_n}=1, n\geqslant 1$，这意味 $T_n<R, n\geqslant 1$ 且 $\bigvee_n \mathscr{F}_{T_n}=\mathscr{F}_{R-}$. 于是 $P'=P|_{\mathscr{F}_{R-}}$. 特别有

$$P(R<\infty)=P'(R<\infty)=0,$$

即 $P(T_n\uparrow\infty)=1$. 因而 $Z=1$，这就是 $P'=P$.

2) ⇒ 3) ⇒ 4) ⇒ 5) 是明显的.

5)⇒1). 假 $N\in\mathscr{M}_0^{\infty}$ 且 $NM\in\mathscr{M}_{\mathrm{loc},0}$. 只需证 $N=0$. 我们可

设$|N|\leqslant 1$. 令$dP'=\left(1+\frac{N_\infty}{2}\right)dP$. 对所有$A\in\mathscr{F}_0$,

$$\int_A N_\infty dP=\int_A N_0 dP=0,$$

故P'为概率测度且$P'=P|_{\mathscr{F}_0}$. 由于$\frac{1}{2}\leqslant\frac{dP'}{dP}\leqslant\frac{3}{2}$,可得$P'\sim P$,密度过程为$Z_t=E\left[\frac{dP'}{dP}|\mathscr{F}_t\right]=1+\frac{N_t}{2},t\geqslant 0$. 于是有$MZ=M+\frac{NM}{2}\in\mathscr{M}_{\mathrm{loc},0}$以及$M\in\mathscr{M}_{\mathrm{loc},0}(P')$. 由假定可得$P'=P$,所以$N_\infty=0$以及$N=0$. □

13.10 定义 设$M\in\mathscr{M}_{\mathrm{loc}}$. 令

$\Gamma(M)=\{P':P'$为$\mathscr{F}$上概率测度且$M\in\mathscr{M}_{\mathrm{loc}}(P')\}$.

以$\Gamma_e(M)$表$\Gamma(M)$的端点集,即$P'\in\Gamma_e(M)\Leftrightarrow P'\in\Gamma(M)$且若$P'=aP_1+(1-a)P_2,P_1,P_2\in\Gamma(M),0<a<1$,则$P'=P_1=P_2$. 不过一般我们并不知道$\Gamma(M)$是否为凸集.

13.11 定理 假定$M\in\mathscr{M}_{\mathrm{loc},0}$,则下列断言等价:

1) M有强可料表示性且$\mathscr{F}_0$为平凡σ-域$\mathscr{N}$(即由P-零集生成的σ-域),

2) $P\in\Gamma_e(M)$.

证明 1)$\Rightarrow$2). 设$P=aP_1+(1-a)P_2,P_1,P_2\in\Gamma(M),0<a<1$. 由$P_1\ll P$,故$P_1=P|_{\mathscr{F}_0}$. 按定理13.9,$P_1=P$,因而也有$P_2=P$. 故$P\in\Gamma_e(M)$.

2)$\Rightarrow$1). 假定i)ξ为有界$\mathscr{F}_0$-可测随机变量且$E[\xi]=0$,ii) $N\in\mathscr{M}_0^\infty$和$NM\in\mathscr{M}_{\mathrm{loc},0}$. 令$L=\xi+N$,则$L\in\mathscr{M}^\infty$,我们可认为$|L|\leqslant 1$. 规定

$$dP_1=\left(1+\frac{L_\infty}{2}\right)dP,\quad dP_2=\left(1-\frac{L_\infty}{2}\right)dP.$$

由$E[L_\infty]=0$,P_1,P_2为$\mathscr{F}$上的概率测度. 易见$P_1\sim P_2\sim P$且P_1,P_2关于P的密度过程分别为

$$Z_t^{(1)}=E\left[\frac{dP_1}{dP}|\mathscr{F}_t\right]=1+\frac{1}{2}L_t,t\geqslant 0,$$

$$Z_t^{(2)}=E\left[\frac{dP_2}{dP}|\mathscr{F}_t\right]=1-\frac{1}{2}L_t,t\geqslant 0.$$

因此 $MZ^{(1)}=M\left(1+\frac{1}{2}\xi\right)+\frac{1}{2}NM\in\mathscr{M}_{\text{loc},0}$，$MZ^{(2)}=M\left(1+\frac{1}{2}\xi\right)-\frac{1}{2}NM\in\mathscr{M}_{\text{loc},0}$. 所以 $M\in\mathscr{M}_{\text{loc},0}(\boldsymbol{P}_1)$，$M\in\mathscr{M}_{\text{loc},0}(\boldsymbol{P}_2)$，即$\boldsymbol{P}_1,\boldsymbol{P}_2\in\Gamma(M)$. 但$\boldsymbol{P}\in\Gamma_e(M)$，及$\boldsymbol{P}=\frac{1}{2}(\boldsymbol{P}_1+\boldsymbol{P}_2)$，故必有$\boldsymbol{P}=\boldsymbol{P}_1=\boldsymbol{P}_2$. 因此 $L_\infty=0$ 及 $L=0$. 这意味着 $\xi=L_0=0$ 及 $N=L-\xi=0$. 由此 1) 成立. □

13.12 定理　假定 $\boldsymbol{P}'\overset{\text{loc}}{\ll}\boldsymbol{P}$，$M\in\mathscr{M}_{\text{loc},0}(\boldsymbol{P})$，$[M,Z]\in(\mathscr{A}_{\text{loc}}(\boldsymbol{P}))^B$ 且在 $\boldsymbol{P}$ 下 M 有强可料表示性，则在 $\boldsymbol{P}'$ 下，$M'=M-\frac{1}{Z_-}\cdot\langle M,Z\rangle\in\mathscr{M}_{\text{loc}}(\boldsymbol{P}')$ 也有强可料表示性(这里我们运用第十二章§1和§2的记号).

证明　假定 $N',N'M'\in\mathscr{M}_{\text{loc},0}(\boldsymbol{P}')$. 往证在 $\boldsymbol{P}'$ 下 $N'=0$. 设 (T_n) 为满足 $T_n\uparrow R\ \boldsymbol{P}$-a.s.' 的停时列且对每个 n $(N'Z)^{T_n}$，$(N'M'Z)^{T_n}\in\mathscr{M}_{\text{loc},0}(\boldsymbol{P})$，$[M,Z]^{T_n}\in\mathscr{A}_{\text{loc}}(\boldsymbol{P})$ 以及 $T_n\leqslant R_n=\inf\{t:Z_t\leqslant\frac{1}{n}\}$. 记 $Y=(N'Z)^{T_n}$，$A=\frac{1}{Z_-}\cdot\langle M,Z^{T_n}\rangle$. 由分部积分公式.

$$\begin{aligned}Y(M')^{T_n}&=YM^{T_n}-YA\\&=YM^{T_n}-(Y_-).A-(A_-).Y-[Y,A].\end{aligned}$$

由于 $Y(M')^{T_n}$，$(A_-).Y$，$[Y,A]\in\mathscr{M}_{\text{loc},0}(\boldsymbol{P})$，易知$[Y,M^{T_n}]-(Y_-).A\in\mathscr{M}_{\text{loc}}(\boldsymbol{P})$以及$\langle Y,M^{T_n}\rangle=(Y_-).A=\frac{Y_-}{Z_-}\cdot\langle M,Z^{T_n}\rangle$. 注意到$Y=Y^{T_n}$，可得

$$\langle M,Y-\frac{Y_-}{Z_-}.Z^{T_n}\rangle=0.$$

但$Y-\frac{Y_-}{Z_-}.Z^{T_n}\in\mathscr{M}_{\text{loc},0}(\boldsymbol{P})$，故$M\left(Y-\frac{Y_-}{Z_-}.Z^{T_n}\right)\in\mathscr{M}_{\text{loc},0}(\boldsymbol{P})$. 由于 M 有强可料表示性，

$$Y-\frac{Y_-}{Z_-}.Z^{T_n}=0\ \text{或}\ Y=(Y_-).\left(\frac{1}{Z_-}.Z^{T_n}\right)\qquad(12.1)$$

因 $Y_0=0$，(12.1)只有零解：$Y=0$，即$(N'Z)^{T_n}=0$. 又因 $T_n\leqslant R_n$，我们有 $Z^{T_n}I_{[\![0,R_n[\![}>0$. 这样 $N'I_{[\![0,T_n[\![}=0$ 和 $N'I_{[\![0,R[\![}=0$. 因而在

P' 下 $N'=0$. □

§ 2. 弱可料表示性

13.13 定义 设 X 为半鞅，μ, X^c 和 (α,β,ν) 分别为它的跳测度，连续鞅部分和可料特征．记

$$\mathscr{K}(\mu) = \{W.(\mu-\nu): W \in \mathscr{G}(\mu)\}.$$

若 $\mathscr{M}^c_{loc,0}=\mathscr{L}(X^c)$ 和 $\mathscr{M}^d_{loc}=\mathscr{K}(\mu)$，或者等价地

$$\mathscr{M}_{loc,0} = \mathscr{L}(X^c) + \mathscr{K}(\mu)$$

(上式右端为向量空间的线性和)，则称 X 有**弱可料表示性**．

13.14 定理 假定 $X\in\mathscr{M}_{loc,0}$ 且 X 有强可料表示性，则 X 也有弱可料表示性．

证明 对所有 $M\in\mathscr{M}_{loc,0}$，可有 $M=H.X$，其中 $H\in L_m(X)$，于是由定理 9.3，11.24 和 11.23 有

$$M^c = H.X^c,\ M^d = H.X^d = (Hx)*(\mu-\nu). \quad \square$$

13.15 引理 假定 $X\in\mathscr{S}$. 设 $U\in\mathscr{O}$ 且 $M_\mu[U|\widetilde{\mathscr{P}}]=W$ 存在(即在 M_μ 下 U 关于 $\widetilde{\mathscr{P}}\sigma$-可积)，则存在停时列 (T_n) 满足．

i) $D=[\Delta X\neq 0]=\bigcup\limits_n [\![T_n]\!]$，且当 $n\neq m$ 时 $[\![T_n]\!]\cap[\![T_m]\!]=\varnothing$，

ii) 对每个 n

$$W(T_n,\Delta X_{T_n})I_{[T_n<\infty]} = \boldsymbol{E}[U(T_n,\Delta X_{T_n})I_{[T_n<\infty]}|\mathscr{F}_{T_n-}\vee\sigma\{\Delta X_{T_n}I_{[T_n<\infty]}\}] \quad \text{a.s.}. \tag{15.1}$$

证明 选 $(\widetilde{A}_n)\subset\widetilde{\mathscr{P}}$ 使 $\widetilde{\Omega}=\bigcup\limits_n\widetilde{A}_n$，当 $m\neq n$ 时 $\widetilde{A}_n\cap\widetilde{A}_m=\varnothing$ 且对每个 n，$M_\mu(\widetilde{A}_n)<\infty$，$M_\mu(|U|I_{\widetilde{A}_n})<\infty$. 置 $B^{(n)}=I_{\widetilde{A}_n}*\mu$ 及

$$T_{n,0}=0,\ T_{n,m}=\inf\{t>T_{n,m-1}:\Delta B^{(n)}_t\neq 0\},\quad m\geqslant 1.$$

则 $(T_{n,m})_{n,m\geqslant 1}$ 满足 i)．还只要证 $T=T_{n,m}$ 满足 ii)．

注意到 $\xi\in\mathscr{F}_{T-}\vee\sigma\{\Delta X_T I_{[T<\infty]}\}\Leftrightarrow$ 存在 $V\in\widetilde{\mathscr{P}}$ 使 $\xi I_{[T<\infty]}=$

$V(T,\Delta X_T)I_{[T<\infty]}$. 进而，若 ξ 是非负的（有界的），V 也可取成非负的（有界的）.

设 $V\in\widetilde{\mathscr{P}}$ 是有界的，令 $\widetilde{V}=I_{\widetilde{A}_n}I_{]\!]T_{n,m-1},T_{n,m}]\!]}V$. 由 $\boldsymbol{M}_\mu(W\widetilde{V})=\boldsymbol{M}_\mu(U\widetilde{V})$，我们有

$$\begin{aligned}&\boldsymbol{E}[W(T,\Delta X_T)V(T,\Delta X_T)I_{[T<\infty]}]\\&=\boldsymbol{E}[U(T,\Delta X_T)V(T,\Delta X_T)I_{[T<\infty]}],\end{aligned}$$

$$\begin{aligned}&\boldsymbol{E}[W(T,\Delta X_T)\xi I_{[T<\infty]}]\\&=\boldsymbol{E}[U(T,\Delta X_T)\xi I_{[T<\infty]}],\end{aligned}$$

其中 $\xi\in\mathscr{F}_{T-}\vee\sigma\{\Delta X_T I_{[T<\infty]}\}$ 是有界的. 由此即得(15.1). □

13.16 定理 假定 $X\in\mathscr{S}$，则下列断言等价：

1) $\mathscr{M}^d_{\mathrm{loc}}=\mathscr{K}(\mu)$，

2) $\mathscr{O}=\mathscr{P}\vee\sigma\{\Delta X\}$，

3) 对一切 $M\in\mathscr{M}^d_{\mathrm{loc}}$，$\boldsymbol{M}_\mu[\Delta M|\widetilde{\mathscr{P}}]=0\Rightarrow M=0$，

4) 对一切 $M\in\mathscr{M}^{\infty,d}$（所有有界纯断局部鞅构成的空间），$\boldsymbol{M}_\mu[\Delta M|\widetilde{\mathscr{P}}]=0\Rightarrow M=0$，

5) i) 若 T 为绝不可及时，$[\![T]\!]\subset[\Delta X\neq0]$；

ii) 对每个停时 T，$\mathscr{F}_T=\mathscr{F}_{T-}\vee\sigma\{\Delta X_T I_{[T<\infty]}\}$.

证明 1)⇒2). 首先，欲证 $\mathscr{O}=\mathscr{P}\vee\sigma\{\mathscr{M}_{\mathrm{loc},0}\}$. 事实上，对任一停时 T，令 $A=I_{[\![T,\infty[\![}$，则 $M=A-\widetilde{A}\in\mathscr{M}_{\mathrm{loc},0}$，$A=M+\widetilde{A}\in\mathscr{P}\vee\sigma\{\mathscr{M}_{\mathrm{loc},0}\}$. 由于 $M=M_-+\Delta M$，只要证对所有 $M\in\mathscr{M}_{\mathrm{loc},0}$ $\Delta M\in\mathscr{P}\vee\sigma\{\Delta X\}$.

由假设 $M^d=W*(\mu-\nu)$，其中 $W\in\mathscr{G}(\mu)$，故

$$\Delta M_t=\Delta M_t^d=W(t,\Delta X_t)I_D-\hat{W}_t,\quad D=[\Delta X\neq0].$$

易见 $\hat{W}\in\mathscr{P}$，$D\in\sigma\{\Delta X\}$，$(W(t,\Delta X_t))\in\mathscr{P}\vee\sigma\{\Delta X\}$. 因此 $\Delta M\in\mathscr{P}\vee\sigma\{\Delta X\}$.

2)⇒3). 设 $M\in\mathscr{M}^d_{\mathrm{loc},0}$ 及 $\boldsymbol{M}_\mu[\Delta M|\widetilde{\mathscr{P}}]=0$. 因为 $\Delta M\in\mathscr{O}=\mathscr{P}\vee\sigma\{\Delta X\}$，存在 $V\in\widetilde{\mathscr{P}}$ 使得

$$\Delta M_t=V(t,\Delta X_t),\quad t\geqslant0.$$

于是

$$0 = \boldsymbol{M}_\mu[\Delta MV] = \boldsymbol{E}\Big\{\sum_{t>0}[\Delta M_t V(t,\Delta X_t) I_D]\Big\}$$

$$= \boldsymbol{E}\Big\{\sum_{t>0}[(\Delta M_t)^2 I_D]\Big\},$$

$$\Delta M I_D = 0. \tag{16.1}$$

注意 $M=0\Leftrightarrow\Delta M=0$(因为 $M\in\mathscr{M}^d_{\mathrm{loc},0}$),由(16.1)还只要证 $\Delta MI_{D^c}=0$. 设 T 为一绝不可及时,则 $I_{[\![T]\!]}I_D$ 的可料投影为零,因为它是一个只有绝不可及跳的适应可积增过程的跳过程. 另一方面,因为 $\mathscr{O}\cap D^c=\mathscr{P}\cap D^c$,存在 $Y\in\mathscr{P}$ 使

$$I_{[\![T]\!]}I_{D^c} = YI_{D^c}. \tag{16.2}$$

在(16.2)两端取可料投影可得

$$Y(1-a)=0,$$

其中 $a_t=\nu(\{t\}\times E)$, $t\geqslant 0$. 但$[a=1]\subset D$,故 $D^c\subset[a<1]\subset[Y=0]$, $I_{[\![T]\!]}I_{D^c}=YI_{D^c}=0$,即 $[\![T]\!]\subset D$. 于是

$$(\Delta MI_{D^c})_T I_{[T<\infty]} = 0, \quad \text{a.s.}. \tag{16.3}$$

设 T 为可料时且 $Z\in\mathscr{P}$ 使 $\Delta MI_{D^c}=ZI_{D^c}$. 由(16.1)有

$$0=\boldsymbol{E}[\Delta M_T I_{[T<\infty]}|\mathscr{F}_{T-}]$$

$$=\boldsymbol{E}[(\Delta MI_{D^c})_T I_{[T<\infty]}|\mathscr{F}_{T-}]$$

$$=Z_T(1-a_T)I_{[T<\infty]}.$$

同样地有$[(I_{D^c})_T=1,T<\infty]\subset[a_T<1,T<\infty]\subset[Z_T=0,T<\infty]$,因而$(ZI_{D^c})_T I_{[T<\infty]}=0$,即(16.3)对任一可料时成立. 于是(16.3)对一切停时成立,即 $\Delta MI_{D^c}=0$.

3)⇒4)是平凡的.

4)⇒5). 设 T 为绝不可及时. 令 $S=T_{[(I_D)_T I_{[T<\infty]}=0]}$,则 $(I_D)_S I_{[S<\infty]}=0$. 还只需证 $\boldsymbol{P}(S<\infty)=0$. 令 $A=I_{[\![S,\infty[\![}$,则 $N=A-\widetilde{A}\in\mathscr{M}^{\infty,d}_{\mathrm{loc}}$. 由于 S 是绝不可及的,$\widetilde{A}$ 连续以及 $\Delta N=\Delta A=I_{[\![S]\!]}$.

对任一 $W\in\widetilde{\mathscr{P}}^+$.

$$\boldsymbol{M}_\mu[\Delta NW] = \boldsymbol{E}[W(S,\Delta X_S)(I_D)_S I_{[S<\infty]}] = 0,$$

即 $\boldsymbol{M}_\mu[\Delta N|\widetilde{\mathscr{P}}]=0$. 由假定 $N=0$, $A=\widetilde{A}$,故 A 连续,这必须是 $\boldsymbol{P}(S<\infty)=0$, i)成立.

设 T 为停时，为证 ii) 可设 $T>0$，这是由于 $\mathscr{F}_T\cap[T=0]=\mathscr{F}_{T-}\cap[T=0]$，$T$ 可代以 $T_{[T>0]}$. 设 $\xi\in b\mathscr{F}_T$，

$$A=\eta I_{[\![T,\infty[\![},\eta=\xi-\boldsymbol{E}[\xi|\mathscr{F}_{T-}\vee\sigma\{\Delta X_T I_{[T<\infty]}\}].$$

由于 $\boldsymbol{E}[\eta|\mathscr{F}_{T-}]=0$，可知 $A\in\mathscr{M}^{\infty,d}$ 及 $\Delta A=\eta I_{[\![T]\!]}$. 对任一 $W\in\widetilde{\mathscr{P}}^+$，我们有 $W(T,\Delta X_T)(I_D)_T I_{[T<\infty]}\in\mathscr{F}_{T-}\vee\sigma\{\Delta X_T I_{[T<\infty]}\}$ 以及

$$\begin{aligned}\boldsymbol{M}_\mu[\Delta AW]&=\boldsymbol{E}[W(T,\Delta X_T)\eta(I_D)_T I_{[T<\infty]}]\\&=\boldsymbol{E}[W(T,\Delta X_T)(I_D)_T I_{[T<\infty]}\\&\quad\times\boldsymbol{E}[\eta|\mathscr{F}_{T-}\vee\sigma\{\Delta X_T I_{[T<\infty]}\}]]\\&=0.\end{aligned}$$

即 $\boldsymbol{M}_\mu[\Delta A|\widetilde{\mathscr{P}}]=0$. 由假定，$A=0$，即 $\eta I_{[T<\infty]}=0$ a.s.. 但在 $[T=\infty]$ 上 $\mathscr{F}_T$ 与 $\mathscr{F}_{T-}$ 一致. 因而

$$\xi=\boldsymbol{E}[\xi|\mathscr{F}_{T-}\vee\sigma\{\Delta X_T I_{[T<\infty]}\}]\quad\text{a.s..}$$

这表明 $\mathscr{F}_T=\mathscr{F}_{T-}\vee\sigma\{\Delta X_T I_{[T<\infty]}\}$.

5)⇒1). 设 $M\in\mathscr{M}^d_{\text{loc}}$ 及 $U=\boldsymbol{M}_\mu[\Delta M|\widetilde{\mathscr{P}}]$. 由引理 13.15 存在图互不相交的停时列 (T_n) 使 $D=\bigcup\limits_n[\![T_n]\!]$ 且对每个 n

$$\begin{aligned}U(T_n,\Delta X_{T_n})I_{[T_n<\infty]}&=\boldsymbol{E}[\Delta M_{T_n}I_{[T_n<\infty]}|\mathscr{F}_{T_n-}\vee\sigma\{\Delta X_{T_n}I_{[T_n<\infty]}\}]\\&=\boldsymbol{E}[\Delta M_{T_n}I_{[T_n<\infty]}|\mathscr{F}_{T_n}]\\&=\Delta M_{T_n}I_{[T_n<\infty]}\quad\text{a.s..}\end{aligned}$$

这意味着

$$\left(\int_E U(t,x)\mu(\{t\},dx)\right)=(U(t,\Delta X_t)(I_D)_t)=\Delta MI_D.\tag{16.4}$$

于是 $\hat{U}=\left(\int_E U(t,x)\nu(\{t\},dx)\right)$ 是 ΔMI_D 的可料投影. 令

$$W=U+\frac{\hat{U}}{1-a}I_{[a<1]}.$$

若 $\Delta M=\widetilde{W}$，则可知 $W\in\mathscr{G}(\mu)$ 及 $M=W*(\mu-\nu)$，因而 ii) 成立. 往证 $\Delta M=\widetilde{W}$. 由于 $D^c\subset[a<1]$，由 (16.4) 有

$$\widetilde{W}_t=U(t,\Delta X_t)(I_D)_t+\frac{\hat{U}_t}{1-a_t}I_{[a_t<1]}(I_D)_t-\hat{U}_t-\frac{\hat{U}_t}{1-a_t}I_{[a_t<1]}a_t$$

$$=\Delta M_t(I_D)_t-\frac{\hat{U}_t}{1-a_t}I_{[a_t<1]}(I_{D^c})_t-\hat{U}_t+\hat{U}_tI_{[a_t<1]}$$

$$=\Delta M_t(I_D)_t-\frac{\hat{U}_t}{1-a_t}(I_{D^c})_t-\hat{U}_tI_{[a_t=1]}. \qquad (16.5)$$

因为 ${}^p(\Delta MI_D)=\hat{U}$，故有

$$\hat{U}I_{[a=1]}={}^p(\Delta MI_DI_{[a=1]})={}^p(\Delta MI_{[a=1]})={}^p(\Delta M)I_{[a=1]}=0. \qquad (16.6)$$

由(16.5)和(16.6)还要证 $\Delta MI_{D^c}=-\frac{\hat{U}}{1-a}I_{D^c}$，即对任一停时 T

$$\Delta M_T(I_{D^c})_TI_{[T<\infty]}=-\frac{\hat{U}_T}{1-a_T}(I_{D^c})_TI_{[T<\infty]}, \quad \text{a.s.}. \qquad (16.7)$$

若 T 为绝不可及时，$[\![T]\!]\subset D$ 及(16.7)成立是显然的．最后，只需对可料时 T 证明(16.7)成立．在这一情况下存在 $\xi\in\mathscr{F}_{T-}$ 使

$$\Delta M_T(I_{D^c})_TI_{[T<\infty]}=\xi(I_{D^c})_TI_{[T<\infty]}.$$

由于

$$\hat{U}_TI_{[T<\infty]}=\boldsymbol{E}[\Delta M_T(I_D)_TI_{[T<\infty]}|\mathscr{F}_{T-}]$$
$$=-\boldsymbol{E}[\Delta M_T(I_{D^c})_TI_{[T<\infty]}|\mathscr{F}_{T-}],$$

我们有

$$-\frac{\hat{U}_T}{1-a_T}(I_{D^c})_TI_{[T<\infty]}=\frac{(I_{D^c})_T}{1-a_T}\boldsymbol{E}[\Delta M_T(I_{D^c})_TI_{[T<\infty]}|\mathscr{F}_{T-}]$$
$$=\frac{(I_{D^c})_T}{1-a_T}\boldsymbol{E}[\xi(I_{D^c})_TI_{[T<\infty]}|\mathscr{F}_{T-}]$$
$$=\xi(I_{D^c})_TI_{[T<\infty]}$$
$$=\Delta M_T(I_{D^c})_TI_{[T<\infty]}, \quad \text{a.s.}. \quad \square$$

13.17 定理 假定 $X\in\mathscr{S}$，则下列断言等价：

1) X 有弱可料表示性，

2) 对所有 $M\in\mathscr{M}_{\text{loc},0}$，由 $\langle M^c,X^c\rangle=0$ 及 $\boldsymbol{M}_\mu[\Delta M|\widetilde{\mathscr{P}}]=0$ 可推出 $M=0$，

3) 对所有 $N\in\mathscr{M}_0^\infty$，由 $\langle N^c,X^c\rangle=0$ 及 $\boldsymbol{M}_\mu[\Delta N|\widetilde{\mathscr{P}}]=0$ 可推出 $N=0$.

证明 这可由定理 13.7 和 13.6 直接推出． □

13.18 定理 假定 $X\in\mathscr{S}$ 且 (α,β,ν) 为其可料特征．令

$$\Gamma=\left\{P':\begin{array}{l}P'\text{ 为 }\mathscr{F}\text{ 上的概率测度},P'=P|\mathscr{F}_0,\\ X\in\mathscr{S}(P'),\text{在 }P'\text{ 下 }X\text{ 的可料特征为}(\alpha,\beta,\nu)\end{array}\right\}.$$

则下列断言等价：

1) X 有弱可料表示性，

2) $P'\in\Gamma,P'\overset{\text{loc}}{\ll}P\Rightarrow P'=P$，

3) $P'\in\Gamma,P'\ll P\Rightarrow P'=P$，

4) $P'\in\Gamma,P'\sim P\Rightarrow P'=P$，

5) $P'\in\Gamma,P'\sim P,\ \dfrac{dP'}{dP}\in L^{\infty}\Rightarrow P'=P$.

证明 1)⇒2). 设 $P'\in\Gamma,P'\overset{\text{loc}}{\ll}P$ 且 $Z=(Z_t)$ 为 P' 关于 P 的密度过程．因为 $P'=P|_{\mathscr{F}_0}$，故 $Z_0=1$ 且 $(Z-1)\in\mathscr{M}_{\text{loc},0}(P)$. 由定理 12.31 有 $M_\mu[\Delta Z|\widetilde{\mathscr{P}}]=0$ 及 $\langle Z,X^c\rangle=0$，即有 $M_\mu[\Delta(Z-1)|\widetilde{\mathscr{P}}]=0$ 及 $\langle Z-1,X^c\rangle=0$. 由定理 13.17 可知 $Z=1$，这蕴含了 $P'=P$.

2) ⇒ 3) ⇒ 4) ⇒ 5) 是明显的．

5) ⇒ 1)．按定理 13.17 只需证明

$$N\in\mathscr{M}_0^{\infty},\langle N^c,X^c\rangle=0,\quad M_\mu[\Delta N|\widetilde{\mathscr{P}}]=0\Rightarrow N=0.$$

可设 $|N|\leqslant 1$. 令 $dP'=\left(1+\dfrac{N_\infty}{2}\right)dP$. 易知 P' 为 $\mathscr{F}$ 上的概率测度，$P'\sim P$，$\dfrac{1}{2}\leqslant\dfrac{dP'}{dP}\leqslant\dfrac{3}{2}$，$P'=P|_{\mathscr{F}_0}$ 且密度过程为 $Z=1+\dfrac{1}{2}N$. 由定理 12.31 有 $P'\in\Gamma$. 于是 $P'=P|_{\mathscr{F}}$，$N_\infty=0$，故 $N=0$. □

由定理 13.18 及 11.54 可直接得到跳跃过程可料表示性的下列两个结果．而对另一类重要过程——Lévy 过程，我们将在 § 4 研究它的可料表示性．

13.19 定理 设 X 为一个跳跃过程，$F=(\mathscr{F}_t)$ 为 X 的完备自然流：$F=F^p(X)$，则 X 有弱可料表示性．特别地，每个 F-局部鞅是纯断的

13.20 定理 设 X 为一个点过程，$F=(\mathscr{F}_t)$ 为 X 的完备自然流，则 $M=X-\widetilde{X}$ 有强可料表示性．

13.21 定理 假定 $X\in\mathscr{S}$，(α,β,ν) 为 X 的可料特征．令

$$\Gamma=\left\{P':\begin{array}{l}P'\text{ 为 }\mathscr{F}\text{ 上的概率},X\in\mathscr{S}(P')\\ \text{且}(\alpha,\beta,\nu)\text{为 }X\text{ 在 }P'\text{ 下的可料特征}\end{array}\right\}.$$

则下列断言等价:

1) X 有弱可料表示性且 $\mathscr{F}_0$ 为平凡 σ-域.

2) P 为 Γ 的一个端点.

证明 它与定理 13.11 的证明完全类似,留给读者自行完成.

13.22 定理 假定 $X\in\mathscr{S}$ 有弱可料表示性. 若 $P'\overset{\text{loc}}{\ll}P$,则 X 在 P' 下也有弱可料表示性.

证明 设(α,β,ν)为 X 在 P 下的可料特征,Z' 为 P' 关于 P 的密度过程,则在 P' 下 X 的可料特征(α',β',ν')可表为:

$$\alpha'=\alpha+\frac{1}{Z'}\cdot\langle Z',X^c\rangle+[xI_{[|x|\leqslant 1]}(Y-1)]*\nu,\ \beta'=\beta,\ \nu'=Y.\nu,$$

且 $M_\mu[\Delta Z'|\widetilde{\mathscr{P}}]=Z'_-(Y-1)$.

设 P'' 为另一概率测度满足 $P''\sim P'$,$P''\sim P'|_{\mathscr{F}_0}$,且在 P'' 下 X 的可料特征仍为(α',β',ν'). 由定理 13.18 只要证明 $P''=P'$.

显然,$P''\overset{\text{loc}}{\ll}P$. 设 Z'' 为 P'' 关于 P 的密度过程,则在 P''(或 P')下有

$$\frac{1}{Z'_-}\cdot\langle Z',X^c\rangle=\frac{1}{Z''_-}\cdot\langle Z'',X^c\rangle$$

以及 $M_\mu[\Delta Z''|\widetilde{\mathscr{P}}]=Z''_-(Y-1)$. 令 $T_n=\inf\left\{t:Z'_t\leqslant\frac{1}{n}\text{ 或 }Z''_t\leqslant\frac{1}{n}\right\}$. 则有 $P'(T_n\uparrow\infty)=P''(T_n\uparrow\infty)=1$. 令

$$M^{(n)}=\frac{1}{Z'_-}\cdot(Z')^{T_n}-\frac{1}{Z''_-}\cdot(Z'')^{T_n},\quad n\geqslant 1.$$

由于 $P''=P'|_{\mathscr{F}_0}$,有 $Z'_0=Z''_0$,从而 $M_0^{(n)}=0$,因此 $M^{(n)}\in\mathscr{M}_{\text{loc}}(P)$. 同时还有

$$\begin{aligned}M_\mu[\Delta M^{(n)}|\widetilde{\mathscr{P}}]&=M_\mu\left[\left(\frac{1}{Z'_-}\Delta Z'-\frac{1}{Z''_-}\Delta Z''\right)I_{[\![0,T_n]\!]}|\widetilde{\mathscr{P}}\right]\\&=\left\{\frac{1}{Z'_-}M_\mu[\Delta Z'|\widetilde{\mathscr{P}}]-\frac{1}{Z''_-}M_\mu[\Delta Z''|\widetilde{\mathscr{P}}]\right\}I_{[\![0,T_n]\!]}\end{aligned}$$

$$= 0,$$

$$\langle M^{(n)}, X^c\rangle = \left\{\frac{1}{Z'_-}\cdot\langle Z', X^c\rangle - \frac{1}{Z''_-}\cdot\langle Z'', X^c\rangle\right\}^{T_n} = 0.$$

因为 X 有弱可料表示性，按定理 13.17 可得 $M^{(n)}=0$，即

$$\frac{1}{Z'_-}\cdot(Z')^{T_n}=\frac{1}{Z''_-}\cdot(Z'')^{T_n}.$$

又因 $Z'_0=Z''_0$，故可得$(Z')^{T_n}=(Z'')^{T_n}$.

令 $R'=\inf\{t;Z'_t=0\}$ 及 $R''=\inf\{t;Z''_t=0\}$. 由 $\boldsymbol{P}'(R'=\infty)=1$ 及 $\boldsymbol{P}''\sim\boldsymbol{P}'$ 可得 $\boldsymbol{P}''(R'=\infty)=1$. 于是由定理 12.6.2)，$\boldsymbol{P}(R'\geqslant R'')=1$. 同样可以证明 $\boldsymbol{P}(R''\geqslant R')=1$. 于是 $\boldsymbol{P}(R'=R'')=1$ 及 $\boldsymbol{P}(T_n\uparrow R'=R'')=1$. 这样在 $\boldsymbol{P}$ 下 Z' 和 Z''无区别，所以 $\boldsymbol{P}''=\boldsymbol{P}'$.
□

弱可料表示性与拟左连续性和流的全连续性是密切有关的.

13.23 定理 假定 $X\in\mathscr{S}$. 设 μ 和 ν 分别为 X 的跳测度和 Lévy 族. 若 $\mathscr{M}^d_{\text{loc}}=\mathscr{K}(\mu)$，则为要 $\boldsymbol{F}=(\mathscr{F}_t)$是拟左连续的必须且只需下列条件成立：

i) $J=K$(注意 $J=[a>0]$, $K=[a>1]$, $a_t=\nu(\{t\}\times E)$),

ii) 存在一个可料过程 H 满足$|H|>0$ 且

$$\nu(\{t\},dx)=\delta_{H_t}(dx)I_J(t). \tag{23.1}$$

证明 必要性. 设 $D=[\Delta X\neq 0]=\bigcup_n [\![T_n]\!]$，其中$(T_n)$是图互不相交的停时列. 在此情况下，$T_n$ 的可及部分 T^a_n 是可料的. 作为 D 的可料支集 $J=\bigcup_n [\![T^a_n]\!]\subset D$. 但 K 是含于 D 的最大可料集(定理 11.14)，因而 $J=K$.

因为对每个 n $\Delta X_{T^a_n}I_{[T^a_n<\infty]}\in\mathscr{F}_{T^a_n}=\mathscr{F}_{T^a_n-}$，故

$$H=\sum_n\Delta X_{T^a_n}I_{[\![T^a_n]\!]}+(1-I_J)$$

为一可料过程且$|H|>0$. 显然有 $\Delta XI_J=HI_J$ 及

$$\boldsymbol{M}_\nu(J[H\neq x])=\boldsymbol{M}_\mu(J[H\neq x])=\boldsymbol{M}_\mu(J[\Delta X\neq H])=0,$$

$$\boldsymbol{E}\left\{\sum_{t\in J}\int_{\{H_t\}^c}\nu(\{t\},dx)\right\}=0, \tag{23.2}$$

其中 H 及 x 被视为 $\widetilde{\Omega}$ 上的可料函数．由于 $J=K$，$t\in J\Rightarrow\nu(\{t\}\times E)=1$. 故(23.1)可由(23.2)推出．

充分性．注意到 $J=K\subset D$，有 $D=(DJ)\cup(D\backslash J)=K\cup(D\backslash J)$. 由于 $D\backslash J$ 是绝不可及集，对任一可料时 T 有 $[\![T]\!]\cap(D\backslash J)=\varnothing$，故

$$\Delta X_T I_{[T<\infty]}=\Delta X_T(I_K)_T I_{[T<\infty]}. \qquad (23.3)$$

另一方面，由(23.1)可得

$$M_\mu(K[\Delta X\neq H])=M_\mu(K[x\neq H])=M_\nu(K[x\neq H])=0,$$

$$\Delta XI_K=HI_K.$$

联合上式与(23.3)可得

$$\Delta X_T I_{[T<\infty]}=H_T(I_K)_T I_{[T<\infty]}\in\mathscr{F}_{T-}.$$

由定理 13.16.5)知 $\mathscr{F}_T=\mathscr{F}_{T-}$. 这表明 $\boldsymbol{F}=(\mathscr{F}_t)$ 是拟左连续的． □

13.24 引理 假定 $\boldsymbol{F}=(\mathscr{F}_t)$ 全连续．设 S,T 为停时，则存在可料集 L 使

$$[\![S_{[S<T]}]\!]\subset L,\quad [\![T]\!]\subset L^c. \qquad (24.1)$$

证明 记 $R=S\wedge T$. 由 $[R<T]\in\mathscr{F}_R=\mathscr{F}_{R-}$，存在 $L\in\mathscr{P}$ 使

$$I_{[R<T]}=(I_L)_R I_{[R<\infty]}. \qquad (24.2)$$

可设 $L\subset[\![0,R]\!]$，否则 L 代以 $L[\![0,R]\!]$ (24.2)仍成立．由(24.2)直接推出

$$[\![S_{[S<T]}]\!]=[\![R_{[R<T]}]\!]\subset L,\quad [\![T_{[R=T]}]\!]=[R_{[R=T]}]\subset L^c.$$

另一方面，$[\![T_{[R<T]}]\!]\subset]\!]R,\infty[\![\subset L^c$. 于是

$$[\![T]\!]=[\![T_{[R=T]}]\!]\cup[\![T_{[R<T]}]\!]\subset L^c.$$

(24.1)成立． □

13.25 引理 假定 $\boldsymbol{F}=(\mathscr{F}_t)$ 全连续且有一稀疏集 D 使得对任一绝不可及时 S 有 $[\![S]\!]\subset D$. 则对任一停时 T 存在可料集 H 使

i) $[\![T]\!]\subset H$,

ii) 若 S 为绝不可及时且 $[\![S]\!]\subset H$，则 $S\geqslant T$.

证明 设 $D=\bigcup_n [\![S_n]\!]$，其中 (S_n) 为停时序列．按引理 13.24 对每个 n 存在 $L_n\in\mathscr{P}$ 使

$$[\![(S_n)_{[S_n<T]}]\!]\subset Ln,\quad [\![T]\!]\subset L_n^c.$$

取 $H=\bigcap_n L_n^c$，则有 $H\in\mathscr{P}$ 以及

$$[\![T]\!]\subset H,\quad [\![(S_n)_{[S_n<T]}]\!]\subset H^c.$$

若 S 为绝不可及时且 $[\![S]\!]\subset H$，则

$$[\![S_{[S<T]}]\!]\subset\bigcup_n [\![(S_n)_{[S_n<T]}]\!]\subset H^c,$$

因为 $[\![S]\!]\subset D=\bigcup_n [\![S_n]\!]$．因而 $[\![S_{[S<T]}]\!]=\varnothing$，即 $S\geqslant T$． □

13.26 定理 假定 $X\in\mathscr{S}$．设 μ 和 ν 分别为 X 的跳测度和 Lévy 族．若 $\mathscr{M}^d_{\text{loc}}=\mathscr{K}(\mu)$，则为要 $\boldsymbol{F}=(\mathscr{F}_t)$ 是全连续的必须且只需下列条件成立：

i) $J=K$，

ii) 存在可料过程 H 满足 $|H|>0$ 且

$$\nu(dt,dx)=\delta_{H_t}(dx)\Lambda(dt),\tag{26.1}$$

其中 $\Lambda(dt)$ 为 $\Omega\times\mathscr{B}(\boldsymbol{R}_+)$ 上的随机测度．

证明 充分性．在 $J=K$ 上由(26.1)有 $\Lambda(\{t\})=\nu(\{t\}\times E)=1$．于是由定理 13.23，$\boldsymbol{F}$ 是拟左连续的．另一方面，

$$\begin{aligned}\boldsymbol{M}_\mu([\Delta X\neq H])&=\boldsymbol{M}_\mu([x\neq H])=\boldsymbol{M}_\nu([x\neq H])\\&=\boldsymbol{E}\left[\int_0^\infty\Lambda(dt)\int_E I_{[x\neq H]}\delta_{H_t}(dx)\right]=0,\end{aligned}\tag{26.2}$$

$$\Delta X=HI_D.$$

若 T 为绝不可及时，则有 $[\![T]\!]\subset D$(定理 13.16.5))及

$$\Delta X_T I_{[T<\infty]}=H_T I_{[T<\infty]}\in\mathscr{F}_{T-}.$$

再由定理 13.16.5)可知 $\mathscr{F}_T=\mathscr{F}_{T-}$．这时就不难进一步推出对任一停时 T 有 $\mathscr{F}_T=\mathscr{F}_{T-}$，即 $\boldsymbol{F}$ 为全连续的．

必要性．我们要构造出可料过程 H 使(26.2)成立．设 $D=\bigcup_n [\![T_n]\!]$，其中 (T_n) 是图互不相交的停时列．由定理 13.23，$J=K=\bigcup_n [\![T_n^a]\!]$，$D\backslash J=\bigcup_n [\![T_n^i]\!]$．令 $H'=\sum_n\Delta X_{T_n^a}I_{[\![T_n^a]\!]}$．则 H' 可

料且 $\Delta X I_J = H' I_J$.

由引理 13.25 对每个 n 存在 $G_n \in \mathscr{P}$ 使 $[\![T_n^i]\!] \subset G_n$ 且若 S 为绝不可及时满足 $[\![S]\!] \subset G_n$，则 $S \geqslant T_n^i$. 取 $L_n = G_n \setminus (\bigcup_{m \neq n} G_m [\![0, T_m^i]\!])$. 则 $L_n \in \mathscr{P}$ 且满足下列两个条件

$$[\![T_n^i]\!] \subset L_n, \tag{26.3}$$

$$[\![T_m^i]\!] \cap L_n = \varnothing, \quad 当 n \neq m. \tag{26.4}$$

(26.4)是显然的，因为 $[\![T_m^i]\!] \subset G_m [\![0, T_m^i]\!]$ 且对 $n \neq m$ $[\![T_m^i]\!] \cap L_n = \varnothing$. 为了建立(26.3)只要证当 $n \neq m$ 时 $G_m [\![0, T_m^i]\!] [\![T_n^i]\!] = \varnothing$. 取 $A = \left[I_{G_m}(T_n^i) I_{[T_n^i < \infty]} = 1 \right]$. 则

$$[\![T_n^i]\!] G_m = [\![(T_n^i)_A]\!],$$

$A \in \mathscr{F}_{T_n^i}$，$(T_n^i)_A$ 为绝不可及时且 $[\![(T_n^i)_A]\!] \subset G_m$. 于是 $T_n^i \leqslant (T_n^i)_A$. 但 $[\![T_n^i]\!]$ 和 $[\![T_m^i]\!]$ 互不相交，故若 $(T_n^i)_A < \infty$，必有 $T_m^i < T_n^i$，因而 $[\![0, T_m^i]\!] [\![(T_n^i)_A]\!] = \varnothing$，

$$[\![T_n^i]\!] G_m [\![0, T_m^i]\!] = [\![(T_n^i)_A]\!] [\![0, T_m^i]\!] = \varnothing.$$

现在由 $\Delta X_{T_n^i} I_{[T_n^i < \infty]} \in \mathscr{F}_{T_n^i} = \mathscr{F}_{T_n^i -}$，存在可料过程 $H^{(n)}$ 使 $\Delta X_{T_n^i} I_{[T_n^i < \infty]} = H^{(n)}_{T_n^i} I_{[T_n^i < \infty]}$. 令

$$B = \left[\varlimsup_{N \to \infty} \sum_{n=1}^{N} H^{(n)} I_{L_n} < \infty \right], \quad H'' = I_B \left(\varlimsup_{N \to \infty} \sum_{n=1}^{N} H^{(n)} I_{L_n} \right).$$

则 H'' 为可料的且由(26.3)，(26.4)可知

$$\Delta X I_{D \setminus J} = H'' I_{D \setminus J}.$$

令

$$\widetilde{H} = H' + H''(1 - I_J), \quad H = \widetilde{H} I_{[\widetilde{H} \neq 0]} + I_{[\widetilde{H} = 0]}.$$

则 H 为可料的，$|H| > 0$ 且 $\Delta X = H I_D$. 因而

$$0 = \boldsymbol{M}_\mu([\Delta X \neq H]) = \boldsymbol{M}_\mu([x \neq H]) = \boldsymbol{M}_\nu([x \neq H]) \tag{26.5}$$

且对每个 n，$\left(\mu([0, t \wedge n] \times \left\{ x: |x| \geqslant \frac{1}{n} \right\}) \right)$ 为一适应局部可积增过程，其可料对偶投影为 $\nu\left(([0, t \wedge n][|H| \geqslant \frac{1}{n}] \times E \right)$. 记 $\Lambda(dt) = \nu(dt, E)$，则对每个 n 有

$$\Lambda\Big(\{t:0<t\leqslant n,|H_t|\geqslant\frac{1}{n}\}\Big)<\infty,$$

所以 $\Lambda(dt)$ 是 σ-有限的．(26.1)可由(26.5)推出． □.

§3. 两类可料表示性间的关系

13.27 定理 设 $M\in\mathscr{M}_{\mathrm{loc},0}$ 且 μ 为 M 的跳测度，则下列断言等价：

1) $\mathscr{M}^d_{\mathrm{loc}}=\mathscr{L}(M^d)$，

2) i) $\mathscr{M}^d_{\mathrm{loc}}=\mathscr{K}(\mu)$，

ii) 存在两个可料过程 $\alpha^{(1)}$ 和 $\alpha^{(2)}$ 使

$$(\Delta M-\alpha^{(1)})(\Delta M-\alpha^{(2)})=0. \tag{27.1}$$

证明 1)⇒2). 取 $W^{(n)}=x^2I_{[|x|\leqslant n]}\in\widetilde{\mathscr{P}}$. 则

$$\widetilde{W}^{(n)}_t=\Delta M_t^2I_{[|\Delta M_t|\leqslant n]}-\int x^2I_{[|x|\leqslant n]}\nu(\{t\},dx),$$

$$|\widetilde{W}^{(n)}_t|\leqslant n|\Delta M_t|+n\sqrt{\int x^2I_{[|x|\leqslant n]}\nu(\{t\},dx)},$$

$$\sqrt{\sum_{s\leqslant t}(\widetilde{W}^{(n)}_s)^2}\leqslant n\sqrt{\sum_{s\leqslant t}(\Delta M_s)^2}+n\sqrt{\sum_{s\leqslant t}\int x^2\,I_{[|x|\leqslant n]}\nu(\{s\},dx)}$$

$$\leqslant n\sqrt{[M]_t}+n\sqrt{(x^2I_{[|x|\leqslant n]})*\nu_t},$$

其中 ν 为 μ 的补偿子．因为 $(x^2I_{[|x|\leqslant n]})*\nu\in\mathscr{V}^+$，有 $\sqrt{\Sigma(\widetilde{W}^{(n)})^2}\in\mathscr{A}^+_{\mathrm{loc}}$ 以及 $W^{(n)}\in\mathscr{G}(\mu)$. 由定理假定存在可料过程 $H^{(n)}$ 使

$$\begin{aligned}&H^{(n)}.M^d=W^{(n)}*(\mu-\nu),\\&H^{(n)}\Delta M=\widetilde{W}^{(n)}=\Delta M^2I_{[|\Delta M|\leqslant n]}-\hat{W}^{(n)}.\end{aligned}\tag{27.2}$$

显然 $\hat{W}^{(n)}\uparrow W\in\widetilde{\mathscr{P}}$. 由(27.2)有

$$[\Delta M=0]\subset[W=0]. \tag{27.3}$$

规定 $A=[W=\infty]$ 及

$$X=\begin{cases}-\lim\limits_{n\to\infty}\dfrac{\hat{W}^{(n)}}{H^{(n)}}, & \text{若极限存在有限},\\ 0, & \text{其它}.\end{cases}$$

$$Y=\begin{cases}\lim\limits_{n\to\infty}H^{(n)'}, & \text{若极限存在有限,}\\ 0, & \text{其它}.\end{cases}$$

则 A,X 和 Y 都是可料的. 在 A 上由(27.3)我们有 $\Delta M\neq 0$ 及 $\lim\limits_{n\to\infty}|H^{(n)}|=\infty$,由(27.2)有

$$\Delta M=\frac{(\Delta M)^2 I_{[|\Delta M|\leqslant n]}}{H^{(n)}}-\frac{\hat{W}^{(n)}}{H^{(n)}}=-\lim_{n\to\infty}\frac{\hat{W}^{(n)}}{H^{(n)}}=X. \tag{27.4}$$

在 A^c 上有

$$(\Delta M)^2-Y\Delta M-W=0. \tag{27.5}$$

事实上,若 $\Delta M=0$,(27.5)由(27.3)推出. 若 $\Delta M\neq 0$,

$$H^{(n)}=\frac{1}{\Delta M}\{(\Delta M)^2 I_{[|\Delta M|\leqslant n]}-\hat{W}^{(n)}\}.$$

令 $n\to\infty$ 得出(27.5). 设 $\tilde{\alpha}^{(1)}$ 和 $\tilde{\alpha}^{(2)}$ 为两个可料过程,它们是 $z^2-Yz-W=0$ 的两个根. 则 $\alpha^{(1)}=\tilde{\alpha}^{(1)}I_{A^c}+XI_A$,$\alpha^{(2)}=\tilde{\alpha}^{(2)}I_{A^c}$ 满足 ii). i)可由定理 13.14 推出.

2)⇒1) 首先假定 $|\alpha^{(2)}|>|\alpha^{(1)}|$ 及 $|\alpha^{(2)}|>0$,否则 $\alpha^{(1)},\alpha^{(2)}$ 可代以下式规定的 $\tilde{\alpha}^{(1)},\tilde{\alpha}^{(2)}$

$$\tilde{\alpha}^{(1)}=\alpha^{(1)}I_{[|\alpha^{(1)}|\leqslant|\alpha^{(2)}|]}+\alpha^{(2)}I_{[|\alpha^{(1)}|>|\alpha^{(2)}|]},$$

$$\tilde{\alpha}^{(2)}=\alpha^{(1)}I_{[|\alpha^{(1)}|>|\alpha^{(2)}|]}+\alpha^{(2)}I_{[|\alpha^{(1)}|\leqslant|\alpha^{(2)}|,\alpha^{(2)}\neq 0]}+I_{[\alpha^{(1)}=\alpha^{(2)}=0]}.$$

令 $L\in\mathscr{M}^d_{\mathrm{loc},0}$,则存在 $W\in\mathscr{G}(\mu)$ 使 $L=W*(\mu-\nu)$. 令

$$X=I_{[\Delta M=\alpha^{(1)}]},\quad Y=I_{[\Delta M\neq\alpha^{(1)}]}=1-X.$$

则

$$\Delta M=\alpha^{(1)}X+\alpha^{(2)}Y,$$

$$\Delta L_t=W(t,\alpha_t^{(1)})I_{[\alpha_t^{(1)}\neq 0]}X_t+W(t,\alpha_t^{(2)})Y_t-\hat{W}_t. \tag{27.6}$$

记 $W_t^{(1)}=W(t,\alpha_t^{(1)})I_{[\alpha_t^{(1)}\neq 0]}-\hat{W}_t$, $W_t^{(2)}=W(t,\alpha_t^{(2)})-\hat{W}_t$, $t\geqslant 0$. 则 $W^{(1)},W^{(2)}\in\mathscr{P}$ 且

$$\Delta L=W^{(1)}X+W^{(2)}Y. \tag{27.7}$$

在(27.6)(27.7)中取可料对偶投影可得

$$\begin{aligned}\alpha^{(1)p}X+\alpha^{(2)p}Y&=0,\\ W^{(1)p}X+W^{(2)p}Y&=0.\end{aligned} \tag{27.8}$$

因为 ${}^pX+{}^pY=1$,${}^pX$ 和 ${}^pY$ 不能同时为零. 于是由(27.8)可得

$$\alpha^{(1)}W^{(2)}-\alpha^{(2)}W^{(1)}=0. \tag{27.9}$$

令 $H=\dfrac{W^{(2)}}{\alpha^{(2)}}\in\mathscr{P}$. 由(27.6),(27.7)及(27.9)有

$$H\Delta M=H\alpha^{(1)}X+H\alpha^{(2)}Y=W^{(1)}X+W^{(2)}Y=\Delta L.$$

因而 $H\in L_m(M^d)$ 且 $L=H.M^d$. □

注 在定理中,若 M 是拟左连续的,可取 $\alpha^{(1)}=0$,事实上,此时 $W=0$,故 $0,Y$ 是方程 $z^2-Yz-W=0$ 的两个根.

13.28 引理 假定 $M\in\mathscr{M}_{\text{loc},0}$,则下列断言等价

1) $\mathscr{L}(M)=\mathscr{L}(M^c)+\mathscr{L}(M^d)$,

2) $\mathscr{L}(M^c)\subset\mathscr{L}(M)$,

3) $M^c\in\mathscr{L}(M)$,

4) $\mathscr{L}(M^d)\subset\mathscr{L}(M)$,

5) $M^d\in\mathscr{L}(M)$.

证明 2) ⇒ 3) 是明显的.

3) ⇒ 2) 假定 $M^c=H.M$, $H\in L_m(M)$. 令 $L\in\mathscr{L}(M^c)$,则 $L=K.M^c$, $K\in L_m(M^c)$. 于是 $L=K.(H.M)=(KH).M\in\mathscr{L}(M)$.

类似可证 4) ⇒ 5);

由于 $M\in\mathscr{L}(M)$,$M=M^c+M^d$,我们有 3)⇔5).

最后,1)⇒2)和 2)+4)⇒1)都是明显的. □

13.29 定理 假定 $M\in\mathscr{M}_{\text{loc},0}$,则 M 有强可料表示性当且仅当 $\mathscr{M}^c_{\text{loc}}=\mathscr{L}(M^c)$,$\mathscr{M}^d_{\text{loc}}=\mathscr{L}(M^d)$ 且 $\mathscr{L}(M)=\mathscr{L}(M^c)+\mathscr{L}(M^d)$.

证明 必要性. 设 $L\in\mathscr{M}^c_{\text{loc},0}$,则 $L=H.M$,$H\in L_m(M)$. 事实上,$L=H.M^c$. 于是 $\mathscr{M}^c_{\text{loc},0}=\mathscr{L}(M^c)$. 类似地有 $\mathscr{M}^d_{\text{loc}}=\mathscr{L}(M^d)$. 进而,

$$\mathscr{L}(M)=M_{\text{loc},0}=\mathscr{M}^c_{\text{loc},0}+\mathscr{M}^d_{\text{loc}}=\mathscr{L}(M^c)+\mathscr{L}(M^d).$$

充分性. 反向地进行上述推理可得

$$M_{\text{loc},0}=\mathscr{M}^c_{\text{loc},0}+\mathscr{M}^d_{\text{loc}}=\mathscr{L}(M^c)+\mathscr{L}(M^d)=\mathscr{L}(M).\quad \square$$

13.30 定义 设 ν 为可料随机测度满足 $\nu(\{0\}\times E)=0$. 若

$$\nu(\omega,dt,dx)=G(\omega,t,dx)dB_t(\omega), \tag{30.1}$$

其中 i) B 为可料过程 $B_0=0$, ii) 对固定的(ω,t),$G(\omega,t,\cdot)$为$(E,\mathscr{B}(E))$上的测度,iii)对固定的 $K\in\mathscr{B}(E)$,$G(\cdot,K)$为可料过程. 则(30.1)称为ν的**可料分解**. 此外,若

$$I_A.B=0,\ A=\{(\omega,t):G(\omega,t,E)=0\},\qquad(30.2)$$

可料分解(30.1)称为**典则的**.

13.31 引理 设(30.1)为可料随机测度ν的典则可料分解. 若ν有另一可料分解:

$$\nu(\omega,dt,dx)=G'(\omega,t,dx)dB'(\omega)\qquad(31.1)$$

则 $\boldsymbol{P}(\{\omega:dB_t(\omega)\ll dB'_t(\omega)\})=1$. 进而,若分解(31.1)也是典则的,则 $\boldsymbol{P}(\{\omega:dB_t(\omega)\sim dB'_t(\omega)\})=1$.

证明 只需证第一个断言即可. 为此,设 $H\in\mathscr{P}^+$ 及 $H.B'=0$. 则

$$\boldsymbol{E}\left[\int_0^\infty H_tG(t,E)dB_t\right]=\boldsymbol{M}\nu(H)=\boldsymbol{E}\left[\int_0^\infty H_tG'(t,E)dB'_t\right]=0.$$

由(30.2)可知 $H.B=0$. 定理结论可由定理 5.14 推出. □

13.32 引理 设μ为适应右连左极过程 X 的跳测度,则它的补偿子ν有典则可料分解(30.1). 进而,若 $W\in\widetilde{\mathscr{P}}^+$为严格正的,$C=W*\mu\in\nu^+$则 $\boldsymbol{P}(\{\omega:dB_t(\omega)\sim dC_t(\omega)\})=1$.

证明 对 $n\geqslant1$ 规定

$$\mu_n=I_{[\frac{1}{n}<|x|\leqslant\frac{1}{n-1}]}.\mu,\quad \nu_n=I_{[\frac{1}{n}<|x|\leqslant\frac{1}{n-1}]}.\nu.$$

则 $A_t^{(n)}=\nu_n([0,t]\times E)\in\mathscr{A}_{loc}^+$. 由于它是点过程 $\mu_n([0,t]\times E)$ 的补偿子, 必存在可料可积增过程 $\overline{A}^{(n)}$ 使 $\boldsymbol{P}(\{\omega:dA_t^{(n)}(\omega)\sim d\overline{A}_t^{(n)}(\omega)\})=1$.(事实上,若$(S_k)$是 $A^{(n)}$的局部化序列,可取 $\overline{A}^{(n)}=\sum_{k=1}^\infty(2^k\boldsymbol{E}[A_{S_k}^{(n)}])^{-1}(A^{(n)})^{S_k}$.) 令

$$\overline{B}=\sum_{n=1}^\infty(2^n\boldsymbol{E}[\overline{A}_\infty^{(n)}])^{-1}\overline{A}^{(n)}.$$

则 $\overline{B}\in\mathscr{A}^+$ 为可料的, 且对每个 $n\geqslant1$, $\boldsymbol{P}(\{\omega:d\overline{A}_t^{(n)}(\omega)\ll d\overline{B}_t(\omega)\})=1$. ν_n 可分解为

$$\nu_n(\omega,dt,dx)=G^{(n)}(\omega,t,dx)d\overline{B}_t(\omega)\qquad(32.1)$$

且使(32.1)为随机测度 ν_n 的一个可料分解，同时 $G^{(n)}(\omega,t,dx)$ 在 $\left\{x:\frac{1}{n}<|x|\leqslant\frac{1}{n-1}\right\}$ 之外无负荷. 令 $G=\sum_{n=1}^{\infty}G^{(n)}$, $B=I_{A^c}\cdot\overline{B}$，其中 $A=\{(\omega,t):G(\omega,t,E)=0\}$，则 ν 有典则可料分解(30.1).

现在来证第二个结论. 对任一 $H\in\mathscr{P}^+$ 有

$$H.C=0\Leftrightarrow H.A^{(n)}=0,\forall\ n\geqslant 1. \qquad (32.2)$$

类似于(32.1)，ν_n 有下列可料分解：

$$\nu_n(\omega,dt,dx)=\overline{G}^{(n)}(\omega,t,dx)dC_t(\omega),$$

其中 $\overline{G}^{(n)}(\omega,t,dx)$ 也在 $\{x:\frac{1}{n}<|x|\leqslant\frac{1}{n-1}\}$ 之外无荷负. 令 $\overline{G}=\sum_{n=1}^{\infty}\overline{G}^{(n)}$，则 ν 有下列可料分解：

$$\nu(\omega,dt,dx)=\overline{G}(\omega,t,dx)dC_t(\omega). \qquad (32.3)$$

取 $D=\{(\omega,t):\overline{G}(\omega,t,E)=0\}$, $D_n=\{(\omega,t):\overline{G}^{(n)}(\omega,t,E)=0\}$, $n\geqslant 1$. 则 $D=\bigcap_n D_n$ 且对所有 $n\geqslant 1$, $I_{D_n}.A^{(n)}=0$, $I_D.A^{(n)}=0$. 由(32.2)我们有 $I_D.C=0$. 这蕴含了分解式(32.3)是典则的. 由引理 13.31 有 $\boldsymbol{P}(\{\omega:dB_t(\omega)\sim dC_t(\omega)\})=1$. □

13.33 系 设 μ 为适应右连左极过程 X 的跳测度，(30.1)为 μ 的补偿子 ν 的典则可料分解. 若 $\mu([0,t]\times E)\in\mathscr{A}_{\mathrm{loc}}^+$，则 $\boldsymbol{P}(\{\omega:dB_t(\omega)\sim\nu(\omega,dt,E)\})=1$.

证明 在引理 13.32 中取 $W=1$，则 $C_t=\nu([0,t]\times E)$. □

13.34 系 设 $M\in\mathscr{M}_{\mathrm{loc}}^2$. 设 μ 为 M 的跳测度，ν 为 μ 的补偿子. 若 ν 有可料分解(30.1)，则 $\boldsymbol{P}(dB_t\sim d\langle X^d\rangle_t)=1$.

证明 在引理 13.32 中取 $W=x^2+I_{[x=0]}>0$，则 $C=\langle X^d\rangle$. □

13.35 定理 设 $M\in\mathscr{M}_{\mathrm{loc},0}$ 且 (α,β,ν) 为 M 的可料特征. 假定 ν 有典则可料分解(30.1)，则 M 有强可料表示性当且仅当 $\mathscr{M}_{\mathrm{loc},0}^c=\mathscr{L}(M^c)$, $\mathscr{M}_{\mathrm{loc}}^d=\mathscr{L}(M^d)$ 及 $\boldsymbol{P}(d\beta_t\perp dB_t)=1$.

证明 由定理 13.29 及引理 13.28 只需证

$$\boldsymbol{P}(d\beta_t\perp dB_t)=1\Leftrightarrow M^c\in\mathscr{L}(M).$$

设 $M^c\in\mathscr{L}(M)$，则 $M^c=H.M,H\in L_m(M)$ 且 $\langle M^c\rangle=H^2.\langle M\rangle$，$H^2.[M^d]=0$. 记 $A=[H^2=1]$，则 $A\in\mathscr{P}$，$I_{A^c}.\beta=I_{A^c}.\langle M^c\rangle=0$. 另一方面，由 $H^2.[M^d]=0$ 有 $H.I_D=0$ 及

$$0=M_\mu(H^2)=M_\nu(H^2)=E\left[\int_0^\infty H_t^2G(t,E)dB_t'\right].$$

于是 $I_A.B=0$，所以 $P(d\beta_t\perp dB_t)=1$.

反之，假定 $P(d\beta_t\perp dB_t)=1$，则存在 $A\in\mathscr{P}$ 使 $I_{A^c}.\beta=0$ 及 $I_A.B=0$（定理 5.15）. 由 $I_{A^c}.\langle M^c\rangle=0$，可得到 $I_{A^c}.M^c=0,M^c=I_A.M^c$. 另一方面，

$$\begin{aligned}E\left[\int_0^\infty(I_A)_td[M^d]_t\right]&=M_\mu(x^2I_A)=M_\nu(x^2I_A)\\&=E\left[\int_0^\infty(I_A)_t\left(\int_E x^2G(t,dx)\right)dB_t\right]=0.\end{aligned}$$

于是 $I_A.M^d=0$ 且 $M^c=I_A.M\in\mathscr{L}(M)$. □

13.36 系 假定 $M\in\mathscr{M}^2_{\mathrm{loc},0}$. 则 M 有强可料表示性当且仅当

$$\mathscr{M}^c_{\mathrm{loc},0}=\mathscr{L}(M^c),\ \mathscr{M}^d_{\mathrm{loc}}=\mathscr{L}(M^d)$$

和
$$P(d\langle M^c\rangle_t\perp d\langle M^d\rangle_t)=1.$$

证明 由定理 13.35 及系 13.34 推得. □

13.37 定理 设 $X\in\mathscr{S}$，μ 为 X 的跳测度. 若 $\mathscr{M}^d_{\mathrm{loc}}=\mathscr{K}(\mu)$，则下列断言等价：

1）存在 $M\in\mathscr{M}^d_{\mathrm{loc}}$ 使 $\mathscr{M}^d_{\mathrm{loc}}=\mathscr{L}(M)$，

2）存在两个可料过程 $\alpha^{(1)}$ 和 $\alpha^{(2)}$ 使

$$(\Delta X-\alpha^{(1)})(\Delta X-\alpha^{(2)})=0.$$

证明 首先设 $X\in\mathscr{S}_p$. 这时存在可料有限变差过程 A 使 $N=X-X_0-X^c-A\in\mathscr{M}^d_{\mathrm{loc}}$ 及 $\Delta N=\Delta X-\Delta A$.

2）⇒1）. 由定理 13.16 有 $\mathscr{O}=\mathscr{P}\vee\sigma\{\Delta X\}$. 但 $\Delta X=\Delta N+\Delta A,\Delta A\in\mathscr{P}$. 因而 $\mathscr{O}=\mathscr{P}\vee\sigma\{\Delta N\}$. 令 $r^{(i)}=\alpha^{(i)}-\Delta A,i=1,2$，则 $r^{(1)}$ 和 $r^{(2)}$ 可料，且 $(\Delta N-r^{(1)})(\Delta N-r^{(2)})=0$，故由定理 13.6 和 13.27 可知 $\mathscr{M}^d_{\mathrm{loc}}=\mathscr{L}(N)$.

1）⇒2）. 设 $L=H.M,H\in L_m(M)$，则 $H\Delta M=\Delta N=\Delta X-\Delta A$. 由定理 13.27 存在两个可料过程 $r^{(1)}$ 和 $r^{(2)}$ 使 $(\Delta M-r^{(1)})$

$(\Delta M - r^{(2)}) = 0$. 令 $\alpha^{(i)} = Hr^{(i)} + \Delta A, i = 1, 2$，则 $(\Delta X - \alpha^{(1)})(\Delta X - \alpha^{(2)}) = 0$.

再考虑一般的情况．因为 X 有积分表示：

$$X_t = X_0 + \alpha_t + X_t^c + \int_{[0,t]\times[|x|\leqslant 1]} xd(\mu - \nu) + \int_{[0,t]\times[|x|>1]} xd\mu.$$

设 φ 为 $(1,\infty)$ 到 $(1,2)$ 和 $(-\infty,-1)$ 到 $(-2,-1)$ 的一一映照，φ^{-1} 为 φ 的逆映照．规定

$$X'_t = X_0 + \alpha_t + X_t^c + \int_{[0,t]\times[|x|\geqslant 1]} xd(\mu - \nu)$$
$$+ \int_{[0,t]\times[|x|>1]} \varphi(x) d\mu.$$

易见 $X' \in \mathscr{S}$ 及

$$|\Delta X| \leqslant 1 \Leftrightarrow |\Delta X'| \leqslant 1 \Rightarrow \Delta X = \Delta X',$$
$$|\Delta X| > 1 \Leftrightarrow |\Delta X'| > 1 \Rightarrow \Delta X' = \varphi(\Delta X), \Delta X = \varphi^{-1}(\Delta X'). \tag{37.1}$$

由 $|\Delta X'| \leqslant 2, X' \in \mathscr{S}_p$. 设 μ' 为 X' 的跳测度．则 $\mathscr{M}_{\text{loc}}^d = \mathscr{K}(\mu')$. 事实上，由 (37.1) $\sigma\{\Delta X\} = \sigma\{\Delta X'\}$ 且 $\mathscr{O} = \mathscr{P} \vee \sigma\{\Delta X\} = \mathscr{P} \vee \sigma\{\Delta X'\}$. 按上面已证得的结果 1) 等价于下列条件：

2′) 存在两个可料过程 $\bar{\alpha}^{(1)}$ 和 $\bar{\alpha}^{(2)}$ 使

$$(\Delta X' - \bar{\alpha}^{(1)})(\Delta X' - \bar{\alpha}^{(2)}) = 0.$$

不难由 (37.1) 看出 2) $\Leftrightarrow$ 2′). □

13.38 定理 设 X 为适应右连左极过程，μ 为 X 的跳测度，ν 为 μ 的补偿子．则下列断言等价

1) 存在两个可料过程 $\alpha^{(1)}$ 和 $\alpha^{(2)}$ 使

$$(\Delta X - \alpha^{(1)})(\Delta X - \alpha^{(2)}) = 0. \tag{38.1}$$

2) ν 有下列典则可料分解：

$$\nu(dt, dx) = \{C_t^{(1)} \delta_{\alpha_t^{(1)}}(dx) + C_t^{(2)} \delta_{\alpha_t^{(2)}}(dx)\} dB_t, \tag{38.2}$$

其中 $C^{(1)}, C^{(2)}, \alpha^{(1)}$ 和 $\alpha^{(2)}$ 都是可料过程且

$$[\alpha^{(1)} \neq 0] \subset [a = 1], \quad [\alpha^{(1)} = 0] \subset [C^{(1)} = 0]. \tag{38.3}$$

证明 2) $\Rightarrow$ 1). 由 (38.2) 有

$$M_\mu([\Delta X\neq\alpha^{(1)}][\Delta X\neq\alpha^{(2)}])=M_\mu([x\neq\alpha^{(1)}][x\neq\alpha^{(2)}]).$$
$$=M_\nu([x\neq\alpha^{(1)}][x\neq\alpha^{(2)}])=0.$$

这表明在 $D=[\Delta X\neq 0]$上(38.1)成立．由(38.3)

$$[\alpha^{(1)}\neq 0]\subset[a=1]\subset D,\quad D^c\subset[\alpha^{(1)}=0].$$

因而在 D^c 上我们有 $\Delta X=0$ 和 $\alpha^{(1)}=0$,即(38.1)在 D^c 上也成立．

1)⇒2). 如同定理 13.27 的证明我们可假定 $|\alpha^{(1)}|\leqslant|\alpha^{(2)}|$ 和 $|\alpha^{(2)}|>0$. 由(38.1)有$[\alpha^{(1)}\neq 0]\subset D$. 但 $K=[a=1]$为含于 D 中的最大的可料集,因而$[\alpha^{(1)}\neq 0]\subset K$.

设 $\nu(dt,dx)=G_t(dx)dB_t$ 为 ν 的典则可料分解．于是

$$\begin{aligned}0&=M_\nu([\Delta X\neq\alpha^{(1)}][\Delta X\neq\alpha^{(2)}])\\&=M_\mu([x\neq\alpha^{(1)}][x\neq\alpha^{(2)}])\\&=M_\nu([x\neq\alpha^{(1)}][x\neq\alpha^{(2)}])\\&=E\left[\int_0^\infty\left(\int_{[x\neq\alpha_t^{(1)},x\neq\alpha_t^{(2)}]}G_t(dx)\right)dB_t\right].\end{aligned}$$

令 $C_t^{(1)}=G_t(\{\alpha_t^{(1)}\})$,$C_t^{(2)}=G_t(\{\alpha_t^{(2)}\})$．则

$$G_t(dx)=C_t^{(1)}\delta_{\alpha_t^{(1)}}(dx)+C_t^{(2)}\delta_{\alpha_t^{(2)}}(dx).$$

由于 $G_t(\{0\})=0$,$[\alpha^{(1)}=0]\subset[C^{(1)}=0]$. 注意下列过程为可料的,

$$\int_0^t C_s^{(i)}dB_s=\int_0^t\int_E I_{[x=\alpha^{(i)}]}\nu(ds,dx),\quad i=1,2,$$

因而 $C^{(i)}$亦可取为可料的． □

定理 13.38 给出了条件(38.1)的可料形式．

13.39 定理 设 $X\in\mathscr{S}$ 以(α,β,ν)为可料特征．若 X 有弱可料表示性,则下列断言等价:

1)存在 $M\in\mathscr{M}_{\mathrm{loc},0}$使 $\mathscr{M}_{\mathrm{loc},0}=\mathscr{L}(M)$,

2) i)ν 有典则可料分解(38.2),

ii)$P(d\beta_t\perp dB_t)=1$.

证明 首先假定 ΔX 是有界的．这时 $X\in\mathscr{S}_p$ 且存在可料有限变差过程 A 使 $N=X-X_0-X^c-A\in\mathscr{M}_{\mathrm{loc}}^{2,d}$以及

$$\langle N\rangle_t=\int_{[0,t]\times E}x^2d\nu-\sum_{s\leqslant t}\left[\int_E x\nu(\{s\},dx)\right]^2.\quad(39.1)$$

2)⇒1). 令 $M=X^c+N$，则 $M\in\mathscr{M}^2_{\mathrm{loc},0}$，$M^c=X^c$，$M^d=N$. 由于 $\mathscr{M}^c_{\mathrm{loc},0}=\mathscr{L}(X^c)=\mathscr{L}(M^c)$，由定理 13.37 的证明可知 $\mathscr{M}^d_{\mathrm{loc}}=\mathscr{L}(N)=\mathscr{L}(M^d)$. 又注意

$$\langle N\rangle_t=\int_{[0,t]\times E}x^2d\nu^c+\sum_{s\leqslant t}\left\{\int_E x^2\nu(\{s\},dx)-\left[\int_E x\nu(\{s\},dx)\right]^2\right\}$$

及 $\beta=\langle X^c\rangle=\langle M^c\rangle$ 是连续的. 因而

$$\begin{aligned}d\beta_t\perp dB_t&\Leftrightarrow d\beta_t\perp\int_E x^2\nu(dt,dx)\\&\Leftrightarrow d\beta_t\perp\int_E x^2\nu^c(dt,dx)\\&\Leftrightarrow d\beta_t\perp d\langle N\rangle_t.\end{aligned}$$

因此 $\boldsymbol{P}(d\langle M^c\rangle_t\perp d\langle M^d\rangle_t)=1$. 由系 13.36 有 $\mathscr{M}_{\mathrm{loc},0}=\mathscr{L}(M)$.

1) ⇒ 2) . i) 由定理 13.37 和 13.38 推出. 设 μ' 为 M 的跳测度，ν' 为 μ' 的补偿子. 又设 $X^c=H.M$，$H\in L_m(M)$，则

$$\beta=\langle X^c\rangle=H^2.\langle M^c\rangle,\ d\beta_t\ll d\langle M^c\rangle_t\ \text{a.s.}.$$

另一方面，令 $N=H'.M^d=(H'x)*(\mu'-\nu')$，$H'\in L_m(H)$ 且 $\nu'(dt,dx)=G'_t(dx)dB'_t$ 为 ν' 的典则可料分解. 于是

$$\langle N\rangle_t=\int_{[0,t]\times E}(H'x)^2d\nu'=\int_0^t\left\{(H'_s)^2\int_E x^2G'_s(dx)\right\}dB'_s,$$

$$d\langle N\rangle_t\ll dB'_t,\quad \text{a.s.}.$$

由定理 13.35 有 $\boldsymbol{P}(d\langle M^c\rangle_t\perp dB'_t)=1$. 因而 $\boldsymbol{P}(d\beta_t\perp d\langle N\rangle_t)=1$，故有 $\boldsymbol{P}(d\beta_t\perp dB_t)=1$.

现在我们考虑一般情况. 如同定理 13.37 的证明一样引入 $X'\in\mathscr{S}_p$. 显然 X' 也有弱可料表示性. 正如定理 13.37 的证明中已指出的，(38.1) 对 X 或 X' 成立是等价的. 于是条件 2) i) 等价于 X' 跳测度的补偿子有形如 (38.2) 的典则可料分解. 然而，$[\Delta X\neq0]=[\Delta X'\neq0]$. 因而过程 B 对 X' 也合用的. 这意味条件 2) ii) 对 X' 是不变的（注意 $(X')^c=X^c$）. 总之，X 代以 X' 条件 2) 不变. 但 $|\Delta X'|\leqslant2$，于是定理得证. □

注 我们称流 $\boldsymbol{F}=(\mathscr{F}_t)$ 有强(弱)**可料表示性**若存在 $M\in\mathscr{M}_{\mathrm{loc},0}$ ($X\in\mathscr{S}$) 使 $M(X)$ 有强(弱)可料表示性. 故定理 13.39 刻

画了流的强和弱两种可料表示性间的关系.

13.40 引理 设 $\boldsymbol{F}=(\mathscr{F}_t)$ 为拟左连续的且存在 $M\in\mathscr{M}_{\mathrm{loc}}$ 使 $\mathrm{M}^{\mathrm{d}}\in\mathscr{L}(M)$,则 $\boldsymbol{F}=(\mathscr{F}_t)$ 全连续.

证明 只需证明对每个绝不可及时 T 有 $\mathscr{F}_T=\mathscr{F}_{T-}$. 设 $\xi\in b\mathscr{F}_T$. 令 $A=\xi I_{[\![T,\infty[\![}$ 及 $N=A-\widetilde{A}$,则 $N=H.M,H\in L_m(M)$ 且 $\Delta N=H\Delta M$. 另一方面,$\Delta A=\xi I_{[\![T]\!]}$,因为这时 $\widetilde{A}$ 连续且 $T>0$. 于是

$$\xi=H_T\Delta M_T,\quad \text{a.s. 在}[T<\infty]\text{上}. \tag{40.1}$$

取 $\xi=1$ 有

$$1=H'_T\Delta M_T,\quad \text{a.s. 在}[T<\infty]\text{上}, \tag{40.2}$$

其中 H' 为另一可料过程. 由(40.2)可知 $\Delta M_T\neq 0$ 及在$[T<\infty]$上,$H'_T\neq 0$. 因而

$$\xi=H_T/H'_T\quad \text{a.s.. 在}[T<\infty]\text{上}.$$

但$\dfrac{H_T}{H'_T}I_{[T<\infty]}\in\mathscr{F}_{T-}$,所以 $\xi\in\mathscr{F}_{T-}$ 这蕴含了 $\mathscr{F}_T=\mathscr{F}_{T-}$. □

13.41 定理 假定 $\boldsymbol{F}=(\mathscr{F}_t)$是拟左连续的. 设 $X\in\mathscr{S}$, μ 为 X 的跳测度. 若 $\mathscr{M}^d_{\mathrm{loc}}=\mathscr{K}(\mu)$,则下列断言等价:

1) 存在 $M\in\mathscr{M}^d_{\mathrm{loc}}$ 使 $\mathscr{M}^d_{\mathrm{loc}}=\mathscr{L}(M)$,

2) $\boldsymbol{F}=(\mathscr{F}_t)$全连续.

证明 1)⇒2)可由引理 13.40 推出(实际上还不要 $\mathscr{M}^d_{\mathrm{loc}}=\mathscr{K}(\mu)$的假定)

2)⇒1). 由定理 13.26μ 的补偿子 ν 可表为

$$\nu(dt,dx)=\delta_{H_t}(dx)\Lambda(dt),$$

其中 H 为可料过程. 因而

$$\boldsymbol{M}_\mu([\Delta X\neq H])=\boldsymbol{M}_\mu([x\neq H])=\boldsymbol{M}_\nu([x\neq H])=0,$$

所以 $\Delta X=HI_D,D=[\Delta X\neq 0]$. 于是

$$\Delta X(\Delta X-H)=0,$$

故 1)可由定理 13.37 推得. □

下一定理是定理 13.41 的直接的应用.

13.42 定理 设 X 为跳跃过程,$\boldsymbol{F}=(\mathscr{F}_t)$为 X 的完备自然

流．假定 X 拟左连续且 $X\in\mathscr{A}_{\text{loc}}$，则下列断言等价：

1）$M=X-\widetilde{X}$ 有强可料表示性，

2）$\boldsymbol{F}=(\mathscr{F}_t)$ 为全连续的，

3）X 的 Lévy 族 ν 可表为 $\nu(dt,dx)=\delta_{H_t}(dx)\Lambda(dt)$，其中 H 为可料过程，$\Lambda(dt)=\nu(dt,E)$．

证明 由于 X 是拟左连续的，故 $\boldsymbol{F}=(\mathscr{F}_t)$ 亦然（定理 5.64）．由定理 13.19 有 $\mathscr{M}_{\text{loc},0}=\mathscr{M}^d_{\text{loc}}=\mathscr{K}(\mu)$，其中 μ 为 X 的跳测度．定理的结论可由定理 13.27 及 13.41 得到． □

§4. Lévy 过程的可料表示性

13.43 引理 对任意随机过程 $X=(X_t)_{t\geqslant0}$，

$$\mathscr{H}=\left\{\exp\left(i[u_0X_{t_0}+\sum_{i=1}^n u_i(X_{t_i}-X_{t_{i-1}})]\right):\begin{matrix}n\geqslant1,u_0,u_1,\cdots,u_n\in\boldsymbol{R},\\0=t_0<t_1<\cdots<t_n\end{matrix}\right\}$$

为 $L^2(\mathscr{F}^P_\infty(X))$ 中的完备系，即由 $\mathscr{H}$ 张成的线性空间在 $L^2(\mathscr{F}^P_\infty(X))$ 中稠密，这里 $L^2(\mathscr{F}^P_\infty(X))$ 表示所有 $\mathscr{F}^P_\infty(X)$-可测且平方可积随机变量全体．

证明 首先我们讨论有限个随机变量的情形，即 $X=(X_{t_1},X_{t_2},\cdots,X_{t_n})$．这时，对任一 $\xi\in L^2(\mathscr{F}^P_\infty(X))$ 存在 n 元 Borel 函数 f 使 $\xi=f(X_{t_1},\cdots,X_{t_n})$ a.s.．以 $F(x_1,\cdots,x_n)$ 表 $(X_{t_1},\cdots,X_{t_n})$ 的分布函数．取

$$dG(x_1,\cdots,x_n)=f(x_1,\cdots,x_n)\,dF(x_1,\cdots,x_n)$$

若 $\xi\perp\mathscr{H}$，则对任意 $u_1,\cdots,u_n\in\boldsymbol{R}$ 有

$$\begin{aligned}0&=\boldsymbol{E}\left[\xi\exp(-i\sum_{j=1}^n u_jx_{t_j})\right]\\&=\int_{\boldsymbol{R}^n}\exp(-\mathrm{i}\sum_{j=1}^n u_jx_j)dG(x_1,\cdots,x_n).\end{aligned}$$

运用 Fourier-Stieltjes 变换的逆转公式可得到 $dG=0$．因而 $\xi=0$ a.s.．所以 $\mathscr{H}$ 在 $L^2(\mathscr{F}^P_\infty(X))$ 中完备．

现在来讨论一般情况：$X=(X_t)_{t\geqslant0}$．设 $\xi\in L^2(\mathscr{F}^P_\infty(X))$ 且 ξ

$\perp\mathscr{H}$. 对任一 $\varepsilon>0$ 存在 $\{t_1,\cdots,t_n\}$ 及 $\xi_\varepsilon\in L^2(\sigma(X_{t_1},\cdots,X_{t_n}))$ 使

$$E[|\xi-\xi_\varepsilon|^2]<\varepsilon.$$

运用上面已获得的结果可知 $\xi\perp\xi_\varepsilon$. 于是

$$E[\xi^2]=E[\xi\overline{(\xi-\xi_\varepsilon)}]\leqslant\{E[\xi^2]E[|\xi-\xi_\varepsilon|^2]\}^{1/2}\leqslant\{\varepsilon E[\xi^2]\}^{1/2},$$

$$E[\xi^2]\leqslant\varepsilon.$$

令 $\varepsilon\to0$ 即得 $\xi=0$ a.s.. □

13.44 定理 设 X 为 Lévy 过程,则对每个 $t\geqslant0$

$$\mathscr{F}_t^P(X)=\mathscr{F}_{t+}^P(X)=\mathscr{F}_{t-}^P(X).$$

因而 $F^P(X)=(\mathscr{F}_t^P(X))$ 是 X 的自然流的通常化扩张.

证明 由 X 的随机连续性易得 $\mathscr{F}_t^P(X)=\mathscr{F}_{t-}^P(X)$.

对所有 $u\in\boldsymbol{R}$, $0\leqslant r\leqslant s$,不难直接算得

$$\begin{aligned}M_t(u,r,s)&=E[e^{iu(X_s-X_r)}|\mathscr{F}_t^P(X)]\\&=\varphi_{r\vee t,s\vee t}(u)e^{iu(X_{s\wedge t}-X_{r\wedge t})}.\end{aligned}\tag{44.1}$$

由(44.1)可知$(M_t(u,r,s))_{t\geqslant0}$为右连左极有界 $F^P(X)$-鞅. 设

$$\eta=\exp\{iu_0X_0+iu_1(X_{t_1}-X_{t_0})+\cdots+iu_n(X_{t_n}-X_{t_{n-1}})\},$$

$$n\geqslant1,u_0,u_1,\cdots,u_n\in\boldsymbol{R},\ 0=t_0<t_1<\cdots<t_n.\tag{44.2}$$

用同样计算还有

$$E[\eta|\mathscr{F}_t^P(X)]=e^{iu_0X_0}M_t(u_1,t_0,t_1)\cdots M_t(u_n,t_{n-1},t_n).\tag{44.3}$$

以 Y_t 表示(44.3)的右端,则(Y_t)右连续. 所以

$$E[\eta|\mathscr{F}_{t+}^P(X)]=Y_{t+}=Y_t=E[\eta|\mathscr{F}_t^P(X)]\quad\text{a.s..}\tag{44.4}$$

由引理 2.69,从(44.4)可推得 $\mathscr{F}_{t+}^P(X)=\mathscr{F}_t^P(X)$. □

13.45 定理 设 X 为一 Lévy 过程,T 为 $F^P(X)$-停时,则

$$\mathscr{F}_T^P(X)=\sigma\{T\}\vee\mathscr{F}_\infty^P(X^T).\tag{45.1}$$

证明 取 $\mathscr{G}=\sigma\{T\}\vee\mathscr{F}_\infty^P(X^T)$. $\mathscr{G}\subset\mathscr{F}_T^P(X)$是明显的. 若 η 由(44.2)规定. 由 $F^P(X)$和$(M_t(u,r,s))$的右连续性我们有

$$E[\eta|\mathscr{F}_T^P(X)]=e^{iu_0X_0}M_T(u_1,t_0,t_1)\cdots M_T(u_n,t_{n-1},t_n),\quad\text{a.s..}$$

由(44.4)易见 $M_T(u,r,s)$是$\mathscr{G}$-可测的. 因而$E[\eta|\mathscr{F}_T^P(X)]$是$\mathscr{G}$-

可测的．按引理 13.43，对任一 $\eta\in L^2(\mathscr{F}^P_\infty(X))$，$\boldsymbol{E}[\eta|\mathscr{F}^P_T(X)]$ 是 $\mathscr{G}$-可测的．这表明 $\mathscr{F}^P_T(X)\subset\mathscr{G}$．因而 $\mathscr{G}^P_T(X)=\mathscr{G}$． □

13.46 定理 设 X 为右连左极过程，T 为-$\boldsymbol{F}^0(X)$-停时，则

$$\mathscr{F}^0_{T-}(X)=\sigma\{T\}\vee\mathscr{F}^0_\infty(X^{T-}) \tag{46.1}$$

证明 取 $\mathscr{G}=\sigma\{T\}\vee\mathscr{F}^0_\infty(X^{T-})$．由于 (X_{t-}) 为 $\boldsymbol{F}^0(X)$-可料的，我们有 $X_{T-}\in\mathscr{F}^0_{T-}(X)$．于是对每个 $t\geqslant 0$

$$X^{T-}_t=X_tI_{[t<T]}+X_{T-}I_{[T\leqslant t]}\in\mathscr{F}^0_{T-}(X).$$

因而 $\mathscr{G}\subset\mathscr{F}^0_{T-}(X)$．另一方面，$\mathscr{F}^0_0(X)\subset\mathscr{G}$ 是显然的，而对任意的 $0\leqslant s\leqslant t$ 及 Borel 函数 f

$$f(X_s)I_{[t<T]}=f(X^{T-}_s)I_{[t<T]}.$$

因而 $\mathscr{F}^0_{T-}(X)\subset\mathscr{G}$．所以 $\mathscr{F}^0_{T-}(X)=\mathscr{G}$． □

13.47 系 设 X 为一 Lévy 过程，T 为一 $\boldsymbol{F}^P(X)$-停时，则

$$\mathscr{F}^P_T(X)=\mathscr{F}^P_{T-}(X)\vee\sigma\{\Delta X_TI_{[T<\infty]}\}. \tag{47.1}$$

证明 因为 $X^T=X^{T-}+(\Delta X_TI_{[T<\infty]})I_{[\![T,\infty[\![}$，(47.1) 由 (45.1) 及 (46.1) 直接推出． □

13.48 定理 设 X 为一 Lévy 过程，则 $\boldsymbol{F}^P(X)$ 为拟左连续的．

证明 由定理 11.36 我们已经知道 Lévy 过程是拟左连续的．若 T 为可料时，则 $\Delta X_TI_{[T<\infty]}=0$ a.s.．由 (47.1) 我们有 $\mathscr{F}^P_T(X)=\mathscr{F}^P_{T-}(X)$． □

13.49 定理 设 X 为一 Lévy 过程且 $X\in\mathscr{S}_0$，又 $\boldsymbol{F}=\boldsymbol{F}^P(X)$，则 X 有弱可料表示性．

证明 因为由 X 的可料特征和 X_0 的分布律完全确定了 $\mathscr{F}_\infty$ 上的概率测度，故按定理 13.18，X 有弱可料表示性． □

注 对任一 Lévy 过程 X，$\boldsymbol{F}^P(X)$ 也具有弱可料表示性．

13.50 定理 设 X 为一 Lévy 过程，$X_0=0$ 且 $\boldsymbol{F}=\boldsymbol{F}^0(X)$．若 T 为一停时，则

1) T 绝不可及 $\Leftrightarrow[\![T]\!]\subset[\Delta X\neq 0]$，

2) T 可料 $\Leftrightarrow[\![T]\!]\subset[\Delta X=0]$．

证明 1)若 T 为绝不可及的，则由定理 13.49 及 13.16.5) $[\![T]\!]\subset[\Delta X\neq 0]$．若 $[\![T]\!]\subset[\Delta X\neq 0]$，因为 X 是拟左连续的，

T 为绝不可及的.

2)可由 1)推出,因为 $\boldsymbol{F}$ 拟左连续,可料时就是可及时. □

13.51 定理 设 X 为一 Lévy 过程,$X_0=0$,又 $\boldsymbol{F}=\boldsymbol{F}^P(X)$,则下列断言等价:

1) $\boldsymbol{F}=\boldsymbol{F}^P(X)$为全连续的,

2) 存在 Borel 函数 g 使

$$\nu(dt,dx) = \delta_{g_t}(dx)\Lambda(dt) \tag{51.1}$$

其中 ν 为 X 的 Lévy 族,$\Lambda(dt)$为 $\boldsymbol{R}_+$上的 σ-有限测度

3) 存在 Borel 函数 $g\neq 0$ 使 $\Delta X=gI_{[\Delta X\neq 0]}$.

证明 1)⇒2). 不失一般性可认为 X 是半鞅,则 X 有弱可料表示性. 由于 ν 是非随机的,2)由定理 13.26 推出.

2)⇒3). 由(51.1)我们有

$$\boldsymbol{M}_\mu([\Delta X\neq g])=\boldsymbol{M}_\mu([x\neq g])=\boldsymbol{M}_\nu([x\neq g])=0.$$

因而 $\Delta X=gI_{[\Delta X\neq 0]}$.

3)⇒1). 我们也可假定 $X\in\mathscr{S}$. 由于 $\Delta X(\Delta X-g)=0$. 由定理 13.37 和 13.41 可知 $\boldsymbol{F}$ 是全连续的. □

13.52 定理 设 X 为 Lévy 过程,$X_0=0$,$\boldsymbol{F}=\boldsymbol{F}^P(X)$,又$(\alpha,\beta,\nu)$为 X 的可料特征,则 $\boldsymbol{F}$ 有强可料表示性当且仅当下列条件被满足:i)存在 Borel 函数 $g\neq 0$ 使 $\nu(dt,dx)=\delta_{g_t}(dx)\Lambda(dt)$, ii)$d\beta_t\perp\Lambda(dt)$.

证明 不失一般性我们可认为 $X\in\mathscr{S}$. 若 $\boldsymbol{F}$ 有强可料表示性,则由引理 13.40 和定理 13.48 $\boldsymbol{F}$ 是全连续的. i)可由定理 13.51 得出. ii)由定理 13.39 得到. 反之,若 i)和 ii)成立,则 $\Delta X=gI_{[\Delta X\neq 0]}$且也由定理 13.39 可知 $\boldsymbol{F}$ 有强可料表示性. □

13.53 定理 设 X 为时齐 Lévy 过程,$X_0=0$,$\boldsymbol{F}=\boldsymbol{F}^P(X)$,又 ν 为 X 的 Lévy 族,则

1)$\boldsymbol{F}$ 为全连续的充要条件是

$$\nu(dt,dx) = \lambda\delta_a(dx)dt,\lambda > 0,\quad a\in\boldsymbol{R}\backslash\{0\}, \tag{53.1}$$

或等价地,$\Delta X=aI_{[\Delta X\neq 0]}$, $a\in\boldsymbol{R}\backslash\{0\}$.

2) $\boldsymbol{F}$ 有强可料表示性当且仅当 $X=bY+at$,其中 Y 为标准

Wiener 过程或一个时齐 Poisson 过程，而 $a, b \in \boldsymbol{R}$.

证明 在这一情况下，$X \in \mathscr{S}$ 且 $\nu(dt, dx) = \lambda dt F(dx)$，其中 $\lambda > 0$ 且 F 为一 σ-有限测度．于是 1）由定理 13.51 得出．同时因为 $d\beta = \sigma^2 dt$，$\Lambda(dt) = \lambda dt$ 及 $d\beta_t \perp \Lambda(dt)$ 蕴含 $\sigma^2 = 0$ 或 $\lambda = 0$，故 2）可由定理 13.52 得到． □

13.54 系 设 X 为一时齐 Lévy 过程，$X_0 = 0$ 及 $\boldsymbol{F} = \boldsymbol{F}^P(X)$．假定 X 是一个鞅，则 X 有强可料表示性当且仅当 X 与标准 Wiener 过程或补偿 Poisson 过程（不计一个常数因子）．

问题与补充

13.1 设 $C_0(\boldsymbol{R}_+)$ 表 $\boldsymbol{R}_+$ 上有紧支集的连续函数全体．若 $M \in \mathscr{M}^c_{\mathrm{loc},0}$ 且 $\left\{\exp\{(f.M)_\infty - \frac{1}{2}(f^2.\langle M\rangle)_\infty\}; f \in C_0(\boldsymbol{R}_+)\right\}$ 为 $L^2(\mathscr{F}_\infty)$ 中完备系，则 M 有强可料表示性且 $\mathscr{F}_0$ 为平凡 σ-域．

13.2 设 $M, N \in \mathscr{M}_{\mathrm{loc},0}$ 且 $\langle M, N\rangle$ 存在．记 $X = M - \langle M, N\rangle$，则 M 有强可料表示性当且仅当对任一 $L \in \mathscr{M}_{\mathrm{loc}}$，$L_0 = 1$ 由 $LX \in \mathscr{M}_{\mathrm{loc}}$ 可推出 $L = \mathscr{E}(N)$．

13.3 假定 $X \in \mathscr{M}^c_{\mathrm{loc},0}$ 有强可料表示性．设 $\boldsymbol{P}' \overset{\mathrm{loc}}{\ll} \boldsymbol{P}$ 且 $X = M + A$ 为 X 在 $\boldsymbol{P}'$ 下的典则分解．则存在唯一 $L \in \mathscr{M}^c_{\mathrm{loc},0}(\boldsymbol{P}')$ 使得在 $\boldsymbol{P}'$ 下 $A = \langle L, M\rangle(\boldsymbol{P}')$．

13.4 设 $X_t = M_t + \int_0^t H_s ds, t \geqslant 0$，其中 M 为 Brown 运动，H 为可料过程且对一切 $t > 0$，$\int_0^t H_s^2 ds < \infty$．设 $\overline{\boldsymbol{F}} = (\overline{\mathscr{F}}_t)$ 为 X 的通常化自然流．设 $\boldsymbol{P}_0$ 为 $\overline{\mathscr{F}}_\infty$ 上的概率测度，在 $\boldsymbol{P}_0$ 下 X 为关于 $\overline{\boldsymbol{F}}$ 的 Brown 运动，则对所有 $t \geqslant 0$，$\boldsymbol{P}|\overline{\mathscr{F}}_t = \boldsymbol{P}_0|\overline{\mathscr{F}}_t$．因而，若 $X = \overline{M} + \overline{A}$ 为 X 关于 $\overline{\boldsymbol{F}}$ 的典则分解，则 $\overline{M}$（它也是关于 $\overline{\boldsymbol{F}}$ 的 Brown 运动）对 $\overline{\boldsymbol{F}}$ 有强可料表示性．

13.5 设 $M \in \mathscr{M}^c_{\mathrm{loc},0}$ 且 $\langle M\rangle_\infty = \infty$ a.s.，流 $\boldsymbol{F} = (\mathscr{F}_t)$ 为 M 的通常化自然流．令 $\tau_t = \inf\{s; \langle M\rangle_s > t\}$ 及 $B_t = M_{\tau_t}, t \geqslant 0$．则 M 有

强可料表示性当且仅当 B 关于($\mathscr{F}_{\tau_t}$)有强可料表示性.

13.6 设 $M\in\mathscr{M}^c_{loc,0}$, $\langle M\rangle_\infty=\infty$ a.s. 且流 $\boldsymbol{F}=(\mathscr{F}_t)$ 为 M 的通常化自然流. 令 $\tau_t=\inf\{s:\langle M\rangle_s>t\}$ 及 $B_t=M_{\tau_t}$, $t\geqslant 0$. 则下列条件等价:

1) $\forall\ t\geqslant 0$, $\tau_t\in\mathscr{F}_\infty(B)$,

2) $\forall\ t\geqslant 0$, $\langle M\rangle_t\in\mathscr{F}_\infty(B)$,

3) $\forall\ t\geqslant 0$, $\langle M\rangle_t$ 为($\mathscr{F}_t(B)$)—停时,

4) $\mathscr{F}_\infty=\mathscr{F}_\infty(B)$.

若这些条件成立(则 M 称为纯的), M 有强可料表示性.

13.7 设 W 为标准 Brown 运动, $\boldsymbol{F}=(\mathscr{F}_t)$ 为其通常化自然流. 设 $H\in\mathscr{P}^+$ 满足对几乎所有 $\omega\{t:H_t(\omega)=0\}$ 的 Lelesgue 测度为零. 令 $M=H.W$, 则 M 关于($\mathscr{F}_t(M)$)有强可料表示性. 特别对每个 n, $M=W^n.W$ 有强可料表示性.

13.8 设 $M\in\mathscr{M}_{loc,0}$为拟左连续的. 记

$$\mathscr{L}'(M)=\{H.M:\ H \text{ 为可选过程}, H.M \text{ 存在}\},$$

则下列断言等价:

1) $\mathscr{M}_{loc,0}=\mathscr{L}'(M)$,

2) 对任一 $L\in\mathscr{M}_{loc,0}$, $[L,M]=0\Rightarrow L=0$,

3) $\mathscr{M}^\infty_0\subset\mathscr{L}'(M)$,

4) 对任一 $L\in\mathscr{M}^\infty_0$, $[L,M]=0\Rightarrow L=0$.

13.9 假定 $M\in\mathscr{M}_{loc,0}$为拟左连续的. 若 M 有弱可料表示性, 则 $\mathscr{M}_{loc,0}=\mathscr{L}'(M)$, 其中 $\mathscr{L}'(M)$同上题的规定.

13.10 设 X 为跳跃过程且 $\boldsymbol{F}=(\mathscr{F}_t)$为其完备自然流, 则 $\mathscr{M}_{loc}=\mathscr{W}_{loc}$.

13.11 设 W 为 Brown 运动, 已知有 $|W|=M+A$, $M=\mathrm{sgn}(W).W$, $A=L^0(W)$, 则 1) W 的通常化自然流, 表以 $\boldsymbol{G}$, 与 M 的通常化自然流一致; 2) M 关于 $\boldsymbol{F}$, $\boldsymbol{G}$ 都是 Brown 运动, 且关于 $\boldsymbol{F}$, $\boldsymbol{G}$ 都有可料表示性.

13.12 设 $X=X_0+\sum\limits_{n=1}^{\infty}\xi_n I_{[\![T_n,\infty[\![}$ 为跳跃过程, 其中 $T_n\uparrow\infty$, 对

每个 n $T_n<\infty \Rightarrow T_n<T_{n+1}(T_0=0)$ 且对 $n\geqslant 1[T_n<\infty]=[\xi_n\neq 0]$. 又 $\boldsymbol{F}=(\mathscr{F}_t)$ 为 X 的完备化自然流，则 $\boldsymbol{F}=(\mathscr{F}_t)$ 有强可料表示性当且仅当存在 Borel 函数 $f_n^{(i)}(x_0,t_1,x_1,\cdots,t_n,x_n,t_{n+1})$，$i=1,2$，$n=0,1,\cdots$ 使得对 $n\geqslant 0$ 有

i) $\xi_{n+1}=f_n^{(1)}(X_0,T_1,\xi_1,\cdots,T_n,\xi_n,T_{n+1})$, a.s. 在$[a_{T_{n+1}}<1, T_{n+1}<\infty]$上，

ii) 在$[a_{T_{n+1}}=1, T_{n+1}<\infty]$上

$$[\xi_{n+1}-f_n^{(1)}(X_0,T_1,\xi_1,\cdots,T_n,\xi_n,T_{n+1})]$$
$$\times[\xi_{n+1}-f_n^{(2)}(X_0,T_1,\xi_1,\cdots,T_n,\xi_n,T_{n+1})]=0 \quad \text{a.s.},$$

其中 $a=\nu(\{t\}\times E)$，ν 为 X 的 Lévy 族.

13.13 设 $X=I_{[\![T,\infty[\![}$，$T>0$ 为单跳点过程，$\boldsymbol{F}=(\mathscr{F}_t)$ 为它的完备化自然流. 又 G 为 T 的分布函数且 $c=\inf\{t:\boldsymbol{P}(T>t)=0\}$. 则

1) $M\in\mathscr{M}_0$ 当且仅当存在$]0,\infty]$上 Borel 函数 h 使$(|h|.G)_\infty<\infty$，$(h.G)_\infty=0$ 且

$$M_t=I_{[T\leqslant t]}h(T)-I_{[T>t]}\frac{1}{G(]t,\infty])}\int_{]0,t]}h_s dG_s,\quad t\geqslant 0.$$

2) 若 $M\in\mathscr{M}_{\mathrm{loc},0}$，则$(M_t)_{0\leqslant t<c}$是鞅.

3) 若 $c<\infty$ 且 $\boldsymbol{P}(T=c)>0$，则 $\mathscr{M}_{\mathrm{loc},0}=\mathscr{M}_0$.

13.14 设 $Y=Y_0+M+A$，其中 M 为一零初值鞅，$A\in\mathscr{V}_0$ 且对每个 $t\geqslant 0$ $\boldsymbol{E}\left[\int_0^t|dA_s|\right]<\infty$. 设 X 为一适应跳跃过程，$\boldsymbol{G}=(\mathscr{G}_t)$ 为 X 的完备化自然流. 则 $Z=(Z_t=E[Y_t|\mathscr{G}_t])$（它称为关于 $\boldsymbol{G}$ 的滤波过程）有右连左极修正且

$$Z_t=Z_0+\overline{A}_t$$
$$+\int_{[0,t]\times E}\left(U(s,x)+\frac{\hat{U}_s}{1-a_s}I_{[a_s<1]}\right)(\mu(ds,dx)-\nu(ds,dx)),$$

其中 i) $\overline{A}=(\overline{A})_t$ 是 A 的 $\boldsymbol{G}$-补偿子，

ii) μ 为 X 的跳测度，ν 为 μ 的 $\boldsymbol{G}$-补偿子，

iii) $U=\boldsymbol{M}_\mu(Z|\widetilde{\mathscr{P}}(\mathbf{G})]-Z_--\Delta\overline{A}$（事实上有 $\boldsymbol{M}_\mu[Z|\widetilde{\mathscr{P}}(G)]$

$=\boldsymbol{M}_\mu[Y|\widetilde{\mathscr{P}}(\boldsymbol{G})])$.

13.15 假定 X^a 和 X^b 是两个强度分别为 $a>0,b>0$ 的时齐 Poisson 过程，ξ 为一随机变量，$\boldsymbol{P}(\xi=b)=p$，$P(\xi=a)=1-p$，$0<p<1$ 且 ξ,X^a,X^b 相互独立．设 $\mathscr{F}_t^0=\sigma\{\xi,X_s^a,X_s^b,s\leqslant t\}$，$t\geqslant 0$ 且 $\boldsymbol{F}=(\mathscr{F}_t)$ 为 $\boldsymbol{F}^0=(\mathscr{F}_t^0)$ 的完备化流，令 $X=X^aI_{[\xi=a]}+X^bI_{[\xi=b]}$．令 $\boldsymbol{G}=(\mathscr{G}_t)$ 为 X 的完备化自然流，则滤波过程 $Z=(Z_t=\boldsymbol{P}[\xi=b|\mathscr{G}_t])$ 满足下列随机微分方程

$$Z_t=p+\int_0^t\frac{(b-a)Z_{s-}(1-Z_{s-})}{bZ_{s-}+a(1-Z_{s-})}(dX_s-[bZ_{s-}+a(1-Z_{s-})]dt),\quad t\geqslant 0.$$

13.16 设 W 为 Brown 运动，$\boldsymbol{F}=\boldsymbol{F}^P(W)$，则对任一停时 T 及任一随机变量 $\xi\in\mathscr{F}_T$ 存在 $H\in L_m(W)$ 使 $\xi=H.W_T$ a.s..

13.17 设 N 为补偿 Poisson 过程，$\boldsymbol{F}=\boldsymbol{F}^P(N)$，则对任一停时 T 和任一随机变量 $\xi\in\mathscr{F}_T(\xi\in\mathscr{F}_\infty)$，存在 $H\in L_m(N)$ 使 $\xi=H.N_T(\xi=H.N_\infty)$.

13.18 假定 X^1 和 X^2 是两个半鞅（局部鞅），它们分别关于 $\boldsymbol{F}^1=(\mathscr{F}_t^1)$ 和 $\boldsymbol{F}^2=(\mathscr{F}_t^2)$ 有弱（强）可料表示性．设 (α^1,β^1,ν^1) 和 (α^2,β^2,ν^2) 分别为 X^1,X^2 的可料特征，$a^i=(\nu^i(\{t\}\times E))$，$J^i=[a^i>0]$ 且 $\nu^i(dt,dx)=G^i(t,dx)dB_t^i$ 为 ν^i 的典则可料分解，$i=1,2$. 假定 $\mathscr{F}_\infty^1$ 和 $\mathscr{F}_\infty^2$ 相互独立，$J^1\cap J^2=\varnothing$．令 $X=X_1+X_2$，$\boldsymbol{F}=(\mathscr{F}_t)$，$\mathscr{F}_t=\mathscr{F}_t^1\vee\mathscr{F}_t^2$. 则 X 关于 $\boldsymbol{F}=(\mathscr{F}_t)$ 有弱（强）可料表示性当且仅当

$$d\beta^1\perp d\beta^2,\quad d\nu^1\perp d\beta^2\quad \text{a.s.}\quad (d(\beta^1+B^1)\perp d(\beta^2+B^2)\ \text{a.s.}).$$

第十四章　测度的绝对连续性与近邻性

随机过程导出测度的绝对连续性和奇异性是随机过程理论的一个经典问题．半鞅理论和随机分析为它提供了一个全新的处理．在§1 我们引入基本工具——Hellinger 过程．然后在§2 讨论测度的绝对连续性和奇异性．绝对连续性和奇异性的推广——测度的近邻性和完全可分离性及与之有关的测度变差收敛在§3 中讨论．最后，对 Lévy 过程的应用在§4 给出．

§1. Hellinger　过　程

在本节和下一节，我们都假定$(\Omega,\mathscr{F})$是一个可测空间，$\boldsymbol{P},\boldsymbol{P}'$和$\widetilde{\boldsymbol{P}}$为$\mathscr{F}$上的概率测度满足

$$\boldsymbol{P}\ll\widetilde{\boldsymbol{P}},\quad \boldsymbol{P}'\ll\widetilde{\boldsymbol{P}}.$$

14.1 定义　对任一$\alpha\in]0,1[$规定

$$h_\alpha(\boldsymbol{P},\boldsymbol{P}')=\widetilde{\boldsymbol{E}}\left[\left(\frac{d\boldsymbol{P}}{d\widetilde{\boldsymbol{P}}}\right)^\alpha\left(\frac{d\boldsymbol{P}'}{d\widetilde{\boldsymbol{P}}}\right)^{1-\alpha}\right].$$

不难看出$h_\alpha(\boldsymbol{P},\boldsymbol{P}')$与$\widetilde{\boldsymbol{P}}$的取法无关，它只依赖于$\boldsymbol{P},\boldsymbol{P}'$和$\alpha$. 事实上，设$\overline{\boldsymbol{P}}=\frac{1}{2}(\boldsymbol{P}+\boldsymbol{P}')$，则

$$\widetilde{\boldsymbol{E}}\left[\left(\frac{d\boldsymbol{P}}{d\widetilde{\boldsymbol{P}}}\right)^\alpha\left(\frac{d\boldsymbol{P}'}{d\widetilde{\boldsymbol{P}}}\right)^{1-\alpha}\right]=\overline{\boldsymbol{E}}\left[\left(\frac{d\boldsymbol{P}}{d\overline{\boldsymbol{P}}}\right)^\alpha\left(\frac{d\boldsymbol{P}'}{d\overline{\boldsymbol{P}}}\right)^{1-\alpha}\right].$$

14.2 定理　1)$0\leqslant h_\alpha(\boldsymbol{P},\boldsymbol{P}')\leqslant 1$.

2) $h_\alpha(\boldsymbol{P},\boldsymbol{P}')=1\Leftrightarrow\boldsymbol{P}=\boldsymbol{P}'$,

3) $h_\alpha(\boldsymbol{P},\boldsymbol{P}')=0\Leftrightarrow\boldsymbol{P}\perp\boldsymbol{P}'$,

4) $\lim\limits_{\alpha\downarrow 0}h_\alpha(\boldsymbol{P},\boldsymbol{P}')=1\Leftrightarrow\boldsymbol{P}'\ll\boldsymbol{P}$.

证明　对任一$\alpha\in]0,1[$有

$$u^{\alpha}v^{1-\alpha} \leqslant \alpha u + (1-\alpha)v, u \geqslant 0, v \geqslant 0, \tag{2.1}$$

且等式当且仅当 $u=v$ 时成立，因而

$$\left(\frac{dP}{d\widetilde{P}}\right)^{\alpha}\left(\frac{dP'}{d\widetilde{P}}\right)^{1-\alpha} \leqslant \alpha\frac{dP}{d\widetilde{P}} + (1-\alpha)\frac{dP'}{d\widetilde{P}}, \quad \widetilde{P}\text{-a.s.}. \tag{2.2}$$

于是 1)可由(2.2)取期望直接得出．而

$$h_{\alpha}(P,P')=1 \Leftrightarrow \widetilde{P}\left(\frac{dP}{d\widetilde{P}}=\frac{dP'}{d\widetilde{P}}\right)=1 \Leftrightarrow P=P',$$

2)就得到了．显然

$$h_{\alpha}(P,P')=0 \Leftrightarrow \widetilde{P}\left(\frac{dP}{d\widetilde{P}}\frac{dP'}{d\widetilde{P}}=0\right)=1 \Leftrightarrow P\perp P',$$

故有 3)．最后，因为$\lim\limits_{\alpha\downarrow 0}\left(\frac{dP}{d\widetilde{P}}\right)^{\alpha}\left(\frac{dP'}{d\widetilde{P}}\right)^{1-\alpha} = \frac{dP'}{d\widetilde{P}}I_{[\frac{dP}{d\widetilde{P}}>0]}$，由(2.2)及控制收敛定理可得 $\lim\limits_{\alpha\downarrow 0}h_{\alpha}(P,P')=\widetilde{E}\left[\frac{dP'}{d\widetilde{P}}I_{[\frac{dP}{d\widetilde{P}}>0]}\right]=P'\left(\frac{dP}{d\widetilde{P}}>0\right)$．

因而

$$P' \ll P \Leftrightarrow P'\left(\frac{dP}{d\widetilde{P}}>0\right)=1 \Leftrightarrow \lim_{\alpha\downarrow 0}h_{\alpha}(P,P')=1,$$

即 4)成立． □

14.3 定理 对任一 $\alpha\in\,]0,1[$ 存在一个常数 $C_{\alpha}>0$ 使

$$2[1-h_{\alpha}(P,P')] \leqslant \|P-P'\| \leqslant [C_{\alpha}(1-h_{\alpha}(P,P'))]^{1/2}, \tag{3.1}$$

其中 $\|P-P'\|=2\sup\limits_{A}|P(A)-P'(A)|$ 是 $P-P'$ 的全变差．

证明 取 $\widetilde{P}=\frac{1}{2}(P+P')$，则$\frac{dP}{d\widetilde{P}}+\frac{dP'}{d\widetilde{P}}=2$，

$$2(1-h_{\alpha}(P,P')) = 2\int\left[1-\left(\frac{dP}{d\widetilde{P}}\right)^{\alpha}\left(2-\frac{dP}{d\widetilde{P}}\right)^{1-\alpha}\right]d\widetilde{P},$$

$$\|P-P'\| = 2\int\left|1-\frac{dP}{d\widetilde{P}}\right|d\widetilde{P}.$$

容易验证对 $z\in[0,2]$，$1-z^{\alpha}(2-z)^{1-\alpha}\leqslant|1-z|$，这样就可得到(3.1)的左端的不等式．另一方面，我们已知 $\alpha z+(1-\alpha)(2-z)$

$-z^{\alpha}(2-z)^{1-\alpha}$在$[0,2]$中只有一个零点 $z=1$，又因

$$\lim_{z\to 1}(z-1)^{-2}[\alpha z+(1-\alpha)(2-z)-z^{\alpha}(2-z)^{1-\alpha}]$$
$$=2\alpha(1-\alpha)>0,$$

故存在常数 C_{α} 使

$$\alpha z+(1-\alpha)(2-z)-z^{\alpha}(2-z)^{1-\alpha}$$
$$\geqslant 4C_{\alpha}^{-1}(z-1)^2, z\in[0,2]. \tag{3.2}$$

这样把$\frac{dP}{d\tilde{P}}$代以(3.2)中的 z 并关于 $\tilde{P}$ 积分就可得到(3.1)右端的不等式． □

注 通常 $h_{1/2}(\boldsymbol{P},\boldsymbol{P}')$ 称为 **Hellinger 积分**并表以$\int\sqrt{d\boldsymbol{P}d\boldsymbol{P}'}$. 容易验证 $2(1-h_{1/2}(\boldsymbol{P},\boldsymbol{P}'))$ 是由$(\Omega,\mathscr{F})$上概率测度全体构成的空间上的一个距离，它称为 **Hellinger-Kakutani 距离**，也表以$\int(\sqrt{d\boldsymbol{P}}-\sqrt{d\boldsymbol{P}'})^2$. 定理 14.3 说明按 Hellinger-Kakutani 距离收敛就是变差收敛．

以下假定一个右连续流 $\boldsymbol{F}=(\mathscr{F}_t)$已给定且 $\mathscr{F}=\bigvee_t\mathscr{F}_t$，并取 $\boldsymbol{F}^{\tilde{P}}$为参考流．设 Z 和 Z'分别为 $\boldsymbol{P}$ 和 $\boldsymbol{P}'$关于 $\tilde{\boldsymbol{P}}$ 的密度过程．记

$$R_k=\inf\{t: Z_t\leqslant\frac{1}{k}\},\ R_k'=\inf\{t: Z_t'\leqslant\frac{1}{k}\}, S_k=R_k\wedge R_k',$$
$$R=\inf\{t: Z_t=0\},\ R'=\inf\{t: Z_t'=0\}, S=R\wedge R',$$
$$\Gamma=\bigcup_k [\![0,S_k]\!]=[\![0]\!]\cup[Z_->0, Z_-'>0],$$
$$Y(\alpha)=Z^{\alpha}(Z')^{1-\alpha}, \alpha\in]0,1[.$$

14.4 引理 在 $\tilde{\boldsymbol{P}}$ 下 $Y(\alpha)$是一个类(D)非负上鞅．

证明 因为 $0\leqslant Y(\alpha)\leqslant\alpha Z+(1-\alpha)Z'$，在 $\tilde{\boldsymbol{P}}$ 下 $Y(\alpha)$是非负且类(D)的．不难验证在 $\boldsymbol{P}$ 下 $W=\frac{Z'}{Z}I_{[Z>0]}$是一个上鞅．由 Jensen 不等式对 $0\leqslant s<t$ 有

$$\boldsymbol{E}[W_t^{1-\alpha}|\mathscr{F}_s]\leqslant(\boldsymbol{E}[W_t|\mathscr{F}_s])^{1-\alpha}\leqslant W_s^{1-\alpha},\quad \boldsymbol{P}\text{-a.s.},$$

即 $W^{1-\alpha}$为 $\boldsymbol{P}$-上鞅．于是 $Y(\alpha)=W^{1-\alpha}Z$ 为一 $\tilde{\boldsymbol{P}}$-上鞅． □

14.5 定理 在 Γ 上存在唯一(不计 $\widetilde{\boldsymbol{P}}$-无区别)可料增过程 $H(\alpha)$ 满足 $H_0(\alpha)=0$ 及 $Y(\alpha)+Y_-(\alpha).H(\alpha)\in\mathscr{M}(\widetilde{\boldsymbol{P}})$.

证明 按 Doob—Meyer 分解有

$$Y(\alpha)=Y_0(\alpha)+M-A, \tag{5.1}$$

其中 $M\in\mathscr{M}_0(\widetilde{\boldsymbol{P}})$ 和 $A\in\mathscr{A}_0^+(\widetilde{\boldsymbol{P}})$ 为可料的. 由于

$$I_{\Gamma^c}.Y(\alpha)=\lim_{n\to\infty}I_{]\!]S_n,\infty[\![}.Y(\alpha)=\lim_{n\to\infty}[Y(\alpha)-(Y(\alpha))^{S_n}]=0.$$

按 Doob—Meyer 分解唯一性有

$$I_{\Gamma^c}.M=0,\ I_{\Gamma^c}.A=0.$$

令

$$H(\alpha)=\frac{I_\Gamma}{Y_-(\alpha)}.A.$$

于是 $H(\alpha)$ 满足定理的要求. 事实上对每个 n, $\widetilde{\boldsymbol{E}}[H_{S_n}(\alpha)]\leqslant n\widetilde{\boldsymbol{E}}[A_{S_n}]<\infty$, 因而 $H(\alpha)$ 是 Γ 上的可料增过程. 另一方面, 由典则分解唯一性, $Y_-(\alpha).H(\alpha)^{S_n}$ 由 $Y(\alpha)^{S_n}$ 唯一确定, 故 $H(\alpha)^{S_n}$ 亦由 $Y(\alpha)^{S_n}$ 唯一确定. 这样就建立了 $H(\alpha)$ 在 Γ 上的唯一性. □

注 在上述证明中 $H(\alpha)$ 在整个 $\boldsymbol{R}_+$ 上有定义且被下列要求唯一确定: $H(\alpha)=I_\Gamma.H(\alpha)$. 但在 Γ^c 上 $H(\alpha)$ 可能取 $+\infty$. 换言之, $H(\alpha)$ 是唯一的 $\overline{\boldsymbol{R}}_+$ 值可料增过程使 $\boldsymbol{H(\alpha)=I_\Gamma.H(\alpha)}$ 和 $\boldsymbol{Y(\alpha)+Y_-(\alpha).H(\alpha)}\in\mathscr{M}(\widetilde{\boldsymbol{P}})$.

14.6 定理 设 $\overline{\boldsymbol{P}}$ 为 $(\Omega,\mathscr{F})$ 上另一概率测度, $\widetilde{\boldsymbol{P}}\ll\overline{\boldsymbol{P}}$. 设 $\overline{H}(\alpha)$ 是在定理 14.5 中在 $\overline{\boldsymbol{P}}$ 下唯一确定的 Γ 上的可料增过程, 则 $H(\alpha)$ 与 $\overline{H}(\alpha)$ $\widetilde{\boldsymbol{P}}$-无区别.

证明 设 W 为 $\widetilde{\boldsymbol{P}}$ 关于 $\overline{\boldsymbol{P}}$ 的密度过程, 则 $\overline{Y}(\alpha)=Y(\alpha)W$, 且由 (5.1)

$$\begin{aligned}\overline{Y}(\alpha)&=(Y_0(\alpha)+M-A)W\\&=Y_0(\alpha)W+WM-A.W-W_-.A.\end{aligned} \tag{6.1}$$

(6.1) 右端前三项都是 $\overline{\boldsymbol{P}}$-局部鞅. 故在 $\overline{\boldsymbol{P}}$ 下

$$\overline{Y}_-(\alpha).\overline{H}(\alpha)=W_-.A=\overline{Y}_-(\alpha).H(\alpha).$$

在 $\widetilde{\boldsymbol{P}}$ 下 $W>0$, 因而 $\Gamma=[\![0]\!]\cup[\overline{Y}_-(\alpha)>0]$. 于是 $H(\alpha)$ 与 $\overline{H}(\alpha)$

$\widetilde{P}$-无区别. □

14.7 定义 $H(\alpha)$称为 P 和 P' 间的 α 阶 **Hellinger** 过程. 注意 $H(\alpha)$关于(P,P')不是对称的,除非 $\alpha=\frac{1}{2}$. 在定理 14.6 的含义下 $H(\alpha)$与 $\widetilde{P}$ 的选择无关(S,S' 和 Γ 亦如此),因而可认为 $H(\alpha)$ 是 $P+P'$-a.e. 唯一确定的.

14.8 定理 在 $\widetilde{P}$ 下 $\Delta H(\alpha)\leqslant 1$ 且在 $]\!]0,S[\![$ 上 $\Delta H(\alpha)<1$.

证明 由(5.1)有 $\Delta Y(\alpha)=\Delta M-Y_-(\alpha)\Delta H(\alpha)$,且

$$0\leqslant Y(\alpha)=\Delta M+Y_-(\alpha)[1-\Delta H(\alpha)]. \tag{8.1}$$

对(8.1)取可料投影并注意 ${}^p(\Delta M)=0$ 可得

$${}^p(Y(\alpha))=Y_-(\alpha)[1-\Delta H(\alpha)]\geqslant 0.$$

由于在 $\Gamma\cap]\!]0,\infty[\![$ 上 $Y_-(\alpha)>0$,我们有 $\Delta H(\alpha)\leqslant 1$. 另一方面,$T=\inf\{t:\Delta H_t(\alpha)=1\}$ 是可料时,$T<\infty\Rightarrow {}^p(Y(\alpha))_T=0$,故 $\widetilde{E}[Y_T(\alpha)I_{[T<\infty]}]=0$. 这就蕴含了 $T\geqslant S$ 且在 $]\!]0,S[\![$ 上 $\Delta H(\alpha)<1$. □

下面我们转到计算 Hellinger 过程上来.

14.9 定理 在 Γ 上 $H(\alpha)$是下列 $K(\alpha)$的 $\widetilde{P}$-补偿子:

$$K(\alpha)=\frac{\alpha(1-\alpha)}{2}\left\{\frac{1}{Z_-^2}.\langle Z^c\rangle-\frac{2}{Z_-Z'_-}\langle Z^c,Z'^c\rangle+\frac{1}{Z'^2_-}.\langle Z'^c\rangle\right\}$$
$$+\sum\varphi_\alpha\left(1+\frac{\Delta Z}{Z_-},1+\frac{\Delta Z'}{Z'_-}\right), \tag{9.1}$$

其中

$$\varphi_{(\alpha)}(u,v)=\alpha u+(1-\alpha)v-u^\alpha v^{1-\alpha}. \tag{9.2}$$

证明 在 $[\![0,S_n[\![$ 可对 Z^α 用 Itô 公式,我们有

$$Z^\alpha=Z_0^\alpha+(\alpha Z_-^{\alpha-1}I_{]\!]0,\infty[\![}).Z+\frac{\alpha(\alpha-1)}{2}Z_-^{\alpha-2}.\langle Z^c\rangle$$
$$+\sum\left(Z_-^\alpha\left[\left(1+\frac{\Delta Z}{Z_-}\right)^\alpha-1-\alpha\frac{\Delta Z}{Z_-}\right]\right). \tag{9.3}$$

若 $0<S_n<\infty$,可直接验证(9.3)两端在 S_n 上的跳相同. 因而(9.3)在 $[\![0,S_n]\!]$ 上也成立. 类似地,在 $[\![0,S_n]\!]$ 上

$$(Z')^{1-\alpha}=(Z'_0)^{1-\alpha}+(1-\alpha)((Z'_-)^{-\alpha}I_{]\!]0,\infty[\![}).Z'$$

$$- \frac{\alpha(\alpha-1)}{2}(Z')^{-1-\alpha} \cdot \langle Z'^c \rangle$$

$$+ \sum \left((Z'_-)^{1-\alpha}\left[\left(1+\frac{\Delta Z'}{Z'_-}\right)^{1-\alpha} - 1 - (1-\alpha)\frac{\Delta Z'}{Z'_-}\right]\right).$$

运用分部积分公式，

$$Y(\alpha) = (Z_-^\alpha I_{]\!]0,\infty[\![}) . (Z')^{1-\alpha} + ((Z'_-)^{1-\alpha} I_{]\!]0,\infty[\![}) . Z^\alpha + [Z^\alpha, (Z')^{1-\alpha}],$$

在 $[\![0, S_n]\!]$ 上有

$$\begin{aligned} Y(\alpha) = {} & Y_0(\alpha) + (1-\alpha)\left(\frac{Y_-(\alpha)}{Z'_-} I_{]\!]0,\infty[\![}\right) . Z' \\ & + \alpha\left(\frac{Y_-(\alpha)}{Z_-} I_{]\!]0,\infty[\![}\right) . Z - \frac{\alpha(1-\alpha)}{2} Y_-(\alpha) \\ & . \left[\frac{1}{Z_-^2} . \langle Z^c \rangle - \frac{2}{Z_- Z'_-} . \langle Z^c, Z'^c \rangle + \frac{1}{Z'^2_-} . \langle Z'^c \rangle\right] \\ & + \sum \left(Y_-(\alpha) \left\{ \left(1+\frac{\Delta Z'}{Z'_-}\right)^{1-\alpha} - 1 - (1-\alpha)\frac{\Delta Z'}{Z'_-} \right.\right. \\ & + \left(1+\frac{\Delta Z}{Z_-}\right)^{\alpha} - 1 - \alpha\frac{\Delta Z}{Z_-} + \left[(1+\frac{\Delta Z}{Z_-})^\alpha - 1\right] \\ & \left.\left. \times \left[(1+\frac{\Delta Z'}{Z'_-})^{1-\alpha} - 1\right]\right\}\right) \\ = {} & Y_0(\alpha) + (1-\alpha)\left(\frac{Y_-(\alpha)}{Z'_-} I_{]\!]0,\infty[\![}\right) . Z' \\ & + \alpha\left(\frac{Y_-(\alpha)}{Z_-} I_{]\!]0,\infty[\![}\right) . Z - Y_-(\alpha) . K(\alpha). \end{aligned}$$

因为 $[Y(\alpha) + Y_-(\alpha) . K(\alpha)]^{S_n} \in \mathscr{M}_{\text{loc}}(\widetilde{P})$，容易验证 $(H(\alpha))^{S_n}$ 是 $(K(\alpha))^{S_n}$ 的 $\widetilde{P}$-补偿子．定理得证． □

14.10 系　假定 $\widetilde{P} = \frac{1}{2}(P + P')$，$\mu$ 为 Z 的跳测度，ν 为 μ 的 $\widetilde{P}$ 补偿子，则

$$H(\alpha) = \frac{\alpha(1-\alpha)}{2}\left(\frac{1}{Z_-} + \frac{1}{Z'_-}\right)^2 . \langle Z^c \rangle + \varphi_\alpha(\lambda, \lambda') * \nu \tag{10.1}$$

其中

$$\lambda = 1 + \frac{x}{Z_-}, \quad \lambda' = 1 - \frac{x}{Z'_-}. \tag{10.2}$$

证明 在这一情况下 $Z+Z'=2, Z^c+Z'^c=0, \Delta Z+\Delta Z'=0$，于是 $\langle Z'^c\rangle=\langle Z^c\rangle, \langle Z^c, Z'^c\rangle=-\langle Z^c\rangle$. 由于 $t>R'$ 时 $Z_t=2$，故 $I_{\Gamma^c}.Z=0, I_{\Gamma^c}.\langle Z^c\rangle=0$ 及 $I_{\Gamma^c}\cdot\nu=0$. (9.1)成为

$$K(\alpha)=\frac{\alpha(1-\alpha)}{2}\left(\frac{1}{Z_-}+\frac{1}{Z'_-}\right)^2\cdot\langle Z^c\rangle+\varphi_\alpha(\lambda,\lambda')*\mu,$$

(10.1)就可由定理 14.9 得出. □

14.11 引理 设 A, B 为两个零初值可料有限变差过程，$A_0=B_0=0$. 若 A 和 B 为 $\boldsymbol{P}$-无区别的，则 $I_{[Z_->0]}.A$ 和 $I_{[Z_->0]}.B$ 为 $\widetilde{\boldsymbol{P}}$-无区别的.

证明 对任一 $H\in\mathscr{P}^+$，我们有

$$\begin{aligned}\boldsymbol{E}[(HI_{[Z_->0]})\cdot A_\infty]&=\widetilde{\boldsymbol{E}}\{Z_\infty[(HI_{[Z_->0]})\cdot A_\infty]\}\\&=\widetilde{\boldsymbol{E}}[(HZ_-I_{[Z_->0]})\cdot A_\infty].\end{aligned}$$

同样可得

$$\boldsymbol{E}[(HI_{[Z_->0]})\cdot B)_\infty]=\widetilde{\boldsymbol{E}}[(HZ_-I_{[Z_->0]})\cdot B_\infty].$$

因而 $Z_-I_{[Z_->0]}.A$ 与 $Z_-I_{[Z_->0]}.B$ 为 $\widetilde{\boldsymbol{P}}$-无区别的，$I_{[Z_->0]}.A$ 和 $I_{[Z_->0]}.B$ 亦是 $\widetilde{\boldsymbol{P}}$ 无区别的. □

14.12 定理 假定 $X\in\mathscr{S}(\widetilde{\boldsymbol{P}})$ 且在 $\widetilde{\boldsymbol{P}}$ 下 X 有弱可料表示性. 设 X 在 $\boldsymbol{P}, \boldsymbol{P}'$ 和 $\widetilde{\boldsymbol{P}}$ 下的可料特征分别为 (α,β,ν) 和 (α',β',ν') 及 $(\tilde{\alpha},\tilde{\beta},\tilde{\nu})$ 且

$$\begin{cases}\beta=\beta'=\tilde{\beta}\\ \nu=Y.\tilde{\nu},\ Y\in\widetilde{\mathscr{P}}^+,\ [\tilde{a}=1]\subset[a=1],\\ \nu'=Y'.\tilde{\nu},\quad Y'\in\widetilde{\mathscr{P}}^+,\ [\tilde{a}=1]\subset[a'=1],\end{cases} \tag{12.1}$$

其中 $a=(a_t), a_t=\nu(\{t\}\times E)$. 类似定义 $a', \tilde{a}$. 则在 Γ 上有

$$H(\sigma)=\frac{\sigma(1-\sigma)}{2}\widetilde{K}^2.\tilde{\beta}+\varphi_\sigma(Y,Y')*\tilde{\nu}+\sum\varphi_\sigma(1-a,1-a'), \tag{12.2}$$

$$\widetilde{K}=\frac{d}{d\widetilde{\beta}}\{I_{\Gamma}.[\alpha'-\alpha+(xI_{[|x|\leqslant 1]})*(\nu'-\nu)]\}. \quad (12.3)$$

特别地，在 Γ 上

$$H(\frac{1}{2})=\frac{1}{8}\widetilde{K}^{2}.\widetilde{\beta}+\frac{1}{2}(\sqrt{Y}-\sqrt{Y'})^{2}*\widetilde{\nu}$$

$$+\frac{1}{2}\sum(\sqrt{1-a}-\sqrt{1-a'})^{2}.$$

证明 因为 X 在 $\widetilde{\boldsymbol{P}}$ 下有弱可料表示性，故有

$$Z=Z_0+H.X^c+W*(\mu-\widetilde{\nu}),$$

其中 μ 为 X 的跳测度，

$$H=\frac{d\langle Z,X^c\rangle}{d\widetilde{\beta}},W=U+\frac{\hat{U}}{1-\widetilde{a}}I_{[\widetilde{a}<1]},U=\widetilde{M}_{\mu}[\Delta Z|\widetilde{\mathscr{P}}].$$

在 $\boldsymbol{P}$ 下我们有

$$\alpha-\widetilde{\alpha}-(xI_{[|x|\leqslant 1]})*(\nu-\widetilde{\nu})=\frac{1}{Z_{-}}.\langle Z,X^c\rangle.$$

令

$$K=\frac{d}{d\widetilde{\beta}}\{I_{[Z_->0]}.[\alpha-\widetilde{\alpha}-(xI_{[|x|\leqslant 1]})*(\nu-\widetilde{\nu})]\}.$$

因为 $\langle Z,X^c\rangle=I_{[Z_->0]}.\langle Z,X^c\rangle$，由引理 14.11 在 $\widetilde{\boldsymbol{P}}$ 下我们有

$$\langle Z,X^c\rangle=Z_-.(K.\beta),\quad H=Z_-K.$$

另一方面，$U=\widetilde{M}_{\mu}[\Delta Z\mid\widetilde{\mathscr{P}}]=Z_-(Y-1)$，$\hat{U}=Z_-(\hat{Y}-\widetilde{a})=Z_-(a-\widetilde{a}$. 故可得

$$Z=Z_0+(Z_-K).X^c+\left[Z_-\left(Y-1+\frac{a-\widetilde{a}}{1-\widetilde{a}}I_{[\widetilde{a}<1]}\right)\right]*(\mu-\widetilde{\nu}).$$

类似地也有

$$Z'=Z'_0+(Z'_-K').X^c+\left[Z'_-\left(Y'-1+\frac{a'-\widetilde{a}}{1-\widetilde{a}}I_{[\widetilde{a}<1]}\right)\right]*(\mu-\widetilde{\nu}).$$

其中

$$K'=\frac{d}{d\widetilde{\beta}}[I_{[Z'_->0]}\cdot[\alpha'-\widetilde{\alpha}-(xI_{[|x|\leqslant 1]})*(\nu'-\widetilde{\nu})]\}.$$

于是 $\langle Z^c\rangle=(Z_-K)^2\cdot\widetilde{\beta}$, $<Z'^c>=(Z'_-K')^2\cdot\widetilde{\beta}$, $<Z^c,Z'^c>=$

$(Z_- Z'_- KK').\tilde{\beta}$,且在 Γ 上

$$\frac{1}{Z_-^2}.\langle Z^c\rangle - \frac{2}{Z_- Z'_-}.\langle Z^c, Z'^c\rangle + \frac{1}{Z'^2_-}.\langle Z'^c\rangle$$

$$= (K - K')^2.\tilde{\beta} = (\tilde{K})^2.\tilde{\beta} \tag{12.4}$$

其中 $\tilde{K} = K - K'$ 在 Γ 上成立.

记 $D = [\Delta X \neq 0]$, $J = [\tilde{a} > 0]$,则

$$1 + \frac{\Delta Z}{Z_-} = 1 + YI_D - I_D + \frac{a - \tilde{a}}{1 - \tilde{a}} I_D - (a - \tilde{a} - \frac{a - \tilde{a}}{1 - \tilde{a}}\tilde{a}$$

$$= YI_D + \frac{1 - a}{1 - \tilde{a}} I_{D^c}, \tag{12.5}$$

$$1 + \frac{\Delta Z'}{Z'_-} = Y' I_D + \frac{1 - \tilde{a}'}{1 - \tilde{a}} I_{D^c}. \tag{12.6}$$

在(12.5)和(12.6)中,Y 和 Y' 分别是 $(Y(t, \Delta X_t))$ 和 $(Y'(t, \Delta X_t))$ 的简写,且约定 $\frac{0}{0} = 0$. 于是

$$\sum \varphi_\sigma\left(1 + \frac{\Delta Z}{Z_-}, 1 + \frac{\Delta Z'}{Z'_-}\right)$$

$$= \varphi_\sigma(Y, Y') * \mu + \sum \left[\varphi_\sigma\left(\frac{1-a}{1-\tilde{a}'}, \frac{1-a'}{1-\tilde{a}}\right) I_{D^c_J}\right]. \tag{12.7}$$

(12.7)右端的 $\tilde{P}$-补偿子为

$$\varphi_\sigma(Y, Y') * \tilde{\nu} + \sum \left[\varphi_\sigma\left(\frac{1-a}{1-\tilde{a}'}, \frac{1-a'}{1-\tilde{a}}\right)(1 - \tilde{a})\right]$$

$$= \varphi_\sigma(Y, Y') * \tilde{\nu} + \sum \varphi_\sigma(1 - a, 1 - a'). \tag{12.8}$$

因而(12.2)可由定理 14.9,(12.4)和(12.8)推出. □

14.13 系 假定 $\boldsymbol{P}' \overset{\text{loc}}{\ll} \boldsymbol{P}$, $X \in \mathscr{S}(\boldsymbol{P})$,在 $\boldsymbol{P}$ 下 X 有弱可料表示性. 又 X 在 $\boldsymbol{P}, \boldsymbol{P}'$ 下的可料特征分别为 (α, β, ν) 和 (α', β', ν') 且满足

$$\beta' = \beta, \nu' = Y.\nu, Y \in \widetilde{\mathscr{P}}^+, [\alpha = 1] \subset [\alpha' = 1].$$

则在 Γ 上有

$$H(\sigma) = \frac{\sigma(1 - \sigma)}{2} K^2 \cdot \beta + \varphi_\sigma(1, Y) * \nu + \Sigma \varphi_\sigma(1 - a, 1 - a'), \tag{13.1}$$

其中

$$K=\frac{d}{d\beta}\{I_{\Gamma}\cdot[\alpha'-\alpha-(xI_{[|x|\leqslant 1]})*(\nu'-\nu)]\}.$$

证明 若 $\boldsymbol{P}'\ll\boldsymbol{P}$，可取 $\widetilde{\boldsymbol{P}}=\boldsymbol{P}$. 则结论可由定理 14.12 直接得出．一般情况下，限于 $[\![0,S_n\wedge n]\!]$ (13.1)成立．因而在 $\Gamma=\bigcup_n [\![0,S_n\wedge n]\!]$ 上(13.1)成立． □

§2. 绝对连续性和奇异性

现在我们在上一节同样的假定下来讨论绝对连续性和奇异性. 我们仍用上一节同样的符号.

14.14 定理 在 $\widetilde{\boldsymbol{P}}$ 下我们有

$$[R>0,Z_{R-}>0]=\left[R>0,\frac{1}{Z_-^2}\cdot\langle Z^c\rangle_{R-}\right.$$
$$\left.+\left(1-\sqrt{1+\frac{x}{Z_-}}\right)^2*\nu_{R-}<\infty\right],\quad(14.1)$$

$$[Z_{\infty}>0]=\left[R=\infty,\frac{1}{Z_-^2}\cdot\langle Z^c\rangle_{\infty}\right.$$
$$\left.+\left(1-\sqrt{1+\frac{x}{Z_-}}\right)^2*\nu_{\infty}<\infty\right],\quad(14.2)$$

其中 μ 为 Z 的跳测度，ν 是 μ 的 $\widetilde{\boldsymbol{P}}$-补偿子.

证明 设 $B=[Z_->0]\cup[\![0]\!]$，则 $L=\frac{1}{Z_-}\cdot Z\in(\mathscr{M}_{\rm loc}(\widetilde{\boldsymbol{P}}))^B$. 在 $[\![0,R[\![$ 上有 $\Delta L=\dfrac{Z-Z_-}{Z_-}>-1$. 由指数公式在 $[\![0,R[\![$ 上有

$$Z=Z_0\exp\{X\},$$

$$X=L-L_0-\frac{1}{2}\langle L^c\rangle-\sum[\Delta L-\log(1+\Delta L)].$$

设 $u(y)=(y\wedge 1)\vee(-1)$. 规定

$$X^u=L-L_0-\frac{1}{2}\langle L^c\rangle-\sum[\Delta L-u(\log(1+\Delta L))]$$

$$
\begin{aligned}
&= \frac{1}{Z_-}\cdot(Z - Z_0) - \frac{1}{2}\frac{1}{Z_-^2}\cdot\langle Z^c\rangle \\
&\quad - \sum\left[\frac{\Delta Z}{Z_-} - u\left(\log\left(1+\frac{\Delta Z}{Z_-}\right)\right)\right] \\
&= \frac{1}{Z_-}\cdot(Z - Z_0) - A.
\end{aligned}
$$

往证

$$
A = \frac{1}{2}\frac{1}{Z_-^2}\cdot\langle Z^C\rangle + \sum\left[\frac{\Delta Z}{Z_-} - u\left(\log\left(1+\frac{\Delta Z}{Z_-}\right)\right)\right] \in (\mathscr{A}_{\mathrm{loc}}^+(\widetilde{\boldsymbol{P}}))^B.
$$

(若 $\frac{\Delta Z}{Z_-} = -1$, $u\left(\log\left(1+\frac{\Delta Z}{Z_-}\right)\right) = -1$.) 为此，只要证 $K = \sum\left[\frac{\Delta Z}{Z_-} - u\left(\log\left(1+\frac{\Delta Z}{Z_-}\right)\right)\right] \in (\mathscr{A}_{\mathrm{loc}}^+(\widetilde{\boldsymbol{P}}))^B$. 易见对 $y \geqslant -1$ 有

$$
0 \leqslant y - u(\log(1+y)) \leqslant c\,\frac{|y|^2}{1+|y|},
$$

其中 $c>0$ 为一常数. 于是在 $[\![0, R_n]\!]$ 上

$$
K \leqslant c\sum\left(\frac{|\Delta Z|^2}{Z_-(Z_- + |\Delta Z|)}\right) \leqslant cn^2\sum\frac{|\Delta Z|^2}{1+|\Delta Z|}.
$$

因为 $Z \in \mathscr{M}_{\mathrm{loc}}(\widetilde{\boldsymbol{P}})$, $K \in (\mathscr{A}_{\mathrm{loc}}^+(\widetilde{\boldsymbol{P}}))^B$.

在 $[\![0, R [\![$ 上

$$
\begin{aligned}
&\Delta X = \log(1+\Delta L),\ \Delta X^u = u(\log(1+\Delta L)), \\
&X - X^u = \sum[\log(1+\Delta L) - u(\log(1+\Delta L))].
\end{aligned}
\tag{14.3}
$$

若 X_{R-} (X_{R-}^u) 存在且有限，则 $\{t: 0 \leqslant t < R, |\log(1+\Delta L)| > 1\}$ 至多为一有限集. 于是由(14.3)有

$$
[R>0, X_{R-} \text{ 存在且有限}] = [R>0, X_{R-}^u \text{ 存在且有限}]. \tag{14.4}
$$

因为 $|\Delta X^u| \leqslant 1$，由定理 8.33 可知

$$
[R>0, X_{R-}^u \text{ 存在且有限}] = [R>0, \widetilde{A}_{R-} + \langle X^u\rangle_{R-} < \infty], \tag{14.5}
$$

其中 $\widetilde{A}$ 是 A 的 $\widetilde{\boldsymbol{P}}$-补偿子. 注意

$$
A + [X^u] = \frac{3}{2}\cdot\frac{1}{Z_-^2}\cdot\langle Z^c\rangle + \sum[u^2(\log(1+\Delta L))
$$

$$-u(\log(1+\Delta L))+\Delta L]$$

以及对 $y\geqslant -1$

$$c_1(1-\sqrt{1+y})^2\leqslant u^2(\log(1+y))-u(\log(1+y))+y$$
$$\leqslant c_2(1-\sqrt{1+y})^2,$$

其中 $c_1>0$ 和 $c_2>0$ 为常数. 因而

$$[R>0,\widetilde{A}_{R-}+\langle X^u\rangle_{R-}<\infty]$$
$$=\left[R>0,\frac{1}{Z_-^2}\cdot\langle Z^c\rangle_{R-}+\left(1-\sqrt{1+\frac{x}{Z_-}}\right)*\nu_{R-}<\infty\right].\tag{14.6}$$

所以(14.1)可由(14.4)—(14.6)推出. 由于 $Z_\infty>0\Rightarrow R=\infty$. (14.2)可由(14.1)推得. □

14.15 定理 取 $N=\{S<\infty$ 或 $H_\infty\left(\frac{1}{2}\right)=\infty\}$. 则

1) 在 N 上 $\boldsymbol{P}'\perp\boldsymbol{P}$,

2) 在 N^C 上 $\boldsymbol{P}'\sim\boldsymbol{P}$.

证明 取 $\widetilde{\boldsymbol{P}}=\frac{1}{2}(\boldsymbol{P}'+\boldsymbol{P})$. 由系 14.10 可知

$$H\left(\frac{1}{2}\right)=\frac{1}{8}\left(\frac{1}{Z_-}+\frac{1}{Z'_-}\right)^2\cdot\langle Z^c\rangle+\frac{1}{2}\left(\sqrt{\lambda}-\sqrt{\lambda'}\right)^2*\nu,$$

其中 $\lambda=1+\frac{x}{Z_-},\lambda'=1-\frac{x}{Z'_-}$. 由定理 14.14 有

$$[Z_\infty>0]=[R=\infty,Z_-^{-2}\cdot\langle Z^c\rangle_\infty+\left(1-\sqrt{\lambda}\right)^2*\nu_\infty<\infty],$$
$$[Z'_\infty>0]=[R'=\infty,Z'^{-2}_-\cdot\langle Z^c\rangle_\infty+\left(1-\sqrt{\lambda'}\right)^2*\nu_\infty<\infty].$$

因为 1 介于 $\sqrt{\lambda}$ 和 $\sqrt{\lambda'}$ 之间, 故 $\left(1-\sqrt{\lambda}\right)^2\leqslant\left(\sqrt{\lambda}-\sqrt{\lambda'}\right)^2$, $\left(1-\sqrt{\lambda'}\right)^2\leqslant\left(\sqrt{\lambda}-\sqrt{\lambda'}\right)^2$. 因而

$$\left[S=\infty,H_\infty\left(\frac{1}{2}\right)<\infty\right]=[Z_\infty>0,Z'_\infty>0],\tag{15.1}$$

$$\left[S<\infty\text{ 或 }H_\infty\left(\frac{1}{2}\right)=\infty\right]=[Z_\infty=0]\cup[Z'_\infty=0].\tag{15.2}$$

因为 $P(Z_\infty=0)=0$ 和 $P'(Z'_\infty=0)=0$, 定理结论可由(15.1)和

(15.2)直接得到. □

14.16 定理 $P' \ll P$当且仅当下列条件成立:

i) $P'_0 \ll P_0$(P'_0和P_0分别为P'和P在$\mathscr{F}_0$上的限制),

ii) $P'\left(H_\infty\left(\frac{1}{2}\right)<\infty\right)=1$,

iii) $P(I_{[x=-Z_-]} * \nu_\infty>0)=0$.

证明 由定理14.15可知

$$P' \ll P \Leftrightarrow P'\left(S=\infty,\ H_\infty\left(\frac{1}{2}\right)<\infty\right)=1.$$

必要性. i)和ii)是显然的. 往证iii). 我们有

$$\begin{aligned}E'[I_{[x=-Z_-]} * \nu_\infty] &= \widetilde{E}[Z'_\infty(I_{[x=-Z_-]}) * \nu_\infty] \\ &= \widetilde{E}[(Z'_- I_{[x=-Z_-]}) * \nu_\infty] \\ &= \widetilde{E}[(Z'_- I_{[x=-Z_-]}) * \mu_\infty] \\ &= \widetilde{E}\Big[\sum_{t>0} Z'_{t-} I_{[0\neq\Delta Z_t=-Z_{t-}]}\Big] \\ &= \widetilde{E}[Z'_{R-} I_{[0<R<\infty,Z_{R-}>0]}],\end{aligned} \tag{16.1}$$

这是由于$0\neq\Delta Z_t=-Z_{t-}$仅当$t=R$时才可能. 因为$P(R<\infty)=0$及$P' \ll P$,故$P'(R<\infty)=0$. 因而iii)可由(16.1)推出.

充分性. 为了得到$P'\left(S=\infty,\ H_\infty\left(\frac{1}{2}\right)<\infty\right)=1$,由ii)及$P'(R'<\infty)=0$只需证明$P'$ $R<\infty)=0$. 由iii)及(16.1)有

$$\widetilde{E}[Z'_{R-} I_{[0<R<\infty,Z_{R-}>0]}]=0. \tag{16.2}$$

但$\widetilde{P}(R<\infty,R'=\infty)=0$,于是$R<\infty \Rightarrow R'=\infty$及$Z'_{R-}>0$ $\widetilde{P}$-a.s.. 由(16.2)可推出$\widetilde{P}(0<R<\infty,Z_{R-}>0)=0$. 因此$P'(0<R<\infty,Z_{R-}>0)=0$. 由i)可知$P'(R>0)=1$. 由定理4.14

$$[R>0,Z_{R-}>0]=\left[R>0,H_{R-}\left(\frac{1}{2}\right)<\infty\right],$$

所以由ii)$P'(R>0,Z_{R-}>0)=1$. 最后,$P'(R<\infty)=0$. □

14.17 注 若$\widetilde{P}=\frac{1}{2}(P+P')$,定理14.16的条件iii)等价于下述条件

iii)′ 对所有 $A\in\widetilde{\mathscr{P}}$, $(I_A\lambda)*\nu_\infty=0$ $\boldsymbol{P}'$-a.s. $\Rightarrow(I_A\lambda')*\nu_\infty=0$ $\boldsymbol{P}'$-a.s..（注意在此情况下 $\lambda*\nu$ 和 $\lambda'*\nu$ 分别为 μ 在$\boldsymbol{P}$和$\boldsymbol{P}'$下的补偿子.）

证明 iii) ⇒ iii)′. 设 $A\in\widetilde{\mathscr{P}}$ 及 $(I_A\lambda)*\nu_\infty=0$ $\boldsymbol{P}'$-a.s.. 则 $I_{A[\lambda>0]}*\nu_\infty=0$ $\boldsymbol{P}'$-a.s.. 由 iii)

$$
\begin{aligned}
(I_A\lambda')*\nu_\infty &= (I_{A[\lambda>0]}\lambda')*\nu_\infty \\
&= [\lambda'*(I_{A[\lambda>0]}*\nu)]_\infty = 0, \boldsymbol{P}'\text{-a.s.}.
\end{aligned}
$$

iii)′ ⇒ iii). 显然我们有 $(\lambda I_{[\lambda=0]})*\nu_\infty=0$. 由 iii)′

$$
[I_{[\lambda=0]}(\lambda+\lambda')]*\nu_\infty=(I_{[\lambda=0]}\lambda')*\nu_\infty=0, \boldsymbol{P}'\text{-a.s.}. \tag{17.1}
$$

但 $I_{[\lambda+\lambda'=0]}*\nu_\infty=0$, $\widetilde{\boldsymbol{P}}$-a.s. 及$\boldsymbol{P}$-a.s.，由(17.1) $[I_{[\lambda=0,\lambda+\lambda'>0]}(\lambda+\lambda')]*\nu_\infty=0$, $\boldsymbol{P}'$-a.s.，因而 $I_{[\lambda=0]}*\nu_\infty=0$ $\boldsymbol{P}'$-a.s.. □

14.18 定理 $\boldsymbol{P}'\perp\boldsymbol{P}$当且仅当

$$
\boldsymbol{P}'\left(Z_0=0 \text{ 或 } H_\infty\left(\frac{1}{2}\right)=\infty \text{ 或 } I_{[x=-Z_-]}*\nu_\infty>0\right)=1. \tag{18.1}
$$

证明 我们有

$$
\begin{aligned}
\boldsymbol{P}'\perp\boldsymbol{P} &\Leftrightarrow \boldsymbol{P}'\left(S=\infty \text{ 或 } H_\infty\left(\frac{1}{2}\right)<\infty\right)=0 \\
&\Leftrightarrow \boldsymbol{P}'\left(R<\infty \text{ 或 } H_\infty\left(\frac{1}{2}\right)=\infty\right)=1 \\
&\Leftrightarrow \boldsymbol{P}'\left(Z_0=0 \text{ 或 } 0<R<\infty, \text{且 } H_\infty\left(\frac{1}{2}\right)<\infty,\right. \\
&\qquad \left.\text{或 } H_\infty\left(\frac{1}{2}\right)=\infty\right)=1 \\
&\Leftrightarrow \boldsymbol{P}'\left(Z_0=0 \text{ 或 } 0<R<\infty \text{ 且 } Z_{R-}>0,\right. \\
&\qquad \left.\text{或 } H_\infty\left(\frac{1}{2}\right)=\infty\right)=1 \\
&\Leftrightarrow \boldsymbol{P}'\left(Z_0=0 \text{ 或 } I_{[x=-Z_-]}*\mu_\infty>0,\right. \\
&\qquad \left.\text{或 } H_\infty\left(\frac{1}{2}\right)=\infty\right)=1.
\end{aligned}
$$

在上述等价关系中用到了$[Z_0=0]=[R=0]$及如下事实

$$[R>0,H_{R-}\left(\frac{1}{2}\right)<\infty]=[R>0,Z_{R-}>0]$$

$$=[I_{[x=-Z_-]}*\mu_\infty>0].\square$$

应该指出(18.1)不是可料准则．在一般情况下要找到奇异性的可料准则似乎是困难的．

14.19 定理 假定$P'\overset{\text{loc}}{\ll}P$,则

1) $P'\ll P\Leftrightarrow P'(H_\infty\left(\frac{1}{2}\right)<\infty)=1$,

2) $P'\perp P\Leftrightarrow P'(H_\infty\left(\frac{1}{2}\right)=\infty)=1$.

证明 在此情况下,$P'(R=\infty)=1$,因而$P'(S=\infty)=1$. 这样在定理14.15中可取$N=\left[H_\infty\left(\frac{1}{2}\right)=\infty\right]$,定理结论随之得到．$\square$

14.20 定理 假定$X\in\mathscr{S}(\widetilde{P})$且在$\widetilde{P}$下$X$有弱可料表示性．又设$X$在$P,P'$和$\widetilde{P}$下的可料特征分别为$(\alpha,\beta,\nu)$,$(\alpha',\beta',\nu')$和$(\tilde{\alpha},\tilde{\beta},\tilde{\nu})$,且满足

$$\nu=Y_{\tilde{\nu}},\ Y\in\widetilde{\mathscr{P}}^+,\ [\tilde{a}=1]\subset[a=1],$$

$$\nu'=Y'_{\tilde{\nu}},\ Y'\in\widetilde{\mathscr{P}}^+,\ [\tilde{a}=1]\subset[a'=1].$$

令

$$\tau_1=\inf\{t:\int_0^t|d(\alpha_s-\tilde{\alpha}_s-(xI_{[|x|\leqslant1]})*(\nu-\tilde{\nu}))_s|=\infty\},$$

$$\tau_2=\inf\{t:\int_0^t|d(\alpha'_s-\tilde{\alpha}_s-(xI_{[|x|\leqslant1]})*(\nu'-\tilde{\nu}))_s|=\infty\},$$

$$\tau=\tau_1\wedge\tau_2,$$

$$H=[\alpha'-\alpha-(xI_{[|x|\leqslant1]})*(\nu'-\nu)]I_{[\![0,\tau[\![}+(+\infty)I_{[\![\tau,\infty[\![}.$$

设K是$\overline{R}$值可料过程,使得当H在$[0,t]$上关于$\tilde{\beta}$绝对连续时,$H_s=\int_0^sK_ud\tilde{\beta}_u$, $0\leqslant s\leqslant t$;当H在$[0,t]$上关于$\tilde{\beta}$不绝对连续时,$K_t=+\infty$. 规定

$$A=K^2.\tilde{\beta}+(\sqrt{Y}-\sqrt{Y'})^2*\tilde{\nu}$$

$$+\sum(\sqrt{1-a}-\sqrt{1-a'})^2,$$

$$N=[Z_0Z'_0=0]\cup(\bigcup_t[\beta_t\neq\beta'_t])$$
$$\cup[A_\infty=\infty]\cup[I_{[YY'=0]}*\mu_\infty>0]$$
$$\cup\Big[\sum_{t>0}I_{[\Delta X_t=0]}I_{[a_t=1]\cup[a'_t=1]}>0\Big],$$

其中 μ 是 X 的跳测度. 则 1)在 N 上$\boldsymbol{P}'\perp\boldsymbol{P}$;2) 在 N^C 上$\boldsymbol{P}'\sim\boldsymbol{P}$.

证明 1)令

$$H^{(1)}=[\alpha-\tilde{\alpha}-(xI_{[|x|\leqslant1]})*(\nu-\tilde{\nu})]I_{[\![0,\tau_1[\![}+(+\infty)I_{[\![\tau_1,\infty[\![},$$
$$H^{(2)}=[\alpha'-\tilde{\alpha}-(xI_{[|x|\leqslant1]})*(\nu'-\tilde{\nu})]I_{[\![0,\tau_2[\![}+(+\infty)I_{[\![\tau_2,\infty[\![}.$$

设 $K^{(i)},i=1,2$ 为$\overline{\boldsymbol{R}}$值可料过程,当 $H^{(i)}$在$[0,t]$上关于 $\tilde{\beta}$ 绝对连续时, $H_s^{(i)}=\int_0^s K_u^{(i)}d\tilde{\beta}_u$, $0\leqslant s\leqslant t$;当 $H^{(i)}$在$[0,t]$上关于 $\tilde{\beta}$ 不绝对连续时,$K_t^{(i)}=+\infty$. 规定

$$A^{(1)}=(K^{(1)})^2\cdot\tilde{\beta}+(1-\sqrt{Y})^2*\tilde{\nu}$$
$$+\sum(\sqrt{1-a}-\sqrt{1-\tilde{a}})^2,$$
$$A^{(2)}=(K^{(2)})^2\cdot\tilde{\beta}+(1-\sqrt{Y'})^2*\tilde{\nu}$$
$$+\sum(\sqrt{1-a'}-\sqrt{1-\tilde{a}})^2.$$

不难验证 $N\subset N_1\cup N_2$,其中

$$N_1=[Z_0=0]\cup(\bigcup_t[\beta_t\neq\tilde{\beta}_t])$$
$$\cup[A_\infty^{(1)}=\infty]\cup[I_{Y=0}*\mu_\infty>0]$$
$$\cup\Big[\sum_t I_{[\Delta X_t=0,a_t=1]}>0\Big],$$
$$N_2=[Z'_0=0]\cup(\bigcup_t[\beta'_t\neq\tilde{\beta}_t])$$
$$\cup[A_\infty^{(2)}=\infty]\cup[I_{Y'=0}*\mu_\infty>0]$$
$$\cup\Big[\sum_t I_{[\Delta X_t=0,a'_t=1]}>0\Big].$$

(事实上,若 $\beta=\beta'=\tilde{\beta}$ 且 $dA^{(i)}\ll d\tilde{\beta},i=1,2$,则 $K^{(2)}-K^{(1)}=K$ 和 $A\leqslant2(A^{(1)}+A^{(2)})$.)

由于$\boldsymbol{P}\ll\tilde{\boldsymbol{P}}$,我们有

$$\boldsymbol{P}(Z_0=0)=0,$$

$$P(\bigcup_t[\beta_t \neq \widetilde{\beta}_t]) = 0,$$

$$P(\wedge_\infty^{(1)} < \infty) = 1$$

(由定理 14.12,14.16 并比较 $A^{(1)}$ 与 P 和 $\widetilde{P}$ 间的 1/2 阶 Hellinger 过程),

$$E[I_{[Y=0]} * \mu_\infty] = E[I_{[Y=0]} * \nu_\infty]$$
$$= E[(I_{[Y=0]}Y) * \tilde{\nu}_\infty] = 0,$$

$P(\bigcup_t[\Delta X_t = 0, a_t = 1]) = 0$ （在 P 下，$[a=1] \subset [\Delta X \neq 0]$），因而 $P(N_1)=0$. 类似地 $P'(N_2)=0$. 因而在 N 上 $P' \perp P$.

2) 往证 $N^C \subset [S=\infty, H_\infty\left(\frac{1}{2}\right) < \infty]$，于是结论可由定理 14.15 推出. 如同定理 14.12 的证明一样，$Z = Z_0\mathscr{E}(L)$，$L \in \mathscr{M}_{\mathrm{loc},0}(\widetilde{P})$ 及

$$\Delta L_t = (Y(t, \Delta X_t) - 1)I_{[\Delta X_t \neq 0]} - \frac{a_t - \tilde{a}_t}{1 - \tilde{a}_t}I_{[\Delta X_t = 0]},$$

（见(12.5)）. 按 N 的定义，在 N^C 上对每个 t 若 $\Delta X_t \neq 0$，则有 $Y(t, \Delta X_t) > 0$ 和 $\Delta L_t = Y(t, \Delta X_t) - 1$；若 $\Delta X_t = 0$，则有 $a_t < 1$ 及 $\Delta L_t = -\frac{a_t - \tilde{a}_t}{1 - \tilde{a}_t} > -1$. 总之在 N^C 上 $\Delta L > -1$，因而有 $Z > 0$ 以及 $R_1 = \infty$. 类似地，在 N^C 上还有 $R_2 = \infty$. 所以 $N^C \subset [S = \infty]$. 由定理 14.12 易见 $N^C \subset [H_\infty\left(\frac{1}{2}\right) < \infty]$. □

注 结论 1) 并不要求在 $\widetilde{P}$ 下 X 有弱可料表示性的假定.

14.21 定理 设 $X = X_0 + \sum_{n=1}^{\infty} \xi_n I_{[\![T_n, \infty[\![}$ 为一个跳跃过程，其中 $T_n \uparrow \infty$，对每个 $n \geq 0$，$T_n < \infty \Rightarrow T_n < T_{n+1}$ $(T_0 = 0)$，且对每个 $n \geq 1$，$[T_n < \infty] = [\xi_n \neq 0]$. 设 $F = F^0(X)$，P' 和 P 为 $\mathscr{F} = \bigvee_t \mathscr{F}_t$ 上两个概率测度. X 在 P' 和 P 下的 Lévy 族分别表以 ν' 和 ν. 则 $P' \ll P$ 当且仅当下列条件被满足

i) $P'_0 \ll P_0$,

ii) 存在 $W \in \widetilde{\mathscr{P}}^+$ 使 $\nu' = W.\nu$，$[a=1] \subset [a'=1]$ 及 $P'(A'_\infty <$

$\infty)=1$，其中 $A'=(1-\sqrt{W})^2*\nu+\sum\left(\sqrt{1-a}-\sqrt{1-a'}\right)^2$. 这时，$\boldsymbol{P}'$ 关于 $\boldsymbol{P}$ 的密度过程为

$$\begin{cases}\dfrac{d\boldsymbol{P}'_0}{d\boldsymbol{P}_0}\left(\prod\limits_{T_n\leqslant t}W(T_n,\xi_n)\right)\left(\prod\limits_{s\leqslant t,s\neq T_n}\dfrac{1-a'_s}{1-a_s}\right)e^{(1-W)*\nu^c_t}, & \text{在}[A'<\infty]\text{上}, \\ 0; & \text{在}[A'=\infty]\text{上}, \end{cases} \tag{21.1}$$

其中 ν^c 为 ν 的连续部分.

证明 充分性. 取 $\widetilde{\boldsymbol{P}}=\frac{1}{2}(\boldsymbol{P}+\boldsymbol{P}')$，则定理 14.12 和 14.20 可以用于此. 只要验证 $\boldsymbol{P}'(N)=0$，其中 N 按定理 14.20 的定义. 事实上，$\boldsymbol{P}'(Z_0Z'_0)=\boldsymbol{P}'(Z'_0=0)=0$，因为 $Z'_0=Z_0\dfrac{d\boldsymbol{P}'_0}{d\boldsymbol{P}_0}$ $\boldsymbol{P}'$-a.s.；$\boldsymbol{P}'(A_\infty=\infty)=0$，这是因为 $(1-\sqrt{W})^2*\nu=\left(\sqrt{Y}-\sqrt{Y'}\right)^2*\tilde{\nu}$；又因 $Y'=YW$（在 $\boldsymbol{P}'$ 下）

$$\begin{aligned}\boldsymbol{E}'[I_{[YY'=0]}*\mu_\infty]&=\boldsymbol{E}'[I_{[Y'=0]}*\mu_\infty]\\&=\widetilde{\boldsymbol{E}}[(I_{[Y'=0]}Y')*\tilde{\nu}_\infty]\\&=0;\end{aligned}$$

$$\begin{aligned}\boldsymbol{E}'\left[\sum_{t>0}I_{[\Delta X_t=0]}I_{[a_t=1]\cup[a'_t=1]}\right]&=\boldsymbol{E}'\left[\sum_{t>0}I_{[\Delta X_t=0][a'_t=1]}\right]\\&=\boldsymbol{E}'\left[\sum_{t>0}I_{[a'_t=1]}(1-a'_t)\right]\\&=0.\end{aligned}$$

必要性由定理 14.16. ii) 来看是明显的，因为 $H\left(\frac{1}{2}\right)$ 与 $\frac{1}{2}(1-\sqrt{W})^2+\sum(\sqrt{1-a}-\sqrt{1-a'})^2$ 是 $\boldsymbol{P}'$-无区别的. 由定理 14.20 的证明可知 $\boldsymbol{P}'$ 关于 $\boldsymbol{P}$ 的密度过程 Z' 满足（取 $\widetilde{\boldsymbol{P}}'=\boldsymbol{P}$）：

$$Z'=Z'_0+\left[Z'_-\left(W-1+\frac{a'-a}{1-a}\right)\right]*(\mu-\nu).$$

在 $\bigcup\limits_n[\![0,R_n]\!]\subset(A'<\infty)$ 上 $L=\left(W-1+\dfrac{a'-a}{1-a}\right)*(\mu-\nu)$ 为 $\boldsymbol{P}'$-局部鞅，且

$$L_t = (W-1)*(\mu-\nu)_t + \sum_{T_n\leqslant t}\frac{a'_{T_n}-a_{T_n}}{1-a_{T_n}}$$

$$-\sum_{s\leqslant t}\frac{a'_s-a_s}{1-a_s}a_s,$$

$$=-(W-1)*\nu_t+\sum_t(a'_s-a_s)+(W-1)*\mu_t$$

$$-\sum_{s\leqslant t}\frac{a'_s-a_s}{1-a_s}+\sum_{T_n\leqslant t}\frac{a'_{T_n}-a_{T_n}}{1-a_{T_n}}$$

$$=-(W-1)*\nu^c_t+\sum_{T_n\leqslant 1}(W(T_n,\xi_n)-1)$$

$$+\sum_{s\leqslant t,s\neq T_n}\frac{a_s-a'_s}{1-a_s}$$

$$=-(W-1)*\nu^c_t+\sum_{s\leqslant t}\Delta L_s.$$

以 Z 记(21.1)中规定的过程. 显然,对每个 n, $Z^{R'_n}=Z_0\mathscr{E}(L^{R'_n})=(Z')^{R'_n}$. 若对某个 n, $R'_n=R'<\infty$,则 $Z_{R'}=Z_{R'_n}=Z'_{R'_n}=Z'_{R'}=0$. 若对所有 n, $R'_n<R<\infty$,则 $Z_{R-}=\lim\limits_n Z_{R'_n}=\lim\limits_n Z'_{R'_n-}=Z'_{R'-}=0$. 因而由 Z 的定义可知在 $[\![R',\infty[\![$ 上 $Z=0$. 所以 $Z=Z'$,定理得证. □

14.22 系 在定理 14.21 的假定下并设 $\boldsymbol{P}'_0\ll\boldsymbol{P}_0$ 且存在 $W\in\widetilde{\mathscr{P}}^+$ 使 $\nu'=W.\nu$, $[a=1]\subset[a'=1]$,并对每个 $t>0$

$$\boldsymbol{P}'\left((1-\sqrt{W})^2*\nu_t+\sum_{s\leqslant t}\left(\sqrt{1-a_s}-\sqrt{1-a'_s}\right)^2<\infty\right)=1.$$

则 $\boldsymbol{P}'\perp\boldsymbol{P}$ 当且仅当

$$\boldsymbol{P}'\left((1-\sqrt{W})^2*\nu_\infty+\sum_{t>0}\left(\sqrt{1-a_t}-\sqrt{1-a'_t}\right)^2=\infty\right)=1.$$

证明 由定理 14.21 可知对每个 t, $\boldsymbol{P}'_t\ll\boldsymbol{P}_t$($\boldsymbol{P}'_t$ 和 $\boldsymbol{P}_t$ 分别为 $\boldsymbol{P}'$ 和 $\boldsymbol{P}$ 在 $\mathscr{F}_t$ 上的限制). 于是定理的结论可由定理 14.19.2)推出. □

§3. 近邻性、完全可分离性与变差收敛

在这一节我们总假定 $(\Omega^n,\mathscr{F}^n)$, $n\geqslant1$ 为一列可测空间,对每

个 $n\geqslant 1$，P^n 和P'^n 是$(\Omega^n,\mathscr{F}^n)$上的两个概率测度.

14.23 定义 称(P'^n)是**近邻于**(P^n)的，并表为$(P'^n)\lhd(P^n)$，若对所有 $A_n\in\mathscr{F}^n$

$$P^n(A_n)\to 0\Rightarrow P'^n(A_n)\to 0.$$

显然$\|P'^n-P^n\|\to 0\Rightarrow(P'^n)\lhd(P^n)$. 称$(P^n)$和$(P'^n)$是**完全可分离的**，并表以$(P'^n)\triangle(P^n)$，若存在子列$(n_k)$及 $A_{n_k}\in\mathscr{F}^{n_k}$使

$$P'^{n_k}(A_{n_k})\to 0,P^{n_k}(A_{n_k}^c)\to 0,\text{当 } k\to\infty.$$

设 $\xi_n\in\mathscr{F}^n$，$n\geqslant 1$. 若对所有 $\varepsilon>0$，

$$P^n(|\xi_n|\geqslant\varepsilon)\to 0,$$

称(ξ^n)**依**(P^n)**收敛于零**，并表示为$\xi_n\xrightarrow{P^n}0$. (ξ_n,P^n)称为**胎紧的**，若

$$\lim_{N\to\infty}\overline{\lim_{n\to\infty}}P^n(|\xi_n|\geqslant N)=0. \tag{23.1}$$

若 ξ_n，$n\geqslant 1$ 都是有限值的，(23.1)等价于

$$\lim_{N\to\infty}\sup_n P^n(|\xi_n|\geqslant N)=0,$$

即 ξ_n 的分布族为胎紧的.

近邻性和完全可分离性的概念分别是绝对连续性和奇异性概念的推广. 事实上，若$(\Omega^n,\mathscr{F}^n)\equiv(\Omega,\mathscr{F})$，$P^n\equiv P$和$P'^n\equiv P'$，则$(P'^n)\lhd(P^n)$就是$P'\ll P$，$(P'^n)\triangle(P^n)$就是$P'\perp P$. 读者可自行验证这一点.

14.24 定理 下列断言等价

1) $(P'^n)\lhd(P^n)$，

2) 对所有 $\xi_n\in\mathscr{F}^n$，$\xi_n\xrightarrow{P^n}0\Rightarrow\xi_n\xrightarrow{P'^n}0$ ，

3) 对所有 $\xi_n\in\mathscr{F}^n$，(ξ_n,P^n)为胎紧的 $\Rightarrow$ (ξ_n,P'^n)为胎紧的.

证明 2) $\Rightarrow$ 1). 设 $A_n\in\mathscr{F}^n$ 及$P^n(A_n)\longrightarrow 0$. 记 $\xi_n=I_{A_n}$，则$\xi_n\xrightarrow{P^n}0$，因而 $\xi_n\xrightarrow{P'^n}0$，即$P'(A_n)\longrightarrow 0$.

1) $\Rightarrow$ 3). 假定存在 $\xi_n\in\mathscr{F}^n$，$n\geqslant 1$ 使(ξ_n,P^n)为胎紧的，但(ξ^n,P'^n)不是胎紧的. 于是存在 $\varepsilon>0$，子列(n_k)和 $b_{n_k}\to\infty$使对一切 $k\geqslant 1$ 有$P'^{n_k}(|\xi_{n_k}|\geqslant b_{n_k})\geqslant\varepsilon$. 定义

$$A_n=\begin{cases}[|\xi_{n_k}|\geqslant b_{n_k}], & n=n_k,k\geqslant 1,\\ \varnothing, & n\notin(n_k).\end{cases}$$

则$P^n(A_n)\longrightarrow 0$，但$P'^n(A_n)\not\rightarrow 0$. 这是一个矛盾.

3) ⇒ 2). 假定存在$\eta_n\in\mathscr{F}^n$，$n\geqslant 1$，使(η_n)依(P^n)收敛于0，但不依(P'^n)收敛于0. 于是存在$\varepsilon>0$，子列(n_k)和$a_{n_k}\downarrow 0$使得对所有k，$P'^{n_k}(|\eta_{n_k}|\geqslant\varepsilon)\geqslant\varepsilon$，但当$k\rightarrow\infty$时$P^{n_k}(|\eta_{n_k}|\geqslant a_{n_k})\rightarrow 0$. 令

$$\xi_n=\begin{cases}\eta_{n_k}/a_{n_k}, & n=n_k,k\geqslant 1,\\ 0, & n\notin(n_k).\end{cases}$$

则(ξ_n,P^n)是胎紧的. 事实上我们有$\lim\limits_{n\rightarrow\infty}P^n(|\xi_n|\geqslant 1)=0$. 但$(\xi_n,P'^n)$不是胎紧的. 这是因为对每个$N$当$n_k$足够大时我们有$\dfrac{\varepsilon}{a_{n_k}}>N$及

$$\varlimsup_{n\rightarrow\infty}P'^n(|\xi_n|\geqslant N)\geqslant\varlimsup_{k\rightarrow\infty}P'^{n_k}\left(|\zeta_{n_k}|\geqslant\frac{\varepsilon}{a_{n_k}}\right)\geqslant\varepsilon.$$

这是一个矛盾. □

记$\overline{P}^n=\dfrac{1}{2}(P^n+P'^n)$及

$$z_n=\frac{dP^n}{d\overline{P}^n},\quad z'_n=\frac{dP'^n}{d\overline{P}^n},\quad l_n=\frac{z'_n}{z_n}.$$

显然$P^n(l_n<\infty)=1$，而P'^n关于P^n的 Lebesgue 分解为

$$P'^n(B)=\int_B l_n dP^n+P'^n(B[l_n=\infty]),\ B\in\mathscr{F}^n.$$

如同 Lebesgue 分解的唯一性，l_n是$P^n+P'^n$-a.s. 确定的. 事实上，在l_n的定义中，$\overline{P}^n$可代以任一满足$P^n\ll\mu^n$和$P'^n\ll\mu^n$的σ-有限测度μ^n.

14.25 引理 (l_n,P^n)和$(\frac{1}{z_n},P^n)$是胎紧的.

证明 我们有

$$P^n(l_n>N)=\int_{[z'_n>Nz_n]}z_n d\overline{P}^n\leq\frac{1}{N}\int_{[z'_n>Nj_n]}z'_n d\overline{P}^n\leq\frac{1}{N},$$

$$P^n\left(\frac{1}{z_n}>N\right)=P^n\left(z_n<\frac{1}{N}\right)=\int_{[z_n<\frac{1}{N}]}z_n d\overline{P}^n\leq\frac{1}{N}.\ \square$$

14.26 定理 $(P'^n)\lhd(P^n)$当且仅当(l_n,P^n)为一致可积且

$P'^n(l_n=\infty)\to 0$.

证明 由 Lebesgue 分解可知对任一 $B_n\in\mathscr{F}^n$ 有

$$\int_{B_n} l_n d\,P^n \le P'^n(B_n) \leqslant \int_{B_n} l_n d\,P^n + P'^n(l_n=\infty). \quad (26.1)$$

充分性. 假定$P^n(B_n)\to 0$. 因为(l_n,P^n)一致可积, $\int_{B_n} l_n d\,P^n \longrightarrow 0$ (定理 1.9). 于是由(26.1)可得$P'^n(B_n)\longrightarrow 0$.

必要性. 因为$P^n(l_n=\infty)=0$,由近邻性$P'^n(l_n=\infty)\longrightarrow 0$. 由(26.1)可知对任意 $B_n\in\mathscr{F}_n$, $n\geqslant 1$, $P^n(B_n)\longrightarrow 0 \Rightarrow P'^n(B_n)\longrightarrow 0 \Rightarrow \int_{B_n} l_n d\,P^n \longrightarrow 0$. 因而$(l_n,P^n)$是一致可积的. □

14.27 定理 下列断言等价:

1) $(P'^n)\lhd(P^n)$,

2) (l_n,P'^n)是胎紧的,

3) $\left(\dfrac{1}{z_n},P'^n\right)$是胎紧的,

4) $\lim\limits_{\alpha\to 0}\varliminf\limits_{n\to\infty} h_\alpha(P^n,P'^n)=1$.

证明 1) ⇒ 2)和 1) ⇒ 3)由引理 14.25 和定理 14.24 推得.

2) ⇒ 1). 我们来验证定理 14.26 的两个条件成立. 由(26.1)有

$$\int_{[l_n\geqslant N]} l_n d\,P^n \le P'^n(l_n\geqslant N).$$

并注意到$P^n(l_n<\infty)=1$ 可得(l_n,P^n)是一致可积的. 另一方面, $P'^n(l_n=\infty)\leqslant P'^n(l_n\geqslant N)$. 于是

$$\varlimsup_{n\to\infty} P'^n(l_n=\infty) \leqslant \lim_{N\to\infty}\varlimsup_{n\to\infty} P'^n(l_n\geqslant N)=0.$$

3) ⇒ 1). 设$P^n(B_n)\longrightarrow 0$, $B_n\in\mathscr{F}^n$. 则注意到 $z_n+z'_n=2$ 有

$$\begin{aligned}P'^n(B_n) &\leqslant P'^n\left(z_n\leqslant\frac{1}{N}\right)+\int_{B_n[z_n>\frac{1}{N}]} z'_n d\,\bar{P}^n\\ &\leqslant P'^n\left(z_n\leqslant\frac{1}{N}\right)+\left(2-\frac{1}{N}\right)N\int_{B_n} z_n d\,\bar{P}^n\\ &= P'^n\left(z_n\leqslant\frac{1}{N}\right)+(2N-1)\,P^n(B_n).\end{aligned}$$

依次令 $n\to\infty$ 及 $N\to\infty$ 有 $\boldsymbol{P}'^{n}(B_n)\longrightarrow 0$.

3) ⇔ 4). 不难看出在 $]0,1[$ 上存在函数 ψ,γ_1 和 γ_2 使 $\psi>0,\gamma_2\geqslant\gamma_1>0,\lim\limits_{\alpha\to0}\psi(\alpha)=\lim\limits_{\alpha\to0}\gamma_1(\alpha)=\lim\limits_{\alpha\to0}\gamma_2(\alpha)=0$, 且对 $x\in[0,2]$ 有

$$-\psi(\alpha)-2I_{[x\leqslant\gamma_2(\alpha)]}\leqslant x^{\alpha}(2-x)^{1-\alpha}-(2-x)$$
$$\leqslant\psi(\alpha)-2I_{[x\leqslant\gamma_1(\alpha)]}. \qquad (27.1)$$

以 z_n 代入(27.1)中的 x 并关于 $\overline{\boldsymbol{P}}^n$ 积分可得

$$-\psi(\alpha)-\boldsymbol{P}^n(z_n\leqslant\gamma_2(\alpha))-\boldsymbol{P}'^{n}(z_n\leqslant\gamma_2(\alpha))\leqslant h_\alpha(\boldsymbol{P}^n,\boldsymbol{P}'^{n})-1$$
$$\leqslant\psi(\alpha)-\boldsymbol{P}^n(z_n\leqslant\gamma_1(\alpha))-\boldsymbol{P}'^{n}(z_n\leqslant\gamma_1(\alpha)).$$

由于 $\lim\limits_{\alpha\to0}\overline{\lim\limits_{n\to\infty}}\boldsymbol{P}^n(z_n\leqslant\gamma_1(\alpha))=0$(引理 14.25), 故有

$$-\lim_{\alpha\to0}\overline{\lim_{n\to\infty}}\boldsymbol{P}'^{n}(z_n\leqslant\gamma_2(\alpha))\leqslant\lim_{\alpha\to0}\underline{\lim_{n\to\infty}}h_\alpha(\boldsymbol{P}^n,\boldsymbol{P}'^{n})-1$$
$$\leqslant-\lim_{\alpha\to0}\overline{\lim_{n\to\infty}}\boldsymbol{P}'^{n}(z_n\leqslant\gamma_1(\alpha)).$$

这样 3) ⇔ 4) 就是明显的了. □

14.28 定理 下列断言等价:

1) $(\boldsymbol{P}'^{n})\triangle(\boldsymbol{P}^n)$,

2) 对每个 $N>0$, $\overline{\lim\limits_{n\to\infty}}\boldsymbol{P}'^{n}(l_n\geqslant N)=1$,

3) 对每个 $\varepsilon>0$, $\underline{\lim\limits_{n\to\infty}}\boldsymbol{P}'^{n}(z_n\geqslant\varepsilon)=0$,

4) 对某个 $\alpha\in]0,1[$, $\underline{\lim\limits_{n\to\infty}}h_\alpha(\boldsymbol{P}^n,\boldsymbol{P}'^{n})=0$,

5) 对某个 $\alpha\in]0,1[$, $\underline{\lim\limits_{n\to\infty}}h_\alpha(\boldsymbol{P}^n,\boldsymbol{P}'^{n})=0$.

证明 设 1) 成立, 则有子列 (n_k) 及 $B_{n_k}\in\mathscr{F}^{n_k}$ 使 $\boldsymbol{P}^{n_k}(B_{n_k})\to0$, $\boldsymbol{P}'^{n_k}(B_{n_k})\to1$. 对任一 $N>0$

$$\boldsymbol{P}'^{n_k}(B_{n_k})=\int_{B_{n_k}[l_{n_k}<N]}l_{n_k}d\,\boldsymbol{P}^{n_k}+\boldsymbol{P}'^{n_k}(B_{n_k}[l_{n_k}\geqslant N])$$
$$\leqslant N\,\boldsymbol{P}^{n_k}(B_{n_k})+\boldsymbol{P}'^{n_k}(l_{n_k}\geqslant N).$$

因而 $\lim\limits_{k\to\infty}\boldsymbol{P}'^{n_k}(l_{n_k}\geqslant N)=1$ 和 $\overline{\lim\limits_{n\to\infty}}\boldsymbol{P}^n(l_n\geqslant N)=1$. 2) 就成立.

对任一 $\varepsilon>0$

$$\boldsymbol{P}'^{n_k}(z_{n_k}\geqslant\varepsilon)\leqslant\boldsymbol{P}'^{n_k}(B^c_{n_k})+\int_{B_{n_k}[z_{n_k}\geqslant\varepsilon]}\frac{z'_{n_k}}{z_{n_k}}d\,\boldsymbol{P}^{n_k}$$

$$\leqslant P'^{n_k}(B_{n_k}^c) + \frac{2}{\varepsilon} P^{n_k}(B_{n_k}).$$

于是 3)成立.

对任一 $\alpha \in [0,1]$，由 Hölder 不等式

$$h_\alpha(P^{n_k}, P'^{n_k}) \leqslant \left(\int_{B_{n_k}} z_{n_k} d\,\bar{P}^{n_k}\right)^\alpha \left(\int_{B_{n_k}} z'_{n_k} d\,\bar{P}^{n_k}\right)^{1-\alpha}$$

$$+ \left(\int_{B_{n_k}^c} z_{n_k} d\,\bar{P}^{n_k}\right)^\alpha \left(\int_{B_{n_k}^c} z'_{n_k} d\,\bar{P}^{n_k}\right)^{1-\alpha}$$

$$\leqslant (P^{n_k}(B_{n_k}))^\alpha + (P'^{n_k}(B_{n_k}^c))^{1-\alpha} \longrightarrow 0.$$

于是可推出 5). 5) ⇒ 4)是简单的.

2) ⇒ 1). 存在子列(n_k)使$P'^{n_k}(l_{n_k} \geqslant k) > 1 - \frac{1}{k}$. 令 $B_{n_k} = [l_{n_k} \geqslant k]$. 则$P^{n_k}(B_{n_k}) \longrightarrow 1$. 由引理 14.25

$$\lim_{k\to\infty} P^{n_k}(l_{n_k} \geqslant k) \leqslant \lim_{N\to\infty} \overline{\lim_{k\to\infty}} P^{n_k}(l_{n_k} \geqslant N) = 0.$$

因而$P^{n_k}(B_{n_k}) \to 0$，$P'^{n_k}(B_{n_k}) \to 1$，即$(P^n) \triangle (P'^n)$.

3) ⇒ 1). 存在子列(n_k)使$P'^{n_k}(l_{n_k} \geqslant \frac{1}{k}) \leqslant \frac{1}{k}$. 另一方面，$P^{n_k}(z_{n_k} < \frac{1}{k}) \leqslant \frac{1}{k}$. 令 $B_{n_k} = [z_{n_k} \geqslant \frac{1}{k}]$，则$P'^{n_k}(B_{n_k}) \to 0$，$P^{n_k}(B_{n_k}) \to 1$.

4) ⇒ 1). 存在子列(n_k)使$\lim\limits_{k\to\infty} h_\alpha(P^{n_k}, P'^{n_k}) = 0$. 令 $B_{n_k} = [z_{n_k} \leqslant z'_{n_k}]$，则

$$P^{n_k}(B_{n_k}) = \int_{B_{n_k}} z_{n_k} d\,\bar{P}^{n_k} \leqslant \int_{B_{n_k}} (z_{n_k})^\alpha (z'_{n_k})^{1-\alpha} d\,\bar{P}^{n_k}$$

$$\leqslant h_\alpha(P^{n_k}, P'^{n_k}),$$

$$P'^{n_k}(B_{n_k}^c) = \int_{B_{n_k}^c} z'_{n_k} d\,\bar{P}^{n_k} \leqslant \int_{B_{n_k}^c} (z_{n_k})^\alpha (z'_{n_k})^{1-\alpha} d\,\bar{P}^{n_k}$$

$$\leqslant h_\alpha(P^{n_k}, P'^{n_k}).$$

因而$P^{n_k}(B_{n_k}) \to 0$，$P'^{n_k}(B_{n_k}) \to 1$. □

14.29 定理 下列断言等价:

1） $\| P^n - P'^n \| \to 0$，

2） $\int |l_n - 1| d P^n \to 0$，

3） $l_n - 1 \xrightarrow{P^n} 0$，

4） $z_n - 1 \xrightarrow{P^n} 0$，

5）对某个 $\alpha \in]0,1[$，$\lim\limits_{n\to\infty} h_\alpha(P^n, P'^n) = 1$，

6）对任一 $\alpha \in]0,1[$，$\lim\limits_{n\to\infty} h_\alpha(P^n, P'^n) = 1$.

证明　我们有

$$\| P^n - P'^n \| = \int |z_n - z'_n| d \overline{P}^n$$
$$= \int |l_n - 1| d P^n + P'^n(l_n = \infty).$$

1）⇒ 2）可直接推出. 2）⇒ 3）由 Chebyshev 不等式是明显的. 3）⇒ 4）亦是容易的，事实上 $l_n - 1 = 2\left(\frac{1}{z_n} - 1\right)$.

4）⇒ 1）. 对任一 $\varepsilon > 0$，若 $0 < \delta < \varepsilon < 1$，则

$$\overline{P}^n(|z_n - 1| \leqslant \varepsilon) = \int_{[|z_n - 1| \leqslant \varepsilon]} \frac{1}{z_n} d P^n$$
$$\geqslant \int_{[|z_n - 1| \leqslant \delta]} \frac{1}{z_n} d P^n$$
$$\geqslant \frac{1}{1+\delta} P^n(|z^n - 1| \leqslant \delta).$$

依次令 $n \to \infty$ 和 $\delta \downarrow 0$ 可得 $z_n - 1 \xrightarrow{\overline{P}^n} 0$. 由于 $|z_n - 1| \leqslant 1$，$\| P^n - P'^n \| = 2\int |z_n - 1| d \overline{P}^n \to 0$.

1）⇒ 6）⇒ 5）⇒ 1）由定理 14.3 得出. □

以下我们假定对每个 n 给定一个右连续流 $\boldsymbol{F}^n = (\mathscr{F}_t^n)$ 满足 $\mathscr{F}^n = \bigvee\limits_t \mathscr{F}_t^n$. 取 $(\boldsymbol{F}^n)^{\overline{P}^n}$ 为参考流. 令 Z^n 和 Z'^n 分别为 P^n 和 P'^n 关于 $\overline{P}^n$ 的密度过程. 记

$$R_k^n = \inf\left\{t : Z_t^n \leqslant \frac{1}{k}\right\},$$

$$R'^n_k = \inf\left\{t: Z'^n_t \leqslant \frac{1}{k}\right\},$$

$$S^n_k = R^n_k \wedge R'^n_k,$$

$$R^n = \inf\{t: Z^n_t = 0\},$$

$$R'^n = \inf\{t: Z'^n_t = 0\},$$

$$S^n = R^n \wedge R'^n,$$

$$\Gamma^n = \bigcup_k [\![0, S^n_k]\!] = [\![0]\!] \cup [Z^n_- > 0, Z'^n_- > 0],$$

μ^n——Z^n 的跳测度，

ν^n——μ^n 在$\bar{\boldsymbol{P}}^n$ 下的补偿子，

H^n——$(\boldsymbol{P}^n, \boldsymbol{P}'^n)$的 1/2 阶 Hellinger 过程，

对 $N \geqslant 2$

$$i^n(N) = (\lambda'^n I_{[N\lambda^n < \lambda'^n]}) * \nu^n,$$

其中 $\lambda^n = 1 + \frac{x}{Z^n_-}, \lambda'^n = 1 - \frac{x}{Z'^n_-}$. 不难直接验证 $\lambda^n \cdot \nu^n$ 和 $\lambda'^n \cdot \nu^n$ 分别是 μ^n 在$\boldsymbol{P}^n$ 和$\boldsymbol{P}'^n$ 下的补偿子.

以下为方便计，我们省略了指标 n，只有在它必不可少时才出现.

14.30 引理 若$(\boldsymbol{P}^n) \lhd (\boldsymbol{P}'^n)$，则

$$\lim_{k\to\infty} \varlimsup_{n\to\infty} \boldsymbol{P}'^n(S^n_k < \infty) = 0.$$

证明 我们有

$$\boldsymbol{P}'(R'_k < \infty) \leqslant \boldsymbol{P}'\left(Z'_{R'_k} \leqslant \frac{1}{k}\right) \leqslant \frac{1}{k},$$

$$\boldsymbol{P}'(S_k < \infty) \leqslant \boldsymbol{P}'(R_k < \infty) + \boldsymbol{P}'(R'_k < \infty).$$

因而只要证$\lim\limits_{k\to\infty}\varlimsup\limits_{n\to\infty} \boldsymbol{P}'^n(R^n_k < \infty) = 0$. 若不对，则存在 $\delta > 0$ 及子列(n_k)便得对所有 k 有

$$\boldsymbol{P}'^{n_k}(R^{n_k}_k < \infty) \geqslant \delta. \tag{30.1}$$

但同时有$\boldsymbol{P}(R_k < \infty) \leqslant \frac{1}{k}$. 于是$\boldsymbol{P}^{n_k}(R^{n_k}_k < \infty) \to 0$，由近邻性还有$\boldsymbol{P}'^{n_k}(R^{n_k}_k < \infty) \to 0$，它与(30.1)相矛盾. □

14.31 定理 $(\boldsymbol{P}'^n) \lhd (\boldsymbol{P}^n)$当且仅当下列条件被满足:

i) $(P'^{n}_{0}) \lhd (P^{n}_{0})$，其中 $P'^{n}_{0}=P'^{n}|_{\mathscr{F}^{n}_{0}}$ 和 $P^{n}_{0}=P^{n}|_{\mathscr{F}^{n}_{0}}$，

ii) (H^{n}_{∞}, P'^{n}) 为胎紧的，即 $\lim\limits_{N\to\infty}\overline{\lim\limits_{n\to\infty}} P'^{n}(H^{n}_{\infty}\geqslant N)=0$，

iii) 对任一 $\varepsilon>0$，$\lim\limits_{N\to\infty}\overline{\lim\limits_{n\to\infty}} P'^{n}(i^{n}_{\infty}(N)\geqslant\varepsilon)=0$.

证明 必要性. i)是显然的. 注意

$$H_{S_k}\leqslant kY_-\cdot H_{S_k}$$

（按定义 $Y=\sqrt{ZZ'}$）$Y\leqslant 1$ 及 $P'\leqslant 2\,\overline{P}$，故有

$$\begin{aligned}
P'(H_\infty\geqslant N)&\leqslant P'(S_k<\infty)+P'\left(Y_-\cdot H_\infty\geqslant\frac{N}{k}\right)\\
&\leqslant P'(S_k<\infty)+\frac{2k}{N}\overline{E}[Y_-\cdot H_\infty]\\
&=P'(S_k<\infty)+\frac{2k}{N}\overline{E}[Y_0-Y_\infty]\\
&\leqslant P'(S_k<\infty)+\frac{2k}{N}.
\end{aligned}\tag{31.1}$$

依次令 $n\to\infty$，$N\to\infty$ 及 $k\to\infty$ 由引理 14.30 可得 ii). 令

$$j^{n}(N)=(I_{[N\lambda^{n}<\lambda'^{n}]})*\mu^{n}.$$

若 $u<\frac{1}{2}v$，$\varphi_{1/2}(u,v)=\frac{1}{2}(u+v)-\sqrt{uv}=\frac{1}{2}(\sqrt{v}-\sqrt{u})^2>cv$.

其中 $c=\frac{1}{2}\left(1-\frac{1}{\sqrt{2}}\right)^2$. 于是

$$i(N)\leqslant c^{-1}(\varphi_{1/2}(\lambda,\lambda')I_{[N\lambda<\lambda']})*\nu\leqslant c^{-1}H,\ N\geqslant 2.$$

因而 $i(N)^{S_k}$ 是 $\overline{P}$ 可积的，亦是 P' 可积的. 于是 $i(N)^{S_k}$ 是 $j(N)^{S_k}$ 的 P'-补偿子. 由 Lenglart 不等式，对 $\varepsilon>0$

$$\begin{aligned}
P'(i_{S_k}(N)\geqslant\varepsilon)\leqslant&\frac{1}{\varepsilon}E'[(\Delta j(N))^*_{S_k}]\\
&+P'(j_{S_k}(N)>0).
\end{aligned}\tag{31.2}$$

由于 $\Delta j(N)\leqslant 1$ 且在 $[\![0,S_k[\![$ 上 $\frac{Z}{Z_-}\geqslant\frac{1}{2k}$，$\frac{Z'}{Z'_-}\leqslant 2k$，当 $N\geqslant 4k^2$ 在 $[\![0,S_k[\![$ 上有 $\frac{Z'}{Z'_-}\leqslant 2k\leqslant\frac{N}{2k}\leqslant N\frac{Z}{Z_-}$. 于是

$$j_{S_{k-}}(N)=0,\quad(\Delta j(N))^*_{S_k}\leqslant I_{[S_k<\infty]}.$$

因而，当 $N\geqslant 4k^2$ 时由(31.1)我们有

$$P'(i_{\cdots}(N)\geqslant\varepsilon)\leqslant P'(i_{S_k}(N)\geqslant\varepsilon)+P'(S_k^n<\infty)$$
$$\leqslant\left(\frac{1}{\varepsilon}+2\right)P'(S_k<\infty).$$

依次令 $n\to\infty$, $N\to\infty$ 及 $k\to\infty$ 由引理 14.30 可得 iii).

充分性. 由指数公式,在 $[\![0,S_k[\![$ 上有

$$\begin{aligned}\frac{Z'}{Z}=&\frac{Z'_0}{Z_0}\exp\left\{\frac{I_{]\!]0,\infty[\![}}{Z'_-}.Z'-\frac{1}{2}\frac{1}{(Z'_-)^2}.\langle Z'^c\rangle\right.\\&+\sum\left[\log\left(1+\frac{\Delta Z'}{Z'_-}\right)-\frac{\Delta Z'}{Z'_-}\right]\\&-\frac{I_{]\!]0,\infty[\![}}{Z_-}.Z+\frac{1}{2}\frac{1}{(Z_-^2)}.\langle Z^c\rangle\\&\left.-\sum\left[\log\left(1+\frac{\Delta Z}{Z_-}\right)-\frac{\Delta Z}{Z_-}\right]\right\}\\=&\frac{Z'_0}{Z_0}\exp\left\{-\left(\frac{1}{Z_-}+\frac{1}{Z'_-}\right).Z^c\right.\\&-\frac{1}{2}\left(\frac{1}{(Z'_-)^2}-\frac{1}{(Z_-)^2}\right).\langle Z^c\rangle\\&+(\lambda'-\lambda)*(\mu-\nu)+[\log\lambda'-(\lambda'-1)]*\mu\\&\left.-[\log\lambda-(\lambda-1)]*\mu\right\}\\=&\frac{Z'_0}{Z_0}\exp\left\{-\left(\frac{1}{Z_-}+\frac{1}{Z'_-}\right).Z^{c,P'}\right.\\&+\frac{1}{2}\left(\frac{1}{Z_-}+\frac{1}{Z'_-}\right)^2.\langle Z^c\rangle\\&\left.+(\lambda'-\lambda)*\mu+\left[\log\frac{\lambda'}{\lambda}-(\lambda'-\lambda)\right]*\mu\right\}\\=&\frac{Z'_0}{Z_0}\exp\{A+B\},\end{aligned}\tag{31.3}$$

其中 $Z^{c,P'}=Z^c-\frac{1}{Z'_-}.\langle Z^c,Z'^c\rangle=Z^c+\frac{1}{Z'_-}.\langle Z^c\rangle$ 是 P' 下 Z 的连续鞅部分,且

$$A=-\left(\frac{1}{Z_-}+\frac{1}{Z'_-}\right).Z^{c,P'}+\frac{1}{2}\left(\frac{1}{Z_-}+\frac{1}{Z'_-}\right)^2.\langle Z^c\rangle,$$

$$B=(\lambda'-\lambda)*(\mu-\nu)+\left[\log\frac{\lambda'}{\lambda}-(\lambda'-\lambda)\right]*\mu$$

$$=\left(I_{[|\rho-1|>b]}\log\frac{1}{\rho}\right)*\mu+[I_{[|\rho-1|>b]}(\rho-1)]*\nu'$$

$$+\left(I_{[|\rho-1|\leqslant b]}\log\frac{1}{\rho}\right)*(\mu-\nu')$$

$$+\left[I_{[|\rho-1|\leqslant b]}\left(\log\frac{1}{\rho}-1+\rho\right)\right]*\nu'$$

$$=B^1+B^2+B^3+B^4,$$

其中 $\rho=\frac{\lambda}{\lambda'}$，$\nu'$ 是 μ 的$\boldsymbol{P}'$-补偿子，而 $b\in]0,1[$是一个常数.

下面我们将在$\boldsymbol{P}'$之下进行讨论，逐项地对(3.13)进行估计.

首先，由于$(\boldsymbol{P}'^n_0)\lhd(\boldsymbol{P}^n_0)$，故有

$$\lim_{N\to\infty}\overline{\lim_{n\to\infty}}\boldsymbol{P}'^n(Z'^n_0/Z^n_0\geqslant N)=0. \tag{31.4}$$

其次，因为$\langle Z^{c,\boldsymbol{P}'}\rangle(\boldsymbol{P}')=\langle Z^c\rangle$，由 Lenglart 不等式

$$\boldsymbol{P}'\left(\left(\left(\frac{1}{Z_-}+\frac{1}{Z'_-}\right)\cdot Z^{c,\boldsymbol{P}'}\right)^*_{S_k}\geqslant N\right)\leq L/N^2+\boldsymbol{P}'(8H_\infty\geqslant L),$$

$$\boldsymbol{P}'(A^*_{S_k}\geqslant 2N)\leq L/N^2+\boldsymbol{P}'(8H_\infty\geqslant L)+\boldsymbol{P}'(4H_\infty\geqslant N).$$

依次令 $k\to\infty$，$n\to\infty$，$N\to\infty$及 $L\to\infty$产生

$$\lim_{N\to\infty}\overline{\lim_{n\to\infty}}\boldsymbol{P}'^n\left(\lim_{k\to\infty}(A^n)^*_{S^n_k}\geqslant 2N\right)=0. \tag{31.5}$$

再次，运用当$|x|<1$ 时$|\log(1+x)|<|x|/(1-|x|)$有

$$\langle\left(I_{[|\rho-1|\leqslant b]}\log\frac{1}{\rho}\right)*(\mu-\nu')\rangle\leqslant(I_{[|\rho-1|\leqslant b]}\log^2\rho)*\nu'$$

$$\leqslant\left(I_{[|\rho-1|\leqslant b]}\frac{(\rho-1)^2}{(b-1)^2}\right)*\nu'$$

$$\leqslant\left(\frac{1+\sqrt{1+b}}{1-b}\right)^2(\sqrt{\rho}-1)^2*\nu'$$

$$\leqslant c_bH,$$

其中 c_b 是一个只依赖 b 的常数，由 Lenglart 不等式

$$\boldsymbol{P}'((B^3)^*_{S_k}\geqslant N)\leqslant L/N^2+\boldsymbol{P}'(c_bH_\infty\geqslant L).$$

依次令 $k\to\infty$，$n\to\infty$，$N\to\infty$和 $L\to\infty$可得

$$\lim_{N\to\infty}\overline{\lim_{n\to\infty}}\, P'^n\Big(\lim_{k\to\infty}(B^{n,3})^*_{S_k^n}\geqslant N\Big)=0. \tag{31.6}$$

接着，再运用当$|x|<1$时$|\log(1+x)-x|\leqslant x^2/2(1-|x|)$有

$$\begin{aligned}|B^4|&\leqslant (I_{[|\rho-1|\leqslant b]}|-\log\rho+\rho-1|)*\nu'\\&\leqslant\left(I_{[|\rho-1|\leqslant b]}\frac{(\rho-1)^2}{2(1-b)}\right)*\nu'\\&\leqslant\frac{(1+\sqrt{1+b})^2}{2(1-b)}(\sqrt{\rho}-1)^2*\nu'\\&\leqslant c_bH,\end{aligned}$$

$$P'((B^4)^*_{S_k}\geqslant N)\leqslant P'(c_bH_\infty\geqslant N).$$

因而

$$\lim_{N\to\infty}\overline{\lim_{n\to\infty}}\, P'^n\Big(\lim_{k\to\infty}(B^{n,4})^*_{S_k^n}\geqslant N\Big)=0. \tag{31.7}$$

此外，还有

$$\begin{aligned}|B^2|&\leqslant\left[I_{[|\rho-1|<b]}\left|\frac{\sqrt{\rho}+1}{\sqrt{\rho}-1}\right|(\sqrt{\rho}-1)^2\right]*\nu'\\&\leqslant\left(1+\frac{2}{\sqrt{1+b}-1}\right)(\sqrt{\rho}-1)^2*\nu'\\&\leqslant c_bH,\end{aligned}$$

$$P'((B^2)^*_{S_k}\geqslant N)\leqslant P'(c_bH_\infty\geqslant N).$$

因而

$$\lim_{N\to\infty}\overline{\lim_{n\to\infty}}\, P'^n\Big(\lim_{k\to\infty}(B^{n,2})^*_{S_k^n}\geqslant N\Big)=0. \tag{31.8}$$

最后，取$0<\delta<1-b$，则

$$\begin{aligned}B^1&\leqslant\left(I_{[\delta<\rho<1-b]}\log^+\frac{1}{\rho}\right)*\mu+\left(I_{[\rho\leqslant\delta]}\log^+\frac{1}{\rho}\right)*\mu\\&\leqslant\left(I_{[\rho<1-b]}\log\frac{1}{\delta}\right)*\mu+\left(I_{[\rho\leqslant\delta]}\log^+\frac{1}{\rho}\right)*\mu,\end{aligned}$$

$$\begin{aligned}&P'((\exp\{B^1\})^*_{S_k}\geqslant N)\\&\leqslant P'\left((I_{[\rho<1-b]}*\mu)_{S_k}\geqslant\frac{\log N}{\log 1/\delta}\right)\\&\quad+P'\big((I_{[\rho\leqslant\delta]}*\mu)_{S_k}>0\big).\end{aligned} \tag{31.9}$$

显然，

$$
\begin{aligned}
I_{[\rho<1-b]} * \nu' &\leqslant I_{[|\rho-1|>b]} * \nu' \\
&\leqslant \frac{1}{b}(I_{[|\rho-1|>b]}|\rho-1|) * \nu' \\
&\leqslant c_b H.
\end{aligned}
$$

由 Lenglart 不等式

$$
P'\left((I_{[\rho<1-b]} * \mu)_{S_k} \geqslant \frac{\log N}{\log 1/\delta}\right) \leqslant \frac{L\log 1/\delta}{\log N} + P'(c_b H_\infty \geqslant L). \tag{31.10}
$$

另一方面

$$
\begin{aligned}
I_{[\rho\leqslant\delta]} * \nu' &\leqslant I_{[K\lambda<\lambda']} * \nu' + I_{[0<\lambda'\leqslant K\lambda,\rho\leqslant\delta]} * \nu' \\
&\leqslant i(K) + KI_{[\lambda'>0,\rho\leqslant\delta]} * \nu' \\
&\leqslant i(K) + \frac{K\delta}{(1-\sqrt{\delta})^2}(\sqrt{\rho}-1)^2 * \nu' \\
&\leqslant i(K) + \frac{2K\delta}{(1-\sqrt{\delta})^2}H.
\end{aligned}
$$

由于 μ 是整值的，再用 Lenglart 不等式

$$
\begin{aligned}
P'\left((I_{[\rho\leqslant\delta]} * \mu)_{S_k} > 0\right) &= P'\left((I_{[\rho\leqslant\delta]} * \mu)_{S_k} \geqslant 1\right) \\
&\leqslant \eta + P'\left((I_{[\rho\leqslant\delta]} * \nu')_{S_k} \geqslant \eta\right), \\
&\quad \eta > 0.
\end{aligned} \tag{31.11}
$$

由(31.9)—(31.11)可得

$$
\begin{aligned}
P'((\exp\{B^1\})^*_{S_k} \geqslant N) \leqslant &\frac{L\log 1/\delta}{\log N} + P'(c_b H_\infty \geqslant L) \\
&+ \eta + P'(i_\infty(K) \geqslant \frac{1}{2}\eta) \\
&+ P'(H_\infty \geqslant \eta(1-\sqrt{\delta})^2/4K\delta).
\end{aligned}
$$

依次令 $k\to\infty, n\to\infty, N\to\infty, L\to\infty, \delta\to 0, K\to\infty$ 及 $\eta\to 0$ 产生

$$
\lim_{N\to\infty} \overline{\lim_{n\to\infty}} P'^n\left(\lim_{k\to\infty}(\exp\{B^{n,1}\})^*_{S_k^n} \geqslant N\right) = 0. \tag{31.12}
$$

由(31.4)—(31.8)和(31.12)可得

$$\lim_{N\to\infty}\overline{\lim_{n\to\infty}}\, \boldsymbol{P}'^n\left(\lim_{k\to\infty}\left(\frac{Z'^n}{Z^n}\right)^*_{S_k^n}\geqslant N\right)=0.$$

事实上，不难看出$\lim\limits_{k\to\infty}\left(\dfrac{Z'^n}{Z^n}\right)^*_{S_k}=\left(\dfrac{Z'^n}{Z^n}\right)^*_{\infty}$. 因而

$$\lim_{N\to\infty}\overline{\lim_{n\to\infty}}\, \boldsymbol{P}'^n\left(\frac{Z'^n_\infty}{Z^n_\infty}\geqslant N\right)=0.$$

这就蕴含了$(\boldsymbol{P}'^n)\lhd(\boldsymbol{P}^n)$（定理 14.27）. □

14.32 注 在定理 14.31 中条件 iii)可代以

iii)′ 对所有 $A_n\in\mathscr{F}^n$

$$(I_{A_n}\lambda^n)*\nu^n_\infty\xrightarrow{\boldsymbol{P}'^n}0\Rightarrow(I_{A_n}\lambda'^n_n)*\nu^n_\infty\xrightarrow{\boldsymbol{P}'^n}0.$$

证明 iii) ⇒ iii)′.

$(I_{A_n}\lambda'^n)*\nu^n_\infty\leqslant(I_{[N\lambda^n<\lambda'^n]}\lambda'^n)*\nu^n_\infty+(I_{A_n[N\lambda^n\geqslant\lambda'^n]}\lambda'^n)*\nu^n_\infty$

$\leqslant i^n_\infty(N)+N(I_{A_n}\lambda^n)*\nu^n_\infty.$

iii)′ + ii) ⇒ iii).

$$(I_{[N\lambda^n<\lambda'^n]}\lambda^n)*\nu^n_\infty\leqslant(\sqrt{N}-1)^{-2}H^n_\infty.$$

取 $N^n\to\infty$，$A_n=[N^n\lambda^n<\lambda'^n]$，则 $i^n_\infty(N^n)\xrightarrow{\boldsymbol{P}'^n}0$. □

14.33 定理 若对所有 $N>0$，$\overline{\lim\limits_{n\to\infty}}\boldsymbol{P}'^n(H^n_\infty\geqslant N)=1$，则$(\boldsymbol{P}'^n)$ $\triangle(\boldsymbol{P}^n)$.

证明 由(31.1)

$$\begin{aligned}\boldsymbol{P}'(H_\infty\geqslant N)&\leqslant\boldsymbol{P}'(S_k<\infty)+\frac{2k}{N}\\&\leqslant\boldsymbol{P}'(R_k<\infty)+\boldsymbol{P}'(R'_k<\infty)+\frac{2k}{N}\\&\leqslant\boldsymbol{P}'(R_k<\infty)+\frac{1}{k}+\frac{2k}{N}.\end{aligned}$$

由此$\lim\limits_{k\to\infty}\overline{\lim\limits_{n\to\infty}}\boldsymbol{P}'^n(R^n_k<\infty)=1$. 以此与引理 14.25 相比较可得$(\boldsymbol{P}'^n)$ $\triangle(\boldsymbol{P}^n)$. □

显然，若$(\boldsymbol{P}'^n_0)\triangle(\boldsymbol{P}^n_0)$，则$(\boldsymbol{P}'^n)\triangle(\boldsymbol{P}^n)$. 但$(\boldsymbol{P}'^n_0)\triangle(\boldsymbol{P}^n_0)$和定理 14.33 的条件远不是完全可分离的必要条件.

注 自然，定理 14.16 亦可由定理 14.31 推出. 由定理 14.31 也可推出当$P'(H_\infty=\infty)=1$ 时，则$P'\perp P$. 其细节留给读者.

14.34 引理 下列断言等价：

1) $\|P^n-P'^n\|\to 0$,

2) $(Z^n-1)^*_\infty\xrightarrow{P^n}0$,

3) $(\sqrt{Z^nZ'^n}-1)^*_\infty\xrightarrow{P^n}0$.

证明 1) ⇒ 2). 由鞅的最大值不等式，对 $\varepsilon>0$ 有

$$\overline{P}((Z-1)^*_\infty\geqslant\varepsilon)\leqslant\frac{1}{\varepsilon}\overline{E}|Z_\infty-1|=\frac{1}{2\varepsilon}\|P-P'\|.$$

结论即可由此直接推出.

2) ⇒ 1). 显然，$Z^*_\infty-1\xrightarrow{P^n}0$. 对任一给定的 $\varepsilon>0$ 及 $0<\delta<\varepsilon<1$

$$\overline{P}(|Z_\infty-1|\leqslant\varepsilon)\geqslant\int_{[|Z_\infty-1|\leqslant\delta]}\frac{1}{Z_\infty}d\cdot P$$

$$\geqslant\frac{1}{1+\delta}P(|Z_\infty-1|\leqslant\delta).$$

依次令 $n\to\infty$ 及 $\delta\to 0$ 可得 $Z^n_\infty-1\xrightarrow{\overline{P}^n}0$，又因 $|Z^n_\infty-1|\leqslant 1$，$\|P'^n-P^n\|=2\overline{E}^n[|Z^n_\infty-1|]\to 0$.

由 $1-(\sqrt{ZZ'})^2=(1-Z)^2$ 和 $0\leqslant\sqrt{ZZ'}\leqslant 1$，有

$$(1-\sqrt{ZZ'})^*\leqslant[(1-Z)^*]^2$$

$$\leqslant 2(1-\sqrt{ZZ'})^*.$$

2) ⇔ 3) 即可推得. □

14.35 定理 下列断言等价：

1) $\|P^n-P'^n\|\to 0$,

2) i) $\|P^n_0-P'^n_0\|\to 0$; ii) $H^n_\infty\xrightarrow{\overline{P}^n}0$,

3) i) $\|P^n_0-P'^n_0\|\to 0$; ii) $H^n_\infty\xrightarrow{P^n}0$.

证明 1) ⇒ 2). i)是明显的. 由 $Y=Y_0+M-A$，其中 M 为零初值鞅，$A=Y_-.H$. 由引理 14.34，$(Y^n-Y^n_0)^*\xrightarrow{\overline{P}^n}0$. A 被$(Y-$

$Y_0)^*$ 控制，$\Delta(Y-Y_0)^*_t\leqslant|\Delta Y_t|\leqslant 1$，由 Lenglart 不等式可知 $A^n_\infty \xrightarrow{\bar{P}^n} 0$.

在$\left[\inf\limits_{t\geqslant 0} Y_t\geqslant\frac{1}{2}\right]$上有

$$
\begin{aligned}
H_\infty &= \left(\frac{1}{Y_-}-1\right)\cdot A_\infty + A_\infty \\
&\leqslant 2(Y-1)^*_\infty A_\infty + A_\infty,
\end{aligned}
$$

而在$\left[\inf\limits_{t\geqslant 0} Y_t<\frac{1}{2}\right]$，$(Y-1)^*_\infty\geqslant\frac{1}{2}$. 所以对任一 $\varepsilon>0$

$$
\begin{aligned}
\bar{P}(H_\infty\geqslant\varepsilon)\leqslant &\bar{P}\left((Y-1)^*_\infty\geqslant\frac{1}{2}\right) \\
&+\bar{P}([2(Y-1)^*_\infty+1]A_\infty\geqslant\varepsilon).
\end{aligned}
$$

因而 $H^n_\infty\xrightarrow{\bar{P}^n}0$.

2) ⇒ 3)是平凡的.

3) ⇒ 1). 首先注意

$$
\begin{aligned}
2H_\infty &\geqslant\left(\sqrt{\lambda}-\sqrt{\lambda'}\right)^2*\nu_\infty \\
&\geqslant\lambda\left(\sqrt{\frac{\lambda'}{\lambda}}-1\right)^2 I_{[N\lambda'<\lambda]}*\nu_\infty \\
&\geqslant\lambda\left(\sqrt{\frac{1}{N}}-1\right)^2 I_{[N\lambda'<\lambda]}*\nu_\infty.
\end{aligned}
$$

因而

$$
(\lambda^n I_{[N\lambda'^n<\lambda^n]})*\nu^n_\infty\xrightarrow{P^n}0.
$$

运用定理 14.31 及引理 14.30 可知$(P^n)\lhd(P'^n)$及

$$
\lim_{k\to\infty}\varlimsup_{n\to\infty}P^n(S^n_k<\infty)=0. \tag{35.1}
$$

现定义 $L=\frac{I_{]\!]0,\infty[\![}}{Y_-}.Y=\frac{1}{Y_-}.M-H$. 运用 Itô 公式，在 Γ 上有

$$
\begin{aligned}
\frac{1}{Y_-}.M=&\frac{1}{2}\left(\frac{I_{]\!]0,\infty[\![}}{Z_-}.Z+\frac{I_{]\!]0,\infty[\![}}{Z'_-}.Z\right) \\
&-\frac{1}{2}\left(\sqrt{\lambda}-\sqrt{\lambda'}\right)^2*(\mu-\nu)
\end{aligned}
$$

$$=\frac{1}{2}\left(\frac{1}{Z_-}-\frac{1}{Z'_-}\right).Z^c$$

$$+\left(\sqrt{\lambda\lambda'}-1\right)*(\mu-\nu)$$

$$=\frac{1}{2}\left(\frac{1}{Z_-}-\frac{1}{Z'_-}\right).Z^{c,P}$$

$$+\left(\sqrt{\lambda\lambda'}-1\right)*(\mu-\lambda.\nu)$$

$$+\frac{1}{2}\left[\left(\frac{1}{Z_-}-\frac{1}{Z'_-}\right)\frac{1}{Z_-}\right].\langle Z^c\rangle$$

$$+[(\lambda-1)(\sqrt{\lambda\lambda'}-1)]*\nu. \qquad (35.2)$$

其中$Z^{c,P}$是Z在$\boldsymbol{P}$下的连续鞅部分. 易见在$[\![0,S_k]\!]$上有

$$\left|\left(\frac{1}{Z_-}-\frac{1}{Z'_-}\right)\frac{1}{Z_-}\right|.\langle Z^c\rangle\leqslant\left(\frac{1}{Z_-}+\frac{1}{Z'_-}\right)^2.\langle Z^c\rangle$$

$$\leqslant 8H, \qquad (35.3)$$

$$|\sqrt{\lambda\lambda'}-1|\leqslant|\sqrt{\lambda}-\sqrt{\lambda'}|,$$

$$|(\lambda-1)(\sqrt{\lambda\lambda'}-1)|\leqslant(\sqrt{\lambda}+1)|\sqrt{\lambda}-1|$$

$$|\sqrt{\lambda}-\sqrt{\lambda'}|,$$

$$|(\lambda-1)(\sqrt{\lambda\lambda'}-1)|*\nu\leqslant[(\sqrt{\lambda}+1)(\sqrt{\lambda}-\sqrt{\lambda'})^2]*\nu$$

$$\leqslant 2(\sqrt{1+2k}+1)H, \qquad (35.4)$$

由于1介于$\sqrt{\lambda}$及$\sqrt{\lambda'}$之间, $|\sqrt{\lambda}-1|\leqslant|\sqrt{\lambda}-\sqrt{\lambda'}|$, 在$\boldsymbol{P}$下我们有

$$\langle\frac{1}{2}\left(\frac{1}{Z_-}-\frac{1}{Z'_-}\right).Z^{c,P}+(\sqrt{\lambda\lambda'}-1)*(\mu-\lambda.\nu)\rangle(\boldsymbol{P})$$

$$\leqslant\frac{1}{4}\left(\frac{1}{Z_-}+\frac{1}{Z'_-}\right)^2.\langle Z^c\rangle+(2k+1)\left(\sqrt{\lambda}-\sqrt{\lambda'}\right)^2*\nu$$

$$\leqslant(2+4k)H. \qquad (35.5)$$

由(35.2)—(35.5)及Lenglart不等式可得

$$(L^n)^*_{S_k^n}\xrightarrow{\overline{P}^n}0. \qquad (35.6)$$

另一方面, 由$\langle L^c\rangle_{S_k}\leqslant 2H_{S_k}$, 有

$$\langle L^{n,c}\rangle_{S_k^n}\xrightarrow{\overline{P}^n}0. \qquad (35.7)$$

由指数公式，在$[\![0,S_k]\!]$上有

$$Y=Y_0\varepsilon(L)$$
$$=Y_0\exp\{L-\frac{1}{2}\langle L^c\rangle+\sum(\log(1+\Delta L)-\Delta L)\}.$$

又因当$|x|\leqslant\frac{1}{2}$时$0\leqslant x-\log(1+x^2)\leqslant x$以及

$$\Delta L=\sqrt{\left(1+\frac{\Delta Z}{Z_-}\right)\left(1+\frac{\Delta Z'}{Z'_-}\right)}-1,$$

故有

$$0\leqslant\sum_t(\Delta L_t-\log(1+\Delta L_t))I_{[|\Delta L_t|\leqslant\frac{1}{2}]}$$
$$\leqslant\sum_t(\Delta L_t)^2I_{[|\Delta L_t|\leqslant\frac{1}{2}]}$$
$$\leqslant(\sqrt{\lambda\lambda'}-1)^2*\mu_{\cdot\cdot\cdot}$$
$$\leqslant(\sqrt{\lambda}-\sqrt{\lambda'})^2*\mu_{\cdot\cdot\cdot}.$$

由于$[(\sqrt{\lambda}-\sqrt{\lambda'})^2\lambda]*\mu\leqslant2(1+2k)H$，再用Lenglart不等式可得

$$(\sum(\Delta L^n-\log(1+\Delta L^n))I_{[|\Delta L^n|\leqslant\frac{1}{2}]})_{S_k^n}\xrightarrow{P^n}0.\quad(35.8)$$

对任一$\varepsilon>0$，

$$\left[\left(\sum|\log(1+\Delta L)-\Delta L|\right)_{S_k}\geqslant\varepsilon\right]\subset\left[(\Delta L)^*_{S_k}\geqslant\frac{1}{2}\right]$$
$$\cup\left[\left(\sum(\Delta L-\log(1+\Delta L)\right)I_{[|\Delta L|\leqslant\frac{1}{2}]})_{S_k}\geqslant\varepsilon\right].\quad(35.9)$$

按(35.6)，$(\Delta L^n)^*_{S_k^n}\xrightarrow{P^n}0$，由(35.7)(35.8)及(35.9)可得

$$(L^n)^*_{S_k^n}-\frac{1}{2}\langle L^{n,c}\rangle_{S_k^n}+(\sum|\log(1+\Delta L)-\Delta L|)_{S_k^n}\xrightarrow{P^n}0.$$

(35.10)

因为由i) $Y_0^n-1\xrightarrow{P^n}0$及

$$Y^n-1=Y_0^n-1+Y_0^n\{\exp(L^n-\frac{1}{2}\langle L^{n,c}\rangle$$
$$+\sum(\log(1+\Delta L^n)-\Delta L^n))-1\},$$

由(35.10)我们有

$$(Y^n-1)^*_{S^n_k}\xrightarrow{P^n}0. \tag{35.11}$$

对任一给定的 $\varepsilon>0$

$$P^n((Y^n-1)^*_\infty\geqslant\varepsilon)\leqslant P^n(S^n_k<\infty)$$
$$+P^n((Y^n-1)^*_{S^n_k}\geqslant\varepsilon).$$

依次令 $n\to\infty$ 及 $k\to\infty$，由(35.11)及(35.1)可知

$$(Y^n-1)^*_\infty\xrightarrow{P^n}0.$$

最后由引理14.34可得 $\|P^n-P'^n\|\to0$. □

14.36 定理 设 $\widetilde{P}^n$ 为 $\mathscr{F}^n$ 上的概率测度使 $P^n\ll\widetilde{P}^n$，$P'^n\ll\widetilde{P}^n$. 假定 $X^n\in\mathscr{S}(\widetilde{P}^n)$ 且在 $\widetilde{P}^n$ 下 X^n 有弱可料表示性. 设 X^n 在 P^n，P'^n 和 $\widetilde{P}^n$ 下的可料特征分别为 (α^n,β^n,ν^n)，$(\alpha'^n,\beta'^n,\nu'^n)$ 和 $(\widetilde{\alpha}^n,\widetilde{\beta}^n,\widetilde{\nu}^n)$，且满足

$$\nu^n=Y^n.\widetilde{\nu}^n,\quad Y^n\in\widetilde{\mathscr{P}}^{n+},\quad[\widetilde{a}^n=1]\subset[a^n=1],$$
$$\nu'^n=Y'^n.\widetilde{\nu}^n,\quad Y'^n\in\widetilde{\mathscr{P}}^{n+},\quad[\widetilde{a}^n=1]\subset[a'^n=1].$$

令

$$A^n=(K^n)^2\cdot\widetilde{\beta}^n+\left(\sqrt{Y^n}-\sqrt{Y'^n}\right)^2*\widetilde{\nu}^n$$
$$+\sum\left(\sqrt{1-a^n}-\sqrt{1-a'^n}\right)^2,$$

其中 $K^n=\dfrac{d}{d\widetilde{\beta}^n}\{I_{\Gamma^n}\cdot[\alpha'^n-\alpha^n-(xI_{[|x|\leqslant1]})]*(\nu'^n-\nu^n)\}$，以及

$$I^n(N)=I_{[NY^n<Y'^n]}*\nu'^n+\sum[(1-a'^n)I_{[N(1-a^N)<(1-a'^n)]}],N\geqslant2.$$

则 $(P'^n)\lhd(P^n)$ 当且仅当下列条件被满足

i) $(P'^n_0)\lhd(P^n_0)$

ii) $\lim\limits_{N\to\infty}\varlimsup\limits_{n\to\infty}P'^n(A^n_\infty\geqslant N)=0$,

iii) 对任意 $\varepsilon>0$ $\lim\limits_{N\to\infty}\varlimsup\limits_{n\to\infty}P'^n(I^n_\infty(N)\geqslant\varepsilon)=0$.

证明 首先，我们要计算 $i^n(N)$. 事实上，$i(N)$ 是下列过程的 P'-补偿子：

$$I_\Gamma.\sum I_{[N\frac{Z}{Z_-}<\frac{Z'}{Z'_-}]}I_{[\Delta Z\neq0]}=I_\Gamma.\{I_{[NY<Y']}*\mu$$
$$+\sum I_{[N\frac{1-a}{1-\widetilde{a}}<\frac{1-a'}{1-\widetilde{a}}]}I_{D'[\widetilde{a}>0]}]\},$$

其中 μ 为 X 的跳测度，$D=[\Delta X\neq 0]$. 因而 $i(N)=I_{\Gamma}\cdot I(N)$. 事实上它与$\tilde{P}$的选取无关. 以下我们将充分运用定理 14.12 和 14.20.

必要性. 由定理 14.20，在$[S^n=\infty]$上有 $A^n\leqslant 8H^n$. 因而

$$P'^n(A_\infty^n\geqslant N)\leqslant P'^n(S^n<\infty)+P'^n(8H_\infty^n\geqslant N). \quad (36.1)$$

由于$P^n(R^n<\infty)=0$，$\lim\limits_{n\to\infty}P'^n(R^n<\infty)=0$，因而$\lim\limits_{n\to\infty}P'^n(S^n<\infty)=0$. 于是由定理 14.31 和(36.1)可得 ii). 按同样的理由，对任一 $\varepsilon>0$ $P'^n(I_\infty^n(N)\geqslant\varepsilon)\leqslant P'^n(S^n<\infty)+P'^n(i_\infty^n(N)\geqslant\varepsilon)$，故可得到 ii).

充分性. 在$\bigcap\limits_t[\beta'^n_t=\tilde{\beta}^n_t]$上有 $H^n\leqslant A^n$. 但$P'^n(\bigcup\limits_t[\beta'^n_t\neq\tilde{\beta}^n_t])=0$. 由 ii)可得到$\lim\limits_{N\to\infty}\overline{\lim\limits_{n\to\infty}}P'^n(H_\infty^n\geqslant N)=0$. 类似地，因 $i^n(N)\leqslant I^n(N)$，由 iii)可得到对任一 $\varepsilon>0$ 有$\lim\limits_{N\to\infty}\overline{\lim\limits_{n\to\infty}}P'^n(i_\infty^n(N)\geqslant\varepsilon)=0$，于是按定理 14.31 有$(P'^n)\lhd(P^n)$. □

14.37 注 如同注 14.32 一样，定理 14.36 的条件 iii)可代以下列条件：

iii)′ 对每个 $A_n\in\mathscr{F}^n$

$$I_{A_n}*\nu_\infty^n\xrightarrow{P'^n}0\Rightarrow I_{A_n}*\nu'^n_\infty\xrightarrow{P'^n}0,$$

$$(I_{A_n}*\sum[(1-a^n)I_{[\check{a}^n>0]}])_\infty\xrightarrow{P'^n}0$$

$$\Rightarrow(I_{A_n}*\sum[(1-a'_n)I_{[\check{a}_n>0]}])_\infty\xrightarrow{P'^n}0.$$

事实上，我们有 iii) ⇒ iii)′和 iii)′+ii) ⇒ iii). 其证明留给读者.

14.38 定理 在定理 14.36 的假定下，$\|P^n-P'^n\|\to 0$ 当且仅当下列条件被满足：

i) $\|P_0^n-P'^n_0\|\to 0$,

ii) $A_\infty^n\xrightarrow{P^n}0$.

证明 这是与定理 14.36 的证明类似的，但需用定理 14.35 代替定理 14.31. □

§ 4. Lévy 过程导出的测度

本节我们把一般结果用于由 Lévy 过程导出的测度. 假定 $X=(X_t)$ 为右连左极过程. 设 $\boldsymbol{F}=\boldsymbol{F}_t^0(X)$ 以及 $\mathscr{F}=\bigvee_t \mathscr{F}_t=\bigvee_t \mathscr{F}_t^0(X)$. 又 $\boldsymbol{P}$ 和 $\boldsymbol{P}'$ 为 $\mathscr{F}$ 上两个测度. 假定在 $\boldsymbol{P}$ 或 $\boldsymbol{P}'$ 下 X 都是 Lévy 过程. 则

$$\boldsymbol{E}[e^{iu(X_t-X_0)}]=\exp\{iuf_t-\frac{1}{2}u^2\beta_t + (e^{iux}-1-iuxI_{[|x|\leqslant 1]})*\nu_t\},$$

且

$$\boldsymbol{E}'[e^{iu(X_t-X_0)}]=\exp\{iuf'_t-\frac{1}{2}u^2\beta'_t + (e^{iux}-1-iuxI_{[|x|\leqslant 1]})*\nu'_t\},$$

其中 (f,β,ν) 和 (f',β',ν') 都是非随机的且关于 t 连续. $\boldsymbol{P}(\boldsymbol{P}')$ 是由 $\boldsymbol{P}_0$ 及 (f,β,ν) ($\boldsymbol{P}'_0$ 及 (f',β',ν')) 完全确定. $\boldsymbol{P},\boldsymbol{P}'$ 都是由 Lévy 过程导出的测度. 若 X 在 $\boldsymbol{P}(\boldsymbol{P}')$ 下为半鞅, 设 μ 为 X 的跳测度, X^C (X'^C) 为 X 的连续鞅部分.

14.39 引理 设 g 为 $\boldsymbol{R}_+\times E$ 上(非随机)Borel 函数,

1) 若 $\int_{\boldsymbol{R}_+\times E} g^+ \, d\nu<\infty$, 则

$$\boldsymbol{E}\left[\exp\left\{\int_{\boldsymbol{R}_+\times E} g d\mu\right\}\right]=\exp\left\{\int_{\boldsymbol{R}_+\times E}(e^g-1)d\nu\right\}. \quad (39.1)$$

2) $\int_{\boldsymbol{R}_+\times E}\frac{g^2}{1+|g|}d\nu<\infty$, 则

$$\boldsymbol{E}[\exp\{g*(\mu-\nu)_\infty\}]=\exp\left\{\int_{\boldsymbol{R}_+\times E}(e^g-1-g)d\nu\right\}. \quad (39.2)$$

证明 1) 若 g 是一个简单函数, $g=\sum_{i=1}^n a_i I_{B_i}$, $B_i\in\mathscr{B}(\boldsymbol{R}_+)\times\mathscr{B}(\boldsymbol{E})$, $\nu(B_i)<\infty$, $i=1,\cdots,n$, 且当 $i\neq j$ 时 $B_iB_j=\varnothing$, 则

$$\boldsymbol{E}\left[\exp\left\{\int_{\boldsymbol{R}_+\times E} g\,d\mu\right\}\right] = \boldsymbol{E}\left[\exp\left\{\sum_{i=1}^{n} a_i\mu(B_i)\right\}\right]$$

$$= \prod_{i=1}^{n} \boldsymbol{E}[\exp\{a_i\mu(B_i)\}]$$

$$= \prod_{i=1}^{n} \exp\{(e^{a_i} - 1)\nu(B_i)\}$$

$$= \exp\left\{\sum_{i=1}^{n}(e^{a_i} - 1)\nu(B_i)\right\}$$

$$= \exp\left\{\int_{\boldsymbol{R}_+\times E}(e^g - 1)\,d\nu\right\},$$

即(39.1)成立. 若$g\geqslant 0$,g可用递增非负简单函数列逼近,则由单调收敛定理(39.1)保持成立. 若$g\leqslant 0$,g可用递减非正简单函数列逼近. 这时由控制收敛定理及单调收敛定理(39.1)仍成立($\exp\left\{\int_{\boldsymbol{R}_+\times E} g\,d\nu\right\}\leqslant 1$). 对一般的$g$,由于

$$\boldsymbol{E}\left[\int_{\boldsymbol{R}_+\times E} g^+\,d\mu\right] = \int_{\boldsymbol{R}_+\times E} g^+\,d\nu < \infty,$$

$\int_{\boldsymbol{R}_+\times E} g\,d\mu$有意义. 又因$\int_{\boldsymbol{R}_+\times E} gI_{[g>0]}\,d\mu$和$\int_{\boldsymbol{R}_+\times E} gI_{[g<0]}\,d\mu$独立,故

$$\boldsymbol{E}\left[\int_{\boldsymbol{R}_+\times E} g\,d\mu\right] = \boldsymbol{E}\left[\int_{\boldsymbol{R}_+\times E} gI_{[g>0]}\,d\mu\right]\boldsymbol{E}\left[\int_{\boldsymbol{R}_+\times E} gI_{[g<0]}\,d\mu\right]$$

$$= \exp\left\{\int_{\boldsymbol{R}_+\times E}[(e^{gI_{[g>0]}} - 1) + (e^{gI_{[g<0]}} - 1)]\,d\nu\right\}$$

$$= \exp\left\{\int_{\boldsymbol{R}_+\times E}(e^g - 1)\,d\nu\right\}.$$

2) 我们已经知道,对$b>0$

$$\int_{\boldsymbol{R}_+\times E}\frac{g^2}{1+|g|}\,d\nu < \infty$$

$$\Leftrightarrow \int_{\boldsymbol{R}_+\times E}(g^2 I_{[|g|\leqslant b]} + |g| I_{[|g|>b]})\,d\nu < \infty.$$

对$gI_{[|g|>b]}$(39.2)可由(39.1)推得. 故可假定$|g|\leqslant b$,这时存在常

数 c_b 使

$$|e^x - 1 - x| \leqslant c_b x^2, \quad |x| \leqslant 2b.$$

取简单函数列(g_n)使 $g_n \to g$ 且

$$|g_n| \leqslant |g|, \quad n \geqslant 1, \quad \int_{R_+ \times E} |g_n - g|^2 d\nu \to 0.$$

记 $\eta = g * (\mu - \nu)_\infty, \eta_n = g_n * (\mu - \nu)_\infty$. 则

$$E[|\eta_n - \eta|^2] = \int_{R_+ \times E} |g_n - g|^2 d\nu \to 0,$$

$$E[\exp\{\eta_n\}] = \exp\left\{\int_{R_+ \times E} (e^{g_n} - 1 - g_n) d\nu\right\}$$

$$\leqslant \exp\left\{c_b \int_{R_+ \times E} g^2 d\nu\right\} < \infty, \qquad (39.3)$$

$$E[\exp\{2\eta_n\}] = \exp\left\{\int_{R_+ \times E} (e^{2g_n} - 1 - 2g_n) d\nu\right\}$$

$$\leqslant \exp\left\{4c_b \int_{R_+ \times E} g^2 d\nu\right\} < \infty.$$

这表明$(\exp\{\eta_n\})$是一致可积的. 在(39.3)中令 $n \to \infty$ 即得(39.2). □

14.40 引理 假定 $X \in \mathscr{S}(\boldsymbol{P})$, g 为$\boldsymbol{R}_+$上 Borel 函数. 若 $\int_0^\infty g_s^2 d\beta_s < \infty$, 则 $g.X_\infty^c$ 为正态随机变量且

$$E[\exp\{g.X_\infty^c\}] = \exp\left\{\frac{1}{2}\int_0^\infty g_s^2 d\beta_s\right\}. \qquad (40.1)$$

证明 若 $g = \sum_{i=1}^n a_i I_{]t_{i-1}, t_i]}$ 为一简单函数, $0 < t_1 < \cdots < t_n < \infty$, 则显然有 $g.X_\infty^C \sim N\left(0, \frac{1}{2}\int_0^\infty g_s^2 d\beta_s\right)$ 且(40.1)成立. 对一般的 g, 可用与引理 14.39.2)证明中类似的逼近手法来证明引理的结论. □

14.41 定理 $\boldsymbol{P}' \ll \boldsymbol{P}$当且仅当下列条件成立

i) $\boldsymbol{P}'_0 \ll \boldsymbol{P}_0$,

ii) $\nu' = Y.\nu$, $Y \in (\mathscr{B}(\boldsymbol{R}_+) \times \mathscr{B}(E))^+$, $\int_{R_+ \times E} (1 - \sqrt{Y})^2 d\nu$

$< \infty$,

iii) $\beta' = \beta$,

iv) $f' - f - xI_{[|x|\leqslant 1]} * (\nu' - \nu) = K.\beta$, $K \in \mathscr{B}(\boldsymbol{R}_+)$, $\int_0^t K_s^2 d\beta_s < \infty$.

这时,$\boldsymbol{P}'$关于$\boldsymbol{P}$的密度过程是

$$\begin{aligned}\frac{d\boldsymbol{P}'}{d\boldsymbol{P}} = \frac{d\boldsymbol{P}'_0}{d\boldsymbol{P}_0}\exp\Big\{&K.X^C - \frac{1}{2}K^2.\beta \\ &+ [(\log Y)I_{[|Y-1|\leqslant b]}] * (\mu - \nu) + [(\log Y)I_{[|Y-1|>b]}] * \mu \\ &+ [(1-Y)I_{[|Y-1|>b]}] * \nu \\ &+ [(1 - Y + \log Y)I_{[|Y-1|\leqslant b]}] * \nu\Big\},\end{aligned} \tag{41.1}$$

其中$b\in]0,1[$是一常数.

证明 不失一般性可设$X\in\mathscr{S}(\boldsymbol{P})$,这是因为存在连续函数$g$使$X-g\in\mathscr{S}(\boldsymbol{P})$,$X$可代以$X-g$,流$\boldsymbol{F}$并不改变.

必要性由定理14.12及14.16直接推出.

充分性. 对$t>0$

$$\begin{aligned}\int_0^t |d[(xI_{[|x|\leqslant 1]}) * (\nu' - \nu)_s]| &\leqslant (|x(Y-1)|I_{[|x|\leqslant 1]}) * \nu_t \\ &\leqslant \{[(x^2 I_{[|x|\leqslant 1]}) * \nu_t][(Y-1)^2 I_{[|Y-1|\leqslant b]} * \nu_t]\}^{1/2} \\ &\quad + (|Y-1|I_{[|Y-1|>b]}) * \nu_t < \infty.\end{aligned}$$

这表明f'是一个有限变差函数,$X\in\mathscr{S}(\boldsymbol{P}')$.

令

$$L = K.X^c + (Y-1) * (\mu - \nu),$$

$$Z = Z_0\varepsilon(L), \quad Z_0 = \frac{d\boldsymbol{P}'_0}{d\boldsymbol{P}_0}.$$

由指数公式及$\Delta L_t = (Y(t,\Delta X_t)-1)I_{[\Delta X_t\neq 0]}$有

$$\begin{aligned}Z = Z_0\exp\{&K.X^C + (Y-1) * (\mu - \nu) \\ &- \frac{1}{2}K^2.\beta + (\log Y - Y + 1) * \mu\}.\end{aligned} \tag{41.2}$$

注意到当$|y-1|>b$时$\log^+ y\leqslant c_b|y-1|$,当$|y-1|\leqslant b$时$\log^2 y\leqslant$

$c_b|y-1|^2$ 以及当$|y-1|\leqslant b$ 时 $|\log y-y+1|\leqslant c_b|y-1|^2$，其中 c_b 是一个只依赖于 b 的常数，故可得

$$
\begin{aligned}
&(Y-1)*(\mu-\nu)+(\log Y-Y+1)*\mu \\
&=[(Y-1)I_{[|Y-1|\leqslant b]}]*(\mu-\nu) \\
&\quad+[(Y-1)I_{[|Y-1|>b]}]*(\mu-\nu) \\
&\quad+[(\log Y)I_{[|Y-1|>b]}]*\mu \\
&\quad+[(-Y+1)I_{[|Y-1|>b]}]*\mu \\
&\quad+[(\log Y-Y+1)I_{[|Y-1|\leqslant b]}*(\mu-\nu) \\
&\quad+[(\log Y-Y+1)I_{[|Y-1|\leqslant b]}]*\nu \\
&=[(\log Y)I_{[|Y-1|>b]}]*\mu \\
&\quad+[(\log Y)I_{[|Y-1|\leqslant b]}]*(\mu-\nu) \\
&\quad-[(Y-1)I_{[|Y-1|>b]}]*\nu \\
&\quad+[(\log Y-Y+1)I_{[|Y-1|\leqslant b]}]*\nu.
\end{aligned}
\tag{41.3}
$$

因为 $K.X^c$，$[(\log Y)I_{[|Y-1|>b]}]*\mu$ 和$[(\log Y)I_{[|Y-1|\leqslant b]}]*(\mu-\nu)$ 相互独立，由引理 14.39 和 14.40 可得

$$
\begin{aligned}
E[\mathscr{E}(L)_\infty]&=E[\exp\{K.X^C_\infty-\frac{1}{2}K^2.\beta_\infty\}] \\
&\quad\cdot E[\exp\{[(\log Y)I_{[|Y-1|>b]}*\mu_\infty\}] \\
&\quad\cdot E[\exp\{[(\log Y)I_{[|Y-1|\leqslant b]}]*(\mu-\nu)_\infty\}] \\
&\quad\cdot \exp\{[(-Y+1)I_{[|Y-1|>b]}]*\nu_\infty \\
&\quad+[(\log Y-Y+1)I_{[|Y-1|\leqslant b]}]*\nu_\infty\} \\
&=\exp\{[e^{(\log Y)I_{[|Y-1|>b]}}-1+e^{(\log Y)I_{[|Y-1|\leqslant b]}}-1 \\
&\quad-(\log Y)I_{[|Y-1|\leqslant b]}+(-Y+1)I_{[|Y-1|>b]} \\
&\quad+(\log Y-Y+1)I_{[|Y-1|\leqslant b]}]*\nu_\infty\}=1,
\end{aligned}
$$

$$
E[Z_0\mathscr{E}(L)_\infty]=E[E[\mathscr{E}(L)_\infty\mid\mathscr{F}_0]Z_0]=1.
$$

令 $\boldsymbol{P}''=[Z_0\mathscr{E}(L)_\infty].\boldsymbol{P}$，则 $\boldsymbol{P}''$是一个概率测度，$\boldsymbol{P}''_0=\boldsymbol{P}'_0$，且 $\boldsymbol{P}''\ll\boldsymbol{P}$. 由假定的条件容易验证在 $\boldsymbol{P}''$下 X 的可料特征就是(f',β',ν')，因而 X 在 $\boldsymbol{P}''$下为 Lévy 过程，于是 $\boldsymbol{P}''=\boldsymbol{P}'$，(41.1)由(41.2)及(41.3)推得. □

14.42 定理 $\boldsymbol{P}'$ 和 $\boldsymbol{P}$ 非奇异当且仅当下列条件被满足：

i) P'_0 和 P_0 非奇异，

ii) $\nu'=Y'\cdot\bar{\nu}$, $(1-\sqrt{Y'})^2*\bar{\nu}_\infty<\infty$, $\quad\bar{\nu}=\frac{1}{2}(\nu+\nu')$,

iii) $\beta'=\beta$,

iv) $f'-f-(xI_{[|x|\leq 1]})*(\nu'-\nu)=K.\beta$, $K\in\mathscr{B}(\boldsymbol{R}_+)$, $K^2.\beta_\infty<\infty$.

证明 设 $\bar{P}$ 为一概率，在 $\bar{P}$ 下 X 为 Lévy 过程且 $\bar{P}_0=\frac{1}{2}(P_0+P'_0)$.

$$\bar{E}[e^{iu(X_t-X_0)}]=\exp\{iu\bar{f}_t-\frac{1}{2}u^2\bar{\beta}_t+(e^{iux}-1-iuxI_{[|x|\leq 1]})*\bar{\nu}_t\},$$

其中 $\bar{f}=\frac{1}{2}(f+f')$, $\bar{\beta}=\frac{1}{2}(\beta+\beta')$, $\bar{\nu}=\frac{1}{2}(\nu+\nu')$.

必要性. 由定理 14.20.1) 我们有条件 i) iii) iv) 及 $(\sqrt{Y}-\sqrt{Y'})^2*\bar{\nu}_\infty<\infty$, 其中 $Y\in(\mathscr{B}(\boldsymbol{R}_+)\times\mathscr{B}(E))^+$ 满足 $\nu=Y.\bar{\nu}$. 由于 $Y+Y'=2$, 1 介于 Y 和 Y' 之间，故 ii) 成立：

$$(1-\sqrt{Y'})^2*\bar{\nu}_\infty\leqslant(\sqrt{Y}-\sqrt{Y'})^2*\bar{\nu}_\infty<\infty.$$

充分性. 易见

$$\begin{aligned}(1-\sqrt{Y'})^2*\bar{\nu}_\infty<\infty\\ &\Leftrightarrow(|Y'-1|^2I_{[|Y'-1|\leq b]})*\nu_\infty\\ &\quad+(|Y'-1|I_{[|Y'-1|>b]})*\bar{\nu}_\infty<\infty,\end{aligned}$$

其中 $b\in\,]0,1[$. 由 $Y'-1=1-Y$, 我们也有 $(1-\sqrt{Y})^2*\bar{\nu}_\infty<\infty$. 因为

$$\beta=\beta'=\bar{\beta},$$

$$f-\bar{f}-(xI_{[|x|\leq 1]})*(\nu-\bar{\nu})=-\frac{1}{2}K.\beta,$$

$$f-\bar{f}-(xI_{[|x|\leq 1]})*(\nu'-\bar{\nu})=\frac{1}{2}K.\beta.$$

由定理 14.41 可知 $P\ll\bar{P}$ 及 $P'\ll\bar{P}$.

再由定理 14.12 可得

$$H(\alpha) = I_{\Gamma}\cdot\left[\frac{\alpha(1-\alpha)}{2}K^2.\beta + \varphi_\alpha(Y,Y') * \bar{\nu}\right].$$

因而 $Y(\alpha)$ 的 Doob-Meyer 分解(见定理 14.5)为

$$Y(\alpha) = Y_0(\alpha) + M(\alpha) - Y_-(\alpha).\left[\frac{\alpha(1-\alpha)}{2}K^2.\beta + \varphi_\alpha(Y,Y') * \bar{\nu}\right].$$

记 $h_t = \overline{\boldsymbol{E}}[Y_t(\alpha)] = h_\alpha(\boldsymbol{P}_t, \boldsymbol{P}'_t)$. 由 $Y(\alpha)$ 为类(D)的,

$$h = h_0 - h_-.\left[\frac{\alpha(1-\alpha)}{2}K^2.\beta + \varphi_\alpha(Y,Y') * \bar{\nu}\right],$$

所以

$$h_\alpha(\boldsymbol{P},\boldsymbol{P}') = h_\alpha(\boldsymbol{P}_0,\boldsymbol{P}'_0)\exp\left\{-\left[\frac{\alpha(1-\alpha)}{2}K^2.\beta_\infty + \varphi_\alpha(Y,Y') * \bar{\nu}_\infty\right]\right\}. \tag{42.1}$$

特别有

$$h_{1/2}(\boldsymbol{P},\boldsymbol{P}') = h_{1/2}(\boldsymbol{P}_0,\boldsymbol{P}'_0)\exp\{-[\frac{1}{8}K^2.\beta_\infty + \frac{1}{2}(\sqrt{Y} - \sqrt{Y'})^2 * \bar{\nu}_\infty]\} > 0.$$

这表明 $\boldsymbol{P}$ 和 $\boldsymbol{P}'$ 是非奇异的. □

14.43 定理 假定 $\boldsymbol{P}$ 和 $\boldsymbol{P}'$ 非奇异. 取

$$N_1 = \left[\frac{d\boldsymbol{P}_0}{d\overline{\boldsymbol{P}}_0} = 0\right] \cup [I_{[Y=0]} * \mu_\infty > 0],$$

$$N_2 = \left[\frac{d\boldsymbol{P}'_0}{d\overline{\boldsymbol{P}}_0} = 0\right] \cup [I_{[Y'=0]} * \mu_\infty > 0],$$

$$N = N_1 \cup N_2.$$

则 $\boldsymbol{P}(N_1)=0, \boldsymbol{P}'(N_2)=0$, 在 N^c 上 $\boldsymbol{P}' \sim \boldsymbol{P}$, 且有

$$\frac{d\boldsymbol{P}'}{d\boldsymbol{P}} = \frac{d\boldsymbol{P}'_0}{d\boldsymbol{P}_0}\exp\{K \cdot X^c_\infty - \frac{1}{2}K^2 \cdot \beta_\infty + \left[\left(\log\frac{Y'}{Y}\right)I_{[|Y-1|>b]}\right] * \mu_\infty + \left[\left(\log\frac{Y'}{Y}\right)I_{[|Y-1|\leqslant b]}\right] * (\mu-\nu)_\infty$$

$$+ I_{[|Y-1|>b]} * (\nu - \nu')_\infty$$

$$+ \left[\left(1 - \frac{Y'}{Y} + \log\frac{Y'}{Y}\right) I_{[|Y-1|\leqslant b]}\right] * \nu_\infty \}.$$

证明 这是定理 14.20 和 14.42 的一个结论. 还只需计算 N^c 上测度的导数. 为此运用(41.1),在 N^c 上有

$$\frac{d\boldsymbol{P}'}{d\boldsymbol{P}} = \frac{d\boldsymbol{P}'}{d\overline{\boldsymbol{P}}}\Big/\frac{d\boldsymbol{P}}{d\overline{\boldsymbol{P}}} = \frac{d\boldsymbol{P}'_0}{d\boldsymbol{P}_0}\exp\{K.\overline{X}^c_\infty$$

$$+ \left[\left(\log\frac{Y'}{Y}\right) I_{[|Y-1|>b]}\right] * \mu_\infty$$

$$+ \left[\left(\log\frac{Y'}{Y}\right) I_{[|Y-1|\leqslant b]}\right] * (\mu - \bar{\nu})_\infty$$

$$+ [(Y - Y') I_{[|Y-1|>b]}] * \bar{\nu}_\infty$$

$$+ \left[\left(Y - Y' + \log\frac{Y'}{Y}\right) I_{[|Y-1|\leqslant b]}\right] * \bar{\nu}_\infty \}.$$

由 Girsanov 定理 $X^c = \overline{X}^c - \langle \overline{X}^c, -\frac{K}{2}. \overline{X}^c \rangle = \overline{X}^c + \frac{1}{2}K.\beta.$,此外

$$\left[\left(\log\frac{Y'}{Y}\right) I_{[|Y-1|\leqslant b]}\right] * (\mu - \bar{\nu})$$

$$= \left[\left(\log\frac{Y'}{Y}\right) I_{[|Y-1|\leqslant b]}\right] * (\mu - \nu)$$

$$+ \left[(Y - 1)\left(\log\frac{Y'}{Y}\right) I_{[|Y-1|\leqslant b]}\right] * \bar{\nu}.$$

由此可得(43.1). □

14.44 定义 令

$$d(\boldsymbol{P},\boldsymbol{P}') = \begin{cases} +\infty, & \text{若} \boldsymbol{P} \perp \boldsymbol{P}', \\ K^2.\beta_\infty + (\sqrt{Y} - \sqrt{Y'})^2 * \bar{\nu}_\infty, & \text{其它}. \end{cases}$$

以下,我们讨论由 Lévy 过程导出测度的近邻性,完全可分离性和变差收敛. 仍用前面的记号,只需在必要时加上指标 n 即可.

14.45 定理 $(\boldsymbol{P}'^n) \lhd (\boldsymbol{P}^n)$ 当且仅当下列条件被满足:

i) $(\boldsymbol{P}'^n_0) \lhd (\boldsymbol{P}^n_0)$,

ii) $(\nu'^n) \lhd (\nu^n)$,

iii) $\overline{\lim\limits_{n\to\infty}} d(\boldsymbol{P}^n, \boldsymbol{P}'^n) < \infty$.

证明 若存在无限多个 n 使 $P'^n \perp P^n$，则 $(P^n) \triangle (P'^n)$ 且 $\overline{\lim_n} d(P^n, P'^n) = \infty$. 故不失一般性可认为对每个 n P^n 和 P'^n 非奇异，于是如同定理 14.42 的证明中一样有 $P^n \ll \bar{P}^n, P'^n \ll \bar{P}^n$. 因而可以应用定理 14.36 及注 14.37，只需注意此时 $A^n_\infty = d(P^n, P'^n)$ 是非随机的. □

14.46 定理 $(P^n) \triangle (P'^n)$ 当且仅当 $(P^n_0) \triangle (P'^n_0)$ 或

$$\overline{\lim_{n\to\infty}} d(P^n, P'^n) = +\infty.$$

证明 仍可设对一切 n，P^n 和 P'^n 是非奇异的. 必要性来自 (42.1)：这时

$$\begin{aligned} 0 &= \underline{\lim_{n\to\infty}} h_{1/2}(P^n, P'^n) \\ &= \underline{\lim_{n\to\infty}} h_{1/2}(P^n_0, P'^n_0) \exp\{-[\frac{1}{8}(K^n)^2 \cdot \beta^n_\infty \\ &\quad + \frac{1}{2}(\sqrt{Y^n} - \sqrt{Y'^n})^2 * \bar{\nu}^n_\infty]\}. \end{aligned}$$

于是或者 $\underline{\lim_{n\to\infty}} h_{1/2}(P^n_0, P'^n_0) = 0$，即 $(P^n_0) \triangle (P'^n_0)$，或者 $\overline{\lim_{n\to\infty}} d(P^n, P'^n) = +\infty$.

充分性直接由定理 14.33 可得到. □

14.47 定理 $\| P^n - P'^n \| \to 0$ 当且仅当 $\| P^n_0 - P'^n_0 \| \to 0$ 以及 $\lim_{n\to\infty} d(P^n, P'^n) = 0$.

证明 我们也可假定对一切 n，P^n 和 P'^n 非奇异，于是应用定理 14.38 即可. □

问题与补充

14.1 设 P 和 P' 是 $(\Omega, \mathscr{F})$ 上两个概率测度，则

$$h_\alpha(P, P') = \inf\left\{ \sum_i P(B_i)^\alpha P'(B_i)^{1-\alpha} : \begin{array}{l} (B_1, \cdots, B_n) \text{ 为} \\ (\Omega, \mathscr{F}) \text{ 的一有限分割} \end{array} \right\}.$$

14.2 规定(用 §1 的记号)

$$\Phi_t(\alpha) = e^{-H_t(\alpha)} \prod_{s\leq t} [(1 - \Delta H_s(\alpha)) e^{\Delta H_s(\alpha)}], \quad t \geq 0.$$

则 $Y(\alpha)=N(\alpha)\Phi(\alpha)$，其中 $N(\alpha)$ 满足下列条件：

i）若 T 为停时且 $\Phi_{T-}(\alpha)>0$，则 $N(\alpha)^T\in\underset{\text{loc}}{\mathscr{U}}(\widetilde{\boldsymbol{P}})$，

ii）$N(\alpha)$ 为 $\widetilde{\boldsymbol{P}}$-上鞅.

14.3 假定 $\boldsymbol{P}'\ll\boldsymbol{P}$，$X\in\mathscr{S}(\boldsymbol{P})$，设 (α,β,ν) 和 (α',β',ν') 分别为 X 在 $\boldsymbol{P}$ 和 $\boldsymbol{P}'$ 下的可料特征，$\nu'=Y.\nu$，$Y\in\mathscr{P}^+$，$[a=1]\subset[a'=1]$. 则

$$\boldsymbol{P}'\Big(K^2.\beta_\infty+\left(1-\sqrt{Y}\right)^2*\nu_\infty+\sum_{t>0}\left(\sqrt{1-a_t}-\sqrt{1-a'_t}\right)^2<\infty\Big)=1,$$

其中 $K=\dfrac{d}{d\beta}[I_\Gamma.(\alpha'-\alpha-(xI_{[|x|\leqslant1]})*(\nu'-\nu)]$.

14.4 设 X 为一跳跃过程，$X_0=0$，$\boldsymbol{F}=\boldsymbol{F}^0(X)$. 又 $\boldsymbol{P}$ 和 $\boldsymbol{P}'$ 是 $\mathscr{F}=\bigvee_t\mathscr{F}_t$ 上两个概率测度. 假定 ν 和 ν' 分别为 X 在 $\boldsymbol{P}$ 和 $\boldsymbol{P}'$ 下的 Lévy 族，且

$$\boldsymbol{P}(\nu(\boldsymbol{R}_+\times E)<\infty)=1,\quad \boldsymbol{P}'(\nu'(\boldsymbol{R}_+\times E)<\infty)=1.$$

则 $\boldsymbol{P}\ll\boldsymbol{P}'$ 当且仅当下列条件被满足：

i）$\nu'=Y.\nu$，$Y\in\mathscr{P}^+$，和 $[a=1]\subset[a'=1]$，

ii）$\boldsymbol{P}'(\nu(\boldsymbol{R}_+\times E)<\infty)=1$.

14.5 设 X 为点过程且 $\boldsymbol{F}=\boldsymbol{F}^0(X)$. 又 $\boldsymbol{P}$ 和 $\boldsymbol{P}'$ 是 $\mathscr{F}=\bigvee_t\mathscr{F}_t$ 上两个概率测度. 假定在 $\boldsymbol{P}$ 在 X 为参数 $\lambda>0$ 的 Poisson 过程，Λ 为 X 的 $\boldsymbol{P}'$-补偿子. 则 $\boldsymbol{P}'\ll\boldsymbol{P}$ 当且仅当 $d\Lambda_t\ll dt$，$\Lambda_t=\int_0^t\lambda_s ds$. 这时 $\boldsymbol{P}'$ 关于 $\boldsymbol{P}$ 的密度过程为

$$\prod_{T_n\leqslant t}\left(\frac{\lambda_{T_n}}{\lambda}\right)e^{\lambda t-\Lambda_t},$$

其中 T_n 为 X 的第 n 个跳时.

14.6 给出一个例子对每个 n，$\boldsymbol{P}^n\sim\boldsymbol{P}'^n$，但 $(\boldsymbol{P}^n)\triangle(\boldsymbol{P}'^n)$.

14.7 设 $\Omega^n\equiv\Omega$，$\mathscr{F}^n$ 为一递增 σ-域序列，$\mathscr{F}=\bigvee_n\mathscr{F}_n$，$\boldsymbol{P}$ 和 $\boldsymbol{P}'$ 是 $\mathscr{F}$ 上的两个概率测度，$\boldsymbol{P}^n=\boldsymbol{P}|_{\mathscr{F}^n}$，$\boldsymbol{P}'^n=\boldsymbol{P}'|_{\mathscr{F}^n}$. 则 1）$(\boldsymbol{P}'^n)\lhd(\boldsymbol{P}^n)\Leftrightarrow\boldsymbol{P}'\ll\boldsymbol{P}$，2）$(\boldsymbol{P}'^n)\lhd|(\boldsymbol{P}^n)\Leftrightarrow\boldsymbol{P}'\perp\boldsymbol{P}$.

14.8 设 $\boldsymbol{P}^n$ 和 $\boldsymbol{P}'^n$ 为 $(\Omega^n,\mathscr{F}^n)$ 上的概率测度，$\overline{\boldsymbol{P}}^n=\dfrac{1}{2}(\boldsymbol{P}^n+$

$\boldsymbol{P}'^{n}$), $z'_n=\dfrac{d\,\boldsymbol{P}'^{n}}{d\,\overline{\boldsymbol{P}}^{n}}$，$F_n$ 为 z'_n 在$\overline{\boldsymbol{P}}^{n}$ 下于$[0,1]$上的分布律. 则$(\boldsymbol{P}'^{n})\triangle(\boldsymbol{P}^{n})$当且仅当$(F_n)$的任一极限点 F 有 $F(\{1\})=0$.

14.9 设$\boldsymbol{P}^{n}$ 和$\boldsymbol{P}'^{n}$ 为$(\Omega^{n},\mathscr{F}^{n})$上的概率测度，$\overline{\boldsymbol{P}}^{n}=\dfrac{1}{2}(\boldsymbol{P}^{n}+\boldsymbol{P}'^{n})$，$l_n=\dfrac{d\,\boldsymbol{P}^{n}}{d\,\overline{\boldsymbol{P}}^{n}}\Big/\dfrac{d\,\boldsymbol{P}'^{n}}{d\,\overline{\boldsymbol{P}}^{n}}$，$F_n$ 及 F'_n 分别为 l_n 在$\boldsymbol{P}^{n}$ 和$\boldsymbol{P}'^{n}$ 下于$\overline{\boldsymbol{R}}_+$上的分布律.

1) 下列两断言等价：

a) $(\boldsymbol{P}'^{n})\lhd(\boldsymbol{P}^{n})$且$(F_n)$弱收敛于$\boldsymbol{R}_+$上分布律，

b) (F'_n)弱收敛于$\boldsymbol{R}_+$上分布律.

2) 若(F_n)弱收敛于$\boldsymbol{R}_+$上分布律 F，则

$$(\boldsymbol{P}'^{n})\lhd(\boldsymbol{P}^{n})\Leftrightarrow\int xF(dx)=1\Leftrightarrow F(\{0\})=0.$$

14.10 设 X 为连续过程，$X_0=0$，$\boldsymbol{F}=\boldsymbol{F}^{0}_{+}(X)$. 又$\boldsymbol{P}$和$\boldsymbol{P}'$为$\mathscr{F}=\bigvee_t\mathscr{F}_t$ 上两个概率测度，在$\boldsymbol{P},\boldsymbol{P}'$下 X 都是 Lévy 过程，则或者$\boldsymbol{P}\sim\boldsymbol{P}'$或者$\boldsymbol{P}\perp\boldsymbol{P}'$.

14.11 设 X 为右连左极过程，$X_0=0$，$\boldsymbol{F}=\boldsymbol{F}^{0}_{+}(X)$. 又$\boldsymbol{P}$和$\boldsymbol{P}'$为$\mathscr{F}=\bigvee_t\mathscr{F}_t$ 上两个概率测度，在$\boldsymbol{P},\boldsymbol{P}'$下 X 都是时齐 Lévy 过程，则或者$\boldsymbol{P}\sim\boldsymbol{P}'$或者$\boldsymbol{P}\perp\boldsymbol{P}'$. 找出$\boldsymbol{P}\sim\boldsymbol{P}'$的充要条件.

14.12 设X^{n} 为跳跃过程，$X^{n}_0=0$，$\boldsymbol{F}^{n}=\boldsymbol{F}^{0}(X^{n})$. 又$\boldsymbol{P}^{n}$ 和$\boldsymbol{P}'^{n}$ 为$\mathscr{F}^{n}$ 上的两个概率测度，ν^{n} 和 ν'^{n} 分别为 X 在$\boldsymbol{P}^{n}$ 和$\boldsymbol{P}'^{n}$ 下的 Lévy 族. 则

$$\|\nu^{n}-\nu'^{n}\|\xrightarrow{P^{n}}0\Rightarrow\|\boldsymbol{P}^{n}-\boldsymbol{P}'^{n}\|\longrightarrow 0.$$

第十五章　右连左极过程的弱收敛

在本书的最后两章，我们将讨论右连左极过程分布的弱收敛，特别是半鞅分布的弱收敛．在这一章，我们首先介绍关于随机过程分布弱收敛的一些基本事实．在§1 我们证明由 $\boldsymbol{R}_+$ 到 $\boldsymbol{R}^d$ 的右连左极函数全体 $\boldsymbol{D}^d$ 赋于 Skorohod 拓扑是一个 Polish 空间，$\boldsymbol{D}^d$ 上的 Borel σ-域与 $\boldsymbol{D}^d$ 上标准过程产生的 σ-域是一致的．在 Skorohod 拓扑下收敛序列的一些深入的性质将在§2 中讨论．Polish 空间上测度弱收敛的一般结果与随机过程胎紧性的条件将在§3 给出．最后在§4 我们将用跳时和跃度的弱收敛来表征跳跃过程的弱收敛，这一处理是简单而又初等的．

§1.　$D[0,\infty[$与 Skorohod 拓扑

15.1 定义　对 $a\in]0,\infty[$，以 $\boldsymbol{D}_a^d=D(\boldsymbol{R}^d,[0,a])$表$[0,a]$上 $\boldsymbol{R}^d$-值右连左极函数全体，以 $\boldsymbol{D}^d=D(\boldsymbol{R}^d,\boldsymbol{R}_+)$表示 $\boldsymbol{R}_+$上 $\boldsymbol{R}^d$ 值右连左极函数全体．对 $d=1$，简单地记 $\boldsymbol{D}_a=\boldsymbol{D}_a^1,\boldsymbol{D}=\boldsymbol{D}^1$.

类似地，以 $\boldsymbol{C}_a^d=C(\boldsymbol{R}^d,[0,a])$表示$[0,a]$上连续函数全体，以 $\boldsymbol{C}^d=C(\boldsymbol{R}^d,\boldsymbol{R}_+)$表示 $\boldsymbol{R}_+$上连续函数全体．

15.2 定义　对每个 $\boldsymbol{R}_+$上 $\boldsymbol{R}^d$ 值函数 x 及 $A\subset\boldsymbol{R}_+$，规定

$$\bar{\omega}(A,x)=\sup\{|x(s)-x(t)|:\ s,t\in A\},$$

$$\begin{aligned}\omega(\delta,x,a)&=\sup\{\bar{\omega}([t,t+\delta],x):0\leqslant t<t+\delta\leqslant a\}\\&=\sup\{|x(s)-x(t)|:0\leqslant s,t\leqslant a,|t-s|<\delta\}\end{aligned}$$

$$\omega'(\delta,x,a)=\inf\left\{\max_{1\leqslant i\leqslant r}\bar{\omega}([t_{i-1},t_i[,x):\begin{matrix}0=t_0<t_1<\cdots<t_r=a,\\ \inf_{1\leqslant i\leqslant r-1}(t_i-t_{i-1})>\delta\end{matrix}\right\},\tag{2.1}$$

其中$|\cdot|$为 $\boldsymbol{R}^d$ 中的欧氏范数．

显然，$\omega(\delta,x,a)$，$\omega(\delta',x,a)$是 δ 的不减函数．

注意，(2.1)与 $\boldsymbol{D}_a$ 中下列 $\bar{\omega}'(\delta,x,a)$ 的定义(见 Billingsley [1])是不同的．

$$\bar{\omega}'(\delta,x,a)=\inf\left\{\max_{1\leqslant i\leqslant r}\bar{\omega}([t_{i-1},t_i[,x):\begin{array}{l}0=t_0<t_1<\cdots<t_r=a,\\ \inf_{1\leqslant i\leqslant r}(t_i-t_{i-1})>\delta\end{array}\right\}.$$

其差别是来自下列原因：对固定的 a，a 在 $\boldsymbol{D}_a$ 中起一个特殊的作用．而在 $\boldsymbol{D}$ 中，a 不起任何实质性的作用．

15.3 引理 1) $\omega'(\delta,x,a)\leqslant\omega(2\delta,x,a)$，

2) 若 $x\in\boldsymbol{C}_a^d$，则 $\omega(\delta,x,a)\leqslant 2\omega'(\delta,x,a)$.

证明 1)对 $[0,a]$ 的每个满足 $t_j-t_{j-1}>\delta$，$j=1,\cdots,r$ 的分割 $\{t_i\}$，必要时加入一些分点，可认为它满足 $t_j-t_{j-1}\leqslant 2\delta$．于是 $\bar{\omega}([t_{j-1},t_j[,x)\leqslant\omega(2\delta,x,a)$，因而 $\omega'(\delta,x,a)\leqslant\omega(2\delta,x,a)$.

2) 由于(2∶1)，对每个 $\eta>0$ 存在 $[0,a]$ 的分割满足 $\min\limits_{1\leqslant j\leqslant r-1}(t_j-t_{j-1})>\delta$ 以及 $\bar{\omega}([t_{j-1},t_j[,a)<\omega'(\delta,x,a)+\eta$，$1\leqslant j\leqslant r$. 对 $0<t-s<\delta$，或者 s,t 属于同一区间 $[t_{j-1},t_j[$ 有

$$|x(t)-x(s)|\leqslant\bar{\omega}([t_{j-1},t_j[,x)<\omega'(\delta,x,a)+\eta,$$

或者 s,t 分别属于相邻的区间 $[t_{j-1},t_j[$，$[t_j,t_{j+1}[$，则有

$$\begin{aligned}|x(t)-x(s)|&\leqslant|x(t)-x(t_j)|+|x(t_j-)-x(s)|\\&\leqslant 2\omega'(\delta,x,a)+2\eta.\end{aligned}$$

总之 $\omega(\delta,x,a)\leqslant 2\omega'(\delta,x,a)+2\eta$. 由于 η 是任意的，故 2)成立．
□

15.4 定理 1) $x\in\boldsymbol{D}_a^d$ 当且仅当 $\lim_{\delta\to 0}\omega'(\delta,x,a)=0$.

2) $x\in\boldsymbol{D}^d$ 当且仅当对每个 $N\in\boldsymbol{N}$，$\lim_{\delta\to 0}\omega'(\delta,x,N)=0$.

证明 1)由(2.1)，$\lim\limits_{\delta\to 0}\omega'(\delta,x,a)=0$ 等价于下列事实：对每个 $\varepsilon>0$，存在 $[0,a]$ 的分割 $\{t_j\}_{0\leqslant j\leqslant r}$ 满足 $\max_{1\leqslant j\leqslant r-1}|t_j-t_{j-1}|>\delta$ 且

$$\bar{\omega}([t_{j-1},t_j[,x)<\varepsilon,\quad 1\leqslant j\leqslant r. \tag{4.1}$$

必要性．对 $\varepsilon>0$，令

$$\tau=\tau(\varepsilon)=\sup\left\{t:\begin{array}{l}0=t_0<t_1,\cdots<t_r=t,\\ \max_{1\leqslant j\leqslant r}\bar{\omega}([t_{j-1},t_j[,x)<\varepsilon\end{array}\right\}.$$

由于 $x(0)=x(0+)$，故 $\tau>0$. 又因 $x(\tau-)$存在，$[0,\tau[$可分解为有限个区间之并，在每个区间上 x 的振幅都小于 ε. 若 $\tau<a$，取 η 足够小，使 $\overline{\omega}([\tau,\tau+\eta[,x)<\varepsilon$，则$[0,\tau+\eta[$也有上述性质. 这与 τ 的定义相矛盾. 所以 $\tau=a$，(4.1)成立.

充分性. 由(4.1)，x 右连续，若 $x\notin \boldsymbol{D}_N^d$，则存在 $t_0\in]0,N]$使 $x(t_0-)$无限或不存在. 若 $x(t_0-)$不存在，有$\overline{\lim}_{t\uparrow t_0}x(t)-\underline{\lim}_{t\uparrow t_0}x(t)>\varepsilon_0>0$. 对此 ε_0(4.1)不能成立. 若 $x(t_0-)$无限，(4.1)也不能成立.

2) $x\in \boldsymbol{D}^d \Leftrightarrow x\in \boldsymbol{D}_N^d,\quad \forall N\in \boldsymbol{N}\Leftrightarrow \lim_{\delta\downarrow 0}\omega'(\delta,x,N)=0,\forall N\in \boldsymbol{N}$ □

15.5 定理 $x\in \boldsymbol{D}^d$ 当且仅当它是一列只含有限个跳跃的阶梯函数在每个紧区间上一致收敛的极限.

证明 充分性. 只含有限个跳跃的右连左极函数属于每个 $\boldsymbol{D}_a^d,\forall a>0$，所以其在紧区间上一致收敛极限也属于 $\boldsymbol{D}_a^d,\forall a>0$，因此 $x\in \boldsymbol{D}^d$.

必要性. 由定理 15.4，对 $N\in \boldsymbol{N}$ 存在 δ_N 使 $\omega'(\delta_N,x,N)<\frac{1}{N}$. 令$\{t_j^N\}$为$[0,N]$满足 $\max_{1\leqslant i\leqslant r}\overline{\omega}([t_{j-1}^N,t_j^N[,x)<\frac{1}{N}$的相应的分割. 令[1)]

$$x_N(t)=\sum_{i=1}^{r}x(t_{i-1}^N)I(t_{i-1}^N\leqslant t<t_i^N)+x(N)I(t\geqslant N).$$

则 x_N 是一个只含有限个跳跃的阶梯函数，且

$$\sup_{t\leqslant N-1}|x_N(t)-x(t)|<\frac{1}{N}$$

所以(x_n)在任一紧区间上一致收敛于 x. □

15.6 定义 取

$$\Lambda_0=\left\{\lambda:\begin{array}{l}\lambda\text{ 为 }\boldsymbol{R}_+\text{ 到 }\boldsymbol{R}_+\text{ 的严格递增函数，}\\ \lambda(0)=0\quad \lim_{t\to\infty}\lambda(t)=+\infty\end{array}\right\}$$

---

1) 为排版方便，今后 $I(t_i^n\leqslant t<t_{i+1}^n)$ 和 $I(A)$ 分别与 $I_{[t_i^n,t_{i+1}^n[}$ 和 I_A 通用.

$$\|\lambda\|_\Lambda = \sup_{s\neq t}\left|\log\frac{\lambda(t)-\lambda(s)}{t-s}\right|,\quad \lambda\in\Lambda_0,$$

$$\Lambda=\{\lambda:\lambda\in\Lambda_0\ \|\lambda\|_\Lambda<\infty\},$$

以 e 表示 $\boldsymbol{R}_+$ 到 $\boldsymbol{R}_+$ 的恒等映照，以 λ^{-1} 表示 λ 的逆映照.

由上述定义，容易推出下列事实

$$\|\lambda\|_\Lambda=\|\lambda^{-1}\|_\Lambda,\quad \|\lambda\circ\mu\|_\Lambda\leqslant\|\lambda\|_\Lambda+\|\mu\|_\Lambda,$$

$$\sup_{t\leqslant a}|\lambda(t)-t|\leqslant a(e^{\|\lambda\|_\Lambda}-1),\tag{6.1}$$

$$\sup_{t\leqslant a}|\mu(|\lambda(t)-t|)|\leqslant\sup_s\frac{\mu(s)}{s}\sup_{t\leqslant a}|\lambda(t)-t|\leqslant\sup_{t\leqslant a}|\lambda(t)-t|e^{\|\mu\|_\Lambda}.$$

15.7 定义 对 $x,y\in\boldsymbol{D}^d$，令

$$\|x\|_a=\sup_{t\leqslant a}|x(t)|,\quad \|x\|=\sup|x(t)|,$$

$$\rho(x,y)=\inf_{\lambda\in\Lambda}\left\{\|\lambda\|_\Lambda+\sum_{N=1}^{\infty}2^{-N}(1\wedge\|(xk_N)\circ\lambda-yk_N\|)\right\},\tag{7.1}$$

其中

$$k_N(t)=\begin{cases}1, & t\leqslant N,\\ N+1-t, & N<t<N+1,\\ 0, & t\geqslant N+1.\end{cases}\tag{7.2}$$

由(7.1)容易验证 $\rho(x,y)$ 满足：

$$\rho(x,y)\geqslant 0,\ \rho(x,y)=\rho(y,x),\ \rho(x,z)\leqslant\rho(x,y)+\rho(y,z).\tag{7.3}$$

15.8 引理 若当 $n\to\infty$ 时 $\rho(x_n,x)\to 0$，则存在序列 $(\lambda_n)\subset\Lambda$ 满足

$$\|\lambda_n-e\|\to 0,\quad 当 n\to\infty,\tag{8.1}$$

$$\forall\ N\in\boldsymbol{N},\|x_n\circ\lambda_n-x\|_N\to 0,\quad 当 n\to\infty.\tag{8.2}$$

证明 由定义 15.7，若 $\rho(x_n,x)\to 0$，则存在 $(\mu_n)\subset\Lambda$ 满足

$$\|\mu_n\|_\Lambda\to 0,\quad 当 n\to\infty,\tag{8.3}$$

$$\forall\ N\in\boldsymbol{N},\|(x_nk_N)\circ\mu_n-xk_N\|\to 0,\quad 当 n\to\infty.\tag{8.4}$$

记 $m_n=(e^{\|\mu_n\|_\Lambda}-1+n^{-1})^{-1/2}$，则由(8.3) $m_n\to\infty$. 置

$$\lambda_n(t)=\begin{cases}\mu_n(t), & t\leqslant m_n,\\ t-m_n+\mu_n(m_n), & t>m_n.\end{cases}$$

则 $\lambda_n\in\Lambda_0$. 由(6.1)可知

$$\|\lambda_n-e\|=\|\mu_n-e\|_{m_n}\leqslant m_n(e^{\|\mu_n\|_\Lambda}-1)\leqslant\frac{1}{m_n}\to 0. \quad (8.5)$$

于是(8.1)成立. 对固定的 N,若 n 足够大,由(8.5),(8.4)可得

$$\begin{aligned}\|x_n\circ\lambda_n-x\|_N&\leqslant\|(k_{N+1}x_n)\circ\lambda_n-k_{N+1}x\|_N\\&\leqslant\|(k_{N+1}x_n)\circ\mu_n-k_{N+1}x\|\to 0.\end{aligned}$$

所以(8.2)成立. □

注 从上述证明可知,若 $\rho(x_n,x)\to 0$,则存在序列 $(\lambda_n)\subset\Lambda_0$ 满足

$$\|\lambda_n-e\|\to 0,\quad 当 n\to\infty,$$

$$\forall N\in\mathbf{N}\ \ \|x_n-x\circ\lambda_n\|N\to 0,\quad 当 n\to\infty. \quad (8.6)$$

15.9 定理 ρ 是 $\mathbf{D}^d$ 上的距离.

证明 由(7.3)只需证明由 $\rho(x,y)=0$ 可推出 $x=y$. 设 $\rho(x,y)=0$. 由引理 15.8 存在 $(\lambda_n)\subset\Lambda$ 使(8.1)成立且 $\forall N\in\mathbf{N}$ $\|x\circ\lambda_n-y\|_N\to 0$. 若 x 在 t 连续,即 $\Delta x(t)=0$,则

$$|x(t)-y(t)|\leqslant|x(t)-x(\lambda_n(t))|+|x(\lambda_n(t))-y(t)|\to 0,$$

于是在 x 的每个连续点 t 有 $x(t)=y(t)$. 由定理 15.5,x 的不连续点至多为可列个,x 的连续点处处稠密. 因而 $x=y$. □

15.10 定理 设 $\{x,x_n,n\geqslant 1\}\subset\mathbf{D}^d$,则下列断言等价:

1) $\rho(x_n,x)\to 0$,

2) 存在 $(\lambda_n)\subset\Lambda$ 使(8.1)(8.2)(或(8.1),(8.6))成立,

3) 对每个 $N\in\mathbf{N}$,存在 $(\lambda_n^N)\subset\Lambda_0$ 使

$$\|\lambda_n^N-e\|_N\to 0, \quad (10.1)$$

$$\|x_n\circ\lambda_n^N-x\|_N\to 0(或\ \|x_n-x\circ\lambda_n^N\|_N\to 0).$$

证明 1)⇒2)是引理 15.8 的结论. 2)⇒3)是明显的.

3)⇒1):首先,我们证明对每个固定的 N 存在 $(\mu_n^N)\subset\Lambda$ 使(为简单计我们省写了上标 N):

$$\|\mu_n\|_\Lambda\to 0, \quad (10.2)$$

$$\varlimsup_{n\to\infty}\|x_n-x\circ\mu_n\|_N\leqslant\frac{1}{2N}. \tag{10.3}$$

令(t_k)为按下式规定的序列

$$t_0=0,$$

$$t_{k+1}=\begin{cases}\inf\{t>t_k:|x(t)-x(t_k)|>\dfrac{1}{4N}\}, & 若\ t_k<\infty,\\ +\infty, & 若\ t_k=\infty,\end{cases}\quad k\geqslant1.$$

则当 $x\in\boldsymbol{D}^d$ 时，$t_k\to\infty$. 取

$$\bar{\lambda}_n(t)=\begin{cases}\lambda_n(t), & t\leqslant N,\\ \lambda_n(N)+t-N, & t>N.\end{cases}$$

$$u_{nk}=\bar{\lambda}_n^{-1}(t_k)\quad(\bar{\lambda}_n(u_{nk})=t_k).$$

令

$$\mu_n(t)=\begin{cases}t_k+(t-u_{nk})\dfrac{t_{k+1}-t_k}{u_{n,k+1}-u_{nk}}, & u_{nk}\leqslant t<u_{n,k+1}\wedge N,u_{n,k+1}<\infty,\\ t_k+t-u_{nk}, & u_{nk}\leqslant t<u_{n,k+1}=\infty,\quad t\leqslant N,\\ \mu_n(N)+t-N, & t>N,\end{cases}$$

则 μ_n 是分段线性的，$\mu_n\in\Lambda$，且由(10.1)

$$u_{nk}\to t_k,\ \|\mu_n\|_\Lambda\to0,\ \|\mu_n-e\|=\|\mu_n-e\|_N\to0\quad 当\ n\to\infty.$$

即(10.2)成立. 另一方面，若 $t\in[u_{nk},u_{n,k+1}[\cap[0,N]$，则 $\lambda_n(t)$，$\mu_n(t)\in[t_k,t_{k+1}[$ 且

$$|x(\lambda_n(t))-x(\mu_n(t))|\leqslant1/(2N),$$

$$\begin{aligned}|x_n(t)-x(\mu_n(t))|&\leqslant|x_n(t)-x(\lambda_n(t))|+|x_n(\lambda_n(t))-x(\mu_n(t))|\\&\leqslant\|x_n-x\circ\lambda_n\|_N+1/(2N),\end{aligned}$$

$$\varlimsup_{n\to\infty}\|x_n-x\circ\mu_n\|_N\leqslant1/(2N).$$

即(10.3)成立.

其次，对每个 $N\in\boldsymbol{N}$，若(μ_n^N)满足(10.2)，(10.3)则存在递增序列(n_N)使当 $n\geqslant n_N$ 时成立

$$\|\mu_n^N\|_\Lambda\leqslant1/N,\quad\|x_n-x\circ\mu_n^N\|_N\leqslant1/N,$$

现取 $\bar{\mu}_n=\mu_n^N$，$n_N\leqslant n<n_{N+1}$，则

$$\lim_{n\to\infty}\|\bar{\mu}_n\|_\Lambda=0, \tag{10.4}$$

$$\lim_{n\to\infty}\|x_n-x\circ\overline{\mu}_n\|_N=0,\quad \forall N\in\mathbf{N}.$$

因而对固定的 $N\in\mathbf{N}$，当 n 足够大有

$$\begin{aligned}&\|k_Nx_n-(k_Nx)\circ\overline{\mu}_n\|\\ \leqslant\ &\|k_Nx_n-k_N(x\circ\overline{\mu}_n)\|+\|k_N(x\circ\overline{\mu}_n)-(k_Nx)\circ\overline{\mu}_n\|\\ \leqslant\ &\|x_n-x\circ\overline{\mu}_n\|_{N+1}+\|k_N-k_N\circ\overline{\mu}_n\|\ \|x\|_{N+2}\\ \leqslant\ &\|x_n-x\circ\overline{\mu}_n\|_{N+1}+\|\overline{\mu}_n-e\|_{N+1}\|x\|_{N+2}.\end{aligned}$$

运用上述不等式和(10.4)容易推出 $\rho(x_n,x)\to0$. □

注 1）对 $x,y\in\mathbf{D}^d$，令

$$\widetilde{\rho}(x,y)=\inf_{\lambda\in\Lambda_0}\left\{\|\lambda-e\|+\sum_{N=1}^{\infty}2^{-N}(1\wedge\|(xk_N)\circ\lambda-yk_N\|)\right\},\tag{10.5}$$

则它也是 $\mathbf{D}^d$ 上的距离. 按定理15.10，ρ 与 $\widetilde{\rho}$ 在 $\mathbf{D}^d$ 上规定相同的拓扑，这一拓扑称为 $\mathbf{D}^d$ 上的 Skorohod 拓扑.

2）$\mathbf{D}^d$ 是线性空间，但在 ρ（或 $\widetilde{\rho}$）下，它不是线性拓扑空间.

15.11 例 设 $x_n(t)=\sum\limits_{i=0}^{\infty}\alpha_i^nI(t_i^n\leqslant t<t_{i+1}^n)$，其中 $t_0^n=0$ 当 $k\to\infty$ 时 $t_k^n\uparrow\infty$，$x(t)=\sum\limits_{i=j}^{\infty}a_iI(t_i\leqslant t<t_{i+1})$，其中 $t_0=0$，当 $k\to\infty$ 时 $t_k\uparrow\infty$，即 x_n,x 是阶梯函数. 若

$$\lim_{n\to\infty}t_i^n=t_i,\qquad i\geqslant1,\tag{11.1}$$
$$\lim_{n\to\infty}a_i^n=a_i,\quad 若\ t_i<\infty,$$

则容易验证 $\lim\limits_{n\to\infty}\rho(x_n,x)=0$.

事实上，对 $N\in\mathbf{N}$，若 $t_k\leqslant N<t_{k+1}$，取

$$\lambda_n^N(t)=\begin{cases}t_j+\dfrac{t_{j+1}-t_j}{t_{j+1}^n-t_j^n}(t-t_j^n), & t_j^n\leqslant t<t_{j+1}^n,\ j\leqslant k-1,\\ t_k+t-t_k^n, & t\geqslant t_k^n,\end{cases}$$

则 $\lambda_n^N\in\Lambda$. 运用(11.1)当 n 足大时有

$$\|\lambda_n^N-e\|_N\leqslant\max_{1\leqslant j\leqslant k}|t_j-t_j^n|,$$
$$\|x_n-x\circ\lambda_n^N\|_N\leqslant\max_{1\leqslant j\leqslant k}|a_j^n-a_j|.$$

因而(10.1),(8.6)成立,由定理15.10我们有$\rho(x_n,x)\to 0$.

15.12 定理 1)Skorohod 拓扑比由在每个紧区间上一致收敛导出的拓扑为弱.

2) 若$\rho(x_n,x)\to 0$,又x在t_0连续,则$x_n(t'_0)\to x(t_0)$.

3) 若$x\in \boldsymbol{C}^d$,则$\rho(x_n,x)\to 0$当且仅当

$$\| x-x_n \|_a \to 0, \quad \forall\, a>0. \tag{12.1}$$

证明 1)若$\| x-x_n\|_N\to 0$对每$N\in \boldsymbol{N}$成立,则取$\lambda_n=e$,由定理15.10可得$\rho(x_n,x)\to 0$.

2) 设$(\lambda_n)\subset\Lambda$且(8.1),(8.6)成立. 则

$$|x(t_0)-x_n(t_0)|\leqslant|x(t_0)-x(\lambda_n(t_0))|+|x(\lambda_n(t_0))-x_n(t_0)|. \tag{12.2}$$

由于x在t_0连续及$\lim\limits_{n\to\infty}\lambda_n(t_0)=t_0$,(12.2)右端第一项趋于0. 由(8.6),第二项也趋于0.

3) 由1)只要证(12.1)是必要的. 设$(\lambda_n)\subset\Lambda$及(8.1),(8.6)成立. 由于

$$\begin{aligned}\| x-x_n\|_a &\leqslant \| x-x\circ\lambda_n\|_a+\| x\circ\lambda_n-x_n\|_a\\ &\leqslant \omega(\|\lambda_n-e\|_a,\ x, a+\|\lambda_n-e\|_a)+\| x\circ\lambda_n-x_n\|_a,\end{aligned} \tag{12.3}$$

由紧集上一致连续性及(8.6)可知(12.3)右端趋于0,因而(12.1)成立. □

15.13 注 对$x,y\in\boldsymbol{C}^d$,令

$$\rho_u(x,y)=\sum_{N=1}^{\infty}2^{-N}(1\wedge\| x-y\|_N).$$

则ρ_u-收敛等价于在每个紧集上一致收敛,且容易直接验证在ρ_u下$\boldsymbol{C}^d$为Polish空间.

15.14 引理 对$x\in\boldsymbol{D}^d$令

$$x_n(t)=x\left(\frac{[nt]}{n}\wedge n\right), \tag{14.1}$$

其中$[a]$表a的整数部分. 则$\lim\limits_n\rho(x_n,x)=0$.

证明 显然有$x_n\in\boldsymbol{D}^d$. 对$\varepsilon>0$,取N及$\delta>\frac{1}{2}$满足下列条件:

$$2^{-N}<\varepsilon/4, \quad 且 \quad \omega'(\delta,x,N+1)<\varepsilon/4.$$

若$\{t_j,1\leqslant j\leqslant r+1\}$为$[0,N+1]$的一个分割且满足$t_j-t_{j-1}>\delta,1\leqslant j\leqslant r,t_r>N+1/2$及

$$\bar{\omega}([t_{j-1},t_j[,x)<\varepsilon/4. \tag{14.2}$$

取$n>n_0=a\vee(8/\varepsilon\delta)\vee 4/\delta$并令$s_j''=-[-nt_j]/n$，则$0<s_j''-t_j<1/n,s_r''>N$. 取$\lambda_n$为下列分段线性函数：

$$\lambda_n(t)=\begin{cases}t_j-(t-t_j)\dfrac{s_{j+1}''-s_j''}{t_{j+1}-t_j}, & t_j\leqslant t<t_{j+1},j\leqslant r-1,\\ t-t_r+s_r'', & t>t_j,\end{cases}$$

则

$$\|\lambda_n\|_\Lambda\leqslant\sup_{j\leqslant r}\left|\log\frac{s_j''-s_{j-1}''}{t_j-t_{j-1}}\right|\leqslant\left|\log\left(1-\frac{2}{n\delta}\right)\right|\leqslant\frac{4}{n\delta}<\frac{\varepsilon}{2}.$$

当$t\in[t_{j-1},t_j[$时，$\lambda_n(t)\in[s_{j-1}'',s_j''[$以及$x_n(\lambda_n(t))\in\{x(s):s\in[t_{j-1},t_j[\}$. 因而由(14.2)$|x_n(\lambda_n(t))-x(t)|<\varepsilon/4$. 所以

$$\|x_n\circ\lambda_n-x\|_N\leqslant\varepsilon/4,$$

$$\rho(x_n,x)\leqslant\|\lambda_n\|_\Lambda+\sum_{k=1}^{\infty}2^{-k}(1\wedge\|x_n\circ\lambda_n-x\|_k)$$

$$\leqslant\frac{\varepsilon}{2}+\frac{\varepsilon}{4}+\sum_{k=N+1}^{\infty}2^{-k}\leqslant\varepsilon,$$

由此可知命题成立. □

15.15 引理 $\boldsymbol{D}^d$ 在 Skorohod 拓扑下为可分的.

证明 令

$$\mathscr{A}=\{x\in\boldsymbol{D}^d:x\text{ 是只含有限个跳的阶梯函数}\},$$

$$\mathscr{C}=\{x\in\mathscr{A}:x\text{ 的跳时与取值都是有理数}\}.$$

容易验证$\mathscr{C}$是可列的. 若以$\overline{\mathscr{C}}$表示$\mathscr{C}$在$\boldsymbol{D}^d$中的闭包，则由例15.11可知$\mathscr{A}\subset\overline{\mathscr{C}}\subset\boldsymbol{D}$. 同时，定理15.5表明$\overline{\mathscr{A}}=\boldsymbol{D}^d$，因此$\overline{\mathscr{C}}=\overline{\mathscr{A}}=\boldsymbol{D}^d$，即$\boldsymbol{D}^d$是可分的. □

15.16 引理 $\boldsymbol{D}^d$ 在ρ之下是完备的

证明 若(x_n)为ρ一基本列. 它必包含满足下列条件的子列$(y_l=x_{n_l},l\geqslant 1)$：

$$\rho(y_l, y_l+1) < 2^{-2l}, \quad l \geqslant 1.$$

因而存在序列$(\bar{\lambda}_l) \subset \Lambda$使

$$\| \bar{\lambda}_l^{-1} \|_\Lambda = \| \bar{\lambda}_l \|_\Lambda \leqslant 2^{-2l},$$

$$\| y_l \circ \bar{\lambda}_l - y_{l+1} \|_l \leqslant \| (k_{l+1} y_l) \circ \bar{\lambda}_l - k_{l+1} y_{l+1} \|$$

$$\leqslant 2^{l+1} 2^{-2l} = 2^{-l+1}.$$

令

$$\lambda_l(t) = \begin{cases} \bar{\lambda}_l(t), & t \leqslant l, \\ t - l + \bar{\lambda}_l(l), & t > l, \end{cases}$$

则对(λ_l)仍有

$$\| \lambda_l^{-1} \|_\Lambda = \| \lambda_l \|_\Lambda \leqslant 2^{-2l},$$

$$\| y_l \circ \lambda_l - y_{l+1} \|_l \leqslant 2^{-l+1}, \tag{16.1}$$

于是由(6.1)及(16.1)可得

$$\| \lambda_l^{-1} - e \| = \| \lambda_l - e \| = \| \lambda_l - e \|_l \leqslant l(e^{\| \lambda_l \|_\Lambda} - 1) \leqslant 2^{-l},$$

$$\| \lambda_{l+k+1}^{-1} \circ \lambda_{l+k}^{-1} \circ \cdots \circ \lambda_l^{-1} - \lambda_{l+k}^{-1} \circ \cdots \circ \lambda_l^{-1} \| = \| \lambda_{l+k+1}^{-1} - e \| < 2^{-(k+l+1)}.$$

这样对每个l存在不减连续函数μ使

$$\lim_{k \to \infty} \| \lambda_{l+k}^{-1} \circ \cdots \circ \lambda_l^{-1} - \mu_l \| = 0.$$

进而有

$$\left| \log \frac{\lambda_{l+k}^{-1} \circ \cdots \circ \lambda_l^{-1}(t) - \lambda_{l+k}^{-1} \circ \cdots \circ \lambda_l^{-1}(s)}{t - s} \right| \leqslant \| \lambda_{l+k}^{-1} \circ \cdots \circ \lambda_l^{-1} \|_\Lambda$$

$$\leqslant \| \lambda_{l+k}^{-1} \|_\Lambda + \cdots + \| \lambda_l^{-1} \|_\Lambda < 2^{-2(l-1)}.$$

在上述不等式中令$k \to \infty$可得$\| \mu_l \|_\Lambda \leqslant 2^{-2(l-1)}$. 故$\mu_l \in \Lambda$

由μ_l的定义及(16.1)可得

$$\mu_l = \mu_{l+1} \circ \lambda_l^{-1}, \quad \mu_l^{-1} = \lambda_l \circ \mu_{l+1}^{-1},$$

$$\| y_l \circ \mu_l^{-1} - y_{l+1} \circ \mu_{l+1}^{-1} \|_{l-1} \leqslant \| y_l \circ \lambda_l - y_{l+1} \|_l \leqslant 2^{-l+1}.$$

因而在由紧集上一致收敛诱导的拓扑下$(y_l \circ \mu_l^{-1})$是基本列，所以存在$x \in \boldsymbol{D}^d$使

$$\| y_l \circ \mu_l^{-1} - x \|_l \leqslant 2^{-l+2}.$$

现在运用定理 15.10 可得$\lim\limits_{l \to \infty} \rho(y_l, x) = 0$，进而有$\lim\limits_{n \to \infty} \rho(x_n, x) = 0$.

所以 $\boldsymbol{D}^d$ 是完备的． □

15.17 定理 $\boldsymbol{D}^d$ 赋于距离 ρ 是一个 Polish 空间．

证明 这是定理 15.9，引理 15.15 和 15.16 的直接结论．□

15.18 定理 若以 $\mathscr{D}$ 表示 $\boldsymbol{D}^d$ 赋于 Skorohod 拓扑后的 Borel σ-域，又

$$\mathscr{D}_\infty=\sigma\{X_t:X_t(x)=x(t),x\in\boldsymbol{D}^d,t\in\boldsymbol{R}_+\},$$

即 $\mathscr{D}_\infty$ 是由 $\boldsymbol{D}^d$ 上标准过程生成的 σ 域，则

$$\mathscr{D}_\infty=\mathscr{D}. \tag{18.1}$$

证明 设 g 为 $\boldsymbol{R}^d$ 上的一个有界连续实函数．对固定的 t 记 $h_k(x)=k\int_t^{t+1/k}g(x(s))ds$. 当 $\rho(x_n,x)\to 0$ 时除了至多可列多个 s 外有 $g(x_n(s))\to g(x(s))$，且 $g(x_n(s))$ 是一致有界的．因此 $h_k(x_n)\to h_k(x)$，即 h_k 是 $\boldsymbol{D}^d$ 上的连续函数．于是 $h_k\in\mathscr{D}$. 又因 $x\in\boldsymbol{D}^d$ 是右连续的，故 $\lim\limits_{k\to\infty}h_k(x)=g(x(t))$. 于是对固定的 t，$g(x(t))$ 是 $\boldsymbol{D}^d$ 上的 $\mathscr{D}$ 可测函数．所以由单调类定理有 $\mathscr{D}_\infty\subset\mathscr{D}$.

对 $x,y\in\boldsymbol{D}^d$ 令

$$x_n(t)=x\left(\frac{[nt]}{n}\wedge n\right),\qquad y_n(t)=y\left(\frac{[nt]}{n}\wedge n\right).$$

则 x_n 由 $\{x(\frac{k}{n}),\ k\leqslant n^2\}$ 所确定．对固定的 $z\in\boldsymbol{D}^d$，定义

$$g(x)=\rho(x_n,z)=h\left(x(\frac{k}{n}),\ 0\leqslant k\leqslant n^2\right),$$

其中 h 是 $\boldsymbol{R}^{n^2+1}$ 上的函数．显然有

$$\begin{aligned}|g(x)-g(y)|&=|\rho(x_n,z)-\rho(y_n,z)|\\&\leqslant\max_{1\leqslant k\leqslant n^2}\left|x\left(\frac{k}{n}\right)-y\left(\frac{k}{n}\right)\right|.\end{aligned}$$

于是对 $x\in\boldsymbol{D}^d$，$g(x)$ 是 $\{x(\frac{k}{n}),0\leqslant k\leqslant n^2\}$ 的连续函数．这样，对固定的 z 作为 x 的函数，$\rho(x_n,z)\in\mathscr{D}_\infty$. 再由引理 15.14 有

$$\rho(x,z)=\lim_{n\to\infty}\rho(x_n,z)\in\mathscr{D}_\infty.$$

进而

$$O(z,\varepsilon)=\{x:\rho(z,x)<\varepsilon\}\in\mathscr{D}_\infty.$$

因为 $\boldsymbol{D}^d$ 是可分的，所以 $\boldsymbol{D}^d$ 中每个开集也是 $\mathscr{D}_{(u)}$-可测的，因而 $\mathscr{D}\subset\mathscr{D}_{(u)}$. □

15.19 定义 在 $\boldsymbol{D}^d$ 上令

$$\mathscr{D}_t^0=\sigma(x(u);u\leqslant t),\quad \mathscr{D}^0=\bigvee_{t\geqslant 0}\mathscr{D}_t^0,\quad \mathscr{D}^0=(\mathscr{D}_t^0)_{t\geqslant 0}.$$

$(\boldsymbol{D}^d,\mathscr{D}^0)$ 称为 $\boldsymbol{D}^d$ 上的**标准可测空间**. 若在 $(\boldsymbol{D}^d,\mathscr{D}^0)$ 上存在概率 $\boldsymbol{P}$，令

$$\mathscr{D}_t=\bigcap_{s>t}(\mathscr{D}_s^0)^P,\quad \mathscr{D}=\bigvee_t\mathscr{D}_t,\mathbb{D}=(\mathscr{D}_t)_{t\geqslant 0},$$

则 $\Phi_D=(\boldsymbol{D}^d,\mathscr{D},\mathbb{D},\boldsymbol{P})$ 称为**标准带流概率空间**. 而由下式规定的随机过程 $(X_t)_{t\geqslant 0}$:

$$X_t(x)=x(t),\qquad x\in\boldsymbol{D}^d,\quad t\in\boldsymbol{R}_+,$$

称为**标准过程**.

15.20 引理 1) 对 $x\in\boldsymbol{D}^d$，令

$$\varphi_1(t,x)=x^*(t)=\sup_{s\leqslant t}|x(s)|,$$

$$\varphi_2(t,x)=\sup_{s\leqslant t}|\Delta x(s)|.$$

则对固定的 t，φ_1 和 φ_2 在 $\boldsymbol{D}^d$ 中是 x 的上半连续函数，即

$$\varphi_i(t,x)\geqslant\overline{\lim_{\rho(x,y)\to 0}}\varphi_i(t,y),\quad i=1,2.$$

进而，若 $\Delta x(t)=0$，则 φ_i, $i=1,2$ 在 x 连续.

2) $\omega'(\delta,x,N)$ 是 x 的上半连续函数.

证明 1) 由于 $x\in\boldsymbol{D}^d$ 关于 t 右连续，故 φ_1,φ_2 亦然. 若 x 在 t 连续，则 φ_1,φ_2 亦同样在 t 连续.

首先，假定 $\rho(x_n,x)\to 0$ 且 x 在 t 连续，则存在序列 $(\lambda_n)\subset\Lambda$ 满足

$$\|\lambda_n\|_\Lambda\to 0,\ \|\lambda_n-e\|_N\to 0,\ \|x_n-x\circ\lambda_n\|_N\to 0,\ \forall N\in\boldsymbol{N}$$

同时，

$$|x_n^*(t)-x^*(t)|\leqslant|x_n^*(t)-x^*(\lambda_n(t))|+|x^*(\lambda_n(t))-x^*(t)|$$
$$\leqslant\|x_n-x\circ\lambda_n\|_N+|x^*(\lambda_n(t))-x^*(t)|,\ t\leqslant N.$$

于是 φ_1 在 x 连续. 对一般的情形，取 $\varepsilon>0$ 使 x 在 $t+\varepsilon$ 连续，于是 $\lim\limits_{n\to\infty}x_n^*(t+\varepsilon)=x^*(t+\varepsilon)$. 由于 x^* 关于 t 右连续，令 $t+\varepsilon$ 沿 x 的连续点趋于 t 可得

$$x^*(t)=\lim_{\varepsilon\to 0} x^*(t+\varepsilon)=\lim_{\varepsilon\to 0}\lim_{n\to\infty} x_n^*(t+\varepsilon)\geqslant\overline{\lim_{n\to\infty}} x_n^*(t).$$

于是 φ_1 是上半连续的. 类似地, φ_2 也有同样性质.

2) 对 $\varepsilon>0$, 存在分割 $\{t_j\}_{1\leqslant j\leqslant r}$ 满足

$$t_j-t_{j-1}>\delta,\qquad 1\leqslant j\leqslant r-1, \tag{20.1}$$

$$\bar{\omega}([t_{j-1},t_j[,x)<\omega'(\delta,x,N)+\varepsilon/2. \tag{20.2}$$

取 $\eta>0$ 满足 $\delta+2\eta<t_j-t_{j-1}$, $1\leqslant j\leqslant r-1$, $\eta<\frac{\varepsilon}{4}\wedge(N-t_{r-1})$. 若 $\tilde{\rho}(x,y)<\eta 2^{-N}$, 则存在 $\lambda\in\Lambda_0$ 使(见(10.5))

$$\|\lambda-e\|=\|\lambda^{-1}-e\|<\eta,$$

$$\|x\circ\lambda-y\|_N<\eta. \tag{20.3}$$

令 $s_j=\lambda^{-1}(t_j)$, 则 $\{s_1,\cdots,s_{r-1},N\}$ 为 $[0,N]$ 的一个分割. 由(18.1)

$$|s_j-s_{j-1}|>-|s_j-\lambda(s_j)|+|t_j-t_{j-1}|$$
$$-|\lambda(s_{j-1})-s_{j-1}|>\delta,\quad 1\leqslant j\leqslant r-1.$$

由(20.3)及(20.2)我们有

$$\begin{aligned}\bar{\omega}([s_{j-1},s_j[,y)&\leqslant\bar{\omega}([\lambda(s_{j-1}),\lambda(s_j)[,x)+2\eta\\&<\omega'(\delta,x,N)+\varepsilon/2+2\eta\\&<\omega'(\delta,x,N)+\varepsilon,\quad 1\leqslant j\leqslant r.\end{aligned}$$

这表明当 $\tilde{\rho}(x,y)<\eta 2^{-N}$ 时 $\omega'(\delta,y,N)<\omega'(\delta,x,N)+\varepsilon$, 所以 $\omega'(\delta,x,N)$ 是一个 x 的上半连续函数. □

15.21 引理 设 Γ 是 $\boldsymbol{R}^d$ 中的相对紧集, 且

$$H(\Gamma,\delta)=\left\{x\in\boldsymbol{D}^d:\ \begin{array}{l}\{x(t):t\geqslant 0\}\subset\Gamma, x\text{ 为一阶梯函}\\ \text{数, 且相邻跳时间隔}>\delta\end{array}\right\},$$

则 $H(\Gamma,\delta)$ 是 $\boldsymbol{D}^d$ 中相对紧集.

证明 只需证明每个序列 $(x_n)\subset H(\Gamma,\delta)$ 都含有收敛子序列. 记 $t_k(x_n)$ 为 x_n 的第 k 个跳时. 运用对角线手法可选取 (x_n) 的子序列 (y_n), 使对每 k, $(t_k(y_n))$ 满足下列条件之一:

(a) $\lim_{n\to\infty}t_k(y_n)=s_k<\infty$ 及 $\lim_{n\to\infty}y_n(t_k(y_n))=\alpha_k$,

(b) $\lim_{n\to\infty}t_k(y_n)=s_k=\infty$.

若 $t_{k-1}(y_n)<\infty$, 则 $t_k(y_n)-t_{k-1}(y_n)>\delta$. 这时当 $s_{k-1}<\infty$ 时也有 $s_k-s_{k-1}\geqslant\delta$. 令

$$y(t) = \sum_k \alpha_k I(s_k \leqslant t < s_{k+1}).$$

容易直接验证 $\rho(y_n, y) \to 0$. 因此 $H(\Gamma, \delta)$ 是相对紧的. □

15.22 定理 在 Skorohod 拓扑下一个集 $K \subset \boldsymbol{D}^d$ 是相对紧的当且仅当下列条件成立:

$$\sup_{x \in K} \| x \|_N < \infty, \quad \forall N \in \boldsymbol{N} \tag{22.1}$$

$$\lim_{\delta \to 0} \sup_{x \in K} \omega'(\delta, x, N) = 0, \quad \forall N \in \boldsymbol{N}. \tag{22.2}$$

证明 必要性. 对固定的 $N \in \boldsymbol{N}$, 由引理 15.20 知 $\varphi_1(x) = \| x \|_N$ 是一个 $\boldsymbol{D}^d$ 上的上半连续函数, 因而它在紧集 $\overline{K}$ 上有界, (22.1)成立.

也对固定的 N, 由于引理 15.20, $\omega'(\delta, x, N)$ 对 x 上半连续, 关于 δ 为不减的且 $\lim\limits_{\delta \to 0} \omega'(\delta, x, N) = 0$. 因而由 Dini 定理当 $\delta \to 0$ 时 $\omega'(\delta, x, N)$ 在紧集 $\overline{K}$ 上一致趋于 0, 故(2.22)为真.

充分性. 对每个 $N \in \boldsymbol{N}$, 取 $\Gamma_N = \{x(s): x \in K, s \leqslant N\}$, 由(22.1) Γ_N 是 $\boldsymbol{R}^d$ 中相对紧集. 由(22.2)存在 $\delta_N \leqslant 1$ 使

$$\sup_{x \in K} \omega'(\delta_N, x, N+1) < \frac{1}{N}. \tag{22.3}$$

运用引理 15.21 的记号, 记 $K_N = H(\Gamma_N, \delta_N)$, 则 K_N 是 $\boldsymbol{D}^d$ 中的相对紧集. 由(22.3), 对 $x \in K$ 存在 $[0, N+1]$ 的分割 $\{t_j\}_{1 \leqslant j \leqslant r}$ 使

$$t_j - t_{j-1} > \delta, \ 1 \leqslant j \leqslant r, \quad t_r \geqslant N,$$

$$\overline{\omega}([t_{j-1}, t_j[, x) < \frac{1}{N}, \quad 1 \leqslant j \leqslant r+1.$$

令 $\lambda = e \in \Lambda$ 以及

$$y(t) = \sum_{j=1}^{r-1} x(t_{j-1}) I(t_{j-1} \leqslant t < t_j) + x(t_r) I(t \geqslant t_r),$$

则 $y \in K_N$ 且

$$\rho(x, y) \leqslant \sum_{n=1}^{\infty} 2^{-n}(1 \wedge \| x - y \|_{n+1}) \leqslant \frac{1}{N} + \sum_{j \geqslant N} 2^{-j} < \frac{2}{N}.$$

于是 $x \in K_N^{2/N} = \left\{ z: \rho(z, K_N) < \frac{2}{N} \right\}$. 所以对一切 N, $K \subset K_N^{2/N}$, 因

而

$$K \subset \bigcap_{N \geqslant 1} \overline{K_N^{2/N}}.$$

同时$\bigcap_{N \geqslant 1} \overline{K_N^{2/N}}$是紧集，所以 K 相对紧． □

15.23 定义 对 $x \in \boldsymbol{D}^d$，令

$$\omega''(\delta, x, N) = \sup\left\{ |x(t)-x(t_1)| \wedge |x(t_2)-x(t)| : \begin{array}{c} 0 \leqslant t_1 < t < t_2 \leqslant N, \\ t_2 < t_1 + \delta \end{array} \right\} \tag{23.1}$$

15.24 定理 在 Skorohod 拓扑下，集合 $K \subset \boldsymbol{D}^d$ 为相对紧的当且仅当下列条件成立：

$$\sup_{x \in K} \| x \|_N < \infty, \quad \forall N \in \boldsymbol{N}, \tag{24.1}$$

$$\lim_{\delta \to 0} \sup_{x \in K} \overline{\omega}([0, \delta[, x) = 0, \tag{24.2}$$

$$\lim_{\delta \to 0} \sup_{x \in K} \omega''(\delta, x, N) = 0, \quad \forall N \in \boldsymbol{N}. \tag{24.3}$$

证明 只需证明若(22.1)(即(24.1))成立，(22.2)等价于(24.2)和(24.3).

必要性．若 $N \geqslant \delta$，$\overline{\omega}([0, \delta[, x) \leqslant \omega'(\delta, x, N)$，故(24.2)是必要的．

对给定的 $\varepsilon, \delta > 0$，存在$[0, N]$的分割$\{s_j\}_{1 \leqslant j \leqslant r}$使 $s_{j+1} - s_j \geqslant \delta$，$1 \leqslant j \leqslant r-2$，$s_{r-1} \geqslant N-1$ 以及$\overline{\omega}([s_j, s_{j+1}[, x) < \omega'(\delta, x, N) + \varepsilon$. 现对 $0 \leqslant t_j < t < t_{j+1} \leqslant N-1$，$t_{j+1} - t_j < \delta$，$[t_j, t[$和$[t, t_{j+1}[$中至少有一个含于某个$[s_i, s_{i+1}[$之中，所以有 $\omega''(\delta, x, N-1) < \omega'(\delta, x, N) + \varepsilon$. 因此(24.3)可由(22.2)推出．

充分性．对给定的 $\varepsilon > 0$，取 $\delta > 0$ 使

$$\omega''(\delta, x, N) < \varepsilon, \ \overline{\omega}([0, \delta[, x) < \varepsilon, \quad \forall x \in K \tag{24.4}$$

往证

$$\omega'(\delta/2, x, N) < 6\varepsilon, \quad \forall x \in K. \tag{24.5}$$

首先，对 $t_1 < s < t_2 < t_1 + \delta$ 必有

$$\overline{\omega}([t_1, s], x) \wedge \overline{\omega}([s, t_2], x) \leqslant 2\varepsilon. \tag{24.6}$$

事实上，对 $t_1\leqslant\tau_1<\tau_2\leqslant s$，若 $|x(\tau_1)-x(\tau_2)|>\varepsilon$，则由(24.4)对 σ_1，$\sigma_2\in[s,t_2]$ 有 $|x(\sigma_i)-x(\tau_2)|<\varepsilon, i=1,2$，进而 $|x(\sigma_1)-x(\sigma_2)|<2\varepsilon$. 故(24.6)成立.

其次，从(24.6)可得当 $|\tau_1-\tau_2|<\delta$ 时 $|\Delta x(\tau_1)|\wedge|\Delta x(\tau_2)|\leqslant 2\varepsilon$. 现取序列 (s_j) 满足

$$\delta/2<s_{j+1}-s_j\leqslant\delta \text{ 和 } |\Delta x(s)|\leqslant 2\varepsilon,\ \text{当 } s\notin\{s_j\}.$$

最后，对每个 j 令

$$\sigma_1=\sup\{s:\overline{\omega}([s_{j-1},s[,x)\leqslant 2\varepsilon\},\ \sigma_2=\inf\{t:\overline{\omega}([t,s_j[,x)\leqslant 2\varepsilon\}$$

由(24.6)我们有 $\sigma_1\geqslant\sigma_2$. 若 $\sigma_1<s_j$，

$$\begin{aligned}\overline{\omega}([s_{j-1},s_j[,x)&\leqslant\overline{\omega}([s_{j-1},\sigma_1[,x)+|\Delta x(\sigma_1)|+\overline{\omega}([\sigma_1,s_j[,x)\\&\leqslant 2\varepsilon+2\varepsilon+2\varepsilon=6\varepsilon,\end{aligned}\tag{24.7}$$

若 $\sigma_1>s_j$，则由 σ_1 的定义(24.7)成立，于是(24.5)也成立，因此(22.2)可由(24.2)及(24.3)推出. □

15.25 系 若 $L\subset\boldsymbol{D}^d$，且

$$\sup_{x\in L}\|x\|_N<\infty,\quad\forall\ N\in\boldsymbol{N}.$$

则 L 不是相对紧的当且仅当存在序列 $(x_n)\subset L$ 使下列两条件至少有一个成立：

a) 存在 (t_n^1)，(t_n^2) 及 $a_1\neq a_2$ 使

$$\lim_{n\to\infty}t_n^i=0,\quad\lim_{n\to\infty}x_n(t_n^i)=a_i,\quad i=1,2,$$

b) 存在 $t_n^1<t_n^2<t_n^3$ 及 $a_1\neq a_2, a_2\neq a_3$ 使

$$\lim_{n\to\infty}t_n^i=t<\infty,\ \lim_{n\to\infty}x_n(t_n^i)=a_i,\ i=1,2,3.$$

§2. Skorohod 拓扑下的连续性

在这一节，(x_n) 在 $\boldsymbol{D}^d$ 中收敛于 x 总是指在 Skorohod 拓扑下收敛(除非特别证明有其它含义)且简单地表以 $x_n\to x$.

15.26 引理 设在 $\boldsymbol{D}^d$ 中 $x_n\to x$，则对每个 $t>0$ 存在序列 (t_n) 满足 $t_n\to t$ 及

$$\lim_{\delta\downarrow 0}\overline{\lim_{n\to\infty}}\sup_{t_n\leqslant s\leqslant t_n+\delta}|x_n(s)-x(t)|=0, \tag{26.1}$$

$$\lim_{\delta\downarrow 0}\overline{\lim_{n\to\infty}}\sup_{t_n-\delta\leqslant s<t_n}|x_n(s)-x(t-)|=0. \tag{26.2}$$

特别地，

$$x_n(t_n)\to x(t),\quad x_n(t_n-)\to x(t-), \tag{26.3}$$

$$\Delta x_n(t_n)\to\Delta x(t), \tag{26.4}$$

$$\lim_{\delta\downarrow 0}\overline{\lim_{n\to\infty}}|\bar{\omega}([t_n-\delta,t_n+\delta],x_n)-|\Delta x(t)||=0,$$

$$\lim_{\delta\downarrow 0}\overline{\lim_{n\to\infty}}\bar{\omega}([t_n-\delta,t_n[,x_n)\vee\bar{\omega}([t_n,t_n+\delta],x_n)=0. \tag{26.5}$$

此外，令 $y_n(s)=x_n(s)-\Delta x_n(t_n)I(s\geqslant t_n)$，$y(s)=x(s)-\Delta x(t)I(s\geqslant t)$，$t_n=\lambda_n(t)$，则 $y_n\to y$.

证明 设$(\lambda_n)\subset\Lambda$ 满足(8.1)，(8.2). 取 $t_n=\lambda_n(t)$，则当 $s\in[t_n,t_n+\delta]$时 $\lambda_n^{-1}(s)\in[t,t+\delta_n']$，其中 $\delta_n'=\lambda_n^{-1}(t_n+\delta)-\lambda_n^{-1}(t_n)$. 按(8.1)若 n 足够大有 $t_n+\delta<t+2\delta$，$\delta_n'\leqslant 2\delta$，且对 $s\in[t_n,t_n+\delta]$有

$$\begin{aligned}|x_n(s)-x(t)|&\leqslant|x_n(s)-x(\lambda_n^{-1}(s))|+|x(\lambda_n^{-1}(s))-x(t)|\\&\leqslant|x_n(s)-x(\lambda_n^{-1}(s))|+\bar{\omega}([t,t+\delta_n],x)\\&\leqslant\|x_n-x\circ\lambda_n^{-1}\|_{t+2\delta}+\bar{\omega}([t,t+2\delta],x),\end{aligned}$$

现由(8.2)及 x 的右连续性可得(26.1). 类似地(26.2)也成立. (26.3)—(26.5)可由(26.1)及(26.2)推出. 最后，我们有

$$\begin{aligned}&|y_n(\lambda_n(s))-y(s)|\\&=|x_n(\lambda_n(s))-x(s)+(\Delta x_n(t_n)-\Delta x(t))I(s\geqslant t)|\\&\leqslant|x_n(\lambda_n(s))-x(s)|+|\Delta x_n(t_n)-\Delta x(t)|.\end{aligned}$$

因而由(26.4)知(λ_n)对(y_n)也满足(8.1)及(8.2)，故 $y_n\to y$. □

注 由(26.5)容易看出，若 $\Delta x(t)\neq 0$，则满足(26.4)的(t_n)本质上是唯一的，即若 $t_n'\to t$ 及$\lim\limits_{n\to\infty}\Delta x_n(t_n')\neq 0$，则当 n 足够大后必有 $t_n'=t_n$. 但若 $\Delta x(t)=0$，则对每个满足 $t_n\to t$ 的(t_n)(26.3)和(26.4)都成立.

15.27 定理 假定 $x_n\to x$，$y_n\to y$，又对每个 $t>0$，存在序列 $t_n\to t$ 且使 $\Delta x_n(t_n)\to\Delta x(t)$及 $\Delta y_n(t_n)\to\Delta y(t)$，则

$$x_n+y_n\to x+y, \tag{27.1}$$

$$(x_n, y_n) \to (x, y) \quad (\text{在 } \boldsymbol{D}^{2d} \text{ 中}). \tag{27.2}$$

证明 只需证明 (x_n+y_n) 是相对紧的，因为 (x_n+y_n) 在 x 和 y 的公共连续点上的收敛性保证了 (x_n+y_n) 极限点的唯一性.

由于 $x_n \to x, y_n \to y$，对每个 $N \in \boldsymbol{N}$ 我们有 $\sup_n \| x_n+y_n \|_N < \infty$. 若 (x_n+y_n) 不相对紧，则系 15.25 中的 a) 和 b) 必有一成立. 若 a) 成立，则有 $t_n^i \to 0$, $i=1,2$ 使

$$\lim_{n\to\infty}(x_n+y_n)(t_n^1) \neq \lim_{n\to\infty}(x_n+y_n)(t_n^2).$$

但 $\lim_{n\to\infty} x_n(t_n^i)=x(0)$, $\lim_{n\to\infty} y(t_n^i)=y(0)$，所以 a) 不可能发生.

若 b) 发生，则有 $t_n^1<t_n^2<t_n^3$, $t_n^i \to t$ 以及 $(x_n+y_n)(t_n^i)\to a_i$，但 $a_1 \neq a_2 \neq a_3$. 令 t_n 为定理假定中的序列. 由引理 15.26 及其注，(x_n) (y_n) 满足 (26.5)，而对 (x_n+y_n) 我们有

$$\lim_{\delta\downarrow 0}\overline{\lim_{n\to\infty}}\ \bar{\omega}([t_n-\delta, t_n[, x_n+y_n) \vee \bar{\omega}([t_n, t_n+\delta], x_n+y_n)=0 \tag{27.3}$$

现在必有无限个 n 使 $t_n^2 \leqslant t$ 或者 $t_n^2 > t$. 对前一情况我们有

$$\lim_{\delta\downarrow 0}\overline{\lim_{n\to\infty}}\ \bar{\omega}([t_n-d, t_n[, x_n+y_n) \geqslant |a_1-a_2| \neq 0.$$

对后一情况我们有

$$\lim_{\delta\downarrow 0}\overline{\lim_{n\to\infty}}\ \bar{\omega}([t_n, t_n+\delta], x_n+y_n) \geqslant |a_2-a_3| \neq 0.$$

这都与 (27.3) 矛盾. 因此 b) 也不可能发生. 所以 $(\mathrm{x_n}+\mathrm{y_n})$ 相对紧且 (27.1) 成立.

记 $\tilde{x}_n=(x_n,0)\in \boldsymbol{D}^{2d}$, $\tilde{y}_n=(0,y_n)\in \boldsymbol{D}^{2d}$，则 $\tilde{x}_n \to (x,0)=\tilde{x}$, $\tilde{y}_n \to (0,y)=\tilde{y}$. 由 (27.1) 可得 $(x_n,y_n)=\tilde{x}_n+\tilde{y}_n \to \tilde{x}+\tilde{y}=(x,y)$.

□

15.28 系 设 $x_n \to x \in \boldsymbol{C}^d$, $y_n \to y$，则 $x_n+y_n \to x+y$, $(x_n,y_n)\to(x,y)$.

证明 因为 $x\in \boldsymbol{C}^d$，故对每个收敛于 t 的 (t_n) 有 $x_n(t_n)\to x(t)$. 于是由定理 15.26 可知 (x_n)，(y_n) 满足定理 15.27 的假定，所以系的结论成立. □

15.29 对 $x\in \boldsymbol{D}^d$，定义

$$J(x)=\{t>0;\Delta x(t)\neq 0\}, \tag{29.1}$$

$$U(x)=\{u>0;|\Delta x(t)|=u, \text{对某个 } t\}. \tag{29.2}$$

则 x 的所有不连续点全体 $J(x)$ 至多是可列的.

对 $u>0$,记

$$t^0(x,u)=0,$$
$$t^p(x,u)=\inf\{t>t^p(x,u):|\Delta x(t)|>u\},$$
$$x^u(t)=x(t)-\sum_{p\geqslant 1}\Delta x(t^p(x,u))I(t\geqslant t^p(x,u)).$$

$t^p(x,u)$ 为 x 的第 p 个跃度的模大于 u 的跳时. 因为 $x\in \boldsymbol{D}^d$,故 $\lim\limits_{p\to\infty}t^p(x,u)=+\infty$.

15.30 定理 对 $u>0$ 及 $p\geqslant 1$,规定

$$\left.\begin{array}{ll} f_1(x)=t^p(x,u), & f_2(x)=x(t^p(x,u)), \\ f_3(x)=x(t^p(x,u)-), & f_4(x)=\Delta x(t^p(x,u)), \end{array}\right\} \text{若 } t^p(x,u)<\infty,$$

以及

$$f_5(x)=x^u,$$

则 $\boldsymbol{D}^d$ 上的这些映照当 $u\in U(x)$ 时在 x 连续.

证明 设 $x_n\to x, u\in U(x)$. 记 $t_n^p=t^p(x_n,u), t^p=t^p(x,u)$. 我们将用关于 p 的归纳法来证明 $f_i, 1\leqslant i\leqslant 4$ 的连续性.

假定对 p 已建立了 $f_i, 1\leqslant i\leqslant 4$ 的连续性. 则$\underline{\lim}_{n\to\infty}t_n^{p+1}\geqslant \underline{\lim}_{n\to\infty}t_n^p=t^p$. 若 $t^p=\infty$,则立即有$\underline{\lim}_{n\to\infty}t_n^{p+1}=\infty=t^{p+1}$. 以下设 $t^p<\infty$. 若$\underline{\lim}_{n\to\infty}t_n^{p+1}=t^p$,则有子列 (n') 满足 $t_{n'}^{p+1}\to t^p$,同时有 $\Delta x_{n'}(t_{n'}^p)>u$. 由引理 15.26 的注可知当 n' 足够大后有 $t_{n'}^{p+1}=t_{n'}^p$. 这与$t_n^{p+1}>t_n^p$矛盾,所以$\underline{\lim}_{n\to\infty}t_n^{p+1}>t^p$. 另一方面,对任一闭区间 $I\subset n']t^p,t^{p+1}[$, $\sup_{t\in I}|\Delta x(t)|\leqslant u$. 由引理 15.20.1)

$$\overline{\lim_{n\to\infty}}\sup_{t\in I}|\Delta x_n(t)|\leqslant u.$$

因此$\underline{\lim}_{n\to\infty}t_n^{p+1}\geqslant t^{p+1}$. 再由引理 15.26 及 $u\notin U(x)$若 $t^{p+1}<\infty$我们有 $t_n^{p+1}\to t^{p+1}$, $x_n(t_n^{p+1})\to x(t^{p+1})$, $x_n(t_n^{p+1}-)\to x(t^{p+1}-)$和 $\Delta x_n(t_n^{p+1})\to\Delta x(t^{p+1})$. 这表明对所有的 $p\geqslant 1$, $f_i(x), 1\leqslant i\leqslant 4$ 是 x 的连续函数.

运用上述结果及引理 15.26.3),容易用归纳法证明对 $q\geqslant 1$

$$x_n^{uq}(\cdot)=x_n(\cdot)-\sum_{p=1}^{q}\Delta x_n(t_n^p)I(\cdot\geqslant t_n^p)$$

$$\rightarrow x(\cdot) - \sum_{p=1}^{q} \Delta x(t^p) I(\cdot \geqslant t^p) = x^{uq}.$$

另一方面，在$[0,t_n^q[$，$x_n^u = x_n^{uq}$，在$[0,t^q[$，$x^u = x^{uq}$. 同时，对每个$N \in \boldsymbol{N}$，当n、q足够大时有$t_n^q > N$，$t^q > N$，于是按定理 15.10 $x_n^u \to x^u$. □

15.31 系 设g是$\boldsymbol{R}^d$到$\boldsymbol{R}^h$的连续映照且对某个$u>0$

$$g(x)=0, \quad |x| \leqslant u.$$

记

$$\bar{x}(t) = \sum_{s \leqslant t} g(\Delta x(s)),$$

则$x \mapsto (x, \bar{x})$是$\boldsymbol{R}^d$到$\boldsymbol{R}^{d+h}$的连续映照.

证明 取正数$u \in U(x)$使当$|x|<u$时$g(x)=0$. 假定$x_n \to x$. 利用定理 15.30 的记号，记

$$\bar{x}_n^q = \sum_{p=1}^{q} g(\Delta x_n(t_n^p)) I(t \geqslant t_n^p),$$

$$\bar{x}^q = \sum_{p=1}^{q} g(\Delta x(t^p)) I(t \geqslant t^p).$$

于是类似于定理 15.30 的证明我们有

$$\bar{x}_n^q \to \bar{x}^q, \quad \bar{x}_n \to \bar{x}, \quad 当 n \to \infty.$$

此外，因为$\bar{x}_n$，$\bar{x}$的跳时分别就是x_n，x的跳时，由定理 15.27 可得$(x_n, \bar{x}_n) \to (x, \bar{x})$，因此定理得证. □

15.32 注 回顾前面已提到的，若x是一个阶梯函数，则它有下列典则表示：

$$x(t) = \sum_{i \geqslant 0} x(t_i) I_{[t_i, t_{i+1}[}(t), \quad t \geqslant 0,$$

其中 i) $0 = t_0 \leqslant t_1 \leqslant \cdots \leqslant t_n \leqslant \cdots$，$t_n \uparrow \infty$，

ii) $t_i < \infty \Rightarrow t_i < t_{i+1}$，

iii) $t_i < \infty \Leftrightarrow x(t_i) \neq x(t_{i-1})$，$\quad i \geqslant 1$.

若$n = \inf\{k : t_k = +\infty\} < \infty$，则对$k \geqslant n$，$x(t_k) = x(t_{n-1})$. t_j，$j \geqslant 1$，为x的跳时.

15.33 定理 假定x，x^n，$n \geqslant 1$为阶梯函数，(t_j)，(t_j^n)分别为

x, x^n 的跳时，$t_0=t_0^n=0$，则下列断言等价：

1）对所有 $j\geqslant 1$

$$f(t_j^n, x^n(t_j^n))\to f(t_j, x(t_j)),\quad 当 n\to\infty \tag{33.1}$$

其中 $f(t,x)$ 为由下式规定的 $\overline{R}_+\times R$ 到 $\overline{R}_+\times]-\frac{\pi}{2},\frac{\pi}{2}[$ 的映照：

$$f(t,x)=\left(t,\frac{\operatorname{arctg}x}{2^t}\right). \tag{33.2}$$

2）当 $n\to\infty$ 时 $x^n\to x$ 且对所有 $N>0$

$$\inf\{|\Delta x^n(t_j^n)|: 0<t_j^n\leqslant N, n\geqslant 1\}>0. \tag{33.3}$$

证明 显然对由(33.2)规定的 f，(33.1)等价于下列事实：

$$t_i^n\to t_i,\quad i\geqslant 1, \tag{33.4}$$

$$x^n(t_i^n)\to x(t_i),\quad i\in\{j\geqslant 0: t_j<\infty\}. \tag{33.5}$$

同时(33.3)等价于下列事实：对所有 $N>0$，存在 $\varepsilon_N>0$，当 $0<t_j^n\leqslant N$ 时有

$$|\Delta x^n(t_j^n)|\geqslant\varepsilon_N. \tag{33.6}$$

1)⇒2) 定义分段线性函数 $\lambda_n(t)$ 如下：

$$\lambda_n(t)=t_j^n+(t-t_j^n)\frac{t_{j+1}^n-t_j^n}{t_{j+1}-t_j},\quad t_j^n\leqslant t<t_{j+1}^n.$$

于是由(33.4)，(33.5)容易验证对每个 $N>0$ 有

$$\|\lambda_n-e\|_N\to 0,\quad \|x^n\circ\lambda_n-x\|_N\to 0.$$

因而按照定理 15.10，$\rho(x^n,x)\to 0$. 另一方面，x 在 $[0,N]$ 至多只含有限个不连续点，故

$$\min_{0<t_j\leqslant N}|\Delta x(t_j)|>0. \tag{33.7}$$

(33.3)可由(33.4)，(33.5)和(33.7)推出.

2)⇒1) 对 $N>0$，设 ε_N 满足(33.6). 取 $\delta<\varepsilon_N\wedge\inf\{|\Delta x(t_j)|: 0<t_j\leqslant N\}$. 运用(29.3)的记号，记 $t_j=t^j(x,\delta)$，$t_j^n=t^j(x^n,\delta)$，则当 $t_j<N$ 且 n 足够大时有 $t_j^n<N$，因而定理 15.30 产生

$$t_j^n=t^j(x^n,\delta)\to t^j(x,\delta)=t_j,$$

$$x^n(t_j^n)=x^n(t^j(x^n,\delta))\to x(t^j(x,\delta))=x(t_j).$$

由于 N 可以是任意正数，(33.4)和(33.5)成立，1)也就正确. □

注 若(33.3)不对,则(33.1)一般不能由 $x^n \to x$ 推出.例如 $x(t) \equiv 0, x^n(t) = \frac{1}{n} I_{[1/n, \infty[}(t), \rho(x^n, x) \to 0$. 但 $t_1^n = \frac{1}{n}, t_1 = \infty$, (33.1)并不成立.

§3. 弱收敛与胎紧性

15.34 在这一节我们假定 S 是一个 Polish 空间,即在 S 上有一个距离 ρ,在 ρ 之下 S 是一个完备可分距离空间.以 $\mathscr{B} = \mathscr{B}(S)$ 表示 S 上的 Borel σ-域.令

$C_b(S)$:S 上的有界连续函数全体,

$C_u(S)$:S 上的有界一致连续函数全体,

$\mathscr{P}(S)$:$(S, \mathscr{B})$ 上的概率测度全体.

对 $f \in C_b(S)$,记

$$\| f \| = \sup_{x \in S} |f(x)|.$$

则 $\| \cdot \|$ 是一个模,在此模之下 $C_b(S)$ 为 Banach 空间,$C_u(S)$ 是可分的.对 $f \in C_b(S)$ 及 $\mu \in \mathscr{P}(S)$ 记

$$\mu(f) = \int_S f(x) \mu(dz).$$

易知,对 $\mu, \nu \in \mathscr{P}(S)$,若对所有闭集 F, $\mu(F) = \nu(F)$,则 $\mu = \nu$;若对一切 $f \in C_u(S)$, $\mu(f) = \nu(f)$,则 $\mu = \nu$.

15.35 定义 假定 $\mu_n, \mu \in \mathscr{P}(S)$,若

$$\lim_{n \to \infty} \mu_n(f) = \mu(f), \quad \forall f \in C_b(S), \tag{35.1}$$

则称(μ_n)**弱收敛**于 μ 且表以 $\mu_n \xrightarrow{w} \mu$.

15.36 定义 设 $\mu \in \mathscr{P}(S)$, f 为 S 到另一 Polish 空间 S' 的映照;D_f 是 f 的不连续点全体.若 $\mu(D_f) = 0$,则 f 称为 **μ-a.s.(或 a.s.)连续**.对 $A \subset S$,以 ∂A 表示 A 的边界.若 I_A 为 μ-a.s. 连续的,即 $\mu(\partial A) = 0$,称 A 为 **μ-连续集**.

注 若 $S' = \boldsymbol{R}$,则 $D_f \in \mathscr{B}$. 一般情形下, $\mu(D_f) = 0$ 意味着 $D_f \subset A \in \mathscr{B}$ 且 $\mu(A) = 0$. 于是一个 μ-a.s. 连续映照未必是 $\mathscr{B}$ 可测

的，但它关于 $\mathscr{B}$ 的 μ-完备化 $\mathscr{B}^{\mu}$ 是可测的．

下列定理给出了弱收敛的若干等价命题（见 Billingsley[1]）．

15.37 定理 假设 $\mu_n,\mu\in\mathscr{P}(S)$，则 $\mu_n\xrightarrow{w}\mu$ 与下列任一个断言等价：

1）对每个有界 μ-a.s. 连续 f 有

$$\lim_{n\to\infty}\mu_n(f)=\mu(f), \tag{37.1}$$

2）$\forall\ f\in C_u(S)$，(37.1)成立．

3）$\overline{\lim}_n\mu_n(F)\leqslant\mu(F)$，$\forall$ 闭集 F，

4）$\underline{\lim}_n\mu_n(G)\geqslant\mu(G)$，$\forall$ 开集 G，

5）$\lim_n\mu_n(A)=\mu(A)$，$\forall$ μ-连续集 A.

特别地，若 $\mu_n\xrightarrow{w}\mu$，h 为 S 到另一个 Polish 空间 S' 的 μ—a.s. 连续映照，则 $\mu_n\circ h^{-1}\xrightarrow{w}\mu\circ h^{-1}$.

从上述定理容易验证下列事实：设 $(\varphi_k)_{k\geqslant1}$ 为 $C_u(S)$ 中单位球面上的稠密子集，令

$$d(\mu,\nu)=\sum_{n=1}^{\infty}2^{-n}|\mu(\varphi_n)-\nu(\varphi_k)|,$$

则 d 是 $\mathscr{P}(S)$ 上的距离，且由 d 规定的拓扑与弱收敛规定的拓扑是一致的．

15.38 定义 设 $A\subset\mathscr{P}(S)$. 若对每个 $\varepsilon>0$ 存在紧集 $K_\varepsilon\subset S$ 使

$$\inf_{\mu\in A}\mu(K_\varepsilon)>1-\varepsilon, \tag{38.1}$$

则称 A 为胎紧的

15.39 定理 设 $A\subset\mathscr{P}(S)$，则在弱收敛拓扑下 A 为相对紧的充要条件是 A 为胎紧的．

这是距离空间测度论的一个基本结果，它属于 Y. V. Prohorov，它的证明可在很多书中找到（参见 Billingsley [1]）.

15.40 定理 $\mathscr{P}(\boldsymbol{D}^d)$ 中的一个子集 A 为胎紧的当且仅当下

列条件同时成立：

$$\lim_{a\to\infty}\sup_{\mu\in A}\mu(\{x:\ \|x\|_N\geqslant a\})=0,\ \forall\ N\in\boldsymbol{N},\qquad(40.1)$$

$$\lim_{\delta\to 0}\sup_{\mu\in A}\mu(\{x:\omega'(\delta,x,N)\geqslant\eta\})=0,\ \forall\ N\in\boldsymbol{N},\ \eta>0.\quad(40.2)$$

证明 必要性．由于 A 是胎紧的，对任一给定的 $\varepsilon>0$ 存在一个紧集 K_ε 使 $\inf_{\mu\in A}\mu(K_\varepsilon)>1-\varepsilon$. 故按定理 15.22 有 $\sup\limits_{x\in K_\varepsilon}\|x\|_N<\infty$ 以及

$$\lim_{\delta\downarrow 0}\sup_{x\in K_\varepsilon}\omega'(\delta,x,N)=0.\qquad(40.3)$$

这样对 $a>\sup\limits_{x\in K_\varepsilon}\|x\|_N$ 我们有 $\{x:\ \|x\|_N\geqslant a\}\subset K_\varepsilon^c$,

$$\sup_{\mu\in A}\mu(\{x:\ \|x\|_N\geqslant a\})\leqslant\sup_{\mu\in A}\mu(K_\varepsilon^c)<\varepsilon,$$

即(40.1)成立．

由(40.3)对任一 $\eta>0$ 存在 δ_η 使 $\sup\limits_{x\in K_\varepsilon}\omega'(\delta_\eta,x,N)<\eta$，因此 $\{x:\omega'(\delta_\eta,x,N)\geqslant\eta\}\subset K_\varepsilon^c$ 且

$$\sup_{\mu\in A}\mu(\{x:\omega'(\delta_\eta,x,N)\geqslant\eta\})\leqslant\sup_{\mu\in A}\mu(K_\varepsilon^c)<\varepsilon,$$

即(40.2)成立．

充分性．由(40.1)(40.2)对任一给定的 $\varepsilon>0$，$N\in\boldsymbol{N}$ 及 $k\geqslant 1$ 有 a_N 及 δ_{Nk} 使

$$\sup_{\mu\in A}\mu(\{x:\ \|x\|_N>a_N\})\leqslant\varepsilon 2^{-N-1},$$

$$\sup_{\mu\in A}\mu(\{x:\omega'(\delta_{Nk},x,N)\geqslant 1/k\})<\varepsilon 2^{-N-k-1}.$$

取

$$C_{N\varepsilon}=\{x:\ \|x\|_N\leqslant a_N\}\cap\bigcap_{k=1}^{\infty}\{x:\omega'(\delta_{Nk},x,N)\leqslant 1/k\},$$

$$C_\varepsilon=\bigcap_{N=1}^{\infty}C_{N\varepsilon},$$

则定理 15.22 蕴含 C_ε 为相对紧的．但我们有

$$\inf_{\mu\in A}\mu(C_{N\varepsilon})\geqslant 1-\varepsilon 2^{-N},\ N\geqslant 1,\ \inf_{\mu\in A}\mu(C_\varepsilon)\geqslant 1-\varepsilon.$$

所以 A 是胎紧的． □

15.41 定义 假定对每个 n，X^n 是概率空间 $(\Omega^n,\mathscr{F}^n,\boldsymbol{P}^n)$ 上的 S-值随机元，$\mathscr{L}(X^n)=\boldsymbol{P}^n\circ(X^n)^{-1}$ 是 X^n 的分布．X 是概率空间

$(\Omega,\mathscr{F},\boldsymbol{P})$上的$S$-值随机元，$\mathscr{L}(X)=\boldsymbol{P}\circ X^{-1}$是$X$的分布．若$\mathscr{L}(X^n)\xrightarrow{w}\mathscr{L}(X)$，则称$(X^n)$**按分布收敛于$X$**并表以$X^n\xrightarrow{\mathscr{L}}X$．若$\mathscr{L}(X^n)$是胎紧的，我们称$(X^n)$的分布集是**胎紧的**或简称$(X^n)$是**胎紧的**．

由弱收敛的定义容易看出$X^n\xrightarrow{\mathscr{L}}X$等价于对每个$f\in C_b(S)$

$$\boldsymbol{E}^n[f(X^n)]\to\boldsymbol{E}[f(X)],$$

其中$\boldsymbol{E}^n$，$\boldsymbol{E}$分别表示对应于$\boldsymbol{P}^n$，$\boldsymbol{P}$的期望．由定理15.39，$\{\mathscr{L}(X^n)\}$是相对紧的当且仅当$\{\mathscr{L}(X^n)\}$是胎紧的．

在上述定义中，对不同的n概率空间$(\Omega^n,\mathscr{F}^n,\boldsymbol{P}^n)$可以是不同的．但不难看出我们可以找到一个概率空间$(\overline{\Omega},\overline{\mathscr{F}},\overline{P})$及其上的$S$-值随机元序列$(Y^n)$使$\mathscr{L}(X^n)=\mathscr{L}(Y^n)$，$n\geqslant1$．所以今后为简单计我们总假定随机元是定义在一个公共概率空间上．

15.42 定理 （Skorohod 表示定理） 假定$(\mu_0,\mu_n,n\geqslant1)\subset\mathscr{P}(S)$且$\mu_n\xrightarrow{w}\mu_0$，则存在一个概率空间$(\Omega,\mathscr{F},\boldsymbol{P})$及其上的一列$S$-值随机元$(X_n,n\geqslant0)$使$\mu_n=\mathscr{L}(X_n)$，$n\geqslant0$以及

$$\lim_{n\to\infty}\rho(X_n,X_0)=0,\text{a.s.}.$$

证明 取$\Omega=[0,1]$，$\mathscr{F}=\mathscr{B}([0,1])$，并以$\boldsymbol{P}$表示$[0,1]$上的Lebesgue测度．首先，对$S$作如下分割：

$$S=\sum_i S_i,\quad S_{i_1,\cdots,i_k}=\sum_{j=1}^{\infty}S_{i_1,\cdots,i_kj},\quad k\geqslant1,$$

（这里$\sum$表示不相交集合的并）且满足

$$\operatorname{dia}(S_{i_1,\cdots,i_k})=\sup\{\rho(x,y):x,y\in S_{i_1,\cdots,i_k}\}\leqslant2^{-k},\ k\geqslant1,$$

$$\mu_n(\partial S_{i_1,\cdots,i_k})=0,\quad n\geqslant0.$$

由于S是可分的，这样的分割是存在的（例如可用中心在S的可列稠密集上半径小于2^{-k-1}的μ_n连续球出发来分割）．

其次，对$[0,1]$作如下分割：

$$[0,1]=\sum_i\Delta_i^{(n)},\ \Delta_{i_1\cdots i_k}^{(n)}=\sum_{j=1}^{\infty}\Delta_{i_1\cdots i_kj}^{(n)},\ k\geqslant1,\ n\geqslant0,$$

$$|\Delta_{i_1\cdots i_k}^{(n)}|=\mu_n(S_{i_1\cdots i_k}),$$

其中$|\Delta|$表示区间Δ的长度且$\Delta_{i_1\cdots i_k}^{(n)}$按词典字序法排列.

再次,我们定义随机元X_n如下.令

$$X_n^{(k)}(\omega)=\begin{cases}x_{i_1\cdots i_k}, & 若\ \omega\in\Delta_{i_1\cdots i_k}^{(n)},\ S_{i_1\cdots i_k}^0\neq\varnothing,\\ x, & 若\ \omega\in\Delta_{i_1\cdots i_k}^{(n)},\ S_{i_1\cdots i_k}^0=\varnothing,\end{cases}$$

其中x是S中固定的一点,$x_{i_1\cdots i_k}$是$S_{i_1\cdots i_k}$的核$S_{i_1\cdots i_k}^0$中的一点.于是每个$X_n^{(k)}$是一个随机元.由于$x_{i_1,\cdots i_{k+p}}\in S_{i_1\cdots i_{k+p}}^0\subset S_{i_1\cdots i_k}^0$,故有$\rho(X_n^{(k)}(\omega),X_n^{(k+p)}(\omega))\leqslant 2^{-k}$,$p\geqslant 1$.由$S$的完备性,存在$S$-值随机元$X_n$使

$$\lim_{k\to\infty}X_n^{(k)}(\omega)=X_n(\omega),\quad \omega\in\Omega,\quad n\geqslant 0.$$

往证$X_n\to X_0$ $\boldsymbol{P}$-a.s..对任一$\varepsilon>0$,取k使$2^{-k}<\varepsilon/2$.若$\omega\in(\Delta_{i_1\cdots i_k}^{(0)})^0$,由于

$$|\Delta_{i_1\cdots i_j}^{(n)}|=\mu_n(S_{i_1\cdots i_j})\to\mu_0(S_{i_1\cdots i_j})=|\Delta_{i_1\cdots i_j}^{(0)}|,\quad j\geqslant 1,$$

同时由$\Delta_{i_1\cdots i_k}^{(n)}$的排列方法,存在$n_k$使当$n>n_k$时$\omega\in\Delta_{i_1\cdots i_k}^{(n)}$及

$$X_n^{(k)}(\omega)=x_{i_1\cdots i_k},\ X_0^{(k)}(\omega)=x_{i_1\cdots i_k},\quad n\geqslant 0,$$

$$\begin{aligned}\rho(X_n,X_0)&\leqslant\rho(X_n,X_n^{(k)})+\rho(X_n^{(k)},X_0^{(k)})+\rho(X_0^{(k)},Z_0)\\&\leqslant 2\cdot 2^{-k}<\varepsilon.\end{aligned}$$

于是在$\bigcap\limits_{k=1}^{\infty}(\bigcup\limits_{i_1\cdots i_k}(\Delta_{i_1\cdots i_k}^{(0)})^0)$上$X_n\to X$.

最后,我们证明$\mathscr{L}(X_n)=\mu_n$.记$\mathscr{C}=\{S_{i_1\cdots i_k},i_j\geqslant 1,1\leqslant j\leqslant k,k\geqslant 1\}$,则$\mathscr{C}$为$\pi$类且

$$\boldsymbol{P}(X_n^{(k+p)}\in S_{i_1\cdots i_k})=|\Delta_{i_1\cdots i_k}^{(n)}|=\mu_n(S_{i_1\cdots i_k}),\quad p\geqslant 1,$$

$$\boldsymbol{P}(X_n\in S_{i_1\cdots i_k})=\mu_n(S_{i_1\cdots i_k}).$$

这样$\mathscr{L}(X_n)$和μ_n在$\mathscr{C}$上一致,由单调类定理可得$\mathscr{L}(X_n)=\mu_n$.
□

15.43 定义 在这一节的其余部分我们只考虑右连左极过程,它们的分布是$\boldsymbol{D}^d$上的概率测度.以下X^n,X都表示$\boldsymbol{R}^d$-值右连左极过程,除非另有说明.

类似于(29.1)和(29.2),规定

$$J(X)=\{t>0:P(\Delta X_t\neq 0)>0\},\tag{43.1}$$

$$U(X)=\{u>0:P(|\Delta X_t|=u,\text{对某个 } t>0)>0\},\tag{43.2}$$

$$T_0(X,u)=0,$$

$$T_{p+1}(X,u)=\inf\{t>T_p(X,u):|\Delta X_t|\geqslant u\},p\geqslant 0.\tag{43.3}$$

15.44 引理 $J(X)$和$U(X)$至多为可列的.

证明 引理结论容易由下式推得:

$$J(X)=\bigcup_{n,p\geqslant 1}\left\{t:P\left(T_p\left(X,\frac{1}{n}\right)=t\right)>0\right\},$$

$$U(X)=\bigcup_{n,p\geqslant 1}\left\{u:P\left(|\Delta X_{T_p(X,\frac{1}{n})}|=u,T_p\left(X,\frac{1}{n}\right)<\infty\right)>0\right\}.\quad\square$$

15.45 定理 假定$X_n\xrightarrow{\mathscr{L}}X$,则

1) 沿$D=\boldsymbol{R}_+\backslash J(X)X^n$的有限维分布收敛于$X$的有限维分布,即

$$(X^n_{t_1},\cdots,X^n_{t_p})\xrightarrow{\mathscr{L}}(X_{t_1},\cdots,X_{t_p})\quad t_i\in D,\ p\geqslant 1.$$

(我们也表以$X^n\xrightarrow{\mathscr{L}_f(D)}X.$)

2)假定g是$\overline{\boldsymbol{R}}_+\times\boldsymbol{R}^d\times\boldsymbol{R}^d$上的连续函数,且满足$g(\infty.x,y)=0$,又$u\in U(X)$,则

$$(g(T_i(X^n,u),X^n_{T_i(X^n,u)},\Delta X^n_{T_i(X^n,u)}),\ 1\leqslant i\leqslant k)$$

$$\xrightarrow{\mathscr{L}}(g(T(X,u),X_{T_i(X,u)},\Delta X_{T_i(X,u)}),1\leqslant i\leqslant k).$$

3) 若g是$\boldsymbol{R}^d$上连续函数且在0的某邻域为零,则

$$(X^n,\Sigma_g(\Delta X^n))\xrightarrow{\mathscr{L}}(X,\Sigma_g(\Delta X)).$$

证明 按定理15.37,若h是$\mathscr{L}(X)$-a.s. 连续,则$h(X^n)\xrightarrow{\mathscr{L}}h(X)$.

1)取$h(x)=(x(t_1),\cdots x(t_p)),t_i\in D$,则由定理15.12.2)$h$是$\mathscr{L}(X)$-a.s. 连续的.

2)运用(29.3)的记号,令

$$h(x)=(g(t^i(x,u),x(t^i(x,u)),(\Delta x(t^i(x,u)),1\leqslant i\leqslant k).$$

则由关于g的假定及定理15.30,h是$\mathscr{L}(X)$-a.s. 连续的.

3) 取 $h(x)=\left(x,\sum_{s\leq\cdot} g(\Delta x(s))\right)$. 则由系 15.31, h 是 $\mathscr{L}(X)$-a.s. 连续的. □

15.46 引理 $X^n \xrightarrow{\mathscr{L}} X$ 当且仅当下列条件同时成立:

i) (X^n)是胎紧的,

ii) $(\mathscr{L}(X^n))$可能的极限点是唯一的.

证明 由于 Prokhorov 定理这是明显的. □

由于上面的定理,为了建立$(\mathscr{L}(X^n))$的弱收敛,我们可分别地验证$(\mathscr{L}(X^n))$的胎紧性和极限点的唯一性.

设 D 为 $\boldsymbol{R}_+$ 中的一个稠子集,若 $X^n \xrightarrow{\mathscr{L}_f(D)} X$,则容易知道其极限点是唯一的.

由定理 15.40,我们还有下列定理.

15.47 定理 (X^n)为胎紧的充要条件是

$$\lim_{a\to\infty}\sup_{n\geq 1}\boldsymbol{P}\left(\sup_{t\leq N}|X_t^n|\geq a\right)=0,\ \forall\ N\in\boldsymbol{N}, \tag{47.1}$$

$$\lim_{\delta\to 0}\sup_{n\geq 1}\boldsymbol{P}(\omega'(\delta,X^n,N)\geq\eta)=0,\ \forall\ N\in\boldsymbol{N},\ \eta>0, \tag{47.2}$$

或等价地

$$\lim_{a\to\infty}\overline{\lim_{n\to\infty}}\boldsymbol{P}\left(\sup_{t\leq N}|X_t^n|\geq a\right)=0,\ \forall\ N\in\boldsymbol{N}, \tag{47.3}$$

$$\lim_{\delta\to 0}\overline{\lim_{n\to\infty}}\boldsymbol{P}(\omega'(\delta,X^n,N)\geq\eta)=0,\ \forall\ N\in\boldsymbol{N},\ \eta>0. \tag{47.4}$$

15.48 定义 若$(\mu_n)\subset\mathscr{P}(\boldsymbol{D}^d)$为胎紧的,且对$(\mu_n)$的每个可能的极限点 μ 有 $\mu(\boldsymbol{C}^d)=1$,则(μ_n)称为是 **C-胎紧的**. 若$(\mathscr{L}(X^n))$为 C-胎紧的,(X^n)也称为是 **C-胎紧的**.

15.49 引理 下列断言等价:

1) (X^n)是 C-胎紧的,

2) (X^n)是胎紧的且

$$\lim_{n\to\infty}\boldsymbol{P}\left(\sup_{t\leq N}|\Delta X_t^n)|\geq\varepsilon\right)=0,\quad \forall\ N\in\boldsymbol{N},\varepsilon>0, \tag{49.1}$$

3)

$$\lim_{a\to\infty}\overline{\lim_{n}}\boldsymbol{P}\left(\sup_{t\leq N}|X_t^n|\geq a\right)=0,\ \forall\ N\in\boldsymbol{N}, \tag{49.2}$$

$$\lim_{\delta\to 0}\overline{\lim_{n}}\,\boldsymbol{P}(w(\delta,X^n,N)\geqslant\eta)=0,\ \forall\ N\in\boldsymbol{N},\ \eta>0.$$

(49.3)

证明 1)⇒2). 在1)之下(X^n)是胎紧的. 因而只需对(X^n)的任一收敛子列证明(49.1). 为简单计就假定$X^n\xrightarrow{\mathscr{L}}X$,则$X$是连续过程且$J(X)=0$. 这样由引理15.20及定理15.37可引出

$$\sup_{t\leqslant N}|\Delta X_t^n|\xrightarrow{\mathscr{L}}\sup_{t\leqslant N}|\Delta X_t|,\quad\forall\ N>0.$$

但因X连续,$\sup\limits_{t\leqslant N}|\Delta X_t|=0$,故(49.1)成立.

2)⇒3). 由(X^n)的胎紧性,(47.3)即(49.2)是必要的. (49.3)可由(47.4),(49.1)及下列不等式推出,

$$\omega(\delta,x,N)\leqslant 2\omega'(\delta,x,N)+\sup_{t\leqslant N}|\Delta x(t)|.$$

3)⇒1). 显然,(49.2)和(49.3)蕴含了(X^n)的胎紧性. 若$(X^{n'})$为(X^n)的收敛子列且$X^{n'}\xrightarrow{\mathscr{L}}X$,则引理15.20和定理15.37引出

$$\sup_{s\leqslant t}|\Delta X_s^n|\xrightarrow{\mathscr{L}}\sup_{s\leqslant t}|\Delta X_s|,\quad\forall\ t\notin J(X).$$

但$\sup\limits_{s\leqslant t}|\Delta X_s^n|\leqslant\omega(\delta,X^n,t)$,因而当$t\in J(X)$时由(49.3)可得$\sup\limits_{s\leqslant t}|\Delta X_s|=0$ a.s.. 所以X是连续的,(X^n)为C-胎紧的. □

15.50 引理 假定对所有$n,q\in\boldsymbol{N}$,过程X^n有下列分解:

$$X^n=U^{nq}+V^{nq}+W^{nq},$$

其中 i) 对每个q,$(U^{nq})_{n\geqslant 1}$是胎紧的,ii) 对每个q,$(V^{nq})_{n\geqslant 1}$是胎紧的,且有实数列(a_q)满足$\lim\limits_{q\to\infty}a_q=0$以及

$$\lim_{n\to\infty}\boldsymbol{P}(\sup_{t\leqslant N}|\Delta V_t^{nq}|>a_q)=0,\quad\forall\ N\in\boldsymbol{N},\tag{50.1}$$

iii)

$$\lim_{q\to\infty}\overline{\lim_{n}}\,\boldsymbol{P}(\sup_{t\leqslant N}|W_t^{nq}|>\eta)=0,\quad\forall\ N\in\boldsymbol{N},\ \eta>0.\tag{50.2}$$

则(X^n)是胎紧的.

证明 由$(U^{nq})_{n\geqslant 1}$,$(V^{nq})_{n\geqslant 1}$的胎紧性和(50.2),(X^n)满足(47.3). 运用下列易证的不等式

$$\omega(\delta,x,N)\leqslant 2\sup_{t\leqslant N}|x(t)|,$$

$$\omega'(\delta,x+y,N)\leqslant\omega'(\delta,x,N)+\omega(2\delta,y,N),$$
$$\omega(\delta,x,N)\leqslant 2\omega'(\delta,x,N)+\sup_{t\leqslant N}|\Delta x(t)|,$$

可得

$$\begin{aligned}\omega'(\delta,X^n,N)&\leqslant\omega'(\delta,U^{nq}+V^{nq},N)+\omega(2\delta,W^{nq},N)\\&\leqslant\omega'(\delta,U^{nq},N)+2\omega'(2\delta,V^{nq},N)\\&\quad+\sup_{t\leqslant N}|\Delta V_t^{nq}|+2\sup_{t\leqslant N}|W_t^{nq}|.\end{aligned}$$

对任意的 $\varepsilon>0,\eta>0$，由(50.2)存在 q 使 $a_q\leqslant\eta$ 且

$$\overline{\lim_n}P(\sup_{t\leqslant N}|W_t^{nq}|>\eta)\leqslant\varepsilon.$$

现由假定 i)，ii)可选 n_0 及 $\delta>0$ 使当 $n\geqslant n_0$ 时有

$$P(\omega'(\delta,U^{nq},N)>\eta)<\varepsilon,\ P(\omega'(2\delta,V^{nq},N)>\eta)<\varepsilon,$$
$$P(\sup_{t\leqslant N}|\Delta V^{nq}|>\eta)<\varepsilon,\ P(\sup_{t\leqslant N}|W_t^{nq}|>\eta)<2\varepsilon.$$

于是 $P(\omega'(\delta,X^n,N)>6\eta)<5\varepsilon$，$(X^n)$满足(47.4)，故$(X^n)$为胎紧的. □

注 若对每个 $q(V^{nq})$ 为 C-胎紧的，则 ii)成立.

15.51 系 设(Y^n)和(Z^n)为两列右连左极 $\boldsymbol{R}^d$-值过程. 若(Y^n)为 C-胎紧的，(Z^n)为胎紧的(C-胎紧的)，则(Y^n+Z^n)，(Y^n,Z^n)为胎紧(C-胎紧)的.

证明 对于(Y^n+Z^n)只需取 $U^{nq}=Z^n,V^{nq}=Y^n,W^{nq}=0$ 及 $a_q=\frac{1}{q}$ 运用引理 15.50 即可. 应用定理 15.27 的同样做法可得关于(Y^n,Z^n)的结论. □

15.52 引理 若 X^n 允许有分解式 $X^n=Y^{nq}+Z^{nq}$满足

i) $\lim\limits_{q\to\infty}\overline{\lim\limits_{n\to\infty}}P(\sup\limits_{t\leqslant N}|Z_t^{nq}|>\eta)=0,\quad\forall N\in\boldsymbol{N},\ \eta>0,$ (52.1)

ii) 对每个 $q>1$，当 $n\to\infty$时，$Y^{nq}\xrightarrow{\mathscr{L}}W^q$ 且

$$W^q\xrightarrow{\mathscr{L}}W\quad q\to\infty.\tag{52.2}$$

则 $X^n\xrightarrow{\mathscr{L}}W$.

证明 对 $x,y\in\boldsymbol{D}^d$，由(7.1)可推出 $\rho(x,y)\leqslant\|x-y\|_N+2^{-N+1}$. 对任一 ε 取 N 满足 $2^{-N+1}<\varepsilon$. 于是对任一闭集 F 有

$$P(X^n \in F) \leqslant P(Y^{nq} \in F^{2\varepsilon}) + P(\sup_{t \leqslant N} |Z^{nq}| > \varepsilon),$$

其中 $F^{2\varepsilon} = \{y : \rho(x, y) < 2\varepsilon\}$. 应用定理 15.37 可得

$$\begin{aligned}\overline{\lim_n} P(X^n \in F) &\leqslant \overline{\lim_n} P(Y^{nq} \in F^{2\varepsilon}) + \overline{\lim_n} P(\sup_{t \leqslant N} |Z^{nq}| > \varepsilon) \\ &\leqslant P(W^q \in \overline{F^{2\varepsilon}}) + \overline{\lim_n} P(\sup_{t \leqslant N} |Z^{nq}| > \varepsilon).\end{aligned}$$

令 $q \to \infty$, 由(52.1)和(52.2)得到

$$\overline{\lim_n} P(X^n \in F) \leqslant \overline{\lim_q} P(W^q \in \overline{F^{2\varepsilon}}) \leqslant P(W \in \overline{F^{2\varepsilon}}).$$

由于 $F = \bigcap_{\varepsilon > 0} \overline{F^\varepsilon}$, 令 $\varepsilon \downarrow 0$ 有

$$\overline{\lim_n} P(X^n \in F) \leqslant P(W \in F).$$

现在引理的结论可由定理 15.37 推出. □

15.53 定义 设 A, B 为两个增过程. 若 $A - B$ 也是增过程, 则称 A **强控制** B 并表以 $B \prec A$.

15.54 定理 1)设$(X^n)(Y^n)$为两列增过程, $X^n \prec Y^n, n \geqslant 1$. 若$(Y^n)$是胎紧($C$-胎紧)的, 则$(X^n)$亦然.

2) 设(X^n)是实有限变差过程序列, $Y^n = \mathrm{Var}(X^n)$是 X^n 的变差过程. 若(Y^n)是胎紧(C-胎紧)的, 则(X^n)亦然.

证明 1) 由于

$$|X_t^n - X_s^n| \leqslant |Y_t^n - Y_s^n|,\ X_t^n \leqslant Y_t^n, \tag{54.1}$$

我们有$\sup_{t \leqslant N} |X_t^n| \leqslant \sup_{t \leqslant N} |Y_t^n|$, $\omega'(\delta, X^n, N) \leqslant \omega'(\delta, Y^n, N)$, $\omega(\delta, X^n, N) \leqslant \omega(\delta, Y^n, N)$. 应用定理 15.47 和引理 15.49, (X^n)的胎紧性(C-胎紧性)可由(Y^n)的胎紧性(C-胎紧性)推出.

2)因为(54.1)仍成立, 1)的证明保持有效. □

下列胎紧性准则属于 D. Aldous.

15.55 定理 设(X^n)是带流概率空间$(\Omega, \mathscr{F}, \boldsymbol{F} = (\mathscr{F}_t), \boldsymbol{P})$上的适应右连左极 $\boldsymbol{R}^d$-值过程序列, 则(X^n)为胎紧的充分条件是下列两个条件同时成立:

$$\lim_{a \to \infty} \overline{\lim_n} P(\sup_{t \leqslant N} |X_t^n| \geqslant a) = 0,\ \forall\ N \in \boldsymbol{N}, \tag{55.1}$$

$$\lim_{\delta \to 0} \overline{\lim_n} \sup\nolimits_{S, T \in \mathscr{T}_N, S \leqslant T \leqslant S + \delta} P(|X_T^n - X_S^n| \geqslant \varepsilon) = 0,$$

$$\forall\ N \in \boldsymbol{N},\quad \varepsilon > 0, \tag{55.2}$$

其中 $\mathscr{T}_N$ 为不超过 N 的停时全体.

证明 由于(55.1)就是(47.3),只要由(55.2)推出(47.4)即可.

对固定的 $N\in\boldsymbol{N},\varepsilon>0$ 及 $\eta>0$,由于(55.2)对每个 $\tau>0$ 有 $\delta(\tau)>0$及 $n(\tau)\in\boldsymbol{N}$ 满足

$$n\geqslant n(\tau),S,T\in\mathscr{T}_N,S\leqslant T\leqslant S+\delta(\rho)$$
$$\Rightarrow\boldsymbol{P}(|X_T^n-X_S^n|\geqslant\eta)\leqslant\tau. \qquad (55.3)$$

令 $$S_0^n=0,\ S_{k+1}^n=\inf\{t>S_k^n:|X_t^n-X_{S_k^n}^n|\geqslant\eta\}.$$

应用(55.3)于 $\tau=\varepsilon,S=S_k^n\wedge N,T=S_{k+1}^n\wedge(S_k^n+\delta(\tau))\wedge N$,并注意到当 $S_{k+1}^n<\infty$时 $|X_{S_{k+1}^n}^n-X_{S_k^n}^n|\geqslant\eta$,我们有

$$n\geqslant n(\varepsilon),k\geqslant1\Rightarrow\boldsymbol{P}(S_{k+1}^n\leqslant N,S_{k+1}^n\leqslant S_k^n+\delta(\varepsilon))\leqslant\varepsilon.$$

选取 $q\in N$ 满足 $q\delta(\varepsilon)>2N$. 于是应用(55.3)可得出

$$n\geqslant n_0=n(\varepsilon)\vee n\left(\frac{\varepsilon}{q}\right),k\geqslant0$$
$$\Rightarrow\boldsymbol{P}\left(S_{k+1}^n\leqslant N,S_{k+1}^n\leqslant S_k^n+\delta\left(\frac{\varepsilon}{q}\right)\right)\leqslant\frac{\varepsilon}{q}. \qquad (55.4)$$

因为 $S_q^n=\sum_{k=1}^q(S_k^n-S_{k-1}^n)$,我们有

$$\frac{\delta(\varepsilon)q}{2}\boldsymbol{P}(S_q^n\leqslant N)>N\boldsymbol{P}(S_q^n\leqslant N)\geqslant\boldsymbol{E}(S_q^nI_{[S_q^n\leqslant N]})$$
$$=\boldsymbol{E}\Big(\sum_{k=1}^q(S_k^n-S_{k-1}^n)I_{[S_q^n\leqslant N]}\Big)$$
$$\geqslant\sum_{k=1}^q\boldsymbol{E}((S_k^n-S_{k-1}^n)I(S_q^n\leqslant N,S_k^n-S_{k-1}^n>\delta(\varepsilon)))$$
$$\geqslant\sum_{k=1}^q\delta(\varepsilon)[\boldsymbol{P}(S_q^n\leqslant N)-\boldsymbol{P}(S_q^n\leqslant N,S_k^n-S_{k-1}^n\leqslant\delta(\varepsilon))]$$
$$\geqslant\delta(\varepsilon)q\boldsymbol{P}(S_q^n\leqslant N)-\delta(\varepsilon)q\varepsilon,\quad n\geqslant n(\varepsilon).$$

因此

$$\boldsymbol{P}(S_q^n\leqslant N)<2\varepsilon,\quad 当\ n\geqslant n(\varepsilon). \qquad (55.5)$$

再令 $A^n=[S_q^n>N]\cap(\bigcap_{k=1}^q[S_k^n-S_{k-1}^n>\delta(\frac{\varepsilon}{q})])$. 由(55.4)和(55.5)得到

$$P(A^n)>1-3\varepsilon,\quad 当\ n\geqslant n_0. \tag{55.6}$$

现在若 $\omega\in A^n$，取 $\tau=\inf(i:S_i^n>N)$，$t_i=S_i^n$，$i\leqslant r-1$ 并考虑 $[0,N]$的分割：$0=t_0<t_1<\cdots<t_r=N$. 由 A^n 及 S_i^n 的定义可得

$$\overline{\omega}([t_{i-1},t_i[,X^n)\leqslant 2\eta,\ 1\leqslant i\leqslant r,$$

$$t_i-t_{i-1}\geqslant\delta\left(\frac{\varepsilon}{q}\right),\ 1\leqslant i\leqslant r-1,$$

因此 $\omega'\left(\delta\left(\frac{\varepsilon}{q}\right),X^n(\omega),N\right)\leqslant 2\eta$. 于是由(55.6)推出

$$P\left(\omega'\left(\delta\left(\frac{\varepsilon}{q}\right),X^n,N\right)>2\eta\right)<3\varepsilon,\ 当\ n\geqslant n_0.$$

所以(47.4)成立，(X^n)是胎紧的． □

15.56 定理 设(X^n)为局部平方可积鞅序列．若$(\langle X^n\rangle)$是 C-胎紧的，则(X^n)是胎紧的．

证明 由于$(X^n)^2$ 被可料增过程$\langle X^n\rangle$控制，对 $a,b>0$ 由 Lenglart 不等式(系 9.24)有

$$P(\sup_{t\leqslant N}|X_t^n|>a)\leqslant\frac{b}{a^2}+P(\langle X^n\rangle_N\geqslant b),$$

$$\overline{\lim_n}P(\sup_{t\leqslant N}|X_t^n|>a)\leqslant\frac{b}{a^2}+\overline{\lim_{n\to\infty}}P(\langle X^n\rangle_N\geqslant b).$$

依次令 $n\to\infty$和 $b\to\infty$可得(55.1)． □

其次，对 $S,T\in\mathscr{T}_N$，$S\leqslant T\leqslant S+\delta$，考虑 $N^n=X^n-(X^n)^S$. $(N^n)^2$ 被$\langle X^n\rangle$-$\langle X^n\rangle^S$ 所控制．对 $\varepsilon>0$ 及 $\eta>0$，再用 Lenglart 不等式有

$$P(|X_T^n-X_S^n|>\varepsilon)\leqslant\frac{\eta}{\varepsilon^2}+P(\langle X^n\rangle_T-\langle X^n\rangle_S\geqslant\eta)$$

$$\leqslant\frac{\eta}{\varepsilon^2}+P(\omega(\delta,\langle X^n\rangle,N)\geqslant\eta).$$

由$(\langle X^n\rangle)$的 C-胎紧性及(49.3)可推出

$$\lim_{\delta\to 0}\overline{\lim_n}\sup S,T\in\mathscr{T}N,S\leqslant T\leqslant S+\delta P(|X_T^n-X_S^n|>\varepsilon)\leqslant\frac{\eta}{\varepsilon^2}.$$

因为 η 可是任意正数，(55.2)成立，(X^n)的胎紧性就由定理 15.55 推得． □

§ 4. 跳跃过程的弱收敛

在下一章讨论半鞅弱收敛的一般条件之前，我们先在这一节给出跳跃过程弱收敛的条件，因为对跳跃过程我们可用跳时和跃度的弱收敛来刻划其弱收敛．这一处理法的优越性在于它可避免直接验证胎紧性并得到弱收敛的必要条件．Markov 跳跃过程的弱收敛与由 Markov 序列逼近 Markov 跳跃过程的问题也将在这一节讨论．

15.57 引理 设 $X, X^n, n\geqslant 1$ 为跳跃过程，$\rho(X^n, X)\xrightarrow{P} 0$（对应地$X_n \xrightarrow{\mathscr{L}} X$）且有

$$\lim_{\varepsilon\to 0}\overline{\lim_{n\to\infty}}\boldsymbol{P}(0<|\Delta X^n_{T^n_1} I_{[T^n_1\leqslant N]}|\leqslant\varepsilon)=0,\ \forall\ N>0, \qquad (57.1)$$

其中 T^n_1 是 X^n 的第一个跳时，则对 $f(t,x)=(t, 2^{-t}\operatorname{arctg}x)$ 有

$$f(T^n_1, X^n_{T^n_1})\xrightarrow{P}(\text{对应地}\xrightarrow{\mathscr{L}})f(T_1, X_{T_1}). \qquad (57.2)$$

证明 由定理 15.42，只需对概率收敛的情况加以证明．取 $u_k\downarrow 0, u_k\in U(X)$．则定理 15.30 包含了 $X^n_0\xrightarrow{P}X_0$，

$$T_1(X^n, u_k)\xrightarrow{P}T_1(X, u_k), \forall\ k\geqslant 1, \qquad (57.3)$$

且在$[T_1(X, u_k)<\infty]$上有

$$\Delta X^n(T_1(X^n, u_k))\xrightarrow{P}\Delta X(T_1(X, u_k))^{1)}, \ \forall\ k\geqslant 1. \qquad (57.4)$$

对给定的 $\varepsilon>0, \eta>0$，由(57.1)存在 t, k 使对所有 n 有

$$\boldsymbol{P}(t\leqslant T_1<\infty)+\boldsymbol{P}(0<|\Delta X(T_1)|I_{[T_1\leqslant t]}<u_k)$$
$$+\boldsymbol{P}(0<|\Delta X^n(T^n_1)|I_{[T^n_1\leqslant t]}<u_k)<\eta.$$

于是

$$\boldsymbol{P}(|T^n_1-T_1|\geqslant\varepsilon \text{ 或 } |\Delta X^n(T^n_1)-\Delta X(T_1)|\geqslant\varepsilon, T_1<\infty)$$
$$\leqslant\boldsymbol{P}(t\leqslant T_1<\infty)+\boldsymbol{P}(0<|\Delta X^n(T^n_1)|I_{[T^n_1<t]}<u_k)$$

---

1) 为排版方便，我们以 $\Delta X(t)$ 代替 ΔX_t.

$$+P(0<|\Delta X(T_1)|I_{[T_1<t]}<u_k)$$
$$+P(T_1<t,T_1^n\geqslant t.|\Delta X(T_1)|I_{[T_1<t]}\geqslant u_k)$$
$$+P(|T_1^n-T_1|\geqslant\varepsilon\text{ 或 }|\Delta X^n(T_1^n)-\Delta X(T_1)|\geqslant\varepsilon,$$
$$|\Delta X^n(T_1^n)|I_{[T_1^n\leqslant t]}\geqslant u_k,|\Delta X(T_1)|I_{[T_1\leqslant t]}\geqslant u_k)$$
$$\leqslant\eta+P(T_1^n\geqslant t,T_1(X,u_k)<t)$$
$$+P(|T_1(X^n,u_k)-T_1(X,u_k)|\geqslant\varepsilon,T_1(X,u_k)\leqslant t)$$
$$+P(|\Delta X^n(T_1(X^n,u_k))-\Delta X(T_1(X,u_k))|\geqslant\varepsilon,T_1(X,u_k)\leqslant t).$$

(57.5)

由(57.3)可得

$$P(T_1^n\geqslant t,T_1(X,u_k)<t)\leqslant P(T_1(X^n,u_k)\geqslant t,T_1(X,u_k)<t)\to 0.$$

(57.6)

由(57.3),(57.4)和(57.6),在(57.5)右端依次令 $n\to\infty$ 和 $\eta\to 0$ 导出

$$\lim_{n\to\infty}P(|T_1^n-T_1|\geqslant\varepsilon\text{ 或 }|\Delta X^n(T_1^n)-\Delta X(T_1)|\geqslant\varepsilon,T_1<\infty)=0.$$

(57.7)

另一方面

$$P(T_1^n<t,T_1=\infty)$$
$$\leqslant P(0<|\Delta X^n(T_1^n)|I_{[T_1^n\leqslant t]}<u_k)$$
$$+P(|\Delta X^n(T_1^n)|I_{[T_1^n\leqslant t]}\geqslant u_k,T_1=\infty)$$
$$\leqslant\eta+P(T_1(X^n,u_k)\leqslant t,T_1(X,u_k)=\infty).$$

依次令 $n\to\infty$ 和 $\eta\to 0$ 还有

$$\lim_{n\to\infty}P(T_1^n<t,T_1=\infty)=1. \quad (57.8)$$

(57.7)(57.8)和 $X_0^n\xrightarrow{p}X_0$ 即表明 $f(T_1^n,X^n(T_1^n))\xrightarrow{P}f(T_1,X(T_1))$. □

15.58 定理 假定 $X,X^n,n\geqslant 1$ 为跳跃过程,(T_j),(T_j^n)分别是 X,X_j^n 的跳时,则下列命题等价

1) 对 $f(t,x)=(t,2^{-t}\mathrm{arctg}x)$,

$$(f(T_j^n,X_{T_j^n}^n),j\geqslant 0)\xrightarrow{\mathscr{L}}(f(T_j,X_{T_j}),j\geqslant 0). \quad (58.1)$$

2) $X^n \xrightarrow{\mathscr{L}} X$ 且

$$\lim_{\varepsilon \to 0} \overline{\lim_{n\to\infty}} P(0 < |\Delta X^n_{T^n_j}| I_{[T^n_j \leqslant t]} < \varepsilon) = 0 \quad \forall\ j \geqslant 1,\ t > 0. \tag{58.2}$$

证明 1) 1)⇒2). 由定理 15.42, 无损一般性可认为

$$f(T^n_j, X^n_{T^n_j}) \to f(T_j, X_{T_j}) \text{ a.s.},\ \forall\ j > 0.$$

则由定理 15.33 可知 $\rho(X^n, X) \to 0$ a.s. 且

$$\inf\{|\Delta X^n_{T^n_j}| : 0 < T^n_j \leqslant t, n \geqslant 1\} > 0 \quad \text{a.s.}, \quad \forall\ t > 0.$$

因而 2) 成立.

2)⇒1). 也由定理 15.42 可认为 $\rho(X^n, X) \to 0$ a.s.. 于是由引理 15.57 可得 $f(T^n_1, X^n_{T^n_1}) \xrightarrow{P} f(T_1, X_{T_1})$.

取 $\widetilde{X}^n = X^n - X_{T^n_1} 1_{[\![T^n_1, \infty [\![}$, $\widetilde{X} = X - X_{T_1} 1_{[\![T_1, \infty [\![}$. 则由定理 15.30 知 $\rho(\widetilde{X}_n, \widetilde{X}) \xrightarrow{P} 0$. 由此 $f(T^n_2, \Delta X^n_{T^n_2}) \xrightarrow{P} f(T_2, \Delta X_{T_2})$, 所以 $f(T^n_2, X^n_{T^n_2}) \xrightarrow{P} f(T_2, X_{T_2})$. 再由归纳法易得

$$f(T^n_j, X^n_{T^n_j}) \xrightarrow{P} f(T_j, X_{T_j}),\ \forall\ j \geqslant 1,$$

所以 (58.1) 成立 (参见问题 15.8). □

15.59 系 设 $X, X^n, n \geqslant 1$ 为计数过程, $X_0 = X^n_0 = 0$. (T_j) (T^n_j) 分别为 X, X^n 的逐次跳时, 则下列命题等价:

1) $X^n \xrightarrow{\mathscr{L}} X$,

2) $(T^n_j, j \geqslant 1) \xrightarrow{\mathscr{L}} (T_j, j \geqslant 1)$,

3) 对 $\boldsymbol{R}_+$ 中稠密集 D

$$X^n_t \xrightarrow{\mathscr{L}_1(D)} X_t,\quad t \in D \tag{59.1}$$

证明 1)⇔2) 是明显的, 因为对计数过程 X, X^n 在 $[T^n_j < \infty]$ 上 $X^n_{T^n_j} = j$, 在 $[T_j < \infty]$ 上 $X_{T_j} = j$.

1)⇒3) 也是明显的. 反之, 对 $t_j \in D, j \in \boldsymbol{N}$

$$\boldsymbol{P}(T^n_j \leqslant t_j, 1 \leqslant j \leqslant k) = \boldsymbol{P}(X^n_{t_j} \geqslant j, 1 \leqslant j \leqslant k)$$

$$= \boldsymbol{P}(X^n_{t_j} \geqslant j - \frac{1}{2}, 1 \leqslant j \leqslant k) \to \boldsymbol{P}(X_{t_j} \geqslant j - \frac{1}{2}, 1 \leqslant j \leqslant k)$$

$$= P(X_{t_j} \geqslant j, 1 \leqslant j \leqslant k) = P(T_j \leqslant t_j, 1 \leqslant j \leqslant k),$$

因而 2)和 1)也成立. □

为了讨论 Markov 跳跃过程的弱收敛,我们先叙述有关 Markov 序列弱收敛的一些基本结果.

15.60 定义 假定 S 为 Polish 空间,ε 是 S 上的 Borel σ-域. 设 $N(x,A), N^n(x,A), n \geqslant 1$ 为(S,ε)上的转移概率核,$g, g_n, n \geqslant 1$ 为 S 上的函数.

i) 若对所有 $f \in C_b(S)$, $N(\cdot, f) \in C_b(S)$,则 N 称为 Feller 的.

ii) 若对所有 $f \in C_b(S)$ 及紧集 $K \subset S$ 有

$$\lim_{n\to\infty} \sup_{x \in K} |N^n(x,f) - N(x,f)| = 0,$$

则称(N^n)**在紧集上一致收敛于** N 并记为 $N^n \xrightarrow{uc} N$. 若(g_n)在紧集上收敛于 g,我们也表以 $g_n \xrightarrow{uc} g$.

iii) 若对一切 $f \in C_b(S)$ 及满足 $x_n \to x$ 的序列$(x_n) \subset S$ 有

$$\lim_{n\to\infty} N^n(x_n, f) = N(x,f),$$

我们就表以 $N^n \Rrightarrow N$. 若对所有满足 $x_n \to x$ 的$(x_n) \subset S$ 有 $\lim\limits_{n\to\infty} g_n(x_n) = g(x)$,则表以 $g_n \Rrightarrow g$.

下列引理的证明是容易的,其证明留给读者.

15.61 引理 设 $N, N^n, n \geqslant 1$ 为转移概率核,$g, g_n, n \geqslant 1$ 为 Polish 空间 S 上的函数. 则

1) $N^n \Rrightarrow N$ 当且仅当 N 为 Feller 的且 $N^n \xrightarrow{uc} N$.

2) $g^n \Rrightarrow g$ 当且仅当 g 为连续的且 $g^n \xrightarrow{uc} g$.

15.62 引理 设 $X = (X_k, k \geqslant 0)$, $X^n = (X_k^n, k \geqslant 0)$, $n \geqslant 1$ 为 S-值时齐 Markov 序列,μ, μ^n 分别为初始分布,p, p^n 分别为 X, X^n 的一步转移概率核. 下列命题等价:

1) $p^n \Rrightarrow p$

2) 对所有满足 $\mu^n \xrightarrow{w} \mu$ 的 μ^n, $X^n \xrightarrow{\mathscr{L}} X$ 成立.

此外，在此情况下若 $\mu^n \xrightarrow{w} \mu$，则对每个 S 到 S 的连续函数 f 有

$$(f(X_k^n),k\geq 0)\xrightarrow{\mathscr{L}}(f(X_k),k\geq 0).$$

设 $X=(X_t)$ 为一个实 Markov 跳跃过程，$(T_k,k\geq 1)$ 为它的跳时序列，$T_0=0$. 则由强 Markov 性不难推出 $(T_k,X_{T_k})_{k\geq 0}$ 为一个 $\overline{\boldsymbol{R}}_+\times\overline{\boldsymbol{R}}$-值时齐 Markov 序列．它也称为 X 的**跳跃链**．由于 X 的分布由 X 的初始分布 μ 和 (T_k,X_{T_k}) 的一步转移概率 $R(s,x;dt,dy)$ 所唯一确定，所以也记为 $\mathscr{L}(X)\sim(\mu,R)$.

15.63 引理　假定 $X,X^n,n\geq 1$ 为 Markov 跳跃过程，$\mathscr{L}(X^n)\sim(\mu^n,R^n)$，$\mathscr{L}(X)\sim(\mu,R)$，又 $(T_k,X_{T_k},k\geq 0)$ 为 X 的跳跃链．若

i) $\mu_k^n\xrightarrow{w}\mu$,

ii) 对 $f(t,x)=(t,2^{-t}\mathrm{arctg}x)$，$s_n\to s<\infty$，$x_n\to x$ 及所有 $g\in C_b(\overline{\boldsymbol{R}}_+\times\boldsymbol{R})$

$$\iint g\circ f(t,y)R^n(s_nx_n;dt,dy)\to\iint g\circ f(t,y)R(s,x;dt,dy),\tag{63.1}$$

则 $(f(T_k^n,X_{T_k^n}),k\geq 0)\xrightarrow{\mathscr{L}}(f(T_k,X_{T_k}),k\geq 0)$ 和 $X^n\xrightarrow{\mathscr{L}}X$.

证明　首先我们证明对 $s=\infty$ (63.1) 也成立．事实上由 R 的定义有

$$\iint g\circ f(t,y)R(\infty,x;dt,dy)=g(\infty,0).$$

当 $s_n\to\infty$ 时，对 $\varepsilon>0$ 存在 $N>0$ 使

$$\begin{aligned}&\left|\iint g\circ f(t,y)R^n(s_n,x_n;dt,dy)-g(\infty,0)\right|\\&=\left|\int_{s_n}^{\infty}\int_R[g(t,2^{-t}\mathrm{arctg}y)-g(\infty,0)]R^n(s_n,x_n;dt,dy)\right|\\&<\varepsilon,n\geq N.\end{aligned}$$

因而 (63.1) 对 $s=\infty$ 成立．再由引理 15.62 知

$$(f(T_k^n,X_{T_k^n}^n),k\geq 0)\xrightarrow{\mathscr{L}}(f(T_k,X_{T_k}),k\geq 0),$$

这样由定理 15.58 可推出 $X^n\xrightarrow{\mathscr{L}}X$. □

设 $X=(X_t)$ 为时齐实 Markov 跳跃过程，它以 $(p_t(x,A))$ 为转移概率，对应的无穷小特征为

$$Q(x,A)=\lim_{t\downarrow 0}\frac{-I_A(x)+p_t(x,A)}{t}, \tag{64.1}$$

$$q(x)=-Q(x,\{x\}), \tag{64.2}$$

$$N(x,A)=\begin{cases}\dfrac{Q(x,A\backslash\{x\})}{q(x)}, & 若\ q(x)\neq 0,\\ I_A(x), & 若\ q(x)=0.\end{cases} \tag{64.3}$$

在此情形下，X 的跳跃链 (T_j,X_{T_j}) 的一步转移概率 R 有下列表示式(参见 He and Wang [3])

$$R(s,x;dt,A)=\begin{cases}e^{-q(x)(t-s)}q(x)N(x,A)dtI_{[t>s]}, q(x)>0, s<\infty,\\ \delta_\infty(dt)\delta_x(A),\end{cases} \tag{64.4}$$

同时不难求得 X 的 Lévy 族 ν 为

$$\nu(dt,dx)=q(X_{t-})N(X_{t-},X_{t-}+dx)dt. \tag{64.5}$$

上面提到 X 的分布由其初始分布 μ,q 和 N 唯一确定，故也常记 $\mathscr{L}(X)\sim(\mu,q,N)$.

15.64 引理 设 $(q,N),(q^n,N^n),n\geqslant 1$ 分别为时齐 Markov 跳跃过程 $X,X^n,n\geqslant 1$ 的无穷小特征，R,R^n 分别与 $(q,N),(q^n,N^n)$ 以(63.4)相联系．若 $q^n\circ\rightrightarrows q$，且对 $x_n\to x\in\{y:q(y)>0\}$ 有

$$N^n(x_n,g)\to N(x,g),\quad \forall\ g\in C_b(\boldsymbol{R}),$$

则对 $s_n\to s,x_n\to x$ 及一切 $g\in C_b(\overline{\boldsymbol{R}}_+\times\boldsymbol{R})$

$$\iint g\circ f(t,y)R^n(s_n,x_n;dt,dy)\to\iint g\circ f(t,y)R(s,x;dt,dy), \tag{64.6}$$

其中 $f(t,x)=(t,2^{-t}\mathrm{arctg}x)$.

证明 对 $g\in C_b(\overline{\boldsymbol{R}}_+\times\boldsymbol{R})$，$g\circ f$ 是 $\overline{\boldsymbol{R}}_+\times\boldsymbol{R}$ 上的有界连续函数，且对任一 $t_0\in\overline{\boldsymbol{R}}_+$ 有

$$\lim_{t\to t_0}\sup_y|g\circ f(t,y)-g\circ f(t_0,y)|=0.$$

若 $q(x)>0$，则

$$\iint g\circ f(t,y)\boldsymbol{R}^n(s_n,x_n;dt,dy)$$

$$=\int N^n(x_n,dy)\int_{s_n}^{\infty}g\circ f(t,y)q^n(x_n)e^{-q^n(x_n)(t-s_n)}dt$$

$$=\int N^n(x_n,dy)h_n(y), \tag{64.7}$$

$$h_n(y)=\int_{s_n}^{\infty}g\circ f(t,y)q^n(x_n)e^{-q^n(x_n)(t-s_n)}dt$$

$$=\int_0^{\infty}g\circ f\left(s_n+\frac{t}{q^n(x_n)},y\right)e^{-t}dt$$

$$\to\int_0^{\infty}g\circ f\left(s+\frac{t}{q(x)},y\right)e^{-t}dt\quad（当\ n\to\infty\ 关于\ y\ 为一致地）$$

$$=\int_s^{\infty}g\circ f(t,y)q(x)e^{-q(x)(t-s)}dt=h(y).$$

于是

$$\left|\int N^n(x_n,dy)h_n(y)-\int N(x,dy)h(y)\right|$$

$$\leqslant\sup_y|h_n(y)-h(y)|+|N^n(x_n,h)-N(x,h)|\to 0.$$

故(64.6)成立.

假定 $q(x)=0$. 当 $q^n(x_n)=0$，我们有

$$R^n(s_n,x_n;g\circ h)=g\circ f(\infty,x_n)=g(\infty,0)=R(s,x;g\circ f).$$

当 $q^n(x_n)>0$，(64.7)仍然成立，而当 $n\to\infty$ 时

$$h_n(y)=\int_0^{\infty}g\circ f\left(s_n+\frac{t}{q^n(x_n)},y\right)e^{-t}dt\to g(\infty,0)（对\ y\ 为一致的）$$

于是

$$R^n(s_n,x_n;g\circ f)=\int h_n(y)N^n(x_n,dy)\to g(\infty,0)$$

$$=R(s,x;g\circ h).$$

总之，(64.6)成立. □

15.65 定理 设 $X,X^n,n\geqslant 1$ 为时齐 Markov 跳跃过程，$\mathscr{L}(X)\sim(\mu,q,N)$，$\mathscr{L}(X^n)\sim(\mu^n,q^n,N^n)$，则下列命题等价：

1) i) $q^n\rightrightarrows q$，

ii) 对所有 $x_n \to x \in \{y: q(y) > 0\}$，

$$\int g(y)N^n(x_n, dy) \to \int g(y)N(x, dy), \quad \forall\, g \in C_b(\mathbf{R}), \tag{65.1}$$

2) 对所有满足 $\mu^n \xrightarrow{w} \mu$ 的初始分布，成立 $X^n \xrightarrow{\mathscr{S}} X$ 且

$$\lim_{\varepsilon\to 0} \overline{\lim_{n\to\infty}} \boldsymbol{P}(0 < |\Delta X^n_{T^n_1} I_{[T^n_1 \leqslant N]}| < \varepsilon) = 0, \quad \forall\, N \in \boldsymbol{N}. \tag{65.2}$$

证明 1)⇒2)．由引理 15.64，(64.6)成立．于是可由引理 15.63 推出 $X^n \xrightarrow{\mathscr{S}} X$ 及 $(f(T^n_k, X^n_{T^n_k}), k \geqslant 0) \xrightarrow{\mathscr{S}} (f(T_k, X_{T_k}), k \geqslant 0)$，因此(65.2)可由定理 15.58 推出．

2)⇒1)．若 $x_n \to x$，取 $\mu^n = \delta_{x_n}$，$\mu = \delta_x$，则 $\mu_n \xrightarrow{w} \mu$．由假定 $X^n \xrightarrow{\mathscr{S}} X$ 以及(65.2)成立．再由引理 15.57 可知 $T^n_1 \xrightarrow{\mathscr{S}} T_1$．但是

$$\boldsymbol{P}(T^n > t) = \exp[-q^n(x_n)t], \quad \boldsymbol{P}(T > t) = \exp[-q(x)t],$$

于是 $q^n(x_n) \to q(x)$．若 $q(x) > 0$，则 $T_1 < \infty$ a.s.．由引理 15.57 还可得 $X^n_{T^n_1} \xrightarrow{\mathscr{S}} X_{T_1}$ 且对 $g \in C_b(\mathbf{R})$ 有

$$g(y)N^n(x_n, dy) = \boldsymbol{E}[g(X^n_{T^n_1})] \to \boldsymbol{E}[g(X_{T_1})] = \int g(y)N(x, dy).$$

故(65.1)成立． □

注 下列例子表明对 2)⇒1)(65.2)不能任意放宽．

设 X, Y 为两个相互独立的时齐 Poisson 过程，强度都是 1．$X^n = X + \frac{1}{n}Y$，则 $X, X^n, n \geqslant 1$ 为时齐 Markov 跳跃过程且

$$q(x) \equiv 1, \; N(x, dy) = \delta_{x+1}(dy),$$

$$q^n(x) \equiv 2, \; N^n(x, dy) = \frac{1}{2}\delta_{x+1}(dy) + \frac{1}{2}\delta_{x+1/n}(dy).$$

显然 $X^n \xrightarrow{\mathscr{S}} X$，但 1)并不成立．

15.66 系 设 $X, X^n, n \geqslant 1$ 是以 $\{0, 1, 2, \cdots\}$ 为状态空间的时齐 Markov 跳跃过程．X, X^n 的 Q 矩阵分别为 (q_{ij}) (q^n_{ij})，则下列断言等价：

1) 对所有 i, j，$q^n_{ij} \to q_{ij}$，

2）对所有满足 $\mu^n \xrightarrow{w} \mu$ 的初始分布，都有 $X^n \xrightarrow{\mathscr{L}} X$，

3）对所有 i，若 $\mu^n=\mu=\delta_i$，则 $X^n \xrightarrow{\mathscr{L}} X$.

15.67 定理 假定对每个 $n Y^n=(Y_k^n)_{k\geqslant 0}$ 为一个以 μ^n 为初始分布以 $p^n(x,dy)$ 为转移概率的时齐实 Markov 序列．设 $\varepsilon_n \downarrow 0$. 定义

$$X_t^n = Y^n_{[\frac{t}{\varepsilon_n}]} = \sum_{k=0}^{\infty} Y_k^n I(k\varepsilon_n \leqslant t < (k+1)\varepsilon_n),\ t > 0. \tag{67.1}$$

设 X 是一个时齐 Markov 跳跃过程，$\mathscr{L}(X)\sim(\mu,q,N)$，则下列断言等价：

1）对所有满足 $x_n \to x$ 的 x_n, x 有 i）

$$\frac{1}{\varepsilon_n}(p^n(x_n,\{x_n\})-1) \to -q(x), \tag{67.2}$$

ii）若 $q(x)>0$，对所有 $g\in C_b(\boldsymbol{R})$

$$\frac{1}{\varepsilon_n}\int g(y)1_{[y\neq x_n]}p^n(x_n,dy) \to q(x)\int g(y)N(x,dy), \tag{67.3}$$

2）对所有满足 $\mu^n \to \mu$ 的初始分布都有 $X^n \xrightarrow{\mathscr{L}} X$ 且(65.2)成立．

证明 注意 X^n 是 Markov 跳跃过程，但可以不是时齐的．X^n 跳跃链的转移概率为

$$R^n(k\varepsilon_n, x;\{l\varepsilon_n\},dy) = \begin{cases} [p(x,\{x\})]^{l-k-1}I_{[y\neq x]}p^n(x,dy),\ p^n(x,\{x\})\neq 1, \\ \qquad\qquad k<l \\ I_{[l=\infty]}\delta_x(dy), \qquad\qquad \text{其它} \end{cases}$$

1)⇒2)．类似于定理 15.65 的证明，只要验证(63.1)．假定 $s_n = k\varepsilon_n \to s<\infty$，$x_n\to x$，$g\in C_b(\overline{\boldsymbol{R}}_+\times\boldsymbol{R})$ 和 $f(t,x)=(t,2^{-t}\mathrm{arctg}x)$，则有

$$\iint g\circ f(t,y)R^n(s_n,x_n;dt,dy)$$

$$=\int\sum_{k=1}^{\infty} g\circ f(s_n+k\varepsilon_n,y)(P^n(x_n,\{x_n\}))^{k-1}I_{[y\neq x]}p^n(x_n,dy)$$

$$= \int h_n(y) \frac{1}{\varepsilon_n} I_{[y \neq x_n]} p^n(x_n, dy),$$

$$h_n(y) = \int_{s_n}^{\infty} g \circ f\left(s_n + \left[\frac{t - s_n}{\varepsilon_n}\right]\varepsilon_n + \varepsilon_n, y\right)$$

$$(p^n(x_n, \{x_n\}))^{\left[\frac{t-s_n}{\varepsilon_n}\right]} dt.$$

若 $q(x) > 0$，则

$$h_n(y) \to \int_s^{\infty} g \circ f(t, y) \exp[-q(x)(t - s)] dt,$$

且上述收敛关于 y 是一致的．因而

$$\iint g \circ f(t, y) R^n(s_n, x_n; dt, dy)$$

$$\to \iint_s^{\infty} g \circ f(t, y) \exp[-q(x)(t - s)] dt q(x) I_{[y \neq x]} N(x, dy)$$

$$= \iint g \circ f(t, y) R(s, x; dt, dy).$$

若 $q(x) = 0$，则

$$h_n(y) \frac{1 - p^n(x_n, \{x_n\})}{\varepsilon_n} \to g(\infty, 0)，关于 y 为一致的$$

于是

$$\iint g \circ f(t, y) R^n(s_n, x_n; dt, dy)$$

$$= \int h_n(y) \frac{1 - p^n(x_n, \{x_n\})}{\varepsilon_n} \frac{I_{[y \neq x_n]}}{1 - p^n(x_n, \{x_n\})} p^n(x_n, dy)$$

$$\to g(\infty, 0) = \iint g \circ f(t, y) R(s, x; dt, dy).$$

2)⇒1)．假定 $x_n \to x_0$．取 $\mu^n = \delta_{x_n}$，$\mu = \delta_{x_0}$，$u > 0$．记 $p_n = p^n(x_n, \{x_n\})$．若(T_j^n)和(T_j)分别为 X^n，X 的跳时，引理 15.57 蕴含 $T_1^n \xrightarrow{\mathscr{L}} T_1$ 及

$$\boldsymbol{E}[\exp(-uT_1^n)] = \frac{1 - p_n}{1 - p_n \exp(-u\varepsilon_n)} \exp(-u\varepsilon_n)$$

$$\to \boldsymbol{E}[\exp(-uT_1)] = \frac{q(x)}{q(x) + u}.$$

不难由此关系推出 $p_n \to 1$ 和 $\frac{1}{\varepsilon_n}(1-p_n) \to q(x)$，因而(67.2)为真．

若 $q(x)>0$ 则 $T_1<\infty$ a.s.，引理 15.57 也包含了 $X^n_{T^n_1} \xrightarrow{\mathscr{L}} X_{T_1}$ 以及对所有 $g \in C_b(\boldsymbol{R})$

$$\boldsymbol{E}[g(X^n_{T^n_1})] = \frac{1}{1-p_n}\int g(y) I_{[y\neq x_n]} p^n(x_n, dy)$$

$$\to \boldsymbol{E}[g(X_{T_1})] = \int g(y) N(x, dy). \qquad (67.4)$$

(67.4)及(67.2)包含了(67.3)． □

15.68 系 假定对每个 n，Y^n 是以 $\{0,1,2,\cdots\}$ 为状态空间，以 (p^n_{ij}) 为一步转移概率的时齐 Markov 序列，X 是以 $\{0,1,2,\cdots\}$ 为状态空间和以 (q_{ij}) 为 Q-矩阵的时齐 Markov 跳跃过程．设 $\varepsilon_n \downarrow 0$．若 X^n 由(66.1)规定，则下列断言等价：

1) 对所有 i, j，$(p_{ij}-\delta_{ij})/\varepsilon_n \to q_{ij}$．

2) 对所有满足 $\mu^n \to \mu$ 的初始分布有 $X^n \xrightarrow{\mathscr{L}} X$，

3) 对所有 i 若 $\mu^n = \mu = \delta_i$，则 $X^n \xrightarrow{\mathscr{L}} X$．

问题与补充

15.1 考虑下列函数

$$x_n(t) = I_{[t\geq 1-2/n]}, \quad y_n(t) = I_{[t\geq 1-1/n]}.$$

说明 $\boldsymbol{D}$ 不是线性拓扑空间，$\boldsymbol{D}^2$ 不是 $\boldsymbol{D}^1$ 与 $\boldsymbol{D}^1$ 的乘积拓扑空间．

15.2 考虑 $\boldsymbol{D}^1$ 中的元素 $x_n(t) = I_{[1<t\leq 1+\frac{1}{n}]}$．说明在由(10.5)规定的 $\tilde{\rho}$ 之下 $\boldsymbol{D}^1$ 不是完备的．

15.3 令 $\rho_u(x,y) = \sup_t |x(t)-y(t)|$．说明 $\boldsymbol{D}^d$ 在 ρ_u 下不是可分的，但在 $\boldsymbol{D}^d_a$ 中由 ρ_u-开球产生的 σ-域与 $\sigma(x(u), u\leq a)$ 是一致的．

15.4 证明在由(7.1)定义的 ρ 之下，$\boldsymbol{C}^d$ 是 $\boldsymbol{D}^d$ 的闭子集．

15.5 设 $x, x_n, n\geq 1$ 为 $\boldsymbol{R}_+$ 上零初值递增右连续函数，则下列断言等价：

1）在 Skorokhod 拓扑下 $x_n \to x$，

2）存在 $\boldsymbol{R}_+$ 中稠密子集 D 使 i) 当 $t\in D$ 时，$x_n(t)\to x(t)$，ii) 对所有 $t>0$ 存在序列 (t_n) 满足 $t_n\to t, x_n(t_n)\to x(t)$，进而当 $t\in D$ 时，还有 $t_n<t$.

3）存在 $\boldsymbol{R}_+$ 中稠密子集 D 使当 $t\in D$ 时，$x_n(t)\to x(t)$，$\sum\limits_{s\leqslant t}(\Delta x_n(s))^2\to\sum\limits_{s\leqslant t}(\Delta x(s))^2$.

15.6 设 S 为 Polish 空间．1) 若 N 为 $(S,\mathscr{B}(S))$ 上的 Feller 转移概率核，则对每个 $\varepsilon>0$ 及紧集 $K\subset S$ 存在集 $C_{\varepsilon,K}\subset K$ 使得 $\sup\limits_{x\in K}N(x,C_{\varepsilon,K}^c)<\varepsilon$.

2）若 $N,N^n,n\geqslant 1$ 为转移概率核且 $N^n\Rightarrow N$，则对每个 $\varepsilon>0$ 及紧集 $K\subset S$ 存在紧集 $C_{\varepsilon,K}\subset S$ 使 $\overline{\lim\limits_{n}}\sup\limits_{x\in K}N^n(x,C_{\varepsilon,K}^c)<\varepsilon$.

15.7 设 $M,N,M^n,N^n,n\geqslant 1$ 为 Polish 空间 S 上的转移概率核．若 $M^n\Rightarrow M,N^n\Rightarrow N$，则 $M^n*N^n\Rightarrow M*N$，其中 $M*N(x,f)=\int_S M(x,dy)N(y,f)$.

15.8 设 $\boldsymbol{R}^\infty=\Pi_{i=1}^\infty\boldsymbol{R}_i,\boldsymbol{R}_i=\boldsymbol{R}$ 在 $\boldsymbol{R}^\infty$ 上赋予乘积拓扑，证明

i) $\boldsymbol{R}^\infty$ 为 Poish 空间．

ii）令 $\mathscr{B}^\infty$ 为 $\boldsymbol{R}^\infty$ 上的 Borel σ-域，π_k 为 $\boldsymbol{R}^\infty$ 到 $\boldsymbol{R}^k=\prod\limits_{i=1}^k\boldsymbol{R}_i$ 的投影，μ,μ_n 为 $\boldsymbol{R}^\infty$ 上的概率测度．则 $\mu_n\xrightarrow{w}\mu$ 当且仅当对所有 $k\geqslant 1$ 有 $\mu_n\circ\pi_k^{-1}\xrightarrow{w}\mu\circ\pi_k^{-1}$.

15.9 设 $\boldsymbol{P},\boldsymbol{P}_n$ 为 $(\boldsymbol{R},\mathscr{B}(\boldsymbol{R}))$ 上的概率测度，$\boldsymbol{P}_n\xrightarrow{w}\boldsymbol{P}$. 令

$$G_n(x)=\inf\{y\in\boldsymbol{R};\boldsymbol{P}_n(]-\infty,y])\geqslant x\},$$

$$G(x)=\inf\{y\in\boldsymbol{R};\boldsymbol{P}(]-\infty,y])\geqslant x\}.$$

设 ξ 为 $[0,1]$ 上均匀分布随机变量．试证 $\boldsymbol{P}_n(\boldsymbol{P})$ 是 $G_n(\xi)(G(\xi))$ 的分布律，且 $\lim\limits_{n\to\infty}G_n(\xi)=G(\xi)$，a.s..

15.10 假定 S 为 Polish 空间，$\mathscr{A}\subset\mathscr{B}(S)$，$\mathscr{A}$ 关于有限交是封闭的，且 S 中每个开集都可表为 $\mathscr{A}$ 中集合的可列并．若 $\boldsymbol{P}$,

P_n, $n\geqslant 1$ 为概率测度且$\lim\limits_{n\to\infty} P_n(A)=P(A)$,$\forall\ A\in\mathscr{A}$,则 $P_n\xrightarrow{w}P$.

15.11 假定$\mathscr{G}$是$\boldsymbol{R}^d$上实连续函数族,对任意的a,b,$c\in\boldsymbol{R}^d$存在$f\in\mathscr{G}$使$f(a)$,$f(b)$,$f(c)$不相同. 试证$\boldsymbol{R}^d$-值右连左极过程为胎紧的充要条件是i)对所有$\varepsilon>0$,$t>0$存在紧集$K_{\varepsilon,t}\subset\boldsymbol{R}^d$使

$$P(X_s^n\in K_{\varepsilon,t},s\leqslant t)>1-\varepsilon,\quad \forall\ n\geqslant 1,$$

ii) $\forall\ f\in\mathscr{G}$,$(f(X^n),n\geqslant 1)$为胎紧的.

15.12 试证一列右连左极过程(X^n)为胎紧的充要的是

i) $\lim_{a\to\infty}\overline{\lim}_{n\to\infty}P(|X_t^n|>a)=0$, $\forall\ t>0$,

ii) $\lim_{\delta\to 0}\overline{\lim}_{n\to\infty}P(\omega'(\delta,X^n,N)>\eta)=0$, $\forall\ \eta>0$, $N\in\boldsymbol{N}$.

15.13 假定右连左极过程列(X^n)满足

i) (X_0^n)为胎紧的

ii) $\sup\limits_{0\leqslant t\leqslant N}\ \sup\limits_{n\geqslant 1}P(|X_{t+h}^n-X_t^n|>\eta_N(h))<\varepsilon_N(h)$, $\forall\ h>0$, $N>0$, 其中$\varepsilon_N(h)$,$\eta_N(h)$ 满足对某个 $a>0$ $\int_{]0,a]}\frac{\eta_N(h)}{h}dh<\infty$, $\int_{]0,a]}\frac{\varepsilon_N(h)}{h^2}dh<\infty$,则$(X^n)$为$C$-胎紧的. 特别,若$(X^n)$满足i)及

$$P(|X_t^n-X_s^n|>\lambda)\leqslant\frac{1}{\lambda^r}(F(t)-F(s))^{1+a},0\leqslant s<t,\lambda>0,$$

其中$r\geqslant 0$,$a>0$,F为不减连续函数,则(X^n)为C-胎紧的.

15.14 试证可测右连左极过程为C-胎紧的当且仅当i)(X_0^n)为胎紧的,ii)

$$\lim_{\delta\to 0}\overline{\lim_{n\to\infty}}\sup\nolimits_{S,T\in\mathscr{R}_N,\ S\leqslant T\leqslant S+\delta}P(|X_T^n-X_S^n|>\varepsilon)=0$$

其中$\mathscr{R}_N$为不超过N的非负随机变量全体.

15.15 假定X^n为时齐右连续 Markov 过程,以μ^n为初始分布,且转移概率$p_t^n(x,A)$为 Feller 的,若(μ^n)为胎紧的且

$$\lim_{t\to 0}\sup_{x,n}p_t^n(x,O_\varepsilon^c(x))=0,$$

其中$O_\varepsilon^c(x)=\{y:|y-x|>\varepsilon\}$,则$(X^n)$为胎紧的. 进而,若

$$\lim_{t\to 0}\sup_{x,n}p_t^n(x,O_\varepsilon^c(x))/t=0,$$

则(X^n)为C-胎紧的.

15.16 设$(T_j^n)_{j\geqslant 1}$为计数过程 X^n 的跳时序列,$W_j^n=T_j^n-T_{j-1}^n,j\geqslant 1,T_0^n=0$. 试用$(W_j^n,j\geqslant 1,n\geqslant 1)$来表征$(X^n)$的胎紧性.

15.17 假定 $X,X^n,n\geqslant 1$ 为更新过程,且分别以$m(t)=\boldsymbol{E}[X_t],m^n(t)=\boldsymbol{E}[X_t^n]$为更新过程,$F,F^n$ 分别为 X,X^n 的跳时间隔的(次)分布函数. 试证下列条件是等价的:

i) $X^n\xrightarrow{\mathscr{L}}X$,

ii) $m^n\xrightarrow{v}m$,即 $\int_{R_+}f(t)dm^n(t)\to\int_{R_+}f(t)dm(t)$ 对每有紧支撑的连续函数 f 成立,

iii) $F^n\xrightarrow{v}F$.

15.18 对 $x\in\boldsymbol{D}^d$,令 $S_a(x)=\inf\{t:|x(t-)|\geqslant a$ 或$|x(t)|\geqslant a\}$.

1) 若 $a\notin V(x)=\{b:S_b(x)<S_{b+}(x)\}$,则 $x\mapsto S_a(x)$为 $\boldsymbol{D}^d$ 上连续函数.

2) 令 $V'(x)=\{a>0:S_a(x)\in J(x)$及$|x(S_a(x))|=a\}$,$x^{S_a}(t)=x(t\wedge S_a)$. 则 $x\mapsto(x,x^{S_a})$在每个满足 $a\notin V(x)\cup V'(x)$的 x 处是$\boldsymbol{D}^d\to\boldsymbol{D}^{2d}$的连续函数.

15.19 假定 $X,X^n,n\geqslant 1$ 为适应右连左极 $\boldsymbol{R}^d$-值过程. 则 $X^n\xrightarrow{\mathscr{L}}X$ 当且仅当存在至多为可列的集合 $A\subset\boldsymbol{R}_+$使

$$(X^n)^{S(a,X^n)}\xrightarrow{\mathscr{L}}X^{S(a,X)},\quad\forall\, a\in\boldsymbol{R}_+\backslash A,$$

其中 $S(a,X)=\inf\{t:|X_t|\geqslant a$ 或$|X_{t-}|\geqslant a\}$,$X_t^S=X_{t\wedge S}$.

15.20 假定 $X,X^n,\alpha^n,n\geqslant 1$ 为右连左极过程,α 为连续决定性函数. 若 $X^n\xrightarrow{\mathscr{L}}X,\sup\limits_{s\leqslant t}|\alpha_s^n-\alpha_s|\xrightarrow{P}0,\forall\, t>0$,则 $X^n+\alpha^n\xrightarrow{\mathscr{L}}X+\alpha$.

第十六章　半鞅的弱收敛

在这一章我们将讨论半鞅弱收敛的条件及其某些应用．向拟左连续半鞅弱收敛的充分条件在§1给出．在§2和§3中将一般条件用于极限过程为一般Lévy过程和连续Lévy过程的情形．特别它包括了独立增量过程的弱收敛．最后，一般条件将在§4中用于向广义扩散收敛的情形．关于经验过程弱收敛的结果也在§4中给出．

为简单计，本章只考虑实值过程，其实大部分结果对$\boldsymbol{R}^d$值过程仍然是有效的．这里的基本配置是一个带流的概率空间$\Phi=(\Omega,\mathscr{F},\boldsymbol{F}=(\mathscr{F}_t)_{t\geqslant 0},\boldsymbol{P})$，除非另有说明，所有半鞅都是定义在$\Phi$上的．

§1.　收敛于拟左连续半鞅

16.1 定义　设h为有界实函数．若对某个$a>0$它满足

$$h(x)=\begin{cases}x, |x|<1/a,\\ 0, |x|>a,\end{cases}\qquad |h(x)|\leqslant a, \tag{1.1}$$

则h称为一个**截断函数**．记$\mathscr{Z}$为全体截断函数的集合，$\mathscr{Z}_c$为全体连续截断函数的集合．令$h_1(x)=xI_{[|x|\leqslant 1]}$，则$h_1\in\mathscr{Z}$.

16.2 定义　设X为一个半鞅，$(\alpha、\beta、\nu)$为X的可料特征，μ为X的跳测度．运用一个截断函数h，类似于定理11.25可得到X的积分表示．若h满足(1.1)，则当$|x|<1/a$时，$x-h(x)=0$. 取

$$\check{X}(h)=\sum(\Delta X-h(\Delta X))=(x-h(x))*\mu, \tag{2.1}$$

$$X(h)=X-\check{X}(h). \tag{2.2}$$

因为$|\Delta X(h)|=|\Delta X-\Delta\check{X}(h)|=|h(\Delta X)|\leqslant a$，$X(h)\in\mathscr{S}_p$，有下列典则分解：

$X(h) = X_0 + M(h) + \alpha(h), M(h) \in \mathscr{M}_{\text{loc},0}, \alpha(h) \in \mathscr{P} \cap \mathscr{V}_0.$

另一方面，定理 11.25 给出

$$\begin{aligned} X(h) &= X - \check{X}(h) \\ &= X_0 + \alpha + X^c + (xI_{[|x|\leqslant 1]}) * (\mu - \nu) \\ &\quad + (xI_{[|x|>1]}) * \mu - (x - h) * \mu \\ &= X_0 + X^c + h * (\mu - \nu) + \alpha + (h(x) - xI_{[|x|\leqslant 1]}) * \nu. \end{aligned}$$

所以

$$M(h)^d = h * (\mu - \nu), \tag{2.3}$$

$$\alpha(h) = \alpha + (h(x) - xI_{[|x|\leqslant 1]}) * \nu, \tag{2.4}$$

$$\begin{aligned} X = X_0 &+ X^c + h * (\mu - \nu) \\ &+ \alpha(h) + (x - h(x)) * \mu. \end{aligned} \tag{2.5}$$

若 $h(x) = h_1(x) = xI_{[|x|\leqslant 1]}$，则 $\alpha(h_1) = \alpha$. 记 $\hat{h}(= \Delta\alpha(h)$ 及 $\tilde{\beta}(h) = \langle M(h) \rangle$. 由(2.4)及(2.3)我们有

$$\hat{h}_t = \int h(x) \hat{\nu}_t(dx), \tag{2.6}$$

$$\langle M(h) \rangle = \beta + h^2 * \nu - \sum (\Delta\alpha(h))^2. \tag{2.7}$$

下面我们将看到，对 $h \in \mathscr{Z}_c$，运用 $(\alpha(h), \tilde{\beta}(h), \nu)$ 来描述半鞅弱收敛的条件较为方便. 由于 $(\alpha(h), \tilde{\beta}(h), \nu)$ 和 (α, β, ν) 相互唯一确定，$(\alpha(h), \beta, \nu)$ 或 $(\alpha(h), \tilde{\beta}(h), \nu)$ 也都称为 X 的**可料特征**(或**可料三元体**)，而 α 或 $\alpha(h)$ 为**第一特征**，β 或 $\tilde{\beta}(h)$ 为**第二特征**.

对 $h, g \in \mathscr{Z}$，容易推出

$$\alpha(h) - \alpha(g) = (h - g) * \nu, \tag{2.8}$$

$$\begin{aligned} \tilde{\beta}(h) - \tilde{\beta}(g) &= (h^2 - g^2) * \nu - \sum ((\Delta\alpha(h))^2 - (\Delta\alpha(g))^2) \\ &= (h^2 - g^2) * \nu - (\hat{h}h - \hat{g}g) * \nu \end{aligned} \tag{2.9}$$

假定 X 为局部平方可积半鞅(见定理 11.31)，它的典则分解为

$$X = X_0 + M' + \alpha', M' \in \mathscr{M}^2_{\text{loc},0}, \alpha' \in \mathscr{V}_0 \cap \mathscr{P}.$$

则

$$\alpha' = \alpha(h) + (x - h(x)) * \nu, \tag{2.10}$$

$$\langle M' \rangle = \tilde{\beta}(h) + (x^2 - h^2(x)) * \nu - \sum ((\hat{x}^2 - (\hat{h})^2)$$

$$= \beta + x^2 * \nu - \sum (\hat{x})^2. \tag{2.11}$$

$\langle M' \rangle$也表以 β'.

16.3 定理 设$(X^n)_{n\geqslant 1}$为半鞅序列，对每个 n，$(\alpha^n(h), \tilde{\beta}^n(h), \nu^n)$是 X^n 的可料特征.

1)若下列条件成立

i)(X_o^n)为胎紧的，

ii)$\forall\ N>0,\ \varepsilon>0$

$$\lim_{a\to\infty}\overline{\lim_{n\to\infty}} P(\nu^n([0,N] \times \{x: |x| > a\}) > \varepsilon) = 0, \tag{3.1}$$

iii)$(\alpha^n(h))_{n\geqslant 1}$，$(\tilde{\beta}^n(h))_{n\geqslant 1}$为 C-胎紧的，对所有 $p\in N$，$g_p(x) = (p|x|-1)^+ \wedge 1 (g_p * \nu^n)_{n\geqslant 1}$为 C-胎紧的，

则$(X^n)_{n\geqslant 1}$为胎紧的.

2)反之，若$(X^n)_{n\geqslant 1}$为胎紧的，则 1)中的 i)和 ii)成立.

为了证明这一定理，我们需要下列两个引理.

16.4 引理 若定理 16.3 中条件 1)iii)对某个 $h\in\mathscr{Z}$ 成立，则它对一切 $h\in\mathscr{Z}$ 成立.

证明 若$h, \bar{h}\in\mathscr{Z}$，则它对某个 $a>0$ 满足(1.1). 取 $p\in N$，$p>2a$，则

$$|h(x) - \bar{h}(x)| \leqslant 2a g_p(x),\ |h^2(x) - \bar{h}^2(x)| \leqslant a^2 g_p(x),$$

$$\mathrm{Var}[\alpha^n(h) - \alpha^n(\bar{h})] \prec |h - \bar{h}| * \nu^n \prec 2a g_p * \nu^n,$$

$$\mathrm{Var}[\sum ((\Delta\alpha^n(h))^2 - (\Delta\alpha^n(\bar{h}))^2)] \prec \sum [|\Delta\alpha^n(h) + \Delta\alpha^n(\bar{h})|$$

$$\times |\Delta\alpha^n(h - \bar{h})|] \prec 4a|h - \bar{h}| * \nu^n \prec 8a^2 g_p * \nu^n,$$

$$\mathrm{Var}[\tilde{\beta}^n(h) - \tilde{\beta}^n(\bar{h})] = \mathrm{Var}[(h^2 - \bar{h}^2) * \nu^n - \sum ((\Delta\alpha^n(h))^2$$

$$- (\Delta\alpha^n(\bar{h}))^2)] \prec a^2 g_p * \nu^n + 8a^2 g_p * \nu^n = 9a^2 g_p * \nu^n,$$

因此由定理 15.54 及系 15.51 可推出要证的结论. □

16.5 引理 1)对 $N>0,a>0$,下列两条件等价:

i) $\lim\limits_{n}P(\sup\limits_{s\leqslant N}|\Delta X_s^n|>a)=0$,

ii) $\lim\limits_{n}P(\nu^n([0,N\times\{x:|x|>a\})>\varepsilon)=0,\ \forall\ \varepsilon>0.$

2)对 $N>0$,下列两条件等价:

i) $\lim\limits_{a\to\infty}\overline{\lim\limits_{n}}\,P(\sup\limits_{s\leqslant N}|\Delta X_s^n|>a)=0$,

ii) $\lim\limits_{a\to\infty}\overline{\lim\limits_{n}}\,P(\nu^n([0,N]\times\{x:|x|>a\})>\varepsilon)=0,\ \forall\ \varepsilon>0.$

证明 1)令

$$A^n=I_{[|x|>a]}*\mu^n=\sum I_{[|\Delta X^n|>a]},$$

$$\widetilde{A}_t^n=I_{[|x|>a]}*\nu_t^n=\nu^n([0,t]\times\{x:|x|>a\}).$$

则 $\widetilde{A}^n$ 为 A^n 的补偿子,$A^n,\widetilde{A}^n$ 相互控制. 由 Lenglart 不等式

$$P(\sup_{s\leqslant N}|\Delta X_s^n|>a)\leqslant P(A_N^n\geqslant 1)\leqslant\varepsilon+P(\widetilde{A}_N^n\geqslant\varepsilon),$$

这样 1)ii)⇒1)i)和 2)ii)⇒2)i)就可得到.

另一方面,再用 Lenglart 不等式,

$$P(\widetilde{A}_N^n\geqslant\varepsilon)\leqslant\eta+\frac{1}{\varepsilon}E(\sup_{s\leqslant N}\Delta A_s^n)+P(A_N^n>\varepsilon\eta).$$

因为 $|\Delta A^n|\leqslant 1$ 以及 $[\sup\limits_{s\leqslant N}\Delta A_s^n>0]=[A_N^n\geqslant\varepsilon\eta\wedge 1]=[\sup\limits_{s\leqslant N}|\Delta X_g^n|>a]$,

$$P(\widetilde{A}_N^n\geqslant\varepsilon)\leqslant\eta+(\frac{1}{\varepsilon}+1)P(\sup_{s\leqslant N}|\Delta X_g^n|>a).$$

现在依次令 $n\to\infty(a\to\infty)$ 及 $\eta\to 0$,即推出 1)i)⇒1)ii)及 2)i)⇒2)ii). □

16.6 定理 16.3 的证明 对固定的 $h\in\mathscr{Z}$,令 $h_q(x)=qh(x/q)$,则$h_q\in\mathscr{Z}$. 我们将利用引理 15.50 及(2.5)来证明(X^n)的胎紧性. 对每个 n 有

$$\begin{aligned}X^n&=X_0^n+M^n(h_q)+\alpha^n(h_q)+\check{X}^n(h_q)\\&=U^{nq}+V^{nq}+W^{nq},\end{aligned}$$

其中 $U^{nq}=X_0^n+M^n(h_q)$,$V^{nq}=\alpha^n(h_q)$,$W^{nq}=\check{X}^n(h_q)$. 由引理 16.4

对所有 q，$(V^{nq})_{n\geqslant 1}$ 为 C-胎紧的．对 $a_q=1/q$，第十五章的(50.2)成立．也由引理 16.4($\widetilde{\beta}^{(n)}(h_q)=\langle M^n(h_q)\rangle)_{n\geqslant 1}$ 对所有 q 都是 C-胎紧的．因此由系 15.51，对所有 q，$(U^{nq})_{n\geqslant 1}$ 是胎紧的．最后，若 $h\in\mathscr{Z}$，它对某个 a 满足(1.1)，则当 $|x|<aq$ 时 $h_q(x)=x$ 以及

$$\Delta\check{X}^n(h_q)=\Delta X^n-h_q(\Delta X^n)=0,\text{在}[|\Delta X^n|<aq]\text{上}.$$

所以

$$\boldsymbol{P}(\sup_{s\leqslant N}|W_s^{nq}|>0)\leqslant\boldsymbol{P}(\sup_{s\leqslant N}|\Delta X_s^n|\geqslant aq).$$

现由引理 16.5.2)及(3.1)可知第十五章(50.2)成立．因而引理 15.50 所有条件成立，$(X^n)_{n\geqslant 1}$ 为胎紧的．

2）反之，若 $(X^n)_{n\geqslant 1}$ 为胎紧的，1）i）明显也成立．同时 $\sup\limits_{t\leqslant N}|\Delta X_t^n|\leqslant 2\sup\limits_{t\leqslant N}|X_t^n|$，因此由第十五章(47.3)有

$$\lim_{a\to\infty}\overline{\lim_{n}}\boldsymbol{P}(\sup_{t\leqslant N}|\Delta X_t^n|>a)=0.$$

现在容易由引理 16.5.2)知道(3.1)是必要的． □

16.7 定义 设 $\Phi_D=(\boldsymbol{D}^1,\mathscr{D},\dot{\boldsymbol{D}},\boldsymbol{P}_D)$ 为带流标准概率空间且流 $\boldsymbol{D}=(\mathscr{D}_t)_{t\geqslant 0}$ 满足通常条件．令 X 为标准过程．假定 α 为 Φ_D 上可料有限变差过程，$\alpha_0=0$，而 $\alpha(h)$ 与 α 以(2.4)相联系；β 为 Φ_D 上连续增过程，$\beta_0=0$，$\widetilde{\beta}(h)$ 与 β 以(2.7)相联系；ν 为 Φ_D 上可料随机测度，今后把满足上述条件的 (α,β,ν)（或 $\alpha(h),\widetilde{\beta}(h),\nu)$）称为 Φ_D **上的可料三元体**．

本节主要讨论下列问题：若 (X^n) 是以 (α^n,β^n,ν^n) 为可料特征的 Φ 上的半鞅序列，用 (α^n,β^n,ν^n) 和 (α,β,ν) 来描述，什么是 $X^n\xrightarrow{\mathscr{L}}X$ 的充分条件，这里 X 是以 (α,β,ν) 为可料特征的半鞅．

假定 Y 为 Φ_D 上的随机变量，X^n 为 Φ 上的半鞅，则 $Y\circ X^n$ 是 Φ 上的一个随机变量．

在叙述主要结果之前，先引进一些条件和记号．设 $D\subset\boldsymbol{R}_+$ 并令

$$[\alpha\text{-}D]:\alpha_t^n(h)-\alpha_t(h)\circ X^n\xrightarrow{\mathscr{P}}0,\forall\, t\in D,\qquad h\in\mathscr{Z}_c.$$

$$[\widetilde{\beta}\text{-}D]:\widetilde{\beta}_t^n(h)-\widetilde{\beta}_t(h)\circ X^n\xrightarrow{\mathscr{P}}0,\forall\, t\in D,\qquad h\in\mathscr{Z}_c.\quad(7.1)$$

$$[\nu\text{-}D]: g*\nu_t^n-(g*\nu_t)\circ X^n \xrightarrow{\mathscr{D}} 0, \forall\ t\in D, g\in J_1. \tag{7.2}$$

$$[\sup\ \alpha]: \sup_{t\leqslant N}|\alpha_t^n(h)-\alpha_t(h)\circ X^n| \xrightarrow{\mathscr{D}} 0, \forall\ N>0, \qquad h\in\mathscr{Z}_c.$$

$$[\sup\ \tilde{\beta}]: \sup_{t\leqslant N}|\tilde{\beta}_t^n(h)-\tilde{\beta}_t(h)\circ X^n| \xrightarrow{\mathscr{D}} 0, \forall\ N>0, \qquad h\in\mathscr{Z}_c.$$

$$[\sup\ \nu]: \sup_{t\leqslant N}|g*\nu_t^n-(g*\nu_t)\circ X^n| \xrightarrow{\mathscr{D}} 0, \forall\ N>0, g\in J_1, \tag{7.3}$$

其中

$$J_1=\left\{f\in C_b(\boldsymbol{R}_+):\ \begin{matrix}\lim\limits_{x\to\infty} f(x)\ \text{存在有限}\\ f\ \text{在零的某邻域为}\ 0\end{matrix}\right\}. \tag{7.4}$$

$[C]$:对 $g\in J_1, h\in\mathscr{Z}_c, \alpha(h), \tilde{\beta}, g*\nu$ 为连续过程.

容易看出,对 $h,g\in\mathscr{Z}_c$,必有 $h\text{-}g\in J_1$ 及 $h^2\text{-}g^2\in J_1$,因而由(2.8)(2.9)容易推出在$[\nu\text{-}D]$($[\sup\ \nu]$)和$[C]$之下,若$[\alpha\text{-}D]$或$[\tilde{\beta}\text{-}D]$($[\sup\ \alpha]$或$[\sup\ \tilde{\beta}]$)对某个 $h\in\mathscr{Z}_c$ 成立,则对一切 $h\in\mathscr{Z}_c$ 成立.

若我们涉及到局部平方可积鞅,我们也需要下列条件:

$$[\sup\ \alpha']: \sup_{t\leqslant N}|\alpha_t'^n-\alpha'_t\circ X^n| \xrightarrow{\mathscr{D}} 0,\ \forall\ N>0. \tag{7.5}$$

$$[\beta'\text{-}D]: |\beta_t'^n-\beta'_t\circ X^n| \xrightarrow{\mathscr{D}} 0,\ \forall\ t\in D. \tag{7.6}$$

类似地,也可定义$[\alpha'-D]$和$[\sup\ \beta']$.

16.8 引理 假定 $G^n\in\mathscr{V}_0(\Phi), G\in\mathscr{V}_0(\Phi_D), H^n\in\mathscr{V}^+(\Phi), H\in\mathscr{V}^+(\Phi_D)$,同时 F 是一个连续决定性函数,$\mathrm{Var}(G^n)\prec H^n$, $\mathrm{Var}(G)\prec H\prec F$. 若 D 为 $\boldsymbol{R}_+$ 的稠密子集以及

$$G_t^n-G_t\circ X^n \xrightarrow{\mathscr{D}} 0, \forall\ t\in D, \tag{8.1}$$

$$H_t^n-H_t\circ X^n \xrightarrow{\mathscr{D}} 0,\ \forall\ t\in D, \tag{8.2}$$

则

$$\sup_{s\leqslant t}|G_s^n-G_s\circ X^n| \xrightarrow{\mathscr{D}} 0,\ \forall\ t>0. \tag{8.3}$$

证明 对 $\varepsilon>0$,取 $t_0=0, t_i<t_{i+1}, t_i\to\infty$ 和 $F(t_{i+1})-F(t_i)<\varepsilon$.

则对 $S\in[t_i,t_{i+1}]$ 有

$$
\begin{aligned}
|G_s^n-G_s\circ X^n| &\leqslant |G_s^n-G_{t_i}^n|+|G_{t_i}^n-G_{t_i}\circ X^n|+|G_{t_i}\circ X^n-G_s\circ X^n| \\
&\leqslant H_{t_{i+1}}^n-H_{t_i}^n+|G_{t_i}^n-G_{t_i}\circ X^n|+\varepsilon \\
&\leqslant |H_{t_{i+1}}^n-H_{t_{i+1}}\circ X^n|+\varepsilon+|H_{t_i}\circ X^n-H_{t_i}^n| \\
&\quad +|G_{t_i}^n\circ -G_{t_i}\circ X^n|+\varepsilon,
\end{aligned}
$$

和

$$
\begin{aligned}
\sup_{s\leqslant t}|G_s^n-G_s\circ X^n| \leqslant 2\varepsilon+\sup_{i:t_{i-1}\leqslant t}\{2|H_{t_i}^n-H_{t_i}\circ X^n| \\
+|G_{t_i}^n-G_{t_i}\circ X^n|\},
\end{aligned}
$$

所以(8.3)可由(8.1)和(8.2)推出． □

16.9 系 若 D 为 $\boldsymbol{R}_+$ 的稠子集且下列强控制条件成立:存在一个连续(决定性)增函数 F 使

$$
\operatorname{Var}(\alpha)+\beta+(1\wedge x^2)*\nu\prec F, \tag{9.1}
$$

则 $[\tilde{\beta}\text{-}D]\Leftrightarrow[\sup\tilde{\beta}]$, $[\nu\text{-}D]\Rightarrow[\sup\nu]$.

证明 只要在引理 16.8 中取 $G^n=H^n=\tilde{\beta}^n$(对应地 $g*\nu^n$), $G=H=\tilde{\beta}$(对应地 $g*\nu$)即可． □

16.10 引理 假定 $G^n\in\mathscr{V}_0(\Phi)$, $G\in\mathscr{V}_0(\Phi_D)$, $\operatorname{Var}(G)\prec F$ 且 F 为右连续(决定性)增函数．

1)若 $\rho(G^n,G\circ X^n)\xrightarrow{\mathscr{P}}0$,则 (G^n) 为胎紧的．

2)若 $\sup\limits_{s\leqslant t}|G_s^n-G_s\circ X^n|\xrightarrow{\mathscr{P}}0$ 对所有 t 成立且 F 为连续的,则 (G^n) 为 C-胎紧的．

证明 因为 $\operatorname{Var}(G)\prec F$,定理 15.54 包含了序列 $(G\circ X^n)$ 为胎紧的．进而,若 F 连续,则 $(G\circ X^n)$ 为 C-胎紧的．现设 $(G\circ X^{n'})$ 为 $(G\circ X^n)$ 的子序列且满足

$$
G\circ X^{n'}\xrightarrow{\mathscr{L}}Y,
$$

则 1)中的假定包含了 $G^{n'}\xrightarrow{\mathscr{L}}Y$,这表明 (G^n) 是胎紧的．此外,若 F 是连续的,则 (G^n) 是 C-胎紧的． □

16.11 定理 假定 (X^n) 是 Φ 上的半鞅序列, (α,β,ν) 是 Φ_D 上的可料三元体．若

i) (X_0^n)为胎紧的.

ii) 对 $\boldsymbol{R}_+$ 中稠子集 D, $[\sup \alpha]$, $[\tilde{\beta}-D]$, $[\nu-D]$成立,

iii) 强控制条件成立:存在连续增函数 F 使

$$\mathrm{Var}(\alpha) + \beta + (x^2 \wedge 1) * \nu \prec F, \tag{11.1}$$

iv) 大跳一致小条件成立:

$$\lim_{a\to\infty}\sup_y \nu(y,[0,t] \times \{x: |x| > a\}) = 0, \tag{11.2}$$

则(X^n)是胎紧的.

证明 我们将验证(X^n)满足定理 16.3.1)的条件. 假定 i)就是定理 16.3.1)的 i)

对 $p>0$,考虑

$$g_p(x) = (p|x| - 1)^+ \wedge 1 \in J_1.$$

则 $g_p(x) \leqslant (p^2 \vee 1)(x^2 \wedge 1)$. 对固定的 $t \in D$, $\varepsilon>0$, $\eta>0$, (11.2)包含了存在 $a>0$ 使

$$\sup_y g_{2/a} * \nu_t(y) \leqslant \sup_y \nu_t(y,[0,t] \times \{x: |x| > \frac{a}{2}\}) < \frac{\varepsilon}{2}. \tag{11.3}$$

由于$[\nu\text{-}D]$,若 n 足够大有

$$\boldsymbol{P}(|g_{2/a} * \nu_t^n - (g_{2/a} * \nu_t) \circ X^n| > \frac{\varepsilon}{2}) \leqslant \eta. \tag{11.4}$$

因为 $\nu^n([0,t]\times\{x: |x|>a\}) \leqslant g_{2/a} * \nu_t^n$, (11.3)和(11.4)蕴含了

$$\boldsymbol{P}(\nu^n([0,t] \times \{x: |x| > a\}) \geqslant \varepsilon) \leqslant \eta.$$

于是定理 16.3.1)的条件 ii)成立.

对 $h \in \mathscr{X}$,应用(2.4)和(11.1)有

$$\mathrm{Var}(\alpha(h)) \prec kF, \tag{11.5}$$

其中 k 为一常数. 于是$(\alpha^n(h))$的 C-胎紧性可由$[\sup \alpha]$及引理 16.10.2)推出. 由于系 16.9, $[\sup \tilde{\beta}]$及$[\sup \nu]$成立. 这样,对 $g \in J_1$, $(\tilde{\beta}^n(h))$和$(g * \nu^n)$的 C-胎紧性也由引理 16.10.2)推出. 总之,定理 16.3.1)的条件 iii)成立,所以(X^n)的胎紧性就是定理 16.3 的结论. □

注 由(2.8)可见对任一 $h \in \mathscr{X}$,在(1.1)中若以 $\alpha(h)$代 α,以

kF 代替 F(k 为一依赖于 h 的常数),则(1.1)仍然是对的.

16.12 引理 假定随机变量族$(Z_i^n, i\in I, n\geqslant 1)$满足下列条件:

i)$(Z_i^n, i\in I, n\geqslant 1)$为一致可积的

ii)$\forall\ i\in I$,当 $n\to\infty$ 时 $Z_i^n \xrightarrow{\mathscr{L}} Z_i$,

则$(Z_i, i\in I)$一致可积,且

$$\lim_{n\to\infty}\boldsymbol{E}[Z_i^n] = \boldsymbol{E}[Z_i],\ i\in I. \qquad (12.1)$$

证明 由$(Z_i^n, i\in I, n\geqslant 1)$一致可积对任一 $\varepsilon>0$ 存在 N 使

$$\boldsymbol{E}[|Z_i^n| I(|Z_i^n|>N)] < \varepsilon,\ i\in I,\ n\geqslant 1.$$

事实上按 Skorokhod 定理我们可假定 $Z_i^n\to Z_i$ a.s.. 由 Fatou 引理可得

$$\boldsymbol{E}[|Z_i| I(|Z_i|>N)] \leq \underline{\lim_{n}}\boldsymbol{E}[|Z_i^n| I(|Z_i^n|>N)] < \varepsilon,\ i\in I.$$

所以$(Z_i, i\in I)$一致可积且(12.1)成立. □

16.13 引理 假定(N^n),(Y^n)为 Φ 上两列适应右连左极过程,N,Y 为 Φ_D 上两个适应右连左极过程. $\boldsymbol{G}=(\mathscr{G}_t)$为$(N,Y)$的自然流. 若下列条件成立:

i)$(N^n, n\geqslant 1)$为鞅序列且对每个 t,$(N_s^n, s\leqslant t, n\geqslant 1)$一致可积,

ii)D 为 $\boldsymbol{R}_+$中一稠密子集且$(N^n, Y^n)\xrightarrow{\mathscr{L}_f(D)}(N,Y)$

则 N 为 $\boldsymbol{G}$-鞅.

证明 取 $u_1<\cdots<u_k<s<t$,$u_i,s,t\in D$,$f\in C_b(\boldsymbol{R}^{2K})$. 因为 N^n 为鞅,

$$\boldsymbol{E}[(N_t^n - N_s^n)f(Y_{u_1}^n,\cdots,Y_{u_k}^n,N_{u_1}^n,\cdots,N_{u_k}^n)] = 0. \qquad (13.1)$$

由于$(N_s^n, s\leqslant t, n\geqslant 1)$是一致可积的,在(13.1)中令 $n\to\infty$,用引理16.12 可得

$$\boldsymbol{E}[(N_t - N_s)f(Y_{u_1},\cdots,Y_{u_k},N_{u_1},\cdots,N_{u_k})] = 0.$$

再由单调类定理对 $\xi\in b\mathscr{G}_{s-}^o$ 有

$$\boldsymbol{E}[(N_t - N_s)\xi] = 0, t>s, t,s\in D,$$

其中 $\mathscr{G}_t^o=\sigma\{Ns, Y_s, s\leqslant t\}$. 对任意的 $s<t$,取 $s_k<t_k$ 满足 $s_k,t_k\in D$,$s_k\downarrow\downarrow s$,$t_k\downarrow\downarrow t$. 因为 $\mathscr{G}_{s+}^o\subset\mathscr{G}_{s_k-}^o$,$N$ 是右连续的,且$(N_s, s\leqslant t)$是

一致可积的，故对 $\xi \in b\mathscr{G}^o_{s+}$ 有

$$E[(N_t - N_s)\xi] = 0.$$

所以 N 是一个 $\boldsymbol{G}$-鞅． □

16.14 引理 假定(X^n)和(M^n)为 Φ 上两列右连左极过程，对每个 n，M^n 是鞅．又 X 为 Φ_D 上标准过程，M 为 Φ_D 上的右连左极过程，D 为 $\boldsymbol{R}_+$ 的稠密子集，$D \subset \boldsymbol{R} \backslash J(X)$．若下列条件成立：

i）对每个 $t>0$，$(M^n_s, s\leqslant t, n\geqslant 1)$是一致可积的，

ii）$X^n \xrightarrow{\mathscr{L}} X$，

iii）对每个 $t\in D$，$x \mapsto M_t(x)$是 $\boldsymbol{D}$ 上 $\mathscr{L}(X)$-a.s. 连续映照，

iv）对每个 $t\in D$，$M^n_t - M_t \circ X^n \xrightarrow{\mathscr{L}} 0$，

则 M 为 Φ_D 上的鞅．

证明 在引理 16.13 中，若以 M^n, X^n, M 和 X 分别代替 N^n，Y^n, N 和 Y，则引理 16.13 的条件 i）成立，而 $\mathscr{G}_t$ 就是 $\mathscr{D}_t$．条件 ii）和 iii）产生

$$\begin{aligned}(M_{t_j} \circ X^n, X^n_{t_j})_{1\leqslant j\leqslant k} &\xrightarrow{\mathscr{L}} (M_{t_j} \circ X, X_{t_j})_{1\leqslant j\leqslant k} \\ &= (M_{t_j}, X_{t_j})_{1\leqslant j\leqslant k}, t_j \in D.\end{aligned}$$

此外由 iv）可得

$$(M^n_{t_j}, X^n_{t_j})_{1\leqslant j\leqslant k} \xrightarrow{\mathscr{L}} (M_{t_j}, X_{t_j})_{1\leqslant j\leqslant k} t_j \in D.$$

这样引理 16.13 的条件 ii）也成立，故可知 M 是 Φ_D 上的鞅． □

16.15 引理 假定 $M\in \mathscr{M}^2_{\text{loc},0}$, $|\Delta M|\leqslant a$，则存在与 M 无关的常数 k_1, k_2 使

$$E[M^{*4}_t] \leqslant k_1 a^2 (E[\langle M\rangle^2_t])^{1/2} + k_2 E[\langle M\rangle^2_t]. \qquad (15.1)$$

证明 首先，我们假定 M 和$\langle M\rangle$是有界的．记 $N=[M]-\langle M\rangle \in \mathscr{M}_{\text{loc},0}$，则$|\Delta N| = |(\Delta M)^2 - {}^p((\Delta M)^2)| \leqslant 2a^2$ 且

$$[N] = \sum (\Delta N)^2 \prec a^2 \operatorname{Var}(N) \prec a^2([M] + \langle M\rangle).$$

因而$\langle N\rangle \prec 2a^2\langle M\rangle$．现由 B-D-G 不等式（定理 10.36）可得

$$E[M^{*4}_t] \leqslant kE[M]^2_t \leqslant 2kE[\langle M\rangle^2_t] + 2kE[N^2_t]$$

$$= 2k\boldsymbol{E}[\langle M\rangle_t^2] + 2k\boldsymbol{E}[\langle N\rangle_t]$$
$$\leqslant 2k\boldsymbol{E}[\langle M\rangle_t^2] + 4a^2k(\boldsymbol{E}[\langle M\rangle_t^2])^{1/2}.$$

于是对 $k_1=4k, k_2=2k$(15.1)成立．最后对任一 $M\in\mathscr{M}^2_{\mathrm{loc},0}$，令

$$T_n = \inf\{t: |M_t|, \geqslant n\ \langle M\rangle_t \geqslant n\},$$

则由 $|\Delta M|\leqslant a$ 可知 $|M^{T_n}|\leqslant n+a$，$\langle M\rangle^{T_n}\leqslant n+a^2$. 所以(15.1)对 M^{T_n} 成立．再令 $n\to\infty$ 可知(15.1)对 M 也成立． □

16.16 定理 假定对每个 n，X^n 是以(α^n,β^n,ν^n)为可料特征的半鞅．设 X 为 Φ_D 的标准过程．若 $X^n \xrightarrow{\mathscr{L}} X$，且存在关于 t 连续的 Φ_D 上的三元体(α,β,ν)和 $\boldsymbol{R}_+$ 中稠密子集 D，$D\subset\boldsymbol{R}_+\backslash J(X)$ ($J(X)$按第十五章(43.1)规定)使下列条件成立：

i) $[\alpha-D]$，$[\widetilde{\beta}-D]$，$[\nu-D]$成立，

ii) 对某个 $h\in\mathscr{Z}_c$，

$$\sup_{y\in D}|\widetilde{\beta}_t(y,h)| < \infty, \sup_{y\in D}|g*\nu_t(y)| < \infty,\ t\geqslant 0,\ g\in J_1, \tag{16.1}$$

iii) 连续性条件成立：对每个 $t\in D$，$g\in J_1$ 及某个 $h\in\mathscr{Z}_c$，下列 $\boldsymbol{D}$ 上映照按照 Skorohod 拓扑是 $\mathscr{L}(X)$-a.s. 连续的：

$$y \mapsto a_t(y,h),\ y\mapsto\widetilde{\beta}_t(y,h),\ y\mapsto g*\nu_t(y), \tag{16.2}$$

则 X 是以(α,β,ν)为可料特征的 Φ_D 上的半鞅．

注 由于(α,β,ν)的连续性，(2.8)，(2.9)分别为

$$\alpha(h)-\alpha(g)=(h-g)*\nu,$$
$$\widetilde{\beta}(h)-\widetilde{\beta}(g)=(h^2-g^2)*\nu.$$

若 $h,g\in\mathscr{Z}_c$，则 $h-g, h^2-g^2\in J_1$；若(16.1)，(16.2)对某个 $h\in\mathscr{Z}_c$ 成立，则它们对一切 $h\in\mathscr{Z}_c$ 都成立．

证明 对固定的 $g\in J_1$，$h\in\mathscr{Z}_c$，令

$$X^n(h) = X^n - \sum(\Delta X^n - h(\Delta X^n)),\quad X(h) = X - \sum(\Delta X - h(\Delta X)),$$
$$V^n = X^n(h) - \alpha^n(h) - X_0^n,\quad V = X(h) - \alpha(h) - X_0,$$
$$Z^n = V^{n2} - \widetilde{\beta}^n(h),\quad Z = V^2 - \widetilde{\beta}(h),$$
$$N^{ng} = \sum g(\Delta X^n) - g*\nu^n,\quad N^g = \sum g(\Delta X) - g*\nu,$$

则

$$X^n(h) = X(h) \circ X^n. \tag{16.3}$$

由于(2.4)和(2.7)，对每个 n, V^n, Z^n, N^{ng} 为 Φ 上的局部鞅，往证 V, Z, N^g 是 Φ_D 上的局部鞅．为此运用引理 16.14.

a)取 $T \in D$. 若$\sup\limits_y \tilde{\beta}_T(y,h) \leqslant K$，令

$$T_n = \inf\{t : \tilde{\beta}_t^n(h) \geqslant K+1\},\ M_t^n = V_{t\wedge T_n \wedge T}^n,\ M = V^T.$$

欲证 $M=V^T$ 为一个鞅．若 $|h| \leqslant a$，则

$$\boldsymbol{E}[\sup_t |M_t^n|^2] \leqslant 4\boldsymbol{E}[(M_\infty^n)^2] \leqslant 4\boldsymbol{E}[\tilde{\beta}_{T_n}^n(h)] \leqslant 4(K+1+4a^2).$$

于是引理 16.14 条件 i)成立．假定 $X^n \xrightarrow{\mathscr{L}} X$ 保证了引理 16.14 条件 ii)成立．对 $t \in D \subset \boldsymbol{R} \backslash J(X)$，系 15.31 蕴含了映照 $X \longmapsto X_t(h)$ 在 D 上连续．进而 $\boldsymbol{X} \longmapsto V_t(x)$ 和 $X \mapsto M_t(x) = V_{t\wedge T}(X)$ 也在 $\boldsymbol{D}$ 上连续，引理 16.14 条件 iii)也被满足．最后由(16.3)

$$V_t^n - V_t \circ X^n = \alpha_t(h) \circ X^n - \alpha_t^n(h),$$

$$\begin{aligned} \boldsymbol{P}(|M_t^n - M_t \circ X^n| > \varepsilon) &= \boldsymbol{P}(|V_{t\wedge T_n\wedge T}^n - V_{t\wedge T} \circ X^n| > \varepsilon) \\ &\leqslant \boldsymbol{P}(T_n < T) + \boldsymbol{P}(|\alpha_{t\wedge T}(h) \circ X^n - \alpha_{t\wedge T}^n(h)| > \varepsilon. \end{aligned} \tag{16.4}$$

由于 $\tilde{\beta}(h) \circ X^n \leqslant K, \tilde{\beta}_T^n(h) - \tilde{\beta}_T(h) \circ X^n \xrightarrow{P} 0$,

$$\begin{aligned} \boldsymbol{P}(T_n < T) &= \boldsymbol{P}(\tilde{\beta}_T^n(h) \geqslant K+1) \\ &\leqslant \boldsymbol{P}(|\tilde{\beta}_T^n(h) - \tilde{\beta}_T(h) \circ X^n| > 1) \to 0. \end{aligned} \tag{16.5}$$

所以由[α-D]及(16.4)可知 16.14.iv)成立，这样由引理 16.14 可推出 $M=V^T$ 是一个鞅，$V \in \mathscr{M}_{\text{loc}}$.

b)设 T, T_n 与 a)中一样，而

$$M_t^n = Z_{t\wedge T\wedge T_n}^n,\ M = Z^T.$$

由引理 16.15 存在仅依赖于 h, K 的常数 k' 使

$$\boldsymbol{E}[\sup_t |V_{t\wedge T_n}^n|^4] \leqslant k'.$$

因此($Z_{t\wedge T\wedge T_n}^n, t \geqslant 0, n \geqslant 1$)是一致可积的．条件 16.14.ii)和 16.14.iii)可像 a)中一样验证．此外

$$M_t^n - M_t \circ X^n = (V^n_{t\wedge T\wedge T_n})^2 - (V_{t\wedge T} \circ X^n)^2$$
$$- (\widetilde{\beta}^n_{t\wedge T\wedge T_n} - \widetilde{\beta}_{t\wedge T} \circ X^n)$$
$$= (V^n_{t\wedge T\wedge T_n} - V_{t\wedge T} \circ X^n)(V^n_{t\wedge T\wedge T_n} + V_{t\wedge T} \circ X^n)$$
$$- (\widetilde{\beta}^n_{t\wedge T\wedge T_n} - \widetilde{\beta}_{t\wedge T} \circ X^n),$$

从上式可见($V_{t\wedge T\wedge T_n}, V_{t\wedge T} \circ X^n, n\geqslant 1$)是一致可积的且 $V^n_{t\wedge T\wedge T_n} - V_{t\wedge T} \circ X^n \xrightarrow{P} 0$. 于是类似于 a)可由[$\widetilde{\beta}-D$]及(16.5)推出 16.14.iv). 这样 $M=Z^T$ 是一个鞅,而 $Z\in \mathscr{M}_{loc}$.

c)取 $T\in D$. 若 $\sup\limits_y g * \nu_T(y)\leqslant K$,令

$$T_n = \inf\{t: g * \nu_t^n(y) \geqslant K+1\},\ M_t^n = N^{ng}_{t\wedge T\wedge T_n},\ M_t = N^g_{t\wedge T}.$$

因为

$$\langle M^n\rangle_t \leqslant g^2 * \nu^n_{t\wedge T_n} \leqslant K' = (K+1+\|g\|)\|g\|,$$

可有

$$\boldsymbol{E}[\sup_t |M_t^n|^2] \leqslant 4\boldsymbol{E}[\langle M^n\rangle_\infty] \leqslant 4K'.$$

因而($M_t^n, t\geqslant 0, n\geqslant 1$)是一致可积的,16.14.i)被满足.16.14.ii)和 16.14.iii)像 a)一样验证.最后,

$$M_t^n - M_t \circ X^n = g * \nu^n_{t\wedge T\wedge T_n} - (g * \nu_{t\wedge T}) \circ X^n$$

类似于 a)可由[ν-D]推出 16.14.iv)也成立.由此 $M=(N^g)^T$ 是一个鞅,而 $N^g\in \mathscr{M}_{loc}$.

因为对每 $g\in J_1$, V, Z, N^g 是局部鞅,所以 X 是半鞅且以(α,β,ν)为可料特征.□

16.17 定理 假定对每 n X^n 是 Φ 上的半鞅,X^n 以(α^n,β^n,ν^n)为可料特征.设 X 是 Φ_D 上的标准过程.若在 Φ_D 上存在可料三元体(α,β,ν)及 $\boldsymbol{R}_+$ 的稠密子集 D 使下列条件成立:

i)$\mathscr{L}(X_0^n)\xrightarrow{w}\lambda_0$,

ii)[$\sup\alpha$],[$\widetilde{\beta}$-D],[ν-D]成立,

iii)强控制条件成立:存在连续(决定性)函数 F 使

$$\mathrm{Var}(\alpha) + \beta + (x^2\wedge 1) * \nu \prec F, \qquad (17.1)$$

iv)大跳一致小条件成立：

$$\lim_{a\to\infty}\sup_{y\in D}\nu(y,[0,t]\times\{x:|x|>a\})=0,\forall\, t>0,\tag{17.2}$$

v)连续性条件成立：对每个 $t\in D, g\in J_1$ 及某个 $h\in\mathscr{Z}_c$，下列映照在 $\boldsymbol{D}$ 上连续：

$$x\mapsto \alpha_t(x,h),\ x\longmapsto \widetilde{\beta}_t(x,h),\ x\longmapsto g*\nu_t(x).\tag{17.3}$$

vi)$\boldsymbol{P}_D$ 是半鞅问题$(X,\boldsymbol{D}^\circ;\lambda_0,\alpha,\beta,\nu)$的唯一解，则 $X^n\xrightarrow{\mathscr{L}}X$.

注 vi)表明 X 是以(α,β,ν)为可料特征的半鞅而(17.1)保证了 X 是拟左连续的．

证明 首先．由(17.1)可知若 $g\in J_1,\alpha,\beta,g*\nu$ 都对 t 连续且对任一 $h\in\mathscr{Z}$ 存在常数 k 使

$$\mathrm{Var}(\alpha(h))+\widetilde{\beta}(h)+(1\wedge x^2)*\nu\prec kF.$$

由条件 i)－iv)定理 16.11 的所有条件都被满足，故由定理 16.11 可知(X^n)是胎紧的．

假定$(\mathscr{L}(X^n))$有一收敛子列，为简单计就设为$(\mathscr{L}(X^n))$本身，若

$$\mathscr{L}(X^n)\xrightarrow{w}\boldsymbol{P}'.\tag{17.4}$$

$\boldsymbol{P}'$ 为$(\boldsymbol{D},\mathscr{D})$上分布．往证

$$J'(X)=\{t>0:\boldsymbol{P}'(\Delta X_t\neq 0)>0\}=\varnothing.$$

对 $t>0,\varepsilon>0$，由(17.1)有 $s<t<s'$ 使

$$g_{2/\varepsilon}*\nu_{s'}(y)-g_{2/\varepsilon}*\nu_s(y)<\varepsilon,\ y\in\boldsymbol{D},\tag{17.5}$$

其中 $g_p(x)=(p|x|-1)^+\wedge 1$. 于是还存在 $r,r'\in\boldsymbol{R}\backslash J'(X)$ 且 $s\leqslant r<t<r'\leqslant s'$. 类似于引理 15.20 有

$$\mathscr{L}(\sup_{r<u\leqslant r'}|\Delta X_u^n|)\xrightarrow{w}\mathscr{L}(\sup_{r<u\leqslant r'}|\Delta X_u||\boldsymbol{P}'),$$

其中 $\mathscr{L}(\cdot|\boldsymbol{P}')$为 $\boldsymbol{P}'$ 之下的分布．此外

$$\boldsymbol{P}'(|\Delta X_t|>\varepsilon)\leqslant\boldsymbol{P}'(\sup_{r<u\leqslant r'}|\Delta X_u|>\varepsilon)\leqslant\varliminf_n\boldsymbol{P}(\sup_{r<u\leqslant r'}|\Delta X_u^n|>\varepsilon)$$

$$\leqslant\varlimsup_n\boldsymbol{P}(\sup_{s<u\leqslant s'}|\Delta X_u^n|>\varepsilon)\leqslant\varlimsup_n\boldsymbol{P}(\sum_{s<u\leqslant s'}g_{2/\varepsilon}(\Delta X_u^n)\geqslant 1).$$

由于$(\sum_{s\leqslant u<\cdot}g_{2/\varepsilon}(\Delta X_u^n))^p=(I_{]s,\infty[}g_{2/\varepsilon})*\nu^n$，Lenglart 不等式包含

了

$$P'(|\Delta X_t|>\varepsilon)\leqslant 2\varepsilon+\overline{\lim_n}P(g_{\varepsilon/2}*\nu_{s'}^n-g_{\varepsilon/2}*\nu_s^n\geqslant 2\varepsilon).$$

但由[ν-D]有

$$\begin{aligned}&g_{2/\varepsilon}*\nu_{s'}^n-(g_{2/\varepsilon}*\nu_{s'})\circ X^n\xrightarrow{P}0,\\&g_{2/\varepsilon}*\nu_s^n-(g_{2/\varepsilon}*\nu_s)\circ X^n\xrightarrow{P}0.\end{aligned}\tag{17.6}$$

因而由(17.6)及(17.5)可引出

$$P'(|\Delta X_t|>\varepsilon)\leqslant 2\varepsilon.$$

由于 ε 可以是任意的正数，故 $P'(|\Delta X_t|\neq 0)=0, J'(X)=\varnothing$.

还要验证定理 16.16 的诸条件被满足．因为 $J'(X)=\varnothing$，故定理假定中 D 在 $\mathscr{L}(X|P')$ 之下亦适用于定理 16.16，即定理 16.16 的条件 i)成立．定理 16.16 的条件 ii)由定理 16.17 的条件 iii)推出，定理 16.16 的条件 iii)就是定理 16.17 的条件 v)．因此定理 16.16 蕴含了 X 是$(\mathbf{D},D,\mathbb{D},P')$上的以$(\alpha,\beta,\nu)$为可料特征的半鞅，即 P' 是半鞅问题$(X,\mathbb{D}^0;\lambda_0,\alpha,\beta,\nu)$的解．现在由条件 vi)可知 $P'=P_D$，这意味着$(\mathscr{L}(X^n))$的极限点是唯一的且

$$\mathscr{L}(X^n)\xrightarrow{w}P_D=\mathscr{L}(X).\qquad\square$$

定理 16.17 的条件 iii)—vi)是附加在 Φ_D 上的可料三元体(α,β,ν)之上的，而条件 i)对 $X^n\xrightarrow{\mathscr{L}}X$ 是必要的．条件 ii)要求 X^n 的可料特征(α^n,β^n,ν^n)按一种特殊的方式依概率收敛于(α,β,ν). 它并不很自然，因为定理的结论只是关于分布收敛的．因而很自然地为期望把条件 ii)代以$(\alpha^n,\beta^n,\nu^n)\xrightarrow{\mathscr{L}}(\alpha,\beta,\nu)$. 但下列例子表明即便对计数过程，补偿子的按分布收敛不能保证过程本身按分布收敛．

16.18 例 假定 $N=(N_t)$是 Φ 上强度为 1 的 Poisson 过程，随机变量 $\nu\in\mathscr{F}_0$ 与 N 独立且 $P(\theta=0)=P(\theta=1)=1/2$. 令

$$A_t=\log 2(t-\theta(t-1)^+),$$

$$X_t=N_{A_t},\quad \mathscr{G}_t=\mathscr{F}_{t\log 2},$$

$$Y_t=X_tI_{[0,1]}(t)+I_{[x_1>0]}N_{t\log 2}I_{]1,\infty[}(t).$$

则 X,Y 为计数过程．由于 $A=(A_t)$ 为连续的且$(\mathscr{G}_t)$-适应，X 和 Y 关于$(\mathscr{G}_t)$的补偿子分别为

$$X_t^p = A_t,$$

$$Y_t^p = A_t^1 + I_{[X_1>0]}(t-1)\log 2 I_{]1,\infty[} = \ln 2(t - I_{[X_1=0]}(t-1)^+).$$

因为 $A_1=\ln 2$，X_1 与 θ 和 A 独立，

$$\boldsymbol{P}(X_1=0)=e^{-ln2}=1/2,\boldsymbol{P}(X_1>0)=1/2.$$

因而 $\mathscr{L}(X^p)=\mathscr{L}(Y^p)$．但

$$\begin{aligned}\boldsymbol{P}(X_2=0) &= \boldsymbol{P}(X_2=0,\theta=0)+\boldsymbol{P}(X_2=0,\theta=1)\\ &= e^{-2\log 2}/2+e^{-\log 2}/2=3/8,\end{aligned}$$

$$\boldsymbol{P}(Y_2=0)=\boldsymbol{P}(X_1=0)=e^{-\log 2}=1/2.$$

这样 X 和 Y 有不同的分布．

下面我们给出局部平方可积半鞅分布弱收敛的定理，并以由(2.10)(2.11)定义的 α'，β' 和 ν 来表述这些条件．

16.19 定理 假定对每个 n，X^n 为局部平方可积半鞅，X^n 以(α^n,β^n,ν^n)为可料特征，且

$$\lim_{a\to\infty}\overline{\lim_n}\boldsymbol{P}((x^2 I_{[|x|>a]})*\nu_t^n>\varepsilon)=0,\ \forall\, t>0. \tag{19.1}$$

设 X 为 Φ_D 上的标准过程．若在 Φ_D 上存在可料三元体(α,β,ν)及 $\boldsymbol{R}_+$ 的稠密子集 D 使下列条件成立：

i) $\mathscr{L}(X_0^n)\xrightarrow{w}\lambda_0$，

ii) [sup α']，[β'-D]，[ν-D]成立，

iii)存在连续(决定性)增函数 F 使

$$\mathrm{Var}(\alpha')+\beta+x^2*\nu\prec F, \tag{19.2}$$

iv)

$$\lim_{a\to\infty}\sup_{y\in D}(x^2 I_{|x|>a})*\nu_t(y)=0,\ \forall\, t>0, \tag{19.3}$$

v)对每个 $t\in D$，$g\in J_1$，下列映照在 $\boldsymbol{D}$ 上连续：

$$x\longmapsto\alpha_t^1(x),\ x\longmapsto\beta_t^1(x),\ x\longmapsto g*\nu_t(x),$$

vi) $\boldsymbol{P}_D$ 是半鞅问题$(X,\mathbb{D}^0_-;\lambda_0,\alpha,\beta,\nu)$的唯一解，

则 $X^n\xrightarrow{\mathscr{L}}X$.

证明 我们将验证这里的假设包含了定理 16.17 的假设成立．比较这些假设，只需说明(17.1)—(17.3)，[sup α]和[$\tilde{\beta}$-D]是成立的．

对 $h\in\mathscr{Z}$，由(2.11)可知存在常数 k 使

$$|\alpha(h)-\alpha'|=|h(x)-x|*\nu\leqslant kx^2*\nu,$$

$$\mathrm{Var}(\alpha(h))\prec\mathrm{Var}(\alpha')+kx^2*\nu\prec kF,$$

所以(17.1)成立，且对 $g\in J_1$，$\alpha(h)$，β，$g*\nu$ 关于 t 连续．

对 $h\in\mathscr{Z}_c$，令

$$k_a(x)=(h(x)-x)(1-g_{1/a}(x))\in J_1,$$

$$\bar{k}_a(x)=(h^2(x)-x)(1-g_{1/a}(x))\in J_1$$

其中 $g_p(x)=(p|x|-1)^+\wedge 1$．(2.10)(2.11)保证了

$$\begin{aligned}\alpha(h)-\alpha'&=(h(x)-x)*\nu\\&=k_a(x)*\nu+((h(x)-x)g_{1/a}(x))*\nu,\end{aligned}\tag{19.4}$$

$$\begin{aligned}\tilde{\beta}(h)-\tilde{\beta}&=x^2*\nu-h^2(x)*\nu\\&=\bar{k}_a(x)*\nu+((h^2(x)-x^2)g_{1/a}(x))*\nu,\end{aligned}\tag{19.5}$$

并有常数 k 使

$$|h(x)-x|g_{1/a}(x)\leqslant kx^2I_{[|x|>a]},\tag{19.6}$$

$$|h^2(x)-x^2|g_{1/a}(x)\leqslant kx^2I_{[|x|>a]}.$$

由於(19.3)，若 a 足够大，(19.4)及(19.5)中的第二项小于任一给定的正数．所以定理 16.17 的连续性条件可由定理 16.19 的条件 v)推出．

类似于(19.4)，我们有

$$\alpha^n(h)-\alpha'^n=k_a(x)*\nu^n+R_a^n,$$

$$|R_a^n|\leqslant kx^2I_{[|x|>a]}*\nu^n.$$

因而[sup α]可由(19.1)—(19.3)，[ν-D]及[sup α']推出．

最后，由(2.12)

$$\tilde{\beta}^n(h)-\beta'^n=\bar{k}_a(x)*\nu^n+\bar{R}^n(a)+\sum\gamma^n,\tag{19.7}$$

$$\begin{aligned}|\bar{R}^n(a)|&=|(h^2(x)-x^2)*\nu^n|\\&\leqslant k(x^2I_{[|x|>a]})*\nu^n,\end{aligned}\tag{19.8}$$

$$\gamma_s^n = (\Delta\alpha_s^n(h))^2 - (\Delta\alpha'^n_s)^2.$$

所以，若能证明$\sum_{s\leqslant t}\gamma_s^n \xrightarrow{P} 0$，则$[\widetilde{\beta}\text{-}D]$可由(19.8)，(19.1)(19.3)和$[\beta'\text{-}D]$推出．但是

$$\left|\sum_{s\leqslant t}\gamma_s^n\right| \leqslant \sum_{s\leqslant t}|\Delta\alpha_s^n(h) - \Delta\alpha'^n_s|(|\Delta\alpha_s^n(h)| + |\Delta\alpha'^n_s|), \tag{19.9}$$

$$\sum_{s\leqslant t}|\Delta\alpha_s^n(h) - \Delta\alpha'^n_s| \leqslant k_a(x) * \nu_t^n + k(x^2 I_{[|x|>a]}) * \nu_t^n.$$

对固定的t，由(19.2)，$[\nu\text{-}D]$及(19.1)$(k_a(x) * \nu_t^n + k(x^2 I_{[|x|>a]}) * \nu_t^n, n\geqslant 1)$是胎紧的. 由[sup α]和[sup α']

$$\sup_{s\leqslant t}|\Delta\alpha_s^n(h)| = \sup_{s\leqslant t}|\Delta\alpha_s^n(h) - \Delta\alpha_s(h)\circ X^n| \xrightarrow{P} 0, \tag{19.10}$$

$$\sup_{s\leqslant t}|\Delta\alpha'^n_s| = \sup_{s\leqslant t}|\Delta\alpha'^n_s - \Delta\alpha'_s\circ X^n| \xrightarrow{P} 0. \tag{19.11}$$

现在由(19.9)－(19.11)可得$\sum_{s\leqslant t}\gamma_s^n \xrightarrow{P} 0$，定理 16.17 所有假设都成立．故有$X^n \xrightarrow{\mathscr{L}} X$.

§2. 收敛于 Lévy 过程

16.20 引理　假定X是一个以(α,β,ν)为可料三元体的半鞅（独立增量过程），$\tilde{\alpha}$是一个可料有限变差过程（非随机右连续函数），则$\overline{X} = X - \tilde{\alpha}$也是半鞅（独立增量过程）且其可料三元体$(\bar{\alpha}, \bar{\beta}, \bar{\nu})$可表为：

$$\begin{aligned}\bar{\alpha}_t(h) = \alpha_t(h) - \bar{\alpha}_t &+ \sum_{s\leqslant t}\int_R V(s,x)\nu(\{s\}\times dx) \\ &+ \sum_{s\leqslant t}V(s,0)(1 - a_s),\end{aligned}$$

$$\bar{\beta} = \beta,$$

$$\begin{aligned}\bar{\nu}([0,t]\times A) = &\int_0^t\int_R I_A(x - \Delta\tilde{\alpha}_s)I_{[x\neq\Delta\tilde{\alpha}_s]}\nu(ds,dx) \\ &+ \sum_{s\leqslant t}(1 - a_s)I_{[\Delta\tilde{\alpha}_s\neq 0]}I_A(-\Delta\tilde{\alpha}_s)\end{aligned} \tag{20.1}$$

其中$a_s = \nu(\{s\}\times \boldsymbol{R})$，

$$V(t,x) = \Delta\tilde{\alpha}_t + h(x - \Delta\tilde{\alpha}_t) - h(x). \tag{20.2}$$

特别地，若 $\tilde{\alpha}$ 连续，则

$$\bar{\alpha}(h) = \alpha(h) - \tilde{\alpha}, \bar{\beta} = \beta, \bar{\nu} = \nu. \tag{20.3}$$

证明 首先，假定 X 为半鞅，$\bar{X}^c = X^c$ 包含了 $\bar{\beta} = \beta$. 设 μ^X，$\mu^{\bar{X}}$ 分别为 X，$\bar{X}$ 的跳测度，$W \in \tilde{\mathscr{P}}^+$ 以及 $W'(s,x) = W(s, x - \Delta\tilde{\alpha}_s) I_{[x \neq \Delta\alpha_s]}$，则

$$\begin{aligned} W * \mu_t^{\bar{X}} &= \sum_{s \leqslant t} W(s, \Delta X_s - \Delta\tilde{\alpha}_s) I_{[\Delta X_s \neq \Delta\tilde{\alpha}_s]} \\ &= W' * \mu_t^X + \sum_{s \leqslant t} W(s, -\Delta\tilde{\alpha}_s) I_{[\Delta\tilde{\alpha}_s \neq 0, \Delta X_s = 0]}. \end{aligned}$$

由定理 5.42 存在图不相交的可料时序列使 $\bigcup_n [\![T_n]\!]$ 为稀疏集 $[\Delta X \neq 0] \cup [\Delta\tilde{\alpha} \neq 0]$ 的可料支集 . 记 $D = [\Delta X \neq 0]$，则 $a = {}^p(I_D)$ 且

$$\begin{aligned} &\boldsymbol{E}[W * \mu_\infty^{\bar{X}}] \\ &= \boldsymbol{E}(W' * \mu_\infty^X) + \sum_{p \geqslant 1} \boldsymbol{E}[W(T_p, -\Delta\tilde{\alpha}_{T_p}) I_{[\Delta\tilde{\alpha}(T_p) \neq 0]} I_{D^c}(T_p) I_{[T_p < \infty]}] \\ &= \boldsymbol{E}(W' * \nu_\infty^X) + \sum_{p \geqslant 1} \boldsymbol{E}[\bar{W}(T_p, -\tilde{\Delta}\alpha_{T_p}) I_{[\Delta\tilde{\alpha}(T_p) \neq 0]} (1 - aT_p) I_{[T_p < \infty]}] \\ &= \boldsymbol{E}[W * \bar{\nu}_\infty]; \end{aligned}$$

其中 $\bar{\nu}$ 由(20.1)规定 . 于是 $(\mu^{\bar{X}})^p = \bar{\nu}$.

其次，设 $h \in \mathscr{C}_c$，由(2.2)及直接计算可得

$$\begin{aligned} \bar{X}(h) &= \bar{X} - \sum [\Delta\bar{X} - h(\Delta\bar{X})] \\ &= X_0 + M(h) + \alpha(h) - \tilde{\alpha} + V * \mu^X + \sum V(\cdot, 0) I_{D^c}. \end{aligned}$$

因为当 $|x| < c$ 时 $h(x) = x$，当 $|x| + |\Delta\bar{\alpha}_t| < c$ 时 $V(t,x) = 0$，容易看出

$$V * \mu^X \in \mathscr{A}_{\mathrm{loc}}, (V * \mu^X)^p = V * \nu,$$

$$\sum V(\cdot, 0) I_{D^c} \in \mathscr{A}_{\mathrm{loc}}, (\sum V(\cdot, 0) I_{D^c})^p = \sum V(\cdot, 0)(1 - a).$$

因而

$$\bar{X}(h) - (V * \nu + \sum V(\cdot, 0)(1 - a) + \alpha(h) - \tilde{\alpha})$$

$$= X_0 + M(h) + V * (\mu - \nu) + \sum V(\cdot,0)(I_{D^c} - (1 - a))$$

$$\in \mathscr{M}_{\mathrm{loc}}.$$

所以由(20.1)给出的 $\bar{\alpha}(h)$是 $\bar{X}$ 的第一特征.

最后,若 X 为独立增量过程,计算 $\bar{X}$ 的特征函数就可得出(20.1)和(20.2). □

注 为方便计算,我们引入 $\boldsymbol{R}_+ \times \boldsymbol{R}$ 上下列可料随机测度:

$$\nu^*([0,t] \times A) = \nu([0,t] \times A) + \sum_{s\leqslant t}(1 - a_s)\delta_0(A)I_{[a_s>0]\cup[\tilde{a}_s>0]}(s),$$

$$\bar{\nu}^*([0,t] \times A) = \bar{\nu}([0,t] \times A) + \sum_{s\leqslant t}(1 - \bar{a}_s)\delta_0(A)I_{[\bar{a}_s>0]\cup[\tilde{a}_s>0]}(s),$$

其中 $\bar{a}_s=\bar{\nu}(\{s\}\times\boldsymbol{R})$. 对满足 $f(s,o)=0$ 的非负 $f(s,x)$可有

$$f * \nu^* = f * \nu,\ f * \bar{\nu}^* = f * \bar{\nu}.$$

运用这些记号,(20.1)可改写为

$$\bar{\alpha}_t(h) = \alpha_t(h) - \tilde{\alpha}_t + \sum_{s\leqslant t}\int_R V(s,x)\nu^*(\{s\} \times dx), \tag{20.4}$$

$$\bar{\beta} = \beta,$$

$$\int_0^t \int_R W(s,x)\bar{\nu}^*(ds,dx) = \int_0^t \int_R W(s,x - \Delta\tilde{\alpha}_s)\nu^*(ds,dx), \tag{20.5}$$

其中 $W\in\widetilde{\mathscr{P}}^+$. 此外,由(2.7)可得到

$$\tilde{\beta}(h) = \langle M(h)\rangle = \beta + (h - \hat{h}) * \nu^*, \tag{20.6}$$

其中 $\hat{h}_s=\int h(x)\nu(\{s\}\times dx)=\int h(x)\nu^*(\{s\}\times dx)$. $\bar{X}$ 的第二特征 $\tilde{\bar{\beta}}(h)$为

$$\tilde{\bar{\beta}}(h) = \beta + (h - k)^2 * \bar{\nu}^*, \tag{20.7}$$

$$k_s = \int h(x)\bar{\nu} * (\{s\} \times dx)$$

$$= \int h(x - \Delta\tilde{\alpha}_s)\nu^*(\{s\} \times dx)$$

$$= \int h(x - \Delta\tilde{\alpha}_s)\nu(\{s\} \times dx) + (1 - a_s)h(- \Delta\tilde{\alpha}_s). \quad (20.8)$$

特别

$$\tilde{\tilde{\beta}}(h) - \tilde{\beta}(h) = (h - k)^2 * \bar{\nu}^* - (h - \hat{h}) * \nu^*$$

$$= [(h(x - \Delta\tilde{\alpha}) - k)^2 - (h(x) - \hat{h})^2] * \nu^*. \quad (20.9)$$

16.21 引理 设 $h \in \mathscr{Z}_c$ 满足 $|h(x)| \leqslant K$(K 为一常数)，当 $|x| \leqslant c$ 时 $h(x) = x$. 若 $\tilde{\alpha} = \alpha(h)$ 且

$$\sup_{s \leqslant t} |\Delta\tilde{\alpha}_s(h)| \leqslant \varepsilon < c/2 \text{ a.s.}, \quad (21.1)$$

则对(20.1)，(20.7)和(20.8)给出的 $\bar{\alpha}, \tilde{\beta}, \bar{\nu}$ 有

$$\mathrm{Var}_t[\bar{\alpha}(h)]$$
$$\leqslant [\varepsilon + \omega(\varepsilon, h)]\nu([0,t] \times \{x : |x| > c/2\}), \quad (21.2)$$

$$\sup_{s \leqslant t} |\tilde{\beta}_s(h) - \tilde{\beta}_s(h)|$$
$$\leqslant 4K[\varepsilon + 3\omega(\varepsilon, h)]\nu([0,t] \times \{x : |x| > c/2\}), \quad (21.3)$$

$$\sup_{s \leqslant t} |g * \bar{\nu}_s - g * \nu_s|$$
$$\leqslant \omega(\varepsilon, g)\nu([0,t] \times \{x : |x| > 2\varepsilon\}), \quad (21.4)$$

其中 $\omega(\delta, h) = \sup_{|x - x'| \leqslant \delta} |h(x) - h(x')|$，$g \in J_1$ 且当 $|x| \leqslant 2\varepsilon$ 时 $g(x) = 0$.

证明 若 $|x| < c/2$，则(21.1)包含了 $|x| + |\Delta\tilde{\alpha}_s| < c$ 及 $V(t, x) = 0$. 同时 $|V(s,x)| = |\Delta\tilde{\alpha}_s + h(x - \Delta\tilde{\alpha}_s) - h(x)| < \varepsilon + \omega(\varepsilon, h)$. 因此

$$\mathrm{Var}_t(\bar{\alpha}(h))$$
$$\leqslant \sup_{s \leqslant t} \sum_{r \leqslant s} \left| \int_{[|x| \geqslant c]} V(r,x)\nu(\{r\} \times dx) \right|$$
$$\leqslant [\varepsilon + \omega(\varepsilon, h)]\nu([0,t] \times \{x : |x| > c/2\}),$$

$$\sup_{s \leqslant t} |g * \bar{\nu}_s - g * \nu_s|$$
$$= \sup_{s \leqslant t} \left| \int_0^s \int_{[|x| > 2\varepsilon]} [g(x - \Delta\alpha_r) - g(x)]\nu(dr \times dx) \right.$$
$$\leqslant \omega(\varepsilon, g)\nu([0,t] \times \{x : |x| > 2\varepsilon\}).$$

若$|x|<c/2$，对(20.8)给出的k和h有

$$
\begin{aligned}
&|h(x-\Delta\alpha_s(h))-k_s-h(x)+\hat{h}_s|\\
&=|-\Delta\alpha_s(h)+\left(\int_{[|x|<c/2]}+\int_{[|x|\geqslant c/2]}\right)\\
&\quad[h(x)-h(x-h(x-\Delta\tilde{\alpha}_s(h))]\nu^*(\{s\}\times dx)|\\
&\leqslant[\varepsilon+\omega|\varepsilon,h)]\nu(\{s\}\times\{|x|\geqslant c/2\});
\end{aligned}
$$

若$|x|\geqslant c/2$

$$
\begin{aligned}
&|h(x-\Delta\alpha_s-k_s-h(x)+\hat{h}_s|\\
&\leqslant\omega(\varepsilon,h)+|\int_R[h(x)-h(x-\Delta\alpha_s(h))]\nu^*(\{s\}\times dx)\\
&\leqslant 2\omega(\varepsilon,h).
\end{aligned}
$$

于是

$$
\begin{aligned}
&\sup_{s\leqslant t}|\tilde{\beta}_s^n(h)-\beta_s(h)|\\
&\leqslant\sum_{s\leqslant t}\int_R|h(x-\Delta\tilde{\alpha}_s)-k_s)^2-(h(x)-\hat{h}_s)^2|\nu^*(\{s\}\times dx)\\
&\leqslant 4K\sum_{s\leqslant t}\int_{[|x|<\frac{c}{2}]}+\int_{[|x|\geqslant\frac{c}{2}]}|h(x-\Delta\tilde{\alpha}_s)-k_s-h(x)+\hat{h}_s|\nu^*(\{s\}\times dx)\\
&\leqslant 4K[\varepsilon+3\omega(\varepsilon,h)]\nu^n([0,t]\times\{|x|>\frac{c}{2}\}).
\end{aligned}
$$

故(21.2)—(21.4)成立． □

16.22 定理 设对每个n，X^n为Φ上的半鞅，X^n以(α^n,β^n,ν^n)为可料特征，又X是以(α,β,ν)为可料特征的Lévy过程．若下列条件成立 i)$X_0^n\xrightarrow{\mathscr{L}}X_0$，ii)[sup α]，[$\tilde{\beta}$-D]，[ν-D]成立，D为$\boldsymbol{R}_+$中一个稠密子集，则$X^n\xrightarrow{\mathscr{L}}X$.

证明 因为X为Lévy过程，无损一般性，我们可假定X是带流概率概率空间Φ_D上以(α,β,ν)为可料特征的Lévy过程，且$(\alpha、\beta、\nu)$对t连续．

首先，假定对某个$h\in\mathscr{Z}_c$，$\alpha(h)=0$，则X是一个半鞅．我们将验证定理16.17的所有假设都被满足．定理16.17的条件i)和ii)分别就是定理16.22的条件i)和ii)．取$F=\beta+(x^2\wedge 1)*\nu$，则条件iii)也成立．因为$\alpha,\beta,\nu$是非随机的，故(17.2)及条件v)成

立，而系 11.37 使条件 vi）也成立．所以由定理 16.17 有 $X^n \xrightarrow{\mathscr{L}} X$.

其次，若 $\alpha(h)\neq 0$，令

$$Y = X - \alpha(h), \quad Y^n = X^n - \alpha^n(h).$$

由引理 16.20，Y 是以下列$(\bar{\alpha},\bar{\beta},\bar{\nu})$为可料三元体的 Lévy 过程：

$$\bar{\alpha}(h) = 0,\ \bar{\beta} = \beta,\ \tilde{\bar{\beta}}(h) = \tilde{\beta}(h),\ \bar{\nu} = \nu. \tag{22.1}$$

Y^n 是以下列$(\bar{\alpha}^n,\bar{\beta}^n,\bar{\nu}^n)$为可料特征的半鞅：

$$\bar{\alpha}^n_t(h) = \sum_{s\leqslant t}\int_R V(s,x)\nu^{n*}(\{s\},dx), \tag{22.2}$$

$$\tilde{\bar{\beta}}^n(h) = \beta^n + (h-k^n)^2 * \bar{\nu}^{n*}, \tag{22.3}$$

$$k^n_s = \int h(x)\bar{\nu}^{n*}(\{s\},dx),$$

$$g * \bar{\nu}^{n*}_t = \int_0^t\int_R g(x-\Delta\alpha^n_s(h))\nu^{n*}(ds\times dx). \tag{22.4}$$

往证定理的诸条件对 Y^n 和 Y 也成立．由于 $\mathscr{L}(Y^n_0)=\mathscr{L}(X^n_0) \xrightarrow{w} \mathscr{L}(X_0)=\mathscr{L}(Y_0)$，条件 i）对 Y^n 和 Y 成立．由于[sup α]及 $\alpha(h)$ 的连续性，对一切 $t>0$有

$$\sup_{s\leqslant t}|\Delta\alpha^n_s(h)| \xrightarrow{P} 0 \text{ 当 } n\to\infty.$$

同时对 $h\in\mathscr{Z}_c$，必存在 $c>0$及 K 使$|h(x)|\leqslant K$ 以及当$|x|\leqslant c$ 时 $h(x)=x$．由[ν-D]，$(\nu^n[0,t]\times\{x:|x|>c/2\}))_{n\geqslant1}$为胎紧的．所以引理16.21和定理16.22条件 ii）蕴含了

$$\sup_{s\leqslant t}|\bar{\alpha}^n_s(h)| \xrightarrow{P} 0,\ \tilde{\bar{\beta}}^n{}_t(h) - \tilde{\beta}_t(h) \xrightarrow{P} 0,\ \forall\, t>0,$$

$$g*\nu^n_t - g*\nu_t \xrightarrow{P} 0,\ \forall\, t>0, g\in J.$$

所以定理诸假定对 Y^n 和 Y 也成立，上面对 $\alpha(h)=0$证明结论用于 Y 即得 $Y^n \xrightarrow{\mathscr{L}} Y$．现在，利用[sup α]及 $\alpha(h)$ 为连续非随机的（参见问题15.20）可得

$$X^n = Y^n + \alpha^n(h) \xrightarrow{\mathscr{L}} Y + \alpha(h) = X. \quad \square$$

16.23系　设对每个 n，X^n 为 Φ 上的右连左极独立增量过程，

其可料特征为(α^n,β^n,ν^n)，又 X 是以(α,β,ν)为可料特征的 Lévy 过程. 若下列条件成立：i) $X_0^n \xrightarrow{\mathscr{L}} X_0$，ii) 对 $\boldsymbol{R}_+$ 中的稠密子集 D，[sup α][β-D]和[ν-D]成立，则 $X^n \xrightarrow{\mathscr{L}} X$.

证明 因为 X^n 和 X 为独立增量过程，(α^n,β^n,ν^n)和(α,β,ν)是非随机的.

若对每个 n，X^n 是半鞅(即 $\alpha(h)$是有限变差的)，则定理16.22已表明 $X^n \xrightarrow{\mathscr{L}} X$. 一般，可令

$$Y^n = X^n - \alpha^n(h), Y = X - \alpha.$$

则 Y 是以$(0,\beta,\nu)$为可料特征的 Lévy 过程，Y^n 是以由(22.2)—(22.4)给出的$(\bar{\alpha}^n,\bar{\beta}^n,\bar{\nu}^n)$为可料特征的独立增量过程. 由(21.2)，$\bar{\alpha}^n(h)$是有限变差函数，故 Y^n 为半鞅. 用定理 16.22一样的论证有 $Y^n \xrightarrow{\mathscr{L}} Y$ 以及 $X^n \xrightarrow{\mathscr{L}} X$. □

16.24定理 假定对每个 n，X^n 是以(α^n,β^n,ν^n)为可料特征的 Φ 上的半鞅，X 是以 (α,β,ν)为可料特征的 Lévy 过程. 若

$$\lim_{a\to\infty}\varlimsup_{n\to\infty}\boldsymbol{P}((x^2 I_{[|x|>a]} * \nu_t^n > \eta) = 0,\ \forall\ \eta > 0, t > 0, \tag{24.1}$$

且 i) $X_0^n \xrightarrow{\mathscr{L}} X_0$，ii) 对 $\boldsymbol{R}_+$ 的一个稠密子集 D，[sup α']，[β'-D]，[ν-D](可参见(7.5)(7.6)(7.2))成立，则 $X^n \xrightarrow{\mathscr{L}} X$.

证明 由定理16.19的证明可知，(24.1)和[sup α'][β'-D][ν-D]保证了[sup α]，[$\tilde{\beta}$-D]成立，因而由定理16.22有 $X^n \xrightarrow{\mathscr{L}} X$.
□

16.25系 假定对每个 n，X^n 是独立增量过程，其可料特征为(α^n,β^n,ν^n)，X 是以(α,β,ν)为可料特征的 Lévy 过程. 若

$$\lim_{a\to\infty}\lim_{n}(x^2 I_{|x|>a}) * \nu_t^n = 0,\ \forall\ t > 0, \tag{25.1}$$

且 i) $X_0^n \xrightarrow{\mathscr{L}} X_0$，ii) 对 $\boldsymbol{R}_+$ 的一个稠密子集 D，[sup α']，[$\tilde{\beta}$-D]，[ν-D]成立，则 $X^n \xrightarrow{\mathscr{L}} X$.

证明 由定理16.19的证明可知，(25.1)及[sup α']，[β'-D]，

$[\nu\text{-}D]$保证$[\sup\alpha]$，$[\tilde{\beta}\text{-}D]$成立. 因而由系16.23有 $X^n \xrightarrow{\mathscr{L}} X$. □

注 定理16.22和16.24给出了半鞅按分布收敛于 Lévy 过程的充分条件. 较之于定理16.17和16.19，定理16.22和16.24的条件比较简单和自然. 虽然它们不是必要的，但当 X^n 是独立增量过程时，定理16.23的条件 i)和 ii)（在假定(25.1)之下定理16.24的条件 i)和 ii)）都是必要的（参见 Jacod 和 Shiryaev[1]第七章定理3.4和3.7）.

16.26 假定 $\tilde{\Phi}=(\Omega,\mathscr{F},\boldsymbol{F}=(\mathscr{F}_k)_{k\geqslant 0},\boldsymbol{P})$为一带时间离散流的概率空间. 前面已提到，这时 $\tau=(\tau_t)_{t\geqslant 0}$称为是 $\tilde{\Phi}$ 上的一个时变，若 τ 的每个轨道是 $\boldsymbol{N}$-值右连左极函数，而对每个 t，τ_t 是 $\boldsymbol{F}$-停时.

对每个 n，设 $U^n=(U_k^n)_{k\geqslant 1}$是 $\tilde{\Phi}$ 上的适应随机变量序列，$\tau^n=(\tau_t^n)$为 $\tilde{\Phi}$ 上的时变. 令

$$\mathscr{G}_t^n = \mathscr{F}_{\tau_t^n},$$

则 $\boldsymbol{G}^n=(\mathscr{G}_t^n)$是$(\Omega,\mathscr{F},\boldsymbol{P})$上的流. 取

$$X_t^n = \sum_{k\leqslant \tau_t^n} U_k^n,\ t\geqslant 0, \tag{26.1}$$

则 X^n 是 $\Phi^n=(\Omega,\mathscr{F},\boldsymbol{G}^n,\boldsymbol{P})$上的半鞅. 对 $h\in\mathscr{Z}$，X^n 的可料特征(α^n,β^n,ν^n)为：

$$\alpha_t^n(h)= \sum_{k\leqslant \tau_t^n}\boldsymbol{E}_{k-1}[h(U_k^n)], \tag{26.2}$$

$$\tilde{\beta}_t^n(h)= \sum_{k\leqslant \tau_t^n}\boldsymbol{D}_{k-1}[h(U_k^n)],\ \beta_t^n = 0. \tag{26.3}$$

$$\nu^n(dt,dx)= \sum_{k} I_{[x\neq 0,k\leqslant \tau_t^n]}\boldsymbol{P}_{k-1}[U_k^n\in dx]\delta_k(dt),$$

$$g*\nu_t^n= \sum_{k\leqslant \tau_t^n}\boldsymbol{E}_{k-1}[g(U_k^n)I_{[U_k^n\neq 0]}], \tag{26.4}$$

其中 $\boldsymbol{E}_{k-1}[\xi]=\boldsymbol{E}[\xi\,|\,\mathscr{F}_{k-1}]$，$\boldsymbol{D}_{k-1}[\xi]=\boldsymbol{E}_{k-1}[\xi]^2-(\boldsymbol{E}_{k-1}[\xi])^2$. 此外，若 $\boldsymbol{E}[(U_h^n)^2]<\infty$，则 X^n 是一个局部平方可积半鞅，且

$$X_t^n = \sum_{k\leqslant \tau_t^n}U_k^n = \sum_{k\leqslant \tau_t^n}(U_k^n-\boldsymbol{E}_{k-1}[U_k^n]) + \sum_{k\leqslant \tau_t^n}\boldsymbol{E}_{k-1}[U_k^n],$$

$$\alpha'^n_t = \sum_{k\leqslant\tau^n_t} \boldsymbol{E}_{k-1}[U^n_k], \tag{26.5}$$

$$\beta'^n_t = \sum_{k\leqslant\tau^n_t} \boldsymbol{D}_{k-1}[U^n_k]. \tag{26.6}$$

16.27定理 假定对每个 $n\in\boldsymbol{N}$，$U^n=(U^n_k,k\geqslant1)$为 $\widetilde{\Phi}$ 上适应随机变量序列，$\tau^n=(\tau^n_t)_{t\geqslant0}$为 $\widetilde{\Phi}$ 上时变，$\tau^n_0=0$且

$$X^n_t = \sum_{k\leqslant\tau^n_t} U^n_k. \tag{27.1}$$

又设 X 为以(α,β,ν)为可料特征的 Lévy 过程，$X_0=0$.

1)对 $\boldsymbol{R}_+$ 中稠密子集 D 下列条件成立：

$[\sup\alpha]$：$\sup\limits_{s\leqslant t}\left|\sum\limits_{k\leqslant\tau^n_t}\boldsymbol{E}_{k-1}[h(U^n_k)]-\alpha_s(h)\right|\xrightarrow{P}0$，$\forall\, t>0$及某个 $h\in\mathscr{Z}_c$，

$[\widetilde{\beta}\text{-}D]$：$\sum\limits_{k\leqslant\tau^n_t}\boldsymbol{D}_{k-1}[h(U^n_k)]\xrightarrow{P}\widetilde{\beta}_t(h)$，$\forall\, t\in D$ 及某个 $h\in\mathscr{Z}_c$，

$[\nu\text{-}D]$：$\sum\limits_{k\leqslant\tau^n_t}\boldsymbol{E}_{k-1}[g(U^n_k)]\xrightarrow{P}g*\nu_t$，$\forall\, t\in D, g\in J_1$，

则 $X^n\xrightarrow{\mathscr{L}}X$.

2)若(U^n_k)满足下列条件

$$\lim_{a\to\infty}\overline{\lim_{\alpha\to\infty}}\boldsymbol{P}\Big(\sum_{k\leqslant\tau^n_t}\boldsymbol{E}_{k-1}[(U^n_k)^2 I_{[|U^n_k|>a]}]>\eta\Big)=0\ \forall\,\eta>0,t>0,$$

且对 $\boldsymbol{R}_+$ 中稠密子集 D 成立

$$[\sup\alpha']:\sup_{s\leqslant t}\Big|\sum_{k\leqslant\tau^n_t}\boldsymbol{E}_{k-1}[U^n_k]-\alpha'_s\Big|\xrightarrow{P}0,\ \forall\, t>0,$$

$$[\beta'\text{-}D]:\sum_{k\leqslant\tau^n_t}\boldsymbol{D}_{k-1}[U^n_k]\xrightarrow{P}\beta'_t,\ \forall\, t\in D,$$

$$[\nu\text{-}D]:\sum_{k\leqslant\tau^n_t}\boldsymbol{E}_{k-1}[g(U^n_k)]\xrightarrow{P}g*\nu_t,\forall\, t\in D,g\in J,$$

则 $X^n\xrightarrow{\mathscr{L}}X$.

证明 因为对每个由(27.1)规定的半鞅 X^n，其可料特征由(26.2)—(26.6)给出，故1)和2)可分别由定理16.22及16.24推出.

□

特别，将上述的结果用于独立随机变量序列，即可得到下列系.

16.28系 假定对每个n，$U^n=(U_k^n,k\geqslant 1)$为$\widetilde{\Phi}$上$\boldsymbol{F}$-独立随机变量序列，$\tau^n=(\tau_t^n)$为$\widetilde{\Phi}$上时变，$\tau_o^n=0$且(X_t^n)由(27.1)规定.又X是以(α,β,ν)为可料特征的Lévy过程.

1)若对$\boldsymbol{R}_+$中稠密子集D下列条件成立：

$[\sup\ \alpha]$：$\sup\limits_{s\leqslant t}\left|\sum\limits_{k\leqslant\tau_t^n}\boldsymbol{E}[h(U_k^n)]-\alpha_s(h)\right|\to 0$，$\forall\ t>0$及某个 $h\in\mathscr{Z}_c$，

$[\tilde{\beta}\text{-}D]$：$\sum\limits_{k\leqslant\tau_t^n}\boldsymbol{D}[h(U_k^n)]\to\tilde{\beta}_t(h)$，$\forall\ t\in D$及某个 $h\in\mathscr{Z}_c$，

$[\nu\text{-}D]$：$\sum\limits_{k\leqslant\tau_t^n}\boldsymbol{E}[g(U_k^n)]\to g*\nu_t$，$\forall\ t\in D,g\in J_1$，

则$X^n\xrightarrow{\mathscr{L}}X$.

2)若(U_k^n)满足下列条件：

$$\lim_{a\to\infty}\overline{\lim_{n}}\boldsymbol{P}\Big(\sum_{k\leqslant\tau_t^n}\boldsymbol{E}[(U_k^n)^2I_{[|U_k^n|>a]}>\eta\Big)=0,\forall\ \eta>0,t>0,$$

且对$\boldsymbol{R}_+$中稠密子集D成立

$[\sup\ \alpha']$：$\sup\limits_{s\leqslant t}\left|\sum\limits_{k\leqslant\tau_t^n}\boldsymbol{E}[U_k^n]-\alpha'_s\right|\to 0$，$\forall\ t>0$，

$[\beta'\text{-}D]$：$\sum\limits_{k\leqslant\tau_t^n}\boldsymbol{D}[U_k^n]\to\beta'_t$，$\forall\ t\in D$，

$[\nu\text{-}D]$：$\sum\limits_{k\leqslant\tau_t^n}\boldsymbol{E}[g(U_k^n)]\to g*\nu_t$，$\forall\ t\in D,g\in J_1$，

则$X^n\xrightarrow{\mathscr{L}}X$.

16.29引理 假定对每个n，X^n是Φ上跳跃过程，μ^n为X^n的跳测度，$\nu^n=(\mu^n)^p$. X为一跳跃Lévy过程，ν为X跳测度μ的可料对偶投影.若下列条件成立：

i)$X^n\xrightarrow{\mathscr{L}}X$，

ii)对$\boldsymbol{R}_+$中一稠密子集D

$$g * \nu_t^n \xrightarrow{P} g * \nu_t,\ \forall\, t \in D, g \in J_2, \tag{29.1}$$

其中 $J_2=\{g: g(x)$ 及 $g(x)/x$ 为 $\boldsymbol{R}\backslash\{0\}$ 上有界连续函数$\}$，则 $X^n \xrightarrow{\mathscr{L}} X$

证明 设$(\alpha^n, \beta^n, \nu^n)$为 X^n 的可料特征，则

$$\alpha^n(h) = h(x) * \nu^n,\ \beta^n = 0,\ \widetilde{\beta}^n(h) = h^2 * \nu^n - \sum(\triangle\alpha^n(h))^2.$$

而 X 的可料特征(α, β, ν)为

$$\alpha(h) = h * \nu,\ \beta = 0, \widetilde{\beta}(h) = h^2 * \nu.$$

因为 $J_2 \supset J_1$，(29.1)包含了$[\nu-D]$. 对每个 $f \in J_2$，$f * \nu_t$ 对 t 连续. 于是由引理16.8有

$$\sup_{s \leqslant t} |f * \nu_s^n - f * \nu_s| \xrightarrow{P} 0, \forall\, t > 0, f \in J_2.$$

因为 $\mathscr{Z}_2 \subset J_2$，(29.1)也包含了$[\sup\ \alpha]$. 若 $h \in \mathscr{Z}_c$，则 $h^2 \in J_2$且由于 $\alpha(h)$的连续性及$[\sup\ \alpha]$我们有$\sup\limits_{s \leqslant t} |\Delta\alpha_s^n| \xrightarrow{P} 0, \forall\, t > 0$，以及

$$\begin{aligned}|\widetilde{\beta}_t^n(h) - \beta_t(h)| &\leqslant |h^2 * \nu_t^n - h^2 * \nu_t| + \sum\nolimits_{s \leqslant t} |\Delta\alpha_s^n(h)|^2 \\ &\leqslant |h^2 * \nu_t^n - h^2 * \nu_t| + \sup\nolimits_{s \leqslant t} |\Delta\alpha_s^n(h)|\,|h * \nu^n| \xrightarrow{P} 0,\end{aligned}$$

即$[\widetilde{\beta}-D]$成立. 所以定理16.22包含了 $X^n \xrightarrow{L} X$. □

16.30定理 假定对每个 n，X^n 为一适应计数过程，$(X^n)^p = A^n$，X 为一 Poisson 过程，$X^p = A$ 为连续的. 若对 $\boldsymbol{R}_+$ 中稠密子集 D 有

$$A_t^n \xrightarrow{P} A_t,\ \forall\, t \in D, \tag{30.1}$$

则 $X^n \xrightarrow{\mathscr{L}} X$.

证明 X^n 是一个半鞅且其可料特征$(\alpha^n, \beta^n, \nu^n)$为

$$\alpha_t^n(h) = h(1)A_t^n, \widetilde{\beta}_t^h(h) = h^2(1)(A_t^n - \sum_{s \leqslant t}(\Delta A_s^n)^2), g * \nu_t^n = g(1)A_t^n.$$

类似的，X 的可料特征(α, β, ν)为

$$\alpha_t^n(h) = h(1)A_t,\ \widetilde{\beta}_t(h) = h(1)A_t,\ g * \nu_t^n = g(1)A_t.$$

由于 A 关于 t 连续不减，容易由(30.1)推出$[\sup\ \alpha]$，$[\widetilde{\beta}\text{-}D]$，

$[\nu\text{-}D]$. 于是定理16.22包含了 $X^n \xrightarrow{\mathscr{L}} X$. □

注 下列例子表明对计数过程收敛于 Poisson 过程(30.1)不是必要的.

假定 X 是时齐 Poisson 过程, $\boldsymbol{E}[X_t]=\lambda t$, (T_k) 为 X 的跳时序列. $\boldsymbol{F}$ 为 X 的完备自然流. 令

$$X_t^n = \sum_{k\geqslant 1} I_{[t\geqslant T_k+1/n]},$$

则 X^n 是计数过程. 由于 $(T_k+1/n)_{k\geqslant 1}$ 是可料时序列, $X^n\in\mathscr{P}$ 且 $(X^n)^p=X^n$. 因为当 $n\to\infty$ 时 $T_k+\frac{1}{n}\to T_k$, 由系15.59有 $X^n \xrightarrow{\mathscr{L}} X$. 但 $(X^n)_t^p=X_t^n \not\to \lambda t=(X)_t^p$.

§3. 收敛于连续 Lévy 过程

在这一节我们将半鞅分布收敛的一般结果应用极限过程是连续 Lévy 过程的特殊情形. 特别,我们将给出局部平方可积鞅或半鞅向连续 Lévy 过程收敛的充分条件. 顺便地对这些情形下条件的必要性也进行讨论.

16.31引理 若对每个 n, X^n 是以 μ^n 为跳测度以 (α^n,β^n,ν^n) 为可料特征的半鞅,则下列断言等价:

1) $(\Delta X^n)_t^*=\sup_{s\leqslant t}|\Delta X_s^n| \xrightarrow{P} 0$, 当 $n\to\infty$, $\forall\ t>0$.

2) $(x^2 I_{[|x|>\varepsilon]}) * \mu_t^n \xrightarrow{P} 0$, 当 $n\to\infty$, $\forall\ t>0,\varepsilon>0$,

3) $[\Delta_0]$: $I_{[|x|\geqslant\varepsilon]} * \nu_t^n \xrightarrow{P} 0$, 当 $n\to\infty$, $\forall\ t>0,\varepsilon>0$,

4) $f * \nu_t^n \xrightarrow{P} 0$, 当 $n\to\infty$, $\forall\ t>0, f\in J_1$.

这时,对任意的 $h,h'\in\mathscr{Z}$ 有

$$\sup_{s\leqslant t}|\alpha_s^n(h)-\alpha_t^n(h')| \xrightarrow{P} 0,\ \sup_{s\leqslant t}|\tilde{\beta}_t^n(h)-\tilde{\beta}_t^n(h')| \xrightarrow{P} 0, \tag{31.1}$$

$$(\check{X}^n(h))_t^* = |\sup_{s\leqslant t}\check{X}_s^n(h)| \xrightarrow{P} 0, \tag{31.2}$$

$$(\Delta M^n(h))_t^* = \sup_{s\leqslant t}|\Delta M_s^n(h))| \xrightarrow{P} 0, \tag{31.3}$$

其中 $\check{X}^n(h)=\sum(\Delta X^n - h(\Delta X^n)), X^n(h)=X^n-\check{X}^n(h)=X_0^n+M^n(h)+\alpha^n(h)$，且 $M^n(h)\in\mathscr{M}_{\mathrm{loc},0}$.

证明 对 $\varepsilon>0$ 及 $0<\delta\leqslant 1$ 注意下列关系式

$$[(\Delta X^n)_t^* \geqslant \varepsilon] = [\sum_{s\leqslant t} I_{[|\Delta X_s^n|\geqslant\varepsilon]} \geqslant \delta] = [I_{[|x|\geqslant\varepsilon]} * \mu_t^n \geqslant \delta]$$

$$= [(x^2 I_{[|x|\geqslant\varepsilon]}) * \mu_t^n \geqslant \varepsilon^2]. \tag{31.4}$$

因而1)⇔2). 由于 $(I_{[|x|\geqslant\varepsilon]} * \mu^n)^p = I_{[|X|\geqslant\varepsilon]} * \nu^n$ 和 $\Delta(I_{[|x|\geqslant\varepsilon]} * \mu^n)\leqslant 1$，Lenglart 不等式包含了2)与3)的等价性.

对 $f\in J_1$ 必有常数 a 使 $|f(x)|\leqslant\alpha$ 且当 $|x|<1/a$ 时 $f(x)=0$. 取 $g(x)=(\frac{2}{\varepsilon}|x|-1)^+\wedge 1\in J_1$. 则

$$|f * \nu_t^n| \leqslant aI_{[|x|\geqslant 1/a]} * \nu_t^n, \quad I_{[|x|\geqslant\varepsilon]} * \nu_t^n \leqslant g * \nu_t^n.$$

因而3)和4)等价. 若 $h, h'\in\mathscr{Z}$，存在常数 a 使

$$h(x) = h'(x) = x,\ |x|\leqslant 1/a,\ |h(x)|\leqslant a,\ |h'(x)|\leqslant a.$$

于是 $|h(x)-h'(x)|\leqslant 2aI_{[|x|\geqslant 1/a]}$. 由(2.8)及(2.9)可得

$$|a_t^n(h) - a_t^n(h')| = |(h-h') * \nu_t^n| \leqslant 2aI_{[|x|\geqslant 1/a]} * \nu_t^n,$$

$$|\widetilde{\beta}_t^n(h) - \widetilde{\beta}_t^n(h')| = |(h^2 - h'^2) * \nu_t^n - \sum_{s\leqslant t}[(\Delta a_s^n(h))^2 - (\Delta a_s^n(h'))^2]|$$

$$\leqslant 8a^2 I_{[|x|\geqslant 1/a]} * \nu_t^n.$$

所以3)包含(31.1).

最后，由于 $[((\check{X}^n(h))_t^*\neq 0]\subset[(\Delta X^n(h))_t^*\geqslant 1/a]$，(31.2)成立. 同时，若 $0<\varepsilon<1/a$，则有

$$|\Delta M_t^n(h)| = |\Delta X_t^n(h) - \Delta\alpha_t^n(h)|$$

$$\leqslant |\Delta X_t^n| + |\Delta\check{X}_t^n(h)| + \left|\int_{[|x|\geqslant\varepsilon]} h(x)\nu^n(\{t\}, dx)\right| + \varepsilon,$$

$$(\Delta M^n(h))_t^* \leqslant (\Delta X^n)_t^* + 2(\check{X}^n(h))_t^* + aI_{[|x|\geqslant\varepsilon]} * \nu_t^n + \varepsilon.$$

因而(31.3)为真. □

16.32引理 假定 $M^n\in\mathscr{M}_{\mathrm{loc}}^2$ 且 $t>0$ 是固定的.

1)若 $(\langle M^n\rangle_t,n\geqslant1)$ 是胎紧的,则 $([M^n]_t,n\geqslant1)$,$(\sup\limits_{s\leqslant t}|M_s^n|,n\geqslant1)$ 也是胎紧的.

2)若 $\boldsymbol{E}\sup\limits_{s\leqslant t}|\Delta M_s^n|^2\leqslant C<\infty$,则 $([M^n]_t,n\geqslant1)$,$(\sup\limits_{s\leqslant t}|M_s^n|,n\geqslant1)$ 和 $(\langle M^n\rangle_t,n\geqslant1)$ 的胎紧性相互等价.

证明 1)由于 $\langle M^n\rangle=[M^n]^p$,$(M^n)^2-\langle M^n\rangle\in\mathscr{M}_{\mathrm{loc}}$,且 $\langle M^n\rangle$ 是可料的,1)可由 Lenglart 不等式推出.

2)因为 $\langle M^n\rangle$ 被 $[M^n]$ 所控制且 $(\Delta[M^n])_t^*=(\Delta M^n)_t^{*2}\in L^1$,用 Lenglart 不等式可由 $([M^n]_t)$ 的胎紧性推出 $(\langle M^n\rangle_t)$ 的胎紧性. 同时,由 Davis 不等式,$\sqrt{[M^n]}$ 被 $k(M^n)^*$ 所控制,其中 $k>0$ 是常数,$\Delta(M^{n*})\leqslant(\Delta M^n)^*$. 因而 $([M^n]_t,n\geqslant1)$ 的胎紧性也可由 $((M^n)_t^*,n\geqslant1)$ 的胎紧性推出. □

16.33引理 假定 $M^n\in\mathscr{M}_{\mathrm{loc}}^2$,$|\Delta M^n|\leqslant c$ 且对所有 $t>0$,$(\Delta M^n)_t^*\xrightarrow{P}0$.

1)我们有

$$(\Delta\langle M^n\rangle)_t^*\xrightarrow{P}0,\ \forall\, t>0. \tag{33.1}$$

2)若 $([M^n]_t,n\geqslant1)$ 是胎紧的,则

$$\sup_{s\leqslant t}|[M^n]_s-\langle M^n\rangle_s|\xrightarrow{P}0,\ \forall\, t>0. \tag{33.2}$$

证明 1)由于 $\Delta[M^n]=(\Delta M^n)^2\leqslant c^2$,由控制收敛定理 $\boldsymbol{E}(\Delta[M^n])_t^{*2}\to0$. 但 $\Delta\langle M^n\rangle={}^p(\Delta[M^n])$,且由 Doob 不等式(定理2.15))

$$\boldsymbol{E}[(\Delta\langle M^n\rangle)_t^{*2}]\leqslant 4\boldsymbol{E}[(\Delta[M^n])_t^{*2}]\to0,$$

因而 $(\Delta\langle M^n\rangle)_t^*\xrightarrow{P}0$.

2)令 $Y^n=[M^n]-\langle M^n\rangle$,则 $|\Delta Y^n|\leqslant c^2$,$Y^n\in\mathscr{M}_{\mathrm{loc}}^{2,d}$,且

$$\begin{aligned}[Y^n]_t&=\sum_{s\leqslant t}(\Delta[M^n]_s-\Delta\langle M^n\rangle_s)^2\leqslant\\&2\sum_{s\leqslant t}[(\Delta[M^n]_s)^2+(\Delta\langle M^n\rangle_s)^2]\\&\leqslant2(\Delta[M^n])_t^*[M^n]_t+2(\Delta\langle M^n\rangle)_t^*\langle M^n\rangle_t.\end{aligned}$$

由于($(\langle M^n\rangle_t, n\geqslant 1)$的胎紧性,(33.1)及定理的假定,我们有$[Y^n]_t \xrightarrow{P} 0$. 进而由$|\Delta Y|$的有界性及 Lenglart 不等式可得

$$\sup_{s\leqslant t}|[M^n]_s - \langle M^n\rangle_s| = (Y^n)_t^* \xrightarrow{P} 0.$$

故(33.2)成立. □

16.34系 若$M^n\in\mathscr{M}^2_{\text{loc}}$, $|\Delta M^n|\leqslant c$, β为连续(非随机)函数, D为$\boldsymbol{R}_+$的稠密子集,则下列断言等价.

1) $[M^n]_t \xrightarrow{P} \beta_t$, $\forall\ t\in D$,

2) $(\Delta M^n)_t^* \xrightarrow{P} 0$, $\forall\ t>0$ 以及

$$\langle M^n\rangle_t \xrightarrow{P} \beta_t,\ \forall\ t\in D. \tag{34.1}$$

证明 1)⇒2). 由引理16.8,1) 等价于

$$\sup_{s\leqslant t}|[M^n]_s - \beta_s| \xrightarrow{P} 0.$$

则$((M^n)^2)_t^* = (\Delta[M^n])_t^* \xrightarrow{P} 0$,而(34.1)由(33.2)推得.

2)⇒1). 由引理16.32.1)可知($[M^n]_t, n\geqslant 1$)是胎紧的. 现在1)可由(33.2)得到. □

16.35引理 设$M^n\in\mathscr{M}^n_{\text{loc}}$, $|\Delta M^n|\leqslant c$ 且$M\in\mathscr{M}^c_{\text{loc}}$. 若

$$M^n \xrightarrow{\mathscr{L}} M, \tag{35.1}$$

则

$$[M^n] \xrightarrow{\mathscr{L}} \langle M\rangle. \tag{35.2}$$

进而,若$\langle M\rangle$是决定性的,则

$$\sup_{ts\leqslant t}|[M^n]_s - \langle M\rangle_s| \xrightarrow{P} 0,\ \forall\ t>0. \tag{35.3}$$

证明 设对每个k, $0=t_0^n<t_1^n<\cdots$为$\boldsymbol{R}_+$的一个分割,且

$$\lim_{k\to\infty}\sup_j|t_j^k - t_{j-1}^k| = 0.$$

由 Itô 公式

$$(M^n_{t_j^k} - M^n_{t_{j-1}^k})^2 = 2\int_{]t_{j-1}^k, t_j^k]}(M^n_{u-} - M^n_{t_{j-1}^k})dM^n_u$$

$$+([M^n]_{t_j^k}-[M^n]_{t_{j-1}^k}),$$

$$[M^n]_t=\sum_{j\geqslant 1}(M^{n_k}_{t_j^k\wedge t}-M^{n_k}_{t_{j-1}^k\wedge t})^2$$

$$-2\sum_{j\geqslant 1}\int_{]t_{j-1}^k\wedge t,t_j^k\wedge t]}(M^n_{u-}-M^{n_k}_{t_{j-1}^k})dM^n_u$$

$$=Y_t^{nk}+Z_t^{nk}, \tag{35.4}$$

$$\langle Z^{nk}\rangle_t\leqslant 4[\omega(\max_j(t_j^k-t_{j-1}^k),M^n,t)]^2\langle M^n\rangle_t. \tag{35.5}$$

由定理的假定，(M^n)是C-胎紧的，因而引理15.49包含

$$\lim_{k\to\infty}\overline{\lim_n}\boldsymbol{P}(\omega(\max_j(t_j^k-t_{j-1}^k),M^n,t)\geqslant\eta)=0,\forall\ \eta>0,t>0. \tag{35.6}$$

也由定理的假定和引理16.32，对每$t>0$（$\langle M^n\rangle_t,n\geqslant 1$）都是胎紧的. 因而(35.5)，(35.6)及 Lenglart 不等式蕴含了

$$\lim_{k\to\infty}\overline{\lim_n}\boldsymbol{P}((Z^{nk})_t^*\geqslant\eta)=0,\forall\ t>0,\eta>0. \tag{35.7}$$

其次，记$Y_t^k=\sum_{j\geqslant 1}(M_{t_j^k\wedge t}-M_{t_{j-1}^k\wedge t})^2$. 则(35.1)及定理19.33的注有

$$Y^{nk}\xrightarrow{\mathscr{L}}Y^k,\text{当 }n\to\infty,\forall\ k\geqslant 1, \tag{35.8}$$

$$Y^k\xrightarrow{\mathscr{L}}\langle M\rangle,\text{当 }k\to\infty. \tag{35.9}$$

最后，由于(35.4)，(35.7)—(35.9)并应用引理15.52可得(35.2). 若$\langle M\rangle$是连续决定性的，则(35.2)蕴含了(35.3). □

16.36定理 假定对每个n，X^n是以(α^n,β^n,ν^n)为可料特征的Φ上的半鞅，X是以$(\alpha,\beta,0)$为可料特征的连续 Lévy 过程. 若[sup α]成立，则下列断言等价：

1) $X^n\xrightarrow{\mathscr{L}}X$,

2) i) $X_0^n\xrightarrow{\mathscr{L}}X_0$,

ii) 对$\boldsymbol{R}_+$中一稠密子集D，$[M^n(h)]_t\xrightarrow{P}\beta_t,\forall\ t\in D$,

iii) $[\Delta_0]$: $I_{[|x|\geqslant\varepsilon]}*\nu_t^n\xrightarrow{P}0,\ \forall\ t>0,\varepsilon>0$,

3) i) $X_0^n\xrightarrow{\mathscr{L}}X_0$,

ii）对 $\boldsymbol{R}_+$ 中一稠密子集 D，$[\beta\text{-}D]$成立，

iii）$f*\nu_t^n \xrightarrow{P} 0$，$\forall\ t>0, f\in J_1$.

证明 1)⇒2). 2)i)成立是明显的. 由于(X^n)是C-胎紧的，引理15.49蕴含了$(\Delta X^n)_t^* \xrightarrow{P} 0$. 因而由引理16.31，2)iii)成立且$(\check{X}^n(h))_t^* \xrightarrow{P} 0$. 进而，由$[\sup\alpha]$可得

$$\begin{aligned} M^n(h) &= X^n - X_0^n - \check{X}^n(h) - \alpha^n(h) \\ &= X^n - X_0^n - \check{X}^n(h) - \alpha - (\alpha^n(h) - \alpha) \\ &\xrightarrow{\mathscr{L}} X - X_0 - \alpha = M \in \mathscr{M}_{\mathrm{loc},0}^c. \end{aligned}$$

注意到$\langle M\rangle=\beta$是决定性的，M是正态分布的，所以(35.2)推出2)ii).

2)⇔3). 由引理16.31，2)iii)与3)iii)等价且它们包含了(31.4). 因而在2)iii)或3)iii)之下由系16.34可知2)ii)与3)ii)等价.

3)⇒1). 这就是定理16.22的结论. □

16.37例 假定W是Φ上的Brown运动，$b=(b_t)$是适应过程，$|b|\leqslant 1$. 设

$$Y_t = \int_0^t b_s ds + W_t.$$

且$\boldsymbol{G}$为Y的自然流. 若${}^\circ b$是b的$\boldsymbol{G}$-可选投影，取

$$X_t^n = X_t = \int_0^t (b_s - {}^\circ b_s) ds + W_t,$$

则在Φ^n上X^n的可料特征$(\alpha^n, \beta^n, \nu^n)$为

$$\alpha_t^n = \int_0^t (b_s - {}^\circ b_s) ds,\ \beta_t^n = t,\ \nu^n = 0.$$

但X^n为一个$\boldsymbol{G}$-Brown运动（参见问题16.4），因而$\mathscr{L}(X^n)=\mathscr{L}(W)$.

这个例子表明$[\sup\alpha]$对$X^n \xrightarrow{\mathscr{L}} X$并不是必要的.

16.38引理 假定对每个n，X^n是Φ上以$(\alpha^n, \beta^n, \nu^n)$为可料特征的半鞅. 对$\delta\geqslant 0$，记

$[\Delta_\delta]$: $(|x|^\delta I_{[|x|>\varepsilon]})*\nu_t^n \xrightarrow{P} 0$，当 $n\to\infty$，$\forall\ t>0$，$\varepsilon>0$.

1）若 $\delta>0$ 且对每个 $t>0$，$((\Delta X^n)_t^{*\delta}, n\geqslant 1)$ 是一致可积的，则

$$\lim_{a\to\infty}\overline{\lim_{n}}\boldsymbol{P}((|x|^\delta I_{[|x|>a]})*\nu_t^n>\eta)=0,\ \forall\ t>0,\eta>0. \tag{38.1}$$

2）对 $\delta>0$，$[\Delta_\delta]$ 成立当且仅当 $[\Delta_0]$ 和(38.1)同时成立.

3）若 $X^n\in\mathscr{M}_{\mathrm{loc}}$ 且 $[\Delta_1]$ 成立，则对 $h\in\mathscr{Z}$ 有

$$\mathrm{Var}(\alpha^n(h))_t\xrightarrow{P}0,\ \forall\ t>0, \tag{38.2}$$

4）若(38.2)成立，$\alpha^{nc}(h)=\alpha^n(h)-\sum\Delta\alpha^n(h)$，则

$$(\alpha^{nc}(h))_t^*+\sum_{s\leqslant t}|\Delta\alpha_s^n(h)|\xrightarrow{P}0,\ \forall\ t>0. \tag{38.3}$$

5）若(38.3)成立，则

$$(\alpha^n(h))_t^*\xrightarrow{P}0,\ \forall\ t>0. \tag{38.4}$$

证明 1）记 $V_t^n(a)=(|x|^\delta I_{[|x|>a]})*\mu_t^n=\sum_{s\leqslant t}|\Delta X_s^n|^\delta I_{[|\Delta X_s^n|>a]}$. 则 $\Delta V_t^n(a)=|\Delta X_t^n|^\delta I_{[|\Delta X^n{}_t|>a]}$，$(V^n(a))^p=(|x|^\delta I_{[|x|>a]})*\nu^n$. 由 Lenglart 不等式我们有.

$$\begin{aligned}&\boldsymbol{P}((|x|^a I_{[|x|>a]})*\nu_t^n>\eta)\\&\leqslant\frac{1}{\eta}(\varepsilon+\boldsymbol{E}[\sup_{s\leqslant t}|\Delta X_s^n|^\delta I_{[|\Delta X_s^n|>a]}])+\boldsymbol{P}(V_t^n(a)\geqslant\varepsilon\\&\leqslant\frac{\varepsilon}{\eta}+\left(\frac{1}{\eta}+\frac{1}{a^\delta}\right)\boldsymbol{E}((\Delta X^n)_t^{*\delta}I_{[(\Delta X^n)_t^*\geqslant a]}).\end{aligned}$$

依次令 $n\to\infty$，$a\to\infty$，$\varepsilon\to 0$ 可得(38.1).

2）对 $a>\varepsilon>0$

$$(|x|^\delta I_{[|x|>\varepsilon]})*\nu_t^n\leqslant(|x|^\delta I_{[|x|>a]})*\nu_t^n+a^\delta I_{[|x|\geqslant\varepsilon]}*\nu_t^n.$$

依次令 $n\to\infty$，$a\to\infty$，$\varepsilon\to 0$，$[\Delta_\delta]$ 可由 $[\Delta_0]$ 及(38.1)推出. 相反的包含关系是明显的.

3）若 $X^n\in\mathscr{M}_{\mathrm{loc}}$，则 $\alpha^n(h)=(h(x)-x)*\nu^n$. 对 $h\in\mathscr{Z}$ 存在常数 a 当 $|x|<1/a$ 时 $h(x)=x$，因而

$$\mathrm{Var}(\alpha^n(h))_t\leqslant|h(x)-x|*\nu_t^n\leqslant a(|x|I_{[|x|>1/a]})*\nu_t^n\xrightarrow{P}0.$$

因而(38.2)为真.

4）和5）是明显的，这是因为

$$(\alpha^n(h))_t^* \leqslant (\alpha^{nc}(h))_t^* + \sum_{s\leqslant t} |\Delta\alpha_s^n(h)| \leqslant \mathrm{Var}(\alpha^n(h))_t. \quad \square$$

16.39引理 设 $X^n \in \mathscr{M}_{\mathrm{loc}}$, $|\Delta X^n| \leqslant K$(K 为一常数), $X \in \mathscr{M}_{\mathrm{loc},0}^c$ 且具有决定性的 $\langle X\rangle = \beta$,又 D 为 $\boldsymbol{R}_+$ 中稠密子集,则下列断言等价:

1) $X^n \xrightarrow{\mathscr{L}} X$,

2) $[X^n]_t \xrightarrow{P} \beta_t, \forall\, t \in D$,

3) $[\Delta_0]$和$\langle X^n\rangle_t \xrightarrow{P} \beta_t, \forall\, t \in D$.

证明 注意2)包含$(\Delta X^n)_t^{*2} = (\Delta[X^n])_t^* \xrightarrow{P} 0$. 若取 $h \in \mathscr{Z}_c$ 且当$|x| \leqslant K$ 时 $h(x) = x$,则$\overline{X}^n(h) = 0$, $\alpha^n(h) = 0$, $M^n(h) = X^n$. 因而欲证的等价性就是定理16.36的结论. $\square$

16.40定理 设 $X^n \in \mathscr{M}_{\mathrm{loc},0}$且具有可料特征$(\alpha^n, \beta^n, \nu^n)$, $X \in \mathscr{M}_{\mathrm{loc},0}^c$ 具有决定性$\langle X\rangle = \beta$,又 D 是 $\boldsymbol{R}_+$ 的稠密子集. 若对某个 $h \in \mathscr{Z}$

$$(\alpha^{nc}(h))_t^* + \sum_{s\leqslant t} |\Delta\alpha_s^n(h)| \xrightarrow{P} 0,\ \forall\, t > 0, \tag{40.1}$$

则下列断言等价:

1) $X^n \xrightarrow{C} X$,

2) $[X^n]_t \xrightarrow{P} \beta_t, \forall\, t \in D$,

3) $[\Delta_0]$以及对某个(每个)$h \in \mathscr{Z}$, $[M^n(h)]_t \xrightarrow{P} \beta_t, \forall\, t \in D$,

4) $[\Delta_0]$以及对某个(每个)$h \in \mathscr{Z}$, $[\tilde{\beta}\text{-}D]$成立:

$$\beta_t^n(h) = \langle M^n(h)\rangle_t \xrightarrow{P} \beta_t,\ \forall\, t \in D.$$

证明 首先,1)或2)都包含$[\Delta_0]$. 由引理16.38.5),(40.1)可引出[sup α]. 于是由定理16.36,1),3)和4)相互等价.

若 $h \in \mathscr{Z}$ 且满足

$$h(x) = \begin{cases} x, & |x| \leqslant 1/a, \\ 0, & |x| > a, \end{cases} \qquad |h(x)| \leqslant a, \tag{40.2}$$

则

$$
\begin{aligned}
&|[X^n]_t - [M^n(h)]_t| \\
&= |\sum_{s\leqslant t}(\Delta X_s^n)^2 - \sum_{s\leqslant t}(h(\Delta X_s^n) - \Delta\alpha_s^n(h))^2| \\
&\leqslant \sum_{s\leqslant t}|(\Delta X_s^n)^2 - (h(\Delta X_s^n))^2| \\
&\quad + 3a\sum_{s\leqslant t}|\Delta\alpha_s^n(h)|, \\
&\quad [|[X^n]_t - [M^n(h)]_t| > \varepsilon] \\
&\subset \left[(\Delta X^n)_t^* > \frac{1}{a}\right] \cup \left[\sum_{s\leqslant t}|\Delta\alpha_s^n(h)| > \frac{\varepsilon}{3a}\right].
\end{aligned}
$$

由于$[\Delta_0]$和(40.1),2)和3)等价. □

16.41定理 设 $X^n\in\mathscr{M}_{\mathrm{loc},0}^2$,$X\in\mathscr{M}_{\mathrm{loc},0}^{2,c}$且具有决定性$\langle X\rangle=\beta$,又 D 为 $\boldsymbol{R}_+$ 的稠密子集. 记

$$[\Delta_2]:\qquad (x^2 I_{[|x|>\varepsilon]}) * \nu_t^n \xrightarrow{P} 0,\ \forall\ t>0,\ \varepsilon>0.$$

则下列断言等价:

1) $[\Delta_2]$和 $X^n \xrightarrow{\mathscr{L}} X$,

2) $[\Delta_2]$和$\langle X^n\rangle_t \xrightarrow{P} \beta_t$, $\forall\ t\in D$,

3) $[\Delta_2]$和$[X^n]_t \xrightarrow{P} \beta_t$, $\forall\ t\in D$,

4) $[\Delta_2]$和$\langle M^n(h)\rangle_t \xrightarrow{P} \beta_t$, $\forall\ t\in D$ 及对某个 $h\in\mathscr{Z}$,

5) $[\Delta_2]$和$[M^n(h)]_t \xrightarrow{P} \beta_t$, $\forall\ t\in D$ 及对某个 $h\in\mathscr{Z}$,

6) $\langle X^n\rangle \xrightarrow{P} \beta_t$, $[X^n]_t \xrightarrow{P} \beta_t$, $\forall\ t\in D$,

7) $X^n \xrightarrow{\mathscr{L}} X$ 和$\langle X^n\rangle_t \xrightarrow{P} \beta_t$, $\forall\ t\in D$.

证明 由引理16.38,$[\Delta_2]$包含$[\Delta_0]$及(40.1),故由定理16.40可知1),3),4)和5)相互等价. 若$[\Delta_2]$成立且 $h\in\mathscr{Z}$ 满足(40.2),则

$$
\begin{aligned}
&|\langle X^n\rangle_t - \langle M^n(h)\rangle_t| = \left|(x^2 - h^2(x)) * \nu_t^n + \sum_{s\leqslant t}(\Delta\alpha_s^n(h))^2\right| \\
&\leqslant (a^4+1)(x^2 I_{[|X|>\frac{1}{a}]}) * \nu_t^n + a\sum_{s\leqslant t}|\Delta\alpha_s^n(h)| \xrightarrow{P} 0.
\end{aligned}
$$

因而2)和4)等价.

由2)和3)推出6)是明显的. 反之,若6)成立,则$[\Delta_0]$成立且

$$(|x|I_{[|x|>a]}) * \nu_t^n \leqslant \frac{1}{a}(x^2 I_{[|x|>a]}) * \nu_t^n \leqslant \frac{1}{a}\langle X^n \rangle_t.$$

因而(38.1)对 $\delta=1$ 成立. 而引理38.1包含了(38.3). 于是对满足(40.2)的 h 由定理46.40有

$$\begin{aligned}
&\langle X^n\rangle_t - \langle M^n(h)\rangle_t \\
&= \langle X^n\rangle_t - \beta_t - (\langle M^n(h)\rangle_t - \beta_t) \xrightarrow{P} 0, \ \forall\, t>0, \\
&|(x^2 - h^2(x)) * \nu_t^n| \\
&= |\langle X^n\rangle_t - \langle M^n(h)\rangle_t - \sum\nolimits_{s\leqslant t}(\Delta\alpha_s^n(h))^2| \\
&\leqslant |\langle X^n\rangle_t \langle M^n(h)\rangle_t| + a\mathrm{Var}(\alpha^n(h))_t \xrightarrow{P} 0, \\
&(x^2 I_{[|x|\geqslant\varepsilon]}) * \nu_t^n \\
&\leqslant (x^2 I_{[|x|\geqslant a]}) * \nu_t^n + a^2 I_{[|x|\geqslant\varepsilon]} * \nu_t^n \\
&\leqslant |(x^2 - h^2(x)) * \nu_t^n| + 2a^2 I_{[|x|\geqslant\varepsilon\wedge(1/a)]} * \nu_t^n \xrightarrow{P} 0.
\end{aligned}$$

故 $[\Delta_2]$ 成立，6)等价于2).

若7)成立，$[\Delta_0]$ 也成立. 用同样的论证，$[\Delta_2]$ 可由 $[\Delta_0]$ 及 $\langle X^n\rangle_t \xrightarrow{P} \beta_t, \forall\, t\in D$. 因而7)也与2)等价. □

16.42 先回顾一下16.26中的记号. 对每个 n 若 $U^n=(U_k^n, k\geqslant 1)$ 为 $\tilde{\Phi}=(\Omega, \mathscr{F}, \boldsymbol{F}=(\mathscr{F}_k)_k\geqslant 0, \boldsymbol{P})$ 上适应随机变量序列，$\tau^n=(\tau_t^n)$ 为 $\tilde{\Phi}$ 上的时变. 记

$$X_t^n = \sum_{k\leqslant\tau_t^n} U_k^n. \tag{42.1}$$

则对 X^n 运用引理 16.38 可得到下列事实：

1) $\max\limits_{1\leqslant k\leqslant\tau_t^n}|U_k^n| \xrightarrow{P} 0$ 等价于 $[\Delta_0]$: $\sum_{j=1}^{\tau_t^n}\boldsymbol{P}_{k-1}(|U_k^n|>\varepsilon) \xrightarrow{P} 0$,

2) 若 $U^n=(U_k^n, k\geqslant 1)$ 为鞅差序列，即 $\boldsymbol{E}_{k-1}[U_k^h]=0$，$[\Delta_0]$ 成立且 $(\max_{1\leqslant k\leqslant\tau_t^n}|U_k^n|, n\geqslant 1)$ 一致可积，则 $\sum_{k=1}^{\tau_t^n}|\boldsymbol{E}_{k-1}[U_k^n I_{|U_k^n|<a]}]| \xrightarrow{P} 0$,

3) 若 $[\Delta_2]$ 成立: $\sum_{k=1}^{\tau_t^n}\boldsymbol{E}_{k-1}[(U_k^n)^2 I_{[|U_k^n|>\varepsilon]}] \xrightarrow{P} 0, \forall\, \varepsilon>0$，则

$[\Delta_0]$也成立.

把以前的结果用于(42.1)中的 X^n,我们可获得阵列$(U_k^n, k \geqslant 1, n \geqslant 1)$行和收敛的不同条件,下列定理就是一例.

16.43 定理 假定对每个 n,$(U_k^n, k \geqslant 1)$是$\widetilde{\Phi}$上的鞅差序列,$\tau^n = (\tau_t^n)$为$\widetilde{\Phi}$上的时变. 设 $X \in \mathscr{M}_{\mathrm{loc},0}^{2,c}$ 且具有非随机$\langle X \rangle = \beta$,又 D 是 $\boldsymbol{R}_+$ 中的稠密子集. 若下列诸条件之任一个成立:

1) 当 $n \to \infty$ 时,$\boldsymbol{E}[\max_{1 \leqslant k \leqslant \tau_t^n} |U_k^n|] \to 0$, $\sum_{k=1}^{\tau_t^n} (U_k^n)^2 \xrightarrow{P} \beta_t$, $\forall\, t \in D$,

2) 当 $n \to \infty$ 时, $\max\limits_{1 \leqslant k \leqslant \tau_t^n} |U_k^n| \xrightarrow{P} 0$, $\sum_{k=1}^{\tau_t^n} (U_k^n)^2 \xrightarrow{P} \beta_t$, $\sum_{k=1}^{\tau_t^n} |E_{k-1}[U_k^n I_{[|U_k^n|>1]}]| \xrightarrow{P} 0, \forall\, t \in D$,

3) 当 $n \to \infty$ 时,$\sum_{k=1}^{\tau_t^n} E_{k-1}[(U_k^n)^2 I_{[|U_k^n| \geqslant \varepsilon]}] \xrightarrow{P} 0$,

$$\sum_{k=1}^{\tau t^n} \boldsymbol{E}_{k-1}[(U_k^n)^2] \xrightarrow{P} \beta_t, \forall\, t \in D, \varepsilon > 0,$$

则 $X^n \xrightarrow{\mathscr{L}} X$,其中 X^n 由(42.1)规定.

下一个系通常称为 **Donsker 不变原理**.

16.44 系 假定$(Y_k, k \geqslant 1)$为独立同分布随机变量序列,$\boldsymbol{E}[Y_k] = 0, \boldsymbol{D}[Y_k] = 1$. 令

$$X_t^n = \frac{1}{\sqrt{n}} \sum_{k=1}^{[nt]} Y_k,$$

则 $X^n \xrightarrow{\mathscr{L}} W$,这里 W 是标准 Brown 运动.

证明 取 $\mathscr{F}_k = \sigma\{Y_j, j \leqslant k\}$, $U_k^n = \dfrac{1}{\sqrt{n}} Y_k$, $\tau_t^n = [nt]$,则

$$\sum_{k=1}^{\tau_t^n} \boldsymbol{E}[(U_k^n)^2 I_{[|U_k^n| > \varepsilon]}] = \frac{[nt]}{n} \boldsymbol{E}[Y_1^2 I_{[|Y_1| > \sqrt{n}\,\varepsilon]}] \to 0, \text{当 } n \to \infty.$$

因而$[\Delta_2]$成立. 同时

$$\sum_{k=1}^{\tau_t^n} \boldsymbol{D}[(U_k^n)] = \frac{[nt]}{n} \to t, \text{当 } n \to \infty.$$

故条件16.43.3)被满足,由定理16.43可得 $X^n \xrightarrow{\mathscr{L}} W$. □

§4. 收敛于广义扩散

16.45定义 若 X 为带流概率空间 $\Phi=(\Omega,\mathscr{F},\boldsymbol{F},\boldsymbol{P})$ 上的一个半鞅，对某个 $h\in\mathscr{X}_c$，它的可料特征 (α,β,ν) 可表为

$$\alpha_t(h)=\int_0^t b(s,X_s)ds,\quad \beta_t=\int_0^t a(s,X_s)ds, \tag{45.1}$$

$$\nu(dt,dx)=K(t,X_t,dx)dt, \tag{45.2}$$

其中 $a\geqslant 0$ 和 b 为 $\boldsymbol{R}_+\times\boldsymbol{R}$ 上 Borel 函数，K 为 $\boldsymbol{R}_+\times\boldsymbol{R}$ 到 $\boldsymbol{R}$ 的转移核且满足

$$K(t,x,\{0\})=0,\ \int(1\wedge y^2)K(t,x,dy)<\infty,\forall\ t>0,$$

则称 X 为**广义扩散或带跳扩散**，称 (b,a,K) 为 X 的**无穷小特征**. 特别地，若 $\nu=0$，称 X 为**扩散**，这时 X 的轨道几乎必然是连续的. 若 $b(s,x)$，$a(s,x)$ 和 $K(s,x,dy)$ 不依赖于 s，称 X 为**时齐（广义）扩散**.

若 $\lambda_0=\mathscr{L}(X_0)$，则 $\boldsymbol{P}$ 是半鞅问题 $\Gamma_s(X,\boldsymbol{F};\lambda_0,\alpha,\beta,\nu)$ 的一个解.

由(2.8)易知对每个 $h\in\mathscr{X}$，$\alpha(h)$ 仍有(45.1)的形式但其 $b(s,x)$ 随 h 不同而改变，且有

$$\widetilde{\beta}_t(h)=\int_0^t\widetilde{a}(s,X_s,h)ds,$$

$$\widetilde{a}(s,x,h)=a(s,x)+\int K(s,x,dy)h^2(y). \tag{45.3}$$

设 X 是以 (b,a,K) 为无穷小特征的时齐广义扩散. 对 $f\in C^2(\boldsymbol{R})$ 取

$$Af(x)=b(x)f'(x)+\frac{1}{2}a(x)f''(x)$$
$$+\int K(x,dy)[f(x+y)-f(x)-h(y)f'(y)].$$

则由 Itô 公式易知下列 (Y_t) 是一个局部鞅.

$$Y_t = f(X_t) - f(X_0) - \int_0^t Af(X_s)ds,\ t \geqslant 0,$$

16.46定义 假定 X 是以(α,β,ν)为可料特征的广义时齐扩散．若

i)对每个 $x \in \boldsymbol{R}$, $\Gamma_s(X,\boldsymbol{F};\delta_x,\alpha,\beta,\nu)$有唯一解 $\boldsymbol{P}_x$.

ii) 对每个 $A \in \mathscr{F}$, $x \mapsto \boldsymbol{P}_x(A)$是 Borel 函数，

则称对 X 成立**唯一性可测性假设**.

若 X 满足这一假设，对 $\boldsymbol{R}$ 上每个分布 λ 半鞅问题 $\Gamma_s(X,\boldsymbol{F};\lambda,\alpha,\beta,\nu)$有唯一解.

保证唯一性可测性假设成立的条件可在Jacod- Shiryaev [1] § Ⅲ 2. c 中找到.

容易验证对 Brown 运动和 Ornstein-Uhlenbeck 过程唯一性可测性假设成立.

16.47定理 假定对每个 n 及某个 $h \in \mathscr{Z}_c$, X^n 是 Φ 上以(b^n, a^n, K^n)为无穷小特征的时齐广义扩散，而 X 对某个 $h \in \mathscr{Z}_c$ 是以(b,a,K)为无穷小特征的 Φ_D 的时齐广义扩散. 若

i) $X_0^n \Rightarrow X_0$,

ii) $b^n \Rightarrow b$, $a^n \Rightarrow a$, $K^n(\cdot,g) \Rightarrow K(\cdot,g)$, $\forall\ g \in J_1$,

iii) 对 X 成立唯一性可测性假设，

则 $X^n \xrightarrow{\mathscr{L}} X$.

证明 为简单计，我们只在附加下列一致性限制下来证明这一定理：

$$\sup_x |b^n(x) - b(x)| \to 0, \sup_x |a^n(x) - a(x)| \to 0, \quad (47.1)$$

$$\sup_x |K^n(x,g) - K(x,g)| \to 0, \text{当 } n \to \infty, \forall\ g \in J_1, \quad (47.2)$$

$$\sup_x \left[|b(x)| + a(x) + \int K(x,dy)(1 \wedge y^2) \right] \leqslant L < \infty, \quad (47.3)$$

$$\lim_{b\to\infty} \sup_x K(x,\{y: |y| \geqslant b\}) = 0. \quad (47.4)$$

对一般情形，其证明需要用到停止技巧，留作读者自行完成（参见问题16.2或 Jacod-Shiryaev[1]）.

现在来验证定理16.17所有条件都被满足. 定理16.17的条件 i）就是定理16.47的条件 i）. 由（45.1）及（47.1）有

$$|\alpha_t^n(h)-\alpha_t(h)\circ X^n|=\left|\int_0^t b^n(X_s^n)-b(X_s^n)ds\right|$$
$$\leqslant t\sup_x|b^n(x)-b(x)|\to 0.$$

因而[sup α]成立. 类似地，[β-$\boldsymbol{R}_+$]，[ν-$\boldsymbol{R}_+$]也成立，故定理16.17条件 ii）也被满足. 若取 $F(t)=Lt$，则（47.3）包含（17.3）. 定理16.17的条件 iv）由（47.4）推出.

由定理16.47条件 ii）及引理15.61，$b,a,K(\cdot,g)$关于 x 连续，又由（47.3）它们是有界的. 因而由（45.1）—（45.4），定理16.17的条件 v）也成立.

最后，定理16.17的条件 vi）由定理16.47的条件 iii）推出，所以由定理16.17可知 $X^n\xrightarrow{\mathscr{L}}X$. □

设 X 是以 (b,a,K) 为无穷小特征的广义时齐扩散. 若 $\int y^2K(x,dy)<\infty$，则 X 是局部平方可积鞅. 令

$$b'(x)=b(x)+\int K(x,dy)(y-h(y)),$$
$$a'(x)=a(x)+\int K(x,dy)y^2,$$

则

$$\alpha'_t=\int_0^t b'(X_s)ds,$$
$$\beta'_t=\int_0^t a'(X_s)ds.$$

16.48定理 假定对每个 n 及某个 $h\in\mathscr{L}$，X^n 是 Φ 上以(b^n,a^n,K^n)为无穷小特征的时齐广义扩散，

$$\lim_{b\to\infty}\overline{\lim_n}\sup_{|x|\leqslant a}\int K^n(x,dy)y^2I_{[|y|\geqslant b]}=0, \tag{48.1}$$

对 $h\in\mathscr{L}$，X 是以(b,a,ν)为无穷小特征的 Φ_D 上的时齐广义扩散.

若

i) $X_0^n \xrightarrow{\mathscr{L}} X_0$,

ii) $b'^n \Rightarrow b, a'^n \Rightarrow a', K^n(\cdot, g) \Rightarrow K(\cdot, g), \forall\ g \in J_1$,

iii) 对 X 成立唯一性可测性假定,则 $X^n \xrightarrow{\mathscr{L}} X$.

证明 容易验证(48.1)及 $b'^n \Rightarrow b', a'^n \Rightarrow a'$ 蕴含 $b^n \Rightarrow b, a^n \Rightarrow a$. 故由定理16.47推出 $X^n \xrightarrow{\mathscr{L}} X$. □

16.49系 假定时齐广义扩散 X^n 的无穷小特征为$(b^n, 0, K^n)$,

$$\lim_{n\to\infty}\sup_{|x|\leqslant a}\int K^n(x,dy)y^2 I_{[|y|>\varepsilon]} = 0,\ \forall\ \varepsilon > 0,\ a > 0, \tag{49.1}$$

又 X 是 Φ_D 上以$(b, a, 0)$为无穷小特征的时齐扩散. 若

i) $X_0^n \xrightarrow{\mathscr{L}} X_0$,

ii) $b'^n \Rightarrow b, a'^n \Rightarrow a$,

iii) X 满足唯一性可测性假定,

则 $X^n \xrightarrow{\mathscr{L}} X$.

16.50例 假设 Y^n 是以 $\mathbf{Z}$ 为状态空间的简单时齐生灭过程,生长率为 λ_n,死亡率为 μ_n,即 Y^n 是一个跳跃 Markov 过程且具有无穷小特征(见第十五章(64.1))

$$Q^n(x, A) = \lambda_n \delta_{x+1}(A) + \mu_n \delta_{x-1}(A).$$

因而 Y^n 也是带跳时齐扩散. 令 $X_t^n = h_n Y_t^n$,这里 h_n 是实数,则 X^n 也是带跳时齐扩散,其无穷小特征为

$$K^n(x, dy) = \lambda_n \delta_{h_n}(dy) + \mu_n \delta_{-h_n}(dy),$$

$$b'^n(x) = \int y K^n(x, dy) = (\lambda_n - \mu_n) h_n,$$

$$a'^n(x) = \int y^2 K^n(x, dy) = (\lambda_n + \mu_n) h_n^2. \tag{50.1}$$

若 λ_n, μ_n 和 h_n 满足下列条件:

$$h_n \downarrow 0, (\lambda_n - \mu_n) h_n \to m, (\lambda_n + \mu_n) h_n^2 \to \sigma^2, \text{当 } n \to \infty, \tag{50.2}$$

则(50.1)中的 K^n 满足(49.1). 设 X 是以$(mt, \sigma^2 t, 0)$为可料特征

的连续半鞅，即 X 是带漂移 mt 的 Brown 运动. 若 $X_0^n \xrightarrow{\mathscr{L}} X_0$，则由系16.49有 $X^n \xrightarrow{\mathscr{L}} X$. 特别取

$$h_n = 2^{-n}, \lambda_n = 2^{2n-1}, \mu^n = 2^{2n-1}a^{1/2^n},$$

则 $(\lambda_n - \mu_n)h_n \to -\frac{1}{2}\log a$，$(\lambda_n + \mu_n)h_n^2 \to 1$，且有 $X^n \xrightarrow{\mathscr{L}} X$. 当 $a=1$ 时 X 为标准 Brown 运动.

现在来讨论用 Markov 序列逼近扩散的问题.

16.51定理 假定对每个 n，$Y^n = (Y_k^n, k \geqslant 0)$ 是一个以 $p^n(x, A)$ 为转移概率的时齐 Markov 序列. X 是以 $(b, a, 0)$ 为无穷小特征的 Φ_D 上的时齐扩散. 设 $\varepsilon_n \downarrow 0$，取

$$X_t^n = Y_{[t/\varepsilon_n]}^n,$$

$$b^n(x) = \frac{1}{\varepsilon_n}\int (y-x)p^n(x,dy),$$

$$a^n(x) = \frac{1}{\varepsilon_n}\int (y-x)^2 P^n(x,dy).$$

若 i) $X_0^n = Y_0^n \xrightarrow{\mathscr{L}} X_0$，ii) $b^n \Rightarrow b$，$a^n \Rightarrow a$ 且

$$\limsup_{n\to\infty}\sup_{x} \frac{1}{\varepsilon_n}\int_R (y-x)^2 I_{[|y-x|\geqslant\delta]}p^n(x,dy) = 0, \forall\, \delta > 0, \tag{51.1}$$

iii) 对 X 唯一性可测性假设成立，则 $X^n \xrightarrow{\mathscr{L}} X$.

证明 为简单计，我们也只在下列附加的一致性假定下来证明定理：

$$\sup_x |b^n(x) - b(x)| \to 0, \sup_x |a^n(x) - a(x)| \to 0, \text{当 } n \to \infty, \tag{51.2}$$

$$\limsup_{n\to\infty}\sup_{x} \frac{1}{\varepsilon_n}\int (y-x)^2 I_{[|y-x|\geqslant\delta]}p^n(x,dy) = 0, \forall\, \delta > 0, \tag{51.3}$$

$$\sup_x [|b(x)| + a(x)] \leqslant L < \infty. \tag{51.4}$$

令 $U_k^n = Y_k^n - Y_{k-1}^n$，则

$$X_t^n - X_0^n = Y_{[t/\varepsilon_n]}^n - Y_0^n = \sum_{k=1}^{[t/\varepsilon_n]} U_k^n.$$

X^n 为一局部平方可积鞅，其可料特征$(\alpha^n, \beta^n, \nu^n)$为

$$\nu^n(dt,dx) = \sum_{k=1}^{\infty} \delta_{k\varepsilon_n}(dt) p^n(Y_{k-1}^n, Y_{k-1}^n + dx) I_{[x\neq 0]}$$

$$= \sum_{k=1}^{\infty} \delta_{k\varepsilon_n}(dt) p^n(X_{t-}^n, X_{t-}^n + dx) I_{[x\neq 0]},$$

$$(x^2 I_{[|x|\geqslant\delta]}) * \nu_t^n = \frac{1}{\varepsilon_n}\int_0^{\varepsilon_n[t/\varepsilon_n]}\int_R x^2 I_{[|x|\geqslant\delta]} p^n(X_s^n, X_s^n + dx) ds,$$

$$\alpha'^n_t = \sum_{k=1}^{[t/\varepsilon_n]} \boldsymbol{E}[U_k^n | \mathscr{F}_{k-1}] = \int_0^{\varepsilon_n[t/\varepsilon_n]} b^n(X_s^n) ds$$

$$\beta'^n_t = \sum_{k=1}^{[t/\varepsilon_n]} \{\boldsymbol{E}[(U_k^n)^2 | \mathscr{F}_{k-1}] - (\boldsymbol{E}[U_k^n | \mathscr{F}_{k-1}])^2\}$$

$$= \int_0^{\varepsilon_n[t/\varepsilon_n]} [a^n(X_s^n) - \varepsilon_n (b^n(X_s^n))^2] ds.$$

于是(51.2)－(51.4)蕴含[sup α']，[β'-$\boldsymbol{R}_+$]和[ν-$\boldsymbol{R}_+$]. 类似于定理16.47的证明可验证定理16.19的假定都被满足，因而 $X^n \xrightarrow{\mathscr{L}} X$. □

16.52例 假定对每个 n，$\eta^n = (\eta_k^n, k\geqslant 1)$为$\tilde{\Phi}$上独立同分布随机变量序列

$$\boldsymbol{P}(\eta_k^n = 1) = p_n,\ \boldsymbol{P}(\eta_k^n = -1) = q_n,\ p_n + q_n = 1.$$

令

$$Y_k^n = \sum_{j=1}^{k} h_n \eta_j^n,\ X_t^n = Y_{[t/\varepsilon_n]}^n = \sum_{k=1}^{[t/\varepsilon_n]} h_n \eta_k^n.$$

则 b^n, a^n 及 Y^n 的转移概率 p^n 为

$$p^n(x,dy) = p_n \delta_{x+h_n}(dy) + q_n \delta_{x-h_n}(dy),$$

$$b^n(x) = \varepsilon_n^{-1}\int (y-x) p^n(x,dy) = h_n(p_n - q_n)/\varepsilon_n,$$

$$a^n(x) = \varepsilon_n^{-1}\int (y-x)^2 p^n(x,dy) = h_n^2/\varepsilon_n.$$

且

$$\int (y-x)^2 I_{[|y-x|>h_n]} p^n(x,dy) = 0.$$

若 ε_n, h_n, p_n 及 q_n 满足下列条件

$$\varepsilon_n \downarrow 0,\ h_n^2/\varepsilon_n \to \sigma^2, (p_n - q_n)/h_n \to m/\sigma^2,$$

则 $b^n \Rightarrow m, a^n \Rightarrow \sigma^2$ 且由定理16.51 $X^n \xrightarrow{\mathscr{L}} X$，其中 X 是以$(mt, \sigma^2 t, 0)$为可料特征的连续 Lévy 过程，$X_0=0$.

16.53例 若对每个 n，$\eta^n=(\eta_k^n, k\geqslant 0)$服从 Ehrenfest 模型，即 η^n 是具有下列转移概率的 Markov 序列：

$$p^n(x,dy) = \frac{1}{2}\left(1-\frac{x}{l_n}\right)\delta_{x+1}(dy) + \frac{1}{2}\left(1+\frac{x}{l_n}\right)\delta_{x-1}(dy),\ |x| \leqslant l_n.$$

令 $Y_k^n = h_n \eta_k^n, X_t^n = Y_{[t/\varepsilon]}^n$，则$(Y_k^n)$的转移概率 p^n 和 a^n, b^n 为

$$p^n(x,dy) = \frac{1}{2}\left(1-\frac{x}{l_n}\right)\delta_{x+h_n}(dy) + \frac{1}{2}\left(1+\frac{x}{l_n}\right)\delta_{x-h_n}(dy),\ |x| \leqslant l_n h_n,$$

$$b^n(x) = \varepsilon_n^{-1}\int (y-x) p^n(x,dy) = -\frac{x}{l_n\varepsilon_n} I_{[|x|\leqslant h_n l_n]},$$

$$a^n(x) = \varepsilon_n^{-1}\int (y-x)^2 p^n(x,dy) = \frac{h_n^2}{\varepsilon_n} I_{[|x|\leqslant h_n l_n]},$$

且

$$\int (y-x)^2 I_{[|y-x|>h_n]} p^n(x,dy) = 0.$$

若 h_n, ε_n 和 l_n 满足下列条件：

$$\varepsilon_n \downarrow 0,\quad \frac{1}{\varepsilon_n l_n} \to k,\quad \frac{h_n^2}{\varepsilon_n} \to \sigma^2,$$

则 $b^n(x) \Rightarrow -kx, a^n \Rightarrow \sigma^2$. 设 X 是连续半鞅且 $\alpha_t = -kX_t, \beta_t = \sigma^2 t$, $\nu=0$以及 $X_0=0$，即 X 是一个 Ornstein-Uhlenbeck 过程，则由定理16.51可得 $X^n \xrightarrow{\mathscr{L}} X$.

最后我们以经验过程弱收敛的研究来结束这一节.

16.54定义 设$(Z_i,i\geqslant 1)$为独立同分布随机变量序列

$$F_n(t)=\frac{1}{n}\sum_{i=1}^{n}I_{[Z_i\leqslant t]},\quad t\in\boldsymbol{R},\tag{54.1}$$

称为(Z_i)容量为n的经验过程.

16.55引理 设$(Z_i,i\geqslant 1)$为非负独立同分布随机变量序列. 假定$P(Z_i\leqslant t)=F(t)$是连续的,$F_n(t)$是(Z_i)容量为n的经验过程. 则

1) $Y_t^n=nF_n(t),t\geqslant 0$,为计数过程,它关于自然流的补偿子为

$$(Y^n)_t^p=\int_0^t(n-Y_{s-}^n)\frac{dF(s)}{1-F(s)}\tag{55.1}$$

2) $V_t^n=\sqrt{n}(F_n(t)-F(t)),t\geqslant 0$,是一个半鞅. 若$h\in\mathscr{Z}$且当$|x|\leqslant 1$时$h(x)=x$,则$V^n$的可料特征$(\alpha^n,\beta^n,\nu^n)$为

$$\alpha_t^n(h)=-\int_0^t V_{s-}^n\frac{dF(s)}{1-F(s)},\tag{55.2}$$

$$\beta_t^n(h)=\int_0^t\left(1-\frac{V_{s-}^n}{\sqrt{n}(1-F(s))}\right)dF(s),\tag{55.3}$$

$$\nu^n(dt,dx)=\left[n-\sqrt{n}\frac{V_{t-}^n}{1-F(t)}\right]dF(t)\delta_{1/n}(dx).\tag{55.4}$$

证明 1)对每个i,$A_t=I_{[t\geqslant z_i]}$是一个单跳过程,它关于自然流的补偿子为

$$A_t^p=\int_0^t I_{[0,Z_i]}(s)\frac{dF(s)}{1-F(s)}=\int_0^t(1-A_{s-})\frac{dF(s)}{1-F(s)}.$$

因为$(Z_i,i\geqslant 1)$相互独立,$(Y_n)^p=\left(\sum_{i=1}^{n}I_{[Z_i\leqslant t]}\right)^p$可表为(55.1).

2) 因为当$|x|\leqslant 1$时$h(x)=x$,而$\Delta V^n\leqslant 1/\sqrt{n}$,故有$h(\Delta V^n)=\Delta V^n$. 由于

$$V_t^n=\frac{1}{\sqrt{n}}(Y_t^n-(Y^n)_t^p)+\left(\frac{1}{\sqrt{n}}(Y^n)_t^p-\sqrt{n}F(t)\right),$$

因而

$$\alpha_t^n(h)=\frac{1}{\sqrt{n}}(Y^n)_t^p-\sqrt{n}F(t)=-\int_0^t V_{s-}^n\frac{dF(s)}{1-F(s)}.$$

设 μ^n 为 V^n 的跳测度，$g\in J_1$，则

$$g*\mu_t^n=\sum_{s\leqslant t}g(\Delta Y_s^n/\sqrt{n})=\sum_{s\leqslant t}g\left(\frac{1}{\sqrt{n}}\right)I_{[\Delta Y_s^n=1]}=g\left(\frac{1}{\sqrt{n}}\right)Y_t^n,$$

$$g*\nu_t^n=g\left(\frac{1}{\sqrt{n}}\right)(Y^n)_t^p=g\left(\frac{1}{\sqrt{n}}\right)\int_0^t\left[n-\sqrt{n}\ \frac{V_{s-}^n}{1-F(s)}\right]dF(s)$$

于是(55.4)成立.

最后，$(Y^n-(Y^n)^p)/\sqrt{n}$ 是一个局部平方可积鞅. 而 $\beta^n=0$ 且

$$\widetilde{\beta}_t^n(h)=h^2*\nu_t^n=\int_0^t\left(1-\frac{V_{s-}^n}{\sqrt{n}\,(1-F(s))}\right)dF(s).$$

所以(55.2)—(55.4)成立. □

16.56定义 $X=(X_t,0\leqslant t\leqslant 1)$ 称为 **Brown 桥**，若它是一个零均值正态过程且其协方差函数 $c(s,t)=s\wedge t(1-s\vee t)$，$s,t\in[0,1]$（参见问题2.16）. 一个 Brown 桥也是一个连续半鞅，关于其自然流的可料特征 (α,β,ν) 为（见问题16.10）：

$$\alpha_t=-\int_0^t\frac{X_s}{1-s}ds,\ \beta_t=t,\ \nu=0. \qquad (56.1)$$

16.57定理 设 $(Z_i,i\geqslant 1)$ 为独立同分布随机变量序列，Z_i 为 $(0,1)$ 上均匀分布，$F_n(t)$ 为由(54.1)规定的经验过程，$V_t^n=\sqrt{n}(F_n(t)-t)$，$0\leqslant t\leqslant 1$，则

$$V^n\xrightarrow{\mathscr{L}}X,$$

其中 X 是 Brown 桥.

证明 设 $T\in(0,1)$ 为固定数. 考虑在 T 停止的过程 X 和 V^n：

$$X_t(T)=X_{t\wedge T},\quad V_t^n(T)=V_{t\wedge T}^n.$$

由(56.1)，$X(T)$ 的可料特征 $(\alpha(T),\beta(T),\nu(T))$ 为：

$$\alpha(T)_t=-\int_0^{t\wedge T}\frac{X_s}{1-s}ds,\beta(T)_t=t\wedge T,\nu(T)=0.$$

不难验证它们满足定理16.17条件 iii)，iv)的局部化版本（见问题16.3）. 同时，由引理16.55 $V^n(T)$ 的可料特征 $(\alpha^n(T),\beta^n(T),\nu^n(T))$ 为：

$$\alpha^n(h,T)_t = \int_0^{t\wedge T} V_s^n(T)\,\frac{1}{1-s}ds,$$

$$\tilde{\beta}^n(h,T)_t = \int_0^{t\wedge T}\left(1-\frac{V_s^n}{\sqrt{n}\,(1-s)}\right)ds,$$

$$g*\nu^n(T)_t = \int_0^{t\wedge T} g\left(\frac{1}{\sqrt{n}}\right)\left[n-\frac{\sqrt{n}}{1-s}V_s^n(T)\right]ds.$$

对 $g\in J_1$，当 n 足够大 $g\left(\frac{1}{\sqrt{n}}\right)=0$. 因而 $g*\nu^n(T)=0$ 且

$$g*\nu^n(T) - (g*\nu(T))\circ V^n(T) = 0,$$

$$\alpha^n(h,T) - \alpha(h,T)\circ V^n(T) = 0,$$

$$\tilde{\beta}^n(h,T) - \tilde{\beta}(h,T)\circ V^n(T) = -\int_0^{t\wedge T}\frac{V_s^n}{\sqrt{n}\,(1-s)}ds.$$

由于

$$\boldsymbol{E}\left|\int_0^{t\wedge T}\frac{V_s^n}{\sqrt{n}\,(1-s)}ds\right| \leqslant \int_0^{t\wedge T}\frac{(\boldsymbol{E}(V_s^n)^2)^{1/2}}{\sqrt{n}\,(1-s)}ds$$

$$= \frac{1}{\sqrt{n}}\int_0^{T\wedge t}\sqrt{\frac{s}{1-s}}ds \to 0,\text{当 } n\to\infty,$$

我们有

$$\tilde{\beta}^n(h,T) - \tilde{\beta}(h,T)\circ V^n(T) \xrightarrow{P} 0.$$

所以对每个 $T\in(0,1)$，$V^n(T)\xrightarrow{\mathscr{L}}X(T)$(参见问题16.3).

设 $U_t^n = V_{1-t}^n$，$U_t^n(T) = U_{t\wedge T}^n = V_{1-t\wedge T}^n$，$t\in(0,1)$，因为 Z_i 与 $1-Z_i$ 同分布，故 V^n 和 U^n 亦同分布. 于是 $U^n(T)\xrightarrow{\mathscr{L}} X(T)$.

现在我们把 V^n 和 X 延拓到 $\boldsymbol{R}_+$ 上. 当 $t>1$ 时令 $V_t^n = X_t = 0$. 对 $N\geqslant 1$ 有

$$\sup_{s\leqslant N}|V_s^n| \leqslant \sup_{s\leqslant N}\left|V_s^n\left(\frac{2}{3}\right)\right| + \sup_{s\leqslant N}\left|U_s^n\left(\frac{2}{3}\right)\right|,$$

$$\omega'(\delta,V^n,N) \leqslant \omega'\left(\delta,V^n\left(\frac{2}{3}\right),N\right) + \omega'\left(\delta,U^n\left(\frac{2}{3}\right),N\right),\text{当 } \delta<\frac{1}{3}.$$

因而由定理15.47可得 (V^n) 为胎紧的.

最后，对$0\leqslant t_1<t_2<\cdots<t_p$（若对某个$i,t_{i-1}<1\leqslant t_i$），由$V^n(t_{i-1})\xrightarrow{\mathscr{L}}X(t_{i-1})$可导出$(V_{t_1}^n,\cdots,V_{t_{i-1}}^n)\xrightarrow{\mathscr{L}}(X_{t_i},\cdots,X_{t_{i-1}})$. 此外，$V_{t_i}^n=\cdots=V_{t_p}^n=X_{t_i}=\cdots=X_{t_p}=0$，故有$(V_{t_1}^n,\cdots,V_{t_p}^n)\xrightarrow{\mathscr{L}}(X_{t_1},\cdots,X_{t_p})$. 又因$(V^n)$是胎紧的，故可得$V^n\xrightarrow{\mathscr{L}}X$. □

问题与补充

16.1 在标准可测空间$(\boldsymbol{D},\mathscr{D}^0,\mathbb{D}^0)$上，令$\mathscr{T}^0=\{T:T$ 为$\mathbb{D}^0$停时$\}$. 若对每个$T\in\mathscr{T}^0$，“停止”半鞅问题$\Gamma_s(X,\mathbb{D}^0;\lambda,\alpha^T,\beta^T,\nu^T)$的任意两个解$\boldsymbol{P},\boldsymbol{P}'$在$\mathscr{D}_T^0$上一致，则称半鞅问题$\Gamma_s(X,\mathscr{D}^0;\lambda,\alpha,\beta,\nu)$有局部唯一性，在此$\nu^T=I_{[\![0,T]\!]}\cdot\nu$. 试证若半鞅问题$\Gamma_s(X,\mathbb{D}^0;\lambda,\alpha,\beta,\nu)$有解$\boldsymbol{P}$且局部唯一性成立，则对每个$T\in\mathscr{T}^0$，$\Gamma_s(X,\mathbb{D}^0;\lambda,\alpha^T,\beta^T,\nu^T)$有唯一解$\boldsymbol{P}\circ(X^T)^{-1}$.

16.2 假定对每个$n\in\boldsymbol{N}$，X^n是以(α^n,β^n,ν^n)为可料特征的Φ上的半鞅，X是φ_D上的标准过程，(α,β,ν)为Φ_D上的可料三元体，D是$\boldsymbol{R}_+$中的稠密子集且$S(a)=\inf\{t:|X_t|\geqslant a$ 或$|X_t|\geqslant a\}$，$S^n(a)=\inf\{t:|X_t^n|\geqslant a$ 或$|X_{t-}^n|\geqslant a\}$. 若对某个$h\in\mathscr{Z}_c$下列条件成立：

i) $\mathscr{L}(X_0^n)\xrightarrow{w}\lambda_0$,

ii)

$[\sup\alpha_{\text{loc}}]$: $\sup_{s\leqslant t}|\alpha_{s\wedge S^n(a)}^n(h)-\alpha_{s\wedge S(a)}(h)\circ X^n|\xrightarrow{P}0,\forall\, t,a>0$,

$[\widetilde{\beta}_{\text{loc}}\text{-}D]$: $\widetilde{\beta}_{t\wedge S^n(a)}^n(h)-\widetilde{\beta}_{t\wedge S(a)}(h)\circ X^n\xrightarrow{P}0,\forall\, t\in D,a>0$,

$[\nu\text{-}D]$: $g*\nu_{t\wedge S^n(a)}^n-g*\nu_{t\wedge S(a)}\circ X^n\xrightarrow{P}0,\forall\, t\in D,a>0,g\in J$,

iii) $\forall\, a>0$存在非随机连续增函数$F(a)$使

$$\operatorname{Var}(\alpha^{S(a)})+\beta^{S(a)}+(x^2\wedge 1)*\nu^{S(a)}<F(a),$$

iv) $\lim\limits_{b\to\infty}\sup\limits_{y\in D}\nu(y,[0,t\wedge S(a)]\times\{x:|x|>b\})=0,\ \forall\, a,t>0$,

v) $\forall\, t\in D,\ g\in J_1\ x\mapsto\alpha_t(x,h),x\mapsto\widetilde{\beta}_t(x,h),x\mapsto g*\nu_t(x)$是

$\boldsymbol{D}$ 上按 Skorohod 拓扑的连续函数.

vi) $\boldsymbol{P}_D$ 是 $\Gamma_s(X,\mathbb{D}^0;\lambda_0,\alpha,\beta,\nu)$ 的局部唯一解,

则 $X^n \xrightarrow{\mathscr{L}} X$.

16.3 假定对每个 $n\in \boldsymbol{N}$, X^n 是以 (α^n,β^n,ν^n) 为可料特征的 Φ 上的局部平方可积半鞅, $X,S(a),S^n(a),(\alpha,\beta,\nu)$ 和 D 与上一问题中一样规定,若

$$\lim_{b\to\infty}\overline{\lim_{n}}\boldsymbol{P}((x^2I_{[|x|>b]})*\nu^n_{t\wedge S^n(a)}>\eta)=0,\forall\ t,a,\eta>0,$$

且下列条件成立:

i) $\mathscr{L}(X_0^n)\xrightarrow{w}\lambda_0$,

ii) $[\sup\alpha'_{\text{loc}}]$: $\sup_{s\leqslant t}|\alpha'^n_{s\wedge S^n(a)}-\alpha'_{s\wedge S(a)}\circ X^n|\xrightarrow{P}0,\forall\ t,a>0$,

$[\beta'\text{-}D]$: $\beta'^n_{t\wedge S^n(a)}-\beta'_{t\wedge S(a)}\circ X^n\xrightarrow{P}0,\forall\ t\in D,a>0$,

$[\nu-\boldsymbol{D}]$: 同上一问题,

iii) iv) v): 同上一问题,

试证 $X^n\xrightarrow{\mathscr{L}}X$.

16.4 证明例16.37中的 X^n 为 $\boldsymbol{G}$-Brown 运动.

16.5 设 $M^n\in\mathscr{M}^2_{\text{loc}}$, $|\Delta M^n|\leqslant c$, 证明

1) 若 (M^n) 是 $\boldsymbol{C}$-胎紧的,则 $([M^n])$ 是胎紧的,

2) 若 $M^n\xrightarrow{\mathscr{L}}M$ 且 $M\in\mathscr{M}^c_{\text{loc}}$, 则 $(M^n,[M^n])\xrightarrow{\mathscr{L}}(M,\langle M\rangle)$.

16.6 假定对每个 n, $U^n=(U^n_k,k\geqslant1)$ 是 $\tilde{\Phi}$ 上的适应随机变量序列, $\tau^n=(\tau^n_t)$ 是 $\tilde{\tilde{\Phi}}$ 上的时变, $X^n_t=\sum_{k=1}^{\tau^n_k}U^n_k$, 又 X 是以 $(\alpha,\beta,0)$ 为可料特征的连续 Lévy 过程, $X_0=0$. 若

$$\sup_{s\leqslant t}\left|\sum_{k=1}^{\tau^n_s}\boldsymbol{E}_{k-1}[U^n_kI_{[|U^n_k|\leqslant1]}]-\alpha_s\right|\xrightarrow{P}0,\forall\ t>0,$$

D 为 $\boldsymbol{R}_+$ 中稠密子集. 证明下列断言是等价的:

1) $X^n\xrightarrow{\mathscr{L}}X$,

2) $\sum_{k=1}^{\tau^n_t}\boldsymbol{P}_{k-1}[|U^n_k|>\varepsilon]\xrightarrow{P}0,\forall\ t>0,\varepsilon>0$,

$$\sum\nolimits_{1\leqslant k\leqslant \tau_t^n}(U_k^n I_{|U_k^n|\leqslant 1}-\boldsymbol{E}_{k-1}[U_k^n I_{|U_k^n|\leqslant 1]}])^2 \xrightarrow{P} \beta_t, \forall\ t\in D,$$

3) $\sum\nolimits_{1\leqslant k\leqslant \tau_t^n}\boldsymbol{P}_{k-1}[|U_k^n|>\varepsilon]\xrightarrow{P} 0, \forall\ t>0, \varepsilon>0,$

$$\sum\nolimits_{1\leqslant k\leqslant \tau_t^n}\boldsymbol{D}_{k-1}[U_k^n I_{[|U_k^n|\leqslant 1]}]\xrightarrow{P} \beta_t, \forall\ t\in D.$$

16.7 假定对每个 n,$U^n=(U_k^n)$ 为$\tilde{\Phi}$上的鞅差序列,X 是以 $(0,\beta,0)$ 为可料特征的 Lévy 过程. 此外,D,X^n 如上一问题中规定. 又设

$$\sum_{1\leqslant k\leqslant \tau_t^n}|\boldsymbol{E}_{k-1}[U_k^n I_{[|U_k^n|\leqslant a]}]|\xrightarrow{P} 0, \forall\ t>0.$$

证明下列断言是等价的:

1) $X^n\xrightarrow{\mathscr{L}} X,$

2) $\sum\nolimits_{1\leqslant k\leqslant \tau_t^n}(U_k^n)^2\xrightarrow{P}\beta_t, \forall\ t\in D,$

3) $\sum\nolimits_{1\leqslant k\leqslant \tau_t^n}\boldsymbol{P}_{k-1}[|U_k^n|>\varepsilon]\xrightarrow{P} 0, \forall\ t>0, \varepsilon>0,$

$$\sum\nolimits_{1\leqslant k\leqslant \tau_t^n}(U_k^n)^2 I_{[|U_k^n|\leqslant 1]}\xrightarrow{P}\beta_t, \forall\ t\in D,$$

4) $\sum\nolimits_{1\leqslant k\leqslant \tau_t^n}\boldsymbol{P}_{k-1}[|U_k^n|>\varepsilon]\xrightarrow{P} 0, \forall\ t>0, \varepsilon>0,$

$$\sum\nolimits_{1\leqslant k\leqslant \tau_t^n}\boldsymbol{D}_{k-1}[U_k^n I_{[|U_k^n|\leqslant 1]}]\xrightarrow{P}\beta_t, \forall\ t\in D.$$

16.8 用上一问题中的记号. 记

$$[\Delta_2]: \sum_{k=1}^{\tau_t^n}\boldsymbol{E}_{k-1}[(U_k^n)^2 I_{|U_k^n|\geqslant\varepsilon}]\xrightarrow{P} 0, \forall\ t>0, \varepsilon>0.$$

证明下列断言的等价性:

1) $[\Delta_2]$ 及 $X^n\xrightarrow{\mathscr{L}} X,$

2) $[\Delta_2]$ 及 $\sum\nolimits_{k=1}^{\tau_t^n}(U_k^n)^2\xrightarrow{P}\beta_t, \forall\ t\in D,$

3) $[\Delta_2]$ 及 $\sum\nolimits_{k=1}^{\tau_t^n}\boldsymbol{D}_{k-1}[U_k^n]\xrightarrow{P}\beta_t, \forall\ t\in D,$

4) $\sum_{k=1}^{\tau_t^n}(U_k^n)^2 \xrightarrow{P} \beta_t$, $\sum_{k=1}^{\tau_t^n}\boldsymbol{D}_{k-1}[U_k^n] \xrightarrow{P} \beta_t, \forall\, t \in D$,

5) $\sum_{k=1}^{\tau_t^n}\boldsymbol{D}_{k-1}[U_k^n] \xrightarrow{P} \beta_t, \forall\, t \in D$ 及 $X^n \xrightarrow{\mathscr{L}} X$.

16.9 设 W 是标准 Brown 运动. 则下列过程为 Brown 桥:

$$X_t = \begin{cases}(1-t)W(t/(1-t)), & 0 \leqslant t < 1,\\ 0, & t = 1,\end{cases}$$

16.10 设 $X=(X_t, 0\leqslant t\leqslant 1)$ 为 Brown 桥. 证明1) X 关于其自然流为半鞅;其可料特征为

$$\alpha_t = -\int_0^t \frac{X_s}{1-s}ds,\ \beta_t = t,\ \nu = 0,$$

2) X 是扩散,其无穷小特征为: $b(t,x)=\dfrac{x}{1-t}$, $\alpha(t,x)=1$,

3) X 满足下列随机微分方程:

$$dX_t = -\frac{X_t}{1-t}dt + dW_t,\ X_0 = 0.$$

其中 W 为标准 Brown 运动.

16.11 设$(Z_i, i\geqslant 1)$为独立同分布随机变量序列, Z_i 的分布为 F, $V_t^n=\sqrt{n}\,(\frac{1}{n}\sum_{i=1}^n I_{[Z_i\leqslant t]}-F(t))$. 证明 $V^n \xrightarrow{\mathscr{L}} X$, 这里 X 是一个右连左极正态过程且 $\boldsymbol{E}[X_t]=0$, $\boldsymbol{E}[X_sX_t]=F(s\wedge t)(1-F(s\vee t))$.

16.12 设$(Z_i)_{i\geqslant 1}$为独立同分布随机变量序列, Z_i 以 F 为分布且有连续分布密度 f, $(F_n(t), t\geqslant 0)$为由(54.1)规定的经验过程, $P_t^n=nF_n(t/n)$. 若 X 为以 $f(0)$为强度的时齐 Poisson 过程,则 $P^n \xrightarrow{\mathscr{L}} X$.

参考文献

Aldous ,D.

[1] Stopping times and tightness, Ann. Probab. , **6**(1987), 335—340.

Arnold, L.

[1] *Stochastic Differential Equations, Theory and Applications*, Wiley, 1974.

Bichteler, P.

[1] Stochastic integration theory and L^p theory of semimartingales, Ann. Probab. , **9** (1981), 49—89.

Billingsley, P.

[1] *Convergence of Probability Measures*, Wiley and Sons, 1968.

Brémand, P.

[1] *Point Processes and Queues: Martingale Dynamics*, Springer, 1981.

Brémand, P. , Yor, M.

[1] Changes of filtrations and of probability measures, Z, W. , **45**(1978), 269—296.

Bretagnolle, J. L.

[1] Processus à accroissements indépendants, Ecole d'Eté de St. Flour, LN in Math. , **307**, 1973, 1—26.

Brown, T.

[1] A martingale approach to the Poisson convergence of simple point processes, Ann. Probab. , **6**(1978), 615—628.

Burkholder, D. , Davis, B. , Gundy, R. F.

[1] Integral inequalities for convex functions of operators on martingales, Proc. 6th Berkely Symp. **2**, 1972, 223—240.

Chou, C. S.

[1] Le Processus des sauts d'une martingale locale, Sém. Probab. XI, LN in Math. , **581**, 1977, 351—361.

Chou, C. S. , Meyer, P. A.

[1] Sur la représentation des martingales comme intégrales stochastiques dans les processus ponctuels, Sém. Probab. IX, LN in Math. , **465**, 1975, 1561—1563.

Chung, K. L. , Williams, R. J.

[1] *Introduction to Stochastic Integration*, Birkhäuser, 1983.

Cinlar, E. , Jacod, J. , Protter, P. , Sharpe, M.

[1] Semimartingales and Markov processes, Z. W. , **54**(1980), 161—220.

Courrège, P.

[1] Integrale stochastique par rapport à une martingale de carré intégrable, Sém. Brelot-Choquet-Deny, **7**(1962—1963), Institute Henri-Poincaré, 623—638.

Davis, M. H. A.

[1] The representation of martingales of jump processes, SIAM J. Contr. , **14**(1976), 623—638.

Dellacherie, C.

[1] *Capacités et Processus Stochastiques*, Springer, 1972.

[2] Intégrales stochastiques par rapport au processus de Wiener et de Poisson, Sém. Probab. VIII, LN in Math. , **381**, 1974, 25—26. (Correction,Sém. Probab. IX, LN in Math. **465**, 1975, 494.)

[3] Quelques applications du lemme de Borel-Cantelli à la théorie des semimartin gales, Sém. Probab. XII, LN in Math. , **649**, 1978, 742—745.

[4] Un survol de la théorie de l'intégrale stochastique, Stoch. Proc. Appl. , **10** (1980), 115—144.

[5] Mesurabilité des débuts et théorème de section, Sém. Probab. XV, LN in Math. , **850**, 1981, 351—360.

Dellacherie, C. , Meyer, P. A.

[1] *Probabilités et Potentiel*, 2e édition, chapitres I-IV. Hermann, 1975.

[2] *Probabilités et Potentiel*, 2e édition, chapitres V-VIII. Hermann, 1980.

Dellacherie, C. , Meyer, P. A. Yor, M.

[1] Sur certains Propriétés des espaces de Banach H^1 et *BMO*, Sém. Probab. XII, LN in Math. , **649**, 1978, 98—113.

De Sam Lazaro, J. , Meyer, P. A.

[1] Méthodes de martingales et théorie des flots, Sém. Probab. IV, LN in Math. , **465**, 1975, 1—96.

Doléans-Dade, C.

[1] Existence du Processus croissant naturel associé à un potentiel de classe (D), Z. W. , **9**(1968), 309—314.

[2] Quelques applications de la formule de changement de variables pour les semimartingales, Z. W. , **16**(1970), 181—194.

[3] Existence and unicity of solutions of stochastic differential equations, Z. W. , **36** (1976), 93—101.

Doléans-Dade, C. , Meyer, P. A.

[1] Intégrales stochastiques par rapport aux martingales locales, Sém. Probab. IV. LN in Math. , **124**, 1970, 77—107.

[2] Equations différentielles stochastiques, Sém. Probab. XI, LN in Math. , **581**, 1977, 376—382.

Donsker, M.

[1] Justification and extension of Doob's heuristic approach to the Kolmogorov-Smirnov theorems, Ann. Math. Statistics, **23**(1952), 277—281.

Doob, J. L.

[1] *Stochastic Processes*, Wiley and Sons, 1954.

Dubin, L. E. , Schwarz, G.

[1] On continuous martingales, Proc. Nat. Acad. Sci. USA, **53**(1965), 913—916.

Dudley, R. M.

[1] Wiener functionals as Ito integrals, Ann. Probab, **5**(1977), 140—141.

Durret, R.

[1] *Brownian Motion and Martingles in Analysis*, Wadsworth Inc. , 1984.

Eagleson, G. K. , Memin, J.

[1] Sur la contiguite de deux suites de mesures, généralisation d'un théorème de Kabanov-Liptser-Shiryaev, Sém. Probab. XVI, LN in Math. , **920**, 1982, 319—337.

El Karoui, N. , Meyer, P. A.

[1] Les changements de temps en théorie générale des processus, Sém. Probab. XI, LN in Math. , **581**, 1977, 65—78.

El Karoui, N. , Weidenfeld, G.

[1] Théorie générale et changement de temps, ibid, 79—108.

Elliott, R. J.

[1] *Stochastic Calculus and Applications*, Springer, 1981.

[2] Double martingales, Z. W. , **34**(1976), 17—28.

Emery, M.

[1] Stabilité des solutions des équations différentielles stochastiques, application aux intégrales multiplicatives stochastiques, Z. W. , **41**(1978), 241—262.

[2] Une topologie sur l'espace des semimartingales, Sém. Prob. XIII, LN in Math. , **721**, 1979, 260—280.

[3] Equations différentielles stochastiques lipschitziennes: étude de la stabilité, ibid, 281—293.

[4] Une propriété des temps prévisibles, Sém. Probab. XIV, LN in Math., **784**, 1980, 316—317.

Emery, M., Stricker, C., Yan, J. A. (严加安)

[1] Valeurs prises par les martingales locales continues à un instant donné, Ann. Probab., **11**(1983), 635—641.

Ethier, S. N., Kurtz, T. G.

[1] *Markov Processes, Characterization and Convergence*, Wiley and Sons, 1986.

Fisk, D. L.

[1] Quasi-martingales, Trans. Amer. Math. Soc., **120**(1965), 369—389.

Fujisaki, M., Kallianpur, G., Kunita, H.

[1] Stochastic differential equations for the non-linear filtering problem, Osaka J. Math., **9**(1972), 19—40.

Gihman, I. I., Skorohod, A. V.

[1] *The Theory of Stochastic Processes* III, Springer, 1979.

Girsanov, I. V.

[1] On transforming a certain class of stochastic processes by absolutely continuous substitution of measures, Theory Probab. Appl., **5** (1960), 285—301 (in Russian).

Gong, G. L. (龚光鲁)

[1] 随机微分方程引论,北京大学出版社,1987.

Greenwood, P., Shiryaev, A. N.

[1] *Contiguity and the Statistical Invariance Principle*, Gordon and Breach, 1985.

Grigelionis, B.

[1] On the representation of integer-valued measures by means of stochastic integrals with respect to Poisson measure, Litovsk. Mat. Sb., **11**(1971), 93—108 (in Russian).

[2] On the absolute continuity of measures corresponding to stochastic processes, Litovsk. Math. Sb., **11**(1971), 783—794 (in Russian).

[3] The characterization of stochastic processes with conditionally independent increments, Litovsk. Math. Sb., **15**(1975), 53—60 (in Russian).

[4] Stochastic point processes and martingales, Litovsk. Math. Sb., **15** (1975), 101—114.

[5] Martingale characterization of stochastic process with independent increments, Litovsk. Math. Sb., **17**(1977), 75—86 (in Russian).

Hajek, J., Sidak, Z.

[1] *Theory of Rank Tests*, Academic Press, 1967.

Hall, W. J., Loynes, R. M.

[1] On the concept of contiguity, Ann. Probab., **5**(1977), 278—282. =

He, S. W. (何声武)

[1] Some remark on single jump processes, Sém. Probab. XVII, LN in Math., **986**, 1983, 347—348.

[2] The representation of Poisson functionals, Sém. Probab. XVII, LN in Math., **986**, 1983, 349—352.

[3] Optimization applications of compensators of Poisson random measures, Prob. Engin. Inf. Sci., **3**(1989), 149—155.

He, S. W. (何声武), Wang, J. G. (汪嘉冈)

[1] The total continuity of natural filtrations and the strong property of predictable representation of jump processes and processes with independent increments, Sém. Probab. XVI, LN in Math., **920**, 1982, 348—354.

[2] The property of predictable representation of the sum of independent semimartingales, Z. W., **61**(1982), 141—152.

[3] Two results on jump processes, Sém. Probab. XVIII, LN in Math., **1059**, 1984, 256—267.

[4] Remarks on ablsolute continuity, contiguity and convergence in variation of probability measures, Sém. Probab. XXII, LN in Math., **1321**, 1988, 260—270.

[5] Chaos decomposition and the property of predictable representation, Science in China, Ser. A., **32**(1989), 397—407.

He, S. W. (何声武), Wang, J. G. (汪嘉冈), Xia, A. H. (夏爱华)

[1] 马尔可夫跳过程的弱收敛，应用概率统计，**7**(1991)，73—81.

He, S. W. (何声武), Yan, J. A. (严加安), Zheng, W. A. (郑伟安)

[1] Sur la convergence des semimartingales continues dans R^n et des martingales dans une variété, Sém. Probab. XVII, LN in Math., **986**, 1983, 179—184.

Huang, Z. Y. (黄志远)

[1] 随机分析学基础，武汉大学出版社，1988.

Ikeda, N., Watanabe, S.

[1] *Stochastic Differential Equations and Diffusion Processes*, North-Holland, Kodansha, 1981.

Itmi, M.

[1] Processus ponctuéls marques stochastiques. Représentation des martingales et filtration naturelle quasi-continue à gauche, Sém. Probab. XV, LN in Math., **850**, 1981, 618—626.

Itô, K.
[1] Stochastic integrals, Proc. Imp. Acad. Tokyo, **20**(1944), 519—524.
[2] On a formula concerning stochastic integrales, Nagoya Math. J., **3**(1951), 55—65.
[3] On stochastic differential equations, Mem. Am. Math. Soc., **4**(1951), 1—51.
Jacod, J.
[1] Multivariate point process: predictable projection, Radon-Nikodym derivatives, representation of martingales. Z. W., **31**(1975), 235—253.
[2] Un théorèm de représentation pour les martingales discontinues. Z. W., **34** (1976), 225—244.
[3] Sur la construction des intégrales stochastiques et les sous-espàces stables de martingales, Sém. Probab. XI, LN in Math., **581**, 1977, 390—410.
[4] *Calcul Stochastique et Problèmes de Martingales*, LN in Math., **714**, 1979.
[5] Processus à accroissements indépendents, une condition nécessaire et suffisante de convergence en loi, Z. W., **63**(1983), 109—136.
[6] Processus de Hellinger, absolulte continuité, contiguité, Sém. Probab. de Rennes, 1984.
[7] Théorème limite pour les processus, Ecole d'été de St-Flour XIII, LN in Math., **117**, 1985.
[8] Sur la convergence des processus ponctuels, Probab. Th. Rel. Fields, **76**(1987), 573—586.
Jacod, J., Mémin, J.
[1] Caractéristiques locales et conditions de continuité absolue pour les semimartingales, Z. W., **35**(1976), 1—37.
Jacod, J., Shiryaev, A. N.
[1] *Limit Theorems for Stochastic Processes*, Springer, 1987.
Jacod, J., Yor, M.
[1] Etude des solutions extrémales et représentation integrale des solutions pour certains problèmes de martingales. Z. W., **38**(1977), 83—125.
Jeulin, T.
[1] *Semi-martingales et Grossissement d'une Filtration*, LN in Math., **873**, 1980.
Kabanov, Yu., Liptser, R. S.
[1] On convergence in variation of the distributions of multivariate point processes, Z. W., **63**(1983), 475—485.
Kabanov, Yu., Liptser, R. S., Shiryaev, A. N.
[1] Absolute continuity and singularity of locally absolutely continuous probability

distributions, Math. Sb., **35**(1978) 631—680 (Part I), **36**(1980), 31—58(Part II) (English transl.).

[2] Some limit theorems for simple point processes (martingale approach), Stochastics, **3**(1981), 203—216.

[3] Weak and strong convergence of the distributions of counting processes, Theory Probab. Appl., **28**(1983), 303—336(in Russian).

[4] On the variation distance for probability measures defined on a filtered space, Probab. Theory Rel. Fields, **71**(1986), 19—36.

Kakutani, S.

[1] On equivalence of infinite product measures, Ann. Math., **49**(1948), 214—224.

Kallianpur, G.

[1] *Stochastic Filtering Theory*, Springer, 1980.

Karandikar, R. L.

[1] On Métivier-Pellaumail inequality, Emery topology and pathwise formulae in stochastic calculus, Sankhyà, Ser. A, **51**(1989), 121—143.

Karatzas, I, Shreve, S. E.

[1] *Brownian Motion and Stochastic Calculus*, Springer, 1987.

Kazamaki, N.

[1] Krickeberg's decomposition for local martingales, Sém. Probab. VI, LN in Math., **258**, 1972, 101—103.

Kopp, E.

[1] *Martingales and Stochastic Integrals*, Cambridge, 1984.

Kunita, H., Watanabe, S.

[1] On square integrable martingales, Nagoya Math. J., **30**(1967), 209—245.

Kussmaul, A. V.

[1] *Stochastic Integration and Generalized Martingales*, Pitman, 1977.

Lenglart, E.

[1] Transformation des martingales locales par changement absolument continu de probabilités, Z. W., **39**(1977), 65—70.

[2] Sur la convergence presque sur des martingales locales, C. R. A. S, Paris, **284** (1977), 1085—1088.

[3] Relation de domination entre deux processus, Ann. Inst. Henri Poincaré, Section B, **13**(1977), 171—179.

[4] Sur la localisation des intégrales stochasliques, Sém. Probab. XII, LN in Math., **649**, 1978, 53—56.

[5] Sur l'inégalité de Métivier-Pellaumail, Sém. Probab. XIV, LN in Math., **784**,

1980, 125—127.
Le Jan, Y.
[1] Temps d'arret stricts et martingales de sauts, Z. W., **44**(1978), 213—226.
Lépingle, D.
[1] Sur la représentation des sauts des martingales, Sém. Probab. XI, LN in Math., **581**, 1977, 418—434.
[2] Sur le comportement asymptotique des martingales locales, Sém. Probab. XII, LN in Math., **649**, 1978, 148—161.
Letta, G.
[1] *Martingales et Integration Stochastique*, Scoula Normale Superiore, 1984.
Lévy, P.
[1] *Processus Stochastiques et Mouvement Brownien*, *Guthier-villars*, 1948.
Lin, C. D. (林成德)
[1] Quand l'inegalité de Kunita-Watanabe est-elle une égalité? Sém. Probab. XX, LN in Math., **1204**, 1986, 140—147.
Liptser, R. S.
[1] A strong law of large numbers for local martingales, Stochastics, **3**(1980), 217—228.
Liptser, R. S., Shiryaev, A. N.
[1] *Statistics of Stochastic Processes*, Springer, 1977.
[2] A functional central limit theorem for semimartingales, Theory Probab. Appl., **25** (1980), 667—688(in Russian).
[3] On ncecessary and sufficient conditions in the functional central limit theorem for semimartingales, Theory Probab. Appl., **26**(1981), 130—135(in Russian).
[4] Weak convergence of semimartingales to stochastically continuous processes with independent and conditionally independent increments, Math. Sb., **116**(1981), 331—358(in Russian).
[5] On a problem of necessary and sufficient conditions in the functional central limit theorem for local martingales, Z. W., **59**(1982), 311—318.
[6] On the problem of "predictable" criteria of contiguity, Proc. 5th Japan-USSR Symp. LN in Math., **1021**, 1983, 384—418.
[7] Weak convergence of a sequence of semimartingales to a process of diffusion type, Math. Sb., **121**(1983), 176—200(in Russian).
[8] On contiguity of probability measures corresponding to semimartingales, Analysis Mathematicae, **11**(1985), 93—124.
[9] *Theory of Martingales*, Nauka, 1986(in Russian).

Loève, M.

[1] *Probability Theory*, Springer, 1977.

Maisonneuve, B.

[1] Une mise au point sur les martingales locales continues définies sur un intervalle stochastique. Sém. Probab. XI, Lect. Notes in Math. , **581**, 1977, 435—445.

McKean, H. P.

[1] *Stochastic Integrals*, Academic Press, 1969.

Mémin, J.

[1] Distance en variation et conditions de contiguité pour les processus ponctuels, Sém. Probab. de Rennes, 1982.

[2] Sur la contiguité relative de deux suites de processus, Sém. Probab. XVII, LN in Math. , **986**, 1983, 371—376.

Memin, J. , Shiryaev, A. N.

[1] Distance de Hellinger-Kakutani des lois correspondant à deux processus à accroisements independants, Z. W. , **70**(1985), 67—90.

Métivier, M.

[1] *Semimartingales: A Course on Stochastic Processes*, de Gruyter, 1982.

Métivier, M. , Pellaumail, J.

[1] On a stopped Doob's inequality and general stochastic equations. Rapport interne n° 28, Ecole Polytechnique, 1978.

[2] *Stochastic Integration*, Academic Press, 1980.

Meyer, P. A.

[1] *Probabilités et Potentiels*, Hermann, 1966.

[2] Une Présentation de la théorie des ensembles sousliniens. Applications aux processus stochastiques, Séminaire Brelot-Choquet-Deny (théorie du potentiel), 7ème année, 1962—1963, 17 pages.

[3] Démonstration simplifiée d'un théoréme de Knight, Sém. Probab. V, LN in Math. , **191**, 1971, 191—195.

[4] Sur un problème de filtration, Sém. Probab. VII, LN in Math. , **321**, 1973, 223—238.

[5] Le dual de $\mathscr{H}^1$ set $\mathscr{BMO}$(cas continu), ibid. , 237—238.

[6] Un cours sur les intégrales stochastiques, ibid. Sém. Probab. X, LN in Math. , **511**, 1976, 246—400.

[7] Notes sur les intégrales stochastiques, I-VI. Sém. Probab. XI, LN in Math. , 581, 1977,446—481.

[8] Sur un théorème de C. Stricker, ibid. , 482—489.

[9] Inégalités de normes pour les intégrales stochastiques, Sém. Probab. XII, LN in Math., **649**, 1978, 757—762.

[10] Caractérisation des semimartingales, d'après Dellacherie, Sém. Probab. XIII, LN in Math., **721**, 1979, 620—623.

[11] Sur la méthode de L. Schwartz pour les e. d. s., Sém. Probab. XXV, LN in Math., **1485**(1991), 108—112.

Meyer, P. A., Zheng, W. A.(郑伟安)

[1] Tightness criteria for laws of semimartingales, Ann. Inst. Henri Poincaré (Probab. Stat.), **20**(1984), 353—372.

Neveu, J.

[1] *Bases Mathématiques du Calcul des Probabilités*, Masson, 1964.

[2] *Martingales à Temps Discret*, Masson, 1972.

[3] Processus ponctuels, Ecole d'eté de Saint Flour, LN in Math., **598**, 1977.

Novikov, A. A

[1] On an identity for stochastic integrals, Theory Probab. Appl., **17**(1972), 717—720(in Russian).

Orey, S.

[1] F-processes, Proc. Fifth Berkeley Symp., **2**, 1966, 301—313.

Pollard, D.

[1] *Convergence of Stochastic Processes*, Springer, 1984.

Pratelli, M.

[1] La classe des semimartingales qui permettent d'integrer les processus optionels, Sém. Probab. XVII, LN in Math., **986**, 1983.

Protter, P. E.

[1] On the existence, uniqueness, convergence, and explosions of solutions of systems of stochastic integral equations, Ann. Prob., **5**(1977), 243—261.

[2] Stochastic integration without tears, Stochastics, **16**(1986), 295—325.

[3] *Stochastic Integration and Differential Equation: A New Approach*, Springer, 1989.

Rao, K. M.

[1] On decomposition theorems of Meyer, Math. Scand., **24**(1969), 66—78.

[2] Quasi-martingales, Math., Scand., **24**(1969), 79—92.

Rebolledo, R.

[1] *La méthode de martingales appliquée à la convergence en loi des processus*, Mém. Soc. Math. France, **62**, 1979.

Revuz, D., Yor, M.

[1] *Continuous Martingale and Brownian Motion*, Springer, 1991.

Rogers, I. C. G. , Williams, D.

[1] *Diffusions, Markov Processes, and Martingales*, Vol. 2 ,*Itô Calculus*, Wiley & Sons, 1987.

Skorohod, A. V.

[1] *Studies in the Theorey of Random Processes*, Addison-Wesley, Reading, 1965.

Stratonovich, R. L.

[1] A new representation for stochastic integrals and equations, SIAM Control, **4** (1966), 362—371.

Stricker, C.

[1] Mesure de Föllmer en théorie des quasi-martingales, Sém. Probab. IX, LN in Math. , **465**, 1975, 408—419.

[2] Quasi-martingales, martingales locales, Semi-martingales, et filtrations naturelles. Z. W. , **39**(1977), 55—64.

[3] Arbitrage et lois de martingale, Ann. Inst. Henri Poincaré, **26**(1990), 451—460.

Stricker, C. , Yor, M.

[1] Calcul stochastique dépendant d'un paramètre, Z. W. , **45**(1978), 109—133.

Stroock, D. W.

[1] Applications of Fefferman-Stein type interpolation to probability theory and analysis, Comm. Pure Appl. M. , **26**(1973), 477—495.

Stroock, D. W. , Varadhan, S. R. S.

[1] *Multidimensional Diffusion Processes*, Springer, 1979.

Strook, D. W. , Yor, M.

[1] On extremal solutions of martingale problems, Ann. Sci. Ecole Norm. Sup. , **13** (1980), 95—164.

Van Shuppen, J. H. , Wong, E.

[1] Translation of local martingales under a change of law, Ann. Probab. , **2**(1974), 879—888.

Wang, J. G. (汪嘉冈)

[1] On the absolute continuity and singularity of measures induced by the processes with independent increments, Scientia Sinica, **13**(1964), 859—877.

[2] Some remarks on processes with independent increments, Sem. Probab. XV, LN in Math. , **850**, 1981, 627—631.

Watanabe, S.

[1] On discontinuous additive functionals and Lévy measures of a Markov process, Jap. J. Math. , **34**(1964), 53—79.

Williams, D.
[1] *Diffusions, Markov Processes and Martingales*, Vol. 1. Wiley and Sons, 1979.
Yan, J. A. (严加安)
[1] Propriété de représentation prévisible pour les semimartingMales spéciales, Sientia Sinica, **23**(1980), 803—813.
[2] Sur une équation différentielle stochastique générale, Sém. Probab. XIV, LN in Math., **784**, 1980, 305—315.
[3] Remarques sur l'intégrale stochastique de processus non bornés, ibid, 128—139.
[4] Caractérisation d'une classe d'ensembles convexes de L^1 ou $\mathscr{H}^1$, ibid., 220—222.
[5] 半鞅局部时的几个公式,数学年刊, **1**(1980),545—551.
[6] 鞅与随机积分引论,上海科技出版社,1981.
[7] A propos de l'intégrabilité uniforme des martingales exponentielles, Sém. Probab. XVI, LN in Math., **920**(1982), 338—347.
[8] Martingales locales sur un ouvert droit optionel, Stochastics, **8**(1982), 161—181.
[9] 半鞅局部时的变量替换公式,科学通报, **33**(1988),1755—1759.
[10] Some remarks on the theory of stochastic integration, Sém. Probab. XXIV, LN in Math., **1485**, 1991, 95—107.
Yan, J. A. (严加安)Yoeurp, Ch.
[1] Représentation des martingales comme intégrales stochastiques des processus optionnels, Sém. Probab. X, LN in Math., **511**, 1976, 422—431.
Yoeurp. Ch.
[1] Déocmposition des martingales locales et formules exponentielles, ibid., 432—480.
Yor, M.
[1] Représentation intégrale des martingales, étude des distributions extrémales, Article de Thèse de Doctorat, Paris, 1976.
[2] Sur les intégrales stochastiques optionnelles et une suite remarquable de formules expontielles, Sém. Probab. X, LN in Math., **511**, 1976, 481—500.
[3] Remarques sur la représentation des martingales comme intégrables stochastiques, Sém. Probab. XI, LN in Math., **581**, 1977, 502—517.
[4] Sous-espaces denses dans L^1 et $\mathscr{H}^1$ et représentation des martingales, Sém. Probab. XII, LN in Math., **649**, 1978, 264—309.
[5] Sur certains commutateurs d'une filtration, Sem. Probab. XV, LN in Math., **850**, 1981, 526—528.
Zheng, W. A. (郑伟安)
[1] Semimartingales in predictable random open sets, Sém. Probab. XVI, LN in

Math., **920**, 1982, 370—379.

[2] Une remarque sur même intégrale stochastique calculée dans deux filtrations, Sém. Probab. XVIII, LN in Math., **1059**, 1984, 172—178.

[3] Tightness results for laws of diffusion proesses, application to stochastic mechanics, Ann. Inst. Henri Poincaré(Probab. Stat.), **21**(1985), 103—124.

符号与名词索引

（按拼音排列）

D

E

F

G

H

I

J

Q

R

S

Z